2013—2025 年国家辞书编纂出版规划项目
英汉信息技术系列辞书

总主编　白英彩

AN ENGLISH-CHINESE DICTIONARY OF INTELLIGENT BUILDING TECHNOLOGY

英汉建筑智能化技术辞典

主　编　沈忠明　曾松鸣
主　审　赵哲身
副主编　沈　晔　王明敏　董莹荷

上海交通大学出版社
SHANGHAI JIAO TONG UNIVERSITY PRESS

内容提要

本辞典为“英汉信息技术系列辞书”之一。本辞典收录了建筑智能化技术及其产业领域相关的理论研究、开发应用和工程管理等方面的专业词汇 8 000 余条，所有词汇均按照英文字母顺序排列，对所有收录的词汇提供了简明扼要的中文释义。

本辞典可供建筑智能化等相关领域从事研究、开发和应用的人员、信息技术书刊编辑和文献译摘人员使用，也适合相关专业的大专院校师生参考。

图书在版编目(CIP)数据

英汉建筑智能化技术辞典 / 沈忠明，曾松鸣主编
.—上海：上海交通大学出版社，2021.11
ISBN 978-7-313-23345-5

Ⅰ. ①英… Ⅱ. ①沈… ②曾… Ⅲ. ①智能化建筑—词典—英、汉 Ⅳ. ①TU18-61

中国版本图书馆 CIP 数据核字(2020)第 095738 号

英汉建筑智能化技术辞典

YINGHAN JIANZHU ZHINENGHUA JISHU CIDIAN

主　　编：沈忠明　曾松鸣
出版发行：上海交通大学出版社　　地　　址：上海市番禺路 951 号
邮政编码：200030　　电　　话：021-64071208
印　　制：苏州市越洋印刷有限公司　　经　　销：全国新华书店
开　　本：880 mm×1230 mm　1/32　　印　　张：23.5
字　　数：889 千字
版　　次：2021 年 11 月第 1 版　　印　　次：2021 年 11 月第 1 次印刷
书　　号：ISBN 978-7-313-23345-5
定　　价：228.00 元

英汉信息技术系列辞书编纂委员会

英汉建筑智能化技术辞典

编 委 会

序

“信息技术”(IT)这个词如今已广为人们知晓，它通常涵盖计算机技术、通信(含移动通信)技术、广播电视技术、以集成电路(IC)为核心的微电子技术和自动化领域中的人工智能(AI)、神经网络、模糊控制和智能机器人，以及信息论和信息安全等技术。

近20多年来，信息技术及其产业的发展十分迅猛。20世纪90年代初，由信息高速公路掀起的IT浪潮以来，信息技术及其产业的发展一浪高过一浪，因特网(互联网)得到了广泛的应用。如今，移动互联网的发展势头已经超过前者。这期间还涌现出了电子商务、商务智能(BI)、对等网络(P2P)、无线传感网(WSN)、社交网络、网格计算、云计算、物联网和语义网等新技术。与此同时，开源软件、开放数据、普适计算、数字地球和智慧地球等新概念又一个接踵一个而至，令人应接不暇。正是由于信息技术如此高速的发展，我们的社会开始迈入“新信息时代”，迎接“大数据”的曙光和严峻挑战。

如今信息技术，特别是“互联网+”已经渗透到国民经济的各个领域，也贯穿到我们日常生活之中，可以说信息技术无处不在。不管是发达国家还是发展中国家，人们之间都要互相交流，互相促进，缩小数字鸿沟。

上述情形映射到信息技术领域是：每年都涌现出数千个新名词、术语，且多源于英语。编纂委认为对这些新的英文名词、术语及时地给出恰当的译名并加以确切、精准的理解和诠释是很有意义的。这项工作关系到IT界的国际交流和大陆与港、澳、台之间的沟通。这种交流不限于学术界，更广泛地涉及IT产业界及其相关的商贸活动。更重要的是，这项工作还是IT技术及其产业标准化的基础。

编纂委正是基于这种认识，特组织众多专家、学者编写《英汉信息技术大辞典》《英汉计算机网络辞典》《英汉计算机通信辞典》《英汉信息安全技术辞典》《英汉三网融合技术辞典》《英汉人工智能辞典》《英汉建筑智能化技术辞典》《英汉智能机器人技术辞典》《英汉智能交通技术辞典》《英汉云计算·物联网·大数据辞典》《英汉多媒体技术辞典》和《英汉微电子技术辞典》，以及与这些《辞典》（每个词汇均带有释文）相对应的《简明词典》（每个词汇仅有中译名而不带有释文）共24册，陆续付梓。我们希望这些书的出版对促进IT的发展有所裨益。

这里应当说明的是编写这套书籍的队伍从2004年着手，历时17年，与时俱进的辛勤耕耘，终得硕果。他们早在20世纪80年代中期就关注这方面的工作并先后出版了《英汉计算机技术大辞典》（获得中国第十一届图书奖）及其类似的书籍，参编人数一直持续逾百人。虽然参编人数众多，又有些经验积累，但面对IT技术及其产业化如此高速发展，相应出现的新名词、术语之多，尤令人感到来不及收集、斟酌、理解和编纂之虞。如今推出的这套辞书不免有疏漏和欠妥之处，请读者不吝指正。

这里，编纂委尤其要对众多老专家执着与辛勤耕耘表示由衷的敬意，没有他们对事业的热爱，没有他们默默奉献的精神，没有他们追求卓越的努力，是不可能成就这一丰硕成果的。

在"英汉信息技术系列辞书"编辑、印刷、发行各个环节都得到上海交通大学出版社大力支持。尤其值得我们欣慰的是由上海交通大学和编纂委共同聘请的15位院士和多位专家所组成的顾问委员会对这项工作自始至终给予高度关注、亲切鼓励和具体指导，在此也向各位资深专家表示诚挚谢意！

编纂委真诚希望对这项工作有兴趣的专业人士给予支持、帮助并欢迎加盟，共同推动该工程早日竣工，更臻完善。

英汉信息技术系列辞书编纂委员会

名誉主任：吴启迪

2015年5月18日

前　言

随着信息科学和技术迅速发展和我国现代化建设的推进，现代信息技术在建筑领域的应用日益广泛和深入，智能家居、智能建筑、智慧社区、智慧城市得到极大发展和普及，建筑智能化以人、建筑、环境互为协调出发，集架构、系统、应用、管理及优化组合为一体，充分应用计算机、通信、物联网、自动控制、人工智能等现代信息技术于建筑的建设和运营之中，成为现代建筑不可或缺的重要组成部分，为人们提供安全、高效、便利及可持续发展的功能环境，并深刻改变着人们的思维、生活、生产方式，推动着社会经济各个领域的飞速发展。

自20世纪末开始，建筑智能化技术和产品从引进、应用到自主研发和生产，已经历了30余年时间，随着“互联网＋”的驱动和导向，建筑智能化领域的学习、研究、应用和交流必将持续加强和深化。为适应建筑智能化迅速发展及新兴的智能建筑行业业务活动的实际需求，我们编纂出版《英汉建筑智能化技术辞典》，期望为建筑智能化及相关的研究人员、工程技术人员、操作使用人员和相关的管理人员提供便利。

本辞典收录了建筑智能化相关的规范化名词术语8 000余条，内容涵盖了信息设施系统、建筑设备管理系统、公共安全系统、智能化集成系统、电子信息机房和信息化应用系统等领域的名词术语。

本辞典自2014年起组织编写，得到上海市智能建筑建设协会和编写组人员所在单位的大力支持。编写组人员分工汇集初稿形成后，在沈晔、王明敏、董莹荷等三同志的协助下，由曾松鸣同志帮助进一步仔细梳理、查核和汇总，并交付赵哲身教授等主审。他们一丝不苟，精益求精，逐条审核了全书。系列辞书总主编白英彩教授对本辞典的编纂给予了细致而具体的指导。这里谨向各位同仁、专家致以诚挚的谢意！由于建筑智能化技术和产业发展迅速，新的名词、术语不断涌现，加之编者水平有限，存在疏漏和不当之处，恳请各位读者不吝指教。

感谢深圳市普联技术公司董事长赵建军先生和上海金桥信息股份有限公司、广州宇洪科技股份有限公司对本书出版的支持和鼎力资助！

沈忠明　谨识

2021 年 1 月

凡　　例

1. 本辞典按英文字母顺序排列，不考虑字母大小写。数字和希腊字母另排。专用符号（圆点、连字符等）不参与排序。
2. 英文词汇及其对应的中文译名用粗体。一个英文词汇有多个译名时，可根据彼此意义的远近用分号或者逗号隔开。
3. 圆括号（　）号内的内容表示解释或者可以略去。如“connecting hardware 连接（硬）件[连接器（硬）件]”；也可表示某个词汇的缩略语，如 above ground structure（AGS）。
4. 方括号[　]内的内容表示可以替换紧挨方括号的字词。如“cabling 布线[缆]”。
5. 一个词条有多种释义的，用①②③等列示具体释义。
6. 单页码上的书眉为本页最后一个英文词汇的第一个单词；双页码上的书眉为本页英文词汇的第一个单词。
7. 英文名词术语的译名以全国科学技术委员会名词审定委员会发布的为主要依据，对于已经习惯的名词也作了适当反映，如“disk”采用“光碟”为第一译名，“光盘”为第二译名。
8. 本辞典中出现的计量单位大部分采用我国法定计量单位，但考虑到读者查阅英文技术资料的方便，保留了少量英制单位。

上海金桥信息股份有限公司简介

上海金桥信息股份有限公司(SH.603918)创立于1994年,2015年5月于上海证券交易所挂牌上市。经近三十年稳健发展,公司业务体系完整,并覆盖全国绝大多数省(市)及地区,设有二十多个分支机构。公司主营业务是为客户提供智慧空间信息化解决方案及服务。公司秉承“真诚是金,共享为桥”的核心价值观,以“服务人与人、人与信息、人与环境之间的沟通”为主线,充分发挥信息化领域综合优势,面向政务、司法、教育、医疗健康、金融等行业及各类企业,融合客户需求,叠加行业应用,打造智慧空间信息化系统系列解决方案,以卓越技术实力与全心全意支持与服务理念,在业内赢得良好口碑与声誉。

公司大力推行人才战略与创新发展战略,不断加大研发投入,打造核心竞争力,努力保持行业领先。公司拥有一批注册建造师,信息系统集成及服务中级、高级工程师,中级、高级项目经理等行业专业人才资源。公司已拥有建筑智能化系统设计专项甲级、电子与智能化工程专业承包一级、信息系统建设和服务能力等级CS4等资质。先后已实施近万项信息工程项目,获得行业权威机构认可,荣获中国建筑工程“鲁班奖”(参与浦东新区办公中心工程)、上海建设工程“白玉兰”奖(参与上海市委组织部、宣传部、人事局办公大楼工程)、上海市智能建筑“申慧奖”(上海世博中心多媒体会议系统工程)等国家和行业荣誉。行业历次评优均被评为“上海市智能建筑设计施工优秀企业”,2020年通过上海市“市级企业技术中心”认证。

广州宇洪科技股份有限公司简介

广州宇洪科技股份有限公司成立于2007年11月，总部位于广州市天河区软件路11号，智慧城核心区国家软件(广州)产业基地内。公司致力于让信号传输变得更融合、更畅通、更可靠，是以信号传输为核心技术的物联网解决方案与服务提供商，专注于物联网的“传感+传输+智慧”系统研究。研发实力雄厚，率先开发了服务于智慧城市的二维码可视化标签管理系统，在资产管理、路由管理、链路告警、维护运营等方面均处于行业领先地位。公司于2017年挂牌新三板，股票代码：872199。

宇洪科技面向智能建筑、轨道交通、智慧城市等行业应用提供信号传输端到端的整体解决方案，包括产品销售、业务咨询与信号传输项目集成、软硬件系统集成等工程服务业务。先后被评为广州市著名商标、国家高新技术企业、广州科技小巨人企业等。公司产品多次被行业推荐为“民族品牌”“行业十大品牌”等。先后通过泰尔、UL、CCC等多家专业机构的认证。

宇洪科技已经在全国设有四大分支机构、九大营销中心和三十多个办事处，业务辐射全国，同时积极拓展海外业务，已在马来西亚、新加坡、越南等地设有海外分公司。

目　　录

A

a data communication protocoi for building automation and control networks (BACnet)　楼宇自动控制网络数据通信协议　简称 BACnet 协议，即楼宇自动化和控制网络通信协议，是建筑设备监控领域不同设备产品之间实现数据通信的标准。1987 年开始由美国暖通、空调和制冷工程师协会(ASHRAE)组织的标准项目委员会 135P(Stand Project Committee 即 SPC 135P)历经八年半时间开发的，2003 年 1 月成为 ISO 的正式标准 ISO 16484－5。BACnet 针对采暖、通风、空调、制冷控制设备设计，同时也为其他建筑设备控制系统(例如照明、安保、消防、门禁等系统)的集成提供了一个基本原则。BACnet 的优点在于降低维护系统所需成本，安装比一般工业通信协议更为简易，且系统扩充性与兼容性优越。

A/D　分插，分出/插入，分路/插入 add/drop 的缩写；**模拟/数字** analog/digital 的缩写；**模数转换** analog-to-digital conversion 的缩写。

A/D and D/A combined converter　A/D 与 D/A 组合转换器　模拟信号转数字信号的转换器，数字信号转模拟信号的转换器。

A/D converter (ADC)　A/D 转换器，模数转换器　即模数转换器，一种将模拟信号转变为数字信号的电子器件。由于智能化系统实际对象往往是一些模拟量(如温度、压力、位移、图像等)，要使计算机或数字仪表能识别、处理这些信号，必须首先将这些模拟信号转换成数字信号。经计算机分析、处理后输出的数字量也往往需要将其转换为相应模拟信号才能为执行机构所接受。因此，各类智能化系统中就需要一种能在模拟信号与数字信号之间起桥梁作用的电路——模数(A/D)和数模(D/A)转换器。无论是 A/D 转换器或 D/A 转换器，转换精度与转换速度是衡量转换器的重要技术指标。随着集成技术的发展，现已研制和生产出许多单片的和组合集成型的转换器，它们具有越来越先进的技术指标。

A/V　音视频　audio/video 的缩写。

AAA　认证，授权，计费　authentication、authorization、accounting 的缩写。

AAA sever　AAA 服务器　指提供认证(authentication)、授权(authorization)、计费(accounting)功能的服务器。一般采用 RADIUS(远程用户拨号认证服务)协议。

AAC　高级音频编码　advanced audio coding 的缩写；**自适应音频编**

码 adaptive audio coding 的缩写。

AACR-F 远端衰减与外部串扰比 attenuation to alien/exogenous crosstalk ratio at the far-end 的缩写。

AACR-N 近端衰减与外部串扰比 attenuation to alien/exogenous crosstalk ratio at the near-end 的缩写。

AAF 先进制作格式 advanced authoring format 的缩写。

AAL 异步传输模式[ATM]适配层 ATM adaptation layer 的缩写。

AAW 铝合金线 aluminum alloy wire 的缩写。

abamurus 扶壁 又称扶垛，外墙凸出之墙垛，主要用以平衡土体等对外墙的推力，增强墙体稳定性。

aberration 像差 在光学系统中，由非近轴光线追迹所得的结果和近轴光线追迹所得的结果不一致，形成影像与高斯光学(一级近似理论或近轴光线)的理想状况形成的偏差。像差一般分两大类：色像差和单色像差。色像差是由于透镜材料的折射率是波长的函数而产生的像差。它可分为位置色差和放大率色差两种。单色像差是指即使在高度单色光时也会产生的像差，按产生的效果，又分成使像模糊和像变形两类。前一类有球面像差、彗形像差和像散。后一类有像场弯曲和畸变。在摄影工作中，常因摄影头制作不精密或人为损害，不能将一点所发出的所有光线聚焦于底片感光膜上的同一位置，使影像变形或失焦而模糊不清。

ABF 强制通风冻结 air-blast freezing 的缩写；**自动后焦调节** auto back focus 的缩写。

abnormal environmental condition 异常环境条件 指产品或工程满足自然环境的某个或多个环境因素发生变化，破坏了自然生态的相对平衡，使人群或生物群受到威胁或绝灭的现象时的条件。

above ground structure (AGS) 地面建筑物 一般是指人们在其内进行生产和生活活动的建筑，如住宅、办公楼、旅馆、文化馆、博物馆、影院剧场、会展、教育、金融、交通、医疗、体育、商店、工业建筑等。

ABS 丙烯腈-丁二烯-苯乙烯 acrylonitrile butadiene styrene 的缩写；**分配(存储)块大小** allocation block size 的缩写；**自动平衡系统** auto-balance system 的缩写。

absent extension advice 无人分机通报器 专用程控交换机(PABX)的一种服务功能。当分机用户不在场时，它将入站呼叫转接到交换机的回答装置或录音通报器，向被呼叫用户报告此时的电话号码等信息。

absent extension diversion 分机用户缺席转接 在程控交换(PBX)系统中，指当分机用户不在时，系统会根据另一个分机用户的申请而转接到该分机，或根据事先的设置自动转接到另一个分机。

absolute humidity 绝对湿度 空气中水汽绝对含量的一种度量，指在标准状态下，每立方米湿空气中所含水蒸气的质量，即水蒸气密度，单位为 g/m^3。它与水气压(e)的关系为：$\rho = 289e/T(g/m^3)$，式中 ρ 为绝对湿度,e 为水气压(mmHg),T 为绝对温度(单位 K)。当气温等于 16℃(289K)时,$\rho = e$。一般情况下,气温数值与 16℃ 相差不大,以 mmHg 为单位的水气压与绝对湿度在数值上相近,因而在实际工作中有时以水气压来代替绝对湿度。

absolute permeability 绝对磁导率 磁导率,又称导磁系数,是衡量物质导磁性能的一个系数,以字母 μ 表示,单位是亨每米。真空的磁导率又称绝对磁导率,其值为常数,$\mu_0 = 4\pi \times 10^{-7}$(H/m)。通常指的磁导率是相对磁导率,是材料磁导率与真空磁导率之比值,是一个无单位的物理量。

absolute temperature scale (ATS) 绝对温标 热力学温度标准,又称开尔文温标、绝对温标,简称开氏温标,是国际单位制七个基本物理量之一,符号为 T,单位为 K。其描述的是客观世界真实温度,同时也是制定国际协议温标的基础,是一种标定、量化温度的方法。一般所说的绝对零度对应于−273.15℃。

absorption peak 吸收峰值 在一个特定频率或波长上,信号因吸收损耗而出现的最大衰落。

absorptive coefficient of solar radiation 太阳能辐射吸收系数 指材料表面吸收的太阳能辐射热与入射到该表面的太阳辐射热之比。

abstract syntax notation one (ASN. 1) 抽象描述语言 一种 ISO/ITU-T 标准,它描述了一种对数据进行表示、编码、传输和解码的数据格式,提供了一整套正规的格式用于描述对象的结构,而不管语言上如何执行及这些数据的具体指代,也不论是什么样的应用程序。

abutment 对接 将各部分端部的对接部接合固定起来,亦称端接。

AC 变流电 alternating current 的缩写;**访问码** access code 的缩写;**访问控制** access control 的缩写。

AC 自适应控制 adaptive control 的缩写。

AC input power 交流输入电源 电气设备接入的交流电源。在 UPS 系统中,指向 UPS 和旁路(如有)供电的电源,既可以是主电源,也可以是备用电源。

AC powered embedded thermal control equipment 交流电源嵌入式温控设备 输入电源为交流电源(如:220V 交流电源等)的嵌入式温控设备。温控设备(包括温控开关、温度保护器、温度控制器等)根据工作环境的温度变化,在开关内部发生物理形变而产生某些特殊效应,导通或者断开,发出开或关的命令,从而控制设备的运行以达到某种目的或效果。

AC-3 环绕声数字音频编码 audio coding generation 3 的缩写。

ACC 风冷冷凝器 air cooled condenser 的缩写。

accelerated graphical port (AGP) 图形加速端口 由 Intel 公司设计与主导,应用于主机板上的图形插槽。AGP 最大的功能就是要更快速地处理及显示影像、图形,同时可使用部分主存储器来充当显示内存,用以降低系统成本。因此不管是游戏设计者或是3D软件研发公司，都可以推出图形更复杂的软件，充分发挥AGP强大的威力。应用的条件是主机板上具有AGP插槽，显示卡为AGP规格。

acceptance group 验收小组 工程项目验收时，由建设单位或工程发包方组织相关人员形成的、承担验收工作的临时机构。

acceptance inspection 竣工验收 指工程施工和自检完成后，进入竣工验收阶段时由工程验收小组进行的对项目范围内的工程质量、实施过程、交付物（包括硬件、软件及施工文件资料）及工程耗费的检查和接收工作。

acceptance test 验收测试 工程验收阶段进行的测试工作。

acceptance testing 验收测试 同acceptance test。

access attendance 门禁考勤 包含出入管理和考勤功能的电子信息系统。它不仅具有对出入人员身份识别、控制开门的基本功能，还具有考勤统计、查询、报警等功能，已经成为现代企业、单位出入管理与考勤的主要方法之一。

access card 门禁卡 用于刷卡开门、标示持卡人身份等功能的卡片。它与信用卡外观相似，内存有编码数据。卡的类型有磁卡、维根卡、感应卡等。

access code (AC) 访问码 通常指由一组字母、数字及其组合所形成的代码，也称口令，用于使用计算机或系统资源时验证使用者的合法性。在通信中用作访问远端计算机的识别码。对于网络或联机服务来说，访问代码一般指用户名或用户识别码和口令密码。

access control (AC) 访问控制 ① 几乎所有系统（包括计算机系统和非计算机系统）都需要用到的一种技术。它是按用户身份及其所归属的某项定义组来限制用户对某些信息项的访问，或限制对某些控制功能使用的一种技术。访问控制通常用于系统管理员控制用户对服务器、目录、文件等网络资源的访问。② 按确定的规则，对实体之间的访问活动进行控制的安全机制，能防止对资源的未授权使用。

access control list (ACL) 访问控制列表 路由器和交换机接口的指令列表，用来控制端口进出的数据包。

access control system (ACS) 出入口控制系统 利用自定义符识别或模式识别等技术对出入口目标进行识别并控制出入口执行机构启闭的电子系统或网络。

access controller 门禁控制器 出入口控制系统中的控制单元。它是系统中的前端设备，直接连接人工开门按钮、身份识别装置（如读卡器）和门锁启闭执行部件。它将来自开门按钮状态信息、身份识别装置识读信息进行比对和处理生成控制信号驱动门锁启闭执行部件动作。在联网型出入口控制系统中，门禁控制器与系统管理中心进行信息交互，将门口出入信息、控制器状态信息随时发送至系统管理中心，并接收来自管理中心的

A

指令驱动门锁启闭执行机构。

access gateway of IoT　物联网接入网关　物联网系统中负责连接传感器网络和通信网络的接入设备。

access group　门禁组　在门禁系统中指一组具有相同出入权限的人员的集合。

access log　访问日志　系统在运行和操作时保留的记录。

access mainframe　门禁控制主机　指出入口控制系统中的中央工作站。它包括管理计算机、门禁控制软件和其他辅助设备。

access network (AN)　接入网　由用户网络接口（UNI）到业务节点接口(SNI)之间的一系列传送实体所组成的全部设施。接入网处于传送网的边缘，是传送网的一部分。接入网的功能包括接口功能、核心功能和传输功能。接口功能实现用户终端与接入网的物理电气接口适配；核心功能实现用户终端和业务网的互联互通；传输功能实现用户网络接口与业务节点接口之间的信息传送。接入网可经标准化的网络管理接口进行配置与管理。参照开放系统互联(OSI)基本参考模型的概念，接入网具有第一、第二层功能，有时还有第三层的部分功能。

access path　接入通道　在布线系统中，是指连接公共建筑外部的人孔(手孔)至公共建筑内部的进线间或中心机房的光缆(电缆)通道，可包含入户管道、线缆桥架、托架、弱电竖井等。

access point (AP)　(无线网的)接入点，访问点　是组建小型无线局域网时最常用的设备，类似于传统有线通信网络中的 HUB。AP 相当于一个连接有线网络和无线网络的桥梁，其主要作用是将各个无线网络客户端连接到一起，然后将无线网络接入局域网。大多数的无线 AP 都支持多用户接入、数据加密、多速率发送等功能，一些产品更提供了完善的无线网络管理功能。对于家庭、办公室这样的小范围无线局域网而言，一般只需一台无线 AP 即可实现所有计算机的无线接入。不少厂商的 AP 产品可以互联，以增加广域网(WLAN)覆盖面积。也正因为每个 AP 的覆盖范围都有一定的限制，正如手机可以在基站之间漫游一样，无线局域网客户端也可以在 AP 之间漫游。

access privilege　访问特权，接入特许　根据在各种预定义组中用户的身份标识及其成员身份的特许权限访问某些信息项或某些控制的机制。访问控制通常由系统管理员用来控制用户对网络资源(如服务器、目录和文件)的访问，并且通常通过向用户和组授予访问特定对象的权限来实现。

access provider　接入提供商　提供因特网接入服务的机构。一般分为两种类型：ISP(因特网服务提供商)和 OSP(联机服务提供商)。ISP 主要是为用户提供一条高速访问因特网的链接，接入的网络可以是它自己的，也可以是别的公司的网络。OSP 有它自己的网络，但还提供附加的信息服务，非订阅用户是不能使用的。

access system **门禁系统** 也称出入口控制系统。是利用自定义符识别或模式识别技术对出入口(或门)目标进行识别并控制出入口(或门)执行机构启闭的电子系统或网络。已广泛应用于各类建筑物之中,成为智能安防的重要组成部分。

accessory building **辅助建筑物** 在一个建筑项目中,除主体建筑物外的配套建筑物。

accessory module **配套组件** 为主机组装并实现正常运行的配套零部件。如在模块式空调机房设备中,指膨胀罐、连接密封套件、绝热保护部件、减震降噪部件、静音部件、散热部件等配套件。

accident analysis **事故分析** 对已经发生的事故进行的调查、研究和分析,以求找到事故发生的原因和避免事故的解决方案。

accident analysis report **事故调查报告** 在事故分析后形成的调查报告。报告应当包含事故概况、事故分析、事故教训、防范措施以及事故处理建议等内容。

accident book **意外事故记录册** 对意外发生的事故进行登记的文档。

accident control **事故控制** 基于对事故的分析所形成的控制、管理方法和制度。

accident frequency **事故频率** 在对事故的统计分析后,所得到的事故发生的周期性数据。

accident hazard **事故危险** 事故对人身、社会和环境的伤害程度,一般应在事先构成的应急预案中进行分析,并对危险性高的事故采取有针对性的预防措施。

accident investigation **事故调查** 在事故发生后,对事故的发生原因及危害进行的调查工作。

accident pattern **事故类型** 按照一定的规则对事故进行分类,以便有针对性地、按一定优先级提出事故控制的方法。

accident prevention **事故预防** 针对事故发生可能性预测,事先采用相应的防范措施以防止或降低事故发生的可能性。

accident prevention program (APP) **事故预防计划** 事先对可能出现的事故提出防范措施,其中包括人员、设备和时间安排。

accident probability **事故可能性** 根据实际事故统计分析和理论分析,确定事故发生的可能性。

accident rate **事故率** 事故发生的概率。

accident recorder **事故记录器** 系统或设备中对事故的记录装置或记录软件。

accident report **事故报告** 对事故记录、分析的报告文件。

accident spot **事故现场** 事故发生的现场,包括现场情况。

accident statistic **事故统计** 使用统计学原理,对事故发生的时间、地点、危险性等因素进行的统计分析。

accident voucher of tooling **工艺装备事故报告单** 一种专门设计用于工艺装备事故的报告单。

accidental rate analysis **事故率分析**

对事故发生概率的分析。

accidental report **事故报告(书)** 同 accident report。

accidental risk **事故危险性** 对事故发生后可能或已经造成的危险。

accidental severity **事故严重程度** 事故发生时的状态描述,主要是指它所产生的后果等级。我国对安全生产事故分为特别重大事故、重大事故、较大事故和一般事故四个等级。

accidental site **失事地点,事故现场** 已经发生的意外事故所在的地点。

accommodation **住宿** 在项目工程施工期间,施工人员在项目现场附近休息和居住。

accommodation stairway **简易楼梯** 在火灾发生时用作便于人员疏散的附加楼梯。

account **账户** 根据会计科目设置的,具有一定格式和结构,用于反映会计要素的增减变动情况及其结果的载体。在付费有线电视系统的用户管理系统(SMS)中,指客户使用业务时进行付费的实体,是用户缴费、定制综合账单的基本管理单元。

accreditation **合格鉴定** ① 对工程的全部或某一阶段进行质量检查并认定为合格的鉴定工作。② 对人员的身份验证、认可。

ACCU **风冷冷凝机组** air cooled condensing unit 的缩写。

ACD **自动话务分配[分配话务]** automatic call distribution 的缩写;**自动呼叫分配器** automatic call distributor 的缩写。

ACE **空气调节设备** air conditioning equipment 的缩写;**辅助控制单元** auxiliary control element 的缩写。

ACF **活动状态帧率控制** activity controlled frame rate 的缩写;**自适应梳状滤波器** adaptive comb filter 的缩写。

acid wash **酸洗** 指对设备(如机柜等)的金属表面使用专门的酸性溶液进行清洗,以去除金属表面的锈迹等杂质的工艺。

acknowledged information **确认信息** 对已有信息进行确认后的新信息。

acknowledged information transfer service (AITS) **确认信息传递服务** 在系统安装、调试或操作过程中,为防止出错所进行的确认步骤。

ACL **访问控制列表** access control list 的缩写。

acoustic amplification system **扩声系统** 把讲话者的声音对听者进行实时放大的系统,讲话者和听者通常在同一个声学环境中。扩声系统包括扩声设备和声场(声学环境)两部分组成,扩声设备主要包括音源、音频处理与放大、扬声器三大部分。

acoustic echo canceler (AEC) **回声消除器** 一种将去程信道与返程信道的信号作比较,产生回波信号的"复制品",从而达到消除回波效果的电路或装置。

acoustic power level (APL) **声功率级** 声功率与基准声功率之比,以分贝计,其数字表示式为 $L_w = 10\lg(W/W_0)$,常用基准声功率 W_0 为 10 W 计算。

ACP **空气调节过程** air conditioning

process 的缩写。

acquisition 采集 指信息的收集或捕获。广播电视中的信息采集是制作流程的一个环节，采集对象的图像和声音，并将其转化成视频、音频信号或数字信息。

ACR 衰减串扰比 attenuation to crosstalk ratio 的缩写。

ACR-F 远端衰减与串扰比 attenuation to crosstalk ratio at the far-end 的缩写。

ACR-N 近端衰减与串扰比 attenuation to crosstalk ratio at the near-end 的缩写。

acrylonitrile styrene acrylate copolymer (ASA) 丙烯腈-苯乙烯-丙烯酸共聚物 一种工程塑料，是汽车内饰常用的材料，也用于塑料面板，主要特点是耐候性好，抗老化能力强。它保持了 ABS 的主要特性，并结合了亚克力耐候的特点，与 PC/PVC 具有良好的兼容性，使产品可以延伸至户外使用。

acrylonitrile butadiene styrene (ABS) 丙烯腈-丁二烯-苯乙烯 ABS 是五大合成树脂之一，其抗冲击性、耐热性、耐低温性、耐化学药品性及电气性能优良，还具有易加工、制品尺寸稳定、表面光泽性好等特点，容易涂装、着色，还可以进行表面喷镀金属、电镀、焊接、热压、粘接等二次加工。广泛应用于各类设备、零部件、面板的壳体，是一种用途极广的热塑性工程塑料。

ACS 出入口控制系统 access control system 的缩写；**先进布线系统（美国 IBM 公司综合布线系统的品牌名称）** advanced connectivity system 的缩写；**空气调节系统** air conditioning system 的缩写。

action signal 动作信号 由动作表示的信号。

action with alarm 报警联动 在报警（火灾自动报警或入侵报警）系统中，当前端设备检测到报警信号后，系统或设备会按照预先设置好的策略，自动执行相应的动作，比如启动录像、图像抓拍、云台抵达预置位、弹出提示框、联动声光告警等。

active 3D 主动 3D 用高刷新率的画面输出，通过快门眼镜，达到左右眼影像的控制。

active alarm 自动报警器 当系统或系统中某一工作单元发生或将要发生故障或者危险时，自动发出报警信号的装置。

active device 有源器件 需要电源来实现其特定功能的电子元器件。在建筑智能化系统中，指需要提供电源的传输、控制、计算、存储装置。

active directory service (ADS) 活动目录服务 将网络中各种对象组合起来进行管理，方便网络对象的查找，加强网络的安全性，有利于用户对网络的管理。它是一种目录服务，存储有关网络对象的信息，例如用户、组、计算机、共享资源、打印机、联系人等信息，使管理员和用户可以方便地查找和使用这些网络信息。通过该目录，用户可以对用户与计算机、域、信任关系，以及站点与服务进行管理。目录具有可扩展性与可调整性。

active electronic circuitry 有源电子电路 需要提供电源维持运行实现预定功能的电子电路。

active equipment 有源设备 需要提供电源的设备和装置。

active Ethernet 有源以太网,以太网供电 在现有的综合布线系统不做任何改动的情况下,在为一些基于 IP 的终端(如 IP 电话机、无线局域网接入点 AP、网络摄像机等)传输数据信号的同时,还能为此类设备提供直流供电的技术。

active format descriptor (AFD) 有效格式描述符 指一组标准代码,可将其发送到 MPEG 视频流中或携带有纵横比和有效图像特性信息的基带 SDN 视频信号中。它已广泛用于电视广播中,使 4∶3 和 16∶9 图像格式的电视机对任一格式传输的图像进行最优显示。它也用于广播电台,动态地控制宽屏 16∶9 图像格式以 4∶3 的图像格式显示。

active infrared detector 主动红外探测器 入侵报警探测器的一种。它由发射单元和接收单元两部分组成,发射单元由电源、发光源和光学系统组成,接收单元由光学系统、光电传感器、放大器、信号处理器等部分组成。在入侵报警系统中作为系统的前端设备装置于直线型防区的两端,接收单元接收来自发射单元的红外光束,当发射单元与接收单元之间红外光束被遮断时,接收单元就产生报警信号送入系统。由于防区报警信号的产生是由系统设备主动发出红外光产生,故将其称为主动红外入侵探测器,而那些采集被监测物体发出的红外线的探测装置就叫作被动红外探测器。

active infrared intrusion detector 主动红外入侵探测器 同 active infrared detector。

active matrix 有源矩阵 屏幕上显示的每个像素都在显示缓冲区中建有映像的图像阵列。对缓冲区内的任何内容的修改,都会在屏幕上相应地表现出来。与无源阵列相比,有源矩阵能更精确地控制屏幕显示内容,图像稳定度和色彩质量更好。它是使用叫作 TFT(thin film transistor 薄膜晶体管)的存储器元件来创建各个有源像素的一种 LCD 技术。当前,个人计算机显示器、液晶电视及手机采用的大部分彩色液晶面板均为有源矩阵型。它有 Amorphous TFT(无定型 TFT)和 Polysilicon TFT(多晶硅 TFT)两种类型。

active power 有功功率 指单位时间内实际发出或消耗的交流电能量,是周期内的平均功率。在单相正弦交流电路中,它等于电压有效值、电流有效值和功率因素之乘积。非正弦交流电路中的有功功率是电源的基波和各次谐波电功率之和。有功功率以字母 P 表示,单位为瓦(W)。

active speaker 有源音箱 带有功率放大器的音箱,如多媒体电脑音箱、新型会议系统中的有源音箱、家庭影院有源音箱等。

activity controlled frame rate (ACF) 活动状态帧率控制 在数字通信系统中,指当使用此功能时,会在帧间不断地监视运动的状态。当在场景中没有运动时，帧频率将变为1 fps。当发生运动，帧频率将按用户指定的数量增加。

activity detection 活动侦测 ① 在视频监控系统中，指利用图像中的人体活动特征而形成的侦测方法。② 在入侵报警系统中，指探测器根据人体移动特征而形成侦测方法。

ACTS 高级通信技术卫星 advanced communication technology satellite 的缩写。

actuator 执行器 是自动控制系统中必不可少的重要组成部分。其作用是接受控制器送来的控制信号，通过调节或启、闭风阀、水阀等的开度或电源开关，控制温度、湿度、流量、液位等，将被控变量维持在所要求的数值或一定的范围内。执行器控制方式有调节型控制和开关型控制，其中调节型控制执行器的信号是标准的连续性电信号；开关型控制执行器的信号是开关量信号，可以是一个开关触点，也可以是一个电信号。执行器按其驱动能源形式不同，可分为气动、电动和液动三大类，它们各有特点，适用于不同场合。

adaptation layer ATM (AAL) 异步传输模式[ATM]适配层 同 ATM adaptation layer (AAL)。

adapter 适配器 一种接口转换器。它可以是一个独立的硬件接口设备，允许硬件或电子接口与其他硬件或电子接口相连，也可以是信息接口。比如：光纤适配器、电源适配器、三角架基座转接部件、USB与串口的转接设备等。

adaptive audio coding (AAC) 自适应音频编码 又称 AAC 格式，是一种专为声音数据设计的文件压缩格式，与 MP3 类似。AAC 格式，利用联合调整信源和信道编码模式来适应当前信道条件与业务量大小，即实际语音的编码速率取决于信道条件，是信道质量的函数，从而选择最佳的语音编码速率。在信道质量下降时，使声音文件明显减小，但不会让人感觉声音质量有所降低。

adaptive comb filter (ACF) 自适应梳状滤波器 梳状滤波器是由许多按一定频率间隔相同排列的通带和阻带组成，只允许某些特定频率范围的信号通过，其特性就像梳子一样，故称梳状滤波器。在视频图像处理系统中，自适应梳状滤波器能够通过动态跟踪图像中变化来变换其运行参数，能达到亮、色分离的良好效果。

adaptive control (AC) 自适应控制 能修正自身特性以适应对象和扰动的动态特性变化的控制。① 生物能改变自己的习性以适应新的环境。② 不论外界发生何种变化或系统产生不确定性，控制系统能自行调整参数或产生控制作用，使系统仍能按照某一性能指标运行在最佳状态。例如飞机在飞行过程中，其质量因燃料消耗而逐渐下降，就需要适应对这种飞行参数变化条件的自适应控制。自适应控制的基本过程是信息采集→在线识别或性能计算→控制决策→修正调控。

adaptive differential pulse code

modulation (ADPCM) **自适应差分脉冲编码调制** ① 一种在语音信号的标准脉冲编码调制中计算两个连续话音取样之间差异的编码方法。这种差异计算采用自适应滤波器进行编码，以低于标准 64 kbps 技术的速率进行传输。许多语音处理者慎用的 ADPCM 允许语音信号编码所用的空间是 PCM 的一半。② 多媒体数字波形的一种压缩方式。它对相连样值的差而不是它们的实际值进行编码，即把先前各采样值的线性组合与实际采样值之间的差值存储起来作为本次采用值，从而有效地减小音频波形的动态范围。它是供CD-ROM/XA(只读碟扩展存储结构)和只读光碟交互系统使用的一种存储技术。采用 ADPCM 可使存储在一张 CD-ROM 中的声频信息量从 1 小时增加到 16 小时。

ADC **A/D 转换器，模数转换器** A/D converter 的缩写。

add & drop multiplexer (ADM) **分插复用器** 同 add/drop multiplexer (ADM)。

add/drop **分插，分出插入，分路插入** 分出并插入的操作，即从集合(线路)信号中分出或加入一部分信号。

add/drop applications **分插方式应用** 分出插入技术在通信系统中的具体应用。如同步数字体系(SDH)网的节点能方便地插入和分出低速率信号，能对高速率信号中的低速率信号进行交叉连接，而在本质上不处理信令的"交换"功能。

add/drop multiplexer (ADM) **分插复用器** 既可把信号从传输系统分出又可将其插入传输系统的设备或装置。

add-in program **附加程序** 用于配合应用程序工作并扩展应用程序功能的一种附加或公用程序，可以作为一个模块嵌入其中。附加程序可由其他软件开发商开发，包括在诸如审计程序、文件浏览器程序等一类应用程序中，以及包括在许多电子数据表内的"假设"程序。

additional building **附加建筑物** 在一个建筑项目中，除主建筑物外的配套建筑物。

additional charge **附加费** 附加费是相对于主费(基本费)而言的，顾名思义是指附加在主费合同下的附加合同。它不可以单独交费。附加费一般少于主费，但它的存在是以主费存在为前提的，不能脱离主费，形成一个比较全面多元的收费。

additional factor for exterior door **外门附加率** 建筑设计中的一种计算参数，指基于建筑物外门构造及开启的频繁程度，在附加耗热量计算中采取的所占基本耗热量的百分率。

additional factor for wind force **风力附加率** 建筑围护结构计中的一种计算参数，是指基于较大的室外风速会引起围护结构外表面换热系数增大，在附加耗热量计算中采取的所占基本耗热量的百分率。

additional heat loss **附加耗热量** 建筑围护结构设计中的一种计算参数，指在不避风的高地、河边、海岸、旷野上的建筑物围护结构耗热量计算时，应当附加的耗热量值。我国《采暖通风与空气调节设计规范》规定：民用建筑和工业企业辅助建筑物，当房间高度超过 4 m 时，每增高 1 m，应附加的耗热量为房间围护结构总耗热量(包括围护结构传热基本耗热量和其他修正耗热量)的 2%，但总的附加值不大于 15%。

additional load　附加载荷　是指非经常性作用的载荷。附加载荷多为水平方向，主要包括制动力或牵引力、风力、列车摇摆力、水流压力、冰压力、温度变化影响力、冻胀力。由于附加载荷的最大值并不经常出现，而各种附加载荷同时出现最大值的机会更少，因此考虑采用附加载荷时，材料容许应力数值可提高 20%～30%。

additional service　附加业务　即在基本业务基础上增设的业务类型。例如，互联网数据中心在基本业务之上可由用户选购的业务，包括安全防护类、数据存储类、流量管理类、维护管理类、内容管理类、系统集成类等业务。

add-on security　附加安全措施　在计算机系统投入运行后，通过元件或软件实现对保护机制的更新和改进。

addressable detector　可编址探测器　带地址编码的探测器。如带地址编码的感烟火灾探测器、报警传感器等。

addressing　寻址　指寻找操作数据或设备的地址。它是数据恢复的基础，也是定位数据和扇区的关键。当采用地址指定方式时，形成操作数据或指令地址的方式称为寻址方式。寻址方式分为两类：指令寻址方式和数据寻址方式。例如，在 ZigBee 中使用两种地址：一种是 64 位的 IEEE 地址，在所有 ZigBee 设备之中是唯一的。另一种是 16 位的网络地址，在 ZigBee 网络中唯一，用于数据传输和数据包路由。数据包可以单播(unicast)、多播(multicast)或者广播(broadcast)。

adhesive power　附着力　两种不同物质接触部分间的相互吸引力。这种吸引力是两种物质分子间存在着相互作用的吸引力的一种表现，只有当两种物质分子间的距离非常小时(小于 10^{-8} m)才能显示出来。因为从微观角度看，固体的表面往往是凸凹不平的，所以两种固体接触时不能显示出附着力的作用。由于液体与固体能够密切接触，因此液体与固体间就能显示出附着力的作用。液体浸润固体的现象，就是由于在与固体相接触的液体附着层中，附着力发生作用的结果，当附着力大于液体的内聚力时，液体就会浸润固体。

adhesive strip　黏合带　采用黏合方式进行联结的胶带或尼龙带(如尼龙搭扣带)，常用于成束缆线的绑扎。俗称魔术贴。

adjustable block　调节块　布线系统 TERA 模块(带宽可以达到 2.5 GHz 的模块之一)的安装工具中，用于准确地确定线缆长度的构件。

adjusting valve　调节阀　又名控制阀，在建筑设备监控系统或工业自动化控制领域中，通过接收调节控制单元输出的控制信号，借助动力操作去改变介质流量、压力、温度、液位等工艺参数的最终控制元件。一般由执行机构和阀门等组成。

adjustment certificate 调校证书 仪器仪表一般都需要进行定期检测和调校,以确保其有效性和精度。调校证书是在调校合格后,由调校单位所出具的有效证书。

ADM 分插复用器 add & drop multiplexer 的缩写;**分插复用器** add/drop multiplexer 的缩写。

administration 管理 在特定的环境下,对组织所拥有的资源进行有效的计划、组织、领导和控制,以便达成既定的组织目标的过程。当"管理"应用于布线系统时,指定义布线系统及其容量、功能元素和记录移动、添加及改变等过程的标记的文档要求的方法。

administration module 管理模块 用于系统管理的软件或硬件。

administration unit (AU) 管理单元 由 AU-PTR 和一个高阶 VC 组成,在骨干网上提供带宽的基本单元。目前有 AU-3 和 AU-4 两种形式,AU 也可以由多个低阶 VC 组成,此时每个低阶 VC 都包含在一个 TU 中。

administration unit pointer (AUP) 管理单元指针 管理单元中用来指示信息净负荷的第一个字节在STM-N帧内的准确位置的指示符,以便接收端能根据该指示符的值(指针值)正确分离信息净负荷。

administrative area 行政管理区 行政区是国家为了进行分级管理而实行的区域划分。《中华人民共和国宪法》中规定,中华人民共和国行政区划分为省级行政区、县级行政区、乡级行政区三个级别。在数据中心内部的行政区是指用于日常行政管理及客户对托管设备进行管理的场所,包括工作人员办公室、门厅、值班室、盥洗室、更衣间、用户工作室等。

administrative unit alarm indication signal (AU-AIS) 管理单元告警指示信号 指管理单元中有关网络告警的语句或词段,包括说明告警性质、部位、告警接收单位和告警的方式等。

administrative unit group (AUG) 管理单元组 由单个或多个在 STM-N 净负荷中占据固定的不确定位置的 AU 管理单元组成的集合体。

administrator 主管 在工程项目中,主管是项目某一领域的首席管理者。

ADP 仪器露点 apparatus dew point 的缩写。

ADPCM 自适应差分脉冲编码调制 adaptive differential pulse code modulation 的缩写。

ADS 活动目录服务 active directory service 的缩写。

ADSL 非对称数字用户线路 asymmetrical digital subscriber line 的缩写;**非对称数字用户环路** asymmetrical digital subscriber loop 的缩写。

ADSL transmission unit-central (ATU-C) ADSL 传输中央单元(Modem) 根据 ADSL 的接入模型,ADSL 主要由局端模块和远端模块组成。局端模块包括在中心位置的 ADSL Modem 和

A

接入多路复合系统,处于中心位置的ADSL Modem称为ATU-C。接入多路复合系统中心Modem通常组合成一个,称作接入节点,也称作DSLAM(DSL access multiplexer)。

ADSL transmission unit-remote (ATU-R) ADSL远传单元(Modem) 由用户ADSL Modem和滤波器组成,用户端ADSL Modem通常称为ATU-R(ADSL transmission unit-remote)。ADSL接入的优点是可以利用现有的市内电话网,降低施工和维护成本。缺点是对线路质量要求较高,线路质量不高时推广使用有困难。它适合用于下行传输速率1~2 Mbps。

ADSL-high-speed internet access ADSL-高速因特网接入 ADSL技术具有上行、下行速率不对称的特点,适用于多种宽带业务。它对因特网接入也比较适用。由于它是利用现有铜线用户线资源,因而投资少、见效快,特别适用于中、小企业用户。在光纤到户技术普及以前,ADSL是家庭上网的重要手段之一。

ADSS 全介质自承式光缆 all dielectric self-support的缩写。

advanced audio coding (AAC) 高级音频编码 一种专为声音数据设计的文件压缩格式。与MP3不同,它采用了全新的算法进行编码,更加高效,具有更高的性价比。利用AAC格式,可使人感觉在声音质量没有明显降低的前提下,更加小巧。苹果iPod、诺基亚手机等均支持AAC格式的音频文件。

advanced authoring format (AAF) 先进制作格式 一种用于多媒体创作及后期制作的面向企业界的开放式标准。

advanced communication technology satellite (ACTS) 高级通信技术卫星 它基本组成包括有通信卫星、测控系统、地球站和监管系统等。现今大量卫星通信新技术已经得到使用。通信卫星起中继作用,把一个地球站送来的信号经变频和放大传送给另一端的地球站。地球站是卫星系统与地面系统的接口,地面用户通过地球站出入卫星通信系统,形成连接电路。为了保证系统正常运行,还必须有测控系统和监测管理系统配合。测控系统对通信卫星的轨道位置进行测量和控制,以保持预定的轨道。监测管理系统对所有通过卫星有效载荷(转发器)的通信业务进行监测管理,以保持整个系统安全、稳定地运行。

advanced connectivity system (ACS) 先进布线系统(美国IBM公司综合布线系统的品牌名称) 美国IBM公司的综合布线系统产品品牌名称,它全面符合综合布线系统的各种标准,如:中国标准、国际标准、美国标准等。

advanced video coding (AVC) 高级视频编码 指H.264/AVC标准,由ITU-T和ISO/IEC联合开发。ITU-T给这个标准命名为H.264(以前叫作H.26X),而ISO/IEC称它为MPEG-4高级视频编码。

adverse slope 反坡 指在介质运行前方设置一个向上的坡,使运行速度降低或阻止前行。例如,水的反坡现象是水因惯性漫上了反坡或水从低处流到了高处的现象。

advice of charge (AoC)　收费通知　通信系统的一种补充业务,向需要付费的移动用户提供所使用通信业务的计费信息。当移动用户的预留金额无法支付通信费用时,中断正在进行中的业务。

ADX　平均趋向指数　average directional index 的缩写。

AEC　回声消除器　acoustic echo canceler 的缩写。

AEER　全年能效比　annual energy efficiency ratio 的缩写。

aerial cable　架空电缆　架设在高出地面的电线杆上或类似的高空结构上的一种电缆。

aerial fiber optic cable　架空光缆　适合采用架空方法铺设的光缆。

aerial insulated cable　架空绝缘电缆　具有绝缘层和保护外皮的适合架空敷设的电缆。

aerial ladder fire truck　云梯消防车　用于高层建筑火灾扑救的一种装备车辆。它设有液压升高平台,供消防人员进行登高扑救高层建筑、高大设施、油罐等火灾,营救被困人员,抢救贵重物资以及完成其他救援任务。车上设有伸缩式云梯,可带有升降斗转台及灭火装置,适用于高层建筑火灾的扑救。

AES　自动电子快门　automatic electronic shutter 的缩写。

AESS　自动抑爆系统　automatic explosion suppression system 的缩写。

AEV　自动膨胀阀　automatic expansion valve 的缩写。

AFD　有效格式描述符　active format descriptor 的缩写;**常压冷冻干燥**　atmospheric freeze drying 的缩写。

AFDS　自动火灾探测系统　automatic fire detection system 的缩写。

AFEXT　外部远端串扰损耗　alien/exogenous far-end crosstalk loss 的缩写。

AFR　空气过滤调节器　air filter regulator 的缩写;**幅频响应**　amplitude-frequency response 的缩写。

after flow　塑性变形　是物体在一定的条件下,在外力的作用下产生形变,当施加的外力撤除或消失后该物体不能恢复原状的一种物理现象。

after service　售后服务　在商品出售以后所提供的各种服务活动。售后服务是售后最重要的环节,它已经成为企业保持或扩大市场份额的要件,售后服务的优劣能影响消费者的满意程度。建筑智能化工程的售后服务,是指工程完工交付使用后在系统运行过程中的技术支持和服务。

afterburner　补燃器,复燃室　喷射发动机等的加力燃烧室,在发动机后加装一个后燃室,让前端产生的尾气与燃气重新燃烧产生更大的推力。

after-condenser　后冷凝器,二次冷凝器　指制冷(或冷却)系统的一种换热装置。它将经过前端已经冷却过的气体或蒸气再次制冷(或冷却),使热量以很快的方式散发出去,使气体(包括蒸气)温度快速降低,并转变为液体。在许多系统中需要多次换热冷却过程才能达到预期的冷凝要求。如发电厂需用许多冷凝器使涡轮机排出的蒸气得到冷凝。

after-cooler 后冷却器,二次冷却器 空气压缩机输出的压缩空气温度可达180℃,在此温度下,空气的水分完全呈气态。后冷却器的作用就是将空压机出口的高温空气冷却至40℃以下,将大量水蒸气和变质油雾冷凝成液态水滴和油滴,以便将它们清除掉。后冷却器有两种:水冷和风冷。因为水冷后的温度低,能除去更多的水,所以常用水冷式后冷却器。风冷式后冷却器用在水质硬或取水困难的地方。

after-flaming 补充燃烧 对燃烧后的燃烧产物(烟气、灰渣)中剩余的可燃物再次燃烧,以期达到完全燃烧。这是热能装置和系统中重要的节能减排措施。

after-heat 余热 生产过程中释放出来的可被利用的热能,主要有高温废气等。余热利用可以通过余热锅炉产生蒸汽,推动汽轮机做机械功或发电,也可用来供暖或生产热水。

after-sales maintenance and organization plan 售后维护组织计划 在建筑智能化工程中,指项目管理业务对销售后的产品、系统进行维护的一套方案,它包含产品、系统在生命周期内的响应、保养、维护、故障排除等一系列的人员、设备、配合、时间等内容。

after-sales service 售后服务 同after service。

AFW 通风窗 air flow window的缩写。

AGC 自动增益控制 automatic gain control的缩写。

age hardening 时效硬化 过饱和固溶体在室温或室温以上经时效处理,硬度或强度显著增加的现象。其原理是过饱和固溶体在时效过程中发生沉淀、偏聚、有序化等反应的产物填充了晶体间隙,增加了位错运动的阻力。控制时效处理的温度、时间等条件可使合金获得不同组织结构和强化效果。

agent 自主体 一种具有自主行为能力的信息处理实体,也常称为智能自主体或智能代理。

aging 老化 ① 在高分子材料的使用过程中,由于受到热、氧、水、光、微生物、化学介质等环境因素的综合作用,高分子材料的化学组成和结构会发生一系列变化,物理性能也会相应变坏,如发硬、发黏、变脆、变色、失去强度等,这些变化和现象称为老化。高分子材料老化的本质是其物理结构或化学结构的改变。例如:有机材料构成的电缆、光缆、面板、配线架等都存在着老化的问题。② 设备老化,指设备的功能已经不符合现在的需求或设备故障频发的现象。

aging of material 材料老化 高分子材料因时间、环境等因素导致其品质慢慢发生变化。如部分面板因紫外线照射而逐渐出现泛黄现象、有些塑料件(机壳、面板等)的弯角处出现网状开裂等。

agitator 搅拌器 使液体、气体介质强迫对流并均匀混合的器件。在工业应用中常见的有涡轮式搅拌器和旋桨式搅拌器。涡轮式搅拌器的功率分配对湍流脉动有利，而旋桨式搅拌器对总体流动有利。

AGP **图形加速端口** accelerated graphical port 的缩写。

AGS **地面建筑物** above ground structure 的缩写。

AHU **空气处理单元[机组]，空调箱** air handling unit 的缩写。

AI **模拟输入，模拟量输入** analog input 的缩写；**人工智能** artificial intelligence 的缩写。

AIM **自动化基础设施管理** automated infrastructure management 的缩写。

air accumulation **集气，聚气** 气体的收集。其方法主要有三种：排水集气法，适用于收集不溶于水的气体，如氧气、二氧化碳、氢气等；向上排空气集气法，适用于收集密度比空气大的气体，如二氧化碳、二氧化氮等；向下排空气集气法，适用于收集密度比空气小的气体，如氢气等。

air admitting surface **进风口面积** 通风管道以及通、排风设备等进风口的截面积。在同一风道中，进风口面积约为 1.2 倍至 1.4 倍的出风口面积，如内部孔腔大，比例关系可降低。

air anion generator **空气负离子发生器** 利用高压电晕增加空气中负离子成分的装置，用以改善空气质量。空气负离子可以促进身体健康，被誉为“空气维生素”。医学临床实践证明，它对人体的呼吸系统、循环系统、神经方面等的疾病均有辅助疗效，因而在生活及医学界得以广泛应用。

air balance **风量平衡** 服务于净化空调系统工艺风量与压差平衡与调节。风量平衡用以保证整个空调系统处于合理的正压状态，满足使用要求，全过程、全状态稳定；使洁净区域室内送风量维持在工艺要求下的稳定，保证室内压差；排风系统中排风量平衡控制二次污染的风险。

air barrel **空气室** 安装于泵排出口的压力容器，它使泵排出的流体速度保持相对稳定，减少因泵的流量脉动造成排出管道中的压力波动。

air blanket **空气夹层，气垫橡皮布** 一种多层组合的胶布，其中一层是海绵质的充气层，受压时可以收缩。

air-blast **鼓风（喷气器，气喷净法，气流）** 运用风机驱动空气流动的强制通风。

air-blast connection pipe **风管，高压空气导管** 用于空气输送和分布的管道系统。有复合风管和无机风管两种。风管可按截面形状和材质分类。

air-blast cooling **吹风式冷却** 一种利用风扇冷却的方式。风扇冷却分为吹风和吸风两种方式。风扇置于被冷却物之前，以风扇驱动空气流向被冷却物，称为吹风式冷却；反之，风扇向外排风，吸引被冷却物周围的空气流动，成为吸风式冷却。一般道路行驶的车辆发动机的冷却采用吸风式；叉车、收割机、装载机等多数采用吹风式冷却。

air-blast freezing (ABF) **强制通风冻结** 采用翅片管式蒸发器，通过风机强制空气对流，空气流过蒸发器并使其温度降到−35℃后流经物品，使物品降温冻结。温度上升后的空气在风机的作用下再流经蒸发器降温，如此循环。

air-blast freezing plant　强制通风冻结装置　采用强制通风式冻结法的冷冻装置，其结构形式有隧道式、螺旋式和流态化冻结装置。

air bleed hole　排气孔　用以排除空气的孔洞。在建筑物屋面，由于屋面板和保温找坡层中有一定的水汽存在，故在做防水层时要求保温隔热层设置分格缝，从而使屋面中存在的水通过分格缝传递出去。一般在屋面最高处（屋顶）分格缝十字交叉处设置一排气管。分格缝间距一般不大于 6 m×6 m。排气管直径为D＝48 mm，下面设置许多排气孔，上有弯头。

air bleeder　放气管　为管道或设备高点放气而设置的管道，放气管出口有两种形式，即直管式和压接式。

air blender　空气混合器　将两种以上不同品质的空气按照一定比例混合起来输出的装置。如新风机组中通过新风口和回风口把室外清新空气和室内空气混合，经处理后由出风口送入房间。

air blower　鼓风机　一种风机，通过汽缸内偏置的转子偏心运转，并使转子槽中的叶片之间的容积变化将空气吸入、压缩、吐出。主要由下列六部分组成：电机、空气过滤器、鼓风机本体、空气室、底座（兼油箱）、滴油嘴。

air bottle　压缩空气瓶　简称气瓶，在正常环境下（－40～60℃）可重复充气使用，公称工作压力为 1.0～30 MPa（表压），公称容积为 0.4～1 000 L 的盛装永久性气体、液化气体或溶解气体的移动式压力容器。储存工作压力大于或等于 10 MPa压缩空气的叫作高压空气瓶。

air box　空气箱　简称气箱。在通风、排风系统中储有空气的容器，包括空气分配箱、空气过滤箱、空气老化箱等。

air brake　气压制动器　利用空气压力使运动部件（或运动机械）减速、停止或保持停止状态等功能的装置。在建筑设备监控（BA）系统中常见用气动制动器作执行机构。

air capacitor　空气电容器　用空气作为极片之间的介质材料的电容器。如老式电子管收音机调谐使用的空气双联可变电容器。

air change　换气　送入一定体积的新鲜空气以替换同样体积的室内原有空气。

air change rate　（通风）换气率　单位时间内（通常以每小时计）的全面换气次数。

air changes　换气次数　换气次数＝房间送风量/房间体积，单位是次每小时。换气次数的大小不仅与空调房间的性质有关，也与房间的体积、高度、位置、送风方式以及室内空气变差的程度等许多因素有关，是一个经验系数。

air circuit breaker　空气断路器　又名空气开关，是断路器的一种。它是低压配电网和电力拖动系统中非常重要的一种电器，它集控制与多种保护功能于一身。不仅能完成接续和分断电路的功能，还能对电路或电气设备发生的短路、严重过载及欠电压等进行保护。

air circulation　空气循环　在一个封闭的空间内空气的自然或强制运动。

air classifier　气流分级机　一种利用气流对物料分级的设备。分级机与旋风分离器、除尘器、引风机组成一套分级系统。运行时，物料在风机抽力作用下由分级机下端入料口随上升气流高速运动至分级区，在高速旋转的分级涡轮产生的强大离心力作用下，使粗细物料分离，符合粒径要求的细颗粒通过分级轮叶片间隙进入旋风分离器或除尘器收集，粗颗粒夹带部分细颗粒撞壁后速度消失，沿筒壁下降至二次风口处，经二次风的强烈淘洗作用，使粗细颗粒分离，细颗粒上升至分级区二次分级，粗颗粒下降至卸料口处排出。气流分级机适用于干法微米级产品的精细分级，可分级球状、片状及不规则形状的颗粒，也可对不同密度的颗粒进行分级。

air cleaner　空气滤清器　对被污染的空气进行除杂、净化等处理的装置。

air cleaning　空气净化　去除或降低空气中污染物的技术。当前主要有光催化、定量活性氧、负离子、HEPA 滤网、活性炭、净化植物、嫁接高分子聚合、生态负离子生成芯片等技术。

air cleaning device　空气清洁装置　也称空气净化器。《空气净化器》(GB/T 18801—2008)将其定义为：对室内空气中的固态污染物、气态污染物等具有一定去除能力的电器装置。可去除两种以上空气污染物的空气净化器称为多功能室空气净化器。按作用原理区分，可分为主动式净化和被动式净化两种。按作用污染物的不同分为杀菌消毒型、固态污染物去除型、机械过滤型、静电集尘型、静电驻极过滤型、负离子型、气态污染物去除型等。

air compressor　空气压缩机　简称空压机，压缩空气的气压发生装置。它是气源装置中的主体。它将原动机(通常是电动机)的机械能转换成气体压力能。

air condenser　空气冷凝器　利用空气作为冷却剂冷却热流体的换热器。管内的热流体通过管壁和翅片与管外空气进行换热，所用的空气冷却剂通常由通风机供给。它广泛应用于炼油、石油化工塔顶蒸气的冷凝，回流油、塔底油的冷却，各种反应生成物的冷却，循环气体的冷却和电站汽轮机排气的冷凝。

air condition　空气调节　即空调。对房间(或封闭空间、区域)内空气的温度、湿度、洁净度和空气流速等参数进行调节的过程，以满足人体舒适或工艺过程的要求的技术。空调器也称空气调节处理机，是指用以调节空气各参数指标的装置。它主要由风柜、风机、空气净化器、空气制冷(或制热)加湿器、温湿度传感器、新风阀、回风阀及其控制装置等组成。

air condition system project　空调系统工程　为满足电子设备机房内所有电子设备对运行环境的温度、湿度要求而进行的系统工程。

air condition terminal　空调系统末端

A

空调系统中的新风机组、空调机组、风机盘管、变风量箱等末端设备，简称空调末端。

air conditioned room **空气调节房间** 简称空调房。指具有空气调节功能的房间。

air conditioner **空调设备，空气调节器** 由风柜、风机、空气净化器、空气制热(或制冷)加湿器、温湿度传感器、新风阀、回风阀、风管及控制器构成，用以保持室内舒适、清新空气的装置。

air conditioning **空气调节** 又称空气调理，简称空调。用人为的方法同时控制和处理室内空气的温度、湿度、洁净度和气流分布的技术。可使某些场所获得具有一定温度和一定湿度的空气，用以适应空调场所的需要，满足使用者及生产过程的要求和改善劳动卫生和室内气候条件。

air conditioning area **空调面积** 由空调系统设备提供降温、除湿服务的区域的面积。空调区域中的走廊、墙体均应计入空调面积，空调区域与非空调区域邻接时，应取墙中线计算。

air conditioning equipment (ACE) **空气调节设备** 向指定空间供给经过处理的空气，以保持规定的温度、湿度，控制灰尘、有害气体的含量的设备，简称空调设备。

air conditioning machine room **空调机房** 中央空调系统中集中安装设备设施的房间。空调机房集中安装的设备包括有冷热源、循环水泵、控制阀门、分水器、集水器、过滤器、集气罐、水管、补水装置、空调机组、新风机组等。

air conditioning outlet **空调送风口** 向室内输送空气的空调管道的管口。

air conditioning plant **空调设备** 处理或输送空气以满足被调节空间要求的组装设备。

air conditioning process (ACP) **空气调节过程** 用于处理和输送调节空气的技术方法和过程。

air conditioning system (ACS) **空气调节系统** 简称空调。指用人为的方法处理室内空气的温度、湿度、洁净度和气流速度的系统。该系统可使某些场所获得具有一定温度和一定湿度的空气，以满足使用者及生产过程的要求和改善劳动卫生和室内气候条件。

air conditioning technique **空调技术** 对空气进行调节和处理的技术，并包括空气处理设备、装置，系统的设计、制造、安装、运行等技术。

air conditioning theory **空气调节理论** 研究空气调节处理技术和空调设备系统的理论。

air contaminant **空气污染物** 在正常大气成分中所找不到的有害的固体、液体或气体。

air contamination **空气污染** 由于人类活动或自然过程引起某些物质进入大气中，呈现出足够的浓度，达到足够的时间，并因此危害了人类的舒适、健康和福利或环境的现象。

air cooled air conditioner **风冷式空调器** 制冷系统中配有风冷式冷凝器的空调器。

air cooled condenser (ACC) **空气冷却**

冷凝器 简称空气冷凝器。同 air condenser。

air cooled condensing unit (ACCU) 风冷冷凝机组 由压缩机、风冷冷凝器、蒸发器、制冷阀件和控制系统组成一种中央空调系统主机，可冷暖两用，使用方便、管理简便的一种空调主机。

air cooled cylinder 风冷气缸 以空气为媒介，通过散热片传递内部热量的气缸。

air cooled type 风冷式 以空气为媒介传递热量的方式。

air cooler 冷风机 一种集降温、换气、防尘、除味于一身的蒸发式降温换气机组，分为工业冷风机及家用冷风机两类。工业冷风机一般用于冷库、冷链物流制冷环境中。

air cooling by evaporation 蒸发式空气冷却 以喷淋水和空气为媒介的冷却方式。以此原理制成的设备称为蒸发式空气冷却器，又称闭式冷却塔。它将管式换热器置于塔内，换热管外部以循环喷淋水和空气为冷却介质，喷淋水在换热管外表面上形成一层均匀的水膜，水膜吸收管内的热量而蒸发，再通过风机将水蒸气带出设备。由于是闭式循环，能够保证水质不受污染，很好地保护主设备的高效运行，提高使用寿命。外界气温较低时，可以停掉喷淋水系统，起到节水效果。随着国家节能减排政策的实施和水资源日益匮乏，密闭式冷却塔在钢铁冶金、电力电子、机械加工、空调系统等行业得到日益广泛的应用。

air cooling fin 散热片 一种散热的装置，多由铝合金、黄铜或青铜做成板状、片状、多片状等，使之增大与空气接触面积，利于通过空气介质交换热量。空调系统的空气换热装置常见使用散热片。在电子设备中，为电子元器件散热也常使用散热片，如计算机中央处理器(CPU)使用的散热片。

air curtain 空气幕 利用条状喷口送出一定速度、一定温度和一定厚度的幕状气流，用于隔断另一气流。它通常由空气处理设备、通风机、风管系统及空气分布器等组成。起动该机时，能把室内外的空气隔开，起到既出入方便，又能防止室内外冷热空气交换，还具有防尘、防污染、防蚊蝇之功效。空气幕的送风形式，常用的有上送式、侧送式和下送式三种。空气幕广泛用于电子、仪表、制药、食品、精密加工、化工、制鞋、服务、商业等行业。

air cushion 空气垫 闭式膨胀水箱内的缓冲空气垫。

air damper 风阀 也称节气门，或称气流调节器。是工业厂房、民用建筑中通风、空气调节及空气净化工程中不可缺少的中央空调末端配件。一般用在空调、通风系统管道中，用来调节支管的风量，也可用作新风与回风的混合调节。

air defense 空防 即防空。指对来自空中或外层空间的敌方飞行器进行斗争的措施和行动。在建筑物的地下层中，一般会有防空设施，其中的缆线敷设和点位布局应符合相应的规定。

A

air dielectric coaxial　空气介质同轴(电缆)　同air-spaced coaxial cable。

air diffuser　散流器，空气扩散器　将空气从送风导管引入空气调节场所的设备，让出风口出风方向分成多向流动，一般用在大厅等大面积地方的送风口设置，以便新风分布均匀。根据散流器类型有：(1) 方(矩)形散流器、圆形多层锥面散流器、圆形凸型散流器，其气流流型为平送贴附型；(2) 自力式温控变流型散流器；(3) 送回(吸)两用散流器。

air distribution　风量分配，气流组织　在空调房间内合理地布置送风口和回风口，使得经过净化和热湿处理的空气，由送风口送入室内后，在扩散与混合的过程中，均匀地消除室内余热和余湿，从而使工作区形成比较均匀而稳定的温度、湿度、气流速度和洁净度，以满足生产工艺和人体舒适的要求。

air distribution equipment　空气分布设备　同 air distributor。

air distributor　空气分布器　通过特殊织物纤维织成的空气分布系统。通过纤维渗透和喷孔射流的独特出风模式，达到均匀送风，应用在空调末端。

air entraining concrete　加气混凝土　以硅质材料(砂、粉煤灰、含硅尾矿等)和钙质材料(石灰、水泥)为主要原料，掺加发气剂(铝粉)，通过配料、搅拌、浇注、预养、切割、蒸压、养护等工艺过程制成的轻质多孔硅酸盐制品。加气混凝土，从广义上讲，是指所有加了气的混凝土，包括加气混凝土砌块、泡沫混凝土及加了引气剂的混凝土；狭义上讲，是指加气混凝土砌块，一般根据原材料类别、采用工艺及承担的功能进行分类。

air escape valve　放气阀　也叫排气阀，是水暖安装中常用的一种用于放气的阀门，一般安装在系统的最高点，经常见于暖气片和分水器上。放气阀有手动和自动之分。自动放气阀可随时自动放气。目前新建建筑上大部分使用自动放气阀。

air filter　空气过滤器　即空气过滤装置。同 air filter apparatus。

air filter apparatus　空气过滤装置　用以过滤空气中颗粒物和杂质的装置，是气动技术中三大件之一。空气过滤器用于气源净化过滤、减压和提供润滑。从过滤的标准和效能区分，有初效过滤器、中效过滤器、高效过滤器、亚高效过滤器等。

air filter regulator (AFR)　空气过滤调节器　即空气过滤器。同 air filter apparatus。

air filter unit　空气过滤机组　在气动技术中，空气过滤器、减压阀和油雾器称为气动三大件。为得到多种功能，常将这三种气源处理元件按顺序组装在一起，称为气动三联件，或称为空气过滤机组。

air filtration　空气过滤　滤除气源中的杂质的过程。气动系统中，从气源来的压缩空气中含有过量的水汽和油滴，同时还有固体杂质，如铁锈、沙粒、管道密封剂等，这些会损坏活塞密封环，堵塞元器件上的小排气孔，缩短元器件使用寿命或使之失效。

空气过滤就是将压缩空气中的液态水、液态油滴分离出来，并滤去空气中的灰尘和固体杂质（但不能除去气态的水和油）。

air flow window (AFW)　通风窗　又叫呼吸窗、换气窗，指根据大气流力学的原理，采取机械排风，负压进风设计，不开窗实现室内污浊空气快速排出室外、室外新鲜空气净化后自然平衡进入室内，形成室内外空气流动交换，保持室内空间的空气质量。

air freezing　空气冻结　利用降温结露的工作原理进行水气分离的技术。

air freezing system　空气冻结系统　采用降温结露的工作原理进行水气分离，降低湿度，获得干燥空气的装置和系统。该系统主要由热交换、制冷和电气控制三部分组成。基本原理为：压缩空气首先进入预冷却器进行气-气或气-水的热交换，除去一部分热能，然后进入冷热空气交换器和已经从蒸发器出来被冷却到压力露点的冷空气进行热交换，使压缩空气的温度进一步降低。之后压缩空气进入蒸发器，与制冷剂进行热交换，压缩空气的温度降至0～8℃，空气中的水分在此温度下析出，通过气水分离器分离后，从自动排水器排出，而干燥的低温空气则进入冷热空气交换器进行热交换，温度升高后输出。

air friction　空气摩阻　即空气阻力。指空气对运动物体的阻碍力。空气阻力公式：$F=(1/2)C\rho Sv^2$。公式中：C为空气阻力系数；ρ为空气密度；S物体迎风面积；v为物体与空气的相对运动速度。

air furnace　鼓风炉　冶金设备中的竖炉。它将含金属组分的炉料（矿石、烧结块或团矿）在鼓入空气或富氧空气的情况下进行熔炼，以获得锍或粗金属。它由炉顶、炉身和炉缸或本床组成。炉顶设有加料口和排烟口。炉身下部两侧各有向炉内鼓风的风口若干个，炉缸设有熔体排出口和放空口。炼铁鼓风炉通称高炉，鼓风炉则一般指有色金属的熔炼竖炉。鼓风炉具有热效率高、单位生产率（床能力）大、金属回收率高、成本低、占地面积小等特点，是火法冶金的重要熔炼设备之一。

air gauge　气压计　根据托里拆利（Evangelista Torricelli，1608—1647）的实验原理而制成，用以测量大气压强的仪器。气压计的种类有水银气压计及无液气压计。

air grid　通风格栅　亦称空气网格。安装于建筑物室内空间连接空调、通风系统风管的网格形装置。

air grille　百叶[格栅]风口　装在分配或吸入空气的孔口端的防护和匀流装置。

air handler　空气处理机　也可叫作空调箱，可以理解为一个超大的室内机，制冷量大、风量大。适合用于大型场所，如在商场内，用风管连接至各区域。空气处理机有组合式的，可以增加一些如新风模块、空气净化模块、加湿模块等，以适应各类场所对于空气质量的需求。

air handling unit (AHU)　空气处理单元[机组]，空调箱　① 一种集中式空气调节处理系统，用于调节室内空气温湿度和洁净度的设备。它由风柜、风机、空气净化器(过滤器)、空气制冷(或制热)器、加湿器、温湿度传感器、风管、新风阀、回风阀、排风阀及其执行机构等装置组成。根据全年空气调节的要求,一般机组需配置风机控制系统(弱电部分、开关控制柜)和控制冷量、热量、去湿和加湿的温湿度自动调节系统(弱电部分、开关控制柜)。② 一般指家用空调装置的室内机。

air humidification **空气加湿** 增加空气湿度的技术或过程。

air humidifier **空气加湿器** 一种可以增加空气湿度的装置,加湿器可以给指定房间加湿,也可以与锅炉或中央空调系统相连给整栋建筑加湿。根据热、湿交换理论,在实际工程中按照加湿原理区分,可将加湿器主要分为两种:(1) 等焓加湿器。即利用水吸收空气的湿热进行蒸发加湿,在焓-湿图上的变化为近似等焓过程;(2) 等温加湿器。即利用热能将液态水转化成蒸汽与空气混合进行加湿,在焓-湿图上的变化为近似等温过程。在空调机组和新风机组中,往往采用喷雾加湿。加湿器从使用范围可区分为工业用加湿器、商用加湿器和家用加湿器三大类别。

air humidity **空气湿度** 表示空气中水汽含量和湿润程度的气象要素。在一定的温度下,一定体积的空气里含有的水汽越少,则空气越干燥;水汽越多,则空气越潮湿。在此意义上,常用绝对湿度、相对湿度、比较湿度、混合比、饱和差以及露点等物理量来表示。地面空气湿度是指地面气象观测规定高度(即 1.25~2.00 m,国内为 1.5 m)上的空气湿度。是由安装在百叶箱中的干湿球温度表和湿度计等仪器所测定的。

air induction **空气诱导** 利用空气流动曳引物料运动的作用。由此而引起的空气流动及带入设备外壳或防尘密闭罩中的空气,分别称为诱导气流和诱导空气。

air infiltration **空气渗入** 空气向室内渗透。

air inlet **空气入口,进风口** 在通风或空调中,指将室外空气引入设备或系统中的孔口。

air inlet grille **进气格栅** 安装室内的连接空调、通风系统送风管的网格形装置。

air inlet valve **进气阀** 控制进气流量的阀门。

air insulation **空气绝缘** 空气的绝缘性能。空气绝缘性能普遍应用于电力传输设备和系统之中,如:空气开关、空气环网柜、空气绝缘电缆等。

air ion **空气离子** 亦称空气负离子。失去电子的分子(团)或原子叫正离子,获得多余电子的分子(团)或原子叫负离子。空气负离子又称负氧离子,是指获得一个以上的电子带负电荷的氧气离子。空气主要成分是氮、氧、二氧化碳和水蒸气(氮占 78%,氧占 21%,二氧化碳占 0.03%),只有氧和二氧化碳对电子有亲和力,氧含量是二氧化碳含量的 700 倍,因此,空气中生成的负离子绝大多数是负氧离子。负氧离子有镇静、镇痛、镇咳、止痒、利尿、增食欲、降血压之效。因此，当空气中负氧离子浓度高于每立方厘米 1 000～1 500 个时，才能称得上是清新空气。

air jet 空气射流 空气从管口、孔口、狭缝射出，或靠机械推动，并同周围空气掺混的一股空气流动。空气射流在蒸汽泵、通风机、化工设备和喷气式飞机等许多领域得到广泛应用。

air lance 空气枪 利用压缩空气的高压气流冲击力，清除锅炉积灰用的器具。

air leakage 漏气，空气渗漏 在容器、管道或封闭建筑空间内的气体通过孔隙流失。

air liquefaction 空气液化 把气态空气变为液态空气的过程。可用等焓膨胀或等熵膨胀不断地从空气中取走热量而使其降温至冷凝温度以下时就开始液化。其中氧的冷凝温度为 90.2 K；氮的冷凝温度为 77.3 K。当混合空气降到 81.5 K 时，就开始出现液态空气，此时液体中的氧比例较高。再继续降温时，液体中的氮成分逐渐增加，当空气全部液化时，即液态空气的沸点将是 78.6 K。

air lock 气塞［闸，孔］门斗，气锁阀 气动仪表的辅助装置。当压缩气源发生故障停止供气时，利用气锁阀切断阀门控制通道，使阀门位置保持断气前的位置，从而保证工艺过程的正常进行，直到系统中事故消除重新供气后，气锁阀才打开通道，恢复正常时的控制状态。

air meter 空气流量计 将吸入的空气流量转换成电信号的器具，是工业过程自动化仪表与装置中三大类（流量、压力、温度）仪表之一。空气流量计的优点是压损极小，可测流量范围大（最大流量与最小流量比值一般为 20∶1 以上），适用的工业管径范围宽（最大可达 3 m），输出信号和被测流量呈线性，精确度较高。

air moisture 空气含湿量 湿空气中与 1 000 g 干空气同时并存的水蒸气的质量（克），常用 d 来表示，单位：g/kg 干空气。含湿量 d 几乎同水蒸气分压力 p_s 成正比，而同空气总压力 p 成反比。含湿量的计算公式是 $d = 622\phi ps/(p - \phi p_s)$，其中，$p$ 表示空气压力（Pa），p_s 表示水蒸气分压力（Pa），ϕ 表示相对湿度（%）。d 确切反映了空气中含有水蒸气量的多少。由于某一地区大气压力基本上是定值，所以空气含湿量仅同水蒸气分压力 p_s 有关。

air motor 气压发动机 亦称空气电机，一种利用气体压力驱动的发动机。

air ozonizer 臭氧发生器 产生臭氧的装置。臭氧（O_3）又称为超氧，是氧气（O_2）的同素异形体。在常温下，它是一种有特殊臭味的淡蓝色气体。臭氧主要分布在 10～50 km 高度的平流层大气中。1840 年德国 C. F. 舍拜恩在电解稀硫酸时发现有一种特殊臭味的气体释出，故命名为臭氧。在常温常压下，稳定性较差，可自行分解为氧气。臭氧可用于净化空气、漂白饮用水、杀菌，处理工业废物和作为漂白剂。用于游泳池水处理系统中的臭氧发生器是作为一个

A

系统使用,系统包括臭氧发生器本体、空气准备设备、臭氧投加设备、臭氧混合设备、臭氧反应设备、臭氧尾气分解设备,某些时候还需要增加活性炭过滤器作为臭氧吸附脱除设备。

air parameter 空气参数 表征空气物理特性的指标。通常称空气参数中“四度”是指:(1) 温度、相对湿度。(2) 空气流速。(3) 洁净度。(4) 压力。

air passage 风道 建筑物中采用混凝土、砖等材料砌筑而成,用于空气流通的通道。根据消防防火要求,一般风管接入风道时,都要添加防火阀。空调风管接入,一般采用 70℃ 防火阀;消防风管接入,一般为 280℃防火阀;排风管接入风道,一般还要添加止回阀。

air permeation 空气渗透 建筑物内、外的空气存在压力差时,空气通过围护结构从高压向低压方向流动的现象。空气渗透能够引起保温建筑过多地损失,降低室内热环境质量。因此,轻质外围护结构及门窗多数都要增加防空气渗透的措施。

air pipe differential temperature fire detector 空气管差温火灾探测器 一种线型差温探测器,用于火灾探测。

air pit 通风井 建筑物中为排除室内蒸汽、潮气或污浊空气以及输送新鲜空气的垂直管道。

air pollutant 空气污染物 以气态形式进入近地面或低层大气环境的外来物质。如氮氧化物、硫氧化物、碳氧化物、飘尘、悬浮颗粒等,有时还包括甲醛、氡以及各类有机溶剂,其对人体或生态系统具有不良效应。

air pollution 空气污染 又称大气污染,按照国际标准化组织(ISO)的定义,空气污染是指由于人类活动或自然过程引起某些物质进入大气中,呈现出足够浓度,达到足够时间,并因此危害了人类的舒适、健康、福利或环境的现象。

air pressure state 气压状态 ① 气象学中,指大气压的压强。② 消防系统中,指气体灭火系统中的气压。

air purifier 空气净化器 又称空气清洁器、空气清新机,是能够吸附、分解或转化各种空气污染物(一般包括 PM2.5、粉尘、花粉、异味、甲醛之类的装修污染物、细菌、过敏原等),有效提高空气清洁度的设备。常用的空气净化技术有:吸附技术、正离子(或负离子)技术、催化技术、光触媒技术、超结构光矿化技术、HEPA 高效过滤技术、静电集尘技术等。应用的材料主要有:光触媒、活性炭、极炭心滤芯、合成纤维、HEAP 高效材料、负离子发生器等。现有的空气净化器多采用复合型,即同时采用了多种净化技术和材料介质。

air quality 空气质量 它反映了空气污染程度,由空气中污染物浓度的高低来判断。空气污染物包括:烟尘、总悬浮颗粒物、可吸入颗粒物(PM10)、细颗粒物(PM2.5)以及二氧化氮、二氧化硫、一氧化碳、臭氧、挥发性有机化合物等。清洁的空气是由氮 78.06%、氧 20.95%、二氧化碳 0.03%等气体组成的,这三种气体约占空气总量 99.04%,其他气体总和不到1%。我国城市空气质量执行《环境空气质量标准》(GB 3095)。

air quality monitoring (AQM) 空气质量监测 对空气质量的优劣水平进行检测。空气质量的优劣反映了空气中污染物浓度的高低。空气污染是一个复杂的现象,在特定时间和地点空气污染物浓度受到许多因素影响。来自固定和流动污染源的人为污染物排放大小是影响空气质量的最主要因素之一,其中包括车辆、船舶、飞机的尾气,工业企业生产排放,居民生活和取暖、垃圾焚烧等。城市的发展密度、地形地貌、气象等也是影响空气质量的重要因素。

air quality sensor (AQS) 空气质量传感器 检测空气质量的传感装置。它对酒精、香烟、氨气、硫化物等各种污染物都有极高的灵敏度。在当前空气净化领域,空气质量传感器几乎已经成为净化设备的标配附件,还可对空气中PM2.5等颗粒物浓度进行监测。

air refrigerating machine 空气制冷机 利用压缩机膨胀制冷的机器。

air regulator 空气调节器,空气调节阀 调节风管内气体流速、流量的控制装置。在建筑物的新风、空调系统中应用的风量调节器一般均接受控制器控制指令驱动。

air relief shaft 通风道 亦称通风竖井或排气竖风筒。在建筑物中,是指排除室内蒸汽、潮气或污浊空气以及输送新鲜空气的管道。

air renewal 换气 建筑物室内外空气的交换。其主要作用是补充室内氧气、排出室内污浊空气和保湿。空调的新风系统发挥着换气的作用。

air return 回风 在空调系统中将局部环境中的空气经过净化后再送回局部环境内的过程。

air shower 风淋室 又称风淋、洁净风淋室、净化风淋室、风淋房、吹淋房、风淋门、浴尘室、吹淋室、风淋通道、空气吹淋室等,是进入洁净室所必需的通道,可减少进出洁净室所带来的污染问题。风淋室安装局部净化设备于洁净室与非洁净室之间。当人与货物要进入洁净区时需经风淋室吹淋,其吹出的洁净空气可去除人与货物所携带的尘埃,能有效减少或阻断尘源进入洁净区。风淋室前、后两道门应电子互锁,可起到气闸的作用,阻止未净化的空气进入洁净区域。

air source heat pump system 空气源热泵系统 吸收空气中的热能加热媒质(一般使用水)的装置和系统。它按照"逆卡诺"原理工作,即室外机作为热交换器从室外空气吸热,加热低沸点工质(冷媒)并使其蒸发,冷媒蒸气经由压缩机压缩升温进入水箱,将热量释放至其中的水并冷凝液化,随后节流降压降温回到室外的热交换器进入下一个循环。被吸收热量的空气还可被运用到锅炉房、厨房等处,解决闷热问题。中国首部国家标准《家用和类似用途热泵热水器》于2009年9月1日正式颁布,统一了家庭用空气能热水器的测试条件和方法,并规定在标准环境下,其能效比不低于3.4,循环加热能效比不

A

低于 3.7。

air supply grille　送风口　向室内输送空气的空调管道的管口。民用建筑中常采用的送风口为活动百叶风口。

air to cloth ratio　气布比　又称表面过滤速度，指单位时间处理含尘气体的体积与滤布面积之比。

air treatment　空气处理　处理结合调节空气中的温度、湿度、纯净度等的过程。

air washer　空气洗涤器　空气通过水喷淋以达净化、加湿或去湿的装置。

air zoning　分区送风　空调系统按照用户不同特点和需求向各空间环境独立地投送经过处理的空气。

air/fuel ratio control　空气燃料比控制　简称空燃比控制，是单位质量燃料燃烧所需要的空气质量。在完全燃烧条件下，理论空气燃料比随燃料中氢相对含量的减少、碳相对含量的增加而减小。例如辛烷(C_8H_{18})的理论空燃比为 15，纯碳的理论空燃比约 11.5。通常将实际空气燃料比与理论空气燃料比之间的比值称为当量比，以表示实际燃烧过程中空气燃料混合物的组成与化学理论当量比的偏差程度。空燃比控制就是通过人工或自动的方式控制预先设定的空燃比指标。在各类热动力装置和系统中，空燃比控制一般都是自动控制的。

air-blast　鼓风，喷气　形成强气流的现象。

air-blast cooling　强制通风冷却　通过强制循环的高速空气进行冷却。

air-blast freezer　强制通风的冻结装置　利用高速流动的冷空气循环实现冻结的装置。

air-blast freezing　强制通风冻结　通过高速气流实现冻结的过程。

air-blast refrigeration　空气喷射制冷　依靠空气喷射作用完成制冷的技术。

airborne dust　气载[大气]尘埃　指空气中浮动的颗粒，主要有飘浮于空气中的灰尘、细菌、气溶剂等。

airborne particles　大气尘粒　来自自然界或人为产生的固体或液体微粒物质，形成大气杂质。

airborne pollutant　风载污染物　即空气中的污染物。按中国《大气环境质量标准》规定的常规分析指标有总悬浮微粒、二氧化硫、氮氧化物、一氧化碳和光化学氧化剂。在一些城市或工业区还包括降尘、总烃、铅、氟化物等。

air-conditioner for station　基站专用空调机　泛指各种小型通信机房(移动基站、传输中继站、小型模块局、接入网点等同等规模的通信机房)所使用的专用空调机，其制冷量一般小于 14 000 W，且通常不具备加湿功能。

air-conditioning system　空调系统　用人为的方法处理室内空气的温度、湿度、洁净度和气流速度的系统。装备该系统，可使某些场所获得具有一定温度、湿度和空气质量的空气，满足使用者及生产过程的要求和改善劳动卫生和室内气候条件。根据使用场合需求不同，可区分为集中式空调系统、半集中式空调系统和局部式空调系统。

airduct 通气道,风道 用以输送或排出空气的矩形或圆形管道,可用金属板、石棉水泥、胶合板、塑料等材料制作。

airflow 气流 即流动的空气。同airstream。

airflow controller 空气流量调节器 对空气流速、流量进行控制的装置或器件。它在建筑物暖通空调系统中是不可或缺的组成部件,在设有建筑设备监控系统(BA)中均接受直接数字控制器(DDC)的控制驱动。

airflow floor 通风地板 具有通风孔、缝的地板。常用于具有下送风的电子信息设备机房中。

airflow meter 空气流量计 将吸入的空气流量转换成电信号的测量仪器或设备。

airflow resistance 气流阻力 风道系统或设备中空气通路对气流的阻挡程度。

airing priority 广播优先级 公共广播系统中信号源播出的优先等级。当有多个信号源拟对相同的广播分区进行广播时,优先级别高的信号能自动覆盖优先级别低的信号。

air-spaced coaxial cable 空隙同轴电缆 在内外同轴导体之间充有气体介质的一种同轴电缆。这种电缆在传输中的能量损耗比固体介质电缆要小些。

air-strainer 空气滤网 过滤空气的网状装置或器件,主要用于过滤空气中的颗粒物,常应用于在暖通空调系统中。

airstream 气流 流动的空气,如:风。向上运动的空气叫作上升气流,向下运动的空气叫作下降气流。上升气流又分为动力气流和热力气流、山岳波气流等多种类型。

air-supply mask 供气面罩 具有供氧、防尘、保护面部功能的面罩,通常用于消防灭火场合,也可在其他恶劣场合下使用。

air-supported fiber (ASF) 空气间隙光纤 为了保证光波在纤芯中的内全反射,依靠纤芯和包层之间填充的空气空间以提供小于纤芯的折射率的一种光纤。

airtightness 气密,密封性 气密是指空气容器防止泄漏的程度。存储介质毒性程度为极度、高度危害或设计上不允许有微量泄漏的压力容器必须进行气密性试验。

air-water system 空气-水系统 由水和空气共同承担室内冷、热湿负荷的空调系统。除了像全空气系统那样向室内送入处理后的空气外,还在室内设有以水为介质的末端空气处理设备,如空气-水风机盘管系统、空气-水诱导系统或空气-水辐射系统。

AIS 告警指示信号 alarm indication signal 的缩写。

aisle 走道 指人员出入的通道。

AITS 确认信息传递服务 acknowledged information transfer service 的缩写。

alarm (ALM) 告[报]警,警报 遇到出错或重要事件发生时的警告信号。报警可以采用声、光、电、机、味、触等方式,或者是多种方式兼而有之,提醒值班人员或操作人员引起重视的信息。

A

alarm and protection system 报警保护系统 在测量系统和报警系统中实现人员、设备保护和系统防护的子系统。其功能主要是根据所收集到的异常信息,通过系统软硬件的处理、计算和分析后,形成报警信息,触发报警系统以相应形式发出警报,并启动保护系统对相关的人员、房间、设备和系统进行预先设定的保护。

alarm annunciator 警报信号器 简称警报器。发放警报信号的器具,包括发放预报、警报和解除警报信号的装置。

alarm apparatus 报警器 一种以声音、光、气压等形式来提醒或警示人们应当采取某种行动的装置。它分为机械式报警器和电子报警器。随着科技的进步,机械式报警器越来越多地被先进的电子报警器代替。报警器经常应用于系统故障、安全防范、交通运输、医疗救护、应急救灾、感应检测等领域。

alarm bell 火警警铃,警钟 火灾报警系统中的警铃或警钟。当火灾报警系统产生报警信息时,会自动启动分布在各处的警铃或警钟,向人们发出报警声讯。

alarm board 告警板 报警系统中的告警信号输出板或显示板,提醒人员关注,并指示逃生路径,或用于启动相关的设备发出报警信息或启动保护设备。

alarm box 告警箱 实现当检测信号或告警信号超过设置电平时能自动将画面显示到监视器上,并可输出报警信号通知预设系统切换到异常状态处理程序,告警箱可通过管理软件进行设置和管理。

alarm bus 报警总线 入侵报警系统或火灾自动报警系统中使用的通信总线,可以连接报警系统中分布在各处的报警探测器、显示器、控制箱、警铃、警钟等。

alarm camera scanner 警报摄像机扫描器 一种主要用于安全装置的电子设备,包括若干视频摄像机安装在不同的位置,自动地扫描,并依次在监视器上观看。

alarm clock 报警时钟 ① 指闹钟,带有闹时装置的钟。既能指示时间,又能按人们预定的时刻发出音响信号或其他信号。② 指具有报警功能的时钟。

alarm for oil-gas concentration 油气浓度报警器 用于收集燃气或油气浓度,并在燃气或油气泄漏时引发报警的设备或装置。如油气站中使用的油气浓度报警器、用户住宅中的可燃气体报警器等。

alarm free 无报警 设备或系统正常运行无异常事件发生,因而不产生报警。

alarm indication signal (AIS) 告警指示信号 ① 在通信系统中,当触发某个维护告警指示时,用来代替正常业务信号的信号。当触发时,把 AIS 向受影响的方向(下游方向)传送,以代替正常信号,向其他无缺陷的实体指示已确认了的失效,并对该失效引起的其他维护告警予以禁止。② 在 ATM(异步传输模式)中,指一种全“1”信号,在检测到错误或接收到错误指示信号时由设备发出。

alarm indicator **告警指示器** 响应从告警传感器传来的信号的装置。告警指示器有：铃、灯、喇叭、钟、蜂鸣器等。

alarm lamp **报警灯** 用于指示报警状态的灯具。

alarm level **告警级别** 按照突发事件发生的紧急程度、发展势态和可能造成的危害程度分为多个等级。如可分为：一级、二级、三级、四级，分别用红色、橙色、黄色、蓝色标示，一级为最高级别。

alarm light **报警灯** 呈现报警信息的灯具，广泛应用于各种特殊场所作警示标志，也适合于市政、施工作业，监护、救护、抢险工作人员作信号联络和方位指示之用。

alarm mainframe **报警主机** 报警系统中接收、处理、显示报警信息并按程序驱动相关设备或系统的设备(包括硬件和软件)。它是报警系统(包括火灾自动报警和入侵报警系统)的核心设备，一般配置在报警系统的管理中心，并配有警铃、警灯、图形显示装置等显示设备、信息存储设备、即时打印设备等。

alarm management **报警管理** 对防护区状态设置以及警情信息进行接收、传输、显示和存储的处理和控制。

alarm message and alarm status handling **告警提示处理** 在综合布线系统的智能布线管理系统中，指根据监测单元提供的信息与数据库记录之间的比较，对异常现象所作出的告警提示及处理意见，一般显示在计算机显示屏或移动设备的屏幕上。

alarm module **告警模块** 用于告警的装置或设备，它允许有多路告警信号输入和多路告警(控制信号)输出。

alarm of fire **火灾警报** 由人工或自动装置发出的通报火灾发生的警报。用以发出区别于环境声、光的火灾警报信号的装置称为火灾报警器。火灾警报器是一种最基本的火灾警报装置，通常与火灾报警控制器组合在一起，它以声、光音响方式向报警区域发出火灾警报信号，以警示人们采取安全疏散、灭火救灾措施。

alarm output **告警输出** 报警发生时，从报警控制器向外围设备输出的节点信号或其他信号。

alarm panel **告警面板** 告警信号的显示界面或显示面板。用于发出声光报警，同时显示告警的地点、简要信息和告警预案。

alarm point monitoring **报警点监控** 在具有联动功能的智能安防系统中，当报警系统发现某防区发出报警信号时，通过集成联动，视频监控系统自动将该防区的视频信号与此次报警信号绑定，并将图像呈现于监视屏幕上。此种功能也称报警点视频复核。

alarm receipt **报警回执** ① 是公安机关发给前来报警的群众，表示已受理该人报警的一种凭据。报警回执上有报警人的姓名、公安机关对报警人反映情况将依法处理的承诺、报警联系电话、警务监督电话、值班民警姓名等内容。② 在智能化报警系统中，是指报警探测器探测到警情信号并由报警控制器传递到报警主机，报警主机在处理显示警情信号的同时，向该报警控制器返回的表示已经顺利收到警情的信号(报警回执)，收到回执的报警控制器就不再向系统发送报警信号。如果没有接收到报警回执信号，报警控制器将按预定方案继续向系统发送报警信号。

alarm receiving center (ARC)　报警接收中心　接收单个或多个监控中心的报警信息并处理警情的处所，如包含 BIMS 系统的中央控制室。通常也称为接(处)警中心，如社区接警中心、公安机关的接警中心等。

alarm response time　报警响应时间　① 指从报警探测器发出报警信号到报警系统形成报警状态的时间。② 指报警控制器接收到探测器的报警信号到形成报警状态并显示或发出报警信息的时间。

alarm signal　报警[警报]信号　由计算机显示装置、音响装置或指示灯等发出的信号提示用户系统发生了错误，或出现了影响程序正常执行的紧急情况。

alarm signal unit　报警信号单元　可以接收报警信息并发出告警信号的模块或装置。

alarm software　报警软件　报警系统中使用的监控及管理软件。一般安装于管理计算机之中，为报警主机不可或缺的组成部分。

alarm source　告警源点　产生告警事件的现场。

alarm subsystem　告警台　告警受理台，即人工处理告警信息的地点。

alarm system　报警系统　当正常输入输出偏移达到临界值时，向显示器及外部报警设备、外部系统发送报警指示的电子系统或网络。

alarm whistle　警笛　① 发送警报的汽笛。② 告示紧急情况的哨子。③ 电子系统表示警示信息的一种音频显示形式。

alarming horn　报警喇叭　用于播放报警声音或报警广播的扬声器，属声音报警装置。

ALC　自动电平控制　automatic level control的缩写。

ALC control　自动光量补偿控制　automatic light compensation control 的缩写。

alcohol　(乙)醇[酒精]　一种有机化合物，分子式 C_2H_6O，结构简式 CH_3CH_2OH 或 C_2H_5OH，是最常见的一元醇。乙醇在常温常压下是一种易燃、易挥发的无色透明液体，低毒性，纯液体，不可直接饮用；具有特殊香味，并略带刺激；微甘，并伴有刺激的辛辣滋味。易燃，其蒸气能与空气形成爆炸性混合物，能与水以任意比互溶，且能与氯仿、乙醚、甲醇、丙酮和其他多数有机溶剂混溶。

alcohol thermometer　酒精温度计　利用酒精热胀冷缩的性质制成的温度计。在 1 个标准大气压下，酒精温度计所能测量的最高温度一般为 78℃。因为酒精在 1 个标准大气压下，其沸点是 78℃。但是一般情况下，温度计内的压强都高于 1 标准大气压，所以有一些酒精温度计的量程大于 78℃。

aldehyde　(乙)醛　又名醋醛，无色易流动液体，有刺激性气味。熔点 −121℃，沸点 20.8℃，相对密度小于1。可与水和乙醇等一些有机物质互溶。易燃易挥发，蒸气与空气能形成爆炸性混合物，爆炸极限4.0%～57.0%（体积）。

alertor　报警信号，报警器　同 alarm apparatus。

algae control　藻类除去法　冷却塔内发生和繁殖藻类时，采取对水质处理的一种方法，一般投放杀藻剂处理。

aliasing noise　混叠噪声　一种当模数转换器（ADC）转换模拟信号为数字形式时电路中噪声信号。混叠噪声是器件噪声、传导噪声和辐射噪声的叠加。当 ADC 的采样频率低于在模拟信号或其中的谐波中最高频率分量的两倍时，混叠噪声比较明显。

alien (exogenous) crosstalk　外部串扰　综合布线系统中的一种质量指标，检测双绞线缆线（并非芯线之间或线对之间）的电磁干扰，主要用于五类（用于 2.5G 以太网时）、六类（用于 5G 以太网时）和超六类传输等级。根据标准规定，非屏蔽双绞线在超过一定长度后应进行必要的专项检测，屏蔽双绞线只要屏蔽层的接地良好，可不进行外部串扰检测。外部串扰包括外部远端串扰和外部近端串扰两类。

alien (exogenous) far-end crosstalk loss (AFEXT)　外部远端串扰损耗　综合布线系统的一个质量指标，是在与信号发送端对端的另一根双绞线端口上检测到的外部串扰损耗值。

alien (exogenous) near-end crosstalk loss (ANEXT)　外部近端串扰损耗　综合布线系统的一个质量指标，是在与信号发送端同侧的另一根双绞线端口上检测到的外部串扰损耗值。

alignment　找平　使物体表面处于同一水平面的作业。如瓦工砌墙、木工刨木料等使高低凹凸的表面变平。在建筑施工中，使用某种器材，比如水平仪、经纬仪等，使砌体或者施工物体的表面、侧面等看起来平整，没有坡度。

alignment chart　诺模图　根据一定的几何条件把一个数学方程的几个变量之间的函数关系画成相应的用具有刻度的直线或曲线表示的计算图表。诺模图使用方便，求解迅速，可以避免大量的重复计算，因此在机械、建筑设计和工程领域中得到广泛应用。诺模图的种类很多，有共线图、共点图（也称网络图）等。通常说的诺模图是指共线图。共线图的理论是由法国的奥卡涅于 1884 年首先提出的。

alkali cleaning　碱洗　一种化学清洗的工艺。此种工艺是用氢氧化钠和碳酸钠或磷酸三钠配制成的高强度碱液，以软化、松动、乳化及分散沉积物，往往添加一些表面活性剂以增加清洗效果。常用于锅炉的除油污垢、碱沉积物和硅酸盐垢。碱洗在一定温度下使碱液循环进行。时间一般为 6～12 h，根据情况也可以延长。

all air heat recovery system　全空气热回收系统　对全空气系统的余热回收的技术装置和系统。该系统主要通过一定方式将冷水机组运行过程中排向外界的大量废热回收再利用，

A

作为用户的最终热源或初级热源。

all air system 全空气系统 指室内负荷全部由经过处理的空气来负担的空调系统。集中式空调系统一般属于此类系统。

all blast heating system 送风式供暖系统 俗称暖气系统，是以暖风向用户室内供热的采暖设备系统。

all dielectric self-support (ADSS) 全介质自承式光缆 光缆自身加强构件能承受自重及外界负荷。这一名称说明了这种光缆的使用环境及其关键技术：因为是自承式，所以其机械强度举足轻重；使用全介质材料是因为光缆处于高压强电环境中，须能耐受强电的影响；由于是在电力杆塔上架空使用，所以必须有配套的挂件将光缆固定在杆塔上。

all optical network (AON) 全光网络 信号只是在进出网络时才进行电/光和光/电的变换，而在网络中传输和交换的过程中始终以光的形式存在，中间没有光电转换器。由于在整个传输过程中没有光电转换的障碍，所以准同步数字体系(PDH)、同步数字体系(SDH)、异步传输模式(ATM)等传送方式均可使用，提高了网络资源的利用率。

all purpose drying unit 通用干燥机 一种利用热能降低物料水分或空气湿度的通用装置。

all water system 全水系统 空调房间内的室内热湿负荷全部由经过处理的水来承担的空调系统(主要以风机盘管为主)。有供热的全水系统、供冷的全水系统和既供冷又供热的全水系统之分。供热时的水被称为热媒，供冷时的水被称为冷冻水或冷媒。

all year air conditioning 全年空调 在全年所预计到的大气条件下能满足房间要求的空调。

all-glass optical fiber 全玻璃光纤 纤芯和包层均由玻璃制成的一种光纤。绝大多数光纤是硅玻璃纤芯和硅玻璃包层。

allocation assignment 分配 指信道分配。在无线通信系统中，一般指动态信道分配。由于无线信道数量有限，是极为珍贵的资源，要提高系统的容量，就要对信道资源进行合理的分配，由此产生了信道分配技术。为了将给定的无线频谱分割成一组彼此分开、互不干扰的通信信道，使用诸如频分、时分、码分、空分等技术。无线通信系统的资源包括频率、时隙、码道和空间四个方面。

allocator 分配器 将一个信号输入通过耦合变换为相等强度的数个信号输出的器件或设备。如有线电视系统中的射频分配器，常见有二分配器、四分配器等。

allowable error 允许误差 指测量仪表绝对误差的最大值，仪表量程的最小分度应不小于最大允许误差，即技术标准、检定规程等对计量器具所规定的允许极限值。

allowable stress 允许应力 指保证构件或设备安全、正常工作所允许承受的最大应力。

alloy steel 合金钢 除铁、碳外，加入其他合金元素的钢。根据添加元素的不同，采取适当的加工工艺，可获得高强度、高韧性、耐磨、耐腐蚀、耐低温、耐高温、无磁性等特殊性能的钢材。

all-plastic optical fiber (APOF)　全塑光纤　由高透明聚合物，如聚苯乙烯（PS）、聚甲基丙烯酸甲酯(PMMA)、聚碳酸酯(PC)作为芯层材料，PMMA、氟塑料等作为皮层材料的一类光纤(光导纤维)。不同材料具有不同光衰减性能和温度应用范围。塑料光纤不但可用于接入网的最后100～1 000 m，也可以用于各种汽车、飞机等运载工具上，是优异的短距离数据传输介质。因为可以利用聚合物成熟的简单拉制工艺，故成本较低，且较柔软、坚固，直径较大(约达1 mm)，接续损耗较低。

ALM　告[报]警，警报　alarm的缩写。

alphanumeric identifier　字母数字标识符　采用字母和数字组成的标识符。

alternate layout　比较方案　为达到指定的目标，可供决策者比较选择的、具有同等研究深度的各种工程方案。

alternating current (AC)　交流电　大小与方向随时间变化而变化的电能。一种最常用的交流电是正弦交流电，其电压、电流大小及方向均随时间按正弦规律作周期性变化，简称为交流，用AC表示。

alternating current (AC) power conduit　交流电源管道　安装工程中交流电源线缆敷设所使用的电线管。根据标准，交流电源属于强电，与弱电系统的电线不能同管敷设，如果采用的是非金属电线管时，强弱线管间隔应保持相关规范规定的距离。

altimeter　高度计　也称测高仪，是放置于平台上进行单轴测量高度的仪器。功能全面的测高仪主要用于在线或批量工件的检测，对于一些尺寸要求严格的工件在生产过程中的调试和抽样检测非常有用。

altitude　标高　在建筑物中各楼层相对于一层地坪的高度。在施工图中经常有一个小小的直角等腰三角形，三角形的尖端或向上或向下，这是标高的符号——用细实线绘制、高为3 mm的等腰直角三角形。标注方法：底层平面图中室内主要地面的零点标高注写为±0.000。低于零点标高的为负标高，标高数字前加“－”号，如－0.450。高于零点标高的为正标高，标高数字前可省略“＋”号，如3.000。**海拔高度**　也称绝对高度，就是某地与海平面的高度差。通常以平均海平面做标准来计算，是表示地面某个地点高出海平面的垂直距离。海拔的起点叫海拔零点或水准零点，是某一滨海地点的平均海水面。它是根据当地测潮站的多年记录，把海水面的位置加以平均而得出的。

ALU/PETP-foil　覆塑铝箔　屏蔽双绞线中使用的铝箔材料。在铝箔的一面涂覆了一层薄薄的塑料薄膜(一般为2 μm厚度)，使铝箔的抗拉、抗撕裂强度大幅度提高，使含铝箔的屏蔽双绞线在制造和安装时铝箔断裂的可能性几乎降为零。在安装时需要注意：覆塑面是不导电的。

alumina　氧化铝，矾土　其化学式为

A

Al_2O_3，是一种高硬度的化合物，熔点为 2 054℃，沸点为 2 980℃，在高温下可电离的离子晶体，常用于制造耐火材料。

aluminum alloy wire (AAW)　铝合金线　采用金属铝为主材，掺杂少量其他金属制成的金属线制品。

aluminum foil　铝箔　用金属铝直接压延成的薄片。铝的质地柔软、延展性好，具有银白色的光泽。在布线系统中，常用它作为高频线缆的屏蔽材料。

aluminum foil shield　铝箔屏蔽　采用铝箔作为电磁防护材料的电缆制造技术。屏蔽型电缆能够防止或减弱电磁信号干扰及电磁信号泄漏，常应用于通信电缆。

aluminum-alloy cable tray　铝合金电缆桥架　采用铝合金制成的电缆桥架。

AM　调幅　amplitude modulation 的缩写。

ambient air　环境[周围]空气　物体周围的空气或所研究范围内的空气。

ambient environment　周围环境　指建筑物或建筑群周围的环境，包括周围的建筑物、构筑物，道路、桥梁，各种市政设施以及其他公共设施。

ambient light　环境光　① 室内环境光，即由光(照度水平和分布、照明的形式)与颜色(色调、色饱和度、室内颜色分布、颜色显现)在室内建立的同房间形状有关的生理和心理环境。② 舞台环境光，是对剧中人物活动环境照明。

ambient noise　环境噪声　在工业生产、建筑施工、交通运输和社会生活中所产生的干扰周围生活环境的声音。

ambient temperature　环境温度　表示环境冷热程度的物理量，即设备使用场所的空气温度或其他媒质的温度。测量方法有干球温度法、湿球温度法、黑球温度法。

American National Standards Institute (ANSI)　美国国家标准协会　成立于 1918 年，其目的是制定和颁布各个领域的工业标准。当时，美国电气工程师协会(AIEE)等多个组织共同成立了美国工程标准委员会(AESC)。1928 年美国工程标准委员会改组为美国标准协会(ASA)。1966 年 8 月改组为美利坚合众国标准协会(USASI)，1969 年 10 月改成现名。它是非营利性质的民间标准化组织，是美国国家标准化活动的中心，ANSI 批准的标准成为美国国家标准，但它本身不制定标准。标准是由相应的标准化团体、技术团体及行业协会制定和主动送给 ANSI 批准，起到了联邦政府和民间的标准系统之间协调作用。经由 ANSI 认可的标准通常称为 ANSI 标准。例如，ANSI C 就是 ANSI 认可的 C 语音版本。

American National Standards Institute lumens (ANSI lumens)　ANSI 流明　以美国国家标准化协会制定的测量投影机光通量的标准，测出的光通量通常以 ANSI lumens 表示。其测定环境与方法：在暗室中，投影机与 60 in投影幕之间距离 2.4 m，用测光笔测量屏幕“田”字形九个交叉点上各点照度，乘以面积，得到投影画面的九个点的亮度，求出九个点亮度的平均值，就是 ANSI 流明。

American Society of Heating Refrigerating and Airconditioning Engineer (ASHRAE) 美国采暖制冷与空调工程师协会 由美国暖气和空调工程师学会（ASHAE）和美国制冷工程师学会（ASRE）合并而成。

American Telephone & Telegraph Inc. (AT&T) 美国电话电报公司 美国第二大移动运营商（近年来常使用缩略名）。AT&T 公司创建于 1877 年，曾长期垄断美国长途和本地电话市场。AT&T 在近 120 年中，曾经过多次分拆和重组。目前，AT&T 是美国最大的本地和长途电话公司，总部曾经位于得克萨斯州圣安东尼奥，2008 年搬到了得州北部大城市达拉斯。AT&T 公司是最早的综合布线系统产品制造商。

American wire gauge (AWG) 美国线规 美国 UL 制定的一种区分导线直径的标准，又被称为 Brown & Sharpe 线规。这种标准化线规系统于 1857 年起在美国开始使用。AWG 前面的数值（如：24AWG、26AWG）表示导线形成最后直径前所要经过的孔的数量，数值越大，导线经过的孔就越多，导线的直径也就越小。相关标准为 UL 444。对于公制，24AWG 相当于 0.511 mm，23AWG相当于0.574 mm，22AWG 相当于0.642 mm。对于综合布线系统而言，24AWG 是五类双绞线的标称直径，23AWG 是大多数六类、超六类屏蔽、七类双绞线的标称直径，22AWG 是超七类、八类双绞线的标称直径。

amino group powder 氨基干粉 以尿素和碳酸氢钾（或碳酸氢钠）的反应产物为基料的干粉灭火剂。

ammeter 电流[安培]表 指用来测量交流、直流电路中电流的仪表。

ammonia compression refrigerator 氨压缩式制冷机 利用氨的蒸发和冷凝原理构建成的制冷系统装置。

ammonia compressor 氨压缩机 氨制冷系统中压缩机。同 ammonia compression refrigerator。

ammonia condenser 氨冷凝器 氨制冷系统中的氨冷凝器。同 ammonia compression refrigerator。

ammonia cylinder 氨瓶 充装液态氨的钢制容器。

ammonia water 氨水 氨气的水溶液，有强烈刺鼻气味，具有弱碱性。氨水是实验室中氨的常用来源。它可与含铜离子的溶液作用生成深蓝色的配合物，也可用于配置银氨溶液等分析化学试剂。

amount of heat 热量 在热力系统与外界之间依靠温差传递的能量。热量是一种过程量，所以热量只能说“吸收”或“放出”。其传递过程称为热交换或热传递。热量的单位为焦耳(J)。

AMP 放大器 ① amplifier 的缩写；② 安普 AVGMaker Portable 的缩写。美国康普公司的综合布线系统品牌名之一，原属于美国 ADC 公司所有，后被美国康普公司收购。其产

A

品全面符合综合布线系统的各种标准,包括:中国标准、国际标准、美国标准等。

amplified self-emission noise (ASE) 放大的自辐射噪声 在光纤跳线技术中,简称 ASE 噪声。指在光纤放大器和半导体光放大器中,随着激活粒子从激发态返回基态并放大光信号的同时,也会产生受激粒子的随机非相干自发辐射。这种自发辐射可在任何方向,并可引起进一步受激辐射,且可被放大。它的频带很宽,可占据整个增益带宽。称此为放大器自发辐射噪声。在上述光放大器中,在一定条件下被激发的粒子数是确定的,被用于产生 ASE 的粒子数愈多,可用于提供信号增益的粒子数目也就愈少。

amplifier (AMP) 放大器 把输入信号放大的装置,分电压放大器、电流放大器和功率放大器。如扩声系统中,前置放大器用于对输入信号进行电压放大和整形处理,功率放大器则是功率的放大器,其输出信号功率应满足扬声器负载的要求。

amplitude modulation (AM) 调幅 ① 通过变化载波信号的幅值而把信号(经常是音频信号)载入电载波信号中的一种方法。载波信号的频率保持不变,但载波信号的幅值受加载信号的调制。幅值调制的方法用于调幅收音机波段中传播音频信号。② 一种允许数据通过模拟网络进行传输的调制技术,如电话交换网。单一载波频率的振幅被调制成两个电平,即二进制的"0"和"1"。

amplitude-frequency response (AFR) 幅频响应 信号通过系统之后输出信号的幅度与它输入时的信号的幅度的比值,该比值随信号频率变化而变化,是信号频率函数,也称该系统的幅频响应。

AMR 自动抄表 automatic meter reading 的缩写;**集中抄表系统** automatic meter reading system 的缩写。

AN 接入网 access network 的缩写。

anaerobic digestion technology 厌氧消化技术 一个生物体或细胞能在分子氧缺乏或不存在环境下生长的特性。厌氧菌是人体内主要的正常菌群。厌氧生态技术和设备在智能建筑环境保护中具有较大的作用。

analog control 模拟控制 即模拟量控制。指以模拟信号为工作信号的控制方式。模拟控制信号在时间和数值上都是连续的信号。在工业控制系统中,模拟量控制输出一般为 4～20 mA 或 0～20 mA 的标准直流电流信号,在传输距离短、损耗小的场合,也可采用 0～5 V 或 0～10 V 标准直流电压信号。

analog/digital convertor (A/D convertor) 模拟数字转换器 简称模数转换器或 A/D 转换器。它是指把模拟量转换为数字量的装置。由于计算机的输入必须是数字量,故必须用模数转换器将客观事件或现象的模拟量信号转换为数字量信号。

analog input (AI) 模拟输入,模拟量输入 相对数字输入(数字量输入)而言，是指模拟信号的输入，即输入未经转换的连续变化的与物理量一致的电信号。

analog monitor **模拟监视器** 一种接收模拟电平信号的视频监视器。

analog output (AO) **模拟输出** 计算机或控制系统输出的模拟量。

analog signal **模拟信号** 信号中表示信息的特征量能在时间轴和幅度轴上具有连续的取值。

analog television (ATV) **模拟电视** 指使用模拟信号传输视频和音频的电视系统。在模拟电视系统中，亮度、颜色和声音均由信号的振幅、频率或相位的变化来表示。

analog video signal **模拟视频信号** 由连续的模拟信号组成的视频图像信号，常指复合全电视信号，除图像亮度信号、彩色信号外，还包括扫描用的行、场同步信号。

analog video surveillance system **模拟视频监控系统** 视频监控系统中的一种。模拟视频监控系统传输、处理的视频信号是模拟量信号，系统主要设备是：模拟摄像机（视频信号由BNC接口输出复合全电视信号），同轴电缆传输视频信号，终端用录像带存储录像资料。其主要缺点是易受干扰，布线要求高，难以联网，难以作视频分析。随着数字技术和网络技术进步，目前已很少应用，被数字网络型视频监控系统所替代。

analog/digital (A/D) **模拟/数字** 同 analog-to-digital conversion。

analog-to-digital (A/D) conversion **模数转换** 同 analog-digital conversion。

analog-digital conversion (A/D) **模数转换** 把模拟量信号转换为数字量信号的处理。

analogue controller **模拟控制器** ① 由物理变量（如压力、温度、流量、频率、电压、电流、功率和音频电平）得到的模拟信号对产品或系统进行控制的装置。② 控制数字网络同步的一种方法，其控制信号随时钟信号间的相位误差连续变化，如果控制信号与相位误差直接成正比，则成为线性模拟控制。

analogue station set **模拟话机** 采用模拟语音信号进行传输、通话的电话分机。

analogue trunk unit (ATU) **模拟中继单元** 对模拟信号进行放大和处理的设备。在通信系统中，指交换设备（如 PABX）与模拟交换局间的接口。常见有两种：一种是和实线中继线相接，叫实线中继；另一种和载波电路相连，叫载波中继。模拟中继单元的基本功能为：数模转换，线路信号的发送和接收。

analogy computer **模拟计算机** 是指用于系统仿真的模拟解算的计算机。

analysis layer **分析层** 在有线电视系统中，指以个体层中析出的信息为基础，为满足深度检索和资料再利用的需求，建立的一层记录。

anchoring guy wire **锚拉线** 用于增加对结构进行支持而设计的张拉索。

ancillary data **辅助数据** 添加到数字视频数据流的数据，包括如嵌入的数字音频、控制信号等的信息。

anechoic room **无回声的房间［消声**

室〕 声学测试的一个特殊实验室，是声学测试系统的重要组成部分，其声学性能指标直接影响测试的精度。消声室分全消声室和半消声室。房间六个面全铺设吸声层的称为全消声室，简称消声室；房间的六个面中只在五个面或四个面铺吸声层的，称为半消声室。吸声处理是保证消声室建成后取得良好的自由声场性能的关键，大多采用具有强吸声能力的吸声尖劈或平板式薄板共振吸声结构。

anemometer 风速计 测量空气流速的仪器。其种类较多，气象台站最常用的风杯风速计，由三个互成 120°固定在支架上的抛物锥空杯组成感应部分，空杯凹面顺向同一方向。整个感应部分安装在一根垂直旋转轴上，在风力作用下，风杯绕轴以正比于风速的转速旋转。

anemometrograph 风速风向记录仪，风速记录仪 对空气流速和流向测量信息记录的仪器。它集传感技术、计算机技术、通信技术于一体，分别对风速、风向(甚至雨量、照度)信息采集、传输并进行记录和输出，已广泛应用于气象、农业、工业自动化等场合。

anemoscope 风速计 同 anemometer。

ANEXT 外部近端串扰损耗 alien/exogenous near-end crosstalk loss 的缩写。

angled outlet 斜口 指在综合布线产品的面板结构中，其模块或光纤适配器端口向下方倾斜的结构。它的特点是模块或光纤适配器孔中的水或灰尘能够因重力滑出模块孔，而且使得插入模块或光纤适配器孔的跳线受重力影响呈钝角平滑下垂，减少了跳线在弯曲时因锐角而产生辐射导致损耗增加的可能性。

angled patch panel 角型配线架 在 19 in 机架上呈外凸折线型构造的配线架，可以使模块之间的间距拉大、跳线直接向两侧横拉以省去跳线管理器。

angled physical contact (APC) 成角度物理接触 光纤端面接触的一种。光纤端面被磨成一个 8°的角，目的是削减反射波，其工业规范的回波损耗为−60 dB。APC 连接器主要用于视频传输。

angular sheet 角板 指布线系统中应用的角型、折线型的板材或板材制品。

anion 阴离子 亦称负离子。是指带单个或多个负电荷的离子。

anion exchanger 阴离子交换器 又叫阴床，其作用是用阴树脂中的氢氧根交换掉水中的其他阴离子。混合物通过阴离子交换柱，阴离子可以被吸附，从而与其他物质分开。一般来说，阴离子交换柱的吸附剂应该呈阳性。

anion generator 阴离子发生器 即负离子发生器，是通过高电压电离等技术产生阴离子的设备或装置。

annealed copper 退火铜 电导率符合 100%国际退火铜标准(IACS)的铜材料，其 20℃ 的电导率为 58.0×106(S/m)。随着工艺的提升，目前使用的无氧铜等其电导率已经大于 100%IACS，例如 99.90%的无氧铜其电导率已经达到了 101% IACS。

annual cooling electricity consumption 空调年计算耗电量 按照夏季室内热环境设计标准和设定的计算条件，计算出的单位建筑面积空调设备年消耗的电能。

annual energy efficiency ratio (AEER) 全年能效比 一个年度内设备或系统能源转换效率之比之一。空调的能效比是指空调器在制冷运行时，制冷量与有效输入功率之比，反映了空调每消耗 1 000 W 电功率时制冷量的大小。在数据中心内，空调系统的能效比是指机房空调进行全年制冷时从室内除去的热量总和与消耗的电量总和之比。

annual heating electricity consumption 采暖年计算耗电量 按照冬季室内热环境设计标准和设定的计算条件，计算出的单位建筑面积采暖设备一年所要消耗的电能。

annular flow 环形流 气体在管中心而液体沿管内壁面成环形截面流动的一种两相流。

anodized aluminum 阳极氧化铝 铝及其合金在相应的电解液和特定的工艺条件下，由于外加电流的作用下，在铝制品(阳极)上形成一层氧化膜的过程。阳极氧化如果没有特别指明，通常是指硫酸阳极氧化。为了克服铝合金表面硬度、耐磨损性等方面的缺陷，扩大应用范围，延长使用寿命，表面处理技术成为铝合金使用中不可缺少的一环，而阳极氧化技术是目前应用最广且最成功的。

ANR 断网自动续传 automatic network replenishment 的缩写。

ANS 自动噪声抑制 automatic noise suppression 的缩写。

ANSI 美国国家标准协会 American National Standards Institute 的缩写。

ANSI lumens ANSI 流明 American National Standards Institute lumens 的缩写。

ante room 前室，准备室 在冷冻库房中设在冷冻室前的房间。用以出入库房进行各种准备作业。其室温介于冷冻室与库外温度之间的中间温度。

antenna 天线 一种电信号变换器，无线电设备中用来发射或接收无线电波的装置。天线通常由金属导线(杆)或金属面制成，前者称为线天线，后者称为面天线。发射天线把发信机送来的交变电流能量转换为空间电磁波能量。接收天线把从空间获取的电磁波能量转换为交变电波能量送给收信机。一般天线都具有可逆性，即同一副天线既可用作发射天线，也可用作接收天线。同一天线作为发射或接收的基本特性参数是相同的，即天线的互易定理。描述天线的特性参量有方向图、方向性系数、增益、输入阻抗、辐射效率、极化和频带宽度等。

antenna amplifier 天线放大器 也叫前置放大器，是用于天线与馈线间的超高频、宽带、低噪声放大器。

antenna and feeder 天线与馈线 指无线通信的馈线、天线及相关的无源

A

器件。

antenna feed system 天线馈送系统 将信号从发射机的输出端传送到天线或天线辐射器的系统。通常包括：发射机-天线馈线连接器、天线馈线、天线机械结构（如：塔、杆、支架），不包括天线、辐射器或反射器。

anti-icer 防冻装置 指防止结露、结冰的装置。

anti-postback (AP) 防反传 指门禁系统中防止一个人进入防区后，把卡递给后一个人，让后一个人也进入防区的现象出现。这个功能需在门禁点的出入口都装有读卡器才能实现，若持卡人试图两次通过同一出入口，就会产生防反传违规信息。

anti-rat bite 防鼠咬 防止老鼠等啮齿动物损伤材料或缆线的防护措施。

anti-resonance 防共振[鸣] ① 在机电设备系统中是指预防机械共振发生的措施。如电动机安装在水泥浇注地基上或安装在很重的底盘上，使基础部分固有频率增加，以增大与电机的固有振动频率之差。② 在音响系统中是指防止声音共鸣的措施。如影院、剧场应合理设计室内声场，防止或降低音频正回授，并四周采用海绵、塑料泡沫或布帘，使声音得到吸收或减弱。

anticoagulant 抗凝剂 ① 能够阻止血液凝固的化学试剂或物质，如天然抗凝剂（肝素、水蛭素等）。② 液冷式发动机冷却系统防止流体凝结的试剂或物质，如乙二醇的水基型防冻液、氯化钙等。

anti-corrosion cable support system 防腐电缆桥架 适合在腐蚀性环境，大跨距、重载荷条件下使用的桥架。它采用新材料复合环氧树脂，在特定的工艺环境下制造而成。该类桥架防腐性能好，机械强度高，防火性能强，抗老化性能强，造型美观，安装方便，各种性能大大优于其他桥架制品。

anti-corrosive 防腐[蚀]剂 一类能抑制微生物活动，防止食品、纤维、木材等腐败变质的添加剂。有天然和化学合成之分。防腐剂防腐原理有三种：(1) 干扰微生物的酶系，破坏其正常新陈代谢，拟制酶的活性；(2) 使微生物蛋白酶凝固和变性，干扰其生存和繁殖；(3) 改变细菌浆膜的渗透性，抑制其体内的酶类和代谢产物的排除，导致其失活。我国目前已经批准 32 种食物防腐剂，常用的有苯甲酸钠、山梨酸钾等。防腐剂和防蚀剂常以用途不同区分，而不是以化学结构相区分。同一类物质如苯酚，低浓度时作防腐剂，较高浓度时用作消毒剂。对纤维和木材的防腐常见使用矿油、煤焦油、丹宁等，对生物标本防腐使用甲醛、升汞、甲苯等。

anti-dust cover 防尘盖 指安装在模块、面板、配线架、光纤连接器、光纤适配器上，用于防止灰尘进入的元器件或装置。

anti-dust cover for RJ45 plug RJ45 插头防尘盖 指当 RJ45 插头不用时，套在 RJ45 插头外的防尘盖。

antifreeze agent 抗冻剂 加入液体中以降低其冻结点的一种物质。防冻剂按其成分可分为强电解质无机盐类（氯盐类、氯盐阻锈类、无氯盐类）、水溶性有机化合物类、有机化合物与无机盐复合类及复合型防冻剂。

antihunt action **抗震[阻尼]作用** 依靠外力减弱振动的措施。

antijamming **抗干扰** 用来对抗通信过程中各类干扰的系统或技术。对于电子设备而言，需要结合电路的特点使干扰影响减少到最小；对于无线通信系统而言，应能防止经过天线输入端、设备的外壳以及沿电源线作用于设备的电磁干扰。抗干扰措施的基本原则是：抑制干扰源，切断干扰传播路径，提高敏感器件的抗干扰性能。

anti-kickback attachment **防反向安全装置** 在计算机网络系统中，采用安全通道隔离技术、相应的软硬件及算法，保证反向应用数据传输安全性的装置。

anti-rot **防腐** 同 anticorrosive。

anti-rust **防锈** 防止铁制构件或设备的表面形成氧化物，常用涂敷、表面处理、电镀、化学药品、阴极防锈处理或其他方法来达到目的。

antiscale **（锅炉）防垢剂** 运行中的锅炉等常有坚硬的水垢，使热阻增大浪费燃料，影响锅炉正常运行，严重时可能引起炸管造成停炉事故。大中型锅炉防止锅炉结垢常采用炉外水处理方法。而小型低压锅炉宜采用炉内水处理方法，需要使用由碱性物质和有机物复配而成的防垢剂（又叫软水剂）加入炉内使水软化，以减少结垢。

antiskid plate **防滑板** 具有防滑、抗锈、防腐特点的板材。根据材料不同，防滑板分为普通铁板、不锈钢板、铝板、铝合金板、橡胶金属混合板等。坚固耐用外形美观，冲孔的孔形有凸起人字形、有凸起十字花形、圆形、鳄鱼嘴形、泪珠形等。常见应用于污水处理、自来水、电厂等工业企业的室外。防滑板又分为机械防滑和室内装饰防滑，在码头、钓鱼台、车间、汽车底部、水泥地面、酒店门口等场所也都有使用。建筑智能化工程中的数据中心等电子信息机房中也有使用。

anti-skidding **防滑** 防止人或设备因水、油等液体引起的摩擦阻力减少而导致的滑动，这样的滑动可能会导致人或设备产生位移、翻转或损伤，也可能会导致受牵连人员或物体的损伤。

anti-static wrist strap **防静电手腕带** 也叫防静电手环、手镯等。分为有绳手腕带、无绳手腕带及智能防静电手腕带，按结构分为单回路手腕带及双回路手腕带，用以泄放人体的静电。它由松紧带、活动按扣、弹簧软线、保护电阻、插头或夹头组成。松紧带的内层用防静电纱线编织，外层用普通纱线编织。

anti-thrust bearing **止推轴承** 即推力轴承，是用来专门承受轴向力的专用轴承。止推轴承一般由两个止推垫片或更多止推垫片和若干滚动体组成，一般止推垫片分为轴片和座片，滚动体一般最常见形式是由铁质或铜质保持架组合成整体。

AO **模拟输出** analog output 的缩写；**应用插座** application outlet 的缩

写；**自动化插座** automation outlet 的缩写。

AoC 收费通知 advice of charge 的缩写。

AON 全光网络 all optical network 的缩写。

AP 防反传 anti-postback 的缩写；**(无线网的)接入点，访问点** access point 的缩写。

apartment 公寓 意为公共寓所。分为商业公寓和职工公寓。一种商业或地产投资中的居住形式，外形一般中规中矩，每层楼内有若干个套房和公共的走廊、厕所和浴室等，主要方便办公居住和对外租赁之用。商业公寓指旅店宾馆或别墅，可以自用也方便对外租赁，空间大小适当，布局规范紧凑，经济实用。学校宿舍中也包含学生公寓。

APC 成角度物理接触 angled physical contact 的缩写。

APD 雪崩光电二极管 avalanche photodiode 的缩写。

aperture correction 孔径(失真)校正 ① 摄影设备光学镜头的光圈校正技术和方法。② 通信系统中采用PAM模拟载频信号时，平顶保持带来的频率失真为孔径失真。它是幅度失真在T/2的时延，将平顶抽样PAM信号通过一个孔径失真补偿低通滤波器所造成的孔径失真。

API 应用程序接口 application program interface 的缩写。

APL 声功率级 acoustic power level 的缩写。

APOF 全塑光纤 all-plastic optical fiber 的缩写。

APP 事故预防计划 accident prevention program 的缩写。

apparatus attachment cord 装置连接跳线 在工业建筑综合布线系统中，指用于从设备插座(EO)连接到工业设备或装置的跳线。在综合布线系统基本结构中，相当于从信息点(TO)到终端设备(TE)之间的设备缆线(其材质为跳线)。

apparatus dew point (ADP) 机器露点 指离开空调器冷却盘管的湿空气的露点。

apparent heat transfer coefficient 表面传热系数 对流传热基本计算式——牛顿冷却公式(Newton's law of cooling)中的比例系数，一般记做 h，以前常称对流换热系数，其单位是 $W/(m^2 \cdot K)$，含义是对流换热速率。其大小与对流传热过程中的许多因素有关，不仅取决于流体的物性以及换热表面的形状、大小与布置，而且还与流速有着密切的关系。

apparent power 视在功率 交流电路两端的电压有效值与该电路电流有效值之乘积，记为 $S=UI$，用伏安(VA)或千伏安(kVA)为度量单位。

appendage pump 备用泵 可随时投入使用的泵，一般与正在工作的泵交替使用。

application of intrusion alarm system 入侵报警系统应用 对利用一种或多种传感器技术和电子信息技术，探测并指示非法进入或试图非法进入设防区域的行为、处理报警信息、发出报警信息的电子系统或网络的应用。

application program interface (API) 应用程序接口 应用程序与某个平台的特性、功能或资源之间的接口。

application server 应用程序服务器 应用程序是指为完成某项或多项特定工作的计算机程序，它运行在用户模式，可以和用户进行交互，具有可视的用户界面。部署有应用程序，支持其正常运算的计算机设备就称为应用程序服务器。

application specific integrated circuit (ASIC) 专用集成电路 指应特定用户要求和特定电子系统的需要而设计、制造的集成电路。

application temperature 应用温度 指系统、设备工作时所需的特定温度。如在火灾报警系统中，感温传感器的报警温度等。

AQM 空气质量监测 air quality monitoring 的缩写。

AQS 空气质量传感器 air quality sensor 的缩写。

aqua 水柱 拉丁语，计量单位。风机所产生之压力，均以水柱来测量，因风机使用之压力均很小。而水银的密度很大(1 mmHg=13.6 mmAQ)，使用水银汞柱(mmHg)测量时，读数不明显，故多采用水柱(mmAQ或 mmH_2O)来测量或计算。

AR 增强现实 augmented reality 的缩写。

aramid yarn 芳纶丝 全称为聚苯二甲酰苯二胺，指高模量芳纶纱，是各种高端光缆中的缓冲材料。它具有密度小、超高强度、拉伸模量非常高、断裂强度较高、断裂延伸率较低、耐高温、耐酸耐碱、重量轻等优良性能，其强度是钢丝的 5～6 倍，模量为钢丝或玻璃纤维的 2～3 倍，韧性是钢丝的 2 倍，而重量仅为钢丝的 1/5 左右，在 560℃的温度下不分解、不融化。它具有良好的绝缘性和抗老化性能，具有很长的生命周期。在较高的温度下，能保持固有的稳定性，非常低的收缩率，较低的蠕变以及非常高的玻璃化转变温度，另外具有较高的抗腐蚀性能，不导电，除了强酸和强碱外，具有较强的抗化学性能，是优越的光缆加强单元材料。

ARC 报警接收中心 alarm receiving center 的缩写。

arc shape 弧面 外表面呈弧线形的表面结构。应用在综合布线系统的面板后，它可以形成具有特色的造型，并增加面板后侧的空间，盘绕更多的盘留缆线并可支持长模块。

arc welding electrode cable 电焊机电缆 采用氯丁橡胶混合物护套，具有耐热、耐油和不延燃性能，并特别柔软，具有良好的弯曲性能。适用于对地电压交流不超过 200 V 和脉动直流峰值 400 V 电焊机用二次侧接线连接电焊机用。电缆的最大工作温度为 65℃。

architect 建筑师 受过专业教育或训练，以建筑设计为主要职业的人。建筑师通过与工程投资方(即通常所说的甲方)和施工方的合作，在技术、经济、功能和造型上实现建筑物的营造。在逐步复杂的建筑营造领域，建筑师越来越多地扮演一种在建筑投资方和专业设计方(比如机电设计、结构设计,等等)及施工方之间的沟通角色。建筑师通常为建筑投资者所雇佣并对其负责,但不是建筑施工者。

architectural acoustics　建筑声学　指研究建筑环境中声音的传播、评价和控制的学科,是建筑物理的组成部分。其基本任务是通过研究室内声波传输的物理条件和声学处理方法,以保证室内具有良好的声频环境。

archive　档案库　收藏档案的专门用房。

archive backup　归档备份　归档与备份是两个不同的概念。归档作为档案管理的一种方式长期组织并保存档案。备份主要用于保存档案的副本,以达到档案保存的目的。换句话说,归档被认为是长期保留档案的方式,而备份则被认为是短期保存副本。对于电子文件的归档,通常不会在备份之前删除原始文档。但是,一旦档案被归档了,原始文件就可以被删除了,人们很可能不再需要去快速获取它。因此,归档与备份相辅相成,配合在一起使用可以更好地保护档案。

archive file　档案文件　从一个文件集中产生的一种文件,它是为今后的研究、检验或安全目的存放在别处的文件。

area display　区域显示器　在消防系统中,每个报警区域宜设置一台区域显示器(火灾显示盘);宾馆、饭店等场所应在每个报警区域设置一台区域显示器。区域显示器应设置在出入口等明显和便于操作的部位。当安装在墙上时,其底边距地高度宜为1.3~1.5 m。

area heating　区域供暖　从城市集中热源,以蒸汽或热水为介质,经供热管网向全市或其中某一地区的用户供应生活和生产用热,也称城市集中供热,是城市能源建设的一项基础设施。

area number　区号　① 电信系统中的地区编码。② 综合布线系统区域编号,一般指房间内大开间区域的编号。

area of cooling surface　冷却面积　表面式凝汽器中两端管板内侧面之间冷却水管外表面积的总和。

area of detection coverage　探测覆盖面　在入侵报警系统中,指参考目标在探测范围内以距探测器固定的距离移动时将产生报警状态的区域。

area of grate　炉箅面积　即炉栅面积。炉栅是锅炉或工业炉中堆置固体燃料并使之有效燃烧的部件。其面积直接与堆置燃料的多少有关。

area of safe operation　安全工作区　保障人身安全、财产安全、设备安全和电路安全的工作范围。

area of section　截面积　一个几何体被一个平面以任意角度截取后,几何体与平面的接触面的面积。不同的截取方式会产生不同的截面积。

ARF　自动卷绕式过滤器　automatic roll filter 的缩写。

arm stay　留守布防　在入侵报警系统中,指留守模式下布防。含义是在留守防区内,启动外围及24小时模式防区感应设备,若有入侵发生,会产生相应报警。

armature　电枢　电机实现机械能与电能相互转换过程中起关键和枢纽作用的部件。电枢绕组分直流电枢绕组和交流电枢绕组两大类。它们分别用于直流电机和交流电机。电枢包括电枢铁芯和电枢绕组。电枢绕组是直流电机的电路部分,也是感生电势、产生电磁转矩进行机电能量转换的部分(发电机是机械能转换成电能)。电枢铁芯既是主磁路的一部分又是电枢绕组的支撑部件,电枢绕组就嵌放在电枢铁芯的槽内。直流电机和交流电机的感生电枢的原理大致相同。直流电机电枢绕组内的电流也是交流的,要通过换向器输出才是直流的。交流电机分为感应电机(异步机)和同步电机,感应电机按转子结构分为鼠笼型转子和绕线型转子。感应电机是定子绕组产生磁场,转子绕组进行机电能量转换。同步电机是转子绕组产生磁场,定子绕组进行机电能量转换。电枢一般是电机需要外接电源的部分。直流电机电枢为转子,交流电机电枢为定子。

arming　布防　又称设防。① 指设置防卫的武装力量和设施,也比喻提高警惕,心存戒备。② 在报警系统中,指使系统部分或全部防区处于警戒状态的操作。

armor cash carrier　运钞车　应用于银行业务之中专为武装押运量身定做的防弹运送钞票的专用车辆。它不属于特种车,应当遵守交通规则,服从交警指挥。

array cabinet　列头柜　在数据中心中成行排列或按功能区划分的机柜提供网络布线传输服务或配电管理的设备,一般位于一列机柜的端头。

arrest point　临界点　物理学名词。指物体由一种状态转变成另一种状态的条件。如气体在某一温度时,加上一定的压力就能转化为液体,这种温度和压力即该气体液化的临界点。亦借指事情性质发生变化的关节。

arrester　制动器　具有使运动部件(或运动机械)减速、停止或保持停止状态等功能的装置,俗称刹车、闸。制动器主要由制动架、制动件、操纵装置等组成。有些制动器还装有制动件间隙的自动调整装置。

arrow　箭头,指针　① 弓箭的头部。又称为镞。在现代生活中,箭头型指针是仪器或钟表上用来指示数据的装置。② 一个用来指示内存地址的计算机语言的变量或中央处理器(CPU)中寄存器(用来指向该内存地址所对应的变量或数组)。指针一般出现在比较接近机器语言的语言,如汇编语言或C语言。在使用一个指针时,一个程序既可直接使用这个指针所储存的内存地址,又可使用这个地址里储存的函数的值。

arson　放火　指蓄意造成火灾的行为,亦指纵火罪。智能建筑通常设有纵火监控系统。

artificial atmosphere generator　人工气体发生器　通过物理或化学的方式产生人们需要的气体的装置。例如:

氢气发生器、氮气发生器、空气发生器、氢空一体机、氮氢空一体机等。

artificial draft　人工通风　非自然的引发空气流通的方式。

artificial ice　人造冰　通常指运用制冷设备来吸收水或水溶液中的热量并使之冻结成固体的过程。人造冰按其物质组成可分为水冰、防腐冰、溶液冰、干冰等几种。

artificial illumination　人工照明　为创造夜间建筑物内、外不同场所的光照环境，或补充白昼因时间、气候、地点不同造成的采光不足，以满足工作、学习和生活的需求而采取的人为照明措施。

artificial intelligence (AI)　人工智能　研究、开发用于模拟、延伸和扩展人的智能的理论、方法、技术及应用系统的一门新的技术科学。

artificial light source　人工光源　能模拟太阳光谱的发光装置。

artificial rainfall　人工降雨　运用云和降水物理学原理，通过向云中撒播降雨剂（盐粉、干冰、碘化银等），使云滴或冰晶增大到一定程度后降落到地面形成的降水。

artificial ventilation　人工通风　同 artificial draft。

artisan　技工，工匠　具有专长或职业技能的技术工人。不同专业业务具有不同名称和不同技能要求的技术工人。根据技能高低程度，我国将技工一般分为五个等级，国家职业资格五级即为初级工，国家职业资格四级工为中级工，国家职业资格三级工为高级工，国家职业资格二级工为技师，国家职业资格一级工为高级技师。建筑智能化专业一线操作的技术工人称为弱电工，2018 年 9 月 12 日由住房和城乡建设部颁布了弱电工程中我国首个职业技能行业标准《弱电工职业标准》（JGJ/T 428—2018）。

as completed drawing　竣工图　工程竣工时，由施工单位按照施工实际情况画出的图纸。因为在施工过程中难免对原设计有不同程度的修改，为了让客户（建设单位或使用者）能比较清晰地了解管道实际走向、设备实际安装情况和系统运行功能，依照国家规定，在工程竣工之后施工单位必须提交竣工图，成为竣工资料不可或缺的组成部分。

ASA　丙烯腈-苯乙烯-丙烯酸　acrylonitrile styrene acrylate copolymer 的缩写。

asbestos　石棉　又称石绵，是具有高抗张强度、高挠性、耐化学和热侵蚀、电绝缘和具有可纺性的硅酸盐类矿物产品。石棉由很长很细的能相互分离的纤维组成。石棉具有高度耐火性、电绝缘性和绝热性，是重要的防火、绝缘和保温材料。但是由于石棉纤维能引起石棉肺、胸膜间皮瘤等疾病，许多国家选择了全面禁止使用这种危险性物质。

as-built drawing　竣工图　在工程竣工时，由施工单位按照施工实际情况画出的图纸。由于在施工过程中难免对原设计有不同程度的修改和变更，为了让客户（建设单位或使用者）能比较清晰地了解隐蔽工程内的实际布局、管道实际走向、设备实际安装情况和系统运行功能，国家规定在工程竣工之后施工单位必须提交竣工图，成为竣工资料不可或缺的组成部分，成为日后运行、维护和改造、升级的重要依据。

ASC 自动斜率控制 automatic slope control 的缩写。

ASE 放大的自辐射噪声 amplified self-emission noise 的缩写。

ASF 空气间隙光纤 air-supported fiber 的缩写。

ASHRAE 美国空调工程师协会 American Society of Heating Refrigerating and Airconditioning Engineer 的缩写。

ASIC 专用集成电路 application specific integrated circuit 的缩写。

ASIC and special chip ASIC 及专用电路芯片 一种为专门目的而设计的集成电路。它因特定用户要求和特定电子系统的需要而设计、制造。ASIC 的特点是面向特定用户需求，在批量生产时与通用集成电路相比具有体积更小、功耗更低、可靠性提高、性能提高、保密性增强、成本降低等优点。

ASL board with pulse billing 计费脉冲用户板 在电信设备中用于生成和处理计费脉冲的用户板。

ASN.1 抽象描述语言 abstract syntax notation one 的缩写。

ASON 自动交换光网络 automatically switched optical network 的缩写。

aspect ratio 长宽比 建筑暖通空调系统中送风口的长度与宽度之比。**宽高比** 在视频显示技术中，指视频图像的宽度和高度之间的比。

asphalt 沥青 由不同分子量的碳氢化合物及其非金属衍生物组成的黑褐色复杂混合物，是高黏度有机液体的一种，呈液态，表面呈黑色，可溶于二硫化碳。沥青是一种防水、防潮和防腐的有机胶凝材料。沥青主要可以分为煤焦沥青、石油沥青和天然沥青三种。其中，煤焦沥青是炼焦的副产品，石油沥青是原油蒸馏后的残渣，天然沥青则是储藏在地下有的形成矿层或在地壳表面堆积。沥青主要用于涂料、塑料、橡胶等工业用途以及铺筑路面等。

aspherical 非球面的(镜片) 与普通球面镜片表面弧度不同的光学镜片。对镜片的非球面设计，通过修正，解决视界歪曲等问题，同时使镜片更轻、更薄、更平，且保持良好的抗冲击性能，如螺纹镜片等。

ASR 自动语音识别 automatic speech recognition 的缩写。

assembly drawing 装配图 表达机器或部件的图样，主要表达其工作原理和装配关系。它主要用于机器或部件的装配、调试、安装、维修等场合，是生产中的一种重要的技术文件。

assembly drawing of the equipment 设备装配图 表达系统、设备或部件的工作原理、运动方式、零件间的连接及其装配关系的图样，它是工程安装中的主要技术文件之一。在建筑智能化工程中，需要根据设备装配图在现场进行装配。在对现有的设备和部件进行维护和检修时，设备装配图也是必不可少的技术资料。在技术革新、技术协作和商品市场中，也常用设备装配图纸体现设计思想，交流技术经验和传递产品信息。

assembly hall　会堂　指供政治集会或举行文化、经济、学术会议的专用建筑，属公共建筑类。

asset management　资产管理　为机构投资者所收集的资产被投资于资本市场的实际过程。资产管理可以是机构自己的内部事务，也可以是外部事务。智能建筑的资产管理也是资产管理的应用之一。

asset management system　资产管理系统　对某部门、单位或系统的资产进行管理的计算机系统，由管理系统软件运行于计算机网络上实现预定的管理目标。资产管理系统一般具有供应商管理、物业台账、设备档案、运行维护、物资调拨、查询管理、数据导入、系统管理等功能模块。不同部门不同管理目标，系统功能各异。

assisted circulation boiler　辅助循环锅炉　在自然循环锅炉蒸发系统的降水管与水冷壁管之间，装设循环泵以增加工质循环的推动力的锅炉。

Assmann aspiration psychrometer　阿斯曼干湿球湿度计　又称机械式通风干湿表，由R.阿斯曼(R.Assmann)发明的有机械通风装置的一种干湿表。其工作原理是将通风器的发条上满，使风扇转动后给予一定速度的空气流，流经两支并排的温度表，其中一支的水银球部缠以浸湿的脱脂纱布。由于纱布上水分蒸发而使该温度表的温度下降。对比两支温度表(浸湿与未浸湿)的温度差，经查表换算可求出空气的相对湿度。适用于气象站、气象台、环境监测站、工矿企业、实验室、博物馆等测量空气温度及相对湿度之用。它是符合测量温度和湿度的二等标准器具。

associated document　关联文档　将一种类型的文件档案与一个可以打开它的程序建立起一种依存关系。一个文件档案可以与多个应用程序发生关联。可以利用文件的“打开方式”进行关联选择。

Asst project engineer　项目助理工程师　工程项目中配合项目经理工作的一种技术岗位。

assurance factor　安全系数　工程结构设计方法中用以反映结构安全程度的系数。安全系数的确定需要考虑荷载、材料的力学性能、试验值和设计值与实际值的差别，计算模式、施工质量等各种不确定因素。安全系数涉及工程的经济效益及结构破坏可能产生的后果，如生命财产和社会影响等诸因素。它与国家的技术水平和经济政策密切相关。

assurance measure　保证措施　也称保障措施。指工程中对合同条款或承诺的实现方法，这些实现方法一般需公开于对方。

asymmetrical conductivity　非对称导电性　某些物质所具有的、在某一方向比另一方向更易传导电流的特性。

asymmetrical digital subscriber line (ADSL)　非对称数字用户线路　同asymmetrical digital subscriber loop (ADSL)。

asymmetrical digital subscriber loop (ADSL)　非对称数字用户环路　ADSL(非对称

数字用户线路)是数字用户线(DSL)的一种。所谓不对称,是指上行、下行数据传输速率不一致,下行数据速率可达9 Mbps,上行数据速率达640 kbps。它能在不增加铜线和不影响原有电话业务的条件下,提高现有环路的接入速率。它将用户频谱分为三个频段:0～4 kHz 频段继续用来传送话音基带信号,完成电话业务;20～120 kHz频段用来传送上行或下行的低速数据或控制信息;120 kHz～1 MHz频段用来传送下行的高速数据。为充分利用频谱,ADSL 采用复杂的 DMT(离散多音)调制技术。DMT 将 1 MHz 的频谱划分为 256 个带宽为 4.312 5 kHz 的子信道,按实际测得的信道质量来确定每个信道的承载比特数,以避开那些噪声太大或损耗太大的子信道从而实现可靠的通信。ADSL 速率完全取决于线路的距离,线路越长,速率越低,在 2 700 m 距离时能达到 8.4 Mbps,在 5 500 m 距离时就会降到1.5 Mbps。这种特点说明,ADSL 比较适合视频点播类的分布式服务,而不适合点对点之间的连接。

asymmetrical element　非对称元件　在电子器件中,其参数中至少有一个与电压极性或电流方向有关的二端元件。如常见的晶体二极管就是一种非对称电阻元件,其正向电阻极小,反向电阻极大。

asymmetrical modem　非对称调制解调器　在两个传输方向上具有不同特性的全双工调制解调器,如在某一方向上以某一频率传输数据,而在另一方向上以另一频率传输数据。

asymmetrical modulation　非对称调制　指非对称调制解调器使用的信号调制和传输的技术。

asynchronous motor　异步电动机　由定子绕组形成的旋转磁场与转子绕组中感应电流的磁场相互作用而产生电磁转矩驱动转子旋转的交流电动机,也称感应电动机。

asynchronous network　异步网络　各信号间不一定需要同步的通信网络。同步网是一个网络体系,它是由节点时钟设备和定时链路组成的一个实体网,它还配置了自己的监控网。同步网负责为各种业务提供校时,以实现各种业务信息的同步。非同步网就是不使用校时同步的网络。

asynchronous transfer　异步传输　同 asynchronous transfer mode。**异步切换**　在 UPS 系统中,指负载电力在两个不同步电源之间进行的转换。

asynchronous transfer mode (ATM)　异步传输模式　为在宽带 ISDN(综合业务数字网)内解决数据、文字、话音、图像等信号的高速传输和综合交换而提出的一种快速分组交换技术。其基本思想是在高速传输信道上传送一种称之为信元的小分组,每个信元只有 48 个字节的信息和 5 个字节信头。信头中包含地址等内容。加之简化网内差错处理和流量控制,增加信息传送的灵活性,从而得到高速度、高质量的综合信息传输与交换。信元路由基于两级寻址结构:虚拟路径指示符和虚拟通道指示符,通过使用小的消息单元使得网络能够支持灵活的多路复用，用于速率为45 Mbps以上的数据(如多媒体信息)传送。国际电报电话咨询委员会(CCITT)已正式采用异步传输模式作为宽带ISDN的标准。

asynchronous transmission (AT) 异步传输 数据通信中的一种传输方式。这种传输不要求严格定时。由于每一个传输的字符被冠以一起始位，末尾又加上一位或多位的停止位，以致正确地接收信息并不依靠固定传输节拍的同步，因此，传输字符之间的间隔将是可变的，开始标志的出现是无规则的，而字符中的各个位则是同步的。

AT 异步传输 asynchronous transmission 的缩写。

AT&T 美国电话电报公司 American Telephone & Telegraph Inc.的缩写。

athermanous 不透热的 指一个物体或空间不允许辐射热通过。

ATM 异步传输模式 asynchronous transfer mode 的缩写。

ATM adaptation layer (AAL) 异步传输模式[ATM]适配层 ATM 协议参考模型的一个层次，位于 ATM 层与用户层之间，用来完成将 ATM 网络较高层信息(如数据报文分组)，转换成 ATM 信元以便通过 ATM 网络进行传输的一个层，是完全独立于物理层的一个层。AAL 与业务相关，不同类型业务需要不同的适配。AAL 从不同的高层应用接收数据，适配后以 48 字节 ATM 静负荷分段的形式传给 ATM 层。在接收端，AAL 把信元信息再恢复成较高层的信息。AAL 按所完成的功能分在多种类型：AAL-1 用于时间敏感型(恒定位速率)信息流，如音频和视频信息流。AAL-3/4 用于处理局域网上出现的突发式和可变位速率信息流。AAL-5 与 AAL-3/4 相类似，但更加有效，可用的信息字节数更多。AAL 由两个子层组成：汇集子层(CS)根据需要的服务类型决定用户数据划分成信元的方法，分段和重组子层(SAR)完成实际将用户数据划分为信元以及将信元重组为用户数据的工作。

ATM equipment 柜员机 指自动柜员机，即 ATM 机。它是银行在不同地点设置一种小型机器，利用银行卡让客户通过柜员机进行提款、存款、转账等银行柜台服务。

atmometer 汽化[蒸发]计 测定由水面向大气中蒸发水分比率的装置。在植物生态学中所使用的蒸发计比气象学上所使用的装置小，便于移动和安装。例如，Dietrich 蒸发计是直径 13 cm、高 4 cm 的水盘形，里面镀锡的铜制品。根据 1 cm 水深重量的减少来求算蒸发量。经常使用的 Piche 蒸发计是把装满水的试管状的玻璃管，倒置于圆形滤纸的中央，根据管内水位下降程度，求出蒸发量。

atmospheric condenser 大气[淋浇]式冷凝器 在大气中，用水淋浇在管子外面而使管子冷却的冷凝器。

atmospheric freeze drying (AFD) 常压冷冻干燥 兼有冷冻干燥(高品质)和对流干燥(低成本)两者优点的干燥技术。其原理是将冻结物料浸没在保持低温低压的流化吸附剂中进行干燥,其中吸附剂吸附过程产生的水分,使待干物料周围的水蒸气分压始终低于三相点水平,吸附放出的热量可以供干燥过程使用。这样可确保冻结物料中冰的升华和湿分由物料向干燥介质传递。

atmospheric pressure **大气压力** 地球大气层中的物体受大气层自身重力产生的作用于物体上的压力。在物理学中,把纬度为45度海平面(即海拔高度为零)上的常年平均大气压力规定为1标准大气压。此标准大气压为一定值,1标准大气压=760 mmHg。

atmospheric temperature **大气温度** 表示大气冷热程度的量,简称气温。它是空气分子运动的平均动能。习惯上以摄氏温标(符号: t, θ; 单位: ℃)表示,也有的国家用华氏温度(符号: F,单位: ℉)表示,理论研究工作中常用绝对温度(符号: T,单位: K)表示。

atomization **雾化[喷雾]** 通过喷嘴或用高速气流使液体分散成微小液滴的操作。被雾化的众多分散液滴可以捕集气体中的颗粒物质。液体雾化的方法有压力雾化、转盘雾化、气体雾化及声波雾化等。

atomizer **喷雾器** 喷雾器材的简称,利用空吸作用将药水或其他液体变成雾状,均匀地喷射到其他物体上的器具,由壳体、压缩空气装置和细管、喷嘴等组成。

atomizing fineness **雾化细度** 在燃油动力装置中,表征燃料油雾化形成的油滴的细小程度。以油滴总体积与总表面积之比表示。

atomizing humidifier **喷雾加湿器** 工业型柱塞泵加湿设备,其原理是喷出的水雾与空气进行热湿交换。在各种加湿器中,喷雾加湿器具有节能、安全、可靠等优点,具有很高的性价比。

ATS **绝对温标** absolute temperature scale 的缩写。

attached list **随箱清单** 也称为"装箱清单",在发货时随着包装箱提供的设备、材料及附件清单,在验货时根据这份清单检查货品是否全部到齐。

attachment screw **定位螺钉** 又称止动螺钉、紧定螺钉,是专供固定机件相对位置用的一种螺钉。

attendance **员工考勤** 为维护单位的正常工作秩序,提高办事效率,严肃纪律,使员工自觉遵守工作时间和劳动纪律所采用的考勤制度。一般而言,员工考勤是在每个工作日开始时进行的一种到岗记录,这种记录过去采用的是人工记录,现在大多转为采用考勤机、出入口控制系统等电子考勤的方式进行。

attendant **运行[值班]人员** 各类系统使用运行的值班人员。**话务员** 在电话通信中,指话务员。

attenuation **衰减** ① 通信信号的能量损失。信号在传输过程中电流、电压和功率的减弱。衰减通常用分贝(dB)表示。② 用以描述传输系统中网络性能特性的一个参量。它定义为当网络插入一无反射的传输系统时,负载上所得到的信号功率的降低程度。对于多端网络,如要测其任意两端口间的衰减,则应在其他各端口接以匹配负载的情况下进行。

attenuation coefficient 衰减系数 ① 传输线或波导轴线上两点之间的衰减除以该两点之间的距离的商,当距离趋于零时的极限。② 由衰减作用引起的功率损失和入射波功率通量密度之比。

attenuation constant 衰减常数 在通信系统中是指电信号在传输过程中振幅或功率衰减的参数。一般用无反射情况下沿传播方向每单位长度两点上电场强度、电压或电流比值的对数来表示,以奈培或分贝为单位。

attenuation to alien (exogenous) crosstalk ratio at the far-end (AACR-F) 远端衰减与外部串扰比 综合布线系统的一个质量指标,是缆线之间多个线对与线对之间的衰减/远端串音比(ACR-F)值是 FEXT 与插入损耗分贝值之间的差值,它在与发射端的对端(远端)进行测试。它表述双绞线缆线之间的信号噪声比,当存在成束的超六类非屏蔽双绞线时需要测试这个参数。

attenuation to alien (exogenous) crosstalk ratio at the near-end (AACR-N) 近端衰减与外部串扰比 综合布线系统的一个质量指标,是缆线之间各线对与线对之间的 ACR-N 值,它在与发射端的同端(近端)进行测试。它表述双绞线缆线之间的信号噪声比,当存在成束的超六类非屏蔽双绞线时需要测试这个参数。

attenuation to crosstalk ratio (ACR) 衰减串扰比 是综合布线系统的一个质量指标,指线对与线对之间的衰减/近端串音比值是 NEXT 与插入损耗分贝值之间的差值,它在与发射端的同端(近端)进行测试。它表述双绞线的信号噪声比,为以太网等应用系统是否能够使用的关键参数之一。现在一般使用 ACR-N 表示。

attenuation to crosstalk ratio at the far-end (ACR-F) 远端衰减与串扰比 综合布线系统的一个质量指标,是线对与线对之间的衰减/远端串音比(ACR-F)值是 FEXT 与插入损耗分贝值之间的差值,它在与发射端的对端(远端)进行测试。

attenuation to crosstalk ratio at the near-end (ACR-N) 近端衰减与串扰比 也称近端衰减/近端串音比。是布线系统的一个质量指标,指线对与线对之间的衰减/近端串音比值是 NEXT 与插入损耗分贝值之间的差值,它在与发射端的同端(近端)进行测试。它表述双绞线的信号噪声比,为以太网等应用系统是否能够使用的关键参数之一。

attenuator 衰减器 在电子设备和系统中一种提供衰减的电子元器件,其主要用途是:(1) 调整电路中信号的大小;(2) 在比较法测量电路中,可用来直读被测网络的衰减值;(3) 改善阻抗匹配。若某些电路要求有一个比较稳定的负载阻抗时,则可在此电路与实际负载阻抗之间插入一个衰减器,能够缓冲阻抗的变化。

attenuator box 静压箱 在暖通空调系统中一种既能允许气流通过又能有效地阻止或减弱声能向外传播的

装置。它是送风系统减少动压、增加静压、稳定气流和减少气流振动的一种必要的配件,它可使送风效果更加理想。

attic ventilation　阁楼通风　建筑物中阁楼的通风。通常为夜间通过阁楼把热空气排至室外,而将室外冷空气引入阁楼。

attribute　属性　① 对于一个事物的抽象刻画。既有特有属性和共有属性之分,又有本质属性和非本质属性的区别。② 在计算机语言中是指对实体的特征描述,具有数据类型、域、默认值三种性质。属性也往往用于对控件特性的描述,大多数控件都具有的属性称为公共属性:名称、标题、背景色、前景色等。属性之于文件,指出文件是否为只读、隐藏、准备存档(备份)、系统文件、压缩或加密,以及是否应索引文件内容以便加速文件搜索的信息。计算机软件语言中的属性是指数据库开发人员对事物特征的称呼。

ATU　模拟中继单元　analogue trunk unit 的缩写。

ATU-C　ADSL 传输中央单元(Modem)　ADSL transmission unit-central 的缩写。

ATU-R　ADSL 远传单元(Modem)　ADSL transmission unit-remote 的缩写。

ATV　模拟电视　analog television 的缩写。

AU　管理单元　administration unit 的缩写。

AU PTR　管理单元指针　administration unit pointer 的缩写。

AU-AIS　管理单元告警指示信号　administrative unit alarm indication signal 的缩写。

AU-LOP　管理单元指针丢失　loss of administrative unit pointer 的缩写。

AUC　鉴权中心　authentication center 的缩写。

audio conference　音频会议　只有语音信息一种媒体的电子会议,音频会议系统还具有收发传真电话的功能。

audible alarm　音响报警设备　以声响提示警情的一种装置。当指定事件出现时,它能发出声响报警信号,引起操作员注意,或要求操作员在继续系统运行之前进行干预。

audible signal　声音[音频]信号　带有语音、音乐和音效的声波的频率、幅度变化信息载体。根据声波的特征,可把音频信号分类为规则声频和不规则声频。其中,规则声频又可以分为语音、音乐和音效。规则声频是一种连续变化的模拟信号,可用一条连续的曲线来表示,称为声波。衡量声音品质的三个要素是指音调、音强和音色。

audio & video control device　音像控制装置　控制声音音频和图像视频信号的装置或设备。

audio band　音频频带　是指会议、电话的音响装置能够处理或通过的一段频率范围。比如,音响的环绕声道的带宽是 100 Hz～7 kHz。人耳能听到的频率范围一般为 20 Hz～20 kHz,但大部分有用和可理解的声音信号频率在 200 Hz 到 3 500 Hz 之间。所以,会议电话的音频带宽也是 200 Hz 到 3 500 Hz。

audio bandwidth　音频带宽　放大器或接收器对此作出反应并提供有用的输出的音频频率范围。

audio coding generation 3 (AC-3)　环绕声数字音频编码　在 ETSI TS 102 366 标准中定义的数字音频压缩编解码标准。

audio compressor　音频压缩器　对音频信号的压缩器，是一种动态(dynamics)处理器。又分为数字音频(digital audio)压缩和模拟音频(analog audio)压缩。

audio dub　音频配音　一个用于视频编辑的功能，添加、替换或混合音频信号到原始的声音磁轨而不影响图像(视频部分)。

audio editing　音频编辑　组合不同源的音频资料到一个连续数据段的过程。

audio equalization　音频均衡　一种基于硬件和软件的音频处理技术。它利用可调滤波器的频率特性对实际信道的音频信号幅频特性和群延时特性进行补偿，从而得到预期音调、音强和音色的音频信号。

audio exciter　音频激励器　一种在高质量音频设备中具有的音频电路，用来重建在视频或音频磁带复制过程中损失的音频信号的谐波内容。

audio frequency　音频频率　20 kHz 是人耳听觉频带，称为音频，这个频段的声音称为可闻声，高于 20 kHz 称为超声，低于 20 Hz 称为次声。

audio input/output　音频输入/输出　电子设备中音频电信号的输入端口或输出端口。

audio matrix　音频矩阵　根据音频信号切换计划，将其输入音频信号自动或手动分配、调度到其所需输出通道上的设备。

audio mode　音频模式　音频编码系统提供的不同编码模式，包括单声道模式、双声道模式、立体声模式和联合立体声模式。每种音频模式中，完整的音频信号被编码为音频比特流。

audio modem　音频调制解调器　将音频的模拟信号转化为计算机的数字信号或将数字信号转化为模拟信号的装置。

audio noise　音频噪声　为人耳感觉的伴随信号声音之外的声音。此种噪声由音频处理和传输系统中产生。随机高频率噪声(嘶嘶声)，一般由音频设备非线性失真引起；低频率噪声(嗡嗡声)，常由供电电源、电源线干扰或设备和线路接地不良引起。

audio station　音频门口机　也称非可视门口机，指无可视功能的访客对讲系统门口机。这种门口机通过声音信号与住户室内分机对讲。

audio stream　音频流　媒体数据中的音频 RTP 流。

Audio Video Coding Standard (AVS)　数字音视频编解码标准　《信息技术先进音视频编码》系列标准的简称，是中国拥有自主知识产权的第二代信源编码标准。此标准主要解决数字音视频海量数据的编解码的压缩问题，面向高清视频编码应用。AVS 包括系统、视频、音频、数字版权管理四个主要技术标准和一致性测试等支撑标准。中国国家原信息产业部科学技术司于2002年6月批准成立数字音视频编解码技术标准工作组，其任务是：面向我国信息产业需求，联合国内企业和科研机构，制(修)订数字音视频的压缩、解压缩、处理、表示等共性技术标准，为数字音视频设备与系统提供高效经济的编解码技术，服务于高分辨率数字广播、高密度激光数字存储媒体、无线宽带多媒体通信、互联网宽带流媒体等重大信息产业应用。工作组成立至今，已制订了两代AVS标准。

audio video interleaving (AVI)　音视频交叉格式　即AVI格式，一种音频与视像交叉记录的数字视频文件格式。

audio workstation　音频工作站　专门用于处理语音、音乐等声音信息的工作站设备和系统。它具备多轨音频录音、编辑、混音等多种能力。它是数字技术和计算机技术发展的产物。时至今日，随着数字技术和计算机技术两者相结合的新型数字音频工作站(digital audio workstation，简称DAW)应运而生，并广泛应用于广播电台、有线电视、舞台音响等领域。

audio/video (A/V)　音视频　指多媒体中使用的声音和图像，也指可视电话、会议系统等应用系统中的音频视频接口。

audio-follow-video switcher　音频随视频切换器　一种支持音视频流媒体的音视频混合切换设备。它可以从音频-视频信号源同时切换到一个音频-视频接收设备或系统(无须分开独立切换)。

audiometer　听力计　心理学上的听力计通常都是指纯音听力计。它测定个体对各种频率感受性大小的仪器，通过与正常听觉相比，就可确定被试者的听力损失情况。

audio-video combiner　音频-视频组合器，视听传播合路器　一种组合音频和视频信号的设备。在模拟世界里它是指这样一台机器，它调制音频信号到一个高频率的载波并混合到视频信号以便于在单根线缆上传输。

audio-visual (AV)　音视频　同audio/video。

audio-visual content　音视频内容，视听内容　通信系统中用以描述和传输的内容，包括图像/视频、声音/音频或数据，以及任何可以嵌入内容的源数据。它可能包括单个或多个实体元素，以适当的速率交替出现。在电视系统中可称为音视频节目，包括视频图像元素和声音音频元素。

audio-visual projector　音视频投影　能够播放音频和显示视频图像的投影设备或投影系统。

audit trail　审计跟踪　系统活动的流水记录。该记录按事件从始至终的途径，顺序检查审计跟踪记录、审查和检验每个事件的环境及活动。

auditorium　音乐厅　演奏和欣赏音乐的厅堂，是举行音乐会及音乐相关活动的场所，是人们感受音乐魅力的场所。音乐厅通常都装潢典雅，由音乐大厅和小剧场等组成，并配备各种乐器及专业的音乐设备，同时提供舒适的座椅和适宜的环境，在优雅的环境里为人们带来音乐的精神盛宴。一座建筑精美风格独特的音乐厅本身就是一件艺术品。音乐厅在建筑大类中属公共建筑。

AUG 管理单元组 administrative unit group 的缩写。

augmented reality (AR) 增强现实 把原本在现实世界的一定时间空间范围内很难体验到的实体信息(视觉、声音、味道、触觉等信息),通过模拟仿真后叠加到现实世界被人类感官所感知,从而达到超越现实的感官体验。这种技术叫作增强现实技术,简称 AR 技术。增强现实是近年来国外众多知名大学和研究机构研究热点之一。AR 技术与 VR 技术具有相类似的应用领域,诸如尖端武器、飞行器的研制与开发、数据模型的可视化、虚拟训练、娱乐与艺术等。

AU-LOP 管理单元指针丢失 loss of administrative unit pointer 的缩写。

authentication center (AUC) 鉴权中心 移动通信中一个含有用户验证密钥并能产生相应验证参数(如随机数号码 RAND、应答码 SRES 等),用以对接入用户身份进行验证的功能实体。

authentication information 鉴别信息 在信息安全技术中,指用以确认身份真实性的信息。

authentication, authorization, accounting (AAA) 认证,授权,计费 网络中各种资源的使用,需要由认证、授权和计费进行管理。对于一个商业系统来说,认证是至关重要的,只有确认了用户的身份,才能知道所提供的服务应该向谁收费,同时也能防止非法用户(黑客)对网络进行破坏。在确认用户身份后,根据用户开户时所申请的服务类别,系统可以授予客户相应的权限。随后,在用户使用系统资源时,需要有相应的设备来统计用户对资源的占用情况,据此向客户收取相应的费用。

auto-back focus (ABF) 自动后焦调节 具有 ABF 装置的摄像机在 CCD 位置上可以自动进行精确调焦,从而精确地实现聚焦。可克服传统摄像机在取下 IR 滤光片后图像会变模糊的问题。

auto-iris lens 自动光圈镜头 根据摄影或摄像的需要,可对光圈、焦距、聚焦进行自动调整的镜头。它是在手动光圈定焦镜头的光圈调整环上增加齿轮啮合传动的微型电机,并依照图像信号中产生的控制信号驱动相应的电机调整镜头的光圈、焦距或聚焦至设定的合理位置。自动光圈镜头可分为自动光圈定焦镜头、自动光圈手动变焦镜头、自动光圈电动变焦镜头、电动三可变(光圈、焦距、聚焦均可变)镜头等。

auto-tuned control loop 自动调谐控制回路 通过装置的自动控制驱动和参数自动改变来调整射频系统的可变电容和电感,使射频回路准确工作在指定频率,使系统处于阻抗匹配最佳状态,获得最佳的接收状态或最大的发射功率。自动调谐回路分为前级调谐回路和末级调谐回路。

auto-white balance (AWB) 自动白平衡 数码相机自动默认白平衡的设置。相机中有一结构复杂的矩形图,它可决定画面中的白平衡基准点,以此来达到白平衡调校。

auto-alarm 自动报警 自动探测事故并能主动发出警情信息的技术功能。常见有独立自动报警装置(如火灾报警器、入侵报警器等)和自动报警系统(如火灾自动报警系统、入侵报警系统等)都具有自动报警的功能。在一些电子设备和计算机系统中,也因各类需要而设置各类自动报警功能,如设备拆卸报警、过载报警、断网报警、黑客入侵报警,等等。

auto-control 自动控制 在没有人直接参与的情况下,利用外加的设备或装置,使机器、设备或生产过程的某个工作状态或参数自动地按照预定的规律运行。它是一个相对人工控制而言的概念。

autoconverter 自耦变压器 一种单圈式变压器,其一次侧、二次侧共用同一个绕组,低压线圈就是高压线圈的一部分。自耦变压器的变压比有固定和可变两种。接触式调压器的变压比是可变的。

autogenous ignition temperature 自燃温度 在没有火花和火焰的条件下,物质能够在空气中自行燃烧的最低温度。

automated infrastructure management (AIM) 自动化基础设施管理 用于对综合布线系统进行实时监测、记录和管理的系统,通常由监测单元/显示单元、控制器、管理软件等部件组成。在数据中心综合布线系统中,AIM系统提供了支持快速迁移到更高速度的关键性及网络的结构特性的可视性,有助于信道的快速迁移。

automatic alarm 自动报警 同 auto-alarm。

automatic backlight compensation 自动背光补偿 也称为自动逆光补偿,指一种视频图像亮度自动调节技术,可以有效补偿摄像设备在逆光环境下拍摄时画面主体黑暗的缺陷。当视场中可能包含一个或若干个很亮的区域时,被摄主体处于亮场包围之中,此时被摄主体的画面将一片昏暗,无层次。当采取逆光补偿技术时,摄像设备仅对整个视场中一个指定的区域进行亮度检测,通过自动补偿电路改善和提升该区域的视频电平,从而提高输出视频信号的幅值,使主体图像整体清晰明亮。在拍摄过程中,当看到的被摄主体因明亮的背景而显得暗淡时,可以把摄像机上的“BLC”设置到“ON”状态,启用摄像机自动背光补偿的功能。数码相机和许多智能手机一般也具有这一功能。

automatic call distribution (ACD) 自动话务[呼叫]分配 一种话务转接业务的工作方式,它对进入的呼叫自动分配给特定的端口,如所有端口都忙碌,则按先进先出的原则排队等候。

automatic call distributor (ACD) 自动话务[呼叫]分配器 在呼叫中心应用的具有自动话务分配功能的设备或系统。它根据算法,合理地安排话务员资源,自动将呼叫分配给最合适的话务员进行处理。ACD 执行下述功能:识别和应答来话呼叫;从数据库中查找处理该呼叫的指令,并根据这些指令将该通话录音或话音响应装置。ACD也编辑有关电话量、高峰负载、平均呼叫时间及其他有关每一应答站的有效性、生产率等管理信息方面的统计资料。

automatic control **自动控制** 自动控制是相对人工控制概念而言的，即在没有人直接参与的情况下，利用外加的设备或装置，使机器、设备或生产过程的某个工作状态或参数自动地按照预定的规律运行。例如，某装置或某系统能于自动接收过程中测得的物理变量，自动进行计算，对过程自动地进行适当调节，以控制和维持系统的最佳运行。

automatic detecting and recording system for violation of traffic signal **交通信号违章自动检测与记录系统** 可安装在信号控制的交叉路口和路段上，并对指定车道内机动车闯红灯行为进行不间断自动检测和记录的系统。

automatic electronic shutter (AES) **自动电子快门** 摄影、摄像设备中一种自动控制曝光时间的技术。快门是摄影、摄像中一个控制曝光时间的专用术语。

automatic expansion valve (AEV) **自动膨胀阀** 能自动调节流向蒸发器的液体制冷剂流量，将蒸发压力保持在限定范围内的一种阀门。

automatic explosion suppression system (AESS) **自动抑爆系统** 自动灭火系统的一种。它由探测器、控制仪和抑爆器组成。当发生火灾或爆炸时，探测器接收到火焰后，由控制器触发抑爆器，抑爆器内的产气剂即时产生大量气体，通过缓冲器调整后，引射抑爆器内的干粉灭火剂喷洒出来，形成灭火剂粉雾体，在燃烧爆炸初期扑灭火焰，最有效地保障人员和设备安全。该系统还具有自检、显示功能，可随时检查抑爆装置工作状况。

automatic fire alarm and fire linkage system **火灾自动报警及消防联动系统** 采用火灾探测器进行火灾自动监视、报警、记录并通过应急预案，以及向消防相关的设备或系统(如：应急广播、专用灭火设备、公共设备等)发出联动控制信号并与这些设备或系统进行监视的系统。

automatic fire alarm system **火灾自动报警系统** 探测火灾早期特征、发出火灾报警信号，为人员疏散、防止火灾蔓延和启动自动灭火设备提供控制与指示的消防系统。它由触发器件、火灾报警装置、联动输出装置以及具有其他辅助功能的装置组成。

automatic fire detection system (AFDS) **自动火灾探测系统** 同 automatic fire alarm system。

automatic fire extinguisher **自动灭火装置** 具有探测火灾警情并能自动采取灭火措施的器具或装置。它一般由火灾探测器(温感、烟感、火焰等探测器)、灭火器(二氧化碳灭火装置)、控制报警器、通信模块等部分组成，在自动采取灭火措施的同时发出火灾报警信息，并可通过通信模块对警报状态及灭火器信息进行远程监测和控制。自动灭火装置适用于半导体生产线、LCD及PDP工程、通信中转站、监视控制中心、机房、发电站、隧道、进线配电房等重要场所。

automatic fire signal 自动火灾信号 由火灾探测传感器的监测和系统的判断而自动产生的火情、火警信号。

automatic gain control (AGC) 自动增益控制 使放大电路的增益自动地随信号强度而调整的自动控制技术。自动增益控制是限幅输出的一种,它利用线性放大和压缩放大的有效组合对输出信号进行调整。当弱信号输入时,线性放大电路提升增益,保证输出信号达到规定的强度;当输入信号超过一定强度时,降低放大电路增益,使输出信号仍然维持在规定的强度范围内。也就是说,AGC 功能可以通过改变输入输出压缩比例自动控制放大器增益。AGC 可细分为 AGCi(输入自动增益控制)和 AGCo(输出自动增益控制)。AGC 电路广泛用于各种接收机、录音机和测量仪器中,它常被用来使系统的输出电平保持在一定范围内,因而也称自动电平控制;用于话音放大器或收音机时,称为自动音量控制。

automatic level control (ALC) 自动电平控制 在信号传输系统中对输入或输出端,或电子电路的某一部位的信号强度或电位数值自动控制在一定值或范围的功能。ALC 是为减小或克服因器件本身变化或环境引起工作点变化等因素对信号传输特性的影响,在电路中加入稳定电平的电路,在一定范围内,能够自动纠正偏移的电平回到要求的数值;**自动平衡控制** 针对由于器件本身变化、环境引起工作点变化等因素,在电路中加入稳定电平的电路。在一定范围内,ALC 电路自动纠正偏移的电平回到要求的数值。

automatic light compensation (ALC) 自动光量补偿 在摄影、摄像等场合对曝光的光强度进行自动调整的技术。通过自动光量补偿,使在外界光照条件变化较大时始终保持曝光量稳定在设定值。在摄影、摄像中,它是一种光圈的自动设定,即在快门时间设定条件根据被摄景物光亮度自动调整光圈开启度,保证适宜的曝光量,避免曝光不足或过度曝光,从而获得明暗合适、清晰的图像。此种技术也普遍应用于复印设备之中。

automatic meter reading (AMR) 自动抄表 即远程抄表,使抄表人员不必到每家每户就可以完成抄表工作。主要由电能表、采集器、集中器、数据传输通道、主站系统构成,通过网络还可以和供电局的营业收费系统相连,实现抄表收费一体化。

automatic meter reading (AMR) system 集中抄表系统 一种具有远程抄表功能的电子系统,它通过专用的传输网络、测量模块和管理系统,将分散在各家各户的水、电、燃气、热力等消耗数据传递到系统中,实现集中抄表,大大减轻了抄表员的劳动强度,提高了数据的准确度,缩短了抄表时间。

automatic network replenishment (ANR) 断网自动续传 一种结合本地存储和网络存储的技术,它能够将因网络中断未能输出的数据在网络恢复后自动发送出去。在能耗分项计量系统中,要求连接计量装置的数据采集器具备断网续传的功能，以利计量数据不受传输网络运行状况的影响，保证数据的连续性和准确性。

automatic noise suppression（ANS） 自动噪声抑制 一种探测噪声并将其从信号中分离出来予以抑制的技术。

automatic protection 自动保护 根据内部设定或预案对特定目标的特定异常自动进行保护的技术措施。

automatic protection switching 自动保护切换 电路（或设备）在遇到故障时能自动切换到备用电路（或设备）上的技术功能。现代通信中的自动保护切换常指光网络的自动切换。例如，在同步数字体系（SDH）网广泛应用的双向环路网上，沿途所有的元件都连接到两个相反方向旋转的光环路上，其中一条作为主路，另一条作为备份。当主环路发生故障，失效路径上的设备探测到故障时，将自动倒换到另一方向的环（即备份）上，继续保持通信。

automatic protective system 自动保护系统 根据内部设定或预案对特定目标的特定异常进行自动保护的系统或设备。它可以是以一个系统保护另一个系统，也可以是在同一个系统内的自我保护装置。如列车自动保护系统（ATP）、光路自动保护系统等。

automatic roll filter（ARF） 自动卷绕式过滤器 一种新型空气过滤设备。它是通过过滤器前后压差转换为传感信号，实现滤料更换的自动化设备。它是智能化滤料更换系统，有效节约能源，降低成本。模块化的设计能够满足任意类型的系统设计和安装要求。其工作过程：新过滤材料装在上料箱，当进风带有高浓度含尘空气通过卷绕式过滤器后，过滤器前后压差随滤尘增加而逐步上升；当过滤器阻力上升到设定的终阻力值时，压差开关开始动作，卷绕系统更新滤料；当达到卷帘时间，停止传动，更新滤料工作完毕，重新进行过滤。

automatic safety device 自动安全装置 一种保护劳动者人身安全及系统、设备安全运行的装置或系统。① 保护劳动者人身安全的自动安全装置的机制是把任何暴露在危险中的人体部分从危险区域中移开。它仅能使用于有足够的时间来完成这样的动作而不会导致伤害的环境下，因此，仅限于在低速运动的设备上采用。② 保护系统、设备安全运行的自动安全装置的目的是当系统、设备在内部故障或超负载等外来因素破坏下自动采取相应措施，调整工作状态继续运行或终止运行，防止产生新的故障或扩大故障范围或程度，防止对内、对外造成更大的损失。如自动停机、自动减压、自动减速等装置。

automatic slope control（ASC） 自动斜率控制 指当信号电平由于某种原因可能变化时，用来维持其信号电平不变。它与热控制不同，ASC 检出两个参考的载波电平，调整增益和斜率，补偿任何变化带来的影响。这种方法可以避免热补偿时所具有的幅度误差的积累。自动斜率控制技术在高频模拟型 CATV 系统中已经应用多年。

automatic speech recognition (ASR) 自动语音识别 将语言信号转变为可被计算机识别的文字信息，使得计算机可以识别说话人的语言指令和文字内容。其目标是让计算机能够“听”“写”不同人所说出的连续语音，完成声音到文字的转换，实现人机对话。

automatically switched optical network (ASON) 自动交换光网络 以光传送网(OTN)为基础的自动交换传送网(ASTN)。国际电联(ITU)在2000年3月提出，设想在光传送网中引入控制界面，以实现网络资源的按需分配，从而实现光网络的智能化。ASON是一种标准化的智能光网络。采用自动交换光网络技术之后，传统的多层复杂网络结构变得简单化和扁平化，光网络层开始直接承载业务，避免了传统网络业务升级时受到的多重限制，可以满足用户对资源动态分配，高效保护恢复能力以及波长应用新业务等方面的需求。此外，ASON的概念可以扩展应用于不同的传送网技术，具有普遍适应性。因此可以说，ASON不仅是传统网概念的历史性突破，也是传送网技术的一次重大突破，被看作是具有自动交换功能的下一代光传送网。

automation island 自动化岛 自动控制系统的现场设备安装场所。

automation server 自动化服务器 自动化使应用程序能够对另一个应用程序中实现的对象进行操作，或者将对象公开以便可以对其进行操作。自动化服务器就是向其他应用程序(自动化客户端)公开可编程对象(自动化对象)的应用程序，使客户端能够直接访问通过服务器可用的对象和功能，从而自动完成某些过程。当应用程序提供的功能对其他应用程序有用时，这样公开对象是有益处的。对象的公开使供应商能够通过使用其他应用程序的现成功能来改进自己的应用程序功能，可以实现跨物理、虚拟和公共云系统的操作系统、存储、网络和应用组件的开通、修补和配置的自动化。

automotive wire 汽车电线 汽车内使用的电线、电缆或光缆。

AUX 辅助[附属]设备 auxiliary equipment 的缩写。

auxiliary area 辅助区 数据中心内用于电子信息设备和软件的安装、调试、维护、运行监控和管理的场所，包括进线间、测试机房、监控中心、备件库、打印室、维修室等。

auxiliary boiler 辅助锅炉 在柴油机船上供辅助机械、设备和生活杂用用汽的锅炉。

auxiliary control element (ACE) 辅助控制单元 电信网络中的一类没有终端电路的硬件模块。ACE模块主要为交换系统提供支持辅助功能，与终端模块不同，这些支持辅助功能可以用更灵活的方式分配给ACE，不同功能的ACE模块的硬件完全相同，只是装载的软件不同，并且一旦出现故障，还可由别的ACE接替工作。这些辅助功能包括计费分析、中继资源分配、统计等。

auxiliary data 辅助数据 在主体数据

A

处理中具有辅助作用的数据。辅助数据不是数据处理过程中的核心数据,但它是对主体数据的有效补充。如电视广播或有线电视系统的辅助数据随播出节目数据流提供给终端用户,可形成非节目图像与声音信息。

auxiliary equipment (AUX) 辅助[附属]设备 除了主设备以外的其他设备的总称,其作用是对主设备的各项功能进行补充和完善,但不影响主设备各项功能的实现。如在通信系统中,指传输设备和发射设备之外的其他设备。

auxiliary material 辅助材料 主材以外的辅助材料。如布线系统中的尼龙扎带、魔术贴、标签纸等。

AV 音视频 audio-visual 的缩写。

availability 可用性 ① 在某个考察时间,系统能够正常运行的概率或时间占有率的期望值。考察时间为指定瞬间,则称瞬时可用性;考察时间为指定时段,则称时段可用性;考察时间为连续使用期间的任一时刻,则称固有可用性。它是衡量设备在投入使用后实际使用的效能,是设备或系统的可靠性、可维护性和维护支持性的综合特性。② 在信息安全技术中,指数据或系统根据授权实体的请求可被访问与使用程度的安全属性。

avalanche photodiode (APD) 雪崩光电二极管 一种半导体光器件。在外加偏压作用下,初始光电流通过电荷载流子累积倍增而得到放大。加大偏压到接近击穿电压时会产生“雪崩”(即光电流成倍地激增)的现象,因此这种二极管被称为雪崩二极管。

AVC 高级视频编码 advanced video coding 的缩写。

average directional index (ADX) 平均趋向指数 一种常用的趋势衡量指标。它无法告诉你趋势的发展方向,但如果趋势存在,ADX 可以衡量趋势的强度。ADX 的读数越大,趋势越明显。衡量趋势强度时,需要比较几天或更长时间的 ADX 读数,观察 ADX 究竟是上升或下降。ADX 读数上升,代表趋势转强;如果 ADX 读数下降,意味着趋势转弱。当 ADX 曲线向上攀升,趋势越来越强,应该会持续发展;如果 ADX 曲线下滑,代表趋势开始转弱,反转的可能性增加。单就 ADX 本身来说,由于指标落后价格走势,所以算不上是很好的指标,不适合单就 ADX 进行操作。可是,如果与其他指标配合运用,ADX 可以确认市场是否存在趋势,并衡量趋势的强度。

average power sum alien (exogenous) near-end crosstalk loss 外部近端串扰损耗功率和平均值 综合布线系统的一个质量指标,同 average power sum alien near-end crosstalk (loss)。

average power sum alien near-end crosstalk (loss) (PS ANEXTavg) 外部近端串音功率和平均值 综合布线系统的一个质量指标,指多根双绞线或双绞线中线对的外部近端串音损耗功率和平均值。

average power sum attenuation to alien (exogenous) crosstalk ratio far-end (PS AACR-Favg) 外部远端串扰损耗功率

和平均值 综合布线系统的一个质量指标，指多根双绞线或双绞线中线对的外部远端串扰损耗功率和平均值。

average run power of single rack 单机架平均运行功率 数据中心中单个机架内安装的所有 IT 设备的日平均运行功率。

AVI 音视频交叉格式 audio video interleaving 的缩写。

avoiding lightning stroke 防雷 通过组成拦截、疏导，最后将雷击所产生的高电压、强电流泄放入地的一体化系统方式，以防止由直击雷或雷电引起的电磁脉冲对建筑物本身或其内部设备造成损害的防护技术和措施。

AVS 数字音视频编解码标准 audio video coding standard 的缩写。

AWB 自动白平衡 automatic white balance 的缩写。

AWG 美国线规 American wire gauge 的缩写。

axial fan 轴流风机 产生与风叶的轴同方向气流的风机。如电风扇、空调外机风扇等就是轴流方式运行的风机。轴流式风机通常用在流量要求较高而压力要求较低的场合。

axial flow compressor 轴流式压缩机 压缩机的一种。轴流压缩机的进气部分包括进气室及进气缸两部分，空气以垂直于机组轴心线的方向流入进气室，在进气室及进气缸内折转 90°后变成环状气流层，轴向流入压缩机进口导叶。轴流式压缩机是输送和提高气体压力的高效节能设备，属于技术密集型透平机械。与离心式压缩机相比，适合于 1 000 m^3/min 以上中大流量场合，且效率高 8%～12%，能耗低。它是高炉炼铁生产系统中的心脏设备。

axial velocity 轴向速度 介质在平行于轴线方向的运动速度。

axial-flow low noise fan 轴流低噪声风机 低噪声的轴流风机。它广泛应用于现代建筑的空调、新风系统中。

azeotrope 共沸混合物 同 azeotropic mixture。

azeotropic mixture 共沸混合物 简称共沸物。当多种不同成分的均相溶液以一个特定的比例混合时，在固定的压力下，仅具有一个沸点，此时这个混合物即称作共沸物。达到共沸点时，共沸物沸腾所产生的气体部分的成分比例与液体部分完全相同，因此无法以蒸馏方法将溶液成分进行分离。也就是说，共沸物的组成物，无法用单纯的蒸馏或分馏的方式分离。

azeotropic refrigerant 共沸制冷剂 由两种及以上不同制冷剂以一定比例混合而成的共沸混合物，这类制冷剂在一定压力下能保持一定的蒸发温度，其气液两相始终保持组成比例不变，但它们的热力性质却不同于混合前的物质，利用共沸混合物可以改善制冷剂的等温特性。

B

B　波特　数据通信速度单位。baud 的缩写。

B channel　B 通道[信道],承载信道　bearer channel 的缩写。

B channel sequence number (BSN)　B 通道顺序号　综合业务数字网(简称 ISDN)是基于 CCITT/ITU 标准的、应用于普通电话线和其他媒体数字传输的系统。该网络服务包括两种:家庭用户和小型企业适用的基本速率接口和大型客户适用的基群速率接口。每个速率接口都有许多 B 通道和一个 D 通道。B 通道用于传送数据、声音和其他功能服务,D 通道则用于传送控制信号信息。基本速率接口是由两个 64 kbps 的 B 通道和一个 16 kbps 的 D 通道。因此,它可以提供速率为 128 kbps 数据传输服务。在美国,基群速率接口由二十三个 B 通道和一个 64 kbps 的 D 通道组成。在欧洲则是三十个 B 通道和一个 64 kbps 的 D 通道。BSN 即标识其中的 B 通道的顺序编号。

B frame　B 帧　B 帧法是双向预测的帧间压缩算法。当把一帧图像数据压缩成 B 帧时,它根据相邻的前一帧、本帧以及后一帧数据的不同点来压缩本帧,也即仅记录本帧与前后帧的差值。

BA　楼宇自动化系统　building automation 的缩写;**BCCH(频率)分配**　BCCH allocation 的缩写。

baby bangor　小拉梯　小型化的多节可以拉伸变长的梯子。在消防中,平时可以收起放在高度有限的地方(如车厢内),用时拉伸可以让人爬到比较高的地方。

BAC　建筑自动化和控制系统　building automation and control system 的缩写。

back door　后门　① 通常指设备、装置、机柜、箱体等后侧的门扇。② 也称后门程序,一般是指那些绕过安全性控制而获取对程序或系统访问权的程序方法。在软件的开发阶段,程序员常常会在软件内创建后门程序以便可以修改程序设计中的缺陷。但是,如果这些后门被其他人知道,或是在发布软件之前没有删除后门程序,那么它就成了安全风险,容易被黑客当成漏洞进行攻击。

back edge　后沿[下降边]　一般指脉冲波的后沿,即信号的下降沿。

back filter　后置过滤器　指螺杆空压机中干燥机后的过滤器。螺杆空压机的下游处理设备中,主要由储气罐、干燥机及过滤器组成。过滤器又分为前置过滤器和后置过滤器,由干燥机隔开。压缩空气从机组排出后依次到储气罐、前置过滤器、干燥机、后置过滤器，完成过滤、干燥等净化处理。

back flame 复燃火焰 火焰熄灭后再燃的火焰。火灾现场为因缺氧而致燃烧熄灭时，又因某种因素，使大量新鲜空气冲入现场，导致爆发式的剧烈再燃烧。

back focal distant (BFD) 后焦距 又称后焦长(BFL)，镜头光学系统最后一个光学表面顶点至后方焦点的距离。

back focus 后焦点 一个光学系统有两个焦点：物方焦点和像方焦点。物方焦点是使像成在无穷远的物位置，像方焦点是物在无穷远处所成的像位置。两焦点的位置确定，相对系统的第一面的焦点称前焦点，最后一面的焦点称为后焦点。

back pack 背负式灭火器 背在灭火人员背上，用于灭火的器材。它可以拥有泡沫灭火、细水雾灭火、水灭火、核化洗消、正压式呼吸防护等功能。

back pack pump tank 背负式带泵灭火器 背在灭火人员背上，装有电池供电的电机驱动泵的灭火器材。

back pack pump tank fire extinguisher 小型背负泵式灭火器 小型化的背在消防员背上并用水泵加压的灭火器材。

back panel 后面板 设备、装置后侧的面板，往往用于安装不常动用的开关、进线孔等。

back scattering 反[后]向散射 将波、粒子或信号从它们来的方向反射回去。它是由于散射而产生的漫反射，与镜子那样的镜面反射相反。反向散射在天文学，摄影和医学超声检查中具有重要应用。

back stretch 反向铺设水带 消防队员灭火时从水源向泵浦车敷设水带的方式。

back upright post 后立柱 19 in 标准机柜后侧，左右两边各装有一根立柱，其中心孔间距为 19 in。机柜的后立柱与前立柱中的所有螺丝孔高度相同，布局相同。故此，后立柱上可以安装各种 19 in 设备，也可以与前立柱结合，共同安装托盘等部件。

back valve 单向阀，止回阀 启闭件为圆形阀瓣并靠自身重量及介质压力产生动作来阻断介质倒流的一种阀门。止回阀的阀瓣运动方式分为升降式和旋启式。止回阀常用作抽水装置的底阀，可以阻止水的回流。

back wiring 背面布线 ① 电路板背面的布线(印刷导线或飞线)。② 设备背面的布线(缆线连接)。

backbone cable 主干线缆 布线系统中，包括建筑物主干线缆(缆线)和建筑群主干线缆(缆线)的统称，同 building backbone cable、campus backbone cable。

backbone network 主干网(络) 网络中管理大容量通信的那一部分高速网络。主干网可将若干不同地方或大楼的网络连在一起。小网络可挂接到主干网。主干网通常使用比局域网要快得多的高速传输技术，采用城域网或广域网技术设计。

back-end processor (BEP) 后端处理器 用于高效地执行某些专门任务的辅助处理器。在多处理机系统中，指不

B

直接与用户交互，但承担了系统分配的某项专门运算处理任务的一种处理器。前端处理器从用户那里接收任务，加以调度，传送到相应的后端处理器上进行专项处理。如前端处理器接收到图像处理任务时，可交给图像处理后端设备，由它在不影响用户响应速度的情况下进行处理。

backfeed　反向馈电　UPS 系统在储能运行方式和主电源不可用的情况下，UPS 内的一部分电压或能量直接或通过泄漏通路反向馈送到任一输入端子。**反馈**　指信号传输或处理中，输出信号的部分通过某种途径进入输入端。根据信号类别，反馈有电信号反馈、光信号反馈、声反馈等，依据反馈信号与原输入信号的关系，又有正反馈和负反馈之分。

backfill　回填　将土石或其他材料重新填满沟、缝的作业，也称被覆。弱电基础工程中，一般在开挖、开槽的沟、槽中敷设线管、线缆之后需要使用土或相应的填料予以被覆。

background broadcast　背景广播　在公共广播系统中，指向其服务区播送的，旨在渲染环境气氛的广播，包括背景音乐、背景音响等。

background color　背景色　① 用来设置图像的背景颜色。② 用来设置文档、表格、图像、画面等的背景颜色。

background music (BGM)　背景音乐　也称伴乐、配乐，指在电视剧、电影、动画、电子游戏、网站中用于调节气氛的一种音乐，插入于对话之中，能够增强情感的表达，达到一种让观众身临其境的感受。另外，在一些公共场合（如酒吧、咖啡厅、商场）播放的音乐也称背景音乐。

background music radio　背景音乐广播　公共广播系统中在指定时段播放的轻音量音乐，目的是舒缓气氛，并起到指示时间的作用。背景音乐经常用于商场、学校、广场、会议、酒吧等公共场合，用音乐来烘托气氛，或者酝酿情绪，或者指示行为，都可以起到良好的效果，使环境的氛围符合场合的需要。

background network　后台网络　业务网络后台管理系统运行的网络。后台管理系统主要是用于对网站前台的信息管理，如文字、图片、影音和其他日常使用文件的发布、更新、删除等操作，同时也包括会员信息、订单信息、访客信息的统计和管理。

backlight compensation (BLC)　背光补偿　也称为逆光补偿。一种视频图像亮度调节措施和技术，可补偿摄像设备在逆光环境下拍摄时画面主体黑暗的缺陷。当视场中可能包含一个或若干个很亮的区域，被摄主体处于亮场包围之中，此时被摄主体的画面将一片昏暗，无层次。采取逆光补偿措施技术后，摄像设备仅对整个视场中一个指定的区域进行亮度检测，通过人工方式控制曝光时间或通过自动补偿电路改善和提升该区域的视频电平，从而提高输出视频信号的幅值，使主体图像整体清晰明亮。

backspace key　回退键　设备键盘或屏幕上用于回退或退出用的按键或软键。

backtracking algorithm　回溯算法　实

际上是一个类似枚举的搜索尝试过程，主要是在搜索尝试过程中寻找问题的解，当发现已不满足求解条件时，就“回溯”返回，尝试别的路径。回溯法是一种选优搜索法，按选优条件向前搜索，以达到目标。但当探索到某一步时，发现原先选择并不优或达不到目标，就退回一步重新选择，这种走不通就退回再走的技术为回溯法，而满足回溯条件的某个状态的点称为“回溯点”。许多较复杂的，规模较大的问题都可以使用回溯法，有“通用解题方法”的美称。

back-up battery　备用电池　为某些设备或系统配备的用以在主电池组出现供电故障或供电容量不足时使用的电池组。

back-up breaker　备用断路器　用于接替供电电路断路器工作的断路器。在主断路器发生故障时，采用手动或自动方式启动备用断路器，使系统能够继续运行，从而保障用电安全。

back-up power　备用电源　当正常电源被切断时，用来维持电气装置或其某些部分所需的电源装置和系统。在供电级别较高的建筑物或系统中，正常使用的电源出现故障时需要有足够的备用电源，除了采用双路独立电网电路供电外，还会以配置柴油发电机组和蓄电池储能设备作为备份供电。

back-up query　备份查询　由主渠道以外的途径对同一信息的查询。如公共安全中查询备份的报警、录像、操作等信息。

back-up safety function　辅助安全功能　辅助性的安全功能。

backward channel　反向信道　用来在主信道相反方向发送数据的信道。反向信道常常用来传送确认信号或差错控制信号。

backward compatible　向后[下]兼容　指高等级的产品能够兼容以往的低等级产品，这是一个各行业通用的、以部件标准为基础的性能要求。向后兼容的组件既要符合其所属分类的性能要求，同时也要符合低于其分类的所有性能要求。比如，USB 2.0 规范是可以向后兼容版本更低的 USB 1.1 标准。在计算机中一个程序或者类库更新到较新的版本后，用旧版本程序创建的文档或系统仍能被正常操作或使用，或在旧版本的类库的基础上开发的程序仍能正常编译运行。在综合布线系统中，指高等级的传输链路或传输信道能够兼容低等级的传输链路或传输信道。例如：超六类链路能够支持三类、五类和六类传输链路的应用。

backward curved impeller　后弯叶轮　叶片的凸面侧朝向转动方向的离心转子。

backward search　反向搜索　从当前文件位置向文件起始位置搜索寻找指定内容或记录的过程。

backward supervision signal　后向监视信号　数据通信中的一种监控信号，是由从站向主站发送控制信息序列，以监视和控制数据传输。

BACnet　楼宇自动化与控制网络　building automation and control networks 的缩写；**楼宇自动控制网络**

B

数据通信协议 a data communication protocol for building automation and control networks 的缩写。由国际化标准组织(ISO)、美国国家标准协会(ANSI)及美国采暖、制冷与空调工程师协会(ASHRAE)定义用于智能建筑的通信协议。

BACnet building controller (BBC) BACnet 楼宇控制器 BACnet 自动控制系统中的现场控制器。

BACnet IP BACnet/IP 协议 一种支持 BACnet 设备在 IP 网络上传输的协议。基于 IP 协议的 BACnet 设备，可用 IP 帧接收和发送 BACnet 报文，在 IP 网络上有效地进行 BACnet 广播，并允许在网络的任意位置动态地增加和减少设备。

BACnet MS/TP BACnet 主-从/令牌数据链路协议 工业自动化系统应用的一种通信协议。它为现场控制总线提供可靠、实时数据传输服务。

BACnet/IP BACnet 网关 能实现 BACnet MS/TP,BACnet/IP RS-485、RS-232 厂家协议转换的网关。它能完成 RS-232/RS-485,MODBUS 到 BACnet MS/TP,BACnet IP 的数据转换,使得具有串口的制冷机组、空调、电梯、传感器、显示器、电动门、除湿机组、报警器等能迅速地完成与 BACnet 系统的集成。

bactericide 杀菌剂 又称杀生剂、杀菌灭藻剂、杀微生物剂等,能有效地控制或杀死水系统中微生物(细菌、真菌和藻类)的化学制剂。主要分为农业杀菌剂和工业杀菌剂两种。工业杀菌剂按照杀菌机理可分为氧化性杀菌剂和非氧化性杀菌剂两大类。氧化性杀菌剂通常为强氧化剂,主要通过与细菌体内代谢酶发生氧化作用而达到杀菌目的。常用氧化性杀菌剂有氯气、二氧化氯、溴、臭氧、过氧化氢等。非氧化性杀菌剂是以致毒剂的方式作用于微生物的特殊部位,从而破坏微生物的细胞或者生命体而达到杀菌效果,常见非氧化性杀菌剂有氯酚类、异噻唑啉酮、季铵盐类等。

bad sector 坏扇区 磁碟存储介质上不能读写的区域。通常是物理疵点。可以使用软件标记它并不再使用其存储信息。

baffle 挡[隔]板,折流板 热交换中的两流体处在传热面的两边,其中一边的流体只沿一个方向流动,而另一边的流体则先沿一个方向流动,然后折回向相反方向流动,如此反复地折流,使两边流体间有并流与逆流的交替存在,此种情况称为简单折流。若两流体均作折流,则称为复杂折流。在折流情况下,两流体间的平均温度差由逆流情况下的对数平均温度差乘以一校正系数而得。这种使流体改变流动方向的挡板就称之为折流板。

baffle evaporator 折流蒸发器 具有折流挡板使流体反复折流进行热交换的蒸发器,属循环型蒸发器。同 baffle。

bag filter 布袋过滤器 亦称袋式过滤器。一种新型的过滤系统,具有过滤精度高,处理量大,成本低廉,使用维护方便、快捷,规格齐全,材质多样,适用范围广等优点。其过滤原理：过滤器内部由金属网篮支撑滤袋，未过滤的流体由入口流进，经滤袋过滤后从出口流出，杂质则被拦截在滤袋中，滤袋更换或清洗后可继续使用。袋式过滤器主要应用于：食品、卫生、制药等行业。袋式过滤器根据袋数不同可分为单袋式和多袋式。

bag type air filter **布袋滤尘器** 利用布袋过滤原理制成的分离气体中粉状物质的装置。

balance flow **均衡流** 进入体积等于排出体积的空气流。

balance pipe **均压管** 在液体或气体的管道中，保持其容器内部压力均衡的装置。

balance tank **平衡罐** 平衡压力、液面等的容器。

balance valve **平衡阀** 一种特殊功能的阀门，阀门本身无特殊之处，只在于使用功能和场所有区别。在某些行业中，由于介质（各类可流动的物质）在管道或容器的各个部分存在较大的压力差或流量差，为减小或平衡该差值，在相应的管道或容器之间安设阀门，用以调节两侧压力的相对平衡，或通过分流的方法达到流量的平衡，该阀门就叫平衡阀。平衡阀可分为三种类型：静态平衡阀、动态平衡阀及压差无关型平衡阀。

balance ventilation **平衡通风** 即在锅炉通风系统中同时配置送风机和引风机。它利用送风机克服风道、燃烧器或燃料层的阻力，把风送入炉膛，使风道在正压下工作；利用引风机克服全部烟道、受热面、除尘设备的阻力，使烟道和炉膛在负压下工作。平衡通风既能有效地送风和排烟，又能使炉膛和烟道处于合理的负压之下。比起正压通风，平衡通风的锅炉房的安全和卫生条件较好；比起负压通风，平衡通风的漏风量较小，因而是采用得最为普遍的通风方式。

balanced cable **平衡电缆** 由两条相互绝缘的导线构成的电缆，能够传输对地极性相反的等值电压和电流，可用来消除共模干扰信号或感应噪声。**对绞[双绞]电缆** 由单个或多个金属导体线对组成。每个线对用于同时传输信号，使信号大小相同、相位相反，它将这一对信号送入两根导线；电路的平衡特性越好，信号的散射就越小；它的噪声抑制特性也越好（因此它的 EMC 性能就越好）。

balanced circuit **平衡电路** 用于同时传输大小相同、相位相反信号的电路。它将这一对信号送入两根导线。电路的平衡特性越好，信号的散射就越小，它的噪声抑制特性也越好（因此它的 EMC 性能就越好）。

balanced cord **平衡跳线** 布线系统中使用平衡缆线制作的跳线。

balanced element **平衡元素** 布线系统中平衡电缆中的基本单元，如线对、四线组等。

balanced network **对称网络，平衡网络** 指用于端接混合电路端口的可调阻抗，用来提供二、四线通信网络转换时，其混合特性接近理想特性。

balanced protection **均衡防护** 为了提高整个系统的安全性能而对信息所进行的均衡、全面的防护。如：安防系统中的整体原则。

balanced signal pair　平衡线对　布线系统中用于同时传输大小相同、相位相反信号的线对。

balanced system　均衡系统　一种多系统环境的信息管理系统，它可控制一些终端，传送部分报文到其他系统处理，同时也可接收其他系统送来的报文进行处理。

balancing network　平衡网络　同 balanced network。

balancing pressure on stopping　均压防灭火　指降低采空区和已采区两侧的风压差，减少漏风，达到预防和消灭火灾的措施。

ball diffuser　球形送风口　送风口的一种类型。球形送风口送出的风朝向上下左右各个方向，而百叶送风口送出的风只是朝着一个方向。球形送风口常用于空间高度较大的场所。

ball float level controller　浮球式液位控制器　液位探测控制器的一种，通常与电机启动控制装置配套，用以控制工业或民用水槽、水箱、水塔和各种酸碱、贮液槽的液位，也适用于非导电液体及含有悬浮物的介质。产品分为通用型、常温型、小浮球型等。其基本工作原理：磁性浮球随被测液位沿测量导管作上下移动，其磁体使导管内相应位置的舌簧管瞬时切换，输出相应的位置触点信号，与相关的控制电路配合，即可完成注液或抽液泵的自动控制，位置触点信号与报警电路配合，可作为危险液位(超上限、超下限)报警及控制用。控制器的输出信号有：4～20 mA 二线制信号；1～5 V 三线制信号(可由现场 LED 显示)和 0～10 mA 四线制信号。

ball float valve　浮球阀　流体阀门的一种，由曲臂、浮球(也称浮漂)等部件组成，可用来自动控制水塔或水池的液面。其控制原理：浮漂始终都漂在液面上，当液面上涨时，浮漂跟着上升，带动连杆上升，连杆与另一端的阀门相连，当上升到一定位置时，连杆支起活塞垫，封闭液流源；当液位下降时，浮漂下降，连杆又带动活塞垫开启，液流进入。浮球阀具有保养简单、灵活耐用、液位控制准确度高、液位不受液压干扰且开闭紧密不易渗漏等优点。

ball tube pulverizer　球管粉碎机，球磨机　物料被破碎之后再进行粉碎的关键设备。球磨机是由装有研磨体的水平筒体、进出料空心轴、磨头等部分组成。当球磨机筒体转动时候，研磨体由于惯性、离心力和摩擦力的作用，使它附在筒体衬板上被筒体带走，当被带到一定的高度时候，由于其本身的重力作用而被抛落，下落的研磨体像抛射体一样将筒体内的物料击碎。球磨机适用于粉磨各种矿石及其他物料，被广泛用于选矿、建材、化工等行业，可分为干式和湿式两种磨矿方式。根据排矿方式不同，又可分格子型和溢流型两种。

band pass filter (BPF)　带通滤波器　能通过某一频率范围内的频率分量将其他范围的频率分量衰减到极低水平的滤波器，与带阻滤波器的概念相反。一个模拟带通滤波器通常是电阻-电感-电容电路(RLC circuit)。带通滤波器也可以用低通滤波器和高通滤波器的组合形成。

bandwidth 频带宽度 简称带宽。①带宽是一个度量频率范围或频谱宽度的参数,带宽用于信道,可称信道带宽,表征通信信道容量参数之一,信道带宽影响信道传输信息的速率。带宽还可以与其他限定词连用,派生出许多相关词,如放大器带宽、存储器带宽、音响带宽等,表示更多的不同含义。②在模拟通信系统中,带宽用赫兹(Hz)来表示。例如,典型的模拟电话信道的有效带宽为3 100 Hz。在数字通信系统中,带宽除用赫兹(Hz)做单位来表示外,还用相应的传输速率比特每秒(bps)作单位来表示,如称Ethernet(以太网)的带宽为10 Mbps,称FDDI(光纤分布数据接口)的带宽为100 Mbps等。③指设备能按规定的性能指标进行有效工作的频率范围。在此频率范围之外,设备的性能将显著下降。④中央处理机的带宽是指CPU的最大计算速度,向量计算机带宽是指峰值速度,一般机器的带宽是指每秒能执行多少个操作。

bandwidth granularity 带宽间隔 指载波频道之间的间隔。例如,有线电视用同轴电缆传输许多电视频道,每个电视频道都有固定的带宽,频道与频道之间具有规定的带宽间隔,以免各个频道之间相互影响。

bandwidth management 带宽管理 在广域网和因特网的链路上,为了区分不同应用使用带宽的优先次序和改善服务质量(QoS),对通信量进行的分析和调节。

banking 工作的中止 在楼宇自控系统中,指长时间停止送风,降低燃烧强度。

BAOC 禁止所有呼出呼叫,闭锁全部去话 barring of all outgoing calls 的缩写。

bar 巴(气压单位) 是气压强度的度量单位,指单位面积承受的压力,1 bar=1 N/m^2。它不属于国际单位制或厘米-克-秒制,但接受与国际单位并用。

bar code labelling 标识条码 采用条形码、二维码等构成的标识标签。

barcode image 码图 指显示在电视屏幕上的二维码图形,包含空白区和宏模块。

barcode image version 码图版本 国标GB/T 27766—2011规定的码制版本。

bare copper wire 裸铜丝 没有包裹绝缘层的裸露铜丝。

baroceptor 气压传感器 用于测量气体绝对压强的传感器。空气压缩机的气压传感器主要传感元件是一个对气压强弱敏感的薄膜和一个顶针开关,控制电路侧连接了一个柔性可变电阻器。当被测气体的压力降低或升高时,这个薄膜变形带动顶针,同时该电阻器的阻值将会改变。从传感元件取得0~5 V的信号电压,经过A/D转换由数据采集器接收,以适当的形式把结果传送给计算机系统。

barograph 自记气压计 自动记录大

气压强连续变化的仪器。它的感应部分由一串弹性金属空盒(盒内近于真空)组成,空盒随大气压强变化而胀缩,通过机械装置将胀缩变化放大并传给笔杆,笔尖即在自记纸上描出气压变化曲线。

barrier frequency 截止频率 也称临界频率。高于或低于该频率,诸如线路、放大器、滤波器等的电路的衰减、增益、效率或其他性能便迅速变化,以致不再被认为能达到应有效能的极限频率。综合布线系统的临界频率是指传输链路或信道的增益下降70.7%时的频率。

barring of all outgoing calls (BAOC) 禁止所有呼出呼叫,闭锁全部去话 通信系统禁止所有对外的电话呼叫的操作。

BAS 楼宇自动化系统 building automation system 的缩写。

base frame of cabinet 机柜底座 指机柜底部架设的金属支架,它直接安装在实地或楼板上,底座的上平面与架空地板平齐,机柜的底部直接坐落在底座上,使机柜的重量全部由底座承担,架空地板不承受机柜的重量。

base injection foam extinguishing system 液下喷射[喷吹]泡沫灭火系统 在可燃的液体表面下注入泡沫,泡沫上升到液体表面并扩散开,形成一个泡沫层的灭火系统。其灭火工作原理是应用泡沫灭火剂,使其与水混溶后产生一种可漂浮、黏附在可燃、易燃液体或固体表面,或者充满某一着火物质的空间,起到隔绝、冷却的作用,使燃烧物质熄灭。其灭火剂按成分可分有化学泡沫灭火剂、蛋白质泡沫灭火剂及合成型泡沫灭火剂等几种类型。它广泛应用于油田、炼油厂、油库、发电厂、汽车库、飞机库、矿井坑道等场所。

base lighting 基础光 指电影电视拍摄用的基本照明光源。

base requirement 基本需求 在IT系统中,指系统满足基本需求,没有冗余。

base station (BS) 基站 在移动通信系统中连接固定部分与无线部分,并通过空中的无线传输与移动台相连的设备。基站是在移动通信系统中按照通信覆盖面积要求而设置的,通过无线接口提供与终端之间的无线信道。

base station control function (BCF) 基站控制功能 移动通信基站子系统的控制和管理部分,位于MSC和BTS之间,负责完成无线网络管理、无线资源管理及无线基站的监视管理,控制移动台与BTS无线连接的建立、持续、拆除等管理。

base station controller (BSC) 基站控制器 基站控制器可以由多个实体构成,其功能是提供基站、网络侧和运行维护系统的接口,无线信道控制、基站监测以及与业务节点的转接。基站控制器是蜂窝系统的功能组件,是基站和移动业务交换中心之间的中介。

base station identification (BSID) 基站识别码 用于唯一识别一个NID下属的移动通信基站的识别码,长度为16位。

base station identification information 基站识别信息 用于唯一识别移动通信网络基站的信息，对于 GSM 网络为 LAC+CI，对于 CDMA 网络为 SID+NID+BSID。

base station identity code (BSIC) 基站小区识别码 包括 PLMN(公共陆地移动电话网)色码和基站色码。用于区分同一运营者或不同运营商广播控制信道频率相同的不同小区。

base station information 基站信息 与移动通信基站识别信息相关的信息。对于 GSM 网络，它是基站识别信息加移动网络号；对于 CDMA 网络，它包含基站识别信息和基站的扇区 PN 信息。

base station manager 基站管理器 在电子地图上完成对移动通信基站的各项指标(包括基站控制器、基站、压缩编码器等)的录入、修改和维护等工作，包括：基站基历卡管理、基站数据信息管理、基站图形数据、基站属性数据、基站链路、信令数据、资源信息的检索、基站数据信息统计等。

base station system (BSS) 基站子系统 由基站控制器(BSC)以及相应的基站收发信台(BTS)组成的系统。BSS 是在一定的无线覆盖区中，由移动交换中心(MSC)控制，与 MS 进行通信的系统设备。

base transceiver station (BTS) 基站收发信台，移动通信基站 ① 移动通信网络中直接与用户发生关系的部分。基站收发信台主要分为基带单元、载频单元和控制单元三部分，BTS 受控于基站控制器，服务于某小区的无线收发信设备，实现 BTS 与移动台(MS)的空中接口功能。② 指安装移动通信无线收发信设备的房屋。

baseband 基带 又称为基本频带。指信源发出的没有经过调制(进行频谱搬移和变换)的原始电信号所固有的频带。根据原始电信号的特征，基带信号可分为数字基带信号和模拟基带信号，由信源决定。如人们语音的声波就是基带信号。复合视频信号在录像机、游戏机和 DVD 播放机中也是一种常用的基带信号。

baseband coaxial cable 基带同轴电缆 同轴电缆从用途上分可分为基带同轴电缆和宽带同轴电缆(即网络同轴电缆和视频同轴电缆)。同轴电缆分 50 Ω 基带电缆和 75 Ω 宽带电缆两类。基带电缆又分细同轴电缆和粗同轴电缆。基带电缆仅仅用于数字传输，速率可达 10 Mbps。早年的计算机网络传输系统采用的是基带同轴电缆，后转变为以双绞线为基础的传输系统。

baseband modem 基带调制解调器 调制解调器的一种，在实线(如市话电缆、对绞线或同轴电缆)上直接传输数据信号的调制解调器。它对数据信号不进行频率搬移，只作一些适合实线传输的处理，如码型变换、均衡等。

basement 地下室 ① 建筑用语，指建筑物中处于室外地面以下的房间。中国《建筑工程建筑面积计算规范》(GB/T 50353)规定，室内地平面低于室外地平面的高度超过室内净高的二分之一的房间为地下室。地下室按功能分，有普通地下室和放空地下室；按结构材料分，有砖墙结构和混凝土结构地下室；按构造形式分，有全地下室和半地下室。② 网络用语，表示第四个以后的“客人”。在论坛里面，一般都会有很多人参加，论坛发起者称“楼主”，楼主发出论坛主题后邀请网友进来谈论，以先到为尊，第一个（第一个回帖）可以“坐沙发”，第二个可“坐板凳”，第三个就是“地板”，第四个只好去“地下室”了。

basic frame　基本框架　指事物最基本的构成，常用简单的框图配合文字表述。如：信源、变换器、信道、反变换器、信宿和噪声源组成现代通信系统的基本框架。

basic management grid　基本管理网格　城市网格化管理的基本管理单元，是基于城市大比例尺地形数据，并按照一定原则划分的、边界清晰的多边形实地区域。

basic rate ISDN　基本速率的综合业务数字网　速率为 30B+D(2 Mbps)的综合业务数字网。

basic service　基本业务　在互联网数据中心中，指其向用户提供的 VIP 机房出租、主机托管、机架出租、服务器出租、虚拟机出租、带宽出租、IP 地址出租等各种业务。

BAT　业务群关联表　bouquet association table的缩写。

battery　电池　也称化学电池，化学能转换成电能的装置。**蓄电池**　也称二次电池。其放电后，能够用充电的方式使内部活性物质再生——把电能储存为化学能，需要放电时，再次把化学能转换为电能。

battery capacity　电池容量　衡量电池性能的重要性能指标之一，它表示在一定条件下（如：放电率、温度、终止电压等）电池放出的电量，通常以安培·小时为单位（简称 A·h）。电池容量按照不同条件分为实际容量、理论容量与额定容量。

battery charger　蓄电池充电器　为蓄电池充电的设备。

battery management system (BMS)　电池管理系统　能够提高电池的利用率，防止电池出现过度充电和过度放电，延长电池的使用寿命，监控电池的状态的管理系统。

battery room　电池室　安置蓄电池的房间或空间。在中大型 UPS 系统中需要配套电池室。

baud (B)　波特　① 在数字通信中，调制速率的单位或持续时间恒定的信号码元传送速率的单位。波特数等于信号码元时长（以秒为单位）的倒数。② 异步传输中的调制速率单位，相当于每秒一个单位间隔。即，如果单位间隔的长度是 20 ms，则调制速率是 50 Bd。波特曾一度用来作为每秒比特数的同义词，但这只有当用每秒比特数来表示的信号传输速度与波特有着相同的数值时才是确切的。然而，目前利用一个信号单元表示两个数据位的通行做法，却意味着 2 400 bps 的数据传输速度相当于 1 200 Bd 这一速率。

baud rate　波特率　计算机在串口通

信时的速率。它是信号被调制以后在单位时间内的变化，即单位时间内载波参数变化的次数，如每秒钟传送 240 个字符，而每个字符格式包含 10 位（1 个起始位，1 个停止位，8 个数据位），这时的波特率为 240 Bd，而比特率为 10 位×240 个/秒＝2 400 bps；若每秒钟传送 240 个二进制位，此时波特率为 240 Bd，比特率也是 240 bps。

bay window　凸窗　凸出外墙外表面的窗户。

bayonet fibre optic connector（BFOC）卡口式光纤连接器　采用卡口连接的光纤连接器，即 ST 型光纤连接器。

BBAR　宽频率抗反射　broad-band anti-reflective 的缩写。

BBAR multi-coating　BBAR 多层镀膜（腾龙技术）　腾龙公司（Tamron）特有的一种镜头镀膜技术。BBAR 意为宽频率抗反射，它是一种结构简单但在宽频率范围内具有高导电性和高抗反射性的抗反射膜。腾龙拥有在镜头表面镀上多层极薄的抗反射层的技术，这种技术能大大提高镜头的清晰度与色彩还原能力。

BBC　BACnet 楼宇控制器　BACnet building controller 的缩写。

BCCH　广播控制信道　broadcast control channel 的缩写。

BCCH allocation（BA）　BCCH（频率）分配　移动通信的蜂窝小区所有邻区的 BCCH 载频频道的分配，由此构成 BCCH 分配表。

BCD　二进制编码/十进制数　binary coded decimal 的缩写。

BCF　基站控制功能　base station control function 的缩写。

BCST　广播模块　broadcasting module 的缩写。

BCT　广播和通信技术　broadcast and communications technologies 的缩写。

BD　建筑物配线设备，建筑物（主）配线架，楼宇配线架　building distributor 的缩写。

beacon frequency　定标频率　信标台的发射频率。信标台是利用无线电信标引导飞机着陆的机场地面的设施。此着陆系统由地面无线电信标台与机载接收设备组成。信标台发射连续无线电方向波和不同电台的识别信号，定标频率（即信标台的发射频率）区分不同的地区。

beam　光束，电波　空间中具有一定关系的光、电信号的集合。

beam area　梁间区域　建筑物内被梁分隔开的区域。

beam forming　波束成形　也称聚束波形，一种天线技术与数字信号处理技术的结合，用于定向信号传输或接收。聚束模式是合成孔径雷达最主要的工作模式之一，在这种模式下，由于天线波束始终指向固定的成像区域，使得合成孔径积累时间得以延长，因此可获得很高的分辨率。极坐标格式成像算法最早是作为一种有效的旋转目标成像方法提出的，但很快就被成功地应用于聚束模式成像中，并且大大地提高了聚束的聚焦成像范围，因此该算法在早期的聚束系统中得到了相当广泛的应用，同时也是聚束中获得深入研究的一种较成熟的成像算法。

beam reception gain 受光增益 光敏元器件在受光辐射时所产生的增益。

bearer channel (B channel) B通道[信道],承载信道 ① 综合业务数字网络(ISDN)向用户提供的一种速率为64 kbps的信息传递服务通道,是ISDN的基本承载服务。在发送/接收接口上的S/T参考点之间,它能提供透明的信息传递能力,即不必考虑信息源的数据类型。这类服务可支持用户的各种应用,如电话、低速数据传输、传真、静态图像等,能透明地符合X.25协议的网络。② 一种通信线路标准。一个基本速率接口线包含两个B通道,它能以64 kbps的速率传输信息。通常用于传送声音和数据。

BEF (建筑物)入口设施 building entrance facility 的缩写。

BEL 报警字符 bell character 的缩写。

bell 警铃 发生紧急情况的时候由报警控制器控制触发报警的警示铃声。正常情况下每个区域一个,也可用于防盗警报器,警示声音效果好。

bell character (BEL) 报警字符 用于产生引起人们注意的声音信号的一种控制字符。例如,ASCⅡ(美国信息交换标准代码)符号表中的07就是一个报警字符,计算机在输出ASCⅡ码07时,它不会在显示器或在打印机上印出,而是推动扬声器发出"嘀"的声音。

Bell Labs 贝尔通信实验室 指美国贝尔实验室。1925年成立,是晶体管、激光器、太阳能电池、发光二极管、数字交换机、通信卫星、电子数字计算机、蜂窝移动通信设备、长途电视传送、仿真语言、有声电影、立体声录音、通信网等许多重大发明的诞生地。建筑智能化中的综合布线系统由贝尔实验室于20世纪80年代初期推出。贝尔实验室于2006年被卖给诺基亚。

bellows 波纹管 采用可折叠皱纹片沿折叠伸缩方向连接成的管状弹性敏感元件。波纹管在仪器仪表中应用广泛,主要用途是作为压力测量仪表的测量元件,将压力转换成位移或力。波纹管主要包括金属波纹管、波纹膨胀节、波纹换热管、膜片膜盒、金属软管等。

bend insensitive 弯曲优化,弯曲不敏感,抗弯 对光纤的宏弯跳性加以改善,使光纤弯曲时的损耗更小,弯曲半径更小。弯曲不敏感单模光纤具有非色散位移单模光纤的各项特性,弯曲性能更优异,适应于1 260～1 625 nm全波段的传输系统。弯曲不敏感单模光纤在长波长段弯曲附件衰减非常小,即使弯曲半径为7.5 mm,在1 625 nm窗口附加损耗也仅有0.8 dB。弯曲不敏感单模光纤可以使用在各种结构的光缆中,尤其是内紧套光缆,是光纤到户、光纤到大楼的首选。

bend loss optimized (BLO) 弯曲损耗优化 改善光纤的宏弯性能。在光纤包层生成时添加了金属离子,使光纤的宏弯性能更好,弯曲半径更小。如:G.652光纤的弯曲半径正常为

B

15 mm,弯曲损耗优化后的光纤(BOL光纤)弯曲半径为5～15 mm。

bending loss 弯曲损耗 由于光纤弯曲造成光能泄漏而引起的损耗,是光纤损耗特性的一种。弯曲损耗可分为宏弯损耗和微弯损耗。宏弯损耗是指整个光纤轴线弯曲(即其曲率半径小于临界半径)造成的损耗,是造成光在光纤中传播总衰减的最主要原因之一。微弯损耗是指由光纤轴线微小的畸变(纤芯包层接口在几何上的不完善)造成的损耗。

bending radius 弯曲半径 即曲率半径。分为动态曲率半径和静态曲率半径。如:双绞线的弯曲半径不小于缆径的4倍,光纤在运动中的弯曲半径(动态弯曲半径)一般是不得小于光缆外径的20倍,光纤在静止时的弯曲半径(静态弯曲半径)一般是光缆外径的15倍。缆线敷设时需满足弯曲半径的要求。

BEP 后端处理机 back-end processor的缩写。

BER 信息差错率,比特误码率 bit error rate的缩写。

BFD 后焦距 back focal distant的缩写。

BFOC 卡口式光纤连接器 bayonet fibre optic connector的缩写。

BG 边界网关 border gateway的缩写。

BGM 背景音乐 background music的缩写。

BGP 边界网关协议 border gateway protocol的缩写。

BI 二进制输入 binary input的缩写。

BICSI 国际建筑业咨询服务 Building Industry Consulting Service International的缩写。

bidder 投标人 在招投标活动中以中标为目的响应招标并参与竞争的法人或其他组织,一些特殊招标项目(如:科研项目)也允许个人参加投标。

bidding evaluation 评标 评标委员会和招标人依据招标文件规定的标准和方法对投标文件进行审查、评审和比较的行为。评标是招投标活动中十分重要的阶段。评标是否公开、公平、公正,决定着整个招投标活动是否公平和公正。

bidding specification 投标规格 由投标企业在投标书技术方案部分根据招标书要求所列明的系统和产品的技术规格参数。

bidirectional cable television transmission system 双向电缆电视传输系统 在单根电缆馈线上传输两个方向相反的信号的有线电视传输系统。系统除了将前端信号(下行信号)传到干线和分配给各个用户外,还可将用户端或分配点的信号(上行信号)回传到前端。在双向电缆电视传输系统中,用户可以选择点播电视节目,运营商可以展开面向用户的多种类增值服务。

big space 大空间 没有分割的整个楼层和没有分割的大面积室内空间。

billing system 计费系统 通信行业记录用户通话资费有关信息,具有账务处理、结算等功能的系统。

bin 二进制文件名后缀 bin取自

B

binary(二进制)一词,二进制文件的扩展名,其用途依据系统或应用而定。

bin string　二元符号串　有限位二进制符号组成的有序序列,最左边符号是最高有效位(MSB),最右边符号是最低有效位(LSB)。

binary coded decimal (BCD)　二进制编码,十进制数　用若干二进制位来表示一位十进制数字的方法,也称二进制编码的十进制,一般用四位二进制数来表示一位十进制数字,常用的有 8421 码、5421 码、2421 码、预 3 码、循环码等。二进制编码的十进制数是十进制数而不是二进制数,如十进制数 49,用 5421 码表示为 01001100。二进制数 01001100 的值为十进制的 76,二进制数 00110001 的值才是十进制数的 49。

binary digit bit　二进制数字位　① 二进制数制中,该数字用 1 或 0 表示,它等价于"开"或"关"、"是"或"非"、"通"或"断"。② 计算机内部使用的数字类型。二进制位的位数可表示一个机器字的字长,一个二进制位包含的信息量称为一比特。

binary input (BI)　二进制输入　以二进制数字形式输入信息的方式。二进制是由"1"和"0"两个数字组成的,在设备监控系统中可以表示设备的两种状态,如电路的开和关、设备的启与闭等。其最基本的单位为比特(b)。

binary phase shift keying (BPSK)　二进制相移键控　用二进制基带信号对载波进行二相调制。即二进制符号 0 对应于载波 0 相位,符号 1 对应于载波 1 相位的一种相移键控技术。这种以载波的不同相位直接表示相应数字信息的绝对移相方式,易在接收端发生"倒"现象的错误恢复,实际很少采用。

binary system　二进制　计算技术中广泛采用的一种数制,是用"0"和"1"两个数码来表示数。它的基数为 2,进位规则是"逢二进一",借位规则是"借一当二",由 18 世纪德国数理哲学大师莱布尼兹(Leibniz)发现。**二进制系统**　当前的计算机系统使用的基本上是二进制系统,数据在计算机中主要是以补码的形式存储的。计算机中的二进制则是一个非常微小的开关,用"1"来表示"开",用"0"来表示"关"。

binder mechanism　进程间通信机制　一种通过内核驱动实现客户端和服务端进程间通信的机制。

binding　绑定　一种通信术语,是指为了将对象置于运行状态,允许调用它所支持的操作。对象绑定,可在运行时进行绑定,也可在编译时进行绑定,前者称为后期绑定或动态绑定,后者称为静态绑定。ZigBee 通信定义有一个称为端点绑定的特殊过程,即在源节点的某个端点(endpoint)和目标节点的某个端点之间创建一条逻辑链路。

binding board　扎线板　机柜后侧专门用以绑扎缆线用的一种工具,带有缆线固定用的绑扎孔(扎线孔)。用于让敷设在机柜内的缆线经绑扎后呈横平竖直状态敷设在机柜内,并保持必要的弯曲半径,使机柜内不再因缆线而散乱。

biological assay　生物鉴定　用以测定某生物或生物性材料对外来化合物刺激之反应,借以定性测试该化学药剂是否具有活性,或定量地测定适当的药量。生物鉴定法是生物学、医学,特别是毒理学的重要内容和基础。在研究新药的过程中,生物鉴定法起着关键性的作用。在需要测定火灾所产生的毒性时,也常采用生物鉴定的方法。

biological attack　生物攻击　生物所发动的攻击。布线系统的鼠害也可归属为生物攻击。

biological chip　生物芯片　通过缩微技术,根据分子间特异性相互作用的原理,将生命科学领域中不连续的分析过程集成于硅芯片或玻璃芯片表面微型生物化学分析系统,以实现对细胞、蛋白质、基因及其生物组织准确、快速、大信息量的检测。按照芯片上固化的生物材料的不同,可以将生物芯片划分为基因芯片、蛋白质芯片、细胞芯片和组织芯片。也就是说,生物芯片就是在一块玻璃片、硅片、尼龙膜等材料上放上生物用品,然后由一种仪器收集信号,用计算机分析数据结果,生物芯片不等同于电子芯片,只是借用概念,它的原名称为核酸微阵列,因为它上面的反应是在交叉的纵列中所产生。

biometrics　生物识别技术　通过计算机与光学、声学、生物传感器、生物统计学原理等手段密切结合,利用人体固有的生理特性(如指纹、脸像、虹膜等)和行为特征(如笔迹、声音、步态等)来进行个人身份的鉴定。目前,生物识别技术在出入口管理系统中已经得到了十分广泛的应用。

BIP　位交织奇偶校验　bit interleaved parity 的缩写。

BIS　建筑智能化系统　building intelligent system 的缩写。

B-ISDN　宽带综合业务数字网　broadband integrated services digital network 的缩写。

bit error rate (BER)　比特差错率　指在传输的比特总数中发生差错的比特数所占的比例(平均值)。

bit insertion　位插入　也称零位插入或比特插入。指将附加位插入到传输中的数据流的方法,用于确保特殊位序列仅出现在所需要的位置。

bit interleaved parity (BIP)　位交织奇偶校验　也称比特间插奇偶校验。在异步传输模式(ATM)中,指用于物理层中的一种监控链路上错误的方法。

bit rate accuracy　比特率准确度　在设备工作的整个温度范围内偏离标称比特率的最大偏差,一般用百分比表示。

bit rate error tolerance　比特率容差　数据通信接口比特率的允许误差范围。

bit stream type　码流类型　又称码率。指视频文件在单位时间内使用的数据流量。它是视频编码中画面质量控制中最重要的部分。在同样分辨率下,视频文件的码流越大,压缩比就越小,画面质量就越好。音视频码流的类型区分有 ES、TS(RTP)等。

bit string 位串 若干二进制位的有序序列，其最左边位是最高有效位，最右边位是最低有效位。

bit timing 位定时 也称比特定时。对于时分多址系统的相移键控调制方式来说，由于都用相干解调，因此必须有一个比特定时(即时钟)信号以保持与发端有一定频率和相位关系。如果系统没有严格的定时，整个系统的工作就会陷入混乱。

bit transmission rate 位传输速率 也称比特传输速率，即每秒钟通过信道传输的信息量。单位是比特每秒(bps)，简称比特率。

bitrate stream smoothing 码流平滑 指平稳媒体流的码率，避免码流瞬时偏高。

bitstream 位流 也称比特流、数码流。在数字电视系统中是指编码图像所形成的二进制数据流。

bitstream buffer 位流缓冲区 数字电视系统存储位流的缓冲区。

bitstream order 位流顺序 编码图像在位流中的排列顺序，与图像解码的顺序相同。

BLA 阻塞确认信号 blocking-acknowledgement signal 的缩写。

black box testing approach 黑箱测试法 也称功能测试或数据驱动测试，在已知产品所应具有的功能，通过测试来检测每个功能是否都能正常使用。在测试时，把程序看作一个不能打开的“黑盒子”，在完全不考虑程序内部结构和内部特性的情况下，测试者在程序接口进行测试。它只检查程序功能是否按照需求规定正常使用，程序是否能适当地接收输入数据而产生正确的输出信息，并且保持外部信息(如数据库或文件)的完整性。

black burst 黑脉冲 指复合视频信号中包含同步和色彩脉冲信号，它们在屏幕上产生黑图像。

black level 黑电平 在视频场景中对应黑场区域特别的视频信号部分的 DC 电压的电平。

black list (of IMEI) (IMEI 的)黑表 IMEI(国际移动设备身份码)中所有被禁止使用的设备号。

blank baffle 空白挡板 ① 综合布线系统中用于面板、配线架正面的可拆卸式遮挡板，用于在不安装模块或光纤连接器时保证面板和配线架正面的美观和防止手指等伸入面板、配线架后侧致后侧缆线受损。② 在数据中心的 19 in 机柜中，指机柜前立柱上安装的 19 in 空面板。为了阻断机柜正面的冷风直接与机柜后侧的热气流接触，在前立柱设备为装满时，安装 19 in 空面板封闭，使机柜前后隔离，以降低能耗。

blank panel 空白面板 同 blank baffle。

blanking retrace period 消隐折回周期 发生在当监视器或电视机中的电子束折回以开始一个新的扫描线或一个新的场时，那个信号的瞬间振幅使得回返痕迹不可见的周期，具体指行消隐周期和场消隐周期。

BLC 背光补偿 backlight compensation 的缩写。

blemish 疵点 图像信号传感器或显示器表面的部分区域显得比其他区

域更亮或更暗的错误，在重现图像上显示为暗点或亮点。

blind control 遮光帘控制 也称自动窗帘，指使用传感器和遥控方法对窗帘状态的控制。

blind spot 盲点 在警戒范围内，相关防范手段未能覆盖的处所。

blind test 盲测 一种测评方法。是通过技术处理有关产品的品牌标志。用户在不知具体品牌的情况下，通过实际使用若干同类产品，来比较各产品的性能。盲测可以使用户抛弃偏见，抛弃品牌因素，了解自己最中意的产品。盲测用于有线电视业务中，以追求节目和服务质量评价的客观性。

blind zone 盲区 在报警系统中，指在警戒范围内，相关防范手段未能覆盖的区域。

BLO 弯曲损耗优化 bend loss optimized 的缩写。

block 闭塞 指有障碍而不能通过，无法畅通；也指通信信道阻塞，即当通信网络或传输线路阻塞时，数据不能由发送方顺利抵达接收方，或发生超长的延时；也指电子设备阻塞，指接收机或放大器输入信号过强，超过了设备正常线性放大范围，导致信号失真而无法正常工作。**块** 指的是数字电视系统中的一个 M′N(M 列 N 行）的样值矩阵或者变换系数矩阵。

block scan 块扫描 数字电视系统中量化系数的特定串行排序方式。

blocking-acknowledgement signal (BLA) 阻塞确认信号 数据通信中对表示交换数据电路阻塞的阻塞信号进行响应而发送的一种信号。

blooming 图像开花 指摄取的图像超白区域过载远远大于原来的图像，其产生原因是摄像管部分靶面、图像传感器或电视屏幕饱和。

blower extinguishment 风机灭火 也称风力灭火器。风机的强风能加快空气流动的速度，带走大量热量。当燃烧物体的热量被风带走后，温度就降到低于着火点时火就会熄灭。

blow-off valve seat 放水阀座 防水阀的底座。放水阀的作用是开关放水。所用阀门有：蝶阀、球阀、闸阀等，多用在冷水管道上。

blue key 蓝色键 即图像键控。通过特殊电路方法，允许插入一个视频图像到另外一个图像之中。如一部汽车在摄影棚蓝色背景下拍摄获得的图像是蓝色背景中的汽车，将此图像通过蓝色键控于一条行进中拍摄的道路的图像，就能得到汽车在道路中行驶的图像。

bluetooth 蓝牙 一个全球无线连接协议，是公开的无线数据和语音通信标准。蓝牙由爱立信（Ericsson）、国际商业机器公司（IBM）、英特尔（Intel）、诺基亚（Nokia）、东芝（Toshiba）等公司倡议提出，并在 1998 年 5 月正式宣布成立蓝牙技术联盟。蓝牙技术旨在建立低成本、短距离的无线连接，它将所有的技术和软件集成于芯片内，为无线和静态通信环境提供带保护的特殊连接。蓝牙技术是利用短距离无线连接技术来替代目前许多专用的电缆设备。蓝牙技术的无线电收发器的传输距离可

B

达 10 m,不限制在直线范围内,甚至设备不在同一间房内也能相互链接,并且可以链接多个设备。蓝牙使用 2.4～2.485 GHz的 ISM 波段的 UHF 无线电波。

bluetooth wireless commissioning interface 蓝牙无线调试接口 一种采用蓝牙技术的为通信设备配置和调试使用的简单易用接口工具。

blurring 图像模糊 指电视中重现图像清晰度降低。

BMS 建筑(设备)管理系统 building management system 的缩写。**电池管理系统** battery management system 的缩写。

BMW standard BMW(宝马)规格 德国宝马公司自用的技术规格书,属于企业标准。

BN 联结网络 bonding network 的缩写。**网桥号** bridge number 的缩写。

BNC connector BNC 连接器 ① BNC 是 British Naval Connector 的缩写,一种用于将同轴电缆连接到音频、视频和通信设备的器件。② 有别于普通 15 针 D-SUB 标准接头的特殊显示器接口。由 RGB 三原色信号及行同步、场同步五个独立信号接头组成。主要用于连接工作站等对扫描频率要求很高的系统。BNC 连接器可以隔绝视频输入信号,使信号相互间干扰减少,且信号频宽较普通 D-SUB 大,可达到最佳信号响应效果,由康塞尔曼(Neill Conselman)发明。BNC 接头的特性阻抗为 75 Ω,其频率范围 0～2 GHz。

BNC female connector BNC 同轴插拔头(阴) BNC 连接器中的母插头。

BNC male connector BNC 同轴插拔头(阳) BNC 连接器中的公插头。

BNC terminator BNC 终接器 一种同轴电缆阻抗匹配器件,用于同轴电缆端部,保证特性阻抗为标称值。

BNC-T connector BNC-T 型接头 一种同轴电缆连接器件,用于从总线中分出一路分支线。早年的计算机网络系统中曾经采用。

BO 广播插座 broadcast outlet 的缩写。

board card 板卡 一种印制电路板,简称 PCB 板,制作时带有插芯,可以插入计算机的主电路板(主板)的插槽中,用来控制硬件的运行,比如显示器、采集卡等设备,安装驱动程序后,即可实现相应的硬件功能。

board name plate 板名条 设备板卡的标签条。

board position 板位 电信设备的卡板插槽的位置编号。

boiler 锅炉 一种能量转换设备。向锅炉输入的能量有燃料中的化学能、电能,锅炉输出具有一定热能的蒸汽、高温水或有机热载体。锅炉包括锅和炉两大部分。锅炉中产生的热水或蒸汽可直接为工业生产和居民生活提供所需热能,也可通过蒸汽动力装置转换为机械能,或再通过发电机将机械能转换为电能。提供热水的锅炉称为热水锅炉,主要用于生活,工业生产中也有少量应用。产生蒸汽的锅炉称为蒸汽锅炉,常简称为锅炉,多用于火电站、船舶、机车和工矿企业。

boiler room　锅炉房　放置锅炉的机房。

boiler safety valve　锅炉安全阀　锅炉中的安全启闭件，受外力作用下处于常闭状态，当设备或管道内的介质压力升高超过规定值时，通过向系统外排放介质来防止管道或设备内介质压力超过规定数值的特殊阀门。安全阀属于自动阀类，主要用于锅炉、压力容器和管道上，控制压力不超过规定值，对人身安全和设备运行起重要保护作用。

boil-over oil　沸溢性油品　含水并在燃烧时具有热波特性的油品，如原油、渣油、重油等。这类油品含水率一般为0.3%～4.0%。

bond　黏合剂　一类具有黏性的物质，借助其黏性能将两种分离的材料连接在一起。黏合剂实际是使相同或不同物料连接或贴合的各种应力材料总称。黏合剂的种类很多，主要有液态、膏状和固态三种形态。

bonding　联结　在接地系统中，指等电位连接导体（包括接地桩）之间的连接。

bonding bar　等电位联结带　将等电位联结网格、设备的金属外壳、金属管道、金属线槽、建筑物金属结构等连接其上形成等电位联结的金属带。

bonding conductor　等电位联结导体　指等电位联结网格中的导体。

bonding network (BN)　联结网络　互联的导体结构集合，为处于直流(DC)到低射频(RF)的电气系统和专业人员提供电磁保护。

Boolean　开关量　也称布尔量，指只有开和关两种状态（也就是“0”和“1”）的电信号。

booted soft wire　护套软线　具有护套的多股软芯电缆。

border gateway (BG)　边界网关　便于与不同自治系统中的路由器通信的一个路由器。

border gateway protocol (BGP)　边界网关协议　因特网中，自治系统之间的一种外部网关协议。其设计基于从EGP(外部网关协议)中得到的经验，主要功能是交换网络可达性信息。

BOSS　业务运营支撑系统　business & operation support system 的缩写。

bottom plate　底盘　安装（汽车、飞机等的）躯体的框架，安装（电子装置等的）工作部件的机座，安装（大炮的）炮筒及其他后座部分的底架或（建筑物等的）屋顶、墙、楼板及面层的构架。

boundary clock　边界时钟　在一个域中具有多个精确时间协议(PTP)端口，并维护该域中所用时标的时钟。它可作为时间源，即为主时钟；也可与另一个时钟同步，即为从时钟。

boundary condition　边界条件　在区域边界上所求解的变量或其导数随时间和地点的变化规律。边界条件是控制方程有确定解的前提，对于任何问题，都需要给定边界条件。边界条件的处理，直接影响计算结果的精度。

boundary value analysis (BVA)　边界值分析　对输入或输出的边界值进行测试的一种黑盒测试方法。

B

bouquet 业务群 指广播电视系统中将多个业务作为一个整体提供给用户。

bouquet association table (BAT) 业务群关联表 指广播电视系统中提供业务群信息，给出业务群名称，提供每个业务群的业务列表。

bow-type drop cable 蝶形引入光缆 一种蝶形状的光缆，两侧为加强件并包有护套，光纤内嵌在两个加强件的中间，俗称皮线光缆，适用于光纤到户网络中用户引入段。

bow-type optical fibre cable 蝶形光缆 皮线光缆中的一种，是一种新型用户接入光缆，因截面外观像蝴蝶而得名。它在组建智能建筑、数字小区、校园网、局域网等网络中发挥其独特的作用，构成无源光网络(EPON)、光纤到户的传输线路。

BPDU 网桥协议数据单元 bridge protocol data unit 的缩写。

BPF 带通滤波器 band pass filter 的缩写。

BPSK 二进制相移键控 binary phase shift keying 的缩写。

bracket (墙上凸出的)托[支]架 将设备、装置、器件安装在墙面上所使用的伸出墙面的托架或支架。如壁挂式机柜底部安装的托架和中上部安装的支架，它们的作用是确保机柜不会脱落。

braid 编织屏蔽 采用金属丝编织网构成的缆线屏蔽结构。由于屏蔽编织网的金属丝是铜丝，所以它除屏蔽效果外，还具有屏蔽层等电位连接导体的作用。当缆线的屏蔽结构采用“铝箔＋铜丝网”编织结构时，铝箔的导电面不再需要附加铜质等电位连接导体(材质为单股细铜丝)。

braid and foil screen 编织物和涂箔屏蔽 电缆护套内所有芯线外的屏蔽结构，它可能是一层金属箔，也可能是一层金属箔外编织一层金属丝网。例如，SF/UTP 双绞线为金属丝网与金属箔总屏蔽双绞线，S/FTP 双绞线为金属丝网总屏蔽与铝箔线对屏蔽双绞线。常见的金属箔为铝箔，属于顺磁材料。常见的金属丝网为铜丝网，属于屏蔽性能更好的逆磁材料。电缆中添加屏蔽层的目的是提高电缆的 EMC 特性。

braid screen 编织物屏蔽 电缆护套内所有芯线外的金属丝网屏蔽结构。如综合布线系统中的 SF/UTP 双绞线为金属丝网与金属箔总屏蔽双绞线，S/FTP 双绞线为金属丝网总屏蔽与铝箔线对屏蔽双绞线。常见的金属丝网为铜丝网，属于屏蔽性能更好的逆磁材料。

braided hose 编织软管 在不锈钢软管或胶管外面编织一层不锈钢丝后的产品，主要用于电气线路保护和家用龙头、马桶、花洒等管道连接器。

braided sleeving 编织套管 用环保 PET 等材料编织而成的套管，具有良好的耐磨性、扩充性、平滑性、阻燃性和透气散热性能。在综合布线系统中，用它作为预端接铜缆线束的外包裹材料。

brain screen 编织屏蔽层 使用金属丝网构成的屏蔽层。在电线电缆行业及综合布线行业中，目前常用的是铜丝网构成的编织屏蔽层。

branched cable 分支线缆 包含单个或多个引出口或分支点的电缆或光缆，一般都由工厂按照用户要求预制并完成性能测试。如：综合布线系统中的预端接光缆中的部分品种，屏蔽预端接铜缆和集束跳线。分支线缆能极大缩短了施工周期，大幅度减少材料费用和施工费用，更好地保证了线缆安全性和可靠性。

BRAS 宽带远程接入服务器 broadband remote access server 的缩写。

breach 攻破 在计算机安全中，指成功地绕过或者越过安全控制的约束，穿透系统，未使用所规定的操作系统安全机制访问文件。

break contact 动断触点 继电器有预定激励时断开，无激励时闭合的触点组件。也曾称为常闭接点、静合接点。

break point 断点 被中断的地方。在计算机软件中，断点往往是一种调试手段，当程序执行到这一点时，系统暂停该程序的执行，并将控制转移给使用者或特定的调试程序，并能够从断点处方便地继续执行。在布线系统中，指传输线中因不够长而接续的地方，对于综合布线系统的四对八芯双绞线而言，由于频率高达 100 MHz 以上，标准规定断点不准接续，只能重新放线。

break time 分断时间 从开关电器的断开时间开始起到燃弧结束的时间间隔。在 UPS 系统中，指从 UPS 开关分断操作瞬间起，到确认电路中电流流动终止的时间间隔。

breakdown 崩溃，击穿 ① 因错误操作或运行问题导致系统瘫痪。② 指电子器件永远失去正向或反向阻断特性的破坏。

breakdown current 击穿电流 在击穿电压时流经的瞬间电流。

breakdown junction 击穿结 半导体的 PN 结在电场(电压)足够高时，引起高电平传输，达到高载流子传导状态。

breakdown voltage 击穿电压 可对电气绝缘起破坏作用的电压。

break-through 穿通 电子器件在正常运行的正向阻断期间内失去正向阻断能力的现象。

bridge connection 桥式连接 变流器电连接的一种，全部由臂对构成的一种双拍连接。以臂对的中心端子为交流端子，其外端子按极性分别连接在一起形成两个直流端子。

bridge converter 桥式转换器 以桥式结构连接有源元件的一种电力转换电路。

bridge fault 桥接故障 电路中的两条传输导线或连接端子因桥接短路而形成的故障。这种短路的影响可使两条信号线起到“与”或者“或”的作用。当电源连接端子与信号端子桥接短路时，会烧坏插件上的电路器件或影响电路正常工作。这种桥接故障在多层印制底板上或多层、高密度布线、细微导线的印制板插件上比较容易出现。

bridge forwarding 网桥转发 数据通过网桥由一个网络向另一个网络中目的地址发送。

B

bridge identifier　网桥标识符　用于在第二层交换式互联网络中发现和推行根网桥。网桥标识符是网桥优先级和基础 MAC 地址的组合。

bridge label　桥标记　一个十六进制数，用户可将其赋予每个网桥。

bridge number (BN)　网桥号　在异步传输模式(ATM)网络中，指一个本地管理的网桥标识号，在源路由桥接中用于唯一地标识两个局域网之间的一个路由。

bridge port　网桥端口　网桥连接一个局域网的接口。

bridge protocol data unit (BPDU)　网桥协议数据单元　网桥中使用的一种消息类型，是一种生成树协议问候数据包，用于交换管理和控制信息。BPDU 是由网桥周期性地发出的判定它们所依附的网络状态的分组，如果遇到一个环路，引起环路的网桥中的一个就会在引起环路的端口上停止发送，直至有必要重估网络状态。

bridge static filtering (BSF)　网桥静态过滤　网桥维护包含静态条目过滤数据库的过程。每一静态条目认为一个 MAC(介质访问控制)目的地址和一个可接收帧的端口相同，由于存在该 MAC 目的地址和其上的一组端口，因此可以发送帧。在 IEEE 802.1 标准中有定义。

bridge tap　桥接分接头　跨接在通信线路两端之间某些点上的一种不定长的非端接线段，这些桥式分接头是不希望有的，电缆上过量的桥式分接头是严重衰减失真的原因。

bridging amplifier　桥接放大器　一个馈电线路中间用来供给一对或几对支馈线或分馈线的放大器。

brightness　亮度　光作用于人眼而引起的视觉上的明亮程度。光源的辐射能量越大，物体反射能力越强，亮度就越高。复合光的亮度等于各个分量光的亮度之和。亮度是发光体(反光体)表面发光(反光)强弱的物理量。人眼从一个方向观察光源，在这个方向上的光强与人眼所“见到”的光源面积之比，定义为该光源单位的亮度，即单位投影面积上的发光强度。亮度的单位是坎德拉每平方米(cd/m^2)。

bring your own device (BYOD)　自带设备办公　携带自己的设备办公，这些设备包括个人计算机、手机、平板等(而更多的情况指手机或平板这样的移动智能终端设备)。在机场、酒店、咖啡厅等场所，登录公司邮箱，联机办公系统，不受时间、地点、设备、人员、网络环境的限制，BYOD 向人们展现了一个美好的未来办公场景。

Britain Standard (BS)　英国国家标准　由英国标准学会(Britain Standard Institute，BSI)制订的英国标准。BSI 是在国际上具有较高声誉的非官方机构，1901 年成立，是世界上最早的全国性标准化机构。它不受政府控制，但得到了政府的大力支持。BSI 制定和修订英国标准，并促进其贯彻执行。

broad-band anti-reflective (BBAR)　宽频率抗反射　一种抗发射膜的特性。它是一种结构简单的但在宽频带范围内具有高导电性和高抗反射性的抗反射膜。这种抗反射膜具有直接或通过硬质涂层12沉积在支撑层11上的两相邻层。靠近基体层11的层1可由吸收光的导电物质组成,而余下的第二层由折射率不高于2.0的材料所形成。

broadband integrated services digital network (B-ISDN) 宽带综合业务数字网 一个提供多种宽带和窄带业务的综合业务数字网,用户通过单一的接入可以获得话音、数据、视频等多种业务。B-ISDN是在只能提供基群速率以内的电信业务的窄带综合业务数字网(N-ISDN)基础上发展起来的数字通信网络,交换方式倾向于采用异步传输模式(ATM)。B-ISDN可用于数字化视频信号、音频信号及高速数字信息的传输,可提供电视会议服务。实现B-ISDN必须满足以下条件:(1)在宽带用户网络接口(UNI)上至少能提供H4(135 Mbps)接口速率的多媒体业务,并允许在最高速率之内选择任意速率;(2)能提供各种连接形态;(3)信息传送的延时及畸变足够小;(4)既能以固定速率传送信息,也能以可变速率传送;(5)采用光缆及宽带电缆。它是国际电报电话咨询委员会(CCITT)推荐的在多兆位范围以内定义语音、数据、视频的技术。

broadband remote access server (BRAS) 宽带远程接入服务器 面向宽带网络应用的接入网关,通常位于骨干网的边缘层,可以完成用户带宽的IP/ATM网的数据接入(目前接入手段主要基于xDSL、Cable Modem高速以太网技术、无线宽带数据接入等),实现商业楼宇、小区住户、校园网用户的宽带上网服务管理。BRAS主要完成两方面功能,一是网络承载功能,负责终结用户的PPPoE(以太网上的点对点协议)连接、汇聚用户的流量功能;二是控制实现功能,与认证系统、计费系统、客户管理系统及服务策略控制系统相配合实现用户接入的认证、计费和管理功能。

broadcast 广播 ① 音视频信息传输方式,即通过无线电波或导线传送声音和图像的传播工具。按传输介质分,有无线广播、有线广播、网络广播之分。按传送信息形态区分,有音频广播、电视广播之分。② 一种计算机网络中数据传输方式。在计算机网络中,向所有的多个目标同时传输相同数据的方法。通常,要为此保留一个广播地址,通过广播地址使所有设备可以确定该消息是否为一个广播消息。在广播过程中,用户被动接收信息流。广播方式中,资料包的单独一个备份发送给网络上的所有用户,而不管该用户是否需要。③ 有时用于电子邮件或其他的消息分发,即将消息送给一个团体(如一个部门或企业)的所有的成员,而不是特定的成员。

broadcast address 广播地址 专门用于同时向网络中所有工作站进行数据发送的一个地址。

broadcast and communications technologies (BCT) 广播和通信技术 包括无线电、电视和电信在内的一系列信息技术的组合。

B

broadcast audio extension　广播音频扩展　数字电视系统一种音频数据块，用于定义音频资料文件交换所需的基本参数，如创作者姓名、创作日期等。

broadcast call　广播呼叫　① 公共广播系统中用于内部的广播呼叫。② 应用在网络中，客户机通过 DHCP 自动获得 IP 地址的过程就是通过广播来实现的。但是同单播和多播相比，广播几乎占用了子网内网络的所有带宽。

broadcast control channel (BCCH)　广播控制信道　一种一点对多点的单方向控制信道，用于基站向所有移动台广播公用信息。传输的内容是移动台入网和呼叫建立所需要的各种信息。

broadcast partition　广播分区　公共广播系统中，根据收听对象的位置、业务性质等需要在一个系统中分成若干区域进行广播，每一个区域称为一个广播分区。系统可以按照预定方案或临时需要对不同分区不同时段发送广播，或同一时段播出相同或不同内容，或在不同分区分别进行呼叫广播、新闻广播、紧急广播或发送背景音乐。在模拟型公共广播系统中，常见通过分区器分区或功放分区。在网络型公共广播系统中，可按照网络地址进行分区。

broadcast service　广播业务　① 在公共广播系统中，广播业务主要有新闻广播、呼叫广播、背景音乐和紧急广播，紧急广播业务一般设定为最优先级，并自动切换。② 电视广播中的传统广播电视业务是指在广播机构的控制下，按照时间表分布广播一系列电视节目。又称为传统广播电视业务。

broadcast television　广播电视　通过无线电波或通信线缆向广大地区播送音响、图像节目的传播媒介，统称为广播。只播送声音的，称为声音广播；播送图像和声音的，称为电视广播。以有线网络发送电视节目的称为有线电视。

broadcasting application　广播方式应用　主机之间“一对所有”的通信模式，网络对其中每一台主机发出的信号都进行无条件复制并转发，所有主机都可以接收到所有信息(不管你是否需要)，由于其不用路径选择，所以其网络成本可以很低廉。有线电视网就是典型的广播型网络，电视接收机实际可接收到所有频道的信号，通过接收机的选择，只将一个频道的信号还原。在数据网络中也允许广播的存在，但其被限制在二层交换机的局域网范围内，禁止广播数据穿过路由器，防止广播数据影响大面积的主机。除广播方式以外，有单播(一对一)、多播(一对多)等通信模式。

broadcasting module (BCST)　广播模块　组成广播系统(包括公共广播、电台广播、电视台广播以及通信系统中数据广播)的各类功能模块，也包括硬件设备器件和软件功能模块。

broken link　断链　因局部改线或分段测量等原因造成的通信链路的中断。

brush strip　刷条　光纤配线架、机柜的缆线入口所安装的条形毛刷，使线缆能够穿过且有一定的密封作用。

BS 英国国家标准 Britain Standard 的缩写;**基站** base station 的缩写。

BSC 基站控制器 base station controller 的缩写。

BSF 网桥静态过滤 bridge static filtering 的缩写。

BSIC 基站小区识别码 base station identity code 的缩写。

BSID 基站识别码 base station identification 的缩写。

BSN B 通道顺序号 B channel sequence number 的缩写。

BSS 基站子系统 base station system 的缩写;**业务支撑系统** business support system 的缩写。

BSS operation and maintenance application part (BSSOMAP) BSS 运维应用部分 BSS 系统包括客户关系管理、数据采集系统、计费账务、综合结算、营销支撑等功能模块。BSSOMAP 是指其操作、维护和应用的部分。

BSSOMAP BSS 运维应用部分 BSS operation and maintenance application part 的缩写。

BTS 基站收发信台,移动通信基站 base transceiver station 的缩写。

BTS address management (BTSM) BTS 的站址管理 BTS 为基站发信站点,BTSM 是指移动通信基站的布局、选址、定位、审批、建设、保护等内容。

BTSM BTS 的站址管理 BTS address management 的缩写。

BTU Meter 热量计 ① 一般是指对热量进行测量和计算的仪表,也称热量表。常见的数字式热量表的工作原理:将一对温度传感器分别安装在通过载热流体的上行管和下行管上,流量计安装在流体入口或回流管上(流量计安装的位置不同,最终测量结果也不同),流量计发出与流量成正比的脉冲信号,一对温度传感器给出表示温度高低的模拟信号,而计算仪采集来自流量和温度传感器的信号,利用计算公式算出热交换系统获得的热量,并以数据显示或输出。按照结构和原理不同,热量表可分为机械式(包括涡轮式、孔板式、涡街式)、电磁式、超声波式等种类。② 在生物学中,指在测定营养元素氧化分解时所产生的热量,以及在物质代谢和能量代谢的研究中所使用的装置。有直接热量计与间接热量计之分。前者是对营养元素燃烧时所产生热量的直接测定,或将生物体放入密闭的室内,测定散发热量;后者是测定气体交换,根据测定结果算出能量代谢。

budget of installation 安装预算 对实施安装工作在未来一定时期内的收入和支出情况所做的计划。它可以通过货币形式来对安装过程的投入进行评价并反映安装过程中的经济效果。它是加强企业管理、实行经济核算、考核安装成本、编制安装进度计划的依据,也是安装工程招投标报价和确定造价的主要依据。

BUF 缓冲存储(器) buffer 的缩写。

buffer (BUF) 缓冲存储(器) ① 在数据传输期内,用来临时装配数据的一种存储装置。当信息从一种设备传送到另一种设备时,用以补偿信息流不同的速率或时差。② 在执行输入输出操作时，暂时存放数据的一块存储区，在此存储区中数据可进行读出或写入。

builder 建筑者 指从事建筑工程的所有人员，包括业主、设计人员、管理人员、施工人员等。

building automation (BA) 楼宇自动化系统 见 building automation system (BAS)。

building automation and control networks (BACnet) 智能建筑的通信协议，楼宇自动化与控制网络 国际标准化组织(ISO)、美国国家标准协会(ANSI)及美国采暖、制冷与空调工程师学会(ASHRAE)定义的通信协议。BACnet 针对智能建筑及控制系统的应用所设计的通信协议，可用在暖通空调系统(HVAC，包括暖气、通风、空气调节)，也可以用在照明控制、门禁系统、火灾报警系统及其相关的设备。

building automation and control system (BAC) 建筑自动化和控制系统 同 building automation (BA)。

building automation system (BAS) 楼宇自动化系统 其广义概念是泛指建筑智能化系统，是组成智能建筑各个智能化系统的总称。其狭义概念专指建筑设备监控系统，是将建筑物或建筑群内冷热源、供暖通风、空气调节、给排水、供配电、照明、电梯等机电设备设施等系统以集中监视、控制和管理为目的构成的综合系统。

building backbone cable 建筑物主干缆线，楼宇主干线缆 在布线系统中，指办公建筑或商业建筑的综合布线系统拓扑结构中，指建筑物配线设备至楼层配线设备、建筑物内楼层配线设备之间相连接的缆线。在综合布线系统通用拓扑结构中，属于第二级子系统中的缆线。

building backbone cabling subsystem 干线子系统，楼宇主干布缆子系统 指连接楼层配线架和建筑物主配线架的缆线子系统，它包含连接着楼层配线架和建筑主配线架的缆线、该缆线在楼层配线架和建筑物主配线架端接所用的连接器件，以及位于建筑物主配线架中的上联跳线。在办公建筑或商业建筑中属于第二级子系统，在工业建筑属于第三级子系统。

building block 积木式组件，积木 建筑用的积木式组件(预制件)是构成整座建筑的物质单元，它按照标准规格成批制造，可降低造价，并便于设计和施工。施工时，就像搭积木玩具一样，将预制件组装在相应的位置上。

building column 楼宇柱体 建筑物中用以承重的柱形结构。有建筑柱和结构柱之分。

building designer 建筑物设计者 建筑专业的设计师，简称建筑师，承担包括建筑主体设计、外墙设计、景观设计、室内设计。

building distributor (BD) 建筑物配线设备 也称建筑物(主)配线架、楼宇配线架。综合布线系统中为建筑物主干线缆或建筑群主干线缆终接的配线设备。它在办公或商业建筑的综合布线系统拓扑结构中属于第二级配线架，在工业建筑的综合布线系统拓扑结构中属于第三级配线架。

building entrance facility (BEF) (建筑物)入口设施 位于建筑物内侧的缆线入口旁，提供符合相关规范机械与电气特性的连接器件，使得外部网络电缆和光缆引入建筑物内，用于室内外缆线转换和防雷。

Building Industry Consulting Service International (BICSI) 国际建筑业咨询服务 一个国际性的非营利性电信协会。支持信息基础系统(ITS)的产业与信息。BICSI 总部在美国佛罗里达州的坦帕(Tampa)地区，在全球 100 多个国家都有成员，其服务超过 2.4 万人，其专业人士，包括设计、安装和技术人员。这些人提供基本的基础设施、通信、音视频、安防和自动化系统。BICSI 是专业支持信息科技系统(ITS)的委员会，ITS 涵盖了语音、数据、电子安全与安防，以及音频视频技术，包含了基于光纤和铜缆布线系统的布局走向与空间规划的设计、集成和安装，并支持基于无线系统和基础设施的相关信息之间和通信设备的信号传输、信息收集和信息交换。

building information 建筑信息 指有关建筑物的信息和数据。建筑信息主要包括：(1) 一般信息。其中包括建筑名称、地址，业主单位，用途，常驻人数，建筑层数、类型、总面积，建筑结构形式，供电、供水和主要建筑设备，采暖空调系统形式及面积，等等；(2) 围护结构信息。其中包括外墙形式、外墙保温形式及传热系数，外窗类型、遮阳设施及外窗传热系统，屋面传热系数，等等；(3) 其他信息。其中包括建筑建设竣工日期，改扩建日期，等等。这些信息对于建筑智能化系统的设计、施工和运行具有基础性的作用。

building information system 建筑信息系统 亦称建筑物信息设施系统，是为满足建筑物的应用与管理对信息通信的需求，将各类具有接收、交换、传输、处理、存储、显示等功能的信息系统整合，形成建筑物公共通信服务综合基础条件的系统，主要包括信息接入系统、布线系统、移动通信室内信号覆盖系统、卫星通信系统、用户电话交换系统、无线对讲系统、信息网络系统、有线电视及卫星电视接收系统、公共广播系统、电子会议系统、信息导引及发布系统、时钟系统等子系统。

building intelligent system (BIS) 建筑智能化系统 以建筑物为平台，基于对各类智能化信息的综合应用，集架构、系统、应用、管理及优化组合为一体，具有感知、传输、记忆、推理、判断和决策的综合智慧能力，形成以人、建筑、环境互为协调的整合体，为人们提供安全、高效、便利及可持续发展功能环境的智能化系统。主要包括有信息设施系统、建筑设备管理系统、公共安全系统、信息化应用系统、数据机房和智能化集成系统六大组成部分。

building intercom system 楼宇对讲系统 也称访客对讲系统，属公共安全系统中的一个子系统，是指利用网络实现建筑物内用户与外部来访者间互为对讲的电子系统。按照能否显示来访者影像,可分为可视和非可视之分;按照系统传输网络区分,有分线制、总线制和网络型之分;按照传输信息的形态区分,有模拟型和数字型之分。

building management system (BMS) **建筑(设备)管理系统** 对建筑设施、设备实施自动监测、控制和综合管理的智能化系统。其作用是确保建筑设备运行稳定、安全并满足物业管理需求,实现对建筑设备运行优化管理及提升建筑用能功效,并追求实现绿色建筑建设和运行目标。系统主要包括建筑设备监控和建筑能效监管两个子系统。建筑设备监控系统(通常也称 BAS)一般包括对冷热源、供暖通风和空气调节、给排水、供配电、照明、电梯等机电设备设施的监测和控制;建筑能效监管包括建筑内(包括建筑设备设施和用户)电、水、燃油燃气、集中供热或供冷量的耗用的管理。

building manager **建筑物经理** 建筑工程中的甲方代表或甲方项目经理。

building regulation **建筑法规** 也称建设法规。是国家权力机关或其授权的行政机关制定的,旨在调整国家及其有关机构、企事业单位、社会团体、公民之间在建设活动中或建设行政管理活动中发生的各种社会关系的法律、法规的统称。建设法规体系是把已经制定和需要制定的建设法律、建设行政法规和建设部门规章衔接起来,形成一个相互联系、相互补充、相互协调的完整统一的框架结构。广义上,还包括地方性建设法规和建设规章。

building service **建筑设施** 建筑物内支撑其应用功能的设备和系统,如供配电系统、给排水系统、消防设施、电梯、暖通空调系统、照明系统以及建筑防雷系统、智能化系统,等等。

building structure **建筑结构** 在建筑物中由建筑材料做成用来承受各种荷载或作用,起骨架作用的空间受力体系。建筑结构因所用的建筑材料不同,可分为混凝土结构、砌体结构、钢结构、轻型钢结构、木结构、组合结构等。

building structures sensor **建筑结构传感器** 用于监测建筑结构安全状态的探测传感器。如应力传感器、振动传感器、变形传感器等。

building unit **建筑单体** 相对于建筑群,独立的建筑物均可称为建筑单体。

built-in fitting **预埋件** 预先安装(埋藏)在隐蔽工程内的构件,就是在结构浇筑时安置的构配件,用于砌筑上部结构时的搭接,以利于外部工程设备基础的安装固定。预埋件大多由金属制造,例如:钢筋或者铸铁,也可用木头,塑料等非金属刚性材料。

bulk range **喷射距离** 液体(包括水)喷射时所能够达到的距离。

bulk resistance **体电阻** 材料两端之间的直流电压与通过电流的比值,它的单位也是欧姆。体电阻表示静电控制技术中的一个概念,可用来测试材料的直流电的特性。

bulkhead **隔板,隔离装置** ① 船舱室、机舱室的围壁。② 建筑物内的墙或屏障。③ 为将某一空间区分不同环境空间所使用的隔板。④ 在电路或通信链路中用作阻断电流或信息传输的电路或装置。

bunched cable **集束电缆** 亦称束捆线缆,将数根或数十根乃至更多的电缆使用绑扎、缠绕等方法汇集成一束的电缆束。优点是美观、安装方便、安装省时。当电缆为双绞线时可称为集束双绞线,当电缆为同轴电缆时可称为集束同轴电缆。

bundled coaxial cables **集束同轴电缆** 将数根或数十根乃至更多的同轴电缆使用绑扎、缠绕等方法汇集成一束的电缆束。它的优点是美观,且安装方便、省时。

buoyant antenna **浮漂天线** 潜艇用的漂浮在水中的天线。

burglar alarm **防盗报警器** 能自动探测发生在布防监测区域内的侵入行为并产生报警信号的设备或装置,如红外幕帘报警器、移动探测报警器、玻璃破碎报警器、振动报警器等。

burglar alarm system **防盗报警系统** 自动探测入侵盗窃行为并发出报警信息的电子信息系统,在《智能建筑设计标准》(GB 50314)中归属公共安全系统中的入侵报警系统。《入侵报警系统工程设计规范》定义为:利用传感器技术和电子信息技术探测并指示非法进入或试图非法进入设防区域(包括主观判断面临被劫持或遭抢劫,或其他危害紧急情况时,故意触发紧急报警装置)的行为、处理报警信息、发出报警信息的电子系统或网络。

burglar signal **安全防范信号** 公共安全系统中的各类输入、输出信号。

burglar-proof door **防盗门** 全称为防盗安全门,安装于住宅、楼宇及要求安全防卫场所的入口,能在一定时间内抵御一定条件下非正常开启或暴力侵袭的门体。《楼宇对讲系统及电控防盗门通用技术条件》(GA/T 72)对防盗门区分为A级和P级,分别规定了具体的技术要求。不同厂家、不同材料制作的门体只有达到标准并检测合格,才能称为防盗门在市场销售和使用。

burn-in **老化** ① 在高分子材料的使用过程中,由于受到热、氧、水、光、微生物、化学介质等环境因素的综合作用,高分子材料的化学组成和结构会发生一系列变化,物理性能也会相应变坏,如发硬、发黏、变脆、变色、失去强度等,这些变化和现象称为老化,高分子材料老化的本质是其物理结构或化学结构的改变。② 指电子元器件、单元或系统在最终投入使用之前的带电运行,旨在稳定其特性和识别早期故障。老化时间有24小时、72小时等。

burning behaviour **燃烧性能** 材料燃烧或遇火时所发生的一切物理和化学变化,这项性能由材料表面的着火性和火焰传播性、发热、发烟、炭化、失重以及毒性生成物的产生等特性来衡量。

burning material **燃烧材料** 可以燃烧的材料。

bus 总线,母线,汇流条,总线配置,导线 ① 对分布在局部区域内的数字设备进行互联的一种拓扑结构,它被广泛使用。传输介质通常是一条同轴电缆或指定的数据线缆,所有设备都连接到上面。每个传输都在整个介质上传播,并为每个连接到介质上的设备接收。建筑智能化系统中常见的类型有 RS-485 总线、CAN 总线、LON 总线,等等。② 一组信号线集和相连的一套系统设备之间共享或者交换信息的物理介质、管理信息传输的通用规则(协议)。③ 在计算机领域内,总线是将计算机系统的所有电路板相互连接起来的一种手段,旨在构成通信通路以便向存储器和其他外围设备进行输入,以及从存储器和其他外围设备向外进行输出。这些通道包含有一控制总线、数据总线、地址总线以及外围总线。典型微处理机有八条数据线,十六条地址线以及若干控制线。地址通道同内存储器相连,数据通道同存储器和输入输出口相连。当需要传送处理机中的数据时,中央处理机就建立起在地址通道上存储数据的存储单元址。

busbar 母线槽 能分别连接若干电路的低阻抗的导体,也称汇流排。

business & operation support system (BOSS) 业务运营支撑系统 指电信业务中涵盖的计费、结算、营业、账务和客户服务等系统,BOSS 可对各种业务功能进行集中、统一的规划和整合。BOSS 名称是由中国移动联合多家咨询公司为传统电信企业计费系统起的专门名称,是世界上第一个对电信计费系统命名并制定的相关标准。

business announcement 业务广播 向公共广播系统服务区播送的、需要被全部或部分听众认知的日常广播,包括发布通知、新闻、信息、语声文件、寻呼、报时等。

business support system (BSS) 业务支撑系统 电信运营商通过该系统能对用户执行相应业务操作。它和运营支撑系统 OSS 平台通常连接在一起提供各式的端到端的服务。各个区域都有相应独立的数据服务功能。

butt joint 对接接头 指缆线两端与连接器之间连接的部位。通常,接头的机械强度差、故障概率高,是缆线安装中须特别关注的关键点。

butterfly valve 蝶阀 又叫翻板阀,是一种结构简单的调节阀。它在管道上主要起切断和节流作用。阀门可用于控制空气、水、蒸汽、各种腐蚀性介质、泥浆、油品、液态金属和放射性介质等各类型流体的流动。蝶阀启闭件是一个圆盘形的蝶板,在阀体内绕其自身的轴线旋转,从而达到启闭或调节的目的。蝶板由阀杆带动,若转过 90°,便能完成一次启闭,改变蝶板的偏转角度,即可控制介质的流量。

butting transmission system 对接传输设备 传输信道或通道对接以形成业务信道时,位于两个传输信道之间的传输设备,如接入层网络交换机等。

button 按钮 一种常用的电器控制元件,用以接通或断开控制电路,从而达到控制电动机或其他电气设备运行目的的一种开关。

button switch　按键开关　使用时以按压方式向开关操作方向施压，令开关功能闭合接通，当撤销压力时开关即断开，其内部结构是靠金属弹片受力变化来实现通断的开关。

butt-through　对穿　从一个物体中穿过。如螺钉从螺栓中穿过、两个机柜之间的螺栓对穿等。

buzzer　蜂鸣器　一种一体化结构的电子讯响器。采用直流电压供电，广泛应用于计算机、打印机、复印机、报警器、电子玩具、汽车电子设备、电话机、定时器等电子产品中作发声器件。蜂鸣器主要分为压电式蜂鸣器和电磁式蜂鸣器两种类型。

BV　聚氯乙烯绝缘铜芯电线　简称塑铜线。采用聚氯乙烯绝缘材料制成的铜质电线。B 代表的是类别：布线类，V 代表绝缘材料为：聚氯乙烯。适用于交流电压 450/750 V 及以下动力装置、日用电器、仪表及电信设备用的电缆电线。

BVA　边界值分析　boundary value analysis 的缩写。

BYOD　自带设备办公　bring your own device 的缩写。

bypass　旁路　在原有通道基础上并联的另外一个通道。旁路概念应用于电子电路，常有旁路电容、旁路电阻等称谓。旁路概念应用于电力系统，有旁路母线、旁路开关等。旁路在 UPS 中概念是，替代间接 UPS 的内部或外部供电通路，即当 UPS 本身故障时，借由 UPS 内部的继电器自动切换至市电，由旁路电路持续供应电力给负载设备。旁路在报警系统中应用于防区的属性，即不对某防区进行戒备，可在布防之前将该防区设置为旁路。旁路在供水、供热(冷)系统中，用以分流冷、热水(蒸汽)，保持系统正常供热供冷状态和管道正常压力。

bypass (access point)　门禁点旁路　门禁系统中，若门禁点设置为旁路状态，门锁被强制处于打开状态，通常称作自由出入。此时不会产生任何超时警报。

bypass (zone)　防区旁路　入侵报警系统中的防区的一种类型，当处于旁路状态时，该防区的入侵状态不会触发报警。其方法是将报警控制器内部防区设置为“旁路”状态。

bypass mode of UPS operation　UPS 的旁路运行方式　UPS 由旁路向负载供电的运行状态。

bypass power　旁路电源　通过旁路供电的电源。

bypass valve　旁通阀　装在进水阀管段的旁通管上，用以补充水平衡进水阀前后水压的阀门。如减压阀、控制阀和蒸汽疏水阀通常均会加装旁通管。旁通阀仅指安装在旁通管道上的阀门，但不特指阀门类型和结构。

byte alignment　字节对齐　① 字节按照一定规则在空间上排列就称为字节对齐。现代计算机中，内存空间都是按照 byte 划分的，从理论上讲，似乎对任何类型的变量的访问可以从任何地址开始，但实际情况是，在访问特定类型变量的时候经常在特定的内存地址访问，这就需要各种类型数据按照一定的规则在空间上排列，而不是依照顺序一个接一个排列，这就是对齐。② 在有线电视系统中指从位流的第一个二进制位开始，某二进制位的位置是 8 的整数倍。

byte number representation　字节的位号表示　指 HFC 系统中用一个字节中标号为“0”的位称为 LSB(最低有效位)，标号为“7”的位称为 MSB(最高有效位)，字节的位号表示格式为“7”在左，“0”在右。采用此规定的目的是表示数据，与实际的位发送顺序无关。

C

C 连接 connect 的缩写。

C/S 客户端和服务器 client and server 的缩写。

C2C 用户对用户的模式 consumer to consumer 的缩写。

CA 小区[单元]分配 cell allocation 的缩写;**条件接收** conditional access 的缩写;**通信自动化** communication automation 的缩写。

cabinet 机柜 是指由冷轧钢板或合金制作的用来存放计算机、仪器仪表、控制设备、配线系统的容器或装置,可以提供对存放设备的保护,屏蔽电磁干扰,有序、整齐地排列设备,方便以后维护设备。机柜一般分为服务器机柜、网络机柜、控制台机柜、配线机柜等。

cabinet base frame 机柜底座 机柜底部架设的金属支架。它直接安装在真地(楼板)上,底座的上平面与架空地板平齐,机柜的底部直接坐落在底座上,使机柜的重量全部由底座承担,架空地板不承受机柜的重量。

cabinet grounding wire 机柜接地导线 机柜内使用的接地导线。用于将机柜内各金属体连接到等电位接地铜排,或将机柜内的屏蔽配线架、光纤配线架、设备的接地端连接到等电位接地铜排或接地母线排。机柜连接到机房接地桩的接地导线也可以被认为是机柜接地导线。

cabinet group 柜组 若干个机柜的集合,一般成列布置。常见于各种弱电机房和数据中心的主机房内。

cabinet inter-connection hole 机柜互连孔 机柜侧面用于机柜之间互联用的孔洞,用于安装机柜互联螺栓。

cable 电缆,线缆 光缆、电缆等传输用线的统称,指在一个总护套内,相同类型和类别的单个或多个线缆单元的装配,包括总屏蔽层。线缆的用途有很多,主要用于控制设备、输送电力、传输信息等,是智能建筑工程中不可缺少的一种传输介质。

cable assembly 电缆组件 指两端配有插头(plug)或插座(connector)的电缆。如布线系统中的预端接铜缆、跳线等。

cable box 电缆箱 电缆端接处为电缆盘绕(预留)和端接而设置的箱体,分有落地式、壁挂式等多种。

cable bridge 电缆桥架 也称电缆线槽。由槽式、托盘或梯级式的直线段、弯通组件,以及托臂(臂式支架)、吊架等构成,具有支撑电缆(或光缆)的刚性结构系统。按照结构形式可分为梯级式桥架、托盘式桥架、槽式桥架、大跨距桥架和组合式桥架。

C

cable bundle 线缆束 靠近的多条线缆,通常通过紧固件(如:线缆扎带)进行捆绑。**光缆束** 指组合在缆芯中并具有共同保护层的若干光纤、缓冲光纤、光纤带或光缆部件。

cable bundle jacket 光缆束护套 在一束光纤、缓冲光纤、光纤带或光缆周围的保护层。

cable bus 电缆总线 采用电缆构成的总线,如 RS-485 总线等。

cable carrier 托线架 铜缆配线架背后用于托住和绑扎双绞线的机架,通常为金属构件,也使用塑料构件。它可以通过缆线绑扎缓解缆线对模块的拉力,也可以借助于托线架,实现配线架端缆线的第二级预留,如环型预留等。

cable chart 电缆(连接)图 由网络设计者提供的一张图,标明设备之间电缆连接元件的类型和位置。

cable cleat 电缆夹 用于电缆的托移和保护,由夹体、弹簧、销轴、开关销等组成,夹体的 H 型上下内侧各开有一个导向槽,在导向槽的两端开有上下对应的四个方孔。

cable communication 电缆通信 指有线通信,即利用金属导线等有形媒质传送电信号的通信方式。电信号可以包含声音、文字、图像等信息。

cable conduit of chlorinated polyvinyl chloride 氯化聚氯乙烯塑料电缆导管 以氯化聚氯乙烯(PVC-C)树脂(缩写:CVPC)为主要材料,加入必要的加工助剂,经高速挤出后成型的电缆导管。它具有高强度、柔韧性好、耐高温、耐腐蚀、阻燃、绝缘性能良好、无污染、不易老化、质轻、施工方便等特点。产品性能大大优于传统的石棉电缆排管及普通 PVC 管材,是传统电力电缆护套管的理想替代品。

cable conduit of fiber-cement 纤维水泥电缆导管 采用电扩孔等先进工艺,以高强无污染的维纶纤维作为盘材,加入高强高摩维尼纶、植物纤维等原料,用高标号水泥为主要原料,通过抄取卷制而成的新一代增强纤维水泥电缆管。

cable conduit of fiberglass reinforced plastic (FRP) 玻璃纤维增强塑料电缆导管 使用玻璃纤维增强塑料制成的电线管。其特点是由玻璃纤维缠绕成型,具轻质、高强、耐腐蚀、长使用寿命的特点。

cable conduit of unplasticized polyvinyl chloride 硬聚氯乙烯塑料电缆导管 以聚氯乙烯树脂为主要原料,加入适量助剂,经挤出成型的塑料导管,主要起电缆导向和保护作用。其性能特点:(1) 化学腐蚀性好,不生锈;(2) 具有自熄性和阻燃性;(3) 耐老化性好,使用寿命长;(4) 内壁光滑,摩擦系数低,易于电缆的穿放;(5) 质量轻,采用扩口承插或溶剂黏接连接,安装方便,工作量仅为钢管的 1/2,劳动强度低,施工周期短;(6) 绝缘性能良好,体积电阻 $1\sim3\times10^{5}\ \Omega\cdot cm$;(7) 价格低廉。应用范围:城镇低压电力电缆、有线电视网络、多媒体传输网络线路,作电缆护套管及建筑物室内电线、电缆的穿导、隔离与保护。

cable conduits of modified polypropylene

改性聚丙烯塑料电缆导管 以聚丙烯树脂与定量改性剂、助剂、填料、颜料等组分相混，在螺杆挤出机中挤出造型后得到的电缆导管。

cable connector **线缆连接器** 又称电缆接头、电缆头。电缆铺设好后，为了使其成为一个连续的线路，各段线须连接为一个整体，这些连接点就称为电缆接头。

cable cut-off wavelength (CCW) **光纤截止波长** 单模光纤通常存在某一波长，当所传输的光波长超过该波长时，光纤只能传播一种模式(基模)的光，而在该波长之下，光纤可传播多种模式(包含高阶模)的光，该波长就成为该光纤的截止波长。

cable design **电缆设计** 根据技术要求，对电缆的结构所进行的产品设计。如电梯系统、机器人系统所需要的电缆线束设计等。

cable digital television (CDT) **有线数字电视** 是指电视制作、播放和接收的全过程都使用数字技术的有线电视系统。它就是把计算机的数字技术运用到电视中来，是传统模拟有线电视系统的数字化。由于采用了数字压缩技术，原来传送一个节目频道带宽可以传送 6～8 个频道节目，使频道容量大大增加，而且音质和画质也会大为提高，使人们可以享受 CD 一般的音质和 VCD 或 DVD 一样的画面质量。

cable distribution equipment **电缆分线设备** 指布线系统中的分线箱、分线盒及相应的线缆连接器件、配件等。它是配线电缆或光缆的终端连接配线电缆或光缆和用户线路部分，对主干线进行分支具有重要作用。分线盒可安装在桥架、箱体、管道、电缆沟等狭小的空间内，不单独占用建筑的有效使用面积，安装方便，不需要截断主干线。

cable distribution system **有线分配系统** 城市有线电视系统中接入建筑物或小区后的分配网络。在模拟型射频传输的有线电视系统中，小区中有线电视分配网络包括有源的射频放大器(干线放大器和用户放大器)、无源的分支、分配器及射频同轴电缆将有线电视信号传输至每一个用户，并使终端用户得到的射频电视信号具有标准的信号电平和合格的信号质量。

cable distributor **线缆分支器** 将一根线缆分解成数根线缆的器件，多用于树形拓扑结构的布线系统之中。

cable duct **电缆管道** 用以敷设和更换电力或电信电缆设施的地下管道，也是敷设电缆设施的围护结构，有矩形、圆形、拱形等管道结构形式。

cable element **线缆元素** 线缆中的最小构成单元，例如线对、四线组或单根光纤。线缆元素中可以包含屏蔽层。

cable equalization **电缆均衡** 克服或补偿电缆长距离传输过程中因信号频率差异形成信号不均匀性的技术，常见采用均衡器、补偿器或规范布线来解决。

cable equalizer **电缆均衡器** 电缆在传输过程中，往往会产生因频率、相位上的不均衡衰减。电缆均衡器是指用以校正因频率或相位不同而引起的衰减(即传输损耗)不均衡的器件或设备。

cable fault 电缆故障 在电缆两端的端接点、电缆的缆线上发生的非正常现象。这些现象可能会导致传输中断、信号畸变、干扰、不正常衰减、触电等危害,须尽快修复。电缆故障原因除敷设工程中的瑕疵外,最直接原因是绝缘性能降低而性能下降,甚至被击穿。导致绝缘性能降低的因素很多,主要有外力损伤、绝缘受潮、化学腐蚀、电缆接头故障、环境和温度和电缆本身老化等。

cable fault indicator (CFI) 电缆故障指示器 一种安装在电缆上指示故障信号的装置。其工作原理是当线路出现故障时,故障指示器感应到故障信号,则指示器的显示窗口将由白色变成红色(或发光)。

cable fill 线缆占用率 布线工程中也称占空比,指线缆总截面积在槽盒(包括桥架、线槽、托盘等)、线管内所占空间的比例。占空比过大,敷设、维护困难,且不利于系统的后续扩展。占空比过小,将造成不必要的浪费。这一比例在不同业务中均有相应的标准和规范具体规定。

cable gland 线缆密封套 在室内或室外敷设线缆环境中采用密封方式的产品及系统。

cable hut 电缆分线箱 电线电缆分线用的箱柜,如报警系统、公共广播系统的楼层分线箱等。

cable installation work 电缆安装工程 缆线的敷设、安装及调试工程。由于建筑工程中各种缆线都有自己特定的用途及施工要求,所以该项工程往往分解到各个分部、分项工程之中。

cable interface unit (CIU) 电缆接口部件 用于电缆与设备、电缆与电缆连接的器件和装置。

cable labeling 线缆标识 线缆上的标识、标记。线缆敷设时,应对每条线缆做出简易标记,以利后续工程对线缆的辨识。线缆接续后应对所有线缆两端采用规范的标签(数码环、标签纸等)对线缆做出标记。标记内容包括缆线名称、线缆编码、线缆段名称等,也可以使用二维码和电子标签。

cable ladder system 线缆梯架系统 垂直敷设线缆时用于支撑电缆的组件,包括侧板和与侧板相互固定的横档组成。

cable laying 线缆敷设 电缆、光缆的铺设作业,包括缆线的端接、固定、标识以及敷设后自检和故障排除。按线缆敷设作业面的区别,埋地敷设、架空敷设、槽内敷设、穿管敷设等。

cable layout 线缆布放 即线缆敷设。同 cable laying。

cable leak locator 电缆查漏仪 用于室外充气电缆查漏的仪器。它采用微电子传感技术,利用氢氮示踪气体进行泄漏精确定位,可测试压力电缆测点的气压值。

cable lug 电缆接线头 电缆铺设好后,为了使其成为一个连续的线路,各段线应连接为一个整体,这些连接点就称为电缆接线头,并用来锁紧和固定进出线,起到防水防尘防震动的作用。电缆线路中间部位的电缆接头称为中间接头,线路两末端的电缆接头称为终端头。

cable maintenance　线缆维护　对电缆、光缆的系统维护工作。在缆线敷设后至缆线的生命周期内,缆线有可能会出现故障甚至因外力而损坏,故此需进行必要的维护工作。

cable management system　线缆管理系统　布线系统中用于支持和(或)承装、收纳、保护所有类型线缆、信息和通信线路、电气电源配电导线及其相关附件的系统。其中包括导管和管槽,或为了盛放、敷设信息技术线缆和(或)线缆元素的各种槽盒类产品。

cable manhole　电缆人井　也叫人孔井。常见的有电缆人井、通信人井、手井等。为了敷设、检修的便利,电缆敷设时每隔一段开挖一个可以下人的垂直通道。施工中,电缆人孔井用来检修、穿线或加长电缆做电缆头。在电缆转弯及接头处宜设置人孔井。电缆人井应尽量布置于绿化带、人行道等位置上,如无法满足上述条件时,人井盖板应考虑加强,以防外力破坏,使用铸铁盖板时应考虑防盗。

cable map　线缆图　也称布线图。用于缆线敷设施工所使用的图纸,该图应标明了缆线的种类和规格、敷设路径和长度,端接、绑扎的要求以及编号等信息。

cable modem (CM)　电缆调制解调器　又称线缆调制解调器,位于用户处的用于在有线电视系统上传输数据通信信息的调制解调器。它的内部结构主要包括双工滤波器、调制解调器、前向纠错(FEC)模块、数据成帧电路、介质访问控制(MAC)处理器、数据编码电路和网络适配器等部分。电缆调制解调器上有用于接电视机的射频接口,还有连接网卡的网络接口,它采用非对称通道传输。

cable modem termination system (CMTS)　电缆调制解调器终端系统　位于有线数字电视系统前端或分配中心,用于电缆调制解调器(CM)提供相对应的功能以便同广域网建立数据连接。

cable network cabinet　有线网集线间　用于安装有线电视网络系统设备,汇集线缆的建筑空间。

cable outer diameter　线缆外径　电缆或光缆外护套的直径。在工程中,线缆外径是计算桥架和管道尺寸的重要数据。

cable rack　线缆支架　电缆敷设在电缆沟和隧道内架空敷设时,一般多使用支架固定。常用的支架有角钢支架和装配式支架。

cable sandwich　线缆夹层　供敷设线缆进入控制室或电子设备间内仪表、控制装置、盘、台、柜的建筑结构层。

cable shaft　电缆竖井　建筑物内用于垂直走向专供供电电缆或弱电线缆敷设的垂直通道。强电和弱电一般分开敷设,故有强电竖井和弱电竖井之分。

cable sheath　线缆护套　线缆的最外层结构,在护套内有电线、光纤等传输用芯线。线缆护套分有室内型、室外型、防水型、防火型等多种结构。

cable shelf　线缆托架　线缆敷设工程

中用于支撑、固定线缆的构件。其包括桥架、托盘、梯架、网格式桥架等。

cable shield　电缆屏蔽　使用电磁屏蔽技术对电缆中芯线进行的电磁防护。

cable stress　线缆应力　线缆由于外因(受力、湿度、温度场变化等)而变形时,在线缆内各部分之间产生相互作用的内力,沿截面法向的分量称为正应力,沿切向的分量称为切应力。

cable stripping tool　线缆剥线工具　剥去线缆护套的专用工具,是线缆敷设工程中常见的工具。它具有多种型号和规格,适用于不同线缆。如综合布线系统的双绞线一般采用专用的剥线环或多功能剥线钳。

cable system　线缆系统　由线缆(电缆、光缆等)经敷设和连接(端接)所形成的传输系统,包括信息传输、能量传输等。

cable telephony　有线电话(业务)　一种经由有线电视网络(而不是传统电话线路)提供的电话业务。虽然这种业务通过线缆而不是电话线传送,但是最终用户不会感觉到这两者的区别。有线电话是集因特网、电视和电话三种业务为一体的通信与娱乐装置的一部分。

cable television (CATV)　有线电视　也称电缆电视、共用天线电视。即用电缆(或光缆、微波及其组合)来传输、分配和交换声音、图像及数据信号的电视系统。

cable television network (CTN)　有线电视网　利用光缆或同轴电缆来传送广播电视信号或本地播放的电视信号的网络,是一个面向广大家庭用户的高效廉价的综合网络。开展的业务包括基本业务、扩展业务和增值业务。基本业务是传送公共广播电视频道节目。扩展业务包括专业频道、数据广播、视频点播等。增值业务属于有线网上开发的多功能业务,包括因特网接入、IP 电话、电视会议、带宽出租、电视商务等。

cable terminal　电缆终端　电缆两端的端接点,可以通过连接器与其他线缆、电路或设备连接。

cable terminal box　电缆终端箱　电缆端接处为电缆盘绕(预留)和端接而设置的箱体,分有落地式、壁挂式等多种箱体。

cable terminator　电缆终端器　安装在电缆终端的连接器,用于与其他线缆或电路、设备连接。

cable testing bridge　电缆故障测验桥　也称电缆桥、电缆测试电桥。用于电缆故障检测的仪器。运用于检测电力电缆单相接地、相间短路等,操作比较方便,且误差较小。其原理是通过计算桥壁平衡调节所得数据和电缆总长度之间的距离来寻找故障。

cable thermal detector (CTD)　缆式线型感温探测器　即感温电缆,一般由微机处理器、终端盒和感温线缆组成,根据不同的报警温度以不同的颜色来区分。感温电缆主要有两种:光纤式和电缆式。目前应用较广且成熟的感温线缆主要有模拟量式和开关量式两种。线型光纤感温火灾预警监测系统是 20 世纪 90 年代末发展起来的一种用于实时监测空间温度场分布的新型技术,它利用光学传播技术，实现了实时连续测量光缆沿线温度的目的，以实现火灾预警的功能。线型感温火灾探测器与点式感温火灾探测器相比，具有良好的环境适应性，能够近距离贴近保护，在各种潮湿、污染、粉尘等消防探测场所中能够保持高可靠性地工作。线型感温火灾探测器有很多种类。根据动作性能，可分为定温型、差温型、差定温型探测器；根据不同的报警温度，感温电缆可以分为70℃、85℃、105℃、138℃、180℃感温电缆（可以根据不同的颜色来区分）。根据使用方式可分为不可恢复式和可恢复式两类。

cable tie　线缆扎带　又称扎线带、束线带、锁带，可用来捆扎线缆。一般按材质可分为尼龙扎带、不锈钢扎带、喷塑不锈钢扎带等，按功能则分为普通扎带、可退式扎带、标牌扎带、固定锁式扎带、插销式扎带、重拉力扎带等。

cable tray　电缆桥架　梯架、托盘及槽盒的统称。它可分为槽式、托盘式和梯架式、网格式等结构，由支架、托臂、安装附件等组成的用于敷设电缆的设施。

cable tray system　电缆托盘系统　用于敷设线缆的槽盒之一。它与桥架的差异是托盘不含顶盖，而桥架还有顶盖。故此，托盘的上方不是密封的。它具有重量轻、载荷大、造型美观、结构简单、安装方便等优点。它既适用于动力电缆的安装，也适合于控制电缆的敷设。

cable trough　理线槽　垂直安装在机柜正面两侧的，用于收纳和保护跳线的槽式结构件。

cable trunking and ducting system　电缆槽管系统　线缆敷设中用以支撑、容纳、保护线缆的槽盒、线管及配件的总成。它包括桥架、托盘、梯架、网格式桥架和各类穿线管等。

cable tunnel　电缆隧道　容纳电缆数量较多、有供安装和巡视的通道、全封闭型的地下构筑物。

cable type linear temperature fire detector　缆式线型感温火灾探测器　响应某一连续线路周围温度参数的火灾探测器，它将温度值信号或单位时间内温度变化量信号，转换为电信号以达到探测火灾并输出报警信号的目的。它由温度敏感部件和与其相连接的信号处理单元及终端组成。缆式线型感温火灾探测器执行《线型感温火灾探测器》(GB 16280)标准。

cable unit　线缆单元　① 在电缆中指同一类型或类别的单个或多个线缆元素的单个装配。线缆单元可以有屏蔽层，而线扎组是线缆单元的例子。② 线缆中的独立组件。如在四对八芯双绞线（对绞线）中，每一对为一个线缆单元。在八芯星绞线中，每一个四芯组为一个线缆单元。

cable vault　电缆（进线）室　指建筑物中用于引进缆线的房间。在通信系统中，它是专供通信电缆引进电话局所用的专用房间，一般都设在建筑物的底层或地下室，通常与地下通信电缆管道配合使用。它是建筑物外通信（信息）管线的入口部位，并可作为引入（入口）设施和建筑群或建筑物配线设备的安装场所或专用房间。

cable-equalizing amplifier 电缆均衡放大器 补偿电缆传输信号损耗，且对高低频信号损耗不均具有均衡性能的放大器，如模拟射频有线电视系统中的射频放大器。

cable-fault detector 电缆故障检验器 具有发现电缆故障，测定故障位置，检测故障引起的性能变化等功能的测试仪器仪表。

cablehead 电缆分线盒 电线电缆分线用的盒体。在布线工程中，有些分线盒以嵌入式形式安装于墙体之内，其面板与墙面持平。有些面板的底盒同时兼做分线盒使用。

cable-joint protector box 电缆接头盒，电缆接头保护箱 电缆终接的接头安装盒或箱体。它可以将电缆和接头固定，降低因位移而产生故障的可能性，并起到封闭保护的作用，使接口处不会被无意接触到，从而降低故障概率。有些接头盒(箱)还设计有防水防尘功能。

cable-tray temperature sensor 缆式温度传感器 同 cable thermal detector。

cabling 布线[缆] 缆线的敷设。

cabling cabinet 配线机柜 专门为布线系统而设计配置的机柜，包括用于前端的跳线整理，以及后端的双绞线、光缆整理等构件的安装固定。

cabling component 布线[缆]组件 与布线(布缆)相关的产品，包括线缆、连接硬件(如：RJ45 模块、非 RJ45 模块、110 连接块、光纤连接器、光纤适配器等)、机箱、机柜、机架、路径系统(桥架、电线管)及用于为布线(即布缆)安装提供接地连接的元器件。

cabling design document 布线设计文档 布线系统的工程设计文件与档案的统称。一般应包括设计说明、图例、平面图、系统图、安装详图、工程量清单等。

cabling diagram 布线图 用于缆线敷设施工所使用的图纸，是布线设计文件的组成部分，包括平面图、系统图和安装详图。图纸应标明缆线的种类和规格、敷设路径和长度，端接、绑扎的要求以及编号等信息。

cabling screens 布缆屏蔽体 屏蔽线缆中的屏蔽层。

cabling subsystem 1 第一级子系统 综合布线系统通用拓扑结构中四级子系统中的第一级，由水平缆线、缆线两端的连接件及上联跳线组成(可以包含集合点及集合点缆线)。第一级子系统在各种建筑的综合布线系统中有不同的名称，在商业建筑中称为配线子系统，在工业建筑中称为中间子系统，在数据中心中称为区域配线子系统，在家居综合布线系统中称为配线子系统。四级子系统都是用数字编号予以区分，到各类建筑的综合布线系统中会将其定名。

cabling system for building 综合布线系统 同 generic cabling system。

CAC 信道访问码 channel access code 的缩写。

cache duration 缓存时间 ① 数据在缓存区暂留的时间。高速缓存(cache)就是数据交换的缓冲区，当某一硬件读取数据时，会首先从缓存中查找需要的数据，找到了则直接执行。找不到，则从内存中查找。由于缓存运行速度比内存快得多，故缓存的作用就是帮助硬件更快地运行。因为缓存往往使用的是 RAM（断电即掉的非永久性储存），所以在用完后还是会把文件送到硬盘等存储器里永久存储。② 流媒体视频在网络传输中因网络短时的阻塞会造成视频观看不连贯。为了保证视频观看的连续性，流媒体视频采用了客户端缓存技术。当网络畅通时将一定时间长度的视频数据缓存到客户端。当网络出现短时阻塞时，视频数据从缓存中读取，播放视频就不会出现中断。缓存到客户端的视频时间长度就称为缓存时间。

CAD **计算机辅助设计** computer-aided design 的缩写；**计算机辅助诊断** computer-aided diagnosis 的缩写。

CAE **计算机辅助工程** computer-aided engineering 的缩写。

CAI **通用空中接口** common air interface 的缩写；**计算机辅助教学** computer-aided instruction 的缩写。

calamity detection **灾害探测** 对自然灾害和人为灾难、灾祸所进行的自动检测或监测。如我国灾害监测预警网对水文、气象、海洋、生物、地震及地质灾害的监测。

calibrate **校准** 在规定条件下，为确定计量仪器或测量系统的示值，或实物量具或标准物质所代表的值，与相对应的被测量的已知值之间关系的一组操作。校准结果可用以评定计量仪器、测量系统或实物量具的示值误差，或给任何标尺上的标记赋值。

call accounting **呼叫计次** 在数据分组交换网络中，累计个别呼叫上的数据或者报告这类数据的过程。通常包括起始和终结时间、网络终端号或网络用户识别以及每次呼叫传送的数据分段和分组的数目。

call accounting system (CAS) **呼叫计次系统** 跟踪对外呼叫并且记录报告数据的硬件和软件组成的系统，也称消息细节记录系统(SMDR)。

call address **呼叫[调入]地址** 在通信系统中用以表明呼叫目的地的呼叫选择信号部分。

call control (CC) **呼叫控制** 通信系统呼叫的建立、维持和清除。

call control function (CCF) **呼叫控制功能** 通信系统接收客户呼叫，完成呼叫建立、呼叫保持等基本接续功能。

call information system (CIS) **呼叫信息系统** 由一批服务人员组成的服务机构，通常利用计算机通信技术，处理来自企业、顾客的电话垂询，尤其具备同时处理大量来话的能力，还具备主叫号码显示，可将来电自动分配给具备相应技能的人员处理，并能记录和储存所有来话信息。

call station **寻呼台站** 公共广播系统独立于广播主机以外的，可以进行分区寻呼操作的设备。

call-accepted condition **接收呼叫状态** 在反向交换数据信道中出现的一种状态，表示在持续状态中涉及的所有连续的交换局均已接通。这种状态由被呼叫用户发送，相当于数据电路

C

C

终端设备和数据通信设备接口处的接收呼叫状态。

call-accepted packet 呼叫接收包 一种呼叫管理包。被呼叫的数据终端设备(DTE)对数据电路终端设备(DEC)发送呼叫接收包表示它接收发来的呼叫。

call-accepted signal 接收呼叫信号 由被呼叫数据终端设备发送的一个呼叫控制信号,表示被呼叫方已接收呼叫方的呼叫。

callin conference 呼入[被叫]型会议 会议组织者和会议参加者约定在同一时间,打同一电话号码,输同一密码参加同一个会议。

calling channel 呼叫通道 ① 楼宇对讲系统中门口机发话输入端至室内机受话输出端的通道。② 移动通信中,将系统中的一个或几个信道专门用来处理呼叫及为移动台指定通话用的信道,而它(或它们)本身则不再作通话用。

callout conference 呼出[主叫]型会议 会议组织者除像呼入型那样操作外,还可以从系统呼出单个或多个会议参加者(群呼)让其参加会议。

calorific potential 潜热能,发热量 指当物质完全燃烧时所能释放出的燃烧热能。

CAM 计算机辅助制造 computer-aided manufacturing 的缩写。

CAMA 集中式报文自动计费 centralized automatic message accounting 的缩写。

camcorder 摄录一体机 摄像机和视频录像机在一个设备中的组合。

camera 摄像机 把光学图像转变为电信号的电子设备。模拟型摄像机输出复合模拟视频信号。当前采用的网络型摄像机是基于 IP 网络传输的数字化设备,具有网络输出接口直接向 IP 网络输出经过压缩的数字视频信号。网络型摄像机具有数据处理功能并可内置相应的应用软件,使其拥有其他一些诸如视频侦测、视频报警等特殊功能。

camera control unit (CCU) 摄像机控制器 ① 指接收来自线路上的指令控制摄像机镜头和云台的电子装置。② 指电视节目制作中实现控制摄像机运动姿态、切换视频信号、调节照明等功能的装置或系统。

cameras and surveillance 视频监控 采用摄像机等电子设备或系统对某些区域场景或人员行为等进行监视的行为。

campus 建筑群,园区 指统一规划建立的相邻、相近的若干建筑物的集合。

campus backbone cable 建筑群[园区]主干缆线 也称园区主干缆线。建筑群内连接建筑群配线设备与建筑物配线设备的缆线,即建筑物主配线设备、建筑群主配线设备之间互联的缆线,在办公建筑或商业建筑综合布线系统的拓扑结构为第三级子系统中的缆线,在工业建筑综合布线系统的拓扑结构中为第四级子系统中的缆线。

campus backbone cabling subsystem 建筑群[园区]主干布缆子系统 同 campus subsystem。

campus distributor (CD) 建筑群[园区]配线设备 也称建筑群(主)配线架、园区配线架、园区配线设备。指终接综合布线系统建筑群主干缆线的一组配线设备,是建筑群或园区的主配线设备,隶属于综合布线系统通用拓扑结构中的第三级配线设备(办公或商业建筑)或第四级配线设备(工业建筑)。它对内通过建筑群子系统连接着建筑群内各建筑物主配线架,对外与电信业务经营者的城域网连接。安装在建筑群主机房。

campus subsystem 建筑群[园区]子系统 综合布线系统一个组成部分,由建筑物之间的干线缆线、缆线两端的配线设备和上联跳线组成。在办公建筑或商业建筑中为第三级子系统,在工业建筑中为第四级子系统。由于建筑群之间可能会遇到雷击、水浸、鼠害和应力,往往还配套有相应的保护措施和设备。

CAN 控制器局域网络 controller area network 的缩写。

canvas connecting terminal 帆布接头 送排风管道中应用最多,主要用于送、排风机组和风管连接,起到风机启动时缓冲应力作用的器件。

capacitance 电容,电容量 在给定电位差下的电荷储藏量,记为 C,单位是法拉(F)。

capacitive displacement transducer (CDT) 电容式位移传感器 一种非接触电容式原理的精密测量位移的仪器。具有一般非接触式仪器所共有的无摩擦、无损磨和无惰性特点外,还具有信噪比大,灵敏度高,零漂小,频响宽,非线性小,精度稳定性好,抗电磁干扰能力强和使用操作方便等优点。在国内研究所、高等院校、工厂和军工部门得到广泛应用,成为科研、教学和生产中一种不可缺少的测试仪器。

capacitor 电容器 由两个电极及其间的介质材料构成的储存电量和电能(电势能)的元件。电容器的电容量在数值上等于一个导电极板上的电荷量与两个极板之间的电压之比。电容器的电容量(电容)的基本单位是法拉(F)。在电路图中通常用字母 C 表示。电容器在调谐、旁路、耦合、滤波等电路中起着重要的作用。电容器种类繁多,按照结构分为固定电容器、可变电容器和微调电容器;按电解质区分有机介质电容器、无机介质电容器、电解电容器、空气介质电容器等。电容器还有按用途来区分的各类名称,如高频旁路电容器、滤波电容器,等等。

capacitor type smoke detector 电容式感烟火灾探测器 利用烟气产生的空气介电常数变化导致电容量变化原理形成的感烟式火灾探测器。

capacity 容量 ① 指一个物理空间容积的大小,其公制单位是升(L)。② 指电容器的电容量,其单位是法拉(F)。③ 指信息容量,如计算机硬盘的容量,其单位是比特(b)。④ 指储能的大小,如蓄电池容量,其单位是安时(A·h)。

capillary 毛细管 内径等于或小于 1 mm 的细管,因管径有的细如毛发故称毛细管。液体在毛细管内侧,因内聚力与附着力的差异,克服地心引力而上升或下降，称为毛细现象。空调、新风机组中使用的防冻开关就有铜质毛细管组件构成。

capture ratio of vehicles　车辆(违章)捕获率　交警使用的车辆交通违章检测系统的自动识别成功率。

CAPWAP　无线接入点的控制和配置协议　control and provisioning of wireless access points protocol specification 的缩写。

carbon dioxide extinguishing agent　二氧化碳灭火剂　消防灭火系统中用于灭火的二氧化碳制剂。二氧化碳本身不燃烧、不助燃，制造方便，易于液化，便于装罐和储存，是一种优良的灭火剂。

carbon dioxide extinguishing system　二氧化碳灭火系统　由二氧化碳供应源、喷嘴和管路组成的灭火系统。在发生火灾时向保护对象释放二氧化碳灭火剂，用以减少空间氧含量使燃烧达不到所必要的氧浓度，以达到灭火的目的。二氧化碳是一种惰性气体，价格便宜，灭火时不污染火场环境，灭火后很快散逸，不留痕迹。但二氧化碳对人体有窒息作用，系统只能用于无人场所，在经常有人工作的场所安装使用时，应采取适当的防护措施以保障人员的安全。

carbon dioxide fire extinguisher　二氧化碳灭火器　二氧化碳灭火剂以液态的形式加压充装的高压容器。使用时，应首先将灭火器提到起火地点，放下灭火器，拔出保险销，一手握住喇叭筒根部的手柄，另一手紧握启闭阀的压把。对设有喷射软管的二氧化碳灭火器，应把喇叭筒往上扳 70°～90°。使用时，不能直接用手抓住喇叭筒外壁或金属连接管，防止手被冻伤。室外使用时，应选择上风方向喷射；室内窄小空间使用时，灭火后操作者应迅速离开，以防窒息。

carbon monoxide canister　一氧化碳滤毒罐　一种装有活性炭等填充物料的罐体装置，其中的填充物料具有化学、物理的吸附和过滤能力，能将空气中的一氧化碳等有毒、有害的物质除去，经滤毒罐滤毒的空气可供人呼吸。

carbon monoxide detector　一氧化碳探测器　探测一氧化碳的气体探测器。该探测器广泛适用于石油、化工、制药、钢铁、特殊工业厂房等领域及其他存在可燃气体的场所。

card reader　读卡器　从电子信息卡中读取信息的装置，包括接触式读卡器、无线非接触式(近距离、远距离)读卡器。读卡器不单单能从智能卡中读取数据，还支持数据的写入，在各类应用系统中完成电子信息卡的初始授权、信息交互等功能。因智能卡的种类不同，读卡器有 ID 卡读卡器、IC 卡读卡器、CPU 卡读卡器等分类。各类读卡器不但在各类系统中以独立设备单独应用，还常常被应用于各种系统和设备之中。如在门禁系统中，读卡器可成为人员身份信息识别装置的重要组成部分；在银行的柜员机中内嵌读卡器，通过用户银行卡完成身份识别、存取款信息交互等功能；在 ETC 系统中，RFID 电子标签阅读器可以在 10 m 内读、写车载的 IC 卡中的信息。

card reader/encoder 读卡器/编码器 用于对智能卡进行读写或编码的装置或设备。

cardholder 持卡人 拥有一张经授权的卡或一个 PIN 号的人。

carrier to interference ratio (CIR) 载波干扰比(载干比) 有用信号载波功率与干扰信号功率之比，通常用分贝表示。当存在多个干扰信号时，应考虑它们的功率和。

carrier to intermodulation ratio 载波互调比 在拥有多个载波信号通信系统(如有线电视)中，在指定的带宽内，不同信号的载波与载波间相互调制产生的干扰信号电压之比，用 IM 表示。载波互调比是衡量互调干扰大小的一个指标。国家标准规定，我国射频模拟有线电视的载波互调比不应小于 57 分贝(dB)。

carrier to noise ratio (CNR) 载波噪声比 信号载波强度与给定频带宽度内的噪声之比，用分贝(dB)表示。

CAS 通信自动化系统 communication automation system 的缩写；**呼叫计次系统** call accounting system 的缩写；**条件接收系统** conditional access system 的缩写。

cascading style sheet (CSS) 层叠样式表，样式级联表 一种样式表的计算机语言，用来描述 HTML 或 XML(包括 SVG、MathML、XHTML 之类的 XML 分支语言)文档的呈现。CSS 描述了在屏幕、纸质、音频等媒体上的元素应该如何被渲染的问题。

CASE 计算机辅助软件工程 computer-aided software engineering 的缩写。

CASS 条件接收子系统 conditional access sub-system 的缩写。

casting-state structure 铸态组织 金属(多指合金)材料在熔炼过程中，从金属熔体转变为固体(浇铸)后形成的微观组织。铸锭的铸态组织指晶粒的形态、大小、取向及缺陷(疏松、夹杂、气孔等)和界面的形貌等。对铸件来说，铸态组织直接影响到它的机械性能和使用寿命。对铸锭来说，铸态组织不但影响到它的压力加工性能，而且还影响到压力加工后的金属制品的组织及性能。

casualty 事故 造成死亡、疾病、伤害、损坏或者其他损失的意外情况。

CAT 条件接收表 conditional access table 的缩写。

Cat.1～Cat.8 综合布线产品传输分类：一类至八类 为双绞线及相关器件或系统传输等级的分类。如：Cat.1：物理带宽为 100 kHz，典型应用为电话、RS-232 等低速的信息传输系统；Cat.2：物理带宽为 1 MHz，典型应用为 RS-485 等中低速的信息传输系统；Cat. 3：物理带宽为 16 MHz，典型应用为传送电话信息的三类大对数双绞线电缆；Cat.4：物理带宽为 25 MHz，已淘汰；Cat.5：物理带宽为 100 MHz，典型应用为传送电话、10M～1G 以太网和 2.5G 以太网(需经专项测试)。早年的 Cat.5e 现已定名为 Cat.5，原 Cat.5 升级为原 Cat.5e 的性能；Cat. 6：物理带宽为 250 MHz，典型应用为电话、

C

10M～2.5G 以太网和 5G 以太网(需经专项测试)；Cat. 6A：物理带宽为 500 MHz，典型应用 10M～10G 以太网；还有更高的传输等级 Cat.7：网络带宽为 600 MHz；Cat.7A：物理带宽为 1 GHz；Cat. 8：物理带宽为 2 GHz(为 25G、40G 以太铜网而定义)。

Cat.3 multi-pair cable　三类大对数电缆　传输性能在 16 MHz 等级的多对数双绞线电缆，其中在同一个护套内双绞线的对数大于四对。常用规格有二十五对、五十对和一百对。

Cat.6 cable　六类电缆　传输频率可达 250 MHz 的综合布线系统双绞线电缆，为四对八芯结构。用于以太网时的最高传输速率为 5 Gbps(需进行缆间串扰测试)，正常传输为 1 Gbps 及以下的各种以太网和电话，可以用于电话、10M 业务、100M 业务、1G 业务、控制、视频、图像等传输。

Cat.6 module　六类模块　一种传输频率可达 250 MHz 的双绞线连接器件。

Cat.6 non-shielded product　六类非屏蔽产品　传输频率可达 250 MHz 的综合布线系统产品，并通过相应的性能测试。这些产品包括六类四对八芯双绞线电缆、六类模块、六类跳线、六类配线架等。

Cat.6 non-shielded system　六类非屏蔽系统　传输频率可达 250 MHz 的非屏蔽综合布线系统。其产品要求均为六类以上等级的屏蔽或非屏蔽产品。如果其中有一个产品低于六类，则不能称为六类非屏蔽系统。

Cat.6 RJ45 information module　六类 RJ45 型信息模块　综合布线系统的双绞线连接件之一，跳线连接端为 RJ45 型构造，传输等级为六类(250 MHz)。

Cat.6 stranded data jumper　六类数据多股跳线　传输频率可达 250 MHz 的多股双绞线跳线，其结构中包含多股双绞线软线、两端的连接器件(水晶头)。其特点是柔软、长度固定，且两端连接器固定。

Category 5 screened　五类屏蔽　综合布线系统中的单个产品、系统或测试的类别，其中五类指传输带宽为 100 MHz，屏蔽指元器件中带有防电磁干扰的金属屏蔽层，如铜丝网、铝箔。它可以用于需要防范电磁干扰和防止泄密的各类建筑。可以传输千兆以太网以下的各种以太网及电话应用。在线间串扰合格的前提下可以用于 2.5 Gbps 以太网。

Category 5 unscreened　五类非屏蔽　综合布线系统中的单个产品、系统或测试的类别，其中五类指传输带宽为 100 MHz，非屏蔽指元器件中不带有任何待查屏蔽材料，一般用于电磁干扰不大的商业建筑。它可以传输千兆以太网以下的各种以太网及电话应用。在线间串扰合格的前提下，可以用于 2.5 Gbps 以太网。

Category 6 screened　六类屏蔽　综合布线系统中的单个产品、系统或测试的类别，其中六类指传输带宽为 250 MHz，屏蔽指元器件中带有防电磁干扰的金属屏蔽层，如铜丝网、铝箔。它可以用于需要防范电磁干扰和防止泄密的各类建筑。它被定义为可以传输千兆以太网以下的各种以太网及电话应用。在线间串扰合格的前提下，可以用于 5 Gbps 以太网。

Category 6 unscreened　六类非屏蔽　综合布线系统中的单个产品、系统或测试的类别，其中六类指传输带宽为 250 MHz，非屏蔽指元器件中不带有任何待查屏蔽材料，一般用于电磁干扰不大的商业建筑。它可以传输千兆以太网以下的各种以太网及电话应用。在线间串扰合格的前提下，可以用于 5 Gbps 以太网。

category A1 multimode fibre　A1 类多模光纤　多模光纤中的分类，包括 A1a 多模光纤（50/125 μm 多模光纤）、A1b多模光纤（62.5/125 μm 多模光纤）、A1d 多模光纤（100/140 μm 多模光纤），建筑智能化中常用 A1a 多模光纤（50/125 μm 多模光纤）。

catenary wire　吊索　用钢丝绳或合成纤维等为原料做成的用于吊装的绳索，又叫千斤索或千斤绳。无线电通信天线的架设和固定常使用各类型的吊索。

cathode ray tube（CRT）　阴极射线管(显示器)　一种使用真空管的显示器件或显示器。主要由五部分组成：电子枪（electron gun）、偏转线圈（deflection coils）、荫罩（shadow mask）、高压石墨电极和荧光粉涂层（phosphor）及玻璃外壳。曾是应用最广泛的显示器之一，主要应用于电视、计算机显示器、工业监视器、投影仪等终端显示设备。阴极射线管是由英国人威廉·克鲁克斯（William Crookes）首创，被称为克鲁克斯管。首次应用于示波器中是德国物理学家布劳恩（Kari Ferdinand Braun），他于 1897 年用于一台示波器，但 CRT 得到广泛应用则是在电视机出现以后。目前 CRT 已为更为先进、更为便捷的显示器件替代。

CATV　有线电视　cable television 的缩写；**共用天线（或有线）电视**　community antenna television or cable television 的缩写。

CATV network　有线电视网络　采用电缆、光缆、微波及相应的设备组合来传输、分配和交换电视图像、声音及数据信号的电视广播网络。

CAVE　计算机自动虚拟环境　commputer automatic virtual environment 的缩写。

CB　小区广播　cell broadcast 的缩写。

CBN　公共联结网络　common bonding network 的缩写。

CBR　固定码率，恒定比特率　constant bit rate 的缩写。

CBR transport stream　恒定码率传送流　指固定码率的传送流，即传送流传输编解码的比特速率是恒定的。

CBX　计算机化小交换机　computerized branch exchange 的缩写。

CC　呼叫控制　call control 的缩写。

CCA　小区覆盖范围　cell coverage area 的缩写；**空闲信道评估**　clear channel assessment 的缩写；**单位空调面积耗冷量**　cold consumption in unit air conditioning area 的缩写。

CCAS　控制中心报警系统　control center alarm system 的缩写。

C

CCAW 铜包铝线 copper-clad aluminum wire 的缩写。

CCC 载流量 current carrying capacity 的缩写。

CCCH 公用控制信道 common control channel 的缩写。

CCD 电荷耦合器件 charge-coupled device 的缩写。

CCF 呼叫控制功能 call control function 的缩写；**簇控制功能** cluster control function 的缩写。

CCIR 国际无线电咨询委员会 International Radio Consultative Committee 的缩写。

CCIR-R.M.S.(Root Mean Square) 均方根有限值 使用 GB/T 17147—2012 中规定的记权滤波器对噪声信号幅度进行测量时，用 CCIR-R.M.S.来标明使用了该记权滤波器。

CCITT 国际电报电话咨询委员会 Consultative Committee of International Telegraph and Telephone 的缩写。

CCMS 中央监控系统 central control and monitoring system 的缩写。

CCNTRL 集中控制 centralized control 的缩写。

CCR 中央控制室 central control room 的缩写。

CCT 相关的颜色温度[色温(度)] correlated color temperature 的缩写。

CCTV 闭路电视 close circuit television 的缩写。

CCU 摄像机控制器 camera control unit 的缩写；**中央控制主机** central control unit 的缩写。

CCW 光纤截止波长 cable cutoff wavelength 的缩写。

CD 建筑群配线设备 campus distributor 的缩写；**光碟，光盘** compact disc 的缩写。

CD Library 光碟库 一种带有自动换盘机构(机械手)的光碟网络共享设备，一般由放置光碟的光碟架、自动换盘机构(机械手)和驱动器三部分组成。近年来，由于单张光碟的存储容量大大增加，光碟库相较于常见的存储设备(如磁碟阵列、磁带库等)性价比优势日益显著。光碟库作为一种信息存储设备已被运用于各个领域。

CD Tower 光碟塔 把很多光驱连接在一起的一种设备，可以同时在多个光碟上读写数据。就像硬碟的磁碟阵列一样。

CDDI 铜缆分布式数据接口 copper distributed data interface 的缩写。

CDMA 码分多址 code division multiple access 的缩写。

CDN 内容传递网 content delivery network 的缩写。

CD-ROM 只读碟 compact disc-read only memory 的缩写。

CDS 组合分配系统 combined distribution system 的缩写。

CDT 电容式位移传感器 capacitive displacement transducer 的缩写；**有线数字电视** cable digital television 的缩写。

CE 欧盟安全认证 Communate Europpene 的缩写。

CEBus 客户电子总线，消费电子总线 consumer electronics bus 的缩写。

C

CECS 中国工程建设标准化协会 China Association for Engineering Construction Standardization 的缩写。

ceiling 吊顶 房屋顶层天花板和屋面之间不能进人的空间。

ceiling material 天花材料 用于制作室内天花板的装饰材料,如微孔天花板、扣板、石膏板等。

ceiling screen 挡烟垂壁 装于吊顶下,能对烟和热气的横向流动造成障碍的垂直分隔体。它是用不燃烧材料制成,从顶棚下垂不小于 500 mm 的固定或活动的挡烟设施。活动挡烟垂壁系指火灾时因感温、感烟或其他控制设备的作用下自动下垂的挡烟垂壁。其主要用于高层或超高层大型商场、写字楼、仓库等场合,能有效阻挡烟雾在建筑顶棚下横向流动,以利提高在防烟分区内的排烟效果,对保障人员生命财产安全起到积极作用。

cell 小区 ① 也称居住小区,是指城市一定区域内,由城市道路以及自然支线(如河流)划分,并不为交通干道所穿越的完整居住地段。居住小区一般设置一整套可满足居民日常生活需要的基层服务设施和管理机构。② 在移动通信中也称蜂窝小区,是指在蜂窝移动通信系统的一个基站或基站的一部分(扇形天线)所覆盖的区域,在这个区域内移动台可以通过无线信道可靠地与基站进行通信。

cell allocation (CA) 小区[单元]分配 在 GSM 系统中,指每个蜂窝小区所使用的载频的集合。

cell broadcast (CB) 小区广播 GSM 移动通信网通过小区广播信道(CBCH)将信息(如地理位置、天气状况等信息)传到手机,再由用户选择接收的一种功能,通过此功能可向用户提供位置信息,天气预报等服务。

cell coverage area (CCA) 小区覆盖范围 GSM 移动通信网的一个基站的信号所能覆盖的范围称为小区覆盖范围。

cell identifier (CI) 小区标识号 GSM 移动通信网中用于服务区的标识。

cell identity (CI) 小区识别 对移动通信小区的识别。其中,小区识别码实现定位的基本原理是:无线网络上报终端所处的小区号,位置业务平台把小区号翻译成经纬度坐标。

cell loss priority (CLP) 信元丢失优先权 在 ATM(异步传输模式)信元头部中的一个位,它的状态决定了当网络处于阻塞状态时丢失一个信元的概率。当 CLP=1 时,说明此类信元是尽力而为的网络业务量,在网络处于阻塞状态时这些信元有可能被丢失,从而释放资源来处理无保证的网络业务量;当 CLP=0 时,说明这些信元是确保的业务量,不被丢失。

cell phone 移动电话 亦称为无线电话,俗称手机。原本只是一种通信工具,早期又有“大哥大”的俗称,是可以在较广范围内使用的便携式电话终端。最早是由美国贝尔实验室在 1940 年制造的战地移动电话机发展而来。

cell selection 小区选择 移动通信中,

当手机开机或从盲区进入覆盖区时，手机将寻找 PLMN 允许的所有频点，并选择合适的小区驻留，这个过程称为小区选择。

cell site controller (CSC) 小区控制器 移动通信系统中基站控制器的四大部件之一(另三大部件分别是话音信道控制器、信令信道控制器和用于扩充的多路端接口)，具有处理小区选择、小区数据管理、小区切换等功能。

cell site function (CSF) 信元位置功能，单基站功能控制 无线通信系统中用于单基站的功能控制。在卫星通信系统中，单基站是只有一个连续运行参考站，基准站由一个连续运行的基站代替。它将卫星定位技术和地理信息技术、通信技术和软件开发技术有机结合，为用户提供透明、可视、实时的卫星服务。基准站上通过控制软件实时监控卫星状态，存储和发送相关数据，同时服务器提供网络差分服务和用户管理。

cellular broadcast channel 小区广播信道 GSM 移动通信网用于小区广播(CB)的信道。

cellular engineering 小区工程 移动通信的蜂窝小区建设和组网工程。

cellular insulation 发泡绝缘 通过工艺控制手段使绝缘材料形成起泡或者海绵体，其目的是降低介电常数，降低导体间电容量，提高线路品质。发泡绝缘的形成方式分为化学发泡和物理发泡两种。

cellular mobile radio telephone service 蜂窝式移动无线电话业务 为了能容纳大量的用户，可以把一个地理区域划分成许多小区。它不是采用单个大功率的发射器，而是每一个小区由一个小功率的基站(base station)来提供服务。由于这些基站能够影响的范围比较有限，因此同一频谱可以在一个远离一定距离的另一个小区中再次使用。频率的再使用以及越区切换(handoff)的操作方式合在一起就构成了小区(蜂窝)概念的主体。

cellular mobile telephone network 蜂窝式移动电话网 20 世纪 70 年代初，贝尔实验室提出蜂窝系统覆盖小区的概念和相关理论后，很快进入了实用阶段。在蜂窝式网络中，每一个地理范围(通常是一座大中城市及其郊区)都有多个基站，并受一个移动电话交换机的控制。其基本原理为：移动网络采取类似蜂巢结构方式，在相邻的小区使用不同的频率，在相距较远的小区采用相同的频率。既有效地避免频率冲突，又可让同一频率多次使用，节省频率资源，巧妙地解决了有限频率与众多高密度用户需求量的矛盾和跨越服务覆盖区信道自动转换的问题。在这个区域内任何地点的移动台车载、便携电话都可经由无线信道和交换机接通公用电话网，做到随时随地都可以同世界上任何地方进行通信。同时，在两个或以上移动交换局之间，只要制式相同，还可以进行自动和半自动转接，从而扩大移动台的活动范围。从理论上讲，蜂窝移动电话网可容纳无限多用户。

cellular mobile telephone system (CMTS)

蜂窝式移动电话系统 同 cellular mobile telephone network。

celsius degree 摄氏温度 是摄氏温标的温度计量单位,用符号℃表示,是目前世界上使用较为广泛的一种温标。它最初是由瑞典天文学家安德斯·摄尔修斯(Anders Celsius)于1742年提出,其后历经改进。摄氏度的含义是指在1标准大气压下,纯净的冰水混合物的温度为0℃,水的沸点为100℃,其间平均分为100份,每一等份为1度,记作1℃。摄氏度已纳入国际单位制(SI)。

center cable network equipment room 有线网接入机房,中心电缆网络机房 在社区建筑或建筑群内用于安装公共有线电视网络系统接入设备的建筑空间。

center telecom equipment room 中心电信机房 安装用户通信系统中央管理设备和局端设备的建筑空间。它可以是某建筑物中一个房间,也可以是一幢独立的建筑物。

centigrade 摄氏度 摄氏温标的温度计量单位,用符号℃表示。

centigrade scale 摄氏温度 同 Celsius degree。

centigrade temperature 摄氏温度 同 Celsius degree。

central air conditioning thermostat 中央空调(风机盘管)温控器 又称风机盘管温控器,安装于中央空调系统末端风机盘管的温度控制器。温控器通过室内温度和设定温度相比较,对空调系统末端的风机盘管及电动阀进行控制,达到调节室内温度、提高环境舒适性和节省能源的目的。温控器可分为机械温控器和电子温控器。

central clock system 中央时钟系统 指由母钟和多台子钟构成的联网型时钟系统,可使各相关区域或各个相关子系统具有完全一致的时间同步,便于识别,利于系统集成。其应用于要求有统一时间进行生产、调度的单位。如:电力、机场、轻轨、地铁、体育场馆、酒店、医院、部队、油田、水利工程等领域。

central control and monitoring system (CCMS) 中央监控系统 各类电子信息系统的中央控制站,包括计算机硬件和系统管理应用软件,如建筑设备监控系统的中央控制站就包括有计算机工作站、网络接口、显示器、存储器、打印机等设备以及设备监控系统管理软件,以通信网络连接整个建筑或建筑群的现场控制器,对所有受监、受控设备设施运行状态和数据进行监视、控制与管理。

central control management equipment 中央控制管理设备 对声、光、电等各种设备进行集中控制的设备。它应用于多媒体教室、多功能会议厅、指挥控制中心、智能化家庭等。

central control room (CCR) 中央控制室 也称控制中心,在建筑智能化系统中是指对系统状态进行集中显示、管理和控制的场所,是整座建筑物(或建筑群)的信息管理中枢。它汇集各个系统的中央管理部分的硬件和软件,是各个系统信息的汇聚中心,也是各个系统指挥与控制中心。

C

中央控制室根据需要可集中设置或分系统分业务独立设置,如消防控制中心、安防控制中心、设备控制中心,等等。在许多场合,将消防、安防、通信、设备监控、智能化集成等系统的中央控制室集中一处或多处,成为综合的智能化控制中心。在这样的综合控制中心内,既可分业务显示与控制,也可集中显示与控制,更便于系统间共享信息和联动控制,共享环境资源,节约设备和人力。

central control unit (CCU) 中央控制主机 用于对分散的多个设备或系统实施集中控制的设备或装置。例如,大屏显示系统中,中央控制主机接收控制信号,做出解释并执行处理从而对显示大屏显示图像和文字进行控制。

central fire alarm control unit 集中火灾报警控制器 能接收区域型火灾报警控制器或火灾探测器发出的信息,并能发出控制信号使区域型火灾报警控制器工作。集中型火灾报警控制器一般容量较大,可独立构成大型火灾自动报警系统,也可与区域型火灾报警控制器构成集散式大型火灾报警系统。集中型火灾报警控制器一般安装在消防控制室。

central heating 集中供热 以热水或蒸汽作为热媒,由单个或多个热源通过热网向城市、镇或其中某些区域用户供应热能的方式。目前集中供热已成为现代化城镇的重要基础设施之一。集中供热系统包括三个部分:(1) 热源。主要是热电站和区域锅炉房,以煤、重油或天然气为燃料(有的已利用垃圾作燃料),工业余热和地热也可作热源,核能供热有节约大量矿物燃料,减轻运输压力等优点;(2) 热网。分为热水管网和蒸汽管网,由输热干线、配热干线和支线组成,其布局主要根据城市热负荷分布情况、街区状况、发展规划及地形地质等条件确定,一般布置成枝状,敷设在地下;(3) 用户。主要用于工业和民用建筑的采暖、通风、空调和热水供应,以及生产过程中的加热、烘干、蒸煮、清洗、溶化、制冷、汽锤和气泵等操作。

central management server (CMS) 中央管理服务器,监控中心系统 指大型视频监控系统的中心管理服务器。其主要功能:实现作为 B2BUA 应用服务器提供网络视频监控业务:作为管理中心提供客户(用户)管理、前端(平台)设备管理和虚拟域管理,作为存储中心存储用户数据和业务参数配置数据,作为 Portal 提供内容发布等功能。

central processing unit (CPU) 中央处理器 亦称微处理器。是一块超大规模的集成电路,是微型计算机的运算核心(core)和控制核心(control unit)。其基本功能是执行指令、算术和逻辑运算以及完成数据传输,控制、指挥其他部件协调工作。微型计算机的基本部件就是由微处理器、存储器和输入/输出设备所构成。

central room for telecommunications 中央电信机房 指国内一类、二类、三类的电信机房。电信机房是一个集中并互联数据通信媒介的安全场所或大楼。通常会有大量的服务提供商在电信机房中共享设备。电信机房的客户包括网站托管公司、储存服务提供商、电信公司等。

central ventilation system (CVS) 中央通风系统 由送风系统和排风系统组成的一套独立空气处理系统，它分为管道式新风系统和无管道新风系统两种。

centralized alarm system 集中报警系统 具有集中式管理和控制功能的报警系统，如建筑智能化系统中的入侵报警系统和火灾自动报警系统。

centralized automatic message accounting (CAMA) 集中式报文自动计费 计费范围内统一资费政策、统一营销政策以及统一服务规范，实现了计费的联机集中处理、账务处理集中化、营业收费的分布化以及客户服务的多样化的计费模式。

centralized billing 集中计费 将各个业务的费用放在一起进行结算。如宾馆客人退房时，前台会将客人的住宿、餐饮、娱乐、通话等费用集中形成一份账单，统一计费。

centralized control (CCNTRL) 集中控制 在组织中建立一个相对稳定的控制中心，由控制中心对组织内外的各种信息进行统一的加工处理，发现问题并提出问题的解决方案。这种形式的特点是所有的信息(包括内部、外部)都流入中心，由控制中心集中加工处理，所有的控制指令也全部由控制中心统一下达。集中控制是一种较低级的控制，在集中控制中，信息处理、偏差检测、纠偏措施等都是由一个中心统一完成。因此，其最大的优点是能够保证组织的整体一致性。但集中控制容易造成下层管理者缺乏积极性，出现官僚主义，甚至导致组织反应迟钝，也可能出现控制中心失误带来整个组织的坍塌。集中控制只适合于结构简单的系统，如小型企业、家庭作坊等。

centralized control type 集中控制型 即集中控制的形式，同 centralized control。

centralized exchange function 集中用户交换机功能 通过电话局或交换机向某些特定机构的用户群提供用户电话交换机的功能。实际上，它是电话局或交换机的一个部分或其中一种功能。集中式用户交换机是将原先建立于用户端的用户交换机并入公用网，以局用交换机替代原用户交换机，并保留用户交换机原有的基本功能。集中式交换机业务是在局用交换机上开发新业务，它主要用于本地网内准备新建、改建、扩建用户交换机的企事业。根据用户需求，利用局用交换机软件功能，将若干用户定义为集中式用户交换机系统用户，或称为集中式用户交换机群。群内用户除了拥有一个市话用户号码外，还有一个用于内部通话的分机号码，分机号码一般就取其市话的最后四位数字的分机号码，分机号码一般就取其市话的最后四位。

centralized management 集中管理 计算机网络的一种管理形式，由一台计算机或系统对网络中的各个网络节点进行集中管理。

centralized monitoring　集中监控　在现代计算机、通信网络等信息技术发展的基础上建立起来对各类设施、系统的集中监视和控制的技术。例如，在计算机辅助生产中，将车间或工厂的必要参数集中于控制室进行集中检测，并由操作者或计算机对集中的有关参数进行分析处理，从而控制生产过程。对于当前大量涌现的数据中心，实现集中监控已成为“高可用性 IT 服务”的重要议题之一。又如，数据中心集中监控的目标就是对基础设施与 IT 基础架构的运行情况进行监视，实现故障与异常的实时发现与告知，还可以通过对监控数据搜集与整理，为容量管理、事件管理、问题管理、符合性管理提供分析的基础，最终实现数据中心高可用性的目标。

centralized monitoring system　集中监控系统　指利用集中监视技术实现某种监控目的的电子技术系统。如在计算机辅助生产中，将车间或工厂的必要参数集中于控制室进行集中检测，并由操作者或计算机对集中的有关参数进行分析处理，从而控制生产过程的系统。

centralized payment　集中付费　① 企事业单位将自己所需支付的费用集中在一起支付。② 被叫集中付费业务是一项由企业或服务行业向广大用户提供免费呼叫的业务，可作为一种经营手段广泛用于广告效果调查、顾客问询、新产品介绍、职员招聘、公共信息提供等。如 800 业务和 400 业务。

centralized power non-centralized control type　集中电源非集中控制型　消防应急照明和疏散指示系统的一个类型，由应急照明集中电源、应急照明分配电装置和消防应急灯具组成。应急照明集中电源通过应急照明分配电装置为消防应急灯具供电。

centralized supervisory and control equipment　集中监控设备　各类集中监控系统中使用的设备，包括硬件、软件和网络。

centralized topology　集中式拓扑结构　在多用户计算机系统的结构中，若多用户通过通信网络共享一个或者多个相互连接的中心计算机的软硬件资源和数据，这种结构的系统就是集中式的拓扑结构。在这种结构中，用户之间的通信业务均需通过中心计算机才能实现，也称星型拓扑结构。

center control unit　中央控制单元　一般指设备控制系统中的核心控制单元。

centrifugal blower　离心式鼓风机　利用装有许多叶片的工作旋轮所产生的离心力来挤压空气，以达到一定的风量和风压的压缩机。根据压缩机中安装的工作轮数量的多少，分为单级式和多级式。在空调中，由于压力增高较少，故一般都是采用单级离心压缩机。其他方面所用的离心式制冷压缩机大都是多级的。与活塞式压缩机相比较，它具有下列优点：一是单机制冷量大，在制冷量相同时它的体积小，占地面积少，重量较活塞式轻 5～8 倍；二是由于它没有汽阀活塞环等易损部件，又无曲柄连杆机构，故工作可靠、运转平稳、噪声小、操作简单、维护费用低；三是工作轮和机壳之间没有摩擦，无须润滑，制冷剂蒸汽与润滑油不接触，蒸发器和冷凝器的传热性能得以提高。

centrifugal pump　离心泵　靠叶轮旋转时产生的离心力来输送液体的泵。水泵在启动前，应使泵壳和吸水管内充满水，然后启动电机，使泵轴带动叶轮和水做高速旋转运动，水发生离心运动，被甩向叶轮外缘，经蜗形泵壳的流道流入水泵的压水管路。

CEPT　欧洲邮电管理委员会　Confederation of European Posts and Telecommunications 的缩写。

CER　公共设备间　common equipment room 的缩写。

ceramic sleeve　陶瓷套管　光纤适配器中的陶瓷质连接器套管。光纤适配器用于将两端的光纤连接器固定且中心准直，让两端光纤纤芯中的光信号能相互传递，故此光纤适配器中的连接器套管的精度要求很高，而且耐磨。陶瓷套管是目前光纤适配器中最佳的连接器套管。

certificate for first-class project manager　一级项目经理证书　建筑工程中早年所使用的最高等级项目经理证书，需要经过学习并考试后由相关部门颁发。现已经改用注册建造师证书，同样有一级、二级之分。

certificate of conformity of product　产品(检验)合格证明　产品经检验合格后形成的合格证明文件。

certificate of origin　原产地证明书，产地证　出口商应进口商要求而提供的由公证机构或政府或出口商出具的证明货物原产地或制造地的一种证明文件。原产地证书是贸易关系人交接货物、结算货款、索赔理赔、进口国通关验收、征收关税的有效凭证，它还是出口国享受配额待遇、进口国对不同出口国实行不同贸易政策的凭证。

certificate of place of origin　原产地证明　同 certificate of origin。

CFI　电缆故障指示器　cable fault indicator 的缩写。

CFM　复合频率调制，复合调频　compounded frequency modulation 的缩写。

CGA　色彩图形适配器　color graphics adapter 的缩写。

CGD　可燃气体探测器　combustible gas detector 的缩写。

CGEM　可计算一般均衡模型　computable general equilibrium model 的缩写。

CGI　计算机图形接口　computer graphic interface 的缩写。

chairman unit　主席单元　电子会议系统或同声传译系统中主席者位置的主控单元。

challenge handshake authentication protocol (CHAP)　询问交接验证协议　一种用来验证用户或网络提供者的协议。负责提供验证服务的机构，可以是互联网服务供应商，又或是其他的验证机构。通过三次交接周期性校验对端的身份，可在初始链路建立时完成时，在链路建立之后重复进行。

change　变更　在建筑工程中，对原有设计、原有做法或原有安排进行调整。为了保证工程质量和追溯，工程中的变更应形成正式的变更文件。

C

changed sound　变调声　改变原有音质、音色后的声音。在会议、舞台中，一般可由调音台的人工控制来实现。

changing device　变调器　改变声音音调的设备和软件。在音响系统中，指改变伴奏音乐音调的设备。变调器是通过电子线路或软件对音乐中的乐音频率进行升调和降调处理。其工作过程包括取样（测量频率）、分离（分出基音和泛音）、变频（改变基音和泛音的频率）、合成（合成音乐中的调子）、校正（按运算数据输出）和显示等。如变调器（音乐伴奏变速器）就是一款音频变调变速软件，可以对音频文件进行升调、降调和变速处理，并且在处理过程中保持音色音质不失真。

channel　通道，信道，波道　① 信息进出机器的通路，也称数据通道。机器通过通道与外围设备（如磁碟、打印机等）、其他计算机系统、通信系统等相连接。通道通过执行机器指令和通道命令来完成传输信息实现对外部环境的管理任务。通道可调节高速的主机与低速的外围设备的速度差异，机器设有多个通道与外设通信，实现多任务处理和分时共享。通道传输速率与通道数量是衡量机器性能的重要技术指标之一。② 在两点之间用于收发信号的单向或双向通路。一条信道可以是某种物理介质（如同轴电缆、双绞线、光纤等）或者是一个大型通道中的某一特定频率。③ 通信设备工作时所占用的通频带叫波道。通常一个通信设备在它所具有的频率范围内可以拥有许多个波道。

channel access code (CAC)　信道访问码　信道访问是指在共用信道不进行复用的情况下确保单一使用该信道的技术。在蓝牙系统中，信道访问码属于三种访问码之一（另两种是设备访问码和查询访问码），用于标识微微网（对微微网唯一）。

channel analog process repeater　信道模拟处理中继器　通过滤波或变频后，直接对接收到的信号进行放大，实现信号增强的一种数字电视广播中继发射设备。

channel digital process repeater　信道数字处理中继器　将接收到的信号通过模数、转换数模转换以及数字信号处理技术进行处理后放大，实现信号增强的一种数字电视广播中继发射设备。

CHAP　询问交接验证协议　challenge handshake authentication protocol 的缩写。

character generator　字符发生器　一种能够产生文字和符号的电子装置。在视频监控系统中常采用它为监控的图像中标记摄像机的编号、监视画面的部位等。电视节目制作中采用字符发生器用以生成画面中字幕。

characteristic impedance　特性阻抗　又称特征阻抗，属于长线传输中的概念。特性阻抗是射频传输线影响无线电波电压、电流的幅值和相位变化的固有特性，等于各处的电压与电流的比值，用 Ω 表示。信号在传输的过程中，如果传输路径上的特性阻抗发生变化，信号就会在阻抗不连续的结点产生反射，产生干扰。影响特性阻抗的因素主要有传输线缆的介电常数、介质厚度、线宽、铜箔厚度等。例如，常用的射频同轴电缆的特性阻抗有 50 Ω、75 Ω 两种，双绞线的特性阻抗为 100 Ω(在高于1 MHz 时)。

charge (CHG)　电荷　指物体或构成物体的质点所带的正电或负电，带正电的粒子叫正电荷(表示符号为“＋”)，带负电的粒子叫负电荷(表示符号为“－”)。电荷也具有某些基本粒子(如电子和质子)的属性，同种电荷相互排斥，异种电荷相互吸引。

charge accounting　计费结算　电信用户使用包括通话、短信收发、流量订购等业务所需要支付的费用，一般每月一结算。

charge index (CHX)　计费索引　计费查询系统中的查询索引。

charge mode　计费方式　电信业务经营者计算和记录通信费用的方式。一般由话单采集、预处理、标准批价、优惠批价、高额控制、监控、参数管理、接口等模块组成。

charge rate (CHR)　计费费率　指缴纳费用的比率。如保险业的费率指投保人向保险人交纳费用的金额与保险人承担赔偿金额的比率。也指电信业务中电话、信息或流量在一个计费单元内收取的费用。

charge time zone　计费时区　电信计费业务中一天内的时间区段，用以满足分时计费的需求。

charge-coupled device (CCD)　电荷耦合器件　一种光敏半导体存储器件，用于把光的强度转换成电信号。其内部具有许多独立的用特殊的 MOS 晶体管制作的元件。CCD 的输出是模拟信号，许多摄像机的图像传感器都采用了电荷耦合器。数字视频输出的摄像机内还需要用模数转换器将模拟信号转换为数字信号。

charging device　计费设备　电信业务经营者用于记录用户通话资费有关信息的系统或设备。

charging gateway　计费网关　实时采集用户通信并进行记录、存储、备份、合并话单，并向计费中心传送话单文件的设备。

charging subsystem (CHS)　计费子系统　对呼叫和各种用户通信服务项目计费的系统。计费子系统的主要功能是对用户的本地、国内长途和国际长途通话进行计费。一般采用复式计次方式，即按通话距离和通话时长计次。本地通话由发端本地局计费，国内长途全自动通话由发端长话局或本地局计费，国际长途去话由国际局或国内长话局计费。计费子系统也能对特种业务、新服务项目、话务员子系统、长途半自动呼叫、营业厅等接续进行自动计费。计费子系统能根据需要打印出详细话单，对不同费率(全费或减费)按照日期和时间进行转换。子系统还能向用户交换机、投币电话机、磁卡电话机、用户集线器及单机计费设备发送应答和挂机信号或送 16 kHz 计费信号。

C

chassis 机箱(计算机) 指计算机的机箱。一般包括外壳、支架、面板上的开关、指示灯等。其中外壳用钢板和塑料结合制成,硬度高,主要起保护机箱内部元件的作用。支架主要用于固定主板、电源和各种驱动器。

CHE 紧凑式换热器 compact heat exchanger 的缩写。

check before acceptance 验收 按照一定标准进行检验而后接收或认可的工作程序。建筑工程项目中,建设业主或工程发包方在施工单位自行质量检查评定的基础上,组织参与建设活动的有关单位共同对检验批、分项、分部、单位工程的数量的点验和质量复验(包括抽样检验),根据合同规定和相关标准以书面形式对工程合格与否做出确认。

chemical foam 化学泡沫 消防灭火系统中一种碱性盐溶液和一种酸性盐溶液混合后发生化学反应产生的灭火泡沫。

chemical reaction fire extinguisher 化学反应式灭火器 借助分开贮存在筒体内的两种或以上化学物质的反应压力喷出灭火剂的灭火器。

CHG 负荷;电荷;充电;计费;收费 charge 的缩写。

chilled water cool 冷水式机组 指采用外部提供的冷水制冷并具有机房空调功能的机组。即利用冷冻水媒质进行的冷却。**冷冻水冷却** 冷冻水是把空调的制冷量通过管道和冷冻水泵送入空调房间,由室内的风机盘管(或组合式空调箱)把冷量交换给空间的水,温度变化为 7℃ 到 12℃。简言之,冷冻水就是把冷量从空调机房传送到使用房间进行冷热交换的媒质。

chiller 冷水机,冷机 制冷装置的一种,不同于压缩式空调的是它以水为制冷媒质。如高档冷风机中,多采用 10 cm 厚的 5090 型湿帘,表面积约为 1 m^2,因为是波纹状,所以实际换热面积约是其表面积的 100 倍,四块湿帘的面积就相当于 400 m^2,近似于一个大的水面。当风机旋转产生吸力,室外热空气被吸引进冷风机腔体,通过有水膜形成的湿帘时,产生蒸发,空气中热量被带走,大约降低 4~10℃后通过风管送入室内。

chiller pump (CHP) 冰水泵 指冷冻水循环系统,一般应用于中央空调等大型制冷设备中。

chiller unit 制冷机组 压缩机(类压缩机子系统)、冷凝器、膨胀阀、蒸发器、控制系统等的总成。

chimney effect 烟囱效应 在垂直的建筑围护物中,由于气流对流,促使烟尘和热气流向上流动的效应。

China Association for Engineering Construction Standardization (CECS) 中国工程建设标准化协会 指由从事工程建设标准化工作的单位、团体和个人自愿组成的,具有社团法人资格的全国性社会团体,是从事工程建设标准化活动的专业性协会,经建设部同意成立,民政部批准登记,属于非营利性社会组织,业务主管部门为中华人民共和国住房和城乡建设部。

China mobile peer to peer (CMPP) 中国移动点对点协议 全称是《中国移

动通信互联网短信网关接口协议》。它是联想亚信公司根据 SMMP 协议为中国移动量身定做的,是符合中国国情的一个短信协议。为企业规范,规定信息资源站实体与互联网短消息网关的应用层接口协议。

China State Bureau of Technical Supervision (CSBTS) 中国国家技术监督局 曾更名国家质量监督检验检疫总局,是国务院主管全国质量、计量、出入境商品检验、出入境卫生检疫、出入境动植物检疫、进出口食品安全和认证认可、标准化等工作,并行使行政执法职能的正部级国务院直属机构。2018 年 3 月起,将国家质量监督检验检疫总局的职责整合,组建国家市场监督管理总局。

chip-set 芯片集 指设计来执行一个特殊的任务并汇集在一起的多个电子芯片的集合。

CHP 冰水泵 chiller pump 的缩写。

CHR 计费费率 charge rate 的缩写;**冷冻水回水端,冰水回水端** chiller return 的缩写。

chroma 色[浓]度 两种色差信号中任一种的样值矩阵或单个样值,符号为 Cr 和 Cb。

chroma corrector 色度校正器 用于校正视频信号色度部分相关参数的设备,包括色度饱和度、色调、色彩平衡和色彩噪声。

chroma key 色度键 一种视频特效制作方法,它通过遮罩和色度键,实现"抠像"的功能,允许叠印或置换一个视频图像到另外一个的预先确定的区域。

chroma noise 色度噪声 在视频图像中表现为彩色的雪花的噪声。

chromaticity 色度 反映的是颜色的色调和饱和度,不包括亮度在内的颜色的性质。

chrominance level 色度电平 在视频图像中的色彩电平,用于表示色调的浓度和饱和度。

CHS 计费子系统 charging subsystem 的缩写。

CHX 计费索引 charge index 的缩写。

CI 住宅(小区)智能化 community intelligent 的缩写;**小区标识号** cell identifier 的缩写;**小区识别** cell identity 的缩写;**通用接口** common interface 的缩写。

CIF 通用中间格式,CIF 影像格式 common interme-diate format 的缩写。

CIFS 公共网际文件系统(协议) common internet file system 的缩写。

CIR 载波干扰比(载干比) carrier to interference ratio 的缩写。

circuit 电[回]路,线路 ① 由金属导线和电气(电子)部件组成的导电回路,称其为电路。有直流电路和交流电路之分。② 指一条数据线路,或者是一条物理线路,或者是一条虚拟线路。③ 在有向图中,指一条由一个顶点到它自身的通路。

circuit breaker 断路器 能够闭合、承载和开断正常供电回路的开关装置。断路器一般由触头系统、灭弧系统、操作机构、脱扣器、外壳等构成。断路器按其使用范围分为高压断路器与低压断路器。高低压界线划分比较模糊,一般将 1 kV 以上的称为高

C

压断路器。断路器对电源线路、电动机等实行保护，当它们发生严重的过载、短路、欠压等故障时，能自动切断电路，其功能相当于熔断器式开关与过欠热继电器等的组合，而且在分断故障电流后一般不需要变更零部件。

circuit design 电路设计 实现某种逻辑功能，满足电气特性要求，确定构成电路的元器件之间的连接关系的设计工程。

circuit diagram 电路图 用电路元件符号表示电路连接的图，它由元件符号、连线、结点、注释四大部分组成。由电路图可以得知电气装置、组件的工作原理，为分析性能、安装电子、电器产品提供规划方案。在设计电路中，工程师可从容地在纸上或计算机上进行，确认完善后再进行实际安装。通过调试改进，修复错误，直至成功。采用电路仿真软件进行电路辅助设计、虚拟的电路实验，可显著提高工程师工作效率和质量。

circuit group monitor message (GRM) 电路群监视消息 对通信系统电路群的闭塞、解闭、复原等实施监控的信息。

circuit integrity 线路完整性 对线缆进行不考虑安装支架对测试影响的耐火测试。线缆的耐火测试可分两种，一种是线路完整性，另一种是系统完整性，后者是指线缆在安装完毕后的耐火测试。由于安装支架对线缆的耐火特性有影响，所以系统完整性的要求高于线缆完整性。

circuit management 线路管理 对通信传输线路的管理，包括定期检查、维护、故障排除、承载物检查、标签标识检查、记录检查等。

circuit switched 电路交换 通信网络中最早出现的一种交换方式，也是应用最普遍的一种交换方式。在发送者和接收者之间交换信息之前，通信线路需要建立物理连接的通信方式。在线路交换中，连接是交换中心实现的。在连接期间，用户占用线路资源直到连接终止。线路交换的典型应用是拨号电话网络，另外也用在规模较小的专用通信网络中。电路交换指电话通信的过程，即电路交换的过程，因此，相应的电路交换的基本过程可分为连接建立、信息传送和连接拆除三个阶段。

circuit switching exchange 电路交换的交换局 电话系统中永久或临时互联用户的中心位置。电话公司的交换机位于交换局中。交换机是可编程矩阵，它们在两个用户之间提供临时的信号路径(电路交换)。电话机和数据调制解调器通过本地回路连接到交换局中的交换机上。直接与本地回路连接的交换局通常称为本地交换局，有时称为拨号交换机或本地拨号交换机。

circuit-switched public data network (CSPDN) 电路交换公共数据网 由局域或长途电信局提供的一种电路交换服务。

CIS 呼叫信息系统 call information system 的缩写。

CISC 复杂指令系统计算机 complex instruction system computer 的缩写。

CISPR 国际无线电干扰特别委员会

International Special Committee on Radio Interference 的缩写。

city data center of building energy consumption 城市建筑能耗数据中心 由城市建筑用能管理部门建立的建筑能耗监管信息系统的数据中心，它主要负责对全市各建筑用能单位的分类分项能耗数据进行汇总、分析，并以报告、报表形式提供给相关主管部门，为城市建筑节能管理提供依据。

city grid management information system 城市网格化管理信息系统 以现有的管理体制机制为基础，以现代信息技术为支撑，基于计算机软件硬件、网络环境，集成基础地理空间、网格和部件等多种数据资源，通过多部门信息共享，协同工作，实现对城市管理部件和事件的动态监管、处置、统计、分析等功能的一种计算机应用系统。

CIU 电缆接口部件 cable interface unit 的缩写。

civil engineering 土木工程 是建造各类工程设施的科学技术的统称。它既指所应用的材料、设备和所进行的勘测、设计、施工、保养、维修等技术活动，也指工程建设的对象，即建造在地上或地下、陆上或水中，直接或间接为人类生活、生产、军事、科研服务的各种工程设施，例如房屋、道路、铁路、管道、隧道、桥梁、港口、机场等。土木工程的目的是形成人类生产或生活所需要的功能良好且舒适美观的空间和通道。它既是物质方面的需要，也有象征精神方面的需求。随着社会的发展，工程结构越来越大型化、复杂化，超高层建筑、特大型桥梁、巨型大坝、复杂的地铁系统不断涌现，既满足现代社会人们的生活需求，同时也演变为社会实力的象征。

civil engineering structure 土木建筑结构 简称建筑结构。在建筑物（包括构筑物）中，由建筑材料做成用来承受各种荷载或者作用，以起骨架作用的空间受力体系。建筑结构因所用的建筑材料不同，可分为混凝土结构、砌体结构、钢结构、轻型钢结构、木结构、组合结构等。

civilized construction 文明施工 在建筑工程中，指保持施工场地整洁、卫生，施工组织科学，施工程序合理的一种施工活动。实现文明施工，不仅要着重做好现场的场容管理工作，而且还要相应做好现场材料、设备、安全、技术、保卫、消防、生活卫生等方面的管理工作。一个工地的文明施工水平是该工地乃至所在企业各项管理工作水平的综合体现。

cladding 包层 即光纤的包层。同 cladding of fiber。

cladding of fiber 光纤包层 是光纤的三大组成部分之一。纤芯和包层组成最基本的光纤结构。光纤的传输原理就是在纤芯和包层之间形成光的全反射。光纤熔接时也熔接包层。通常 9/125 μm，50/125 μm 光纤，其纤芯分别是 9 μm，50 μm，包层直径为 125 μm。这两层的主要材质是二氧化硅，但是掺的杂质不同，折射率也不一样。

C

claim for compensation　索赔　受到损失的一方当事人向违约的一方当事人提出损害赔偿的要求。相对而言，违约的一方受理另一方的索赔要求，即称为理赔(settlement)。索赔和理赔是一个问题的两个方面。

clarification answering　澄清答疑　在投标过程中，投标方对招标文件中提出疑问，招标方对这些疑问进行的答复。一般有书面回复和答疑会回复两种方式。

class 1 area　一类地区　互联网数据中心建设和运营与地区气候相关，并将其分成三类。其中一类地区是指最冷月平均气温小于或等于－10℃、日平均气温小于或等于5℃的天数大于或等于145 d，且发电量大于用电量，地质灾害较少的地区。

class 2 area　二类地区　互联网数据中心建设和运营与地区气候相关，并将其区分成三类。其中二类地区是指最冷月平均气温在－10℃到0℃之间，日平均气温小于或等于5℃的天数在90 d到145 d之间，或最冷月平均气温在－13℃到0℃之间，最热月平均气温在18℃到25℃之间，日平均气温小于或等于5℃的天数小于或等于90 d，且发电量大于用电量，地质灾害较少的地区。

class 3 area　三类地区　互联网数据中心建设和运营与地区气候相关，并将其区分成三类。其中三类地区是指气候适宜，紧邻能源富集地区，以及地质灾害较少的地区。

Class C ～ Class F_A　综合布线系统线路传输分级：C 级至 F_A 级　指综合布线系统中链路和信道传输等级，与产品的等级(Cat. X)不同的是用Class X表示。等级分类从Class C到Class F_A。它表征链路(永久链路)和信道的传输带宽，如Class C为16 MHz，Class D为100 MHz，Class E为250 MHz，Class E_A为500 MHz，Class F为600 MHz，Class F_A为1 GHz。Class A(100 kHz)和Class B(1 MHz)在综合布线系统中不存在。在每一个链路和信道中，以产品中最低的传输等级确定该信道的等级。

classified management of plant　设备分级管理　对企业的设备实行分级负责，归口管理的制度，是保证企业设备管理工作正常进行并提高设备利用率的主要措施。

CLB　限流断路器　current-limiting breaker 的缩写。

clean class　洁净度　洁净空气中含尘(包括微生物)量多少的程度。ISO 14644-1对空气洁净度按照每立方米空气所含0.1 μm、0.2 μm、0.5 μm、1.0 μm、5.0 μm颗粒物分级，标准规定了ISO Class 1至ISO Class 9九类标准，最洁净为ISO Class 1，每立方米空气只含有十个0.1 μm颗粒和两个0.2 μm颗粒。中国在《医药工业洁净室(区)沉降菌的测试方法》GB/T 16292中按每立方米空气含0.5 μm颗粒物、5.0 μm颗粒物和游浮菌、沉降菌的数量规定了100级、1 000级、10 000级、100 000级和300 000级五个等级。

clean room　洁净室，无尘室　将一定空间范围内空气中的微粒子、有害空气、细菌等污染物排除，并将室内温度、洁净度、室内压力、气流速度与气流分布、噪声振动及照明、静电等控制在某一需求范围内而特别设计的房间。

cleaning material　清洁液　一种不含腐蚀性物质，能迅速清除物品上污垢，分解脏污，令物品透明亮洁的清洁用品。适用于金属、地板、汽车表面、瓷砖、玻璃、陶瓷、塑料等的清洁。市场上常见的产品种类有玻璃清洁液、洗手间清洁液、医学清洁液、金属清洁液等。

cleaning rod　清洁棒　用于清洁光纤适配器深处的光纤连接器端面用的棉签，其直径宜小于适配器的内径。使用时需在清洁棒上添加专用清洁剂。

clear channel assessment (CCA)　空闲信道评估　即带有冲突避免的载频侦听多路访问机制。当设备需要在某一频道上发送数据之前，首先在这个频道上进行接收，如果经过给定的时间，没有发现有其他设备在此频道上发送数据，则开始发送；如果发现有其他设备在发送数据，则随机避让一段时间后再次重试此过程。

client and server (C/S)　客户端和服务器　① 一种信息组织和流动的模式。它将信息体系结构分成客户和服务器两部分。服务器端集中管理信息资源，并处理客户端发来的请求，送出客户请求的结果；客户端向服务器端发出信息请求，显示服务器返回的结果。这种模式将资源集中管理，降低了客户端的负担。② 在TCP/IP(传输控制协议/网际协议)中，指在分布式数据处理中的交互模型，其中一方的程序向另一方的程序发送一个请求并等待响应，那个发出请求的程序称为客户，满足该请求的程序称为服务器软件或简称服务器，而发出请求的程序所在的计算机通常都是微机，于是这个微机也常常称为客户机。

CLNP　无连接模式网络层协议　connectionless network protocol 的缩写。

clock jitter　时钟抖动　相对于理想时钟而言，实际时钟存在不随时间积累的时而超前、时而滞后的偏移，简称抖动。可以用抖动频率和抖动幅度对时钟抖动进行定量描述。**时基抖动**　数字电视系统中数字信号特定时刻相对于理想时刻的短时间偏移。

close circuit television (CCTV)　闭路电视　相对于电视台开路电视广播而言，闭路电视的电视信号不同于广播开路电视采用天线向空间发射的无线电波进行传输，而是采用电导体为介质封闭在电缆之中传播。因此闭路电视也称电缆电视。如城市有线电视，是将音视频信号调制在某一射频信号(即某一频道)在系统中传输。闭路电视还指工业电视、军用电视、医用电视、水下电视等，这些系统中，电视信号也是在电缆中传输的。

closed device　封闭装置　为某一目的而建造的不允许某些介质或物体进出的箱体。

closed length interval　封闭长度区间

消防系统中的一个术语。隧道的报警区域应根据隧道封闭长度区间进行划分。一个报警区域宜由一个封闭长度区间组成,不应超过相连的三个封闭长度区间。

closed trunking　封闭式线槽　一种由金属或塑料制成的并带有盖板的线槽,相对开放式线槽而言,在缆线敷设完毕后,用盖板予以覆盖,对外形成封闭空间,对缆线具有防火、防尘、防鼠咬等保护作用。

closure for optical fiber cable　光缆接头盒　为相邻光缆段间提供光学、电气、密封和机械强度连续性的保护装置。

cloud computing　云计算　基于计算资源效用和使用的计算模式。美国国家标准与技术研究院定义为:云计算是一种按使用量付费的模式,这种模式提供可用的、便捷的、按需的网络访问,进入可配置的计算资源共享池(资源包括网络及其宽带流量、服务器、存储、应用软件、服务),这些资源能够被快速提供,只需投入很少的管理工作,或与供应商进行很少的交互。

cloud security　云安全　用来保护云计算系统、数据、应用程序、基础设施等的一套广泛的政策、技术和部署的控制方法。

cloud serving　云服务　通过网络以按需、易扩展的方式获得所需服务。它可以将企业所需的软硬件、资料都放到网络上,在任何时间、地点,使用不同的 IT 设备连接云服务,实现数据存取、运算等目的。

cloud splicing　云拼接　基于云计算技术的大屏幕拼接显示系统。

cloud storage　云存储　通过集群应用、网络技术、分布式文件系统等功能,将网络中大量各种不同类型的存储设备通过应用软件集合起来协调工作,共同对外提供数据存储和业务访问。使用者可以在任何时间、任何地点透过任何可以联网的装置连接到云,方便地存取数据。

cloud terrace　云台　一种安装、固定摄像机的支撑设备,它分为固定云台和电动云台两种。固定云台适用于监视范围不大的情况,在固定云台上安装好摄像机后可人工调整摄像机的水平和俯仰的角度,达到最好的工作姿态后锁定。电动云台适用于对大范围进行扫描监视,可以扩大摄像机的监视范围。电动云台高速姿态是由两台执行电动机来实现,电动机接受来自控制器的信号精确地运行定位。在控制信号的作用下,云台上的摄像机既可自动扫描监视区域,也可在监控中心值班人员的操纵下跟踪监视对象。

CLP　信元丢失优先权　cell loss priority 的缩写。

CLR　限流电阻器　current-limiting resistor 的缩写。

cluster　簇,集群,群集,聚类　① 在系统网络体系结构(SNA)中共享一条通往主机通信路径的一组输入输出设备,由群集控制器管理群集与主机之间的通信。② 一组独立的网络服务器,可以供客户机如同单一服务器一样操作。集群网络在这些服务器之间分配工作以平衡负载，从而改进网络性能。③ 在某些个人计算机中，由 DOS(磁碟操作系统)在格式化时建立的软(硬)磁碟空间的一个特定范围，随后被 DOS 以簇链形式分配给文件。

cluster control function (CCF)　簇控制功能　为一簇终端提供到数据链路的连接的功能。如控制所连接设备的 I/O 操作、连接多种设备(磁带机、磁碟机或其他设备)。

cluster switch system (CSS)　集群交换机系统　简称堆叠。将两台以上的交换机通过专用的堆叠线缆连接起来，对外呈现为一台逻辑交换机。

CM　电缆调制解调器　cable modem 的缩写；**配置管理**　configuration management 的缩写；**交叉连接矩阵**　cross-connect matrix 的缩写。

CMI　传号反转码　coded mark inversion 的缩写。

CMIS　公用管理信息服务　common management information service 的缩写。

CMMS　计算机维修管理系统　computerized maintenance management system 的缩写。

CMOS　互补金属氧化物半导体　complementary metal-oxide semiconductor 的缩写。

CMP　填实[干线]级通信电缆　communications plenum cable 的缩写。

CMPP　中国移动点对点协议　China mobile peer to peer 的缩写。

CMS　监控中心系统，中央管理服务器　central management server 的缩写；**配置管理系统**　configuration management system 的缩写。

CMTS　电缆调制解调器终端系统　cable modem termination system 的缩写；**蜂窝移动电话系统**　cellular mobile telephone system 的缩写。

CMX　住宅通信布线电缆　可用于住宅环境的高阻燃通信电缆(包括双绞线)，属于最低等级的高阻燃跳线电缆，目前基本上已被更高等级的高阻燃缆线(如：CM 级、CMR 级、CMP 级)取代。高阻燃缆线是美国主推的防火缆线，它与阻燃或低烟无卤缆线属不同的防火缆线系列。

CN　核心网　core network 的缩写。

CNA　计算机网络攻击　computer network attack 的缩写。

CNC　计算机数控　computer numerical control 的缩写。

CNR　载波噪声比　carrier to noise ratio 的缩写。

CNS　控制网络系统　control network system 的缩写。

coarse thread screw　粗牙螺丝　螺丝的螺纹有粗牙和细牙之分，同一公称直径可以有多种螺距，其中最大螺距称为粗牙螺纹。机柜内安装各种设备一般采用粗牙螺丝固定。

coarse thread screw hole　粗牙螺丝孔　与粗牙螺纹配套的螺丝孔(螺母)。

coating　涂敷层　光纤纤芯最外层结构。在玻璃光纤被预制棒拉出来的同时，为了防止受灰尘的污染，而用紫外光固化的一层弹性涂料。它是由丙烯酸酯、硅橡胶、尼龙等组成的。

C

coax coupler **同轴电缆连接器** 同 coaxial cable connector。

coaxial cable **同轴电缆** 由两个相互绝缘的同轴心导体构成的电缆，内导体为铜线，外导体为铜管或铜网。用作电信号传输时，电磁场封闭在内外导体之间，故辐射损耗小，受外界干扰影响小。常用于传送电视和多路电话。同轴电缆分 50 Ω 基带电缆和 75 Ω 宽带电缆两类。基带电缆又分细同轴电缆和粗同轴电缆。75 Ω 同轴电缆常用于 CATV 网，故亦称 CATV 电缆，传输带宽可达1 GHz。50 Ω同轴电缆主要用于基带信号传输，传输带宽为 1～20 MHz。总线型以太网就使用50 Ω同轴电缆，其中，细同轴电缆最大传输距离为 185 m，粗同轴电缆可达1 000 m。

coaxial cable connector **同轴电缆连接器** 由配对的插头和插座组成的连接器，使两端同轴电缆临时或永久连接而不影响其特性阻抗。如：T 型连接器、BNC 接头、AUI 接头等，同轴电缆连接器的特性阻抗应与所配套的同轴电缆一致。

coaxial communication cable **同轴通信电缆** 通信系统中使用的同轴电缆。

coaxial pair **同轴线对** 由一根圆形内导体和另一根与之同轴心的圆筒形外导体所构成的传输线。

code division multiple access (CDMA) **码分多址** 也称码分多路访问，多路复用的一种形式，是一种采用扩展频谱的数字蜂窝技术，由 Qualcomm 公司开发，是第三代移动通信的关键技术。移动电话需把传输的信息（话音）和控制用的信息（信令）搭载在频率很高的载波上进行无线传输。多址连接（一个系统供多个用户使用）是在有限频率内设定许多载波，使多个用户共享各个载波。与时分多址不同，它让每一个频道能提供全部频谱，对已经调制后的数字信号再用扩频码（即伪码 PN）对载波进行调制，使同一频率载波可同时为多个用户使用。把 PN 代码加在载波上，当 PN 为＋1 时，该处的载波仍保持原有相位；当 PN 为－1 时，该处载波的相位要改变 180°。由于每一用户获得的 PN 代码不同，所以虽然都使用同样频率的载波，但不会互相干扰。受话方则用原有 PN 代码再次进行同样相位调制，便可使载波恢复原有相位，得到所需要的信息。

code for acceptance of construction quality **施工质量验收规范** 工程施工时对施工质量进行检查和验收的标准。

code of acceptance of construction quality of electrical installation in building **建筑电气工程施工质量验收规范** 在建筑电气工程施工时对施工质量进行检查和验收的标准。

CODEC **编解码器** coder-decoder 的缩写。

coded mark inversion (CMI) **传号反转码** 一种双极性二电平非归零码。是一种利用三电平信号来传送二进制数字信号的线路码。数字通信过程中，基带信道对传输信号的码型有严格的限制。曼彻斯特码（BPH码）、密勒码（Miller 码）、传号反转码(CMI码)是适合基带信道传输的二元码型,在通信系统中被广泛使用。

coded picture 编码图像 一幅图像的编码表示。

coder-decoder (CODEC) 编解码器,编码/译码器 在同一装置中,由工作于相反传输方向的编码器和译码器构成的组合体,是一个能够对一个信号(或数据流)进行变换的设备或程序。它包括将信号或数据流进行编码(通常是为了传输、存储或加密)或者提取得到一个编码流的操作,也包括为了观察或处理从这个编码流中恢复适合观察或操作形式的操作。

coding block 编码块 又称块码。指以块为单位的编码数据。块码的内容涉及空时块码、分块编码等基本内容,在块码的作用下,促进数据以块为单位的传输,促进不同的参数相互关联,提高数据的相互传输连接。数字电视系统传输采用了一个M×M的样值块,包括一个亮度编码块和对应的色度编码块。

coding in colour television 彩色电视编码 对电视图像的基色信号或亮度及色度分量生成彩色视频数字信号的过程。

coding unit 编码单元 数字视频中的编码信号单元。它包括一个亮度编码块和对应的色度编码块。在传输过程中,编码单元可以包含有一个编码单元或是切割成多个较小的编码单元。

coefficient of performance (COP) 冷水机组运行效率 冷水机组制备的冷量与冷水机组能耗之比。**制冷性能系数** 在指定工况下,制冷机的制冷量与其净输入能量之比。

coefficient of safety 安全系数 同 assurance factor。

coefficient of effective heat emission 有效热发射系数 传热系数K值,指在稳定传热条件下,建筑物围护结构两侧空气温差为1度(℃),1 s内通过1 m^2 面积传递的热量,单位是瓦/(平方米·度),W/(m^2·K)。

cold consumption in unit air conditioning area (CCA) 单位空调面积耗冷量 空调系统制备的总冷量与空调面积之比。

cold test 低温试验 对设备在低温条件下储存和工作适应性的检验程序。

cold water system 冷却水系统 冷水流过需要降温的生产设备(常称换热设备,如换热器、冷凝器、反应器等),使其降温,而冷水温度上升。冷却水系统分为直流冷却水系统和循环冷却水系统。如果冷水在降温生产设备后即排放,此时冷水只用一次,称直流冷却水系统。如果使升温后的冷水流过冷却设备使水温回降,用泵送回生产设备再次使用,称循环冷却水系统。循环冷却水系统由制冷机组、膨胀水箱、水泵、出水及回水管路组成,由制冷机组将循环水冷却到7℃,水泵将低温水供到各个房间的换热器上进行热量交换后流回水箱再由制冷机组冷却。循环冷却水系统中水的用量大大降低,可节约95%以上。因此,循环冷却水系统得以普遍推广应用。

C

cold-pressed sheet steel　冷轧钢板　冷轧是以热轧板卷为原料，在常温下在再结晶温度以下进行轧制而成，冷轧钢板就是经过冷轧工序生产的钢板，简称冷板。冷轧板的厚度一般是0.1～8.0 mm之间，大部分工厂生产的冷轧钢板厚度是4.5 mm以下，冷轧板的厚度、宽度是根据各工厂的设备能力和市场需求而决定。冷轧是在室温条件下在再结晶温度以下将钢板进一步轧薄至为目标厚度的钢板。和热轧钢板比较，冷轧钢板厚度更加精确，而且表面光滑、漂亮。

collecting bar　汇流条　一种导电连接部件，可以大幅减少线缆连接的数量，解决电子系统高密度布局的难题。汇流条具有感抗低、抗干扰、高频滤波效果好、可靠性高、节省空间、装配简洁快捷等优异特点。在综合布线系统中，汇流条主要用于机柜接地和屏蔽接地。

collection layer　采集层　指数据采集层。端对端的平台主要包括数据采集层、通信层、中间件和数据库层。数据采集层位于端对端平台的底部，将读取或接收的数据转换为可被安全传输至数据库的格式。**集合层**　在有线电视系统中，指一组个体层音频文件所具有的共同特征或相关逻辑关系，用以揭示该组音频资料的全貌。

collision prevention　避碰　躲避碰撞或防碰撞所采取的技术或措施。碰撞在数据通信技术中也称冲突。①指多个事件同时请求一个服务，而这个服务又不能区分和应付多个请求的现象。②指在网络传输中，当两个工作站同时向同一个网络线路发生的冲突。

color balance　色彩平衡　又称白平衡。指在彩色视频技术中匹配红、绿、蓝彩色分量成分以形成定义的白色的过程。

color bar　色带[条]　用以检查视频系统是否得到正确校正的SMPTE标准测试的彩条。

color bar signal　彩条信号　由电子方法产生的视频测试信号，具有符合规定值的亮度和色度分量，在图像监视器上呈现彩色条。

color bit　彩色位　在计算机图形技术中是指表示每个像素所需的二进制数的位数。4色彩色显示，需要两个彩色位，16色彩色显示需要四个彩色位，256色的彩色显示需要八个彩色位，依次类推。

color burst　色同步信号　彩色电视信号传输解调过程中，调制端除送出色度副载波外，还必须提供反映被解调制副载波频率和相位信息的信号，以便使解调器产生符合要求的基准副载波，正确解出色差信号，即为色同步信号。它是彩色全电视信号的组成部分。

color coding　颜色编码　数字视频系统中需要对彩色全电视视频信号进行编码，一般采用图像的红、绿、蓝三基色进行编码。此种编码因在改变色调时往往伴有亮度的变化，因此在有的显示器中，用色调和亮度来对颜色进行编码。色调由色度图中的位置确定。此时色调和亮度可独立变化而不致相互影响。有专门的计算机查表程序或显示器中的硬件对照表进行三基色色码与色调-亮度码之间的转换。在图像灰度分割并进行伪彩色显示时,不同灰度值使用不同颜色表示,故也需要彩色编码。

color contamination 串色 图像的彩色分量之间的互相串扰。

color correction 彩色校正 通过改变视频系统的平衡或其他特性来改善图像彩色显示质量。在电视、电影系统有下列三种彩色校正方式:一是彩色摄像机靠基色信号的矩阵变换,来校正分色系统中不符合要求的分色特性;二是在电视电影设备中,用来校正影片的拍摄、冲洗、复制过程中所引起的彩色误差;三是在电视或电影的数字制作工艺中,通过改变图像信号的基色成分使其还原为真实颜色或为艺术需要人为改变图像的色彩。

color decoder 色彩解码器 用以从复合全电视信号中分离出两个色差信号的电路,用在亮度和色度分离器之后。

color depth 色深 也称为色位深度,是一种主要取决于物体色的明度,并与色调和彩度有关的对物体色的综合颜色感觉。色深在数字电视中用位数表示数码影像色彩的数目。例如,色深八位,就可以得到 256 色。

color difference component 色差分量 也称色差信号(color difference)。色差信号是用基色信号减去亮度信号就得到色差信号。例如,蓝色差信号(B-Y)、红色差信号(R-Y)。严格说,色差信号应该有三个,即蓝色差信号(B-Y)、红色差信号(R-Y)和黄色差信号(G-Y)。但只有其中两个是独立的,第三个可由另外两个计算求出。由于黄色差信号(G-Y)对亮度贡献最小,故工业上选择对亮度贡献相对最大的两个色差信号和亮度信号作为传输信号。在许多视频设备中就由色差信号输出端子(如 DVD 等),家用电视机就有色差信号输入端子,蓝色插孔输入蓝色差信号分量,红色插孔则输入红色差信号分量。通过色差信号可以转换为 RGB、YUV、Video 等信号。

color field 色彩场 在一个色彩帧序列中的特殊的场的数量(PAL:1 到 8,NTSC:1 到 4)。

color frame 色彩帧 一组不同于每个广播标准(PAL、NTSC、SECAM)的视频帧,由确定数量的连续的帧以不同的副载波对行的相位组成,直到第一帧副载波对行或色差信号反复为止。

color fringing 彩色镶边 指显示器显示的图像相对于原景物,其景物的轮廓边缘处出现的寄生颜色。

color gamut 色域[阶] 一种设备或器件所能产生的所有颜色的集合。不同设备器件有不同的色域,如显示器使用 RGB 颜色模型,彩色打印机使用 CMKY 颜色模型,通常前者的色域比后者要宽得多。

color graphics adapter (CGA) 色彩图形适配器 ① 指插入个人微型计算机总线槽使其具有彩色图形显示功能的一块电子线路板(卡),有单色显

C

示适配器(MDA)、增强型图形适配器(EGA)、视频图形阵列适配器(VGA)等。这一类适配器有时统称为视频显示卡。② 指 CGA 卡,是一个同时提供四种颜色并且支持 IBM PC 和 OS/2 模式的适配器,由 IBM 公司开发,随同 IBM PC 推出的用于个人计算机的视频彩色标准卡。在单色高分辨率模式下可提供 640×200线的解析度,在彩色图形显示模式下,最多可提供十六种色彩,但分辨率只能达到 320×200。由于不能满足现代信息显示越来越高的要求,现已被性能更优越的 EGA 和 VGA 显示格式所取代。

color label　颜色标签　使用颜色构成的标签。由于颜色具有明显的视觉效果,所以可以使用颜色标签来标记项目或标记要删除、存档或转换的项目。它可以跟踪处于工作流程不同阶段的项目,或调整审美首选项的颜色,或更好地调整特定视图背景颜色的色调或对比度,也可以根据其他程序或环境中的标签方案调整颜色。

color signal　彩色信号　视频图像信号中表示色彩部分的信号成分。

color space　色彩空间,色度空间　一种在色度学中彩色空间表示方法。在彩色的三维空间中的每一个点都代表了一种光辐射的彩色特性,即用空间的点表示颜色。如用三种基色作为空间三个坐标轴,空间中的一个点即可定义一种颜色,所有颜色的集合就构成了 RGB 色彩空间。采用不同的坐标轴就形成不同的色彩空间。

color subcarrier　色彩副载波　在 NTSC 和 PAL 彩色电视信号中用于控制颜色编码器和颜色解码器的正弦波信号,它是色度信号的正交调制和解调的基础。NTSC 的彩色副载波频率是 3.58 MHz,PAL 制的彩色副载波频率是 4.43 MHz。在颜色编码器中,彩色副载波的一部分用于产生色同步信号。

color temperature　色温　表示光源颜色的物理量,是指黑色辐射体的绝对温度,其值等于黑色辐射体加热到产生与给定光源的色调相同时的温度。色温是光源的色调的度量方法,用开氏温标(K)度量。较高的色温表示的颜色偏蓝,较低的色温表示的颜色偏红。日光的色温为 5 000～5 500 K。

color-rendering properties of light source　光源的显色性　物体的真实颜色与某一标准光源下所显示的颜色关系,即光源对物体颜色呈现的程度或还原度。显色性高的光源对颜色的再现性较好,反之,再现性较差。显色性通常以显色指数(Ra)表示,以 100 为最高,Ra 为 100 时,物体在其光照下显示出来的颜色与在标准光源下一致。通常以摄影棚中使用的白炽灯(色温 3 200K)的显色指数定义为 100,作为理想的基准光源。

colour video signal　彩色视频信号　指表示彩色景物特征的视频信号。国际上彩色电视标准有 NTSC、PAL、SECAM 三种制式。

combination　组合　数学上,从 m 个不同的元素中,任取 $n(n \leqslant m)$ 个元素为一组,叫作从 m 个不同元素中取出 n 个元素的进行组合。

combination detector　复合探测器　将多种探测器的功能集合在同一只探测器上。如将感烟探测器和感温探测器集合在同一只探测器上，烟温复合探测器可以分离作为独立的感烟探测器或感温探测器使用，也可以将两种探测方式按一定的规则结合，构成更为可靠或更灵敏的火灾探测器。

combination type fire detector　复合式火灾探测器　响应两种以上不同火灾参数的火灾探测器。它有感烟感温式、感烟感光式，感温感光式等形式。

combined agent extinguishing system　混合灭火系统　使用两种或以上灭火剂的灭火系统（例如：泡沫和干粉）。

combined distribution system (CDS)　组合分配系统　消防系统中用一套气体灭火剂储存装置通过管网的选择分配，保护两个以上防护区的灭火系统。

combined front room　合用前室　防烟楼梯间和消防电梯合用前室，兼有上述两种功能。

combiner　合路器　将多系统信号合路到一套系统之中传输装置。在工程应用中，需要将 800 MHz 的 C 网和 900 MHz 的 G 网两种频率合路输出时，就采用合路器使一套室内分布系统同时工作于 CDMA 频段和 GSM 频段。在无线电天线系统中，将几种不同频段（如 145 MHz 与 435 MHz）输入输出信号通过合路器合路后，用一根馈线与电台连接，既节省了馈线，还避免了不同天线切换的麻烦。

combining transmission　并机发射　在有线电视系统中，指将同一频道的几部发射机射频输出合并，播出同一节目。

combustible gas alarm controller　可燃气体报警控制器　可接收检测可燃气体探测器的信号，实时显示测量值。当测量值达到设定的报警值时，控制主机发出声、光报警，同时输出控制信号（开关量接点输出），提示操作人员及时采取安全处理措施，或自动启动事先连接的控制设备，它是应对火灾发生的预警装置。

combustible gas detector (CGD)　可燃气体探测器　对单一或多种可燃气体浓度响应的探测传感器。可燃气体探测器有催化型与红外光学型两种类型。催化型可燃气体探测器是利用难熔金属铂丝加热后的电阻变化来测定可燃气体浓度。当可燃气体进入探测器时，在铂丝表面引起氧化反应（无焰燃烧），其产生的热量使铂丝的温度升高，而铂丝的电阻率便发生变化。红外光学型是利用红外传感器通过红外线光源的吸收原理来检测现场环境的烷烃类可燃气体。

combustible material　可燃物　指凡是能与空气中的氧或其他氧化剂发生燃烧化学反应的物质。

combustible vapor　可燃蒸气　可以燃烧的蒸气。例如，(1) 烃类：汽油、煤油、柴油等的蒸气。(2) 醇类：酒精、甲醇的蒸气。(3) 脂类：动物油、植物油的蒸气等。

C

combustion 燃烧 指可燃物在氧化剂作用下发生的放热反应，通常伴有火焰、发光或发烟的现象。

command and communication fire vehicle 通信指挥消防车 用于火场指挥和通信联络的专勤消防车。

commissioning 试运行 在实际应用环境下对系统功能、性能的全面检验，是弱电工程交付验收前最后一个作业环节，一般需要 12 周时间，至少不应少于 120 h(5 d)。建筑设备监控系统的试运行周期在条件许可时，宜包括冬、春(或秋)、夏三个季节。

commissioning period 试运行期 在工程竣工后设定的一个时间段，在这个时间段中对设备、电路、管线等系统进行试运行，检查是否运转正常，是否满足设计及规范要求。如果有问题则立即修复，以免影响试运行以后的正式运行。

common air interface (CAI) 通用空中接口 移动通信电话终端用户与基地台通过通用空中接口互相连接。它是基站和移动电话之间的无线传输规范，它定义每个无线信道的使用频率、带宽、接入时机、编码方法以及越区切换。在 GSM/UMTS 中，各种形式的 UTRA 标准便是空中接口，也就是一种接入模式。

common bonding network (CBN) 公共联结网络 建筑物内信息技术设备有效联结和接地的基本方法。它是永久或临时互联构成建筑物中基础联结网络的金属组件的集合。这些组件包括：结构钢架或加强筋、金属管道、交流电源导管、保护导体、线缆支架和绑定导体。CBN 与接地网相连。

common bus 公用总线 一组公共的信号传输线，用于连接计算机各个部件，是构成计算机系统不可或缺的信息大动脉。按照所传输的信息种类，计算机总线可以划分为数据总线、地址总线和控制总线，分别用来传输数据、数据地址和控制信号。微型计算机采用标准总线结构，任何部件只要正确地连接至总线，就能成为系统的一部分，系统各功能部件之间的两两连接关系变为面向总线的单一关系。凡符合总线标准的功能部件均可以互连、互换，显著提高了微机系统的通用性和扩展性。

common bus system 公共总线系统 地址、控制和数据线对所有的功能模块均适用的总线系统称为通用总线系统。应用总线接口电路就可以使用户很容易与其他用户相联系并进行通信。

common bus topology 公共总线拓扑 一种连接设备的方式，使所有的设备均通过一个公共电缆通信。

common control channel (CCCH) 公用控制信道 一种一点对多点的双向控制信道，其用途是在呼叫接续阶段，传输链路连接所需要的控制信令与信息。

common equipment room (CER) 公共设备间 建筑智能化工程中若干个智能化子系统共同使用的设备机房。在公共设备间内，各系统之间应有一定的间隔。如消控中心中一般包含消防报警和安防系统设备。

C

common ground　共用接地　也叫统一接地，把需要接地的各系统统一接到一个地网上，或把各系统原来的接地网通过地下或者地上用金属连接起来，使它们之间成为电气相通的统一接地网。

common HUB　普通型集线器　在物理上采用星型拓扑结构的计算机网络中，用于汇接多条通信线路并提供中央交换功能的装置。

common infrastructure　共用基础设施　建筑物内不同系统共同使用的基础设施，如：线槽、管路、综合布线系统等。

common interface (CI)　通用接口　通信系统中用于连接各类设备器件的标准化的接口。如有线电视系统主机设备（如机顶盒或数字电视）和一个可移动的安全模块之间的标准化接口。

common intermediate format (CIF)　通用中间格式，CIF 影像格式　即通用影像传输视频会议（video conference）中常使用的影像传输格式，在 H.323 协议簇中，规定了视频采集设备的标准采集分辨率 CIF=352×288 像素。

common internet file system (CIFS)　公共网际文件系统（协议）　该协议定义了因特网和企业内联网上远程文件的访问标准，定义了客户机请求服务器文件服务的方法。CIFS 以服务器消息块（SMB）为基础。

common management information service (CMIS)　公用管理信息服务　① 由专门的管理信息服务单元提供的服务集合。② 在开放系统互联（OSI）网络管理模式中用于网络监测和控制的规范。

common mode　共模　两个输入端上的幅度和相位均相同的信号，如差分运算放大器中的输入端信号。

common security technology of information system　信息系统通用安全技术　实现各种类型信息系统安全所普遍适用的安全技术。

common telecommunications room (CTR)　公共电信间　建筑物内各智能子系统共同使用的电信间，或称弱电间。弱电间位于建筑物的楼层中，安装有弱电竖井的垂直桥架、各系统的设备箱体（壁挂）、落地机柜等。

common-to-differential mode　共模至差模　因线缆、电路、传播等原因使共模信号转变为差模信号。

commputer automatic virtual environment (CAVE)　计算机自动虚拟环境　使用特殊的眼镜显示三维图像并且能够跟踪用户的视线的沉浸式虚拟现实系统。一个能够同时让多个用户体验参与体验的虚拟环境的系统。它具有高度的沉浸感、良好的交互手段，可以融合视觉、触觉、声音等，并且可以跟踪头部的六个自由度的运动。

Communate Europpene (CE)　欧盟安全认证　是欧盟法律对产品提出的一种强制性要求，被视为制造商打开并进入欧洲市场的护照。产品要想在欧盟市场上自由流通，就必须加贴“CE”标志，以表明产品符合欧盟《技术协调与标准化新方法》指令的基本要求。欧共体 1985 年 5 月 7 日的(85/C136/01)号《技术协调与标准新方法的决议》制定和实施指令"主要要求"有特定含义，只限于产品不危及人类、动物和货品安全方面的基本要求，并非一般质量要求。指令规定，只要产品符合相关指令主要要求，就能加附 CE 标志。所以，欧盟安全认证的准确含义是产品的安全合格标志而非质量合格标志。CE 证书必须由总部位于欧盟成员国的认证机构签发。CE 是法语 Communate Europeia的缩写。该认证原来使用英语词组 European Conformity，缩写为 EC，后因欧共体各国文字表示，法文为 Communate Europeia，意大利文为 Comnita Eurepea，葡萄牙文为 Comunidade Europeia，西班牙文为 Comnidade Europe，故而最终改 EC 为 CE。

communication automation (CA) 通信自动化 以大楼数字专用交换机(DPBX)为中心，在楼内连接程控电话系统、电视会议系统、无线寻呼系统和多媒体声像服务系统，对外则与公用交换电话网(PSTN)、广域网(WAN)或城域网(MAN)，以及卫星通信系统相连，实现大楼内外便捷的话音、数据和图像的通信。同时，DPBX 还应具有最低成本路由管理功能和自动计费功能。通信网络系统的设计将满足办公自动化系统的要求，并能适应楼外电信部门的通信网向数字化、智能化、综合化、宽带化及个人化发展的趋势。

communication automation system (CAS) 通信自动化系统 在建筑智能化系统中，指计算机网络数据通信、专用数字程控交换机为核心的以话音为主兼有数据与传真通信的电话网、各种局域网等组成的综合通信系统。

communication cable 通信电缆 由导电线芯、绝缘层、密封护套和保护覆盖层构成的用以传输电话、电报、传真文件、电视和广播节目、数据和其他电信号的线缆。常见有市话电缆、同轴电缆、数据电缆、控制电缆或其他复合电缆。

communication module 通信模块 设备中用于信息传输的电路或组件。

communication of agreement 通信协议 通信双方实体完成通信或服务所必须遵循的规则和约定。数据通信协议定义了数据单元使用的格式，信息单元应该包含的信息与含义、连接方式、信息发送和接收的时序，从而确保网络中数据顺利地传送到确定的地方，如 TCP/IP 协议等。

communication pipe well 通信管道井 高层或多层建筑内用于布放通信电缆(或光缆)的垂直通道。

communication room 通信机房 安装放置通信设备的场所，包括互联网数据中心(IDC)、通信基站(BS)等。

communication supporting installation 通信配套设施 接入到公共通信网络，为建筑内各类用户提供语音、图像、数据等信息服务的配套设施，包括城市通信网络接入系统、有线电视分配系统、移动通信室内覆盖系统、无线局域网、卫星通信接入系统、区域无线广播系统、配套机电设施等。

communications hub 通信枢纽 指汇

接、调度通信线路(电路)和收发、交换信息的中心,是综合利用各种通信手段并充分发挥其效能的一种组织形式。其任务是负责建立和保持与各方向的通信联络。

communications plenum cable (CMP) 填实[干线]级通信电缆 用于水平通风环境的通信电缆,属高阻燃通信电缆(包括双绞线),它的绝缘层采用氟塑料,护套层采用高阻燃 PVC 材料。高阻燃缆线是美国主推的阻燃缆线,它与阻燃/低烟无卤缆线属不同的防火缆线系列。

community antenna television or cable television (CATV) 共用天线电视/有线电视 一种采用电缆、光缆、微波及其组合来传输、分配和交换(电视天线接收的)载有声音、图像及数据信号的电视系统。

community intelligent (CI) 住宅(小区)智能化 以住宅小区为平台,兼备建筑设备监控、安全防范系统、火灾自动报警及消防联动系统、信息网络系统和物业管理系统等功能系统以及这些系统集成的智能化系统,具有集建筑系统、服务和管理于一体,向住户提供节能、高效、舒适、便利、安全的人居环境等特点的智能化系统。

community security 社区安防 城市居民居住的社区中的公共安全防范。我国大多数城市的社区安防已经普遍将物防(围墙、栅栏等)、人防(社区保安)和技防(技术防范)相结合,提升社区安防的水准。社区技防通常包含了入侵报警系统、出入口控制系统、楼宇对讲系统、视频安防监控系统、停车库(场)管理系统、电子巡查系统等技术安全防范措施。

compact disc (CD) 光碟 光碟是 20 世纪 70 年代末从胶木唱片发展而来,经过不断完善和发展,种类不断增加,并获得广泛应用。国际标准化组织(ISO)制定了多种规范,定义了光碟的尺寸、转速、数据传输率、数据格式等参数。较常用的有:(1) CD-DA 音频激光唱碟;(2) CD-ROM 只读光碟;(3) CD-ROM/XA 只读光碟扩展体系结构;(4) VCD 视频光碟;(5) SVCD超级 VCD,超级视频光碟;(6) CD-I 交互式光碟;(7) CD-R 可录式光碟,CD 刻录碟;(8) CD-RW 可重写光碟;(9) DVD 数字光碟,等等。

compact disc-read only memory (CD-ROM) 只读碟 被写入数据之后只可以读取而无法再次写入的光碟。

compact heat exchanger (CHE) 紧凑式换热器 传热效率高和尺寸小的换热器。

companion specification for energy metering (COSEM) 能源计量配套规范 对能源计量所需配套器具的种类、计量范围、配备率等做出的标准规定。

comparative humidity 相对湿度 空气中水汽压与饱和水汽压的百分比。湿空气的绝对湿度与相同温度下可能达到的最大绝对湿度之比。它也可表示为湿空气中水蒸气分压力与相同温度下水的饱和压力之比。

compatibility 兼[相]容性 硬件之间、

软件之间或是软硬件组合系统之间的相互协调工作的程度。

C

compatible downward 向下兼容 ① 综合布线系统中高传输等级的缆线能够兼容低传输等级的缆线。例如,六类能够兼容五类、三类的缆线。② 一种计算机术语,又称向后兼容。计算机中一个程序或者类库更新到较新的版本后,用旧的版本程序创建的文档或系统仍能被正常操作或使用,或在旧版本的类库的基础上开发的程序仍能正常编译运行的情况。例如,较高档的计算机或较高版本的软件平台可以运行较为低档计算机或早期的软件平台所开发的程序。向下兼容可以使用户在进行软件或硬件升级时,厂商不必为新设备或新平台从头开始编制应用程序,以前的程序在新的环境中仍然有效。

compensated sample 补偿后样本[抽样] 经预测补偿改善后得到的样本。

compressor 压缩机 将低压气体提升为高压气体的一种从动的流体机械,是制冷系统的"心脏"。

complementary metal-oxide semiconductor (CMOS) 互补金属氧化物半导体 一种金属氧化物半导体材料。它以 N 沟道 MOS 构成的倒相器,以 P 沟道构成负载管。用这种结构和工艺构成的各种 MOS 集成电路称为 CMOS 集成电路。由于一对 P 沟和 N 沟的半导体在电特性中呈现互补状态,输入给器件门的一个低功率脉冲使其中一个形成通道而另一个断开。这个过程中除了电容充放电和开关动作外没有电流通过,所以 CMOS 器件与其他器件相比所耗功率小得多。因此用 CMOS 制成的电子元器件得到广泛应用。

completion 竣工 项目完工(工程已经施工完毕)后通过验收,并出具验收的法律文书,可投入应用的工程。

completion drawing 竣工图(纸) 在竣工时,由施工单位按照施工实际情况画出的图纸。因为在施工过程中难免有修改,为了让客户(建设单位或者使用者)能比较清晰地了解土建工程,房屋建筑工程,电气安装工程,给排水工程中管道的实际走向和其他设备的实际安装情况,国家规定在工程竣工之后施工单位必须提交竣工图。

completion material 竣工资料 工程项目竣工时形成的存档资料,基本上都属于档案管理标准中所规定的资料。

completion report 竣工报告 也称竣工验收报告。工程项目竣工之后,经过工程发包方、建设方及相关部门成立的专门验收机构,组织专家进行质量评估验收以后形成的书面报告。

complex instruction system computer (CISC) 复杂指令系统计算机 计算机处理器包含有实现各种功能的指令或微指令,指令系统越丰富,为微处理器编写程序就越容易,但是丰富的微指令系统会影响其性能。复杂指令系统计算机(CISC)体系结构的设计策略是使用大量的指令,其中包括复杂指令。与其他设计相比,在 CISC 中进行程序设计要比在其他设计中容易,因为每一项简单或复杂的任务都有一条对应的指令。程序设计者不需要写一大堆指令去完成一项复杂的任务。但指令系统的复杂性使得 CPU 和控制单元的电路非常复杂。

compliance testing　符合性测试　产品和系统在投入实际使用前,根据标准或技术参数所进行的测试。

component　构件,分量　大系统或结构中的独立的组成部分。在硬件系统中,构件可以是一台设备,也可以是晶体管等小元件。在软件系统中,它指已经编译和动态链接过的子程序或模块。对于数据,它指构成某一物理量数据的组成部分。例如,图像数据中彩色分量。

component elementary stream　基本流分量　用于传输 MPEG-2 编码视频的常用 MPEG-2 流的一种类型,有基本流、传输流、程序流三种。基本流是指只包含一个 MPEG-2 内容通道,无音频;传输流是包含多个 MPEG-2 内容通道和相关的音频。所有通道被复合到一起,允许接收者选取要进行回放的通道;程序流是只包含一个 MPEG-2 内容通道和其相关的音频。

component standard　元器件标准　也称单体标准。面向某一具体产品的单项或多项技术参数标准,其指标比应用标准(包括工程标准)中的同类指标更严酷。

components in a colour television system　彩色电视系统中的分量　从复合电视信号导出的三个分量信号,即亮度信号和两个窄带色差信号。

composite coaxial cable for telecommunication use　同轴综合通信电缆　包含其他功能(通信、控制、供电等)的同轴电缆,常见有结合前端设备供电线路的同轴电缆。如连接摄像机且为摄像机供电线的同轴电缆。此种电缆一般需要事先设计后工厂定制。

composite video blanking and signal (CVBS)　复合视频基带信号　又称基带视频或 RCA 视频信号,采用(美国)国家电视标准委员会(NTSC)电视信号的传统图像数据传输方法,它以模拟波形来传输数据。复合视频包含色差(色调和饱和度)和亮度(光亮)信息,并将它们同步在消隐脉冲中,用同一信号传输。

compounded frequency modulation (CFM)　复合频率调制,复合调频　包含两个或以上信号的频率调制。它能够产生更多的变频,同时也增加了计算的复杂性。复合调频的组合可能性很多,每一种组合都会带来独特的频率和效果。

compressed air　压缩空气　即被外力压缩的空气。空气具有可压缩性,经空气压缩机做机械功使本身体积缩小、压力提高后的空气叫压缩空气。压缩空气是一种重要的动力源。与其他能源比,它具有下列明显的特点:清晰透明,输送方便,没有特殊的有害性能,没有起火危险,不怕超负荷,能在许多不利环境下工作。

compression　压缩　不改变介质数量的情况下,借助外力将其体积缩小的过程。在数据处理技术中指一种通过特定的算法来减小计算机文件大小的机制。

compression ratio 压缩比 ① 发动机压缩比，表示气体的压缩程度，它是气体压缩前的容积与气体压缩后的容积之比，即气缸总容积与燃烧室容积之比称为压缩比。它是发动机一个非常重要的技术参数。② 在数字视频系统中，表示一幅图像数据被压缩后占到之前存储量的比例。在数字通信系统中也指数据压缩处理前后比特率之比。

compression refrigerating machine 压缩式制冷机 依靠压缩机提高制冷剂的压力以实现制冷循环的制冷设备。它由压缩机、冷凝器（凝汽器）、制冷换热器（蒸发器）、膨胀机、节流机构和一些辅助装置组成。按所用制冷剂的种类不同可分为气体压缩式制冷机和蒸气压缩式制冷机两类；按所用压缩机种类不同，又分为往复式制冷机、离心式制冷机和回转式制冷机（螺杆式制冷机、滚动转子式制冷机）等。

compression stage 压缩级 在流体的压缩由若干个压缩机串联起来完成时，各压缩机就成为整个压缩过程中的一个阶梯，称为压缩级。压缩机串联起来压缩时，每台压缩机担负部分压缩过程，每台压缩机的压缩比不致过大。

compression/expansion of a picture 图像压缩扩展 视频显示中，人为压缩或拉伸图像水平或垂直尺寸改变。

computable general equilibrium model (CGEM) 可计算一般均衡模型 作为政策分析的有力工具，经过三十多年的发展，已在世界上得到了广泛的应用，并逐渐发展成为应用经济学的一个分支。20 世纪 70 年代，两个因素引起了人们对 CGE 模型的兴趣：一是世界经济面对着诸如能源价格或国际货币系统的突变，实际工资率的迅速提高等较大的冲击；二是促使近二十年来，CGE 模型应用不断扩大的因素是其细化处理的能力日益提高。一个典型的 CGE 模型就是用一组方程来描述供给、需求以及市场关系。在这组方程中商品和生产要素的数量是变量，所有价格（包括商品价格）、工资也都是变量，在一系列优化条件（生产者利润优化、消费者效益优化、进口收益利润和出口成本优化等）约束下，求解这一方程组，得出在各个市场都达到均衡的一组数量和价格。

computer-aided design (CAD) 计算机辅助设计 利用计算机及其图形设备帮助设计人员进行设计工作。最初 CAD 基本上是有限元结构分析的同义词，后来重点一度转到计算机辅助制图，这些都属于单一功能的 CAD 系统。后开始建立的是基于文件管理方式的多功能 CAD 系统，发展到现在以工程数据库为核心的集成化 CAD 系统。CAD 涉及的基础技术有：图形处理技术、工程分析技术、数据访问和管理技术、软件设计技术和接口技术。

computer-aided diagnosis (CAD) 计算机辅助诊断 指借助计算机进行医学诊断，通过影像学、医学图像处理技术以及其他可能的生理、生化手段，结合计算机分析计算，辅助发现病灶，提高诊断准确率。CAD 技术的重点是检测，故又被称为医生的“第三只眼”。CAD 系统的广泛应用有助于提高医生诊断的敏感性和特异性。主要方法：(1) 采用某种数学模型(如统计数学、模糊数学等)把医生的诊断过程算法化，并编成程序让计算机重复医生诊病的基本思维过程，当病人就诊时，把病人症状和化验指标输入计算机，执行该程序，即能按已存入的“经验”做出疾病的诊断。由于计算机诊断结论只作为医生诊病参考，故称之为计算机辅助诊断。(2) 将许多医生诊病的经验加以提炼，总结出若干基本原则存储于计算机并建立相应的人工智能程序，当计算机面对病人时，系统就根据这些基本原则进行诊断，即成为医学诊断专家系统。

computer-aided engineering (CAE) 计算机辅助工程 是计算机辅助设计(CAD)、计算机辅助制造(CAM)、计算机辅助工艺过程设计(CAPP)、计算机辅助测试(CAT)等的统称。广义上讲，CAE 包括了生产和管理方面所有计算机控制系统，如规划、设计、计算、制图、制造、分析、试验、维护、数据和文件管理、智能控制、系统工程等。具体地讲，CAE 技术的应用主要在分析和优化两个方面。分析包括有限元分析和机构运动分析。优化是根据分析的结果对设计进行修改，以期实现设计最优化。

computer-aided manufacturing (CAM) 计算机辅助制造 利用计算机帮助人们完成制造系统中及与制造系统相关的工作。通常可定义为直接或间接地为生产资源接口，完成制造系统的计划、操作工序控制和管理的计算机系统。

computer-aided software engineering (CASE) 计算机辅助软件工程 一种计算机软件开发工具，作用于软件开发的各个阶段，从计划、建模到编码和文档建立，CASE 采用系统工程方法，利用计算机帮助设计人员完成设计任务的理论、方法和技术。它综合了计算机图形学、人机交互技术、工程数据库、设计方法学等多个领域的理论、方法和技术，建立具有辅助设计功能的系统，以帮助设计人员在计算机上完成设计模型的构造、分析、优化、输出等工作。CASE 提供软件开发环境，由管理、系统分析、编程器和其他自动设计和实现程序的辅助工具组成，可进行多种需求分析、功能分析，生成各种结构化图表(如数据流程图、结构图、层次化功能图等)。CASE 的最终目标是实现软件工程的自动化。

computer communication 计算机通信 利用通信手段，使终端用户能够访问远程计算机系统的通信方式。可实现计算机之间相互联系，以便均分负载或存取远程计算机中数据和程序。

computer console 计算机控制台 计算机的一个组成部分，用于操作人员或维修人员与计算机进行通信。

computer graphic interface (CGI) 计算机图形接口 国际标准化组织(ISO)提出的计算机与图形设备会话的接

C

口技术的规范。它是计算机图形系统中用于控制不依赖于设备部分与依赖于设备部分之间数据交换的基本函数的集合,CGI 是设备驱动级的一个接口标准。有了这个标准,各种不同的图形设备均可与图形有统一的软件接口。这样无论是应用程序还是图形支持软件均可实现在不同系统、不同配置之间的可移植性。

computer information system 计算机信息系统 由计算机及其相关的和配套的设备、设施(含网络)构成的,按照一定的应用目标和规则对信息进行采集、加工、存储、传输、检索等处理的人机系统。

computer network 计算机网络 地理上分散的多台独立的计算机通过软硬件互连实现资源共享和信息交换的系统。它由通信子网和资源子网两部分组成。

computer network attack (CNA) 计算机网络攻击 中断、拒绝、削弱或破坏驻留在计算机和计算机网络内的信息或者计算机和网络本身的行为。

computer network room 计算机网络机房 用于安装计算机设备和计算机网络设备的机房。

computer numerical control (CNC) 计算机数控 集计算机、微电子、自动控制、精密机械加工、精密测量等技术为一体的产物,是现代制造技术的基础,主要用于加工中心、车削中心、磨削中心等各种高级机床,系统采用模块化开放式结构,包括软件标准、硬件标准和接口标准,内装可编程机床逻辑控制和编程语言,采用多处理技术,具有多级网络连接。CNC 主要功能有:控制机床,加工过程中的补偿,改善编程和操作性能,故障诊断等。

computer platform 计算机平台 目前基本上有三种概念:一种是基于快速开发目的技术平台,第二种是基于业务逻辑复用的业务平台,第三种平台基于系统自维护、自扩展的应用平台。技术平台和业务平台都是软件开发人员使用的平台,而应用平台则是应用软件用户使用的平台。

computer power module 计算机专用电源 计算机内各类部件的工作电压比较低,一般在 12 V 以内的直流电。因此计算机需要一个电源模块,负责将普通市电转换为适合计算机各部件正常使用的电压,一般安装在计算机内部。计算机的核心部件工作电压非常低,并且由于计算机工作频率非常高,因此对电源的要求比较高。目前计算机的电源为开关电路,将普通交流电转为直流电,再通过斩波控制电压,将不同的电压分别输出给主板、硬盘、光驱等计算机部件。

computer room 主机房 是数据中心或信息机房中的核心区域,用于电子信息处理、存储、交换和传输设备的安装和运行的建筑空间,包括服务器机房、网络机房、存储机房等功能区域。

computer supported cooperative work (CSCW) 计算机支持的协同工作 在计算机支持的环境中,一个群体协同工作完成一项共同的任务。它的基本内涵是计算机支持通信、合作和协调。

这个概念是1984年美国麻省理工学院(MIT)的依瑞·格里夫和DEC公司的保尔·喀什曼等人在讲述他们所组织的有关如何用计算机支持来自不同领域与学科的人们共同工作时提出的。

computer telecommunication integration (CTI) 计算机电信集成 计算机电信集成技术是从传统的计算机电话集成技术发展而来的,目前的CTI技术不仅要处理传统的电话语音,而且要处理包括传真、电子邮件等其他形式的信息媒体。CTI技术跨越计算机技术和电信技术两大领域,目前提供的一些典型业务主要有基于用户设备的消息系统、交互语音应答、呼叫中心系统、增值业务、网际协议(IP)电话等。

computer-aided instruction (CAI) 计算机辅助教学 以计算机为主要媒体或控制手段进行的教学活动。可采用对话方式与学生讨论教学内容、安排教学进程、进行教学训练。

computer-based language laboratory 计算机型语言实验室 学生单元的主体部分由计算机组成的语言实验室。它主要用于语言学习和语言训练,也可作为计算机实验使用。

computerized branch exchange (CBX) 计算机化小交换机 使用具有电子交换网的计算机的专用交换分机(PBX)。

computerized maintenance management systems (CMMS) 计算机维修管理系统 面向系统维修或设备维修的计算机管理系统。

concealed installation 暗装 隐蔽性安装工艺,如管道埋地、嵌墙敷设,或敷设在地下室、天花板下或吊顶中,在管井、管槽、管沟中隐蔽敷设线缆,等等。

concealed laying 暗敷 在工程中,为了安全、美观、方便、实用,将所敷设的电缆、电线、水管或其他管路安装于墙内、地下等看不见的地方。

concealed work 隐蔽工程 指在工程项目中,根据施工工序被后一道工序覆盖的工程。例如,建筑装饰工程中的隐蔽工程包括给排水工程、电气管线工程、地板基层、护墙板基层、门窗套板基层、吊顶基层等。为保证工程质量,施工单位应当在被覆前申请隐蔽工程验收,经检验合格后,方可进行下一道工序。

concentrated air conditioning 集中式空调 也称中央空调,即空气处理设备集中在中央空调室里,处理过的空气通过风管送至各房间的空调系统。适用于面积大、房间集中及各房间热湿负荷比较接近的场所选用,如宾馆、办公楼、船舶及工厂等。集中式空调系统维修管理方便,设备的消声隔振比较容易解决。集中式空调系统属全空气系统。

concentrated heating 集中供暖 集中集团式供暖的一种形式。集中供暖的热源(包括热交换设备和处理控制设备)都是集中的,一般通过管道向用户提供热水,由动力泵给循环水以动力。我国北方地区不少城市都建有集中供暖系统。欧洲国家以前也都采取集中供暖,并采取按面积计费的方式。自20世纪70年代后，随着节能运动的开展，欧洲国家纷纷改革供暖体制，大部分实行集中供热、分户计量的方式。

concentricity 同心[轴]度 评价圆柱形工件的一项重要技术指标，同轴度误差直接影响着工件的装配和使用。但当工件的被测元素轴线特别短时，要评价其同轴度非常困难，通常会用同心度来评价。同轴度误差直接影响着工件的配合精度和使用情况。同轴度误差反应在截面上的圆心的不同心即为同心度，同心度误差即为圆心的偏移程度。同心度是同轴度的特殊形式。当被测要素为圆心(点)、薄型工件上的孔或轴的轴线时，可视被测轴线为被测点，它们对基准轴线的同轴度即为同心度，故对同心度的测量可以进行投影测量。

concentricity error 同心[轴]度误差 绝缘电线的内导体与电线绝缘层的中心之间的偏差或同轴电缆两导电体(内导体、屏蔽层)的中心之间的偏差。

condensate 冷凝水 水蒸气(即气态水)经过冷凝过程形成的液态水。

condensation of moisture 结露 物体表面温度低于附近空气露点温度时表面出现冷凝水的现象。

condensation point 露点 又称露点温度。在气象学中是指在固定气压之下，空气中所含的气态水达到饱和而凝结成液态水所需要降至的温度。达到该温度时，凝结的水飘浮在空中称为雾，而沾在固体表面上时则称为露。

condenser 冷凝器 制冷系统的部件，属换热器的一种，它把气体或蒸气转变成液体，将管道中的热量以很快的方式传导到附近的空气中。冷凝器工作过程是一个放热的过程，所以冷凝器温度都是较高的。发电厂要用许多冷凝器才能使涡轮机排出的蒸气得到冷凝。在冷冻厂中用冷凝器来冷凝氨和氟利昂之类的制冷蒸气。石油化学工业中，用冷凝器使烃类及其他化学蒸气冷凝。在蒸馏过程中，把蒸气转变成液态的装置也称为冷凝器。

condenser started motor 电容起动电动机 采用电容器分相，使两个绕组中的电流产生近于90°相位差，形成旋转磁场而驱动转子转动的电动机。单相电动机均为电容启动电动机，其运行电容量的计算公式为：$C=1950I/U\cos\oint$(微法)。其中，I为电机电流；U为电源电压；$\cos\oint$为功率因数，取0.75；1950为常数。起动电容一般按运行电容容量的1～4倍计算。

condenser water pump (CWP) 冷凝泵 利用低温表面冷凝气体的真空泵。冷凝泵是获得清洁真空的极限压力最低且抽气速率最大的真空泵。因其洁净无污染、效率高、抽速大、高可靠性等突出优势，被广泛地应用于科学研究实验室，乃至工业生产等众多领域，如半导体材料制作、平板显示器生产或测试设备、太阳能制造业、真空镀膜、热真空系统等。

condensing apparatus 冷凝器 同condenser。

condensing pressure regulating valve 冷凝压力调节阀 冷凝器中用于调节介质流量、压力和液位的阀门。它依据控制指令节制阀门的开度。根据执行机构不同,可区分为电动冷凝压力调节阀、气动冷凝压力调节阀和液动冷凝压力调节阀。

condensing unit capacity 总制冷量 制冷量是指空调等制冷机进行制冷运行时,单位时间内从密闭空间、房间或区域内去除的热量的总和。总制冷量一般指制冷设备或系统在其运行所覆盖的各个密闭空间制冷量的总和。

conditional access (CA) 条件接收 是对内容的一种保护,它要求在满足一定条件下才能访问某种内容。此术语通常应用于数字电视系统领域,指系统内用户可以接收节目的加密业务机制。

conditional access decoder 条件接收解码器 数字电视系统用户侧具备解扰器和条件接收子系统(CASS)的解码器。

conditional access sub-system (CASS) 条件接收子系统 是数字电视系统中条件接收解码器的一部分,该系统可解码电子密钥并恢复控制解扰序列需要的信息。这个子系统可以用智能卡形式实现。

conditional access system (CAS) 条件接收系统 是确保广播电视和有线电视服务只能由授权用户接入的完整系统。它是数字电视收费的技术保障。条件接收系统与电视广播系统是相对独立的。模拟广播电视和有线电视系统也是有条件接收系统,常称为加扰电视。广播电视的数字化更有利于条件接收的实现,并促使条件接收系统更成熟,更多样化。CA 系统通常由三个部分组成:加扰系统、加密系统和用户管理系统。

conditional access table (CAT) 条件接收表 数字电视广播系统提供复用中使用的 CA 系统信息,这些信息是私有的,取决于 CA 系统,也可包括授权管理信息(EMM)码流的位置。

conditioned air 空调空气 通过空调设备系统处理后的空气。

conductance 导热率 又称导热系数,表征材料热传导能力大小的物理量。其导出公式来源于傅立叶定律,定义为单位温度梯度(在 1 m 长度内温度降低 1 K)单位时间内经单位导热面所传递的热量。傅立叶方程式:$Q=\kappa A\Delta T/d$。式中,Q 为热量,单位为 J;κ 为热导率,单位为 W/(m・K);A 为接触面积,d 为热量传递距离,ΔT 为温度差。低导热性能材料的导热率作为表征建筑节能与保温材料物性的重要参数,其参数值的准确测量有着非常重要的理论和使用价值。

conductive floor 防静电地板 静电引起的问题不仅硬件人员很难查出,有时还会使软件人员误认为是软件故障,从而造成工作混乱。此外,静电通过人体对计算机或其他设备放电时(即所谓的打火)当能量达到一定程度,也会给人以触电的感觉(例如,有时触摸计算机显示器或机箱时)。防静电地板又叫作耗散静电地板,是一种机房内使用的地板。当它接地或连接到任何较低电位点时，使电荷能够耗散，实现机房的静电防护。

conductivity 电导率 用来描述物质中电荷流动难易程度的参数。电导率 σ 的标准单位是西门子每米(简写做 S/m)，为电阻率 ρ 的倒数，即 $\sigma = 1/\rho$。

conductivity for heat 导热系数 同 conductance。

conductor 导体 电阻率很小且易于传导电流的物质，金属是最常见的导体。用金属导体制成导线，常见用铜、铝等金属制成，是电线电缆的主要材料，工业上也称电线。导电性能要求高的场合使用的导线还常用银制成导线，因为银的电阻率更低。

conduit 管道，导管 ① 用管子、管子连接件、阀门等连接成的用于输送气体、液体或带固体颗粒的流体的装置。② 用管子、管子连接件、固定件等连接成的敷设线缆用的装置，一般位于天花板上、地板下或墙壁内。

conduit fixing device 导管固定装置 对电线管、水煤气管等导管进行固定的装置，如吊架、墙架等。

conduit laying 管道敷设 管道的安装操作或安装过程。

conduit system 导管系统 导管(如电线管、水煤气管等)及相应的配件、支架形成的整体，配合对应的设计方案、标准构成的系统。

cone bearing 锥形轴承 相对于柱形轴承而言的。轴承中磙子的轴线平行则为柱形轴承，轴线相交则为锥形轴承。柱形轴承一般只能承受一个方向的载荷，而锥形轴承适用于同时承受径向和轴向的载荷。

cone valve 锥形阀 通过改变活动阀套与固定锥体之间的距离调节流量的工作阀门。设在高压泄水管道的出口，具有圆筒形固定的阀壳，用 4～6 条平行水流方向的肋片把锥头成 90°的锥体固定在阀壳上，用一活动钢阀套套在锥体外面(或里面)，阀套与锥体之间的环形空间用来泄流。用螺杆传动将阀套沿流向前后移动，即可调节流量。全部开启时流量系数达 0.85 以上。锥形阀结构简单，操作方便。

Confederation of European Posts and Telecommunications (CEPT) 欧洲邮电管理委员会 欧盟的邮政及电信业务主管部门，在欧洲邮政与电信产业发展中起着重要的作用。在 GSM 的发展过程中，该委员会对协调各国的不同意见，包括技术上与产业政策上的不同意见。GSM 的成功使得欧洲企业在 20 世纪 90 年代第二代移动通信的发展中获得了显著的优势。

configuration management (CM) 配置管理 ① 标识和确定系统中配置项目的过程。对系统开发和运行生命周期中的系统硬件、软件、固件、文档、测试用例、测试装置和测试文档的安全特性和保证的管理。对软件和文档进行控制使它们在被开发或改动时保持一致的过程。② 国际标准化组织(ISO)为开放系统互联(OSI)参考模型网络管理定义的五类网络管理之一。网络配置管理包含初始化网络，并配置网络以使其提供网络服务。配置管理是一组对辨别、定义、控制和监视组成一个通信网络的对象所必需的相关功能，目的是为了实现某个特定功能或使网络性能达到最优。

configuration management system (CMS)　配置管理系统　项目管理系统的一个子系统。它由一系列正式的书面程序组成，用于对以下工作提供技术、管理方面的指导与监督：识别并记录产品、成果、服务或部件的功能特征和物理特征；控制对上述特征的任何变更；记录并报告每一项变更及其实施情况；支持对产品、成果或部件的审查，以确保其符合要求。该系统包括文件和跟踪系统，并明确了为核准和控制变更所需的批准层次。

congeal　凝固　物质从液态变为固态的物理现象。凝固时要放热。

congealing point　凝固[结冻]点　指晶体物质凝固时的温度，不同晶体具有不同的凝固点。在一定压强下，任何晶体的凝固点都与其熔点相同。同一种晶体的凝固点与压强有关。凝固时体积膨胀的晶体，凝固点随压强的增大而降低；凝固时体积缩小的晶体，凝固点随压强的增大而升高。在凝固过程中，液体转变为固体，同时放出热量。所以，物质的温度高于熔点时，将处于液态；低于熔点时，就处于固态。非晶体物质则无凝固点。

congelation　冻结，凝固　同 congeal。

connect (C)　连接　① 工业术语，指用螺钉、螺栓、铆钉等紧固件将两种分离型材或零件连接成一个复杂零件或部件的过程。常用的机械紧固件主要有螺栓、螺钉和铆钉。② 指线缆的接续。线缆之间的连接方式主要有：(1) 线-线连接，即线与线的直接连接，如电线的铰接、焊接，光纤的熔接等；(2) 线-件连接，即线缆通过专用连接器件(接线端子等)进行的连接；(3) 端接，即线缆与设备之间的连接；(4) 在布线系统逻辑图中为连接点表述符。

connecting hardware　连接(硬)件，连接器(硬)件　用于连接电缆线对或连接光缆光纤的一个器件或一组器件。由用来连接线缆或线缆元素的器件或器件组合构成。如：接线端子、接插件、双绞线模块、光纤尾纤、快速光纤连接器等。

connection　连接　同 connect。

connection in parallel　并联　电子电路中的并联电路，是若干电子元件或电子元件串接电路的输入端和输出端分别被连接在一起。并联时各支路中的电流可以不同，但两端电压相同。

connectionless network protocol (CLNP)　无连接模式网络层协议　一种 ISO 网络层数据报协议。它工作在开放式系统互联参考模型(ISO 7498)的网络层中。CLNP 与 TCP/IP 环境下的 IP 相类似，用来向传输层提供服务，主要区别是地址长短不同。CLNP 的地址长度是 20 字节，而 IP 是 4 字节(32 位)。CLNP 被用于因特网上，以解决地址不够的问题。CLNP 可以用于终端系统的网络实体之间或网络层中继系统中，主要提供无连接网络服务。其目标是用于充当子网独立收敛协议(SNICP)的角色,其功能为在定义的一组底层服务上建立 OSI 网络服务,并支持一组相同或不同的互联子网上 OSI 无连接模式网络服务的统一性。当子网独立收敛协议和(或)子网访问协议没有提供在一个 NSAP 到另一个 NSAP 的全部或部分路径上支持无连接网络服务所需的功能时,CLNP 可以用来进行调整。除 SNICP 之外,CLNP 还可以实现其他协议的功能,因此它也适用于其他子网互联方式下的环境。

connector for optical fibre　光纤连接器　光纤与光纤之间进行可拆卸(活动)连接的器件,它把光纤的两个端面精密对接起来,以使发射光纤输出的光能量最大限度地耦合到接收光纤中去,并使由于其介入光链路而对系统造成的影响减到最小,这是光纤连接器的基本要求。在一定程度上,光纤连接器影响了光传输系统的可靠性和其他性能。

connector socket　接线盒插座　一种连接线缆的全封闭式盒体,如综合布线中工作区信息插座,一般均以密封的盒体内装置 RJ45 模块或 RJ11 模块。

console air conditioner　托架式空调器　安装在托架上的成套空调机组。

consolidation point (CP)　集合[汇集]点　综合布线系统中配线设备与工作区信息点之间缆线路由中的可选连接点,是综合布线系统通用拓扑结构中第一级子系统中的一部分。如在办公或商业建筑综合布线系统拓扑结构中,是配线设备与工作区信息点之间缆线路由中的可选连接点。集合点用于在末端区域内就近进行信息点位的调整,要求集合点两边的线缆对数相同,在集合点中只有配线模块,没有网络设备。

consolidation point box　集合[汇集]点安装箱　指综合布线系统中 CP 点(集合点、汇集点)的安装箱。

consolidation point connector　集合[汇集]点连接器　也称集合点连接器,综合布线系统中安装在集合点/汇集点的连接器件。

consolidation point cord　集合[汇集]点跳线　也称集合点跳线,指安装在综合布线系统 CP 点(集合点、汇集点)上的跳线,用于将两端的缆线互联。

consolidation point link (CPL)　集合[汇集]点链路　也称 CP 链路。指从集合点或汇集点(CP)至信息点(TO)之间的永久缆线及缆线两端的连接器件。

consortium　(投标)联合体　两个以上法人或者其他组织可以组成一个联合体,以一个投标人的身份共同投标。实践中,大型复杂项目对资金和技术要求比较高,单靠一个投标人的力量不能顺利完成,可以联合几家企业集中各自的优势以一个投标人的身份参加投标。联合体内部成员是相对松散的独立单位,法律或者招标文件对投标人资格条件有要求的,联合体各方均应具备规定的相应的资格条件,而不能相互替代。

constant bit rate (CBR)　固定码率,恒定比特率　ATM 网络的服务按照位速率的特点定义 QoS(服务质量)的四个类型(恒定速率、可变位速率、未指定位速率和可用位速率)之一。CBR 支持恒定的或确定的传输服务速率。

constant bit rate coded video 恒定码率编码视频 指具有恒定码率的编码视频比特流。对于要求时间严格控制的视音频系统中往往采用恒定位率(CBR)编码。CBR 编码指编码器每秒钟的输出码数据量(或者解码器的输入码率)是固定的。编码器检测每一帧图像的复杂程度,然后计算出码率。如果码率过小,就填充无用数据,使之与指定码率保持一致;如果码率过大,就适当降低码率,也使之与指定码率保持一致。CBR 编码比特流的码率从开始到结束都是恒定的,从而保持了固定的延时。但固定码率模式的编码效率比较低,在快速运动画面部分,画面细节较多,一般需要更多的比特来描述,但由于强行降低码率,因此会丢失部分画面的细节信息。

constant pressure compression 等压压缩 以固定不变的压强使体积缩小的过程。

constant pressure valve (CPV) 恒压阀 不论阀前压力如何变化,都能保持阀后压力稳定的阀门。

constant temperature and humidity system 恒温恒湿系统 温度与湿度保持恒定的自动控制系统或环境。

constant temperature fire detector 定温火灾探测器 温度上升到某预定值时响应的火灾探测器。分为线型定温火灾探测器与点型定温火灾探测器。

constant volume variable temperature system 定风量变温系统 定风量系统为空调机吹出的风量一定,以提供空调区域所需要的冷(暖)气。当空调区域负荷变动时,则以改变送风温度应付室内负荷,并达到维持室内温度的舒适要求。常用的中央空调系统的 AHU(空调机)与冷水管系统(FCU 系统)一般均以定风量来供应空调区,为应付室内负荷变动,系统以空调机的变温送风来处理。一般 FCU 系统则以冷水阀启闭控制来调节送风温度。

constantan 康铜[铜镍合金] 一种体积电阻率很高而温度系数几乎可略而不计的铜镍合金,其成分为铜 45%~60%,镍 40%~55%,具有电阻大、机械强度高、抗蚀性强等优点。其温度范围为 169~386℃,电阻温度系数约为 0.000 2/℃。

constellation scrambling 星座扰码 正交调幅编码(QAM)技术中利用二进制伪随机序列对应星座符号在四个象限内相位旋转形成的扰码。

construction area 建筑面积 建筑物外墙勒脚以上的结构外围水平面积,是以平方米反映房屋建筑建设规模的实物量指标。其计算公式为:建筑面积=有效面积+结构面积=使用面积+辅助面积+结构面积。

construction ensemble system 建筑群子系统 同 campus subsystem。

construction organization plan 施工组织设计 用来指导施工项目全过程各项活动的技术、经济和组织的综合性文件,是施工技术与施工项目管理有机结合的产物,它能保证工程开工后施工活动有序、高效、科学、合理地进行。施工组织设计一般包括五项基本内容:工程概况、施工部署及施工方案、施工进度计划、施工平面图、主要技术经济指标。

construction process 施工工艺 指进行某个工程的具体规范,是保障项目质量、进度的具体措施,各类工程均具有其自身特点的工艺标准及要求。比如供电系统中的管路要求横平竖直,线路要沿边沿角走向;综合布线系统的模块端接、理线等工艺,均有具体的规范。施工工艺还包括使各个不同系统之间能够协调和减小相互之间功能的影响,如弱电线路要求与强电的线路相隔 300 mm 以上,以免弱电的传输线缆受到强电磁场的干扰,而导致前端或后端的设备功能受影响。

construction process document 施工工艺文件 表述施工工艺的文件,如做某个工程的具体规范化文件,各种要求均以书面形式(文字、图等)表述。

construction safety plan 施工安全计划 施工安全是各个行业工程建设中所遇到的安全问题。施工安全计划是项目中用于施工安全管理的行动计划,它涵盖了在作业过程中所有的安全问题并且涉及管理、财务、后勤保障等相关内容及落实方案。

Consultative Committee of International Telegraph and Telephone (CCITT) 国际电报电话咨询委员会 国际电信联盟(ITU)的常设机构之一。主要职责是研究电信的新技术、新业务、资费等问题,并对这类问题通过建议使全世界的电信标准化。从 1993 年 3 月 1 日起,国际电报电话咨询委员会(CCITT)改组为国际电信联盟(ITU)电信标准化部门,简称ITU-T。

consumable 耗材 消耗品,损耗的材料。耗材的定义很广泛的,泛指消耗很频繁的配件类产品。

consumer electronics bus (CEBus) 客户电子总线,消费电子总线 一套某些规范性文档的开放体系结构,这些规范性文档定义使不同产品通过电力线、低电压双绞线、同轴电缆、红外线、射频、光纤等进行通信的协议。任何人在任何地方都可以得到这种方案的一个备份,或者开发符合客户电子总线标准的产品。

consumer to consumer (C2C) 用户对用户的模式 电子商务的专业用语,是个人与个人之间的电子商务。其中 C 指的是消费者,C2C 的意思就是消费者个人间的电子商务行为。比如,一个消费者有一台计算机,通过网络进行交易,把它出售给另外一个消费者,此种交易类型就称为 C2C 电子商务。

consuming management system 消费管理系统 以计算机管理为核心,以智能 IC 卡等为信息载体,以 POS 机、二维码、手机为消费终端的全新智能收费管理系统。如手机支付宝或微信支付以及扫码支付等各类消费手段,现已广泛应用于企业、机关、学校等的公共消费场所。

contact impedance 接点阻抗 电连接时，连接点上呈现的阻抗。

contact resistance 接触电阻 对导体作电气接触时相互之间呈现的电阻。在电子电路中，一般要求接触电阻在 10～20 mΩ 以下，有的开关则要求在 100～500 μΩ 以下。有些电路对接触电阻的变化很敏感。所谓开关的接触电阻是开关在若干次的接触中所允许的接触电阻的最大值。

contact type 接触式 存在着物理接触的连接方式。如插卡式 IC 卡。

contactless 非接触 以光电、电磁等技术为基础，在不接触信息物理载体的情况下进行信息读取或信息交互。如非接触式智能卡、条纹码扫描、视频探测、非接触式测量等。

container 容器 ① 用来包装或装载物品的贮存器，以及成形或柔软不成形的包覆材料。② 计算机技术领域的容器，指包含其他对象的对象，用于包含其他对象的抽象数据类型。在对象链接与嵌入式(OLE)中，含有链接对象或嵌入对象的文件。在标准通用语言(SGML)中，指含有内容的元素，它不同于仅有标签名称和属性的元素。容器一般位于应用服务器之内，由应用服务器负责加载和维护。一个容器只能存在于一个应用服务器之内，一个应用服务器可以建立和维护多个容器。容器一般遵守可配置的原则，即容器的使用者可以通过对容器参数的配置，来达到其使用需求，而不需要修改容器的代码。③ 存放软件构件的器皿，用于安排构件，实现构件之间交互，其形式包括表格、页面、框架、外壳等。

containment spray system 安全壳喷淋系统 用于在失水事故和安全壳内主蒸汽管道破裂事故后降低安全壳内的峰值压力和温度以防止安全壳超压的系统。它是压水堆核电厂中的专设安全设施之一。

contaminant 污染物 进入环境后使环境的正常组成发生变化，直接或者间接有害于生物生长、发育和繁殖的物质。污染物的作用对象是包括人在内的所有生物。环境污染物是指由于人类的活动进入环境，使环境正常组成和性质发生改变，直接或者间接有害于生物和人类的物质。

contaminating 污染 沾上脏污或有害物质，或受坏思想的影响，有“沾染，玷污”之意，也有“感染”的意思，因有害物质的传播而造成危害。“污染”一词也有“诬陷”之意。

content delivery network (CDN) 内容传递网 在现有的互联网络中建立一个完善的中间层，将网站的内容发布到最接近用户的网络“边缘”，使用户能以最快的速度，从最接近用户的地方获得所需的信息。一套完整的 CDN 系统包括服务器负载均衡、动态内容路由、高速缓存机制、动态内容分发和复制、网络安全机制等多项技术，其中的核心技术主要包括两个方面：一是基于内容的请求路由（即重定向）和内容搜索，二是内容的分发与管理。

content provider 内容提供者[商] 拥有数字化内容并向用户提供服务的公司、组织或个人。在有线电视系统中是指拥有数字媒体内容及其带版权信息数字媒体内容的实体。

continual service 持续业务 指连续性的服务，如持续性的广播业务，广播时间一般以小时、天、月或年为单位来表征。

continuity of load power 负载电力的连续性 电源有效地以额定稳态和瞬态允差范围向负载供电，且畸变和电力中断不超过负载所规定的限值。

continuous power 实际持续功率 简称实续功率，指持续输出功率。

continuous severely errored second (CSES) 连续严重误码秒 在数据通信中，由于某些系统会出现短时间内大误码率的情况，严重影响通话质量，因此引入严重误码秒这个参数。连续产生三个严重误码块秒后，这三秒都属于 CSES。选择监测时间(T_L)为一个月，取样时间(T_0)为1 s。定义误码率劣于 1×10^{-3} 的秒钟数为严重误码秒(SES)。HRX 指标要求严重误码秒占可用秒的百分数小于 0.2%。

continuous variable slope delta modulation (CVSDM) 连续可变斜率增量调制 一种语音信号编码方法。当取样频率远大于奈奎斯特频率时，样值之间的关联程度增强，这样就可以进一步简化 DPCM 系统，仅用一位编码表示抽样时刻波形的变化趋向，这种编码方法称为增量调制。在简单增量调制中，量阶 Δ 是固定不变的。如果量阶 Δ 随音节时间间隔(5～20 ms)中信号平均斜率变化，则称为连续可变斜率增量调制。

contrast 对比度 同 contrast ratio。

contrast control 对比度控制 改变图像对比度的操作。在视像显示器的一种手调增益控制，可以调节图像显示的对比度。通常，对比度控制是改变视频放大器的增益。

contrast enhancement 对比增强 对图像灰度等级进行线性扩展。

contrast ratio 对比度 景物或重现图像的最大亮度与最小亮度之比，表明了一幅图像中明暗区域最亮的白和最暗的黑之间不同亮度层级的测量，用 C 表示。差异范围越大代表对比越大，差异范围越小代表对比越小。在视频节目中，重现图像的亮度无须等于实际景物的亮度，只需保持两者对比度相同即可。

contrast resolution 对比度分辨率 数字图像中每个像素的灰度级数，由 2 的 n 次幂所决定，其中 n 为每个像素处的位数。

control 控制 为确保组织内各项计划按规定去完成而进行的监督和纠偏的过程。如：在工程项目中，项目经理须采取有效措施，控制项目的质量、进度和成本。在各类智能化系统中，通过系统管理发出指令，控制执行相应的驱动程序，实现预定的功能。

control and provisioning of wireless access points protocol specification (CAPWAP) 无线接入点的控制和配置协议 由 IETF(互联网工程任务组)标准化组织于 2009 年 3 月定义。它由两个部分组成：CAPWAP 协议和无线 BINDING 协议。前者是一个通用的

隧道协议，完成 AP 发现 AC 等基本协议功能和具体的无线接入技术无关。后者是提供具体和某个无线接入技术相关的配置管理功能。也就是说，前者规定了各个阶段需要干什么事，后者具体到在各种接入方式下应该怎么完成这些事。

control bus　控制总线　① 传送各种控制信号，完成系统控制操作的信息通路。控制总线连接中央处理机、存储器和外围设备，传递中央处理机的控制信号和反馈信号，实现 CPU 与其他设备间的通信。② 微型计算机芯片中的内部控制总线。

control cable　控制电缆　用于控制信息传输或控制设备用的电缆，它从电力系统的配电点把电能直接传输到各种用电设备器具的电源连接线路。其额定电压主要为 450/750 V，而且它的绝缘和护套厚度比电力电缆略薄。

control center alarm system (CCAS)　控制中心报警系统　由消防控制室的消防控制设备、集中火灾报警控制器、区域火灾报警控制器、火灾探测器等组成的报警系统，适用于大型建筑的保护。有两个或两个以上消防控制室时，应确定一个主消防控制室。主消防控制室应能显示所有火灾报警信号和联动控制状态信号，并应能控制重要的消防设备。

control logic　控制逻辑　控制逻辑的基本形式产生于对控制器运行机理的分析，获得的控制规则可用泛布尔代数逻辑描述。控制逻辑是按照泛布尔代数所服从的规律进行的。例如，使用热水器时，只有在既没熄火又没停水这两个条件共存时，才能使热水器工作，把这种关系概括成布尔代数的说法，就是逻辑“与”的关系。换句话说，要使用热水必须[没灭火]“与”[没停水]这两条件同时存在，缺一不可。

control loop　控制回路　针对模拟量的控制来说，一个控制器根据一个输入量，且按照一定的规则和算法来决定一个输出量，这样输入和输出就形成一个控制回路。

control network system (CNS)　控制网络系统　用控制缆线将控制设备、传感器、执行机构等装置联结在一起进行实时的信息交换，并完成管理和设备监控的网络系统。

control signal　控制信号　实施控制用的信号。对控制器而言，控制信号既有输出，又有输入。

control signal to start & stop an automatic equipment　自动设备启停联动控制信号　联动是指两个以上的系统之间按照预案实现的协同动作。联动控制信号就是指挥或驱动协同动作的信号。如在消防系统中，火灾报警联动控制器发出的控制紧急广播、逃生指示、灭火系统等协同工作的信号就是联动控制信号。

control program　控制程序　用以实现自动控制为目的的事先编制的固定程序。在计算机领域，程序控制是 CPU 对 I/O 设备的一种控制方法。理论和实践证明，无论多复杂的算法均可通过顺序、选择、循环三种基本控制结构构造出来。每种结构仅有一个入口和出口。由这三种基本结构组成的多层嵌套程序称为结构化程序。所谓顺序结构程序就是指按语句出现的先后顺序执行的程序结构，是结构化程序中最简单的结构。常见的控制设备是可编程序逻辑控制器(programmable logic controller)，简称 PLC。

control system　控制系统　有助于管理企业活动，尤其是达到企业目的活动的一种系统。控制系统所固有的首要因素之一是控制信息，它常由计算机产生。因此，计算机在控制系统中起着非常重要的作用。

control valve　控制阀　控制开关或调节的阀门，由阀体组合件和执行机构组成。

control valve group (CVG)　控制阀组　在工业自动化过程控制领域中，通过接收调节控制单元输出的控制信号，借助动力操作去改变介质流量、压力、温度、液位等工艺参数的相互具有关联关系的一组最终控制元件。控制阀组一般由执行机构和阀门组成。

control word (CW)　控制字　① 规定一个特定动作的计算机字，如规定输入输出操作的字，决定中断是否执行的字，或一个记录块中第一个字和最后一个字，它给出记录块中其他字的指示性信息。② 在有线数字电视系统中，指用于控制加解扰的信息码字。

controller area network (CAN)　控制器局域网络　简称 CAN 总线，属工业现场总线范畴。它是一种有效支持分布式控制或实时控制的串行总线通信网络。CAN 总线最初由德国博世(BOSCH)公司于 1938 年为汽车应用而开发的，1993 年 11 月国际标准化组织(ISO)正式颁布了 CAN 总线国际标准(ISO 11898)。CAN 总线工作于多主方式，网络中的各节点都可根据总线访问优先权(取决于报文标识符)采用无损结构的逐位仲裁的方式竞争向总线发送数据，且 CAN 总线协议废除了站地址编码，而代之以对通信数据编码，这可使不同的节点同时接收到相同的数据，这些特点使 CAN 总线构成的网络各节点之间的数据通信实时性强，并且容易构成冗余结构，提高系统的可靠性和灵活性。CAN 总线可采用双绞线、同轴电缆或光导纤维传输信号，数据传输率可达1 Mbps。建筑设备监控系统中也常见应用。

convection　对流　流体各部分之间发生相对位移，依靠冷热流体互相掺混与移动所引起的热量传递方式。对流是液体或气体中热传递的主要方式。

convectional cooling　对流冷却　冷却气流流过被冷却物体表面时，通过对流换热，带走部分热量，使其降温的冷却方式。

convergence sublayer (CS)　会聚子层　① 在异步传输模式(ATM)与非 ATM 格式之间转换的通用过程和函数。它描述了 ATM 适配层(AAL)的上半部分功能，还用于描述非 ATM 协议与 ATM 协议之间的转换。② 公共部件会聚子层(CPCS)两个子层中的一个。它负责填充和差错检验。来自特定业务会聚子层(SSCS)的PDU附加上了8字节的报尾(用于差错检验和其他控制信息);如果需要的话,还可以进行填充,这样,最后协议数据单元(PDU)的长度就是38字节的倍数了。这些PDU随后被发送到CPCS的SAR(分段和重装)子层以进一步处理。

conversion device 转换装置 在不改变数据值、内容或信息的情况下,把数据从一种形式或媒体转换成另一种形式或媒体的一种特定的装置或外围设备的一部分。

converter 混频器 输出信号频率等于两个输入信号频率之和、之差,或为两者其他组合的电路。混频器输出信号除中心频率有所改变外,其余参数(如包络波形和所含频谱成分的相对关系)均不改变。输出信号频率高于输入信号频率的称为上混(变)频,反之则称为下混(变)频。混频器通常由非线性元件和选频电路组成。**转换器** 指在计算机数字技术中,泛指能够把信号从一种形式转变为另一种形式的装置,如把模拟信号转变为数字信号的模数(A/D)转换器,平行信号转变为串行信号的转换器,或一种协议转换为另一种协议的协议转换器,等等。

converter resolution 转换器分辨率 用于衡量转换电路转换精度的主要参数。分为模数(A/D)转换器分辨率和数模(D/A)转换器分辨率两种。A/D转换器分辨率是指转换器所能识别的最小输入量。D/A转换器分辨率既可以用输入二进制数的有效位数给出,也可以用其能分辨出来的最小输出电压与最大输出电压的比值给出。

cooling capacity 制冷量 空调等制冷机进行制冷运行时,单位时间内从密闭空间、房间或区域内去除的热量总和。数据中心中的制冷量是指在规定的制冷量试验条件下,机房空调从机房除去的显热和潜热之和,单位为瓦(W)。

cooling tower 冷却水塔 一种将水冷却的装置。水在其中与流过的空气进行热交换,使水温下降。它广泛应用于空调循环水系统和工业用循环水系统中。在一定水处理情况下,冷却效果是冷却塔重要性能之一,在选用冷却塔时,主要考虑冷却程度、冷却水量和湿球温度的特殊要求,通常安装在通风比较好的地方。

cooling water 冷却水 又叫冷却液,全称叫防冻冷却液,意为有防冻功能的冷却液。

cooperation 合作,配合 各方面分工合作来完成共同的任务,或指合在一起显得合适、相称。

coordinated universal time (UTC) 协调通用(世界)标准时间 由国际无线电咨询委员会定义和建议采用,并由国际时间局(BIH)负责保持的以国际单位制(SI)秒为单位的时间标度。对与无线电规则相关的大部分实际应用而言,UTC与本初子午线(经度零度)上的平均太阳时等效。该时间过去以格林尼治平均时(GMT)表示。UTC 用于协调世界标准时间。

coordination 协调 ① 正确处理组织内外各种关系,为组织正常运转创造良好的条件和环境,促进组织目标的实现。② 进程协调。操作系统的一种功能,由进程管理系统完成,确切地说,由进程调度程序完成,仅当有两台计算机时才提出协调问题。它必须由一系列规则确定,保证两个独立进程相互协同作用。

coordinator 协调器 在 ZigBee 网络中,协调器负责启动整个网络。它也是网络的第一个设备。协调器选择一个信道和一个网络 ID(也称之为 PAN ID),即 personal area network ID,随后启动整个网络。

COP 冷水机组运行效率,制冷性能系数 coefficient of performance 的缩写。

copper braid 铜丝网,铜编织物 用铜丝编织的网,一般为铜丝编织的电缆屏蔽用铜丝网,它包裹在芯线或其他屏蔽层外,位于护套内。用于屏蔽室墙体内,起电磁屏蔽的作用。

copper clad aluminum power wire 铜包铝电源线 以铝芯线为主体,外面镀一定比例的铜层的电线,可以用作同轴电缆用导体及电气装备中电线电缆导体。铝线比重小,但其焊接性能不好,故在铝线外包铜层。这种铜包铝线既可利用铝比重小的优点,也可改善焊接性能。铜包铝电源线适用于电力、电器行业。

copper distributed data interface (CDDI) 铜缆分布式数据接口 在屏蔽双绞线和非屏蔽双绞线电缆上 FDDI(光缆分布数据接口)协议的实现。CDDI 在相对短的距离上(约 100 m)进行传输,使用双环结构提供冗余功能,数据速率达到 100 Mbps,它基于美国国家标准协会(ANSI) TPPMD 标准。CDDI 正式命名为依赖物理介质双绞线(TP-PMD)标准,也称双绞线分布式数据接口(TIP-DDI)。

copper patch cord 铜跳线 使用铜作为传输介质的跳线,是电传输系统中用于传输线路变换(配线架端的跳线),用于损坏后随意更换(工作区的跳线)的重要元器件。

copper tape 铜带 一种金属元件,产品规格有(0.1～3)mm×(50～250)mm 各种状态铜带产品,主要用于生产电器元件、灯头、电池帽、纽扣、密封件、接插件等,主要用作导电、导热、耐蚀器材。如电气元器件、开关、垫圈、垫片、电真空器件、散热器、导电母材、汽车水箱、散热片、气缸片等各种零部件。

copper-clad aluminum wire (CCAW) 铜包铝线 中心为铝,外裹铜的电线,主要用作音频线圈,应用于高品质耳机及音响系统。铝线比一般铜线轻,是最常用的音圈材料,其可以增加输入功率和扩大低音响应。使用铜包铝线,可以使焊接接触良好,且有扩大频率响应等作用。

copper-conductor extruded plastic insulated cable with pre-fabricated 铜芯塑料绝缘预制分支电缆 以导体为铜质,绝缘层为塑料材质(如:PVC、PE、氟塑料等)的预分支电缆。预分支电缆是工厂在生产主干电缆时，按用户设计图纸的预制分支线所制电缆，大量用于机器人、电梯等领域。分支线由工厂预先制造在主干电缆上，分支线截面大小、分支线长度等根据设计要求决定，极大缩短了施工周期，大幅度减少材料费用和施工费用，更大地保证了配电的安全性和可靠性。

copyright 著作权，版权 版权最初的含义是 copy & right（版和权），也就是复制权。此乃因过去印刷术的不普及，当时社会认为附随于著作物最重要之权利莫过于将之印刷出版之权，故有此称呼。随着时代演进及科技的进步，著作的种类逐渐增加，版权的含义逐渐被著作权替代。

cord 跳线 带连接器件的电缆线对或光纤芯线，用于配线设备之间进行连接。它至少有一个终接的线缆、线缆单元或线缆元素。

cordless telephony system (CTS) 无线电话系统 也称为无绳电话系统。是一种可以进入 PSTN 的无线双工移动电话设备。它由一个连接到 PSTN 用户线的座机和单个或多个手持无绳电话机构成，在限定范围内能完成普通电话机的功能。无绳电话与有线电话相比，用户自带话机，使用方便、卫生，但费用稍高。与无线寻呼相比，公用无绳电话可以直接向外拨电话，但其手机要比寻呼机贵。与汽车电话相比，公用无绳电话的设备便宜、机体小巧、通话费用便宜，其缺点是服务范围小。

cordon 警戒线 公共安全系统中基本警戒线和细化后的警戒线的总称。

core diameter 纤芯直径 光纤纤芯的外径，一般为标称值。多模光纤有 62.5/125 μm 和 50/125 μm 两种，单模光纤为 9/125 μm。

core network (CN) 核心网 将业务提供者与接入网，或者将接入网与其他接入网连接在一起的网络。从网络结构上区分网络的不同部分，在非特指情况下，核心网可以指除接入网和用户驻地网之外的网络部分。核心网由多个节点（如交换节点、汇聚节点等）和链路（如连接节点的传输系统）构成。在特指情况下，使用“核心网”需要加上限定词，如“ATM 核心网”“GSM 核心网”等。此时，核心网是指某种网络中的中心部分、骨干部分。一般而言，核心网具有传递信息能力强、容量大、速度快、质量高的特征。

corner 拐角 转弯处的转折点。

corona 电晕 带电体表面在气体或液体介质中发生局部放电的现象，常发生在高压导线的周围和带电体的尖端附近，能产生臭氧、氧化氮等物质。电晕能消耗电能，并干扰无线电波。电晕是极不均匀电场中所特有的电子崩（流注形式的稳定放电）。

correction factor 修正系数 在数据计算、公式表达等由于理想和现实、现实和调查等产生偏差的情况下，为了使其尽可能体现真实性能而对计算公式进行处理附加的系数，一般用 α 等表示。

correlated color temperature (CCT) 相关色温 当一个光源发射出的光色和某一温度下的黑体（如：铂）辐射

的光色相一致时，便把此时黑体的温度表示为光源的颜色温度（即色温）。这种做法的前提是光源的光谱分布与黑体轨迹比较接近。但实际上，绝大多数照明光源的光色并不能恰好处于黑体辐射线上，于是雷蒙德·戴维斯（Raymond Davis）等人提出了相关色温的概念，其核心思想是在均匀色品图上用距离最短的温度来表示光源的相关色温，用K氏温度表示。

correspond interruption rate　通信中断率　通信过程中发生异常中断的概率，即异常中断的次数与总业务进行次数之比。

correspondence　对应　一个相对的关系，两者近似可视作能互相对换替代。比喻在一个系统中的某一项在性质、作用、数量等情况中，同另一系统中的某一项相当。

corresponding time　响应时间　是计算机、显示器成像等多个领域的概念。在网络上，指从空载到负载发生一个步进值的变化时间。传感器的响应时间通常定义为测试量变化一个步进值后，传感器达到最终数值90%所需要的时间。

corrosion-proof　防（腐）蚀　电器设备抵抗酸类物质的能力，或指保护电器设备免受腐蚀的措施。

corrosiveness　腐蚀性　金属与环境间的物理和化学相互作用，使金属性能发生变化，导致金属、环境及其构成的系统功能受到损伤的现象。腐蚀可分为湿腐蚀和干腐蚀两类。

corrugated flexible metallic hose　波纹金属软管　金属软管系列产品之一，波纹金属软管是现代工业管路中一种高品质的柔性管道，具有良好的柔软性、抗疲劳性，并具有承压高、耐温性好、耐腐蚀、密封性强等诸多特性，比其他软管（如橡胶软管、塑料软管等）的寿命长许多。

corrugated steel tape (CST)　皱纹钢带　波纹状皱褶的钢带，一般常见于室外金属铠装缆线的金属铠装层。

COSEM　能源计量配套规范　companion specification for energy metering 的缩写。

country and city toll call area code table　国家和城市长途区号表　在通信中使用的电话号码表，分为国际长途区号表和国内长途区号表。国际长途电话服务的地区拨号列表，所有区号都是根据国际电信联盟的E.164标准所分配的。所有的号码都需加前缀号，用来拨到目的国家。在使用国内电话号码拨打国外的某个电话号码时，需要在国外的电话号码前面加上“拨出码＋国家或地区代码＋区号”。每一个国家有一个前缀来拨出所处的国家。

country code　国家码　① 在X.25通信中位于公共网络中网络用户地址国家终端号之前的三位数字。② 在URL（统一资源定位器）地址中，用来表示Web站点所在国家的两个字母，通常也称地址的地理域名；**国家代码**　国家代码（或国家编码）是一组用来代表国家和境外领土的地理代码。国家代码是由字母或数字组成的短字串，方便用于数据处理和通信。世界上有许多不同的国家代码标准，其中最广为人知的是国际标准化组织的 ISO 3166-1。国家代码也可以指国际长途电话国家号码，即国际电信联盟的国际电话区号(E.164)。

couple 耦合器 系统中传递功率的器件或装置。

coupling 耦合 从一个电路部分到另一个电路部分的能量传递。

coupling of orbit and attitude 轨道和姿态耦合 通信卫星的运行轨道和运行姿态之间的相互关系。

coverage area 覆盖区 ① 无线电或电视发射信号覆盖的区域。接收机在覆盖区可以获得有效的接收。② 不同时使用的数据(含程序)相互覆盖的部分，覆盖是为了提高存储单元的利用率和弥补存储容量的不足。

coverage rate 覆盖率 ① 指在某一特定的时间内，从一个文件系统中检索到的涉及某一特定主题领域的所有件数与该主题领域现存的总件数的比率。② 电缆系统的覆盖率是指金属编织物对电磁信号遮蔽的百分率。若遮盖率高，则对外电波防护效果越好。

CP 集合[汇集]点 consolidation point 的缩写。

CP cable 集合[汇集]线缆 综合布线系统中连接集合点(CP)至工作区信息点(如：双绞线模块)的缆线。在综合布线系统通用拓扑结构中，它归属于第一级子系统，在办公建筑中属于配线子系统，在工业建筑中属于中间子系统。

CP link (CPL) 集合[汇集]链路 综合布线系统的配线设备与集合点(CP)之间，包括各端的连接器件在内的永久性链路。在综合布线系统的通用拓扑结构中，CP 链路是第一级子系统中的一部分，在办公建筑中属于配线子系统，在工业建筑中属于中间子系统。

CPEV 定压膨胀阀 constant pressure expansion valve 的缩写。

CPL 集合[汇集]链路 CP link 的缩写。

CPU 中央处理器 central processing unit 的缩写。

CPV 恒压阀 constant pressure valve 的缩写。

crack 裂纹 材料在应力或环境作用下产生的裂隙。分微观裂纹和宏观裂纹。裂纹形成的过程称为裂纹形核。已经形成的微观裂纹和宏观裂纹在应力或环境(或两者同时)作用下不断长大的过程称为裂纹扩展或裂纹增长。裂纹扩展到一定程度，即造成材料的断裂。裂纹可分为：交变载荷下的疲劳裂纹，应力和温度联合作用下的蠕变裂纹，惰性介质中加载过程产生的裂纹，应力和化学介质联合作用下的应力腐蚀裂纹，氢进入后引起的氢致裂纹。每一类裂纹的形成过程及机理都不尽相同。裂纹的出现和扩展，使材料的机械性能明显变差。抗裂纹性是材料抵抗裂纹产生及扩展的能力，是材料的重要性能指标之一。

CRC 循环冗余校验 cyclic redundancy check 的缩写。

C

creepage distance　爬电距离　沿绝缘表面测得的两个导电零部件之间或导电零部件与设备防护界面之间的最短路径。即在不同的使用情况下，由于导体周围的绝缘材料被电极化，导致绝缘材料呈现带电现象。绝缘子爬电距离是指绝缘子正常承载运行电压的两部件之间沿绝缘表面的最短距离或最短距离的和。

crinoline　电缆导向装置　引导电缆按照指定的轨迹延伸和收缩的装置，如垂直电梯中控制遂行电缆伸缩运行的机械装置。

critical accident alarm　临界事故报警器　当重大事故发生时进行告警。当报警器发出临界事故报警信号时，操作人员要按照预案立即采取相应措施，避免或减少事故发生造成的损失。

cross frame　十字骨架　双绞线内在各对芯线之间添加十字造型的塑料骨架，使各对芯线之间的电磁干扰性能（如：NEXT、FEXT 等）改善的结构。在六类（Cat. 6）、超六类（Cat.6A）非屏蔽双绞线以及总屏蔽双绞线（F/UTP、SF/UTP）中，由于带宽增加，导致双绞线中各线对之间的电磁干扰加大，采用十字隔离结构后可以使双绞线的性能余量满足工程需要。

cross modulation ratio　交扰调制比　射频模拟有线电视系统放大器放大多个频道的电视信号时，由于放大电路中非线性器件的影响，使所欲接收频道的图像载波受到其他频道的调制波的干扰，这种干扰称为交叉干扰，简称交扰。交扰调制使干扰信号调制转移到有用信号的载波上。定义交扰调制：XM＝20 lg 被测载波上转移调制信号的峰-峰值/被测载波上需要调制信号的峰-峰值。而交扰调制比与交扰调制定义相反，CM＝20 lg 被测载波上需要调制信号的峰-峰值/被测载波上转移调制信号的峰-峰值。中国国家标准中规定 CM ≥ 46 dB，系统设计时应取 48 dB。

cross section area（CSA）　横截面积　一个几何体被一个平面以垂直于轴向的方式截取后，几何体及平面的接触面的面积。

cross talk　串扰［音］　由两条信号线之间的分布电感和分布电容耦合效应引起的线上噪声。容性耦合引发耦合电流，而感性耦合引发耦合电压。一根电缆中不同线对之间以及印制电路板（PCB）板层参数、信号线间距、驱动端和接收端的电气特性及线缆端接方式对串扰都有一定影响。

cross view　交叉视图，串画［像］　由于其他视频通道信号的串入而使得画面上叠加了不应有的图像。

cross-connect　交叉连接　通过跳线（快速跳线或压接跳线）使线缆采用交叉连接的方式。这是一种用于电缆、光缆或设备非永久连接方式，把特定的输入和特定的输出关联起来的操作，可通过使用跳线或接插软线来实现。

cross-connect matrix（CM）　交叉连接矩阵　SDH 数字交叉连接（SDXC）

设备的核心器件，用以实现 N 条输入信号中一定等级的各个支路之间任意的交叉连接。

cross-connecting distribution 交叉连接配线 主干光缆经过交接设备再接到分线设备的一种配线方式。

cross-linked polyethylene insulated control cable 交联聚乙烯绝缘控制电缆 控制电缆的一种，具有 PVC 绝缘电缆无法比拟的优点。它结构简单、重量轻、耐热好、负载能力强、不熔化、耐化学腐蚀且机械强度高。它利用化学方法或物理方法，使电缆绝缘聚乙烯分子由线性分子结构转变为主体网状分子结构，即热塑性的聚乙烯转变为热固性的交联聚乙烯，从而大大提高它的耐热性和机械性能，减少了它的收缩性，使其受热以后不再熔化，并保持了优良的电气性能。

cross-linked polyolefin insulated wire 交联聚烯烃绝缘电线 利用辐照交联工艺制作的电线，辐照交联是利用电子加速器产生的高能电子束轰击绝缘层，将分子链打断形成高分子自由基，高分子自由基重新组合成交联键，从而使原来的线性分子结构变成三维网状的分子结构而形成交联。交联电线也就是用这种物理的方法开发生产的一种新型的家装建筑用线，使电线具有了环保、安全、寿命长等特点，是最理想的建筑用线之一。

cross-linked polyvinyl chloride insulated wire 交联聚氯乙烯绝缘电线 使用交联聚氯乙烯材料作为电线绝缘层的电线，交联聚氯乙烯是指在大分子链间形成部分交联网状结构的一种高分子堂聚氯乙烯。它具有环保、安全、寿命长等特点，是最理想的建筑用线之一。

crossover frequency 分频点 分频器中高通、带通和低通滤波器之间的分界点，常用频率来表示，单位为赫兹。

cross-sectional area (CSA) 截面积 一个几何体用一个平面截下后的面的面积称为截面积。

CRT 阴极射线管(显示器) cathode ray tube 的缩写。

crystal filter 晶体滤波器 由单个或多个石英晶体组成的高选择性调谐电路。它在通信接收机的中频放大器中用以改善选择性。

crystal oscillator (XTLO) 晶体振荡器，晶体谐振器 是指从一块石英晶体上按一定方位角切下薄片(称为晶片)添加 LC 组成振荡电路并用金属外壳(也有用玻璃壳、陶瓷壳或塑料壳)封装在一起的电子器件。它是高精度和高稳定度的振荡器，被广泛应用于电视、计算机、遥控器等各类振荡电路中，在通信系统中用于频率发生器，为数据处理设备产生时钟信号或为特定系统提供基准信号。晶体振荡器的类型有压控晶体振荡器(TCXO)、温度补偿晶体振荡器(VCXO)、热控晶体振荡器(OCXO)、压控温度补偿晶体振荡器(TCVCXO)、热控压控晶体振荡器(OCVCXO)、微机补偿晶体振荡器(MCXO)等。

CS 会聚子层 convergence sublayer 的缩写。

CSA 横截面积 cross section area 的缩写；**截面积** cross-sectional area 的缩写。

CSBTS 中国国家技术监督局 China State Bureau of Technical Supervision 的缩写。

CSC 小区控制器 cell site controller 的缩写。

CSCW 计算机支持的协同工作 computer supported cooperative work 的缩写。

CSES 连续严重误码秒 continuous severely errored second 的缩写。

CSF 单基站功能控制，信元位置功能 cell site function 的缩写。

CSI 电流（源）型逆变器 current source inverter 的缩写。

CSPDN 电路交换公共数据网 circuit-switched public data network 的缩写。

CSS 层叠样式表，样式级联表 cascading style sheet 的缩写；**集群交换机系统** cluster switch system 的缩写。

CST 皱纹钢带 corrugated steel tape 的缩写。

CT 比流器，电流互感器 current transformer 的缩写。

CTD 缆式线型感温探测器 cable thermal detector 的缩写。

CTI 计算机电信集成 computer telecommunications integration 的缩写。

CTN 有线电视网 cable television network 的缩写。

CTR 公共电信间 common telecommunications room 的缩写。

CTS 无线电话系统 cordless telephony system 的缩写。

current carrying capacity（CCC） 载流量 指在不会引起元器件或导线的电气或机械特性产生永久性性能下降的情况下，导体能够承载而不致使其稳定温度超过规定值的最大电流。例如，电缆的载流量是指一条电缆线路在输送电能时所通过的电流量。在热稳定条件下，当电缆导体达到长期允许工作温度时的电缆载流量，为电缆长期允许载流量。

current density 电流密度 描述电路中某点电流强弱和流动方向的物理量。其大小等于单位时间内通过某一单位面积的电量，方向向量为单位面积相应截面的法向量，指向由正电荷通过此截面的指向确定。因为导线中不同点上与电流方向垂直的单位面积上流过的电流不同，为了描写每点的电流情况，有必要引入一个矢量场——电流密度 J，即面电流密度。

current divider 分流器 ① 数据分流器。普遍旁挂在网络侧，实现数据流的识别采集、扩展复制和策略分发，主责是流量管理。交换机和分流设备在基础的流量管理上，都具备流量复制的功能，而网络分流器除了具备更强大的流量汇聚、复制功能外，还具备精细化的流量管理功能，这些是传统网络交换机不具备的。数据分流器分有集线器、无源的分光器、光分路器、带有镜像 SPA 功能的交换机、专业数据分流器等类别。② 直流电流分流器，是指测量直流大电流使用，根据直流电流通过电阻时在电阻两端产生电压的原理制成。

current limit (control)　限流　保持电流不超过规定值的功能。

current limiter　限流器　将电流限制到某个量而不管外加电压有多大的装置。

current limiting　限流　主要用于防止过载和短路而不是提供恒定电流的稳压电源电路特性。

current loop　电流环　一种通信连接方式，采用 20 mA 的电流表示逻辑值 1，没有电流则表示逻辑值 0。

current loop interface　电流环接口　一种串行数据通信方式。用电路中有 4 mA 电流表示二进制数“0”，有 20 mA 电流表示二进制数“1”。这一方法来源于电报技术，发电报电键的通、断，在电路中产生两种电流来表示两种信息，电流信号传输比电压信号传输具有更好的抗干扰能力。

current source　电源　为设备或系统提供电能的装置或系统。如常见的干电池、蓄电池(直流电)以及城乡普遍使用的 220/380 V 交流市电以及各类发电机等。

current source inverter (CSI)　电流[电源]型逆变器　把直流电能(电池、蓄电瓶)转变成交流电(一般为 220 V、50 Hz正弦波)的装置。它由逆变桥、控制逻辑和滤波电路组成。广泛适用于空调、电动工具、UPS 系统等。

current transformer (CT)　比流器，电流互感器　① 将大电流变成小电流的互感器。其等值电路同普通变压器。按电流变换原理区分为电磁式电流互感器和光电式电流互感器；按介质区分有干式电流互感器、浇注式电流互感器、油浸式电流互感器、气体绝缘电流互感器等。② 将交流市电电流转变成可供仪表、继电器测量或应用的变流设备。电流互感器是由闭合的铁芯和绕组组成。其一次绕组很少，串接于需要测量电流的线路中，二次绕组比较多，串联于测量仪表和保护电路中。

current-limiting breaker (CLB)　限流断路器　分断时间短得足以使短路电流达到其预期峰值前分断的交流自动断路器。其适用于交流 50 Hz，额定绝缘电压 660 V，额定工作电压不高于 660 V，额定电流至 630 A。在低压网络或变电系统中，要求高分断能力的分支路场合，作为分配电能、线路及电源设备的不频繁转换之用。

current-limiting resistor (CLR)　限流电阻器　插入到电路中将电流限制到某个预定值的电阻器。限流电阻器串联于电路中，减小了负载端电流，也起分压作用。

cursor　光标　① 在显示器屏幕上用来标出当前操作位置的标志，也称指针。② 在计算机图形学中，用于指示显示空间位置的一个可移动的标记。③ 帮助用户找寻文本、系统命令或存储器中某个位置的显示符号。④ 在结构化查询语言(SQL)中，一个命名的控制结构，被应用程序用来指向一行数据，行的位置处于表格或者视图之中，光标用于交互式地从各列中选择一行。

C

customs duty **关税** 进出口商品经过一国关境时，由政府所设置的海关向其进出口商所征收的税收。

cut-off voltage **截止电压** 电池放电时，电压下降到电池不宜再继续放电的最低工作电压值。不同电池类型及不同的放电条件对电池的容量和寿命的要求也不同，因此规定的电池放电终止电压也不尽相同。例如，在UPS系统中，截止电压指认定蓄电池终止放电的规定电压。

cut-off waveguide vent **截止波导通风窗** 截止波导与通风口结合为一体的装置，该装置既允许空气流通，又能够衰减一定频率范围内的电磁波。

cut-off wavelength **截止波长** ① 与截止频率相对应的波长。② 自由空间中电磁波速度与单导体中的截止频率之比。

cutout **保险开关，断路器** 能够关合、承载和开断正常回路条件下的电流并能关合在规定的时间内承载和开断异常回路条件下的电流的开关装置。断路器按其使用范围分为高压断路器与低压断路器，高低压界线划分比较模糊，一般将3 kV以上的称为高压电器。有电子型断路器，它使用互感器采集各相电流大小，与设定值比较，当电流异常时，微处理器发出信号，使电子脱扣器带动操作机构动作。

cut-over **割接，切换** 指网络割接，是对正在使用的线路、设备进行操作。割接将会直接影响到上面承载的业务，电信网络和计算机网络改造中最关键的一步就是网络割接，或称网络切换。割接又叫迁移，是对运行系统进行物理上或者逻辑上的更改。

CVBS **复合视频基带信号** composite video blanking and signal 的缩写。

CVG **控制阀组** control valve group 的缩写。

CVS **中央通风系统** central ventilation system 的缩写。

CVSDM **连续可变斜率增量调制** continuous variable slope delta modulation 的缩写。

CW **控制字** control word 的缩写。

CWP **冷凝泵** condenser water pump 的缩写；**冷却水回水端** cooling water return 的缩写。

cycle life **循环寿命** 设备(或装置)满足规定的功能指标且可正常重复使用次数的最大值。它对不同设备(或装置)具有不同的表述。例如，测量仪表的循环寿命是指按规定使仪表传感器满量程或规定的部分量程偏移而不改变其性能的最多次数；蓄电池的循环寿命是指在一定的充放电制度下，电池容量降低(衰减)到某一规定值之前，电池能经受充电与放电(充电一次并放电一次称为一个周期或一次循环)的最多次数。

cyclic redundancy check (CRC) **循环冗余校验** ① 一个检查在通信线路中传输的数据中错误的方法。循环冗余发生器产生循环冗余校验码，将它除以循环多项式，若有非零余数，则表示有错。这种检验方法可以检出单位、双位和所有奇数位数出错的情况。② 一种常用的校验方法，把要传输或存储的二进制数据除以一个固定的数,所得冗余数称为循环冗余校验码,随数据一起传送或存储。循环冗余校验码可以由特殊的循环位移线路产生。接收或读取数据时,将再次形成这种校验码。对两次校验码进行比较,可以发现数据差错。采用这种检测的通信协议有Xmodem和Kermit。

D

D/A　数字/模拟　digital/analog 的缩写。

D1　D1 图像格式　数字电视一种显示格式的标准。数字电视系统显示格式共分为五种规格，D1 是其中一种格式。D1 为 480i 格式（525i），720×480 像素（水平 480 线，隔行扫描）和 NTSC 模拟电视清晰度相同，行频为 15.25 kHz，相当于 4CIF（720×576 像素）。

DAB　数字音频广播　digital audio broadcasting 的缩写。

DAC　自主访问控制　discretionary access control 的缩写。

daisy-chain structure　菊花链结构　通信总线的一种结构。该拓扑结构拥有星状基础的网络，透过如同菊花花瓣一样的链路可串接下一个计算设备，以增加更多的计算设备进入网络，信息可通过传输路径中各个设备直达目的设备。其优点是连接简单、方便，缺点是只要其中有一个节点设备发生故障，后续传输将全部中断。这种方式通常以电流模式传输，故需要变压器隔离。

DALI　数字可寻址照明接口　digital addressable lighting interface 的缩写。

DAM　数字音频播放器　digital audio machine 的缩写。

damage accident　损坏事故　已经引起或可能引起建筑物破坏、设备或装置损毁的事故。

damaged length　烧毁长度　在规定的试验条件下，材料烧毁面积在特定方向的最大距离，一般以米为计量单位。

damper position　风门位置　空气调节系统风门所在的位置。

damp-proof　防潮　防止空气中的湿度过大（的措施）。空气的湿度过大会使霉菌快速繁殖，霉菌不但能使物品发霉变质。在布线系统中，湿度太大会改变铜芯线对之间、铜芯线缆之间的分布电容，使其高频参数发生劣化。

dangerous accident　险性事故　事故性质严重但未造成损害后果或损害后果不够重大的事故。

DAP　数字音频播放器　digital audio player 的缩写；**数字音频处理器**　digital audio processor 的缩写。

DARS　数字音频参考信号　digital audio reference signal 的缩写。

DAS　直接存储　direct-attached storage 的缩写；**分布式天线系统**　distributed antenna system 的缩写。

DAT　数字磁带录音机　digital audio tape recorder 的缩写；**数字音频磁带**　digital audio tape 的缩写。

data acquiring subsystem　能耗数据采集子系统　通过各类计量装置实现实时采集能耗，并将能耗数据通过标准通信接口传输，属能耗监管系统的子系统。

data broadcasting 数据广播 利用卫星广播和电视广播覆盖网或其他独立数据广播信道，以及采用数字技术传送各种数据技术的总称。它是继音频广播和视频广播之后出现的第三种广播技术。

data cable 数据电缆 在数字信息网络和系统中使用的以传输数据信息为主要目的的电缆，目前广泛应用的是特性阻抗为 100 Ω 的各种屏蔽或非屏蔽双绞线缆。

data center (DC) 数据中心 为存储、处理、传输电子信息，包含存储设备、服务器、通信网络设备设置的集中系统。它可以是一个独立建筑物，也可以是建筑物的一个部分，其中包含计算机主机房、辅助空间、支持空间和办公空间。数据中心是一整套复杂的设施。它不仅仅包括计算机系统和其他与之配套的设备（如：通信和存储系统），还包含冗余的数据通信连接、环境控制设备、监控设备以及安全装置。

data circuit terminating equipment (DCE) 数据电路端接设备 数据通信系统中用于连接数据终端设备(DTE)的装置，它为数据终端设备和数据（电话）传输线提供接口功能，这些功能有连接的建立、保持和终止，以及 DTE 和线路间的信号确认、编码和同步等功能。这种设备一般设置在用户所需地点，可以是别的单元的一部分，也可是整个装置。在一般使用时，该术语（即 DCE）和调制解调器同义。

data communication network (DCN) 数据通信网（络） 由分布在各处的数据终端、数据信息传输设备、数字变换设备和数据通信线路构成的系统。它使任一用户终端都能与系统内其他用户进行数据通信。数据通信网一般都与计算机结合起来，并由计算机完成数据处理、存储等操作。其管理方式分为集中式和非集中式两类。其业务范围包括信息交换、数据收集和分配、询问应答、远程批量处理、时分会议电话及遥控等。

data link control layer 数据链路控制层 ① 在系统网络体系结构(SNA)中，由链路站组成的控制层，对两个节点链路上的数据传送进行调度，并且为该链路执行差错控制。② 在计算机网络的开放系统互联(OSI)层次结构模型中的第二层。这一层控制数据的传输，着重于站点之间活跃链路的建立、字节同步控制、块成帧、错误检测和纠正以及数据传输率的控制。

data management server (DMS) 数据管理服务器 网络中承担数据管理的服务器。在数字电视系统中也指一种集音视频解码和数据传输为一体的新一代网络视频监控媒体终端。

data module distribution frame 数据模块配线架 布线系统中用于信息传输的模块式配线架（即安装 RJ45 模块的配线架）。由于所有的模块式配线架都是通用的，所以通过标签标识标定其中某些配线架中所有的模块均用于数据传输。这样的标定便于检查和维护，但会降低系统的通用性。

data of definite time and distance 定时定距数据 车载信息系统中按规定

间隔时间或按规定行驶距离与车载系统进行通信交换的数据。

data of vehicle in and out parking lot or stop 车辆进出场(站)数据 公共车辆驶入或者驶出场(站)时,车载系统与通信网关交换的数据。

data outlet 数据插座 用于连接设备或线缆的数据传输的信息插座。在综合布线系统图中标记为 TO。数据插座由数据连接模块和插座盒组成。

data over cable service interface specification (DOCSIS) 有线电视数据业务接口规格 一种由美国有线电视实验室(Cable Labs)制定的国际有线电视数据业务的接口标准。

data point 数据点 ① 图表中标出的一个数值,通常以成对数值出现。② 在综合布线系统中指当前用于数据传输的通用信息点。

data processing subsystem (DPS) 能耗数据处理子系统 建筑能效监管系统中对采集的能耗数据进行汇总、统计、分析、显示、存储和发送,并对采集和传输系统运行状态进行实时监控的子系统。

data rate 码率 一般指比特率,一个数据链路上单位时间内传输的数据量,通常用位每秒或 bps 为单位。码率越高,传送数据速度越快。

data receiving unit (DRU) 数据接收单元 数字通信系统中用以接收数据的电路、装置或设备。

data terminal (DT) 数据终端 数据通信中的末端设备,一般由计算机输入输出设备和数据通信设备组成。它具有向主计算机输入数据和接收主计算机输出数据的能力,由与数据通信线路连接的通信控制的能力,也具备一定的数据处理能力。

data terminal equipment (DTE) 数据终端设备 ① 数据通信系统中安装在用户侧的输入输出设备和传输控制设备。② 在数据站中,它可以作为一个数据源或数据宿,或两者兼备,并按照某一链路协议完成数据传送控制的功能单元。

data traffic of communication equipment 通信设备信息流量 一定时间内通信设备所承载的出局数据吞吐量和入局数据吞吐量的总和。

data transfer rate (DTR) 数据传输(速)率 单位时间内通过数据传输系统相应设备的二进制数的位数、字符数或数据块的平均值。

data transmission (DT) 数据传输 遵照适当规程,经过一条或多条数据链路在数据源(信源)和数据接收器(信宿)之间传送数据的过程。它涉及与该过程有关的全部设备和线路,也涉及传输数据的编码、译码、校验等,还涉及数据通信设备。

data transmission channel 数据传输通道 在数据终端设备之间传送数据时所用到的传输媒体和有关设备。

data transmission efficiency (DTE) 数据传输效率 正确接收到的数据的位数(比特数)与传输的总比特数的比值。

data transmission interface 数据传输接口 在数据传输系统中,该概念涉及功能相异的两个设备互联时的技术规范。它是由功能特性、公用物理互连特性、信号特性以及其他适合的特性定义的共同界面。

data transmission ratio　数据传输比　数据传输系统中,有用的或可接收的输出数据与输入总数据的传输比。

data transmission speed　数据传输速度　通信线路上每秒传送的信号码元数,用波特表示。

data transmission system (DTS)　数据传输系统　将信息从一个地点或位置传送或转移到另一个地点或位置的一系列电路、调制解调器和其他设备的总称。

data transmitting subsystem　数据传输子系统　智能化系统中担负信息传输的部分,包括设备和通信链路。在建筑能耗分项计量系统中,它就是将前端采集的能耗数据通过通信网络和相关设备传送至本地用能监测中心的子系统。

data unit　数据单元　作为整体对待的一个或一组相关字符。通常用以代替数据区中指定的一个特定信息单位。在数字电视系统中是指数字电视数据的基本组成单位。

database (DB)　数据库　计算机存储设备中以一定方式储存在一起的能与多个用户共享的、具有尽可能小的冗余度,且与应用程序彼此独立的数据集合。可以将其视为电子化的文件柜——存储电子文件的处所,用户可以对文件中的数据进行新增、截取、更新、删除等操作。

database management system (DBMS)　数据库管理系统　一种操纵和管理数据库的大型软件,用于建立、使用和维护数据库。它对数据库进行统一的管理和控制,以保证数据库的安全性和完整性。用户通过DBMS访问数据库中的数据,数据库管理员也通过DBMS进行数据库的维护工作。它可使多个应用程序和用户用不同的方法在同时或不同时刻去建立、修改和询问数据库。大部分DBMS提供数据定义语言DDL(data definition language)和数据操作语言DML(data manipulation language),供用户定义数据库的模式结构与权限约束,实现对数据的追加、删除等操作。数据库管理系统是数据库系统的核心,是管理数据库的软件。数据库管理系统就是实现把用户意义下抽象的逻辑数据处理,转换成为计算机中具体的物理数据处理的软件。有了数据库管理系统,用户就可以在抽象意义下处理数据,而不必顾及这些数据在计算机中的布局和物理位置。

day template　日期模板　表示日期的样式,一般以表格、图片、日历等形式显示。在许多网站中都能提供各式各样的日期模板。在智能化系统中,设置相应的日期模板,操作人员在时间窗里编辑动作起始时间和终止时间,可使系统自动地按照设定的时间段完成相应的动作。

days of heating period　采暖期天数　每年冬季供暖的天数。中国北方各省市制定城镇居民供热条例或供热管理办法来确定每年采暖期。例如,《保定市供热用热管理办法》(保市政办〔2014〕29号)规定:供热期为当年11月15日至次年3月15日,并要求供热期间,供热单位应当保证居民用户卧室、起居室(厅)和卫生间的室温不低于18℃。

DBC 直埋线缆 direct buried cable 的缩写。

DBS 直播卫星 direct broadcasting satellite 的缩写。

DBT 干球温度 dry bulb temperature 的缩写。

DBX 压缩扩展式降噪系统 音频信号处理中的一种降噪系统。它由美国DBX公司研制成功。其工作原理是录音时对录音信号进行压缩,放音时再扩展还原,达到减少噪声的目的。杜比降噪系统主要是降低高频噪声,而DBX降噪系统则可改善整个频带的噪声,降噪程度可达30 dB以上。

DC 数据中心 data center 的缩写;**解码器** decoder 的缩写。

DC energy storage system 直流储能系统 UPS系统中由单个或多重器件(典型的是蓄电池)构成,用以提供所需储能的系统。

DC link 直流环节 UPS系统中整流器或充电器和逆变功能单元之间相互连接的直流电路。

DC loop resistance 直流环路电阻 综合布线系统中的一个质量指标。它要求双绞线中每一对芯线的两芯线直流电阻之和应小于指定的参数。

DC powered embedded thermal control equipment 直流供电嵌入式温控设备 输入电源为直流48 V的嵌入式温控设备。散热单元、制热系统、核心电器件为直流器件。

DC resistance 直流电阻 元件通上直流电时所呈现出的电阻,即元件固有的静态电阻。

DC resistance unbalance 直流电阻不平衡 综合布线系统的一个质量指标,指双绞线中每一个线对(一个回路)中两芯线各自的直流电阻之间的误差/比值。是POE供电系统中双绞线选型的重要指标之一。

DC-DC converter DC-DC变换器,直流(间)变流器 一种电子装置,它可将一种直流电压转换为另一种直流电压。

DC-dump 直流断电状态 由于直流断电而造成某些不能断电的半导体存储器中信息大量丢失的状态。

DCE 数据电路端接设备 data circuit terminating equipment 的缩写。

DCF 色散补偿光纤 dispersion compensating fiber 的缩写。

DCIF DCIF图像格式 double CIF 的缩写。

DCM 门禁控制模块 door control module 的缩写;**数字内容管理器** digital content manager 的缩写。

DCN 数据通信网(络) data communication network 的缩写。

DCP 数字电影包 digital cinema package 的缩写。

DCR 掉话率 drop call rate 的缩写。

DCS 分散控制系统 distributed control system 的缩写。

DDC system 直接数字控制系统 direct digital control system 的缩写。

DDE 动态数据交换(络) dynamic data exchange 的缩写。

DDN 数字数据网 digital data network 的缩写。

DDNS 动态域名服务 dynamic domain

name server 的缩写。

DDoS **分布式拒绝服务** distributed deny-of-service 的缩写。

DDR **数字磁碟录像机** digital disk recorder 的缩写。

deadbeat control **无差拍控制** 一种跟踪精度高、动态响应速度快的逆变器输出电压波形的数字控制策略。无差拍控制的基本思想是：根据直流电源系统的状态方程和输出反馈信号以及所要求的下一时刻参考输出量计算出下一个开关周期的脉冲宽度。

decentralized **分散式** ① 分散式网络，也称分散网络，它与中央控制式网络系统相对应。每台计算机都视为一个节点，每个节点都彼此相联，形成纵横交错的网状结构。相对于中央控制式网络，分散式网络只重视结果——把信号送到目的地，而不关心过程——通过何种途径传输。② 分散式控制系统，也称集散控制系统，是以微处理器为基础，采用控制功能分散，显示操作集中，兼顾分而自治和综合协调的设计原则的新一代仪表控制系统。

decibels full scale **满度分贝** 有线电视系统中信号振幅相对满度振幅，以分贝表示的单位（dB FS），即信号振幅与满度振幅的比值取 20 倍常用对数，即 20 lg(V/V 满)。规定字母 dB 与 FS 之间有一个空格。

decimation filter **抽取滤波器** 一个内置于取样电路的滤波器，用以减少或消除在取样过程中不需要的效果。

decision support system (DSS) **决策支持系统** 基于计算机用于支持业务或组织决策活动的信息系统。DSS 服务于组织管理、运营和规划管理层（通常是中级和高级管理层），帮助人们对可能快速变化并且不容易预测结果的问题做出决策，是管理信息系统（MIS）向更高一级发展而产生的先进信息管理系统。它由对话管理子系统、数据子系统、模型管理子系统等组成，可以全计算机化、人力驱动或两者结合。它为决策者提供分析问题、建立模型、模拟决策过程和方案的环境，调用各种信息资源和分析工具，帮助决策者提高决策水平和质量。1980 年斯普拉格（Sprague）提出了决策支持系统三部件结构（对话部件、数据部件、模型部件）。到 20 世纪 90 年代中期，出现了数据仓库（DW）、联机分析处理（OLAP）和数据挖掘（DM）新技术，“DW＋OLAP＋DM”逐渐形成新决策支持系统的概念，其特点是从数据中获取辅助决策信息和知识。传统决策支持系统和新决策支持系统是两种不同的辅助决策方式，不能相互代替，应该是互相结合。

decode **解码** 即译码。编码的逆过程，是应用一组数据规则，将编码信息恢复到编码前原来状态的过程。例如在 CPU 中，译码器根据代表待执行的指令、命令或操作的一组脉冲来确定该指令、命令或操作的含义，并产生相应的控制脉冲的过程。把编码字符翻译成一种更易于理解的形式；确定报文中单个字符或一组字符的含义等过程均称为译码。

decode time stamp (DTS) **解码时间戳**

一种对于解码器的指令，可告知解码器在某个特定的时间解码某一条特定的信息。

decoded picture 解码图像 解码器根据位流重建的图像。

decoded picture buffer (DPB) 解码图像缓冲区 保存解码图像并用于输出重排序和输出定时的缓冲区，包括参考图像缓冲区和场景图像缓冲区。

decoder (DC) 解码器 用以对编码信号实施解码的算法和电路单元。如能将数字视音频数据流解码还原成模拟视音频信号的硬件(软件)设备。

decoder in colour television 彩色电视解码器 指从数字视频信号中解译出亮度、色度或三基色电视信号的解码装置或电路单元。

decoding 解码 同 decode。

decoding order 解码顺序 解码过程中遵循的次序。在图像信号处理中是指解码过程根据图像之间的预测关系，对每幅图像解码的顺序。

decorated wall 装饰墙 墙身的外表饰面，分为室内墙面和室外墙面。建筑智能化系统的许多壁挂设备、墙面安装设备、面板等需要安装在墙面上，也成为影响墙面观瞻的重要因素。

decoration system project 装饰系统工程 为保护建筑物的主体结构、完善建筑物的使用功能和美化建筑物，采用装饰装修材料和饰物，对建筑物的内外表面及空间进行的各种处理过程。

decryption 解密 加密的逆过程，即解除加密信息的过程，使之密码信息变成明文信息，以便可读或显示。**译码** 同 decode。

dedicated detection equipment 专用检测设备 那些只能测试特定系统或设备的装置，或那些用于特殊目的的非通用测试设备。

dedicated ground 专用接地 为某个目的或某个系统而专门建立的接地系统。

dedicated line 专用线路 ① 专门为某个用户使用的通信信道。它不属于交换网络。② 连接两个特殊设备或系统之间的通信链路。

dedicated telephone 专用电话 专门为某个用户或某种业务使用的通话装置。例如，消防系统中必须配置用于火灾报警和消防灭火的专用电话系统。

default 预设 又称为前提、预设或前设，指说话者在说出某个话语或句子时所做的假设，即说话者为保证句子或语段的合适性而需满足的前提；**默认(值)** 当不指定时，由系统所设定的一种属性、值或选择项。

definition 分辨率，清晰度 一般指声音和图像细节的清晰程度。在视频系统中也称解像度，它分为显示分辨率和图像分辨率两种。显示分辨率(屏幕分辨率)是屏幕图像的精密度指标，是指显示器所能显示的像素的多少。图像分辨率是指单位面积(单位为英寸)中所包含的像素点数。其定义更趋近于分辨率本身的定义。它以比例关系影响着文件的大小，即文件大小与其图像分辨率的平方成正比。如果保持图像尺寸不变，将图像分辨率提高一倍，则其文件大小增大为原来的四倍。

defrost 除霜 一般指空调和冰箱除去结霜的行为。空调、冰箱等设备在制冷和制热时，都可能产生结霜现象，如除霜不及时，就会影响正常使用。

degree of protection 防护等级 在《安全防范工程技术标准》(GB 50348)中的定义为：为保障防护对象的安全所采取的防范措施的等级。防护对象的防护级别与风险等级相适应。

degree of safety 安全度 安全作为一种客观的价值存在，从理论上讲应该是可以度量的，而度量安全的概念可以称为安全度。安全度就是免于危险的客观程度。

dehumidifying cooling 减湿冷却 在一定温度下，湿度饱和的气体与低温液体或其他冷却面相接触，使气体温度降至露点以下，其中所含的蒸气部分冷凝，使气体的湿度降低的过程，称为减湿过程。例如，当空气沿表冷器的肋片间流过时，通过肋片和基管表面与冷媒进行热量交换，空气放出热量温度降低，冷媒得到热量温度升高。当表冷器的表面温度低于空气的露点温度时，空气中的一部分水蒸气将凝结出来，此时称表冷器处于湿工况，从而达到对空气进行降温减湿处理的目的。

delay correction 时延修正 当电子信号通过电子电路、设备或通信链路传播时，就可能产生延迟，而不同频率的信号时延值不尽相同，可能在终端设备中产生信号失真。为消除或降低此种因素造成的信号失真所采取的技术措施就称为时延修正。在视频系统中，信号延迟的结果通常造成模糊(阴影)图像，因此需要特殊的电子电路对时延进行校正，即时延修正。

delay deviation 延迟偏差 不同延时时间的差值。如在布线系统中，以同一缆线中信号传播时延最小的线对作为参考，其余线对与参考线对时延差值(最快线对与最慢线对信号传输时延的差值)。

delay radio 迟播 因电台或电视台技术设备发生故障，或人为操作不当等因素，使广播节目迟于播出运行图规定的时间播出。

delay skew 时延偏差 同 delay deviation。

delay time 延迟时间 ① 在通信系统中，衡量通信性能、效率高低的一个重要参数，是指由于通信线路、设备或传输控制的因素，使传输的信息在信道中发生延迟的时间。如在电视监视器屏幕上显示出图像的时刻相对于该图像电信号输入监视器时刻的时间差，就是图像信号在该监视器的延迟时间。② 一个事件结束和下一个持续事件开始之前所经过的一段时间。

delivery multimedia integration framework (DMIF) 多媒体传送整体框架 是 MPEG-4 标准的重要组成部分，主要解决交互网络在广播环境下以及多媒体传递的操作问题。

delivery system 传送系统 在电视系统中是指传送一路或多路复用流的信号处理设备或物理媒介。例如，卫星转发器、宽带同轴电缆、光纤等。

D

deluge system **雨淋灭火系统** 是灭火系统的一种。通常由入口蝶阀、电磁阀、水力警铃、手动应急阀、压力表、压力开关、自动滴水阀、开式洒水喷头等组成,当末端配水幕喷头时又可以组成水喷雾灭火系统或水幕灭火系统。其特点是在发现火警后,可以瞬时像下雨般喷出大量的水,覆盖或隔离整个保护区域。它适用于火灾蔓延快、火灾负荷大、火势迅猛的场所。

deluge valve group **雨淋阀组** 雨淋喷水灭火系统中的水流控制阀,可以通过电动、液动、气动及机械方式开启。

demilitarized zone (DMZ) **隔离区** 指两个防火墙之间的空间。与因特网相比,隔离区可以提供更高的安全性,但是其安全性比内部网络低。它是为了解决安装防火墙后外部网络的访问用户不能访问内部网络服务器的问题而设立的一个非安全系统与安全系统之间的缓冲区。该缓冲区位于企业内部网络和外部网络之间的小网络区域内。在这个小网络区域内可以放置一些必须公开的服务器设施,如企业 Web 服务器、FTP 服务器和论坛等。另一方面,通过这样一个 DMZ 区域,更加有效地保护了内部网络。因为这种网络部署,比起一般的防火墙方案,对来自外网的攻击者来说又多了一道关卡。

demultiplexer **多路分解器** 是一种恢复复用信号中的合成信号并将这些信号在各自独立的信道中还原的设备。它具备一个输入端、多个输出端和若干控制端。它可以根据控制端给定的条件将输入信号传送到所选择的输出端口。它常与多路复用器成组使用。

deny override **超级解除** 撤销一切授权,使所有操作者无需授权进入系统的功能。在门禁系统运用此功能可使所有人都有各个门禁点的进出权限,一般用于系统试运行期间。

depth of field (DOF) **景深** 在摄影技术中,指在摄影机镜头或其他成像器前沿能够取得清晰图像的成像所测定的被摄物体前后距离范围。光圈、镜头及焦平面到拍摄物的距离是影响景深的重要因素。

dequantization **反量化** 指在数字电视系统中,对量化系数缩放后得到变换系数的过程。

descrambler **解扰器** 指数据通信中,从扰乱的数字信号中恢复原始数据信号的电路或设备。在有线数字电视系统中,是指对加密干扰信号进行解扰的设备。

descrambling **解扰** 为恢复原始信号而对加扰信号进行的一种处理。

descriptive cataloguing or indexing **描述式编目(或索引)** 指在有线电视系统中对音频资料的内容和形式特征进行分析、归纳和记录的过程。

design **设计** 把一种设想通过合理的规划、周密的计划,通过各种感觉形式传达出来的过程。设计是把一种设想通过合理的规划、周密的计划通过各种感觉形式传达出来的过程。它是设计师有目标有计划地进行技术性的创作与创意活动。设计的任务不只是为生活和商业服务,同时也伴有艺术性的创作。

design defect　设计缺陷　产品设计或工程设计中，在最初设计时，由于未周全考虑而使产品或系统在安装或使用中存在的一些潜在的缺陷，或工程实施或运维时发生问题或存在一些潜在的缺陷。

design development　深化设计　对设计单位提供的设计图进行符合产品或工程实际要求的进一步设计或细化设计，以便于组织生产或工程的实施。

design document　设计文件　对生产产品从设计、试制、鉴定的各个阶段的实践过程形成的图样及技术资料的总称。对工程项目而言，设计文件是指项目从设计、施工、调试、检测、验收，直到交付使用全过程中形成的文字、图纸及各种技术资料的总称。

design drawing　设计图纸　设计文件中各种图纸。如建筑图纸就包括设计的总平面图、楼层平面图、屋面图、立面图、节点大样图、机电设备系统图、安装图、管线敷设图等。

design institute　设计单位　专门从事设计工作的单位，如设计院、设计所等。

designer　设计者　设计和制定具有可行性计划和行动方案的设计人员。

detach (DET)　分离　① 意为分开、离开、隔离、分别之意。既可用于人物感情之间，也可以用于物物之间的隔离。② 从自然科学角度来看，分离是利用混合物中各组分在物理性质或化学性质上的差异，通过适当的装置或方法，使各组分分配至不同的空间区域或在不同的时间依次分配至同一空间区域的过程。

detachable power supply cord　可拆卸的电源软线　一端或两端具有连接器件的柔性电缆，用以连接设备和供电电源装置，为设备供电。

detection　探[检]测　① 采用指定的方法检验测试某种物体、设备或系统规定的功能和性能指标。对于不能直接观察的事物或现象需使用仪器进行考察和测量。② 在规定的区域内发现或测定某种物理现象，如物体位移、温度、湿度、光亮、运动速度和方向等。③ 通信网络中探测也指侦测网络运行的状态，指定的文件或信息。

detection area　探测范围　探测器能实现有效探测功能的区域。

detection area length　探测区域长度　探测器在指定探测方向实现有效探测的距离。

detection distance　探测距离　在某种环境条件下，探测器有效探测目标的最大距离。

detection perspective　探测视角　探测范围两个边沿与探测器形成的直线间的最大夹角。

detection pressure　探测压力　① 将压力的数值检出并转换成能够显示、识别和处理的信号。一般使用压力传感器感受压力信号，并能按照一定的规律将压力信号转换成可用的输出电信号或其他信号。② 在爆炸探测中，指向抑爆器提供着火信号的压力临界值，该临界值高于反应物点燃时所产生的压力。

detection response speed　探测响应速度　从探测器探测到异常信号到输出报警信号的时间，也可以指探测器对探测对象发生变化时的反应速度。当探测对象的参数发生变化时，由于传感器自身的滞后以及探测器电路的滞后，都会使探测器不能与探测对象的参数同步变化，两者的时间差异即为响应速度，以秒为单位。

detection sensitivity　探测灵敏度　探测器对探测对象输入量的响应能力的性能指标。通常用噪声等效功率（NEP）表示。NEP 越小，探测器性能越好。

detection zone　探测区域　探测器在空间内能够实现有效探测的范围。

detector　探测器　也称探测传感器。是实现指定对象和目标侦测功能的装置，它采集来自探测对象的信息并转变为电信号或规定的其他信号，以利传输和显示。在入侵报警系统中，它指探测入侵等异常状态并产生报警信号的器件、装置或设备，即对入侵或企图入侵或用户的故意操作做出响应以产生报警状态的装置。

deterioration　变质　① 人的思想或事物的本质变得与原来不同（多指向坏的方面转变），如蜕化变质。② 物品的变质，指物品或材料应使用长久或环境因素的影响，使其原有功能丧失或性能降低。

device administrator　设备管理员　负责设备管理的人员。

device description　设备描述（表）　又称为设备上下文或设备环境。指定义一组图形对象及其属性，影响输出图形的（数据）结构。Windows 系统提供设备描述表，用于应用程序和物理设备之间进行交互，从而提供了应用程序设计的平台无关性。Windows 窗口一旦创建，它就自动地产生与之相对应的设备描述表数据结构，用户可运用该结构实现对窗口显示区域的 GDI 操作，如划线、写文本、绘制位图、填充等，并且所有这些操作均要通过设备描述表句柄来进行。

device interface　设备接口　设备与其相连的系统及其设备间的接口。

device link detection protocol（DLDP）　设备连接检测协议　在实际组网中，有时会出现一种特殊的现象——单向链路（即单通），即本端设备可以通过链路层收到对端设备发送的报文，但对端设备不能收到本端设备的报文。如发现单向链路存在，DLDP 会根据用户配置，自动关闭或通知用户手工关闭相关端口，以防止网络问题的发生。

dew point（DP）　露点　同 dew point temperature。

dew point temperature　露点温度　空气在水汽含量和气压都不改变的条件下，冷却到饱和时的温度。也可以说，空气中的水蒸气变为露珠时候的温度叫露点温度。

DFF　色散平坦光纤　dispersion flattened fiber 的缩写。

DHCP　动态主机配置协议　dynamic host configuration protocol 的缩写。

DI　数字输入　digital input 的缩写。

dial　拨号［盘］　① 用拨盘式或按键式

电话机初启通话呼叫。在远程通信中,采用这种方式试图在整个交换线路上建立起终端与通信设备之间的连接。② 一种允许用户设置参数值的计算机输入设备。

dial backup **拨号备份** 一种利用拨号连接对专线连接进行备份的技术。

dial exchange **拨号交换机** 也称自动电话交换机。所有电话用户都可以靠拨号呼叫的电话交换机。这种交换机根据用户所拨号码自动接续。当被呼用户是局外用户时,自动选择出中继线并自动向相邻交换局呼叫,其特点是接续时不需要话务员。

dial mode **拨号方式** 一种操作数据电路终端设备的模式,使其与呼叫源相连的电路直接连接到通信信道上。

dial modem **拨号调制解调器** 一种调制解调器,增加了电话拨号功能。通过拨号可以与某一电话线路连通。可用于计算机的连接。

dial network **拨号网(络)** 一种在许多用户之间共享的网络,其中任何一个用户可使用拨号或按键式电话建立与需要的点之间的通信。

dial number indentification service (DNIS) **拨号识别服务** 由公共电话网为识别一个逻辑呼叫组而提供的一个号码的过程。

dial phone set **拨盘式电话,号盘话机** 借助于拨号盘发出表示被叫用户号码的直流脉冲信号,以控制交换机选线的一种自动电话机。

dialing **拨号** 在连接到自动交换机系统的电话机上产生为建立连接所需信号的操作。

dialing area **拨号区** 一个通信区域。该区域内用户相互之间无须通过操作员可直接拨号呼叫。

dialing directory **拨号目录** 在异步终端模拟器(ATE)中,一系列可以用ATE呼叫的电话号码,类似于电话簿中的页。

diameter of conductor **导体直径** 圆形导体(即裸电线)的最大直径。

diameter over-insulated conductor **绝缘导体直径** 绝缘电线中导体的直径。

dielectric constant **介电常数** 又称电容率。介质在外加电场时会产生感应电荷而削弱电场,原外加电场(真空中)与最终介质中电场的比值即为介电常数,它与频率无关,它是相对介电常数与真空中绝对介电常数的乘积。

dielectric strength **介电强度** ① 对绝缘材料而言,是指在不被击穿的情况下能承受的最大电场强度。理论上,介质强度是材料本身固有的性质,不依赖于材料的形状或施加电场的电极形状。② 对一个给定形状的介质材料和电极配置,它是使材料产生击穿的最小的电场强度。击穿时,电场强度使束缚的电子自由化,将介质变成了导电材料。在电线电缆中,介电强度定义为:介质试样被击穿时,单位厚度承受的最大电压。绝缘材料介电强度越大,它作为绝缘体的质量越好。

dielectric test **绝缘试验** 为检验绝缘材料的绝缘强度和绝缘距离,在规定时间内,持续施加高于额定电压的试验。

D

differential mode 差模 两个幅度相等相位相反的信号称为差模信号。

differential mode delay (DMD) 差模延迟 差模信号在传输链路中产生的时延。在多模光纤中,一个激光脉冲能同时激励出多个光通路产生的抖动效应。这些光通路循着两条或两条以上不同路线,可能具有不同长度的传输路径,从而产生不同的传输延迟。在产生差模延迟效应时,一个清晰的激光脉冲通过多模光纤后会变形,在极端情形下会变成两个不相关的脉冲之间互相干扰。此时,数据可能无法恢复。克服这种抖动效应可采用调节发送器发射出的激光和规定接收器的波长来解决。

differential pressure switch (DPS) 差压开关 感受压力差并输出电信号的开关装置,通常利用两条管道的压差来发出电讯号,当系列液管两端的压差升高(或降低)而超过控制器设定值时,发出信号以控制换向阀换向或监视润滑系统,则阀门进而开大(或关小),从而系统液管两端的压差减小,达到系统的正常运行。在建筑物暖通空调系统监控系统常有应用。差压开关的感压元件及其组成不同,原理不同,性能也有区别。

differential pulse code modulation (DPCM) 差分脉冲编码调制 数据通信中一种压缩方式。它将输入模拟信号的抽样值与信号的预测值进行比较求得差值,并将差值编码,产生预测值的预测算法在压缩和解压缩时均须被执行。DPCM 与脉码调制(PCM)相比,它在传输中所需的位数更少,量化噪声也有所改善。

differential temperature detector 差温探测器 一种探测温差的传感器,在探测到环境温度超过预定值时予以响应。通常在火灾自动报警系统中用作火灾探测器。

differential-to-common mode 差模至共模 从差模信号至共模信号的转换。

differentiated service (DiffServ) 区分服务 由于因特网上传输的各种业务对服务质量(QoS)的要求不同,所以国际互联网工程任务组(IETF)于 1998 年提出的另一种服务模型(区别于 Inter-Serv 模型),规范了区分服务,目的是制定一个可扩展性相对较强的方法来保证网际协议地址(IP)的服务质量。它规范的协议,使网中的各种路由器使用不同等级的服务质量。它的工作原则是把业务分类,每一种数据包都放在有限的几种业务类别中,而不是把网络根据业务需求而分类。网络中的每一个路由器都对业务根据其等级分类,而对每种业务分别处理。用这种方法保证不同业务在网络中的优先等级。

diffuser air supply 散流器 空调或通风的送风口中,让出风口出风方向分成多向流动的装置。一般用在大厅等大面积场所的送风口设置,以便新风分布均匀。散流器根据需要分为不同类型,如自力式温控变流型散流器、送回(吸)两用散流器等。

digital addressable lighting interface (DALI) 数字可寻址照明接口 指照明控制领域出现的一种照明控制协议。DALI 标准定义了用于照明控制应用中的通用通信协议和物理接口标准，支持对 DALI 协议设备的直接接入和控制。

digital audio broadcasting (DAB) 数字音频广播 继调幅和调频广播之后的第三代广播，它采用信源编码技术、信道编码、调制技术和同步网技术，具有抗多径传播引起的衰减能力强，适合于固定和移动接收，声音质量可达 CD 水平，可与单频网同步运行，节约无线频谱资源。它又能以数字信号传送各项多媒体数字业务，故也称数字多媒体广播(DMB)。

digital audio machine (DAM) 数字音频播放器 同 digital audio player。

digital audio player (DAP) 数字音频播放器 一种可以储存、组织与播放音频档案格式的装置。DAP 可以播放很多格式，如 WMA、AAC、WAV 等。一些格式会跟有限制性的技术 DRM 合并，比如 Janus 和 FairPlay，一般作为一些付费下载网站的一部分。其他一些格式则是完全的专利自由或者在另外一些方面开放，比如 OGG Vorbis (OGG)，FLAC，Speex (OGG开放多媒体工程的所有部分)，以及 Module file 格式。目前主要有三种数字音频播放器：基于闪存播放器、基于硬盘播放器，或者数字点唱机和 MP3 CD 播放器。

digital audio processor (DAP) 数字音频处理器 一种数字化的音频信号处理设备。它先将多通道输入的模拟音频信号转化为数字信号，然后对数字信号进行一系列可调的算法处理，满足改善音质、矩阵混音、消噪、消回音、消反馈等应用需求，再通过数模转换输出多通道的模拟信号。

digital audio reference signal (DARS) 数字音频参考信号 AES11—2009 (R2014)中定义的音频时钟信号。

digital audio tape (DAT) 数字音频磁带 采用数字存储方式的音频磁带。由于磁带宽度为 0.15 in(约 4 mm)，又叫 4 mm 磁带。该磁带存储系统采用了螺旋扫描技术，使得该磁带具有很高的存储容量。DAT 磁带系统一般都采用了即写即读和压缩技术，既提高了系统的可靠性和数据传输率，又提高了存储容量。目前一盒 DAT 磁带的存储容量可达到 12 GB，同时 DAT 磁带和驱动器的生产厂商较多，是一种很有前途的数据备份产品。

digital audio tape recorder (DAT) 数字磁带录音机 运用数字技术进行记录和重放的磁带录音机。它可分为旋转磁头式和固定磁头式两类。旋转磁头式是利用一个脉冲编码调制 (PCM)处理器把模拟声频信号变为数字信号后转换为伪视频信号，再用 U-matic 或专业用 VHS 录像机进行记录。固定磁头式大多是多轨机，有两声道 12 轨机和 16 声道、24 声道、32 声道机，又分为 PD 格式和 DASH 格式，彼此不能兼容。小型盒带旋转磁头数字录音机(DAT)是把 PCM 处理器与旋转磁头记录器合二为一的机种。它的体积较小，有便携型可供流动录音用。小型盒带固定磁头数字录音机(DCC)是一种带盒大小与普通带盒一样，也可以重放普通模拟盒带的数字录音机。它采用精密自适应子频带编码(PASC)系统,利用人耳听觉特征,大大压缩了码率。数字磁带录音机的动态范围、信噪比都在 90 dB 以上,无抖晃,频响为 20 Hz～20 kHz,音质优美。

digital cinema package (DCP) 数字电影包 一种数字文件集,用于存储和转换数字影像的音频、图像和数据流。该术语由数字电影倡导联盟(DCI)在对数字影像的打包建议中做出过定义。通常采用一种文件结构来组织成多个通常有几个 GB 大小的 MXF 文件,这些文件分别用来存储音频和视频流以及 XML 格式的辅助索引文件。MXF 文件包含有压缩、编码和加密的数据流,以此来减少所需的大量存储空间和防止未授权使用。图像部分是 JPEG 2000 压缩文件,音频为线性 PCM(脉冲编码调制)。采用加密标准 CBC 模式中的 AES-128 位。

digital content manager (DCM) 数字内容管理器 一种使用在数字电视系统前端的设备。它对以数字形式存在的文本、图像、声音等内容进行选择、维护、收集、归档、管理和保存有价值的数据供现在和将来使用。

digital control 数字控制 简称数控。指一种借助数字、字符或者其他符号对某一工作过程进行编程控制的自动化方法,通常使用专门计算机,操作指令以数字形式表示,机器设备按照预定的程序进行工作。

digital cross connect (DXC) 数字交叉连接 一种具有单个或多个准同步数字体系(G. 702)或同步数字体系(G.707)的信号端口,并至少可以对任何端口信号速率(和/或其子速率信号)与其他端口信号速率(和/或其子速率信号)进行可控连接和再连接的设备。**数字交接设备** 指一种由电信和大型企业使用的网络设备,用于切换和把声音、电视、数据信号复合到高速线路上,或者相反。数字交接设备广泛与中心站的电话交换机联合使用。数字交接设备有小型和大型之分,有宽带和窄带的区别,支持的通信信道可分别为 DS-0、DS-1 和DS-3。

digital data network (DDN) 数字数据网 电信业务经营者向用户提供专用的数字数据传输信道,或提供将用户接入公用数据交换网用的接入信道,也可为公用数据交换网提供交换节点间的数据传输信道。数字数据网一般不包括交换功能,只采用简单的交叉连接与复用装置,如果引入交换功能,就形成数字数据交换网。数字数据网(DDN)可供用户组织自己的计算机通信网,也可以用来传输压缩的数字话音或传真信号。数字数据电路网的一个话路传输速率可为 64 kbps,如将 n 个话路集合在一起可达 $n\times64$ kbps。

digital disk recorder (DDR) 数字磁碟录像机 音视频节目后期制作的一种设备,用于记录短场景于数字磁碟(例如计算机硬盘)。

digital gas meter 数字燃气表 具有当前累积燃气流量采集功能,并具有计量数据输出和标准通信接口的燃气计量表具。

digital hard disk recorder 数字硬盘录像机 同digital video recorder。

digital heat meter 数字热量表 具有测量及显示水流经热交换系统所吸收或释放热量功能，并具有计量数据输出和标准通信接口的仪表。

digital information system (DIS) 数字信息系统 通过信息采集、数字量变换、传输和处理实现各类用途的现代计算机系统。该系统主要包括传感器、数据采集器和计算机。其中，传感器可测量力、位移、温度、光、电压、电流等物理量，并将物理量转化成相应的电信号；数据采集器将传感器采集到的各种电信号进行数字化处理后输入计算机；计算机将数据采集器输入的数字信号通过相应的应用软件进行分析处理，并将结果以多种形式实时显示出来。

digital input (DI) 数字输入 在建筑智能化系统中又称开关量输入，如设备状态监测信号或报警点监测信号输入；也可作为计数器输入，是数字量计量中常用的输入方法。输入数据为“0”和“1”。

digital light processing (DLP) 数字光学处理 先把影像信号经过数字处理，然后再把光投影出来。它是基于美国德州仪器公司(TI)开发的数字微镜元件——DMD(digital micromirror device)来完成可视数字信息显示的技术。说得具体点，就是DLP投影技术应用了数字微镜晶片(DMD)来作为主要关键处理元件，以实现数字光学处理过程。DLP的原理是将UHP灯泡发射出的冷光源通过冷凝透镜和光棒(rod)将光均匀化，经过处理后的光通过一个色轮(color wheel)，分成RGB三色(或者RGBW等更多色)，有一些厂家利用BSV液晶拼接技术镜片过滤光线传导，再将色彩由透镜投射在DMD芯片上，最后反射经过投影镜头在投影屏幕上成像。

digital light processor (DLP) 数字光学处理器 采用半导体数字光学微镜阵列作为光阀的成像装置。

digital micromirror device (DMD) 数字微镜元件 美国德州仪器(TI)公司开发的数字微镜元件。它是光开关的一种，利用旋转反射镜实现光开关的开合，开闭时间为微秒量级。作用过程十分简单，光从光纤射向DMD的反射镜片，当DMD打开的时候，光可经过对称光路进入到另一端光纤；当DMD关闭的时候，DMD的反射镜产生一个小的旋转，光经过反射后，无法进入对称的另一端，也就达到了光开关关闭的效果。

digital noise reduce (DNR) 数字降噪 数字降噪技术，用数字处理降低混杂在视频信号中的噪波。由于图像噪波的出现是随机的，因此每一帧图像出现的噪波是不同的。DNR数字降噪通过对比相邻的几帧图像，将不重叠的信息(即噪波)自动滤出，从而显示出比较纯净细腻的画面。作为代表性的视频信号DNR，它从视频信号中将亮度信号(Y)和颜色信号(C)分离(Y/C分离)，分别对它们进行数字处理，将亮度信号中的杂质(飘飞、粗涩)及颜色信号中的杂质(多余的颜色信息)去除。

digital output (DO) 数字输出 即数字信号输出，又称开关量输出，输出“0”和“1”。

digital rights management (DRM) 数字版权管理 数字电视广播系统中的一种保护和管理数字产品和知识产权的技术，它能够决定视频在什么条件下可以观看或下载等。

digital satellite system (DSS) 数字卫星系统 指用于传送数字信号的人造地球卫星系统。在数字广播电视系统中是指基于 MPEG 压缩技术的数字卫星电视接收机系统。一套完整的数字卫星接收系统包括室外和室内两部分。室外部分由接收天线、高频头、馈源、第一中频电缆等部分组成，室内部分主要有调谐器、解调器、功分器、数字卫星接收机、光纤发射机等组成。

digital signage system 数字告示系统 一种基于数字音视频技术的动态信息传播系统。一般安装在大型商场、超市、酒店大堂、饭店、机场地铁站、影院等人流汇聚的公共场所。它是通过大屏幕终端显示设备发布商业信息、财经和娱乐信息的多媒体专业视听系统。

digital signal processing (DSP) 数字信号处理 将信号以数字方式表示并处理的理论和技术。数字信号处理需要对真实世界连续的模拟信号进行采集、测量或滤波，并通过模数转换器将其从模拟域转换到数字域，数字信号处理后一般需要数模转换器还原至模拟域。数字信号处理器制成的一种专用计算机芯片。数字信号处理技术比模拟处理有更高的稳定性和精度。

digital signature 数字签名 又称公钥数字签名。它以电子形式存在于数据信息之中的，或作为其附件或逻辑上与之有联系的数据，可用于辨别数据签署人的身份，并表明签署人对数据信息中包含信息的认可。数字签名是一种类似写在纸上的普通物理签名，但是使用了公钥加密领域的技术，可实现鉴别数字信息。一套数字签名通常定义两种互补的运算，一个用于签名，另一个用于验证。

digital subscriber line (DSL) 数字用户线路 一种通过普通电话线来为用户提供高带宽服务的技术。xDSL 代表不同种类的 DSL，比如：ADSL（非对称数字用户线路）、HDSL（高位速率数字用户线路）、VDSL（超高位速率数字用户线路）、RADSL（速率自适应数字用户线路）等。

digital television (DTV) 数字电视 采集、处理、制作、播出、存储、传输、接收过程中采用由“0”“1”构成的二进制数字流的电视类型，其中的设备称为数字电视设备。

digital terrestrial television broadcasting repeater 地面数字电视广播中继器 指用于在地面数字电视广播覆盖网络的中继设备，按照频率规划要求，将接收到的地面数字电视广播射频信号经功率放大后发射到目标覆盖区域的设备系统。地面数字电视广播中继器不改变原有基带信号，发射功率通常不大于 50 W。

digital theater system (DTS) 数字影院

系统 美国 DTS 公司推出的声场技术，分左、中、右、左环绕、右环绕五个声道，加上低音声道组成 5.1 声道。每个声道以 20 比特精度采样。在编码过程中，DTS 算法将 6 声道 20 比特的音频信息加密转换，压缩到原本只能提供给两个通道 16 比特音频的 PCM 信号的空间。DTS 声场无论在连续性、细腻性、宽广性、层次性方面均优于杜比 AC3 系统。

digital transmitter communicator 数字传输通信机 用于数字传输的通信设备。

digital video broadcast (DVB) 数字视频广播 1993 年建立起来的一种面向市场的数字服务体系结构，旨在推广基于 MPEG-2 编码国际标准的电视服务。DVB 项目是由三百多个成员组成的工业组织，它是由欧洲电信标准化组织 European Telecommunications Standards Institute (ETSI)、欧洲电子标准化组织 European Committee for Electrotechnical Standardization (CENELEC) 和欧洲广播联盟 European Broadcasting Union (EBU)联合组成的联合专家组 Joint Technical Committee (JTC)发起的。这些标准在注册后可以从 ETSI 网站自由下载。

digital video intercom 数字可视对讲 可视对讲系统的一种。它是一种全业务的 IP 数据业务网。它利用已有宽带网络为数据传输平台，以话音、视频和数据通信为基本手段，以信息存储、转发、应用、共享为可选手段，通过可视通信终端，给每个用户分配一个可视通信号码，为用户提供双向视频和双向音频的网络 IP 电话，视频家庭监控，大楼和小区的可视对讲，个人信息存储转发，视频点播等多种信息服务。

digital video recorder (DVR) 数字录像机 即数字视频录像机，采用硬盘录像，故也常称硬盘录像机。它是一套进行图像存储处理的计算机系统，具有对图像、语音进行长时间录像、录音、远程监视和控制的功能。DVR 集合了录像机、画面分割器、云台镜头控制、报警控制、网络传输五种功能为一体的设备。

digital video server (DVS) 数字视频服务器 又称网络视频服务器，一个能够对数字视频进行压缩的程序或者设备。由音视频压缩编解码器芯片、输入输出通道、网络接口、音视频接口、RS-485 串行接口控制、协议接口控制、系统软件管理等构成，主要是提供视频压缩或解压功能，完成图像数据的采集或复原。目前比较流行的是基于 MPEG-4 或 H.264 的图像数据压缩通过因特网络传输数据以及音频数据的处理。

digital video surveillance system (DVSS) 数字视频监控系统 视频监控系统中目前普遍应用的一种，数字视频监控系统传输的是处理、压缩后的数字视频信号。数字视频监控系统可以分为数字非网络型视频监控系统和数字网络型视频监控系统两类。随着 IP 网络普及，广泛使用的是数字网络型视频监控系统。该系统前端采用 IP 摄像机，传输采用 IP 交换机网络或 EPON 光网，存储部分使用数字硬盘，运用网络工作站予以控制，具有实时显示，清晰度高，组网方便，便于智能分析等显著优点而得到广泛应用。

D

digital visual interface (DVI)　数字视频接口　一种视频接口标准，设计的目的是用来传输未经压缩的数字化视频。目前广泛应用于 LCD、数字投影机等显示设备上。DVI 接口分为只接收模拟信号的 DVI-A、只接收数字信号的 DVI-D 和可同时兼容模拟和数字信号的 DVI-I。

digital visual interface-analog (DVI-A)　数字视频接口-模拟　1999 年由数字显示工作组 DDWG (Digital Display Working Group) 推出的接口标准。DVI-A(A = Analog) 是模拟信号接口，只能去接 DVI-A 或者 VGA 接口的信号。

digital visual interface-digital (DVI-D)　数字视频接口-数字　1999 年由数字显示工作组 DDWG (Digital Display Working Group) 推出的接口标准，其造型是一个 24 针的接插件。DVI-D 是数字信号接口，只能去接 DVI-D 接口的信号。通常，在显示器处，看到的是 DVI-D 接口。

digital visual interface-integrated (DVI-I)　数字视频接口-集成　1999 年由数字显示工作组 DDWG (Digital Display Working Group) 推出的接口标准。DVI-I 含及模拟信号接口(接 DVI-A 或者 VGA 接口的信号)和数字信号接口(接 DVI-D 接口的信号)，在管脚定义上有明显的区分。当 DVI-I 接 VGA 时，就是起到了 DVI-A 的作用；当 DVI-I 接 DVI-D 时，只起了 DVI-D 的作用。DVI-I 的兼容性更强，通常在显卡的接口部分看到的是 DVI-I 接口，而 DVI-I 接口旁边的 4 针是 RAMDAC 转出来的模拟信号。

digital water meter　数字水表　具有当前累积水流量采集功能，并具有计量数据输出和标准通信接口的用水计量表具。

digital zero　数字零　在音视频系统中，指对应于无信号的静态数据。它表示在二进制计数法中，所有音视频数据比特均置“0”。该信号不加底垫噪声信号。

digital/analog (D/A)　数字/模拟　把数字量转变成模拟量，也指把数字量转变为模拟量的器件或部件。

D-ILA　直接驱动图像光源放大器(技术)　direct-drive image light amplifier 的缩写。

dimmer　调光器　用来调节光照明度的器件、设备或仪器。其基本原理是改变输入光源的电流以达到调光的目的。低功率调光器常见用于家庭或办公区的照明，高功率调光器一般应用于剧场舞台灯光或建筑照明。现代调光器通常采用可控硅控制灯具电流，而不是电位器或可变电阻，因为其效率接近 1.0。

dimming module　调光模块　利用微处理器(CPU)控制可控硅的开启角大小，从而控制输出电压的平均幅值去调节光源的亮度的器件或组件。

DIP switch (DIP)　DIP 开关　以标准

双列直插封装(DIP: dual in-line package)的封装形式出现的拨码开关,也叫作拨动开关、超频开关、地址开关、拨拉开关、数码开关、指拨开关。DIP 开关是可以人工调整的开关,多半是数个开关一组。DIP 开关可以指个别的开关,也可以指整组的开关。DIP 开关一般会配置在印刷电路板上,配合其他电子元件使用,如作为操作控制的地址开关,采用 0/1 的二进制编码原理。

direct authorization　直接授权　高层领导越过中层领导直接授予的权利。这样的情况在工程实施中时有发生,但应尽量少发生或不发生,因为它意味着管理不到位或权利下放不到位。

direct broadcast　直播　指声音和(或)图像节目不经预先录制而直接播出的过程,如会议直播、电视直播等。

direct broadcasting satellite (DBS)　直播卫星　简称直播卫星,是向公众直接转播电视或声音广播节目的专用通信卫星,主要用于电视直播。卫星直播技术最早由美国应用技术卫星(ATS-6)于 1974 年试播成功。随着卫星高功率放大器、低成本卫星接收机,尤其是数字视频压缩技术的实现,只需一副小型天线对准一颗装有十六个、二十四个或以上转发器的直播卫星即可接收上百套电视节目。20 世纪 90 年代掀起了发射直播卫星的热潮,并成为世界卫星通信发展的主流之一。按国际电信联盟(ITU)规定,卫星直播属于卫星广播业务(BSS),它与卫星节目传输不同。后者通过卫星进行点对点(或点对多点)传输,把节目传送给地面广播台或有线电视台转播,属于固定卫星业务(FSS)。两者使用的频段和管理规则是完全不同的。直播卫星利用地球静止同步轨道卫星实现广播电视、多媒体数据通信直接向小团体及家庭单元传送的一种卫星传输模式。按照卫星广播频段可分为 C 频段、Ku 频段、Ka 宽带多媒体、Ka 高清电视直播卫星等。

direct broadcasting satellite designated service area　直播卫星服务区　指经我国主管部门批准的可以开展直播卫星服务的区域。

direct burial　直埋　室外敷设方法之一,即将线缆埋入大地,或将线缆及其带有的保护管道直接埋入大地。它包括开挖、敷设、被覆三个主要工序。

direct buried cable (DBC)　直埋电缆　一种适合直埋敷设直接和泥土接触的电缆。

direct connection　直接连接　两台设备之间传输信道为直接连接的通信形式,在此信道上,除了用于增强信号的放大器或者中继器外,没有其他的中间器件。

direct contact　直接接触　与人、物、带电体的近距离接触,没有间隔。如与他人握手,用手触碰电线导致触电等。

direct current loop resistance　直流环路电阻　综合布线系统中,同一链路中的一对双绞线芯线的电阻值。在测试时,相当于将这对芯线的一端短接,在另一端测量所得的电阻值。

direct digital control system (DDC system) 直接数字控制系统 简称为DDC系统，是一种闭环控制系统。在系统中，由一台计算机通过多点巡回检测装置对过程参数进行采样，并将采样值(即反馈值)与存于存储器中的设定值进行比较，再根据两者的差值和相应于指定控制规律的控制算法进行分析和计算，以形成所要求的控制信息。然后将其传送给执行机构，用分时处理方式完成对多个单回路的各种控制(如：比例积分微分控制、前馈控制、非线性控制、适应控制等)。直接数字控制系统具有在线实时控制、分时方式控制和灵活性、多功能性的特点。

direct laying (电缆)直接敷设 缆线不是敷设在地下管网、电缆沟、室内槽盒(包括桥架、线槽、托盘等)和电线管内，而是直接敷设在室内外暴露的环境中。直接敷设相对而言施工速度快、成本低，但不利于缆线的保护，一般应用于临时性设施和系统之中。

direct outward dialing one (DODⅠ) 直接向外拨号一次，一次拨号音 电话系统中，用户摘机时听到的拨号音。听到拨号音后，用户可以开始拨号。

direct return system (DRS) 异程式系统，直接回水系统 供水、回水干管中的水流方向相反，每一环路的管路长均不相等的系统。

direct-attached storage (DAS) 直接存储 安装在服务器内部或安装在与服务器直接相连的扩展盘柜中的存储介质。DAS存储与服务器之间必须有固定的绑定连接关系，因此它们之间不存在网络结构，而是直接进行数据的读写。直连存储数据无法共享，也不利于数据保护，是一种低效率结构。

direct-connecting distribution 直接配线 光缆不经过交接设备，直接连接到分线设备的一种配线方式。

direct-drive image light amplifier (D-ILA) 直接驱动图像光源放大器技术 由DDWG (digital display working group，数字显示工作组)推出的一种数字视频接口标准。D-ILA投影技术的核心部件是反射式活性矩阵硅上液晶板，故也称DILA投影技术为反射式液晶技术。D-ILA技术在提供高分辨率和高对比度方面显示了优势。采用D-ILA技术的液晶板的光圈比率可达93%(DLP技术中的DMD的光圈比率为88%，投射式LCD液晶板为40%～60%)，故D-ILA投影机光源利用率更高，可实现更高亮度输出。由于其液晶层每一个像素点无需安装控制晶体管，像素点所有面积都是有效显示面积，可在液晶板上实现更高的像素点密度，即在相同尺寸的液晶板上实现更高的分辨率。由于D-ILA的液晶板液晶层采用电压控制可调双折射方式，在全开状态的光线全反射，几乎没有损失；而全关状态时反射输出光线几乎为零，因此D-ILA可以实现非常高的对比度。

direction of lay 绞合方向 双绞线导体或者绝缘芯线的各层绞合时的方向

描述,有Z绞(左向)和S绞(右向)。

directional response characteristics (DRC) 指向性响应特性 指辐射指向性的频率响应特性。在扩声系统中,指单一声源在空间辐射指向性的频率响应特性,其测试频率范围一般在70～16 000 Hz内,通过测量声源周围空间各点声压级获得。

directional wheel 方向轮 具有转向功能的轮子。安装在机柜下方,用于机柜平移。当机柜到达指定位置后,可将方向轮收起。

directivity 指向性 物质运动的方向特性。声音的指向性是在频率固定时,由声源向指定平面内辐射的方向特性。随着频率的增高其指向性增强。无线电天线的指向性是对空间不同方向具有不同的辐射或接收能力的性能。

directivity pattern 指向性模式 亦称方向图。常用于声波辐射或接收响应的图解描述,是在频率固定时,通过声中心的指定平面内换能器响应作为发射或入射声波方向的函数。

DIS 数字信息系统 digital information system的缩写。

disarm 撤防 在报警系统中使系统的部分或全部防区处于解除警戒状态的操作。

disarm condition 解除状态 一般指报警系统撤销报警信息收集和报警监测的状态,也称撤防状态。它与"警戒状态"相反。

discrete frequency 离散频率 即不连续的频率。

discretionary access control (DAC) 自主访问控制 ① 一种接入控制服务。它强制执行一个基于系统实体身份和它们访问系统资源的授权的安全策略,包括设置文件、文件夹和共享资源的许可。它根据主体所属类别的标识来决定其对客体访问的权限。其中,自主型访问控制是拥有某种访问特权的主体可以把其特权直接或间接授予其他主体。② 根据需要来安排主体是否可以访问客体。通常以Self、Group、Public代码标出主体对客体的读、写、删除、创建的许可,可用于简单的控制安全性授权管理。

dismountable type 可拆卸式 设备或装置允许现场拆装的结构形式,如可拆装的支架、机柜等。

dispatch center 调度中心 在某区域对某业务进行综合管理和控制的机构和场所。如电力调度中心就是对若干条供电线路或区域线路进行综合调度的控制中心,是该区域电力系统信息处理、监视和控制的中心机构。

dispatching 调度 ① 意为调动,安排人力、车辆,也可指担负指挥调派的人(调度员)。② 在通信业务中,鉴于频谱资源和功率资源都是有限的,需要对资源进行合理的分配,以利系统用户得以正常通信,这种分配的方法或者策略,即为调度算法或者调度技术。

dispersion compensating fiber (DCF) 色散补偿光纤 可补偿在常规光纤传输中产生之色散的一类光纤。它是具有大的负色散光纤,进行色散补偿，以保证整条光纤线路的总的色散近似为零。

dispersion flattened fiber (DFF) 色散平坦光纤 将从1 300 nm到1 550 nm的较宽波段的色散几乎达到零色散的光纤。

dispersion phenomenon 色散现象 当光纤的输入端光脉冲信号经过长距离传输以后，在光纤输出端，光脉冲波形发生了时域上的展宽，这种现象即为色散现象。色散是光纤传输中的损耗之一。色散将导致码间干扰，在接收端将影响光脉冲信号的正确判决，误码率性能恶化，严重影响信息传送。随着光纤制造工艺的不断提高，光纤损耗对光通信系统的传输距离不再起主要限制作用，而色散上升为首要限制因素之一。

dispersion shifted fiber (DSF) 色散移位光纤 指一种零色散波长移到1 550 nm附近的光纤。

displacement factor 位移因数 也称功率因数。它是指交流电路中基波电压和基波电流产生相位移时的有功功率对视在功率之比，即 $\cos\Phi = P/S$，Φ 为电流电压的相位差。功率因数的大小与电路的负荷性质有关，是电力系统一个重要的技术数据，是衡量电气设备效率高低的一个系数。功率因数低，说明电路用于交变磁场转换的无功功率大，从而降低了设备用电的利用率，增加了线路供电损失。因此，提高负载电路的功率因数成为节约电能的重要举措。

displacement ventilation 置换通风 是一种新的通风方式。置换通风以低速在房间下部送风，气流以类似层流的活塞流状态缓慢向上移动，到达一定高度时，受热源和顶板影响，发生紊流现象，产生紊流区，气流产生热力分层现象。这样，室内将出现两个区域：下部单向流动区和上部紊流混合区。空气温度场和浓度场在这两个区域有非常明显的不同特性，下部单向流动区存在一明显垂直温度梯度和浓度梯度，而上部紊流混合区温度场和浓度场则比较均匀，接近排风温度和污染物浓度。这种送风方式与传统混合通风方式相比，可使室内工作区得到较高空气品质、较高热舒适性并具有较高通风效率。

display multimedia 显示媒体 显示感觉媒体的设备。显示媒体又分为两类，一类是输入显示媒体，如话筒、摄像机、光笔、键盘等；另一类是输出显示媒体，如扬声器、显示器、打印机等。

display order 显示顺序 指显示解码图像的顺序。

display screen 显示屏 一种将一定形式的电子文件显示到屏幕上的显示设备。

display screen fixed on roof 屋顶显示屏 安装于建筑物屋顶上的显示屏。

display screen fixed on wall 墙面显示屏 安装于建筑物（含构筑物）墙面的显示屏。

disruption 中断 ① 系统运行过程中，出现某些意外情况需主机干预时，系统能自动停止正在运行的程序并转入处理新状态的程序，处理完毕后又返回原被暂停的程序继续运行。

② CPU暂时停止当前程序的执行转而执行处理新情况的程序和执行过程。如在程序运行过程中,系统出现了一个必须由 CPU 立即处理的情况。此时,CPU 暂时中止程序的执行转而处理这个新的情况的过程叫作中断。

distortion 失真,畸变 ① 系统中发生的输出与输入信号波形的变化。主要形式有六类:偏移失真、特性失真、延迟失真、末尾失真、不规则失真(抖动)、谐波失真。② 是一个信号波形或周期现象在传输和处理过程中发生变形。音频信号的失真或畸变会形成不和谐的或刺耳的声音。视频信号的失真或畸变可能使景物形状、对比度、色彩发生不利于观瞻的改变。

distortion of long duration of a picture 长时间图像失真 图像在若干帧的时间段内产生的较明显的图像失真。

distortion of short duration of a picture 短时间图像失真 图像在少于行周期的时间段内产生的瞬间图像失真。

distributed antenna system (DAS) 分布式天线系统 用分散在建筑物内部的若干无源天线来重新发送运营商的信号的系统,能在建筑物内有效提升移动通信服务的性能和质量,称为移动通信室内信号覆盖系统,在建筑智能化系统中属于信息设施系统。

distributed building service 分布式楼宇设施 建筑群或建筑物内的各种智能化子系统和分布在建筑内的公用设施,包含但不限于楼宇自动化、安全、访问控制、楼宇管理、无线接入点、信息显示和报警系统等。

distributed control system (DCS) 分散控制系统 又称其为集散式控制系统,它是利用计算机技术对生产过程进行集中监视、操作、管理和分散控制的系统。它是在集中式控制系统的基础上发展并演变而来的。它是一个由过程控制级和过程监控级组成的以通信网络为纽带的多级计算机系统,综合了计算机、通信、显示、控制等技术,其基本思想是分散控制、集中操作、分级管理、配置灵活以及组态方便。要保证 DCS 高可靠性主要有三种措施:一是广泛应用高可靠性的硬件设备和生产工艺,二是广泛采用冗余技术,三是在软件设计上广泛实现系统的容错技术、故障自诊断和自动处理技术等。

distributed denial-of-service (DDoS) 分布式拒绝服务 DoS(拒绝服务)攻击需要攻击者手工操作,而 DDoS 则将这种攻击行为自动化。与其他分布式概念类似,分布式拒绝服务可以方便地协调从多台计算机上启动进程。在这种情况下,就会有一股拒绝服务洪流冲击网络,并使其因过载而崩溃。DDoS 原先是一种验证主机能处理的最大网络流量技术。安全专家一直利用分布式拒绝服务方法进行网络渗透和压力测试,目的是确定一个网络能处理多大的网络流量,以此决定是否需要增加网络带宽或该网络是否能在保证提供可靠服务的前提下应付足够大的网络流量。DDoS 工作的基本概念就是在不同的主机上安装大量的 DoS 服务程序,它们等待来自中央客户端的命令，中央客户端随后通知全体受控服务程序，并指示它们对一个特定目标发送尽可能多的网络访问请求。DDoS将攻击一个目标的任务分配给所有可能的DoS服务程序，故被称为分布式DoS。

distributed linear optical fiber temperature fire detector　分布式线型光纤感温火灾探测器　一款基于光纤拉曼(Raman)散射原理的火灾探测装置，能实时检测感温光纤沿线温度的变化。主要用于电缆、隧道、油罐、气罐等大范围的火灾探测。尤其适用于易燃易爆等危险区域和有强电磁干扰、腐蚀、高温和防爆要求的工业消防项目的火灾探测。

distributed return loss (DRL)　分布式回波损耗　布线系统中的一个质量指标，表示大部分布线(布缆)长度的缆线内所有分布源缆线回波损耗的影响。短线缆上的DRL影响可用和用于根据GB/T 18015.1缩放NEXT的相同公式近似得出。所有线缆段的DRL以功率和方式加在一起，以获得整个链路的DRL。由于所有线缆段的DRL影响不可纠正，前面线缆相加的相同DRL也能通过假设长度依赖方程式中的总长度和只计算纠正一次来直接获得。当线缆总长度超过30 m时，长度依赖方程式引起的变化最小。因此，对所有实际线缆长度可使用DRL近似值。

distributed structure　分布式结构　系统采用若干个控制器对众多控制点进行控制，且控制期间通过网络连接可进行数据交换；计算机操作站通过网络与各控制器连接，以实现对于分散控制的集中管理，相应的控制系统结构为分布式结构，也称为集散结构。

distribution equipment　配线设备　在用户接入网中把任何一对入线和任何一对出线进行连接的设备。配线设备主要有交接箱、交接间、配线架等；常用的分线设备主要有分线盒、分线箱等。主要的配线方式有直接配线、复接配线、交接配线和自由配线四种。

distribution frame　配线架　①综合布线产品中的配线架，是面板的结合体，在配线架上可以安装数十个以上的双绞线模块或光纤适配器，分有铜缆配线架、光纤配线架、通用配线架等。②综合布线拓扑结构中的配线架，各级配线设备往往被称为配线架，用于终端用户线或中继线，并能对它们进行调配连接的设备。配线架是综合布线系统中最重要的组件，主要用于各级子系统的交叉连接。配线架通常安装在机柜或壁挂箱内。通过安装附件，配线架也可以满足非综合布线产品，如同轴电缆、塑料光纤、音视频线缆的安装和交叉连接。③用于终端用户线或中继线，并能对它们进行调配连接的设备。配线架是管理子系统中最重要的组件，是实现垂直干线和水平布线两个子系统交叉连接的枢纽。配线架通常安装在机柜或墙上。通过安装附件，配线架可以全线满足UTP、STP、同轴电缆、光纤、音视频的需要。在网络工程中常用的配线架有双绞线配线架和光纤配线架。根据使用地点、用途的不同，分为总配线架和中间配线架两大类。

distribution management system (DMS) 配电管理系统 一个涉及供电企业运行管理、设备管理、用户服务等方面的计算机管理系统。它以配电自动化实时环境、地理信息系统、综合性数据库等为基础，组成多个相对独立的应用功能子系统，包括配电网自动化(DA)、配电工作管理(DWM)、故障投诉管理(TCM)、自动作图(AM)、设备管理(FM)、负荷管理(LM)、配电网分析系统(DAS)，等等，以实现配电网管理自动化，优化配电网运行，提高供电可靠性，为用户提供优质服务。

distribution network automation (DNA) 配电网自动化 实时的配电自动化与配电管理系统集成为一体的系统。是运用计算机技术、自动控制技术、电子技术、通信技术及新的高性能配电设备等技术及设备手段，对配电网进行离线与联机的智能化监控管理，使配电网始终处于安全、可靠、优质、经济、高效的最优运行状态。

distribution point (DP) 分配点 接入网物理参考模型中的一个信号分路点，大致对应传统铜线用户线的分线盒所在位置。

distribution room 配线间 在建筑物内，用于安装布线系统设备的楼层空间，一般位于楼层弱电间内，为弱电间中的一个区域。

distribution splitter 分支保护器 预端接光缆上将主干光缆转换为一个个分支光缆的转接点上的保护器。

distributor 分配器，配线架 ① 指有线电视系统中把一个射(视)频信号源平均分配成多路的设备。② 在综合布线系统中指为连接线缆的部件集合(如转接板、快接跳线)所用的术语。

distributor 1 第一级配线设备 综合布线系统通用拓扑结构中四级子系统中的第一级子系统所配套的配线设备。第一级配线设备在各种建筑的综合布线系统中有不同的名称，在商业建筑中称为楼层配线架(FD)，在工业建筑中称为中间配线架(ID)，在数据中心中称为区域配线架(ZD)，在家居综合布线系统中称为家庭次配线架(SHD)。四级子系统都有自己配套的配线架，在建筑综合布线系统中会将其定名。

district cooling 区域供冷 在一个建筑群或一区域内设置集中的制冷站制备空调冷冻水，通过循环水管道系统，向各建筑提供空调冷量。这样，建筑内不必单独设置空调冷源，避免多处设置冷却塔。由于建筑物的空调负荷不可能同时出现峰值，因此制冷机的装机容量会小于分散设置冷机时总装机容量，从而有可能减少冷机设备的初次投资。自 20 世纪 80 年代开始，日本、美国等国家的一些大城市商业建筑群、大学校园都采用这种区域供冷的方式。我国不少城市也采用了区域供冷方式，并已投入运行。

diverse-routed protection (DRP) 多路由保护 多条保护路由。通信主干

链路通常至少有两条，一条为主用路由，一条为保护路由。平时两条可能都在使用，有一条中断，就通过另一条链路通信。也称为双链路保护。

diversity RF port 分集射频端口 属移动通信中的分集技术。分集就是指通过两条或两条以上途径传输同一信息，以减轻衰落影响的一种技术措施。分集需要使用多副天线，分集射频端口就是指这些天线所使用的射频接口。

diverting valve 分流阀 也称速度同步阀，是液压阀中单向分流阀、集流阀、单向集流阀和比例分流阀的统称。分流阀的作用是使液压系统中由同一个油源（或水流）向两个以上执行元件供应相同的流量（等量分流），或按一定比例向两个执行元件供应流量（比例分流），以实现两个执行元件的速度保持同步或定比关系。

DLDP 设备连接检测协议 device link detection protocol 的缩写。

DLP 数字光学处理器 digital light processor 的缩写；**数字光处理** digital light processing 的缩写。

DM 数据管理服务器 data management server 的缩写。

DMD 差模延迟 differential mode delay 的缩写；**数字微镜元件** digital micromirror device 的缩写。

DMIF 多媒体传送整体框架 delivery multimedia integration framework 的缩写。

DMS 配电管理系统 distribution management system 的缩写。

DMZ 隔离区 demilitarized zone 的缩写。

DNA 配网自动化 distribution network automation 的缩写。

DNIS 拨号识别服务 dial number indentification service 的缩写。

DNR 数字降噪 digital noise reduce 的缩写。

DNS 域名系统 domain name system 的缩写。

DO 数字输出 digital output 的缩写。

DOC 文档 documentation 的缩写。

DOCSIS 有线电视数据业务接口规格 data over cable service interface specification 的缩写。

document object model (DOM) 文档对象模型 W3C（万维网协会）组织推荐的处理可扩展标志语言的标准编程接口。在网页上，组织页面（或文档）的对象被组织在一个树形结构中，用来表示文档中对象的标准模型就称为 DOM。

documentation (DOC) 文档 文件和档案的简称。

DODI 直接向外拨号一次，一次拨号音 direct outward dialing one 的缩写。

DOF 景深 depth of field 的缩写。

Dolby atmos 杜比全景声 由杜比实验室研发并于 2012 年 4 月 24 日发布的全新影院音频平台。它突破了传统意义上 5.1 声道、7.1 声道的概念，能够结合影片内容，呈现出动态的声音效果，更真实地营造出由远及近的音效。配合顶棚加设音箱，实现声场包围，可展现更多声音细节，提升观众的观影感受。

Dolby E 杜比 E 1999 年杜比实验室

开发的一种专业级质量的音频编码技术，用于把广播和其他双声道设施的音频转化为多声道的音频。可以使一路 AES/EBU 音频对或数字录像机上的音频对携带多达八个声道的广播级质量的音频，用于后期制作和发行。

Dolby noise reduction　杜比降噪　由 Dolby 试验室开发的技术，它改进录音的信噪比，通过在录音前在一个安静的通道提升特殊频率的电平，并在回放（一个压缩-膨胀过程）时降低到它们原始的水平。这就自动地减少了在录音或重放过程中带来的噪声。

Dolby Pro Logic　杜比定向逻辑（环绕声）　美国杜比（Dolby）公司开发的一种环绕声系统。它把四声道立体声在录制时通过特定的编码手段合成为两声道，即将原来的左声道（L）、右声道（R）、中置声道（C）、环绕声道（S）的四个信号，经编码后合成为 LT、RT 复合双声道信号，重放时通过解码器将已编码的双声道复合信号 LT 和 RT 还原为编码的左、右、中、环绕四个互不干扰的独立信号，经放大后分别输入左音箱、右音箱、中置音箱和环绕音箱。为了放音对称起见，环绕音箱采用了左环绕和右环绕音箱，分别从放大器输出，所以商业上把杜比定向逻辑环绕声的输出称为五声道。

DOM　文档对象模型　document object model 的缩写。

domain name system（DNS）　域名系统　因特网中为标识网上的主机，提供分级命名系统的一种联机分布数据库，也称主机命名层次系统，分布在整个因特网中，不同的域管理员负责这个数据库中的不同部分。它主要提供将逻辑机器名和网际协议（IP）地址之间映射关系的机制，还可存储和提供关于用户和邮件列表的信息，方便邮件交换等功能，使用户更方便地访问因特网，而无须记住为机器直接读取的 IP 数据串。

door contact　门磁（开关）　一种装在门上探测门扇启、闭状态的磁控探测传感器。它由开关和磁铁两部分组成。开关部分由磁簧开关及引线连接定型封装而成，磁铁部分由一定磁场强度的永久磁铁封装于塑胶或合金壳体内。上述两部分分别安装在门框和门扇相应位置（嵌入式安装或表面明装），正常状态下，磁铁和开关两部分因门扇闭锁而靠得很近（小于 5 mm），门磁开关处于工作守候状态；一旦门扇打开，磁铁离开一定距离后，磁簧开关改变状态，从而通过导线发出信号。它在入侵报警系统中常用作前端探测器。

door control hardware　门控五金件　也称闭门器。安装于门头上一个类似弹簧的液压装置。当门开启后能通过压缩释放，将门自动关闭，犹如弹簧门的作用，可以保证门被开启后，可准确地、及时地关闭到初始位置。

door control module（DCM）　门控模块　门禁系统中用于控制的组件，它由身份识别装置（如门禁读卡器等）、门锁驱动电路、通信接口等组成。它采集并识别身份信息和门状态传感器信息,并将信息发送至系统,同时接受系统控制指令,控制电控门锁启闭。

door control relay　门控继电器　对门扇或闸机进行自动控制使用的继电器。

door entry control　门禁　意为对"门"的禁止权限。这里的门,包括人通行的门、车辆通行的门以及出入通道闸门等。

door status monitor (DSM)　门状态监视器　门禁系统中安装在电控门锁(如:电插锁、磁力锁、电控锁等)中,用于检测门的开关状态的传感器。也可以采用安装于门框和门扇一侧的专用门磁开关作为门状态监视。

double arc shape　双弧面　安装于墙面、桌面上供电插座面板和信息插座面板表面的一种造型,它的特点是面板正面上下方向为弧面、左右方向也为弧面。

double blind test　双盲测试　盲测的一种。盲测是市场调研中进行产品测试时常用方法,或称为隐性调研。在测试过程中,被测试产品的品牌、名称、包装或其他可以识别的内容予以隐藏,让顾客从中选择一种更喜爱的商品。盲测经常用于抽查新商品以检验其与老商品的可比性及竞争性。盲测也会作为电视广告用来打击对手的技法。为求得真实和客观,有时不仅对被试者要隐藏产品的信息,而且也要对调研员隐藏产品信息,这样的盲测就叫双盲测试。在乐器音色和音乐的客观评价中也往往采用双盲测试,使听音测试的组织者和听音测试者之间没有不受控制的交互可能。

double CIF (DCIF)　DCIF 图像格式　指双倍 CIF 清晰度的图像格式,其清晰度为 528 × 384 像素,不同于 2CIF(704×288 像素)的清晰度。

double glazing with shutter　中空百叶玻璃,双层百叶窗　内置可调百叶的中空玻璃。

double wall corrugated cable conduit of chlorinated polyvinyl chloride　氯化聚氯乙烯塑料双壁波纹电缆导管　以氯化聚氯乙烯(PVC-C)树脂(该树脂的缩写为 CVPC)为主要材料,加入必要的加工助剂生产的内壁光滑,外壁波纹,内外壁中空的特殊管材。它具有高强度、柔韧性好、耐高温、耐腐蚀、阻燃、绝缘性能良好、无污染、不易老化、质轻、施工方便等特点。

double wall corrugated cable conduit of unplasticized polyvinyl chloride　硬聚氯乙烯塑料双壁波纹电缆导管　硬聚氯乙烯塑料(缩写 UPVC 或 PVC-U)双壁波纹电缆导管是以聚氯乙烯为主要原料加工生产的内壁光滑,外壁波纹,内外壁中空的特殊管材。该管材外形美观,结构独特,强度高,内壁光滑,摩擦阻力小,流通量大,基础不需要做混凝土基础,重量轻,搬运安装方便,施工快捷;橡胶圈承插连接,方法可靠,施工质量易保证;柔性接口,抗不均匀沉降能力强;抗泄漏效果好,可耐多种化学介质的侵蚀;管内不结垢,基本不用疏通,埋地使用寿命达 50 年以上。应用领域:(1) 市政工程。可用于排水、排污管；(2) 建筑工程。用于建筑物雨水管、地下排水管、排污管、通风管等；(3) 电气电信工程。可用为各种动力电缆的保护管；(4) 铁路、公路通信。用为通信电缆、光缆的保护管；(5) 广泛用于化工、医药、环保等行业的排污水管；(6) 农业、园地工程。用于农田、果园、茶园以及林带排灌；(7) 用作铁路、高速公路的渗水、排水管；(8) 可做矿井通风、送水排水管。

DP 露点 dew point 的缩写；**分配点** distribution point 的缩写；**动态规划** dynamic programming 的缩写。

DPB 解码图像缓冲区 decoded picture buffer 的缩写。

DPCM 差分脉冲编码调制 differential pulse code modulation 的缩写。

DPS 能耗数据处理子系统 data processing subsystem；**差压开关** differential pressure switch 的缩写。

drain wire 汇流线 将主接地端子板或将外露可导电部分直接接到接地体的保护线。对于连接多个接地端子板的接地线称为接地干线。

drawer with telescopic slide 伸缩滑轨抽屉 抽屉式内胆与盒体(或架体)之间的滑动连接种类之一。常作为设备机柜中安装无标准机箱的设备。

DRC 定向型响应特性 directional response characteristics 的缩写。

drencher system 水幕系统 一种阻火、隔火的喷水系统。它由开式洒水喷头或水幕喷头、雨淋报警阀组或感温雨淋阀，以及水流报警装置(水流指示器或压力开关)等组成，用于挡烟阻火和冷却分隔物。

DRL 分布式回波损耗 distributed return loss 的缩写。

DRL0 分布式回波损耗常量 综合布线系统的一项关于回波损耗的技术参数，计算公式为频率 f 在 50 MHz 以上的近似公式中的基本常量，$DRL_{100} \approx DRL_0 - 10\lg(f)$。五类和六类线缆，$DRL_0$ 的近似 DRL 值是 43.5 dB，七类线缆是 48.3 dB。

DRM 数字版权管理 digital rights management 的缩写。

DRM agent DRM[数字版权管理]代理 指在数字电视广播系统设备中的一个可信实体，负责执行与 DRM 内容相关的许可和限制。

DRM content DRM[数字版权管理]内容 数字电视广播系统中采用 DRM 技术管理的数字媒体内容。

DRM server DRM[数字版权管理]服务器 向DRM代理发送许可证的实体。

drop call rate (DCR) 掉话率 在移动通信通话过程中出现掉话的概率。

drop optical fibre cable 引入光缆 用于分配网络户外部分的光缆。

dropout 信号失落 视频图像的部分损失，通常在屏幕上显示为白条纹，是由低质量的回放引起的。

DRP 多路由保护 diverse-routed protection 的缩写。

DRS 异程式系统，直接回水系统 direct return system 的缩写。

DRU 数据接收单元 data receiving unit 的缩写。

dry and wet bulb thermometer 干湿球

温度表　测量空气温度和湿度的一对并列安置的温度表。干湿球温度表是同时测定空气温度和湿度的一对规格相同的温度表。

dry bulb temperature (DBT)　干球温度　从暴露于空气中而又不受太阳直接照射的干球温度表上所读取的数值。

dry coil　干式盘管　即干式风机盘管，由于采用高温冷冻水技术，盘管里面流动的冷冻水温在16℃以上，故不易结露，盘管外面始终是干的，故称干式风机盘管。

dry coil unit　干盘管装置　冷冻水水温高于露点温度，在风机盘管上无冷凝水，以此来提高冷冻水的出水温度，提高制冷机的效率。

dry contact　干触点　没有接续任何电路的悬浮机械触点。干触点信号就是独立开关的开、闭状态，不连接任何其他电源或地。使用者将这种悬浮机械触点闭合或断开作为开关量的I/O使用。

dry contact digital input　干接触式数字输入　以干触点开、闭状态方式输入数字信号“1”或“0”。

dry heat test　高温试验　以检验军用、民用设备在高温条件下储存和工作的适应性为目的检验。

dry pipe system　干式系统　即干式喷水灭火系统。它是为满足寒冷和高温场所安装自动灭火系统的需要，在湿式系统基础上发展起来的。该系统的管路和喷头内平时无水，处于充气状态，故称之为干式系统或干管系统。干式系统主要特点是在报警阀后管路内无水，不怕冻结，不怕环境温度高，故适用于环境温度低于4℃和高于70℃的建筑物和场所。

dry powder fire extinguishing system　干粉灭火系统　由干粉供应源通过输送管道连接到固定的喷嘴上，通过喷嘴喷放干粉的灭火系统。

dry sprinkler system　干式喷水灭火系统　由干式报警装置、喷头、管路、充气设备等组成，并在报警阀上部管路中充以有压气体的灭火系统。它是为满足寒冷和高温场所安装自动灭火系统的需要，在湿式灭火系统基础上发展起来的。由于其管路和喷头内平时没有水，只处于充气状态，故称之为干式系统。由于报警阀后管路内无水，不怕冻结，不怕环境温度高，因此干式喷水灭火系统适用于环境温度低于4℃和高于70℃的建筑物和场所。干式喷水灭火系统与湿式喷水灭火系统相比，因增加一套充气设备，且要求管网内的气压经常保持在一定范围内，因此管理比较复杂，投资较大，在喷水灭火速度上不如湿式系统来得快。

dry type transformer (DTT)　干式变压器　铁芯和绕组不浸渍在绝缘油中的变压器。冷却方式分为自然空气冷却(AN)和强迫空气冷却(AF)。

dry-chemical fire extinguisher　干粉灭火器　灭火器的一种。按照充装干粉灭火剂的种类分为普通干粉灭火器和超细干粉灭火器。它利用二氧化碳气体或氮气气体作动力，将筒内的干粉喷出灭火。干粉是一种干燥且易于流动的微细固体粉末，由能灭火的基料和防潮剂、流动促进剂、结块防止剂等添加剂组成。干粉灭火器主要用于扑救石油、有机溶剂等易燃液体、可燃气体和电气设备的初期火灾，适合扑救各种易燃、可燃液体和易燃、可燃气体火灾以及电器设备火灾。按移动方式干粉灭火器分为手提式、背负式和推车式三种。为保证灭火器的有效作用，干粉灭火器必须在规定时间内予以报废，报废年限自灭火器出厂日期算起。

DSF　色散移位光纤　dispersion shifted fiber 的缩写。

DSL　数字用户线路　digital subscriber line 的缩写。

DSM　门状态监视器　door status monitor 的缩写。

DSP　数字信号处理　digital signal processing 的缩写。

DSS　决策支持系统　decision support system 的缩写；**数字卫星系统**　digital satellite system 的缩写。

DT　数据终端　data terminal 的缩写；**数据传输**　data transmission 的缩写。

DTE　数据终端设备　data terminal equipment 的缩写；**数据传输效率**　data transmission efficiency 的缩写。

DTMF　双音多频　dual tone multi-frequency 的缩写。

DTR　数据传输(速)率　data transfer rate 的缩写。

DTS　数据传输系统　data transmission system 的缩写；**解码时间戳**　decode time stamp 的缩写；**数字影院系统**　digital theater system 的缩写。

DTT　干式变压器　dry type transformer 的缩写。

DTV　数字电视　digital television 的缩写。

dual cool　双冷源式　在风冷式、水冷式或冷水式机房空调吸热侧的空气处理通道中，再附加一套冷水盘管，其冷水由其他冷源提供，可实现以不同冷源制冷运行的机房空调。

dual core LC coupler　双芯 LC 型耦合器　两端均可插入双芯 LC 型光纤连接器(如 LC 型光纤尾纤和 LC 型光纤跳线中的光纤连接器)的光纤耦合器。

dual core LC - LC multi-mode optical fiber jumper wire　双芯 LC-LC 多模光纤跳线　两端均为双芯 LC 型光纤连接器的光纤跳线。

dual function system　双功能系统　一种以两余度同时工作的系统，当某一余度出现故障时，系统可切除故障余度，启用单余度方式降级工作。双功能系统采用热备份方式。例如，公共广播系统平时作为业务广播或背景音响系统运行，在突发公共事件警报信号触发下，自动转换为紧急广播系统。因此，公共广播系统与紧急广播系统也可以认为是双功能系统。

dual port faceplate　双口面板　可以安装两个信息模块的墙面型面板。当安装光纤适配器时，它可以安装两个 ST 型、FC 型、SC 型单工光纤适配器或两个 LC 型、MPO 型双工光纤适配器。

dual port oblique cutting wall faceplate　双口斜插墙面面板　双口面板的一种，其特点是模块端口向下方倾斜，可以减少跳线因自然下垂所产生的弯角处辐射损耗，同时可以让残留在模块孔内的水和灰尘因重力而滑出模块孔。

D

dual tone multi-frequency (DTMF) 双音多频 电话机与交换机之间使用两个音频段频率固定组合的多频用户信令。双音多频的拨号键盘是 4×4 的矩阵，每一行代表一个低频，每一列代表一个高频。用户每按一个键就发送一个高频和一个低频的正弦信号组合。比如，在键盘上按“1”键，电话机就会发送一个 697 Hz 和 1 209 Hz 的组合信号给电话交换机。交换机可以接收这些频率组合并确定用户所按的按键。双音多频技术有效地克服了早期电话系统中脉冲拨号(一连串断续脉冲拨号信令)效率低、易出错的弊端。双音多频技术由贝尔实验室发明。

duct mounted installation 管道安装 弱电工程中用以敷设线缆的管道的安装操作或安装过程。

duplex 双重的，双工的，双向的 ① 在数据通信中，指可以在同一线路上同时发送和接收数据的通信方式。② 系统发生故障时，具有使用第二套设备的能力。③ 用于描述传输设备及线路的双向传输方式的专用术语。双工包括：(1) 半双工。即信息可以在一条信道上的两个方向传输，但每一时刻只能在一个方向传输；(2) 全双工。信息可以在一个信道的两个方向上同时传输。④ 一种双面复制或者打印的模式。

duplex adapter 双工适配器 一种每端可以插入两个光纤连接器的光纤连接器件，它的两端可插入相同或不同接口类型的光纤连接器，使两端插入的光纤连接器中心的光纤纤芯对准并光学对接的器件，如双工 LC 型适配器等。光纤适配器与光纤耦合器是同一种器件的两个不同名称，也称双工耦合器。

duplex cable 双绞电缆 一种由两条隔离的导线相互绞合构成的电缆。

duplex clip 双口夹 在双芯跳线两端用于夹住两个光纤连接器的固定件。当在其中一个双口夹中改变两个光纤连接器的位置时，也就改变了这根双芯光纤跳线的极性。

duplex coupler 双工耦合器 也称双工适配器。一种每端可以插入两个光纤连接器的连接器件。它的两端可插入相同或不同接口类型的光纤连接器，使两端插入的光纤连接器中心的光纤纤芯对准并光学对接，如双工 LC 型耦合器等。光纤耦合器与光纤适配器是同一种器件的两个不同名称。

duplex SC connector (SC-D) 双工 SC 型连接器 由日本 NTT DATA 公司(NTT DATA Corporation)开发的 SC 型双芯并联光纤连接器。接头是卡接式标准方形接头，所采用的插针与耦合套筒的结构尺寸与 FC 型完全相同。其中插针的端面多采用 PC 型或 APC 型研磨方式，紧固方式是采用插拔销闩式，不需旋转。此类连接器采用工程塑料，价格低廉，插拔操作方便，介入损耗波动小，抗压强度较高，安装密度高，具有耐高温，不容易氧化的优点。

durability 耐久性 产品能够无故障地使用较长时间的性能，是材料抵抗自身和自然环境双重因素长期破坏作用的能力。耐久性越好，材料的使用寿命越长。

duration of fire resistance 耐火极限 在标准耐火试验条件下，建筑构件、配件或结构从受到火焰的作用时起，到失去稳定性、完整性或隔热性时止的时间。

duress 挟持，胁迫 倚仗权势或抓住别人的弱点强迫别人服从的行为。在入侵报警系统中，一般设有挟持报警的功能，即当用户处于被挟持的情况时，向系统输入特殊码或采取设定的其他方式，通知系统并显示挟持报警的信息。

dust 粉尘 悬浮在空气中的固体微粒。

dust protection 防尘保护 防止灰尘进入壳体的保护措施或保护等级。由国际电工委员会（IEC）起草，将壳体依其防尘防湿气之特性加以分级。IP 防护等级是由两个数字所组成，第一个数字表示电器防尘、防止外物侵入的等级（这里所指的外物含工具、人的手指等不可接触到电器之内带电部分，以免触电），第二个数字表示电器防湿气、防水浸入的密闭程度，数字越大表示其防护等级越高。

dust shutter 防尘盖 布线系统中模块、面板、配线架、光纤连接器、光纤适配器上用于防止灰尘进入的盖板。

dust-proof cover 防尘罩 布线系统中在模块、面板、配线架、光纤连接器、光纤适配器上用于防止灰尘进入的罩壳。

duty grid 责任网格 城市网格化管理中，每个监督员负责巡查的单元网格的集合。

DVB 数字视频广播 digital video broadcasting 的缩写。

DVB-Cable（DVB-C） 有线数字视频广播 DVB 系列中的数字有线电视广播系统标准。

DVI 数字视频接口 digital visual interface 的缩写。

DVI-A 数字视频接口-模拟 digital visual interface-analog 的缩写。

DVI-D 数字视频接口-数字 digital visual interface-digital 的缩写。

DVI-I 数字视频接口-集成 digital visual interface-integrated 的缩写。

DVR 数字录像机 digital video recorder 的缩写。

DVS 数字视频服务器 digital video server 的缩写。

DVSS 数字视频监控系统 digital video surveillance system 的缩写。

DXC 数字交叉连接 digital cross connect 的缩写。

dynamic data exchange（DDE） 动态数据交换 微软 Windows 系统和 IBM OS/2 系统中用于应用程序自动请求和交换数据的一种形式。一个窗口中的程序利用 DDE 协议可以请求另一个窗口中程序的数据。它能够使一个应用中的数据修改自动反映到另一个应用中。这种反映可以是单向的，也可以是双向的。DDE 允许用户组合多个应用程序，产生一个新的符合特定需求的程序。DDE 已经逐渐被对象链接和嵌入(OLE)技术所代替。

dynamic domain name server (DDNS) 动态域名服务 将用户的动态 IP 地址映射到一个固定的域名解析服务上，用户每次连接网络的时候，客户端程序就会通过信息传递把该主机的动态 IP 地址传送给位于服务商主机上的服务器程序，服务程序负责提供 DNS 服务并实现动态域名解析。就是说，DDNS 捕获用户每次变化的 IP 地址，然后将其与域名相对应，这样其他上网用户就可以通过域名来交流。

dynamic host configuration protocol (DHCP) 动态主机配置协议 指在局域网络中可以提供的特定服务，自动配置主机/工作站的一种协议。它提供 IP(网络协议)地址的动态配置和有关信息，传递配置信息给 TCP/IP(传输控制协议/网际协议)网上的客户机。DHCP 是 BOOTP 协议的增强，即增强了重用 IP 地址的能力。通过集中管理地址分配，防止地址冲突，节省 IP 地址，并包括许多不同的诸如子网掩码、默认路由器和域名系统(DNS)服务器一类的选项。使用 DHCP 后，当 PC 移动或网络变化时，网络管理员不再需要配置 PC 或更改网络设置。为内部网络自动分配 IP 地址，给用户或内部网络管理员提供了便捷的管理手段。

E

E2E　端对[到]端，端对端　end-to-end 的缩写。

early detection　早期探测　在火灾自动报警系统中，早期探测指探测器通过对环境持续采样，可在火灾危险发生前尽可能早地发出报警，为人们赢得时间对报警进行调查并采取适当应对措施以防止火灾造成人员伤亡、财产损失或业务中断。

earth current　大地电流　在地下或者海洋里流通电流的现象。大地电流的产生主要是由于自然因素和人类活动的双重作用，这些不连续的电流以较为复杂的形式相互作用。大地电流具有极低频，在地球表面大范围地流动。

earth electrode　接地体　与大地保持电连接的导电体。可被掩埋在土壤或在特定的导电介质（如：混凝土或焦炭）中，通过接地体能够安全散流雷能量使其泄入大地。接地体分为自然接地体和人工接地体两类：各类直接与大地接触的金属构件、金属井管，钢筋混凝土建筑物的基础、金属管道和设备等用来兼作接地的金属导体称为自然接地体。如果自然接地体的电阻能满足要求并不对自然接地体产生安全隐患，在没有强制规范时，就可以用来做电气系统的接地极。埋入地下专门用作接地的金属导体称为人工接地体。它包括铜包钢接地棒、铜包钢接地极、电解离子接地极、柔性接地体、接地模块、高导模块。一般将符合接地要求截面的金属物体埋入适合深度的地下，电阻符合规定要求，则作为接地极。防雷接地、设备接地、静电接地等不同用途，规范也有所区别。水平接地体一般采用圆钢或扁钢，垂直接地体一般采用角钢或钢管。接地装置是接地体和接地线的总称。

earth path　接地路径　接地用等电位连接导体的路由。

earth resistance　接地电阻　① 接地电阻是电流由接地装置流入大地再经大地流向另一接地体或向远处扩散所遇到的电阻。接地电阻值体现电气装置与地接触的良好程度和反映接地网的规模。② 被接地体与地下零电位面之间的电阻。它等于接地引线电阻、接地器电阻、接地器和土壤之间的接触电阻以及土壤的溢流电阻之和。

earthing　接地　将电力系统或电气装置的某一部分经接地线连接到接地极的行为。它可以分为工作接地、防雷接地和保护接地。

earthing bus conductor　接地干线　连

接到总接地端子上的导体(或母线)。

earthing conductor 接地导体,接地线 在系统安装或设备中指定的接地点与接地体(或接地体网络)之间的导电路径或导电路径的导线。

earthquake 地震 又称地动、地振动。是地壳快速释放能量过程中造成的振动,地震期间会产生地震波的一种自然现象。地球上板块与板块之间相互挤压碰撞,造成板块边沿及板块内部产生错动和破裂,是引起地震的主要原因。

EBM 紧急广播信息 emergency broadcasting message 的缩写。

EC 回声消除器 echo canceler 的缩写;**编码器** encoder 的缩写。

ECA 单位空调面积能耗 energy consumption in unit air conditioning area 的缩写。

ECC 嵌入式控制通道 embedded control channel 的缩写。

eccentricity 偏心率 用来描述圆形轨道的形状,用焦点间距离除以长轴的长度可以算出偏心率。偏心率一般用 e 表示。**偏心度** 一般指电线(包括双绞线内的芯线)在同一截面上测得的最大直径与最小直径的比值,可以用角度表示。有时会用椭圆度对其进行描述。

ECD 电化变色显示器,电致变色化学显示器 electrochromic chemical display 的缩写。

echo 回声,回执,回送 ① 回声,亦称回音。反射返回或重复的声音。当声音辐射到距离声源有一段距离的大面积上时,声能的一部分被吸收,而另一部分声能要反射回来。如果听者听到由声源直接发来的声和由反射回来的声的时间间隔超过十分之一秒(在 15℃空气中,距声源至少 17 m 处反射),它就能分辨出两个声音,这种反射回来的声叫回声。利用回声确定物体距离和位置的技术称作回声定位技术。南安普顿大学声音与振动研究所和塞浦路斯大学组建的一个团队测试发现,大于等于2 kHz 的频率使测试者都能准确定位物体。② 回执。接收设备收到数据后向发送设备返回的信号,告知已经正确接收到数据。③ 文字处理技术中,把刚刚键入的每一个字符立即打印或显示出来。④ 从始端发出,因线路阻抗不匹配而产生反射,再返回到始端的回波。

echo canceler (EC) 回声消除器 一种回波抵消技术装置。通过自适应方法估计回波信号的大小,然后在接收信号中减去此估计值以抵消回波的部件或设备。其工作原理是将去程信道与返程信道的信号做比较,产生回波信号的复制品,以此复制品信号去抵消返程信道中的回波信号。

echo canceler pool (GECP) GSM 回波抵消板,回波消除器池 移动通信系统中消除或衰减回波的部件。

echo of videoconferencing 电视会议回声 在视频会议系统中,发言会场的声音信号通过传输网络传到多个接收会场,经接收会场扩声系统或由传输网络回传后形成的回声。产生的原因主要有为个人计算机、手机、平板等会议终端设备本身声音处理效果不理想导致的回音或会议环境声场不符合要求而引起的物理回音。

ECM 授权控制信息 entitlement control message 的缩写。

ECMA 欧洲计算机制造联合会 European Computer Manufactures Association 的缩写。

ECMAScript ECMAScript 脚本语言 一种由欧洲计算机制造商协会通过 ECMA-262 标准化的脚本程序设计语言。这种语言在万维网上应用广泛，它往往被称为 JavaScript 或 JScript，但实际上后两者是 ECMA-262 标准的实现和扩展。

EDA 设备配线区 equipment distribution area 的缩写。

edge blending 边缘融合 多台工程投影机显示映像交互融合时对融合边缘的图像几何校正与色彩一致的一种处理技术。由于边缘融合技术的成熟处理，可使多台投影所交互拼接形成的显示画面比普通标准投影画面分辨率及显示尺寸更大、更宽，且具有更多的处理显示内容。

EDI 电子数据交换 electronic data interchange 的缩写。

EDID 扩展显示标识数据 extended display identification data 的缩写。

EDO 电动开门器 electric door opener 的缩写。

EEAT 电能采集终端 electric energy acquisition terminal 的缩写。

EEG 能效等级 energy efficiency grade 的缩写。

EER 能效比 energy efficiency ratio 的缩写。

EERr 制冷系统能效比 energy efficiency ratio of refrigeration system 的缩写。

EERs 空调系统能效比 energy efficiency ratio of air conditioning system 的缩写。

EERt 终端系统能效比 energy efficiency ratio of terminal system 的缩写。

effective acoustic center 有效声源中心 从扬声器或其他声发生器上或其附近发散出球面发散声波的点。

effective aperture 有效孔径 镜头的最大光圈直径和焦距的比数，表示镜头的最大通光量，也是镜头的最大口径。

effective area utilization 有效面积利用率 在互联网数据中心中指有效使用面积与 IDC 总建筑面积的比值。IDC 有效使用面积指 IDC 主机房区和支持区可使用的机房净面积，以及辅助区中与客户使用服务相关的区域的可使用净面积。

effective bandwidth 有效带宽 信号幅度依据允许的最大衰减确定的有效截止频率，并据此确定的实际通频带的宽度。一般是指相对于信号中心频率幅度衰减 3 dB 所对应高端与低端频率的差值。

effective spot 有效光斑 ① 投影机在投影屏幕上显示的有效光斑，即硬光斑的全部为有效光斑，亦即柔(软)光斑中照度值不小于最高照度值 10% 的范围为有效光斑。② 舞台灯具照射的光斑。

EG 电子政务 electronic government 的缩写。

E

EGA　增强图形适配器　enhanced graphics adapter 的缩写。

EI　设备接口　equipment interface 的缩写。

eigen frequency　特征频率　① 在通信发射中用于识别和测量的频率。例如，通信系统中的载波频率可被指定为特征频率。② 在电子元器件中，特征频率是表征晶体管在高频时放大能力的一个基本参量。对于双极型晶体管和场效应晶体管而言，其特征频率是指其电流放大系数下降到 1 的频率；对于用作检波、开关等的无源二极管而言，是指其阻抗下降到很小，不能吸收信号功率时的频率。

EIS　电子稳像［防抖］　electronic image stabilization 的缩写。

EIT　事件信息表　event information table 的缩写。

EL　电致发光　electroluminescent 的缩写。

ELC　电子光控　electronic light control 的缩写。

electric bell　电铃　利用电磁铁的特性，通过电源开关的反复闭合装置来控制缠绕在主磁芯线圈中的电流通断形成主磁路对弹性悬浮磁芯的磁路吸合与分离交替变化，使连接在弹性悬浮磁芯上的电锤在铃体表面产生振动并发出铃声。

electric cable　电缆　① 由一根或多根相互绝缘的导体和外包绝缘保护层制成，将电力或信息从一处传输到另一处的导线。② 通常是由多根或多组导线（每组至少两根）绞合而成的类似绳索的电缆，每组导线之间相互绝缘，并常围绕着一根中心扭成，整个外面包有高度绝缘的覆盖层。电缆具有内通电，外绝缘的特征。

electric circuit　电路　由金属导线和电气装置以及电子部件组成的导电回路。直流电通过的电路称为直流电路，交流电通过的电路称为交流电路。

electric connection　电连接　将接触各分段电线电缆连接起来，保证电路的畅通。

electric contact set　电接触装置　电接触是指允许电流在导电元件之间流动的物理接触。电接触装置是指具有电接触功能的装置，如带有电接点的传感器、继电器、交流接触器等。

electric control　电气控制　使用电气开关、继电器或变阻器等对机床或设备进行的控制，其控制的特点是电力控制简便、迅速、准确。它不同于使用晶体管等电子元件实现的电子控制。

electric door opener（EDO）　电动开门器　安装在各种不同材质的门扇上，通过手动或自动方式控制门的开、关、停，它具有关门或开门到位自动停止，关门锁定等功能。

electric energy acquisition terminal（EEAT）　电能采集终端　电能计量计费中用以采集电能数据的仪表和装置。包括电度表、电流互感器、电力分析仪、能耗采集器、电网检测仪等。在能耗计量系统中使用的电能采集终端都采用具有数据输出接口的数字式计量装置。

electric exit device　电控逃生装置　用

电信号控制的逃生装置。它可以作为通道门或车辆的逃生装置，由值班人员或司乘人员遥控，也可自动控制。

electric field strength 电场强度 表示电场强弱和方向的物理量。电场强度可由作用于静止带电粒子上的力 F 与粒子电荷 Q 之比来确定，也就是说某点的电场的强弱等于单位电荷在该点所受力的大小。电场强度是矢量，简称场强。

electric fireproof valve 电动防火阀 安装在通风、空气调节系统的送风、回风管道上。平时呈开启状态，火灾时当管道内烟气温度达到 70℃时关闭，并在一定时间内能满足漏烟量和耐火完整性要求，起隔烟阻火的作用。

electric fuse 电熔丝 同 fuse。

electric generator set 发电机组 将其他形式的能源转换成电能的成套机械设备，由动力系统、控制系统、消音系统、减震系统、排气系统组成，由水轮机、汽轮机、柴油机或其他动力机械驱动，将水流、气流、燃料燃烧或原子核裂变产生的能量转化为机械能传递给发电机转换为电能。它是工业、农业生产、国防、科技及日常生活必不可少的电能供应设施。随着技术进步和经济水平的提高，小型发电机组已经成为许多公共建筑（建筑群）重要设施和系统的备用供电系统。数据中心及关系安全的各类建筑智能化系统常将柴油发电机组作为备用电源。

electric lock 电子锁 由电气控制信号实施闭锁或开锁的锁具。

electric lock controller 电子锁控制器 具备控制电子锁功能的装置。

electric panel heating 电热板供暖 利用电热板加热的供暖方式。电热板是用电热合金丝作发热材料，用云母软板作绝缘材料，外包以薄金属板（铝板、不锈钢板等）进行加热的器件。

electric power line 电力线 输送动力用电的电线或电缆。

electric power supply system (EPSS) 供(配)电系统 由电源系统和输配电系统组成的供应和输送给用电设备的系统。电力供电系统大致可分为 TN、IT、TT 三种形式，其中 TN 系统又分为 TN-C、TN-S、TN-C-S 三种形式。

electric power supply system project 供(配)电系统工程 为用户和设施提供符合要求的电能的系统工程。

electric relay 电气继电器 是继电保护系统的基本组成单元。当输入继电器的电气物理量达到一定数值时，继电器就动作，从而通过执行元件完成信号发送或预定的动作。按照其结构原理，它可以分为电磁型、感应型、磁电型、整流型、极化型、半导体型等。

electric rotating machine (ERM) 旋转电机 依靠电磁感应而运行的电气装置，它具有能够进行相对旋转运动的部件，用于转变能量。在不致引起误解或混淆的情况下，可简称为电机。旋转电机的种类很多。按其作用分为发电机和电动机，按电压性质分为直流电机与交流电机，按其结构分为同步电机和异步电机。异步电动机按相数不同，可分为单相异步电动机和三相异步电动机；按其转子结构不同，又分为笼型和绕线转子型。其中，笼型三相异步电动机因其结构简单，制造方便，价格便宜，运行可靠，在各种电动机中应用广，需求量大。

electric rule checking (ERC)　电气规则检查　在逻辑电路设计工程、芯片布设工程中进行的电气设计规则的检查。从掩模信息中检查出电源短路、开路及输入门开路、输出门短路等违反规则的情况。

electric specification　电气规范　规范是指明文规定或约定俗成的标准，具有明晰性和合理性。电气规范就是与电力、电子相关的各种标准，包括电气和电子设备、设施和系统的设计、安装、检测、应用、维护等的标准、规范和规程。如智能建筑设计标准、建筑电气工程施工质量验收规范、电气火灾监控系统工程技术规程、数据中心设计规范等。

electric strike　电控锁扣，电动扣板　即阴极锁。是门禁系统的配套产品。一般的阴极锁为通电开门型，适用单向开门。安装阴极锁一定要配备UPS电源，因为停电时阴锁是锁门的。

electric throttle actuator　电动节流阀执行机构　以电力驱动流体阀门的一种控制装置，是自动控制系统中执行器的一种。

electric valve　电动阀　用电力驱动执行器控制阀门，实现阀门的开和关或调节阀门的开度。其结构上可分为上、下两部分，上半部分为电动执行器，下半部分为阀门。电动阀分为角行程电动阀和直行程电动阀两种。角行程电动阀由角行程电动执行器配合角行程阀使用，实现阀门90°以内旋转，控制管道流体通断和开度；直行程电动阀由直行程电动执行器配合直行程阀使用，实现阀板上下动作控制管道流体通断和开度。电动阀通常在自动化程度较高的设备上配套使用。

electric wire　电线[缆]　即传导电流的导线。用以传输电能、信息和实现电磁能转换。电线是由一根或多根柔软的导线组成，外面包以轻软的保护层。电缆是由一根或多根绝缘包导线组成，外面再包以金属或橡皮制的坚韧外层。电缆与电线一般都由芯线、绝缘包皮和保护外皮三个组成部分组成。

electrical cable　电力电缆　用以输送电能的电缆。

electrical cable conduit　电缆管道　敷设、承载电缆用的管道。按材质区分，有金属管、非金属管之分；按敷设场所区分，有室内管道、室外管道等。

electrical fire　电气火灾　由于电气故障引发的火灾事故。

electrical fire alarm sounder　电气火灾警报　又称漏电火灾报警或剩余电流报警。它通过探测线路中的漏电流的大小来判断火灾发生的可能性。当漏电流超过设定值时，会发出警示信息。漏电探测器是通过探测电气线路三相电流瞬时值的矢量和(用有效值表示),探测传感器为零序电流互感器。零序电流互感器二次侧绕组无电压信号输出。当发生绝缘下降或接地故障时,各相电流的矢量和不为零,零序电流互感器二次侧绕组感应电压并输出电压信号,从而测出剩余电流。考虑电气线路的不平衡电流、线路和电气设备正常的泄漏电流,实际的电气线路都存在正常的剩余电流,只有检测到剩余电流达到预定的报警值时才报警。

electrical fire monitoring system **电气火灾监控系统** 由一台主控机(SDFK)和若干个剩余电流式火灾报警装置(SDFA)、总线隔离器经双总线连接而成。当被保护线路中的剩余电流式火灾报警装置探测的接地故障电流超过预设值时,经过分析并确认,发出声、光报警信号和控制信号,同时把接地故障信号通过总线在数秒钟之内传递给主控机,主控机发出声、光报警信号和控制信号,显示屏显示报警地址,记录并保存报警和控制信息。电气火灾监控系统是指当被保护线路中的被探测参数超过报警设定值时,能发出报警信号、控制信号并能指示报警部位的系统。

electrical line **电气线路** 用于电气设备之间连接、传输电能的导线、电缆以及相关的配件。

electrical machine **电机,发电机** 将电能转换成机械能或将机械能转换成电能的电能转换器。它是依靠电磁感应而运行的电气装置,具有能够做相对运动的部件,用于转变能量。电能转换成机械能的电机称为电动机。机械能转换成电能的电机称为发电机。

electrical pipe well **电气管道井** 也称电缆竖井。它是高层或多层建筑内用于布放垂直干线电缆的通道。

electrical protection **电气防护** 对电气设备、电气线路实施的保护措施。根据防护对象和防护技术,电气防护一般包括:短路保护、过电流保护、过载保护、漏电保护、过热保护、接地保护等。

electrical safety **电气安全** 防止因电气事故引起人员伤亡、设备损坏、财产损失或环境损害的技术或措施。

electrical safety marking **电气安全标志** 用于表达特定的安全信息,由电气安全色、几何图形或图形符号与文字组成的标志。

electrical safety measure **电气安全措施** 为保证电气作业安全而采取的系列措施。

electrical safety regulation **电气安全规程** 为保证电气安全运行,根据电气设备属性和电气事故教训为生产人员制定的制度和要求。

electrical safety standard **电气安全标准** 为保证电气安全运行,根据电气设备属性和电气事故教训为电气设备制定的要求。

electrical safety test **电气安全试验** 为检测电气设备、元器件和绝缘工、器具安全性能而进行的一系列相关测试和试验。

electrical schematic **电气原理图,电路图** 用器件符号及它们之间的连接来表示电路逻辑关系的图。电路图可以通过CAD(计算机辅助设计)系统交互生成。

electrical zero **电零位** 即电气零位。指利用电器测量装置测量出来的"0"位置信号。为了提高机械运动精度和可靠性,通常设计一个绝对零位作为基准起点,每次运动可以从基准零位出发,减小累积误差,简化控制方案。在定位设备、机械运转异常时,电零位常用作为运动的复位基准。

electricity leakage protection device **漏电保护装置** 用来防止人身触电和漏电引起事故的一种接地保护装置。当电路或用电设备漏电电流大于装置的整定值时,或当人、动物发生触电危险时,它能迅速动作,切断事故电源,避免事故的扩大,保障了人身、设备的安全。

electricity meter **电表** 电能表的简称,又称电度表、火表、千瓦小时表。是用来测量电能量的仪表。

electrified locksets & trim **电控锁和电控把手** 用电控制的门锁和门把手。

electro-chromic chemical display (ECD) **电化变色显示器,电致变色化学显示器** 材料的光学属性(反射率、透过率、吸收率等)在外加电场的作用下发生稳定、可逆的颜色变化的现象,在外观上表现为颜色和透明度的可逆变化。具有电致变色性能的材料称为电致变色材料,用电致变色材料做成的器件称为电致变色器件。

electro-control anti-burglary door **电控防盗门** 安装于住宅、楼宇或要求防卫场所的入口,能在一定时间内抵御一定条件下非正常开启或暴力侵袭,并具有电控开锁、自动闭锁功能的门体。

electro-control lock **电控锁** 在出入口控制系统和访客对讲系统中使用的具有电控开启功能的锁具。

electro-luminescent (EL) **电致发光** 又称电场发光,是利用外加电场产生发光特性的一项平板显示技术,能清晰地显示图像且视角宽广。其原理是通过加在发光板两端的电压在两极间形成电场激发的电子碰击发光板发光层,引致电子在能级间的跃迁、变化、复合导致发光的一种物理现象。电致发光板是以电致发光原理工作的一种发光器件,简称冷光片、EL 灯、EL 发光片或 EL 冷光片,由背面电极层、绝缘层、发光层、透明电极层和表面保护膜组成。

electro-magnetic compatibility (EMC) **电磁兼容性** 指设备或系统在其电磁环境中符合要求运行并不对其环境中的任何设备产生无法忍受的电磁干扰的能力。因此,EMC 包括两个方面,即电磁干扰(EMI)和电磁耐受(EMS)。

electrode cable detector **电极电缆(故障)探测仪** 测量电缆特性和故障的仪器,是保障有线通信和电力输送正常运行的重要工具。

electromagnet **电磁铁** 电流通过缠绕于铁芯线圈时产生磁性的装置。

electromagnetic brake **电磁制动器** 一种基于电磁原理将主动侧扭力传达给被动侧的连接器。它是现代工业中一种理想的自动化执行元件,在机械传动系统中主要起传递动力和控制运动等作用。

electromagnetic compatibility (EMC) **电磁兼容性** 同 electromagnetic compatibility。

electromagnetic field **电磁场** 由电场强度 E、电通密度 D、磁场强度 H 和磁感应强度 B 四个相互有关的矢量确定的，与电流密度和体电荷密度一起表征介质或真空中的电和磁状态的场。它是电场和磁场的统一体。随时间变化的电场产生磁场，随时间变化的磁场产生电场，两者互为因果，形成电磁场。

electromagnetic flowmeter **电磁流量计** 应用电磁感应原理，根据导电流体通过外加磁场时感生的电动势来测量导电流体流量的一种仪器。

electromagnetic interference (EMI) **电磁干扰** 经辐射或传导的电磁能量对设备运行或信号传输、系统性能所造成的不良影响。

electromagnetic protection **电磁保护** 为限制和防护各种电磁场对人体健康造成的影响，以及对通信和电子设备带来的干扰所采取保护措施。

electromagnetic radiation **电磁辐射** 能量以电磁波的形式通过空间传播的现象。

electromagnetic screen **电磁屏蔽** 为在空间某个区域内消除或减弱空间电磁波引起干扰所采取的措施。常采用铜、铝、钢等金属制品包围的方法以切断电磁波向该区域传播的途径。

electromagnetic shield **电磁屏蔽(物)** 放置于电路周围以降低电场和磁场两者影响的金属屏或金属罩。其屏蔽作用通过对电磁场的反射和吸收来实现。反射出现在源处，通常它不受屏蔽厚度的影响。吸收则发生在屏蔽内部并与厚度密切相关。常选择有较高电导率和磁导率的导体作为屏蔽物的材料。高导磁性的材料可以引导磁力线较多地通过这些材料，而减少被屏蔽区域中的磁力线。屏蔽物通常是接地的，以免累积电荷的影响。

electromagnetic shielding **电磁屏蔽** 用高导电材料减少交变电磁场向指定区域穿透的技术或措施。

electromagnetic shielding enclosure **电磁屏蔽室** 专门用于衰减、隔离来自内部或外部电场、磁场能量的建筑空间体。

electromagnetic valve **电磁阀** 由电磁力控制的阀门。常用的有单向阀、安全阀、方向控制阀、速度调节阀等。

electromagnetic wave **电磁波** 介质或真空中由时变电磁场表征的状态变化，由电荷或电流的变化而产生。它在每一点和每一方向上的运动速度取决于介质的性质。电磁波是在空间传播的交变电磁场，是电场和磁场的波动运动。这种运动的能量以光速在空间传播，或以小于光速的速度在有限区域中传播。电磁波的波动性还表现在媒质交界面上的反射与折射，在障碍物后的绕射，以及相互干涉等。无线电波、红外线、可见光、紫外线、X 射线、γ 射线等都是电磁波，只是它们的波长不同。

electromechanical device 机电装置 机械、电器及电气电子自动化装置的统称。

electromotive force (EMF) 电动势 维持电流持续流动的电学量，为理想电压源的端电压。电动势的定义为：把单位正电荷从负极通过电源内部移到正极时，非静电力所做的功。它是能够克服导体电阻对电流的阻力，使电荷在闭合的导体回路中流动的一种作用，常用符号 E 表示，单位是伏(V)。

electron noise 电子噪声 电子设备、传输系统中的非有用信号，包括内部固有噪声和外部干扰噪声。

electronic (power) switch 电子(电力)开关 在 UPS 系统中，指至少含有一个可控阀器件，用于电力系统电子切换的运行单元。

electronic ballast 电子镇流器 镇流器的一种，采用电子技术驱动电光源，使之产生所需照明的电子设备。与之对应的是电感式镇流器。现代日光灯越来越多使用电子镇流器，轻便小巧，甚至可以将电子镇流器与灯管等集成在一起。同时，电子镇流器通常可以兼具启辉器功能，又可省去单独的启辉器。电子镇流器还可以具有更多功能，比如可以通过提高电流频率或者电流波形(如：变成方波)改善或消除日光灯的闪烁现象；也通过电源逆变过程使得日光灯可以使用直流电源。

electronic color filter 电子滤色器 用于视频处理的电路，它模仿用于摄影的有色玻璃过滤器。

electronic component 电子元件 电子电路中的基本元素。通常是个别封装，并具有两个或以上的引线或金属接点。电子元件须相互连接以构成一个具有特定功能的电子电路，例如：放大器、无线电接收机、振荡器等，连接电子元件常见的方式之一是焊接到印刷电路板上。电子元件可以是单独的封装(电阻器、电容器、电感器、晶体管、二极管等)，或是各种不同复杂度的群组。如：集成电路(运算放大器、排阻、逻辑门等)。

electronic data interchange (EDI) 电子数据交换 按照同一规定的一套通用标准格式，将标准的经济信息通过通信网络传输，在贸易伙伴的电子计算机系统之间进行数据交换和自动处理。由于使用 EDI 能有效地减少并最终消除贸易过程中的纸面单证，因而 EDI 也被俗称为无纸交易。它是一种利用计算机进行商务处理的新方法。EDI 是将贸易、运输、保险、银行、海关等行业的信息，用一种国际公认的标准格式，通过计算机通信网络，使各有关部门、公司与企业之间进行数据交换与处理，并完成以贸易为中心的全部业务过程。

electronic electric energy meter 电子式电能计量装置 利用电子电路实现用电计量的装置，包括电能表、多功能电力仪表、三相电力分析仪表、电流互感器等。

electronic equipment 电子设备 由集成电路、晶体管、电子管等电子元器件组成，应用电子技术(包括其软件)发挥作用的设备。它包括电子计算机以及由电子计算机控制的机器人、数控系统、程控系统等。

electronic equipment room　电子设备间 在公共安全系统中,指建筑内集中放置技术防范设备主机、网络设备及其他电子设备的建筑空间。

electronic equipment room system project　电子设备机房系统工程 提供各类电子信息系统和智能化系统设备的安置和运行条件,确保各系统安全、可靠和高效运行以及便于维护的建筑功能环境而实施的综合性工程。其内容主要包括机房建筑与结构、室内装饰装修、供配电系统、防雷与接地系统、空调系统、供排水系统、布线及网络系统、监控与安全防范系统、消防系统、电磁屏蔽等。

electronic government (EG)　电子政务 在政府内部采用电子化和自动化技术的基础上,利用现代信息技术和网络技术,建立起网络化的政府信息系统,并利用这个系统为政府机构、社会组织和公民提供方便的、高效的政府服务和政务信息。

electronic image stabilization (EIS)　电子稳像[防抖] 在数码照相机上强制提高 CCD 感光参数,同时加快快门,并针对 CCD 上取得的图像进行分析,然后利用边缘图像进行补偿的防抖技术。其基本原理是在拍摄时根据情况,通过调节快门速度和 ISO 感光度、闪光触发设置等来减轻抖动对拍摄的影响。电子防抖实际上是一种通过降低画质(即画面质量)来补偿抖动的技术,此技术试图在画质和画面抖动之间取得一个平衡点。与光学防抖比较,此技术成本要低很多(实际上只需要对普通数码相机的内部软体适当调整就可做到),但效果要差一些。

electronic information system　电子信息系统 由计算机、通信设备、处理设备、控制设备及其他相关的配套设施构成,按照一定的应用目的和规则,对信息进行采集、加工、存储、传输、检索等处理的人机系统。

electronic information system room　电子信息系统机房 主要为电子信息设备提供运行环境的场所,可以是一幢建筑物或建筑物的一部分,包括主机房、辅助区、支持区、行政管理区等。民用建筑中的电子信息系统机房的类型主要有数据中心机房、信息接入机房、有线电视前端机房、总配线机房、智能化总控室、信息网络机房、用户电话交换机房、消防控制室、安防监控中心、应急响应中心以及各类智能化设备间(卫星电视前端机房、电信间、弱电间、楼层配线间等)。

electronic key　电子钥匙,电子密钥 ① 是数字证书的载体,它在网络上标识用户的唯一身份,相当于用户的"网络身份证",是由权威的第三方电子认证服务机构(CA 机构)发行的。根据《中华人民共和国电子签名法》的相关规定,使用电子钥匙进行电子签名与文本签名具有同等法律效力;② 有线电视系统中使用的电子密钥是包含授权控制信息(ECM)用于控制解扰过程的一种复合数据信号。它具有若干种级别,所有级别的电子密钥都要被正确解密,方能接收加密的节目。

electronic light control (ELC) 电子光控 对发光器件或装置的开关状态或光的强弱进行控制的电子技术,它广泛用于照明控制系统。

electronic multi-functional electric energy meter 多功能电子电能表 具有电流、电压、有功电能采集功能,并可扩展有功功率、无功功率、功率因数、负载特性等电力参数检测功能的仪表。它由测量单元和数据处理单元等组成,能显示、储存和输出数据,并具有对外标准数据通信接口。

electronic news gathering (ENG) 电子新闻采集 使用便携式摄录设备进行现场新闻录制。

electronic patch panel (EPP) 电子配线架 用于监测跳线单端或跳线两端插拔状态的自动监测系统(包含软、硬件),也称智能布线管理系统。它通过在配线架的端口、跳线插头上安装监测单元,可以自动巡检并判断跳线插头所在的配线架端口是否为系统记录中的端口,一旦不一致会立即报警。其中,有些产品可以经过扫描自动确定系统为设定跳线两端位于哪一个配线架端口。电子配线架还具有电子工单功能及人工录入跳线信息后,通过配线架端口附近的显示单元引导施工人员插拔跳线的功能。

electronic program guide (EPG) 电子节目指南 传送流中描述某时间段内各个数字电视频道播出的所有节目和业务及其相关信息的信息表。该信息表能随着时间的推移而更新,接收端从传送流中将其正确的提取出来后,用户即可便捷地了解、选收相应的节目和得到相应的服务。

electronic sand table (EST) 电子沙盘 通过计算机网络系统模拟企业运营、周界报警等场景的软件。

electronic serial number (ESN) 电子序列号 CDMA 移动终端的唯一标识的码,长度为 32 位。

electronic signage 电子招牌 在大型商场、超市、酒店大堂、饭店、影院及其他人流汇聚的公共场所,通过大屏幕终端显示设备,发布商业、财经和娱乐信息的多媒体专业视听系统。其旨在特定的物理场所、特定的时间段对特定的人群进行广告信息播放,让宣传方获得广告的效应。

Electronic Testing Laboratories (ETL) 电子测试实验室 北美最具活力的安全认证标志,其历史可追溯到 1896 年托马斯·爱迪生创建的电气测试实验室。该实验室在北美具有广泛的知名度和认可度。ETL 标志是世界领先的质量与安全机构天祥集团(Intertek)的专属标志,获得 ETL 标志的产品代表满足北美的强制标准,可顺利进入北美市场销售。任何电气、机械或机电产品只要带有 ETL 检验标志就表明它是经过测试符合相关的业界标准。ETL 检验标志在电缆产品中广泛应用,表明通过了有关测试。在美国大多数地区,电气产品的批准通常是强制的。在美国,ETL 的列名产品是由有司法权主管机关(Authorities Having Jurisdiction)承认的,可认为“已批准”。

electronic voting 电子投票 通过计算

机在网络上进行的投票选举行为。

electronic whiteboard 电子白板 一种用于教学的显示或书写产品。按照其应用功能区分，电子白板有背投式、复印式、交互式和光学电子白板之分。交互式电子白板可以与计算机进行信息通信，将电子白板连接到个人计算机(PC)，并利用投影机将PC上的内容投影到电子白板屏幕上，此时的电子白板就相当于一个面积特别大的手写板，可以在上面任意书写、绘画并即时在PC上显示，文件保存为图形文件。此功能一般需要一个专用的白板软件支持。PC可以连接打印机、数字展台等设备，实现即时录制、视频展示、实物展示、打印等。光学电子白板应用最新光学影像感应技术，不受屏前强光干扰，触摸精度高，书写流畅，可以跟平时的书写习惯完全一致，不会产生任何延迟。光学电子白板是一种先进的教育或会议辅助人机交互设备，可以配合投影机、PC等工具，实现无尘书写、随意书写、远程交流等功能。

electronic-mail (E-MAIL) 电子邮件 也称电子信箱，一种用电子手段提供信息交换的通信方式，是互联网应用最广的服务之一。其工作过程遵循客户端-服务器模式，每份电子邮件的发送方构成客户端，而接收方构成服务器。服务器含有众多用户的电子邮箱。发送方通过邮件客户程序，将编辑好的电子邮件向邮局服务器(SMTP服务器)发送。邮局服务器识别接收者的地址，并向管理该地址的邮件服务器发送消息。邮件服务器将消息存放在接收者的电子邮箱内，并告知接收者有新邮件到来。接收者通过邮件客户程序连接到服务器后，就会得到服务器的通知，进而打开自己的电子邮箱查收邮件。通过网络电子邮件系统，用户可以非常低廉的价格，非常快速地与世界上任何一个角落的网络用户联系。电子邮件可以是文字、图像、声音等多种形式。此外，用户可以得到大量免费的新闻、专题邮件，并实现轻松的信息搜索。电子邮件服务极大地方便了人与人之间的沟通与交流，促进了社会的发展。

electrophoretic coating 电泳镀层 电泳是涂装金属工件最有效的方法之一。电泳涂装是将具有导电性的被涂物浸在装满水稀释的浓度比较低的电泳涂料槽中作为阳极(或阴极)，在槽中另设置与其对应的阴极(或阳极)，在两极间接通直流电一段时间后，在被涂物表面沉积出均匀细密且不被水溶解涂膜的一种特殊的涂装方法。通过电泳镀装的物品表面的涂膜即称为电泳镀层。

electrophoretic indication display 电泳显示 将色素微粒混入适当液体制成悬浮液，置于两平行板电极(其中至少有一个为透明电极)之间，在电场作用下用微粒的泳动来实现显示，称为电泳显示。这种电泳显示技术构成的器件可显示数码、字符等。

electrostatic 静电 一种处于静止状态的电荷，即不流动的电荷(流动的电荷就形成电流)。当电荷聚集在某个物体或物体表面时就形成了静电，电荷分为正电荷和负电荷两种，故静电现象也分为正静电和负静电两种。当带静电物体接触零电位物体（接地物体）或与其有电位差的物体时，都会发生电荷转移，形成火花放电现象。静电是宏观上暂时停留在某处的电。人在地毯或沙发上立起时，人体静电压也可高达1万多伏。在橡胶和塑料薄膜行业中，静电更是可高达十多万伏。静电对人体或电子设备可能会产生严重的伤害。

electrostatic discharge 静电放电 具有不同静电电位的物体互相靠近或直接接触引起的电荷转移，有电晕放电、火花放电、刷形放电和沿面放电四种类型。ESD是一种常见的近场危害源，可形成高电压，强电场，瞬时大电流，并伴有强电磁辐射，形成静电放电电磁脉冲。**静电阻抗器** 20世纪中期以来形成了以研究静电的产生、危害及静电防护等的学科。因此，国际上习惯将用于静电防护的器材统称为ESD，中文名称为静电阻抗器。

electrostatic discharge earthing 静电放电接地 以引导静电迅速、安全、有效泄放到大地为目的的电气连接系统内被连接到大地专用点的接地。

electrostatic harm 静电危害 因各种模式静电放电或静电场作用而引发的危害，包括：电子器件和组件被功能性击穿或隐性损伤，电子仪器和电子信息技术设备失效或性能下降，人体遭到电击伤害，易燃、易爆物质被引燃、引爆，洁净环境中尘埃被静电吸附，等等。

electrostatic leakage 静电泄放 带电体上的静电电荷通过带电体内部或其表面等途径，部分或全部消失的现象。

electrostatic shield 静电屏蔽 为了避免外界电磁场对仪器设备和电线电缆传输信号的影响，或者为了避免电气设备、电线电缆传输的信号对外界的影响，采用一个空腔导体把外电场遮蔽，使其内部不受影响，也不使电气设备、电线电缆对外界产生影响。空腔导体不接地的屏蔽为外屏蔽，空腔导体接地的屏蔽为全屏蔽。

elementary examination 初验 工程验收的第一阶段，一般仅作外观检查或使用效果检查。

elementary stream (ES) 基本(码)流 数字电视中音视频信号经过数据编码压缩所形成基本码流，即ES流。ES流再打包形成带有包头的码流，就是打包的基本码流PES(packetized elementary streams)。

elementary stream clock reference (ESCR) 基本流时钟基准 数字电视中打包基本流(PES)中的一个时间标记，解码器可以从中得到定时信息。

elevated fire tank 高位消防水箱 设置在建筑物高处，直接以重力向水灭火设施供应初期火灾消防用水量的储水设施。

elevated floor 架空地板 同 raised floor。

elevator cable 电梯电缆 一种专门用于电梯运行的电缆，也称随行电缆。它分为分支电缆和扁平电缆两大类。

分支电缆是扶梯系统采用的电缆，采用常规的电线，经专门的布局设计后组装形成；扁平电缆是垂直电梯轿厢使用的随行电缆（提供电力、控制信息、视频信息等），它的特点是柔软（多股软线构成）、不易折断（出厂前要求进行曲绕测试，参数三万次以上，甚至可达到六万次）、不会扭曲（防缆线旋转而缠绕）。故在工程中，在随行电缆侧绑扎普通电缆的方式是不宜采用的。

elevator car　电梯轿厢　电梯用以承载和运送人员和物资的箱形空间。轿厢一般由轿底、轿壁、轿顶、轿门等主要部件构成。它是电梯用来运载乘客、货物及其他载荷的轿体部件。

elevator controlling equipment　电梯控制器，梯控　电梯总成中的控制电梯启、停和运行状态的逻辑控制的电子装置。它是电梯运行控制的核心装置，以前大多采用可编程逻辑控制器（PLC）来实现，随着电梯智能化要求的提高，更多的电梯控制器已广泛采用单片机，利于配置各类智能化控制软件，使电梯运行更安全、平稳、舒适、节能和智能化。**梯控**　运用智能卡、门禁等手段实现电梯控制的系统。它是通过截取电梯的控制面板，把电梯按键或电梯预留的IC控制接口直接串联在控制器输出端子上。在正常通电的工作状态下，输出端子处于带电开路状态，电梯按键不能正常工作，当门禁系统或电梯轿厢内读卡器识别到有效信息后，相应输出端子恢复为接通状态，此时按下需要到达的电梯楼层按键，电梯逻辑控制器接收到相应楼层请求信号后开始运行。

elevator conversion layer　电梯转换层　某些建筑（如：写字楼）通常将不同电梯服务的楼层区间划分来进行人员分流，转换层就是用来换乘高、低区电梯的扶梯或楼梯间。

elevator machine room (EMR)　电梯机房　垂直升降电梯井道顶部或底部设置的安装电梯曳引设备的机房。

elevator system　电梯系统　即电梯（包括电动扶梯）的拖动与控制系统。电梯拖动系统主要有：单、双速交流电动机拖动系统，交流电动机定子调压调速拖动系统，直流发电机-电动机可控硅励磁拖动系统，可控硅直接供电拖动系统，VVVF变频变压调速拖动系统等。电梯控制系统包括硬件和软件。主要硬件有轿厢操纵盘、厅门信号、可编程逻辑控制器（PLC）、变频器、调速系统等，变频器只完成调速功能，而逻辑控制由PLC完成。

ELFEXT　等电平远端串扰衰减　equal level far-end crosstalk ratio的缩写。

ELTCTL　两端等效横向转换损耗　equal level TCTL的缩写。

ELV　特低压　extra-low voltage的缩写。

EM performance　电磁性能　系统或产品参数中与电磁场相关的性能，包括电磁辐射性能和电磁干扰性能。

E-MAIL　电子邮件　electronic-mail的缩写。

embedded control channel (ECC)　嵌入式控制通道　网络通信系统中传递网管信息的嵌入式控制通道。其物

E

理通道是数据通信通道(DCC),采用ITU-T(国际电信联盟-电信标准化部门)G.784要求的七层协议栈。

embedded multi-media card (eMMC) **嵌入式多媒体卡** 采用表面贴装(SMT)的方式贴到设备电路板上的多媒体卡,相比可插拔的MMC,可靠性有了更大幅度提高。由MMC协会所订立的主要针对手机或平板电脑等产品的内嵌式存储器标准规格。

embedded thermal control equipment **嵌入式温控设备** 一种向户外机房或机柜内提供诸如空气循环、冷却、加热的温控设备。设备采用嵌入式安装方式安装于机房或机柜。

embedding material **灌封材料** 将液态复合物用机械或手工方式灌入装有电子元件、线路的器件内,在常温或加热条件下固化成为性能优异的热固性高分子绝缘材料。

EMC **电磁兼容性** electromagnetic compatibility的缩写。

EMC directive **电磁兼容指令** 某电子设备既不干扰其他设备,同时也不受其他设备的影响。电磁兼容性和安全性一样,是产品质量最重要的指标之一。安全性涉及人身和财产,而电磁兼容性则涉及人身和环境保护。

EMCS **能源管控系统** energy management and control system的缩写。

emergency broadcast **应急[紧急]广播** 当发生重大自然灾害、突发事件、公共卫生、社会安全等突发公共危机时,应急广播可提供一种迅速快捷的信息传输通道,在第一时间把灾害消息或灾害可能造成的危害传递到民众手中,让群众在第一时间知道发生了什么事情,应该怎么撤离、避险,应该如何将生命财产损失降到最低。在建筑智能化系统中,常将公共广播系统与火灾报警系统联动,作为紧急广播的热备份系统。

emergency broadcasting **应急[紧急]广播设备** 也叫应急广播设备,即指紧急广播系统中使用的设备设施。主要包括传声器等的音源设备、音频处理器、放大器、切换矩阵等控制设备、传输网络设备以及音箱放音设备。建筑物中的紧急广播系统应与火灾自动报警系统和应急指挥系统联动。

emergency broadcasting data segment **应急[紧急]广播数据段** 移动多媒体广播中紧急广播消息的最小封装传输单元。

emergency broadcasting message (EBM) **应急[紧急]广播信息** 紧急广播系统中采用文本、多媒体数据等方式描述的一个紧急事件信息。

emergency intercom **应急[紧急]内部通话系统** 一般是指消防专用的内部电话通信设备系统。它具有专用的通信线路和设备,现场人员可以通过现场设置的固定电话和消防控制室进行通话,也可以使用便携式电话插入插孔与消防控制室直接通话。当发生火灾报警时,它可提供方便快捷的通信指挥手段,是消防控制及其报警系统中不可缺少的通信设备。

emergency lighting **应急[紧急]照明** 因正常照明的电源发生故障而启用的照明,也称事故照明。如建筑物内发生火灾、爆炸、地震等灾害时，正常电源往往发生故障或必须断开电源，这时正常照明全部熄灭。为保障人员及财产安全，并对进行着的生产、工作及时操作和处理，有效制止灾害或事故的蔓延，应随即投入应急照明。在建筑工程设计中，应急照明电源的选择应根据建筑物的层数、规模大小、复杂程度，建筑内停留和流动人员的多少，建筑物内的生产和使用特点，火灾危险程度，建筑物的重要程度，以及其他应急电源的设置情况等综合考虑，并进行技术经济分析比较，选择出最优的应急照明电源。

emergency lighting centralized power supply 应急[紧急]照明集中电源 消防应急照明和疏散指示系统的一个组成部分，由应急照明配电箱和消防应急灯具组成，采用后备工作方式，与常规照明电源应可靠及时切换。消防应急灯具由应急照明配电箱供电。

emergency lighting controller 应急[紧急]照明控制器 消防应急照明和疏散指示系统的系统控制主机。

emergency lighting distribution equipment 应急[紧急]照明配电装置 应急配电箱内应有的双电源切换供电或UPS供电装置，且只供应急照明使用。

emergency maintenance center 应急[紧急]维修中心 利用电话、手机、传真、WEB等多种信息方式接入，以人工、自动语音、WEB等多种方式为客户提供应急状态下的售前、售后服务建立起来的企业与客户沟通的组织平台。

emergency optical fibre cable 应急[紧急]光缆 室外光纤传输系统应急抢修时使用的备用光缆，具有较强的机械保护和抗老化防护。

emergency plan 应急[紧急]预案 根据预测危险源，危险目标可能发生事故的类别，危害程度而制定的事故应急救援方案。预案须充分考虑现有物质、人员及危险源的具体条件，能及时、有效地统筹指导事故应急救援行动。目前，应急救援预案需要按照国家安全生产监督管理局《危险化学品事故应急救援预案编制导则(单位版)》(安监管危化字[2004]43号)来编制。其主要内容包括应急组成员、危险源来源、事故发生后的应急措施和应急演练。我国境内危险化学品生产、储存、经营、使用、运输和处置废弃危险化学品单位均需要编制应急救援预案。

emergency power 应急[紧急]电源 以解决应急照明、事故照明、消防设施等一级负荷供电为主要目标，提供符合消防规范的具有独立回路的应急供电系统，分柴油发电机或蓄电池两类。

emergency pulse 呼救脉冲 呼救设备或呼救系统在收到呼救传感器的信息后对外所发出的电子、光学、声音的脉冲信号，用于下一级设备或系统识别并报警。

emergency response system 应急[紧急]响应系统 为应对各类突发公共安全事件，提高应急响应速度和决策指挥能力，有效预防、控制和消除突发公共安全事件的危害,具有应急技术体系和响应处置功能的应急响应保障机制,或履行协调指挥职能的系统。

emergency safety procedure 应急[紧急]安全程序 也称应急预案,是在紧急情况下的应对方案。

emergency signal 应急[紧急]信号 发生事故或灾害时发出警示的信号,可以是由设备、计算机显示装置、音响装置、指示灯等发出的信号,提示用户采取相应的措施和行为。在电子信息系统中,通过紧急信号提示系统发生了错误或出现了影响程序正常执行的紧急情况。

emergency socket 应急[紧急]插座 为特殊情况下使用而设计的电源插座。

emergency start signal 应急[紧急]启动信号 由监测系统或监测设备提供给执行系统或执行设备的高等级启动信号。

emergency switch 应急[紧急]开关 入侵报警系统中用手或脚触发的紧急报警开关(如紧急按钮、脚踢开关等)。火灾报警系统中的手动火灾报警按钮也属于紧急开关范畴。

emergency telephone 应急[紧急]电话 为方便群众应对一些紧急情况而统一设置的一些特殊电话,如在中国有:110——匪警电话,119——火警电话,120——急救电话,999——红十字会的急救电话,122——交通报警电话。这些电话都是免费的。

EMF 电动势 electromotive force 的缩写。

EMI 电磁干扰 electromagnetic interference 的缩写。

EMM 授权管理信息 entitlement management message 的缩写。

eMMC 嵌入式多媒体卡 embedded multi-media card 的缩写。

employee entrance 员工入口处 建筑物入口之一,一般指员工进出建筑的地方。有别于车辆出入口、客人出入口等。

EMR 电梯机房 elevator machine room 的缩写。

EMS 网元管理系统 element management system 的缩写。

EMS 能源管理系统 energy management system 的缩写。

EN 欧洲标准 European Norm 的缩写。

enclosed staircase 封闭楼梯间 建筑物内用耐火建筑构件分隔,能防止烟和热气进入的楼梯间。封闭楼梯间在楼梯间入口处设置门,以防止火灾的烟和热气进入。

encoder (EC) 编码器 将信号或数据进行编制并转换为可用以通信、传输和存储的信号形式的软件、硬件,或两者结合的部件、装置。

encoding presentation 编码表示 数据编码后的形式。

encrypt 加密 将明文信息按某种算法进行处理,使其隐藏起来,在未解密前不可读或不可显示。

encryption 加密 ① 为了产生密文(即隐藏数据的信息内容),由密码算法对数据进行(可逆)变换。② 将明文信息按某种算法进行处理,使其隐藏起来，在未解密前不可读或不可显示。

end 末端 即尾端，排尾，最后的一端。

end-node of IoT 物联网端节点 构成感知延伸层网络的传感器或者具有各种感知能力的设备，通过物联网接入网关与通信网络相连。

end-point 终端，端点 ① 线段的起点或终点。② 在 ZigBee 协议栈应用层的入口，为实现一个设备描述而定义的一组群集。每个 ZigBee 设备最多可以支持 240 个这样的端点，这也意味着在每个设备上可以定义 240 个应用对象。端点 0 被保留用于与 ZDO 接口，端点 255 被保留用于广播，端点 241 至端点 254 则被保留用于将来做扩展使用。③ 在 ITU 定义的 H.32X 多媒体电视会议标准中，泛指终端、网关、会务器或多点控制设备。

end-to-end (E2E) 端对[到]端 协议或函数的一种特性，说明在初始源地和最终目的地上的操作，而不是在中间计算机上(如不在路由上)。

end-user 端点[最终]用户 ① 使用计算机网络进行数据处理和信息交换的人、设备、程序或计算机系统。② 流经一个系统的信息的最初源点或最终目的地点，可以是操作员(如终端用户)，应用程序或数据媒体(如磁碟)。③ 将使用由开发者所创建的程序或产品的人。

end-wall 端墙 指位于入口和出口的两侧，起挡土和导流作用，是保证涵洞处路基或路堤稳定的构筑物。

end-device 终端设备 一种经由通信设施向计算机输入程序和数据或接收计算机输出处理结果的设备。终端设备通常设置在能利用通信设施与远处计算机联结的场所，它主要由通信接口控制装置与专用或选定的输入输出装置组合而成。众多分散的终端设备经由通信设施而与计算机联结的系统称为联机系统。在需要向计算机输入输出少量而频繁的信息时，或者在需要查询检索计算机信息库时，常使用操作灵活的键盘显示终端设备。

end-to-end link 端到端链路 实现端到端通信的信道，或是一段中间没有任何其他的交换结点的物理线路，也可能经过了很复杂结构的物理路线(包括有线路径和无线路径)。

end-user 终端用户 同 end user。

energy center 能源中心 即能源管理中心，指采用自动化、信息化技术和集中管理模式，对企业能源系统的生产、输配和消耗环节实施集中扁平化的动态监控和数字化管理，改进和优化能源平衡，实现系统性节能降耗的管控一体化系统或建筑。

energy consumption in unit air conditioning area (ECA) 单位空调面积能耗 空调系统总能耗与空调面积之比。

energy consumption of different items 分项能耗 在建筑能效监管系统中需要对能耗进行分项计量，即对同类能耗按照不同用途进行分项采集和统计。如电力使用，就区分有常规用电和特殊用电两项，而常规用电又分为照明、插座用电，空调用电，动力用电三个子项。在空调用电中又区分为冷热站用电和空调末端用电两个二级子项。如此分类分项计量用能，目的是期望通过计量的数据对用能进行科学分析和精准管理。

energy consumption of different sort 分类能耗 在我国建筑能耗监管系统中，将需要计量和监管的用能类别分为水、电力、燃气、燃油、集中供热、集中供冷、可再生能源七种用能类型。

energy efficiency 能量效率 一个设备或一个系统输出的能量(或所做的功)与输入的能量之比。例如，在蓄电池使用中，它指当电流恒定，且在相等的充电和放电时间内，蓄电池放出电量和充入电量的百分比，也称为蓄电池的能量效率。

energy efficiency grade (EEG) 能效等级 表示产品能效比高低差别的一种分级方法。国家相关标准规定，能效标识将能效分为五个等级，为蓝白背景的彩色标识。等级一表示产品节电已达到国际先进水平，最节电，即耗能最低；等级二表示比较节电；等级三表示产品能源效率为我国市场的平均水平；等级四表示产品能源效率低于市场平均水平；等级五是产品市场准入指标，低于该等级要求的产品不允许生产和销售。世界上已经有一百多个国家实施了能效标识制度。

energy efficiency ratio (EER) 能效比 在额定工况下，空调等采暖设备提供的冷量或热量与设备本身所消耗的能量之比。在数据中心是指机房空调的制冷量与制冷消耗功率之比。

energy efficiency ratio of air conditioning system (EERs) 空调系统能效比 空调系统制备的总冷量或制热量与空调系统总能耗之比。

energy efficiency ratio of air-conditioner 空调设备的能效比 在额定工况的规定条件下，空调设备制冷运行时，制冷量和有效输入功率之比，其值用W/W表示。其中，有效输入功率指单位时间内输入空调的平均电功率。

energy efficiency ratio of refrigeration system (EERr) 制冷系统能效比 制冷系统制备的总冷量与制冷系统能耗之比。

energy efficiency ratio of terminal system (EERt) 终端系统能效比 空调系统制备的总冷量(或制热量)与空调末端能耗之比。

energy management 能源管理，能效管理 能源管理分为宏观管理与微观管理。政府及有关部门对能源的开发、生产和消费的全过程进行计划、组织、调控和监督的社会职能是能源宏观管理；企业对能源供给与消费的全过程进行管理是能源微观管理。广义的能源管理是指对能源生产过程的管理和消费过程的管理。狭义上的能源管理是指对能源消费过程的计划、组织、控制、监督等一系列工作。

energy management and control system (EMCS) 能源管控系统 以帮助工业生产企业在扩大生产，合理计划和利用能源，降低单位产品能源消耗，提高经济效益，降低CO_2排放量为目的信息化管控系统。系统应用智能化集成系统技术，对建筑内各用能系统的能耗信息予以采集、显示、分析、诊断、维护、控制及优化管理，通过资源整合形成具有实时性、全局性和系统性的能效综合职能管理功能。

energy management system (EMS) **能源管理系统** ① 以帮助工业生产企业在扩大生产，合理计划和利用能源，降低单位产品能源消耗，提高经济效益，降低 CO_2 排放量为目的信息化管控系统。它采用分布式系统体系结构，对建筑的电力、燃气、水等各分类能耗数据进行采集、处理，并分析建筑能耗状况，实现建筑节能应用。② 在建筑智能化工程中亦称能效监管系统，它通过对建筑物中电量、水量、燃气量、集中供热耗热量、集中供冷耗冷量等进行分项计量，对用能环节进行相应适度调控及供能配置适时调整，并通过监测数据统计分析和处理，提升建筑设备协调运行和优化建筑综合性能，实现建筑物的绿色运营。

energy metering **能源计量** 即对各类能源供应和消耗数据的采集和分析，是节能减排量化数据的体现，对能源的科学管理起着举足轻重的作用。科学准确的计量数据能够指导能源开发、生产和使用，由此达到节能降耗的目的。

energy metering application **能源计量应用** 通过对能耗计量数据的分析实现能源供应和消耗的科学管理。建筑能耗分项计量系统就是对建筑物内电、燃油、用水等进行分类分项自动计量，并将耗量数据上传至物业管理部门和地区能耗管理中心，作统计、分析和管理之用。

ENG **电子新闻采集** electronic news gathering 的缩写。

engineering accident **工程事故** 工程建设、运营过程中发生的因违反法律、法规或由疏忽失误造成的意外死亡、疾病、伤害、损坏或者其他严重损失的事件。在事故的种种定义中，伯克霍夫(Berckhoff)的定义较著名，即：事故是人(个人或集体)在为实现某种意图而进行的活动过程中，突然发生的，违反人的意志的，迫使活动暂时或永久停止，或迫使之前存续的状态发生暂时或永久性改变的事件。

engineering architecture **工程建筑** 即建筑，是建筑物与构筑物的总称。它是人们为了满足社会生产、生活等需要，利用所掌握的物质技术手段，并运用一定的科学规律、风水理念和美学法则创造的人工环境。

engineering investigation **工程考察** ① 投标期间，招标方为了解投标方施工效果而对投标方以往所做工程项目的考察。② 实施方在项目启动前对工程项目的考察，包括现场实地考察。

engineering of security and protection system (ESPS) **安全防范(系统)工程** 以维护社会公共安全为目的，综合运用安全防范技术和其他科学技术，为建立具有防入侵、防盗窃、防抢劫、防破坏、防爆安全检查等功能(或其组合)的系统而实施的工程。通常也称为技防工程。

engineering qualitative accident **工程质**

量事故 由于建设管理、监理、勘测、设计、咨询、施工、材料、设备等原因造成工程质量不符合规程、规范和合同规定的质量标准,影响使用寿命或对工程安全运行造成隐患及危害的事件。

E

engineering structural accident 工程结构事故 建筑工程事故的一种分类方法。工程事故可依据事故严重程度、事故发生阶段、事故发生部位划分,也可依据结构类型划分。工程事故依据结构类型可区分为砌体结构事故、混凝土结构事故、钢结构事故、组合结构事故等。

enhanced graphics adapter (EGA) 增强图形适配器 是 IBM 的个人计算机显示标准的定义。在显示性能(颜色和解析度)方面介于 CGA 和 VGA 之间。它是 IBM 在 1984 年为其新型 PC-AT 计算机引入的技术。EGA 可以在 640×350 的分辨率下达到 16 色。EGA 包含一个 16 KB 的只读存储器(ROM)来扩展系统 BIOS,以便实现附加的显示功能,并包含一个 Motorola MC 6845 视频地址生成器。

ENI 外部网络接口 external network interface 的缩写。

EnOcean wireless energy harvesting technology 易能森无线能量采集技术 一种基于能量收集的超低功耗短距离无线通信技术,应用于室内能量收集,还应用于智能家居、工业、交通、物流等领域。基于 EnOcean 技术的模块具有高质量无线通信、能量收集和转化及超低功耗的特点。其通信协议非常精简,采用无需接触的通信机制,相较于其他无线通信技术(如 ZigBee)有更低的功耗和更高的效率。EnOcean 还可以通过收集自然界的微小能量为模块提供能源,使模块做到无电池和免维护。2012 年 3 月 EnOcean 无线技术被国际标准 ISO/IEC 14543-3-10—2012 批准认证。

ensured function 应备功能 公共广播系统应该具备的最基本功能。如应能实时发布语音广播,且应具有一个广播传声器处于最高广播优先级。不同用途不同等级的公共广播具有应备功能也有所区别。应备功能强大的程度是公共广播系统等级划分的主要依据。

ensured sound level 应备声压级 《公共广播系统工程技术规范》(GB 50526)中提出应备声压级,并定义为:公共广播系统在广播服务区内应能达到的稳态有效值广播声压级的平均值。

entering air temp 进风温度 暖通空调系统进风管处的气体的温度。对于新风机组而言,新风口测得的温度即为进风温度。空调机组的进风温度有两种,一是新风口测得的新风温度,二是回风口测得回风温度。

entering water temp 进水温度 暖通空调水系统进水管处的水的温度。

enterprise fire station 企业消防站 企业自行建设和管理的消防站,当本企业或附近发生火灾时,消防站将立即投入灭火工作。

enthalpy 焓(值) 热力学中表征物质系统能量的一个重要状态参量,常用

符号 H 表示，单位为焦耳(J)。对一定质量的物质，焓值定义为 $H=U+pV$。式中，U 为物质的内能，p 为压强，V 为体积。

enthalpy entropy chart　焓熵图　以焓和熵为坐标，表示物质状态变化的热力状态图。

entire life　总寿命　① 由制造商、工程师承诺的系统、设备、器件、缆线的可用最长寿命。② 在设计或选型时确定的系统、设备、器件、缆线的可用最长寿命。③ 在实际使用时最终得到系统、设备、器件、缆线的可用最长寿命。

entitle　授权　① 领导者通过为员工和下属提供更多的自主权，以达到组织目标的过程。② 通信业务中，运营商赋予用户使用业务权限的行为。③ 在智能化系统中，赋予用户或操作人拥有指定的某种权利。例如，门禁系统中，只有经过授权（智能卡授权、人脸特征授权等）的人员允许顺利通过或出入。

entitlement control message (ECM)　授权控制信息　数字广播电视系统中规定的控制字及专用加扰和（或）控制参数的专用条件接收信息。在数字电视广播(DVB)标准下，条件访问系统(CAS)标准在 DVB-CA（条件访问），DVB-CSA（公共加扰算法）和 DVB-CI（公共接口）的规范文档中定义。这些标准定义了一种方法，通过该方法可以混淆数字电视流，仅向具有有效解密智能卡的人提供访问。有条件访问的 DVB 规范可从 DVB 网站的标准页面获得。

entitlement management message (EMM)　授权管理信息　数字广播电视系统中规定授权级别或专用解码器业务的条件接收信息。

entrance and exit　出入口　出口和入口的集合。可以解释为进出的地方，建筑学上的出入口是指门、门洞、通道等点状场所或线状空间概念，以及相关空间元素组成的空间场所。

entrance facility　入口设施　① 出入口控制系统中入口处配置的装置和设施。例如，住宅单元门、对讲门口机等。② 停车库（场）管理系统中车辆入口处配置的设备、设施。③ 位于建筑物内侧的缆线入口旁的设施，该设施提供符合相关规范机械与电气特性的连接器件，使得外部网络电缆和光缆引入建筑物内，并进行室内、室外缆线转换设备等，其中包括室外缆线要求的防雷、防水和室内缆线防火等设施或装置。

entrance machine　门口机　指楼寓对讲系统中安装在楼门入口处，具有选呼、对讲、控制功能的装置。

entrance pipe　进楼管　通信管道的人孔（手孔）与建筑物之间的地下连接管道。

entrance point　入口点　建筑物中各类缆线的出入口位置。

entrance point from the exterior of the building　楼宇外部入口点　建筑物入口设施中位于建筑物外部的建筑物缆线入口。它应比建筑物内的入口高度略低，以免水倒流进入建筑物。

entrance room　进线间　① 指建筑物

缆线入口旁，用于缆线转接和缆线保护的房间或空间。在进线间中，室外缆线（防雷、防水）将转换为室内缆线（防火），同时对铜质缆线还需在此安装线路的第一级防雷设施。进线间是国际标准 ISO 11801 中办公建筑综合布线系统的七大组成部分之一。② 指外部线缆引入或电线业务经营者安装跳线设施的空间。

entropy coding　熵编码　即编码过程中按熵原理不丢失任何信息的编码。一种根据信息出现概率的分布特性而进行的可变字长无损数据压缩编码，如霍夫曼编码、游程编码以及算术编码。

entry　项目　① 终端设备接收的一个输入项目。接收后，控制程序将其放置在输入项处，其地址插在等待处理的项目表中。② 在 COBOL 语言中表示项或体。写在 COBOL 源程序的标识部、设备部、数据部或环境部中，且以句号作为终止符的任一组相继的描述子句。**入口**　程序开始执行或由其他程序转入的位置，有时也指表格的起点。**条目**　在图书馆或情报工作中，作为一个实体来处理一条条书目信息。它是对一本书或一篇文献进行内容特征描述所得到的一条书目记录。**表目**　一种信息元素，被包含在表格、列表队列或其他经过组织的数据或控制信号的结构之中，如表的表目。

entry/exit control　进出控制　门禁系统中根据进出通路方向，定义门禁组人员出入特定区域的权限。

environment of anti-electrostatic discharge　抗静电（放电）环境　能控制静电放电事件和防止各类静电危害的特定环境。在这一环境中能抑制静电产生，静电产生以后易于消散或消除，静电场的作用能得到抑制。

environment system　环境系统　环境各要素及其相互关系的总和。环境系统的范围可以是全球性的，也可以是局部性的。环境系统各要素之间彼此联系、相互作用，构成一个不可分割的整体。环境系统的概念不同于生态系统，前者着眼于环境整体，而后者侧重于生物彼此之间以及生物与环境之间的相互关系。环境因素包括非生物的和生物的因素。非生物因素有温度、光、电离辐射、水、大气、土壤、岩石、重力、压力、声音、火等，生物因素是指各种有机体，它们彼此作用，并同非生物环境密切联系着。

environmental control　环境控制　包括治理职能和管理职能，以及治理层和管理层对内部控制及其重要性的态度、认识和措施。

EO　设备插座　equipment outlet 的缩写。

EPG　电子节目指南　electronic program guide 的缩写。

epoch　历元　指时标的原点。

EPON　以太网无源光网络　Ethernet passive optical network 的缩写。

EPP　电子配线架　electronic patch panel 的缩写。

EPSS　供电系统　electric power supply system 的缩写。

ePTZ　电子云台控制　是相对于普通

云台而言的一种采用电子控制的集成云台。

EQ 均衡器 equalizer 的缩写。

EQP 设备 equipment 的缩写。

equal level far-end crosstalk ratio (ELFEXT) 等电平远端串扰衰减 也称 ACR-F、远端 ACR。综合布线系统中的一个质量指标，是某个线对芯线上远端串扰损耗与该线路传输信号衰减差。从链路近端缆线的一个线对发送信号，该信号沿路经过线路衰减，从链路远端干扰相邻接收线对。

equal level TCTL (ELTCTL) 两端等效横向转换损耗 综合布线系统中一个抗电磁干扰的质量指标，是将TCTL参数变形后的一个参数，目的是方便考核。TCTL参数的特点是：电缆越长，衰减后的共模信号电平越小，则TCTL也越小。为了便于考量双绞线对本身的平衡性，不考虑线对长度的影响(长度越长，线对本身的损耗越大；干扰信号的频率越高损耗也越大)，故将TCTL除以电缆损耗值(IL)后再考察，这就是ELTCTL=TCTL/IL。这是一个相对值，可以近似地认为与线对长度无关，这样便于进行参数改进和不同品牌间的参数比较。

equalizer (EQ) 均衡器 ① 音频均衡器。用于增强或调节音频系统性能的电子滤波电路。它可以是固定的或可调的，可以是有源的或无源的。大多数均衡器把声音频带分成九段，每个频段的信号幅度可单独提升或降低。运用数字滤波器组成的均衡器称为数字均衡器，不仅各项性能指标优异，操作方便，而且还可同时储存多种用途的频响均衡特性，供不同节目要求选用，可多至储存九十九种频响特性曲线。② RF 射频均衡器。用于射频有线电视系统中抵消同轴电缆对通带内射频信号不均衡衰减的特殊滤波器。如 SYV-75-9 同轴电缆百米衰减量 45 MHz 为 4.8 dB，800 MHz为 12 dB。射频均衡器特意制成一个高通滤波器，即对低频衰减大，高频衰减小。因此，插入均衡器后，可以使射频通道内各频道信号获得一致，满足射频放大器输入信号的要求，使有线电视终端用户获得信号强度比较一致的频道信号。

equipment (EQP) 设备 可供人们在生产中长期使用，并在反复使用中基本保持原有实物形态和功能的生产资料和物质资料的总称。

equipment cable 设备缆线 ① 用于连接设备的缆线。按照线缆传送能量的性质，可区分为供电线缆(为设备提供电能)；通信线缆(有电缆和光缆之分，为设备提供信号的输入和输出)；控制线缆(为设备传送动作指令信号)。② 在综合布线系统中也称设备跳线，是位于综合布线系统(位于配线架或面板中的连接器件)与设备接口之间的传输缆线。这种缆线一般选用跳线类的产品。

equipment controller 设备控制器 计算机中的一个实体，是 CPU 与 I/O 设备之间的接口。它接收从 CPU 发来的命令，并去控制 I/O 设备工作，以使处理机从繁杂的设备控制事务中解脱出来。设备控制器是一个可编址的设备，当它仅控制一个设备时，它只有唯一的设备地址；若控制连接的多个设备时，则含有多个设备地址，并使每一个设备地址对应一个设备。设备控制器的复杂性因不同设备而异，相差甚大，一般分成两类：一类是用于控制字符设备的控制器，另一类是用于控制块设备的控制器。在微型机和小型机中的控制器常做成印刷电路卡形式，因而也常称为接口卡，可将它插入计算机。

equipment cord 设备跳线 连接设备的柔性线缆。同 equipment cable。

equipment distribution area (EDA) 设备配线区 数据中心综合布线系统分配给终端设备安装的空间，包括计算机系统和通信设备、服务器、存储设备及外围设备。设备配线区的水平线缆端接在固定于机柜或机架的连接硬件上，须为每个设备配线区的机柜或机架提供充足数量的电源插座和连接硬件，使设备缆线和电源线的长度减少至最短距离。EDA 是美国数据中心标准中的名称，相当于国际标准 ISO 11801.5 中的设备插座(EO)，在综合布线系统通用拓扑结构结构中，属于信息点(TO)的范畴。

equipment for building-in 嵌入式设备 由嵌入式处理器、相关支撑硬件和嵌入式软件系统组成，集软、硬件于一体的可独立工作的器件。嵌入式处理器主要由一个单片机或微控制器 (MCU)组成。相关支撑硬件包括显示卡、存储介质(ROM、RAM 等)、通信设备、IC 卡，或信用卡的读取设备等。嵌入式系统有别于一般的计算机处理系统，它不具备像硬盘那样大容量的存储介质，而大多使用闪存(flash memory)作为存储介质。嵌入式软件包括与硬件相关的底层软件、操作系统、图形界面、通信协议、数据库系统、标准化浏览器、应用软件等。

equipment installation 设备安装 在工程施工中，将设备就位、固定，并连接成有机整体的作业。

equipment interface (EI) 设备接口 设备硬件与外部传输、控制等系统相连接的端口。

equipment machine room 设备机房 建筑物内安装设备(如空调机、通风设备、水泵、配电等)的房间。

equipment manager 设备管理器 一种管理工具，用以管理计算机网络中的设备。可以使用设备管理器查看和更改设备属性，更新设备驱动程序，配置或卸载设备。它提供计算机上所安装硬件的图形视图。

equipment outlet (EO) 设备插座 数据中心综合布线系统拓扑结构中用于面向数据中心内的服务器、存储设备、网络设备的设备接口。它属于综合布线系统通用拓扑结构中信息点(TO)的范畴。

equipment rack 设备机架 一种专门用于摆放、安装各种设备的金属支架。如 19 in 机架是横向螺丝孔间距为 19 in、纵向螺丝孔按标准单位(U，即 1.75 in)排列的机架，可以安装各种符合这种尺寸规定的设备，如网络设备、布线系统配线架、电信设备、公共广播设备、安防设备、消防设备等。

equipment room (ER) **设备用房,设备间** 建筑物内安装专用设备的房间,如变配电室、水泵房、水箱间、中水处理间、锅炉房(或热力交换站)、空调机房、通信机房等。① 专门用来安置布线系统配线设备和特定应用设备间。② 建筑智能化系统中,指在楼层上的设备用房、建筑物的中心机房等。

equipment sample **设备样品** 能够代表所提供设备品质的少量实物。它从整批设备中抽取出来,作为对外展示模型和产品质量检测所需;或者在大批量生产前根据商品设计而先行由生产者制作、加工而成,并将生产出的样品标准作为买卖交易中商品的交付标准。设备样品作为商品的品质代表展示时,代表同类设备的普遍品质,包括设备的物理特性、化学组成、机械性能、外观造型、结构特征、色彩、大小、味觉,等等。

equipment status monitoring (ESM) **设备状态监测** 对运转中的设备整体或其零部件的技术状态进行检查鉴定,以判断其运转是否正常,有无异常与劣化征兆,或对异常情况进行追踪,预测其劣化趋势,确定其劣化及磨损程度,等等,这种活动就称为设备状态监测。

equipotential bonding **等电位联结** 为实现等电位提供的导电体之间的电连接。等电位联结分为总等电位联结(MEB)和局部等电位联结(LEB)。总等电位联结做法是通过每一进线配电箱近旁的总等电位联结母排将下列导电部分互相连通:进线配电箱的PE(PEN)母排,公用设施的上、下水、热力、煤气等金属管道,建筑物金属结构和接地引出线。局部等电位联结做法是在一局部范围内通过局部等电位联结端子板将下列部分用6 mm^2 黄绿双色塑料铜芯线互相连通。柱内墙面侧钢筋、壁内和楼板中的钢筋网、金属结构件、公用设施的金属管道、用电设备外壳(可不包括地漏、扶手、浴巾架、肥皂盒等孤立小物件)等。

ER **设备用房,设备间** equipment room 的缩写。

ERB **既有住宅** existing residential building 的缩写。

ERC **电气规则检查** electric rule checking 的缩写。

ERM **旋转电机** electric rotating machine 的缩写。

ERPS **以太网多环保护技术** Ethernet ring protection switching 的缩写。

error **差错,出错** ① 导致产生含有缺陷软件的人的行动。例如,遗漏或误解软件说明书中的用户需求,或遗漏设计规格说明书中的需求。② 在计算技术领域中,差错主要指数据在传输或存储中数码变错的现象。通常分为随机差错和突发差错两类。③ 违反某语法或语义规则或逻辑条件的情况。**误差** ① 计算、测量、观察和记录所得的值与实际的、规定的或理论上的值之差。② 某种不正确的步骤或处理过程,或指计算机中因工作不正常或操作不当而产生的偏差。③ 取定值与正确值之间的差。误差可能产生的值域称为误差范围。误差范围内最大误差与最小误差之间的绝对值称为误差跨度。

error concealment　错误隐藏　错误发生且不能纠正时，为尽量不降低重构图像或声音的视听效果而采取的技术，即采用误码隐匿法能够最大限度减少丢包造成的影响。将图像丢包或受损部分隐藏起来，根据视觉感官滞后的自然属性，利用收到的信号冗余部分来复原信号，如利用同步间歇，借用前一帧或后一帧的图像插补误码造成错误帧。

error correction level　纠错等级　数字广播电视明码图中纠错码字所占比例的参数，从低到高分为1～5个等级。

error ratio　错误率，出错率　通信链路有效性的度量方法，定义为在一定的时间间隔内，接收到的错误位数、字符数或数据块数与传输数据总位数、总字符数或总数据块数的比值。

errored second (ES)　误码秒　在数字传输技术中，当某一秒具有单个或多个误码时，就称该秒为误码秒。

errored second ratio (ESR)　误码秒比率　在一个确定的测试时间内，可用时间内出现的误码秒与总秒数之比。

ES　基本(码)流　elementary stream 的缩写；**误码秒**　errored second 的缩写。

eSATA　SATA 接口的外部扩展规范，外部串行 ATA　external serial ATA 的缩写。

escape exit　紧急出口　也称安全出口，是指建筑物内供人员疏散用的楼梯间、室外楼梯的出入口或直通室内外安全区域的出口。《建筑设计防火规范》(GB 50016)对厂房、仓库和民用建筑中用于安全疏散的安全出口的数量、位置和规格都有明确、具体的规定。

escape hatch　逃生人孔，紧急出口　也称逃生舱、逃生孔，是指提供人员在紧急情况下疏散、逃离的出口。在建筑物中称为紧急出口或安全出口。

ESCR　基本流时钟基准　elementary stream clock reference 的缩写。

ESD　静电释放　electro-static discharge 的缩写。

ESD earth bonding point　ESD 接大地连接点　防静电场所中通过接地线连接到 ESD 接地装置或 ESD 接地干线的一个专用点。

ESM　设备状态监测　equipment status monitoring 的缩写。

ESN　电子序列号　electronic serial number 的缩写。

ESPS　安全防范(系统)工程　engineering of security and protection system 的缩写。

ESR　误码秒比率　errored second ratio 的缩写。

EST　电子沙盘　electronic sand table 的缩写。

Ethernet　以太网　采用以太网技术组建的一种局域网。以太网技术是一种介质共享，面向广播、竞争接入的局域网技术。以太网采用 IEEE 802.3 标准，数据传送速率为 10 Mbps、

100 Mbps、1 000 Mbps 等。以太网技术标准开始是由三家美国数字设备公司(DEC、英特尔和施乐公司)推出的，其后由 IEEE 802 工作组推出了针对带冲突检测的载波侦听多址访问(CSMA/CD)局域网络的标准 802.3。

Ethernet passive optical network (EPON) 以太(网)无源光网络 以以太网技术为基础的无源光网。EPON 的标准化工作主要由 IEEE 的 802.3ah(即 EFM,以太网最前一英里)工作组来完成，其制定 EPON 标准的基本原则是尽量在 802.3 体系结构内进行 EPON 标准的标准化工作，工作重点放在 EPON 的 MAC(介质访问控制)协议上，最小限度地扩充以太网 MAC 协议。EFM 在 2004 年正式发布 EPON 的相关标准。我国也于 2006 年发布了《接入网技术要求——基于以太网的无源光网络(EPON)标准》。

Ethernet port 以太网端口 路由器、交换机等以太网设备接插数据连接线缆的端口。

Ethernet ring protection switching (ERPS) 以太网多环保护技术 以太环网中的二层网络中重要的冗余保护手段。它基于中兴通讯公司所提出的 sub-ring 子环划分模型，追求更多功能，更高性能，更加安全。以太环网技术发展到现在已经日臻完善，并且逐渐扩展到其他拓扑环境。ERPS 以太环网标准吸取了 EAPS、RPR、SDH、STP 等众多环网保护技术的优点，优化了检测机制，可以检测双向故障，支持多环、多域的结构，在实现 50 ms 倒换的同时，支持主备、负荷分担多种工作方式，成为以太环网技术最新的成熟标准。

Ethernet switch 以太网交换机 基于以太网传输数据的交换机，也叫交换式集线器。它是一种扩大网络的设备，能为子网络提供更多的连接端口，使网络连接更多计算机及其他计算设备。它属于工作在 OSI 第二层上的基于 MAC 识别且能完成封装转发数据包功能的网络设备。它通过对信息进行重新生成，并经过内部处理后转发至指定端口，具备自动寻址能力和交换作用。交换机不懂 IP 地址，但可以学习 MAC 地址，并把其存放在内部地址表中，通过在数据帧的始发者和目标接收者之间建立临时的交换路径，使数据帧直接由源地址到达目的地址。交换机上所有端口均有独享的信道带宽，保证每个端口数据快速有效传输。交换机根据所传递信息包的目的地址，将每一数据包独立地从源端口送至目的端口，而不是向所有端口发送，避免了和其他端口发生冲突。因此，交换机可以同时互不影响地传送这些数据包，提高了网络实际吞吐量。以太网交换机按照不同应用场合、不同特性、不同结构可分为多种类型。从广义上可分为两类：广域网交换机和局域网交换机。

ETL 电子测试实验室 Electronic Testing Laboratories 的缩写。

EUI-64 64 位扩展的唯一标识符 64-bit extended unique identifier 的

缩写。

European Computer Manufactures Association (ECMA) 欧洲计算机制造联合会 1961 年成立的旨在建立统一的计算机操作格式标准(包括程序语言和输入输出)的组织。它是一家国际性会员制度的信息和电信标准组织,在欧洲制造、销售或开发计算机和电信系统的公司都可以申请成为会员。ECMA 国际业务包括与有关组织合作开发通信技术和消费电子标准,鼓励准确的标准落实和标准文件与相关技术报告的出版。

European Norm (EN) 欧洲标准 1976 年成立于比利时的布鲁塞尔,由两个早期机构合并而成。它的宗旨是协调欧洲有关国家的标准机构所颁布的电工标准和消除贸易上的技术障碍。CENELEC 的成员是欧洲共同体十二个成员国和欧洲自由贸易区(EFTA)七个成员国的国家委员会。除冰岛和卢森堡外,其余十七国均为国际电工委员会(IEC)的成员国。

evacuated export 疏散出口 包括安全出口和疏散门,主要指的是疏散门,即设置在建筑物内各房间直接通向疏散走道的门或安全出口上的门。

evacuation indication system 疏散指示系统 在灾害来临时,采用各种有效的方式为人员提供疏散指示的系统。现在的疏散指示系统不仅要考虑人员疏散安全,而且与起火位置和蔓延方向有关,还与疏散路线及相关疏散设施动作状态有关。疏散指示系统将以往传统的就近固定方向疏散的理念提升为远离火灾的主动、合理疏散理念,使疏散指示与火灾状况和疏散设施动作状况实现协同联动。

evacuation route 疏散通道 从建筑物内某点到最终安全出口的路线。它是引导人们向安全区域撤离的专用通道。

evacuation signal 疏散信号 火灾及应急响应时指示人员疏散的视听信号。

evaluating value of energy conservation 节能评价值 在额定制冷工况和规定条件下,节能型设备(如:空调等)应达到的节能认证产品所允许的能效比最小值。

evaporator 蒸发器 制冷四大件中重要的一个部件,低温的冷凝液体通过蒸发器,与外界的空气进行热交换,气化吸热,达到制冷的效果。蒸发器主要由加热室和蒸发室两部分组成。加热室向液体提供蒸发所需要的热量,促使液体沸腾汽化。蒸发室使气液两相完全分离。加热室中产生的蒸气带有大量液沫,到了较大空间的蒸发室后,这些液体借自身凝聚或除沫器等的作用得以与蒸气分离。通常除沫器设在蒸发室的顶部。

event 事件 ① 通常由用户或计算机产生的行为,如击键、点击鼠标按钮或移动鼠标等,应用程序对其行为做出的响应;② 在操作系统中,通常指程序中出现的问题,当用户程序发生问题时,程序便不能继续下去,从而停止用户程序并记录此事件的有关状态信息;③ 在有线电视系统中,指一组给定了起始时间和结束时间的基本广播数据流。

event information table (EIT)　事件信息表　是数字电视广播(DVB)系统中服务信息(SI)中的一个表,该表是对某一路节目的更进一步的描述。它提供事件的名称、开始时间、时间长度、运行状态等,事件信息表用来传递当前的、将来的甚至更远的未来的事件信息。每个服务器都有自己独立的EIT子表。

event log　事件日志　指包含计算机上所有活动的正常、提醒和错误消息的文件。

exact match　精确匹配　互联网搜索应用的概念。匹配条件是在搜索关键词与推广关键词二者字面完全一致时才触发的限定条件,用于精确严格的匹配限制。使用精确匹配时,若搜索词中包含其他词语,或搜索词与关键词的词语顺序不同,均不会显示对应的创意。例如在精确匹配情况下,推广关键词"奶粉"与"奶粉价格"(或"全脂奶粉")不匹配,仅在有人搜索"奶粉"时推广信息才被触发,这样可以对展现条件进行完全的控制。

excerpt　片段　适于评价给定被测系统声音质量的个性特征或参数的一段音乐、语音或其他声音信号。测试片段通常为一段CD、R-DAT或其他格式的声音信号。

excess cable length tray　冗余缆线存储盒,多余电缆长度托盘　也称绕线盘,是存储多余的光纤的盒体。它的中心一般是熔纤盘。

excess current　过载电流　超过额定电流值的电流。它包括过载电流和短路电流。回路绝缘损坏前超过额定值的电流称作过载电流,绝缘损坏后的过载电流称作短路电流。

excess heat　余热　生产过程中释放出来的可被利用的热能,主要有高温废气等。余热的回收和利用具有重要的经济价值和环保意义,已经成为当今能源领域重要的课题。

excessive floor loading　楼板超载　建筑物的楼板都有承载重量限制,超过了限制值就成为楼板超载。楼板超载可能会导致楼板断裂等问题。

exciter　激励器　一种信号处理设备,在不同技术系统中具有不同的名称和作用。例如,在音响系统中,又称听觉激励器或声音激励器,是一种谐波发生器。它是20世纪70年代中期由美国Aphex Systems公司发明的一种新颖信号处理器。它能对声音信号进行修饰和美化,可以改善音质、音色、提高声音的穿透力,增加声音的空间感。现代激励器不仅可以创造出高频谐波,而且还具有低频扩展和音乐风格展现等功能,使低音效果更加完美,音乐更具表现力;在电视发射系统中,激励器是发射机的重要组成部分,是发射机中进行视频、音频信号处理,调制成射频信号的一个部分,它的性能决定了发射机的性能指标优劣。

excuse　借口　以某事为理由(非真正的理由)。

executive privileges　执行权限　门禁系统中指持卡人进出的最高权限。

executive regulation mechanism　执行调

节机构 一种能提供直线或旋转运动的驱动装置,它利用某种驱动能源并在某种控制信号作用下工作。在建筑设备监控系统中,它是安装于监控现场,接收现场控制器的输出指令信号,调节控制现场运行设备的机构。它一般由执行机构和调节器组成。执行机构按调节器输出的信号产生相应的推力或位移,对调节机构产生推动作用。调节器是执行机构的调节装置,常见有调节阀,受执行机构的操纵,可改变调节阀阀芯与阀座间的流通面积,以达到最终调节被控介质的目的。尽管大部分执行调节机构都用于开关阀门,但如今的执行调节机构的设计远远超出了简单的开关功能。它们包含了位置感应装置、力矩感应装置、电极保护装置、逻辑控制装置、数字通信模块、PID控制模块等,而这些装置全部安装在一个紧凑的外壳内。

ex-factory permit 出厂许可证 产品出厂检验合格后随产品提供给购货方的合格证书。

ex-factory testing 出厂检验 成品出厂前依据产品规范所进行的产品检验,要求检验合格以达到产品出厂零缺陷客户满意零投诉的目标。

ex-factory testing recording 出厂检验记录 成品出厂前依据产品规范所进行的产品检验的测试记录。

ex-factory testing report 出厂检验报告 成品出厂前依据产品规范所进行的产品检验时形成的测试报告,其中包含有检验是否合格的结论和测试记录。

exhaust fan 排烟风机 用于将火灾时产生的高温、烟气迅速排至室外的机械设备。

exhaust hood 排风罩,排气罩 局部排风系统中,设置在有害物质发生源处,就地捕集和控制有害物质的通风部件。

exhaust smoke port 排烟口 设在建筑物外墙或屋顶上,用来排除火灾产生的烟和热气的开口。

exhaust smoke window 排烟窗 设置在建筑物的外墙、顶部的可开启外窗或百叶窗,分为自动排烟窗和手动排烟窗。

existing residential building (ERB) 既有住宅 已经建成的供家庭居住使用的建筑。

exit 出口 ① 指建筑物防火门及其他出入口形成的出口。② 车辆出入口管理系统中的车辆驶出位置。

exit direction sign 出口方向标志 表明抵达某一目的方向的标志,通常用箭头表示并用灯照亮,也可以电控标志。

expansion plan 扩容方案 为扩容而制定的计划和方案。通信信号常常会在传输过程中受到各种影响以致最后信号变弱,这时候就需要在特定的地点安装干线放大器、直放站等设备来放大信号,而在原有这些设备的基础上再新增相关的设备过程称为扩容。

expansion tank 膨胀水箱 暖通空调系统中的重要部件,其作用是收容和补偿系统中水的胀缩量,亦用作系统供水。一般都将膨胀水箱设在系统的最高点，通常都接在循环水泵（中央空调冷冻水循环水泵）吸水口附近的回水干管上。

expected 预料 事前推测、料想，也指事前作出的推断。

expedited forwarding 快速转发 把选择路径和业务处理过程下移，以层压缩的方式，一次性完成选路和业务处理，减少系统内部任务间切换、报文缓存管理等引起的资源消耗，从而提升了整个系统的处理性能。它是区分服务的其中一种分级，具有低延时、低丢包率和低抖动的特点，适用于语音、视频等实时服务。快速转发流量相较于别的流量，通常拥有严格优先级队列。

expert control 专家控制 控制系统中采用的专家系统技术。专家系统是一类包含某领域专家水平的经验知识和推理机制的智能计算机程序。这类专家控制包括有：用于直接控制生产过程的直控型，用于与常规控制器、调节器相结合的间接型控制，用于大系统和复杂系统中多功能、多级专家控制系统，用于具有拟人的自学习控制。

explicit declaration 显式声明 以明显的方式所进行的声明。其特点是一目了然，无须猜测。一般在C语言的函数体声明时，前面都会有个声明，该声明称为显式声明。

explicit expiration time 显式过期时间 在HTTP协议中，是指源服务器判别实体在没有被进一步验证的情况下，缓存不应该利用其去响应后续请求的时间（当响应的显式过期时间达到后，缓存应对其缓存的副本进行重验证，否则就不能去利用此副本去响应后续请求）。

explicitly undefined behavior 显式未定义行为 计算机程序设计中申明的行为不可预测的计算机代码对源代码存在某些假设，而执行时这些假设不成立的情况。

explosion-proof 防爆 能够抵抗爆炸的冲击力和热量而不受损失仍能正常工作的功能。防止爆炸发生必须从三个必要条件（燃点、助燃气体和可燃物）来考虑，限制了其中的一个必要条件，就能限制爆炸的发生。在建筑设计中，防爆设计应从建筑层数、耐火等级、结构类型、平面形状、安全出入口等要素考虑。在具有防爆要求的场所选用电子设备、仪表时，也应采取相应的防爆措施，即选择相应等级的防爆型仪表和防爆型电气设备，防爆标准结构有隔爆型、增安型、正压型、充沙型、本质安全型、充油型等。

exposed 明敷 将绝缘导线无保护地直接在墙面、顶棚表面、桁架、支架等处敷设。

extended display identification data (EDID) 扩展显示标识数据 一种VESA标准数据格式，其中包含有关监视器及其性能的参数，包括供应商信息、最大图像尺寸、颜色设置、厂商预设置、频率范围的限制以及显示器名和序列号的字符串。

extended EPG information 扩展EPG信息 以多种媒体文件格式表示的与节目描述有关的信息。扩展电子节目指南(EPG)信息中包括基本EPG信息的全部内容。

extended station　分机　电话系统中,用户桌面使用的电话机称为分机,它连接着企业内的用户电话交换机(PBX)或通过外线直接连接到电信局的局用电话交换机。

extensible hypertext markup language (XHTML)　可扩展超文本标记语言　一种置标语言,表现方式与超文本标记语言(HTML)类似,不过语法上更加严格。从继承关系上讲,HTML是一种基于标准通用置标语言的应用,是一种非常灵活的置标语言,而XHTML则基于可扩展标记语言,可扩展标记语言是标准通用置标语言的一个子集。XHTML 1.0在2000年1月26日成为W3C的推荐标准。

extensible markup language (XML)　可扩展标记语言　由W3C(万维网联盟)设计,用于自动描述信息的一种标准语言。XML语言与HTML(超文本标记语言)编程截然不同,它改变了浏览器的显示、组织和搜索信息的方法。XML语言与HTML语言是一种互补的关系,用户可在同一文档中混合使用这两种语言。

extension　分机　同extended station。

extension cabinet　副[辅助]机柜　一套设备如果安装在多个机柜内时,属于从属性质的机柜。

extension number　分机号　分机号是相对总机号而言的。一般公司或企业、事业单位为节省外线电话,会购置一台集团电话或电话交换机,外线或直线电话接到交换机上,设置一部总机,外线电话全部接入总机,通过总机代转。一般一个电话交换机能接入外线和分出的分机是由交换机的规格型号决定,各分机可以设若干位数字的分机号,各分机之间可通过分机号打电话,接打外线由电话交换机自动调配线路。

extension project　扩建工程　在已有基础上,对原有建筑、设施、工艺条件进行扩充性建设的工程,目的是使面积、生产能力、效率均扩大。

extension transit　分机转接　使用一个电话分机接听另一个电话分机的电话。

exterior wall　外墙　围护建筑物,使之形成室内、室外的分界构件。它的功能有:承担一定荷载,遮挡风雨,保温隔热,防止噪声,防火安全等。

external cable　外部线缆　敷设于建筑物外部的线缆,也称室外缆线。外部线缆选型及其敷设要求根据规定在防雷、防水、防鼠咬、防压、防破坏等方面采取相应的措施。

external cycle　外循环　① 海洋和陆地之间的水分循环。海洋面上蒸发的水汽,被气流输运到上空,遇冷凝结降落地面,其中有些渗入地下转化为土壤水和地下水,有些又被重新蒸发,其余的则形成河川径流,最终注入海洋;② 系统工作过程使用的媒质作外部的循环,即系统使用后的媒质排向系统之外,又从外部输入媒质支持系统工作。新风机组就是如此,它不断从外部吸入新鲜空气,经处理后送入室内,空气在新风机组中就是外循环。汽车内空气也有内、外循环之分。

external network 外部网络 项目外部的网络系统。例如，支持建筑物和建筑群企业内部局域网的电信城域网(包括宽带接入网)。

external network interface (ENI) 外部网络接口 公用和专用网络之间的分界点。许多情况下，外部网络接口是网络提供商设施与用户建筑群网络布线(布缆)之间的连接点。

external serial ATA (eSATA) SATA 接口的外部扩展规范，外部串行 ATA 即"外置"版的 SATA，它是用来连接外部而非内部 SATA 设备。它是外置式 SATA II 规范，是业界标准接口 Serial ATA (SATA)的延伸。连接处加装了金属弹片来保证物理连接的稳固性，eSATA 线缆能够插拔 2 000 次。

external stairway 室外楼梯 设在建筑物外墙上的楼梯。如用作消防逃生之用，则须用耐火结构与建筑物分隔。

extinguishing agent 灭火剂 能够有效地在燃烧区域破坏燃烧条件，达到抑制燃烧或终止燃烧的物质。灭火剂的种类较多，常用的灭火剂有水、泡沫、二氧化碳、干粉、卤代烷灭火剂等。

extractable drawer 可抽出抽屉 具有内胆的盒体或架体。用它安装于机柜，便于对内胆中的设备和部件进行操作和维护。如抽屉式光纤配线架中的内胆抽出后，可以进行光纤熔接、光纤盘绕和光纤尾纤端面清洁。

extra-low voltage (ELV) 特低电压 指在最不利的情况下允许存在于两个可同时触及的可导电部分间的最高电压。《特低电压(ELV)限值》GB/T 3805 规定了 15～100 Hz 交流和直流(无波纹)的稳态电压限值。可以认为，在此标准规定的限制范围内的电压，在相应的条件下对人不会产生危险，可视为安全电压。特低电压取决于人体允许电流和人体阻抗。特低电压是制定安全措施的依据。我国交流特低电压的额定值分为 42 V、36 V、24 V、12 V 和 6 V 五个等级。

extra-low voltage circuit 特低压电路 运行于特低电压的电路。

F

F　标志　flag 的缩写；**频率**　frequency 的缩写。

F frame　F 帧　在数字视频结构中，指前向预测(forward)帧，即 P 帧图像使用前面最近解码的一帧或 P 帧做参考的帧。

F/FTP　金属箔线对屏蔽与金属箔总屏蔽对绞电缆　每个线对都用覆塑铝箔包裹，四对芯线外(护套内)再用覆塑铝箔包裹的屏蔽双绞线，在铝箔的导电面附有一根铜导线，以确保屏蔽层导电通路畅通。

F/UTP　金属箔总屏蔽对绞电缆　四对芯线外(护套内)再用覆塑铝箔包裹的屏蔽双绞线。这种双绞线在六类以上等级时，为抑制线对间电磁干扰，大多采用隔离材料拉开线对之间的间距。

F2TP　双层金属箔总屏蔽对绞电缆　将 F/UTP 屏蔽双绞线的总屏蔽铝箔用两张更薄的铝箔取代，以期达到更好的柔软性能，同时在铝箔的导电面附有一根铜导线，以确保屏蔽层导电通路畅通。

FA　工厂自动化　factory automation 的缩写；**消防自动化**　fire automation 的缩写。

fabrication　制造　把原材料加工成适用的产品制作，或将原材料加工成器物。

FAC　火灾报警控制器　fire alarm controller 的缩写。

FACCH　快速随路控制信道　fast-associated control channel 的缩写。

FACCH/F　全速率快速随路控制信道　fast-associated control channel/full rate 的缩写。

face recognition from still image and video　基于静止图像和视频的人脸识别　关于从静态图像或视频序列中识别与验证存储于人脸数据库中的人脸识别技术，它不同于活体识别。

faceplate　面板　① 在建筑智能化各个系统中，面板这个词被广泛用到。它往往是一块平板，安装在器件或设备面向外部的表面，安装有单个或多个元器件。具有美观、器件固定，外表面封闭以防内部结构被无意识破坏的作用。② 安装在墙面、地面或桌面的可以承载传输连接件(模块或光纤适配器)，并封闭缆线接口处以确保缆线接口处不会因人为因素而受伤导致寿命缩短的器件。其中，安装在墙面上的面板称为墙面面板，安装在地面上的面板称为地面插座盒，安装在桌面上的面板称为表面安装盒。

facility (基础)设施 ① 安排布置，为某种需要而建立的机构、组织、建筑等。② 一种业务处理能力，或为提供这种能力而采用的手段。③ 用于数据处理和数据通信的设备、装置、线路和软件。④ 在开放系统互联(OSI)系统结构中，指底层中提供的一部分服务。

facility code 工厂代码 ① 国家统一规定的企业(单位)法人代码。代码由八位无属性的数字和一位校验码组成，标识在各级技术监督部门颁发的《单位代码证书》上，并按《单位代码证书》的代码填写。暂无法人代码的，从临时码段中提取代码。② 产品的工厂代码，它由七位码组成，左起第一位为认证机构代码，用大写的英文字母表示，后六位为认证机构管理工厂的流水顺序号，用阿拉伯数表示。产品工厂代码由各认证机构编制。认证机构在产品认证证书的工厂名称后括号内加注工厂代码。

facsimile apparatus 传真机 应用扫描和光电变换技术，把文件、图表、照片等静止图像转换成电信号，传送到接收端，以记录形式进行复制的通信设备。

factory automation (FA) 工厂自动化 也称车间自动化，可自动完成产品制造的全部或部分加工过程。工厂自动化的最高形式是无人工厂。

factory information system (FIS) 企业信息管理系统 用于企业的各种信息系统，诸如管理信息系统或决策支持系统、专家系统、泛 ERP 系统，或客户关系管理、人力资源管理这样的专职化系统，等等。

factory inspection 工厂检验 ① 工厂质检部门在产品出厂前所做的检验。② 工程期间，甲方、监理派人去产品制造工厂进行的产品检验。

factory manufacture supervision 工厂监造 工程项目期间，项目管理方或甲方、监理方对应用产品制造商的制造过程进行的检查。

FACU 火警报警控制装置 fire alarm control unit 的缩写。

fade in 淡入 ① 图像场景由黑逐渐变亮直至预定明暗度的效果，如有线电视系统中逐渐增强的节目信号。② 声音从低到高逐渐增大至预定音量的效果。

fade out 淡出 ① 与淡入效果相反，见 fade in。② 指有线电视系统中逐渐降低节目信号。

fading 衰减，淡入淡出 由于传输媒质特性的变化而引起的无线电信号场强的变化，此种变化通常是逐渐变弱的。

Fahrenheit scale 华氏温标 1724 年，德国人华伦海特制定了华氏温标。早期他把一定浓度的盐水凝固时的温度定为 0℉，将他妻子的体温设为 100℉。后来为了严谨，把纯水的冰点(ice point)温度定为 32℉，把标准大气压下水的沸点温度定为 212℉，中间分为 180 等份，每一等份代表 1 度。华氏温标用符号℉表示。

Fahrenheit temperature scale (℉) 华氏温度 指以华氏温标表示的温度。

FAI 火灾报警装置 fire alarm installation 的缩写。

fail safe　掉电安全模式　电子设备设施及系统运行过程中非正常中断供电所采取方式。例如，在门禁系统中，当系统监测到掉电后，设备、系统终止工作的同时，电控门锁自动开启的模式。又如，在计算机系统或数据通信系统中，当系统发生故障或错误时，为了使系统不至于完全不能工作而采取适当的对策或措施。重要的计算机系统中，可采取双机热备份的方式，一旦运行中的主设备发生故障时，立即自动切入备用设备接替工作，使系统能继续运行，避免造成灾难性损失。在重要的建筑物中常见采用双路供电和备用发电机，保障正常供电中断时立即切换电源或启用备用电源工作。

failure　漏报　实际发生警情的情况下，报警装置或系统没有做出预定的响应。例如，发生了火灾时，火灾自动装置或系统没有给出火灾告警信号及预定的联动动作。

failure locating　故障定位　寻找故障设备(或系统)故障发生的部件(或部位)。为确定故障根源，常常需要将诊断、测试及性能监测获得的数据结合起来进行分析。故障定位的手段主要有诊断、试运行及软件检查。

false alarm　误报警　实际上没有发生报警事件，而自动报警装置或系统给出了报警信号的现象，其发生的主要原因有：(1) 报警装置或系统故障。(2) 设防区域内的干扰信号。(3) 意外的人为触动或误操作。

false alarm of fire　假火警　实际没有发生火灾的情况下火灾报警系统(或装置)发出的火灾警报，属误报警。

fan box　风扇盒　安装有单个或多个风扇的盒子或抽屉，一般用于机柜的自排风系统。如弱电间的机柜没有空调制冷，可以在机柜的上部安装风扇盒，用风冷方式实现机柜内的降温。

fan coil　风机盘管　同 fan coil unit。

fan coil unit (FCU)　风机盘管　主要由低噪声电机、翅片、换热盘管等组成的中央空调末端设备，风机盘管机组盘管内的冷(热)媒水由空调主机房集中供给，风机将室内空气或室外混合空气通过表冷器进行冷却或加热后送入室内，使室内气温降低或升高，以满足人们的舒适性要求。风机盘管控制多采用就地控制方案，分简单控制和温度控制两种。简单控制是使用三速开关直接手动控制风机的三速转换与启停。温度控制是通过温控器根据设定温度与实际检测温度的比较、运算，自动控制电动两通(或三通)阀的开闭，从而控制系统水流或风量达到恒温的目的。风机盘管产品标准必须依据 GB/T 19232《风机盘管机组》标准生产。

fan filter unit (FFU)　风机过滤网[机]组　FFU 设有初效、高效两级过滤网。风机从 FFU 顶部将空气吸入并经初效、高效过滤器过滤，过滤后的洁净空气在整个出风面以 0.45 m/s±20%的风速匀速送出。适用于在各种环境中获得高级别的洁净环境的情况，广泛应用于洁净室、洁净工作台、洁净生产线、组装式洁净室、局部百级等应用场合。

fan-out cable 扇出光缆 即分支光缆。通过分支器分解后形成的多根光缆,扇出分支光缆长度可能相等,也可能不等。由于分支在工厂完成,故具有高质量制作工艺及测试的保证,工程应用可节约布线空间,减轻施工作业量。其尤其适用于数据中心布线应用。

far-end block error (FEBE) 远端(成)块误码 在同步数字体系(SDH)中,远端指接收端,为了让发送端了解接收端的收信误码情况,方法之一是将帧分为若干个块,哪一块发生误码都将留有对告信息,收集后回送发射端。

far-end crosstalk (FEXT) 远端串扰 是铜缆布线系统中的一个质量指标。它是由电缆链路近端对别的线对上的信号引起的,为感应到远端线对上的干扰信号与有用信号之比的对数值。

far-end crosstalk attenuation (loss) (FEXT) 远端串音[扰]衰减(损耗) 同 far end crosstalk (FEXT)。

FAS 火灾报警系统 fire alarm system 的缩写;**新风供给** fresh air supply 的缩写。

fast-associated control channel (FACCH) 快速随路控制信道 主要用于传送移动通信基站与移动台间的越区切换的信令消息的信道。SACCH 速率较低,仅为 380 bps,但引入的时延却达到半秒的数量级,因此它不适用于切换等的快速变换场合。在这种情况下,引入了 FACCH 信道的概念,它也是一个与 TCH 相关的信道。在 MS 发生切换时,FACCH 借用 20 ms 话音信道来传送切换信令。FACCH 偷用一个 456 b 的比特块,所以会替代它所占用的话音数据,然后经过与其他话音数据同样的交织(交织深度=8),每个含有 FACCH 块的突发脉冲序列中都会设置对应的偷帧标志。因此,FACCH 偷帧过程结束后,TDMA 帧中发射的信息并不全是连续的话音信息,所以会有短暂的中断。一次切换,中断大概在 100~200 ms 之间。因中断时间较短,我们不易觉察。但如果 MS 频繁切换时,过多的中断会对用户的感知度造成影响。

fast-associated control channel/full rate (FACCH/F) 全速率快速随路控制信道 主要用于传送基站与移动台间的越区切换的信令消息。它与一个业务信道 TCH 相关,FACCH 在语音传输过程中,如果突然需要以比慢速随路控制信道(SACCH)所能处理的高得多的速度传送信令信息,借用话音使其中断并不被用户察觉。在 GSM 中,一个 TS(time slot)时隙即为一个信道。全速率就是一条信道承载一个通话的工作方式,而半速率,是一条信道承载两个通话的方式。半速率会使通话质量明显下降。在运营商信道资源紧缺的情况下,通常使用半速率来缓解。

fast Ethernet 快速以太网 适用于 IEEE 802.3 的较高速以太网标准,支持 10 Mbps 或 100 Mbps 的速率,保持 802.3 的帧格式和分组大小,使用双绞线传输时,支持的最大距离为 100 m。

fast flashing 快闪 ① 灯光等快速闪动，可达到视觉提醒或指示的作用。② 人或物体快速移动。

fast reverse playback 快速倒放 以比实时要快的速度，按相反顺序播放视频图像。

fastener 紧固件 作紧固连接用的一类机械零件。紧固件的使用行业广泛，包括能源、电子、电器、机械、化工、冶金、模具、液压等行业，在各种机械、设备、车辆、船舶、铁路、桥梁、建筑、结构、工具、仪器、化工、仪表和用品上面都可以看到各式各样的紧固件，它是应用最广泛的机械基础件。它的特点是品种规格繁多，性能用途各异，而且标准化、系列化、通用化的程度也极高。因此，也有人把已有国家标准的一类紧固件称为标准紧固件，或简称为标准件。

fastening bolt 紧固螺栓 一种机械零件，配用螺母的圆柱形带螺纹的紧固件。由头部和螺杆(带有外螺纹的圆柱体)两部分组成的一类紧固件，需与螺母配合，用于紧固连接两个带有通孔的零件。这种连接形式称螺栓连接。例如，把螺母从螺栓上旋下，又可以使这两个零件分开，故螺栓连接是属于可拆卸连接。

fastening screw 紧固螺钉 将机件、设备、物品固定在指定位置所使用的螺钉。

FAU 新风机组 fresh air unit 的缩写。

fault 故障 系统不能执行规定功能的状态。它是指系统中部分元器件功能失效而导致整个系统功能恶化的事件。设备的故障一般具有五个基本特性：层次性、传播性、放射性、延时性、不确定性。

fault alarm 故障报警 因故障而发出的警报，包括信息、光、声、机、电、味、触等报警方式。用于提醒值班人员、管理人员注意或处理。

fault block 故障闭塞 在通信系统中发生故障时关闭通信线路。

fault complaint handling 故障申告受理 接收对故障的申告并受理。为进一步处理或排除故障的前奏。

fault isolation 故障隔离 ① 用一定测试手段找出系统中发生故障的部件，或找出电路板上失效的元器件或工艺缺陷，进而从系统中分离出故障部件，或从电路板中分离出失效元件，使故障不至于波及整个系统或电路板。② 在实时工作环境下，对系统或设备的分系统各部分进行正常工作状态的判定，并将范围缩小到最后，判定有故障的分系统或部分的技术措施。

fault locating 故障定位 当一个系统或装置故障时，为找出故障确切部位而采取的措施。数字系统的硬件故障可由逻辑分析或故障定位程序来确定，应用软件的故障位置通常需要借助诊断软件来查找。为确定故障根源，常常需要将诊断、测试及性能监测获得的数据结合起来进行分析。故障定位的手段主要有诊断、试运行及软件检查。

fault locating method (FLM) 故障定位方法 为确定故障根源的方法。

fault management **故障管理** 网络管理最基本的功能之一。当网络中某个组成失效时,网络管理系统将迅速查找到故障所在并进行及时排除。通常情况下,迅速隔离某个故障的可能性不大,因为产生网络故障的因素常常是复杂的,尤其是由多个网络组成共同引起的故障。在这种状况下,一般应先将网络进行修复,再分析故障的原因。通过分析故障原因可以防止类似故障的再度发生,这对网络的可靠性能是相当重要的。

fault signal **故障信号** 设备、系统等发生故障时,由自身或监视系统自动发出的信号,提供给系统或报警装置,提醒值班人员或管理人员注意或处理。

fault status information **故障状态信息** 以运行设备的不确定状态为特征,且此状态延续超过规定时间段的监视信息。

fault time **故障时间** 发生故障的时间。用于故障统计、故障危害、故障点、管理流程分析等。

fault tolerant **容错** 系统在运行期间,软件或硬件出现故障时,系统能自动切换资源,继续运行的能力。这种能力可能是切换到处于待用状态的设备,也可能是把大部分负载转给平时故意使负载处于非饱和状况运行的系统。容错也可以包括在系统不停止运行情况下切换电源、冷却系统或其他部件。容错已成为现代系统中的一项重要设计指标。

fault-tolerance assurance plan **容错保证方案** 确保实现容错而预先制定计划并能顺利实施的一系列配置和实施程序。

faulty convergence **错误收敛[会聚]** 指图像信号源或显示器中的三基色图像没有正确叠加和复合。

FB **反馈** feed back 的缩写。

FBI **光纤接口** fiber interface 的缩写。

FC **光纤信道** fiber channel 的缩写; **FC 光纤连接器** fiber connector 的缩写。

FC bus **FC 总线** 即 FC-AE 协议标准的总线,是 Fiber Channel-Avionics Environment 的简称,是光纤通道在航空电子领域的应用。它是由美国国家标准学会(ANSI)组织制订的一组草案。FC-AE 定义的是一组协议集,这些协议主要用于航空电子的控制工作、命令指示、信号处理、仪表检测、仿真验证、视频信号或者传感器数据的分配。FC-AE 标准所涉及的应用协议有着许多相同的特点,如它们都具有实时性、可靠性,可确定性带宽和可确定性延迟。FC-AE 规范中定义的在航电系统中采用光纤通道的环路拓扑与交换网络来连接设备的选择,已经得到了广泛的应用。

FC connector **FC 型光纤连接器** full contact connector 的缩写。

FCA **固定信道分配** fixed channel allocation 的缩写; **固定信道布置** fixed channel assignment 的缩写。

FCC **美国联邦通信委员会** Federal Communications Commission 的缩写。

FCoE **以太网光纤通道** fiber channel over Ethernet 的缩写。

FCR 消防控制室 fire control room 的缩写。

FCS 现场总线控制系统 fieldbus control system 的缩写；**灭火控制系统** fire control system 的缩写；**帧校验序列** frame check sequence 的缩写。

FCU 风机盘管 fan coil unit 的缩写。

FD 楼层配线架，楼层配线设备 floor distributor 的缩写。

FDB 楼层集线箱 floor distributor box 的缩写。

FDDI 光纤分布数据接口 fiber distributed data interface 的缩写。

FDMA 分频多址 frequency division multiple access 的缩写。

FE 功能实体 functional entity 的缩写。

feature 特征 一个客体或一组客体特性的抽象结果。

FEBE 远端（成）块误码 far end block error 的缩写。

Federal Communications Commission (FCC) 美国联邦通信委员会 一家独立的政府机构，直接对美国国会负责，于 1934 年由 Communication Act 建立，通过控制无线电广播、电视、电信、卫星和电缆来协调国内和国际的通信业务，负责授权和管理除联邦政府使用之外的射频传输装置和设备。

feed 馈送 ① 把信号从一个点传送至另一个点。② 打印机向前进纸。③ 向记录设备提供媒体，如向磁碟驱动器插入磁碟。**馈电** 向控制点（设备、电路）的送电，有电压馈电和电流馈电两种。**馈线** ① 电力系统中的馈线，由电源母线分配出去的配电线路，直接连接到负荷的负荷线；② 天线的馈线。有连接发射机和发射天线的发射馈线和连接接收天线和接收机的接收天线之分。

feed back (FB) 反馈 ① 电路、设备或系统部分输出信号回送至该电路、设备或系统的输入端，成为输入信号的组成部分。根据反馈信号对输出产生的影响，可区分为正反馈和负反馈。前者增强系统的输出，后者减弱系统的输出。② 被控制的过程对控制机构的反作用，从而影响该控制机构实际功能和作用。

feed forward structure 前馈结构 对系统可能受到的干扰做出预测，在偏差出现之前就采取控制措施抵消干扰的方法，称为前馈控制，对应的控制系统结构为前馈结构。

feed voltage test 馈电电压测试 即供电电压试验。对系统设备供电电源电压的联机测试，用以判断供电设备、传输线路和终端是否运行正常。

feedback 反馈 同 feed back。

feedback exterminator 反馈抑制器 在扩声系统中的一种自动拉馈点（衰减反馈频率）的设备。所谓声反馈是指扩声系统音箱发出的声音传到话筒。声反馈的存在不仅破坏了音质，限制了话筒声音的扩展音量，使声音不能良好再现，甚至啸叫。深度的声反馈还会使系统信号过强，烧毁功放或音箱（一般情况下是烧毁音箱的高音头）。所以反馈抑制器是如今扩声系统中一种重要设备和装置。在反馈抑制器出现以前，音响师往往采用均衡器拉馈点的方法来抑制声反馈，效果不很理想。配置反馈抑制器,当出现声反馈时,它会立即发现和计算出其频率、衰减量,并按照计算结果执行抑制声反馈的命令。其频带宽度可以设置达到 1/60 倍频程,因此在声反馈抑制过程中影响其他频率的现象大为减少,相对于利用均衡器抑制效果显著提高。

feedback signal from automatic equipment 联动反馈信号,自动设备反馈信号 将系统设备工作状态反馈给系统的信息。例如,在火灾自动报警系统中,受控消防设备(设施)将其工作状态信息发送给消防联动控制器的信号。

feeder cable 馈线电缆 从天线到接收(或发送)端设备的连接电缆。在普通无线通信网络中,这种馈送电缆可以是不长的普通信号电缆。在高频无线通信网络中,这种电缆需要特殊的低衰耗同轴电缆。

feeder connection 馈线连接 天线或设备与馈线之间的匹配连接。

feeder fixing clip 馈管固定夹 将天线的馈管固定安装用的夹具。馈线的外层一般有铜线屏蔽,将铜线变成铜管就是馈管。馈管可以适当弯曲。馈管一般和馈线同时传播高频信号,电磁波在芯线和馈管间来回反射向前运动。屏蔽层既防止外界干扰信号进来,也防止内部有用信号辐射出去。

feeder grounding clip 馈管接地夹 将馈管的外层铜管接地用的夹具。

feeder in a cable distribution system 有线分配系统中的馈线 在有线电视分配系统两点之间传送射频电视节目和数据信号的非辐射用的电缆、光缆、波导或其组合。

feeder window 馈线窗 无线基站缆线出入口的金属构件,用于无线基站馈线穿墙密封安装。馈线箱上设有多个缆线进线孔,每一个孔可以穿一根馈线或多根馈线。馈线窗带有密封件(或密封塞),可以封闭,以便后续作为进线孔使用。

feedthrough capacitor 穿心式电容器 电子电路中用于滤除极高频率成分的一种电容器。这种电容器的工作原理与三端电容器相同。这种电容器适合于安装在屏蔽板上,能有效地隔离输入与输出端,且具有更好的滤波效果,常在超高频电路中起旁路作用,故也称为旁路电容器。

fence 围栏 即护栏。① 建筑物或建筑群周围建设的围栏或围墙。② 周界防越报警系统使用的电子围栏。它是侦测越界行为的探测器。它按照结构和工作原理分为不同型式,如:高压脉冲式、张力式、主动红外式、振动电缆式、振动光缆式,等等。

FEP 氟化乙烯丙烯共聚物 fluorinated ethylene propylene 的缩写。

FES 前端系统 front end system 的缩写。

FET 场效应管 field effect transistor 的缩写。

FEXT 远端串扰 far-end crosstalk 的缩写;**远端串音[串扰]衰减(损耗)** far-end crosstalk attenuation (loss) 的缩写。

FF 基础现场总线 foundation fieldbus的缩写。

F

FFC 柔性扁平带状电缆 flat flexible cable 的缩写；**柔软带状电缆** flexible flat cable 的缩写。

FFS 待研究 for further study 的缩写。

FFU 风机过滤[网]机组 fan filter unit 的缩写。

F

FHS 消火栓系统 fire hydrant system 的缩写。

fiber 纤维 由连续或非连续的细丝组成的物质。在动植物体内，纤维在维系组织方面起到重要作用。纤维用途广泛，可织成细线、线头和麻绳，造纸或织毡时还可以织成纤维层；同时也常用来制造其他物料，或与其他物料共同组成复合材料。**光纤** 光导纤维(fiber optics)的简称，是一种由玻璃或塑料制成的纤维，可作为光的传导工具。传输原理是光的全反射。1966 年 7 月，英籍华裔学者高锟(Charles K. Kao)和霍克汉姆(George A. Hockham)首先提出光纤可以用于通信传输的设想，高锟因此获得 2009 年诺贝尔物理学奖。通信用光纤主要有单模光纤和多模光纤之分。

fiber access network 光纤接入网(络) 一种以光纤作主要传输媒介的接入网。按照光纤到达的位置，有光纤到路边(FTTC)，光纤到大楼(FTTB)，光纤到办公室(FTTO)，光纤到家(FTTH)等之分。

fiber attenuator 光纤衰减器 能降低光信号能量的一种光器件。用于对输入光功率的衰减，避免由于输入光功率过强而使光接收机产生失真。光纤衰减器作为一种光无源器件，用于光通信系统调试光功率性能、调试光纤仪表的定标校正和光纤信号衰减。

fiber bandwidth 光纤带宽 多模光纤传输带宽，以基带响应下降 6 dB 的最高频率来度量的参数。

fiber buffer 光纤缓冲层 用来保护光纤纤芯，以防受到物理损害的材料结构。

fiber bundle 光纤束 可弯曲且相互平行的玻璃纤维束或其他透明纤维束，能将信号或图像从束的一端发送至另一端。

fiber cable 光缆 由单个或多个光纤线缆元素组成的线缆。通信及综合布线系统的光缆分为单模光缆和多模光缆。单模光缆中的纤芯只能通过一种频率的光，而多模光缆中的纤芯可以通过几种频率的光。

fiber channel over Ethernet (FCoE) 以太网光纤通道 一种存储协议，可以确保光纤通道通信直接在以太网上传输。FCoE 可以将光纤通道流量转移到现有的高速以太网基础设施上，然后把存储和 IP 协议集成到单一电缆传输和接口上。其目的是统一输入/输出(I/O)端口，可以简化开关，同时减少对电缆和接口卡的计数。

fiber conduit 光纤导管 一种由热塑性聚氨酯弹性体(TPU)制成的用以吹设光纤的导管。它具有优异的耐磨性能、拉伸强度和拉伸率，在足够强度下保持其优良的弹性。它是光纤敷设的一种新型材料。可以在建筑物中首先埋设导管，待用户需要时根据设计的网络结构将一种带有极薄毛层裹覆的裸光纤用吹气设备吹入导管，从而完成光纤的敷设。此种方式可以显著降低初期建设的投资，减少网络建设的盲目性，降低冗余度，可根据用户实际需要布设合适光纤数量。

fiber connector (FC)　FC 光纤连接器　光纤与光纤进行可拆卸的连接器件。FC 型光纤连接器呈圆形，属于第二代光纤连接器。现大多被第三代光纤连接器(LC、LZH、MU 等)取代。

fiber coupler　光纤耦合器　又称分歧器、连接器、适配器、光纤法兰盘，用于光信号分路、合路，或延长光纤链路。它利用不同光纤面紧邻光纤芯区中导波能量的相互交换作用实现光信号功率在不同光纤间的分配或组合。按所采用的光纤类型可分为单模光纤、多模光纤、保偏光纤耦合器等。

fiber cut　断纤　光纤断开。① 切断光纤。在光纤端接前的一道工序，将剥离出的光纤清洁后按指定长度切断。② 光纤的不正常折断，如施工时不小心折断光缆中的某一芯或多芯光纤。

fiber distributed data interface (FDDI)　光纤分布数据接口　美国太阳计算机系统公司(Sun Microsystems)推出的光纤分布数据接口，以光纤作为传输介质，是一种计数循环双环网标准。其中一个环用于传输数据，另一个环用于容错或者数据传输。它也支持单环结构不支持容错性能。能够在光缆上以 100 bps 的速率传递数据，距离可达 200 km，最多可连接五百个节点，节点间最大距离为 2 km，可用于主干网和部门局域网。该接口后来成为美国国家标准协会(ANSI)的标准，ANSI X3T9 于 1989 年 12 月公布。标准中包括物理介质相关层(PMD)、物理层(PHY)、介质存取控制层(MAC)和工作站管理层或网络管理层(SMT)等组成。FDDI Ⅱ是 FDDI 标准的扩展，它允许与其他数字化网络数据一起以数字的形式传输模拟数据(如声音和音频)。

fiber grating　光纤光栅　一种通过一定方法使光纤纤芯的折射率发生轴向周期性调制而形成的衍射光栅，是一种无源滤波器件。由于光栅光纤具有体积小，熔接损耗小，全兼容于光纤，能植入电信器件内等优点，且其谐振波长对温度、应变、折射率、浓度等外界环境的变化比较敏感，因此在光纤通信和传感领域得到广泛的应用。

fiber in the loop　光纤用户环路　又称光纤环路，光纤接入网。它是由光传输系统支持的共享同一网络侧接口的接入连接的集合。它可以包含与同一光线路终端(OLT)相连接的多个光分配网(ODN)和用户侧光网络单元(ONU)。

fiber interface (FBI)　光纤接口　用来连接光纤线缆的物理接口，布线系统工程常见应用的有 ST、SC、FC、LC、MPO 等类型。

fiber linker　光纤连接器　同 fiber optic connector。

fiber optic cable (FOC) 光缆 一定数量的光纤按照一定方式组成缆心，外包有护套，有的还包覆外护层，用以实现光信号传输的一种通信线缆。

fiber optic connector (FOC) 光纤连接器 光纤与光纤之间进行可拆卸(活动)连接的器件。它把光纤的两个端面精密对接起来，以使发射光纤输出的光能量能最大限度地耦合到接收光纤中去，使因其介入光链路而对系统造成的影响减到最小。在一定程度上，光纤连接器对光传输系统的可靠性等性能产生一定影响。

fiber optic coupler (FOC) 光纤耦合器 同 fiber coupler。

fiber optic drop 光纤入户线 用于接入用户设施(如电话机或数据终端等)的光纤。光纤入户(FTTH)有很多种架构，其中主要有两种：一种是点对点形式拓扑，从中心局到每个用户都用一根光纤；另外一种是使用点对多点形式拓扑方式的无源光网络(PON)。采用点到多点的方案可大大降低光收发器的数量和光纤用量，并降低中心局所需的机架空间，具有成本优势，目前已经成为主流。光纤接入所用的设备主要有两种，一种是部署在电信运营商机房的局端设备，叫光线路终端(OLT)，另一种是靠近用户端的设备，叫光网络单元(ONU)。光纤入户是电信业保持可持续发展的核心技术动力之一。

fiber optic jumper 光纤跳线 指一小段导管套的光纤，其两端都带有光纤连接器，用于实现光纤交叉连接或与光纤设备之间的连接。光纤跳线具有以下特点：长度固定时，两端的光纤连接器可以是相同品种也可以是不同品种，且相对比较柔软。

fiber optic transceiver (FOT) 光纤收发器 一种将短距离的双绞线电信号和长距离的光信号进行互换的以太网传输媒体转换单元，也称为光纤转换器。它是通过光电耦合器来实现光、电信号的转换，对信号的编码格式没有影响。按光纤性质分类有单模光纤收发器和多模光纤收发器，按所需光纤分类有单芯光纤收发器和双芯光纤收发器。

fiber optics cluster 光导纤维束 一束光纤的集合，如光缆中的光纤束。

fiber pigtail 光纤尾纤 参见同 optical fiber pigtail。

fiber plus copper structure 光纤加铜芯结构 包含有铜质芯线的光缆结构。如智能布线管理系统(电子配线架)中的智能光跳线中可能会包含着用于电信号监测的铜制导线。

fiber splice tray 光纤熔接盒 保护光纤熔接连接点的盒体。光纤熔接点在熔接时会套上含有钢筋的专用热塑管，使光纤熔接点具有一定的机械强度。盒体内设使用专门的夹具固定热塑管，使光纤熔接点不会移动，避免脆弱的熔接点损坏。光纤熔接盒又称熔纤盘。

fiber to the building (FTTB) 光纤到楼 光纤接入网(OAN)的应用类型之一，局端光缆敷设到楼宇内。

fiber to the curb (FTTC) 光纤到路边 光纤接入网(OAN)的应用类型之一，城域网光缆敷设到建筑群外的路边。

fiber to the desk (FTTD) 光纤到桌面 将光纤延伸至用户计算机终端。这一技术要求传输中的无源器件及缆线均为光纤产品。这一应用在1994年以前已经出现,但至今仍无法突破光纤易折断和粉尘引起的传输损耗这两大难题,致使光纤到桌面应用至今虽有应用,但无法普及。

fiber to the floor (FTTF) 光纤到楼层 光纤接入网(OAN)的应用类型之一,局端光缆敷设到建筑物内的楼层弱电间,将光纤设备安装在楼层弱电间。

fiber to the home (FTTH) 光纤到户 光纤接入网(OAN)的应用类型之一,光网络单元(ONU)放置在用户家中。

fiber to the node (FTTN) 光纤到节点 光纤接入网(OAN)的应用类型之一,可采用无源光纤网络(PON)接入技术,光网络单元(ONU)放在电缆交接箱所在处。

fiber to the office (FTTO) 光纤到办公室 利用光纤媒质连接通信局端和办公场所的接入方式。将光纤敷设到建筑物内的各个办公室,将光网络单元(ONU)安装在办公室内的配线箱中。

fiber to the premises (FTTP) 光纤到驻地 光纤接入网(OAN)的应用类型之一,光网络单元(ONU)放在用户驻地所在处。

fiber to the remote (FTTR) 光纤到远端 光纤接入网(OAN)中的光纤连接到远端接入设备的形式。

fiber to the service area (FSA) 光纤到服务区 光纤敷设到电信运营商的服务区域(可能包含数栋建筑或数个建筑群)。可采用野外型迷你光站作为节点设备。

fiber to the subscriber 光纤到用户单元 光纤接入网(OAN)的应用类型之一,光纤敷设到用户单元,用户单元可以是电信网络中的一个节点,也可以包含数个或数百个用户。

fiber to the subscriber unit communication facility 光纤到用户单元通信设施 电信运营商网络光纤敷设到用户单元的工程时,建筑规划用地红线内的地下通信管道,建筑内管槽及通信光缆,光配线设备,用户单元信息配线箱及预留的设备间等设备安装空间。

fiber transmission 光纤传输 ① 一项网络技术,通过光纤实现的一种基于块的数据传输方式,传输速率有1 Gbps、2 Gbps、4 Gbps、8 Gbps等,多模光纤传输距离为500 m,单模光纤传输距离为10 km。光纤信道网络可配置成交换结构或冗余环路拓扑结构。该标准由美国国家标准协会(ANSI)管理,并有专门机构负责支持工作,如国际信息技术标准委员会(INCITS)等。② 一种高速传输技术,可用作前端通信网络、后端存储网络,或同时用在前端通信网络和后端存储网络。光纤通信是一种跟小型计算机系统接口(SCSI)或集成驱动器电路(IDE)有很大不同的接口。以前它是专为网络设计的,后来随着存储器对高带宽的需求,移植到存储系统上来了。光纤通道硬盘大大提高了多硬盘系统的通信速度。

fiberglass protective layer 玻璃纤维保护层 使用玻璃纤维作为室外线缆中的保护材料，构成缆线的保护层。具有一定的抗冲击、抗压效果。其最大特点是构成无金属线缆，具有天然防雷特性。

fibre distribution box 光纤配线箱 光纤配线架的一种。一般而言，光纤配线架为 19 in 标准结构，安装在 19 in 标准机柜中，光纤配线箱则采用挂壁式，安装在墙面上。同 optical fiber patch panel。

fibre end-face 光纤端面 光纤接口中的端面纤芯横截面。为减少光纤在插拔过程中的破损、光发射等问题，光纤端面往往不是平面，而是弧面或斜面，其造型主要有 PC、UPC 和 APC。

fibre optic adaptor type SC SC 型光纤适配器 由日本电报电话公司(NTT)开发的光纤连接器。接头是卡接式标准方形接头，所采用的插针与耦合套筒的结构尺寸与 FC 型完全相同。其中，插针的端面多采用 PC 型或 APC 型研磨方式，紧固方式是采用插拔销闩式，不需旋转。此类连接器采用工程塑料，价格低廉，插拔操作方便，介入损耗波动小，抗压强度较高，安装密度高，具有耐高温，不容易氧化的优点。

fibre optic inter-repeater link (FOIRL) 光纤中继器间链路 基于 IEEE 802.3 光纤规范的光纤信号发送方法。在以太网中，为了扩展距离，一个网段可通过中继器，经点到点链路，再到另一个中继器，从而连至另一网段。为了减少两个中继器之间较长链路上带来的干扰，可采用光纤链路，其上的标准就是 FOIRL，其最大长度为 1 km，以 10 Mbps 的速率传送基带信号。

fictitious load 假负载 替代终端在某一电路(如放大器)或电器输出端口，接收电功率的元器件、部件或装置。假负载可以分为电阻负载、电感负载、容性负载等。对假负载最基本的要求是和所能承受的功率阻抗匹配。通常在调试或检测机器性能时临时使用。

field 域，场 ① 在记录中制定数据类型数据存放单元。如雇员记录的域可包括姓名、地址、邮政编码、雇佣日期、工资、头衔和所属部门。每个域都要规定其最大长度(如：字节数)和允许存储的数据类型(如：字母、数字、货币等)。② 在隔行扫描的视频信号中，由奇数行或偶数行组成的半帧。两场为一帧。例如，每帧为 525 线的 NTSC 制中一场为 262.5 扫描行(线)，每帧为 625 线的 PAL 制中一场为 312.5 扫描行(线)。

field angle 视场角 在光学仪器中，以光学仪器的镜头为顶点，以被测目标的物像可通过镜头的最大范围的两条边缘构成的夹角，称为视场角。在显示系统中，视场角就是显示器边缘与观察点(眼睛)连线的夹角。相机的焦距越短，视场角就越大。**光斑角** 指投影设备形成的圆形有效光斑的直径两端与出光口中心点连线所形成的夹角。

field bus 现场总线 1984 年正式提

出，后由国际电工技术委员会(IEC)定义为：一种应用于生产现场设备之间或设备与控制装置之间实行双向、串行、多节点的数字通信技术。其本质体现在：(1) 现场通信网络，用于过程自动化和制造自动化的现场设备和现场仪表互联现场通信网络；(2) 现场设备互联，依据不同需要使用不同传输介质把不同现场设备或现场仪表相互关联；(3) 互操作性，用户可以根据自身的需求选择不同厂家或不同型号的产品构成所需的控制回路，从而可以自由地集成现场控制系统(FCS)；(4) 分散功能模块，FCS 废弃了 DSC(集散控制系统)的输入输出单元和控制站，把 DCS 控制站的功能块分散地分配给现场仪表。从而构成虚拟控制站，彻底实现分散控制；(5) 通信线供电，允许现场仪表直接从通信线上获取能量，此种方式用于本质安全环境的低功耗仪表，与其配套的还有安全栅；(6) 开放式互联网络，现场总线既可以与同层网络互联，也可以与不同层网络互联，还可以实现网络数据的共享。

field construction management agreement 现场施工管理协议 工程项目中，甲方或总包方与各施工分包方之间签订的管理协议，规定了各方的责任、业务、处罚、协商等内容。

field effect transistor (FET) 场效应管 一种利用电场效应来控制输出回路电流的半导体器件，是单极电压控制型晶体管。它具有源极、漏极和栅极三个电极，有 N 型(正栅极)、P 型(负栅极)之分，具有输入电阻高，噪声小，功耗低，动态范围大，易于集成，没有二次击穿现象，安全工作区域宽等优点。

field inspection 现场考察 工程项目中，设计人员和项目管理人员对工程现场情况进行的实地考察。

field test equipment 现场测试设备 用于在工程现场进行性能测试的设备。它测试的参数一般为工程所需要的参数，而不是以产品出厂参数为主。

field tester 现场测试仪 用于在工程现场进行性能测试的仪器仪表。

fieldbus 现场总线 同 fieldbus。

fieldbus control system (FCS) 现场总线控制系统 网络集成式全分布计算机控制系统，一种开放型的工厂底层控制网络，实现了现场总线技术与智能仪表管控一体化(仪表调校、控制组态、诊断、报警、记录)的发展。FCS 作为新一代控制系统，采用了基于开放式、标准化的通信技术，突破了 DCS 采用专用通信网络的局限，同时还进一步变革了 DCS 中集散系统结构，形成了全分布式系统架构，把控制功能彻底下放到现场。简而言之，现场总线将把控制系统最基础的现场设备变成网络节点连接起来，实现自下而上的全数字化通信，可以认为是通信总线在现场设备中的延伸，把企业信息沟通的覆盖范围延伸到了工业现场。

field-mountable optical connector 现场组装式光纤(活动)连接器 可在施工现场用机械方式在光纤或光缆的

F

护套上直接组装而成的光纤活动连接器，通常称为冷接头。

field-programmable gate array (FPGA) 现场可编程门阵列 20 世纪 80 年代出现的一种大规模可编程集成电路，在硅片上预先做好大量相同的基本单元门电路，门电路单元间的连接可由应用开发者编程。它是可编程阵列逻辑(PAL)、门阵列逻辑(GAL)、可编程逻辑器件(PLD)等可编程器件的基础上进一步发展的产物。它作为专用集成电路(ASIC)领域中的一种半定制电路，既解决了定制电路的不足，又克服了原有可编程器件门电路数量有限的缺点。FPGA 可以根据传统的电原理图输入法或硬件描述语言设计一个数字系统。通过软件仿真，可以事先验证设计的正确性，还可以利用 FPGA 在线修改能力，随时修改设计。使用 FPGA 开发数字电路，具有开发周期短，成本低，工具先进，标准产品无须测试，质量稳定，可实时在线检验等优点，故被广泛应用于产品的原型设计之中。

file transfer protocol (FTP) 文件传输协议 因特网上的用户连接到一个远程计算机的协议，是在进程通信的基础上建立的一种机制。它协调网络中各工作计算机之间的数据传送活动。

filter 过滤网 一般由金属或者合成纤维制成，用于各种流体物质的分离。**滤波器** 指对波进行过滤的器件。“波”是一个非常广泛的物理概念。在电子技术领域，“波”被狭义地局限于特指描述各种物理量的取值随时间起伏变化的过程。

filtered sample 滤波后样本 数字电视系统中经去块效应滤波得到的样本。

final acceptance 最终验收 工程项目的最后一次验收。

finder 取景器 数码摄像机上通过目镜来监视图像的部分。目前数码摄像机的目镜取景器有黑白取景器和彩色取景器。但对于专业级的数码摄像机来说都是黑白取景器，因为黑白取景器更有利摄影师来正确构图。数码摄像机取景器结构和其液晶显示屏一样，两者均采用 TFT 液晶，其区别在于两者的大小和用电量。

fine tuning 微调 幅度很小的调整。① 在工业加工过程中的微调，是指设备运行轨迹或发现有较小的误差时，可通过微调进行校正，以达到减小误差，使加工更为精确的效果。在自动化加工中的微调，是指不中止加工过程，而实现深度的微小调整。② 在无线电接收调谐中，微调是指对调谐电容作很小的变动或调整，使之准确接收某波长的信号。③ 在各类智能化系统中，微调是指在系统或设备出现某些微小的进程或数据误差时，需要对系统硬件稍做调整或对计算机程序稍做修改。

finer granularity 细粒度 通俗讲就是将业务模型中的对象加以细分，从而得到更科学合理的对象模型，直观地说就是划分出很多对象。所谓细粒度划分就是在 POJO 类上的面向对象的划分，而不是在于表的划分上，例如：在三层结构中持久化层里面只做单纯的数据库操作。粗粒度和细粒度的区别主要在于重用的目的。如类的设计尽可能重用,故采用细粒度的设计模式,即将一个复杂的类(粗粒度)拆分成高度重用的职责清晰的类(细粒度)。对于数据库的设计,原则是尽量减少表的数量与表与表之间的连接,能够设计成一个表的情况就不需要细分,所以可考虑使用粗粒度的设计方式。

fingerprint identification 指纹采集仪 利用人的指纹具各不相同的特点进行身份识别的一种电子设备。它一般具有采集指纹图像、提取指纹特征、保存数据和进行指纹比对四项基本功能。

finished board manufactured board 成品板制成板 在工厂中制成,到现场直接安装的板材。其装饰效果跟铝板和石材一样,使用寿命也差不多,安装方式却更简单便捷,可以显著提升建筑物的装饰品质。

finite impulse response filter (FIRF) 有限冲激响应滤波器 具有有限个输出响应的一种数字滤波器,与输出响应数目无限的数字滤波器(IIRF)正好相反。它可以在保证任意幅频特性的同时具有严格的线性相频特性,其单位抽样响应是有限长的,因而滤波器是稳定的系统。数字滤波器应用于修正或改变时域或频域中信号的属性。最为普通的数字滤波器就是线性时间不变量(LTI)滤波器。LTI数字滤波器通常分为有限冲激响应(FIR)和无限冲激响应(IIR)两大类。

fire 火 以释放热量并伴有烟、火焰或两者兼有为特征的燃烧现象。**火焰** 是燃料和空气混合后迅速转变为燃烧产物的化学过程中出现的可见光或其他的物理表现形式,燃烧是化学现象,同时也是一种物理现象。**火灾** 在时间或空间上失去控制的燃烧所造成的灾害。

fire alarm control unit (FACU) 火警报警控制装置 火灾自动报警系统的核心装置,可向探测器供电,并具有下述功能:(1) 接收火灾信号并启动火灾报警装置,也可用来指示着火部位和记录有关信息。(2) 能通过火警发送装置启动火灾报警信号或通过自动消防灭火控制装置启动自动灭火设备和消防联动控制设备。(3) 自动监视系统的正确运行和对特定故障给出声、光报警。

fire alarm controller (FAC) 火灾报警控制器 同 fire alarm control unit。

fire alarm device 火灾警报装置 同 fire alarm installation。

fire alarm information 火灾报警信息 在火灾报警系统运行中传输的信息,如管理信息、传感信息、故障现象、报警信息、联动信息、广播信息、语音信息等。

fire alarm installation (FAI) 火灾报警装置 用以接收、显示和传递火灾报警信号,并能发出控制信号和具有其他辅助功能的控制和指示设备。

fire alarm system (FAS) 火灾报警系统 探测火灾早期特征、发出火灾报警信号,为人员疏散,防止火灾蔓延和启动自动灭火设备提供控制与指示的电子信息系统。系统由火灾探测报警系统、消防联动控制系统及火灾监控后台组成。火灾报警系统是智能建筑中公共安全系统的重要组成部分。

fire alarm transmission equipment 火灾报警传输设备 在火灾报警系统中用于将火灾报警控制器的火警、故障、监管报警、屏蔽等信息传送至报警接收站的设备。它是火灾自动报警和消防联动控制系统必需的组成部分。国家规范《消防联动控制设备 第七部分：传输设备》(GB 16806.7)规定了火灾报警传输设备主要功能：应能直接或间接地接收来自控制器的火灾报警信息，并发出声、光等火灾报警状态提示信号；应能在 30 s 内将报警信息传输到报警接收站，在得到报警接收站正确接收确认后给出信息传送成功的指示；在处理和传输火灾报警信号时设备报警状态指示灯应闪亮，确认报警接收站成功接收报警信号后指示灯应复位(常亮)；设有仅在设备处于火警报警状态下有效的手动火警消除按钮(按键)，该按钮(按键)动作时，火灾报警状态声、光提示信号消除，并在 30 s 内将手动火警消除信号发送到报警接收站；传输设备处于非火灾报警和非手动报警状态(监管、故障、屏蔽和自检)下，均能优先进行火灾报警状态信息传输和火灾报警状态指示。

fire auto-alarm system 火灾自动报警系统 同 fire alarm system (FAS)。

fire automation (FA) 消防自动化 指建筑物火警自动化和灭火自动化的总称。火警自动化主要包括火灾自动报警系统、火警信息传输系统、消防设施设备(逃生指示、防火卷帘门、排烟阀等)联动控制系统、火警应急广播系统、火警专用电话系统等。灭火自动化系统主要包括湿式喷水灭火设施自动控制系统、气体灭火设施自动控制系统以及消防泵、喷淋泵的自动控制系统等。

fire broadcasting 消防广播 消防系统中的紧急广播系统，用以通知相关人员按指定通路、指定程序撤离等应对措施，还应具有安抚心情的内容。该系统是火灾逃生疏散和灭火指挥的重要技术装备。

fire classification 火灾分类 根据燃料的性质，按标准化的方法进行的火灾分类。《火灾分类》(GB/T 4968)中将火灾分为 A—F 六类。A 类为固体物质火灾。这种物质通常具有有机物性质，一般在燃烧时能产生灼热的余烬；B 类为液体或可熔化的固体物质火灾；C 类为气体火灾；D 类为金属火灾；E 类为带电火灾，物体带电燃烧的火灾；F 类为烹饪器具内的烹饪物(如动植物油脂)火灾。

Fire code 法尔码 一种分组循环码，能纠正突发错误，属于纠错码中的分组码。

fire communication equipment 消防通信设备 用于消防系统的通信设备，包括消防电话主机、消防电话分机、消防电话插孔、消防广播等。

fire communication system 消防通信系统 消防报警系统中的通信系统，用于与建筑物内各楼层的消防对讲装置通信,或与外部的消防指挥中心通信等。

fire compartment 防火分区 采用防火分隔措施划分出的能在一定时间内防止火灾向同一建筑的其余部分蔓延的局部区域,具有在一定时间能把火势控制在一定空间内,阻止火势蔓延扩大的一系列分隔设施。各类防火分隔设施一般在耐火稳定性、完整性、隔热性等方面具有不同要求。常用的防火分隔设施有防火门、防火卷帘、防火阀、阻火圈等。

fire compartmentation 防火分隔 用耐火建筑构件将建筑物加以分隔,在一定时间内限制火灾于起火区的措施。

fire confirmation light 火警确认灯 表示有火警信息的指示灯。当探测器满足触发条件,向主机发出火警信息,主机接收后,会发出信号点亮火警确认灯。

fire control room (FCR) 消防控制室 设有火灾自动报警控制设备和消防控制设备,用于接收、显示、处理火灾报警信号,控制相关消防设施的专门处所。

fire control system (FCS) 灭火控制系统,消防系统 是指防控火灾的设备设施系统的总称。主要包括火灾自动报警系统、消火栓系统、自动喷水灭火系统、防排烟系统、防火卷帘门系统、消防事故广播、对讲系统等。

fire danger 火灾危险 火灾可能造成的损害程度与火灾危险类别和危险等级有关。火灾危险性类别可分为生产、储存物品、可燃气体和可燃液体火灾危险性四种。其中生产和储存物品火灾危险性还分为甲、乙、丙、丁、戊五个分类。可燃气体火灾危险性还分为甲、乙两个分类。可燃液体火灾危险性有甲、乙、丙三个分类。火灾危险等级分为轻危险级、中危险级、严重危险级和仓库危险级。轻危险级指建筑高度为 24 m 以下的办公楼、旅馆等。中危险等级指高层民用建筑、公共建筑(含单层、多层和高层)、文化遗产建筑、工业建筑等。严重危险级指印刷厂,酒精制品、可燃液体制品等工厂的备料与车间等。仓库危险级指食品、烟酒、木箱、纸箱包装的不燃难燃物品、仓储式商场的货架区等。

fire detector 火灾探测器 能对火灾参数响应,自动产生火灾报警信号的器件。火灾探测器是火灾自动报警系统中的“感觉器官”,它将火灾特征的物理量(如:温度、烟雾、气体、辐射光强等)转换成电信号,在超过阈值时立即动作,向火灾报警控制器发送报警信号。

fire display plate 火灾显示盘 火灾自动报警系统中的一个部件,一般使用在建筑物的楼层内或独立防火分区,安装在疏散逃生容易看见的位置,主要作用是便于人员逃生时了解火灾蔓延状况。

fire door 防火门 指建筑物内在一定时间内,连同框架能满足耐火稳定性、完整性和隔热性要求的门。

fire door monitor 防火门监控器 显示并控制防火门打开、关闭状态的控制装置,同时也是中心控制室或火灾自动报警系统(FAS)连接前端电动闭门器、电磁门吸、电磁释放器、逃生门锁等装置的桥梁和纽带。

fire duty room **消防值班室** 也称消防控制室,设有火灾自动报警控制设备和消防控制设备,用于接收、显示、处理火灾报警信号,控制相关消防设施的专门处所。

fire elevator front room **消防电梯前室** 高层建筑消防电梯门至电梯厅或走廊之间的序列空间——即专供消防队员在发生火灾等特定情况使用的消防电梯,在人员入梯前必须经过的小室(消防电梯前室),它与电梯厅或走廊之间以防火门分隔。防火门通常为乙级防火门。按照相关工程规范,只有设置消防电梯的高层建筑才设有消防电梯前室。

fire elevator room **消防电梯机房** 设置消防电梯的设备机房。

fire emergency broadcast **消防应急广播** 是火灾逃生疏散和灭火指挥的重要设备,在整个消防控制管理系统中起着极其重要的作用。在火灾发生时,应急广播信号通过音源设备发出,经过功率放大后,由广播切换模块切换到设定区域的音箱,以此实现应急广播。

fire emergency broadcast control device **消防应急广播控制装置** 即消防应急广播系统的控制设备,通常由火灾自动报警联动。

fire emergency broadcast system **消防应急广播系统** 同 fire emergency broadcast。

fire emergency lighting **消防应急照明** 消防系统的一个组成部分,指为人员疏散、消防作业提供照明的消防应急灯具。它平时利用外接电源供电,在断电时自动切换到预备电池供电状态。

fire facility **消防设施** 即消防系统的设施设备,具体见 fire control system。

fire hazard **火灾危害性** 发生火灾可能造成的后果。

fire hydrant button **消火栓按钮** 一般放置于消火栓箱内,其表面装有一按片。当发生火灾时,可直接按下按片,此时消火栓按钮红色启动指示灯亮,并能向控制中心发出信号,一般不作为直接启动消防水泵的开关。

fire hydrant pump **消火栓泵** 用于消防系统增压送水,也可应用于厂矿给排水的水泵。分为立式单级、立式多级、便拆立式多级和卧式多级、卧式单级等结构形式,以满足用户不同的使用需要。

fire hydrant system (FHS) **消火栓系统** 与供水管路连接,由阀、出水口、壳体等组成的消防供水(或泡沫溶液)的系统。

fire insulation **耐火隔热性** 在标准耐火试验条件下,当建筑分隔构件一面受火时,在一定时间内保持其背火面温度不超过规定值的能力。

fire integrity **耐火完整性** 在标准耐火试验条件下,当建筑分隔构件或线缆的一面受火时,能在一定时间内防止火焰和热气穿透或在背火面出现火焰的能力。

fire lift **消防电梯** 具有耐火封闭结构、防烟前室和专用电源,在火灾时供消防队专用的电梯。消防电梯是在建筑物发生火灾时，供消防人员进行灭火与救援，且具有一定功能的电梯。

fire linkage controller 消防联动控制器 一种火灾报警联动控制器，两线制总线设计划为若干个通道并行工作，以微控制器为核心，用 NV-RAM 存储现场编程信息，通过RS-485 串行口可实现远程联机，可实现多种联动控制逻辑。

fire linkage equipment 消防联动设备 火灾自动报警系统的执行部件，消防控制室接收火警信息后应能自动或手动启动相应消防联动设备。

fire linkage system 消防联动系统 火灾自动报警系统中的一个重要组成部分，其联动功能主要是开启或关闭与消防相关的门、锁、电梯及相关设施和系统，包括紧急广播系统和消防指挥系统。

fire load 火灾荷载 在一个空间内所有物品（包括建筑装修材料）的总潜热能。火灾荷载是衡量可燃材料（如电缆、光缆等）、建筑物室内所容纳可燃物数量多少的一个参数，是研究火灾全面发展阶段性状的基本要素。简单来说，就是建筑物容积中的所有可燃物由于燃烧而可能释放出的总能量。

fire load density (FLD) 火灾荷载密度 单位建筑面积上的火灾荷载。

fire parameter 火灾参数 表示火灾特性的物理量。

fire phone 消防电话 消防通信的专用设备。当发生火灾报警时，它可以提供方便快捷的通信手段，是消防控制及其报警系统中不可缺少的通信设备，消防电话系统有专用的通信线路。

fire point 燃点 在规定的试验条件下，应用外部热源使物质表面起火并持续燃烧一定时间所需的最低温度。

fire power monitor 消防电源监控器 消防设备电源监控系统中的一个设备。

fire prevention 防火 防止火灾发生和（或）限制其影响的措施。它包括防止火灾的技术和方法。火灾是指在时间或空间上失去控制的灾害性燃烧现象。在各种灾害中，火灾是最经常、最普遍地威胁公众安全和社会发展的主要灾害之一。所以，防火要求以防为主，防患于未然。

fire propagation hazard 火焰传播危险 该火焰发展到点燃邻近设备的可能性。如：电信中心机房设备的电路板可能由于过热、短路等原因而起火燃烧。

fire protection 消防 防火和灭火措施的总称。

fire protection control room 消防控制室 设有专门装置以接收、显示、处理火灾报警信号，控制消防设施的房间。

fire protection system project 消防系统工程 该工程主要包括：火灾自动报警、消防供水系统、消火栓、消防炮系统、自动喷水灭火系统、固定泡沫灭火系统、气体灭火系统、机械加压送风系统、机械排烟系统、挡烟垂壁、火灾应急照明和疏散指示标志系统、消防应急广播系统、防火分隔设施、消防电梯及电梯自动迫降系统、漏电火灾报警系统等。

fire public address (FPA) 火灾事故广播 火灾或意外事故现场进行的应急广播，可向现场人员通报事故情况，并有效指挥或引导现场人员疏散。

fire public device (FPD) 消防公共设备 建筑物内专门用以消防业务的设备和设施，包括火灾自动报警系统、自动灭火系统、消火栓系统、防烟排烟系统以及应急广播和应急照明、安全疏散设施等。

fire pump 消防泵 安装于消防车、固定灭火系统或其他消防设施上，用作输送水或泡沫溶液等液体灭火剂的专用泵，或是达到国家标准《消防泵性能要求和试验方法》(GB 6245)的普通清水泵。

fire pump room 消防水泵房 凡担负消防供水任务的水泵房均称为消防水泵房。消防水泵房按作用分为取水泵房、送水泵房和加压泵房，按使用目的分为生活、生产、消防合用泵房。

fire resistance cables tray 耐火电缆槽盒 主要由玻璃纤维增强材料和无机黏合剂复合的防火板与金属骨架复合以及其他的防火基材组成。外层加防火涂料，遇火后不会燃烧，从而阻隔火势蔓延，具有极好的防火阻火效果，又具有耐火、耐油、耐腐蚀、无毒、无污染，整体安装方便，结构合理，使用寿命长，并且美观，电缆安装在电缆槽盒中，环境整洁，清扫方便。防火涂料有涂层薄、耐火极限高、黏接力强的特点。

fire resistance classification 耐火等级 根据有关规范或标准的规定，建筑物、构筑物或建筑构件、配件、材料所应达到的耐火性区分的等级。我国《建筑设计防火规范》(GB 50016)依照主要建筑构件的燃烧性能将民用建筑耐火等级分为四个等级，一级耐火等级建筑的主要建筑构件全部为不燃烧体。

fire resistant cable 耐火电缆 在火焰燃烧情况下能够保持一定时间安全运行的电缆。我国国家标准GB 12666.6(等同于IEC 331)将耐火试验分A、B两种级别。A级火焰温度950～1 000℃，持续供火时间90 min；B级火焰温度750～800℃，持续供火时间90 min。整个试验期间，试样应承受产品规定的额定电压值。耐火电缆广泛应用于高层建筑、地下铁道、地下街、大型电站及重要的工矿企业等与防火安全和消防救生有关的地方。例如，消防设备及紧急向导灯等应急设施的供电线路和控制线路。

fire resistant damper (FRD) 防火阀 安装在中央空调风道系统中，工作原理是利用阀门上安装的极易熔合金的温度控制，利用重力作用和弹簧机构的作用。当火灾发生时，火焰入侵风道，高温使阀门上的易熔合金熔解，或使记忆合金产生形变使阀门自动关闭，用于风道与防火分区贯穿的场合。

fire resistant shutter (FRS) 防火卷帘

在一定时间内，连同框架能满足耐火稳定性和耐火完整性要求的卷帘。防火卷帘广泛应用于工业与民用建筑的防火隔断区，能有效地阻止火势蔓延，保障生命财产安全，是现代建筑中不可缺少的防火设施。

fire resisting beam　耐火梁　建筑物中能在一定时间内满足耐火稳定性要求的梁。

fire resisting column　耐火柱　建筑物中能在一定时间内满足耐火稳定性要求的柱。

fire resisting damper (FRD)　防火阀　同 fire resistant damper。

fire resisting duct　耐火管道　能在一定时间内满足耐火稳定性和耐火完整性要求，在建筑物内输送液体、气体或其他服务用的管道。

fire resisting floor　耐火楼板　能在一定时间内满足耐火稳定性、完整性和隔热性要求的楼板。

fire resisting partition　耐火隔墙　能在一定时间内满足耐火稳定性、完整性和隔热性要求的承重或非承重隔墙。

fire resisting roof　耐火屋顶　能在一定时间内满足耐火稳定性和耐火完整性要求的屋顶。

fire resisting suspended ceiling　耐火吊顶　能在一定时间内提高楼板或吊顶上方结构耐火性的吊顶。

fire resisting window　防火窗　在一定时间内，连同框架能满足耐火稳定性和耐火完整性要求的窗。

fire resistive　耐火的　具有耐高温或抗高温特性。

fire resistive cable　耐火电缆　同 fire resistant cable。

fire retardance　阻燃性　材料抑制、减缓或终止火焰传播的特性。

fire retardant　阻燃剂　用以提高材料阻燃性的物质。

fire retardant treatment (FRT)　阻燃处理　用以提高材料阻燃性的工艺过程。

fire risk　火灾危险性　是指火灾发生的可能性与暴露于火灾或燃烧产物中而产生预期有害程度的综合反应。我国将火灾危险性划分为严重危险级、中危险级、轻危险级三个等级：严重危险级是指火灾危险性大，可燃物多，起火后蔓延迅速，扑救困难，容易造成重大财产损失的火灾场所；中危险级是指火灾危险性较大，可燃物较多，起火后蔓延较快，扑救较难的火灾场所；轻危险级是指火灾危险性较小，可燃物较少，起火后蔓延较缓慢，扑救较容易的火灾场所。火灾危险性还可分为生产、储存物品、可燃气体和可燃液体的火灾危险性四种类型。

fire scene　火灾场景[现场]　火灾发生时实际看到或拍摄到的景象。

fire shutter controller　防火卷帘控制器　防火卷帘专用的控制器，是防火卷帘完成其防火、防烟功能所必需的重要电控设备。

fire sound alarm　火灾声警报器　用于发生火灾事故的现场的声音报警。

fire sound and light alarm　火灾声光警报器　用于产生火灾事故现场的声音报警和闪光报警装置，尤其适用于能见度低或有烟雾产生的事故场所。

fire special telephone　消防专用电话　分为固定式消防电话和便携式消防电话，是消防通信的专用设备。当发生火灾报警时，它可以提供方便快捷的通信手段，是消防控制及其报警系统中不可缺少的通信设备。消防电话系统有专用的通信线路，现场人员可以通过现场设置的固定电话和消防控制室进行通话，也可以用便携式电话插入插孔式手报或者电话插孔上面与控制室直接进行通话。

fire special telephone extension　消防专用电话分机　消防火灾自动报警电话系统中重要的组成部分。消防电话分机按线式可以分为总线式消防电话分机和二线式电话分机。通过消防电话分机可迅速实现对火灾的人工确认，并可及时掌握火灾现场情况，便于指挥灭火工作。

fire special telephone switchboard　消防专用电话交换机　消防通信的专用设备，当发生火灾报警时，它可以提供方便快捷的通信手段，是消防控制及其报警系统中不可缺少的通信设备，消防电话系统有专用的通信线路，在现场人员可以通过现场设置的固定电话和消防控制室进行通话，也可以用便携式电话插入插孔式手报或者电话插孔上，与控制室直接进行通话。

fire stability　耐火稳定性　在标准耐火试验条件下，承重或非承重建筑构件在一定时间内抵抗坍塌的能力。

fire suppression　灭火　将火扑灭。灭火的主要方法有：(1) 覆盖：通过消防砂、沾水的棉被等工具隔绝可燃物与空气的接触面灭火的方法；(2) 隔离：对于已经控制不了的火势，可采取隔离附近的可燃物使火势得以控制，常见于森林灭火；(3) 降温：常见的方法用水浇灭火，消防队经常使用高压水枪喷浇火焰以控制火势，也可用泡沫灭火器等工具灭火。

fire telephone　火警电话　专门用于火灾报警的电话。

fire telephone line　火警电话线　专门用于火灾报警的电话线路。

fire transmission equipment　火警传输设备　传输火灾报警信息的设备和系统。

fire wall　防火墙　同 firewall。

fireplug　消防栓　也称消火栓，一种固定式消防设施。主要作用是控制可燃物、隔绝助燃物、消除着火源。分室内消火栓和室外消火栓。消火栓主要供消防车从市政给水管网或室外消防给水管网取水实施灭火，也可以直接连接水带、水枪出水灭火。所以，室内、室外消火栓系统也是扑救火灾的重要消防设施之一。

fireproof coating　防火涂料　用于可燃性基材表面，能降低被涂材料表面的可燃性，阻滞火灾的迅速蔓延，用以提高被涂材料耐火极限的一种特种涂料。施用于可燃性基材表面，用以改变材料表面燃烧特性，阻滞火灾迅速蔓延；或施用于建筑构件上，用以提高构件的耐火极限的特种涂料。

fireproof coating for electric cable　电缆防火涂料　一般由叔丙乳液水性材料添加防火阻燃剂、增塑剂等组成，涂料涂层受火时能生成均匀致密的海绵状泡沫隔热层，能有效地抑制、阻隔火焰的传播与蔓延，对电线、电缆起到保护作用。主要适用于电厂、工矿、电信和民用建筑的电线电缆的阻燃处理，也可用于木结构、金属结构建筑物等可燃烧性基材等物体的防火保护。

fireproof door　防火门　在一定时间内能满足耐火稳定性、完整性和隔热性要求的门。它是设在防火分区间、疏散楼梯间、垂直竖井等具有一定耐火性的防火分隔物。

fireproof sealing　防火封堵　用于封堵各种贯穿物，如电缆、风管、油管、气管等穿过墙壁（仓壁）、楼板（甲板）时形成的各种开口以及电缆桥架的防火分隔，以免火势通过这些开口及缝隙蔓延，具有优良的防火功能，便于更换。

fireproof shutter　防火卷帘　在一定时间内，连同框架能满足耐火稳定性和完整性要求的卷帘，由帘板、卷轴、电动机、导轨、支架、防护罩、控制机构等组成。

fire-resistant cable trunking　耐火电缆槽盒　同 fire resistance cables tray。

firewall　防火墙　① 为减小或避免建筑物、建筑结构、设备遭受热辐射危险或防止火灾蔓延，设置在户外的竖向分隔体或直接设置在建筑物基础上或钢筋混凝土框架上具有耐火性的墙体。② 一种有效的网络安全设备，是网络总体安全策略的一部分，阻挡对内、对外非法访问和不安全数据的传递。防火墙主要由服务访问规则、验证工具、包过滤和应用网关四个部分组成，可在不同协议层次上实现，通常在应用层和网际协议（IP）层，通过过滤路由器实现。它决定一个服务的请求方是否允许得到该服务，控制对被允许访问资源的访问，防止不可预料的、潜在的对网络的侵害。防火墙结构基于路由器的过滤器作用，有主机网关或独立的隔离网关等形式。基于路由器的过滤器实现防火墙最为简便，因为一般路由器都有过滤器功能，是最普通的网络互联安全结构。基于主机的防火墙结构原理是：当考虑一个网络防火墙时，首先选择一个独立的、极可靠的计算机系统作为网络安全警卫（堡垒主机），使用专门程序和一个专用的网关来建立防火墙。

firewire　火线　一种特快的电子串行总线，由 Apple 公司（IEEE 1394）开发的用于快速通用界面和协议，并由电器电子工程师协会公布规范。

FIRF　有限冲激响应滤波器　finite impulse response filter 的缩写。

first class low current system worker　一级弱电工　即高级弱电技师。《弱电工职业技能标准》规定其应能够完成信息集成，系统联动功能的调试与开通；能够排除较复杂的设备和系统故障；能够在施工技术攻关和安装工艺革新方面有所创新；能够培训和指导二级及以下弱电工，具有技术管理能力。

first class power supply　一类市电供电　即一级供电。国家电网对用电单位的性质做了等级划分，共分为三级。

一级用电：停电时将造成重大的社会影响，将造成用电单位无可挽救的巨大物质损失或造成重大人身伤亡事故的。一级供电的用电单位变电所必须使用独立的双电源供电，且两个电源来自不同的上级变电所，电源须专线供电。例如，互联网数据中心(IDC)为一级用电单位。

F

first degree fault 一级故障 在电台、电视台或有线电视系统运行图规定时段内，导致发射机处于停播状态的故障。

first-party release 第一方释放，第一方拆线 又称为主叫方拆线。在移动通信系统中，通话结束后，由主叫方发起拆线(拆除为此次通话而建立的通信线路)。拆线的流程是：拆线→释放→释放完成→清除→清除完成。

FIS 企业信息管理系统 factory information system 的缩写。

fittings for commissioning 调测配件 指调试及测试工作中除测试设备外所需要的附件。

five level low current system worker 五级弱电工 即初级弱电工。《弱电工职业技能标准》规定其应能够独立完成弱电工程中线管、线槽敷设，管沟、管槽、管井开挖和被覆；能够安装设备箱、柜、架、杆和接地装置等；能够识别相关弱电工程材料；能够操作相关的施工工机具并进行例行保养。

fix 固定 使元器件、物品、设备处在特定位置，不能移动。

fixation kit 固定组件 ① 将组件固定安装在指定的位置。② 固定搭配的组件。

fixed channel allocation (FCA) 固定信道分配 网络运营商手动进行的信道分配。

fixed channel assignment (FCA) 固定信道布置 类同于 fixed channel allocation (FCA)。

fixed connector 固定连接器 固定在安装板表面上的连接器。

fixed equipment 固定安装设备 予以紧固或用其他方法固定安装于指定位置的静置设备。

fixed focal 定焦的 焦距不变的镜头称为定焦镜头。在使用定焦镜头拍摄时，拍摄场景也是固定的，不能像变焦镜头那样把拍摄景物拉近或推远。单透镜结构的镜头都是定焦镜头。

fixed focus 固定物距，定焦 是指摄影摄像中镜头与拍摄景物的距离(物距)是固定的。

fixed horizontal cable 固定水平线缆 将楼层配线架连接到汇集点(有 CP 时)或信息点(无 CP 时)的线缆。

fixed IT service 固定 IT 服务 指在建筑物设计时已经按标准考虑的 IT 服务。

fixed satellite services (FSS) 固定卫星业务 当使用单个或多个卫星时，可在指定位置的地球站之间进行通信服务的业务。指定位置可以是一个固定点或一个区域的某点。在某些情况下，固定卫星业务包括卫星到卫星的链路，也可以包括用于其他空间无线电通信业务的馈电连接。

fixed station 固定台 进行固定通信业务的终端设备。它是 ZXDWLL 数字无线本地环路系统的用户接入装置，为用户提供话音业务、传真业务以及1.2～9.6 kbps的数据业务。除了为用户提供接入手段外，固定台还可以实现内部用户的交换，相当于无绳PABX功能。固定台外接1～64个用户，通过Z接口相连。

fixed temperature detector 定温探测器 温度上升到预定值(大于60℃)时响应的火灾探测器。分为线型定温火灾探测器与点型定温火灾探测器。

fixed wavelength filter 固定波长滤波器 频率点或波长值固定的电子线路滤波器或光学滤波器，用于将该频点或波长的信号凸显或消除。

fixed wireless access (FWA) 固定无线接入 采用无线技术，将固定位置的用户或仅在小范围内移动的用户群体接入到业务节点的通信方式。

fixed-mobile convergence (FMC) 固网移动融合 指固定网络与移动网络融合，基于固定和无线技术相结合的方式提供通信业务。其主要特征是用户订阅的业务与接入点和终端无关，也就是允许用户从固定或移动终端通过任何合适的接入点使用同一业务，即在固定网络和移动网络之间，终端能够无缝漫游。固网移动融合技术涵盖了包括终端、接入、承载、控制、业务和运营支撑在内的网络各个层面。通过网络不同层面的融合，可以满足不同角度的特定融合业务需求；对某一类融合业务，也可能同时存在多种融合技术。

fixing glue 固定胶 用于物品或构件黏接、密封的胶状黏结剂和密封剂。它能在室温或特定环境下固化，实现两个物体之间的黏连。固定胶有许多种产品，在电力、电子、电器、医疗机械、传感器、机械设备、冷冻设备、造船工业、汽车工业、化工轻工、电线电缆行业都有规范的应用。

fixture 夹具 为夹持或压紧某物件的虎钳式或铁钳式工具。

flag (F) 标志 人们用来表明某一事物特征的记号。它以单纯、显著、易识别的物象、图形或文字符号为直观语言，不仅具有表示、代替的作用，还具有表达意义、情感、指令行动等作用。标志的解释是表明特征的记号。

flame 火焰 发光的气相燃烧。

flame detector 火焰探测器 用于响应火灾的光特性，即探测火焰燃烧的光照强度和火焰的闪烁频率的一种火灾探测器。在物质燃烧产生烟雾和放出热量的同时，也产生可见的或大气中没有的不可见的光辐射。

flame front 火焰峰，火焰前缘 材料表面上气相燃烧区的外缘界面。

flame propagation 火焰传播 高温火焰靠向邻近的未燃混气层导热或传递活性分子将其点燃，从而使火焰得以在空间混气中扩展和推进的过程。

flame retardancy/low smoke zero halogen (FR/LSOH) 阻燃低烟无卤 防火的有机缆线之一：阻燃(火势不会顺着缆线蔓延)，低烟(烟雾少，有助于看清逃生路线)，无卤(材料中不包含有毒物质，以免起火后形成有毒气体，不完全燃烧所形成的一氧化碳除外)。

flame retardant cable 阻燃电缆 在规

定试验条件下，试样被燃烧，在撤去试验火源后，火焰的蔓延仅在限定范围内，残焰或残灼在限定时间内能自行熄灭的电缆。根本特性是：在火灾情况下有可能被烧坏而不能运行，但可阻止火势的蔓延。通俗地讲，电线万一失火，能够把燃烧限制在局部范围内，不产生蔓延，保住其他设备，避免造成更大的损失。

flame retardant refractory wire and cable **阻燃耐火电线电缆** 同时具备阻燃、耐火两种防火特性的电线电缆。其中，阻燃是指阻滞、延缓火焰沿着电线电缆的蔓延，使火灾不扩大，该类型电缆着火后具有自熄性能。耐火指在火焰燃烧情况下能保持一定时间的运行，即保持电路的完整性，该类型电缆在火焰中具有一定时间的供电能力。

flame spread **火焰传播** 指火焰峰的扩展。

flame spread rate (FSR) **火焰传播速率** 在规定的试验条件下，单位时间(单位：m/s)内火焰传播的距离。

flame spread time (FST) **火焰传播时间** 在规定的试验条件下，火焰传播一定距离或一定面积所经过的时间，单位为秒(s)。

flame-inhibiting stabilizing element **防火稳定元素** 在耐火光缆中，指用于缆线耐火的材料和制造结构。

flameless combustion **无焰燃烧** 物质处于固体状态而没有火焰的燃烧。

flame-resistant security cable **耐火安全电缆** 同 fire resistant cable。

flame-retardant **阻燃** 在规定试验条件下，试样被燃烧，在撤去火源后，火焰在试样上的蔓延仅在限定范围内并且自行熄灭的特性，即具有阻止或延缓火焰发生或蔓延的能力。

flaming **有焰燃烧** 指具有发光火焰的气相燃烧。

flammable and explosive place **易燃易爆场所** 空气湿度低，存放着火点较低物体或容易发生爆炸物体的场所。如油库、化工企业、加油加气站、燃气供气场站、燃气储备站、城市燃气设施、烟花爆竹仓库及常年零售点、民用爆炸物品储存仓库及使用场所等。

flammable gas **可燃[易燃]气体** 可燃物质的一个态，指能够与空气(或氧气)在一定的浓度范围内均匀混合形成预混气，遇到火源会发生爆炸，燃烧过程中释放出大量能量的气体。

flash **闪燃** 液体表面上能产生足够的可燃蒸气，遇火能产生一闪即灭的燃烧现象。

flat cable **扁平电缆** 在电缆中的导线或线对呈扁平状平行排列的电缆。这种电缆分有多种结构和用途，如：控制箱内线路板之间的插座连接线缆，垂直电梯用的随行电缆，扁平状双绞线等。

flat cable connector **带状电缆连接器** 带状电缆两端的连接器。

flat fiber optic cable **扁平光缆** 具有矩形横截面的光纤缆线，有一组光纤是成行成列地排列着的，在整根光缆中保持一种稳定的线对位置，光缆在末端有矩形的连接器。

flat flexible cable (FFC) **柔性扁平带状电缆** 可以任意选择导线数目及间

距，使连线更方便，大大减少电子产品的体积，减少生产成本，提高生产效率，最适合于移动部件与主板之间、PCB板对PCB板之间、小型化电器设备中作数据传输线缆之用。普通的规格有0.5 mm、0.8 mm、1.0 mm、1.25 mm、1.27 mm、1.5 mm、2.0 mm、2.54 mm等间距柔性电缆线。

flat outlet　平口插座　连接器（包括模块、光纤连接器等）的出线方向与地面平行，即与墙面的表面垂直的面板。

FLD　火灾荷载密度　fire load density 的缩写。

flexible (metal) electrical conduit　可挠性(金属)电气导管　一种用于电线、电缆保护套管的新型材料，属于可挠性金属软管。

flexible cable　柔性线缆，软电缆　柔软的缆线（电线或电缆）。如使用多股铜丝绞合而成的电线。

flexible data cable　数据软线　用于数据传输的柔性缆线。如在综合布线系统中，用于数据传输的RJ45跳线。由于其缆线中的芯线为多股导线编织而成，故此形成软线。

flexible flat cable (FFC)　柔软带状电缆　具有多根软导线构成的电缆，电缆的构成方式可以采用护套、绑扎、缠绕等方式。如电梯随行电缆是一种常见的柔软带状电缆，它是一种用护套成型的电缆。

flexible flat cable connector　柔软带状电缆连接器　配接柔软带状（扁平）电缆的连接器。

flexible point (FP)　(业务)灵活点　指在光缆网络中主干光缆与配线光缆的交汇点。其安装地点大致对应传统铜线用户线的交接箱所在的位置。

flexible rubber-sheathed cable　橡套软电缆　由多股的细铜丝为导体，外包橡胶绝缘和橡胶护套的一种柔软可移动的电缆品种。一般来讲，包括通用橡套软电缆、电焊机电缆、潜水电机电缆、无线电装置电缆、摄影光源电缆等品种。

flicker　闪烁　指视频扫描场的隔行的扰人的视觉现象，它在屏幕上显示为小的振动。

flight simulator　飞行模拟器　能够复现飞行器及空中环境并能够进行操作的模拟装置。

FLM　故障定位方法　fault locating method 的缩写。

float type　浮点型(数据)　在计算机系统的发展过程中，曾经提出过多种方法表示实数，但是到目前为止使用最广泛的是浮点表示法。相对于定点数而言，浮点数利用指数使小数点的位置可以根据需要而上下浮动，从而可以灵活地表达更大范围的实数。

floating charge　浮充　蓄电池组的一种充(放)电工作方式，系统将蓄电池组与电源线路并联连接到负载电路上，它的电压大体上是恒定的，仅略高于蓄电池组的端电压，由电源线路所供的少量电流来补偿蓄电池组局部作用的损耗，以使其能经常保持在充电满足状态而不致过充电。

floating mode　浮动模式　指蓄电池的浮动充电模式。蓄电池组可随电源线路电压上下波动而进行充、放电。

F

当负载较轻而电源线路电压较高时，蓄电池组即进行充电，当负载较重或电源发生意外中断时，蓄电池组则进行放电，分担部分或全部负载。这样，蓄电池组便起到稳压作用，并处于备用状态。

floating nut　浮动螺母　也叫卡式螺母。它有高强度的螺纹紧固作用，并可自调节，偿配合孔的安装误差。浮动螺母的外形呈圆形，内部镶嵌一个通孔有牙螺纹的四方形螺母，以专用工具将其放入预先穿好的方孔中，抽回工具后使其固定在金属或其他板材上。浮动螺母安装迅速、便捷，可拆卸重新定位，亦可倾斜固定。浮动螺母有自锁(AS、AC)和非自锁(LAS、LAC)两种类型，分别应用于不同的环境。浮动螺母从材质上分为快削钢(AS、LAS)型和不锈钢(AC、LAC)型，其规格从M3至M6不等。

flooding　扩散，泛洪　指交换机和网桥使用的一种数据传递技术，即网络中某个接口收到数据包时，该数据包将被传输到除了始发数据包接口外连接到该设备的每个接口。例如，网络交换机根据收到数据包帧中的源MAC地址建立该地址同交换机端口的映射并将其写入MAC地址表中，交换机将数据包帧中目的MAC地址同已建立的MAC地址表进行比较，以决定由哪个端口进行转发。一旦数据包帧中的目的MAC地址不在MAC地址表中，则该数据包向所有端口转发，这一过程就称为泛洪。

floor　楼板　一种分隔承重构件。楼板层中的承重部分，它将房屋垂直方向分隔为若干层，并把人、家具等竖向荷载及楼板自重通过墙体、梁或柱传给基础(建筑底部与地基接触的承重构件)。按其所用的材料可分为木楼板、砖拱楼板、钢筋混凝土楼板、钢衬板承重楼板等形式。**楼层**　是指房屋的自然层数。

floor box　地面插座[安装]盒　简称地插。安装在地面或类似场所、用于与固定布线连接的插座盒体，通常作为地面布线系统的终端和出线口，将地面布线系统中的电源、信号、数据取出。主要用于办公场所、机场、旅馆、商场、家庭建筑等大开间户内场所，用途广泛。

floor cable　楼层线缆　也称水平缆线。它指楼层上水平敷设的缆线，这种缆线一般敷设在水平桥架或金属电线管中，其抗压、抗拉特性不强，造价相对便宜。

floor distributor (FD)　楼层配线架，楼层配线设备　① 在办公或商业建筑综合布线系统的拓扑结构中，指终接水平缆线和其他布线子系统缆线的配线设备。它一般安装在楼层弱电间或电信间内。在综合布线系统的通用拓扑结构中，FD属于第一级配线设备。② 在工业建筑综合布线系统的拓扑结构中，指终接水平缆线和其他布线子系统缆线的配线设备。它一般安装在楼层弱电间或电信间内。在综合布线系统的通用拓扑结构中，FD属于第二级配线设备。

floor distributor box (FDB)　楼层集线箱　设置在建筑物楼层内，具有同轴电缆、数据电缆、光缆成端及分配功能的箱体。

floor distributor box with power 楼层有源集线箱 设置在建筑物楼层内，安装小型有源设备并具有同轴电缆、数据电缆或光缆成端及分配功能的箱体。

floor panel heating (FPH) 地板辐射采暖 以温度不高于60℃的热水作为热源，在埋置热水管于地板下的盘管系统内循环流动，加热整个地板，通过地面均匀地向室内辐射散热的一种供暖方式。

flow divider 分流阀 也称速度同步阀，是液压阀中分流阀、集流阀、单向分流阀、单向集流阀和比例分流阀的总称。同步阀主要是应用于双缸及多缸同步控制液压系统中。通常实现同步运动的方法很多，但其中以采用分流集流阀-同步阀的同步控制液压系统具有结构简单、成本低、制造容易、可靠性强等优点，因而在液压系统中得到了广泛的应用。分流集流阀的同步是速度同步，当两个或以上油缸分别承受不同的负载时，分流集流阀仍能保证其同步运动。

flow meter 流量计 亦称流量传感器。它能感受气体或液体体积流量和质量流量并转换成可用输出信号的传感器。在建筑设备监控系统工程中常用于测量冷冻水、热水及生活用水的流量。因工作原理不同而分为不同类型，常见有压差式流量计、电磁式流量计、超声波式计、叶片式计、涡流式流量计、流量开关，等等。

flow monitoring 流量监控 数据通信中对数据流量的监测与控制，以便满足发送方速率与接收方速率相容的要求，当接收速率低于发送方时，就要进行流量控制。为了消除通信拥挤现象，需要对进入计算机的数据流进行控制。在分组交换方式下，允许发送速率与接收速率不相等，两者之间可用接收缓冲器协调。

flow switch 流量开关 在水、气、油等流体介质管路中联机或者插入式安装的控制液态介质流量的装置。在流量高于或者低于某一个设定点时候触发输出信号，系统获取信号后即可作出相应的指示动作，避免或减少发生意外事故。

flow velocity 流速 流体在单位时间内的位移。质点流速是描述液体质点在某瞬时的运动方向和运动快慢的矢量。其方向与质点轨迹的切线方向一致。

flowmeter 流量计 同 flow meter。

fluorinated ethylene propylene (FEP) 氟化乙烯丙烯共聚物 英文商品名 Teflon FEP，是一类化学物质。FEP是四氟乙烯和六氟丙烯共聚而成的。FEP 结晶熔化点为 304℃，密度为 2.15 g/cm^3(克每立方厘米)。FEP可应用到软性塑料，其拉伸强度、耐磨性、抗蠕变性低于许多工程塑料。它具有化学惰性，在较宽的温度和频率范围内具有较低的介电常数。在综合布线系统中，FEP 塑料是 CMP 阻燃缆线中的绝缘层材料(护套材料为高阻燃 PVC 材料)，具有很好的阻燃特性。CMP 双绞线和 OFNP 光缆是美国通信线缆中的高端阻燃缆线。

F

F

flush-mounted installation　嵌入安装，暗装　将设备、器件埋设在墙体内的安装方式，如面板中的连接器（模块、光纤连接器）的主体及所连缆线都暗装在墙内，在墙面上仅留有薄薄的暴露部分。嵌入式壁挂箱、地面插座盒也是如此。

FMC　固网移动融合　fixed-mobile convergence 的缩写。

FMD　跟我转移　follow-me diversion 的缩写。

***f*-number　*f* 值，焦距比数**　是指摄影摄像设备可变焦镜头最大焦距与最小焦距的比值。它反映了该镜头清新拍摄距离范围。

FO（fiber optic）adapter　光纤适配器　光纤活动连接中的纤芯锁定部件。大多数的光纤活动连接是由三个部分组成的：两个光纤接头和一个光纤适配器。两个光纤接头装进两根光纤尾端，光纤适配器起对准套管的作用。另外，光纤适配器多配有金属或非金属法兰，以便于安装固定。

foam extinguishing device　泡沫灭火装置　由泡沫液储罐、喷枪、比例混合器、水带、推车底盘等构成，泡沫灭火系统中的组成构件。

foam extinguishing system　泡沫灭火系统　由水源、水泵、泡沫液供应源、空气泡沫比例混合器、管路和泡沫产生器组成的灭火系统。分为低倍数、中倍数和高倍数泡沫灭火系统。

FOC　光缆　fiber optic cable 的缩写；**光纤连接器**　fiber optic connector 的缩写；**光纤耦合器**　fiber optic coupler 的缩写。

FOC　光纤连接器　fiber optic connector 的缩写；**光纤耦合器**　fiber optic coupler 的缩写。

focal length　（镜头）焦距　镜头的光学后主点到焦点的距离，是镜头的重要性能指标。焦距是镜头一个非常重要的指标。其长短决定被摄物在成像介质（胶片或 CCD 等）上成像大小。当对同一距离的同一个被摄目标拍摄时，镜头焦距长，所成的像大；镜头焦距短，所成的像小。根据用途不同，镜头焦距差别非常大，有短到几毫米、十几毫米的短焦距镜头，也有长达几米的长焦距镜头。

focus　焦距　也称为焦长，是光学系统中衡量光的聚集或发散的度量方式，其长度为从透镜中心到入射平行光聚集之焦点的距离。

foil pair screen　线对箔屏蔽层　包裹在屏蔽双绞线线对上的屏蔽层，该屏蔽层的材料为覆塑铝箔，即一面覆有一张 2 μm 厚度塑料薄膜的单面导电铝箔。

foil screen　金属箔屏蔽　屏蔽电缆中的金属箔屏蔽层。屏蔽双绞线采用金属箔（一般是铝箔）包裹着每一个线对或所有线对的屏蔽方式。其中包裹着每一个线对称为线对屏蔽或对对屏蔽，包裹所有线对称为总屏蔽。当屏蔽双绞线中均为金属箔屏蔽时，须在金属箔的导电面添加一根铜丝构成接地汇流线，以确保屏蔽双绞线中的对地回路畅通。

foil twisted pair（FTP）　金属箔屏蔽双绞线电缆　采用金属箔（一般为铝箔）屏蔽的双绞线电缆。一般是将金属箔包裹在线对外(线对屏蔽)或采用一张金属箔包裹在所有的线对外(总屏蔽)。由于铝箔的价位比较低,故此它的应用比较广泛。

FOIRL 光纤中继器间链路 fibre optic inter-repeater link 的缩写。

folding frequency 折叠频率 指数字视频系统采样频率的一半。

follow-me diversion (FMD) 跟我转移 用户在离开电话所在位置到另一地方时,把所有的呼入转移到这个地方的电话上。当他再次要离开这个地方到下一个地方时,可以在他所在的地方再次登记把呼入转移到新的位置。当用户回到原所在位置时,可以取消跟我转移。

follow-on current 后续电流 继电器等器件因线圈在断电时所产生的反电动势所形成的电流。

for further study (FFS) 待研究 早期的缩写语为 f.f.s.。在国际标准编写时,指该数据(或条文)还待研究,本版本尚不能提供的意思。

for reference 供参考 文献资料、标准中,不作为主体的,仅供参考的内容和文字,如标准中的附录。

forbidden 禁止 数字电视系统中定义的一些特定语法元素值,且其不应出现在符合本部分的位流中。禁止某些值的目的通常是为了避免在位流中出现伪起始码。

force arm away 强制外出布防 入侵报警系统中不按照预先设定的外出设防的预案,而由人工强制设置的外出设防。

force arm stay 强制留守布防 入侵报警系统中不按照预先设定的有人留守时撤防(设防),而由人工强制设置的留守设防。

force arming 强制布防 在报警系统中对防区的强制性设防。当有防区一直触发报警时,其他防区无法常规布防,这时需要实施强制布防,即把一直报警的防区直接旁路,使其他防区可以进行正常设防。

forced cut 强制切入,强切 在火灾状态下,消防广播系统允许强制切入应急广播的音源的功能。一般这一功能是自动的,也可以是人工的。自动强切时,其控制指令一般来自火灾自动报警系统。

forced ventilation 强制通风 利用通风机的运转给空气一定的能量,造成通风压力以克服通风阻力,使空气不断地沿着预定路线流动的通风方法。

foreign associated construction project 涉外建设项目 涉外宾馆、饭店、酒店式公寓、办公楼、国际机场、国际码头、各种活动中心以及境外人员集中居住或者以境外人员为主要销售对象的商品房。

forklift 叉车 对成件托盘货物进行装卸、堆垛和短距离运输作业的各种轮式搬运车辆。国际标准化组织 ISO/TC 110 称为工业车辆。常用于仓储大型物件的运输,通常使用燃油机或者电池驱动。

form factor 波形因数 信号在一个周期内的有效值与绝对均值的比例。

formality expense 手续费 办事过程中所产生的支付给对方的办事费用。

format 格式 ① 运动图像的大小和

宽高比，也指摄像机 CCD 的对角线长度，它以英寸为单位。② 用于记录电视信号或声音信号的磁带结构。③ 数据单元的结构。④ 存储媒体存储数据的布局。⑤ 电子数据表单元中数据属性，包括字母、数字、数字位数等。⑥ 在一个段落或一页中文本的编排格式。**格式化** ① 准备数据存储媒体的操作。如对磁碟或磁碟中的分区进行初始化的操作。② 改变文本的版式或电子数据报表单元的内容的操作。

FOT 光纤收发器 fiber optic transceiver 的缩写。

foundation fieldbus (FF) 基金会现场总线 它以 ISO/OSI 开放系统互联模式为基础，取其物理层、数据链路层、应用层为 FF 通信模型的相应层次，并在应用层上增加了用户层。用户层主要针对自动化测控应用的需要，定义了信息存取的统一规则，采用设备描述语言规定了通用的功能块集。基金会现场总线的主要技术内容包括 FF 通信协议，用于完成开放互联模式中第二层至第七层通信协议的通信栈，用于描述设备特性、参数、属性及操作接口的 DDL 设备描述语言、设备描述字典，用于实现测量、控制、工程量转换等功能的功能块，实现系统组态、调度、管理等功能的系统软件技术，以及构筑集成自动化系统、网络系统的系统集成技术。基金会总线前身是以费希尔控制设备国际有限公司旗下的罗斯蒙特公司为首，联合福克斯波罗、横河、ABB、西门子等八十家公司制订的 ISP 协议和以霍尼韦尔公司为首，联合欧洲等地的一百五十家公司制订的 WorldFIP 协议。两大集团于 1994 年 9 月合并，成立了现场总线基金会，致力开发出国际上统一的现场总线协议。

four connections 四连接 综合布线系统信道测试模型中的一种，其中包含有四个连接点。

four level low current system worker 四级弱电工 即中级弱电工。《弱电工职业技能标准》规定其应能够独立完成弱电工程线缆敷设、设备安装和连接，能够独立完成无源链路测试，能够区分常用弱电工程设备和材料，能够操作相关的施工工机具和仪器仪表，并进行例行保养。

FP (业务)灵活点 flexible point 的缩写。

FPA 火灾事故广播 fire public address 的缩写。

FPD 消防公共设备 fire public device 的缩写。

FPGA 现场可编程门阵列 field-programmable gate array 的缩写。

FPH 地板辐射采暖 floor panel heating 的缩写；**话费总付电话，免费电话，被叫集中付费** freephone 的缩写。

fps 帧率单位(每秒帧数) frames per second 的缩写。

FR 频率响应 frequency response 的缩写。

FR/LSOH 阻燃低烟无卤 flame retardancy/low smoke zero halogen 的缩写。

fragmentation 分片 数字电视系统被分割的信令帧片段。

frame 帧,框架 ① 用作视频数据的一个术语,称为帧。它表示一整幅由规定的扫描行组成的信息图像。多个帧可以有相同的页数。② 通过串行线路传送的一个报文分组。此术语来自面向字符的网络协议,后来也用于面向位的通信控制协议。使用面向字符的网络协议传送报文分组时要加特殊的帧开头字符和帧结尾字符。帧包含帧头和帧体。帧头中有接收者和发送者的地址号及其控制信息,帧体是传输的用户信息,帧的最后有帧校验码。不同的通信控制规程对帧有不同的格式要求,如在HDLC(高级数据链路控制)通信规程中要求一个正确的帧至少要32位。③ 通信系统用来传输信息的机制。如在脉码调制(PCM)传输系统中,帧特指一组顺序排列的时隙,每个时隙都可以传输用户信息,但是各个时隙准确排列的校准控制信号却在特定的时隙中出现,而不是在每个时隙中出现。④ 在TCP/IP(传输控制协议/网际协议)中,一个帧是一个数据链路层的数据包,它包含物理媒体头部和尾部信息,也就是将网络层的包再进行包装而形成的包。

frame check sequence (FCS) 帧校验序列 ① 在以帧方式传送报文的数据链路控制中,信息帧或监控帧中所包含的校验信息。它一般在帧结束标志之前,含有提供给接收站检查传输错误的二进制序列。在接收方,FCS将重新计算,得到一个新的值并与原FCS值比较,从而判断传输正确与否。② 在同步数据链路控制(SDLC)中,处于帧中的16个二进制位,其中含有传输校验信息。

frame grabber 帧捕获器 一个捕获视频帧或场,并存储在数字存储设备,例如:硬盘、内存卡、软磁碟等电子设备。

frame rate 帧率 用于测量显示帧数的量度。所谓的测量单位为每秒显示帧数(frames per second,简称FPS)或赫兹(Hz)。

frame refresh frequency (FRF) 帧刷新频率,换帧频率 显示屏画面更新的频率。

frame type 机框类型 安装设备的架体类型。在建筑智能化系统中,一般采用19 in标准结构的机框。

frame type fire alarm controller 框式火灾报警控制器 控制器的箱体外观为框架式结构的火灾报控制器。

frame-level equipment 机架级设备 由单个或多个满配置的机架组成的设备,或者高度大于914.4 mm(36in)的一个单独的子架设备。

frames per second (fps) 每秒帧数 图像领域中的定义,指画面每秒传输帧数,即动画或视频的画面数。

framework bracket 支[骨]架 用作支持某物(如文学作品或有机体的一部分)的结构、基础或轮廓的支架。

framing data 成帧数据 用于定义帧结构,并保证正确提取的数据。可包含一个数据头、同步字和(或)其他相关信息。

FRD 防火阀 fire resistant damper的

缩写；**防火阀** fire resisting damper 的缩写。

free access 自由入口 指不设管理，可自由出入的通道口。

free space 空旷空间 建筑物内设备、家具、人员比较少的区域。

freephone (FPH) 话费总付电话，免费电话，被叫集中付费 一项由企业或服务行业向广大用户提供免费呼叫的业务，可作为一种经营手段广泛用于广告效果调查、顾客问询、新产品介绍、职员招聘、公共信息提供等。由于多数国家普遍采用 800 作为其业务代码，故亦称 800 号业务。400 号业务也属于被叫集中付费业务。

freeze frame 冻结帧，预置点视频冻结 在屏幕上捕获和冻结一个电视（视频）帧的方法。

frequency (F) 频率 交变信号在单位时间内重复的次数。频率的基本单位是赫兹，符号 Hz，表示每秒周期数。常用单位还有千赫（kHz）、兆赫（MHz）、吉赫（GHz）。

frequency allocation 频率配置 在电台广播、电视广播和有线电视系统中，将可供使用的频率进行预分配，使各频道或节目在预定的频率工作。

frequency conversion equipment 变频设备 同 general inverter。

frequency converter 频率变换器，变频器 将频率变换成其他参数（包括频率）的装置或器件。如电压频率变换器、电流频率变换器、变频器等。

frequency division multiple access (FDMA) 频分多址 把总带宽分隔成多个正交频道，每个用户占用一个频道的通信技术。例如，把分配给无线蜂窝电话通信的频段分为三十个信道，每一个信道都能够传输语音通话、数字服务和数字数据。频分多址是模拟高级移动电话服务（AMPS）中的一种基本的技术，是北美地区应用最广泛的蜂窝电话系统。采用频分多址，每一个信道每一次只能分配给一个用户。频分多址还用于全接入通信系统（TACS）。

frequency doubler 倍频器 使输出信号频率等于输入信号频率整数倍的电路。输入频率为 f_1，则输出频率为 $f_0 = nf_1$，系数 n 为任意正整数，称倍频次数。倍频器用途广泛，如发射机采用倍频器后可使主振器振荡在较低频率，以提高频率稳定度；调频设备用倍频器来增大频率偏移；在相位键控通信机中，倍频器是载波恢复电路的一个重要组成单元。

frequency fluctuation rate 频率波动率 信号频率波动的百分比。

frequency mixer 混频器 输出信号频率等于两个输入信号频率之和、差或组合方式的电路或装置。混频器通常由非线性元件和选频回路构成。混频器位于低噪声放大器（LNA）之后，直接处理 LNA 放大后的射频信号。为实现混频功能，混频器还需要接收来自压控振荡器的本振（LO）信号。

frequency response (FR) 频率响应 是指系统对正弦信号稳态响应的特性。频率响应区分为幅频响应特性和相频响应特性。幅频响应特性表示信号增益增减与信号频率的关系，相频响应特性表示信号相位畸变与信号频率的关系。根据频率响应可以比较直观地评价系统复现信号的能力和过滤信号的性能。在控制理论中，根据频率响应可以较方便地分析系统的稳定性和其他动态特性。频率响应的概念在系统设计中也很重要，引入适当形式的校正装置或校正方法，可以调整系统的频率响应，使系统性能得到改善。建立在频率响应基础上的分析和设计的方法称为频率响应法。它是经典控制理论的基本方法之一。

frequency variation　频率变化　指输入或输出频率的变化。

frequency-divided phase locking technology　分频锁相技术　用于标准信号分频的锁相技术。锁相技术使被控振荡器的相位受标准信号或外来信号控制的一种技术。用来实现与外来信号相位同步，或用来跟踪外来信号的频率或相位。

fresh air supply (FAS)　新风供给　建筑物外部新鲜空气的供给。空调房间具有独立的新风系统供给新风(风机盘管加新风机组)。

fresh air unit (FAU)　新风处理机组　为室内提供新鲜空气的一种空气调节设备。新风系统由风柜、风机、空气净化器、空气制冷、空气制热、加湿器、温湿度传感器、新风阀、风管及其控制器等装置组成，对封闭室内输送新鲜空气，同时在输送过程中对空气进行过滤、消毒、灭菌、增氧、预冷、预热、加湿、除湿处理，保持室内空气达到预期的要求。

FRF　帧刷新频率，换帧频率　frame refresh frequency 的缩写。

front end system (FES)　前端系统　智能化系统前端设备的总称。智能化系统一般由前端系统、信息传输系统和中央管理系统三部分组成。前端系统的作用有二：一是采集来自各类传感器的环境参数(如温度、湿度、压力、流量、液位等)、设备状态(包括前端采集和控制设备的运行、停止、故障等)、音视频信息、防区报警(各类火灾探测传感器、入侵探测传感器输出)等信息，经处理后送入传输通道；二是对受监设备、设施运行执行控制和驱动，接收传输通道送来的中央管理系统的信息，经转变后驱动受控、受监设备，改变其运行状态，或驱动声、像设备或器件显示警情，提示信息、语音、图像等。

front room　前室　设置在高层建筑疏散走道与楼梯间或消防电梯间之间的具有防火、防烟、缓解疏散压力和方便实施灭火展开的空间，其与疏散走道和楼梯间之间用乙级防火门分隔，空间面积通常在 4.5～10 m^2 之间，空间内需安装消火栓等消防设施。消防前室通常分为三类：(1) 防烟楼梯间的前室。(2) 消防电梯间的前室。(3) 两者合用的前室。

front screen projection　正[前]投影　图像被投影在光反射屏的观众一侧的投影方式。

front surface　正面　建筑物临广场、街道或朝阳的一面，也指人体、设备、部件、器件、面板前部所向的一面。

front upright post　前立柱　设备机柜

前部的两根用于安装设备和配线架、跳线管理器等等器材的立柱。

front-projected holographic display 全息投影 也称虚拟成像技术，利用干涉和衍射原理记录并再现物体真实的三维图像的技术。

frost point 霜点 也称露点，空气等压冷却到 0℃以下，使空气中的水汽对冰面达到饱和时的温度，也指水蒸气凝结成霜的温度，故 0℃为霜点温度。

frozen earth depth 冻土深度 零摄氏度以下，并含有冰的岩石和土壤距离地表的深度。

FRP 玻璃纤维增强塑料电缆导管 cable conduit of fiberglass reinforced plastic 的缩写。

FRS 防火卷帘 fire resistant shutter 的缩写。

FRT 阻燃处理 fire retardant treatment 的缩写。

FSA 光纤到服务区 fiber to the service area 的缩写。

FSK modulation FSK 调制 用偏离中心频率的二个偏移量 $\pm\Delta f$ 来完成的对数字信息的调制，逻辑“1”对应上偏移频率，逻辑“0”对应下偏移频率。如用符号 f_c 表示频道的中心频率，用 Δf 表示 FSK 调制的频偏，则传号频率(代表逻辑“1”)为 $f_1=f_c+\Delta f$，空号频率(代表逻辑“0”)为 $f_0=f_c-\Delta f$。

FSR 火焰传播速率 flame spread rate 的缩写。

FSS 固定卫星业务 fixed satellite services 的缩写。

FST 火焰传播时间 flame spread time 的缩写。

FTP 文件传输协议 file transfer protocol 的缩写；**金属箔屏蔽双绞线电缆** foil twisted pair 的缩写。

FTTB 光纤到楼 fiber to the building 的缩写。

FTTC 光纤到路边 fiber to the curb 的缩写。

FTTD 光纤到桌面 fiber to the desk 的缩写。

FTTF 光纤到楼层 fiber to the floor 的缩写。

FTTH 光纤到户 fiber to the home 的缩写。

FTTN 光纤到节点 fiber to the node 的缩写。

FTTO 光纤到办公室 fiber to the office 的缩写。

FTTP 光纤到驻地 fiber to the premises 的缩写。

FTTR 光纤到远端 fiber to the remote 的缩写。

fuel cell 燃料电池 一种把燃料所具有的化学能直接转换成电能的化学装置，又称电化学发电器。燃料电池是继水力发电、热能发电和原子能发电之后的第四种发电技术。从节约能源和保护生态环境的角度来看，燃料电池是最有发展前途的发电技术。

full contact connector (FC connector) FC 型光纤连接器 最早由日本 NTT 公司研制，是光纤连接器的一种。它的外部加强方式是采用金属套，紧固方式为螺丝扣。最早，FC 型的连接器采用的陶瓷插针的对接端面是平面接触方式(物理接触,PC)。此类连接器结构简单,操作方便,制作容易,但光纤端面对微尘较为敏感,且容易产生菲涅尔反射,提高回波损耗性能较为困难。后来,对该类型连接器做了改进,采用对接端面呈球面的插针(弧形面接触,UPC),而外部结构没有改变,使得插入损耗和回波损耗性能有了较大幅度的提高。

full duplex multipicture processing 全双工多画面处理 一种画面处理设备的功能,它具有录像的同时进行多画面监视或回放(双工),多个显示画面等功能,还可以拥有画面分割显示、画面放大、画中画、画外画、画面冻结、字符叠加、信息显示、视频移动检测、视频丢失检测、外部报警触发等画面处理功能,可用于与 VCR 录像机配套使用。

full shield 全屏蔽 静电屏蔽时空腔导体接地的屏蔽。由于外壳接地,即使空腔导体内部有带电体存在,这时内表面感应的电荷与带电体所带的电荷的代数和为零,而外表面产生的感应电荷通过接地线流入大地。外界对壳内无法影响,内部带电体对外界的影响也随之消除,所以这种屏蔽全屏蔽。

full-scale amplitude 满度振幅 在有线电视系统中,是指频率为 997Hz 的正弦波信号的正峰值达到正数字满刻度时的振幅。其负的最大编码保留不用。用二进制补码表示时,负峰值比最大负编码小 1LSB。

full-spectrum 全光谱 光谱中包含紫外光、可见光、红外光的光谱曲线,并且在可见光部分中红绿蓝的比例与阳光近似,显色指数接近于 100 的光谱。太阳光的光谱可以称作全光谱。

function 函数,功用,功能,函数过程,函(数)词 ① 一种数学实体,其值即因变量的值,按规定方式依赖于单个或多个自变量的值。对应于自变量在各自取值范围内的值的每一种可能组合,因变量只有一个值。② 一种仅返回单个变量值,且通常只有单个出口的子例程。例如,计算正弦、余弦和对数等的数学函数,或求出一组数中的最大数这类子例程。③ 一个实体的特定用途或它的特征动作。④ 在计算机系统中,指硬件或者软件所能完成的动作。⑤ 在谓词演算中,常用小写拉丁字母及其后若干个空位,如 $f(\cdots)$来表示函词。若其中有 n 个空位,则称为 n 位函词。其空位可用常量或变元填入而成为项 $f(t_1, t_2, \cdots, t_n)$。没有空位的函词称为零位函词(即常量)。⑥ 函词逻辑系统中表示函数的符号。一阶逻辑中他们常被解释为论域上的确定的函数。⑦ 在开放系统互联(OSI)系统结构中,一部分同一层上的实体的活动。

functional and protective earthing conductor 功能与保护接地导体 兼有功能接地和保护接地两种功能的导体。

functional characteristic 功能特性 指产品的性能指标、设计约束条件和使用保障要求。其中包括诸如使用范围、速度、杀伤力等性能指标以及可靠性、维修性、安全性等要求。

functional earth facility　功能接地装置　用于功能接地而单独设置或和 ESD 接地导体共用的接地装置。

functional earthing　功能性接地　用于保证设备(系统)正常运行,正确地实现设备(系统)功能的接地。

F

functional earthing conductor　功能接地导体　用于功能接地的接地导体。

functional element　功能元素[元件]　① 组成设备、系统的最小单元。例如,布线系统中双绞线中的功能单元有线对、四线组等,设备监控系统的功能元件有探测器、驱动器、执行器、直接数字控制器等。② 计算机系统最小的构成元素,用逻辑符号来代表逻辑运算。典型的功能元件有 AND、NAND、OR、NOR 等门。

functional entity (FE)　功能实体　在通信系统中是指智能网概念模型(INCM)的分布功能平面中,提供一个业务所要求的总的功能群的一个子群。功能实体是提供服务所需总的功能集合的子集,按照服务实例的控制描述功能实体。

functional integrity　功能完整性　在布线系统中,是指耐火线缆产品测试时的一种更严格的测试要求,即要将缆线安装在自配的支架上,燃烧测试时须考虑支架对线缆的作用。

functional performance　性能等级　对性能进行的分级。如综合布线系统中的产品传输等级、链路(信道)传输等级、MICE 等级,等等。

fungal　真菌　一种真核生物。最常见的真菌是各类蕈类,另外真菌也包括霉菌和酵母。如今已经发现了七万多种真菌,估计只是所有存在的一小半。大多真菌原先被分入动物或植物,现在真菌自成一门,和植物、动物和细菌相区别。真菌和其他三种生物最大的不同之处在于,真菌的细胞有含甲壳素(又叫几丁质、甲壳素、壳多糖)为主要成分的细胞壁,和植物的细胞壁主要是由纤维素组成的不同。

fuse　保险管[丝]　一种安装在电路中,保证电路安全运行的电器元件,也被称为熔断器。IEC 127 标准将它定义为“熔断体”。保险管(丝)主要是起过载保护作用,在电路中正确安置保险丝,会在电流异常升高到一定值或一定温度时,自身熔断切断电流,从而起到保护电路和器件安全的作用。

fuse base　保险管座　安装保险管的基座。

fusion splice　熔接接头　在布线系统中,指一种利用局部加热到足以熔融或熔化两段光纤的端头来完成接续,形成一根连续光纤的永久性接头。

fuzzy control　模糊控制　一种以模糊集合论、模糊语言变量和模糊逻辑推理为基础的计算机数字控制技术。控制系统动态模式的精确与否是影响控制优劣的最主要关键,系统动态的信息越详细,则越能达到精确控制的目的。然而,对于复杂的系统而言,由于变量太多,往往难以正确描述系统的动态,于是工程师便利用各种方法来简化系统动态,以达成控制的目的,但却不尽理想。换言之,传统的控制理论对于明确系统有强而有力的控制能力，但对于过于复杂或难以精确描述的系统，则显得无能为力了，因此便尝试着以模糊数学来处理这些控制问题。“模糊”是人类感知万物，获取知识，思维推理，决策实施的重要特征。“模糊”比“清晰”所拥有的信息容量更大，内涵更丰富，更符合客观世界。随着大数据、云计算等信息技术的发展和应用，这种模糊控制的理论和实践可望得到飞速发展和应用。

fuzzy logic　模糊逻辑　建立在多值逻辑基础上，运用模糊集合的方法来研究模糊性思维、语言形式及其规律的科学。模糊逻辑指模仿人脑的不确定性概念判断、推理思维方式，对于模型未知或不能确定的描述系统，以及强非线性、大滞后的控制对象，应用模糊集合和模糊规则进行推理，表达过渡性界限或定性知识经验，模拟人脑方式，实行模糊综合判断，推理解决常规方法难于对付的规则型模糊信息问题。模糊逻辑善于表达界限不清晰的定性知识与经验，它借助于隶属度函数概念，区分模糊集合，处理模糊关系，模拟人脑实施规则型推理，解决因逻辑破缺产生的种种不确定问题。1965 年美国数学家 L.扎德(L. Zadeh)首先提出了 Fuzzy 集合的概念，标志着 Fuzzy 数学的诞生。他为了建立模糊性对象的数学模型，把只取“0”和“1”二值的普通集合概念推广为在[0,1]区间上取无穷多值的模糊集合概念，并用隶属度这一概念来精确地刻画元素与模糊集合之间的关系。创立和研究模糊逻辑的主要意义为：(1) 运用模糊逻辑变量、模糊逻辑函数和似然推理等新思想、新理论，为寻找解决模糊性问题的突破口奠定了理论基础，从逻辑思想上为研究模糊性对象指明了方向；(2) 模糊逻辑在原有的布尔代数、二值逻辑等数学和逻辑工具难以描述和处理的自动控制过程、疑难病症的诊断、大系统的研究等方面，都具有独到之处；(3) 在方法论上，为人类从精确性到模糊性、从确定性到不确定性的研究提供了正确的研究方法。此外，在数学基础研究方面，模糊逻辑有助于解决某些悖论。对辩证逻辑的研究也会产生深远的影响。当然，模糊逻辑理论本身还有待进一步系统化、完整化、规范化。

FWA　固定无线接入　fixed wireless access 的缩写。

G

G frame　G 帧　视频编解码中一种只使用帧内预测解码的场景帧，G 帧应被输出。

G.711　G.711 音频编码方式　一种由国际电信联盟（ITU-T）制定的音频编码方式，又称为 ITU-T G.711。

G.722.1　G.722.1 音频编码方式　基于 Polycom 的第三代 Siren 7 压缩技术，1999 年被ITU-T批准为 G.722.1 标准。

G.726　G.726 音频编码方式　ITU-T 定义的音频编码算法。1990 年 CCITT（ITU 前身）在G.721和 G.723 标准的基础上提出。

gallon per minute（GPM）　加仑每分钟　液体流量的计量单位。

galvanized sheet　镀锌板　为防止钢板表面遭受腐蚀，延长其使用寿命，在钢板表面涂以一层金属锌，称为镀锌板。镀锌是一种经常采用的经济而有效的防锈方法，世界上锌产量的一半左右均用于此种工艺。

galvanized steel tape　镀锌钢带　普通钢带经酸洗、镀锌、包装等工序加工而成，因有良好的防腐蚀性能，故广泛地应用。主要用于制作冷加工而不再进行镀锌的金属用品。例如：轻钢龙骨、护栏网桃型柱、水槽、卷帘门、桥架等金属制品。

galvanize　镀锌　在金属、合金或者其他材料的表面镀一层锌以起美观、防锈等作用的表面处理技术。主要采用的方法是热镀锌。建筑智能化工程中的金属槽盒（桥架、线槽、托架等）、机柜的金属板材一般要求热镀锌。

galvanized steel　镀锌钢（材）　将普通碳素建筑钢经过镀锌加工能够有效防止钢材腐蚀生锈从而延长钢材使用寿命，其中镀锌分电镀锌和热浸镀锌。一般常用于建筑外墙，如玻璃幕墙、大理石幕墙、铝板幕墙做立柱及受力材料，或用于室外电信塔、高速公路等露天建筑钢材。镀锌分为电镀锌和热浸镀锌。

gamma correction　γ 校正　为补偿显示设备非线性的显示特性而采取的校正技术。由于显示设备产生的光亮度与输入信号电压之间呈现的关系为：亮度＝（输入电压）γ（其中 γ 是一个常数），因此在把输入电压送入显示屏之前对它做一次变换，这个变换就成为 γ 校正。显示设备不同，γ 值也不一样，阴极射线管（CRT）典型的 γ 值处于 2.25～2.45 之间。

ganged fading　联动衰减　当两个信号（如音频和视频信号）同时处理时，就会发生同时衰减的现象。

garage 车库 一般是指人们用来停放汽车的地方。现代建筑内停车库成为必备的建筑空间,有地面停车场和地下停车库。以立体化存放的机械式停车库叫作机械式立体停车库。它以单层平面停车库为核心,通过微机上位机对车库进行统一的管理,使车位实现由空间到平面的转化,从而实现多层平面停车,增大停车位容量。

gas fire detector 气体火灾探测器 响应燃烧或热解产生的气体的火灾探测传感器。

gas fire extinguishing controller 气体灭火控制器 专用于气体自动灭火系统中,融合自动探测、自动报警、自动灭火为一体的控制器。它可以连接感烟、感温火灾探测器,紧急启停按钮,手自动转换开关,气体喷洒指示灯,声光警报器等设备,并且提供驱动电磁阀的接口,用于启动气体灭火设备。

gas fire extinguishing device 气体灭火装置 平时灭火剂以液体、液化气体或气体状态存贮于压力容器内,灭火时以气体(包括蒸气、气雾)状态喷射作为灭火介质的灭火装置。它能在防护区空间内形成各方向均一的气体浓度,而且至少能保持该灭火浓度达到规范规定的浸渍时间,实现扑灭该防护区的空间、立体火灾。装置包括贮存容器、容器阀、选择阀、液体单向阀、喷嘴、阀驱动装置组成。

gas shutoff valve 燃气关断阀 一种燃气管道工程中的安全配套装置,与可燃气体泄漏监测仪器相连接。当仪器检测到可燃气体泄漏时,自动快速关闭主供气体阀门,切断燃气的供给,及时制止恶性事故的发生。

gas stove 燃气灶具 用液化石油气、人工煤气、天然气等气体燃料直火加热的厨房用具。

gate valve (GV) 闸阀 一种闸板的运动方向与流体方向相垂直的阀门,阀门只能处于全开和全关状态。

gateway mobile-services switching center (GMSC) 网关移动业务交换中心,关口 MSC 不同网络间话务流通的必经交换局。它不仅需要具备网间结算的功能,还需要具备路由查询功能,以保证其他网呼叫移动电话用户时能确定被叫所在的交换机,接通相应的话路。GMSC 具有从归属位置寄存器(HLR)查询得到被叫移动台(MS)目前的位置信息,并据此选择路由。

gauge outfit 表头 ① 表格的开头部分,用于对一些问题的性质的归类。每张调查表按惯例总要有被调查者的简况反映,如被调查者的性别、年龄、学历、收入、家庭成员、政治背景、经济状况等。这类问题一般排列在调查表开头部分。② 万用表、仪器仪表的组成部分,仪器仪表的供读取测量数字的部分。仪器仪表的主要性能指标基本上取决于表头的性能。

GB picture GB 图像 一种只使用帧内预测解码的场景图像,GB 图像不应被输出。

GC 综合布线,通用布缆 generic cabling 的缩写。

GCS 用户建筑群的通用布缆 generic cabling for customer premises 的

缩写;**综合布线系统** generic cabling system 的缩写。

GE16 GSM16 路 E1 中继接口板 16 E1 interface board 的缩写。

GECP GSM 回波抵消板,回波消除器池 echo canceler pool 的缩写。

general contractor 总承包 指一个建设项目全部建设过程交由一家建设单位实行总包,即从项目建议书开始,包括设计任务书、勘探设计、设备材料询价和采购、工程施工、生产准备、投料试车,直到竣工投产、交付使用为止,全由一家建设单位完成。

general inverter (GI) 通用变频器 应用变频技术与微电子技术,通过改变电机工作电源频率方式来控制交流电动机的电力控制设备。变频器主要由整流(交流变直流)、滤波、逆变(直流变交流)、制动单元、驱动单元、检测单元、微处理单元等组成。变频器靠内部 IGBT 的开断来调整输出电源的电压和频率,根据电机的实际需要来提供其所需要的电源电压,进而达到节能、调速的目的。另外,变频器还有很多的保护功能,如过流、过压、过载保护,等等。随着工业自动化程度的不断提高,变频器也得到了非常广泛的应用。

general packet radio service (GPRS) 通用无线分组业务 是一种由全球移动通信系统(GSM)提供,使移动用户能在端到端分组传输模式下发送和接收数据的无线分组业务。GPRS 在现有的 GSM 网络基础上叠加了一个新的网络,同时在网络上增加一些硬件设备和软件升级,形成一个新的网络逻辑实体,提供端到端的广域无线 IP(网际协议)联结。GPRS 使用与语音呼叫相同的时段,每个时段提供大约 9.6 kbps 的数据流量。GPRS 网络可提供 28.8 kbps 下行至手机传输速率和 9.6 kbps 返回至网络的上行传输速率,采用三个下行时段和一个上行时段。GPRS 是 GSM 向第三代移动通信发展的过渡技术。GPRS 可以充分利用现有 GSM 系统设备,为用户提供移动通信传输服务,并基于分组的高速、安全的无线接入,具备节省建设投资,可充分发挥原有设备的作用,建设周期短等优点。

generator room 发电机房 安装发电机的机房。在建筑智能化系统中,一般指作为电能备用的柴油发电机机房。

generic cabling (GC) 综合布线,通用布缆 在指定环境中按照综合布线系统设计进行安装、敷设、接续和测试的作业。

generic cabling for customer premises (GCS) 用户建筑群的通用布缆 中国国家标准化管理委员会 2018 年 9 月发布的《信息技术用户建筑群的通用布缆》GB/T 18233—2018 标准的名称,等同采用国际标准 ISO/IEC 11801。"通用布缆"在含义上与"综合布线"基本同义。标准规定了建筑群内使用通用布缆,建筑群可能由园区内的单栋楼宇或多栋楼宇组成。它包括平衡布缆和光纤布缆。本标准最适用于电信服务可分布的最大距离为 2 000 m 的建筑群。本标准的原理可用于更大规模的安装。

generic cabling system (GCS) 综合布线系统 采用标准的缆线与连接器件将所有语音、数据、图像及多媒体业务系统设备的布线组合在一套标准的布线系统中，它可以用于各种建筑类型。根据 ISO 11801—2017，综合布线系统的基本框架结构分为四级，即终端设备插座(TE)、第一级缆线子系统(含集合点 CP)、第一级配线架、第二级缆线子系统、第二级配线架、第三级缆线子系统、第三级配线架、第四级缆线子系统和第四级配线架，并以此形成了面向商业建筑、工业建筑、住宅建筑、数据中心和智能化子系统的各级子系统名称和具体要求。例如，在商业建筑中 TE 被称为信息点(TO)，第一至第三级子系统分别称为配线子系统、干线子系统和建筑群子系统(商业建筑无第四级子系统)，第一至第三级配线架分别称为楼层配线设备、建筑物配线设备和建筑群配线设备。在美国标准 TIA-568.1-D—2017 中也有类似的三级基本结构。

generic cabling system for building and campus 建筑物与建筑群综合布线系统 曾经使用过的标准名称，同 generic cabling system。

generic telecommunications cabling 综合布线系统 美国综合布线标准 TIA-568 中的用语，同 generic cabling system。

genlock 同步锁相 指同步两个视频信号到相同的时间和色彩相位的系统，用以调整其色彩和同步。

geodetic chain 控制网 是指使用控制总线将控制设备、传感器及执行机构等装置连接在一起进行实时信息交互并完成管理和控制的网络系统。

geographic information system (GIS) 地理信息系统 也称地学信息系统，一种特定的十分重要的空间信息系统。它是在计算机硬件、软件系统支持下，对整个或部分地球表层(包括大气层)空间中的有关地理分布数据进行采集、储存、管理、运算、分析、显示和描述的技术系统。

geometrical characteristic 几何特性 在产品资料中，涉及的产品及包装的几何尺寸、颜色、重量等的特性。

GG45 module GG45 模块 一种双绞线模块，它可以与不同等级(Cat.3～Cat.8)的双绞线匹配，形成相应等级的传输线路。其中，Cat.8 中，它仅支持 8.1。它的特点是具有 12 根金针，其中 8 根金针平行，支持 RJ45 插头，可以实现 500 MHz 以下(Cat.3～Cat.6A)的高速信息传输。另外，在下方的两对角各有一对金针，与上方两对角的各一对金针配合，可以支持 GG45 插头，可以实现高达 2.4 GHz 的高速信息传输。

ghost (电视屏幕上的)重影 电视重现画面中，在物体边缘附近出现的单个或多个相邻的淡影的现象。

GI 通用变频器 general inverter 的缩写。

GIF 渐变光纤，渐变折射率光纤 graded-index fiber 的缩写。

GIMM 渐变折射率多模光纤 graded-index multimode 的缩写。

girder 梁 架在墙上或柱子上支撑房

顶的横木(或铁质、混凝土质),泛指水平方向的长条形承重构件。

GIS 地理信息系统 geographic information system 的缩写。

glass beaded 玻珠幕 最常见的一种高亮度投影幕,由于玻珠幕表面增加了光学晶体玻璃球的涂层,用手触摸其表面,能感觉到细小的玻珠颗粒。玻珠幕的特点是增益高、视角小。玻珠幕具备光线回归性,即反射光线沿入射光线的方向返回,这是增益高的一个原因,也是视角小的原因。玻珠幕高亮度。幕面亮度系数增益大于 2.4 倍,具有高分辨率,色彩还原性好,白昼成像清晰,画面有鲜明的焦点感和活力的特点。此外,玻珠幕还具有防潮、防霉、阻燃、无异味等特点。

glass breakage detector 玻璃破碎探测器 入侵报警系统中用以探测玻璃折断时或破碎时产生固有频率振动的探测器。

glass fiber reinforced plastic rod 玻璃纤维增强塑料杆 光缆的中心用于增加光缆强度的非金属加强芯。

glass fiber reinforced plastic duct 玻璃纤维增强塑料管 一种复合材料管,它主要以树脂为黏合剂,玻璃纤维为增强剂,石英砂为辅料,通过微型计算机控制机器缠绕制造而成,它具有强度大,抗高压,重量轻,易安装,安全可靠,绝缘性能强的特点,可以抗各种腐蚀性物品的腐蚀,防渗水、漏水能力强,且寿命长,可达五十年以上。由于玻璃钢电缆保护管集行业的优点为一身,性能已经超过了同等条件的塑料管性能,因此逐渐受到人们的认可。

global system for mobile communication (GSM) 全球移动通信系统 原是欧洲一个移动通信特别小组。1982 年欧洲邮电主管部门会议(CEPT)建立 GSM,着手进行泛欧蜂窝状移动通信系统的标准工作,至 1987 年形成技术规范。它使话音信号以数字形式传送,具有非常强的抗噪声和抗干扰性能,有跨国漫游功能。GSM 的小区半径约为 35 km,同移动台(MS)间的接口由基站收发信台(BTS)提供,MS 和 BTS 通过空中接口中的无线信道相互作用。通信网络采用智能卡存储资料和密码,用户容量大,成本较低。

glossy surface 光面 表面光滑且具有反光特性的面板。适合于旅馆等建筑。

glowing combustion 灼热燃烧 物质处于固相,没有火焰的燃烧,但燃烧区域有发光现象。

glycol (or water) dry cooler 乙二醇(或水)干式冷却器 由室外空气对管内带有排热量的乙二醇溶液(或水)进行冷却的冷却器。被冷却的乙二醇溶液(或水)可以用于制冷系统冷凝器的冷却介质,或者低温季节采用乙二醇自然循环冷却器用于冷却机房内的循环空气。简称干冷器。

glycol (or water) free cooling fluid economizer cycle cooler 乙二醇(或水)自然循环节能冷却器 指在室外温度较低时,由在管内的乙二醇溶液(或水)冷却机房内循环空气的冷却器，以达到节能效果。简称经济冷却器。

GMID 最高级时钟标识符 grandmaster identifier 的缩写。

GMM/SM GPRS 移动管理和会话管理 GPRS mobility management and session management 的缩写。

GMSC 网关移动业务交换中心，关口 MSC gateway mobile-services switching center 的缩写。

GND 接地 grounding 的缩写。

GNU general public license (GNU GPL) GNU 通用公共许可证 GNU 通用公共许可协议，是一个广泛被使用的自由软件许可协议条款，最初由理查德·斯托曼(Richard Matthrew Stallman)为 GNU 计划而撰写。此许可证第三版(v3)于 2007 年 6 月 29 日发布。GNU 通用公共许可证是为了应用于一些软件库而撰写的。GPL 给予了计算机程序自由软件的定义，并使用 Copyleft 来确保程序的自由被完整地保留。GPL 授予程序接受人以下权利：以任何目的运行此程序的自由；再发行复制件的自由；改进此程序，并公开发布改进的自由(前提是能得到源代码)。

GNU GPL GNU 通用公共许可证 GNU general public license 的缩写。

GOP 画面组 group of pictures 的缩写。

GoS 服务级别 grade-of-service 的缩写。

GPM 加仑每分钟 gallon per minute 的缩写。

GPRS 通用无线分组业务 general packet radio service 的缩写。

GPRS mobility management and session management (GMM/SM) GPRS 移动管理和文字段落管理 这个协议负责路由区更新、鉴权，建立文件段落等。

GPRS radio resources service access point (GRR) GPRS 无线资源业务接入点 全球移动通信系统(GSM)中为用户提供通用分组无线业务(GPRS)时而设定的 GPRS 业务种类名称，它标识了不同的接入方式。

GPRS support node (GSN) GPRS 支持节点 通过对通信基站子系统(BSS)进行软件升级，一种被称为分组控制单元(PCU)的新型 GPRS 实体将被用来处理数据业务量，并将数据业务量从 GSM 话音业务量中分离出来。PCU 增加了分组功能，可控制无线链路，并允许多用户接入同一无线资源。然后，GPRS 数据分组被 GPRS 骨干系统(GBS)传送出去。这一过程将涉及两个 GPRS 网元，分别称为 GPRS 业务支持节点(SGSN)和 GPRS 网关支持节点(GGSN)。根据地理条件和用户号码情况，GPRS 各节点可分布在网络中的不同位置或位于同一局址。

GPRS tunneling protocol (GTP) GPRS 隧道协议 GPRS 隧道协议用于在 GSM、UMTS 和 LTE 网络中承载 GPRS。在 3GPP 架构中，GTP 和基于“代理移动 IPv6”的各个接口在多个接口点上被定义。隧道技术是一种通过使用网络的基础设施在网络之间传递数据的方式。使用隧道传

G

递的数据(或负载的数据)可以是不同协议的数据帧或数据包。隧道协议将这些协议的数据帧或数据包重新封装在新的包头中发送。新的包头提供了路由信息,从而使封装的负载数据能够通过互联网传递。为创建隧道,隧道的客户机和服务器双方应使用相同的隧道协议。隧道技术可以分别以第二层或第三层隧道协议为基础(分层按照开放系统互联OSI的参考模型划分)。第二层隧道协议对应OSI模型中的数据链路层,使用帧作为数据交换单位。第三层隧道协议对应OSI模型中的网络层,使用包作为数据交换单位。

grade 等级评分 在有线电视系统中,指根据给定的标度,一个属性量级的数字表示。

grade-of-service (GoS) 服务级别 在数据通信中,指网络通信处理能力的一种度量。它体现通信服务的质量,其衡量的标准是通信量最大时线路的阻塞程度。GoS级别共分五级,从第一级(不可接收)到第五级(极佳)。

graded-index fiber (GIF) 渐变光纤,渐变折射率光纤 一种纤芯折射率从中心向外逐渐变低的渐变型光纤。其中,分级折射率在中心比在包层要高,由于光线在折射率低时传输得快,所以随着外径的延长而加速,而在内径中则减速,因此均衡了在光纤中传输的时间。这是一种降低漫射的方法,带宽可达1～2 GHz,多用于一些速率不太高的局域网。

graded-index optical fiber 渐变折射效率光纤 一种光纤,其纤芯的折射效率随光纤轴距离的增大而减小。光在光纤中传播由于折射的作用频繁地重新聚焦,以便保持在纤芯中。

graded-index multimode (GIMM) 渐变折射率多模光纤 采用渐变折射方法构成的多模光纤,符合ITU-T G.651标准,没有OM_1,有OM_2、OM_3等品种。

grandmaster identifier (GMID) 最高级时钟标识符 一种EUI-64唯一标识符,用于标识为同步域提供服务的最高级时钟,在GB/T 25931—2010和IEEE 802.1AS—2011同步标准中规定。

graph indicator in fire control center 消防控制中心图形显示装置 用来接收火灾报警、故障信息,发出声光信号,并在显示器上的模拟现场的建筑平面图,在相应位置显示火灾、故障等信息的图形显示装置。它采用标准RS-232通信方式或其他标准串行通信方式与火灾报警控制器进行通信。其基本构成包括主机、显示器、图形显示装置软件等软硬件设备组成。

graphic management interface in Chinese 图形中文管理界面 应用软件、控制系统中类似于Windows(中文版)系统的计算机显示界面。

graphical element 图形元素 数字制图中的点、线、面等要素。

graphical interface 图形接口 其主要任务是负责系统与绘图程序之间的信息交换,处理所有Windows程序的图形输出。

graphical representation 图示,图形表示法 使用图形来表示或说明某种事物。这类说明往往比较直观,浅显易懂，便于记忆。所以图示法也是一种记忆方法。

graphics co-processor/accelerator 图形协处理器与加速键 内置在图形适配器中的专用微处理器，它能根据CPU的指令生成直线和填充区域，以创建二维图形、三位图形或绘制图像，从而使CPU腾出时间去处理别的任务。加速键则用来加快系统运行速度。

graphics editor 图形编辑程序 用于绘制编辑各种图形的软件工具，其主要包括：矢量图、工程图、流程图、结构图，等等。广泛地应用于涉及工作、生活、生产、教育等各个领域。

graphics program 图形程序 是绘图程序、演示图形程序、图像编辑器和图像处理程序的统称。也指在计算机上创建并显示符号、图画和文本。

grating optical fiber temperature fire detector 光栅光纤感温火灾探测器 又称光纤火灾探测器，是一款准分布式、可恢复、差定温、本质安全防爆的新一代感温火灾探测系统。单套设备可监测超过20 km以上的隧道或电缆沟温度。

gray scale 灰度 使用黑色调表示物体，即用黑色为基准色，以不同饱和度的黑色来显示图像。

green building 绿色建筑 在全寿命期内，最大限度地节约资源（节能、节地、节水、节材等），保护环境，减少污染，为人们提供健康、适用和高效的使用空间，并与自然和谐共生的建筑。

green power 绿色能源 又称清洁能源，是环境保护和良好生态系统的象征和代名词。它可分为狭义和广义两种概念。狭义的绿色能源是指可再生能源，如水能、生物能、太阳能、风能、地热能、海洋能等。这些能源消耗之后可以恢复补充，很少产生污染。广义的绿色能源则包括在能源的生产及其消费过程中，选用对生态环境低污染或无污染的能源，如天然气、清洁煤、核能等。

grey scale reproduction 灰度等级重现 显示器显示不同亮度的灰度信号时，其色度坐标与基准白色度坐标的偏离程度。

grille ceiling 格栅吊顶 由格栅（即格子）构造的吊顶，由纵横向的龙骨组成，格栅之间为空。常见有铝格栅和片状格栅，标准为长度10 mm或15 mm，高度有40 mm、60 mm和80 mm可供选择。铝格栅格子尺寸分别有50×50 mm，75×75 mm，100×100 mm，125×125 mm，150×150 mm，200×200 mm可供选择。片状格栅常规格尺寸为：10×10 mm、15×15 mm、25×25 mm、30×30 mm、40×40 mm、50×50 mm、60×60 mm。格栅吊顶在数据中心和各类弱电机房中广泛采用。

GRM 电路群监视消息 circuit group monitor message的缩写。

gross profit (GP) 毛利 又称商品进销差价。商业、企业商品销售收入（售价）减去商品原进价后的余额。因其尚未减去商品流通费和税金，还不是净利，故称毛利。

gross weight 毛重 商品本身的重量

加包装物的重量，一般适用于低值商品。

ground clip 接地线夹 主要由增强壳体、穿刺刀片、密封垫、防水硅脂、高强度螺栓、力矩螺母和电缆终端帽套组成。当接地电缆做分支或接续时，将电缆分支线终端插入防水终端帽套，确定好主线分支位置后，用套筒扳手拧线夹上的力矩阵螺母，过程中接触刀片会刺穿电缆绝缘层，与导体接触，密封垫环压电缆被刺穿位置的周围，壳体内硅脂溢出，当力矩达到设定值时，螺母力矩机构脱落，主线和支线被接通，且防水性能和电气效果达到了标准要求的参数。

ground loop 接地环路 其作用是利用共地线方式将线路多余回馈电流与干扰导入接地，以免造成线路与资料的错乱。在计算机内部，插座或数据传输线与其他使用频繁的接口都有接地线，并联结到其他共地线，称为接地回路。此外，接地回路更能将潜伏在系统内的干扰导入接地，降低计算机因噪声干扰所造成的损害。

ground plate 接地板 接地用的等电位接地体，作为一组接地的汇流条使用。

ground source heat pump (GSHP) 地源热泵 地源热泵技术属可再生能源利用技术，它是利用地球表面浅层地热资源(通常小于 400 m 深)作为冷热源进行能量转换的供暖或制冷装置。地源热泵属经济有效的节能技术。地源热泵的 COP 值达到 4 时，即消耗 1 kW·h 能量，用户可得到 4 kW·h的热量或冷量。地源热泵环境效益显著。其装置运行无任何污染，可以建造在建筑物所在区域内，无须远距离输送热量。地源热泵系统可一机多用，可用于供暖、空调，还可供生活热水，一套系统可替换原来的锅炉加空调两套装置或系统，可应用于宾馆、商场、办公楼、学校等建筑，且更适合于别墅住宅。地源热泵的概念最早在 1912 年由瑞士的专家提出。北欧国家主要偏重用于冬季采暖，而美国则注重冬夏联供。因美国的气候条件与中国很相似，因此研究美国地源热泵应用情况，对我国地源热泵技术的发展具有借鉴意义。

ground wire 接地线 将电气设备或电子设备与接地体连接的导体，也称为等电位连接导体。

grounding (GND) 接地 电力系统和电气装置的中性点、电气设备的外露导电部分和装置外导电部分经由导体与大地相连。根据接地的性质，可以分为工作接地、防雷接地和保护接地。

grounding bar 接地排 接地汇流排，也称接地铜排。安装在机房至地网的地线前端，机房里所有设备的接地都汇集到这个接地排上。在内部防雷系统中(或者电气系统中)，接地排主要作用是均压。如果机房设备过多，一般是在静电地板下制作均压环，设备接地线和静电地板接地线就近连接至均压环上，以防止地电位反击事故发生。

grounding body 接地体 又称接地极，与土壤直接接触的金属导体或导体群，分为人工接地体与自然接地体。

接地体作为与大地土壤密切接触并提供与大地之间电气连接的导体，可以将闪电电流导入大地。接地是防雷工程的最重要环节。

grounding connector　接地连接器　在结构上与地成低电阻连接的连接器。

grounding copper bar　接地铜排　机房接地桩、机柜接地桩配套的铜排，铜排上具有多个螺栓接地桩，可以作为分支接地线（等电位连接导体）的汇流排。

grounding fault　接地故障　带电导体与大地之间直接或间接接触而形成电气通路，是发生率很高的一种电气故障。

grounding grid　接地网　由埋在地下一定深度的多个金属接地极和导体将这些接地极相互连接组成一网状结构的接地体的总称。它广泛应用在电力、建筑、计算机、工矿企业、通信等行业之中，起着安全防护、屏蔽等作用。接地网有大有小，有的非常复杂庞大，也有的只由一个接地极构成，一般根据需要来设计。

grounding lead　接地引线　① 建筑物防雷接地的接地引下线，可以利用柱子的四根角筋作接地引下线，接地引线要求：有一定机械强度，有一定防腐能力，截面满足短路电流热稳定性要求。② 接地引线就是从接地线接出了一根引线，可以认为是接地线的延伸。

grounding plate combination　接地盘组合　多个接地盘的组合体。接地盘是接地系统的接点，可以同时连接单根或多根等电位连接导体（也称为接地导线）。

grounding resistance　接地电阻　电流由接地装置流入大地，再经大地流向另一接地体或向远处扩散所遇到的电阻。

grounding system　接地系统　为了实现各种电气设备的零电位点与大地之间的良性电气连接，由金属接地体引至电气设备零电位部位的所有连接器件和连接装置的总称。

grounding terminal　接地端　设备、器件中供接地使用的接线端子。它使接地线具有良好的连接条件。

group delay　群时延　单个频率相差很小的波群。经过传输介质传输时，总相移随角频率的变化关系。群时延是线性失真，可以表征线性时不变系统对信号造成的失真。

group of pictures（GOP）　画面组　一个 GOP 就是一组连续的画面，每个画面都是一帧，一个 GOP 就是很多帧的集合。

GRR　GPRS 无线资源业务接入点　GPRS radio resources service access point 的缩写。

GSHP　地源热泵　ground source heat pump 的缩写。

GSM　全球移动通信系统　global system for mobile communications 的缩写。

GSM mobile station（GSM MS）　GSM 移动台　公用 GSM 移动通信网中用户使用的设备。移动台的类型不仅包括手持台，还包括车载台和便携台。除了通过无线接口接入 GSM 系统外，移动台应提供使用者之间的接口。移动台另外一个重要的组成部分是用户识别模块(SIM),它基本上是一张符合 ISO 标准的"智慧卡",它包含所有与用户有关的信息和某些无线接口的信息,其中也包括鉴权和加密信息。

GSM MS GSM 移动台 GSM mobile station 的缩写。

GSM Q3 protocol (Q3) GSM 的 Q3 协议 指应用于 GSM 系统的 Q3 协议。

GSN GPRS 支持节点 GPRS support node 的缩写。

GTP GPRS 隧道协议 GPRS tunneling protocol 的缩写。

guard tour system 电子巡查系统 公共安全系统中的一个子系统,指对保安巡查人员的巡查路线、方式及过程进行管理和控制的电子系统。

guide rail for erection 安装导轨 用于安装设备、部件和器件的导轨(DIN)。常见于设备箱柜内。安装时,先行在箱、柜内固定好导轨,而后将设备、部件或器件卡定于导轨之上。不过,安装于导轨的设备或器件的外壳应当具有相配的导轨卡扣或装置相配的导轨支架。

GV 闸阀 gate valve 的缩写。

H

H.263　H.263 协议　国际电信联盟-电信标准化部门(ITU-T)在 H.261 标准基础为低码流通信设计的一个标准。其编码算法与 H.261 一样,但做了一些改善和改变,以提高性能和纠错能力。1998 年 ITU-T 又推出了 H.263+,即 H.263 的第二版,进一步提高了压缩编码性能,从而基本上取代了 H.261。

H.264　H.264 视频编解码技术标准　是 MPEG-4 的第十部分,是由 ITU-T视频编码专家组(VCEG)和 ISO/IEC动态图像专家组(MPEG)联合组成的联合视频组(JVT, joint video team)提出的高度压缩数字视频编码、解码器标准。

hacksaw　钢锯　钳工的常用工具之一,可切断较小尺寸的圆钢、角钢、扁钢、工件等。钢锯包括锯架(俗称锯弓子)和锯条两部分,使用时将锯条安装在锯架上,一般将齿尖朝前安装锯条,但若发现使用时较容易锛齿,就将齿尖朝自己的方向安装,可缓解锛齿,且能延长锯条使用寿命。钢锯使用后应卸下锯条或将拉紧螺母拧松,这样可防止锯架形变,从而延长锯架的使用寿命。锯条有单边齿和双边齿两类,又分粗齿(14 齿/25 mm)、中齿(18～24 齿/25 mm)和细齿(32 齿/25 mm)等多种规格,以适用于不同材质的锯割。

hair hygrometer　毛发湿度计　以毛发为湿度感应元件制成的湿度计。人的头发有一种特性,它在空气中对水汽的吸收量是随相对湿度的增大而增加的,而毛发的长短又和它所含有的水分多少有关。利用这一变化即可制造毛发湿度计。毛发湿度计的优点是构造简单,使用方便,缺点是不够准确。

half gain angle (HGA)　半增益视角　屏幕的增益降为一半时的观察角度。

half rate (HR)　半速　半速技术是一种通过合理调整配置速率,扩充网络容量的无线网络优化技术,是用户数据在相同的时隙上以半速率在交替帧内发送的一种传送方式。半速语音技术的应用,可使相关网络指标明显提高,缓解临时性的网络阻塞,已取得一定的社会效益和经济效益。

half rate traffic channel (TCH/H)　半速率业务信道　采用半速率话音编码方式的业务信道。总速率为 11.4 kbps 的信息,包括语音业务信道和数据业务信道。使用全速率信道所用时隙的一半即为使用半速率信道的时隙。

half-duplex　半双工　在通信过程的任意时刻,信息既可由 A 传到 B,又能由B传A,但只能有一个方向上的传输存在。采用半双工方式时,通信系统每一端的发送器和接收器通过收发开关转接到通信线上,进行方向的切换,因此会产生时间延迟。

half-duplex transmission (HDT) 半双工传输 可以双向传输数据,但一次只能在一个方向上进行的数据传输。其传输方向选择由数据终端设备(DTE)控制。

H

hall 大厅 指较大的建筑物中宽敞的房间,用于会客、宴会、行礼、展览等。

halogen-free low smoke and flame-retardant compound 无卤低烟阻燃电缆料 一种电缆护套材料,它能够使无卤素元素燃烧时不会放出剧毒气体(无卤),遇火所产生的烟雾少,有助于看清逃生路线(低烟),并且燃烧时火势不会顺着缆线蔓延(阻燃)的目标。目前无卤低烟阻燃是中国线缆行业和欧洲线缆行业中有机缆线发展趋势。

halogen-free flame-retardant optical fibre cable 无卤阻燃光缆 用阻燃聚乙烯护套料代替普通光缆的聚乙烯护套料,使光缆具有阻燃性能,而结构尺寸,传输性能,机械与环境均与普通光缆相通。为确保要求低烟、无卤阻燃场所的通信设备及网络的运行可靠,还应切实解决聚乙烯护层遇火易燃,滴落会造成火灾隐患,以及阻燃聚氯乙烯护层在火灾中易释放大量黑色浓烟和有毒气体,造成二次环境污染和逃离困难等问题。

hand hole 手孔 地下通信管网的路径接入点,是通信管线网络上的末梢节点,一般位于建筑物进线孔附近,其尺寸比人孔略小。人无法进入进行操作,但允许线缆路由操作,因此在电缆安装过程中可满足弯曲和拉拽的需求。

handover 越区切换 当移动台从一个小区(指基站或者基站的覆盖区域)移动到另一个小区时,为了保持移动用户的不中断通信而进行的信道切换称为越区切换。在蜂窝移动通信网中,切换是保证移动用户在移动状态下实现不间断通信,也是为了在移动台与网络之间保证接收的通信质量,防止通信中断,是适应移动衰落信道特性的必不可少的措施。特别是由网络发起的切换,其目的是为了平衡服务区内各小区的业务量,降低高用户小区的呼损率的有力措施。切换可以优化无线资源(频率、时隙、码)的使用,还可以及时减小移动台的功率消耗和对全局的干扰电平的限制。

hang up 挂机(电话) 由接听电话的人员之一按下电话机上的开关(如:固定电话的听筒放回原位),将通话终止,同时将电话线路关断。

hard ground 硬接地 直接与接地装置或接地配置系统的接地干线作导电性连接的一种接地方式。

harmful material 有害材料 对人体健康、工程、应用有害的材料。

harmonic 谐波 所含有的频率为基波整数倍的电量,一般是指对周期性的非正弦电量进行傅立叶级数分解后数值大于基波频率的电量。

harmonic component 谐波分量 对周

期性的非正弦电量进行傅立叶级数分解后数值大于基波频率的电量的总和。

harmonic components in the current and voltage circuits **电流和电压电路中的谐波分量** 一个周期内电路电量(电流、电压或电功率)中频率为基波整数倍的量值,在傅立叶级数电量分解中,为频率次数大于1的整数倍分量。

harmonic content **谐波含量** 从交流量中减去基波分量所得的值。其中,谐波含量可以用时间函数或方均根值表示。

HART **可寻址远程传感器高速通道通信协议** highway addressable remote transducer protocol 的缩写。

hazardous energy level **危险能级** UPS系统中是指当电位高于或等于2 V时,储能大于或等于20 J,或者持续功率大于或等于240 V·A的能量水平。

hazardous substances **有害物质** 人类在生产条件下或日常生活中所接触的能引起疾病或使健康状况下降的物质。

HBS **家庭总线系统** home bus system 的缩写。

HC **家庭控制器** home controller 的缩写;**水平交叉连接** horizontal cross-connect 的缩写。

HCA **混合信道布置** hybrid channel assignment 的缩写。

HCS **高阶连接监督** higher order connection supervision 的缩写;**分层小区结构** hierarchical cell structure 的缩写。

HD **HD图像格式** high definition 的缩写;**水平配线设备** horizontal distributor 的缩写。

HDA **水平配线区** horizontal distribution area 的缩写。

HDB **HLR数据库** HLR database 的缩写。

HDB3 **三阶高密度双极性码** high density bipolar of order 3 的缩写。

HDCP **高带宽数字内容保护技术** high-bandwidth digital content protection 的缩写。

HDCVI **高清复合视频接口** high definition composite video interface 的缩写。

HDLC **高级数据链路控制(规程)** high level data link control (procedure)的缩写。

HDMI **高清晰度数字多媒体(标准)接口** high definition multimedia interface 的缩写。

HDPE **高密度聚乙烯** high density polyethylene 的缩写。

HDSL **高速率数字用户专用线路** high bit rate digital subscriber line 的缩写。

HDT **半双工传输** half-duplex transmission 的缩写。

HDTV **高清晰度电视** high definition television 的缩写。

HDTVI **(基于同轴电缆的)高清视频传输规范** high definition transport video interface 的缩写。

HE **前端控制器** headend element 的缩写。

headend 前[头]端,机头 ① 宽带局域网中使用的一种设备,主要用于接收来自数据站的信号,然后再把信号转发到所有数据站去。② 宽带总线网和树形网络的控制中心,工作站的发送信号总是送给头端设备,而工作站的接收信号总是来自头端设备,在头端设备中进行各种传输转换和控制。③ 有线电视网络中负责接收、处理和传送上级广播电视信号和其他相关信号的分配中心。④ 在磁碟或磁带存储器中,具有读和写功能的机构,它可将磁记录介质上的磁场变化转换成变化的电信号,或者相反。⑤ 摄影摄像中三脚架或摄像机机座上方,包括水平移摄和垂直倾斜的摄像机等部件。

H

headend element (HE) 前端控制器 HFC 网络设备管理系统的组成部分。它安装于前端或分前端,用于实现与 HFC 网络设备管理系统中 I 类应答器进行数据通信的一种设备或数种设备的组合,主要包括数据调制解调单元、数据收发单元、数据处理单元,以及与计算机管理系统的接口单元。

heartbeat message 心跳消息 一种发送源发送到接收方的消息,可以让接收方确定发送源是否存在以及何时出现故障或终止。

heat abstraction hole 散热孔 设备、机柜壳体上用于散热的孔洞。由于设备和机柜存在着温度差,在壳体上添加散热孔,利用热对流原理,加快降温的速度。

heat exchange system 热交换系统 热交换就是由于温差而引起的两个物体或同一物体各部分之间的热量传递过程。热交换一般通过热传导、热对流和热辐射三种方式来完成。热交换系统是将一种流体的热量传给另一种流体的装置,用以满足规定的要求。热交换系统按操作过程可分为间壁式、混合式、蓄热式(或称回热式)三大类;按装置表面的紧凑程度可分为紧凑式和非紧凑式两类。

heat exchanger unit for air conditioning and heating 空调和采暖换热机组 内部配置增加了板式换热器及其控制装置的模块式空调机房设备。

heat fire detector (HFD) 感温火灾探测器 响应异常温度、温升速率和温差的火灾探测传感器。

heat island intensity 热岛强度 城市内一个区域的气温与郊区气温的差别,用两者代表性测点气温的差值表示,是城市热岛效应的表征参数。

heat pump 热泵 一种将低位热源的热能转移到高位热源的装置。它能从自然界的空气、水或土壤中获取低位热能,经过电能做功,提供可被人们所用的高位热能。

heat release 散热 热量释放的物理现象。散热的方式有:辐射散热、传导散热、对流散热和蒸发散热。

heat resistant ethylene-vinyl acetate rubber insulated cable 耐热乙烯-乙酸乙烯酯橡皮绝缘电缆 具有耐热特性的 EVA(乙烯-乙酸乙烯酯的缩写)橡皮绝缘电缆。EVA 橡塑制品是新型环保塑料发泡材料,具有良好的缓冲、抗震、隔热、防潮、抗化学腐蚀等优点，且无毒，不吸水。EVA 的性能与乙酸乙烯酯(VA)的含量有很大的关系。当 VA 的含量增加时，它的回弹性、柔韧性、黏合性、透明性、溶解性、耐应力开裂性和冲击性能都会提高；当 VA 的含量降低时，EVA 的刚性、耐磨性及电绝缘性都会增加。一般来说，VA 含量在 10%～20%范围时为塑性材料，而 VA 含量超过 30%时为弹性材料。

heat resistant silicone insulated cable 耐热硅橡胶绝缘电缆 采用硅橡胶作绝缘或护套材料的绝缘电缆，由于硅橡胶本身具有耐高温、耐寒、柔软、耐磨、防腐等特性，因此该电缆高温环境下电气性能稳定，抗老化性能好，使用寿命长。

heat shrinkable joint closure 热缩套管 又称热收缩保护套管，为电线、电缆和电线端子提供绝缘保护。具有高温收缩、柔软阻燃、绝缘防蚀等性能，广泛用于各种线束、焊点、电感的绝缘保护和金属管、金属棒的防锈、防蚀等。在光缆接续中的一种专用的热缩套管可用以保护光纤熔接点。

heat source 热源 热力学中引进热源的概念，是指热容量无限大的假想物体，即一个无论吸收或者放出多少热量，其温度都不会发生改变的质量无限大且温度恒定的物体。实际生活中理想热源是不存在的，但它确有实际意义。例如，将 1 g 冰投入一杯水中使其融化，水温将有明显变化，这杯水就不能看作热源。而将这块冰投入一大桶水中，水温的变化极小，这桶水就可近似地看作是热源。

heating and cooling 加热和冷却，供热和制冷 即供热和制冷，用人工或技术手段，对建筑物或构筑物内环境空气的温度等参数进行调节和控制的过程。

heating appliance 采暖设备 通过转换能量产生热能的器具，如炭炉、电炉、油炉等以及暖通空调设备和系统。

heating load 热负荷 燃料在燃烧器(如燃气具、燃气热水器、燃气取暖炉、火箭发动机燃烧室)中燃烧时，单位时间内所释放的热量。

heating panel 加[散]热板，辐射板 为板状的暖通空调设备，是发出红外热辐射的加热器或者吸收红外辐射的制冷器。

heating part 发热部件 能通过光、电等能量产生热能的部件。

heating system 供热系统 用人工方法向室内供给热量，使室内保持一定的温度，以创造适宜的生活条件或工作条件的技术系统。供热系统由热源(热媒制备)、热循环系统(管网或热媒输送)及散热设备(热媒利用)三个主要部分组成。也称供暖系统。

heating ventilating 供热通风 为满足人居所需而采取供暖和通风的措施。《民用建筑供暖通风与空气调节设计规范》(GB 50736)规定：人员长期逗留区域的空调室内设计参数供热工况一级舒适度要求温度为 22～24℃，湿度≥ 30%，风速≤ 0.2 m/s。

heating ventilation air conditioning (HVAC) 加热通风空调 包含温度、湿度、空气清净度以及空气循环

控制的空调系统。

height 高度 从地面或基准面向上到某处的距离，也指从物体的底部到顶端的距离。

helical scan 螺旋状扫描 一种在录像机磁带上记录视频信息的方法。

help desk 帮助台 ① 互联网服务提供商(ISP)售后服务平台，包括帮助用户解决软硬件系统问题的技术支持人员。② 用于跟踪软、硬件系统中出现的问题及提供解决方案的故障跟踪软件。

HEMS 家居能源管理系统 home energy management system 的缩写。

HEPA 高效空气过滤网 high efficiency particulate air filter 的缩写。

HES 家用电子系统 home electronic system 的缩写。

HEVC 高效率视频编码 high efficiency video coding 的缩写。

hex nut 六角螺母 指外造型呈六角形的螺母，它与螺栓、螺钉配合使用，起连接、紧固机件作用。

HF 高频 high frequency 的缩写。

HFC 混合光纤同轴电缆 hybrid fiber coax 的缩写，

HFD 感温火灾探测器 heat fire detector 的缩写。

HFT 高频变压器 high-frequency transformer 的缩写。

HG 家庭网关 home gateway 的缩写。

HGA 半增益视角 half gain angle 的缩写；**高增益天线** high gain antenna 的缩写。

HIC 混合集成电路 hybrid integrated circuit的缩写。

Hi-color 高色彩 一种先进的计算机图形格式，它在屏幕上以 640×480 像素和更高的解析度同时显示 32 000 种或 64 000 种色彩，超过 VGA 和 SVGA。

hierarchical cell structure (HCS) 分层小区结构 也称小区分层结构，是移动通信系统中不同类型小区覆盖叠加时区分不同类型用户接入的方式。其中至少有两种不同的小区类型(如：宏小区和微小区)相互叠加而工作。宏小区主要保证连续覆盖，微小区主要用于吸纳业务量。低移动性和高容量终端尽量使用微小区，而高移动性和低容量的终端尽量使用宏小区工作。这样，不仅可以降低不必要的切换，而且可以提高频谱效率和系统的容量。建立分层小区结构的根本目的是增大网络的容量，提高网络对用户的服务质量。HCS 结构中小区通过分级表示，其中宏小区的 HCS 级别较低，微小区的 HCS 级别较高。

hierarchical control 分级控制 又称等级控制或分层控制，将系统的控制中心分解成多层次、不同等级的子体系，一般呈宝塔形，同系统的管理层次相呼应。分级控制综合了集中控制和分散控制的优点，其控制指令由上往下越来越详细，反馈信息由下往上传越来越精练，各层次的监控机构有隶属关系，它们职责分明，分工明确。

hierarchical network 分级[层]网，层

次网　各网络节点(物理的或逻辑的)按特定规则划分为不同从属等级的网络。

hierarchical routing　分级路由(选择)　基于分级地址编码的依层次进行路由选择的路由方式。其特点是把通信网中的节点划分成不同的区域，每个节点只知道本区域内节点的情况，而不知道其他区域的情况。大多数网际路由都是以两级地址编码方案为基础的。该方案把一个网际地址分为网络部分和主机部分。网关只使用网络部分地址传送数据包，直到该数据包到达一个可以直接邮递的网关。子网概念的引入使得分级路由选择增加一个附加级别，如网际协议(IP)路由选择算法使用 IP 地址，而 IP 地址包含网络地址号、子网号和主机号三个层次地址。对于更庞大的网络，则分为两级进行路由选择，可能其中还有很多困难，因而也会分为三级或四级。一个世界范围的网络可能分为大区、中区、小区和群。对于使用传输控制协议/网际协议(TCP/IP)的网络，子网可以分为多级(如一级子网、二级子网，甚至三级子网)。

hierarchical structure　递阶结构　将组成系统的各子系统及其控制器按递阶的方式，进行由组织级、协调级到执行级的分级排列，并按照自上而下的精确程度渐增，智能程度渐减的原则进行功能分配，对应的控制系统结构为递阶结构。

HIFI　高保真度音响　high fidelity 的缩写。

high birefringence optical fiber　高双折射光纤　中国钱景仁先生于 20 世纪 80 年代提出并获得发明专利，用来分析光纤中的模式变换问题。

high bit rate digital subscriber line (HDSL)　高速率数字用户专用线路　是一种宽带技术，由 BellCore 制定，使用 2B1Q 调制技术。在上、下行两个方向上均能提供 T1 速率(1.5 Mbps)的一种数字用户线，可在不用中继器的情况下，利用两对双绞线实现全双工 E1/T1 速率访问，支持双向 1.5～6.1 Mbps 的速率。HDSL 的工作距离限于12 000 ft (3 657.6 m)，它主要用于专用交换分机(PBX)网络连接、数字环路载波系统、因特网服务器和用户终端到网络的数据通信。

high definition (HD)　HD 图像格式　指垂直分辨率大于等于 720 像素的图像或视频，也称为高清图像或高清视频。尺寸一般是 1280 × 720 和 1920×1080。“高清”的全称为“高清晰度”。

high definition barcode image　高清码图　在高清电视节目中播出的码图。

high definition composite video interface (HDCVI)　高清复合视频接口　简称 CVI，一种基于同轴电缆的高清视频传输规范，采用模拟调制技术传输逐行扫描的高清视频。HDCVI 技术规范包括 1280 H 与 1920 H 两种高清视频格式(1280 H 格式的有效分辨率为 1280×720 像素；1920 H 格式的有效分辨率为 1920×1080 像素)，采用自主知识产权的非压缩视频数据模拟调制技术,使用同轴电缆点对点传输百万像素级高清视频,实现无延时、低损耗、高可靠性的视频传输。

high definition multimedia interface (HDMI) 高清数字多媒体(标准)接口 一种未经任何压缩的全数字化统一连接标准,使用单一缆线,为消费电子与个人计算机产品提供高清晰度品质的输出功能。它是一种数字化音视频接口技术,是适合影像传输的专用型数字化接口,其可同时传送音频和影像信号,最高数据传输速度为 18 Gbps (2.0 版)。

high definition television (HDTV) 高清电视 在水平和垂直两个方向上分辨率均约为标准清晰度电视的两倍,并具有 16∶9 幅型比的电视。

high definition transport video interface (HDTVI) (基于同轴电缆的)高清视频传输规范 指一种利用同轴电缆(75-3 型、75-5 型)实现高清视频信号传输的一种技术。最早出现 SDI 产品,可以利用同轴电缆传输 720P、1080P 高清视频信号,但传输距离仅为 100 m。如传输超过 100 m,须使用 SDI 专用光端机。由于 SDI 专用光端机价格昂贵,导致 HDTVI 一直无法实际推广。

high density 高密度 布线工程中,在单位面积内通过增加连接件的数量使之能够装有更多的电缆或光纤纤芯。

high density bipolar of order 3 (HDB3) 三阶高密度双极性码 一种适用于基带传输的编码方式,应用于电信领域。它基于 AMI 码,克服了 AMI 码的缺点,具有能量分散,抗破坏性强等特点。在 AMI 码中,连续的二进制零序列会使得编码的自时钟 (self-clocking)信息丢失。为了避免这种情况的发生,HDB3 码将 AMI 码中四个连续的二进制“0”使用违反 AMI 码规定的极性的脉冲(+1 或-1)来取代。

high density polyethylene (HDPE) 高密度聚乙烯 最常见到的双绞线绝缘材料。高密度聚乙烯是一种不透明白色蜡状材料,比重比水轻,比重为 0.941~0.960,柔软而且有韧性,但比低密度聚乙烯(LDPE)略硬,也略能伸长,且无毒,无味。它耐酸碱,耐有机溶剂,电绝缘性优良,低温时仍能保持一定的韧性。

high efficiency particulate air filter (HEPA) 高效空气过滤网 也称高效空气过滤器,达到 HEPA 标准的过滤网。它对于 0.1 μm 和 0.3 μm 微粒过滤的有效率达到 99.7%。HEPA 的特点是空气可以通过,但细小的微粒却无法通过。它是烟雾、灰尘、细菌等污染物最有效的过滤介质。

high efficiency video coding (HEVC) 高效率视频编码 一种新的视频压缩标准——H.265 标准,是 ITU-T VCEG 继 H.264 之后所制定的新的视频编码标准。可以替代 H.264/AVC 编码标准,标准围绕着现有的视频编码标准 H.264,保留原来的某些技术,同时对一些相关的技术加以改进。HEVC 压缩方案可以使 1080P 视频内容的压缩效率提高 50%左右,这就意味着视频内容的质量将上升许多，而且可以节省大量的网络带宽，消费者可以享受到更高质量的4K视频、3D蓝光、高清电视节目内容。HEVC被认为是即将流行的协议标准，因为不管是3D蓝光播放器还是其他的流媒体播放器都急需一个新的编解码器，以达到播放4K内容的能力。

high end　高端　等级、档次、价位等在同类中较高的，如：高端技术、高端产品等。

high fidelity (HIFI)　高保真度音响　能够和现场演奏的效果相同或基本接近的音响系统，除了要达到诸如频响、失真度、瞬态响应和信噪比等量化的技术指标外，还要达到高保真的播放效果、真实感和现场的振奋感。

high frequency (HF)　高频　① 较高的信号频率，一般是指3 MHz到30 MHz的无线电波频率。比HF频率低的是中频(MF)，比HF频率高的是甚高频(VHF)。HF多数是用作民用电台广播及短波广播，其对于电子仪器所发出的电波抵抗力较弱，因此经常受到干扰。② 高频及感应加热技术目前对金属材料加热效率最高，速度最快，且低耗环保。它已广泛应用于各行各业对金属材料的热加工、热处理、热装配及焊接、熔炼等工艺中。它不但可以对工件整体加热，还能对工件局部加热；可实现工件的深层透热，也可只对其表层集中加热。它不但可对金属材料直接加热，也可对非金属材料进行间接式加热。

high gain antenna (HGA)　高增益天线　增益较高的天线。高增益天线和普通天线的区别是天线增益高，通信距离可以更远，但波瓣宽度窄。典型的就是卫星天线增益很高，但几乎只能对正前方有效，角度非常小。增益较低的基站定向天线可以覆盖120°范围。

high gain power amplifier board (HPA)　高增益功放板　功率放大倍数高的功率放大器电路板。

high impedance failure　高阻抗故障　电源阻抗被认为是无穷大时的故障。

high layer compatibility (HLC)　高层兼容性　在主叫用户和被叫用户之间，为了检测开放系统互联(OSI)参考模型中第四层及以上高层协议的兼容性而使用的信息。

high level data link control (procedure) (HDLC)　高级数据链路控制(规程)　国际标准化组织(ISO)制定的链路协议标准，后来国际电报电话咨询委员会(CCITT)采用这个协议作为自己的链路访问协议(LAP)，并且用于X.25网络。SDLC是由BISYNC(二进制同步通信)协议发展成功的，起初通过IBM的系统网络体系结构(SNA)产品推出。HDLC另一个名字称为高级数据通信控制规程(ADCCP)，它由美国国家标准学会(ANSI)命名，但是HDLC却更为广大用户认可。由于供应商不同，SDLC和HDLC之间不兼容。HDLC是面向位的，这意味着数据是一位一位地监控的，传输的数据以二进制数据组成，不存在任何特殊的控制代码，但帧中的信息包含了控制和响应命令。

HDLC 支持全双工传输，适合于点对点和多点（多路播送或一对多）连接。HDLC 的另外一个子集是链路访问协议 D 信道（LAP-D）协议，该协议与综合业务数字网（ISDN）相联结。

high light compensation (HLC) 高亮度补偿 在图像中把强光部分的视频信息通过 DSP 处理，将视频的信号亮度调整为正常范围，避免同一图像中前后反差太大。**强光抑制** 指存在强光点时，开启强光抑制可以使强光点以外其他区域获得一定的补偿以获得更清晰的图像。

high loss fiber 高损耗光纤 同 high loss optical fiber。

high loss optical fiber 高损耗光纤 一种传播的信号在光纤的每单位长度有高能量损耗的光纤。

high memory area (HMA) 高端存储区 运行 DOS（磁碟操作系统）的 IBM PC 兼容机中 1 MB 以上存储区域中第一个 64 KB 的段，在 DOS 第五版中引入了文件 himem.sys，使得用户可以使用高位内存区域。DOS 可将自身一部分程序移到这个区域中，从而增加常规存储区域中应用程序可使用的空间。

high potential difference (HPD) 高电位差 高电位与低电位之间的差值比较大。电位差是相对的。高电位差意味着在线路具有同样的电阻值时，线路上的电流会更大，线路产生的功耗也会更大。

high power amplifier (HPA) 高［大］功率放大器 将激励器输出的射频小功率信号放大到发射机标称功率的设备。

high sensitive detector 高灵敏型探测器 指检测灵敏度高的探测器（传感器）类型。

high speed backbone network (HSBN) 高速骨干网（络） 用来连接多个区域或地区的高速网络。每个骨干网中至少有一个和其他骨干网进行互联互通的连接点。不同的网络供应商都拥有自己的骨干网，用以联结其位于不同区域的网络。

high speed local network (HSLN) 高速局域网（络） 一种专用局域网，用以在各种昂贵的高速设备之间（如主机和大容量存储器之间）提供高吞吐量。它具有以下特点：(1) 高传输速率，可达 50 Mbps，甚至更高；(2) 高速接口；(3) 分布式访问控制；(4) 较近的传输距离。它通常使用同轴电缆或光纤作为传输介质。

high temperature 高温 指较高的温度。在不同的情况下高温所指的具体数值不同。例如，在某些技术生产环境中，将高温定义为几千摄氏度。而我国气象学中，日最高气温达到 35℃以上，就认为是高温天气。

high voltage (HV) 高电压 我国《电业安全工作规程》中规定：对地电压在 1 kV 以下时称为低压，对地电压在 1 kV 及以上时称为高压。

high working frequency 高工作频率 指网络中传输的信息频率处于链路工作频率带宽的高端。

high-bandwidth digital content protection (HDCP) 高带宽数字内容保护技术 由英特尔（Intel）牵头完成的

金属规范。当用户进行非法复制时，该技术会进行干扰，降低复制出来的影像的质量，从而对内容进行保护。

high-capacity mobile telecommunications system 大容量移动电话电信系统 20 世纪 70 年代中期至 80 年代中期日本使用的移动通信系统。

higher order connection supervision (HCS) 高阶连接监督 在同步数字体系(SDH)中监测高阶通道的开销。

higher order cross connect 高阶交叉连接 同步数字体系(SDH)中，同步复用设备的连接分为高阶交叉连接和低阶交叉连接两种。高阶交叉连接是指对 VC-4 或 VC-4-Xc 信号的交叉连接处理。

higher order path (HP) 高阶通路[通道] 通信系统通道层，是指负责为单个或多个电路层提供透明的通道服务。它定义了数据如何以合适的速度进行端到端的传输。这里的“端”是指通信网上的各种节点设备。通道层又分为高阶通道层(VC-3 和 VC-4)和低阶通道层(VC-2、VC-11 和 VC-12)。通道的建立由网管系统和交叉连接设备负责。它可以提供较长的保持时间。由于其直接面向电路层，因此同步数字体系(SDH)简化了电路层交换，使传送网更加灵活和方便。

higher order path adaptation (HOPA) 高阶通道适配 SDH(同步数字体系)中完成高阶通道与低阶通道之间的组合和分解以及指针处理等工作，即在复用和解复用的过程中，高阶通道适配对信号进行字节间插处理和消间插处理，指针的插入和取出操作，从而实现 VC-12 信号与VC-3/4 信号之间的复用、解复用功能。

higher order path connection (HPC) 高阶通路连接 同步数字体系(SDH)中只对信号的传输路由做出选择或改变，而不对信号本身进行任何处理，即将输入的 VC-3/4 信号指定给可供使用的输出口的 VC-3/4，从而实现在 VC-3/4 等级上的重新排列。

higher order path overhead monitor (HPOM) 高阶通路开销监视 在同步数字体系(SDH)复用中，在高阶通道层中负责监测传输情况的开销，实现操作维护管理(OAM)功能，一般对 VC-4 级别的通道进行监测，即 140 Mbps 的同步传送模块-N(STM-N)帧中的传输情况进行监测。

high-frequency circuit board 高频电路板 电磁频率较高的特种电路板。一般来说，高频可定义为频率在 1 GHz以上。其各项物理性能、精度、技术参数要求非常高，常用于汽车防碰撞系统、卫星系统、无线电系统等领域。

high-frequency transformer (HFT) 高频变压器 工作频率超过中频(10 kHz)的电源变压器，主要用于高频开关电源中作高频开关电源变压器，也有用于高频逆变电源和高频逆变焊机中作高频逆变电源变压器的。按工作频率高低，可分为五个档次：10～50 kHz、50～100 kHz、100～500 kHz、500 kHz～1 MHz、10 MHz

H

以上。

high-humidity room　高湿度房间　湿度很高的房间。

high-rise dwelling building　高层住宅　十层以上的住宅。

high-speed data upload　高速数据上传　指数据从下层至上层的上传速度快。

high-tech　高(新)技术　指那些对国家或地区的政治、经济和军事等进步产生深远的影响，并能形成产业的先进技术群。其主要特点：高智力、高收益、高战略、高群落、高渗透、高投资、高竞争、高风险。高技术的概念源于美国，是一个历史的、动态的、发展的概念。目前，国际上对高技术比较权威的定义是：高技术是建立在现代自然科学理论和最新的工艺技术基础上，处于当代科学技术前沿，能够为当代社会带来巨大经济、社会和环境效益的知识密集、技术密集技术。

Highway Addressable Remote Transducer Protocol (HART)　可寻址远程传感器高速通道的开放通信协议　美国罗斯蒙特(Rosemount)公司于1985年推出的一种用于现场智能仪表和控制室设备之间的通信协议。它参考ISO/OSI开放系统互联模型，采用了其简化三层模型结构，即第一层物理层，第二层数据链路层和第七层应用层。HART装置提供具有相对低的带宽，适度响应时间的通信，HART技术已经十分成熟，成为全球智能仪表的工业标准。HART装置采用基于Bell 202标准的FSK频移键控信号，在低频的4～20 mA模拟信号上叠加幅度为0.5 mA的音频数字信号进行双向数字通信，数据传输率为1.2 Mbps。由于FSK信号的平均值为0，不影响传送给控制系统模拟信号的大小，保证了与现有模拟系统的兼容性。在HART协议通信中，主要的变量和控制信息由4～20 mA传送。在必要的情况下，另外的测量、过程参数、设备组态、校准、诊断信息将通过HART协议访问。它采用的是半双工通信方式。

highway tunnel　公路隧道　修筑在山洞内、地下、水下等场合，供汽车行驶的通道，一般还兼作管线通道、行人通道等。

hired and altered communication room　租房改建通信机房　电信业务经营者租用、购置非通信建筑作为通信机房使用的房屋。如移动通信基站、远端接入局(站)等小型通信机房。

history alarms　历史告警　指数据库历史告警，可以在历史日志中查询数据库中的历史告警信息。

history log　历史日志　一种日志文件，它保存系统活动(如系统作业信息)、设备状态、系统操作员信息和系统中的程序临时修改活动等。

HLC　高层兼容性　high layer compatibility 的缩写；**高亮度补偿，强光抑制**　high light compensation 的缩写。

HLR　归属位置注册处[寄存器]　home location register 的缩写。

HLR database (HDB)　HLR 数据库　一个负责移动用户管理的数据库(HLR数据库)，永久存储和记录所辖区域内用户的签约数据，并动态地更新用户的位置信息，以便在呼叫业务中提供被呼叫用户的网络路由。它存储着所有在该 HLR 签约移动用户的位置信息、业务数据、账户管理等信息，并可实时地提供对用户位置信息的查询和修改并实现各类业务办理操作，包括位置更新、呼叫处理、鉴权和补充业务等，完成移动通信网中用户的移动性管理。

HLS HTTP 实时流媒体，(Apple 公司)动态码率自适应技术 HTTP live streaming 的缩写。

HMA 高端存储区 high memory area 的缩写。

HMI 人机界面 human machine interaction 的缩写。

HN 家庭网络 home network 的缩写。

HOE 全息光学元件 holographic optical element 的缩写。

hole site for erection 安装孔位 安装设备、部件和器件使用的安装孔。

hollow area 镂空面积 建筑物吊顶镂空部分的面积。

holographic optical element (HOE) 全息光学元件 根据全息术原理制成的光学元件。通常用在感光薄膜材料上。作用基于衍射原理，是一种衍射光学元件。它不像普通光学元件，而是用透明的光学玻璃、晶体或有机玻璃制成的，其作用基于几何光学的折射、反射定律。全息光学元件主要有全息透镜、全息光栅、全息滤波器、全息扫描器等。

holographic screen 全息幕 采用独特的全息技术开发的薄膜屏幕，可以单独使用，也可以贴在玻璃及透明亚克力板上使用。

home alarm system 家庭报警系统 住宅室内安装的与社区联网的报警系统。一旦发生突发事件，就能通过声光警报或电子地图提示值班人员出事地点，便于迅速采取应急措施。

home automation 家庭自动化 利用微处理电子技术，来集成或控制家中的电子、电器产品或系统，例如：照明灯、咖啡炉、计算机设备、保安系统、暖气及冷气系统、视讯及音响系统等。

home bus system (HBS) 家庭总线系统 HBS 系统由一条同轴电缆和四对双绞线构成，前者用于传输图像信息，后者用于传输语音、数据及控制信号。各类家用设备与电气设备均按一定方式与 HBS 相连，这些电气设备既可以在室内进行控制，也可在异地通过电话进行遥控。家庭总线系统是日本 HBS 标准委员会所制定，后升级为超级家庭总线(super home bus system，简称 S-HBS)。

home controller (HC) 家庭控制器 完成家庭内各种数据采集、控制、管理及通信的控制设备或系统，一般应具备家庭安全防范、家电监控、信息服务等功能。

home electronic system (HES) 家用电子系统 家庭使用的各种电子设备和系统，包括信息传输类、控制类、娱乐类、音响类、多媒体类，等等。

home energy management system (HEMS) 家居能源管理系统 家庭住宅范围内通过对电力、燃气、水源消耗量实时采集、汇总、计费、显示等功能，为用户计划用能提供实时信息的电子系统或网络。

home entrance 住宅入口 住宅边界处的空间，可放置家庭网络和提供给家庭的外部网络之间的接口，并区分两种网络的管理和维护。

home exchange call 本局呼叫 本地电话局(指局用交换机)或本地电话交换机的电话呼叫。本局呼叫处理将经历以下五个阶段：(1) 用户呼出阶段。(2) 数字接收及分析阶段。(3) 通话建立阶段。(4) 通话阶段。(5) 呼叫释放阶段。

home fire alarm controller 家用火灾报警控制器 家庭内部使用的火灾报警控制器，一般为独立式火灾报警器。房间比较多时可以采用互联型独立式火灾报警器。

home fire detector 家用火灾探测器 用在家里，不需要连接系统即可实现独立探测、独立报警的火灾探测器。

home gateway (HG) 家庭网关 指家庭网络到供应商接入网络的接口设备。

home group 本群 电信业务经营者在电信服务中为客户所建的群内部的通话等增值服务。

home location register (HLR) 归属位置注册处[寄存器] 移动通信系统中管理部门用于移动用户管理的数据库。它存储了所有已注册移动用户的静态数据(如接续能力、预约业务、辅助业务等)和动态数据。例如，存储移动台实际所在移动交换中心(MSC)的信息等，以便接通呼叫。

home network (HN) 家庭[本地]网络 在家庭范围内(可扩展至邻居、小区)将个人计算机、家电、安全系统、照明系统和广域网相连接的一种通信系统，其中多个设备可交换信息。

home security 家居安防 用于单套居民住宅范围内的安全防范技术或系统。它运用各类入侵探测、火灾探测、有害气体探测、防挟持探测等装置配以有线、无线通信系统和智能化管理设备建立起入侵自动报警、燃气泄漏报警、围墙(围栏)防越报警、访客对讲、出入控制、视频安防监控、密室控制等功能的独立或联动、集成管理的智能安全防范系统，为用户提升相应的安居等级。

home security system 家庭安全系统 家庭(住宅)中探测灾害和入侵者并产生报警的系统。

home station 本站 同一个移动基站范围内。

home theater 家庭影院 家庭环境中搭建的一个接近影院效果的可欣赏电影并享受音乐的系统。家庭影院系统可让家庭用户在家欣赏环绕影院效果的影碟片、聆听专业级别音响带来的音乐，并且支持卡拉 OK 娱乐。

honeycomb 蜂窝状(通风板) 一种屏蔽器材，通常是用许多并列的六角形金属管焊在一起构成，其中每一个金属管都起着波导衰减器的作用，通常用于设备通风口的屏蔽。

hook function 钩子函数 Windows 操作系统中消息处理机制的一部分，通过设置“钩子”，应用程序可以在系统级对所有消息、事件进行过滤，访问在正常情况下无法访问的消息。钩子的本质是一段处理系统消息的程序,可通过系统调用,把它挂入系统。Windows 系统的钩子函数可以认为是其主要特性之一。利用它可以捕捉自己的进程或其他进程发生的事件。通过"钩挂",可以给系统一个处理或过滤事件的回调函数,当每次发生感兴趣的事件时,系统都将调用该函数。

hookup wire　布线用电线　布线系统中用于进行低功率电路连接的镀锡、绝缘实心或绞合软拉制铜线。

hoop iron　大小喉箍　喉箍也称为卡箍。美式不锈钢喉箍分为小美式喉箍和大美式喉箍,喉箍带宽分别为 12.7 mm 和 14.2 mm。采用透孔工艺,喉箍适用范围广,抗扭和耐压,喉箍扭转力矩均衡,锁紧牢固、严密,调节范围大,适用于 30 mm 以上的软、硬管连接的紧固件,装配后外观美观。其特点为:蜗杆摩擦力小,适用于中高档车型、抱杆类设备、钢管和胶管或防腐材料部位连接。

hop　跳跃　无线电波从一处进行到另一处时,从电离层反射回地面。此术语可以用形容词修饰,如一次跳跃、二次跳跃、多次跳跃。跳跃次数称为反射级。**跳数**　将数据分组从一台服务器或者路由器传输到另外一台上时所经过的路径。在因特网上发送信息时,数据可能经过多台服务器或路由器的传输才能到达目的地。

hop count　节点数,跳数　在网络中,指一个通路所经过的网关数量,用于表示网络上两站点之间距离的量度。例如,跨域计数为 n 时,网际网上从源站点到目的站点要跨域 n 个网关。

hop count limit　跳数限制值　在令牌环型网络中,一帧信息传送到终点的途中可以通过的桥接器最大数量。

hop limit　跳数限制　计算机网络系统中的 IPv6 新增字段,具有八位无符号整数,类似于 IPv4 的生命期(TTL)字段,TTL 字段包含一个秒数,指示数据包在销毁之前在网络中逗留的时间。与 IPv4 用时间来限定包的生命期不同,IPv6 用包在路由器之间的转发次数来限定包的生命期。包每经过一次转发,该字段则减 1,直至减到 0,就把这个包丢弃。

HOPA　高阶通道适配　higher order path adaptation 的缩写。

hop-by-hop route　逐跳路由　在异步传输模式(ATM)网络中,指通过拥有沿路径的每个交换机使其各自路由知识而建立的一个路由。假定所有的交换机都能选择一致的路径使数据到达所需到达的目标,则专用网间接口(PNNI)不使用这种路由。

horizontal and vertical sync pulse　行和场同步脉冲　为确保电视信号传输时接收和发送扫描能同步的一种制约信号脉冲。行同步脉冲是位于每一行视频开始的一个短脉冲信号,场同步脉冲为每一场和每一帧视频开始的脉冲信号。按中国电视标准(CCIR-D/PAL)的规定,行同步脉冲宽度为 5.12 μs、行周期定为 64 μs,场同步脉冲宽度为 160 μs、场周期为 20 ms。

horizontal built-in pipe　水平暗配管　楼层配线箱或竖井与信息配线箱之

间的暗管，以及信息配线箱与信息插座之间的暗管。

horizontal cable　水平缆线[线缆]　办公建筑综合布线系统中楼层配线设备至信息点之间的连接缆线。在通用拓扑结构中属于第一级子系统中的缆线。

horizontal cabling　水平布线　布线系统中连接工作区(TO)通信插座或连接器的水平缆线施工(敷设、端接、测试等)。由于该部分缆线的施工多为水平敷设，故称为水平布线。

horizontal cabling subsystem　水平布缆子系统　同 wiring subsystem。

horizontal cross-connect (HC)　水平交叉连接　美国综合布线系统标准 TIA-568 系列中，指一个位于水平缆线子系统(水平缆线、主干缆线、设备缆线子系统等)中的交叉连接，对应于美国综合布线标准中的综合布线系统通用拓扑结构，它属于第一级配线设备(DA)。

horizontal distance　水平距离　是指水平方向上的距离，即没有高度差的距离。物理上是相对于地平面作一平行线，分别过两点作垂线，垂足的距离就是水平距离。地理上，水平距离等高线就是在平面地形图上相邻等高线之间的距离。

horizontal distribution area (HDA)　水平配线区　水平配线区用来服务于不直接连接到主配线区水平交叉连接(HC)的设备。水平配线区主要包括水平配线设备，为终端设备服务的局域网交换机，存储区域网络交换机和键盘、视频或鼠标(KVM)设备。小型的数据中心可以不设水平配线区，而由主配线区来支持。但是，一个标准的数据中心应有若干个水平配线区。一个数据中心可以有设置于各个楼层的计算机机房，每一层至少含有一个水平配线区，如果设备配线区的设备距离水平配线设备超过水平线缆长度限制的要求，可以设置多个水平配线区。水平配线区是美国数据中心标准中的术语，相当于国际标准 ISO 11801.5 中的区域配线区(ZD)。在综合布线系统通用拓扑结构中，它属于第一级配线设备。

horizontal distributor (HD)　水平配线设备　连接水平电缆、水平光缆和其他布线子系统缆线的配线设备。

horizontal floor wiring　水平层布线电缆　同 horizontal cable。

horizontal installation　水平安装　在同一高度展开的安装作业。如同一楼层中沿顶下同一高度架设线槽或在此种水平线槽中敷设线缆，均属水平安装作业。又如在建筑设备监控(BA)系统前端阀门安装在地平面(或水平面)平行状态的管道上。

horizontal scanning frequency (HSF)　行频，水平扫描频率　电子枪每秒钟在屏幕上从左到右扫描的次数，又称屏幕的水平扫描频率。频率越大就意味着显示器可以提供的分辨率越高，稳定性越好。

horizontal tilt　行[水平]倾斜　在扫描线上的失真，倾斜的白条纹的边缘。

horizontal viewing angle　水平视角　观众目不转睛水平注视屏幕、舞台、画边缘视线的夹角，叫水平视角。一般不超过150°。

horse power (HP)　马力　功率的常用单位，它是工程技术上常用的一种计量功率的单位。在现行公制单位中，功率的单位马力是指米制马力而不是英制马力。英国、美国等国家采用的是英制马力。1英制马力等于550磅/秒，等于745.7瓦特。1公制马力=0.735千瓦，1千瓦=1.36马力。

horsepower (HP)　马力　同horse power。

host　主机　在传输控制协议/网际协议(TCP/IP)中，任何具有一个或以上相应的因特网地址的系统，一个或以上带有多个网络接口的主机可具有多个相应的因特网地址。

hot dip　热浸镀锌　也叫热浸锌，一种有效的金属防腐方式，主要用于各行业的金属结构设施上。它是将除锈后的钢件浸入500℃左右融化的锌液中，使钢构件表面附着锌层，从而起到防腐的作用。热镀锌工艺流程：成品酸洗→水洗→加助镀液→烘干→挂镀→冷却→药化→清洗→打磨→完工。热镀锌是由较古老的热镀方法发展而来的。自1836年法国把热镀锌应用于工业以来，已经有一百七十多年的历史了。近三十年来，伴随着冷轧带钢的飞速发展，热镀锌工艺得以大规模发展。智能建筑行业的线缆桥架大多要求使用热镀锌金属板材。

hot water supply system (HWSS)　热水供应系统　由热交换器、管网、配件等组成，供给建筑物或配水点所需热水的系统。

hotel　旅馆　指为旅客提供住宿、饮食服务以及娱乐活动的公共建筑。**宾馆**　指较大且设施好的旅馆。

hot-line work　带电操作　电工设备在长期运行中需要经常测试、检查和维修。带电作业是避免检修停电，保证正常供电的有效措施。带电作业的内容可分为带电测试、带电检查和带电维修等几方面。带电作业的对象包括发电厂和变电所电工设备、架空输电线路、配电线路和配电设备。带电操作必须熟练掌握操作技术，正确使用规定的工具，掌握应急措施，保障自身安全。

hot-pluggable　热插拔，可带电插拔的　一种不需要关闭系统电源就可允许新设备加入或移去，并且能被操作系统自动识别的特性。支持可热插拔的设备很多，如：某些微机服务器的硬盘、通用串行总线(USB)及FireWire总线，等等。

house mezzanine　夹层　指处于另外两层之间的层。通常空间较小。

household telephone call system　家庭电话呼叫系统　供住户与居住社区内管理服务部门、小区出入口以及住户之间进行语音通信的内部电话系统。在装备由联网型楼宇对讲系统的居住区的住户可以通过该系统实现上述电话通信功能，还可以向小区安保管理部门呼救和报警。

housing　护罩，外壳　设备、装置、产品的壳体，主要用于美观、保护、安装、操作和维护。

howler tone　吼声，嗥鸣音　一种尖叫声，是电信系统中设备使用的专用声音之一。

H

HP 高阶通路[通道] higher order path 的缩写；**马力** horse power (horsepower)的缩写。

HPA 高增益功放板 high gain power amplifier board 的缩写；**高功率放大器** high power amplifier 的缩写。

HPC 高阶通路连接 higher order path connection 的缩写。

HPD 高电位差 high potential difference 的缩写。

HPOM 高阶通路开销监视 higher order path overhead monitor 的缩写。

HR 半速 half rate 的缩写。

HRC 假设参考电路 hypothetical reference circuit 的缩写。

HRDS 假设参考数字段 hypothetical reference digital section 的缩写。

HRP 假设参考通道 hypothetical reference path 的缩写。

HSBN 高速骨干网 high speed backbone network 的缩写。

HSF 行频，水平扫描频率 horizontal scanning frequency 的缩写。

HSLN 高速局域网(络) high speed local network 的缩写。

HTML 超文本标记语言 hypertext markup language 的缩写。

HTTP 超文本传输协议 hypertext transfer protocol 的缩写。

HTTP live streaming (HLS) HTTP 实时流媒体，(Apple 公司)动态码率自适应技术 Apple 公司实现的基于 HTTP 的流媒体协议，可以实现流媒体的点播和直播播放。起初只支持苹果的设备，目前大多数的移动设备也都实现了该功能。HLS 的视频文件为基于 MPEG-2 文件的切片，每个媒体切片在服务器上单独存放。在流媒体文件分片过程中，视频处理程序读取连续的输入流，将其切割为等长的切片(默认长度为 10 s)；同时还会生成一个 m_3u_8 格式列表文件，其中包含了切片列表和每个切片的具体信息。为了播放媒体流，客户端首先需要获得播放列表(m_3u_8 格式列表)文件，然后以类似轮询的方式不断重复加载播放列表文件并将片段追加实现流媒体的播放。

HTTPS 安全套接字层超文本传输协议 hypertext transfer protocol over secure socket layer 的缩写。

HUB 集线器 作为网络中枢连接各类节点，以形成星状结构的一种网络设备。集线器将多个数据源的数据线集中到相对较少的物理传输介质中，以减少用户接触网络硬件的机会，从而提高线路的使用效率。它能对网络进行动态管理，使得网络线路能够延长，或者工作站增加，并具有连接和控制功能，所有可更换部件都可进行热切换。网络集线器按照功能分为三种类型：(1) 对被传送数据不做任何添加的称为被动集线器；(2) 能再生信号，监测数据通信的称为主动集线器；(3) 能提供网络管理功能的称为智能集线器。按照工作方式可分为共享式和交换式两种。共享式集线器工作在开放系统互联(OSI)第一层，使接入集线器的所有工作站共享一个最大频宽；交换式集线器则类似于多端口网桥，为分段的局域网(LAN)提供交换连接功能，向网络上的工作站提供所需要的专用带宽。

human machine interaction (HMI) 人机界面 又称用户界面或使用者界面,人与计算机之间传递、交换信息的媒介和对话接口,是计算机系统的重要组成部分,是系统和用户之间进行交互和信息交换的媒介。它实现信息的内部形式与人类可以接受形式之间的转换。凡参与人机信息交流的领域都存在着人机界面。

humidity 湿度 空气的干湿程度叫作湿度,表示大气干燥程度的物理量。在一定的温度下在一定体积的空气里含有的水汽越少,则空气越干燥;水汽越多,则空气越潮湿。

humidity ratio 含湿量 在湿空气中,与 1 kg 干空气同时并存的水蒸气的质量称为含湿量,用符号 d 表示,单位为 g/kg(干空气)。

humidity sensor 湿度传感器 能够感受空气中水蒸气含量(即湿度)的传感器。在自动控制系统中使用的湿度传感器均具有将湿度转变成电信号的转换输出装置。传感器的湿敏元件有电阻式和电容式两种。

HV 高电压 high voltage 的缩写。

HVAC 加热通风空调 heating ventilation air conditioning 的缩写。

HWSS 热水供应系统 hot water supply system 的缩写。

hybrid cable 混合线缆 整体护套内的多种不同类型或类别的线缆单元和(或)线缆的装配,包括总体屏蔽层。

hybrid channel assignment (HCA) 混合信道指配 在采用信道复用技术的小区制蜂窝移动系统中,在多信道共用的情况下,以最有效的频谱利用方式为每个小区的通信设备提供尽可能多的可使用信道。

hybrid circuit (2-wire /4-wire conversion) 二四线转换电路 电话分机中将二线的收发语音双路混合在一块的信号分到内部四线上的收、发语音信号分开的信号转换电路。其原理如下:二线上传的信号等于把本端和对端的语音信号同时传递,电话通信两端只要每端管好自己的接收信号不含自己的发送信号即可。据此原理可以设计一个电路,将本端的接收信号(本端和对端的声音)与本端的发送信号做个减法。即:接收信号(本端和对端的声音)-发送信号(本端发出的声音)=本端听到的对方的声音。

hybrid circuit/network 混合电路/网络 由两种及两种以上不同类型电路或网络组成的电路或网络。例如,模拟电路和数字电路组成的电路即为混合电路。

hybrid fiber coax (HFC) 光纤同轴电缆(混合网) 由传统有线电视网引入光纤后演变而成的一个双向的媒体共享式的宽带传输系统。在前端与光节点之间使用光纤干线,而光节点至用户驻地则沿用同轴电缆分配网络。

hybrid fiber coaxial (HFC) 光纤同轴电缆混合网 混合使用光纤和同轴电缆的有线电视网。

hybrid fiber coax (HFC) access network

混合光纤同轴电缆接入网　一种以模拟频分复用技术为基础，综合应用模拟和数字传输技术、光纤和同轴电缆技术、射频技术的高度分布式智能宽带把用户接入的网络，是有线电视网和电话网结合的产物。我国有线电视网大多都曾采用过 HFC 结构。

hybrid integrated circuit (HIC)　混合集成电路　多数情况下是指将多个晶体管管芯或集成电路芯片，以及用薄膜工艺或厚膜工艺制作的互连线和无源元件组装在同一个绝缘基板上构成的集成电路。其衬底是一种无源材料(如：陶瓷)。有源芯片则附在衬底表面上。多数是用来构成大功率集成电路、微波集成电路等。

hybrid optical fiber cable　混合光缆　一根包含多种光纤类型(如：单模和多模)的光缆。

hybrid powered embedded thermal control equipment　交直流混合供电嵌入式温控设备　输入电源为交流电源(如：220 V 交流电源等)和直流电源的嵌入式温控设备。其中，加热器、压缩机为交流供电，其他部件为直流供电。

hybrid topology　混合拓扑　网络链路拓扑的一种。它可以是若干种连接拓扑(如：母线拓扑、星状拓扑等)混合使用。其优点就是可以根据实际情况以最节省和最有效的方法组织网络。

hybrid UPS (power) switch　混合UPS(电力)开关　由可分开的机械触头与至少一个可控电子阀器件组成的 UPS 电力开关。

hydraulic calculation　水力计算　① 为确定桥涵构造物的结构尺寸(如基础埋深、桥下净空等)根据设计流量进行的计算工作。② 在通风空调、热水采暖、给排水等流体输配管网设计中，它是流体输配管网设计的基本手段，是管网设计质量的基本保证。根据要求的流量分配，确定管网的各段的管径和阻力，求得管网特性曲线，为匹配管网动力设备准备好条件，进而确定动力设备的型号和动力消耗，或根据已定的动力设备，确定保证流量分配的管道尺寸。

hydrogen aging　氢老化　光纤的氢损，从本质上讲，是氢气扩散入光纤玻璃之中，同时和玻璃中的缺陷发生反应，在一些特征波长上造成光纤衰减增加的过程。这种过程包括物理过程和化学过程两个方面。物理过程主要是指氢气在光纤玻璃中的扩散过程，这个过程中，氢分子并未和玻璃的缺陷发生反应，因此其造成的氢损也仅仅和渗透进纤芯的氢分子的吸收光谱特性有关。试验可得出氢分子造成的吸收损耗曲线。其附加损耗 1 550 nm 比 1 310 nm 大，且在 1 240 nm、1 590 nm、1 640 nm 等波长处出现衰减峰。这类氢损大小只与光纤中氢分子浓度有关，温度高时光纤玻璃中溶入的氢少，造成的氢损就小。其过程也是可逆的，当外界不存在氢氛围，光纤中的氢又可渗出，氢损消除。

hypertext transfer protocol over secure socket layer (HTTPS)　安全套接字层超文本传输协议　也称 HTTPS 数据传输协议。在计算机网络系统中，指

以安全为目标的 HTTP 通道，简单讲是 HTTP 的安全版。即 HTTP 下加入 SSL 层，HTTPS 的安全基础是 SSL，因此加密的详细内容就需要 SSL。

hyperframe 超帧 “超帧”这个概念用在 GSM 移动通信系统里。GSM 的一个超帧长度为 6.12 s，其中包含 51 个复帧。一个复帧长度为 120 ms，其中包含 26 个帧。在 PAN 网络中，协调器可以使用超帧结构来限定设备对信道的访问时间。通过发送信标帧就能实现超帧限定。

hypertext markup language (HTML) 超文本标记语言 标准通用标记语言下的一个应用，“超文本”就是指页面内可以包含图片、链接，甚至音乐、程序等非文字元素。超文本标记语言的结构包括“头”(head)部分、和“主体”(body)部分，其中“头”部分提供关于网页的信息，“主体”部分提供网页的具体内容。

hypertext transfer protocol (HTTP) 超文本传输协议 该协议用于管理超文本与其他超文本文档之间的链接，在万维网(WWW)上支持信息交换的因特网标准，是定义 Web 服务器如何响应文件请求的因特网协议。通过规定 URL(统一资源定位器)，以及怎样用来在因特网的任何地方检索资源，HTTP 可使 Web 作者将超级链路嵌入 Web 文档。当用鼠标单击它时，超级链路启动一个存取和检索文档的数据传输过程，而无须用户的任何进一步干预(或根本无须知道文档来自何方或如何进行访问)。所以，它为因特网存取奠定了基础。虽然 HTTP 是因特网网址的组成部分，但在输入网址可省略，系统在查找网址时会自动加上 HTTP。

hypothetical reference circuit (HRC) 假设参考电路 由一定数量的中间设备和终端设备所组成的有限长度的假设电路。它在传输标准中，具有规定长度和结构，通常被用于传输指标分配的电路模型。

hypothetical reference digital section (HRDS) 假设参考数字段 为适应传输系统的性能规范，保证全线质量和管理维护方便，提供具体的数字传输系统的性能指标，把假设参考数字链路(HRDL)中相邻的数字配线架间的传输系统(即两个光端机之间的光缆传输线路及若干光中继器)用假设参考数字段(HRDS)表示。

hypothetical reference path (HRP) 假设参考通道 用户对通信系统的要求是多种多样的。例如，通信距离可以有远有近，传送的信息可以是语言、图像或数据，每个中继段可以分出或插入信息，也可以直接转接，话路噪声有大有小，等等。这样很难对不同通信线路规定一个统一的质量标准。为了比较各种通信设备与通信线路的性能，可以预先规定一条假设的通信线路，并假定把通信设备安装在这条线路上，在这种条件下去考查该线路的传输质量。通常情况下，这条通信线路称为假设参考通道。传输质量标准都是针对一定的假设参考通道规定的。

I

I picture　**I 图像**　只使用帧内预测解码的图像。

I/O　**输入输出端口**　input/output 的缩写。

IAS　**入侵报警系统**　intruder alarm system 的缩写。

IB　**智能建筑[楼宇]**　intelligent building 的缩写。

IBCS　**智能建筑[楼宇]布线系统**　intelligent building cabling system 的缩写。

IBDN　**楼宇综合布线网络(美国百通公司综合布线品牌名)**　Integrated Building Distribution Network 的缩写。

IBMS　**智能建筑[楼宇]管理系统**　intelligent building management system 的缩写。

IBN　**独立的联结网络**　isolated bonding network 的缩写。

IBR　**基于图形的绘制**　image-based rendering 的缩写。

IBS　**智能建筑[楼宇]系统**　intelligent building system 的缩写。

IC　**中间交叉连接**　intermediate cross-connect 的缩写；**交互通道**　interaction channel 的缩写；**集成电路**　integrated circuit 的缩写；**闭锁码**　interlock code 的缩写。

IC extractor　**IC 起拔器**　即集成电路起拔器，用于从线路板上拔起多管脚的集成电路。

ICMP　**因特网控制信息协议**　Internet control message protocol 的缩写。

ICP　**因特网内容提供商**　Internet content provider 的缩写。

ICR　**双滤光片切换器，日夜转换**　IR-cut removable 的缩写。

ICS　**干扰消除系统**　interference cancellation system 的缩写。

ICT　**信息和通信技术**　information and communications technology 的缩写。

ID　**中间配线设备，中间配线架**　intermediate distributor 的缩写。

IDC　**绝缘位移连接器**　insulation displacement connector 的缩写；**互联网数据中心**　internet data center 的缩写。

IDE　**电子集成驱动器**　integrated drive electronics 的缩写。

identification mark　**识别标志**　某种特殊事物的标记。用文字、符号、数字、图案、编码以及其他说明物等表示。

identifier　**标识符**　① 用以命名、指示或定位的符号，可以和数据结构、数据项或程序位置相关联。② 在布线系统中，指安装中为区分特定元器件或线路的唯一信息条目。③ 程序设计语言中的一种词汇单位，用以命名语言中的对象，如：变量、数组、记录、标号、过程、函数、文件、磁碟驱动器、资源的名字。标识符通常是一个字符串，不同的语言对标识符的形式有不同的要求，但大都要求它们的形式以字母开头，由字母和数字组成，且为符号序列。其中第一个字符是英文字母，其后的字符可以是字母、数字或其他字符，不允许出现空格和其他特殊字符。有的语言允许标识符中出现下划线符或连字符等。

IDF 楼层配线架，分配线架 intermediate distribution frame 的缩写。

idle channel 空闲信道 在多信道共用的通信系统中尚未投入使用的信道。

IDS 工业布线系统 industry distribution system 的缩写；**入侵检测系统** intrusion detection system 的缩写。

IEC 国际电工委员会 International Electrotechnical Commission 的缩写。

IEC jack IEC 插孔 指符合 IEC 标准的插孔（插座），如布线系统使用的 RJ45 插座，它符合 IEC 60603 系列标准。

IEC plug IEC 插头 指符合 IEC 标准的插头，如布线系统使用的 RJ45 插头（水晶头），它符合 IEC 60603 系列标准。

IEEE 电气及电子工程师学会 Institute of Electrical and Electronics Engineers 的缩写。

IEH 间接电加热 indirect electric heating 的缩写。

IETF 因特网工程任务组 Internet Engineering Task Force 的缩写。

IF 中频 intermediate frequency 的缩写。

IGMP 网际组管理协议，因特网组管理协议 Internet group management protocol 的缩写。

ignition source 引火源 使物质开始燃烧的外部热源。

ignition temperature 引燃温度 在规定的试验条件下，能够发生引燃的最低温度。

IGS 惰性气体系统 inert gas system 的缩写。

IID 工业中间配线架 industrial intermediate distributor 的缩写。

IIS 智能化集成系统 intelligent integration system 的缩写；**因特网信息服务** Internet information service 的缩写。

IL 插入损耗 insertion loss 的缩写。

ILD 插入损耗偏差 insertion loss deviation 的缩写。

illuminance 光照度 光照在表面单位面积上的光通量，即光通量与被照物体表面面积之比值，用 E 表示。光照度的单位是流明/平方米，称作勒克斯（lux），也可写为 lx，可用照度计直接测量。照度可直接相加，若干个光源同时照射某一物体表面时，其表面上的照度为这些单个光源分别照射时照度的代数和。

ILS 智能灯光［照明］系统 intelligent lighting system 的缩写。

image **概念** 在人们头脑中所形成的反映对象的本质属性的思维形式，把所感知的事物的共同本质特点抽象出来，加以概括成为概念。《术语工作词汇》(GB/T 15237.1—2000)将其概念定义为“是对特征的独特组合而形成的知识单元”。德国工业标准 2342 将“概念”定义为“通过使用抽象化的方式从一群事物中提取出来的反映其共同特性的思维单位”。**图像** 表示二维场景的数据。数字图像由具有一定高度和宽度的像素组成，每个像素由一位或多位组成。这些数据表示该像素的亮度计色彩值，用于在显示设备上再现场景。**镜像** 磁碟存储器或内存的部分或全部内容的副本。例如，RAM 磁碟可以在内存中创建部分或全部内容的镜像，而虚拟 RAM 程序则可以在磁碟上创建计算机内存中某些部分的镜像。**映像** CD 光碟存储技术中按 ISO 9660 标准规定的光碟卷和文件结构在制作原版盘之间创建的模型。映像内容包括文件、数据、错误检测码、错误校正码、同步码、盘地址代码等。

image based rendering (IBR) **基于图形的绘制** 指先建模型，再确定光源进行图形绘制的方法。IBR 直接从一系列图形中生成未知光源角度的图像，而后通过画面直接进行变换、插值和变形，从而得到不同视觉角度的场景画面。

image display **图像显示** 将模拟或数字的视频信息通过各类图像显示设备(显示屏、投影机、投影屏幕等)向人们呈现出来。

image retention **图像残留** 又称残留图像。当屏幕短时间(大约 1 min)显示静止图像或者菜单，随后切换到另一个图像时，屏幕上可能会留下一个后像。随后，残留图像会自行消失。图像残留不属于产品故障。

image signal processing (ISP) **图像信号处理器** 即指处理图像信号的电路、装置、设备以及相应的软件。图像信号处理一般包括图像信号预处理、图像恢复、图像增强、图像配准、图像分割、图像采样、图像量化、图像图像分类、图像压缩等。

image transmission **图像传输** 把图像信息传送到远方或是存储图像信息的过程，统称为图像传输。

image type flame detector **图像型火焰探测器** 火灾探测器的一种，是工作于 18～26 V 直流电压，兼火灾探测与红外视频图像技术相结合的探测器。其特点是可视化程度高，响应速度快，具有实时自诊断功能，探测距离远，保护面积大，具有存储、回放图像功能，宽温度运行范围等。

IMAP **因特网信息访问协议** Internet message access protocol 的缩写。

IMEI **国际移动设备身份码** international mobile equipment identity 的缩写；**国际移动台设备标识，国际移动设备标识** international mobile station equipment identity 的缩写。

IMGI **国际移动组标识** international mobile group identity 的缩写。

immediate hotline **立即[即时]热线** 一种拿起话筒后，不需拨任何号码就可以接通社区服务热线的通信服务。

impact 冲击力 物体相互碰撞时出现的力。在碰撞或是打击过程中，物体间先突然增大而后迅速消失的力，又称冲力或是碰撞力。冲击力的特点是作用时间极短，但是量值可以达到很大。

impact resistance 耐冲击性 材料及其制品抗冲击作用的能力。

impact sound pressure level 撞击声压级 当测试楼板用标准撞击器激发时，其所接收室内的 1/3 倍频程平均声压级，以 dB 表示。

impedance 阻抗 在具有电阻、电感和电容的电路里，对交流电所起的阻碍作用叫作阻抗。

impedance matching adapter 阻抗匹配适配器 实现电路或传输线路阻抗匹配的电路或装置。阻抗匹配是指在能量传输时，要求负载阻抗要和传输线的特征阻抗相等，此时的传输不会产生反射，表明所有能量都为负载所吸收，反之则在传输中有能量损失，并会造成信号反射而影响传输信号的质量。插入阻抗适配器可使传输信号源或传输路实现阻抗匹配。

implementation under test (IUT) 被测系统 指正在被测试的系统。测试的目的是检验系统是否能正确操作，是否可正常发挥其功能并达到应有的指标。

import and export control (access control) system 出入口控制(门禁)系统 利用自定义符识别或模式识别技术对出入目标进行识别并控制出入口执行机构启闭的电子系统或网络。它是智能化公共安全系统重要的组成部分，系统最基本的功能可归纳为身份识别，控制开门。目前已广泛地应用于各类公共建筑、居住建筑和工业建筑之中，常见有对出入口、出入通道的门扇、闸机等的控制。

import Customs clearance 进口通关 收货人或其代理向海关申报进口手续和缴纳进口税的法律行为。海关根据报关人的申报，依法进行验关。海关经查验无误后，才能放行。进口通关分为一般贸易进口和进料加工企业的进口这两种方式。

important user data 重要用户数据 信息系统中具有重要使用价值或保密程度，需要进行重点保护的用户数据。该类数据的泄漏或破坏，会带来较大的损失。

IMSI 国际移动用户标识 international mobile subscriber identity 的缩写。

IMU 智能管理单元 intelligent management unit 的缩写。

in service software upgrade (ISSU) 服务软件升级 在不停机也不用中断网络服务的情况下升级网络设备上的软件。它省去了重启整个设备的麻烦。ISSU 允许网络管理员在不中断网络可用性的情况下处理软件错误，或者给交换机和路由器添加新功能。ISSU 省去了重启整个设备的时间。但是根据供应商不同，提供的 ISSU 也有所不同，而且，不是所有产品都能支持这个功能。不过大部分供应商都会在核心路由器和交换机产品上支持 ISSU。

IN switching management (IN-SM) IN 交换管理 通信系统对智能网络之间交换的管理。

inactive link 非活动链 从来没有被访问过的或长时间没有被选择过的通信链路。

INAP 智能网应用规程 intelligent network application protocol 的缩写。

in-band spectrum ripple 带内频谱不平坦度 传输信道通带内各频点信号功率之间的差别。如射频有线电视系统频谱不平坦度就是指传输的各节目频道信号功率的差别。

incandescent lamp 白炽灯 将灯丝通电加热到白炽状态,利用热辐射发出可见光的电光源。自 1879 年,美国发明家托马斯·阿尔瓦·爱迪生制成了碳化纤维(即碳丝)白炽灯以来,人们对灯丝材料、灯丝结构、充填气体进行不断改进,白炽灯的发光效率也相应提高。1959 年,美国在白炽灯的基础上发展了体积和衰光极小的卤钨灯。白炽灯的发展趋势主要是研制节能型灯泡。不同用途和要求的白炽灯,其结构和部件不尽相同。白炽灯的光效虽低,但光色和集光性能很好,曾是产量最大、应用最广泛的电光源。随着 LED 制造技术进步,节能减排日益被重视,白炽灯逐渐被 LED 灯所替代。

INCM 智能网概念模型 intelligent network conceptual model 的缩写。

incoming 来话 在通信系统中,指打进来的电话。

incoming call 来话[入局]呼叫 由对方发来的电话呼叫。

INCS-1 智能网能力集第一阶段 intelligent network capability set-1 的缩写。

independent 独立 关系上不依附、不隶属。

independent third-party test institution 独立第三方测试机构 与项目或工程的甲乙双方没有利益冲突的独立第三方,一般是进行性能测试的专业机构或公司。

in-depth design 深化设计 工程启动时,由具有设计资质的单位根据现场的实际情况,对设计单位提供的设计图进行符合工程要求的进一步设计或细化设计,以便于工程的实施。

index of thermal inertia 热惰[惯]性指标 表征围护结构反抗温度波动和热流波动能力的无量纲指标,其值等于材料层热阻与蓄热系数的乘积。

indicator 指示器 ① 一种可以设置成预定状态的装置。通常是根据预先的处理结果或设备出现某种特定条件时的设定。指示器一般是以直接观看或其他形式表示预定状态的存在。有时可以根据它来选择下一步的处理方案,如溢出指示器。② 字段的特征信息,一般用来鉴别和描述可变长字段的数据成分,包括字段的种类、性质及其所属关系。

indicator light 指示灯 标示设备、装置或系统状态的改变或某一预定条件出现的一种灯具。

indirect 间接 通过第三者发生关系的,如:兜圈子、迂回。

indirect DC convertor 间接直流变流器 一种带有交流环节的直流变流

器，如带隔离变压器的直流变流器。

indirect electric heating (IEH)　间接电加热　热能间接地传递给被加热材料的电加热方式。

indirect grounding　间接接地　当接地对象不是金属导体时，应通过与其紧密结合的金属导体，间接将接地对象与大地进行可靠电气连接的一种接地方式。

individual harmonic distortion　单次谐波畸变　某次谐波分量方均根值对基波分量方均根值之比。

individual layer　个体层　以可标记的独立音频文件为基础建立的一层记录，是音频资料编目的基本单元。

individual work area　单独[独立]工作区　综合布线系统中专门留给某一员工的最小建筑空间内的信息接口。它与其他工作区不直接连接，是独立放置于工作区(如一台计算机)的接口。

individually screened pair　线对[对对]屏蔽　电缆护套内每一线对都包裹一层金属箔的缆线屏蔽结构。如，U/FTP 双绞线为金属箔线对屏蔽双绞线，F/FTP 双绞线为金属箔总屏蔽＋铝箔线对屏蔽双绞线，S/FTP 双绞线为金属丝网总屏蔽＋铝箔线对屏蔽双绞线。常见的金属箔为铝箔，属于顺磁材料。

indoor bushing　室内[户内]套管　两端均设计用于周围空气中，但不暴露在户外大气条件下的套管。

indoor cable　室内[户内]缆线　用于建筑物内的缆线。室内缆线都被要求是防火(或称阻燃、耐火等)的缆线。

indoor covering system　室内[户内]覆盖系统　为解决由于建筑物自身对电磁波的屏蔽和吸收作用，避免无线电波较大的传输衰耗的射频信息系统。室内覆盖系统的原理是利用室内天线分布系统，将移动基站的信号均匀分布在室内每个角落，从而保证室内区域拥有理想的信号强度。一个完备的室内覆盖系统应该能够通过一个特定接口，取得基站的下行信号，并将其均匀地分布到指定的每一处，同时将基站的上行信号收集后，均匀地送到特定的接口。该系统主要由信号源、合路系统、室内电缆分布系统等部分组成。

indoor external insulation　室内[户内]外绝缘　设计用于建筑物内而不处于露天的外绝缘。

indoor multi-mode 10G optical fiber cable　室内[户内]多模万兆光缆　敷设在建筑物内的 OM3、OM4 和 OM5 光缆，主要用于建筑物内的计算机、交换机，终端用户的设备等的信息传输。室内多模万兆光缆能够大幅度降低计算机网络的设备的造价，并保持强大传输能力。光缆结构由于有室内环境的保护而不需要十分结实，所以在建筑物内各机房(主机房、弱电间等)之间敷设多模万兆光缆，对于全生命周期的信息传输而言，是一种理想的选择。

indoor optical fibre　室内[户内]光缆　同 indoor optical fibre cable。

indoor optical fibre cable　室内[户内]光缆　适合敷设在建筑物内的单模光缆或多模光缆，主要用于建筑物内的跳线设备、计算机、交换机、终端用户设备等的连接。室内光缆结构由于有室内环境的保护而不需要十分强壮，但室内光缆须具备防火的阻燃能力，有些还需要具有耐火能力。

indoor positioning system (IPS)　室内[户内]定位系统　在室内环境中实现位置定位，主要采用无线通信、基站定位、惯导定位等多种技术集成形成一套室内位置定位体系，从而实现人员、物体等在室内空间中的位置监控。在室内环境无法使用卫星定位时，使用室内定位系统作为卫星定位的辅助定位，解决卫星信号到达地面时较弱，不能穿透建筑物的问题，最终定位物体当前所处的位置。

indoor signal distributing system　(无线通信)室内[户内]信号分布系统　针对室内用户群，改善建筑物内无线通信环境的系统，它利用室内天线分布系统将无线信号均匀分布在室内每个角落，从而保证室内区域拥有理想的信号覆盖。

indoor single-mode optical fiber cable　室内[户内]单模光缆　指敷设在建筑物内的单模光缆。

indoor telecom distribution pipes network　室内[户内]电信配线管网　建筑物内的公共区用于穿放通信线缆的暗管、竖井、线槽等设施，由室内垂直、水平弱电桥架(线槽)、预埋暗管等组成。

indoor temperature　室内[户内]温度　建筑物内的气温。由于建筑物本身的隔热作用和建筑物内的空调影响，室内温度相对室外温度而言波动范围不大，从而使设备、缆线的室内运行温度范围大多可以保持在0～40℃。这就构成了商业级产品的温度范围(0～40℃或－10～40℃)，与之对应的有工业级(－25～55℃)和军用级(－40～80℃)。

indoor type　[室内]户内型　适合建筑物内使用的系统、设备、材料的类型。系统、设备、材料一般均有户外型和户内型之分。

indoor unit　室内[户内]机　访客对讲系统安装在用户室内，具有对讲及控制开锁功能的设备。有可视和非可视之分。

indoor-immersed bushing　家内[户内]浸入式套管　一端用于周围空气中，但不暴露在户外大气条件下，另一端浸在不同于周围空气的绝缘介质(如油或气体)中的套管。

inductance　电感　电路组成的元件之一，当线路的电流发生变化时，在线圈中引起的感应电动势效应的电路参数。当线圈通过电流后，在线圈中形成磁场感应，感应磁场又会产生感应电流来抵制通过线圈中的电流变化。这种电流与线圈的相互作用关系称为电的感抗，也就是电感，单位是亨利(H)。电感是自感和互感的总称。提供电感的元件称为电感器。

induction card　感应卡　亦称非接触IC卡。通过非机械接触形式与读写设备交换数据，完成部分或全部功能的一种电子卡片。感应卡是近几年发展起来的一项新技术。它成功地将射频技术和IC卡技术结合起来，解决了无源(卡中无电源)和免接触这一难题，是电子器件领域的一大突破。非接触式 IC 卡具有可靠性高，使用方便，操作速度快等优点，因此在信息存储、信息交互、身份识别等领域获得极为广泛的应用。

inductive charge 感应电荷 把带电体移近不带电的导体，使导体带电的现象。利用静电感应使物体带电产生的电荷叫作感应电荷。

inductor 电感器 带有特定电感量(*L*)的元件，通常由绕成圆柱形或环形的线圈构成，有的还可带有铁磁体。电感器能够通过直流电，但对交流电具有阻碍流通的作用，用感抗描述。电感器的感抗与通过交流电的频率成正比。

industrial communication network 工业通信网络 工厂内非办公区在工业环境下的信息通信网络系统。其环境要求一般高于商业环境和办公环境的要求。为保证生产运行，对通信产品和工程都有特别的要求。

industrial computer (IPC) 工业控制微机，工控机 同 industrial personal computer。

industrial computer and the chassis 工控机及其机箱 工控机是一种用于恶劣环境中的计算机，其机箱要求能够抵御条件比较恶劣的环境，如噪声、灰尘、腐蚀、振动等较多的地方。工控机箱的优点耐挤压、耐腐蚀、抗灰尘、抗振动、抗辐射。它主要用于环境比较恶劣的场所，比如：航海、电厂，化工，矿厂、地下作业等。

industrial environment cabling system 工业环境布线系统 也称为工业建筑布线系统。面向环境条件恶劣的且场地较大的工业环境的综合布线系统，它有着有别于商业建筑的综合布线系统标准。

industrial frequency inductor 工频电感器 工作频率为 50～60 Hz 的交流电感元件，其作用是过滤杂散干扰电磁波。

industrial horizontal ruler 工业水平尺 利用液面水平的原理，以水准泡直接显示角位移，测量被测表面相对水平位置、铅垂位置、倾斜位置偏离程度的一种工业计量器具。

industrial intermediate distributor (IID) 工业中间配线架 综合布线系统通用拓扑结构中第一级配线设备在面向工业环境的综合布线系统拓扑结构中的名称。

industrial machinery 工业机械 在工业建设及工业制造过程中所使用的代替人工劳动力或辅助人工劳动力的机械设备。

industrial personal computer (IPC) 工业个人计算机 即工业控制计算机，简称工控机。它是一种采用总线结构对生产过程及机电设备、工艺装备进行检测与控制的工具总称。工控机具有重要的计算机属性和特征，如具有计算机 CPU、硬盘、内存、外设及接口，并有操作系统、控制网络和协议、计算能力以及友好的人机界面。工控行业的产品和技术非常特殊，属于中间产品，是为各行业提供可靠、嵌入式、智能化的工业计算机。工控机的主要类别有：工业控制计算机(IPC)、可编程控制系统(PLC)、分散型控制系统(DCS)、现场总线控制系统(FCS)及数控系统(CNC)五种。

industrial premises 工业建筑群 工业园区内众多建筑物构成的建筑群体。

industrial standard architecture (ISA) bus 工业标准结构总线 简称 ISA 总线。它是为 PC/AT 计算机而制定的总线标准，为 16 位体系结构，只能支持 16 位的 I/O 设备，数据传输速率大约是 16 Mbps。它也称为 AT 标准。

industrial video device 工业视频装置 指用于工业控制、设备监控、生产管理的视频装置。它所用的产品与安防视频监控系统所用的产品原理和系统结构基本一致，但作用目标和管理部门不同。它的显示屏和控制台一般位于企业的指挥调度中心，而不是位于安保中心。

industry distribution system (IDS) 工业布线系统 外部环境条件比较恶劣的工业环境中的综合布线系统。它对综合布线系统中基本框架的各个组成部分另行命名：第一至第四级子系统分别称为中间子系统、楼层子系统、干线子系统、建筑群子系统，第一至第四级配线架分别称为中间配线架、楼层配线架、建筑物主配线架、建筑群主配线架。它的最大特点是考虑了工业环境中的各种恶劣环境(目前为 MICE 四大类环境)，故此所用产品根据抗恶劣环境的能力分级。

inert gas fire-fighting 惰性气体灭火 使用低氧、不燃烧、不助燃的惰性混合气体为灭火剂扑灭火灾的技术。惰性气体灭火剂具有以下特点：无色、无味、不导电，其密度近似等于空气密度，且无毒、无腐蚀，不参与燃烧反应，不与其他物质反应；对臭氧的耗损潜能值为 0(ODP=0)；对全球温室效应影响值为 0(GWP=0)；灭火过程中洁净，灭火后不留痕迹，使用中对仪器设备无损害。

inert gas fire-fighting system 惰性气体灭火系统 采用惰性气体或其混合气体作为灭火剂的消防灭火系统。

inert gas system (IGS) 惰性气体系统 同 inert gas fire-fighting system。

inerting concentration 惰化浓度 在 101 kPa 大气压和规定的温度条件下，能抑制空气中任意浓度的易燃可燃气体或易燃可燃液体蒸气的燃烧或爆炸发生所需灭火剂在空气中的最小体积百分比。

inerting system 惰化系统 引入适当浓度的惰性气体，防止可燃、易燃的气体、蒸气、粉尘燃烧或爆炸的系统。

information and communications technology (ICT) 信息和通信技术 一个涵盖性术语，覆盖了所有涉及图文、声像等信息传输、发射、接收的通信设备、应用软件以及通过线缆、无线、光纤或其他电磁系统传输信息的技术。比如，收音机、电视、移动电话、计算机、网络硬件和软件、卫星系统等，以及与之相关的各种服务和应用软件，此术语常常用在特定领域里，如：教育领域、健康保健领域等。此术语在美国之外的地方使用更普遍。欧盟认为 ICT 除了技术上的重要性，更重要的是让经济落后的国家有更多的机会接触先进的信息和通信技术。世界上许多国家都建立了推广信息通信技术的组织机构。人们担心信息技术落后国家如果不抓紧机会追赶的话，随着信息技术的日益发展，拥有信息技术的发达国家和没有信息技术的不发达国家之间的经济差距会越来与大。联合国正在全球范围内推广信息通信技术发展计划，以弥补国家之间的信息鸿沟。

information appliance by embedded processors 含嵌入式处理器的信息家电 带有嵌入式处理器的小型家用(或个人用)信息设备，是一种价格低廉，操作简便，实用性强，且带有个人计算机主要功能的家电产品。信息家电产品还有一类是网络家电产品，即具有网络操作功能的家电类产品。其基本特征是与网络(主要指互联网)联结并附带具体功能，它可以是成套产品，也可以是一个辅助配件。

information application system 信息化应用系统 以信息设施系统和建筑设备管理系统等智能化系统为基础，为满足建筑物的专业化业务，规范化运营及管理的需要，由多种类信息设施、操作程序以及相关应用设备组合而成的系统。

information distribution box 信息配线箱 安装于用户单元区域内的完成信息互通与通信业务接入的配线箱体，故也称住宅配线箱。

information facility system 信息设施系统 为满足建筑物的应用与管理对信息通信的需求，将各类具有接收、交换、传输、处理、存储、显示等功能的信息系统整合，形成建筑物公共通信服务综合基础条件的系统。

information highway 信息高速公路 是指一个高速度、大容量、多媒体的信息传输网络，一个高度集成和扩展到全国范围的信息基础设施的总和。1993 年，美国政府正式推出跨世纪的“国家信息基础设施”工程计划，其通俗说法就是信息高速公路，也称信息超高速公路、数据高速公路。其主要目标：(1) 在企业、研究机构和大学之间进行计算机信息交换，用于加强 21 世纪的美国教育；(2) 通过药品的网上销售和 X 光照片图像的传递，提高以医疗诊断为代表的医疗服务水平；(3) 使在第一线的研究人员的讲演和学校里的授课发展成为网上的辅助教学，以帮助所有的公民，不论他们的收入有多少；(4) 提供地震、火灾等灾害信息；(5) 实现电子出版、电子图书馆、家庭影院和在家购物；(6) 带动信息产业的发展，以产生巨大的经济效益，从而提高综合国力以增强国家实力。信息高速公路由四个基本要素组成：(1) 信息高速通信。以光纤通信为主，以微波和卫星通信为辅助且覆盖全国的高速宽带网络；(2) 信息资源。把众多公用数据、图像库等信息资源联结在一起，通过通信网络为用户提供各类资料、影视、书籍和报刊等信息服务；(3) 信息处理和控制。主要是指通信网络上的高性能计算机和服务器、高性能个人计算机和工作站对信息在输入输出、传输、处理、存储和交换过程进行控制；

(4) 信息服务对象。在使用多媒体计算机和各种应用系统的用户之间相互通信,用户可以通过通信终端享受丰富的信息资源,满足各自的需求。信息高速公路的主要关键技术包括:(1) 同步数字体系(SDH)网络及异步传输模式交换技术;(2) 数据库和信息处理技术;(3) 数字微波技术,包括移动通信和卫星通信;(4) 高性能并行计算机系统和接口技术;(5) 图像库和高清晰度电视技术;(6) 多媒体技术。

information module **信息模块** 信息传输用的铜缆模块,使用铜缆连接的信息输入、输出的硬件接口,如 RJ45 模块、GG45 模块、TERA 模块等。

information network system (INS) **信息网络系统** 智能建筑信息设施系统中的一个子系统。它包括为满足各类用户需求的公用和专用的通信链路,支撑建筑内各类智能化信息端到端的传输,是建筑内各类信息通信完全传递的通道。INS 应依据建筑的运营模式、业务性质、应用功能、环境安全条件和使用需求进行组网和架构规划。

information outlet (IO) **信息插座** 信息系统传输线路中的信息插座。如综合布线系统中的 RJ45 插座、光纤插座等。

information security technology (IST) **信息安全技术** ① 阻止信息的非授权泄露、操作、破坏、更改等的系统辨识、控制、策略和过程。② 为保证信息系统的精确性、完整性、操作连续性而需要的管理、控制、过程的总称。③ 信息在采集、传输、处理和存储过程中,应做到保证信息的机密性,以防止信息的非法泄漏;应做到保证信息的完整性,以防止信息被非法修改;应做到保证信息的可用性,以防止信息重用与拒绝服务;应做到保证信息的安全可控性,以提高信息的合法监督。

information service **信息服务** 用不同方式向用户提供其所需信息的活动。信息服务活动通过研究用户、组织用户、组织服务,将有价值的信息传递给用户,最终帮助用户解决问题。从这一意义上看,信息服务实际上是传播信息、交流信息、实现信息增值的一项活动。它是信息管理活动的出发点和归宿,是信息管理学研究的重要内容和领域。

information technology (IT) **信息技术** 广义是指能充分利用与扩展人类信息器官功能的各种方法、工具与技能的总和。该定义强调的是从哲学上阐述信息技术与人的本质关系。中义是指对信息进行采集、传输、存储、加工、表达的各种技术之和。该定义强调的是人们对信息技术功能与过程的一般理解。狭义是指利用计算机、网络、广播电视等各种硬件设备、软件工具与科学方法,对文图声像各种信息进行获取、加工、存储、传输与使用的技术之和。狭义定义强调的是信息技术的现代化与高科技含量。信息技术代表着当今先进生产力的发展方向。信息技术广泛应用使信息的重要生产要素和战略资源的作用得以发挥,使人们能更高效地进行资源优化配置，从而推动传统产业不断升级，提高社会劳动生产率和社会运行效率。

information technology cabling　信息技术布缆　同 generic cabling system。

information technology equipment (ITE)　信息技术设备　提供信息特定应用所必要的有源或无源设备（如：集线器、交换机、路由器、适配器）。

information transfer　信息传输　也称信息传递。信息沿着某一通信信道的发送和接收的传输过程，在此期间不改变信息的内容。

infrared beam　红外光束　红外发射器辐射的红外光束。入侵报警系统中的主动式红外探测器就是利用红外射束被遮挡的原理制成。主动式红外探测器由发射器和接收器两部分组成，作为入侵探测器时，发射器和接收器分置防区两侧，接收器接收来自发射器发来的红外光束。一旦防区内发生入侵行为，红外光束将被阻挡，接收器接收不到红外发射器发来的红外光束，就能够改变原来的输出信号，从而为系统输入了一个入侵警情的信息。

infrared light sensor smoke detector　红外光束感烟火灾探测器　火灾探测器的一种，采用 UV185～260 nm 火焰窄光谱信号轨对轨采集或全脉冲分析技术（PPW）设计，避免了传统探测器的易受干扰的弱点。适用于各类油库、酒库、飞机库、化工设备场所、军事设备场所、液化气站、电站等火灾萌发时无阴燃阶段或较少阴燃阶段，而以直接产生明火为主的场所。它具有较高的抗干扰能力，不受风雨、高温、高湿，自然人工光源等影响，可良好工作于室内环境。

infrared port　红外端口　指计算机上的光学端口，使得计算机可与其他计算机或设备通过红外线而不是电缆进行通信。

infrared sensor　红外感应器　用红外线为介质的感应、测量或监测器件。

infrared temperature measurement of electrical fire monitoring detector　红外测温式电气火灾监控探测器　采用红外线测温检测原理的电气火灾探测器，用于电气火灾监控系统。

infrastructure　基础设施　通常指为实现某项目标任务而必须依赖的物质工程设施，是用于保证国家或地区社会经济活动正常进行的公共服务系统。它是社会赖以生存发展的一般物质条件。信息基础设施就包括电信网、广电网、计算机网、大型数据库、支持环境等，可分为企业信息基础设施（EII）、国家信息基础设施（NII）和全球信息基础设施（GII）。数据中心是信息基础设施中支持环境的设施之一。

initial channel assignment　初始化信道分配　移动通信系统信道分配时的初始化作业。

initial design　初始设计　指产品或工程在开始时进行的第一阶段设计。一般要求仅达到满足功能或形成框架的目标。在后续的设计中会对初始设计的成果进行逐步完善，最终形成完整的产品设计或工程设计。

initial effective lumen　初始有效光通

量 新灯具点燃 60 min 时的有效光通量值。

initial inspection 初验 即初步验收。建筑智能化工程的初验是检验的第一阶段,一般作外观检查或使用效果检查。

initial luminaire efficacy 初始光效 光通量与光源实测输入功率之比。单位为流明每瓦(lm/W)。初始光效是照明灯具发光效率的重要技术指标。我国规定照明灯具的初始光效是指灯具老化 100 小时后测得的光通量与功率的比值。

injection 喷射 在制造业指利用从喷嘴中高速喷出的液体或固体微粒的冲击力破碎和去除工件材料的特种加工。

inner conductor 内导体 同轴电缆的中心导体。同轴电缆是由内导体和屏蔽层共用同一轴心的电缆。最常见的同轴电缆由绝缘材料隔离的铜线导体组成,在里层绝缘材料的外部是另一层环形导体及其绝缘体,整个电缆由聚氯乙烯或特氟纶材料的护套包住。

inner electrostatic potential 内静电势,室内静电电位 特定区域环境内,任一物体在任何情况下的对地静电电位。

inorganic matter 无机物 一般指碳元素以外元素的化合物,如水、食盐、硫酸、无机盐等。

input current distortion 输入电流畸变 设备或系统输入电流谐波畸变。

input frequency tolerance 输入频率允差 UPS 在正常方式运行时稳态输入频率的最大变化。

input power factor 输入功率因数 在额定输入电压、额定输出视在功率的蓄电池充满电和 UPS 正常运行方式下,输入有功功率对输入视在功率之比。

input voltage distortion 输入电压畸变 设备或系统输入电压的谐波畸变。

input voltage susceptibility of AES/EBU interface AES/EBU 接口输入电压灵敏度 数字音频输入(AES/EBU)接口可识别的最小输入信号电压值。

input voltage tolerance 输入电压允差[容差] UPS 以正常方式运行时稳态输入电压的最大变化。

input/output (I/O) 输入输出(端口) 通信系统设备或控制系统设备对外的输入端口和输出端口。

input/output terminal (IOT) 输入输出终端 具有输入端口和(或)输出端口的终端设备。

INS 信息网络系统 information network system 的缩写。

insertion gain 插入增益 ① 系统装上放大器后的输出功率与未装上放大器的输出功率之比,单位以分贝表示。② 在有线电视系统中,指在接收端的特定测试信号幅度峰-峰值与发送端该信号幅度的标称值之比。

insertion loss (IL) 插入损耗 也称介质损耗,将某些器件或分支电路(滤波器、阻抗匹配器等)加进某一电路时,能量或增益的损耗。插入损耗通常用插入该装置以前负载所接受的功率与插入以后负载所接受的功率之比来表示,单位为分贝。

insertion loss deviation (ILD)　插入损耗偏差　① 测得的级联部件的插入损耗与部件损耗之和所确定的插入损耗之间的差。② 光纤各分路器插入损耗之间的偏差。

insertion signal　插入信号　在电视图像行、场消隐期间插入的用于识别、测试、控制和数据传送的信号。

insertion test signal (ITS)　插入测试信号　电视图像的场消隐期间用于测量视频信号传输性能的插入信号。

IN-SM　IN 交换管理　IN switching management 的缩写。

inspection　检验　对检验项目中的性能进行量测、检查、试验等，并将结果与标准规定要求进行比较，以确定每项性能是否合格的活动。

inspection record　检验记录　产品检验或系统检验时手工填写的记录，检验记录也可以是仪器仪表中的记录。

inspection report　检验报告　检验机构应申请检验人的要求，对受损货物进行检验以后所出具的一种客观的书面证明。检验货物受损的程度和鉴定，在国际贸易中常常委托有信用、权威与中立立场的独立检验人办理。产品出售前的质量检查以及对公司产品合格数的统计是鉴定产品质量达标的书面证明。它是经过对产品、设备的质量检验得出的，是保证产品质量体系的标准。

inspection report of complete unit　整机检测报告　设备装配或安装完成后，经对整台设备的检测所得到的性能参数汇总表及其说明。

inspector　检验方　进行检验的人员或机构。

installation　安装　按照一定的程序、规格把设备、装置或器材规范地固定在指定的位置上。

installation accessory　安装配件　安装设备、部件和器件使用的配套部件或零件，如尼龙扎带、魔术贴等。

installation and construction unit　安装施工单位　执行安装任务的施工企业。

installation coupler　安装式耦合器　由阴极连接器和阳极连接器组合而成的耦合器，多用于电气连接。

installation detail drawing　安装详图　在施工图和深化设计图中对某些环节进行细化设计的图纸。如弱电间的设备布置图等。

installation method　安装方法　用于安装设备、部件和器件的工艺。同一设备、部件和器件的安装方法可以有许多种，但其中可以挑选出最为有效、合理和经济的方法。

installation parts　安装件　即安装部件。按照设计图纸或事先制定的安装目标，将预定的各类设备、装置及器件在施工作业过程中予以定位、固定、连接，这些设备、装置、器件统称为安装件。

installation planning　安装规划　安装前制定的计划，包括人员、地点、材料、进度、运输、质量等方面的事先计划，一般均在《施工组织设计》中显示。

installation practice　安装实践　安装工程的实际作业过程，包括按照规范规定的作业和尚未最终形成规范的作业方法。

installation process 安装流程 安装工程中安装规范或施工组织设计中规定的安装执行顺序，可以附有工时、安装方法、注意事项等。

installation spacing 安装间距 安装工程中设备之间，设备和线缆之间，或线缆之间的距离。保障人身安全和设备、系统正常运行，对某些间距具有明确的限制。如建筑物内市电供电线缆和供信息传输的弱电线缆之间的间距，或是供电终端面板和信息终端面板的间距。安装间距有明确的限制。

installation specification 安装规范 安装工程中明文规定的标准。应严格执行的标准称强制性规范，供参考执行的标准称为推荐性规范。安装工程规范中规定的一般是最为有效、合理和经济的安装方式和作业方法。

installation subcontracting institution (设备)安装分包机构 工程项目总承包机构(单位)或设备安装总承包机构(单位)将合同项目中一部分依法签约交由具备相同资格的机构(单位)承担，该机构(单位)就称为(设备)安装分包机构(单位)。

installed capacity 装机容量 已经安装并可运行的发电机组额定功率，总装机容量是指该系统实际安装的发电机组额定有效功率的总和，以千瓦(kW)、兆瓦(MW)、吉瓦(GW)计。2017 年我国全年发电装机容量为 177 703 万千瓦，比上年末增长 7.6%。其中，火电装机容量 110 604 万千瓦，增长 4.3%；水电装机容量 34 119 万千瓦，增长 2.7%；核电装机容量 3 582 万千瓦，增长 6.5%；并网风电装机容量 16 367 万千瓦，增长 10.5%；并网太阳能发电装机容量 13 025 万千瓦，增长 68.7%。

installer 安装者 安装工程中从事安装的施工作业人员。

installing support 安装支架 安装设备、桥架、管道等建筑设备和材料的一种结构件，可以分为固定支架、滑动支架、导向支架、滚动支架等。底座、吊架等也可以归入安装支架范畴。

instant alarm 即时告警 系统发现异常时，立即告警。

Institute of Electrical and Electronics Engineers (IEEE) 电气及电子工程师学会 美国的专业认证机构。其前身是美国电气工程师学会(AIEE)，1963 年与无线电工程师学会(IRE)合并为 IEEE。世界上一百五十多个国家有 IEEE 会员，五十多个国家设有 IEEE 分部。IEEE 下设三十三个专业学会，五百八十八个专业组。IEEE 致力于电气、电子、计算机工程等与科学有关的领域的开发和研究，在太空、计算机、电信、生物医学、电力、消费性电子产品等领域已制定了九百多个行业标准，现已发展成为具有较大影响力的国际学术组织。IEEE 出版多种定期刊物，其中许多被公认为电气电子方面的核心刊物，具有重要参考价值。

instruction 指示，指令 ① 对下级机关有所指示的一种下行公文。② 指定电子计算机实现某种控制或运算的代码，如：数据传送指令、算术运算指令、位运算指令、程序流程控制指令、串操作指令、处理器控制指令等。

instruction manual　产品说明书　也称产品目录。它是厂商面向某一领域的相关产品的清单及技术资料。

insulated conductor　绝缘导体　绝缘材料包裹的导电体。

insulated wire　绝缘导线　外围均匀而密封地包裹一层不导电的材料(如：树脂、塑料、硅橡胶、PVC 等)并形成绝缘层，防止导电体与外界接触造成漏电、短路、触电等事故发生的电线。

insulating material　绝缘材料　在允许电压下不导电的材料。绝缘材料并不是绝对不导电，在一定外加电场强度作用下，也会发生导电、极化、损耗、击穿等过程，而长期使用还会发生老化。绝缘材料的电阻率很高，通常在 $10^{10} \sim 10^{22}\ \Omega \cdot m$ 的范围内。

insulation　绝缘　隔断电流，使之不能通过。

insulation covering　绝缘套　具有电隔离作用的保护型护套，如电缆的绝缘层、护套、玻璃纤维绝缘套管、PVC 套管、热缩套管，或以油或气体为绝缘介质的保护性护套等。

insulation displacement connection (IDC) 绝缘位移连接　又称刺破连接，由美国在 20 世纪 60 年代发明的一种新颖端技术。其具有可靠性高，成本低，使用方便等特点，已广泛应用于各种印制板用电连接器中。它适用于带状电缆的连接。连接时不需要剥去电缆的绝缘层，而是依靠插头的接触簧片尖端刺入绝缘层中，使电缆的导体滑进接触簧片的槽中并被夹持住，从而使电缆导体和航空插头簧片之间形成紧密的电气连接。它仅需简单的工具，但应选用规定线规的电缆。综合布线系统的 RJ45 模块后侧的接线端基本上都属于 IDC 连接方式。

insulation displacement connector (IDC) 绝缘位移连接器　绝缘位移触点(IDC)，也称绝缘穿刺接触(IPC)，属电连接器的一种。它的结构主要有两类：(1) 在电气连接中，IDC 由绝缘壳体、穿刺刀片、防水胶垫、力矩螺栓组成。当制作电缆分支连接时，将分支电缆插入支线帽并确定好主线分支位置后，用套筒扳手拧紧线夹上的力矩螺母，随着力矩螺母的拧紧，线夹上下两块暗藏的穿刺刀片的绝缘体逐渐合拢，同时包裹在穿刺刀片周围的弧形密封胶垫逐步紧贴电缆绝缘层，穿刺刀片亦开始穿刺电缆绝缘层及金属导体。当密封胶垫和绝缘油脂的密封程度和穿刺刀片与金属体的接触达到最佳效果时，力矩螺母自动脱落，此时，安装完成且接触点密封和电气效果达到最佳；(2) 在电子元件中，使用一种电连接器进行连接的导体(S)绝缘电缆的连接过程，使选择性刺刀片通过绝缘，不需要带绝缘的导线在连接前先剥去绝缘层，以简化端接的过程，提高端接效率。

insulation impedance　绝缘阻抗　物体没有发生击穿等现象，处于绝缘体时的阻抗值。绝缘阻抗是电线电缆的重要参数之一。在高电压下,物体或绝缘体容易存在击穿等现象,使得物体阻抗突然变化。

insulation layer 绝缘层 导线之间、导线与接地屏蔽层之间的绝缘材料层。它主要用于隔离导线,防止人们触电受伤,也避免导线之间电接触。

insulation pad 绝缘垫 又称为绝缘毯、绝缘垫、绝缘橡胶板、绝缘胶板、绝缘橡胶垫、绝缘地胶、绝缘胶皮、绝缘垫片等,指具有较大体积电阻率和耐电击穿的胶垫。用于配电等工作场合的台面或铺地绝缘材料。

insulation piercing connection (IPC) 绝缘刺穿连接 无须剥去绝缘层,借助于导电体刺破导线绝缘层而建立的电气连接。

insulation resistance 绝缘电阻 加直流电压于电介质,经过一定时间极化过程结束后,流过电介质的泄漏电流对应的电阻称绝缘电阻。绝缘电阻是电气设备和电气线路最基本的绝缘指标。若进行低压电气装置的交接试验,则常温下电动机、配电设备和配电线路的绝缘电阻不应低于0.5 MΩ(对于运行中的设备和线路,绝缘电阻不应低于1 MΩ/kV)。低压电器及其连接电缆和二次回路的绝缘电阻一般不应低于1 MΩ;在比较潮湿的环境下不应低于0.5 MΩ;二次回路小母线的绝缘电阻不应低于10 MΩ。I类手持电动工具的绝缘电阻不应低于2 MΩ。

INT 一体化 integration的缩写。

Integrated Building Distribution Network (IBDN) 楼宇综合布线网络 美国百通公司综合布线品牌名。原为加拿大北电公司的综合布线系统品牌名,后被美国百通公司收购。其性能完全符合综合布线系统的各种标准,如:中国标准、国际标准、美国标准等。

integrated circuit (IC) 集成电路 一种微型电子器件或部件。采用一定的工艺,把一个电路中所需的晶体管、电阻、电容、电感等元件及布线互连在一起,制作在一小块或几小块半导体晶片或介质基片上,然后封装在一个管壳内,成为具有所需求电路功能的微型结构。其中,所有元件在结构上已组成一个整体,使电子元件向着微小型化、低功耗、智能化和高可靠性方面迈进了一大步。它在电路中用字母"IC"表示。当今半导体工业大多数应用的是基于硅的集成电路。

integrated drive electronics (IDE) 电子集成驱动器 也称ATA接口,是光储类设备的主要接口。IDE是曾经普遍使用的外部接口,主要接硬盘和光驱,采用16位数据并行传送方式,体积小,数据传输快(针对当时的数据存储量来说)。一个IDE接口最多只能接两个外部设备。

integrated lightning protection system 综合防雷保护系统 采用多种方式防雷(多级防雷),以达到最佳效果的防雷保护系统。

integrated part load value (IPLV) 综合部分负荷性能系数 在规定的不同环境温度下,空调设备按25%、

50%、75%和100%负荷率进行制冷运行的加权平均制冷性能系数。

integrated resistor　集成电阻器　一种集多只电阻于一体的电阻器件，也称排电阻。它的总体积远小于多只电阻的组合体积，按照不同使用方法，集成电阻器分为专用和通用两类。

integrated services digital network (ISDN)　综合业务数字网(络)　在各用户网络接口(UNI)之间提供数字连接，可提供多种不同电信业务的综合业务网。ISDN提供和支持的多种电信业务，包括话音、数据、图像、视频等业务。ISDN的主要特点是：从一个UNI到另一UNI是端到端的全数字连接，连接建立采用时隙交换的电路交换技术；用户通过单一的接入可以获得话音业务，和从64 kbps到2 Mbps的数据业务，或在2 Mbps速率以下的多媒体业务；从用户端到交换局提供了用户终端共用的信令信道和低速数据信道，不仅便于向用户提供多媒体业务，而且方便用户对业务的控制；局间采用7号公共信道信令，并采用ISDN的用户部分(ISUP)，便于向用户提供各种补充业务。

integrated services local area network (ISLAN)　综合业务局域网(络)　一种数据话音综合业务局部通信网络。

integrated software　集成软件　支持复杂信息环境下应用开发和系统集成运行的软件。它基于制造业信息特征，在异构分布环境(操作系统、网络、数据库)下提供透明、一致的信息访问和交互手段，对其运行上的应用进行管理，为应用提供服务，并支持各特定领域应用系统的集成。集成软件的产生一方面来自企业实际应用时对软件系统的需求，另一方面也是计算机软件技术本身发展的结果。

integrated surveillance　集成监控　对多个智能化信息子系统在统一的信息平台上进行集中统一管理，通过数据共享和合理联动，实现多子系统协同管理，统一调度的监控功能。

integrated surveillance center (ISC)　集成监控中心　集成监控系统中央控制平台或该平台集中控制操作的房间。

integration (INT)　一体化　亦称综合化。其特点就是通过系统、设备、部件的部分结合出现新的性能和功能。

integrity　完整性　包括数据完整性和系统完整性。数据完整性表征数据所具有的特性，即无论数据形式做何变化，数据的准确性和一致性均保持不变的程度。系统完整性表征系统在防止非授权用户修改或使用资源以及防止授权用户不正确地修改或使用资源的情况下能够履行其操作目的。

intellectual property right (IPR)　知识产权　也称其为知识所属权，权利人对其智力劳动所创作的成果享有的财产权利。一般只在有限时间内有效。各种智力创造(比如发明、外观设计、文学和艺术作品)以及在商业中使用的标志、名称、图像都可被认为是某人或某组织所拥有的知识产权。

intelligence　智能特性　特指人工智能特性，即各类电器中的控制系统所具有的类似人的智能行为，如自学习、自适应、自协调、自诊断、自推理、自组织、自校正等。

intelligent 10-pin patch cord 10 针智能跳线 电子配线架系统中使用的一种双绞线跳线，它在常规的 8 针基础上添加了 2 针作为布线状态监测使用。

intelligent building (IB) 智能建筑 也称智能楼宇。它以建筑物为平台，基于对各类智能化信息的综合应用，集架构、系统、应用、管理及优化组合为一体，具有感知、传输、记忆、推理、判断和决策的综合智慧能力，形成以人、建筑、环境互为协调的整合体，为人们提供安全、高效、便利及可持续发展功能环境的建筑。智能建筑的技术基础主要由现代建筑技术、现代计算机技术、现代通信技术和现代控制技术的结合。

intelligent building cabling system (IBCS) 智能建筑[楼宇]布线系统 智能建筑中的综合布线系统。早年，有观点认为有综合布线系统的大楼就是智能大楼，IBCS 体现了布线系统在智能化大楼中的作用。随着智能建筑中的智能化子系统越来越多，综合布线系统已经转化成为智能建筑中必不可少的子系统之一。

intelligent building management system (IBMS) 智能建筑[楼宇]管理系统 即建筑智能化集成管理系统，在建筑设备管理系统基础上更进一步与通信设施系统、公共安全系统、建筑设备管理系统等实现更高一层的建筑集成管理系统。它为实现建筑物运营和管理目标，基于统一的信息平台，以多种类信息集成方式，形成具有信息汇聚、资源共享、协同运行和优化管理。IBMS 主要包括集成平台和集成信息应用两个方面。集成平台包括操作系统、数据库、平台应用程序，纳入集成管理的智能化设施系统与集成互为关联的信息接口等。IBMS 集成系统要实现智能建筑的信息共享和设备资源共享，实现五项管理功能：(1) 集中监视、联动和控制的管理；(2) 通过信息采集、处理、查询和建库管理，实现 IBMS 的信息共享管理；(3) 全局事件的决策管理；(4) 各个虚拟专网配置、安全管理；(5) 系统运行、维护和流程自动化管理。

intelligent building system (IBS) 智能建筑[楼宇]系统 即实现智能建筑功能的各类智能化系统。主要包括以下六类：(1) 信息设施系统。(2) 公共安全系统。(3) 建筑设备管理系统。(4) 信息化应用系统。(5) 智能化集成系统。(6) 机房工程。

intelligent community system 智能社区系统 亦称智慧社区或智慧社区系统，是指采用新一代信息技术，实现对社区内的建筑物、市政基础设施、各类人员、企业等事务、行政管理，为社区用户和居民提供政务服务、商务服务和社区公共服务，创造安全、舒适、便利的现代生活环境。它是智慧城市面向民生的最基层单元。

intelligent control system structure 智能控制系统结构 应用了单种或多种智能化技术的控制系统。智能控制系统结构是指在智能控制系统中，为了实现某种智能特性采用的单种或多种体现智能化技术应用的硬件结构或软件算法结构，如前馈结构、反馈结构、分布式结构、递阶结构和多自主体结构。

intelligent FO patch cord　光纤智能跳线　用于智能布线管理系统（也称电子配线架）上的专用跳线。该跳线上装有检测单元（RFID 型）或比一般的跳线多一根或两根检测线（9 针型或 10 针型）。

intelligent front end system　智能前端系统　一种具有自动采集、自我诊断、自动控制、人机交互等功能的智能化系统前端装置和系统。例如，机场、地铁站和公交站配置的检票机不但是整个检票系统的前端设备，而且本身就具有自动识别票证和自动控制闸机的功能，有的还具有人脸识别、黑名单功能。

intelligent household appliance　智能家用电器　采用一种或多种智能化技术，并具有单种或多种智能特征的家用和类似用途电器。

intelligent integration system (IIS)　智能化集成系统　指建筑智能化集成系统，即为实现建筑物的运营及管理目标，基于统一的信息平台，以多种智能化信息集成方式形成的具有信息汇聚、资源共享、协同运行、优化管理等综合应用功能的系统。

intelligent lighting system (ILS)　智能灯光[照明]系统　利用先进电磁调压及电子感应技术，改善照明电路中不平衡负荷所带来的额外功耗，提高功率因素，降低灯具和线路的工作温度，达到优化供电目的或者营造某种灯光效果的照明控制系统。

intelligent management　智能管理　运用智能化设备或系统对某种生产流程、工作过程或某类系统的运行实施的控制和管理。

intelligent management unit (IMU)　智能管理单元　各类智能化系统或设备中实现智能化信息处理的电路、部件或装置。如设备监控系统中直接数字控制器（direct digital controller, DDC）、报警系统中报警控制器（alarm signal controller, ASC）以及智能布线管理系统中的电子配线架控制器等。

intelligent monitoring area　智能监控领域　使用各类现代智能化监控技术和手段实施公共设施监控和公共安全监控的领域。例如，城市交通，重要活动场所及活动过程、防火、防灾、防盗等。

intelligent monitoring center　智能化管理中心　在住宅小区、社区及园区中设置的信息基础设施、公共安全、设备设施管理、信息化应用、智能化集成等智能化系统及系统中央处理设备实现集中配置和统一管理的区域。

intelligent network application protocol (INAP)　智能网应用规程　用于解决智能网各功能实体间的信息传递，以使各物理实体进行相应的操作，完成各项业务流程。在分布功能平面中，各功能实体间所传送的信息流，反映到物理平面，就是物理实体间传送的“操作”“差错”“结果”，亦即物理实体间的规程。

intelligent network capability set-1 (INCS-1) 智能网能力集第一阶段 所谓能力集，是指智能网中用于表示目标业务和相应业务特征的集合。智能网的能力集-1(CS-1)包含五种用智能网完成的智能化电信业务。其中包括：(1) 被叫集中付费业务(FS)，又称 800 业务，适用于多处设点的机构，对外只用一个号码，可按主叫信量和呼叫时间接至就近服务点，并由该机构统一付费；(2) 呼叫卡业务(CCS)，又称 200 业务，用户可使用任何话机接通长途电话，话费统一记在呼叫卡账号上；(3) 通用号码业务(UNS)，与集中付费业务相似，但由主叫付费；(4) 个人号码业务(PNS)，可跟踪用户的地点和号码转移；(5) 虚拟专用网(VPN)业务，用户不需构建专用网，而由公用网提供等同于专用网的服务，满足专用网编号的方案的要求。

intelligent network conceptual model (INCM) 智能网概念模型 由 ITU-T 建立，INCM 本身并不是一个体系，它只是用于 IN 体系结构的设计和描述，是一个框架。INCM 由四个平面构成，每个平面都概括地表达了由 IN 所构成的网络在不同平面所提供的能力，即从智能网的业务平面、总功能平面、分布功能平面和物理平面对 IN 进行了描述。INCM 是我们完整了解智能网的工具。智能网的主要目标是提供与业务不直接相关的各种功能，可以把它当成积木式构件来构成各种业务，以便于规范和设计各种新的业务。

intelligent patch cord 智能跳线 用于侦测跳线是否插拔的专用跳线。它的原理包括：(1) 跳线中包含 1～2 根绝缘铜丝或细导线，当检测电流从跳线的一端流到另一端时，两端的配线架都有感应信号；(2) 跳线插头处装有机械或电子部件，可以被可管理型配线架的端口监测电路监测检测到；(3) 跳线插头处装有 RFID 芯片和线圈，一旦靠近可管理型配线架会自动感应(脱胎于 IC 卡工作原理)。

intelligent patch panel (IPP) 智能配线架 用于安装连接件(模块或光纤连接器)的可管理型配线架，它与控制器联网，可联机侦测所配跳线是否插入连接件，同时有指示灯显示故障状态、电子工单信息和其他系统希望显示的简单信息。

intelligent platform management interface (IPMI) 智能平台管理接口 一种开放标准的硬件管理接口规格，定义了嵌入式管理子系统进行通信的特定方法。IPMI 信息通过基板管理控制器(简称 BMC，位于 IPMI 规格的硬件组件上)进行交流。使用低级硬件智能管理而不使用操作系统进行管理具有两个主要优点：首先，此配置允许进行带外服务器管理；其次，操作系统不必负担传输系统状态数据的任务。

intelligent service system (INTESS) 智能业务系统 以多功能数字排队机作为呼叫前端接入设备，集计算机、交换、网络和数据库技术于一体，以灵活的人工、自动服务方式，提供各种智能增值特服业务，并可在线生成业务的客户服务平台。

intelligent sunshading system (electric curtain) 智能遮阳系统(电动窗帘) 采用电动或智能控制的遮阳篷、板或窗帘。从安装上可分为内置式和外置式。电动窗帘根据操作机构和装饰效果的不同分为电动开合帘、电动升降帘、电动天棚帘(户外电动天篷和室内电动天棚)、电动遮阳板、电动遮阳篷等系列,具体如百叶帘、卷帘、罗马帘、柔纱帘、风琴帘、蜂巢帘等。

intelligent system in household 家居智能化系统 单套住宅内建立的由居住业主自行控制和管理的各类具有智能化功能的信息系统和控制系统。

intelligent system in residential district 住宅小区智能化系统 住宅小区中具有中央集中控制、管理功能的智能化信息系统,包括具有智能化功能的网络基础设施,实现信息探测、传输、处理、控制和存储的硬件设备和软件系统。住宅小区智能化系统一般由物业管理部门集中控制和管理。

intelligent system integration (ISI) 智能化系统集成 在 GB 50314—2015《智能建筑设计标准》中对智能化集成系统定义为:为实现建筑物的运营及管理目标,基于统一的信息平台,以多种类智能化信息集成方式,形成的具有信息汇聚、资源共享、协同运行、优化管理等综合应用功能的系统。

intelligent terminal 智能终端 是指与嵌入式系统结构一致,本身具有存储器、处理器等固件,能不依赖其宿主处理机而执行某些功能的设备。智能终端的硬件普遍采用计算机经典体系结构。随着通信协议栈不断增多,多媒体与信息处理也越来越复杂,往往将某些通用应用放在独立处理单元中处理,因而形成一种松耦合的主从式多计算机系统。智能终端的软件结构包括操作系统、中间件和应用软件。操作系统管理智能终端的所有资源(包括硬件和软件)成为智能终端的内核与基石。中间件一般包括函数库和虚拟机,使上层的应用程序在一定程度上与下层硬件和操作系统无关。应用软件则提供用户直接使用的各类功能,满足用户的需求。

intelligent transmission 智慧传输 使智能传输过程具备一定的思维和思考能力,能够通过不停地学习,进而能够进行自我分析,达到自我判断控制的能力,使其能够更好地为智慧城市服务。

intelligent transmission cloud 智慧传输云 基于云平台的二维码标签信息管理平台。它将应用场景中的线缆、管槽、连廊等任何存在物理路由走向的信息通过二维码信息进行对应,利用移动互联网技术,以二维码为载体记录线缆的链路信息、管廊信息、设备信息、维护保养信息等,并对标签的信息进行标准化规定,进而能够达到记录、存储和管理的目的。

intelligentization technology 智能化技术 即各类智能化系统中应用的技术成果,主要体现在现代计算机技术,现代通信与网络技术和现代自动控制技术。现代信息技术的进步和普及应用，直接推动着各类智能化系统的迅猛发展。

intended life　预期寿命　系统、产品从投入到失效的预期可工作年限。

inter-coding　帧间编码　在视频编码中使用帧间预测对编码单元或图像进行编码。

inter-conference　交互式会议　所有与会者既能听，又能讲的会议，即多点对多点的电子会议。

inter-prediction　帧间预测　在视频解码中使用先前解码图像生成当前图像样本预测值的过程。

interaction channel（IC）　交互通道　以交互为目的在业务提供方与用户之间交换信息的双向传输通道。

interactive broadcast　交互广播　一种需要有效回传通道的数字交互广播业务模式。

interactive cable TV　交互式有线电视　一种双向有线电视系统，用户能通过电视屏幕上的信息窗对信息做出回应，使观众和电视机屏幕上的信息或节目建立一种双向联系。

interactive network（Internet）　交互式网络（因特网）　即互联网，是国际上最大的计算机网络系统。它被认为是正在蓬勃发展的全球信息高速公路的支柱。该网络具有数以万计的技术资料数据库，其信息媒体包括文字、数据、图像、声音等形式，信息属性有软件、图书、报纸、杂志、档案等门类，信息内容涉及政治、经济、科学、教育、法律、军事、文艺、体育、社会生活等方面，可达到全球性的信息沟通及资源共享。

interactive processing　交互式处理　操作人员和系统之间存在交互作用的信息处理方式。操作人员通过终端设备输入信息和操作命令，系统接到后立即处理，并通过终端输出设备显示处理结果。操作人员可以根据处理结果进一步输入信息和操作命令。

interactive program guide（IPG）　交互节目指南　一种交互式电视的节目指南系统，包括节目表和节目指南数据，被配置成在用户电视设备上显示若干节目表和插入节目表内的分隔符的节目表屏幕，供用户选择点播。

interactive television（ITV）　交互电视　一种受观众控制的电视，在节目间和节目内观众能够做出选择。它是一种非对称双工形式的新型电视技术，是一种双向电视。用户能通过这种电视屏幕上的信息窗对信息做出回应，使观众和电视机屏幕上的信息或节目建立一种双向联系。交互电视的典型应用包括因特网接入、视频点播和视频会议。

interactive video telegraphy videotex　交互式可视图文　利用数据库存储的信息向社会提供信息服务的一种交互型的电信业务。利用可视图文业务，人们可以毫不费力地把需要的资料"点"到家中观看，这与给广播电台打个电话便可以点播自己心爱的歌曲有异曲同工之妙。

interactive video-on-demand（IVOD）　交互式视频点播　具有交互能力的视频点播服务，是就近式点播电视和真实点播电视的改进。它不仅可以支持即点即放，而且还可以让用户对视频流进行交互式的控制。这时,用户就可像操作传统的录像机一样,实现节目的播放、暂停、倒回、快进、自动搜索等。交互式功能增强了客户在信息服务过程中的主动地位。按点播服务过程中所提供的交互能力强弱与多寡,可区分为广播视频点播、有偿收视、半视频点播、近视频点播、纯视频点播等。

interactive voice response (IVR) 交互式语音应答 一种能让用户通过电话自动获得有关信息的系统。主叫方可以通过使用触摸音频数字或发出语音命令查询信息,并可以通过语音回复获取查询结果。

intercell handover 小区间切换 在不同小区无线信道之间交换一个正在进行中的通话而不使其中断的操作。

intercom system 对讲系统 现代住宅中的一种安全服务措施。其基本功能是身份识别和控制开门。早年为语音对讲,后续演变为视频对讲,当前还增设有指纹、人脸等生物识别功能,能够显著提高驻区管理服务的精准性。

interconnect 互连,互联 同 interconnection。

interconnectability 可互联性 两个及以上的关联组件使用相同通信协议和通信接口完成相互间传递数据(通信)的能力。

interconnected independent fire detector 互联型独立式火灾探测器 能够互联的多套独立式火灾报警器构成的系统。一个房间(或区域)发生报警时,其他房间(或区域)也可以收到警报信号。独立式火灾报警器可以实现独立探测、独立报警,不需要和火灾报警控制器连接。适用于较小场所和不能 24 小时值班的场所。

interconnection 对接,互连,互联 不同物理实体在物理上的互相连接。① 网络间的连接、设备或物理媒质间的连接。两个网络互联点也叫接口点(POI),接口点必须符合相应的标准。物理上互连是否可行的最终表征是能否互通。能够互通的基本要求是不告警、不失步、不倒换、不发生影响正常运行的其他事件。② 布线系统中的对接,是指不用接插软线或跳线,而使用连接器件把一端的电缆或光缆与另一端的电缆或光缆直接相连的一种连接方式。

interconnection and mutual control 互联互控 是指两个及以上智能化子系统之间通过相应的接口或统一的信息平台实现信息共享以及预设功能的联动和控制。例如,当入侵报警系统中某防区发生警情时,不但系统自身发出预定的报警信号,还联动触发智能照明系统开启该区域灯光,或触发视频安防监控系统的图像切换,将该防区的视频图像突出地显示出来。互联互控可以将智能化系统的潜能发挥到极致。智能化集成系统是实现系统之间互联互控的最好解决方案。

inter-connection bolt 互连螺栓 将两个机柜从侧面连接到一起时使用的螺栓。

interconnection subsystem (IS) 互联系统 指由多个小系统通过一定的方

式互联构成的具有更多、更复杂功能的大系统。

interface 接口,界面 ① 不同系统或设备之间的一个共有界面。如两个设备之间的接口装置或两个程序之间的接口程序,或多个程序共同访问的存储区等。计算机各部分之间、计算机与计算机之间、计算机与通信设备之间的连接设备都称为接口。为了满足接口所连接的两个系统或设备的要求并使之相互作用,接口应具有代码、格式、速度和其他变换功能。两种著名的工业标准接口,例如RS-232C和IEEE 488接口。② 计算机内部具有的许多不同的类型的接口和界面。用户界面包括图形设计、命令、提示,以及使用户能够和程序交互的各种措施。

interface card 接口板[卡] 一种设备与其他设备相连接的电路板。例如,在局部网里,每一个计算机和外围设备要求有一块通过网络发送和接收信息的接口板。接口板通常由装在一块板上的若干集成电路和元件组成。

interface circuit chip 接口电路芯片 安装在计算机之间,计算机与外围设备之间,计算机内部部件之间起连接作用的逻辑电路上的集成电路芯片。这里的计算机包括控制系统中常用的微处理器。

interface ID 接口标识符 ① 用于标示物理接口或逻辑接口唯一属性,便于准确查找接口,执行所希望的传输或操作。② 用于识别在信令网关(SG)上的物理接口,在该接口上发送和接收信令消息。标志符的参数值仅仅具有本地意义,由信令网关和软交换(SS)设备协商。

interface power driver 接口功率驱动器 为解决传输线缆太长造成的信号损耗而设置的功率驱动器。

interference cancellation system (ICS) 干扰消除系统 通过数字处理技术消除地面数字电视广播直放站输入端口中来自输出端口的耦合信号的系统。

interference-adaptive system 干扰自适应系统 采用自适应技术对干扰予以减弱或消除的电子系统。

interlace 隔行 一种电视扫描方式。在隔行帧中,一帧图像的扫描分成两场完成,两场分别由奇数行和偶数行构成。其中有一场要先显示,这一场称为第一场。第一场可以是一帧的顶场,也可以是底场。

interlace ratio 隔行比 隔行扫描方式中每场扫描行间隔的比例。1∶1表示逐行扫描格式,2∶1表示每隔一行进行扫描的格式。

interlaced scanning 隔行扫描 是光栅显示器一种扫描方式,其电子束在一次屏幕扫描中先刷新所有的奇数行,下一次扫描再刷新屏幕的所有偶数行,从而形成完整的一帧图像(每一次扫描为一场)。隔行扫描充分地利用了人眼视觉暂留特性和发光材料亮度延迟的特性,从而使人们感觉屏幕图像是连续无间断的。与隔行扫描相对应的是逐行扫描。

interleave 隔行扫描 同interlaced scanning。

interlock 内锁 信息插头插入模块插座后被模块的机械结构锁住，以防止插头脱离的结构。

interlock code (IC) 闭锁码 分组交换中的一个标明封闭用户组(CUG)身份的数值。该码字在呼叫请求分组中传送。

intermediate cable 中间线缆 ① 数据中心综合布线系统的拓扑结构中连接着中间配线架(ID)和区域配线架(ZD)中的连接件的缆线。综合布线通用拓扑结构中，归属于第二级子系统中的缆线。② 工业建筑综合布线系统中连接着中间配线架(ID)和信息点(TO)中的连接件的缆线，可在缆线中插入集合点。在综合布线通用拓扑结构中，归属于第一级子系统中的缆线。

intermediate cabling subsystem 中间布缆子系统 ① 数据中心综合布线系统的拓扑结构中连接着中间配线架(ID)和区域配线架(ZD)，属综合布线系统通用结构中的第二级子系统。② 工业建筑综合布线系统中连接着中间配线架(ID)和信息点(TO)，可在缆线中插入集合点，属综合布线系统通用结构中的第一级子系统。

intermediate cross-connect (IC) 中间交叉连接 美国综合布线系统标准中的综合布线系统通用拓扑结构的第二级配线设备(DB)。

intermediate distribution frame (IDF) 楼层配线架，分配线架 美国综合布线标准(TIA-568)中，指楼层上安装的配线设备。对应于美国标准综合布线系统的通用拓扑结构，属于第一级配线架。对应于国际标准综合布线系统的通用拓扑结构，其也属于第一级配线架。

intermediate distributor (ID) 中间配线设备，中间配线架 ① 数据中心综合布线系统标准中位于主配线架(MD)和区域配线架(ZD)之间的配线设备。它上连主配线子系统，下接中间配线架子系统，属于综合布线系统通用结构中的第二级配线设备。② 工业建筑综合布线系统标准中位于设备插座(EO)与楼层配线架(FD)之间的配线设备，它上连楼层子系统，下接中间子系统(可含集合点)。属于综合布线系统通用结构中的第一级配线设备。

intermediate frequency (IF) 中频 一个信号载波经本地转换后的低于载频的频率信号，作为解调前的一个中间级。一些电子装置或电路中，接收的高频载波信号经过变频而获得的中频载波信号。中频放大器能够稳定地工作，且具有高增益和高信噪比，最终获得预期的解调信号。

intermediate frequency amplifier 中频放大器 信号放大器的一种，同时具有选频的功能，即对特定的中频段信号的增益高于其他频段的增益。中频放大器不仅要放大信号，还要进行选频，即保证放大的是中频信号。与高频放大器放大相当宽频段内的高频信号不同，中频放大器只放大固定的带宽很窄的某个中频信号，所以中频放大器可以达到极高的增益。

intermediate system to intermediate

system (IS-IS) **中间系统到中间系统** 一种内部网关协议,是电信运营商普遍采用的内部网关协议之一。标准的 IS-IS 协议是由国际标准化组织制定的 ISO/IEC 10589—2002 所规范的。但是标准的 IS-IS 协议是为无连接网络服务(CLNS)设计的,并不直接适合于 IP 网络,因此互联网工程任务组制定可以适用于 IP 网络的集成化的 IS-IS 协议,称为集成 IS-IS,它由 RFC 1195 等 RFC 文档所规范。由于 IP 网络的普遍存在,一般所称的 IS-IS 协议,通常是指集成 IS-IS 协议。

intermittent fault 间歇故障 设备、系统未经任何修复性维修而在有限的持续时间内自行恢复执行规定功能的故障。

internal cable 内部线缆 综合布线系统入口设施通往建筑物内部的线缆。在入口设施两端,外部线缆(室外缆线)要求采用防雷、防水缆线,内部线缆(室内缆线)要求采用防火缆线。

internal cycle 内循环 温控设备为机房(柜)内部环境提供温度控制功能和空气循环功能的一侧。

internal user data 内部用户数据 信息系统中具有一般使用价值或保密程度,需要进行一定保护的用户数据。该类数据的泄漏或破坏,会带来一定的损失。

Internation Special Committee on Radio Interference (CISPR) 国际无线电干扰特别委员会 国际电工委员会的组成部分之一,其相当于 IEC 的技术委员会。CISPR 为涉足电磁兼容标准的重要国际组织之一。

International Annealed Copper Standard (IACS) 国际退火铜标准 1913 年国际会计准则委员会(IASC)标准建立之前,各国为了能够采用统一的标准对退火铜进行定义而通过调查建立起来的一套针对铜材料的标准体系,该标准体系在 1914 年 3 月被国际电工委员会采纳。其主要内容为:标准退火铜的正常值定义为:在 20℃的温度下,长度为 1 m,导体截面为 1 mm^2 的标准退火铜导线其电阻为 1/58 Ω,即 0.017 241 Ω。

International Electrotechnical Commission (IEC) 国际电工技术委员会 成立于 1906 年,是世界上成立最早的国际性电工标准化机构,负责有关电气工程和电子工程领域中的国际标准化工作。国际电工委员会的总部最初位于伦敦,1948 年搬到日内瓦。1947 年作为一个电工部门并入国际标准化组织(ISO),1976 年又从 ISO 中分立出来。IEC 的宗旨是促进电工、电子和相关技术领域的国际合作,其目标是:有效满足全球市场的需求,保证在全球范围内优先并最大限度地使用其标准和合格评定计划,评定并提高其标准所涉及的产品质量和服务质量,为共同使用复杂系统创造条件,提高工业化进程的有效性,提高人类健康和安全,保护环境。目前 IEC 的工作领域已扩展到电子、电力、微电子、通信、视听、机器人、信息技术、新型医疗器械和核仪表等。IEC 标准已涉及了世界市场中的 35%以上的产品。中国于 1957 年加入该委员会，1988 年起改为以国家技术监督局的名义加入，现在是以中国国家标准化管理委员会的名义参与 IEC 的工作。中国是 IEC 的第 95 个技术委员会和第 80 个分委员会成员，是 IEC 理事局、执委会和合格评定局的成员。2011 年，第 75 届国际电工委员会（IEC）理事大会正式通过中国成为 IEC 常任理事国。目前，IEC 常任理事国为中国、法国、德国、日本、英国、美国。

International Gateway 国际通信进出口局 指国内电信运营商的通信网络与国外运营商的通信网络之间的互联节点局，主要用于实现双方业务的互联互通和数据交换。国际通信进出口局实际上是一个国家的通信边境，不仅关系到数亿用户能否顺利使用国际长途、互联网等通信业务，还事关国家的信息安全。

international mobile equipment identity (IMEI) 国际移动设备身份码 在通信系统中，指用于唯一识别一个 GSM 模块的码，长度为 56 位。

international mobile group identity (IMGI) 国际移动组标识 在通信系统中，指识别移动用户组的标志。

international mobile station equipment identity (IMEI) 国际移动台设备标识，国际移动设备标识 即通常所说的手机序列号、手机"串号"，用于在移动电话网络中识别每一部独立的手机等移动通信设备，相当于移动电话的身份证。序列号有 15～17 位数字，前八位（TAC）是型号核准号码（早期为六位），是区分手机品牌和型号的编码。接着的两位（FAC）是最后装配号（仅在早期机型中存在），代表最终装配地代码。后六位（SNR）是串号，代表生产顺序号。最后一位（SP）一般为 0，是检验码，备用。国际移动设备识别码一般贴于机身背面与外包装上，同时也存在于手机存储器中，通过输入 * #06# 即可查询。

international mobile subscriber identity (IMSI) 国际移动用户标识 国际上为唯一识别一个移动用户所分配的标志号码。它存储在 SIM（用户识别模块）卡中，使用数字 0～9 组成十五位号码，用于识别移动用户的有效信息。从技术上讲，IMSI 可以彻底解决国际漫游问题。但是由于北美地区目前仍有大量的 AMPS 系统使用 MIN 号码，且 MDN 和 MIN 采用相同的编号，系统已经无法更改，所以目前国际漫游暂时还是以 MIN 为主。其中，以"0"和"1"打头的 MIN 资源称为 IRM（International Roaming MIN），由 IFAST（International Forum on ANSI-41 Standards Technology）统一管理。目前中国联通申请的 IRM 资源以 09 打头。随着用户的增长，用于国际漫游的 MIN 资源将很快耗尽，全球统一采用 IMSI 标识用户势在必行。

International Organization for Standardization (ISO) 国际标准化组织 简称 ISO，是指全球性的非政府组织，是国际标准化领域中十分重要的组织。该组织成立于 1946 年，中国于 1978 年加入 ISO。在 2008 年 10 月的第 31

届国际标准化组织大会上，中国正式成为 ISO 常任理事国。国际标准化组织总部设于瑞士日内瓦，成员包括 163 个会员国，其成员占全球 GDP 的 98%和人口的 97%。ISO 宗旨是促进世界标准化工作的发展，以利国际物质和文化的交流与服务，并发展在知识、科学技术和经济领域内的合作。其主要任务是制订国际标准，协调世界范围内的标准化工作等。

International Radio Consultative Committee (CCIR) 国际无线电咨询委员会 成立于 1927 年，是国际电信联盟(ITU)的常设机构之一。主要职责是研究无线电通信和技术业务问题，并对这类问题出版建议书。从 1993 年 3 月 1 日起，与国际频率登记委员会(IFRB)合并，成为现今国际电信联盟(ITU)无线电通信部门，简称 ITU-R。

international standard 国际标准 由国际标准化组织批准的标准。适用于国际间的贸易活动和技术交流。通常必须经过国际标准化组织全体成员国协商表决通过后方能生效。

International Telecommunication Union (ITU) 国际电信联盟 联合国的一个重要的专业机构，也是联合国机构中历史最长的一个国际组织。简称国际电联，电联或 ITU。国际电联是主管信息通信技术事务的联合国机构，负责分配和管理全球无线电频谱与卫星轨道资源，制定全球电信标准，向发展中国家提供电信援助，国际电联组织结构主要分为电信标准化部门、无线电通信部门和电信发展部门。国际电联既吸收各国政府作为成员国加入，也吸收运营商、设备制造商、融资机构、研发机构和国际及区域电信组织等私营机构作为部门成员加盟。随着电信在全面推动全球经济活动中的作用与日俱增，加入国际电联使政府和私营机构能够在这个拥有 140 多年世界电信网络建设经验的机构中发挥积极作用。国际电联总部设于瑞士日内瓦，包含 193 个成员国和 700 多个部门成员及部门准成员和学术成员。每年的 5 月 17 日是世界电信日(World Telecommunication Day)。

International Telecommunication Union-Telecommunication Standard Sector (ITU-T) 国际电信联盟-电信标准部 也称 ITU-TSS。由原来的 CCITT(国际电报电话咨询委员会)和 CCIR(国际无线电咨询委员会)测试标准化工作的部门合并而成。其主要职责是完成有关电信标准方面的米标，即研究电信技术、操作、资费等问题，出版建议书，目的是在世界范围内实现电信标准化，包括在公共电信网上无线电系统互联和为实现互联所应具备的性能。其标准化工作都是由很多研究小组(SG)来完成的。每个 SG 都负责电信的一个领域，SG 又可分成许多工作组(WP)，WP 可以再细分成专家组，甚至可以分得更细。各个 SG 制定自己领域内的标准，标准的草案只要在 SG 会议上被通过，便可用函信的方法征求其他代表的意见，如果 80%的回函是赞成的，则这项标准就算获得最后通过。ITU-T 制定的标准被称为"建议书",意思是非强制性的、自愿的协议。

Internet 因特网 由众多网络相互联结而形成的全球最大的开放的计算机网络。它由美国的阿帕网(Arpanet)发展形成,主要采用 TCP/IP(传输控制协议/网际协议)。因特网可提供全球范围的通信,例如信息检索、电子邮件、语音、数据和图像等通信。因特网的核心部分由许多互联的路由器构成,完成用户信息的选路转发功能。因特网用户可采用电话拨号方式、专线方式及无线方式接入因特网。

internet company 互联网企业 广义的互联网企业是指以计算机网络技术为基础,利用网络平台提供服务并因此获得收益的企业。它可以分为:基础层互联网企业、服务层互联网企业、终端层互联网企业。狭义的互联网企业是指在互联网上注册域名,建立网站,利用互联网进行各种商务活动的企业,也称为广义互联网企业中的终端层互联网企业。根据上述互联网企业所提供的不同产品和服务,还可分为:网络服务提供商、互联网服务提供商、互联网内容提供商、应用服务提供商、互联网数据中心、应用基础设施提供商等。

Internet content provider (ICP) 因特网内容提供商 ICP 通过自己的 Web 服务器为用户提供实时新闻、搜索引擎、定制的信息服务和免费的信息资源,通过收取广告费、会员费、信息咨询费、交易佣金等获得收益。

Internet Control Message Protocol (ICMP) 因特网控制信息协议 在因特网中的一个关于 IP(网际协议)差错与控制协议。它是 TCP/IP(传输控制协议/网际协议)协议族的一个子协议,用于在 IP 主机、路由器之间传递控制消息。当中间网关发现传输错误时,立即向信源机发送 ICMP 报文,报告出错情况,以便信源机采取相应的纠正措施。

internet data center (IDC) 互联网数据中心 指电信业务经营者利用已有的互联网通信线路和带宽资源,建立标准化的电信专业级机房环境。它可以为应用和客户提供大规模、高质量、安全可靠的专业化服务器托管、空间租用、网络批发带宽以及应用服务商业务。互联网数据中心具备较大规模的场地及机房设施、高速可靠的内外部网络环境、系统化的监控支持手段等一系列符合条件的主机存放环境。客户租用数据中心的服务器和带宽,利用数据中心的技术力量,享用数据中心所提供的一系列服务来满足对软、硬件的要求,搭建自己的互联网平台。根据数据中心服务对象不同,还有一类企业级数据中心(enterprise data center, EDC),由企业或机构(如银行、保险、政府、大型企业等)建设并拥有,主要为自身业务服务,有的也可以为其他企业或机构提供服务器托管或空间租用。

Internet Engineering Task Force (IETF) 因特网工程任务组 1985 年底成立的由为互联网技术工程及发展做出贡献的专家自发参与和管理的国际

民间机构。它汇集了与互联网架构演化和互联网稳定运作等业务相关的网络设计者、运营者和研究人员。它向所有对该行业感兴趣的人士开放,任何人都可以注册参加该任务组的会议。大量技术性工作均由其内部的各类工作组协作完成。工作组按不同任务(如:路由、传输、安全等)的专项课题分别组建,交流工作主要是在各个工作组所设立的邮件组中进行。因特网工程任务组大会每年举行三次。

Internet Group Management Protocol (IGMP) 网际组管理协议,因特网组管理协议 因特网协议家族中的一个组播协议。该协议运行在主机和组播路由器之间,是主机用来向IPv4路由器报告其组播组成员的通信协议。

Internet information service (IIS) 因特网信息服务 指Windows操作系统中的网站服务。

Internet Message Access Protocol (IMAP) 因特网信息访问协议 一个互联网的标准协议的电子邮件客户端用于检索在一个TCP/IP连接邮件服务器的电子邮件。它的主要作用是邮件客户端(如:MS Outlook Express)可以通过这种协议从邮件服务器上获取邮件的信息,并下载邮件。IMAP是斯坦福大学在1986年开发的研发的一种邮件获取协议。它的主要作用是邮件客户端(如:MS Outlook Express)可以通过这种协议从邮件服务器上获取邮件的信息,下载邮件等。当前的权威定义是RFC 3501。IMAP协议运行在TCP/IP协议之上,使用的端口是143。它与POP3协议的主要区别是用户不需要把所有的邮件全部下载,可以通过客户端直接对服务器上的邮件进行操作。

Internet of Things (IoT) 物联网 将各种信息传感设备,如射频识别(RFID)装置、红外感应器、全球定位系统、激光扫描器等各种装置与互联网结合起来而形成的一个巨大网络。物联网是通过部署具有一定感知、计算、执行和通信等能力的设备获得物理世界的信息或对物理世界的物体进行控制,通过网络实现信息的传输、协同和处理,从而实现人与物通信、物与物通信的网络。

Internet Protocol (IP) IP协议,网际协议 IP协议是一个协议簇的总称,其本身并不是任何协议。一般有文件传输协议、电子邮件协议、超文本传输协议、通信协议等。**因特网协议** 因特网上的计算机进行通信时规定应遵守的最基本的通信协议。IP协议是表示网间互联的网络协议,对应于OSI(开放系统互联)七层协议中的网络层。TCP/IP是一个分组交换协议,信息被分成多个组,在网上传输,到达接收方后把这些分组重新组合成原来的信息。TCP是一个连接(传输)协议。而IP协议是无连接协议,它定义了非连接数据报文的传输。非连接表示发送和接收的计算机不是通过直接电路连接,而是通过数据报文在网络上不同主机之间传输,通过路由选择来实现通信。IP使用的目的地辨识方式是对每一个网络及每一台主机给予一个识别编号(ID),合并称为 IP address。网际通信以数据报为单元进行,网际协议(IP)精确定义了数据报的组成格式。报头中包含着网络通信的控制信息,数据部分包含着用户的数据。IP 协议还详细规定了计算机应该如何处理和传递数据报,直至数据报到达它的目的地。

internet protocol multicast (IP-M) IP 广播业务 局域网多路广播技术向 TCP/IP(传输控制协议/网际协议)网络的延伸。主机发送和接收多路广播数据报,数据报的目的地址字段指定的是 IP 主机组地址而不是单个 IP 地址。

internet protocol television (IPTV) 交互式网络电视 在基于网际协议(IP)的专用网络上传输电视、视频、音频、文本、图形、数据等多媒体业务的系统,是一种利用宽带有线电视网,集互联网、多媒体、通信等多种技术于一体,向家庭用户提供包括数字电视在内的多种交互式服务的崭新技术。国际上对 IPTV 的定义是可控可管、安全传输并具有 QoS 认证的有线或无线 IP 网络,提供包括视频、音频(包括语音)、文本、图形、数据等业务在内的多媒体业务。其中,接收终端包括电视机、平板电脑、手机、移动电视及其他类似终端。系统须满足服务质量(QoS)、体验质量(QoE)、安全性、交互性和可靠性。

Internet Protocol version 4 (IPv4) 互联网协议(Internet Protocol, IP)的第四版 第一个被广泛使用且构成现今互联网技术的基础的协议。

Internet Protocol version 6 (IPv6) 互联网协议(Internet Protocol, IP)的第六版 IETF(互联网工程任务组, Internet Engineering Task Force)设计的用于替代现行版本 IP 协议(IPv4)的下一代 IP 协议,号称可以为全世界的每一粒沙子编上一个网址。

Internet Society (ISOC) 国际互联网学会 1992 年 1 月正式成立的一个全球性互联网组织。在推动互联网全球化,加快网络互联技术,发展应用软件,提高互联网普及率等方面发挥重要的作用。ISOC 是一个非政府、非营利的行业性国际组织,在世界各地有上百个组织成员和数万名个人成员。ISOC 同时还负责互联网工程任务组(IETF)、互联网结构委员会(IAB)等组织的组织与协调工作。

Internet Streaming Media Alliance (ISMA) 国际互联网流媒体联盟 由 Apple 公司、思科、国际商业机器公司、美国太阳计算机系统公司、飞利浦公司、美国宽讯网络科技公司等产业界巨人于 2000 年 12 月 14 日发起并宣布成立,目前其正式成员达到 30 家以上。ISMA 联盟的宗旨为推动 IP 端到端媒体流解决方案的国际开放性标准的开发与使用。

interoperability 可互操作性 不同厂商生产的两个或两个以上设备或系统使用相同的对数据输入、输出、参数的语义和设备相关功能性定义,在单个或多个分布式应用中一起工作的能力。

interpolated prediction 插值预测 视频压缩编码中，根据过去的参考像素、场、帧对未来的参考像素、场、帧进行预测。

interpolation 插值法 一个用于数字视频用以通过数学方法比较邻近的像素创建新的像素的算法。

inter-process communication (IPC) 进程间通信 ① 由多任务操作系统所提供的一个任务或过程与另一个任务或过程交换数据的能力。常见的进程间通信方法有管道、信号标志、共享内存、队列、信号、信箱等。② 在某些操作系统中，程序之间进行数据通信以实现同步的进程，常用的进程通信方式是信号量、信号和内部消息队列。③ 网络上局部或者远程进程之间传输数据和消息以及提供服务的能力。通信可以在程序的不同进程之间进行，也可以在各运行程序一部分的不同计算机之间进行，或者在两个协同的程序之间进行。

interrupt disable 禁止中断 计算机操作系统禁止中断或禁止响应中断的操作。禁止中断指令可以分为特权指令和软中断指令。

interruption time 中断时间 UPS 系统输出电压低于允差带下限的时间。

inter-symbol interference (ISI) 符号间干扰，码间干扰 数字通信中，由于脉冲扩展引起的各信号元之间的干扰。符号间干扰是由无线电波传输多径与衰落，以及抽样失真引起的。

interval 间隔 两个类似的事物之间的空间或时间的距离。

interworking facilities 互通设施 用于互连互通的建筑或设施。

interworking function (IWF) 互通功能 可提供互通（网络互通、业务互通、补充业务互通或信令互通）的网络功能实体。它可以是单个或多个逻辑或物理实体。它是通过把状态和协议变换或映射成一致的网络和用户业务的手段，隐蔽在物理链路和网络技术上的差异的装置。

interworking system 互通系统 能够相互连通的若干个系统。

interworking unit 互通部件[单元] 系统或设备中用于相互连通的部件或单元。

INTESS 智能业务系统 intelligent service system 的缩写。

intimidation alarm system 胁迫报警系统 为保护被胁迫人员生命安全所设的安全防范系统。例如，当被歹徒胁迫，生命受到威胁时，迫不得已必须开门，可使用胁迫密码开门。此时，门被打开的同时，系统会显示该门是被胁迫打开的报警信息，立即自动采取或通知相关部门和人员启动相关的防护预案。

intra-prediction 帧内预测 视频编码、解码过程中，相同解码图像中使用先前解码的样值生成当前样本预测值的过程。

intruder alarm system (IAS) 入侵报警系统 利用传感器技术和电子信息技术探测并指示非法进入或试图非法进入设防区域（包括主观判断面临被劫持或遭抢劫或其他危急情况时，故意触发紧急报警装置）的行为处理报警信息并发出报警信息的电子系统或网络。

intrusion detection system (IDS)　入侵检测系统　一种对网络传输进行即时监视，在发现可疑传输时发出警报或者采取主动反应措施的网络安全设备。它与其他网络安全设备的不同之处便在于 IDS 是一种积极主动的安全防护技术。IDS 最早出现于 1980 年 4 月。1980 年代中期，IDS 逐渐发展成为入侵检测专家系统（IDES）。1990 年，IDS 分化为基于网络的 IDS 和基于主机的 IDS，后又出现分布式 IDS。目前，IDS 发展迅速，已有人宣称 IDS 可以完全取代防火墙。

intrusion prevention system (IPS)　入侵预防系统　计算机网络安全设施，是对防病毒软件（antivirus programs）和防火墙（packet filter，application gateway）的补充。入侵预防系统（intrusion-prevention system）是一部能够监视网络、网络设备等网络资料传输行为的计算机网络设备，能够即时中断、调整或隔离一些不正常或是具有伤害性的网络资料传输行为。

invalid cell　无效信元　在通信系统中，指信元头部发生错误且无法通过 HEC 改正的信元。

in-vehicle network　车载网络　用于实现汽车中的分布式电子系统进行数据交换的通信网络。

inverse phase　反相位　正弦交流电中，若一个交流电达到正的最大值时，另一个交流电同时达到负的最大值，即它们的初相位相差 180°，则称他们为反相位，简称反相。在综合布线系统等平衡电路中，每一对芯线中的两芯线所传递的信号互为反相位，但幅度相同。

inverse transform　反变换　在数字电视系统中是指将变换系数矩阵转换成空域样值矩阵的过程。

inverter　变频器　应用变频技术与微电子技术，通过改变电机工作电源频率方式来控制交流电动机的电力控制设备。变频器主要由整流（交流变直流）、逆变（直流变交流）、滤波、制动单元、驱动单元、检测单元、微处理单元等组成。变频器靠内部绝缘栅双极晶体管（IGBT）的开断来调整输出电源的电压和频率，根据电机的实际需要来提供其所需要的电源电压，进而达到节能、调速的目的。另外，变频器还有很多的保护功能，如过流、过压、过载保护等。随着工业自动化程度的不断提高，变频器也得到了非常广泛的应用。

IO　信息插座　information outlet 的缩写。

IOT　输入输出终端　input/output terminal 的缩写。

IoT　物联网　Internet of Things 的缩写。

IP　因特网协议，网际协议　Internet Protocol 的缩写。

IP bypass　IP 旁路　将“过境”的 IP 流量通过传送管道进行旁路，降低对核心路由器的压力。在经过核心路由器的 IP 业务流量中，大约有 50%以上属于“过境”的转发流量，而这些“过境”流量大大加重了核心路由器的负担。如果使用昂贵的路由器线卡处理这类流量，则会造成网络成本和功耗的快速增长。而利用光层和IP层的协同组网调度机制，可以在光层旁路IP层的“过境”流量，从而降低投资成本和运营成本。这种IP层与光层之间的融合与统一调度将成网络演进的方向之一。

IP cable modem IP 电缆调制解调器 是用户用于在有线电视系统上传输数据通信信息的调制解调器。它是一种将数据终端设备（计算机）连接到有线电视网，以使用户能够进行数据通信访问因特网信息资源的设备。

IP camera (IPC) IP 摄像机 即网络摄像机，它是一种由传统摄像机与网络技术结合所产生的摄像机。

IP multicasting technology IP 多路广播［多播］技术 将单一IP（网际协议）封包透过多播传送骨干网络（MBONE）同时传送给许多节点的技术。多播技术可以用于单对多或多对多发送数据，如流式媒体、股票报价、库存更新等。不论是服务器对客户机还是应用程序对应用程序均适用。与传统的点对点单播技术不一样（单播为每个用户使用单独的连接），多播的所有用户都用一个连接。此技术通过消除对同一内容的冗余访问减少企业网络上的流量。多播也能减少网络服务器上的负荷，并且优化传送数据的过程，尤其是在需要大量带宽的多媒体（如音频、视频）应用中。

IP phone IP 电话 一种通过互联网或其他使用IP技术的网络来实现的新型的电话通信。随着互联网日渐普及，以及跨境通信数量大幅飙升，IP电话亦被应用在长途电话业务上。由于世界各大城市的通信公司竞争加剧，以及各国电信相关法令松绑，IP电话开始应用于固网通信，其低通话成本、低建设成本、易扩充性及日渐优化的通话质量的主要特点，被目前国际电信企业看成是传统电信业务的有力竞争者。过去IP电话主要应用在大型企业的内联网内，技术人员可以复用同一个网络提供数据及语音服务，除了简化管理，更可提高生产力。IP电话是按国际互联网协议规定的网络技术内容开通的电话业务，中文翻译为网络电话或互联网电话，简单来说就是通过因特网进行实时的语音传输服务。它是利用国际互联网为语音传输的媒介，从而实现语音通信的一种全新的通信技术。

IP router IP 路由器 互联网的关键设备，其功能随着实践的发展而被不断完善。其主要功能有IP数据包的转发、路由的计算和更新、ICMP消息的处理、网络管理、安全服务等。

IP storage area network (IP-SAN) 基于 IP 的存储局域网络 以IP网络构建存储网络，相较于FC-SAN具有更经济、更自由扩展等特点。IP-SAN基于十分成熟的以太网技术，设置配置的技术简单、成本低廉的特色相当明显，而且普通服务器或计算机只需要具备网卡，即可共享和使用大容量的存储空间。由于是基于IP协议的网络，能容纳所有其中的部件，因此，用户可以在任何需要的地方创建实际的 SAN 网络，而不需要专门的光纤通道网络在服务器和存储设备之间传送数据。同时，因为没有光纤通道对传输距离的限制，IP-SAN 使用标准的 TCP/IP 协议，数据可在以太网上直接进行传输。IP-SAN 对于那些要求流量不太高的应用场合以及预算不充足的用户是一个非常好的选择。

I-passive optical network (I-PON) **I 无源光网络** 指基于万兆以太网的 IP 广播技术和 PON 无源光网络的技术共同付诸实施光纤到户方案，将万兆以太网技术应用于单向广播网，双向交互部分采用 PON 技术。

IPC **工业控制微机，工控机** industrial computer 的缩写；**工业个人计算机** industrial personal computer 的缩写；**绝缘刺穿连接** insulation piercing connection 的缩写；**进程间通信** inter-process communication 的缩写；**IP 摄像机** IP camera 的缩写。

IPG **交互节目指南** interactive program guide 的缩写。

IPLV **综合部分负荷性能系数** integrated part load value 的缩写。

IP-M **IP 广播业务** internet protocol multicast 的缩写。

IPMI **智能平台管理接口** intelligent platform management interface 的缩写。

I-PON **I-无源光网络** I-passive optical network 的缩写。

IPP **智能配线架** intelligent patch panel 的缩写。

IPR **知识产权** intellectual property right 的缩写。

IPS **室内定位系统** indoor positioning system 的缩写；**入侵预防系统** intrusion prevention system 的缩写。

IP-SAN **基于 IP 的存储局域网络** IP storage area network 的缩写。

IPTV **交互式网络电视** Internet Protocol Television 的缩写。

IPv4 **互联网协议(Internet Protocol, IP)的第四版** internet protocol version 4 的缩写。

IPv6 **互联网协议(Internet Protocol, IP)的第六版** internet protocol version 6 的缩写。

IR-cut removable (ICR) **双滤光片切换器，日夜转换** 用于让滤光片白天切换到不感红外滤光片和晚上切换到感红外滤光片的红外摄像机配件。

irradiation **照射** 指光线射在物体上。

IS **互联系统** interconnection subsystem 的缩写。

ISC **集成监控中心** integrated surveillance center 的缩写。

ISDN **综合业务数字网** integrated services digital network 的缩写。

ISDN primary rate interface (ISDN-PRI) **ISDN 的基群速率接口** 综合业务数字网(ISDN)中的一种用户-网络接口(UNI)，在该接口上，综合业务数字网(ISDN)向用户提供 30 个 B 信道(在 T1 中为 23 个)和一个 D 信道(信道速率为 64 kbps)。

ISDN station set **ISDN 话机** 机内装有数模转换器和模数转换器，通过数字流与电话网连接的电话机。与传统的模拟电话机不同，ISDN 数字电

I

话机接收和发出的信号都是适配 ISDN-S 接口规程的电话机，以 64 kbps 的速率传输数字信号。

ISDN user part (ISUP) 综合业务数字网用户部分 ISDN(综合业务数字网)内的公共信道信令方式的用户部分，它是在电话用户部分(TUP)上附加 ISDN 特有的信令以及通信规程(用户-用户信令、中断、恢复)等部分后构成的。

ISDN user part (SS7) (ISUP) ISDN 用户部分(7 号信令) 在通信系统中，7 号信令系统采用功能模块化的结构，主要包括一个消息传递部分(MTP)、一个信令连接控制部分(SCCP)和若干个用户部分(UP)，实现呼叫的建立和释放功能。其中用户部分(UP)主要包括电话用户部分(UTP)、数据用户部分(DUP)、ISDN 用户部分(ISUP)等。ISDN 用户部分(ISUP)规定电话或非话交换业务所需的信令功能和程序，它不但可以提供用户基本业务和附加业务，而且支持多种承载业务。

ISDN-PRI ISDN 基群速率接口 ISDN primary rate interface 的缩写。

ISI 智能化系统集成 intelligent system integrated 的缩写；**符号间干扰，码间干扰** inter-symbol interference 的缩写。

IS-IS 中间系统到中间系统 intermediate system to intermediate system 的缩写。

IS-LAN 综合业务局域网 integrated services local area network 的缩写。

ISMA 国际互联网流媒体联盟 Internet Streaming Media Alliance 的缩写。

ISO 国际标准化组织 International Organization for Standardization 的缩写。

ISOC 国际互联网学会 Internet Society 的缩写。

isolated bonding network (IBN) 独立的联结网络 接地系统中，与一个公共联结网络或另一个独立联结网络只有单一连接点的联结网络，它将通过单点与大地连接。

isolated lightning protection system 孤立防雷保护系统 独立于其他系统的防雷接地系统，它符合国际标准 IEC 62305-3。

isolation 隔离 为了尽量减少各种干扰对接收机的影响所采取的抑制干扰措施。

isolator 隔离器 一种采用线性光耦隔离原理将输入信号进行转换输出的器件。输入、输出和工作电源三者相互隔离，特别适合于需要电隔离的设备仪表配用。隔离器又名信号隔离器，是工业控制系统中重要组成部分。

isometric drawing 轴测图，等角图，正等轴测图 一种单面投影图。在一个投影面上能同时反映出物体三个坐标面的形状，并接近于人们的视觉习惯，形象逼真，富有立体感。

ISP 图像信号处理器 image signal processing 的缩写。

ISSU 服务软件升级 in service software upgrade 的缩写。

IST 信息安全技术 information security technology 的缩写。

ISUP 综合业务数字网用户部分 ISDN user part 的缩写;**ISDN 用户部分(7 号信令)** ISDN user part (SS7)的缩写。

IT 信息技术 information technology 的缩写。

IT equipment IT 设备 IT 系统中的软硬件设备。IT 系统是由计算机软硬件设备、通信设备及相关配套设备构成,按照一定的应用目的和规则,对信息进行处理的电子信息系统。IT 设备包括各类服务器设备、存储设备和网络设备,以及运行在这些设备上的软件。

IT product 信息技术产品 与信息技术相关的产品。建筑智能化系统所使用的电子设备、电子器件、缆线和软件均属信息技术产品。

ITE 信息技术设备 information technology equipment 的缩写。

item 条目 在有线电视系统中,指由被测系统处理过的一段片段。

item-by-item substantive response 逐项实质性应答 在投标书中,对招标书中的要求逐一进行清晰的、实质性的响应和回答,不允许含糊其词。

itemized inspection report 分项检测报告 对一个产品不进行全性能检测,而是对其中的一项或多项性能进行的检测,由此而形成的检测报告。

ITS 插入测试信号 insertion test signal 的缩写。

ITU 国际电信联盟 International Telecommunication Union 的缩写。

ITU-T 国际电信联盟[国际电联]电信标准部 International Telecommunication Union-Telecommunication Standard Sector的缩写。

ITV 交互电视 interactive television 的缩写。

IUT 被测系统 implementation under test 的缩写。

IVOD 交互式视频点播 interactive video-on-demand 的缩写。

IVR 交互式语音应答 interactive voice response 的缩写。

IWF 互通功能 interworking function 的缩写。

I

J

jacket　套壳，护套　① 用于接线端子的外层绝缘、防护用品。它被广泛应用于电线、电器、空调、洗衣机、冰箱等电器线束，具有使用方便，色彩鲜艳，金属防锈，标示、捆扎、阻燃、绝缘性能良好等特点。② 由塑料、橡胶或其他绝缘材料覆盖在光缆纤芯或电缆芯线的最外部的保护层，也称缆线外被。

JBOD　磁碟簇　just a bunch of disks 的缩写。

jitter　抖动　数字信号短时间的不稳定扰动。其中包括幅度或相位的不稳定扰动。抖动是数字信号重要的传输特性之一，定义为数字信号各有效瞬间相对于理论规定时间位置的短期偏离。引起抖动的主要原因有电源干扰等因素。抖动是造成数字器件误动作的主要原因之一。**不稳定性**　数字通信中脉冲序列间隔的不稳定变化。其定义为数字信号的各个有效瞬间相对于其理想时间位置的短期非累积偏移。引起此种变化的主要因素是脉码调制信号在长距离传输时调谐电路失谐、脉冲波形失真、门限检测器失调、传输噪声等。

jitter susceptibility　抖动灵敏度，抖动敏感性　指数字电视系统中数字图像信号或参考信号时基偏移对性能的影响程度。

JoinNet web meeting　JoinNet 多媒体视频会议系统　太御科技(JoinNet)公司出品的网络视频会议系统。它以浏览器为界面，打开网络网页就可以使用，并可以进行多方多媒体交互沟通的视频会议。网络视频会议系统让视频会议的应用门槛降低至基本为零，用户只需上网，便可以进行视频会议。因此，Web 视频会议系统在互联网会议、大规模培训、网络教育等应用场景中，被广泛地认可。

Joint Technical Committee (JTC)　联合技术委员会　由 ISO 与 IEC 成立，在信息技术方面负责制订信息技术领域中的国际标准，秘书处由美国标准学会(ANSI)担任，它是 ISO、IEC 最大的技术委员会，其工作量几乎是 ISO、IEC 的三分之一，发布的国际标准也达三分之一，且更新很快。

Joint Video Team (JVT)　联合视频组　JVT 的组成成员主要来自 ISO/IEC 组织的 MPEG 小组以及来自 ITU 组织的 VCEG 小组。JVT 编码组的形成是在视频压缩标准的研讨过程中形成的。在 2001 年 6 月，经过评估发现，H.26X 编码技术基本能够满足 MPEG 的标准需求，因此 MPEG 中的成员和 VCEG 中的成员组成了一个新的小组，叫作 Joint Video Team，来推动和管理 H.26X 的标准化开发。

joint-box 电缆接线箱 用于电线电缆接线、分线用的箱柜。

JTC 联合技术委员会 Joint Technical Committee 的缩写。

judgment 判断 对思维对象是否存在、是否具有某种属性以及事物之间是否具有某种关系的肯定或否定。

jump wire 飞线 同 jumper wire。

jumper 跳线，压接跳线 同 jumper wire。

jumper cable 跳线电缆 一种金属导线，提供两个设备之间、一个设备与一个配线架之间、两个配线架之间的物理连接。例如：综合布线系统中两个 110 配线架之间的红白跳线连接等。

jumper wire 跳[跨接]线 ① 电路板中的跳线，也称飞线、跨接导线。因受到按压等因素导致电路板折叠造成局部电路接触不良或受损，技术人员用烙铁焊接细软导线（跳线）以保持电路的通畅。② 计算机内板卡的跳线。例如，镶嵌在主板、声卡、硬盘等设备上具有跳线柱及套在这些跳线柱上跳线夹，通过跳线连接可调整不同电信号的通断关系，以此调节设备的工作状态。主板上的跳线包括有 CPU 设置跳线、CMOS 清除跳线、BIOS 禁止写跳线，等等。③ 布线系统工程中的跳线。它是布线系统中重要组成部分，有不带连接器件的电缆线、带连接器件的电缆线、带连接器件的光纤，用于布线系统配线设备之间的连接。在综合布线智能管理系统中，还有一种复合跳线或多功能跳线。它除四对信号线外还设有一根由铜线或光纤制成的导线，用以连接检测设备对布线系统进行实时检测和管理。

jumper wire manager 跳线管理器 也称理线环，理线器。在机柜内水平安装在配线架上方或下方，用于理顺或掩藏来自配线架的跳线的带环安装板（环形跳线管理器）或带进线孔盒体（槽式跳线管理器）。为了避免跳线遮盖配线架的其他端口或垂荡在机柜正面，跳线管理器可以收容跳线的缆线部分（连接器已经插入配线架端口内），环形跳线管理器仅能让缆线按指定的路由敷设，槽式跳线管理器可以将跳线隐藏在跳线管理器的槽盒内，彻底封闭使跳线不会因外力而被拉伸导致传输故障。

junction box 分线箱，接线盒 线路中用于续接（线路延长）或分线（将一根缆线分解为多根缆线）的箱体或盒体。在建筑室内装修工程中，接线盒是电工辅料之一。因为装修用的电线穿过电线管，在电线接头部位（比如线路比较长，或者电线管要转角）就采用接线盒作为过渡，电线管与接线盒连接，线管里面的电线在接线盒中连起来，起到保护电线和连接电线的作用。

just a bunch of disks (JBOD) 磁碟簇 在一个底板上安装的带有多个磁碟驱动器的存储设备。通常又称为

Span。与 RAID 阵列不同，JBOD 没有前端逻辑来管理磁碟上的数据分布，相反地，每个磁碟进行单独寻址，作为分开的存储资源，它或者基于主机软件的一部分，或者是 RAID 组的一个适配器卡。JBOD 不是标准的 RAID 级别，它只是在近几年才被一些厂家提出，并被广泛采用。

JVT　联合视频组　Joint Video Team 的缩写。

J

K

keep away　避开　在人们日常生活需要避开各种不利于自身安全的因素。在项目、系统的设计、施工和运维时都需要防备可能发生的不利因素，使系统始终能够顺利、安全、持久的运行。

key　关键值　在数据库管理中用来标识数据文件的一个或一组记录的数字。**键**　键盘上称为按钮的组合件，由印有字符的塑料键帽、允许悬浮键帽的弹性机构、记录键被按下和释放的电子电路组成。**密钥**　① 在数据安全技术中，加密算法用来对传输数据进行加密和解密的一个大数、代码或位串。密钥通常也被加密，并与加密数据同时传送。② 在信息安全技术中，加密算法用来对传输数据进行加密和解密的一个大数、代码或位串。密钥通常也被加密，并与加密数据同时传送。**色控值**　当 $k=0$ 时，表示受色控值控制的“颜色分量”不透明；当 $k=1$ 时，表示受色控值控制的“颜色分量”完全透明；当 k 在 0—1 之间时，叠加的色值＝色控值×前景色值＋(1－色控值)×背景色值。**钥匙**　用来开启锁具的钥匙。

key frequency　关键频率　布线系统产品性能参数表中，除了提供相应的参数计算公式外，还会以表格形式列出在指定频率点的参数数值，其中的频率点即为关键频率。

key user data　关键用户数据　信息系统中具有很高使用价值或保密程度，需要进行特别保护的用户数据。该类数据的泄漏或破坏会带来重大损失。

keyboard drawer　键盘抽屉　在机柜或办公家具中专门用于放置键盘的抽屉。

keyboard video mouse (KVM)　键盘视频鼠标，多计算机切换器　用于将多台计算机的键盘、鼠标器、显示器远传至一处(如：控制台、显示大屏的AV切换器等)，由系统管理员根据需要，选择对其中一台计算机进行远程操作的设备或系统。

key-frame interval　关键帧间隔　完整数据帧称为关键帧，关键帧之间的时间间隔就称为关键帧间隔。视频相邻画面存在较大相似性。视频压缩时首先把一个完整的帧数据保存下来，后续几帧将基于完整数据帧，只保存与之有差别的数据，这样就可以大大提高数据的压缩量。在解压缩时，不完整的数据帧需要使用前面的完整数据帧才能恢复。完整数据帧称为关键帧，与关键帧相隔越远，相似性越小，因此关键帧要隔一定时间出现一次。关键帧之间的时间间隔就称为关键帧间隔。

keying 锁键 根据线缆连接器系统的机械特性,可保证连接的正确方向或防止连接到不兼容插座或光纤适配器。

keystone correction 梯形校正,梯形失真[畸变]校正 投影机中用于校正梯形,保证画面成标准矩形的技术。在投影机的日常使用中,投影机的位置须尽可能与投影屏幕成直角才能保证投影效果,如果无法保证二者的垂直,画面就会产生梯形。在这种情况下,用户需要使用该技术来进行像校正。

keyword 关键词 又称保留词。① 单个媒体在制作使用索引时,所用到的词汇。② 图书馆学中的词汇。关键字搜索是网络搜索索引的主要方法之一,就是访问者希望了解的产品、服务、公司等的具体名称用语。③ 在编程语言的语法中所用到的词的集合。典型的关键字如 if、then、else、print、go to、while、switch,等等。

kilowatt (kW) 千瓦 电功率单位。1 千瓦·时(kilowatt-hour)为 1 度电能。

kitchen 厨房 可在内准备食物并进行烹饪的房间。

Krone 综合布线产品品牌名 美国康普公司的综合布线系统品牌名之一,原为德国 Krone 公司的综合布线系统品牌名,后该产品经多次收购后现为美国康普公司所得。其性能完全符合综合布线系统的各种标准,如:中国标准、国际标准、美国标准,等等。

kvar 千乏 即 kilovar。无功功率的单位为乏(var),千乏(Kvar)、兆乏(Mvar)等。非国际单位制(SI)单位。

KVM 键盘视频鼠标,多计算机切换器 keyboard video mouse 的缩写。

kW 千瓦 kilowatt 的缩写。

kW·h 千瓦时 通常简称为度,一个电能量量度的单位,表示一件功率为一千瓦的电器在使用一小时之内所消耗的电能量。

L

L2TP 第二层隧道协议 layer 2 tunneling protocol 的缩写。

label 标签 ① 用来标识、指定或描述文件或文件中的数据项、信息或记录的符号。② 用来标识程序语句的地址的标识符或字符串。可以从程序中的某个位置转移到用标号标识的这个语句处。③ 一个磁带或磁碟文卷的标识记录。④ 在计算机信息安全中，指为主体与客体（用户、进程、文件）标上敏感度标识，以便于在实行强制访问控制时以此作为安全级别判断的依据。为输入一个无标识的数据，需要授权用户接收一个数据的安全级，并对此活动进行审计。⑤ 磁碟操作系统（DOS）的一个外部命令，用于修改或删除磁碟的卷标识符。⑥ 在数据库管理系统中，指利用数据库文件建立并打印的各种卡片、名片等，总称标签。⑦ 用来标志产品或工程的目标、分类或内容，是产品或工程中某一具体对象的关键字词，以便于查找和定位该对象的索引。如：面板标签、线缆标签、跳线标签等。目前的标签种类有物理标签（纸质等）和电子标签（条码、二维码、RFID 等）。其中，RFID 标签可嵌入产品内部。

label box made of organic glass 有机玻璃标签框 一种活动标签的安装构件。它采用透明的有机玻璃材料制成，用于插入纸质标签，借助于有机玻璃的保护，使标签的有效寿命可以达到十年以上，而且可以更换。例如，综合布线系统中的面板、配线架和机柜中都有安装了有机玻璃标签框的产品系列。它降低了对标签质地的要求，使普通打印纸与激光打印机（早年为喷墨打印机）可制作字母数字标签或彩色字母数字图形标签，降低了标签的造价。

label description 标识说明 标识中的参数排列规则和说明，用于理解标识的含义。

label edge router (LER) 标记边缘路由器 多协议标记交换（MPLS）网络的主要组成元素，位于服务提供者网络的边界位置，LER 主要执行增值的网络层服务，并将标记应用到数据报文中。从不同的源站点发往天域目的站点的数据流可以共享标记，这样可避免当前网际协议（IP）交换中出现的标记“爆炸”问题。

label frame of polymethyl methacrylate 聚甲基丙烯酸甲酯标签架，有机玻璃标签框 同 label box made of organic glass。

label of subject and object 主客体标记

L

为主、客体指定敏感标记。这些敏感标记是信息安全等级分类和非等级类别的组合，是实施强制访问控制的依据。

label switch router (LSR) 标记交换路由器 多协议标签交换(MPLS)网络的主要组成元素，LSR对基于标签的网际协议(IP)报文或数据进行交换。除了标签交换以外，LSR同样也支持完整的第三层路由或者第二层交换。

labelling strip 标签条 一种裁剪后的可书写材料，用于书写或印制标签，分别有挂钩式、卡式、粘贴式、一档式、二档式、三档式、单角度、多角度、外卡式、内嵌式、外嵌式、玻璃夹式标签条，等等。例如：随面板提供的粘贴式标签条、面板和配线架上安装的有机玻璃标签框内的标签条。

LAC 位置区号码 location area code的缩写。

LACP 链路汇聚控制协议 Link Aggregation Control Protocol的缩写。

laminated metal plastic foil 金属塑料复合箔 一面粘贴着塑料薄膜的金属箔，其中金属箔用于导电、屏蔽或食品安全，塑料薄膜用于加强金属箔的机械强度，使之不易被撕裂。通信线路中的金属箔一般为铝箔，常规厚度为50 μm，覆塑铝箔的厚度为2 μm，使用手指难以撕裂。

LAN 局域网 local area network的缩写。

LAN emulation server (LES) 局域网仿真服务器 LES负责仿真网络的配置、地址解析和广播服务，其逻辑功能分三个部分：(1) 局域网仿真配置服务器(LECS)：提供异步传输模式(ATM)网络的配置信息，并为LEC提供LES的地址，负责将LEC分配到不同的仿真网络中去；(2) 局域网仿真服务器(LES)：提供局域网仿真地址解析协议(LE-ARP)的服务器，LEC向LES注册自身的ATM和介质访问控制(MAC)地址，LES由ATM地址唯一地进行标识；(3) 广播和未知服务器(BUS)：用于ATM网络上的广播和组播服务。

LAN equipment 局域网设备 local area network equipment的缩写。

Langmuir equation 朗缪尔公式 吸附剂质量与被吸附物质量之间的理论关系公式。朗缪尔吸附是一种定位吸附，在印染里描述的是染料在染液和纤维上的分布规律。其主要是离子型染料以静电引力上染纤维，以离子键在纤维上固着时，符合欧文·朗缪尔(Irving Langmuir)吸附。朗缪尔，美国化学家、物理学家。1909年至1950年在通用电器工作，发明了氢气焊接、在灯泡充入气体的技术，因在表面化学的贡献而获得1932年诺贝尔化学奖。

LAP 链路访问过程 link access procedure的缩写。

LAPB X.25平衡链路访问规程 link access procedure balanced for X.25的缩写。

LAPD D信道链路访问协议 link access procedure protocol for D channel的缩写。

largest coding block 最大编码块 数

字电视编码中的一个 K×K 的样值块。最大编码块由图像的三个样值矩阵（亮度和两个色度）中的一个矩阵划分得到。

largest coding unit (LCU)　最大编码单元　在数字电视编码中包括一个 L×L 的亮度样值块和对应的色度样值块。最大编码单元由图像划分得到。

LASER　受激辐射光放大，激光器　light amplification by stimulated emission of radiation 的缩写。

laser diode　激光二极管　可在一个频率上产生相干红外光束的半导体二极管，通常是由砷化镓（GaAs）或掺杂有铟和铝之类材料的砷化镓制成。这种二极管在结构上都可使发射集中于一狭窄的路径上，可用于光纤通信中的光源。它的优点是尺寸小，耦合效率高，响应速度快，波长和尺寸与光纤尺寸适配，可直接调制，相关性好。

laser source　激光光源　激发态粒子在受激辐射作用下发光的电光源。它是一种相干光源。自从 1960 年美国的 T.H.梅曼（T.H. Maiman）制成红宝石激光器以来，激光光源的品种已达数百种，输出波长范围从短波紫外直到远红外。激光光源可按其工作物质（也称激活物质）分为固体激光源（包括晶体和钕玻璃）、气体激光源（包括原子、离子、分子、准分子）、液体激光源（包括有机染料、无机液体、螯合物）和半导体激光源四种类型。

laser vision disc (LD)　激光影碟　也称激光视盘。它采用有机玻璃或其他类似材料，以外径 3 170 mm、中心孔径 35 mm，厚度 1.2 mm 的两枚圆片相互黏合而成。它以一个个间断的凹坑记录信息。凹坑深 0.1 μm，宽 0.4 μm，每面凹坑总数高达 145 亿个，由这些凹坑形成螺旋形记录轨道。激光视盘具有极高的记录密度，每面可记录 60 min 的图像与伴音。重现激光视盘中预先录制的视音频信息，需使用激光影碟机（LD Player）读取。由于激光影碟机对激光视盘是非接触式读取，因此不会因读取次数而影响视音频的质量。世界上第一张激光视盘问世于 1978 年，由此开创了音视频录放数字化的新天地。

LAT　出风温度　leaving air temperature 的缩写。

LATA　本地访问和传输区域　local access and transport area 的缩写。

latent fault　潜在故障　指对运行中的设备和系统不采取预防性维修和调整措施，并继续使用，到未来某个时间可能发生的故障。

launcher　发射器　用于发射光芒、箭矢、枪弹、火箭、电波的装置或部件。

layer 2 tunneling protocol (L2TP)　第二层隧道协议　也称第二层隧道协议，因特网工程特别工作组（IETF）发布的协议，用于在因特网上创建虚拟专用网络。它支持非 IP 协议，如 Apple Talk 协议、网间数据包交换协议（IPX）和 IPSec 安全协议。该协议是微软（Microsoft）公司的点对点隧道协议（PPTP）和思科（Cisco）公司的层 2 转发协议(L2F)的组合。

LBC 承载能力 load bearing capacity 的缩写。

LC 集线器 line concentrator 的缩写；**LC 型光纤连接器** lucent connector 的缩写。

LC connector LC 型光纤连接器 光纤连接器中的一种，属于第三代 SFF 器件(超小型光纤连接器)。为连接 SFP 模块的连接器，它采用操作方便的模块化插孔(RJ)闩锁机理制成，现广泛使用。

LC coupler LC 型耦合器 LC-LC 型光纤耦合器。

LC fiber pigtail LC 型光纤尾纤 一端安装有 LC 型连接器的尾纤。

LC interface LC 接口 具有 LC 型连接器或 LC 型适配器的光纤接口。

LCD 液晶显示屏 liquid crystal display 的缩写。

LCD connector 双芯 LC 型(光纤)连接器 光纤连接器中的一种，为两个 LC 型光纤连接器通过锁扣固定成一体构成。

LCL 纵向转换损耗 longitudinal conversion loss 的缩写；**纵向差分转换损耗** longitudinal to differential conversion loss 的缩写。

LC-LC multi-mode optical fiber jumper wire LC-LC 型多模光纤跳线 设备到光纤布线链路与设备的光纤端口之间的多模光纤跳接线，该跳线的两端均为 LC 型光纤连接器。

LCOS 液晶附硅 liquid crystal on silicon 的缩写。

LCP 链路控制协议 Link Control Protocol 的缩写。

LCTL 纵向差分转换传送损耗 longitudinal to differential conversion transfer loss 的缩写。

LCU 最大编码单元 largest coding unit 的缩写。

LD 激光影碟机；激光视盘 laser vision disc 的缩写。

LDAP 轻量目录访问协议 lightweight directory access protocol 的缩写。

LDP 局部配线点 local distribution point 的缩写。

LDPC 低密度奇偶校验码 low density parity check code 的缩写。

LDPE 低密度 PE，低密度聚乙烯 low density polyethylene 的缩写。

LE 本地交换网[局] local exchange 的缩写。

lead antenna 引向天线 又称为八木天线(或八木-宇田天线)，它由一个长度约等于 1/2 波长的主振子、一个长度略大于 1/2 波长的反射器和 n 个长度略小于 1/2 波长的引向器组成，称为 $n+2$ 单元天线。

leak out acoustic attenuation 漏出声衰减 公共广播系统的应备声压级与服务区边界外 30 m 处的声压级之差。

leakage alarm 漏报警 风险事件已经发生，而系统未能做出报警响应或指示。

leaky cable 漏泄电缆 漏泄同轴电缆(leaky coaxial cable)的简称，通常又简称为泄漏电缆或漏缆。其结构与普通的同轴电缆基本一致，由内导体、绝缘介质和开有周期性槽孔的外导体三部分组成。电磁波在漏缆中纵向传输的同时通过槽孔向外界辐射电磁波。外界的电磁场也可通过槽孔感应到漏缆内部并传送到接收端。这种漏泄电缆传输频段较宽,既能通话,又能传输各种数据信息。在长隧道地区,由于漏泄电缆衰耗较大,需要在隧道内装设中继器,用以补偿传输损耗,中继器需远距离供给电源。

leaky cable radio communication system 漏泄电缆无线通信系统 采用漏泄电缆作为传输介质的无线通信系统。

least significant bit (LSB) 最低有效位 多字节序列中最小权重的字节。即一个二进制数字中的第 0 位(即最低位),具有权值为 2^0,可以用它来检测数的奇偶性。与之相反的称为最高有效位。在大端序中,LSB 指最右边的位。最低有效位和最高有效位是相对应的概念。

leaving air temperature (LAT) 出风温度 出风管处的气体的温度。对于新风机组、空调机组而言,送风口测得的温度即为出风温度。

leaving water temperature (LWT) 出水温度 出水管处水的温度。

LEC 本地交换运营商,本地交换电信公司 local exchange carrier 的缩写。

LED 发光二极管 light emitting diode 的缩写。

LED display screen 发光二极管显示屏 通过一定的控制方式,由发光二极管(LED)器件阵列组成的显示屏幕,可显示文字、数字、图像、视频等。

LED display screen (panel) LED 显示屏(面板) 由发光二极管(LED)器件阵列组成,通过一定的控制方式,用于显示文字、数字、图像和视频的屏体。

LED source LED 光源 采用发光二极管(LED)为发光体的光源,它也可以用于照明,作为多模信息传输的信息光源,也可以作为可见光通信中的信息光源。

lens 镜头 是摄像机的主要部件之一,其质量和主要参数影响着摄像机的质量。

lens shade 镜头遮光罩 安装在摄影镜头、数码相机以及摄像机前端遮挡有害光的装置。对于可见光镜头来说,遮光罩是一个不可缺少的附件。

LER 标记边缘路由器 label edge router 的缩写。

LES 局域网仿真服务器 LAN emulation server 的缩写。

level difference between left and right channels 左右声道电平差 在立体声音频信号中左右声道信号电平在一定持续时间内平均差值。

level gauge 液位计 一种测量液位高低的仪表,是物位仪表的一种。按照测量原理不同,有音叉振动式、磁浮式、压力式、超声波、声呐波、磁翻板、雷达等类型的液位计。

level of digitally modulated signal 数字调制信号电平 数字调制信号电平(SD、RF)用等效噪声带宽内(QAM 信号为符号率 f_s)的信号均方根功率给定,表示为 75 Ω 电阻上的电平值。

level of protection 防护等级 为保障

L

防护对象安全所采取的防范措施的水平。

level of risk　风险等级　存在于防护对象本身及其周围的对其构成安全威胁的程度。

level of security　安全防护水平　风险等级被防护级别所覆盖的程度。

level range of radio programme　广播节目的电平范围,电平均衡　表示在持续时间片段内广播音频信号总体电平的工作范围。

level up degree　平整度　视频显示屏法线方向的凹凸偏差。

liaison meeting　联络会(议)　目前产品设计中与顾客(业主)从方案设计、技术设计到施工设计层层进行确认的过程,包含产品与外部的接口关系以及双方责任承担的确定。

life cycling　生命周期　该概念应用很广泛,特别是在政治、经济、环境、技术、社会等领域经常出现,其基本含义可以通俗地理解为"从摇篮到坟墓"的整个过程。对于某个产品而言,就是从自然中来,回到自然中去的全过程。其中既包括制造产品所需要的原材料的采集、加工等生产过程,也包括产品贮存、运输等流通过程,还包括产品的使用过程以及产品报废、处置等废弃物回到自然过程,这个过程构成了一个完整的产品生命周期。对于建筑智能化系统而言,其生命周期是指系统建立交付使用起,至系统功能失效不能使用或因技术进步而被新的系统代替为止的全过程。

life expectancy　预期[使用]寿命　①企业使用固定资产的预计期间,或者该固定资产所能生产产品或提供劳务的数量。②建筑智能化系统产品或工程在安装完毕并投入使用后,其能够发挥功效的预期年限。

lift cable　电梯电缆　电梯运行所需要的电缆(包括其中的光缆)。它分有圆电缆和扁平随行电缆两大类。由于电梯电缆随电梯系统的需求而定,故此产品大多为电梯厂商定制的。其中屏蔽随行电缆对柔软度要求很高,需要进行曲绕测试,一般要求数万次曲绕测试合格方能出厂,以确保电梯在垂直升降时电缆的寿命比较长(使用寿命一般为两年左右)。

light amplification by stimulated emission of radiation (LASER)　受激辐射光放大,激光器　通过激励电子、离子或分子跃迁到较高能级,以至于当电子、离子或分子回到较低能级时发射能量来产生强烈的、相干的、方向性好的光射束。

light communication　光通信　利用光传输信息的通信。包括激光通信、光纤跳线、可见光通信等。

light emitting diode (LED)　发光二极管　半导体二极管的一种,由含镓(Ga)、砷(As)、磷(P)、氮(N)等的化合物制成,可以把电能转化成光能。发光二极管与普通二极管一样是由一个PN结组成,也具有单向导电性。当给发光二极管加上正向电压后,从P区注入N区的空穴和由N区注入P区的电子,在PN结附近数微米内分别与N区的电子和P区的空穴复合,产生自发辐射的荧光。不同半导体材料中电子和空穴所处的能量状态不同,电子和空穴复合时释放出的能量不同。释放出的能量越多,则发出光的波长越短。砷化镓二极管发红光,磷化镓二极管发绿光,碳化硅二极管发黄光,氮化镓二极管发蓝光。因化学性质不同,发光二极管又分有机发光二极管(OLED)和无机发光二极管(LED)。

light flux　光通量　光源在单位时间内向周围空间辐射出的使人眼产生光感觉的能量。

light intensity　发光强度　光源在指定方向的单位立体角内发出的光通量,国际单位为坎德拉(candela),记作 cd。

light leak　漏光　对显示器件而言,漏光是指显示器显示黑场图像时,显示屏上最亮位置的亮度。

lighting　照明　指利用各种光源照亮工作和生活场所或个别物体的措施。利用太阳和天空光的称天然采光,利用人工光源的称人工照明。照明的首要目的是创造良好的可见度和舒适愉快的环境。现在人工光源中已经有了 LED 灯,它有可能将照明与类似于 Wi-Fi 的无线通信相结合,形成新的建筑智能化子系统——可见光通信,即在提供照明的同时提供另一种类型的超高速无线传输方式。

lighting control　灯光控制　对灯具的工作电压或电流的控制。主要体现在两方面:一是亮度,即光强的控制;二是色彩的控制。从灯光的电气控制原理来说,可归纳为通断控制和发光强度控制两种。与此相对应的有开关控制和调光控制两种。控制亮度的方法主要有两种:一种是机械加减法,即通过开关控制点亮灯具的数量,来达到发光总强度的增大或减弱。对于单灯,还可采用遮光板或可变光阑来改变灯具透光量。另一种方法是电气控制法,即使用各种不同的调光器改变灯具的工作电压或电流,从而调整灯具的发光强度。

lighting controller　照明控制器　控制照明的器具、装置或系统。最简单的照明控制器是照明开关。在室外反光照明、景观照明中,常采用智能照明控制器或控制系统。

lighting device　照明装置　用以照明的发光器件及其相关构件的总称。依据使用环境可区分为室内照明装置、室外照明装置,以及特殊环境中特殊照明装置;依据发光器件可区分为电热发光、高压发光、气体发光、半导体发光等。

lighting protection zone (LPZ)　闪电[雷电]防护区　规定遭受雷电电磁环境的区域,又称防雷区。我国《建筑物防雷设计规范》(GB 50057)对建筑物防雷区的划分有明确的规定,不同的防雷区应采取相应的防雷保护措施。

lightness　光亮度　物体明暗的程度。它表示发光面单位面积明亮程度的物理量,是发光表面在指定方向上发光强度与垂直于指定方向的发光面积之比。其定义是单位面积的发光强度,单位是坎德拉每平方米,称作尼特(nit),记作 cd/m^2。

lightning　闪电　云与云之间、云与地

L

面之间或者云体内各部位之间的强烈放电现象(一般发生在积雨云中)。

lightning grounding clip **防雷接地夹** 用于与防雷接地系统中接地棒与导线、扁带等连接的线夹。

lightning protection **防雷,雷电防护** 保护建筑物、电力系统及其他一些装置和设施免遭雷电损害的技术措施。在建筑规范中规定如下:"为了防止雷电影响所采取的各种防护手段。这是因为雷电对架在空中的通信线路和埋在地下的通信线缆均会造成严重的影响,必须采取相应措施。"

lightning protection system (LPS) **防雷保护系统** 为了在雷击时保护建筑物和建筑物内系统而设立的防护系统。由于建筑智能化系统防护点多面广,因此,为了保护建筑物和建筑物内各类电子网络设备不受雷电损害,或使雷击损害降低到最低程度,应从整体防雷的角度来进行防雷方案的设计。通常采取综合防雷设计,方案应包括两个方面:直击雷的防护和感应雷的防护。缺少任何一方面都是不完整的,有缺陷的且有潜在危险的。

lightning strike **雷击** 打雷时电流通过人、畜、树木、建筑物等而造成杀伤性或破坏性危害。云层之间的放电对飞行器有危害,对地面上的建筑物和人、畜影响不大。但云层对大地的放电,则对建筑物、电子与电气设备和人、畜危害甚大。一旦对万物造成了危害,都可以称其为被雷击。

Lightweight Directory Access Protocol (LDAP) **轻量目录访问协议** 因特网上用于访问目录服务的一个开放标准网络协议。它以 X.500 为基础提供了一种在因特网数据库中组织、定位以及使用资源的方式,初步解决了目录结构间的不兼容问题。LDAP 和 X.500 的主要区别:(1) LDAP 在传输控制协议/网际协议(TCP/IP)上运行,而X.500DAP则需要开放系统互联(OSI)栈;(2) LDAP 提供绑定命令的简化版;(3) LDAP 不提供读取或列表命令;(4) LDAP 客户机一次只能连接一个服务器;(5) LDAP采用更简单的数据编码方法。

limit curve **极限曲线** 参数不能达到或超越的一条曲线。如果达到或超越极限曲线上任何一点,将会被判定为不合格或发生故障。

limit curve of critical state **临界极限曲线** 根据测试或标准得到的极限曲线。该曲线是临界值,一旦超过将被判定为不合格。

limited current circuit **限流电路** 在正常条件或在某种可能故障条件下,其流过的电流都不会发生危险的电路。

limiting value **限值** 在技术条件中为某一个量所规定的最大或最小允许值。

line compensation **线路补偿** 为线路传输而发生的信号能量损失而采取的补偿。例如,视频线路放大器或补偿器(均衡器,简称 EQ)补偿由长距离传输视频信号而导致的高频率部分的损失。

line concentrator (LC) **线路集中器** ① 将多行数据或来自多台设备的数

据合并成较少行数据的装置或电路。② 使较多的输入信道与较少的输出信道相互匹配的装置或电路。

line guarding 线警戒 指警戒范围成线状的警戒方式。

line location 线位 线的排列位置。如综合布线系统的八芯双绞线在端接时都有固定的线位。

line number 线号 布线工程中缆线上的编号，这个编号有可能与该缆线所连接的设备端口编号不一致。

line of sight 视线 用眼睛看东西时，眼睛和物体之间的假想直线。

linear beam smoke fire detector 线型光束感烟火灾探测器 利用红外线组成探测源，利用烟雾的扩散性原理而设计的火灾探测器。它可以探测红外线周围固定范围之内的火灾，其工作原理是利用烟减少红外发光器发射到红外收光器的光束光量来判定火灾。

linear fire detector 线型火灾探测器 一种用于工业设备及民用建筑的一些特定场合的火灾探测器。响应某一连续线路周围的火灾参数。

linear load 线性负载 电路的负载阻抗参数为恒定常数，即不随诸如电压、电流等参数变化的负载。在测试时，可使用正弦波检测，当施加可变正弦电压时，其负载阻抗参数恒定为常数。

linear pulse code modulation (LPCM) 线性脉冲编码调制 一种非压缩音频数字化技术，是一种未压缩的原音重现。在普通 CD、DVD 及其他要求高音频质量的场合得到广泛应用。

linearization distortion 线性化失真 即线性化预失真。为保证放大器(特别是功率放大器)输出的线性度，通常采用前馈法、反馈法和预失真方法。预失真即线性化失真技术。它可改变放大器输入端的信号，即将输入信号预先予以失真，最终保持放大器输出信号达到预期的线性输出的目的。相对前馈法和反馈法，预失真技术的电路结构较为简单，成本较低，适用带宽较宽，稳定性高，易于加载功放前端。线性化预失真技术常见应用于无线通信的发射设备中。

line-type fire detector 线型火灾探测器 同 linear fire detector。

link 连接，链路，链接 ① 在计算机程序设计中，在程序不同部分之间传递控制或参数的部分程序，有时可能只是一条指令或一个地址。② 数据或者计算机程序一部分的连接项，如连接编辑器对目标程序的连接，或用指针对数据进行连接。③ 在网络中连接两个节点的一个实体。两个节点之间可存在多个链路。在这个意义上，链路有物理链路和逻辑链路两种。物理链路指通信的两个节点之间的通信介质与在此介质上传输信息的有关设备(如发送设备、接收设备等)；逻辑链路指发信点与守信点之间的一条逻辑通路。④ 在无线电通信中，链路是指两个通信站点之间的无线电通路。链路可以是单工的、半双工的或全双工的。⑤ 从一个网页到另一网页的超文本链接。这可以是热区(一幅图像)，或是文本的一部分(一般在网络浏览器中显示为蓝色并带下划线的文本),在用户点击其上时会将用户的浏览移动到另外一个页面上。

link access procedure (LAP) 链路访问过程 X.25 接口标准中规定的数据链路级的协议,由 LAP-B 和 LAP-D 补充。

link access procedure balanced for X.25 (LAPB) X.25 平衡链路访问规程 创建用于 X.25 的数据链路层面向连接的协议。也可用作简单数据链路传输。

link access procedure protocol for D channel (LAPD) D 信道链路访问协议 全球移动通信系统(GSM)综合业务数字网的 D 信道链路的接入协议,是国际电报电话咨询委员会(CCITT)定义的 Q 系列中的 920～921规定的一个简化。该协议对应于 OSI 模型的数据链路层(层 2),为层 3 的消息传递服务。

link aggregation control protocol (LACP) 链路汇聚控制协议 一种实现链路动态汇聚的协议。

link circuit 链路 一条无源的点到点的物理线路段,中间没有任何其他的交换结点。在有线通信中,是指两个节点之间的物理线路,如电缆或光纤。在无线通信中,是指基站和终端之间传播电磁波的路径空间。在水声通信中,是指换能器和水听器之间的传播声波的路径空间。在数据通信中,是指两个计算机之间的通路,往往是由许多链路串接而成。数据链路除了物理线路外,还必须有通信协议来控制这些数据的传输。把实现这些协议的硬件和软件加到链路上,才是数据链路。

link control protocol (LCP) 链路控制协议 是点到点协议(PPP)的一个子集。在 PPP 通信中,发送端和接收端通过发送 LCP 包来确定那些在数据传输中的必要信息。在通过点对点链接建立通信之前,每个点对点链接的端应发出链路控制协议包。不论链路控制协议包是否接收它的同等连接认证,它们的包的大小限制是相同的,还具有相同的错误控制。链接控制协议包会检查链路的连接,看链路是否能够支持用预计的传输速度进行数据传输。一旦 LCP 包接收了这个链接,传输将在网络中进行。如果 LCP 不能承担传输任务,它就会中止链接。

link length 链路长度 可以使用米尺等测量的链路的物理长度。由于链路由缆线及两端的连接件(插头、插座、模块、光纤连接器等)组成,所以链路物理长度近似等于缆线的长度。

link state advertisement (LSA) 链路状态通告 每个链路状态路由器都包含了关于它邻居的拓扑结构的信息。这包括路由器所连接的网段(链路)以及网段(链路)的情况(状态)。这些信息在网络上泛洪,目的是所有的路由器可以接收到最新的链路信息。链路状态路由器并不会广播路由表内的所有信息,而是发送更新的路由信息。链路状态路由器向它们的邻居发送的这些路由消息称为链路状态数据包(LSP)或者链路状态通告(LSA)。然后,邻居将 LSP 复制到自己的路由表中，并继续传递这些信息到网络的剩余部分，这个过程称为泛洪(flooding)。它的结果是向网络发送最新链路信息，帮助网络路由设备更新路由表。

link subsystem　干线子系统　① 办公或商业建筑的综合布线系统拓扑结构中从建筑物主配线架至楼层配线架之间的传输子系统，它由主干缆线(位于建筑物主配线架与楼层配线架之间)、该缆线两端的连接件(位于建筑物主配线架、楼层配线架上)和上联跳线(位于建筑物主配线架上)组成。对应于综合布线系统的通用拓扑结构，它归属于第二级子系统。② 工业建筑的综合布线系统拓扑结构中从建筑物主配线架至楼层配线架之间的传输子系统，它由主干缆线(位于建筑物主配线架与楼层配线架之间)、该缆线两端的连接件(位于建筑物主配线架、楼层配线架上)和上联跳线(位于建筑物主配线架上)组成。对应于综合布线系统的通用拓扑结构，它归属于第三级子系统。

linkage control design　联动控制设计　对多台设备之间的相互关联的控制方式所进行的设计。

linkage control mode　联动控制方式　多台设备之间相互关联的控制方式。

linkage function　联动功能　联动，原意是指若干个相关联的事物发生一个运动或变化时，其他的事物也跟着运动或变化，即联合行动。联动作为计算机术语，主要指应用程序用户界面上的控件之间发生互相关联的变化，这些控件包括下拉框、文本框、标签、菜单等。在建筑智能化系统中，联动是指一个系统与另外单个或多个系统之间的关联动作。例如，联动是火灾自动报警系统中的一个重要组成部分，通常包括消防联动控制器、消防控制室显示装置、传输设备、消防电气控制装置、消防设备应急电源以及消防电动装置、消防联动模块、消防栓按钮、消防应急广播设备、消防电话等设备和组件。GB 50116《火灾自动报警系统设计规范》对系统联动控制的内容、功能和方式有明确的规定。

linkage operation　联动操作　系统联动过程中预定的相关动作。例如，火灾探测器探测到火灾信号后，能自动切除报警区域内有关的空调器，关闭管道上的防火阀，停止有关换风机，开启有关管道的排烟阀，自动关闭有关部位的电动防火门、防火卷帘门，按顺序切断非消防用电源，接通事故照明及疏散标志灯，停运除消防电梯外的全部电梯，并通过控制中心的控制器立即启动灭火系统，进行自动灭火。

lintel　过梁　放置在门、窗或预留洞口上的横梁。

lip sync　唇音同步技术　通过在音频流的出发点增加一定的延迟，以获得声音与口型的同步。

liquefied petroleum gas (LPG)　液化石油气　丙烷和丁烷的混合物，通常伴有少量的丙烯和丁烯。

liquid crystal display (LCD)　液晶显示屏　外加电压使液晶分子取向改变，以调制透过液晶的光强度，产生灰度

L

或彩色图像的显示屏，属于平板显示屏的一种。LCD的构造是在两片平行的玻璃基板当中放置液晶盒，下基板玻璃上设置薄膜晶体管(TFT)，上基板玻璃上设置彩色滤光片，通过TFT上的信号与电压改变来控制液晶分子的转动方向，从而控制每个像素点偏振光出射，而达到显示目的。

liquid crystal on silicon (LCOS)　液晶附硅　也叫硅基液晶，一种基于反射模式，尺寸非常小的矩阵液晶显示装置。这种矩阵采用互补金属氧化物半导体(CMOS)技术在硅芯片上加工而成。

LIS　逻辑IP子网　logical IP subnet的缩写。

list of response to the technical requirement　技术要求响应表　招投标中的一张表格，它需要投标方填写诸如性能参数、招标规格、投标规格、响应与偏离、说明(技术支持资料)、对应投标文件条款与页码等信息，用以说明自己所提供的产品符合招标要求。

liter per minute (LPM)　每分钟公升(水流量)　指水流量单位：公升每分钟。

literal mark strip　文字标识条　安装在面板、配线架上用作标签的文字或数字的单面粘纸条或插入有机玻璃标签框的打印纸条。

live broadcast system　现场直播系统　在现场(例如：剧场、会场、体育场馆，或事件发生的现场等)拾取音视频信号，进行加工处理后，通过传输设备传送回广播中心进行直接播出的系统。

live data collection　实时数据采集　作为信息科学技术领域中一大重要技术，主要指采集信号对象的数据信息，并通过处理机制分析过滤数据和储存数据。综合运用四大信息技术(数据采集技术、计算机技术、传感器技术和信号处理技术)建立实时自动数据采集与处理系统。

live QR Code　二维码活码，实时二维码　对一个特定分配的数据码(在线经常用作短网址)进行编码生成二维码，生成后可以随时修改内容，但二维码图案不变。它可跟踪扫描统计，支持存储大量文字、图片、文件、音频、视频等内容，同时图案简单易扫，提取数据方便。

LKFS　响度、K加权、相对于全尺度　Loudness, K-weighted, relative to full scale的缩写。

LLASM　位置锁定应用软件模块　location lock application software module的缩写。

LLC　逻辑链路控制层　logic link control layer的缩写；**逻辑链路控制**　logic link control的缩写。

LLMI　位置锁定模块识别号　location lock module identification的缩写。

LMF　流明维持因子，光通维持率　lumen maintenance factor的缩写。

LMI　本地管理接口　local management interface的缩写。

LNS　LNS防火墙(法国)　look n stop的缩写。

load　装入，负载　① 信息从外部存储器取出并装入计算机内存的过程，或把数据从内存送到累加器的过程。② 连接在电路中的电源两端的电子元件或装置。

load balance　负载均衡　① 将负载(工作任务)进行平衡并分摊到多个操作单元上执行,共同完成工作任务。② 在分布式处理中,对在两台或以上服务器上的工作进行分配,以避免其中一台服务器由于收到来自用户的太多请求而过载。负载均衡可以是静态的,也可以是动态的。在静态情况下,通过把不同组的用户提前分配到不同服务器上来均衡负载。在动态情况下,软件把在运行时间的呼入请求提交给一台最有能力处理它们的服务器上。③ 在客户机或服务器网络管理中,通过将一个繁忙的网络段分成多个小段,或通过利用软件在同时工作的多个网络接口插卡之间分配通信量,将信息传送到服务器上,来减小通信流拥挤。

load bearing capacity (LBC)　承载能力　在建筑、数据中心等工程中,指楼板或物体所承重的能力。

load control/restriction　负荷控制限制　又称负荷管理,主要是用来"碾平"负荷曲线,达到均衡使用负荷,提高运行的经济性、安全性,以及达到提高企业投资效益的目的。负荷控制有直接、间接、分散和集中等控制方法。

load power factor　负载功率因数　功率因数是电力系统的一个重要的技术指标。负载功率因数是衡量电气设备负载效率高低的一个系数。负载在假定理想正弦交流电压下,其两端电压与流经负载电流之间相位差(ϕ)的余弦称作该负载的功率因数,用符号 cos ϕ 表示。在数值上,负载功率因数是负载有功功率(P)与其视在功率(S)之比,即 $\cos\phi = P/S$。

load resistance　负载阻抗　在信号传输途径中终止电缆的阻抗电阻。

load voltage　负载电压　用电器(件)两端的电压。

local access and transport area (LATA)　本地访问和传输区域　由单个或多个本地电话公司覆盖的地理区域。电话公司在法律上被称为本地交换运营商(LEC)。用本地访问和传输区域(LATA)建立的两个本地交换连接叫作 interLATA。interLATA 是长途服务。现在批准一个公司提供 intraLATA 或 interLATA 服务(或者两者都提供)的标准基于 1996 年的远程通行技术法案。LATA 是在 1984 年 AT&T 重组时提出的,它们总共有近 200 个区域。独立电信局(ITC)不属于 Bell,但也在 LATA 区域内提供服务。它们的服务通称为 LATA 间服务,并在 LATA 内提供所有服务和收入。

local area network (LAN)　局域网　在一个局部的地理范围内(如一个学校、工厂和机关内),将各种计算机、外部设备、数据库等互相连接起来组成的计算机通信网,简称 LAN。它可以通过数据通信网或专用数据电路与远方的局域网、数据库或处理中心相连接,构成一个大范围的信息处理系统。局域网是封闭型的,可以由办公室内的两台计算机组成,也可以由一个公司内的上千台计算机组成。

local area network equipment (LAN

equipment) **局域网设备** 网络设备、部件等连接到网络中的物理实体。网络设备的种类繁多，与日俱增。基本的网络设备有：计算机(个人计算机或服务器)、集线器、交换机、网桥、路由器、网关、网络接口卡、无线接入点、打印机、调制解调器和光纤收发器。

local distribution point (LDP) 局部配线点 数据中心综合布线拓扑结构中位于区域配线架(ZD)与设备信息点(EO)之间的缆线转接点，类似于办公建筑中的集合点(CP)。对应于综合布线系统通用结构，它归属于第一级子系统中的CP。

local distribution space 本地配线空间 住宅建筑综合布线系统指在住宅中放置区域连接点的空间。

local exchange (LE) 本地交换网[局] 本地交换机或市话局，如市内电话局、地区内部交换网、本地交换网。

local exchange carrier (LEC) 本地交换运营商，本地交换电信公司 在当地从事电话业务的公司。

local management interface (LMI) 本地管理接口 通信系统中一系列对基本帧中继规格的增进。LMI包括：(1) 对存活机制的支持，其校验数据是流动的；(2) 一种多播机制，其提供给网络服务器它的本地DLCI和多播DLCI；(3) 全球寻址，它赋予DLCIs在帧中继网络中的全球的而非区域的意义和一种状态机制，其在DLCIs中提供一个为相对交换所知的正在进行的状态报告。

local service provider (LSP) 本地服务提供商 对产品、工程等实体提供本地化服务的通信企业。

local telecommunication cable 市内通信电缆 用于传输模拟电话的电缆，它从电信局通过城市道路的地下管网敷设，安装到建筑物内的各电话分机，实现电话覆盖，其传输距离可达3.5 km。城市可使用这种电缆实现ISDN、ADSL等数据传输的普及。由于这种电缆用大量铜制成，缆线成本较高，在光纤技术普及后逐渐被光纤到户(FTTH)所取代。

location area code (LAC) 位置区号码 GSM移动通信网中位置区号码用于标识不同的位置区，由两个字节组成，采用16进制编码。

location lock 位置锁定 有线电视系统中将综合接收解码器锁定在某一特定区域内，使其正常工作。当综合接收解码器移出锁定的区域时，则无法正常工作。

location lock application software module (LLASM) 位置锁定应用软件模块 有线电视系统中负责位置锁定管理逻辑的执行，并根据位置管理逻辑控制节目播放的软件模块。

location lock mode 位置锁定模式 有线电视系统综合接收解码器正常工作模式下，综合接收解码器开机后扫描周边移动通信基站信息，与智能卡存储的位置锁定信息进行比对。若比对结果正确，则综合接收解码器可以解密，否则停止解密。

location lock module 位置锁定模块 获取移动通信网络基站信息并利用移动通信信道实现数据传输的组件。

location lock module identification (LLMI) 位置锁定模块识别号 移动通信系统中用于唯一识别位置锁定模块的识别码,GSM 模块为 IMEI,CDMA 模块为 MEID 或 ESN。

location unlock mode 位置解锁模式 与位置锁定模式相反。如有线电视系统中,即使综合接收解码器不再与智能卡存储的位置锁定信息进行比对,也不影响综合接收解码器正常解密。

locking mechanism 锁定机构 通过操作使装置固定于某种状态。如火灾自动报警系统的手动报警开关和入侵报警系统中的求助按钮。当按动操作后,它们就固定在开关(按钮)节点开启的状态,直至进行复原操作。

LOF 帧丢失 loss of frame 的缩写。

logic 逻辑关系 研究事物间任意性质关系的逻辑推演规律的理论。

logic link control (LLC) 逻辑链路控制 IEEE 802 委员会提出的局域网模型中,数据链路层的子层之一。它是数据站的一部分,用以支持单个或多个逻辑链路上的逻辑链路控制功能。它为传输产生命令协议数据单位和响应协议数据单元,并对接收的这些数据单位进行解释。其特定的功能包括:(1) 控制信号交换的初始化。(2) 数据流组织。(3) 对接收的命令 PDU 和相应的响应 PDU 进行解释。(4) LLC 子层的差错控制和恢复。LLC 对各种 MAC(介质访问控制)是共用的,其操作分为两类:第一类操作仅提供数据链路无连接服务,第二类操作提供数据链路面向连接服务和数据链路无连接服务。

logic link control layer (LLC layer) 逻辑链路控制层 同 logic link control。

logo 标识 记号,符号或标志物。用以标示,便于识别。

logo generator 标识发生器 一种用于广播和视频生产工作室中产生标识的设备,这个标识显示在屏幕上,通常在指定的角落。

LON LonWorks 协议 由埃施朗(Echelon)公司推出,采用 OSI 全部七层通信协议,主要用于工业自动化、建筑设备自动化领域。LonWorks技术系统主要由 LON 总线节点和路由器、因特网连接设备、开放式 LonTalk 通信协议、LON 总线收发器、LON 总线网络和节点开发工具,以及 LNS 网络服务工具和网络管理工具组成。

long-term evolution (LTE) 长期演进 是 3GPP (The 3rd Generation Partnership Project,第三代合作伙伴计划)组织制定的 UMTS(Universal Mobile Telecommunications System,通用移动通信系统)技术标准的长期演进,于 2004 年 12 月在 3GPP 多伦多 TSG RAN#26 会议上正式立项并启动。LTE 基于旧有的 GSM/EDGE 和 UMTS/HSPA 网络技术,是 GSM/UMTS 标准的升级。LTE 的当前目标是借助新技术和调制方法提升无线网络的数据传输能力和数据传输速度,如新的数字信号处理(DSP)技术,这些技术大多于 2000 年前后提出。LTE 网络有能力提供 300 Mbps 的下载速率和75 Mbps的上传速率。在E-UTRA环境下可借助QoS技术实现低于5 ms的延迟。LTE可提供高速移动中的通信需求，支持多播和广播流。LTE频段扩展度好，支持1.4 MHz至20 MHz的时分多址和码分多址频段。全IP基础网络结构也被称作核心分组网演进，将替代原先的GPRS核心分组网，可向原先较旧的网络如GSM、UMTS和CDMA2000提供语音数据的无缝切换。

longitudinal conversion loss (LCL) 纵向转换损耗 综合布线系统中的一个质量指标，是平衡线对的远端共模注入信号与近端合成的差分信号的对数比，以分贝表示。

longitudinal conversion transfer loss 纵向转换传送损耗 综合布线系统的一个质量指标，是平衡线对的远端共模注入信号与远端合成的差分信号的对数比，以分贝(dB)表示。

longitudinal to differential conversion loss (LCL) 纵向差分转换损耗 见 longitudinal conversion loss。

longitudinal to differential conversion transfer loss (LCTL) 纵向差分转换传送损耗 见 longitudinal conversion transfer loss。

longitudinal wrap 纵包 电线电缆、光缆等外层(或屏蔽层)包带的方法之一，沿缆线中心轴方向以垂直方向方式重叠包裹。

longitudinal-depth protection 纵深防护 公共安全系统中根据被防护对象所处的环境条件和安全管理的要求，对整个防范区域实施由外到里或由里到外的层层设防的防护措施。纵深防护分为整体纵深防护和局部纵深防护两种类型。

longitudinal-depth protection system 纵深防护体系 公共安全系统中指兼有周界、监视区、防护区和禁区的防护体系。

LonWorks LonWorks总线 近年来迅速发展起来的一种工业数据总线。它主要解决工业现场的智能化仪器与仪表、控制器、执行机构等现场设备之间的数字通信以及这些现场控制设备和高级控制系统之间的信息传递问题。现场总线简单可靠、经济实用等一系列突出的优点，因此受到了许多标准团体和计算机厂商的高度重视。

lood vacuum pump 真空泵 真空泵是指利用机械、物理、化学等方法在某一封闭空间中改善、产生和维持真空状态的装置。真空泵包括水环泵、往复泵、滑阀泵、旋片泵、罗茨泵、扩散泵等。

look n stop (LNS) LNS防火墙(法国) 一款来自法国的防火墙，被誉为世界顶级。它的策略是先禁止所有本地和远程的连接操作，再根据配置允许之，真正做到在本机和远程之间建立一堵墙。

loop 循环 当满足一定条件时重复执行的指令序列。**回路** 信号可以在其中环流的闭合路径或电路，如反馈控制系统中的环路。**环** 两个用户间闭合使用的通信线路或一个用户与本地交换中心间的闭合通信线路。

loop filter 环路滤波器 滤波器的一

种类型。因为这种滤波器使用在环路中,因此得名环路滤波器。

loop play　循环播放　按顺序反复播放。

loop resistance　回路电阻　反映表征导电回路的连接是否良好的一个直流参数,各类型产品都规定了一定范围内的值。若回路电阻超过规定值,很可能是导电回路某一连接处接触不良。

loose tube　松套管　光缆中可以松散地放置光纤,保护光纤免受内部应力与外部侧压力影响的聚丙烯或尼龙制成的套管。

loss of administrative unit pointer (AU-LOP)　AU 管理单元指针丢失　同步数字体系(SDH)中管理单元指针丢失。其原因可能是:(1) 对端站发送端时序有故障或数据线故障。(2) 对端站发送端没有配置交叉板业务。(3) 接收误码过大。

loss of frame (LOF)　帧丢失　接收方收不到发送方传来的数据帧的现象。在传输 SDH 信号时,为了保证接收端能正确地接收发送端发来的信号,必须使用定帧字节来标识帧的起始点,以便接收端能与发送端保持帧同步。接收 SDH 码流的第一步是必须在收到的信号流中正确地选择并分离出各个 STM-N 帧,也就是先要定位每个 STM-N 帧的起始位置在哪里,然后再在各帧中识别相应的开销和净荷的位置。仅 A1、A2 字节就能起到定帧的作用,收端可从信息流中定位、分离出 STM-N 帧,再通过指针定位找到帧中的某一个 VC 信息包。

loss of synchronization of a picture　图像同步丢失　视频系统因帧或行同步故障而出现整幅图像间歇或持续的消失。

loss tolerance　损耗容限　指测试中所丢失数据包数量占所发送数据组的比率。

lost packet recovery (LPR)　丢包恢复　是宝利通(Polycom)公司最新开发的一种算法,其目的是保护 IP 视频通话免受网络丢包的影响。LPR 采用前向纠错(FEC)方法,由发送方系统为发出的数据流添加冗余数据,使接收方系统可以侦测并纠正错误,而无须请求发送方系统重新传送丢失的信息。这种无须等待网络传送就可进行纠错的能力,使得 FEC 非常适合于实时通信,如电视广播、IP 电话以及 IP 视频会议。LPR 的理论依据是:以相对低一些的通话速率提供稳定的视频通话质量,远比受到各种音视频问题(马赛克、画面静止、断续等)困扰的视频通话要好得多。

loudness　音量,响度　声音强度的感知属性,取决于声波激发的听觉神经元的数目和每个神经元传导的脉冲数,响度电平的度量单位为方(phon),感知响度的度量单位为宋(sone)。

loudness level　响度级　某一声音的响度级是在人的主观响度感觉上与该声音相同的 1 kHz 纯音的声压级。在环境声学中,人耳对声音响度的感受大致如下:0 dB,人耳刚能听到的声音;20 dB,郊外的深夜(安静时);40 dB,轻声细语时;60 dB,1 m

距离的交谈，办公室内；80 dB，1 m 距离高声讲话，一般工厂内；100 dB，纺织车间、鼓风机房、歌舞厅内；120 dB，大型鼓风机房，采油机、泵房、迪斯科厅等；140 dB，汽轮机，大型飞机起降；160 dB，导弹发射；180 dB，核爆炸。

Loudness, K-weighted, relative to full scale (LKFS) 响度的单位 在有线电视系统中，指 K 加权下相对于标称满刻度的响度，响度绝对标度单位。

loudspeaker (LS) 扬声器 又称喇叭。一种将电信号转变为声音信号的换能器件。**音箱** 指可将音频信号变换为声音的一种设备。音箱是整个音响系统的终端，其作用是把音频电能转换成相应的声能，并把它辐射到空间去。它是音响系统极其重要的组成部分，担负着把电信号转变成供人的耳朵直接聆听的声信号的任务。

low birefringence optical fiber 低双折射光纤 实际应用中的单模光纤由于多种因素(如：不圆度、偏心度、微弯、弯曲等)会导致光纤中传播的两种线性偏振模式的速度不同，从而引起相位差，并且相位差会随着光纤的长度累加。低双折射光纤是一种接近于理想化的单模光纤，几何特性非常完美并且光轴完全一致，两个线性偏振模式的相位差非常小，而且和光纤长度没有线性的关系，从而能够长距离传输光信号，并保持光的偏振态。

low current system engineering 弱电工程 即指建筑智能化系统工程。在建筑电气工程中，存在强电和弱电两类。所谓弱电，常见有两种概念。一种是指安全电压及控制电压等低电压电能，如 24 V 直流-交流控制电源、应急照明备用电源等；另一种是指可处理、传输、呈现语音、图像、数据等电子信息的技术系统。建筑智能化系统工程即属于弱电的后一类系统的安装工程。国外对弱电工程也有多种不同的称谓，除本名词外，还有 extra low voltage engineering、weak power project 等说法。

low current system worker 弱电工 使用工机具和仪器仪表对弱电工程中线缆、线管、线槽、箱柜、设备、设施及软件进行安装、调试、测试、运行、维护和管理的操作人员。2017 年 12 月国家住房和城乡建设部将弱电工正式列入《住房城乡建设行业职业工种目录》，2018 年 9 月正式颁布了《弱电工职业技能标准》(JGJ/T 328—2018)。

low density parity check code (LDPC) 低密度奇偶校验码 一种特殊的线性分组码，可以用生成矩阵和校验矩阵来表征。它的奇偶校验矩阵中“1”的数目远小于“0”的数目，具有稀疏性，低密度即来源于此。LDPC 码又称稀疏图码，它可以用一个二分图来表征。

low density polyethylene (LDPE) 低密度 PE，低密度聚乙烯 又称高压聚乙烯，是一种塑料材料，它适合热塑性成型加工的各种成型工艺，成型加工性好。在电线电缆行业中，LDPE 是室外电缆防水护套的材料。

low frequency signal 低频信号 应用

于某一领域中的最低频率范围。无线电波段中将小于 300 kHz 范围内频率称为低频(即长波)。在人耳能够能够感知的声音频率中,低频是声音的基础,标志声音的厚度,一般指 20～160 Hz 这一段音频。综合布线系统频率响应是从 0.1 MHz 左右开始,一直到标准所允许的最高频率(如六类为 250 MHz),所以 0.1 MHz附近的信号就是综合布线系统中的低频信号。

low impedance failure　低阻抗故障　UPS 系统中是指电源阻抗可忽略时的故障。

low impedance termination　低阻抗终接　布线系统中是指连接阻抗呈低阻抗。如屏蔽层端接所需要的就是低阻抗。

low pressure switch　低压压力开关　当系统内压力低于或高于额定的安全压力时,感应器内碟片瞬时发生移动,通过连接导杆推动开关接头接通或断开。当压力降至或升至额定的恢复值时,碟片瞬复位,开关自动复位。简单地说,当被测压力超过额定值时,弹性元件的自由端产生位移,直接推动或经过比较后推动开关元件,改变开关元件的通断状态,达到控制被测压力的目的。

low smoke and halogen-free (LSOH)　低烟无卤　同 low-smoke halogen-free。

low smoke and halogen-free material　低烟无卤材料　遇火时放出的烟雾少且不包含任何卤素元素(卤素元素在遇火后会释放出毒性气体,遇水会形成弱酸性腐蚀性气体)的有机材料,一般用于制造线缆的外护套。

low temperature place　低温场所　温度较低的地方。

low voltage distribution system (LVDS)　低压配电系统　由配电变电所(通常是将电网的输电电压降为配电电压)、高压配电线路(即 1 kV 以上电压)、配电变压器、低压配电线路(1 kV以下电压)以及相应的控制保护设备组成。

low voltage system　弱电系统　① 指安全电压系统,即不使人直接致死或致残的供电电压系统。我国规定的安全电压额定值等级有 42 V、36 V、24 V、12 V、6 V。② 建筑智能化系统。它包括载有语音、图像、数据等信息的信息源及相关的控制与管理系统,如电话、电视、计算机、楼宇控制、公共安全、消防报警、公共广播、停车场管理、门禁,等等。

lower order path (LP)　低阶通道　通道是指负责为单个或多个电路层提供透明的通道服务,它定义了数据如何以合适的速度进行端到端的传输。通道又分为高阶通道和低阶通道。低阶通道业务指 2 Mbps 至34 Mbps速率的通信业务。

lower order path overhead monitor (LPOM)　低阶通道开销监视　在 SDH 系统的通道开销功能中,低阶通道开销是完成 VC－12 通道级别的操作维护管理(OAM)功能,低阶路径开销监视也就是监测在 STM-N 帧中的传输性能。

low-rise dwelling building　低层住宅　我国将一层至三层的住宅称为低层

住宅。

low-smoke halogen-free (LSOH) 低烟无卤 材料(主要指有机缆线的绝缘层和护套层材料)中不含卤素成分,在燃烧的情况下,烟雾浓度低,有助于看清逃生路线;无卤素,不会释放伤害人体的剧毒含卤气体,不含因含卤气体产生的腐蚀性水汽。

low-voltage (LV) 低电压 低电压和高电压无绝对界限。我国《电业安全工作规程》规定:对地电压在1 000 kV以下为低电压。常用的380 V电压和220 V相电压均属低电压范畴。

LP 低阶通道 lower order path 的缩写。

LPCM 线性脉冲编码调制 linear pulse code modulation 的缩写。

LPG 液化石油气 liquefied petroleum gas 的缩写。

LPM 每分钟公升(水流量) liter per minute 的缩写。

LPOM 低阶路径开销监视 lower order path overhead monitor 的缩写。

LPR 丢包恢复 lost packet recovery 的缩写。

LPS 闪电[雷电]防护系统 lightning protection system 的缩写。

LPZ 闪电[雷电]防护区 lightning protection zone 的缩写。

LS 扬声器,音箱 loudspeaker 的缩写。

LSA 链路状态通告 link state advertisement 的缩写。

LSA-Plus terminal block LSA-Plus 端接模块 布线系统配线架使用的回线型卡接模块,俗称 KRONE 模块。分 8 回线和 10 回线两种,可以插入防雷用的避雷子,现普遍作为防雷配线架。

LSB 最低有效位 least significant bit 的缩写。

LSOH 低烟无卤 low smoke and halogen-free 的缩写;**低烟无卤** low-smoke halogen-free 的缩写。

LSP 本地服务提供商 local service provider 的缩写。

LSR 标记交换路由器 label switch router 的缩写。

LTE 长期演进 long-term evolution 的缩写。

lucent connector (LC) LC 型光纤连接器 光纤连接器的一种,因为外观尺寸仅占 SC/ST/FC 型连接器的一半,故属于小型连接器类型(SFF)的一种。LC 型连接器是贝尔实验室(Alcatel-Lucent Bell Labs)研究开发出来的光纤连接器类型,采用操作方便的模块化插孔(RJ)闩锁机理制成。其所采用的插针和套筒的尺寸是普通 SC 型、FC 型等所用尺寸的一半,为 1.25 mm。这样可以提高光纤配线架中光纤连接器的密度。LC 型光纤连接器已经取代 SC 型光纤连接器,是当前流行的光纤连接器件。

luma 亮度 指表示图像亮度信号的样值矩阵或单个样值,符号为 Y。

lumen 流明 描述光通量的单位,发光强度为 1 坎德拉(candela)的点光源在单位立体角(半径为 1 m 的单位圆球上,1 m^2 的球冠所对应的球锥所代表的角度,其对应中截面的圆心角约 65°)内发出的光通量为 1 lm。

lumen maintenance factor (LMF) 流明维持因子,光通维持率 灯具在某一时段的有效光通量与初始有效光通量之比,以百分数表示。

luminance 亮度 反映人类主观明亮感觉,人眼所感受到的亮度是色彩反射或透射的光亮所决定的,与光强成指数关系。物理学定义的亮度与光强成正比,在 Lab 色彩空间中,亮度被定义为画面的明亮程度,单位是坎德拉每平方米(cd/m^2)。实际上用指定的白光的亮度做参考,并把它标化为 1~100 个单位,如监视器用亮度为 80cd/m^2 的白光做参考。当前提高显示屏亮度的方法有两种,一种是提高液晶面板的光通过率,另一种就是增加背景灯光的亮度。

luminance brightness 光亮度 物体明暗的程度。它表示发光面单位面积明亮程度的物理量,是发光表面在指定方向上发光强度与垂直于指定方向的发光面积之比。其定义是单位面积的发光强度,单位是坎德拉每平方米,称作尼特(nit),记作 cd/m^2。

luminance crosstalk 亮度串扰 显示器显示相邻区域亮度对比较明显的图像时,在区域交界处出现与原图像亮度不同的条带状现象。

luminance noise 亮度噪声 视频图像中寄载在亮度信号通道中噪声,表现为白色的雪花。

luminous flux 光通量 在单位时间内通过某一面积的光辐射能量。光通量的单位是流明(lumen,简写为 lm)。

LV 低电压 low-voltage 的缩写。

LVDS 低压配电系统 low-voltage distribution system 的缩写。

LWT 出水温度 leaving water temperature 的缩写。

LZH connector LZH(光纤)连接器 也称 E2000 连接器。光纤连接器的一种,其特点是连接器和耦合器都自带防尘盖,尺寸精度高,体积与 LC 型光纤连接器保持一致。

M

M12　M 12 接口　一种圆形连接器。按照国际标准生产制造，芯数具体有四芯、五芯和八芯，是信号连接的主要电子元器件之一。

MA　管理自动化　management automation 的缩写。

MAC　强制访问控制　mandatory access control 的缩写；**媒体［介质］访问控制（子层）**　media access control 的缩写。

MAC domain　MAC 域　在光纤同轴电缆混合网（HFC）中，I 类应答器 MAC 域包括一个下行射频（RF）和一个上行 RF 信道，在此之上运行 HFC 的 MAC 层带宽分配和管理协议。MAC 域包括一个前端控制器（HE）和多个用以连接被管网元（NE）设备的符合 HFC 标准的应答器。一个 HE 可以支持多个基于 HFC 标准的设备管理系统，即支持多个 MAC 域，但每个 NE 只能访问与它相关的下行信道和上行信道，即它只能工作在其所属的符合 HFC 标准的 MAC 域内。为简化频率配置，每个设备管理系统只能使用一个独立的下行信道和一个上行信道，但这并不限制同时运行多个设备管理系统，只是要求每个系统使用各自不同的上行、下行 RF 信道。

machine cycle（MC）　机器周期　时钟脉冲发生器产生的用于同步机器工作的时钟脉冲间隔时间或机器执行操作（通常是 NUP 指令，即空指令）所经过的最短时间间隔。执行一条指令可能需要单个或多个机器周期，其数目多少与指令的复杂程度和执行部件结构有关。

machine language　机器语言　所述机器（一般指计算机）硬件能立即执行（或解释执行）的指令和数据的具体表示形式，一般是二进制代码。用机器语言编写程序十分困难，现代人几乎无法使用，但其优点在于用机器语言写的程序可以直接在计算机上执行，而不需要经过中间翻译或解释，因此执行速度极快。每类机器（如 CPU）都有其特定的机器语言，互相不能通用。由于微程序设计的广泛使用等原因，机器语言现泛指所述机器能立即执行的程序设计语言，其典型语句由一个操作码和一个操作数组成。

macro-bend loss（MBL）　宏弯损耗　光纤轴向弯曲的曲率半径与其纤芯直径具有可比性时，光在弯曲的光纤中不能满足内部全反射条件，部分光传导模被转化成辐射模，不再继续传输，而进入光纤包层被涂覆层或包层吸收，造成传输光功率的附加损耗。

整个光纤轴向弯曲的曲率半径比光纤直径大得多(宏弯)时引起的附加损耗称为宏弯损耗。由于没有直接办法来消除产生宏弯损耗的根源，只能在光缆敷设时的路由弯曲、光纤预留时的弯曲、接头盒内的盘弯、尾纤的盘绕应严格遵守工程规范规定的曲率半径要求。

macro-bending 宏弯曲 指有整个光纤轴线的弯曲。

macro-bending characteristics 宏弯特性 指光纤宏观弯曲时的光学特性。光纤在实际应用中不可避免地产生弯曲，从而产生辐射损耗。光纤弯曲产生的损耗可以分为三种：微弯损耗、过渡弯曲损耗和宏弯损耗。其中，宏弯损耗是由光纤实际应用中应有的盘绕、曲折等引起的宏观弯曲导致的损耗。

macro-module 宏模块，宏块 一种具有某种宏功能的模块。宏(或宏功能)是程序设计语言中一种描述计算片段的机制，把一段较长的代码集合在一起，定义一个较短的命令代表这段代码，而后就可以在程序中用这个命令来指明这段代码的使用。因此，宏模块就是构成某种功能若干宏的集合。例如，在MPEG-2视频流层结构中，宏块层是宏块条层中一系列宏块中的一块，由附加数据、亮度块和色度块共同组成。其中亮度块为16×16像素块，就称作宏块。

MADI 多通道音频数字串行接口 multi-channel audio digital interface的缩写。

MAG 磁铁 magnet的缩写。

Mag Lock 电磁锁 magnetic lock的缩写。

magnet (MAG) 磁铁 一种能在外围产生磁场的物体。它具有能够吸引其他磁性物体(如铁)的性能，以及吸引或排斥其他磁体的性能。永久磁体产生永久磁场，电磁体只有当其绕组中流过电流时才具有磁性。最早发现及使用磁铁的是中国人，利用磁铁制作的指南针成为中国四大发明之一。

magnetic contact 磁开关 一种利用磁性原理制成的开关，它是由独立的永磁体和开关两部分构成，是两者接近或离开使节点开路或闭合的装置。它常作为传感器，用于计数、限位等场合。在智能安防系统中采用的门磁、窗磁均属磁开关。

magnetic lines of force 磁力线 在电磁场理论中又叫作磁感线，用以形象描绘磁场分布的一些曲线。人们将磁力线定义为处处与磁感应强度相切的线，磁感应强度的方向与磁力线方向相同，其大小与磁力线的密度成正比。

magnetic lock (Mag Lock) 电磁锁 也称磁力锁，利用电磁原理制成的锁具。它由锁体和吸附板两部分组成。当电流通过锁体硅钢片上的线圈时，会产生强大的吸力，紧紧吸合一定距离内的吸附铁板达到闭锁的作用；当电流中断时，磁场消失，释放吸附板，锁具打开。磁力锁根据安装环境不同分为挂装式和嵌入式两种。根据吸合力的大小分为80 kg、150 kg、180 kg、280 kg、300 kg、350 kg、500 kg

等不同规格，以 280 kg、500 kg 规格居多。工程中应根据使用场合的实际需要选用合适的规格和形式的电磁锁。

magnetic shielding 磁屏蔽 由具有一定厚度的高磁导率材料或超导材料制成的壳体，使外部磁场源的磁感应强度经过壳体而起到减弱壳体内部空间磁场强度的作用。磁屏蔽也具有使壳层内部磁场源的磁感应强度被闭合在壳体内部，从而起到减弱对外部空间磁场强度的作用。

magnetic strip 磁条 一种条状磁性材料，通常呈黑色或棕色，可记录表示信息的数据，并可通过阅读装置读取该数据。磁条通常贴在信用卡、门禁卡、证件或其他可携带的物品上。

main contractor 主承包方 也叫主承包商。与业主签订合同实施工程项目的公司，它既可以承包全部工程也可以承包工程的某些专业部分。这样，业主可以只选择使用一个主承包商，也可以使用多个独立的主承包商。在单一合同体系里，业主把整个工程项目的施工授予一个主承包商。在这种情况下，承包商可以把各种不同因素组合起来，使工程施工进程一体化协调地发展，而且按合同文件规定的时间集中承担如期完工并交付使用的全面责任。总承包商对业主承担分包商及其他执行施工合同的第三方的全面责任。

main cross-connect (MC) 主交叉连接 指美国综合布线系统通用拓扑结构中的中央配线连接，包括连接器件和跳线之间的连接，属第三级配线设备。

main distributing facility (MDF) 主配线设施 建筑中主要的通信室设施组成部分，是星形布线拓扑结构的中心点，接线板、集线器和路由器都位于此。

main distribution area (MDA) 主配线区 ① 数据中心内安装主交叉连接设备的区域。② 计算机房内设置主交叉连接的空间。

main distribution frame (MDF) 主配线架 美国综合布线系统标准关于商业建筑综合布线系统拓扑结构中的主配线架，属第二级配线设备。它与综合布线系统国家标准中的建筑物主配线架、建筑群主配线架相对应。

main distributor (MD) 主配线架 数据中心综合布线系统拓扑结构主配线子系统的配线设备，它下连管理着数据中心内的中间配线架(ID)或区域配线架(ZD)，外联通往进线间的缆线。属美国综合布线系统通用结构的第三级配线设备。

main earthing busbar 总接地母线 电气装置接地配置中，用于与若干接地用的接地主干线实行电气连接的母线。

main earthing terminal (MET) 总接地端子 电气装置接地配置中，用于与若干接地用的接地主干线实行电气连接的端子。

main logic board (MLB) 主逻辑板 也叫屏驱动板，中心控制板。它是一个具有软件和固有程序的组件，其作用是把数字板送来的 LVDS 图像数据输入信号通过逻辑板处理后，转换成能驱动液晶屏的 LVDS 信号，再直接送往液晶屏的 LVDS 接收芯片，驱动液晶屏显示图像。

main module application software 主模块应用软件 在主模块中运行的应用软件。所谓主模块，是在多模块程序中使程序开始执行的模块。它一般在整个程序中起主程序的作用。在有线电视系统综合接收解码器中，除位置锁定模块应用软件以外的应用软件均属于主模块应用软件。

main power cabling 主干电力布缆 电力系统的主干缆线的敷设和安装。

main power supply system 主供电系统 主要使用的供电设施和系统，当它出现故障或需要检修时，会启动备用供电系统。

maintenance bypass 维修旁路 为维修期间安全和(或)保持负载电力连续性而用来允许隔开 UPS 的一部分或多个部分的电源通路，该通路可以由主电源或备用电源供电。

maintenance hole 人孔 通信主干管线上的中转点和中继点，人孔中间的间距约为数十米。一般位于道路两侧的人行道，形成地面上的洞(室)，并在井盖上标有“通信”等字样。它作为地面以下导管系统的一部分，用于放置、连接、维护线缆以及放置相关设备，其尺寸可允许人员进入执行工作。

maintenance of polarity 极性维护 对双芯光纤跳线的极性所进行的保持和调整。在双芯光纤跳线中，两端的纤芯可以呈直通或交叉排列，在有些光纤跳线上固定光纤连接器的锁扣可以拆下，这就可以在工程或运维器件对纤芯的排列进行调整。为此，在使用前或发生故障时，应检查双芯光纤跳线的极性，并根据需要进行保持或调整。

maintenance system 维护保养制度 对系统、机房、设备、器材等的检查、试验、修理、配装、分级、回收、故障应急处理等的管理制度。维护保养是生活和工作中不可缺少的，是让每个人身边的工具保持、提高其性能、精度，节省开支，为生活和工作提高生活水平和经济效益的唯一办法。正因为如此，才需要以制度形式将好的维护保养方法确定下来，并逐步加以完善，使之达到最佳的运行状态，使生命周期内的总成本降低。

major installation contractor 安装主承包 也称安装工程总承包。安装工程中承担全部或绝大多数安装任务的企业。

make-time 闭合时间 从合闸操作瞬间起，到主电路拥有电流流动瞬间止的时间间隔。

mall 商场 聚集在一起的各种商店组成的市场，指面积较大，商品比较齐全的大商店。

MAN 手册，说明书 manual 的缩写；**城域网** metropolitan area network 的缩写。

managed object (MO) 被管理对象 经过代理(器)进行管理的通信资源。同步数字体系(SDH)管理对象有设备、接收端口、发送端口、电源、插板、虚容器、复用段、再生段等。在计算机网络管理系统中，指网络系统的节点机、主机、网络设备、跳线线路等。

managed object relationship 被管理对象关系 在计算机网络管理系统中，指被管对象之间的继承关系、注册关系、包含关系。

management automation (MA) 管理自动化 管理自动化是指由人与计算机技术设备和管理控制对象组成的人机系统，核心是管理信息系统。管理自动化采用多台计算机和智能终端构成计算机局部网络，运用系统工程的方法，实现最优控制与最优管理的目标。大量信息的快速处理和重复性的脑力劳动将由计算机来完成，处理结果的分析、判断、决策等由人来完成，形成人机结合的科学管理系统。

management database (MDB) 管理数据库 管理系统使用的数据库。

management domain (MD) 管理领域 ① 计算机网络中一个用于定义名字使用范围的实体。② 报文处理系统(MHS)中，管理领域对于在其域内的报文的路由搜索是负有责任的。

management information base (MIB) 管理信息库 一个开放系统内的信息库，使用开放系统互联(OSI)管理协议，可以变换或影响这些信息。MIB是一个开放系统里被管对象的集合。这对于信息来说并不暗示着物理存储或逻辑存储的任何形式，它的实施是本地关心的事情而不在标准范围以内。管理信息可以在管理进程之间共享并且按照这些进程的要求构成。MIB既不把管理数据的解释限制到预先定义的集合，也不限制到数据是否以处理过的形式存储。然而，MIB中一部分信息的抽象句法和语义两者都被定义，以便它们在OSI协议交换中能被表示。

management information system (MIS) 管理信息系统 一个以人为主导，利用计算机硬件、软件、网络通信设备以及其他办公设备进行信息的收集、传输、加工、储存、更新、拓展和维护的系统。

management inhibit message (MIM) 管理阻断消息 通信系统中7号信令中管理阻断程序发出的信息。

management method 管理方法 指用来实现管理目的而运用的手段、方式、途径和程序的总称。管理的基本方法包括任务管理法、人本管理法、目标管理法、系统管理法。其基本手段有行政的、经济的、法律的和教育的。

management subsystem 管理子系统 美国综合布线系统标准中对综合布线系统管理所设的子系统，它与国际标准ISO 11801中的七大组成部分中的管理部分属同一范畴。

management system 管理系统 ① 一种在管理工作中应用的计算机化的全局信息系统。这种系统的特点是有集中使用的数据库，进行分时处理的计算机网络，并充分利用数理统计、运筹学等数学方法和现代管理技术，从而能迅速提出一切有效信息供各层主管人员决策者用。② 计算机网络中，管理一系列系统的实体，被管理的系统可以是网络元素、子网或其他管理系统。

mandatory access control (MAC) 强制访问控制 在计算机信息安全学中，指多级安全的系统中，把主体与客体分割为不同的保密层次。仅当一个主体的安全级别高于一个客体的安全级别时，这个主体才可读取这个客体。仅当一个主体的安全级别低于或等于一个客体的安全级别时，这个主体才可写入这个客体。为了实现以上原则，需要进行身份识别和验证。

manual (MAN) 手册 收录一般资料或专业知识的工具书，是一种便于浏览、翻检的记事小册子，是介绍一般性的或某种专业知识的简明摘要书。

manual control (MC) 手控，手动控制 由人直接或间接操纵的控制。

manual control panel 手动控制盘 手动远程控制消防联动设备的操作盘，主要用于控制正压送风机、排烟风机、电梯、广播、消火栓泵、喷淋泵等联动设备。

manual fire alarm button 手动火灾报警按钮 火灾报警系统中的一个设备类型。当人员发生火灾时在火灾探测器没有探测到火灾的时候，人员按下手动火灾报警按钮，报告火灾信号。

manual fire alarm call point 手动火灾报警呼叫点 用手动方式启动自动火灾报警系统的器件或设备的部位。

manual start button 手动启动按钮 由手动发出控制信号以控制接触器、继电器、电磁起动器等的启动和运作的电器控制元件。

manual stop button 手动停止按钮 一种手动控制节点启闭的按钮。由人工触动按钮，发出控制信号通过接触器、继电器、电磁起动器等使设备或系统停止运行。

manual white balance (MWB) 手动白平衡 由操作人员对摄影摄像设备白平衡的手动控制和调节。

manufacturing process 生产流程 又叫工艺流程或加工流程，指在生产工艺中，从原料投入到成品产出，通过一定的设备按顺序连续地进行加工的过程。它也指产品从原材料到成品的制作过程中要素的组合。

margin 余量 设备、系统性能参数的富余量。

marking system 标识系统 以标识系统化设计为导向，综合解决信息传递、识别和形象传递功能的整体解决方案，包含硬件和软件。

master antenna television (MATV) 主天线电视，共用天线电视 多个用户共用一组优质天线，以有线方式将电视信号分送到各个用户的电视系统。

master control system (MCS) 播控系统 指对各种源信号控制处理形成电视节目播出信号的系统，其主要包括：信号源、信号分配、信号处理、信号切 换、信号无压缩传输、信号压缩编码和复用。**主控系统** 是指电台广播系统对音频信号进行控制、交换和对外传输的枢纽。它同时具备信号监听、监测、报警以及音频信号调度、授时、内部通信等功能。

matched filter (MF) 匹配滤波器 输出端的信号瞬时功率与噪声平均功

率的比值最大的线性滤波器。该滤波器的传递函数形式是信号频谱的共轭。

mated pair　匹配线对　特性匹配的电缆线对或光纤线对，这些特性包括但不局限于机械特性、电气特性、光学特性。

material　材料　人类用于制造物品、器件、构件、机器或其他产品的物质，是人类赖以生存和发展的物质基础。20 世纪 70 年代人们把信息、材料和能源誉为当代文明的三大支柱。80 年代以高技术群为代表的新技术革命，又把新材料、信息技术和生物技术并列为新技术革命的重要标志。**素材**　作者从现实生活搜集到的、未经整理加工的、感性的、分散的原始材料。此种“素材”，如经过作者集中、提炼、加工和改造，并写入作品之后，即成为“题材”。电台、电视台和有线电视台播出的组成节目信息中，把包括音频、视频、时间码、数据和同步信息等也称作节目信息的素材。

matt　亚光　指多角多面微细的反射光。一些电器和信息面板中有亚光面板产品，其外观特点是：表面平滑，低度磨光，产生漫反射，无光泽，不产生镜面效果，无光污染。

maximum allowable level　最大允许电平　当使用 IEC/TR3 60268－10—1991 中所规定的准峰值节目表监测时，将音频信号满刻度值(0 dBFS)之下 9 dB 的数值称为最大允许电平，即－9 dBFS。

maximum beam range　最大射束距离　指主动红外探测器的接收机单元能接收到发射单元发射红外光束的最大距离。

maximum ramp-down time　最大下降时间　HFC 系统中是指发送机从峰值输出功率的 90%上升到峰值输出功率的 10%的最大时间。

maximum ramp-up time　最大上升时间　HFC 系统中是指发送机从峰值输出功率的 10%上升到峰值输出功率的 90%的最大时间。

maximum transmission unit (MTU)　最大传输单元　特定数据链接中能传输的最大 IP 数据包大小，以字节为单位。如以太网数据链路的 MTU 为 1 500 字节。

MBGP　组播协议[多协议]边界网关协议　multiprotocol BGP 的缩写。

MBL　宏弯损耗　macro-bend loss 的缩写。

MC　机器周期　machine cycle 的缩写；**主交叉连接**　main cross-connect 的缩写；**手控，手动控制**　manual control 的缩写。

MCA-STREAM　多通道数字音频传输技术，多声道音频流　multi-channel audio stream 的缩写。

MCCS　多媒体协同会议系统　multimedia collaborative conference system 的缩写。

MCL　最小耦合损耗　minimum coupling loss 的缩写。

MCONF　多媒体会议系统　multimedia conferencing system 的缩写。

MCS　播[主]控系统　master control system 的缩写；**多点通信服务**　multipoint communication service 的

缩写。

MCU 微控制器 micro-control unit 的缩写；**多控制单元** multi-control unit 的缩写；**多点控制单元** multi-point control unit 的缩写。

MD 主配线架 main distributor 的缩写；**管理领域** management domain 的缩写；**迷你光碟[光盘]** mini-disc 的缩写；**移动侦测** motion detection 的缩写。

MDA 主配线区 main distribution area 的缩写。

MDB 管理数据库 management database 的缩写。

MDF 主配线设施 main distributing facility 的缩写；**主配线架** main distribution frame 的缩写。

MDI 媒体相关接口 medium dependent interface 的缩写。

mean square 均方值 又称 $X(t)$的二阶原点矩，随机变量 $X(t)$的平方的均值，记为 $E[X^2(t)]$。在工程上表示信号的平均功率，其平方根称有效值。

mean thermal transmittance of the wall 外墙平均传热系数 外墙包括主体部位和周边热桥(构造柱、圈梁以及楼板伸入外墙部分等)部位在内的传热系数平均值。按外墙各部位(不包括门窗)的传热系数对其面积的加权平均计算求得。单位是 $W/(m^2 \cdot K)$。

mean time between failure (MTBF) 平均无故障时间 设备或系统能够正常无故障运行的平均时间，或指相邻两次故障之间平均工作时间，也称为平均故障间隔。

mean time to repair (MTTR) 平均故障修复时间 一个衡量产品可靠性的指标，它的值越小说明该系统的可靠性越高。其目的是为了界定术语中的时间概念。MTTR 是随机变量恢复时间的期望值。它包括确认失效发生所需的时间，以及维护所需要的时间。MTTR 也包含获得配件的时间，维修团队的响应时间，记录所有任务的时间，还有将设备重新投入使用的时间，即指系统修复一次故障所需要的时间。

measure module 测量组件 在模块式空调机房设备内，指用于测量流量、温度、压力等系统状态参数的器具。

measurement system 测量系统 用来对被测特性定量测量或定性评价的仪器或量具、标准、操作、方法、夹具、软件、人员、环境和假设的集合，是用来获得测量结果的整个过程。

measuring record 测量记录 工程测量中通过人工或设备记录的数据和文字。

mechanical characteristic 机械特性 也叫物理特性，不同装置和物品的机械特性各不相同。如通信实体间硬件连接接口的机械特性，接口所用接线器的形状和尺寸，引线数目和排列、固定和锁定装置等。

mechanical damage 机械损坏 物品使用时发生破损等物理性损坏。

mechanical endurance 机械耐久性 光纤连接器在适配器中连续插拔的有效次数。在有效次数内，其光学性能还能保持正常状态。

mechanical strength 机械强度 材料

受外力作用时，其单位面积上所能承受的最大负荷。

mechanical stress　机械应力　物体由于外因（受力、湿度变化等）而变形时，物体内各部分之间相互作用产生的内力，以抵抗这种外因的作用，并力图使物体从变形后的位置回复到变形前的位置。

mechanical UPS (power) switch　机械式 UPS(电力)开关　UPS 系统中的一种机械开关装置。在一般电路状况下能接通、传输和切断电流，一般电路状况包括规定的过载运行状况，以及在规定的非正常电路状况（如短路）下承载规定时间的电流。需要注意的是，上述开关可能有接通能力，但未必能够切断短路电流。

MED　适中，中间(档位)　medium 的缩写。

media access control (MAC)　介质访问控制(子层)　位于开放系统互联(OSI)七层协议中数据链路层的下半部分，主要负责控制与连接物理层的物理介质。当需要发送数据的时候，它可以事先判断是否可以发送数据，如果可以发送，则会给数据加上一些控制信息，最终将数据以及控制信息以规定的格式发送到物理层；在接收数据的时候，它首先判断输入的信息是否发生传输错误，如果没有错误，则去控制信息发送至逻辑链路控制(LLC)子层。

media adapter　媒体适配器　传输信息的各种技术之间的转换器件。

media attachment unit　媒体连接设备　在局域网中，数据站中使用的一种设备，它将数据终端设备(DTE)和传输媒体耦合在一起。

media clock　媒体时钟　发送器用于采样，接收器用于播放数字媒体流的时钟。音频流的媒体时钟以音频样值数标注。

media exchange format (MXF)　素材[媒体]交换格式　美国电影与电视工程师协会(SMPTE)组织定义的一种专业音视频媒体文件格式。它是在服务器、数据流磁带机和数字档案之间交换节目素材的文件格式。

media packet　媒体包　媒体流的一部分，是承载媒体数据的数据包。每个媒体包包含单个或多个音频通道的若干样值。

media switch server (MS)　媒体交换服务器　专门针对大规模视频监控应用开发的媒体转发服务器。它分有硬件系统和软件系统两部分。媒体交换服务器的特点是集视频流复制分发、组播或单播转换功能于一体，且只对数据流进行媒体交换，不对数据流本身做处理。它可以满足各种中型、大型视频安防监控系统复杂网络应用。媒体交换服务器具有超强转发性能，高可靠性，全面支持高清视频等特点，可广泛应用于公安、金融、交通、电力、能源、教育、建筑、医疗等行业。

medium (MED)　媒体　一个不规则名词，其复数是 media，指传输信息的媒介。它是人借助传递信息与获取信息的工具、渠道、载体、中介物或技术手段，也可以把媒体看作实现信息从信息源传递到受信者的技术手段。

传统的"四大媒体"为电视、广播、报纸、期刊,此外还应用于户外媒体,如路牌灯箱的广告等。随着科学技术的发展,逐渐衍生出新的媒体,例如:IPTV、电子杂志等。国际电话电报咨询委员会(CCITT)把媒体分成五类:(1)感觉媒体,直接作用于人的感觉器官,使人产生直接感觉的媒体,如声音、图像等;(2)表示媒体,传输感觉媒体的中介媒体,即用于数据交换的编码,如图像编码(JPG、MPEG等)、文本编码(ASCⅡ码、GB 2312等)和声音编码等;(3)表现媒体,进行信息输入和输出的媒体,如键盘、鼠标、扫描仪、话筒、摄像机、显示器、打印机、喇叭等;(4)存储媒体,用于存储表示媒体的物理介质,如光碟、磁碟、硬盘、软盘、ROM、RAM等;(5)传输媒体,指传输表示媒体的物理介质,如电缆、光缆等。

medium access control layer　介质访问控制层　属于开放系统互联(OSI)模型中数据链路层下层子层。它定义了数据帧怎样在介质上进行传输。在共享同一个带宽的链路中,对连接介质的访问按照"先来先服务"的原则进行的。物理寻址在此处被定义,逻辑拓扑(信号通过物理拓扑的路径)也在此处被定义。线路控制、出错通知(不纠正)、帧的传递顺序和可选择的流量控制也在这一子层实现。

medium dependent interface (MDI)　媒体相关接口　也称介质相关接口。在集线器或交换机中有两种接口,分别叫MDI port和MDI-X port,MDI port也叫作级联端口(uplink port),是集线器或交换机之间相互连接的端口。MDI port和MDI-X port之间最大的区别在于:MDI port内部发送数据线和接收数据线没有交叉,而MDI-X port内部发送数据线和接收数据线是交叉的,这个X代表交叉的意思。

medium interface connector (MIC)　介质接口连接器　① 数据站与通信干线耦合单元之间的连接器。在此连接器处,所有发送与接收信号均被明确规定。② 不同介质相互连接的设备,如电缆连接部件、光缆连接部件、光纤信号和电缆信号转换设备等。

medium wave (MW)　中波　指频率为300 kHz~3 MHz的无线电波。中波在传播过程中,地面波和天空波同时存在,有时会给接收造成困难,故传输距离不会很远,一般为几百公里。中波主要用作近距离本地无线电广播、海上通信、无线电导航及飞机上的通信等。一般中波广播(medium wave, MW)采用调幅(amplitude modulation, AM)的方式,故人们经常将MW及AM之间画上等号。实际上MW只是诸多利用AM调制方式的一种广播。比如在高频(3~30 MHz)中的国际短波广播所使用的调制方式也是AM,甚至比调频广播更高频率的航空导航通信(116~136 MHz)也是采用AM的方式,只是我们日常所说的AM波段指的就是中波广播。

meeting room　会议室　供开会用的房间,可以用于召开学术报告、会议、培训,组织活动,接待客人等。一般的会议室功能区包括主席台、听众区和发言区。部分会议室则不做明确区分，如圆桌会议室和会见式会议室。会场的布置类型可以是标准化的，也可以是个性化的。它分有多种造型，如：剧院式、课堂式、宴会式、鸡尾酒式、董事会形（口字形）、回字形、U形、T形等。

megawatt (MW) **兆瓦** 是功率基础单位瓦的数量级衍生单位，兆瓦的定义是每秒做功 1 000 000 J，每小时做功 3 600 000 000 J。

MEID **移动终端识别号[标识符]** mobile equipment identifier 的缩写。

melt drip **熔滴** 物质燃烧或熔融时的滴落物。

melting behaviour **熔融特性** 物质受热发生皱缩、滴落、熔化等物理现象。

MER **调制误差比[率]** modulation error ratio 的缩写。

MESH-BN **网格联结网络** mesh-bonding network 的缩写。

mesh-bonding network (MESH-BN) **网格联结网络** 在数据中心主机房等机房内所安装的网格状联结地线网络。即在架空地板下，将地线安装成网格状，所有的设备、防静电地板就近在联结网络上接地。

meshed system **网状系统** 采用网格联结网络构成的接地系统。

MET **总接地终端，主接地端子** main earthing terminal 的缩写。

met by design **通过设计符合** 工程项目在未规定测试方法进行验证或不要求通过测试进行验证时，通过计算和选择适当的材料和安装技术达到预设的要求。

metadata **元数据** 又称中介数据，中继数据，是描述数据的数据，是关于数据的组织、数据域及其关系的信息，用来支持诸如指示存储位置、历史数据、资源查找、文件记录等功能。元数据可看作一种电子式目录，通过描述并收藏数据的内容或特色，进而达成协助数据检索的目的。都柏林核心集（Dublin Core Metadata Initiative，DCMI）就是元数据的一种应用。

metadata class **元数据类** 对所有已注册元数据形成第一级分级结构的元数据大类。

metadata dictionary **元数据字典** 包含定义和许可格式的已确认元数据条款的标准数据库。

metadata element **元数据元素** 组成元数据的基本单元。

metadata format **元数据格式** 标识元数据的编码格式。

metadata instance **元数据实例** 描述内容、用户等的数据实例。元数据实例具有与其相对应的元数据框架所定义的数据模型。

metadata registry database **元数据注册库** 由已确认、注册的数据元素标签及其定义组成的标准数据库。

metadata schema **元数据框架** 用于描述目标实例的专用数据模型的表示形式。

metadata service **元数据业务** 为某个特定目的传送到接收机的具有相同格式的元数据集。

metal cable trough **金属线槽** 又名金

属配线槽,金属桥架。它是由金属制成的,用来将电源线、数据线等线材规范的整理,固定在墙面、天花板上或地坪内的槽式器材。金属线槽的常见规格有:50 mm×50 mm、50 mm×100 mm、100 mm×100 mm、100 mm×200 mm、100 mm×300 mm、200 mm×400 mm、200 mm×600 mm 等,可引用 JB/T 9660《行线槽》标准。

metal clip **金属夹** 金属制造的夹具。安装工程或机械制造过程中用来固定设备、装置、装具,使之占有正确的位置以接受施工或操作的金属装置。

metal hose **金属软管** 现代工业设备连接管线中的重要组成部件。金属软管用作电线、电缆、自动化仪表信号的电线电缆保护管和民用淋浴软管,规格为内径 3～150 mm。小口径金属软管(内径 3～25 mm)主要用于精密光学尺之传感线路保护、工业传感器线路保护。在复杂的管路系统中,常常出现由于空间位置条件的限制造成安装工作上的种种困难。例如,成型的管子装不上去,管子弯过去,正过来。凑合装上去的管子,将不可避免地产生局部的冷校正。金属软管由于可以随意弯曲,并在额定弯曲半径条件下弯曲后所产生的内应力极小。所以,它能给安装工作带来极大的方便,对管路系统的安全运行也起着一定的保障作用。这是某些管路系统应该使用金属软管的主要原因。

metal sheath for cable **电缆金属套** 用于保护电缆的金属套管或金属保护管,如金属软管、不锈钢护套管等。

metal tube **金属管** 使用金属材料制成的管材,可以用于传输液体或缆线,分硬管和软管两大类。硬管安装在固定不动的位置,软管安装在可能会产生位移的位置,或作为两段硬管、硬管与硬质物件(如:插座盒)的连接管。

metal-free **非[无]金属** 指缆线中没有金属。如在室外光缆中,不包含金属铠装层的缆线称为无金属光缆,具有天然的防雷击效果。

metal-free fibre optic outdoor cable with central loose tube **带中心松套管的无金属光纤户外电缆** 一种室外敷设的光缆。它的内部结构为中心束管式,缆中没有任何金属,护套内的铠装层为玻璃纤维材料。它的机械强度不如金属铠装室外光缆,主要敷设在室外地下管网中。其特点是无金属,天然防雷,两端的建筑物内都不需要为它设置防雷保护系统。

metallic communication cable **金属通信电缆** 由多根互相绝缘的金属导线或金属导体绞成的缆芯和保护缆芯与机械损害的外层护套所构成的通信线路。如双绞线、同轴电缆、市话电缆、电话线等。

metallic nitrogen-oxide semiconductor (MNOS) **金属氮氧化物半导体** 具有双绝缘层的半导体结构(取代了在金属氧化物半导体结构中常见的二氧化硅栅绝缘层)。通常是一层二氧化硅(SiO_2)紧贴着硅基片,再用一层氮化硅(Si_3N_4)覆盖在上面。双绝缘层存储电荷的能力使得它在存储晶体管阵列、电容器和其他半导体器件中非常有用。

metallic plumbing 金属管道 金属管材制成的管道，用于气体、液体流动或敷设电线管。由于金属管材具有较好的防火能力、抗电磁干扰能力，所以在综合布线系统标准中要求该系统使用金属电线管。

meteorological effect 气象效应 由气象产生的影响。气象条件是系统、设备构成的重要因素，气象条件及其变化不仅可能会影响系统、设备的正常运行，还可能会导致系统或设备发生难以判断和重现的故障。

metering 计量收费 指根据使用量或供应量多少收取费用的行为。

metering device of energy consumption 能耗计量装置 用来度量电、水、燃气、热(冷)量等建筑能耗的仪表及辅助设备的总称。

metering pulse 计费脉冲 一种在电话线路上周期性发送的以确定呼叫持续时间和电话费的脉冲，通过计算其脉冲数目即可得出通话费用。

metering pulse message (MPM) 计费脉冲消息 电信计费的时长信息。在复式计次计费方式中是在发端局按通话距离和通话时长计次。有些国家仅在本地通话中采用复式计次，有些国家在本地及国内通话均采用复式计次。复式计次的方式有两种，一种是按电信部门的规定，按距离远近分为多档收费标准，以基本距离通话若干秒(一般为 180 s)为一计费单位，并以一个脉冲为代表，其他各档则按该档费率与基本距离收费的比率计算出等值的计费脉冲间隔时长，即费率越高，送出计费脉冲的间隔时长越短。从被叫应答开始送出第一个计费脉冲，然后按计费档次间隔均匀送出脉冲，直至话终。另一种方式是以分钟为单位，每分钟一次送出代表费率计费单位的多个脉冲直至话终。模拟交换机中采用机械计次表的是前一种方式，而在程控交换机或采用微机计费设备的模拟交换机则采用后一种方式。

metering system of energy consumption 用能计量系统 通过在建筑物或建筑群内安装分类和分项能耗计量装置，实时采集能耗数据，并具有监测与分析等功能的软件和硬件系统的统称。系统一般由能耗数据采集子系统、传输子系统、处理子系统和数据上传子系统组成。

methane detector 甲烷探测器 也称为 CH_4 报警器，燃气探测器，可燃气体探测器等。其主要功能是探测可燃气体是否泄漏。

metropolitan area network (MAN) 城域网 地理范围约在 10～50 km 的计算机网络，其特性接近于局域网，但误码率和传输延迟时间较局域网稍高。它可以为一个单位所有，但通常为多个单位公用，也可以作为一个地区的公共设施使用。

MF 匹配滤波器 matched filter 的缩写；**中频** middle frequency 的缩写。

MFD 模场直径 mode-field diameter 的缩写。

MFN 多频网 multiple frequency network 的缩写。

MHP 多媒体家庭平台 multimedia

home platform 的缩写。

MIB　管理信息库　management information base 的缩写。

MIC　介质接口连接器　medium interface connector 的缩写；**传声器，话筒**　microphone 的缩写。

mica paper tape　云母带　又称耐火云母带。由云母纸为基材制作而成的一种耐火绝缘材料，按用途可分为：电机用云母带、电缆用云母带等。按结构分为：双面带、单面带、三合一带、双膜带、单膜带等。按云母又可分为：合成云母带、金云母带、白云母带等。耐火安全电缆用云母带是一种高性能的云母绝缘制品，具有优良的耐高温性能和耐燃烧性能。但云母带大多含有卤素元素氟，故不属于低烟无卤材料。

MICE classification system　MICE 分类系统　工业建筑中的恶劣环境分为 M、I、C、E 四个大类。其中 M 为机械力等级，I 为入侵等级，C 为气候等级，E 为电磁等级。每个等级内又有多项参数，每个参数依据其危害程度分为三个级别：(1) 典型环境。(2) 轻工业环境。(3) 恶劣工业环境。这些类别与级别的组合即构成该项目的工业环境危害等级。等级用字母数字表示，如 M_2、I_2、C_1、E_3。

MICE environment　MICE 环境　同 MICE classification system。

micro control unit (MCU)　微控制器　又称单片微型计算机或单片机，是将计算机的 CPU、RAM、ROM、定时计数器和多种 I/O 接口集成在一片芯片上，形成芯片级计算机，为不同的应用场合形成不同组合控制。微控制器诞生于 20 世纪 70 年代中期，经过 40 多年的发展，其成本越来越低，而性能越来越强大，这使其应用已经无处不在，遍及各个领域。例如电机控制，条码阅读器(扫描器)，消费类电子、游戏设备，电话、HVAC、楼宇安全与门禁控制，工业控制，自动化和白色家电(洗衣机、微波炉)等。英特尔(Intel)公司不仅是最早推出微处理器的公司，同样也是最早推出微控制器的公司。

micro-duct optical fibre　微型光缆　吹光纤系统中使用的光缆。微型光缆的光学传输指标与普通光缆相同，由于其外径比普通光缆细，所以简称为微缆。微型光缆可以通过气吹安装技术，不用开挖路面安装在微小的管道中，也可以安装在已有光缆的管道中，节省管道资源，满足网络的实时扩容需求。

micro-duct　微型吹管　吹光纤系统中的微型塑料线管(外径较小)。吹光纤时将光纤用设备吹入，并从吹管的另一端露出。吹管对于光纤而言，既是护套也是管路。

microphone (MIC)　传声器　也称话筒，微音器，麦克风。一种将声压力的变化(即声波)转变为电流或电压的换能器件。它是各类音频系统的重要音源设备之一。为适应各种用途和场合，传声器种类繁多。按声电转换原理传声器可分为电动式(动圈式、铝带式)、电容式(直流极化式)、压电式(晶体式、陶瓷式)以及电磁式、碳粒式、半导体式等，按声场作用力传声器可分为压强式、压差式、组合式、线列式等，按电信号的传输方式可分为有线传声器和无线传声器，按用途可区分为测量传声器、人声传声器、乐器传声器、录音传声器等，按声源指向性可分为心型传声器、锐心型传声器、超心型传声器、双向(8字型)传声器、无指向(全向型)传声器等。其他还有驻极体、硅微传声器、液体传声器、激光传声器。

microphone preamplifier　传声器前置放大器　将传声器输出的微弱的语音信号进行放大处理的设备或电路。

microphone priority　传声器优先　广播系统中具有优先级一个或一个以上的传声器。

MicroSD card　Micro SD 卡　由闪迪(SanDisk)公司发明，主要用于移动电话。

Microsoft SQL Server　微软关系型数据库管理系统　关系型数据库管理系统是指包括相互联系的数据集合(数据库)和存取这些数据的一套程序(数据库管理系统软件)。微软关系型数据库管理系统是指微软(Microsoft)公司推出的具有使用方便，可伸缩性好，与相关软件集成程度高等优点的管理系统。它不仅可运行 Microsoft Windows 98 的膝上型电脑，还可以运行 Microsoft Windows 2012 的大型多处理器的服务器，可在多种平台使用。它是一个全面的数据库平台，使用集成的商业智能(BI)工具提供了企业级的数据管理。其数据库引擎为关系型数据和结构化数据提供了更安全可靠的存储功能，可以构建和管理用于业务的高可用和高性能的数据应用程序。

microwave (MW)　微波　频率为 300 MHz～300 GHz 的电磁波，是无线电波中一个有限频带的简称，即波长在 1 mm～1 m 之间的电磁波，是分米波、厘米波、毫米波的统称。

microwave communication　微波通信　使用波长在 1 mm 至 1 m 之间的电磁波(微波)进行的通信。该波长段电磁波所对应的频率范围是 300 MHz～300 GHz。

microwave detector　微波探测器　基于微波多普勒原理探测装置。它是一种将微波收发设备合置的探测器，工作原理基于多普勒效应。微波的波长很短(1～1 000 mm)，易被物体反射，微波信号遇到移动物体反射后会产生多普勒效应，即经反射后的微波信号与发射波信号的频率会产生微小的偏移。探测器根据这一频率偏移的进行分析处理并发出信号。在入侵报警系统中常用它作为前端探测器。

microwave double as a detector　微波双鉴探测器　为克服单一微波探测的缺陷而将微波探测与另一种探测技术相结合的探测器。如在移动侦测中常见的微波与被动红外双鉴探测器，只有在微波与红外两种技术均探测到移动信息后探测器才发出报警信息。在入侵报警系统中常用它作为前端探测器。

middle frequency (MF)　中频　① 按无线电频率的高低来划分时，中频即中波，是指频段由 300 kHz 到 3 000 kHz

的频率，多数作为 AM 电台的载波信号。② 高频信号经过变频而获得的一种低于高频频率的信号，使放大器能够稳定工作，得到较大的放大量和选择性。如短波、中波收音机的中频信号是 465 kHz，电视机图像中频信号为 38 MHz，调频收音机的中频信号是 10.7 MHz。

middleware 中间件 ① 操作系统与应用程序之间层次的软件。② 在异种机型之间自动完成数据转换的软件。③ 在客户机或服务器体系结构中的关键组成部分。把平台的专用码从应用程序中分离出来，把开发者从平台间的不一致性和网络协议中解脱出来。中间件使开发者免除了处理多平台和操作系统的复杂工作。大部分中间件是单独的产品，适用于多种不同的应用开发环境。数字电视系统中的中间件是在应用层和硬件资源层之间的软件层，它由一组业务引擎组成，允许在系统中的单个或多个设备的多功能网络内交互组成，允许在系统中的单个或多个设备的多功能网络内交互。

mid-highrise dwelling building 中高层住宅 我国将七至九层的住宅建筑定义为中高层住宅。

MIDI 音乐设备数字接口 music instrument digital interface 的缩写；**音乐设备接口** musical instrument device interface 的缩写。

milestone 里程碑 指管理学中一个在时间上一定的事件，用来测量工程进度。例如：工程启动、工程竣工、复审、文件颁布、产品交付，等等。

MIM 管理阻断消息 management inhibit message 的缩写。

MIMO 多输入多输出 multiple input, multiple output 的缩写。

mineral insulated cable 矿物绝缘电缆 又称矿物绝缘类不燃性电缆。同 mineral insulation noncombustible cable。

mineral insulation noncombustible cable 矿物绝缘类不燃性电缆 又称矿物绝缘电缆，由铜芯、矿物质绝缘材料、铜等金属护套组成，不仅具有良好的导电性能、机械物理性能、耐火性能，还具有良好的不燃性。这种电缆在火灾情况下不仅能够保证火灾延续时间内的消防供电，还不会延燃、不产生有毒烟雾。目前按结构可以分为刚性和柔性两种。

mini-disc (MD) 迷你光碟 由日本索尼(Sony)公司于 1992 年正式批量生产的一种音乐存储介质，现在一般统称便携式迷你光碟机为 MD。MD 采用的音频压缩方式有 ATRAC、ATRAC3 两种格式。通常尺寸为 7 cm×6.75 cm×0.5 cm，常规的 MD 只能存储 140 MB(数据模式)或 160 MB(音频模式)。

minimum allowable value of energy efficiency 能效比限值，能效最小允许值 空调在额定制冷工况和规定条件下，能效比的最小允许值。

minimum bend radius (operating dynamic) 最小弯曲半径(运行动态) 线缆生产商、提供商或相关产品标准所定义的在线缆或线缆元素移动操作过程中允许的最小半径。

minimum bend radius (operating static) **最小弯曲半径(运行静态)** 线缆生产商、提供商或相关产品标准所定义的在安装完成并固定在最终位置时,线缆或线缆元素允许的最小半径。

minimum bending radius (installation) **最小弯曲半径(安装)** 线缆生产商、提供商或相关产品标准所定义的线缆或线缆元素在安装时允许承受的最小半径。

minimum coupling loss (MCL) **最小耦合损耗** 移动通信基站和终端(手机)两个特定系统收发过程中的最小的耦合程度。

minimum pulse width (MPW) **最小脉冲宽度** 脉冲宽度的最小值。不同领域,脉冲宽度有不同的含义。从学术角度讲,脉冲宽度就是电流或者电压随时间有规律变化的时间宽度。通常研究主要是方波、三角波、锯齿波、正弦函数波等。对于方波,常用占空比对其进行描述。

MIRS **多媒体信息检索系统** multimedia information retrieval system 的缩写。

MIS **管理信息系统** management information system 的缩写。

missing channel **声道缺失** 表示在立体声音频信号中一个声道电平值持续过低。

mixer **调音台** 又称调音控制台。它将多路输入信号进行放大、混合、分配、音质修饰和音响效果加工,是现代电台广播、舞台扩音、音响节目制作等系统中进行播送和录制节目的重要设备。调音台按信号输出方式可分为:模拟式调音台和数字式调音台。调音台在输入通道数方面、面板功能键的数量、输出指示等方面都存在差异。调音台分为输入、母线、输出三大部分,母线部分把输入部分和输出部分联系起来。

MJPEG **运动静止图像(逐帧)压缩技术** motion joint photographic experts group 的缩写。

M-LAG **跨设备链路聚合组** multi-chassis link aggregation group 的缩写。

MLB **主逻辑板** main logic board 的缩写。

MLD **组播监听者发现** multicast listener discovery 的缩写。

MM **动磁式** moving magnet 的缩写。

MMDS **多通道多点分配服务** multichannel multipoint distribution services 的缩写。

MMF **多模光纤** multimode fiber 的缩写;**多模光纤** multimode optical fiber 的缩写。

MMX **多媒体扩展** multimedia extensions 的缩写。

MNC **移动网络代码** mobile network code 的缩写。

MNOS **金属氮氧化物半导体** metallic nitrogen-oxide semiconductor 的缩写。

MO **管理对象** managed object 的缩写。

mobile communication **移动通信** 移动体之间的通信,或移动体与固定体之间的通信。移动体的含义包括人或者汽车、火车、轮船等在移动状态中的物体。

mobile communication in-door signal covering system **移动通信室内信号**

覆盖系统　简称室内覆盖系统，建筑物内由移动通信信号的接收、发射、传输等设施组成的系统，是移动通信基站的室内设置形式。

mobile equipment identifier (MEID)　移动终端识别号　全球唯一的 56 位的 CDMA 移动终端标识码，可用来对移动式设备进行身份识别和跟踪，用于取代原 32 位的 ESN 号段。

mobile network code (MNC)　移动网络代码　GSM 移动通信网中用于识别移动客户所属的移动网络的代码。

mobile-control　移动控制　一项通过 PDA 实现无线局域网或远程控制的技术。

MOD　调制　modulation 的缩写。

modal bandwidth　模式带宽　是衡量多模光纤传输能力的一个重要指标。由于多模光纤中传输的每一种模式到达光纤终端的时间不同，造成信号脉冲展宽，形成色散。脉冲展宽导致信号脉冲间的重叠，即发生码间干扰，从而造成传输码失误或差错。为避免误码，就需要拉大信号的码间距离，而导致传输速率受到影响，降低了传输带宽。因此，模式带宽就成为多模光纤传输能力的体现。模式带宽除与光纤材料和制备工艺相关外，还和光源的光谱有关。模式带宽的计量单位是 MHz · km(即 1 000 m 光纤距离传输信号的带宽值)。

Modbus　Modbus 通信协议　由莫迪康(Modicon)公司于 1979 年发明的全球首个用于工业现场的总线协议。ModBus 系统结构包括硬件和软件，可应用于各种数据采集和过程监控。通过 ModBus 通信协议，控制器相互之间、控制器和其他设备之间可以经由网络通信。ModBus 通信协议定义了一个控制器能认识使用的消息结构，而不论它们是经过何种网络进行通信的。它描述了一个控制器请求访问其他设备的过程，比如如何回应来自其他设备的请求，以及怎样侦测错误并记录。ModBus 通信协议制定了消息域格局和内容的公共格式。当在同一网络上通信时，ModBus 通信协议决定了每个控制器的设备地址，识别按地址发来的消息，决定要产生何种行动。如果需要回应，控制器将生成反馈信息并用 Modbus 通信协议发出。在其他网络上，包含了 Modbus 通信协议的消息转换为在此网络上使用的帧或数据包结构。这种转换也扩展了根据具体的网络解决节点地址、路由路径及错误检测的方法。ModBus 通信协议支持 RS-232、RS-422、RS-485 和以太网设备。许多工业设备，包括 PLC、DCS、智能仪表等都使用 Modbus 通信协议作为通信标准。

mode-field diameter (MFD)　模场直径　一种在单模光纤端面上辐照度(即光功率强度)的测度。一般将模场直径定义为场强降低到 1/e 处，即光强降低到最大光强的 1/e2 处所对应的光斑直径。它是单模光纤的导模横向宽度的量度，是单模光纤的一个重要参数。

model 86 power supply socket　86 型电源插座　按照中国国标规格设计的电源插座，使用 86 型底盒(其高和宽均为 86 mm)。其深度为 30～80 mm,常用 45 mm 和 60 mm 深度的 86 型电源插座。

model of mark　型号标志　在产品上标明该产品的型号,有些型号采用标志予以标明,在产品上列有的相应标志。

modem　调制解调器　即调制器(modulator)与解调器(demodulator)的缩写。一种将调制器、解调器组合在一起的设备。它主要用于远程数据通信,通常含有电话网和数据终端设备的接口。其中调制器利用改变载波幅度、频率、相位等方法将数字信息调制成模拟信号,而解调器将从类似的已调信号中提取数据信息。

modern browser　当代[现代]浏览器　能够理解和支持 HTML、XHTML、CSS (Cascading Style Sheets)、ECMAScript 及 DOM(W3C Document Object Model)标准的浏览器。

modular air conditioning room equipment　模块式空调机房设备　用于水系统的输配和控制,并连接冷热源主机设备和末端换热设备的供回水管路,形成一个完整的输送用模块式设备。该模块式设备由水泵、阀门、管件、过滤除污器、测量组件、散热部件、配套组件和控制系统组成。

modular connector　模块化连接器　一种电连接器,因使用便捷、可靠,已经被广泛应用。最广为人知的模块化连接器是电话插孔(RJ11、RJ12)和以太网插孔(RJ45)。

modular system　模块化系统　模块化是一种处理复杂系统,将其分解为更好的可管理模块的方式。一些多功能系统或装置往往综合了多个不同功能的模块,可根据需要组合不同的模块。在软件工程中,模块化可用来分割、组织和打包软件。每个模块完成一个特定的子功能,所有的模块按某种方法组装起来,成为一个整体,完成整个系统所要求的功能。

modularized structure　模块化结构　将装置、程序或系统按照功能或其他原则划分为若干个具有一定独立性和大小的模块,每个模块具有特定的功能。例如,在操作系统模块结构中,操作系统按其功能划分为若干个模块。其中,每个模块具有某方面的管理功能,如进程管理模块、存储器管理模块、I/O 设备管理模块等。系统规定好各模块间的接口,使模块之间能通过该接口实现信息交互,再进一步将各模块细分为若干个具有一定功能的子模块。例如,把进程管理模块分为进程控制、进程同步等子模块,同样也规定好各子模块之间的接口。若子模块较大,可再进一步将它细分。

modulation (MOD)　调制　为了传送信息(如在电报、电话、无线电广播或电视中)而对周期性或非周期性变化的载波或信号的某种特征(如振幅、频率或相位)所做的变更。也就是说,对信号源的信息进行处理加到载波上,使其变为适合于信道传输的形式。这是使载波随信号改变而改变的技术。一般来说,信号源的信息(也称为信源)含有直流分量和频率较低的频率分量,该信息称为基带信号。基带信号往往不能作为传输信号，因此必须把基带信号转变为一个相对基带频率而言频率非常高的信号，以适合于信道传输。这个信号叫作已调信号，而基带信号叫作调制信号。调制是通过改变高频载波（即消息的载体信号的幅度、相位或者频率）使其随着基带信号幅度的变化而变化。解调则是将基带信号从载波中提取出来以便预定的接收者（也称为信宿）处理和理解的过程。

modulation error ratio (MER)　调制误差比　TR101-290 标准是用来描述 DVB 系统的测量准则。在标准中，调制误差比（MER）指的是被接收信号的单个品质因数（figure of merit）。MER 往往作为接收机对传送信号进行正确解码的早期指示。事实上，MER 是用来比较接收符号（用来代表调制过程中的一个数字值）的实际位置与其理想位置的差值。当信号逐渐变差时，被接收符号的实际位置离其理想位置愈来愈远，这时测得的 MER 数值也会渐渐减小。直至该符号不能被正确解码，误码率上升，这时就处于门限状态即崩溃点。**调制误差率**　已调制信号中，理想符号矢量幅度平方和与误差符号矢量幅度平方和的比值。

module　模块　通信、计算机、数据处理控制系统的电路中，可以组合和更换的硬件单元。**单元模块**　指组成二维码的基本单元，每个单元模块表示一个二进制位。

module frame　模块框架　安装在面板、配线架等产品内的一种构件，这种构件的作用是将模块连接器等以通用尺寸安装在面板、配线架等产品上，使面板、配线架成为通用型产品。

module GG45　GG45 模块　一种双绞线模块，它可以与 Cat.3～Cat.7A 及 Cat.8.2 等级的双绞线匹配，形成相应等级的传输线路。它的特点是具有十二根金针，其中八根金针平行，支持 RJ45 插头，可以实现 500 MHz 以下（Cat.3～Cat.6A）的高速信息传输；另外，在下方的两对角各有一对金针，与上方两对角的各一对金针配合，可以支持 GG45 插头实现高达 2.4 GHz的高速信息传输。

module size　模块尺寸　显示在电视屏幕上的二维码每个单元模块所占的像素数。

module TERA　TERA 模块　一种高带宽的双绞线连接模块，为工作频率在 600 MHz 以上（Cat.7）的信息传输而研发。目前上限工作频率可达 2.5 GHz，超过了 Cat.8 规定的 2 GHz 指标。

moisture　潮湿　含有比正常状态下较多的水分。一般用湿度计衡量潮湿的程度。

monitor　监控(器)，监视器　① 用于显示计算机生成的文字和图像设备，或用于接收摄像机、录像机或其他输出视像信号并生成图像的设备。② 观察、监视、控制或检验系统运行状况的软件、硬件，两者组合件，或在操作系统中管理为活动程序分配系统资源的控制程序。③ 监测并控制程序的执行过程。

monitoring area　保护面积　在火灾报

警系统中通常指一个火灾探测器能有效探测的面积。

monitoring center of energy consumption for buildings 建筑用能监测系统中央控制室 建筑用能监测系统的本地中央控制室。系统在此接收、处理本建筑物(群)内各用能监测点发来的能耗数据及计量、采集、传输装置状态信息，将处理后的能耗信息分类、分项存储，并分别发送至城市建筑能耗监管信息系统或相关管理部门。

monitoring equipment 监控设备 ① 视频监控系统使用的设备。它包括前端的摄像机等图像采集设备、传输系统的网络设备和监控中心的视频处理、显示、存储、控制等设备。② 建筑设备监控系统使用的设备。它包括各类探测传感器、执行器、现场控制器以及系统控制信息的处理和传输设备。

monitoring radius 保护半径 公共安全系统中一个探测传感器能有效探测的单向最大水平距离。

monitoring system of energy consumption 用能监测系统 通过在建筑物、建筑群内安装分类、分项、分户能耗计量装置，实时采集能耗数据，并具有监测与处理等功能的软件和硬件系统的统称。系统一般由能耗数据采集子系统、数据传输子系统、数据接收处理子系统、数据分析子系统和数据上传子系统组成。

mono-mode optical fiber 单模光纤 同 single-mode optical fiber。

monophonic signal 单声信号 指在立体声广播中用普通收音机能恢复的那一部分调制信号，相当于去加重之后的和信号。

monophony 单声道技术 一种对声音进行控制、记录、传输或重现的技术，该技术无法为听众提供声源在空间分布的感觉。

mosaic effect 马赛克效果 一种图像(视频)处理方法或压缩失真的表现形式相邻的像素组被相同亮度和色彩的矩形替代而使图像看上去镶嵌着一个个不同色彩的方格。

most significant character (MSC) 最高有效字符 在单个或多个数字组成的序列中的最高位，即最左边的位。如，在数字串 465.78 中，“4”所在的位置就是最高有效位。

most significant bit (MSB) 最高有效位 一个二进制数字中不包括符号位的最高位。

motion detection (MD) 移动侦测 也称运动侦测。① 一种利用图像分析对目标区域的移动物体进行侦测的视频探测技术。它允许在监视画面的若干指定区域识别图像变化，检测运动物体的存在，并能避免由光线变化带来的干扰。它还允许使用者自由设置布防和撤防时间，侦测灵敏度、探测区域，触发时还可联动录像、联动报警输出、联动摄像机转移到设定的预置位。视频移动侦测技术已广泛使用于网络摄像机、汽车监控锁、婴儿监视器、自动取样仪、自识别门禁等众多领域的产品之中。② 在入侵报警系统中，它是指微波、被动红外探测器的移动侦测功能，当防区内发生人和动物的移动才会产生报警信号。

motion joint photographic experts group (MJPEG)　运动静止图像(逐帧)压缩技术　一种视频编码压缩格式,是24位的"true-color"影像标准,也称运动静止图像压缩技术或者运动图像逐帧压缩技术。MJPEG 的工作是将 RGB 格式的影像转换成 YCrCb 格式,目的是为了减小档案大小,一般约可减少 30%～50%左右。MJPEG 被广泛应用于非线性编辑领域,可精确到帧编辑和多层图像处理,把运动的视频序列作为连续的静止图像来处理,这种压缩方式单独且完整地压缩每一帧,在编辑过程中可随机存储每一帧,可进行精确到帧的编辑,此外 MJPEG的压缩和解压缩是对称的,可由相同的硬件和软件实现。但 MJPEG只对帧内的空间冗余进行压缩。不对帧间的时间冗余进行压缩,故压缩效率不高。

motion vector　运动矢量　MPEG 压缩算法中定义的二维向量,表示编码对象在当前图像中的坐标位置相对于该编码对象在参考图像中的坐标位置的偏移量。

motorized zoom len　电动变焦镜头　一种焦距可控的电动镜头。由可变焦镜头组、变焦电机和控制电路组成。其控制电路经人工或自动控制产生相应的控制信号,控制变焦电机动作,带动变焦镜头组以一定速度匀速移动,实现镜头焦距的改变,使画面产生"推""拉"的效果。其特点是操作方便,变焦平稳。

mould　霉菌　是真菌的一部分,其特点是菌丝体较发达,无较大的子实体。同其他真菌一样,也有细胞壁,以寄生或腐生方式生存。霉菌有的使食品转变为有毒物质,有的可能在食品中产生毒素,即霉菌毒素。自从发现黄曲霉毒素以来,霉菌与霉菌毒素对食品的污染日益引起重视。它对人体健康造成的危害极大,主要表现为慢性中毒、致癌、致畸、致突变作用。

mounting　安装　按照一定的程序、规格把机械或器材固定在一定的位置上,也指按照一定的方法、规格把机械或器材等固定在指定的地方。

mounting bracket　安装支架　安装设备、部件和器件使用的支架。

mounting flange　安装法兰　法兰,又叫法兰凸缘盘或突缘。法兰是管子与管子之间相互连接的零件,用于管端之间的连接。法兰上有孔眼,螺栓使两法兰紧连。法兰间用衬垫密封。凡是在两个平面周边使用螺栓连接,同时又保持封闭的连接零件,一般都称为法兰。如 FC 型光纤适配器、ST 型光纤适配器与适配器面板的安装连接,这一类零件可以称为法兰类零件。

mounting frame　安装框架　安装设备、部件和器件使用的框架,如机柜、控制箱等。

mounting support for horizontal installation　水平安装支架　布线工程中安装在水平的明装线槽中固定面板的线槽附件。

mounting support for vertical installation　垂直安装支架　布线工程中支持设备、器件垂直安装的支架。如在机柜立柱外侧垂直安装配线架使用的支架。

mouse-proof 防鼠咬 防止老鼠等啮齿动物损伤材料或缆线的防护措施。

movable equipment 可移动设备 重量小于或等于 18 kg 而不被固定安装的设备，或者具有车轮、脚轮或者其他便于让操作者搬动以完成原定用途的设备。

moving magnet (MM) 动磁式 利用可动永久磁铁的磁场与固定线圈中的电流之间相互作用而形成的工作形式。

moving picture expert group (MPEG) 运动图像专家组 又称活动图像专家组。一种由国际标准化组织(ISO)和国际电报电话咨询委员会(CCITT)共同进行标准化的彩色活动图像的压缩规范(编码格式)。通常用于代表图像压缩和解压缩的国际技术标准，它使得多媒体设备中各种不同的压缩方法之间具有兼容性。算法采用运动补偿，即预测编码和插补编码变换域(DCT)压缩技术。与联合图像小组(JPG)不同，MPEG 算法将每帧图像内的信息全部进行压缩。MPEG 算法除进行帧内压缩外，还采用帧间压缩技术，即对帧与帧之间的冗余信息进行压缩，为此在其码流中定义了三种不同类型的帧(I 帧、P 帧和 B 帧)。MPEG 使用运动补偿和运动矢量降低空间冗余度。通过离散余弦变换(DCT)的方法把小块图像进一步分成 8×8 矩阵，并记录其颜色和亮度等随时间变化的轨迹。MPEG 标准最初分为四个不同类型，分别命名为 MPEG-1 至 MPEG-4。其中，MPEG-3 的工作后来被MPEG-2所覆盖而取消。

MP3 MP3 格式 MP3 format 的缩写；**MP3 音频压缩技术** MPEG audio layer-3 的缩写。

MP3 format (MP3) MP3 格式 一种音频压缩技术，全称是动态影像专家压缩标准音频层面 3，简称 MP3。它是 MPEG(活动图像专家组)于 1992 年 11 月提出的基于媒体转储的音频、视频流存放标准。它的特点是能以较小的比特率、较大的压缩比达到近乎完美的 CD 音质。CD 要以 1.4 Mbps的数据流量来表现优异音质，而 MP3 仅需 112 kbps 或 128 kbps的数据流量就可以表现，其中原因是 MP3 是一种有效压缩方式，压缩过程中质量会有所损失，但这种压缩技术运用心理声学的理论去掉音频中人们不能感知或不需要的部分，从而达到感觉上的“无损”压缩。

MPE 多协议封装 multi-protocol encapsulation 的缩写。

MPEG 运动图像专家组 moving pictures expert group 的缩写。

MPEG audio layer-3 (MP3) MP3 音频压缩技术 同MP3 format。

MPEG-1 运动图像专家组规范 1 一种在存储介质上保持和重获运动图像和声音的标准，用于在低传输速率下产生较好质量的图像和语音信号，它以 525 或 625 解析线压缩影片，数据密度为 1.5 Mbps。MPEG-1 最适用于在 1.5 Mbps 传输速率下对

352×240 像素的 NTSC 制式的视频信号编码，其质量相当于 PAL 制式下的普通家用录像带 VHS 的图像质量，并可用 256 kbps 的速率传送 16 位、48 kHz 取样的立体声。MPEG-1 也可以用于在数字电话网上传输视频信号。在因特网上，MPEG-1 格式的文件也是一种标准的视频信号文件。

MPEG-2 运动图像专家组规范 2 一种数字电视的标准，用于在高传输速率下，产生高质量图像语音信号，用于制作 DVD。首次于 1994 年通过。MPEG-2提供 720×480 像素和 1280×720 像素的解析度，播放速率 60 fps。不能说 MPEG-2 比 MPEG-1好，因为它们适用的场合不同。当使用 MPEG-2 在 MPEG-1 适用的传输速率下编码时产生的图像质量比 MPEG-1 产生的图像质量差。但是 MPEG-2 在其适用的传输速率下（约 8～10 Mbps）可以产生 720×480 像素的图像，可达到广播级质量。MPEG-2 与 MPEG-1 兼容。MPEG-2 的解码器可以回放 MPEG-1 的码流。MPEG-2 在广播电视、有线电视等行业有广泛的应用。

MPEG-2 advanced audio coding (AAC) 运动图像专家组规范 2 高级音频编码 在 ISO/IEC 13818-7 标准中定义的数字音频压缩编解码标准。

MPEG-4 运动图像专家组规范 4 MPEG-4 基于 Quick Time 的格式。之前的 MPEG 格式大多只涉及压缩，而 MPEG-4 中加入了多种功能，如比特率的可伸缩性、动画精灵、交互性和甚至版权保护。MPEG-4 压缩算法和 MPEG-1、MPEG-2 相同，它们都采用了离散余弦变换、高级运动预测以及消除帧间冗余来提高压缩效率。不过 MPEG-4 并没有严格遵守 NTSC 制每秒 30 帧画面的规定，这使它在低带宽条件下的效率有显著提高。MPEG-4 还能够将视频信号、文本、图像与二维、三维动画层融合一起。MPEG-4 对静止图像采用基于小波变换的压缩算法，其压缩效率比 JPEG 高 3～5 倍。而且，由于它是渐进的，即先显示出一幅低分辨率图像，并随着接收数据的增多，不断增加图像的细节，所以即使是大小相似的图像，MPEG-4 在浏览器中的显示速度也要更快一些。

MPEG-7 运动图像专家组规范 7 设计用于辅助媒体文件，作为影片和节目的助手。从 MPEG-1 至MPEG-4 都提供音视频的压缩和解压缩，而 MPEG-7 是一种多媒体内容描述界面（MCDD），MPEG-7 文件基于 XML(可扩展标记语言)，可以容纳巨大的影片数据序列。无论是数字形式或胶片形式，MPEG-7 实现了能方便计算机处理的内容描述。因此，可以把 MPEG-7 看作和任何给定的视频捆绑在一起并提供有用元数据（如场景主题、字幕和对显示色彩的分析）的一整套检索卡片。这种描述性数据以类 XML 的格式存储，可以方便地在网络中传输并在计算机系统中处理。MPEG-7 标准不包括用于创建内容描述数据的软件，也不包括用于搜索和管理的软件。MPEG-7

着重于描述本身的格式，而把创建相应软件系统的任务交给那些使用这一技术的部门。MPEG-7 也不依附于其他 MPEG 标准或数字文件，它可以为模拟媒体创建 MPEG-7 数据，如胶片、磁带或幻灯片。

MPIP 多画面 multi-picture-in-picture 的缩写。

MPM 计费脉冲消息 metering pulse message 的缩写。

MPO MPO 光纤连接器，多芯推进锁闭光纤连接器 multi-fiber push on 的缩写。

MPP 多媒体处理平台 multimedia processing platform 的缩写。

MPTS 多节目传输流 multi-program transport stream 的缩写。

MPW 最小脉冲宽度 minimum pulse width 的缩写。

MS 媒体交换服务器 media switch server 的缩写；**复用段** multiplex section 的缩写。

MSA 复用段适配 multiplex section adaptation 的缩写。

MSB 最高有效位 most significant bit 的缩写。

MSC 最高有效字符 most significant character 的缩写；**锚靠 MSC** MSC anchor 的缩写。

MSC anchor (MSC) 锚靠 MSC 发起切换的 MSC。目标 MSC（target MSC）指即将要切换到的 MSC。一个移动交换中心服务器是从 3GPP 第四版发行开始的对 MSC 概念进行重新设计中的一部分。

MSDP 组播源发现协议 multicast source discovery protocol 的缩写。

MSIF 多模阶跃折射率光纤 multimode step-index fiber 的缩写。

MSOH 复用段开销 multiplex section overhead 的缩写。

MSP 复用段保护 multiplex section protection 的缩写。

MS-SPRING 复用段共享保护环 multiplex section shared protection ring 的缩写。

MST 复用段终结 multiplex section termination 的缩写；**复式计次计费** multi-metering charging 的缩写。

MSTP 多业务传输平台 multi-service transfer platform 的缩写。

MTBF 平均无故障时间 mean time between failure 的缩写。

MTCS 多媒体电信会议系统 multimedia telecommunication conference system 的缩写。

MTP connector MTP 连接器 MPO 光纤连接器的专利产品。MPO 光纤连接器是日本电报电话公司（NTT）设计的第一代弹片卡紧式的多芯光纤连接器。MTP 是由美国康奈（US Conec）公司注册的品牌，专指其生产的 MPO 连接器。

MT-RJ connector MT-RJ（光纤）连接器 也称 MTRJ 光纤连接器，为双芯结构。连接器外部件为精密塑胶件，包含推拉式插拔卡紧机构。适用于在电信和数据网络系统中的室内应用。对应的尾纤为双芯 MT-RJ 尾纤（LC 型为单芯尾纤）。其尺寸比双芯 LC 略小。

MTTR 平均修复时间 mean time to

repair 的缩写。

MTU 最大传输单元 maximum transmission unit 的缩写。

MU connector MU(光纤)连接器 以目前使用广泛的 SC 型连接器为基础,由日本电报电话公司(NTT)研制开发出来的世界上最小的单芯光纤连接器。该连接器采用 1.25 mm 直径的套管和自保持机构,插拔次数可高达 1 000 次。其优势在于能实现高密度安装。

multi-control unit (MCU) 多点控制单元 视频会议系统中处于负责视频会议终端的音视频码流的转发、交换、处理等的装置,而视频会议终端在视频会议系统中具有音视频信号的采集、编码和传输的作用。

multi-mode fiber (MMF) 多模光纤 同 multimode fiber。

multi-user 多用户 一台主机支持多个用户,它的功能是通过在主机上安装专门的多用户软件,再使用专门的硬件连接到其他用户端来实现的,每个用户独享完整的功能。

multi-agent structure 多自主体结构 由多个自主体组成的相互关联的结构,其中各自主体之间应具有相互合作、协调和协商的能力,与之对应的控制系统结构为多自主体结构。

multicast 组播 也称为多播、多路广播、群播。网络中单个发送者与多个接收者之间的通信方式,用于将单个分组复本向多个可选目的地站点播送的技术。例如,以太网允许网络接口属于单个或多个多点播送用户群,用以支持、实现多点播送服务功能。多播可以大大节省网络带宽,因为无论有多少个目标地址,在整个网络的任何一条链路上只传送单一的数据包。

multicast listener discovery (MLD) 组播监听者发现 组播侦听发现协议。它用于 IPv6 路由器在其直联网段上发现组播侦听者。

multicast source discovery protocol (MSDP) 组播源发现协议 一个独立组播协议(PIM)族的多播路由协议。它能互联多个 IPv4 PIM 稀疏模式(PIM-SM)域,使 PIM-SM 有集合点(RP)冗余和域间组播 RFC-4611。MSDP 使用 TCP 作为其传输协议。每个组播树有其自己的 RP(rendezvous point,汇聚点)。所有 RP 都是对等体(直连或通过其他 MSDP 对等体)。消息包含数据源和数据发送至组的地址(S,G)。如果一个 RP 在其域上收到一个消息,它会测定此域上是否有对组播感兴趣的组成员。如果某人感兴趣,它以(S, G)的方式触发一个向数据源(来源域)的加入。在对等关系中,一个 MSDP 对等体在 639 端口上监听新的 TCP 连接。MSDP 适用于 IPv4 和 IPv6 组播的协议。

multichannel 多通道 一种能将频谱分成若干频带,并分别发送和重新复合的系统。**多声道** 用来建立空间声场的音频声道组合。

multichannel audio 多声道音频 超过两个声道的音频信号。

multichannel audio digital interface (MADI) 多通道音频数字串行接口 用一根同轴电缆或光缆可以串行传

输多路线性量化(PCM)音频数据,当取样频率为 48 kHz 或 44.1 kHz 时,最多可以传输 56 路。

multichannel audio stream (MCA-STREAM) 多通道音频传输技术,多声道音频流 中国台电公司独立开发的,具有自主知识产权的数字音频技术。它采用"模/数"转换技术,直接将拾取的语音转换为数字信号,并应用网络技术和时分复用(TDM)技术,在一根六芯线(两根数字信号上行线、两根数字信号下行线、一根电源线和一根地线)上同时传输 64 路音频数据及控制数据,传输速率达 100 Mbps。

multichannel cable 多信道光缆 以单一护套、捆束、加强构件、外罩或其他应用部件组合成的两股或以上的光缆。

multichannel digital audio 多声道数字音频 采用数字音频技术实现的多声道高质量音响系统。在音响系统中,超过双声道的即称为多声道。人们常称的 5.1 声道系统就是一种已被广泛接受的多声道数字音频系统配置方案。该方案在受听者前方配置主音箱 C 和左、右音箱 L 和 R,在后方左右侧分别配置 LS 和 RS 两套环绕声音箱,五个声道同时播放,带给听众与传统单声道和立体声无法比拟的身临其境的真实感受。

multichannel multipoint distribution services (MMDS) 多通道多点分配服务 ① 网络结构呈点对多点分布,工作在低频段,提供宽带业务的一种无线系统。② 通过微波传输,采用 MPEG 数字压缩技术,为具有微波接收设备的用户提供视频和数据业务的通信系统。工作频段一般在 2.5 GHz、3.5 GHz,MMDS 的每个发射塔的覆盖范围为 30～70 km,一般只提供单向传输通道。其主要缺点是阻塞问题且信号质量易受天气变化的影响,可用频带也不够宽,最多不超过 200 MHz。但因应用灵活、设备安装速度快、投资少、收益大等特点,可以为中小企业提供各种宽带交互式数据、话音和视频传输业务,成为宽带接入技术中不可忽视的重要组成部分。

multichannel projection 多通道投影 即多通道环幕(立体)投影系统。采用多台投影机组合而成的多通道大屏幕显示系统,它比普通的标准投影系统具备更大的显示尺寸,更宽的视野,更多的显示内容,更高的显示分辨率,以及更具冲击力和沉浸感的视觉效果。

multichannel-bundle cable 多信道束光缆 包在同一外护套内的多股单束光缆。其中,每一单通道单束光缆有一护套,它在多通道束光缆中被称为内护套。

multi-chassis link aggregation group (M-LAG) 跨设备链路聚合组 一种跨设备的链路聚合技术,主要的应用场景是双归接入场景。

multicore and symmetrical pair cable 多芯对绞电缆 芯线两两对绞的多芯电缆,如四对八芯水平双绞线、两组八芯星绞数据电缆等。

multicore and symmetrical pair/quad

M

cable **多芯对称双芯/四芯电缆,对绞或星绞多芯对称电缆** 双绞线或星绞线电缆,均为八芯。前者采用两芯线相互对绞形成线对的抗电磁干扰方式,为四对八芯结构;后者采用四芯线绞和组成四芯组的抗电磁干扰方式,为双四芯组结构。目前综合布线系统中的铜缆以对绞线为主。

multi-crypt 多密 数字电视条件接收系统中采用通用接口(CI)技术,能够接收按照不同加密系统加密节目的机制。

multi-fiber push on (MPO) MPO光纤连接器,多芯推进锁闭光纤连接器 一种多芯光纤连接器件,一般为十二芯或二十四芯,也可以用于更多的芯数。该连接器是为了多模40G光纤传输而推出的,由于常规的OM3和OM4光纤在传输40G以太网时需要四收四发,即八芯光纤完成一个传输信道,所以常规的单芯光纤连接器和双芯连接器已不适用,为此推出了这种连接器。

multifunction controller 多功能控制器 指智能化系统中具有多种功能的控制装置。目前各类控制器普遍都以微机为核心设计而成,功能强大,配以相应的控制软件,十分方便地将多种功能集合于一体,成为多功能控制器。例如,常见的用以美化城市景观的智能照明系统中的多功能控制器,不但能够控制各路照明灯具的启闭和亮度,还能够驱动音响、烟花和喷泉,甚至可以按照设定多种程序自动控制形成预设的景观。

multilevel security proof 多级安全证明 具有多个等级的安全证明文件。每个项目或个人往往持有其中的一个等级或多个等级的安装证明文件。

multimedia 多媒体 在计算机系统中,组合两种或两种以上媒体的一种人机交互式信息交流和传播媒体。使用的媒体包括文字、图片、照片、声音(包含音乐、语音旁白、特殊音效)、动画和影片,以及程式所提供的互动功能。多媒体作品通过光盘发行或通过网络发行。英文multimedia是由multiple和media复合而成的。媒体(media)原有两重含义,一是指存储信息的实体,如磁盘、光盘、磁带、半导体存储器等,中文常译作媒质;二是指传递信息的载体,如数字、文字、声音、图形等,中文译作媒介。与多媒体对应的词是单媒体(monomedia),从字面上看,多媒体是由单媒体复合而成。

multimedia application 多媒体应用 将多媒体信息呈现给用户的应用。

multimedia collaborative conference system (MCCS) 多媒体协同会议系统 能实现语音、数据和视频协同工作,使身处异地的人们可以在同一时间合作解决同一个问题的多媒体会议系统。在《智能建筑设计标准》GB 50314—2015中,多媒体协同会议系统也属于电子会议系统的一种。

multimedia communication 多媒体通信 在系统或网络中,声音、图形、图像数据等多种形式信息同步进行的交互式通信。

multimedia conferencing system (MCONF) 多媒体会议系统 属电

M

子会议系统。该系统主要包括扩声、视频显示、集中控制等部分。它通过各种通信传输媒体(将静态与动态图像、语音、文字、图片等)将多种形态信息分送到各个会议用户终端设备，增强会议表述的实时性、形象性和清晰度，提升会议用户对内容理解力，增强会议交互能力，并可实现会议自动签到，还可对会议内容实时记录或翻译，对会场环境(包括环境照度、温湿度、空气清新度等)进行适时控制，以达到最佳的会议效果。它是会议现代化的主要形式。

multimedia extensions (MMX)　多媒体扩展　指在CPU中加入了特地为视频信号(video signal)、音频信号(audio signal)以及图像处理(graphical manipulation)而设计的五十七条指令。

multimedia home platform (MHP)　多媒体家庭平台　由DVB联盟制定的一种标准，其目标是开发一个可接入多种数字多媒体服务的通用平台。该平台不仅覆盖应用程序接口(API)，而且还包括家庭数字网络和本地集群。

multimedia information recall system　多媒体信息检索系统　根据用户的要求，对图形、图像、文本、声音、动画等多媒体信息进行检索，得到用户所需的信息。它应用了以下技术：(1) 信息模型和表示。(2) 信息检索。(3) 查询语言。(4) 信息压缩和恢复。(5) 信息存储管理。(6) 多媒体同步。

multimedia information retrieval system (MIRS)　多媒体信息检索系统　同 multimedia information recall system。

multimedia information system　多媒体信息系统　利用文字、声音、图形、图像、动画、视频等信息进行查询、检索、获取、处理、编辑、存储和展示两个以上不同类型信息的多媒体系统。

multimedia processing platform (MPP)　多媒体处理平台　采用多媒体技术构成的多个系统统一处理的显示、监视、控制、管理平台。

multimedia service　多媒体业务　能够处理多种表示媒体的业务。例如有线电视、视频点播、远程教学、远程医疗、视频会议等业务。

multimedia service inquiry　多媒体信息查询　根据录入信息，按不同关键字、数据、图像等要素查询信息，并能根据地图智能搜索，随时监播终端广告机的实时信息，实现更加灵活的多媒体业务查询系统。

multimedia telecommunication conference system (MTCS)　多媒体电信会议系统　基于电信公用数据网和个人计算机、平板电脑、手机等视频会议客户端，让用户可随时随地参与相关活动的多媒体会议系统。

multi-metering　多点测量，复式计次　电信系统中的一种计次方式，即按通话距离和通话时长计次。

multi-metering charging (MST)　复式计次计费　电信系统的一种计费方式，即按计时、计次、计距离的复式计次收费办法。

multimode 10G optical fiber cable　多模万兆光缆　用于传输万兆以太网的

多模光缆，一般使用 850 nm 波段。其中，OM3 万兆多模光缆的带宽为 2 200 MHz • km，传输万兆以太网的最远距离为 300 m；OM4 万兆多模光缆的带宽为 4 700 MHz • km，传输万兆以太网的最远距离为 550 m。万兆多模光缆采用多芯并行传输时，可以用于传输 40G 以太网和 100G 以太网。

multimode fiber　多模光纤　在给定的工作波长上传输多种模式的光纤，按其折射率的分布分为突变型和渐变型。普通多模光纤的数值孔径为 $(0.2\pm0.02)\mu$m，芯径/外径分别为 50/125 μm 和 62.5/125 μm。其主要传输参数为带宽和损耗。常用于短距离通信，如局域网。光可以从不同角度进入光纤，比较容易与光源连接。由于光在多模光纤中传播时出现弹跳，因此会产生某种程度的畸变，使其带宽比单模光纤窄。

multimode graded fiber　多模渐变型光纤　采用渐变折射方法构成的多模光纤。

multimode modal bandwidth　多模模式带宽　多模光纤因模式变换作用，其模式带宽与光纤长度的 L_γ 成反比。γ 为模式畸变带宽串接因数（或称模式带宽长度指数），取值范围为 0.5～0.9。

multimode optical fiber (MMF)　多模光纤　同 multimode fiber。

multimode optical fiber cable　多模光缆　同 multimode fiber。

multimode optical fiber jumper wire　多模光纤跳线　多模光纤构成的跳线，跳线两端均装有光纤连接器。多模光纤跳线不可用于单模光纤线路。

multimode step index fiber (MSIF)　多模阶跃折射率光纤　能够支持一种或以上光传输模式的带有阶跃式突变纤芯的光纤。

multi-pair installation cable　多对安装电缆，大对数双绞线　也称为多对电缆。综合布线系统中应用的大对数电缆大多为 25 对、50 对、100 对和 300 对。大对数电缆有用于集中传输电话的信号。

multi-paired cable　多对数电缆　一种有多对导体（双绞对）的电缆。在综合布线系统中称为大对数电缆。

multipicture-in-picture (MPIP)　多画面　一种以方格模式将多个来自不同信号源的图像显示在同一电视屏幕上的技术。

multiple frequency network (MFN)　多频网　其设备或系统内可以有多个发射机，每个发射机采用不同发射频率的网络。

multiple function UPS switch　多功能 UPS 开关　能完成两项或更多项功能的 UPS 开关。

multiple input, multiple output (MIMO)　多输入多输出　无线系统在发端和收端都采用多副天线的技术，也称多天线系统。它可以在不增加带宽和功率的情况下，提高传输速率，并提升容量。多天线系统只是收、发天线数量不同分配的一种，它可以是：(1) 单发单收。发和收端各设一副天线。对电波传播没有任何改善；(2) 单发多收。这和微波传输中使用的接收分集一样，多副天线因为各自位置不同而接收的信号衰落不一定同时，从概率论上讲，经过不同的合成方式可以接收不同改善度的信号；(3) 多发单收。这是利用发信天线起到分集作用。多发单收有很多种使用方法：如赋形天线，它一方面提高着接收机的信号质量，同时降低对非目标接收机的干扰；另一方面，时空编码等方法起到分集效果；(4) 多发多收。除发端采用多副天线进行分集发送外，接收端也用多副天线进行分集接收。MIMO 还可采用时空编码等改善措施，大致可以分为预编码、空间复用和分集编码三种。

M

multiple-loop fire alarm control unit　多路火灾报警控制器　管理多个防火分区火灾报警探测器的火灾报警控制器。

multiplex section (MS)　复用段　两个复用段路径终端功能之间(包括这两个功能)的路径。

multiplex section adaptation (MSA)　复用段适配　MSA 功能处理管理指针 AU-3/4，并组合/分解整个的 N 阶同步传输模式(STM-N)帧，其中的管理单元 AU-3/4 用来提示 VC-3/4 相对于 STM-N 中的段开销(SOH)的相位。

multiplex section overhead (MSOH)　复用段开销　MSOH 由 N 阶同步传输模式(STM-N)信号中段开销(SOH)的第五至第九行组成。

multiplex section protection (MSP)　复用段保护　在同步数字体系(SDH)标准中，一种提供信号在两个复用段终端(MST)功能之间(包括这两个功能)从一个工作段倒换到保护段的功能。

multiplex section shared protection ring (MS-SPRING)　复用段共享保护环　指基于复用段执行保护倒换，其结构一般有两种：两纤复用段共享保护环和四纤复用段共享保护环。两纤光复用段共享保护环结构中，每一根光纤都是工作光纤，但每根光纤中都分配出一半的信号带宽用作保护，每一根光纤中的工作波长都由与传输方向相反的另一根光纤中的保护波长提供保护。光缆断裂或节点故障都会触发最邻近的光波分插复用器(OADM)保护倒换开关，将受影响的工作业务倒换到另一根光纤的保护容量上，以避免业务受到影响。四纤光复用段共享保护环结构中，相邻 OADM 节点之间需要四根光纤连接。其工作信道和保护信道都分别由不同光纤来承载，这样可以给两个方向的工作光纤分配相同的波长。四纤网络同时综合了环网保护和区段保护两种保护类型，如果环网仅是工作光纤复用段受故障影响，那么与之平行的保护光纤只需简单地执行区段保护倒换，无须整个业务环保护倒换。共享保护环结构在执行恢复功能时需要对环上故障点两端节点进行协调，故需信令协议来保证线路切换和网络故障恢复。

multiplex section termination (MST)　复用段终结　MST 功能在构成同步数字体系(SDH)帧信号的过程中产

生复用段开销(MSOH),并在相反方向终结复用段开销。

multiplexer (MUX) 复用器 ① 一条通道上传输多路信号的处理设备。它将来自若干单独分信道的独立信号复合起来在一个公共信道的同一方向上进行传输。② 一种综合系统,通常包含一定数目的数据输入,n 个地址输入(以二进制形式选择一种数据输入)。复用器有一个单独的输出,与选择的数据输入值相同。复用技术可能遵循以下原则之一:TDM、FDM、CDM 或 WDM。复用技术也应用于软件操作上,如:同时将多线程信息流传送到设备或程序中。

multiplexer and the de-multiplexer 复用器与去复用器 复用器(MUX)和去复用器(DEMUX)是成对出现的。复用器就是把一大堆的信号以一定的方式,复合在一起,以方便传输。而去复用器就是按照复用器复合的方式把复合在一起的信号分离开。

multiplexing unit (MXU) 复用单元 指光复用单元,是一种能将多个单波长光信号组合成多波长光信号的光传输设备或装置,即合波器。

multipoint communication service (MCS) 多点通信服务 为多媒体通信(如音视频会议等)提供的通用的、多点的数据服务。它是为高度交互的多媒体应用提供的基本服务。MCS 提供了灵活的数据传输方式:简单数据传输,顺序唯一的数据传输和带应答的数据传输。简单数据传输服务提供"一点对多点"的通信,"点对点"是一个特例。由于任何发送端都可以向任何信道发送服务数据单元,这样"多点对一点"和"多点对多点"的操作也是支持的。在简单数据传输中,由于不同的发送端发送数据都选择的是最短路由,因此不同的接收端有可能以不同的顺序接收到数据。

multi-point control unit (MCU) 多点控制单元 也叫多点会议控制器,是多点会议电视网络节点的交换设备,它是视频会议系统中的重要组成部分。当两点以上的会场召开视频会议时,必须由 MCU 对多个会场的信号进行汇接、分配和切换,并对会议进行控制。MCU 就像一台交换机,是各个视频会议终端设备的音频、视频、数据、信令等信号汇接和交换的处理点,并与其他的 MCU 相级联。MCU 将各个视频会议终端的信息流经过同步分离后,抽取出音频、视频、数据、信令等各种信息,并将各终端的相同信息送入相应信息处理模块,完成相应信息的处理,比如:音频的混合或切换、视频信息的混合或切换,数据信息的广播和路由,定时和信令控制等。最后将处理后的音频、视频、数据、信令等重新组合起来送往各个相应的会场。

multi-program transport stream (MPTS) 多节目传输流 复用了多路节目、多种信息的数字视频的 TS 流。

multiprotocol BGP (MBGP) 组播协议边界网关协议 它是 BGP-4 多协议的扩展。MBGP 对 BGP-4 进行了多协议扩展之后,不仅能携带 IPv4 单播路由信息,也能携带其他网络层协议(如组播、IPv6 等)的路由信息。

BGP 为 border gateway protocol 的缩略语，意为边界网关协议。

multi-protocol encapsulation (MPE) 多协议封装 基于 DVB 在将 IP 数据包封装成 SNDU 时普遍采用 MPE 方式实现的一种协议。该协议在 1996 年被提出，作为通用的封装方式，进行上层协议的封装，可实现对 IP 数据包传递的支持。

multi-scan monitor 多扫描监视器 一种计算机监视器，可以多种不同的视频频率扫描以适应不同的屏幕分辨率，并支持不同适配器和图形显示的方法。

multi-service transfer platform (MSTP) 多业务传输平台 基于同步数字体系(SDH)技术，同时实现时分复用(TDM)、异步传输模式(ATM)、以太网(Ethernet)等业务的接入、处理和传送功能，并提供统一网管的多业务节点。MSTP 将成为当前城域网的主流技术之一。

multi-stories dwelling building 多层住宅 在我国，将总楼层数为四至六层的住宅称为多层住宅。

multi-tandem telephone network 多汇接局电话网 在中型或大型城市或地区范围内设置多个本地电话交换局所组成的电信网。多局制在网络组织上比单局制复杂，须以一定的网络结构或汇接方式将多个交换局组成一个能发挥网络系统效能的有机整体，其局间信令应一致，局间传输衰耗分配应符合标准，以保证任何一种接续呼叫的通信质量。

multi-unit cable 多单元线缆 护套中有多个功能单元的电缆。

multi-user telecommunications outlet (MUTO) 多用户信息[电信]插座 布线系统工作区内若干信息插座模块的组合装置。它采用具有多个插座的面板，主要用于大开间办公室，插座数量可以支持 12 个工作区并包含备用量。

multi-user telecommunications outlet assembly (MUTOA) 多用户电信插座装配 ① 将多个电信插座组合成一个位置。② 对多用户信息插座(电信插座)的安装操作。

mura 缺陷，斑纹缺陷 屏幕上图像亮度或色度平坦区域出现异常图案的现象。

music instrument digital interface (MIDI) 音乐设备数字接口 也称乐器数字接口。它是音乐与计算机结合的产物，MIDI 既是计算机与设备之间连接的硬件，同时也是一种数字音乐的标准。其作用是使电子乐器与电子乐器之间，电子乐器与电脑之间通过一种通用的通信协议进行通信。MIDI 标准由电子乐器制造商们建立，用以确定电脑音乐程序、合成器和其他电子音响设备互相交换与控制信息的方法。MIDI 系统实际就是一个作曲、配器、电子模拟的演奏系统。MIDI 数据不是数字的音频波形，而是音乐代码(或称电子乐谱)。利用 MIDI 技术将电子合成器、电子节奏机(电子鼓机)和其他电子音源与序列器连接在一起即可模拟出气势雄伟、音色变化万千的音响效果，又可将演奏中的多种按键数据存储起来，极大改善音乐演奏的能力和条件。MIDI文件是一种描述性的音乐语言，本身并不包含声音波形数据，文件非常小巧。它将所要演奏的乐曲信息用字节进行描述，譬如在某一时刻，使用什么乐器，以什么音符开始，以什么音调结束，加以什么伴奏，等等。MIDI要形成电脑音乐必须通过合成。早期的ISA声卡普遍使用FM合成，运用声音振荡原理对MIDI进行合成处理，因技术本身局限，效果很难令人满意。后来的声卡大都采用波表合成，首先将各种真实乐器所能发出的声音(包括音域、声调)进行取样，存储为一个波表文件。播放时，根据MIDI文件记录的乐曲信息向波表发出指令，从波表中逐一找出对应的声音信息，经合成、加工后回放出来。由于它采用的是真实乐器的采样，所以效果优良、十分真实。用于连接MIDI设备所用的电缆为五芯电缆，通常人们称它为MIDI电缆。1985年11月，国际乐器制造者协会公布了《MIDI 1.0版的细节规定》，重新定义了一些控制器号码。为保证MIDI健康发展，同时成立了MIDI厂商协会，从此，MIDI标准步入了成熟阶段。

musical instrument device interface (MIDI) **乐器设备接口** 同 music instrument digital interface。

multi-screen processor **多屏处理器** 一种基于某一操作系统平台并且具有多屏显示功能的，可用不同方式对各种类型的外部输入型号进行远程显示处理及控制的专用图形处理设备。

MUTO **多用户信息[电信]插座** multi-user telecommunications outlet 的缩写。

MUTOA **多用户电信插座装配** multi-user telecommunications outlet assembly 的缩写。

mutual capacitance **互容抗** 多个导体之间形成的耦合电容。

MUX **(多路)复用器** multiplexer 的缩写。

MW **兆瓦** megawatt 的缩写；**中波** medium wave 的缩写；**微波** microwave 的缩写。

MWB **手动白平衡** manual white balance 的缩写。

MXF **素材[媒体]交换格式** media exchange format 的缩写。

MXU **复用单元** multiplexing unit 的缩写。

M

N

$N+X$ redundancy　$N+X$ 冗余　系统满足基本需求外，增加了 X 个单元、X 个模块或 X 个路径。任何 X 个单元、模块或路径的故障或维护不会导致系统运行中断（$X=1\ N$）。

N/A　不适用　not applicable 的缩写。

NAK　否定应答（信号），否认　negative acknowledgement 的缩写。

NAL　进网许可证　network access license 的缩写。

N

name management protocol（NMP）　名字管理协议　计算机网络会话层协议之一，它是用于管理、登录应用程序的名字。

name space support（NSS）　名字空间支持　Novell 公司的 NetWare 网络操作系统的名称空间支持。NetWare 文件系统通过名称空间，对不同操作系统的文件命名转换提供支持。在正常情况下，NetWare 文件系统自动支持 DOS 操作系统兼容文件存储。名称空间支持允许不同名称长度、合法字符，以及大小写敏感的名称文件在 NetWare 服务器上存储。在装入 NetWare Loadable Module（NLM）时，将为特定文件系统装配名称空间支持。在 NetWare 文件服务器上的 Macintosh 操作系统，通过安装名称空间支持，就可能使 Macintosh 用户在服务器上存储文件。一个 Macintosh 文件，实际包含两个文件数据岔口（datafork）和资源岔口（resourcefork）。OS/2 和 UNIX（网络文件系统，NFS）具有不同的文件命名转换（较长的名字）。在 NetWare 服务器上存储这些文件也需要一个分离的名称空间。

NAP　网络接入点　network access point 的缩写。

NAPT　网络地址端口转换　network address port translation 的缩写。

narrowband integrated service digital network（N-ISDN）　窄带综合业务数字网　当网络的传输系统和交换系统都采用数字技术时，就称为综合数字网（integrated digital network，IDN）。虽然综合数字网与模拟通信网相比是一个不小的进步，但为各种业务分别建网仍不可行，于是人们就设法使各种业务信息经过数字化后，都在一个网络中传输。这就是综合业务数字网 ISDN。由于后来又出现了宽带综合业务数字网 B-ISDN，ITU-T 就把这种由 ISDN 发展而来的，提供端到端的数字连接，支持声音和非声音广泛服务的网络定义为窄带综合业务数字网 N-ISDN。

NAS　网络附加存储　network attached storage 的缩写。

NAT 网络地址翻译 network address translator 的缩写。

national destination code (NDC) 国内目的地代码 通信系统地区代码中国内各地的目的地代码。

National Electrical Manufacturers Association (NEMA) 国家电气制造商协会(美国) 成立于 1926 年秋,由美国电力俱乐部和美国电气供应制造商联盟合并而成。NEMA 的主要活动之一是为电气设备标准化提供论坛,从而保证电气设备的安全、有效和兼容。NEMA 通过参与公共政策制订并作为收集、整理、分析市场统计数据、经济数据的中心机构为电气工业做出了巨大贡献。NEMA 积极推动电气产品的安全生产和使用,向媒体和公众提供关于 NEMA 的信息,并在新技术和技术开发领域代表美国电气工业的利益。

National Fire Protection Association (NFPA) 国家防火协会(美国) 美国消防协会(又译"国家防火委员会"),成立于 1896 年,旨在促进防火科学的发展,改进消防技术,组织情报交流,建立防护设备,减少由于火灾造成的生命财产的损失。该协会是一个国际性的技术与教育组织,制订防火规范、标准,推荐操作规程、手册、指南、标准法规等,包括建筑防火设计规范、灭火救援训练、器材相关规范等,得到国内外广泛承认,并有许多标准被纳入美国国家标准(ANSI)。此外,该协会还参加国际标准化组织(ISO)与加拿大电气规程委员会(CECC)的标准制订工作。

national holiday 国家法定假日 国家规定放假的日子。法定假日,用人单位安排加班的,需支付不低于劳动者本人日或者小时正常工作时间工资的百分之三百的工资报酬。

national information infrastructure (NII) 国家信息基础设施,信息高速公路 同 information highway。

national network congestion (NNC) 国内网拥塞 国内通信网络出现拥堵和阻塞现象。

national roaming 国内漫游 当用户离开号码所属城市至国内大陆地区其他城市时与国内用户的电话沟通,包括含拨打和接听电话。

national signaling network (NSN) 国内信令网 面向国内的信令网。在通信网中,除了传递业务信息外,还有相当一部分信息在网上流动,这部分信息不是传递给用户的声音、图像、文字等与具体业务有关的信号,而是在通信设备之间传递的控制信号,如占用、释放设备忙闲状态、被叫用户号码等,这些都属于控制信号。信令就是通信设备(包括用户终端、交换设备等)之间传递的除用户信息以外的控制信号。信令网就是传输这些控制信号的网络。

national signaling point (NSP) 国内信令点 国内通信网络中信令消息的起源点和目的点,它是信息网中具有 7 号信令功能的业务节点。信令点是提供公共信道信令的节点,即产生信令消息的源点;同时它也是信令消息目的地点,即信令的最终接收并执行节点,因此它具有用户部分的功能。信令点可以是具有 7 号信令功能的各种交换局,如电话交换局、数据交换局、ISDN 交换局、移动交换局以及智能网(IN)的业务交换点(SSP),还可以是各种特服中心。

national standard (NS)　国标,国家标准　由国家标准化管理委员会管理的标准。

National Television Systems Committee (NTSC)　国家电视系统委员会(美国),NTSC 制式　指美国国家电视系统委员会负责制定的美国彩色电视制式规范——NTSC 制式,于 1953 年 12 月研制成功。NTSC 属同时制,场频为每秒 60 场,帧频为每秒 30 帧,扫描线为 525 行,图像信号带宽为 6.2 MHz。这种制式的色度信号为平衡正交调幅制,解决了彩色电视和黑白电视广播相互兼容的问题,但存在相位容易失真、色彩不够稳定的缺点。北美、日本、南美一些国家使用 NTSC 制式的彩色电视标准。与 NTSC 同时并存的还有两套标准:逐行倒相(PAL)制式和顺序传送彩色与存储(SECAM)制式。

national toll number　国内长途电话号码　拨叫国内长途电话网内的用户(通常是一部电话主机)所使用的以十进数字表示的寻址信息。每个用户分配一个国内长途电话号码,用户可以通过拨号实现国内长途电话呼叫。

native signal processing (NSP)　本地信号处理　具备多种媒体功能的通信或计算机处理技术,可用硬件或软件高速地处理音频、视频等信号。

natural event　自然事件　由客观现象引起的客观事实,如火灾、地震、水灾、运输中断等。自然事件的发生多会引起经济法律关系的变更和终止,有时也会引起经济法律关系的产生。

natural smoke exhausting　自然排烟　利用热烟气产生的浮力、热压或其他自然作用力使烟气排出室外。在建筑物中可利用外窗、阳台、凹廊、专用排烟口、竖井等将烟气排走或稀释烟气的浓度。

navigation　导航　一种使观众通过菜单与接收系统交互的方法,可引导观众找到所需的节目信息。

navigation area　导航区　在显示屏幕的某个区域中,接收器显示本地产生的用户接口提示框和信息,以使观众能够访问电子节目指南(EPG)。

navigation information　导航信息　在一个完整的电子节目指南(EPG)中,用于为导航目的而创建菜单结构的数据块。该数据块规定了需要显示文本和对下一级菜单或节目信息的连接。

NC　网络计算机　network computer 的缩写。

NCC　网络色码　network color code 的缩写;**常闭触点**　normally closed contact 的缩写。

NCE　网络控制引擎　network control engines 的缩写。

NCP　NetWare 核心协议　NetWare core protocol 的缩写;**网络控制协议**　network control protocol 的缩写。

NCU　网络控制单元　network control unit 的缩写。

ND 邻居发现协议 neighbor discovery protocol 的缩写。

NDC 国内目的地代码 national destination code 的缩写。

NDF 负色散光纤 negative dispersion fiber 的缩写。

NDIS 网络驱动程序接口规范 network driver interface specification 的缩写。

NDS NetWare 目录服务 NetWare directory service 的缩写。

NDSF 非色散位移光纤 non-dispersion shifted fiber 的缩写。

NE 网元 network element 的缩写。

near end crosstalk (loss) (NEXT) 近端串扰[音] 也称近端串扰衰减。综合布线系统的一个质量指标，指一对传输线中的一条线与另一条线之间因信号耦合效应而产生的串音。即在一条传输链路中，处于线缆一侧的某发送线对会对于同侧的其他相邻(接收)线对通过电磁感应所组成的信号耦合。通常，出现近端串扰的被干扰信道的一端和产生干扰的信道中的串扰源的一端接近或重合，如在电缆的任何一端靠近连接器处出现。有时，它也被称为线对间 NEXT。

near field communication (NFC) 近场通信，近距离无线通信技术 由菲利浦公司和索尼公司共同开发的 NFC 是一种非接触式识别和互联技术，可以在移动设备、消费类电子产品、个人计算机和智能控件工具间进行近距离无线通信。它是一种短距离高频的无线电技术，在 13.56 MHz 频率运行于 20 cm 距离内。其传输速率有 106 kbps、212 kbps或者 424 kbps 三种。

near instantaneous companded audio multiplex (NICAM) 准瞬时压扩音复用 实际上就是双声道数字声技术，其应用范围极其广泛，最典型的应用便是电视广播附加双声道数字声技术，利用它进行立体声或双语广播，以充分利用电视频道的频谱资源。这是在常规电视广播的基础上以少量投资就可以实现的。在进行立体声广播时，它提高了音频的信号质量，使其接近 CD 的质量；而且还可以利用 NICAM 技术进行高速数据广播及其他数据传输的增值服务。NICAM 最初由英国广播公司开发和采用的立体声电视传输系统。该系统现在在欧洲大多数国家采用，并有可能成为立体声电视传输标准。

near video on demand (NVOD) 准视频点播 有线电视双向网系统未改造完成之前的一个互动点播解决方案，其核心技术是基于单向 HFC 网的轮播技术，用户具有部分控制能力，如模拟类似“前进”“倒退”等功能，可每隔 5～15 分钟控制一次，而不能进行连续控制。让用户能对互动点播有一个感性的认识，并提前享受基于双向网的 VOD 互动点播服务。

NEF 网元功能 network element function 的缩写。

negative acknowledgement (NAK) 否定应答(信号)，否认 ① 二进制同步数据通信时，接收器向发送器发送的一种“否定”应答信号。用以指出以前发送的字符或报文不符合规定，不能接收，因而接收器准备接收重新发送的字符或报文。② ASCⅡ(美国信息交换标准代码)字符编号为21(二进制15H)的一个控制代码,系接收器向发送器或计算机发送的一种“否定”应答信号,用以指出所传送的字符未能正确接收。发送和接收应答信号由软件实现,用户无须考虑应答信号的发送和接收。

negative dispersion fiber (NDF) 负色散光纤 这种光纤的零色散波长位于整个可用波段(1 280～1 625 nm)之外,在这个可用波段内都保持负的色散。这种特性特别适用于城域网的建设。

negative resistance effect (NRE) 负电阻效应 也称负阻效应。一个二端元件或器件如果端子上的电压电流约束关系(VCR)方程在伏安平面上绘制的曲线中,其延长线有通过二四象限的一段曲线,那么这段曲线所呈现出来的就是负阻效应,即两端电压下降时电流反而增大的现象。

negative sequence current (NSC) 负序电流 正序、负序、零序的出现是为了分析系统电压、电流出现不对称现象,把三相的不对称分量分解成对称分量(正、负序)及同向的零序分量。只要是三相系统,就能分解出上述三个分量。对于理想的电力系统,由于三相对称,因此负序和零序分量的数值都为零。系统故障时,三相变得不对称,这时就能分解出有幅值的负序和零序分量。中国对发电机正常运行负序电流规定:汽轮发电机的长期允许负序电流为发电机额定电流的6%～8%,水轮发电机的长期允许负序电流为12%。对于不对称负荷、非全相运行以及不对称短路引起的转子表层过负荷,50 MW及以上A值(转子表面承受负序电流能力的常数)大于等于10的发电机,应装设定时限负序过负荷保护。

negative temperature coefficient (NTC) 负温度系数 材料特性随温度而下降的温度系数。负温度系数大多出现在半导体材料或元器件中。

neighbor discovery protocol (ND) 邻居发现协议 TCP/IP协议栈的一部分,主要与IPv6共同使用。它工作在网络层,负责在链路上发现其他节点和相应的地址,并确定可用路由和维护关于可用路径和其他活动节点的信息可达性。

NEL 网元层 network element layer的缩写。

NEMA 国家电气制造商协会(美国) National Electrical Manufacturers Association的缩写。

net weight 净重 货物本身的重量,即除去包装物后的货物实际重量。净重是国际贸易中最常见的计重办法。

NETBEUI NetBIOS用户扩展接口协议 NetBIOS enhanced user interface的缩写。

NetBIOS 网络基本输出输入系统 network basic input output system的缩写。

NetBIOS Enhanced User Interface (NETBEUI) NetBIOS用户扩展接口协议 NetBIOS协议的增强版本,曾被许多操作系统采用,如Windows for Workgroup、Windows 9x系列、Windows

NT 等。NETBEUI 是为 IBM 开发的非路由协议,用于携带 NETBIOS 通信。NETBEUI 协议在许多情形下很有用,是 Windows 98 之前的操作系统的默认协议。NetBEUI 协议是一种短小精悍、通信效率高的广播型协议,安装后不需要进行设置,特别适合于在"网络邻居"传送数据。建议除了传输控制协议/网际协议(TCP/IP)协议之外,局域网的计算机最好也安上 NetBEUI 协议。NetBEUI 缺乏路由和网络层寻址功能,这既是其最大的优点,也是其最大的缺点。因为它不需要附加的网络地址和网络层头尾,所以很快并很有效,且适用于只有单个网络或整个环境都桥接起来的小工作组环境。

NETBLT　网络数据块传送　network block transfer 的缩写。

NetDDE　网络动态数据交换　network dynamic data exchange 的缩写。

Netscape　网景网页浏览器　网络浏览器的一种品牌。它是一个显示网页服务器或档案系统内的文件,并让用户与这些文件互动的一种软件。它用来在万维网或局域网络等显示文字、图像或其他信息。网景是网景通信公司(Netscape Communications Corporation)的常用简称,该公司曾经是一家美国的计算机服务公司,以其生产的同名网页浏览器 Netscape Navigator 而闻名。1998 年 11 月,网景被美国在线(AOL)收购。

netstream　网络流　提供报文统计的功能,它根据报文的目的 IP 地址、目的端口号、源 IP 地址、源端口号、协议号和 TOS 来区分流信息,并针对不同的流信息进行独立的数据统计。

NetWare core protocol (NCP)　NetWare 核心协议　Novell 公司推出的网络操作系统。NetWare 最重要的特征是基于基本模块设计思想的开放式系统结构。NetWare 操作系统是以文件服务器为中心,主要由三个部分组成:文件服务器内核、工作站外壳和低层通信协议。其核心协议也是在文件服务器内核中实现,并提供了 NetWare 的核心服务。该核心服务包含以下内容:内核进程服务、文件系统管理、安全保密管理、硬盘管理、系统容错管理、服务器与工作站的连接管理、网络监控等。当响应工作站请求时,由服务器使用的 NetWare 表示层的规程。其规程包括用于操作目录和文件、开启信号灯、打印、建立和解除连接的例行程序。

NetWare directory service (NDS)　NetWare 目录服务　是指 Novell NetWare 4.x 的数据库。它保持在网络上的每个资源的信息和提供对网络上的每个资源的访问。这些资源包括用户、组、打印机、卷和服务器。NDS 管理所有的网络资源作为在 NetWare 目录数据库中的对象,而他们的实际位置是无关的。NDS 对网络是全局性的,而信息被复制,所以局部故障不能使整个系统瘫痪。

network access　进[入]网　办理某运营商(如:中国联通、中国移动、中国电信)的手机卡,且使用该运营商的通信网络,也可称为开户。

network access cabling　网络接入布缆

N

在数据中心综合布线系统拓扑结构中，指主配线设备与进线间之间的缆线，一般采用光缆。

network access license (NAL) 进网许可证 国家对接入公用电信网使用的电信终端、无线电通信设备和涉及网间互联的电信设备实行进网许可制度。实行进网许可制度的电信设备必须获得信息产业部颁发的进网许可证。未获得进网许可证的，不得接入公用电信网使用和在国内销售。进网许可证证书包含证书编号、申请单位、生产企业、设备名称、设备型号、产地、备注、证书签发日期、证书有效日期。进网许可证一般有效期为三年。

network access point (NAP) 网络接入点 因特网服务提供商(ISP)互相连接的点。可用作主要业务提供者的数据互换点。NAP 主要由仲裁组、交换设备和 ISP 的边界路由器总成。1999 年初，NAP 和城域交换局(MAE)被统称为公共的因特网交换点(IXP)。

network adapter 网络适配器 把网络节点连接到通信媒体上使之与网中其他节点进行通信的一种接口部件。网络适配器分为局域网中使用和广域网中使用两大类。通常实现开放系统互联参考模型的最低两层。其功能有：发送和接收、介质访问控制、数字信号的编码及译码、与媒体的物理连接。

network address port translation (NAPT) 网络地址端口转换 也称动态网络地址转换。其主要是通过转换传输控制协议(TCP)和用户数据报协议(UDP)端口号和地址的方式来提供并发性，将多个内部网际协议(IP)地址映射到同一个外部地址。

network address translator (NAT) 网络地址翻译 完成局域网节点地址与IP(网际协议)地址之间的转换。该服务置于局域网和公共网间的边界处，其功能是提供外网中可见的合法 IP 地址与内网所用的保留地址之间的相互映射。NAT 的具体工作过程如下：从外网流入的含公共网地址信息的数据包先到达 NAT，NAT 使用预设好的规则(其组元包含源地址、源端口号、目的地址、目的端口号、协议类型)来修改数据包，然后再转发给内网接收站。同时，对于流出内网的数据包也须经过这样的转换处理。NAT 的实现方式有三种：静态转换、动态转换和端口多路复用。

network architecture 网络体系结构 网络的一组设计原则。它包括功能组织、数据格式和过程的说明，以作为用户应用网络的设计和实现的基础。网络体系结构是计算机网络的基础结构，包括硬件、功能层、接口以及用来建立通信链路和保证信息可靠传输的协议(规则)。因为计算机网络是硬件和软件的混合体，所以为了体系结构的设计要求能提供合理而实用的标准，使计算机和其他设备能处理和建立通信链路和不冲突地传输信息的复杂工作。

network attached storage (NAS) 网络附加存储 也称附网存储或网络附属存储。连接在网络上，具备资料存储功能。1996 年从美国硅谷提出，其主要特征是把存储设备和网络接口集成，直接通过网络存取数据，使其更加专门化，获得更高存取效率和更低存储成本。1999 年，第一代 NAS 产品采用了瘦服务器技术，对设备要求低且易于维护。2000 年，第二代产品采用嵌入式技术设计专用控制板，支持 HTTP、FTP、SMB、AFP、CIFS 等访问方式，支持各种网络协议，并具有服务器级的安全体制，可取代传统的文件服务器。2001 年起的第三代设备采用较先进的防崩溃文件系统，专门针对海量数据存储而设计，自动日志、备份、恢复、存储、索引等功能被集成到文件系统底层。高端 NAS 产品已使存储区域网(SAN)和宽带接入服务器(BAS)两种存储解决方案之间的界限变得模糊，最终结果是面向网络存储成为一种能够满足各种级别数据存储需要的解决方案。

network automation　网络自动化　互联网上有两大主要元素“内容”和“眼球”。“内容”是指互联网公司(ICP)提供的网络服务，如网页、游戏、即时通信等。“眼球”则是借指海量的互联网用户。互联网公司的内容往往分布在多个或大或小的因特网数据中心(IDC)中。在互联网化的大潮中。互联网公司内容存储的基础设施呈现爆发式增长。为保障用户对内容的访问体验，互联网公司需要在不同的运营商、不同省份及城市批量部署业务服务器用以对外提供服务并为业务模块间的通信建立 IDC 内部网络、城域网和广域网，同时通过自建的内容传递网(CDN)专业服务公司对服务盲点进行覆盖。因此随着业务的迅速增长，逐步形成高效的自动化运维管理和服务体系，网络自动化应运而生。例如，腾讯的“基于 ITIL 的运维服务管理”自动化模式，阿里基于配置管理数据库(CMDB)的“基础设施管理＋逻辑分层建模”的模式，百度的“部署＋监控＋业务系统＋关联关系”的自动化模式。

network bandwidth　网络带宽　在单位时间(一般为 1 s)内网络能够传输的数据量。网络和高速公路类似，带宽越大，信息传输速度越高。

network basic input output system (NetBIOS)　网络基本输出输入系统　为了支持 IBM PC 兼容机组成计算机网络，微软公司在 DOS 操作系统的基础上研制开发出的一个局域网通信的编程接口，支持 DOS、OS/2、UNIX、IBM Token Ring、以太网、IEEE 802.2、TCP/IP(传输控制协议/网际协议)等，使应用程序可与设备进行通信，提供的功能在开放系统互联(OSI)七层参考模式中处于表示层和会话层之间。NetBIOS 为应用程序提供了一套形式统一的命令，可用来请求各种低层网络服务，实现网络节点之间的会话以及来回传送信息。这套命令亦可由与 NetBIOS 系统兼容的网络控制程序或网络操作系统解释执行。

network block transfer (NETBLT)　网络数据块传送　网络中使用的属于传输层的一种协议。这种协议具有流量控制和成批传输数据的特点。在 NETBLT 控制下，可以形成一个稳定的高速数据发送速率。

network bridge 网桥 一种两端口的二层网络设备，用来连接不同网段。网桥的两个端口分别有一条独立的交换信道，不是共享一条背板总线，可隔离冲突域。网桥比集线器（hub）性能更好，集线器上各端口都是共享同一条背板总线的。后来，网桥被具有更多端口、同时也可隔离冲突域的交换机（switch）所取代。网桥像一个聪明的中继器。中继器从一个网络电缆里接收信号，放大它们，将其送入下一个电缆。相比较而言，网桥对从关卡上传下来的信息更敏锐一些。网桥是一种对帧进行转发的技术，根据媒体访问控制（MAC）分区块，可隔离碰撞。网桥将网络的多个网段在数据链路层连接起来。网桥也叫桥接器，是连接两个局域网的一种存储与转发设备，它能将一个大的局域网（LAN）分割为多个网段，或将两个以上的 LAN 互联为一个逻辑 LAN，使 LAN 上的所有用户都可访问服务器。扩展局域网最常见的方法是使用网桥。最简单的网桥有两个端口，复杂些的网桥可以有更多的端口。网桥的每个端口与一个网段相连。

network capacity 网络容量［能力］ 网络中每秒可传输数据组的最大数量。

network card 网卡 指工作在链路层的网络组件，是局域网中连接计算机和传输介质的接口，不仅能实现与局域网传输介质之间的物理连接和电信号匹配，还可实现帧的发送与接收、帧的封装与拆封、介质访问控制、数据的编码与解码以及数据缓存的功能。

network card driver 网卡驱动程序 网卡上的设备驱动程序，安装在计算机的操作系统中。这个驱动程序会向网卡传输信息，指示网卡存储处于存储器特定位置的局域网传输数据。网卡还要能够实现以太网协议。

network clock 网络时钟 由网络同步机制提供的时间，以秒为单位。

network color code（NCC） 网络色码 基站识别码（BSIC）的一部分，用于让移动台区别相邻的属于不同 GSMPLMN 的基站。

network computer（NC） 网络计算机 来自 Oracle 公司和太阳计算机微系统公司（Sun Microsystems）的一种用于商务网络的低价个人计算机，是专门为上网而设计的计算机。它是一种低廉、无须维护的装置，可让用户不费力气就能接到因特网上，并获取网络资源。在这种装置上，人们就能分享到任何网络资源，完成任何和所有目前需要在个人计算机上进行的任务。网络计算机提供了简洁性，去掉了个人计算机使用中的复杂的软硬件，只留下网络访问与显示功能，网络计算机对软件、服务、处理、数据和资源几乎全部都依赖网络。这就消除了周而复始的软硬件升级，而是把这个负担放到了网络上。

network control engine（NCE） 网络控制引擎 介于管理层和控制层网络之间，既有网络通信管理功能，又有现场控制功能。对于网络控制而言：是一种基于 Web 的网络控制器，它内置 Windows 操作系统和设备自控系统软件，负责监控安装在其现场总线上的设备控制器，并通过嵌入式网络用户界面进行系统导航、系统配置及系统操作。当网络控制引擎与 IP 网络相连时，它还可以为其他网络控制引擎设备和数据管理服务器提供数据。

network control protocol (NCP) 网络控制协议 点到点协议(PPP)中对网络控制的协议。因为 PPP 是对多种网络的协议，它可以携带很多种网络层的数据包，所以也有很多控制协议。譬如 IPCP(Internet Protocol Control Protocol 因特网控制协议)，施乐控制协议(Xerox CP)等。IPCP 是在因特网上常用的控制协议。

network control unit (NCU) 网络控制单元 无网络控制功能的专用线路通信终端利用公共网进行数据通信时使用的装置。

network conversion interface 网络转换接口 在面向分布式楼宇设施的综合布线系统拓扑结构中，指允许不同网络拓扑连接到服务集合点的主动或被动设备。它位于服务信息点(SO)与应用设备缆线(如：RS-485、RS-232 等)之间。

network driver interface specification (NDIS) 网络驱动程序接口规范 为网络适配器驱动程序提供的接口，所有的传输驱动程序都调用 NDIS 接口来访问网络适配器。NDIS 为网络驱动开发提供了完整的抽象。对所有外部功能来说，网络接口卡(NIC)驱动都依赖于 NDIS，这些功能包括与协议驱动的通信、注册，截获 NIC 硬件中断，与下层的 NIC 的通信。NDIS 能为网络适配使用的驱动器提供一种标准的“共同语言”，它使一个网络适配器能支持多个协议，也能使一个协议与来自不同供应商的网络适配器共同工作。

network dynamic data exchange (DDE) service 网络动态数据交换服务 为用户创建在网络上共享数据的复合文档提供了一条途径。用户可以从其他用户所有的文档中向自己的文档插入信息，甚至这些文档可以驻留在其他网络计算机上。保证在原始文档中改变也将改变这个信息粘贴处的文档。

network element (NE) 网元 又称网络元素，网络中具体的通信设备或逻辑实体。

network element function (NEF) 网元功能 ① 同步数字体系(SDH)实体内的一种功能。它支持以 SDH 为基础的网络传送服务，如复用、交叉连接、再生。网元功能可由管理对象来模拟。② 在异步传输模式(ATM)网络中的一个 ATM 实体中的功能，支持基于 ATM 网络的传输服务，如多路复用、交叉联结。

network element layer (NEL) 网元层 又称网络元素层。电信管理网(TMN)中的最低层，由大量网元组成。其功能是负责网元自身的管理和配置。

network file system (NFS) 网络文件系

统 指一种分布式文件系统网络协议，由美国太阳计算机系统公司开发，是一种在异种机型、操作系统集网络环境中共享文件的网络协议，采用基于客户机与服务器的服务方式进行通信，具有信息访问的透明性，用户可以直接获得远程文件的数据而不必了解网络信息。NFS 与文件传输协议（FTP）的主要区别在于它们的传输数据方式不同。FTP 复制整个文件，而 NFS 只在需要时才访问文件的一小部分。NFS 优于传统传输协议的优点是通过局部文件和远程文件放在同一个名字空间中而掩盖了这两种文件系统的差异。NFS 还只是一个协议族中的一员，这个协议族中的其他成员有外部数据表示（XDR）、远程过程调用（RPC）等。这些协议是美国太阳计算机系统公司提出的开放网络计算（ONC）大体系结构的一部分。

network gateway **网关** 又称网间连接器、协议转换器。网关在传输层上实现网络互联，是最复杂的网络互联设备，仅用于两个高层协议不同的网络互联。网关既可以用于广域网互联，也可以用于局域网互联。网关是一种充当转换重任的计算机系统或设备。在使用不同的通信协议、数据格式或语言，甚至体系结构完全不同的两种系统之间网关是一个翻译器。它与网桥只是简单地传达信息不同，网关对收到的信息要重新打包，以适应目的系统的需求。

network identification (NID) **网络识别码** 一个 CDMA 移动通信业务本地网中唯一的一个识别网络的码，长度为 16 位，移动台根据一对识别码（SID，NID）判决是否发生了漫游。

network identifier (network ID) **网络标识符** 在 IP 地址中定义网络的部分。网络标识符的长度取决于网络的类型，如 A、B 或 C。

network information center (NIC) **网络信息中心** 为用户提供网络信息资源服务的网络技术管理机构。其主要职责是对网上资源进行管理和协调，如域名管理、应用软件管理和提供技术支持和培训。

network information service (NIS) **网络信息服务** 为互联网用户提供的信息、帮助和服务。

network information system (NIS) **网络信息系统** 一个计算机网络命名和管理系统，它用于美国太阳计算机系统公司开发的小型网络。NIS 的每个客户端和服务器的计算机都具有整个系统的信息。每个主机的用户都能使用唯一用户 ID 和密码访问位于网络中任何主机的文件或应用程序。它与因特网域名解析系统相似，但更为简单。它的目标用户群是使用局域网的用户。

network information table (NIT) **网络信息表** 主要提供有关物理网络的信息，即传送本网络以及与此有关的其他网络的一些信息。每个网络都有唯一的识别符（Network_ID）。网络信息表主要携带：网络识别符（Network_ID）、网络名称、传输系统参数。例如，在网络电视系统中的传输系统参数（包括频率、调制方式、FEC 外码、符号率、FEC 内码）、节目业务类型及 Service_ID 等信息。机顶盒只要调谐到携带 NIT 表的传送流中，即可提取其他网络的参数，一般解码器便可根据提取出来的信息，自动搜索频道。

network integration engines (NIE) 网络集成引擎 主要用于第三方产品的集成，能够集成标准的建筑设备管理通信协议，具有网络管理功能，能够在监控建筑设备的基础上监控管理照明系统、安防系统、消防系统等。

network interface (NI) 网络接口 在电信公司的网络与本地装置之间的连接处，是计算机网络中两个设备或协议层系统的(软件、硬件)接口。网络接口通常有某种形式的网络地址。这可能包括一个节点号和一个端口号，或者是一个独特的节点号。网络接口提供标准化的功能，如传递消息，连接和断开。

network interface card (NIC) 网络接口卡，网卡 指插在个人计算机或服务器扩展槽内的扩展卡，与网络操作系统配合工作，控制网络上的信息流。它按计算机总线类型可分为工业标准体系结构(ISA)网卡、EISA(扩展的工业标准体系结构)网卡、外围部件互联(PCI)网卡等。常用的网卡接口有三种规格：粗同轴电缆接口、细同轴电缆接口和非屏蔽双绞线接口。网卡具有一组配置选项以保证网上能与工作站中其他外部设备共存并且正确地响应网络操作系统。支配网卡操作的两个最重要的参数是它的端口地址和中断。网卡地址是指网卡在整个网络中的标识值，而端口地址是工作站使用的十六进制数，常用的默认地址是 300 H。网卡地址必需被配置成当数据发送到该地址时能够对其进行识别的模式。中断是另一个重要的参数，工作站利用中断暂时中止数据流动而允许其他数据通过系统。网卡还有一些跳线开关，通过跳线设置，可以把网卡设置成所需要的工作环境。

network interface definition language (NIDL) 网络接口定义语言 一个网络计算系统结构的元素，是一个说明性语言，用于定义具有两种格式的接口，一个是类 Pascal 的句法，另一个是类 C 的句法。

network interface layer (NIL) 网络接口层 实际上并不是因特网协议组中的一部分，但它是数据包从一个设备的网络层传输到另外一个设备的网络层的方法。这个过程能够在网卡的软件驱动程序中控制，也可以在韧体或者专用芯片中控制。这将完成如添加报头准备发送、通过物理媒介实际发送这样一些数据链路功能。另一端，链路层将完成数据帧接收、去除报头并且将接收到的包传到网络层。

network interface unit (NIU) 网络接口部件 通信网络内由微处理器控制并提供节点部分连接能力的设备。它取代了主机中诸如控制、信号交换、协议转换等功能，并且在执行操作中有存储能力。这类设备广泛用于局域网中。

network junction 网络结点[节点] 网络中的通信控制机。网络结点一方面作为与资源子网的主机、终端连接接口，将主机和终端连入网内。另一方面，网络结点又作为通信子网中的分组储存转发结点，完成分组的接收、校验、存储、转发等功能，实现将源主机报文发送到目的地的主机作用。

network layer 网络层 国际标准化组织关于开放系统互联(OSI)七层参考模式的第三层，提供发信站和目标站之间的信息传输服务。该层为传输层(第四层)实体提供功能性和规程性手段。保证报文的正确传输，使传输层实体不必考虑路径选择和转接。其主要功能包括：路径处理、流量控制和建立或拆除网络连接。

network management 网络管理 计算机网络中对网络资源的管理，使网络中的资源得到更加有效利用。它负责维护网络的正常运行，当网络出现故障时能及时报告和处理，并协调、保持网络的高效运行。国际标准化组织(ISO)定义了网络管理的五大功能：故障管理、计费管理、配置管理、性能管理和安全管理。

network management entity (NME) 网络管理实体 在异步传输模式(ATM)网络中，指交换系统中提供管理专用网间接口(PNNI)协议能力的软件。它与PNNI协议通过管理信息库进行相互作用。

network management framework (NMF) 网络管理框架 是各种网络管理应用工作的基础结构，是事实上的计算机网络管理的标准。网络管理框架高度概括描述了系统的管理问题，为所有的管理标准建立了模型，给出了指导准则，规定了开放系统的网络管理模型。

network management function (NMF) 网络管理功能 网络管理是保障网络可靠运行的最重要手段。网络管理系统则可根据用户需要提供丰富的、专业的、定制化的网络管理功能。网络管理功能实现对网络的全面监控与管理。随着网络规模的扩大，网络中的应用技术及产品的多样化和复杂化，网络拥有者和维护人员越来越期盼高端、专业和个性化的网络管理功能。

network management gateway (NMG) 网络管理网关 计算机网络系统NetView程序之间的一个网关，是系统网络体系结构(SNA)的网络管理系统。

network management information system (NMIS) 网络管理信息系统 在计算机网络系统中，指建立在网络基础上的管理信息系统，它是信息管理技术进入了一个崭新的阶段的产物。网络管理信息系统是现代化企业，特别是大、中型企业在市场竞争中生存和取胜必需的信息基础设施。网络管理系统涉及的范围很广，它既包括局域网之间的连接，又包括远程网的连接。并且随着经济的发展，网络管理信息系统要具备实现数据、声音、图像等信息的传述条件，要具备提供企业内部之间，内部和外界之间交流信息的能力。

network management interface (NMI) 网络管理接口 通常包括三方面内

容，即接口通信协议、接口管理功能和接口管理信息模型。具体功能如下：(1) 支持管理者与代理者之间进行通信的通信协议栈。网络管理接口应具备底层传输协议，以完成数据的传输；(2) 应用层网络管理协议。网络管理接口应对应用层网络管理协议进行定义，以完成管理者和代理者之间交换端到端的管理信息，如定义管理者从代理者获取信息的方式，包括管理动作和应答的交互、上报通知的方式等；(3) 统一的管理信息模型。网络管理接口应对管理者和代理者之间传递的管理信息进行定义，使得双方对管理信息的语义及语法有统一的认识。通过网管接口交互的管理信息，包括管理控制信息和网络资源信息，均含语义定义和语法定义。

network management layer (NML) 网络管理层 用于对所辖区域内的所有网元进行管理。主要的功能包括：(1) 从全网的观点协调与控制所有网元的活动。(2) 提供、修改或终止网络服务。(3) 就网络性能、可用性等事项与上面的服务管理层进行交互。

network management model (NMM) 网络管理模型 为研究网络管理系统中各部分之间的关系而建立的模型。其包括功能模型、体系结构模型、信息模型和组织模型。网络管理的功能模型描述了实体的一般结构和实体间接口的通信方式，它由五部分组成：网络故障管理、性能管理、计费管理、配置管理和安全管理。网络管理信息模型主要是实现被管理虚拟资源、软件及物理设备的逻辑表示。网络管理的组织模型包括管理者、代理者和管理实体间的通信方法，规定了管理和被管理间的协议接口。

network management plan (NMP) 网络管理计划 指在进行网络管理之前制定对网络管理的功能、策略、职责、机制等预定的具体内容和步骤。网络管理计划主要有两个目的：防止可能的故障发生并对可能出现的故障准备好解决方法。

network management protocol (NMP) 网络管理协议 指由 AT&T 设计的一组网络协议。它控制某些网络设备，如调制解调器的 T1 多路器。

network management subsystem (NMS) 网络管理子系统 又叫操作与维护中心，具有硬件和软件“隔离”的作用，负责网络交换子系统和基站子系统的维护管理工作。网络管理子系统不仅应能方便地与其他系统进行联网、通信。例如，与电力公司管理信息系统(MIS)交换信息，做到信息资源共享，为办公自动化提供各种数据，还应监视网络运行的工况，对流量进行平衡和控制，同时对网络各硬件设备进行管理。

network management system (NMS) 网络管理系统 计算机网络中一个实现网络管理层功能的实体，可包括元素管理层的功能。一个网络管理系统可管理单个或多个其他的网络管理系统。

network management vector transport (NMVT) 网络管理向量传输 指

N

一个管理服务请求或应答单元(RU)在物理单元管理服务和控制点管理服务之间流动。

network manager　网络管理器[员] 指用于监控、管理和诊断网络问题的人员、一个程序或一组程序。

network-network interface (NNI)　网络-网络接口 具体指明两个网络之间的信令(signaling)和管理功能的接口。一个NNI电路可以被用于信令(如: SS7)、IP(如: MPLS)或ATM网络。

network news transfer protocol (NNTP)　网络新闻传输协议 因特网中的一个协议,在RFC 977中定义,用于分发、查询、获取和邮寄新闻稿。

network node　网络节点 ① 网络中独立自治的点,由单个或多个功能部件组成。它们通过链路、协议等彼此连接起来,构成网络系统。② 网络中的网络单元。网络节点是计算机网络中各种数据处理设备、数据控制设备以及数据终端设备。网络节点可分为转接节点和访问节点两类。支持网络连接性能的节点称为转接节点,它通过通信链路来转接和传递信息,如终端控制器、集中器等。访问节点是信息交换的源节点或目标节点,起到信源和信宿的作用,如终端、主计算机等。

network node interface (NNI)　网络节点接口 在一个网络节点中,用来与其他的网络节点互联的接口。在异步传输模式(ATM)网络中,NNI一般为两个交换机之间的接口,它定义了物理层、ATM层等层的规范以及信令等功能,但由于NNI接口关系到连接在网络中的路由选择问题,所以特别对路由选择方法做了说明。NNI接口分为公网NNI和专用网接口(PNNI),公网NNI和PNNI的差别还是相当大的,如公网NNI的信令为3号、7号信令体系,而PNNI则完全基于UNI(用户网络接口)接口,仍采用UNI的信令结构。

network of antennas　天线网络 在室内定位系统中,由于采用多点定位原理,有时会设置多个天线,从而构成天线网络。

network operating system (NOS)　网络操作系统 ① 一种网络系统软件,是多道程序系统的扩展,可以支持由微型计算机和其他处理机组成的多个多机网络。他们之间可以通过I/O总线进行本地连接、内部连接或者通过通信设施进行远程连接。该网络系统能提供CPU之间的通信,控制过程和操作系统的命令,以便支持“虚拟设备”的活动。这种软件允许本地CPU上运行的用户程序和远程在本地CPU上运行的用户程序和远程CPU上的用户程序和(或)外部设备进行通信,通过充分利用后备部件,来提供高性能的模块冗余度,构成高可靠性的系统。② 指在网络环境下的大、中型主机上运行的操作系统。它除了支持一般操作系统的功能外,还根据相应网络体系结构实现各层协议软件,用以支持数据传输功能和各种网络服务、网络管理功能。③ 指安装在局域网网络服务器上的一种操作系统,它协调连到网络内的计算机和其他装置提供服务的各项活动。与单用户操作不一样，网络操作系统须应答和响应来自许多工作站的请求，管理诸如网络访问与通信、资源分配与共享、数据保护和出错控制等具体事项。网络操作系统可看作是插入在用户和系统资源之间的一种媒介物，用于提供对系统资源直接利用和控制的手段。④ 指连接网络上管理所有网络功能的系统软件。它使资源能力有效地得到共享，使文件得以传送。

network printer　网络打印机　网络共享打印机，通过打印服务器（内置或者外置），将打印机作为独立的设备接入局域网或者因特网。

network record unit (NRU)　网络存储单元　也称网络录像服务器。可实现媒体数据的数字化存储，并提供媒体数据的检索、回放和管理。

network security system　网络安全系统　由于计算机网络具有联结形式多样性、终端分布不均匀性和网络的开放性、互联性等特征，致使网络易受黑客、怪客、恶意软件和其他不轨的攻击。为了防止和避免遭受攻击和入侵，以确保网上信息的安全，网络安全系统起到了很大的作用。当前应用较为广泛的三类常见网络安全系统——防火墙、网络入侵检测系统（IDS）、入侵防御系统（IPS）。

network service access point (NSAP)　网络服务接入点　开放系统互联（OSI）中，网络层为其上层提供服务的接入点。

network service protocol (NSP)　网络服务协议　一种数字网络体系结构（DNA）文件，其中含有信息包和路由选择信息。

network service provider (NSP)　网络服务提供商　网络的拥有者。① 电话网中，用户可能要和多个网络服务公司打交道。例如，当用户拨打长途电话时要用到两个网络提供商（本地电话公司和目的地电话公司）。② 有线电视网中，网络供应商同时提供网络和电视服务。③ 在线服务商一般并不拥有网络，只是通过网络服务供应商提供服务。④ 互联网中，NSP 提供高速中枢网服务的一种高层因特网提供者。因特网服务提供商（ISP）在 NSP 之下。

network subsystem　网络子系统　主要包含有全球移动通信（GSM）系统的交换功能和用于用户数据与移动性管理、安全性管理所需的数据阵功能，它对 GSM 移动用户之间通信和 GSM 移动用户与其他通信网用户之间通信起着管理作用。网络监控系统（NSS）由一系列功能实体构成，整个 GSM 系统内部，即 NSS 的各功能实体之间和 NSS 与业务支撑系统（BSS）之间都通过符合 CCITT 信令系统 7 号协议和 GSM 规范的 7 号信令网络互相通信。网络子系统主要是放置计算机系统设备、交换机、程控交换机、楼宇自控中心设备、音响输出设备、闭路电视控制装置、报警控制中心，等等。基站使用的天线分为发射天线和接收天线，且有全向和定向之分，一般可有下列三种配置方式：（1）发全向、收全向方式。（2）发全向、收定向方式。(3) 发定向、收定向方式。发全向主要负责全方位的信号发送,收全向就是方位的接收信号,定向的意思就是只朝一个固定的角度进行发送和接收。

network surveillance system (NSS) 网络监视系统 通过收集被管网络设备的状态和行为信息,再通过图形显示来监视网络的一种监视系统,它可以帮助网络管理人员管理整个网络。网络监视系统以网络状态监视控制为中心实现对各个功能模块的控制。网络状态监视控制可以通过选择不同的网络控制中心和不同的索取内容,经过网络状态索取报打包模块打包后,由网络状态索取发送模块将打好包的报文发送给指定的网络控制中心,从而实现向各个网络控制中心索取通信站设备类型和状态、通信站位置、网络连接关系、传输信道类型及状态等网络信息;网络状态报文接收模块接收到各个网络控制中心的网络信息后,将网络信息报文传递给网络状态监视控制,网络状态监视控制将接收的报文送给网络状态报文解包模块进行解包并存储,然后将解包后的报文提交网络状态实时显示模块依照网络报文中的内容进行显示。

network synthesis of multimedia system 多媒体系统网络集成 在网络平台的基础上实现对多媒体系统的信息集成。

network system 网络系统 在互联网数据中心(IDC)中,是指由路由器、交换机等网络设备按一定的拓扑结构连接而成,对外实现 IDC 与互联网的互联,对内承载 IDC 资源系统、业务系统和管理系统。

network television 网络电视 基于宽带高速 IP 网,以网络视频资源为主体,将电视机、个人计算机及手持设备作为显示终端,通过机顶盒或计算机接入宽带网络,实现数字电视、时移电视、互动电视等服务。网络电视的出现给人们带来了一种全新的电视观看方法,它改变了以往被动的电视观看模式,实现了电视以网络为基础按需观看、随看随停的便捷方式。

network terminal adapter (NTA) 网络终端适配器 计算机与集成服务数字网线路的硬件接口。当用户使用综合业务数字网(ISDN)连接时,它就取代了调制解调器。不同于简单的旧式电话服务(在计算机和电话公司之间负载模拟信号),ISDN 负载数字信号,因此就没有必要在模拟信号与数字信号之间进行调制与解调了。终端适配器应安装在计算机上,这样数据就可以直接以数字方式传送到 ISDN 线路上。由于 ISDN 并不是所有地区的电话公司都能提供的,因此终端适配器通常没有集成在计算机上。当需要使用 ISDN 服务时,就得购买并安装终端适配器。有些制造商和电路公司使用名词"ISDN 调制解调器"代替"终端适配器"。

network termination (NT) 网络终端 用户与网络连接的第一道接口设备。

network time protocol (NTP) 网络时间协议 使因特网上计算机维持相同时间,可借以实现网络上高精准度

(毫秒级)计算机校时的协议。这个协议在 RFC 1119 中定义。

network topology 网络拓扑 指对网络的分支和节点的系统性安排。拓扑可以是物理的或逻辑的。

network video recorder (NVR) 网络视频录像机 高清监控时代克服传统数字录像机(DVR)无法满足需求而推出的一款高清网络硬盘录像机。它可以普通电脑安装一款兼容网络高清监控软件并加强硬盘来实现。但为满足稳定性的需要,常用的是嵌入式的网络视频录像机。NVR 的主要特点:全网络化——利用有线和无线网络代替同轴电缆,降低线缆及施工成本,提升监控点的灵活性;高清——前端使用高清网络摄像机;开放性——随着 NVR 的普及其开放性必然跟进,目前已有标准的开放型网络视频接口论坛(ONVIF)协议,实时流媒体协议(RTSP);扩容性——属全网络产品,方便监控点增减;先进性——采用先进的 H.264 压缩方式,对于占用带宽和空间的性能均有提升。

network virtual terminal (NVT) 网络虚拟终端 一种特定网络的虚拟终端,这种网络允许用户独立选择在每个位置上使用的终端类型。该网络把许多终端的代码、速度以及协议转换成 NVT 形式,这样,支持这个网络虚拟终端的用户计算机不需要附加的软件就能管理各种各样的终端。因此,终端用户可以从同一个终端访问多个系统,从而提高了终端的利用率。

network voice protocol (NVP) 网络语音协议 互联网中的一个多媒体应用协议,一个端到端的协议,直接被应用程序使用。

networking cable 网络线缆 从一个网络设备(如:计算机)连接到另外一个网络设备传递信息的介质,是网络的基本构件。在常用局域网中,使用的网线具有多种类型。在通常情况下,一个典型的局域网一般不会使用多种不同种类的网线来连接网络设备的。在大型网络或者广域网中,为了把不同类型的网络连接在一起就会使用不同种类的网线。在众多种类的网线中,具体使用哪一种网线要根据网络的拓扑结构,网络结构标准和传输速度来进行选择。

network-to-network interface (NNI) 网络-网络接口 一个具体指明两个网络之间的信令(signaling)和管理功能的接口。一个 NNI 电路可以被用于信令(如:SS7)、网际协议(如:MPLS),或异步传输模式(ATM)网络。

neural network control (NNC) 神经网络控制 在控制系统中采用的人工神经网络技术,人工神经网络是一种借鉴生物大脑额结构和功能而构成的并行信息处理系统。

neuron chip 神经元芯片 为了经济地、标准化地实现 LonWorks 技术的应用,Echelon 公司设计了神经元芯片。神经元芯片是一个半导体设备,它专门为低成本控制设备提供智能化和联网能力而设计。神经元芯片包括三个能够提供通信和应用处理能力的8位处理器。

neutral conductor 中性导体 与电力系统中性点连接并能起传输电能作用的导体,用符号N表示。

neutral line 中性线 简称N线,三相交流电的星型接法将各相电源或负载的一端都接在中性点上,由中性点引出的导线称为中性线,与各相线一起,形成三相四线制供电方式。

NEXT 近端串扰[音],近端串扰衰减(损耗) near end crosstalk (loss)的缩写。

next generation broadcasting (NGB) 下一代广播电视网 指中国下一代广播电视网(NGB)。它以有线电视数字化和移动多媒体广播(CMMB)的成果为基础,以自主创新的"高性能宽带信息网"核心技术为支撑,构建的适合中国国情的、"三网融合"的、有线无线相结合的、全程全网的下一代广播电视网络。

next generation broadcasting-html (NGB-H) 基于HTML的下一代广播电视网中间件 由NGB定义的对HTML的支持。

next generation broadcasting-Java (NGB-J) 基于Java的下一代广播电视网中间件 由NGB定义的对JAVA的支持。

next generation internet (NGI) 下一代因特网 美国政府于1996年制定和投资的因特网研究项目,旨在开发比现有因特网速度更快、功能更强大的网络技术。其目标是开发高级网络技术并在大学和政府实验网上运行,其网络带宽及计算能力成倍增长,多媒体技术日益成熟,使计算机、通信及多媒体技术更趋向融合。

next generation network (NGN) 下一代网络 网络的下一个发展目标。一般认为下一代网络基于网际协议(IP),支持多种业务,能够实现业务与传送分离,控制功能独立,接口开放,具有服务质量(QoS)保证和支持通用移动性的分组网。

next hop resolution protocol (NHRP) 下一跳解析协议 用于连接到非广播多路访问(NBMA)网络的源站(主机或路由器)到达目标站间的"下一跳"的互联网络层地址和NBMA子网地址。如果目的地址与NBMA子网连接,下一跳就是目标站;否则,下一跳是从NBMA子网到目标站最近的出口路由器。NHRP被设计用于第三层交换协议,通过路由器安排请求以获得目的地址,并将数据信息包经由第二层交换机发送出去。

NEXT worst pair 近端串扰[串音],近端串扰衰减(损耗) 同near end crosstalk (loss)。

NFC 近场通信,近距离无线通信技术 near field communication的缩写。

NFPA 国家防火协会(美国) National Fire Protection Association的缩写。

NFS 网络文件系统 network file system的缩写。

NGB 下一代广播电视网 next generation broadcasting的缩写。

NGB-H 基于HTML的下一代广播电视网中间件 next generation broadcasting-html的缩写。

NGB-J 基于Java的下一代广播电视网

中间件 next generation broadcasting-Java 的缩写。

NGI 下一代因特网 next generation Internet 的缩写。

NGN 下一代网络 next generation network 的缩写。

NHRP 下一跳解析协议 next hop resolution protocol 的缩写。

NI 网络接口 network interface 的缩写。

NIC 网络信息中心 network information center 的缩写；**网络接口卡，网卡** network interface card 的缩写。

NICAM 准瞬时压扩音复用 near instantaneous companded audio multiplex 的缩写。

NID 网络识别码 network identification 的缩写。

NIDL 网络接口定义语言 network interface definition language 的缩写。

NIE 网络集成引擎 network integration engines 的缩写。

NII 国家信息基础设施，信息高速公路 national information infrastructure 的缩写。

NIL 网络接口层 network interface layer 的缩写。

NIM 非介入监控 non-intrusive monitoring 的缩写。

NIS 网络信息服务 network information service 的缩写；**网络信息系统** network information system 的缩写；**号码信息服务** number information service 的缩写。

N-ISDN 窄带综合业务数字网 narrowband integrated service digital network 的缩写。

NIT 网络信息表 network information table 的缩写。

NIU 网络接口部件 network interface unit 的缩写。

NLP 正常链路脉冲 normal link pulse 的缩写。

NMC 非金属部件 non-metallic component 的缩写。

NME 网络管理实体 network management entity 的缩写。

NMF 网络管理框架 network management framework 的缩写；**网络管理功能** network management function 的缩写。

NMG 网络管理网关 network management gateway 的缩写。

NMI 网络管理接口 network management interface 的缩写；**非屏蔽中断** non-maskable interrupt 的缩写。

NMIS 网络管理信息系统 network management information system 的缩写。

NML 网络管理层 network management layer 的缩写。

NMM 节点消息存储器 node message memory 的缩写。

NMP 名字管理协议 name management protocol 的缩写；**网络管理协议** network management protocol 的缩写；**网络管理计划** network management plan 的缩写。

NMS 网络管理子系统 network management subsystem 的缩写；**网络管理系统** network management system 的缩写。

NMVT 网络管理向量传输 network management vector transport 的缩写。

NNC 国内网拥塞 national network congestion 的缩写；**神经网络控制** neural network control 的缩写。

NNI 网络-网络接口 network-to-network interface 的缩写；**网络节点接口** network node interface 的缩写；**网络-网络接口** network-to-network interface 的缩写。

NNTP 网络新闻传输协议 network news transfer protocol 的缩写。

no action temperature 不动作温度 感温报警系统在温度波动时不产生报警信号的温度(区间)。它与“动作温度”一词的概念相反。

no burner 不燃烧体 指由金属、砖、石、混凝土等不燃性材料制成的构件，称为不燃烧体。

no corrosive gas 无腐蚀性气体 材料在遇火燃烧时不会放出对设备(主要是电子设备的接插件)有腐蚀作用的酸性气体。当材料中包含卤素元素(如氯、氟等)时，在材料燃烧时会发出腐蚀性气体。

no load current 空载电流 不接负载时的电流。如变压器次级开路状态下流经初级线圈的电流，称为变压器的空载电流。电动机不承载负荷时的电流叫作电动机的空载电流。

NOC 常开触点 normally open contact 的缩写。

nodal processing delay 节点处理时延 数据包分组从到达网络节点到进入输出队列的时间间隔，包括对分组头标处理，路由查找等，取决于节点的处理能力和分组处理的复杂度。

node identifier 节点标识符 用来唯一标识一个网络节点的一种字符串。

node message memory (NMM) 节点消息存储器 网络节点设备中用于存储信息的单元。

node of electric circuit 电路节点 电信网络中，一个电路节点就是一个连接点，它表示一个再分发点或一个通信端点(一些终端设备)。节点的定义依赖于所提及的网络和协议层。一个物理网络节点是一个连接到网络的有源电子设备，能够通过通信通道发送、接收或转发信息。因此，无源分发点(如配线架或接插板)不成为节点。

node to node message 节点间消息 多个点之间传递的信息。

noise 噪声 自然产生的或线路造成的多余信号，如在声音信号中包含的整个音频频谱的随机信号。

noise gate 噪声门 现场演出或录音时，经常多只传声器同时使用。未演出或录音的每只传声器不断拾取环境噪声，为降低周围环境噪声，系统设置一个电平门限，高于门限值的电平信号正常放大，低于电平值的门限电平输入信号电平降低，这种器件或技术措施叫作噪声门。

noise level 噪声电平 噪声强弱的等级。在环境噪声评价中，考虑人对于声音强弱的感觉与频率有关，因此在测量噪声大小时采用一定频率计权特性的仪器，例如声级计，其计量单位为分贝(decibel)，符号为 dB。通过

A计权曲线测量得到的声压级称A计权声压级，简称A声级，记为dB(A)。这是最常用的一种噪声级，是噪声的基本评价量。噪声级为30～40 dB(A)是比较安静的正常环境；超过50 dB(A)就会影响睡眠和休息；70 dB(A)以上干扰谈话，影响工作效率，甚至发生事故；长期工作或生活在90 dB(A)以上的噪声环境，会严重影响听力和导致其他疾病的发生。

noise reduction　消声　允许气流通过，却又能减小或阻止声音传播的一种方法，是消除空气动力性噪声的重要措施。消声是控制噪声的有效手段，是使噪声级符合规定标准而采取的降低噪声的方法与措施。在音视频系统中，消声(或消音)是指通过某种音频处理手段或者工具材料来消除音频信号中指定的声音，或者物品使用时产生的声音，以获得“消音版”音乐和视频。**降噪**　减少或降低声音或电视信号中噪声电平的过程。在音视频信号中，最有效的降噪方法是把音视频信号数字化，然后采用数字信号处理和传输。在舞台音响系统中应用降噪器，用于降低电流声、底噪、录音时产生的呲呲声等杂音。

noise suppressor　噪声抑制器　降低噪声影响的装置或电路。如静噪电路，当接收机中无载波输入时，自动切断音频放大器以消除背景噪声。

nominal buffer diameter　标称缓冲区直径　光缆内缓冲区直径的典型值。

nominal characteristic impedance　标称特性阻抗　电线电缆性能参数中特性阻抗的典型值。如：综合布线系统的双绞线为100 Ω，视频监控用同轴电缆为75 Ω，要求仪表用同轴电缆为50 Ω等。测试得到的实际数值应该在该数值附近的公差范围内。

nominal cladding diameter　标称包层直径　光纤包层的外部直径。光纤包层(cladding)是光纤的三大组成部分之一。纤芯和包层组成了最基本的光纤结构。光纤的传输原理就是在纤芯和包层之间形成全反射。工程中最常见的单模光纤和多模光纤的包层直径标称值都是125 μm，其他较为普通的还有140 μm等品种，但在建筑智能化工程中一般不会遇到。

nominal diameter　标称直径　指直径的理想值，实际尺寸位于标称直径的附近。例如，单模光纤的标称直径为9 μm，实际直径为8.2～10.4 μm。

nominal impedance　标称阻抗　电线电缆阻抗的典型值，测试得到的实际数值应该在该数值附近的公差范围内。

nominal output power (NOP)　额定输出功率　在信号放大和传输设备的输出信号不失真(或失真符合标准范围内)的前提下，设备能够长时间工作输出功率的最大值，而最大功率是指在不损坏电器的前提下瞬时功率的最大值，也就是电器所能承受的最大负荷能力。

nominal value　标称值　① 用作基准点的理想值，一般与实际测量到的数值不一样。② 用以标识一个元件、器件或设备的合适的近似量值。

nominal velocity of propagation (NVP)　标称传播[相对光速]速度　对波的

传播而言，表示在一给定瞬间和一给定空间的点上，场的一个给定特性在指定时间间隔内的位移矢量与该时间间隔的持续时间之比，当持续时间趋于零时的极限。在综合布线系统中，NVP值用于根据性能测试仪测出的电气长度计算双绞线的物理长度，故每一种双绞线都会标明其NVP值，在使用性能测试仪进行测试时，需将该数值设置到仪器中。

nominal voltage 标称电压 表示或识别一种电池（供电电源）适当的电压近似值，也称为额定电压，可用来鉴别电池（供电电源）的类型。标称电压值常常与电源电路的开路输出电压值一致。

non-balanced interface 非平衡接口 非平衡传输线路上使用的接口。在音响设备上，非平衡接口一般指"莲花头"和大二芯接口。简单地说，非平衡接口有一根信号线和一根接地线（可能是屏蔽层）组成。

non-blocking 非阻塞 在通信系统中，指其中所有的访问尝试，即所有的呼叫都能100%的完成。

non-circularity 不圆度 圆形金属材料（包括棒、线、管等）横断面上最大与最小直径的差值，也称作椭圆度或失圆度。

non-crystal 非晶体 指结构无序或者近程有序而长程无序的物质，是组成物质的分子（或原子、离子）不呈空间有规则周期性排列的固体，它没有一定规则的外形。它的物理性质在各个方向上是相同的，叫各向同性。它没有固定的熔点，所以有人把非晶体叫作过冷液体或流动性很小的液体。玻璃体是典型的非晶体，所以非晶态又称为玻璃态。重要的玻璃体物质有：氧化物玻璃、金属玻璃、非晶半导体和高分子化合物。非晶体没有固定的熔点，随着温度升高，物质首先变软，然后由稠逐渐变稀，成为流体，具有一定的熔点是一切晶体的宏观特性，也是晶体和非晶体的主要区别。

non-detachable power supply cord 不可拆卸的电源软线 固定于或安装在设备上的电源软线。

non-dispersion shifted fiber (NDSF) 非色散位移光纤 俗称G.652光纤、常规单模光纤。第一代单模光纤，在1 310 nm波长窗口色散性能最佳，是目前应用最广泛的单模光纤。符合ITU-T G.652标准。其中：G.652A型光纤支持10 Gbps系统传输距离可达400 km，10 Gbps以太网的传输达40 km，支持40 Gbps系统的距离为2 km；G.652B型光纤支持10 Gbps系统传输距离可达3 000 km，支持40 Gbps系统的距离为80 km；G.652C型光纤的基本属性与G.652A相同，但在1 550 nm的衰减系数更低，而且消除了1 383 nm附近的水吸收峰，即系统可以工作在1 360～1 625 nm波段；G.652D型光纤的基本属性与G.652B相同，而衰减系数与G.652C光纤系统，而且消除了1 383 nm附近的水吸收峰，系统可以工作在1 360～1 625 nm波段。

non-fire power supply 非消防电源 与消防电源相对应的电源，泛指为普通电器供电的电源。

non-highly sensitive detector 非高灵敏型探测器 没有达到高灵敏度等级的探测器。

non-intrusive monitoring (NIM) 非介入监控 不介入正常的传输或运行的系统监控(或监视)。如综合布线系统中的智能布线管理系统因其完全不介入信息传输,所以也属于非介入监控。

non-linear component 非线性分量 非线性即变量之间的数学关系。不是直线,而是曲线、曲面、或不确定的属性,叫非线性。非线性分量就是指设备或传输系统输出信号中包含的非线性部分。

non-linear distortion 非线性失真 由于引进非线性元件或进入非线性区域而引起的失真。

non-linear load 非线性负载 指电路的负载阻抗参数不再是恒定常数,而是随诸如电压、电流等参数变化的负载。

non-maskable interrupt (NMI) 非屏蔽中断 计算机的一种中断方式。中断屏蔽不能控制这种方式的中断,因而计算机任何时候都可处理这种中断。一种硬件中断之所以称为"不可屏蔽",是因为它比软件产生的中断以及键盘和其他设备产生的中断优先级高,需立即响应。不可屏蔽中断不会被其他设备的中断请求屏蔽。不可屏蔽中断仅在断电、电源故障、严重内存错误等灾难性情况时才向微处理器发出。

non-metal optical fiber cable 无金属光缆 整根(包括缆心和护层)都是由非金属材料制成的光缆称为无金属光缆。无金属光缆主要用于有强电磁影响和雷电多发等地区。无金属光缆的加强芯也采用非金属材料制成,一般是用不饱和聚酯树脂为基体,以E玻璃纤维为增强材料经过拉挤工艺而成型。由于无金属光缆具有天然的防雷能力,不再需要考虑室外缆线的防雷设计,所以在机场、工厂等场所获得大量应用。

non-metallic component (NMC) 非金属部件 具有非金属性质(导电性导热性差)的材料。自19世纪以来,随着生产和科学技术的进步,尤其是无机化学和有机化学工业的发展,人类以天然的矿物、植物、石油等为原料,制造和合成了许多新型非金属材料,如水泥、人造石墨、特种陶瓷、合成橡胶、合成树脂(塑料)、合成纤维等。这些非金属材料因具有各种优异的性能,为天然的非金属材料和某些金属材料所不及,从而在近代工业中的用途不断扩大,并迅速发展。

non-metalware 非金属件 同 non-metallic component。

non-packet terminal (NPT) 非分组终端 分组终端是具有X.25协议接口,能直接接入分组交换数据网的数据通信终端设备。它可通过一条物理线路与网络连接,并可建立多条虚拟电路,同时与网上的多个用户进行对话。对于那些执行非X.25协议的终端和无规程的终端称为非分组终端。非分组终端需经过分组装拆设备,才能连到交换机端口。通过分组交换网络后，分组终端之间，非分组终端之间，分组终端与非分组终端之间都能互相通信。

non-redundant circuit 无冗余电路 正常时实现的功能与有故障时实现的功能不同的电路。

non-return-to-zero (NRZ) 不归零制 数据传输中的一种数据编码方法。采用这种编码方法时，每当数位从“1”变化到“0”或从“0”变化到“1”，表示二进制数的信号电压就发生正负交换变化。换句话说，每个数位传输后信号不复位到零或中性位；采用定时手段来区分依次相连的各个数位，因而一连串的“1”或“0”同样可区分开来。NRZ 信息密度高，但需要外同步并有误码积累。

non-revertive path switching 非恢复式通道倒换 在同步数字体系中，非恢复式通道倒换指主用通道正常后，不会自动倒回到主用通道恢复式，需要等待一段时间，确认主用通道的确正常了后才切换回主通道，这个时间称为恢复等待时间。

non-traditional water source 非传统水源 指不同于传统地表水供水和地下水供水的水源，包括再生水、雨水、海水等。

non-voice service 非电话[语音]业务 电信系统中除电话业务以外的业务，如数据通信等。

non-voice terminal 非话终端 通信系统用户终端按其功能不同，可分为电话终端、非话终端及多媒体通信终端。电话终端指普通电话机、移动电话机等。非话终端指电报终端、传真终端、计算机终端、数据终端等。多媒体通信终端指可提供包含至少两种类型信息媒体或功能的终端设备，如可视电话、电视会议系统等。

non-volatile random access memory (NVRAM) 非挥发性随机读写存储器 ① 断电之后，所存储的数据不丢失的随机访问存储器。② 可擦写的存储器，可随机对任何一个单元进行读写，断电后数据能够保留。

non-zero dispersion fiber (NZDF) 非零色散光纤 这种光纤的工作波长不是在 1 550 nm 的零色散点，而是移到 1 540～1 565 nm 范围内的光纤。在此区域内的色散值较小，为 1.0～4.0 ps/(nm · km)，尽管色散系数不为零，但与一般单模光纤相比，此范围内色散和损耗都比较小，且可采用波分复用技术和光纤放大器(EDFA)来实现大容量超长距离的传输。

non-zero dispersion shifted fiber (NZDSF) 非零色散位移光纤 一种设计在 1 550 nm窗口之外的单模光纤，它将最小色散移到接近零的附近，但不是零。这样就防止了在零色散时发生的非线性干扰。

NOP 额定输出功率 nominal output power 的缩写。

normal lighting 正常照明 在正常情况下使用的室内、室外照明。

normal link pulse (NLP) 正常链路脉冲 在 IEEE 802.3 中，用于表示设备在位的信号。如果设备是 10 M 设备，不支持自协商，则在链路上发送普通连接脉冲(normal link pulse)，简称 NLP。NLP 仅仅表示设备在位,不包含其他的额外信息。

normal load 正常负载 设备或设施正常运行方式的负载。其状况应尽可能接近制造商操作说明规定的正常使用中最严酷条件的运行方式,但是当实际使用条件比制造商推荐的最大负载条件明显严酷时,应使用能施加的最大负载。

normal play time (NPT) 标准播放时间 广播系统在实时流媒体协议(RTSP)请求消息中,该字段用于记录最终的正常播放时间。

normal response mode (NRM) 正常响应方式 非平衡数据链路的一种运行方式,其中辅站只有在接收到主站的明确允许后才能开始传输数据。

normalized response mode (NRM) 归一化响应模式 一种非平衡数据链路操作方式,有时也称非平衡正常响应方式。该操作方式适用于面向终端的单点到单点或一点与多点的链路。在这种操作方式,传输过程由主站启动,从站只有收到主站某个命令帧后,才能作为响应向主站传输信息。响应信息可以由单个或多个帧组成,若信息由多个帧组成,则应指出哪一个是最后一帧。主站负责管理整个链路,且具有轮询、选择从站及向从站发送命令的权利,同时也负责对超时、重发及各类恢复操作的控制。

normalized signal/noise ratio 归一化信噪比 每比特信号的能量Eb和噪声单边功率谱密度 n_0 的比值(R为比特率)。具体公式为:$Eb/n_0 = S/(R \cdot n_0) = (S/N) \cdot (B/R) = SNR + 10Lg(B) - 10Lg(R)$。信道所需的最低归一化信噪比定义为信道的功率利用率。可用于判别数字数据率和误码率。对一特定传输系统而言,在保证系统信道的传输质量的条件下,所需的归一化信噪比越低,功率利用率越高;反之则越低。

normally closed contact (NCC) 常闭触点 开关、按钮等未操作时或接触器、继电器等器件在线圈没有通电时处于闭合状态的触点。

normally open contact (NOC) 常开触点 与常闭触点相反,开关、按钮等未操作时或接触器、继电器等器件在线圈没有通电时处于断开状态的触点。

NOS 网络操作系统 network operating system 的缩写。

not applicable (N/A) 不适用 在标准中指某一参数不适用。一般用于表格的某些单元格。

NP 号码可携性,号码移动性 number portability 的缩写。

NPT 非分组终端 non-packet terminal 的缩写;**标准播放时间** normal play time 的缩写。

NRE 负电阻效应 negative resistance effect 的缩写。

NRM 正常响应方式 normal response mode 的缩写;**归一化响应模式** normalized response mode 的缩写。

NRU 网络记录[录像]单元 network record unit 的缩写。

NRZ 不归零制 non-return-to-zero 的缩写。

NS 国标,国际标准 national standard

的缩写。

NSAP 网络层服务访问点，网络业务接入点 network service access point 的缩写。

NSC 负序电流 negative sequence current 的缩写。

NSN 国内信令网 national signaling network 的缩写。

NSP 国内信令点 national signaling point 的缩写；**本地信号处理** native signal processing 的缩写；**网络服务协议** network service protocol 的缩写；**网络服务提供商** network service provider 的缩写。

NSS 名字空间支持 name space support 的缩写；**网络监视系统** network surveillance system 的缩写。

N

NT 网络终端 network termination 的缩写。

NTA 网络终端适配器 network terminal adapter 的缩写。

NTC 负温度系数 negative temperature coefficient 的缩写。

NTP 网络时间协议 network time protocol 的缩写。

NTSC 国家电视系统委员会（美国），NTSC 制式 National Television Systems Committee 的缩写。

nuclear user data 核心用户数据 信息系统中具有最高使用价值或保密程度，需要进行绝对保护的用户数据。该类数据的泄漏或破坏会带来灾难性损失。

number allocation 放号 移动通信中的放号，实现国际移动用户标识（International Mobile Subscriber Identity, IMSI）号码与移动台国际用户目录号（Mobile Station International Subscriber Directory Number, MSISDN）号码的关联。

number analysis table 号码分析表 用于电话号码分析用的数据。如号码分析表是程控交换机根据路由代码映射到具体局向时所需要使用的数据。

number information service (NIS) 号码信息服务 基于号码的信息服务。如电话号码簿、中国电信号码百事通（114）等。

number of pairs 对数 通信电缆、数据传输双绞线电缆中的成对芯线的数量，如：四对双绞线、二十五对大对数双绞线电缆等。

number of windings 环绕圈数 测试光纤宏弯曲时所盘绕的圈数。

number portability (NP) 号码可携性，号码移动性 用户更换本地或者移动运营商时保留现有号码的一种功能。

number segment 号码段 通信系统中所使用的号码段。如电话号码、手机号码等。由于这些号码按一定的规律分给各运营商，所以这些号码是分段提供的。

number storing key 号码存储键 电话分机等通信设备的键盘中，用于存储电话号码的按键。

numerical aperture 数值孔径 对于光纤的度量参数之一。数值孔径近似等于接收光锥角的一半的正弦值。一根光纤的数值孔径越大，表示光纤收集光线的能力越强。

nurse call **护士呼叫** 护士与病人之间通过专用的语音系统沟通，包括呼叫、对话等，用于加快沟通的速度和效率。

nurse call system **护士呼叫系统** 护士与病人之间呼叫和沟通的专用语音系统，包括呼叫、对话等。病人可以通过床头的呼叫器直接呼叫护士站的护士，用于加快沟通的速度和效率。

NVOD **准视频点播** near video on demand 的缩写。

NVP **网络语音协议** network voice protocol 的缩写；**标称传播[相对光速]速度** nominal velocity of propagation 的缩写。

NVR **网络视频录像机** network video recorder 的缩写。

NVRAM **非挥发性随机读写存储器** non-volatile random access memory 的缩写。

NVT **网络虚拟终端** network virtual terminal 的缩写。

Nyquist **奈奎斯特** 奈奎斯特(1889—1976)，美国物理学家。1917 年获得耶鲁大学工学博士学位。曾在美国 AT&T 公司与贝尔实验室任职。奈奎斯特为近代信息理论做出了突出贡献。他总结的奈奎斯特采样定理是信息论，特别是通信与信号处理学科中的一个重要基本结论。

NZDF **非零色散光纤** non-zero dispersion fiber 的缩写。

NZDSF **非零色散位移光纤** non-zero dispersion shifted fiber 的缩写。

O

O/E 光电转换器 optical to electrical converter 的缩写。

OA 办公自动化 office automation 的缩写；**开放式体系结构，开放架构** open architecture 的缩写；**光放大器** optical amplifier 的缩写。

OAA 开放式应用体系结构 open application architecture 的缩写。

OADM 光波分插复用器 optical add/drop multiplexer 的缩写。

OAN 光纤接入网 optical access network 的缩写。

OAS 办公自动化系统 office automation system 的缩写。

OB van 转播车 outside broadcast van 的缩写。

OBD 光分支装置 optical branching device 的缩写。

object 目标，实体 通过单一的名字对它进行访问一种数据集合。**对象** 面向对象的设计或编程中，一个对象由数据和对该数据的操作构成，如在 Smalltalk 一类面向对象的程序设计语言中，信息与相关操作的封装成为对象。在 Smalltalk 中，每一个成分都是对象，如：数、队列、目录、文件、窗口、编辑器、程序、过程、计算等，这些对象是由一组属性组成的集合，它代表具体的事物，如用户、打印机或应用程序。属性就是用来描述目录对象可以标识的数据。一个用户的属性可能是用户姓名或电子邮件地址。

object linking and embedding (OLE) 对象链接与嵌入 应用程序之间传送和共享信息的一种方法。当一个对象(如用绘图程序建立的图形文件)被链接到一个复合文档(如用文字处理程序建立的电子表格或文件)时，该复合文档中只包含这个对象的引用标记；对所连接的对象的内容所做的任何修改，在复合文档中都是看得见的。当一个对象被嵌入到一个复合文档时，该对象的文档本身被复制到复合文档。此时，对原对象的内容所做的任何修改，在复合文档中就看不见，除非所嵌入的对象直接被修改。

objective 可观的 对客体造成侵害的客观外在表现，包括侵害方式、侵害结果等。

oblique cutting wall faceplate 斜插墙面面板 连接件插座孔向下方倾斜的墙面面板。其目的是让插入插座孔的跳线自然下垂，以减少弯角处的辐射损耗，同时还有让落入插座孔的水和灰尘自然滑落的目的。

obstructed area 障碍区域 建筑物内

对人、设备、缆线、面板等产生阻挡的区域。

OC 断开电路,开路 open circuit 的缩写;**光耦合器** optical coupler 的缩写。

OC-1 第一级光载波 optical carrier level 1 的缩写。

OCA 光信道分析仪 optical channel analyzer 的缩写。

occupational health 职业健康 对工作场所内产生或存在的职业性有害因素及其健康损害进行识别、评估、预测和控制的一门科学,其目的是预防和保护劳动者免受职业性有害因素所致的健康影响和危险,使工作适应劳动者,促进和保障劳动者在职业活动中的身心健康和社会福利。

OCDP 光相干域偏振(检测技术) optical coherence domain polarimetry 的缩写。

OCDR 光相干域反射仪 optical coherence domain reflectometer 的缩写。

OCF 光纤设施 optical cable facility 的缩写。

OCH 光通道[信道] optical channel 的缩写。

OCL 无输出电容的功率放大器(OCL 电路) output capacitorless 的缩写;**光信道层** optical channel layer 的缩写。

OC-N 第 N 级光载波 optical carrier level N 的缩写。

OCR 光学字符识别 optical character recognition 的缩写。

OCS 光学字符扫描器 optical character scanner 的缩写;**相干光系统** optical coherent system 的缩写。

octave 倍频程 指两个基频相比为 2 的频率间隔的频带。

octave band sound pressure level 倍频带声压级 指频带宽度为 1 倍频程的声压级。

OCTS 光缆传输系统 optical cable transmission system 的缩写。

ODBC 开放数据库互联 open database connectivity 的缩写。

ODF 光配线架 optical distribution frame 的缩写;**光纤配线架** optical fiber distribution frame。

ODI 开放数据链路接口 open data link interface 的缩写。

ODN 光分配网络 optical distribution network 的缩写;**光分配节点** optical distribution node 的缩写。

ODS 即时业务 on-demand service 的缩写。

ODSI 光域业务互联 optical domain service interconnect 的缩写。

ODT 光数据传输 optical data transmission 的缩写。

ODU 光分波单元,光分波器 optical demultiplexing unit 的缩写。

OE EQP 光电设备 opto-electronic equipment 的缩写。

OEIC 光电集成电路 opto-electronic integrated circuit 的缩写。

OEID 光电集成器件 opto-electronic integrated device 的缩写。

OF 光纤 optical fibre 的缩写。

OFA 光纤放大器 optical fiber amplifier 的缩写。

OFCC 光纤电缆组件 optical fiber

cable component 的缩写。

OFDM 正交频分复用 orthogonal frequency division multiplexing 的缩写。

OFDR 光频域反射计 optical frequency domain reflectometer 的缩写。

OFE 光纤均衡器 optical fiber equalizer 的缩写。

off line box 过线盒 用于线缆施工或进行线缆接续的金属或塑料盒。

office automation (OA) 办公自动化 指将现代化办公和计算机技术结合起来的一种新型的办公方式。办公自动化没有统一的定义,凡是在传统的办公室中采用新技术、新机器、新设备从事办公业务,都属于办公自动化的领域。通过实现办公自动化,或实现数字化办公,可以优化现有的管理组织结构,调整管理体制,在提高效率的基础上,增加协同办公能力,强化决策的一致性,最后实现提高决策效能的目的。

office automation system (OAS) 办公自动化系统 利用先进科技和现代化办公设备所构成的快速传递信息,有效管理、加工和利用信息,以供主管人员进行决策的办公系统及环境。其目的在于即时准确地掌握信息,提高办公效率及事务处理速度,实行适时管理,加强控制和决策能力,从而获得更大效益。办公自动化作为现代科技的综合应用,需要计算机、通信技术、系统工程、管理科学和行为科学的理论和技术作为支持,需要有一个与其协调一致的管理体制和管理方法。OAS 和管理信息系统(MIS)、决策支持系统(DSS)的关系是各自独立又相互交叉,其耦合深度取决于实际背景。狭义地讲,办公自动化是智能楼宇不可或缺的组成部分。自 1985 年国内召开第一次办公自动化规划会议以来,OAS 在应用内容的深度与广度、IT 技术运用等方面都有了新的变化和发展,并成为组织不可缺的核心应用系统。

office building 办公楼,办公建筑 机关、企业、事业单位行政管理人员,业务技术人员等办公的业务用房。

offline simulation 离线仿真 借助仿真软件输入相关元件参数模拟相关实物运行的仿真方法。它有别于联机仿真,联机仿真是指实时控制模型而非使用软件模拟。

off-setted sample 偏移后样本 视频编解码中经样值偏移补偿得到的样本。

off-the-film-metering 焦平面测光 也称内测光,相机上的一种先进的测光方式。其测光元件(硅光电二极管或磷砷化镓光电二极管)从焦平面直接读取光强数据。相机的内测光系统和光圈、快门联动,实现光圈优先、快门优先以及电子程序快门,使得原本操作复杂的曝光参数设定和拍摄过程变得十分简单,大大提高了相机自动化程度。利用此种技术和方式制成的测光仪表称为焦平面测光表。

OFL 满注入 overfilled launch 的缩写。

OFL-BW 过满注入带宽 overfilled launch bandwidth 的缩写。

OFM 光频调制 optical frequency

modulation 的缩写。

OFP 光纤通道 optical fiber path 的缩写。

OFS 光纤传感器 optical fiber sensor 的缩写。

often open fire door 常开式防火门 平时呈开启状态火灾时自动关闭的防火门。

OggVorbis OggVorbis 音频编码格式 一种类似于 MP3 等有损音频压缩格式，完全免费、开放，没有专利限制。

OGSA 开放式网格服务架构 open grid services architecture 的缩写。

OHA 开销接入 overhead access 的缩写。

ohmmeter 欧姆表 直接测量电阻值的仪表，它是根据闭合电路的欧姆定律制成的。

OIC 光集成电路 optical integrated circuit 的缩写。

oil burning boiler 燃油锅炉 使用燃油作燃料的锅炉，包括使用柴油、废油等油料的锅炉。

oil mist 油雾 汽化的油。

oil resistant 抗油污(的) 由于油会渗透到有机缆线护套层内，引起护套层性能改变。这种情况在工业环境中油污不可避免，故此在工业级缆线中，抗油污是其中的一条基本要求，即防止油污渗入缆线护套层。

oil tank 石油储罐 储存石油油品的容器。

OIU 光发射单元 optical transmit unit 的缩写。

OL 光线路 optical line 的缩写。

OLA 光线路放大器 optical line amplifier 的缩写。

OLE 对象链接与嵌入 object linking and embedding 的缩写。

OLED 有机发光二极管 organic light-emitting diode 的缩写。

OLT 光线路终端 optical line terminal 的缩写。

OLTS 光损耗测试仪，光损耗测试 optical loss test set 的缩写。

OMP 运行管理程序 operation management procedure 的缩写。

OMS 停电管理系统 outage management system 的缩写。

OMU 光合波板，光复用单元 optical multiplexer unit 的缩写。

on-demand service (ODS) 即时业务 综合业务数字网应用中的一种电信业务，为响应用户通过用户网络信令发出的请求而建立的一条即时通信路径。

one cartoon system 一卡通系统 用户使用同一张非接触感应卡或手机中的 SIM 卡实现多种不同管理功能的电子信息系统或网络。在住宅小区中常见的一卡通系统可以完成出入管理、考勤、小额消费、就餐、书籍借阅、身份证明、乘坐电梯、停车等功能。

one touch ready 一键到位 只需操作一个键(或一个按钮、或一个开关)，就能进入指定工作状态(如紧急广播状态)。

one way cable TV system 单向电缆电视系统 从前端将电视信号经干线传输、用户分配网络到各用户，而用户不能把信号回传给前端的系统。

O

如共用天线系统、工业闭路电视系统和传统的射频有线电视系统。

one way stop return valve　单向止回阀　又称为逆流阀、逆止阀、背压阀、单向阀。这类阀门是靠管路中介质本身的流动产生的力而自动开启和关闭的。它属于一种自动阀门。止回阀用于管路系统，其主要作用是防止介质倒流、防止泵及其驱动电机反转，以及容器内介质的泄放。

one-layer STP　单层屏蔽双绞线　屏蔽双绞线中的一种，采用单层屏蔽层包裹对绞芯线。它的屏蔽材料一般采用覆塑铝箔。

on-hook　挂机(电话)　由接听电话的人员之一按下电话机上的开关(如：固定电话的听筒放回原位等)，将电话通话终止，同时将电话线路关断。

online alarm system　联机报警系统　也称联网报警系统，借助通信线路或网络，实时传输报警信号，实现集中监控和管理的系统。联网报警系统已经广泛应用于居住小区以及办公楼、学校、医院等公共建筑之中，并与地区应急中心联网，保障各类紧急事件得到最为快捷的响应。

on-screen display (OSD)　屏幕显示，屏幕菜单式调节方式　一种在图像上叠加文字，使显示屏幕为用户提供更多附加信息的技术。例如，在调节显示器的各种参数时把状态信息在屏幕上显示出来。OSD 技术可以使机顶盒输出至屏幕弹出的各调节项目信息的矩形菜单，可通过该菜单对机顶盒各项指标进行调整，从而达到最佳的使用状态。

on-site organization　现场组织机构　工程项目中，各方企业在项目中所成立的管理机构，以形成有组织、高效率的管理体系。

on-site test　现场测试　在系统工程现场、安装完毕后所进行的测试。它是建筑智能化系统工程必须进行的施工环节，包括自检测试和验收前的第三方测试。

ONU　光网络单元　optical network unit 的缩写。

ONVIF　开放型网络视频接口论坛　Open Network Video Interface Forum 的缩写。

OOF　帧失步　out of frame 的缩写。

OPA　光前置放大板　optical preamplifier 的缩写。

opacity of smoke　烟的阻光度　描述烟对光的阻隔程度，在规定的试验条件下，入射光通量(I)与透过烟的光通量(T)的比值(I/T)。

open　开口，开启　从某一点起始启开或打开，也可以理解为某个设备启动运行的步骤。

open application architecture (OAA)　开放式应用体系结构　从应用角度出发，为使用人员和开发人员提供一个以开放系统互联(OSI)标准为基础，吸收当今数据通信和数据处理主要成果、产品和标准，但独立与具体厂家的开放式体系结构模型和分布式工作环境。其建造原则是：(1) 以 OSI 模型为元模型；(2) 以 OSI 标准为基础；(3) 支持“操作”与“开发维护”两种工作环境；(4) 每种工作环境划分为硬件、系统软件和应用软件三档。OAA开放应用体系结构由OAA操作环境(OAA/OE)和OAA开发维护环境(OAA/DME)两大部分组成。

open architecture (OA) 开放式体系结构,开放结构 ① 一种完全独立于厂家之外的具有公开技术规范的计算机或外围设备。使第三者能以这种计算机或外围设备开发扩充软件。② 具有应用系统的可移植性和可剪裁性、网络上各结点之间的互操作性和易于从多方获得软件的体系。它是构成开放应用体系结构(OAA)的技术基础。"开放结构"的概念于20世纪80年代初提出,与"开放系统"概念的提出和实现密切相关。它的发展是适应了更大规模的推广计算机应用和计算机网络化的需求,现仍处于继续发展和完善之中。

open circuit (OC) 断开电路,开路 ① 供电流通过的连续通道被断开的电路。② 传输媒介上一段断开的线路,阻碍了网络的通信。

open construction 开放结构 美国电气和电子工程师协会(IEEE)给出了以下定义:"开放系统应提供这样一些功能,它们使正确执行的应用程序能在多个厂商提供的不同平台上运行和其他应用程序互操作,并且为用户相互作用提供一个统一风格的界面。"该定义中有三个关键点:一是应用程序能在不同平台上运行,二是应用软件能够互操作,三是有统一风格的人机界面(HCI)。

open database connectivity (ODBC) 开放数据库互联 微软公司1991年公布的在结构化查询语言(SQL)和应用界面之间的接口标准。在客户机-服务器结构的系统中,SQL的客户端程序通常以嵌入式方式出现,而不是独立存在,这就是SQL的应用程序接口(API)。其标准分为核心、第一级和第二级三种定义,任何形式的数据库文件都可以方便地转化为SQL所能接受的形式。开发者使用这种标准的应用程序接口标准可编制访问数据库的程序。该标准允许采用不同技术实现,因而提出了数据库驱动程序的概念。使用ODBC标准,即使各个数据库管理系统用了不同的数据库存储格式和编程接口,数据库应用程序也能访问各种不同计算机上各个数据库管理系统存储的数据。因此,ODBC实际是为解决异构数据库间的数据共享而产生的连接技术。

open data-link interface (ODI) 开放数据链路接口 开放数据链路接口(ODI)是Apple公司和Novell公司为写网络驱动程序开发的一个应用程序接口(API)。类似于NDIS、ODI提供协议栈和适配器驱动程序之间的厂商中立接口。它位于OSI模型的第二层,数据链路层。这个接口也使单个或多个网络驱动器能够支持单个或多个协议栈。例如,ODI允许一台计算机仅有一个NIC同时连接到IPX/SPX网络和TCP/IP网络两者中。

open fire operation 明火作业 有外露火焰或炽热表面的操作。如焊接、切割、热处理、烘烤、熬炼,等等。

open grid services architecture (OGSA)

开放式网格服务架构 由全球网格论坛(GGF)提出的业务体系结构,研究对象是不同形态相互连接的实体,采用开放网格技术实现端到端的业务能力集成和应用集成,是关于业务能力管理的重要进展。

Open Network Video Interface Forum (ONVIF) 开放型网络视频接口论坛 致力于通过全球性的开放接口标准来推进网络视频在安防市场的应用的接口标准,它将确保不同厂商生产的网络视频产品具有互通性。

open office cabling 开放式办公室布线 指办公建筑中的布线系统。此类布线的环境比较好,使用价廉物美的商用级产品即可。在布线设计中,须考虑各类办公场所对布线的需求,所以办公环境布线系统的设计差异很大,往往需要灵活变化。

open office cabling system 开放型办公室布线系统 在开放型办公室(大开间办公室)中敷设和安装的综合布线系统。由于开放型办公室的办公家具摆放和移动位置的特点有别于小办公室,所以它的布线结构也有自己的特点。

open pluggable specification (OPS) 开放式可插拔规范 指英特尔(Intel)于2010年发布的开放式可插拔规范(OPS)。该规范发布以来迅速成为创建集成显示解决方案的标准。OPS可实现更具成本效益的数字标牌和其他显示解决方案的设计、部署和管理。它支持先进功能和不断涌现的使用案例,包括交互功能和匿名观众分析。OPS主要特点:初步解决了外形的割裂问题并帮助实现了媒体播放器与显示器的标准化集成;采用高速连接器满足OPS解决方案库的未来需求,并且支持新的使用模式和更高分辨率;支持广泛的处理功能,并能够将其他功能直接内置到显示解决方案之中。

open service architecture (OSA) 开放的业务结构 一种非常灵活地提供新业务的结构,其目标是提供一种可扩展的结构。这种结构有能力随时添加代表承载网络能力的SCF或业务能力服务器(SCS)。OSA向业务提供商提供标准的应用程序接口(API),通过这些API,业务应用程序可方便地利用承载网络的业务能力(如呼叫控制能力、用户信息查询能力等),而又不必了解承载网信令细节。OSA的实现方式是采用一种开放的、标准的、统一的网络API,为第三方厂家提供业务加载手段。

open shortest path first (OSPF) 开放式最短路径优先(算法) 计算机网络中的一个链路状态路由算法,根据路由器数量、传输速度、延迟和路由成本计算路由。

open staircase 敞开楼梯间 建筑物内由墙体等围护构件构成的无封闭防烟功能,且与其他使用空间相通的楼梯间。

open stairway 敞开楼梯 建筑物内不封闭的楼梯。

open system interconnection (OSI) 开放系统互联 遵循国际标准化组织(ISO)规定的对开放型系统进行相互联结的标准。OSI体系结构分为七层，每层表示一组相关的数据处理和通信功能，并能按标准方式执行，以支持不同的应用系统。

open system interconnection reference model (OSI/RM) 开放系统互联参考模型 国际标准化组织(ISO)提出的用于网络设备间互联互通标准的七层网络参考模型。七层模型从下到上分别是：物理层、数据链路层、网络层、传输层、会话层、表示层和应用层。

open systems interconnect (OSI) 开放系统互联 同 open system interconnection (OSI)。

open systems interconnection model (OSI model) 开放式系统互联模型 同 open system interconnection (OSI)。

opening angle 开启角度 允许打开的角度，如机柜门、地面插座盒、面板上的开启式防尘盖打开时的最大角度。

operating distance 操作距离 在机器人系统中，是指机器人各自由度的直线运动距离。

operating dynamic 运行动态 ① 事物变化发展的情况，艺术形象表现出的活动神态，运动变化状态的或从运动变化状态考察的。② 布线系统在运行维护期间的动态变化，即在运行期间出现位移的状态。在这一状态下，可能会对系统的工作寿命产生影响。

operating static 运行静态，静态操作 ① 从物理角度讲，静止状态就是一个不动的状态。② 布线系统在运行维护期间处于静态，即不处于任何位移的状态。

operating voltage 工作电压 电气设备工作时，其两端的实际电压称为工作电压。工作电压与电路组成情况以及设备的工作状态相关，是变化值。

operating wavelength 工作波长 即通信光纤的工作波长。如多模光纤大多选用工作波长为 850 nm，单模光纤大多选用 1 310 nm 或 1 550 nm，塑料光纤大多选用 650 nm。

operation 操作 人员活动的一种行为，也是一种技能，含义很广泛：(1) 指劳动、劳作，或者按照一定的规范和要领操纵动作；(2) 执行、实施；(3) 使用已有资源，对已有事、物进行加工改造，使之产生目标结果的过程。**运算** ① 逻辑单元或部件执行逻辑功能的动作。② 一条计算机指令或伪指令所规定的动作。③ 计算机在子例程控制下执行的基本解题或运算动作。**运行** 在过程控制系统中是指过程的主要组成元素，由若干个阶段组成。一般指在生产过程中的一个相对独立的环节，如在一个多设备单元的生产线上，一个设备单元所完成的全部处理就是一个操作。

operation against rule 违章操作 不遵守规章制度，冒险进行操作的行为。

operation and command center 运行指挥中心 企业进行生产管理和运行操作的控制指挥中心。

operation and maintenance 操作和维护 在有效运行期内，系统在它的运行环境中被使用，并对系统进行监视，以期获得满意的性能。当需要

O

时，对系统进行错误修改或对变化了的需求作出响应，同时对现状和修改进行必要或全面的记录。

operation and maintenance department of the radio broadcasting center **广播中心运维单位** 承担广播中心系统运行、维护和管理的单位。

operation and maintenance manual **操作与维护手册** 用于对操作和日常维护进行指导的文件或文件集。

operation interface **操作界面** 计算机上用于显示信息和供用户操作的界面。

operation management procedure (OMP) **运行管理程序** 建筑智能化工程中用于运行、维护和管理的软件系统。

operation management seat **操作管理席位** 操作台上供操作管理员使用的席位。

O

operation manual **操作手册** 对产品安装及工程进行规范化指导的文件或文件集。

operation support system (OSS) **运营支撑系统** 运营商应以监视、控制、分析和管理通信网络上各种问题的系统。

operational life **工作寿命** 系统、设备或零部件在指定的各种环境下长期工作的最长时间。

operational log **运行记录** 以日、周或月为单位，用日志、周报、月报的形式所记录和保存的设备、系统运行和使用情况，还包含日常点检中记录资料，运行时发生的异常状况和各类物料的消耗量等，可作为建立设备档案的基本资料。

operational requirement **操作要求** 为保证操作能够安全、稳定、有效完成而制定的相关人员在操作设备或办理业务时应该遵循的程序或步骤。

operational test for automatic fire alarm system **火灾自动报警系统效用试验** 按规定的内容检查火灾自动报警系统效用的试验。

operational test for automatic sprinkler system **自动喷水系统工作试验** 将自动喷水系统按规定测试程序运行时的测试和试验。

operational test for inert gas system **惰性气体系统效用试验** 按规定对惰性气体灭火系统的效能进行的检测和试验。

operational test for water fire-extinguishing system **水灭火系统效用试验** 按规定的内容检查水灭火系统效能的测试过程。

operations maintenance and administration part **运行、维护和管理部分** 建筑、系统或设备中用于运行、维护和管理的相关内容。

operator **操作符** 在符号处理中，表示操作过程中需要实现的动作的一个符号。**操作** ① 指示某一种操作过程操作数据的功能。② 人工智能的通用问题求解器中的一种操作。**操作员** 操作计算机或设备的人员。

operator of CATV network **有线电视网络运营机构** 在中国境内获得有线电视业务运营资格，通过有线电视网络为用户提供图像、声音及数据信号服务的运营机构。

OPLC **光纤复合低压电缆** optical

fiber composite low-voltage cable 的缩写。

OPM 光功率计 optical power meter 的缩写。

OPS 开放式可插拔规范 open pluggable specification 的缩写。

optical access network (OAN) 光接入网 泛指在本地交换机或远端模块与用户之间全部或部分采用光纤作为传输媒质的一种接入网。它是由光传输系统支持的共享同一网络侧接口的接入连接的集合。光接入网可以包含与同一光线路终端(OLT)相连的多个光分配网(ODN)和光网络单元(ONU)。OAN 的引入首先是为了减少铜缆网的维护运行费用和故障率,其次是为了支持开发新业务,特别是多媒体和宽带新业务,最后是为了改进用户接入性能。光接入网在技术上要远比铜缆网优越,受环境干扰和距离限制远没有铜缆网强,而且光纤传输速率高于传统的铜缆传输速率,具有非常明显的发展潜力。采用光接入网已经成为解决电信发展瓶颈的主要途径。

optical add/drop multiplexer (OADM) 光波分插复用器 对一种能从多波长光信号中分出单个光波长信号或将单个波长信号加入多波长光信号中的光波分复用设备。其功能是从传输光路中有选择地上下本地接收和发送某些波长信道,同时不影响其他波长信道的传输。也就是说,OADM 在光域内实现了传统的同步数字体系(SDH)设备中的点分插复用器在时域中的功能。OADM 是波分复用(WDM)光网络的关键器件之一。

optical alarming mode 光告警方式 采用可见光作为介质的报警方式,如警灯等。

optical amplifier (OA) 光放大器 光通信系统中能对光信号进行放大的器件或设备。光放大器的原理基本是基于激光的受激辐射,通过将泵浦光的能量转变为信号光的能量实现放大作用。光放大器自从 20 世纪 90 年代商业化以来已经深刻改变了光纤通信工业的现状。光放大器分为半导体放大器和光纤放大器两种。

optical attenuation 光衰减 即光量子能量 E 衰减,意味着频率 v 的降低。因此光量子的能量衰减也可以叫作光谱的红移,这两个概念等价。

optical attenuator 光衰减器 可按照用户的要求将光信号能量进行预期地衰减的器件。光衰减器主要用于光纤系统的指标测量、短距离通信系统的信号衰减以及系统试验等场合。根据光衰减器的工作原理,可将光衰减器分为:位移型光衰减器(包括横向位移型光衰减器和纵向位移型光衰减器)、直接镀膜型光衰减器(吸收膜或反射膜型光衰减器)以及衰减片型光衰减器以及液晶型光衰减器。

optical branching device (OBD) 光分支装置 也称光分路器、分光器,光纤链路中重要的无源器件之一,是具有多个输入端和输出端的光纤汇接器件。光分路器按分光原理可以分为熔融拉锥型和平面波导型(PLC 型)两种。光分路器不需要外部能量,只要有输入光即可。分光器由入射和出射狭缝、反射镜和色散元件组成，其作用是将所需要的共振吸收线分离出来。分光器的关键部件是色散元件，现在商品仪器广泛使用光栅。

optical broadcasting system with narrow band overlay　窄播光插入系统　在光纤传输干线中，宽带广播信号在干线传送，同时借助波分复用器将另一波长的窄播光波插入同一条干线光纤中传送（宽带广播和窄播信号射频频率不同）。该系统的光接收机同时接收两个波长的光波，通过恰当设置广播和窄播光路的信号参量和光路参量，使同时输出的宽带广播和窄播射频信号都达到规定的指标要求。

optical cable　光缆　同 fiber cable。

optical cable connector　光缆连接器　光纤与光纤之间进行可拆卸（活动）连接的器件。它把光纤的两个端面精密对接起来，以使发射光纤输出的光能量能最大限度地耦合到接收光纤中去，并使由于其介入光链路而对系统造成的影响减到最小，这是光纤连接器的基本要求。在一定程度上，光纤连接器影响了光传输系统的可靠性等性能。

optical cable cross-connecting cabinet　光缆交接箱　用于连接主干光缆和配线光缆的设备箱体。

optical cable end joint　光缆成端接头　室外光缆进入室内后进行端接的操作。一般需要将光缆外护套开剥一定长度后使光纤套管和加强芯裸露出来，而后进行如下步骤：（1）将金属加强芯与 ODF 架上的接地端子紧固连接，使光缆金属件良好接地；（2）将光纤套管用塑料扎带在 ODF 机架内绑扎整齐，每个套管对应一个熔纤盘；（3）开剥光纤套管一定长度，将光纤与尾纤进行熔接，然后将尾纤和光纤在熔纤盘内盘放整齐；四，将光缆吊牌固定在光缆上，对光缆进行标识；五，将光纤各纤芯对应的开放路由填入 ODF 架上的资料标签，以便维护查找。

optical cable facility (OCF)　光缆设施　一切以光缆为应用对象的设施。光缆设施一般包括：光缆配线箱、光缆连接器、光缆收发器、光放大器、光纤传感器等。

optical cable transmission system (OCTS)　光缆传输系统　以光为载波，利用纯度极高的玻璃拉制成极细的光导纤维作为传输媒介，通过光电变换，用光来传输信息的传输系统。

optical carrier level 1 (OC-1)　第一级光载波　SONET 光纤传输系统定义了同步传输的线路速率等级结构，其传输速率以 51.84 Mbps 为基础，大约对应于 T3/E3 的传输速率，此速率对电信号称为第一级同步传送信号，即 STS-1；对光信号则成为第一级光载波（optical carrier, OC），即 OC-1。

optical carrier level N (OC-N)　第 N 级光载波　光载波（OC-N）同步光纤网（SONet）层次结构的基本单元，OC 表示光信号，N 表示以51.84 Mbps递增级别，因此，OC-1、OC-3 和 OC-12 分别代表 51 Mbps、155 Mbps 和 622 Mbps 的光信号。

optical channel (OCH)　光通道[信道]

也称光纤通道。它是为提高多硬盘存储系统的速度和灵活性而设计，能满足高端工作站、服务器、海量存储子网络、外设间通过集线器、交换机和点对点连接进行双向、串行数据通信等系统对高数据传输率的要求。光通道具有热插拔性，高速带宽，远程连接，连接设备数量大等优点。

optical channel analyzer (OCA) 光信道分析仪 对光纤信道中的参数，如光信号速率、波长、功率、信噪比等参数进行联机测量的仪器。

optical channel layer (OCL) 光信道层 要将类似 SDH/SONet 网络中基于单波长的 OMAP 功能引入到基于多波长复用技术的光网络中。它负责为来自电复用段层的各种类型的客户信息选择路由和分配波长，为灵活的网络选路安排光信道连接，处理光信道开销，提供光信道层的检测和管理功能。在故障发生时，它还支持端到端的光信道(以波长为基本交换单元)连接，并在网络发生故障时，执行重选路由或进行保护切换。

optical character recognition (OCR) 光学字符识别 ① 一种使用光学手段通过光学特征识别，将图像信息转换成文本信息的技术。生成的文本信息文件可用任何文本编辑器编辑，从而实现图形字符识别。② 向计算机系统送入数据的一种技术。使用光学扫描的方法，识别出按照一定格式印刷或书写的字符，再把这些字符变成计算机能够理解的电信号，具有这些功能的设备称为光学字符阅读机，也称光学阅读机。利用这种原理研制成能识别汉字，并在专门程序帮助下直接转变成汉字内码的设备称为汉字光学阅读机，简称汉字阅读机。

optical character scanner (OCS) 光学字符扫描器 使用光学原理进行字符扫描的装置。

optical circulator 光环行器 一种多端口的具有非互易特性的光器件。光信号由任一端口输入时，都能从下一端口以很小的损耗输出，而该端口通向所有其他端口的损耗都很大，成为不相通端口。要求环行器相通端口间的插入损耗小(例如：1～2 dB)，不相通端口间的隔离度大(例如：30 dB)。光环行器的典型结构有 n 个端口(n 大于等于 3)，当光由端口 1 输入时，光几乎毫无损失地由端口 2 输出，其他端口处几乎没有光输出。

optical coherence domain polarimetry (OCDP) 光相干域偏振(检测技术) 指广泛应用于保偏光纤中的偏振模式耦合测量和分析。针对保偏光纤中的多点偏振耦合情况，传统的分析方法主要有光路逐点分析和光谱相干矩阵分析，这些方法计算量大且不利于计算机实现。从光波传播特点及宽谱干涉特点出发，研究了保偏光纤中多点偏振耦合的仿真技术和方法，并编写了专用程序进行仿真。利用扫描，迈克尔逊实现了多偏振模式耦合的测量，仿真数据与实验吻合。研究表明：通过上述方法能简便、准确地生成多耦合点干涉条纹。从而为保偏光纤中多点偏振模式耦合干涉的测量和分析提供了重要的工具。

optical coherence domain reflectometer

(OCDR) 光相干域反射仪 基于迈克尔逊干涉仪,采用光路匹配白光干涉测量法技术,用于测量光纤随机耦合点的空间分布,消偏器的测试,以及偏振器偏振抑制的测试仪器。它为控制和理解各种光路偏振问题和双折射问题提供了一个强有力的工具。它将一束低相干光源连接到一个分束器,其中一路引入待测器件,另一路引入反射镜,由反射镜和待测器件反射回来的光再次汇合并且被检测器检测。当光源到待测器件反射端的距离与到反射镜的距离相当时,在检测器上将出现一个干涉信号,通过移动反射镜的位置,能够扫描 400 mm 光程上的待测器件的反射。

optical coherent system (OCS) 相干光系统 又称为相干光通信系统。相干光通信主要利用了相干调制和外差检测技术。所谓相干调制,就是利用要传输的信号来改变光载波的频率、相位和振幅(而不像强度检测那样只是改变光的强度),这就需要光信号有确定的频率和相位(而不像自然光那样没有确定的频率和相位),即应是相干光。

optical coupler (OC) 光耦合器 亦称光电隔离器,简称光耦。它以光为媒介传输电信号。它对输入、输出电信号有良好的隔离作用,所以,它在各种电路中得到广泛的应用。目前它已成为种类最多、用途最广的光电器件之一。光耦合器一般由三部分组成:光的发射、光的接收及信号放大。输入的电信号驱动发光二极管(LED),使之发出一定波长的光,被光探测器接收而产生光电流,再经过进一步放大后输出。

optical cross-connect (OXC) 光交叉连接(光互联) 一种用于光纤网络节点的设备,通过对光信号进行交叉连接,能够灵活有效地管理光传输网络,是实现可靠的网络保护、恢复以及自动配线和监控的重要手段。它兼有复用、配线、保护、恢复、监控和网管的多功能光传输网络(OTN)传输设备,光波分插复用器(OADM)可以看成 OXC 结构的功能简化。

optical crosstalk at individual channel output port 单个光通道输出端口的光串扰 指在特定工作条件下,来自所有光通道的总干扰光功率与所需光路内的标称光信号功率的比率。

optical data transmission (ODT) 光纤数据传输 以光导纤维为介质进行的数据传输。光导纤维不仅可用来传输数字信号,而且可以满足视频传输的需求。光纤传输一般使用光缆进行,单根光导纤维的数据传输速率能达 Gbps 级速率,在不使用中继器的情况下,传输距离能达几十公里。

optical demultiplexing unit (ODU) 光分波单元,光分波器 波分复用传输技术中的一种无源器件。波分复用(WDM)是利用多个激光器在单条光纤上同时发送多束不同波长激光的技术。每个信号经过数据(文本、语音、视频等)调制后都在它独有的色带内传输。WDM 能使电话公司和其他运营商的现有光纤基础设施容量大增。波分复用技术在发送端经复用器(亦称合波器,multiplexer)汇合在一起,并耦合到光线路的同一根光纤中进行传输;在接收端,经解复用器(亦称光分波单元或分波器)将各种波长的光载波分离,然后由光接收机做进一步处理以恢复原信号。

optical density of smoke　烟的光密度 烟雾阻光度的量度,以其常用对数 lg(I/T)表示,其中 I 为透射光强度,T 为透射比。

optical digital cross connect　光数字交叉连接 具有单个或多个准同步数字体系或同步数字体系信号端口,并至少可以对任何端口信号速率与其他端口信号速率可控制连接的技术。

optical distribution frame (ODF)　光配线架 光通信设备之间或光缆和光通信设备之间的配线连接设备。用于光纤通信系统中局端主干光缆的成端和分配,可方便地实现光纤线路的连接、分配和调度。随着网络集成程度越来越高,出现了集 ODF、数字配线架(DDF)、电源分配单元于一体的光数混合配线架,适用于光纤到小区、光纤到大楼、远端模块及无线基站的中小型配线系统。

optical distribution network (ODN)　光分配网络 由无源光器件组成的网络。它可提供光线路终端(OLT)和光网络单元(ONU)之间的光传输通道。

optical distribution node (ODN)　光分配节点 指 HFC(hybrid fiber coax,光纤同轴混合网)中模拟光纤的光纤节点,用于连接模拟光纤。

optical divider　光分路器 又称分光器。光纤链路中重要的无源器件之一,是具有多个输入端和多个输出端的光纤汇接器件。光分路器按分光原理可以分为熔融拉锥型和平面波导型两种。光分路器的插入损耗是指每一路输出相对于输入光损失的分贝数,其数学表达式为:$A_i = -10\lg Pouti/Pin$,其中 A_i 是指第 i 个输出口的插入损耗;Pouti 是第 i 个输出端口的光功率;Pin 是输入端的光功率值。

optical domain service interconnect (ODSI)　光域业务互联 高层的业务网络能够与动态光核心网进行互操作。其目标是:使高层组网设备(路由器、交换机等)能够向光网络发送指令,动态地请求高速带宽连接。ODSI 小组是 2000 年 1 月由五十家网络设备厂商与业务提供商发起解决光、电的互操作问题的组织,他们将共同促进开放接口和信令协议的开发,促成一系列互操作测试,来论证与确认一些 ODSI 技术方案。

optical fiber amplifier (OFA)　光放大器 运用于光纤通信线路中实现信号放大的一种全光放大器。根据它在光纤线路中的位置和作用,一般分为中继放大、前置放大和功率放大三种。OFA 不需要经过光电转换、电光转换、信号再生等复杂过程,可直接对信号进行全光放大,具有很好的透明性,特别适用于长途光通信的中继放大。因此,OFA 为实现全光通信奠定了一项技术基础。

optical fiber amplifier used in CATV system　有线电视系统光纤放大器

有线电视系统中放大光信号的器件，包括光路放大、电路控制等部分。

optical fiber cable　光纤光缆　同 fiber optic cable。

optical fiber cable communication system　光缆通信系统　以光纤作为光信号传输媒介的通信系统。构成光纤通信系统的基本物质要素是光纤、光源和光检测器。

optical fiber cable component (OFCC)　光缆元件　光缆中传输光信号的光学元件。如预涂覆光纤、紧包光纤、光纤带等。

optical fiber channel　光纤信道　①一种高速网络技术标准(T11)，主要应用于存储局域网(SAN)。其拓扑结构分为三种，点到点、仲裁循环以及交换结构，分为 FC-5、FC-4、FC-3、FC-2、FC-1，共五层，具有多种适配端口。②由光纤作为媒质的信息传输通道，它由光纤(光缆)、光纤连接器件、光纤跳线等组成，连接着两端的有源设备。

optical fiber cluster　光导纤维束　一束光纤的集合，如光缆中的光纤束。

optical fiber composite low-voltage cable (OPLC)　光纤复合低压电缆　将光纤组合在电力电缆的结构层中，使其同时具有电力传输和光纤通信功能的电缆称为光纤复合电力电缆，也称电力光纤。

optical fiber connecting and distributing unit　光纤配线单元　由适配器、适配器卡座、安装板或适配器及适配器安装板组装而成，尾纤与跳线分别插入适配器内线侧和外线侧而完成活动连接的构件。有些还包含熔纤盘和绕线盘，使光缆中的纤芯能够在其中盘留和熔接(包括冷接)。

optical fiber connector　光纤连接器　光纤布线系统中以单芯、双芯、多芯(12 芯以上)插头和适配器为基础组成的插拔式连接器，用于单根、两根或多根光纤实现光学连接的器件。

optical fiber coupler　光纤耦合器　同 fiber optic coupler。

optical fiber delay line　光纤延时线　为了提高抗干扰能力和分辨率、识别能力以及解决多目标成像问题，要求相控阵雷达应具有尽可能大的瞬时带宽。为了解决因孔径效应而引起的对信号瞬时带宽的限制问题，常常采用延迟线进行延时补偿。传统的同轴延迟线、声表面波延迟线、电荷耦合器件已不能满足雷达系统的高分辨率要求，现在采用的都是光学延时技术，最常见、技术较成熟的是光纤延迟线的应用。光纤是产生延迟和实现信号分配要求的一种优良介质，光纤延迟线具有长时间(几十微秒)存储大带宽模拟信号(几十千兆赫)、损耗低、带宽宽等优点，且动态范围大，三次渡越信号小，实现延迟线相当容易，此外抗干扰、重量轻、体积小，这对机载方面的应用特别重要。

optical fiber distribution frame (ODF)　光纤配线架　光缆和光通信设备之间或光通信设备之间的配线连接设备。用于光纤通信系统中局端主干光缆的成端和分配，可实现光纤线路的连接、分配和调度。随着网络集成程度越来越高，出现了集 ODF、数字配线架（DDF）、电源分配单元于一体的光数混合配线架，适用于光纤到小区、光纤到大楼、远端模块及无线基站的中小型配线系统。

optical fiber equalizer（OFE） 光纤均衡器 采用光纤均衡技术对光纤传输进行均衡补偿的器件或装置，使因光纤传输信道的传递特性不理想导致的接收端信号失真得以改善。

optical fiber fusion 光纤熔接 用熔纤机将光纤和光纤或光纤和尾纤连接，把光缆中的裸纤和光纤尾纤熔合在一起变成一个整体，而尾纤则有一个单独的光纤头。

optical fiber jumper 跳纤 两端都带有光纤连接器插头的单芯或多芯光缆。

optical fiber LAN 光纤局域网 optical fiber local area network 的缩写。

optical fiber local area network（optical fiber LAN） 光纤局域网 在局域网内采用光纤传输技术的一种组网方式。光纤局域网由于采用了光纤传输技术，其传输速率一般来说比较高。

optical fiber mechanical splice 光纤机械式接续器，光纤机械接头 通过非熔接的方式快速实现裸光纤对接的接续器件。通常称为冷接子。

optical fiber patch cord 光纤跳线 从设备到光纤布线链路的跳接线。有较厚的保护层，一般用在光端机和终端盒之间的连接，应用在光纤通信系统、光纤接入网、光纤数据传输、局域网等一些领域。光纤跳线（又称光纤连接器）是指光缆两端都装上连接器插头，一端装有插头则称为尾纤。

optical fiber patch panel 光纤配线架 ① 光缆与光缆、光缆和光通信设备、光通信设备之间的配线连接设备。② 一种布线产品。用于光纤活动连接的光纤器件，它分有盒体、进线孔、适配器面板和配件（如：熔纤盘、绕线盘等），光缆从进线孔接入光纤配线架，其中的纤芯在光纤配线架中端接上光纤连接器后，插在适配器面板中安装的光纤适配器后端，光纤适配器的前端则插入通往网络设备或服务器光纤网卡的光纤跳线。

optical fiber path（OFP） 光纤通道 光缆或光纤敷设的通信路由（路径）。

optical fiber pigtail 光纤尾纤 用于连接光缆中的光纤和光纤耦合器的一个类似一半跳线的接头，它包括一个跳线接头和一段光纤。

optical fiber sensor（OFS） 光纤传感器 以光纤为基材的传感器。基本工作原理是将来自光源的光信号经过光纤送入调制器，使待测参数与进入调制区的光相互作用后，导致光的光学性质（如：光的强度、波长、频率、相位、偏振态等）发生变化，成为被调制的信号源，在经过光纤送入光探测器，经解调后，获得被测参数。

optical fiber splicing 光纤接续 将两根光纤连接在一起并使两者之间实现功率耦合的操作。光纤接续一般可分为两大类：固定接续（俗称：死接头）和活动连接（俗称：活接头）。

optical fiber splitter 光纤分路器 用以实现光波能量的分路和合路的器

件。它将一根光纤中传输的光能量按既定比例分配给多根光纤，或将多根光纤中传输的光能量合成到一根光纤中。

optical fiber terminal box 光纤终端盒 光通信系统中一条光缆的终接点。它的一头是光缆，另一头是尾纤，相当于是把一条光缆拆分成单条光纤的设备，安装在墙上的用户光缆终端盒，它的功能是提供光纤与光纤的熔接、光纤与尾纤的熔接以及光连接器的交接，并对光纤及其元件提供机械保护和环境保护，并允许进行适当的检查，使其保持最高标准的光纤管理。

optical fiber transmission 光纤传输 以光导纤维为介质进行的数据、信号传输。

optical fiber transmission system 光纤传输系统 指以光为载波，利用纯度极高的玻璃拉制成极细的光导纤维作为传输媒介，通过光电变换，用光来传输信息的传输系统。

optical fibre (OF) 光纤 光导纤维的简称，是一种由玻璃或塑料制成的纤维，可作为光传导工具。传输原理是光的全反射。1966 年 7 月香港中文大学英籍华裔学者高锟(K.C. Kao)博士在 PIEE 杂志上发表论文《光频率的介质纤维表面波导》，从理论上证明了用光纤作为传输媒体实现光通信的可能性，并预言了制造通信用的超低耗光纤的可能性。高锟因此获得 2009 年诺贝尔物理学奖。1970 年美国康宁公司(Corning lnc.)成功研制成传输损耗只有 20 dB/km 的低损耗石英光纤。

optical fibre adapter 光纤适配器 用于两端光纤连接器件进行光学对接的器件，也称光纤耦合器。

optical fibre cable 光纤线缆 同 fiber cable。

optical fibre cable (or optical cable) 光纤线缆(或光缆) 同 fiber cable。

optical fibre duplex adapter 光纤双工适配器 为对准和连接两个双工连接器设计的一种机械装置，也称光纤耦合器。

optical fibre duplex connector 光纤双工连接器 为在两对光纤之间传送光功率而设计的机械终接装置。

optical fibre pair 光纤对 以太网等网络应用中，光纤成对使用，一收一发，由此形成光纤线对。

optical fibre perform 光纤预制棒 制造石英系列光纤的核心原材料。预制棒一般直径为几毫米至几百毫米(俗称：光棒)。光纤的内部结构就是在预制棒中形成的。人们在制造光纤时，先要制造出光纤预制棒。光棒的制作有多种方法，常用的制作工艺是气相氧化法。在气相氧化法中，高纯度金属卤化物的蒸汽和氧气发生反应，形成一些氧化物微粒，这些氧化物微粒会沉积在玻璃或者石英体的表面上(或管状体的内壁)，然后通过烧结形成透明的玻璃棒(如果是管状，还要进行收缩使其成为棒状)，成为光纤预制棒。此时光棒已经具备了光纤的基本结构，通过拉丝机拉出来的裸纤包括了纤芯和包层。有些光纤品种为了保护裸玻璃光纤，使其不受光、水汽等外部物质的污染，在光纤拉成的同时，就给它涂上弹性涂料(被覆层)。光纤由纤芯、包层和被覆层组成，导光的部分是处于轴线上的实心纤芯，包层的作用是提供一个圆柱形的界面，以便把光线束缚在纤芯之中。被覆层是一种弹性耐磨的塑料材料，它增强了光纤的强度和柔软性。

optical fibre polarity　光纤极性　在成对传输(一收一发)时光纤纤芯的排列规则。

optical fibre ribbon cable　带状光缆　多芯光纤呈平行排列而构成的一种扁平光缆。

optical fibre type　光纤类型　光纤本身的种类。从材质大类区分，有石英玻璃光纤和塑料光纤之分。石英玻璃光纤还可分有单模光纤和多模光纤。塑料光纤、单模光纤和多模光纤都还有多种不同的类型。

optical filter　光滤波器　用来选择光波波长的器件或设备。它可从众多波长中挑选出所需波长的光，除此波长以外的光将会被拒绝通过。它常用于波长选择、光放大器的噪声滤除、增益均衡、光复用与解复用等。

optical fixed attenuator　光纤固定衰减器　能降低光信号能量的一种器件。用于对输入光功率的衰减，避免了由于输入光功率超强而使光接收机产生失真。衰减量不能调节的光纤衰减器即为光纤固定衰减器。

optical flame fire detector　感光火灾探测器　响应火焰辐射出的红外、紫外、可见光的火灾探测器，又称为火焰探测器。它具有响应火灾的光特性，即扩散火焰燃烧的光照强度和火焰的闪烁频率的一种火灾探测器。根据火焰的光特性，目前使用的火焰探测器有两种：一种是对波长较短的光辐射敏感的紫外探测器，另一种是对波长较长的光辐射敏感的红外探测器。紫外火焰探测器是敏感高强度火焰发射紫外光谱的一种探测器，它使用一种固态物质作为敏感元件，如碳化硅或硝酸铝，也可使用一种充气管作为敏感元件。红外光探测器基本上包括一个过滤装置和透镜系统，用来筛除不需要的波长，而将收进来的光能聚集在对红外光敏感的光电管或光敏电阻上。

optical frequency division multiple address (FDMA)　光频分多址　把光通信的有用频段划分成若干个等间隔的频道(或称信道)，并分配给不同的用户使用。这些频道互不交叠，其宽度应能传输一路信息，而在相邻频道之间无明显的串扰。

optical frequency division multiplexing　光频分复用　将一系列载有信息的光载波，以数个吉赫(约为信源码速率的数倍)的频率间隔密集地排列在一起沿单根单模光纤传输；在接收端，从不同信道光载波频率中选出所需信道的通信方式，也是光纤通信的一种复用技术，简称 FDM。

optical frequency domain reflectometer (OFDR)　光频域反射计　利用光频域发射特性的测试仪器。因其能应用于各种范围的高精度测量和具有大的动态范围而吸引了研究者的兴趣。OFDR 系统需要的光源应该为线性扫频窄线宽单纵模激光器，所以对光源的要求很高，这也导致了国内对 OFDR 研究的缺乏。由于 OFDR 能应用于各种范围的高精度测量且动态范围大，吸引了众多研究者的兴趣。

optical frequency modulation (OFM) 光频调制 使光波的频率按输入电信号规律变化的方法。实现光调制的装置称为光调制器。

optical image quality 光学图像质量 光学图像又称模拟图像，能为人眼识别的灰度和颜色连续变化的图像。光学图像质量指标包括分辨率、色彩深度、图像失真度等。

optical integrated circuit (OIC) 光集成电路 把光器件和电子器件集成在同一基片上的集成电路。按功能分类，为电光发射集成电路和光电接收集成电路。前者是由电光驱动电路、有源光发射器件、导波光路、光隔离器、光调制器、光开关等组成；后者是由光滤波器、光放大器、光-电转换器以及相应的接收电路和器件集合而成。

optical interconnection 光互连 光信道的相互连接。光互连可以分为：芯片内的互连、芯片之间的互连、电路板之间的互连、通信设备之间的互连。从互连所采用的信道来看，光互连可以分为：自由空间互连、波导互连以及光纤互连。

optical isolator 光隔离器 一种只允许单向光通过的无源光器件。其工作原理是基于法拉第旋转的非互易性。通过光纤回波反射的光能够被光隔离器很好的隔离。其特性是：正向插入损耗低，反向隔离度高，回波损耗高，通过光纤回波反射的光能够被光隔离器很好的隔离，提高光波传输效率。

optical lens 光学镜头 照相、摄像设备中用以被摄景物在感光元件上成像的由光学透镜组成的光学系统，是设备视觉系统必不可少的核心部件。光学镜头的优劣直接影响成像质量，影响图像算法的实现和效果。光学镜头从焦距上可分为短焦镜头、中焦镜头、长焦镜头；从视场大小分有广角镜头、标准镜头、远摄镜头；从结构上分有固定光圈定焦镜头、手动光圈定焦镜头，自动光圈定焦镜头、手动变焦镜头、自动变焦镜头、自动光圈电动变焦镜头、电动三可变镜头（光圈、焦距、聚焦均可变）等。

optical line (OL) 光线路 光信号的传输媒质，可把来自发送机的光信号以尽可能小的衰减和脉冲展宽传送到接收机。对光纤的要求是其基本传输参数衰减和色散要尽可能地小，并要有一定的机械特性和环境特性，如工程中使用的光缆是由许多根光纤绞合在一起组成的。整个光纤线路由光纤、光纤接头、光纤连接器等组成。

optical line amplifier (OLA) 光线路放大器 无源光纤段之间用以补充光纤损耗，延长无电中继长度的光放大器。

optical line terminal (OLT) 光线路终端 光接入网中用于连接光纤干线

的终端设备。OLT 提供网络侧与本地交换机之间的接口,并且连接单个或多个光分配网(ODN),与用户侧的光网络单元(ONU)通信。

optical link **光链路** 用光纤通信技术传输声音、图像和数据信号的链路。一般由光发送机、光纤、光接收机及其他必需的光器件(如:光放大器、光连接器、光分路、光衰减器等)组成。

optical loss test set (OLTS) **光损耗测试仪** 实现光纤衰减测试的仪器。**光损耗测试** 即 T1 测试,指光纤链路或信道的衰减测试。这是光纤线路的基本测试方法,它模拟了应用设备所需要的衰减环境。

optical modem **光调制解调器** 也称单端口光端机,俗称光猫。一种针对特殊用户环境而研发的三件一套的光纤传输设备。其工作原理:基带调制解调器由发送、接收、控制、接口、操纵面板、电源等部分组成。数据终端设备以二进制串行信号形式提供发送的数据,经接口转换为内部逻辑电平送入发送部分,经调制电路调制成线路要求的光信号向线路发送。接收部分接收来自线路的光信号,经滤波、反调制、电平转换后还原成数字电信号送入数字终端设备。光调制解调器是一种类似于基带调制解调器的设备,和基带调制解调器不同的是接入的是光纤专线,传输的是光信号。

optical modulator **光调制器** 高速、短距离光通信的关键器件,最重要的集成光学器件之一。光调制器按照其调制原理来讲,可分为电光、热光、声光、全光等,它们所依据的基本理论是各种不同形式的电光效应、声光效应、磁光效应、弗兰之-克尔德什(Franz-Keldysh)效应、量子阱 Stark 效应、载流子色散效应等。其中,电光调制器是通过电压或电场的变化最终调控输出光的折射率、吸收率、振幅或相位的器件,它在损耗、功耗、速度、集成性等方面都优于其他类型的调制器。在整体光通信的光发射、传输、接收过程中,光调制器被用于控制光的强度,其作用是非常重要的。

optical multimeter **光多用表** 融光源、光功率计、光电话、光纤识别等功能于一体的测试仪器。它是专用于光缆的施工和维护中测量、测试的多功能便携式仪器,用来进行光缆线路的快速、高效、相互配合的光测试,完成对光纤线路工作状态的基本判断。它允许话音通信和测试同时执行,提供精密光功率和损耗的测量功能。还内置了光纤识别功能,使测试操作更方便。

optical multiplexer **光复用器** 一种光传输的综合系统,通常包含一定数目的数据输入,n 个地址输入(以二进制形式选择一种数据输入)。光复用器有一个单独的输出,与选择的数据输入值相同,如 WDM 波分复用器。

optical multiplexer unit (OMU) **光复用单元,光合波板** 一种能将两路及以上光波耦合进同一条光路的无源光器件,可以是波分复用器的合波部分,也可以是光耦合器。

optical network unit (ONU) 光网络单元 无源光网(PON)中通过无源光纤分配网与光线路终端(OLT)连接的用户端设备。

optical node 光节点 光节点一般也叫作光工作站,其中包括光接收模块、光发射模块、光放大模块、网管模块等。光节点作为网络的光纤和电缆网络的中继点,主要实现光电信号和电光信号的转换。

optical passive device 光无源器件 不含光能源的光功能器件的总称。光无源器件在光路中都要消耗能量,插入损耗是其主要性能指标。光无源器件有光纤连接器、光开关、光衰减器、光纤耦合器、波分复用器、光调制器、光滤波器、光隔离器、光环行器等。它们在光路中分别实现连接、能量衰减、反向隔离、分路、合路、信号调制、滤波等功能。

optical power difference 光功率差 两路光信号的功率差异。

optical power machine 光动力机器 指以光能为动力的机器或光能发电机。

optical power meter (OPM) 光功率计 用于测量绝对光功率或通过一段光纤的光功率相对损耗的仪器。在光纤通信系统中,光功率计是常用测量仪表。通过测量发射端或光网络的绝对功率,一台光功率计就能够评价光端设备的性能。用光功率计与稳定光源组合使用,则能够测量连接损耗,检验光信号连续性,并帮助评估光纤链路传输的质量。

optical preamplifier (OPA) 光前置放大板[器] ① 使用光纤放大器对光线路信号进行前置放大的设备卡板(常见安装在光跳线设备中)。② 在光-电-光再生中继技术设备中用于光电转换及前置放大的卡板。

optical receiver 光接收机 光纤通信系统中一种将光信号转换成电信号的设备。光发射机发射的光信号经传输后,不仅幅度衰减了,而且脉冲波形也展宽了,光接收机的作用就是检测经过传输的微弱光信号,并放大、整形、再生成原传输信号。光接收机由光探测器及其他有关部件组成,包括位于光信号输入和电信号输出连接器之间的所有部件。它的任务是以最小的附加噪声及失真,恢复由光载波所携带的原信号。在系统中,光接收机的输出特性综合反映了整个光纤通信的性能。

optical receiving component 光接收器件 用于将光信号转为电信号的电子器件。如光敏二极管、光敏三极管、光接收集成电路、雪崩二极管等。

optical repeater 光中继器 在长距离的光纤通信系统中补偿光缆线路光信号的损耗和消除信号畸变及噪声影响的设备。

optical resistor 光敏电阻 用硫化镉或硒化镉等半导体材料制成的特殊电阻器,其工作原理基于内光电效应。光敏电阻对光照十分敏感,在无光照时呈高阻状态(暗电阻一般可达1.5 MΩ),随着光照强度升高,电阻值迅速降低,亮电阻值可小至 1 kΩ 以下。

optical router 光纤路由器 用于光纤

通信网络中路由器。

optical scanner 光学扫描器 一种二维压电光学扫描器。它由传动件、反射镜和四片压电陶瓷构成，仅用两个双压电晶片驱动反射镜实现二维图像扫描。其器件加工简单，结构合理，使用方便。

optical signal 光信号 以光的形式传输、显示的信号。如光纤通信传输中的光信号、可见光的警灯等。

optical splitter 光分纤路器 同 optical fiber splitter。

optical switch 光开关 一种光路转换器件，具有单个或多个可选择的传输窗口，可对光传输线路或集成光路中的光信号进行物理切换或逻辑操作。

optical telecommunication outlet (OTO) 光通信插座，光纤信息插座 一种用于终接引入光缆的固定连接装置，通常由底盒与面板组成。

optical time-division multiplexing (OTDM) 光时分复用 多路光信号在同一个信道中传输的一种方法，是电时分复用技术在光学领域的延伸和扩展。它把一条复用信道划分为若干个时隙，每个基带数据光脉冲流分配占用一个时隙，n 个基带信道复用就成为高速光数据流信号传输通道。OTDM 使用高速光电器件来代替电子器件，在光域上实现从低速率到高速率的复用，从而克服电时分复用所固有的电子瓶颈问题。OTDM 在发送端的同一载波波长上，把时间分割成周期性的帧，每一帧再分割成若干个时隙，然后根据一定时隙分配原则，使每个信元在每帧内只能按指定的时隙向信道发送信号；接收端在同步的条件下，分别在各个时隙中取回各自的信号而不混扰。OTDM 可分为比特交错和分组交错。在 OTDM 中，各支路脉冲的位置用光学方法来调整，并由光纤耦合器来合路，复用和解复用设备中的电子电路只工作在相对较低的速率。

optical time-domain reflectometer (OTDR) 光时域反射计 光缆施工、维护及监测中必不可少的一种工具。它根据光的后向散射与菲涅耳反向原理制作，利用光在光纤中传播时产生的后向散射光来获取衰减信息，用于测量光纤衰减、接头损耗、光纤故障点定位，了解光纤沿长度的损耗分布情况等。

optical to electrical connection 光电连接 借助于光电转换技术的信号连接方式或器件。如光电耦合器、光电转换器等。

optical to electrical converter (O/E) 光电转换器 一种类似于基带数字调制解调器(modem)的设备，和基带 modem 不同的是其接入的是光纤专线，是光信号。

optical transceiver 光收发模块 一种在发送端把电信号转换成光信号通过光纤传送出去，接收端把光信号转换成电信号的光电转换模块，一般安装在设备的插槽内。

optical transceiver board (OTB) 光收发板 在设备的板卡上形成的光纤收发单元，是一种将短距离的双绞线电信号和长距离的光信号进行互换的以太网传输媒体转换单元。

optical transmission　光传输　在发送方和接收方之间以光信号形态进行传输的技术。采用光传输技术的设备称为光传输设备。它们把各类信号转换成光信号在传输介质（如光纤）中传输。常用的光传输设备有：光端机、光调制解调器（俗称光猫）、光纤收发器、光交换机等，构成准同步数字体系（PDH）系统、同步数字体系（SDH）系统、分组传送网（OTN）。

optical transmission network (OTN)　光传输网络　信号只是在进出网络时才进行电光或光电的变换，而传输和交换过程中始终以光的形式存在于网络或系统。也就是说，在光传输网中，信息从源节点到目的节点的传输过程中始终在光域内进行。如全光网和可见光通信网络（利用可见光取代 Wi-Fi 进行信息传输的光网络）。

optical transmit unit (OTU)　光发送单元　光传输设备或光纤网络设备上用于光发射的部件。

optical transmitter　光发送机　一种将电信号转换成光信号的设备。由光源（如激光器）及其他有关部件组成，同样也包括位于同轴输入和光输出连接器之间的所有部件。

optical transmitting component　光发送器件　光通信系统中需要外加能源驱动工作的可以将电信号转换成光信号的光电子器件称为光源。主要有半导体发光二极管（LED）和激光二极管（LD）。

optical transmitting LED　光发射二极管　又称发光二极管，是半导体二极管的一种。它可以把电能转化成光能。发光二极管与普通二极管一样是由一个 PN 结组成，也具有单向导电性。当给发光二极管加上正向电压后，从 P 区注入 N 区的空穴和由 N 区注入 P 区的电子，在 PN 结附近数微米内分别与 N 区的电子和 P 区的空穴复合，产生自发辐射的荧光。不同的半导体材料中电子和空穴所处的能量状态不同，电子和空穴复合时释放出的能量也不同。释放出的能量越多，则发出的光的波长越短，因而不同的发光二极管可以产生红外光、可见光或紫外光。

optical wavelength　光波长　光波的波长。

optical zoom　光学变焦　通过调节光学镜头结构来实现变焦，也就是通过镜头镜片的移动来放大和缩小图像，光学变焦倍数越大，投影机所能投放的图像也就越大。

optics　光学　研究光的形成、光的特性以及利用光的特性在国民经济中应用的学科。在智能化信息系统中，常见应用基于光的传输特性制成的各类光学器件和传输介质。例如，在视频系统中的各类成像器件（如透镜、棱镜、反射镜等）、用以传输光信号的传输介质（如单模光纤和多模光纤）、用以传输模拟或数据信息的光电器件或系统（如光通信、全光网等）等。在现代信息技术中，光科学具有不可替代的重要的基础性作用。

optional connection　可选连接　布线工程中一种允许选择的活动连接接口。

optoelectrical transceiver　光电收发器

基于二层结构的带交换功能的智能光纤收发器。除具有收发器的一切功能外，它还可以具有多个以太网口设计，突破了原有一个以太网口的限制，且交叉线、直连线自识别，各以太网口之间可组成虚拟局域网(VLAN)。它使得局域网的组建更加容易、轻松，并且还可以通过其自带的光纤接口连接远端局域网。使用光电收发器构建网络可大大减少网络投资，简化网络结构，使得网络更稳定、更安全。光电收发器可广泛应用于电信、电力、智能小区、校园网、政府网站、有线电视、移动通信基站等场合。

opto-electronic device　光电器件　根据光电效应制作的器件，也称光敏器件。光电器件的种类很多，但其工作原理都是建立在光电效应这一物理基础上的。光电器件主要包含：光电管、光电倍增管、光敏电阻、光敏二极管、光敏三极管、光电池、光电耦合器件等。

opto-electronic equipment (OE EQP)　光电设备　光信号与电信号之间进行转换的设备。

opto-electronic integrated circuit (OEIC)　光电集成电路　把光器件和电子器件集成在同一基片上的集成电路。它的优点是器件之间拼接紧凑，既能减弱因互连效应引起的响应延迟和噪声，从而提高传递信息的容量和高保真度，又能使器件微型化，便于信息工程的应用。

opto-electronic integrated device (OEID)　光电集成器件　完成光信息与电信息转换的一种集成器件。它可处理的光信息有红外光、可见光及激光。光电集成器件已广泛用于照相机、电视、摄像、工业自动控制、传真和光纤通信、机器人与视觉传感器、平面显示、夜视、无线通信、导航等领域。

opto-electronic process　光电处理　基于对函数的数学描述与建模，运用光学元器件完成光学信息的模拟分析和处理，或在计算机中完成对信息的数字处理和分析。通过光电信息处理，可以大大提高数据处理和存储的能力。近代光电信息处理技术上的飞跃是光通信、光网络、光存储、光显示和多媒体技术的出现。其主要关键技术是微电子、光电子、光纤、计算机、通信与网络、大规模存储、大面积高分辨显示、多媒体等技术。

orderly　有序　指物质的系统结构或运动是确定的、有规则的。序是事物的结构形式，是事物或系统组成诸要素之间的相互联系。有序的相对性是指事物的组成要素的相互联系处于永恒的运动变化之中，即有序是动态的、变化的有序。当事物组成要素具有某种约束性、呈现某种规律时，称该事物或系统是有序的。

ordinary broadcast　普通广播　由使用单位自行管理的在本单位范围内为公共服务的声音广播。用于进行业务广播、背景广播、紧急广播等。

ordinary clock　普通时钟　在一个域中具有单个精确时间协议(PTP)端口，并维护该域中所用时标的时钟。它可作为时间源，即为主时钟；或与另一个时钟同步，即为从时钟。

ordinary electric energy meter 普通电能表 仅具有计量有功电能的计量装置。在能耗分项计量系统使用的电能表必须具备标准数据通信接口。

ordinary telephone 普通电话 一个住宅电话或单位电话单独使用并占有一个独立电话号码的电话,它只提供话音业务。

organic glass label frame 有机玻璃标签框 布线系统中一种活动标签的安装构件。它采用透明的有机玻璃材料制成,用于插入纸质标签,借助有机玻璃的保护使标签的有效寿命达到十年以上,而且可以更换。如综合布线系统中的面板、配线架和机柜中都有安装有机玻璃标签框的产品系列。它降低了对标签质地的要求,仅需普通打印纸与激光打印机(早年为喷墨打印机)即可制作字母数字标签或彩色字母数字图形标签,降低了标签的造价。

organic light-emitting diode (OLED) 有机发光二极管 又称为有机电激光显示、有机发光半导体。OLED 显示技术具有自发光、广视角、高对比度、较低耗电、极高反应速度等优点。但是,作为高端显示屏,价格上也会比液晶电视要贵。OLED 可简单分为有机发光二极管和聚合物发光二极管(polymer light-emitting diodes, PLED)两种类型,目前均已开发出成熟产品。聚合物发光二极管相对于有机发光二极管的主要优势是其柔性可大面积显示。但由于产品寿命问题,目前市面上的产品仍以有机发光二极管为主要应用。

organic material 有机物质 是含碳化合物或碳氢化合物及其衍生物的总称。有机物是生命产生的物质基础,所有生命体都含有机化合物。

organization and management structure of field project 现场项目组织管理结构 工程项目部内部的以项目经理为龙头的组织结构,并根据组织结构对各级人员进行实质性的管理。

organizationally unique identifier (OUI) 组织唯一标识符 由电器和电子工程师协会(IEEE)分配给硬件生产单位组织的唯一标识符。以太网采用介质访问控制(media access control, MAC)地址进行寻址,MAC 地址(也叫硬件地址)被烧入每个以太网网卡(network interface card, NIC)中。MAC 地址采用 48 位(6 字节)的十六进制格式,其中,前 24 位(或前 3 个字节)即为组织唯一标志符(OUI)。对于硬件厂家生产的每一块网卡来说,这个地址是唯一的。MAC 地址后 24 位为由厂家分配的代码。

originating party 发起方 ① 发送方,即在信息交流中,一方处于信息输出,另一方则是信息接收,而信息输出方就是发送方。如在电子邮箱中写邮件方就是发送方;在手机短信交流中发送方是可以设置的,群组发送或选定发送,可显著节约发送方的时间和精力。② 工程项目的发包方,即在招投标中的甲方。

orthogonal frequency division multiplexing (OFDM) 正交频分复用 多载波调制的一种。其主要原理是:将信道分

O

成若干正交子信道,将高速数据信号转换成并行的低速子数据流,调制后在每个子信道上进行传输。正交信号可以通过在接收端采用相关技术来分开,这样可以减少子信道之间的相互干扰。每个子信道上的信号带宽小于信道的相关带宽,因此每个子信道上的信号可以看成平坦性衰落,从而可以消除符号间干扰。由于每个子信道的带宽仅仅是原信道带宽的一小部分,信道均衡变得相对容易。目前,OFDM 技术已经被广泛应用于广播式的音频和视频领域以及民用通信系统中,主要包括:非对称数字用户环路(ADSL)、(欧洲电信标准化协会)数字音频广播(DAB)、数字视频广播(DVB)、高清晰度电视(HDTV)、无线局域网(WLAN)等。

OSA 开放的业务结构 open service architecture 的缩写。

OSC 振荡器 oscillator 的缩写。

oscillator (OSC) 振荡器 一种能量转换装置,它将直流电能转换为具有一定频率的交流电能。其构成的电路叫振荡电路。

OSD 屏幕显示,屏幕菜单式调节方式 on-screen display 的缩写。

OSI 开放系统互联 open system interconnect 的缩写;**开放系统互联** open system interconnection 的缩写。

OSI model 开放系统互联模型 open system interconnection model 的缩写。

OSI/RM 开放系统互联参考模型 open system interconnection reference model 的缩写。

OSPF 开放式最短路径优先(算法) open shortest path first 的缩写。

OSS 运营支撑系统 operation support system 的缩写。

OTB 光收发板 optical transceiver board 的缩写。

OTDM 光时分复用 optical time division multiplexing 的缩写。

OTDR 光时域反射计 optical time-domain reflectometer 的缩写。

OTL 推挽式无输出变压器功率放大电路,OTL 电路 output transformerless 的缩写。

OTN 光传输网络 optical transmission network 的缩写。

OTO 光通信插座,光纤信息插座 optical telecommunication outlet 的缩写。

OUI 唯一组织标识符 organizationally unique identifier 的缩写。

out of frame (OOF) 帧失步 指接收设备的帧与所接收到信号的帧不保持准确同相的状态。

outage management system (OMS) 停电管理系统 配电管理系统(DMS)的重要组成部分,包括计划停电管理和故障停电管理。

outcoming media stream 出口媒体流 当一个应用服务器 A 收到另一个应用服务器 B 发来的媒体流时,这个媒体流对于应用服务器 B 来说就是出口媒体流,对于应用服务器 A 来说就是入口媒体流。

outdoor base station 室外基站 室外安装的蜂窝移动通信系统的基站。

outdoor bushing 户外套管 线缆敷设

时使用的两端均设计用于周围空气中并暴露在户外大气条件下的套管。

outdoor cable 室外缆线 敷设在室外环境中的光缆和电缆，主要用于建筑物之间的通信设备、计算机、交换机、终端用户设备等，以便传递信息。室外缆线的结构可以有无金属防雷、金属铠装、直埋、架空等形式，室外光缆还需要具备防水能力。

outdoor enclosure 户外机壳 用于建筑物外（即室外）的设备、装置的壳体。

outdoor equipment cabinet 室外设备箱 设置在室外，安装有通信或智能化系统设备的箱体。

outdoor external insulation 户外外绝缘 设计用于建筑物外运行，因而处于露天的外绝缘。

O

outdoor LED display screen 户外发光二极管[LED]显示屏 安装于户外空间的发光二极管（LED）显示屏（含安装于户外空间具有遮阳、遮雨条件的显示屏）。户外发光二极管（LED）显示屏由屏体、控制系统、配电箱、钢构件等组成。

outdoor optical fiber 室外光缆 同 outdoor cable。

outdoor optical fibre cable 室外光纤线缆 同 outdoor optical fiber。

outdoor single-mode optical fiber cable 室外单模光缆 敷设在室外环境中的单模光缆，室外单模光缆结构可以有无金属防雷、金属铠装、直埋、架空等多种形式，需要具备防水能力。

outdoor unit ① **室外机** 指空调的外机，主要部件包括压缩机、冷凝器、风机电机、储液罐、四通换向阀等。② **门口机** 指楼寓对讲系统中安装在楼门入口处，具有选呼、对讲、控制功能的装置。

outdoor-immersed bushing 户外浸入式套管 一端设计用于周围空气中并暴露在户外大气条件下，另一端浸在不同于周围空气的绝缘介质（如油或气体）中的套管。

outdoor-indoor bushing 户外-户内套管 两端均设计适用于周围环境的套管。其一端设计用于并暴露在户外大气条件下，另一端设计不并暴露在户外大气条件下。

outer diameter 外径 圆形的物体外圆的直径称为外径，通常直接用千分尺或游标卡尺测得，符号 Φ。

outer diameter of backbone cable 主干线缆外径 用于机房（弱电间、主机房）之间的主干缆线的护套层外部直径。主干线缆可以包括双绞线电缆和光缆。

outer sheath 外护套 也称外被，即包裹在缆线芯线外的护套层。

outfire 灭火 将火扑灭的行为和措施。灭火方法有：(1) 覆盖。通过消防砂、沾水的棉被等工具隔绝可燃物与空气的接触面灭火的方法。(2) 隔离。对于已经控制不了的火势，可采取隔离附近的可燃物使火势得以控制。常见于森林灭火。(3) 降温。常见的方法用水浇灭火，消防队经常使用高压水枪喷浇火焰以控制火势；也可用灭火器如泡沫灭火器等工具灭火。

outlet 插座 信号的活动连接件之一，用于与插头插合的插套，通过插头与插座的配合，可以将电路或光路接通。

outlet level 输出电平 通信设备输出端信号的强度，不同信息系统具有不同计量单位。例如，HFC 系统的输出电平是指射频发送信号在单个信道的整个带宽内的总功率，以 dBμV 为单位。

outlet, telecommunication 出口(电信) 电子信息系统使用的信息插座，如墙面面板中的插座模块等。

outlet/connector, telecommunication 出口连接器(电信)，插座连接器(电信) 电信系统、布线系统或其他信息系统使用的插座或连接器，如墙面面板中的插座模块、光纤连接器等。

out-of-band 带外 传输用户信息的频带之外的信号频率。

out-of-band emission 带外发射 指由调制过程引起的，超过必要频带的某一频率或某些频率上的发射(但不包括杂散发射)。

out-of-service 非服务状态 由于系统故障而引起的系统停止服务的状态，它不包括系统不服务的状态。

output active power 输出有功功率 设备输出端子上测得的有功功率。

output apparent power 输出视在功率 输出电压有效值与输出电流有效值之积。单位是伏安、千伏安。

output apparent power-reference non-linear loading 基准非线性负载时的输出视在功率 在 UPS 输出端子加上附录中定义的基准非线性负载时，所测得的输出视在功率。输出视在功率只适用于特殊应用而设计并命名的 UPS，或者要求不包括线性负载的 UPS。

output capacitorless (OCL) 无输出电容的功率放大器(OCL 电路) 即无输出耦合电容的功率放大器。OCL 放大器采用差分放大电路，并以两个电压大小相等、极性相反的正负电源供电。为提高电流放大倍数，输出级常采用复合管。

output current 输出电流 电子设备输出端子的信号电流有效值(另作规定的特殊负载除外)。

output frequency tolerance 输出频率允差 电子设备输出信号的允许误差。对于 UPS 是指在正常方式或储能供电方式运行时稳态输出的频率的最大变化范围。

output impedance 输出阻抗 在规定频率情况下电子设备输出电压与输出电流之比。UPS 的输出阻抗为其输出端子对负载所显现的阻抗。

output order 输出顺序 数字电视系统输出解码图像的顺序，该顺序与显示顺序相同。

output over current 输出过电流 输出电压保持在额定范围，在预定时间之内，UPS 的最大输出电流。

output transformerless (OTL) 推挽式无输出变压器功率放大电路(OTL电路) 一种省去输出变压器的功率放大电路。

output voltage 输出电压 输出端子之间的电压有效值(另作规定的特殊负

载除外)。

output voltage tolerance　输出电压允差 UPS在正常方式或储能供电运行时稳态输出电压的最大变化范围。

outside broadcast van (OB van)　转播车 装备有用于广播电视节目拍摄、制作、记录和传输设备的特种车辆。

outside shading coefficient　外遮阳系数 建筑物有外遮阳设施时透入室内的辐射热量与在相同条件下无外遮阳设施时透入的室内辐射热量的比值。

outside telephone　外线电话 企业用户电话交换系统中,与系统以外的人员之间的电话通信。反之,与系统内部的人员之间的电话通信称为内线电话。外线电话由于动用了电信运营商的线路和资源,故此电信运营商将对外线电话收费。

O

ovality　椭圆度 也称不圆度。圆形截面的轧材,如圆钢和圆形钢管的横截面上最大和最小直径之差。

over load capability　过载能力 超过额定限值以后能够承受的能力范围。如UPS过载能力是指输出电压保持在额定范围,在正常方式或储能供电方式运行,在给定的时间之内,UPS输出电流超过所规定连续电流的能力。

over-/under-voltage　过欠压 过电压与欠电压的统称。过电压是指工频下交流电压(有效值)升高,超过额定值的10%,并持续时间大于1 min的长时间电压变动现象。过电压通常是在负载投切瞬间的结果,正常使用时在感性或容性负载接通或断开情况下发生。欠电压是指工频下交流电压(有效值)降低,小于额定值的10%,并持续时间大于1 min的长时间电压变动现象。引起欠电压事件通常是某一大容量负荷投入或某一电容器组断开。

overall copper braid　编织铜网总屏蔽层 在电缆芯线外侧、护套内侧使用铜编织网构成的屏蔽层,由于该屏蔽层覆盖了所有的电缆芯线,故称为总屏蔽层。

overall foil and copper braid　铝箔和丝网总屏蔽 电缆护套内所有芯线外的屏蔽层采用一层金属箔外编织一层金属丝网结构。如综合布线系统中的S/FTP双绞线为金属丝网总屏蔽/铝箔线对屏蔽双绞线。常见的金属箔为铝箔,属于顺磁材料。常见的金属丝网为铜丝网,属于屏蔽性能更好的逆磁材料。

overall foil screen　铝箔总屏蔽 电缆护套内所有芯线外的屏蔽层采用一层金属箔。如综合布线系统中的F/UTP双绞线为金属箔总屏蔽双绞线。常见的金属箔为铝箔,属于顺磁材料。

overall screen　总屏蔽层 电缆护套内所有芯线外的屏蔽层,可能是一层金属箔,也可能是一层金属箔外编织一层金属丝网。如综合布线系统中的F/UTP双绞线为金属箔总屏蔽双绞线,F/FTP双绞线为金属箔总屏蔽/铝箔线对屏蔽双绞线,SF/UTP双绞线为金属丝网+金属箔总屏蔽双绞线,S/FTP双绞线为金属丝网总屏蔽/铝箔线对屏蔽双绞线。常见的金属箔为铝箔,属于顺磁材料。常见的金属丝网为铜丝网,属于屏蔽性能更好的逆磁材料。

overall screen foil　铝箔总屏蔽　同 overall foil screen。

overdesign　超安全标准设计　不仅达到而且超过安全标准的设计方案。

overfilled launch (OFL)　满注入　① 一种受控的发射,测试光纤相对于模拟 LED 发射的角度和位置是满的。② 光源射出的能量耦合进入多模光纤的过程被称为光注入方式。一般分满注入和限模注入两种方式。当使用 LED 光源时是满注入的,即光源出射光斑大小和多模光纤的纤芯大小是匹配的,这时脉冲在光纤内传输时将完全激发多模光纤的传导模式,能量集中于中间模式群,高阶模式群和低阶模式群的影响很小。当限模注入的时候,由于入射光斑只覆盖了部分纤芯,传导时,也只是激发了部分传导模式群。当入射光斑在纤芯不同位置时,所激发的模式群也就不同,导致模间色散的差别而使得传输光纤的带宽性能变化。因此大部分布线工程师认为在限模注入时,应确定入射的位置和角度,否则光纤支持的传输距离将发生变化。

overfilled launch bandwidth (OFL-BW)　过满注入带宽　用发光二极管(LED)作光源,使用过满注入方法测量多模光纤,测出的带宽称为过满注入带宽或 LED 带宽。

overhead access (OHA)　开销接入　为通信系统传输开销功能提供的接入。

overhead communication cable　架空通信电缆　具有绝缘层和保护外皮的专门用于架空敷设(电线杆上敷设)的通信电缆。

overload protection　过载保护　防止主电源线路因过载导致保护器过热损坏而加装的过载保护设备。过载是一个比较宽泛的词,可以指电气设备负载过大,也可以指物体承受的作用力过大。对这些超出负荷的行为做出的保护,统称过载保护。

override　强插　处于优先级的内容强行覆盖正在广播的其他信号或强行唤醒处于休眠状态的广播系统发布紧急广播。

oversampling　过采样　信号以比奈奎斯特频率(Nyquist frequency)更高的频率进行数字采样。

overscan　过扫描　以超过物理屏幕尺寸显示视频或计算机产生的图像。

overseas training charge　海外培训费用　招投标时需标明的甲方人员赴海外培训(如果需要的话)的费用,包括差旅费、培训费、资料费等。

overshoot　过冲　一种由于信号处理路径中的不完整性造成的信号失真。

over-voltage　过电压　工频交流电压有效值升高,超过额定值的 10%,并且持续时间大于 1 min 的长时间电压变动现象。过电压的出现通常是负荷投切的瞬间的结果。正常使用时在感性或容性负载接通或断开情况下发生。

over-voltage protection (OVP)　过压保护　电压超过预定值时,使电源断开或使受控设备电压降低的一种保护

O

方式。

OVP 过压保护 over-voltage protection 的缩写。

OXC 光交叉连接(光互联) optical cross-connect 的缩写。

oxygen index 氧指数 在规定的试验条件下,材料在氮氧混合气中进行有焰燃烧所需的最低氧浓度。

P

P frame　P 帧，帧间预测编码帧　H.264视频压缩标准中 I 帧、P 帧、B 帧用于表示传输的视频画面。I 帧又称帧内编码帧，是一种自带全部信息的独立帧，无须参考其他图像便可独立进行解码，可以简单理解为一张静态画面。视频序列中的第一个帧始终都是 I 帧。P 帧又称帧间预测编码帧，需要参考前面的 I 帧才能进行编码。表示当前帧画面与前一帧（前一帧可能是 I 帧，也可能是 P 帧）的差别。解码时需要用之前缓存的画面叠加上本帧定义的差别，生成最终画面。与 I 帧相比，P 帧通常占用更少的数据位，由于 P 帧对前面的 P 和 I 参考帧有着复杂的依赖性，因此对传输错误非常敏感。B 帧又称双向预测编码帧，记录的是本帧与前后帧的差别。要解码 B 帧，不仅要取得之前的缓存画面，还要解码之后的画面，通过前后画面的与本帧数据的叠加取得最终的画面。B 帧压缩率高，对解码性能要求较高。

P picture　P 图像　帧间预测中只使用单前向预测进行解码的图像。

P&T motors-controls　P&T 云台控制　云台全方位（上下、左右）移动控制。

P/S　并串变换　parallel/serial conversion 的缩写。

P2MP　点到多点　point-to-multipoint 的缩写。

P2P　点到点　point-to-point 的缩写；**对等**　peer-to-peer 的缩写。

P2P network　对等网络　peer-to-peer network 的缩写。

PA　停车管理系统　parking automation 的缩写；**过程自动化**　process automation 的缩写；**公共广播**　public address 的缩写。

PABX　专用自动交换分机　private automatic branch exchange 的缩写。

PACCH　分组随路控制信道　packet association control channel 的缩写。

packet access grant channel (PAGCH)　分组接入应答信道　移动通信通用分组无线业务（GPRS）网络中的一种下行信道，用于对分组随机接入信道（PRACH）发出的信道请求做出应答，向移动台分配单个或多个分组数据业务信道（PDTCH）。

packet assembly and disassembly device (PAD)　分组装配和拆卸设备　指分组交换网中的一种规程转换器（网络服务器）。它是面向用户扩充分组交换网络功能不可或缺的网络设备。其主要功能是向各种不同终端提供服务，帮助它们进入分组交换网，即帮助发送终端将发送的数据分组，并通过线路发送给网络，在接收端将分组组合起来，还原数据后提供给用户终端。PAD按使用地点分类，有局用PAD和用户PAD，前者在电信局使用，后者在用户端使用；按有无交换功能分类，有交换型PAD和一般PAD；按用途区分，有文电PAD和传真PAD，前者传送ASCⅡ码或国际二号码信号，后者传送传真信号。PAD逐步趋向智能化，既具有交换功能，又可向用户提供异步和同步端口，还具有组网功能。

packet association control channel (PACCH) 分组随路控制信道 移动通信通用分组无线业务(GPRS)网络中的一种控制信道，用来传送实现GPRS数据业务的信令。该信道与分组数据业务信道(PDTCH)随路。PACCH还携带资源分配和再分配信息，可用于PDTCH容量分配或将来新增加PACCH。

packet broadcast control channel (PBCCH) 分组广播控制信道 通过广播方式传输信息的分组信息通道。分组广播控制信道广播与分组数据相关的系统信息。如果公共陆地移动网(PLMN)中没有分配分组广播控制信道，则与分组相关的系统信息在广播控制信道上广播。它属于下行链路。广播的方式是通过向所有站点发送分组的方式传输信息，现实中无线广播、局域网(LAN)大多采用这种方式传播分组信息。

packet control unit (PCU) 分组控制单元 移动通信通用分组无线业务(GPRS)网络中作为基站控制器(BSC)功能的一部分，负责介质访问控制(MAC)底层的功能。PCU支持所有GPRS空中接口的通信协议。PCU的功能包括分组交换呼叫的建立、监视和拆除，负责管理分组分段和规划、无线信道、传输错误检测、自动重发、信道编码方案、质量控制、功率控制等，并支持越区切换、无线电资源配置、信道指配等功能。PCU可以作为二进制同步通信(BSC)的插卡，也可以独立存在。

packet data channel (PDCH) 分组数据信道 移动通信系统中承载分组逻辑信道的物理信道，逻辑上可分为业务信道和控制信道。分组数据业务信道(PDTCH)是在分组交换模式下承载用户数据。控制信道用于承载信令或同步数据，并可分为分组广播控制信道(PBCCH)、分组公共控制信道(PCCCH)和分组专业控制信道(PDCCH)。

packet data network (PDN) 分组数据网络 即分组交换网，以分组交换方式提供数据传输业务的数据网。它适合于不同类型、不同速率的计算机与计算机、计算机与终端、终端与终端之间的通信，从而实现信息资源共享，同时还可以在其基础上开发各种增值业务。

packet data protocol (PDP) 分组数据协议 移动通信用户在发送和接收分组数据时应用的协议。

packet data support node (PDSN) 分组数据支持节点 数字集群分组交换通道的重要组成部分。分组数据支持节点分为分组数据业务支持节点和分组数据网关支持节点，分组数据业务支持节点负责将网络中的分组数据业务映射到空中接口，分组数据网关支持节点负责数字集群网络与外部数据网络之间的互联。分组数据支持节点实现分组数据协议（PDP）上下文激活与去激活、分组数据传输等功能。因此，分组数据支持节点是数字集群通信系统的关键。

packet data traffic channel (PDTCH) 分组业务数据信道 移动通信通用分组无线业务（GPRS）网络中的业务信道，在分组交换模式下承载用户数据。在同一网络信道可有不同逻辑信道来进行动态的复用。所有PDTCH为单向，即或者为上行链路（PDTCH/U）用于移动发起的分组传送或下行链路（PDTCH/D）用于移动终止的分组传送。**分组数据业务信道** 在GPRS中，用于传输分组数据。在PTM-M方式时，该信道在某个时间只能属于一个媒体交换服务器（MS）或者一组MS。在多时隙操作方式时，一个MS可以使用多个PDTCH并行地传输单个分组。

packet delay 分组延迟 指在分组交换过程中，分组从到达路由器开始，到这个分组被成功转发到下一个路由器之间的时间，分组延迟主要分为下面四种：（1）结点处理延迟。（2）排队延迟。（3）传输延迟。（4）传播延迟。

packet digital terminal equipment 分组数字终端设备 分组交换网的数字终端设备，大体可分为分组式终端（PT）和非分组式终端（NPT）两类。分组式终端有：主计算机、数字传真机、智能用户电报终端、用户PAD、用户分组集中器或交换机、用户小交换机、可视图文接入设备（VAP）、局域网（LAN）和其他专用终端；非分组式终端（NPT）有：微计算机终端、可视图文终端、用户电报终端和其他专用终端。

packet handler (PH) 分组处理器 通信网络中提供分组交换处理功能的模块。它使综合业务数字网（ISDN）用户的分组终端能够相互通信并和公用分组交换网互通。PH实施的协议是X.25建议，与公用分组网的协议一致。PH并不是ISDN交换机必不可少的部分。当ISDN交换机不装备PH时，ISDN以电路连接方式（即X.31建议方式A）和公用分组网互通，ISDN内部的X.25终端相互通信也需要由公用分组网来交换。PH的实现可以放在ISDN交换机内部，也可以放在外部。当PH放在交换机外部时，使用分组处理接入的标准接口PHI。

packet identifier (PID) 包标识符 一种标志传输包的标识符，其作用如同一份文件的文件名。标识符是用户编程时给变量、常量、函数、语句块等命名，以建立起名称与使用之间的关系。标识符通常由字母和数字等字符构成。

packet layer protocol (PLP) 分组层协议 一组应用于网络传输的分组协议，该协议共有十六种分组，其中四种是公共的，另外十二种根据面向连接的同步链路（SCO）和异步无连接链路(ACL)不同链路而不同。每个分组由三部分组成,即接入码(access code)、头(header)、负载(payload)。其中接入码和头字段为固定长度,分别为72位和54位。负载是可变长度,从0～2 745位。一个分组可以仅包含接入码字段(此时为缩短的68位),或者包含接入码与头字段,或者包含全部三个字段。

packet paging channel (PPCH) 分组寻呼信道 移动通信通用分组无线业务(GPRS)网络中的寻呼信道,用来寻呼GPRS被叫用户。

packet random access channel (PRACH) 分组随机接入信道 移动通信通用分组无线业务(GPRS)网络中的接入信道。GPRS用户通过PRACH向基站发出信道请求,用于请求分配单个或多个PDTCH(分组数据业务信道)。

packet retransmission (PR) 分组转发 在互联网络中路由器转发IP分组的物理传输过程与数据报转发机制。根据分组的目的IP地址与源IP地址是否属于同一个子网可分为直接转发和间接转发。

packet switched data network (PSDN) 公共分组数据网络 也称分组交换数据网,一种以分组为基本数据单元进行数据交换的通信网络。它是以分组交换方式交换和传输数据业务的电信网。

packet switched public data network (PSPDN) 分组交换公用数据网 分组交换公用数据是以CCITT的X.25协议为基础的,所以又称为X.25网。X.25网是按分组交换X.25协议标准建立,它采用存储-转发方式,将用户送来的报文分成具有一定长度的数据段,并在每个数据段上加上控制信息在网上传输。分组交换网最突出的优点是在一条电路上同时可开放多条虚通路,为多个用户同时使用,网络具有动态路由选择功能和误码检错功能。

packet switching (PS) 分组[报文]交换 通过标有地址的分组进行路由选择传送数据,使信道仅在传送分组期间被占用的一种交换方式。分组可以任何顺序发送,因为传输开始所发送的控制信息确保了在接收端以正确顺序进行转换。因为每个分组有其自己的控制指令,它可以用任何路由到达目的地。

packet switching exchange (PSE) 分组交换机 分组交换网络中用来组网的核心设备。其中每个PSE由一个唯一数字识别并且包括单个或多个分组交换节点,PSE对应各大城市中心,并且由大带宽的长干线连接。地区编码被赋予最近的PSE,等级中的下一层是节点层次,其中每个节点都由其PSE中的唯一节点数表示。X.25数据终端设备(DTE)数只在服务于该DTE的PSE中知道。

packet switching protocol 分组交换协议 数据终端设备(DTE)与交换网及其各交换节点之间关于信息传输过程、信息格式等的规约。它分为接口协议和网内协议。接口协议是DTE与网络设备之间的通信协议,即UNI协议。网内协议是网络内部各交换机之间的通信协议，即 NNI 协议。

packet terminal (PT)　分组终端　指具有数据终端与交换机之间接口协议(X.25 协议)接口，能直接接入分组交换数据网的数据通信终端设备。它可通过一条物理线路与网络连接，并可建立多条虚拟电路，同时与网上的多个用户进行对话。对于那些执行非 X.25 协议的终端和无规程的终端称为非分组终端，非分组终端须经过分组装拆设备，才能连到交换机端口。通过分组交换网络，分组终端之间，非分组终端之间以及分组终端与非分组终端之间都能互相通信。

packet time　包时间　指媒体包中媒体数据的实际持续时长。

packet timing advanced control channel (PTCCH)　分组定时提前控制信道　属 GRPS 中的控制信道中的分组专用控制信道，有上行分组定时控制信道(PTCCH/U)，在上行信道中用于传送随机突发脉冲以及估计分组传送模式下的时间提前量。以及下行分组定时控制信道(PTCCH/D)，在下行信道中用于向多个媒体交换服务器(MS)传送时间提前量。

packet TMSI (P-TMSI)　分组临时移动用户识别码，分组 TMSI　移动通信系统的分组域用户临时标识符。它为加强系统的保密性而在 GPRS 服务支持节点(SGSN)内分配的临时用户识别，在某一 SGSN 区域内与国际移动用户标志(IMSI)唯一对应。在移动通信 3G 系统中，分为电路域会聚子层(CS)和分组域节目流(PS)。电路域使用临时移动用户标识符(TMSI)和位置区识别码(LAI)来表示用户，TMSI 由 VLR 分配。分组域使用移动用户分组 P-TMSI (packet TMSI)和路由域标识 RAI 来表示用户，P-TMSI 由 SGSN 分配。临时身份 TMSI/P-TMSI 只有在用户登记的位置区和路由区中才有意义。所以，它应该与 LAI 或路由区域识别码(RAI)一起使用。IMSI 和 TMSI 的关联保存在用户登记的拜访位置寄存器 VLR/SGSN 中。

packetized elementary stream (PES)　打包的基本码流　MPEG-2 音视频压缩标准中的术语。为把压缩的音视频包复用成单个码流而进行的一种数据格式化方法。PES 可以是固定长度也可以是可变长度，即将基本码流(ES)根据需要分成长度不等的数据包，并加上包头就形成打包的基本码流(PES)。音频、视频及数字信号经过 MPEG-2 标准压缩和编码后，各自形成的基本码流(ES)并不能直接存储和传输，还要经过数个特设的子系统，形成打包基本码流(PES)后，再形成节目流(PS)和传输流(TS)，然后利用时分复用方式组合成单一的码流进行传输和存储。

packing list　装箱单　发票的补充单据。它列明了信用证(或合同)中买卖双方约定的有关包装事宜的细节，便于国外买方在货物到达目的港时，供海关检查和核对货物，通常可以将其有关内容加列在商业发票上，但是在信用证有明确要求时，就应严格按信用证约定制作。

P

PAD 分组装配和拆卸设备 packet assembly and disassembly device 的缩写；**节目相关数据** program associated data 的缩写。

PAGCH 分组接入应答信道 packet access grant channel 的缩写。

paging 寻呼 ① 指无线寻呼(radio paging)，即由无线寻呼台(中心站)、若干移动寻呼接收机(俗称 BP 机)以及电话网构成无线寻呼系统，寻呼台与电话网相连通。其工作过程：当主叫用户呼叫在外的被叫用户时，可利用普通固定电话机拨出被叫用户的号码，经电话网传送到无线寻呼台，经调制到指定频率由天线发射出去，在寻呼台无线覆盖范围内所有 BP 机都可到该信号，但只有与所叫号码相同的 BP 机才会发出预设的响声并显示主叫号码。无线寻呼提供用户在移动过程中建立通信联系的能力，给人们带来方便。1983 年上海开通中国第一家寻呼台，20 世纪 90 年代中后期在我国得到广泛应用，后被更为方便的移动通信业务所替代。② 指网络通信寻呼(network communication paging)，分为核心网(CN)发起的寻呼和陆地无线接入网(UTRAN)发起的寻呼。CN 发起的寻呼用于建立一条信令连接，当 CN 需要和用户建立连接时，CN 会发起寻呼流程，通过 Iu 接口向 UTRAN 发送寻呼消息。UTRAN 寻呼则将 CN 的寻呼消息通过 Uu 接口上的寻呼过程发送给用户设备(UE)，使得被寻呼的 UE 发起与 CN 的信令连接，建立通信信道。

pair 线对 ① 由两个相互绝缘的导体对绞组成，如 RVS 电缆。② 平衡传输线的两个导体，通常指双绞线对或一个单侧电路。③ 电缆中两两绞合的线。在综合布线系统中，由于线对传输的是超高频信号，有别于电力线的 50 Hz 低频，所以线对的使用有明确的规定，不能随意使用，也不可以随意连接或剪断。

pair seperator (cross) (十字)线对隔离 非屏蔽双绞线内将四对芯线之间的间距加大的构造。其方法是在四个线对之间添加“十”字造型的塑料骨架，使各对芯线之间的电磁干扰性能(如 NEXT、FEXT 等)改善的结构。在六类(Cat.6)和超六类(Cat.6A)非屏蔽双绞线中，由于带宽增加，导致非屏蔽双绞线中各线对之间的电磁干扰加大，采用十字隔离结构后可以使双绞线的性能余量满足工程需要。

PAL 逐行倒相，帕尔制 phase alteration by line 的缩写。

PAM 脉(冲)幅(度)调制 pulse amplitude modulation 的缩写；**可插入认证模块** pluggable authentication module 的缩写。

pan/tilt/zoom (PTZ) 云台全方位控制 对云台全方位(水平或垂直)移动及镜头变倍、变焦控制。

pane 窗格 ① 在 Office 文档中，是指文档窗口的一部分，以垂直或水平条为界限并由此与其他部分分隔开。② 在 Java 中是指布局容器类的概念。

panic button 紧急按钮 紧急按钮开关。在紧急情况下供人触动的开关。在入侵报警和火灾报警系统中作为前端传感器使用，常见安装于住宅卧室床边、卫生间，银行柜台、财务室等场所。根据使用特点，紧急按钮具有手按式、脚踢式之分。在火灾自动报警系统中的手动火灾报警按钮也属于此范畴。

PANID　个域网标识符　personal area network ID 的缩写。

PAP　密码验证[认证]协议　password authentication protocol 的缩写。

parallel earthing conductor (PEC)　平行接地导体　平行于主电缆(mains power cable)或信息技术线缆的接地导体。

parallel optic port　并行光学端口　在一个端口中具有多芯并排传输的特性。如：MPO 光纤连接器属于并行光学端口，在一个端口中并排有十二芯光纤。

parallel plier　平行钳　一种钳口上下平行运动的钳子。对于某些免工具布线模块使用平行钳能大幅度提高效率，减轻劳动强度。

parallel redundant UPS　并联冗余 UPS　用多个并联 UPS 单元来分担负载的不间断电源设备，当单个或多个 UPS 单元故障时，其余的 UPS 可以胜任地承载全部负载。

parallel UPS　并联 UPS　由两个或以上作并联运行的 UPS 单元组成的 UPS。

parallel/serial conversion (P/S)　并串变换　指把一组并行出现的信号元变换成为表示相同信息的一个连续信号元串行序列的过程。

parametric equalizer　参数均衡器　用户可单独控制信号幅度、中心频率或带宽的均衡器。

parental control　家长控制　有线电视系统中设置的一种为家长控制收看电视节目的机制，决定特殊内容是否适合未成年人观看。

park equipment　停车场设施　指用于停车场管理系统中的装置和设备。

parking automation (PA)　停车管理系统　同 parking lots management system。

parking lot　停车场　供停放车辆使用的场地。停车场可分为暖式车库、冷式车库、车棚和露天停车场四类。

parking lot (library) management system　停车场(库)管理系统　同 parking management system。

parking lot management system (PLMS)　停车库(场)管理系统　对进、出停车场的车辆进行出入认证、控制和记录管理的机械电子系统。系统由入口、场区、出口、中央管理四个部分组成。其主要功能为识别车辆特征信息、控制车辆出入、保障停车场安全和有序停车。计费停车场管理系统还具有停车计时、计费的功能。城市大型停车场管理系统还可具有停车引导和反向寻车等更具人性化的功能。目前，车牌识别技术已普遍替代智能卡识别成为出入认证的主流。随着智慧城市的推进，移动互联网云技术普及，利用个人移动通信终端 app 进行停车查询、停车位预约、移动支付等技术手段日益成为智能停车场管理系统新的组成部分。

parking management system (PMS)　停车管理系统　对进、出停车库(场)的

车辆进行记录、出入认证和管理的电子系统。

parse **解析** 指句子或语言的陈述，以确定它们的基本语法成分和语法结构。通常将输入分成小块，并在它们之间建立关系，以便程序对它们进行处理。在数字电视系统中是指由位流获得语法元素的过程。

partial grant **部分授权** 对于数字电视传输通道中的部分内容或部分带宽进行授权。

partial packet discard (PPD) **部分分组丢弃** 当某些条件成立（如队列已满）的时候，丢弃一部分分组（计算机路由中的分组）的策略。

partial parallel UPS **局部并联 UPS** 逆变器并联运行的 UPS，这些逆变器共用一个公共的蓄电池和（或）公共的 UPS 整流器。

partition **分区，划分** ① 磁碟存储器区域划分，可为一台磁碟驱动器赋予多个驱动器符号。② 计算机硬盘分区划分，即将一块硬盘分成几个小的区，以便于管理，如划为 C 盘、D 盘、E 盘。③ 数字电视中对一个集合的划分，分为若干子集，集合中的每个元素属于且只属于某一个子集。

PAS **个人接入系统** personal access system 的缩写；**公共广播系统** public address system 的缩写。

pass box **过路箱[盒]，传递箱** 建筑物内暗配管段之间为方便施工和维护而设的箱（盒）体。

pass criteria **合格判据** 判定工程、系统、产品是否合格的依据。

passive **无源** 修饰或说明没有使用交换电源或电池供电的元器件或装置。

passive 3D **被动 3D** 也称被动三维、被动立体。利用光的偏振技术或器件分离左右眼视像，获得景物立体感。

passive component **无源部件** 不需要使用电源的装置、设备、部件、元件。例如缆线、信息终端模块、插头、插座、光纤连接器、光纤适配器、无源滤波器等。

passive element **无源电路** 不需要使用或配置电源的电路。

passive infrared (PIR) **被动红外** ① 指采用被动红外方式达到安保报警功能的探测器。被动式红外探测器主要由光学系统、热释电传感器（或称为红外传感器）及报警控制器等部分组成。探测器本身不发射任何能量而只被动接收、探测来自环境的红外辐射。一旦有人体红外线辐射进来，经光学系统聚焦就使热释电器件产生突变电信号，而发出警报。② 在门禁系统中，用于探测到特定区域的移动物体，探测器连接到门禁控制系统的 RTE 器件上，用于识别防区内人员外出请求。

passive infrared detector (PID) **被动红外探测器** 常用入侵报警探测器的一种，主要由光学系统、热释电传感器（或称为红外传感器）、报警控制器等部分组成。核心组件热释电传感器，主体是薄膜铁电材料。该材料在外加电场的作用下极化，当撤去外加电场时，仍保持极化状态，称为自发极化。自发极化强度与温度有居里点温度。在居里点温度下，根据极化强度与温度的关系制造成热释电传感器。一定强度红外辐射到达已极化的铁电材料上时，引起表皮温度上升，极化强度降低，表面极化电荷减少，这部分电荷经放大器转变成输出电压。如相同强度辐射继续照射，铁电材料温度稳定在某一点，不再释放电荷，即无电压输出。因此，被动红外探测器在有人入侵时有电压信号输出。在数字化被动红外探测器中，热释电传感器输出的微弱电信号直接输入到一个功能强大的微处理器上，所有信号转换、放大、滤波等都在一个处理芯片内进行，从而提高了被动红外探测器的可靠性。

passive network 无源网络 包含单个或多个无源节点和部件的网络。

passive optical network (PON) 无源光网络 在光接入网中，光线路终端(OLT)和光网络单元(ONU)之间的光分配网(ODN)中不含有任何有源电子器件，全部由光分路器等无源器件组成的网络。PON 的基本原理是在一定的物理限制和带宽限制条件下，让尽可能多的光网络终端来共享局端设备(光线路终端)和馈送光纤。由于在覆盖某地区时这种方案需要的光纤较少，端局的光接口成本较低(一个光接口可服务于整个网络)，因此它被大多数运营商视为实现接入网业务宽带化、综合化改造的理想技术。

passive optical splitter (POS) 无源光纤分光器 也称为无源光纤分路器，是一个连接光线路终端(OLT)和光网络单元(ONU)的无源设备，其功能是分发下行数据并集中上行数据。分光器是将光信号从一条光纤中分至多条光纤中的元件，属于光无源器件。随着宽带需求的不断发展，特别是在实现光纤到户(FTTH)的工程建设中，为充分利用光纤带宽资源减少出局光缆数量，减少线路侧设备端口占用。无源分光器在光纤接入网中将具有举足轻重的作用。所谓“无源”是指光分配网络(ODN)中不含有任何有源电子器件及电源，全部由光分路器等无源器件组成。

passive section 无源部件 指不需要使用电源的部件。通常指自身不需要电源的设备，例如：双绞线、配线架(包括导致配线架中的传输部分)、模块、光纤连接器、跳线(除有源跳线外)等。

passive speaker 无源音箱 指不带功放电路，依靠线路提供的音频功率直接推动的音箱。

passive terminal / active terminal 无源终端与有源终端 传输线路的负载称为终端。不需要电源供给的终端称为无源终端，需要电源供给的终端称为有源终端。如音频系统终端的音箱，只需音频线连接，由音频功率推动的音箱可称为无源音箱，而传输线缆仅提供音频信号，在音箱中嵌有音频信号功率放大的就称为有源音箱，因为此种音箱中音频功率放大电路需要外部提供电源。

password authentication protocol (PAP) 密码验证[认证]协议 一种用于对试图登录到点对点协议(PPP)服务器上的用户进行身份验证的方法。

P

PAP是一种不安全的身份证协议，是一种当客户端不支持其他身份认证协议时才被用来连接到PPP服务器的方法。它需要用户输入密码才能访问安全系统。用户的名称和密码通过线路发送到服务器，并在那里与用户账户名和密码数据库进行比较，这种技术容易受到窃听的攻击，因为密码可以很容易地从点对点协议(PPP)数据包中被读取。

PAT 节目关联表 program association table的缩写。

patch cord 快接跳线 两端带有连接器件的电缆线对或光纤芯线，用于配线设备之间的连接。

patch cord/jumper 跳线 不带连接器件或带连接器件的电缆线对和带连接器件的光纤，用于配线设备之间进行连接。

patch jumper 跳线 两端不带连接器件的电缆线对，用于配线设备之间进行连接。

patch panel (PP) 配线架 也称跳线架、转接面板。布线系统中为适应使用快接跳线而设计的多连接器装配。

patent right 专利权 简称专利。发明创造人或其权利受让人对特定的发明创造在一定期限内依法享有的独占实施权，是知识产权的一种。我国于1984年公布专利法，1985年公布该法的实施细则，对有关事项作了具体规定。

pathway 路径 布线系统中为终端点之间定义的线缆路由。

pathway system 通道系统 亦称通道管理系统、通道控制系统。它对出入通道进行控制和管理，通常由通道闸机、身份识别装置(包括IC卡识别、手机二维码识别、人脸识别等)、传输网络和管理工作站等组成的智能化系统。如城市地铁、机场、铁路大厅配置的用以安检、验票的控制人员出入的系统。

patient monitoring system (PMS) 病人监护系统 医疗建筑中一种以测量和控制病人生理参数，并可与已知设定值进行比较，如果出现超标可发出警报的装置或系统。

patient room 病房 医疗建筑中为病人专设，让病人临时居住的房间。随着社会的不断发展和进步，人类各种疾病和灾难的发生也越来越多，医学涵盖的内容越来越广，医学界也承载着越来越重的任务和责任。病房是医院的一个重要部门之一，是供病人休息养病的场所。

patrol system 巡更系统 亦称电子巡查系统，是管理者考察巡逻者是否在指定时间按巡查路线到达指定地点的一种管理手段。巡逻系统帮助管理者了解巡查人员的表现，而且管理人员可通过软件随时更改巡逻路线，以配合不同场合的需要。巡逻系统既可以用计算机组成一个独立的系统，也可以纳入整个安全监控系统。

pay per channel (PPC) 按频道付费 付费电视节目业务的一种计费方式，用户按收看付费节目频道付费。

pay per event 按事件付费 付费电视节目业务的一种计费方式，用户按点播特定事件的节目付费。

pay per view (PPV) 按次付费 付费

电视节目业务的一种计费方式，用户按点播节目的次数付费。

payload 有效负荷 一般指机器或主动机所克服的外界阻力，对某一系统业务能力所提出的要求（如电路交换台、邮政、铁路），又指物体所承载的重量。负荷也常被引申为资源被占用的比例。**电力负荷** 指导线、电缆或电气设备（变压器、断路器等）中通过的功率和电流。**火灾负荷** 指衡量建筑物室内所容纳可燃物数量的一个参数，是研究火灾全面发展阶段性状的基本要素，即火灾负荷就是建筑物容积所有可燃物由于燃烧而可能释放出的总能量。在建筑物发生火灾时，火灾荷载直接决定着火灾持续时间的长短和室内温度的变化。

payload pointer 负荷指针，有效载荷指针 网络通信中的一个标志同步数字体系（SDH）帧结构中负荷偏离的一个参量。由于网络传输中的干扰和网络边缘抖动因素（类似火车的颠簸），SDH 帧结构中的净负荷（类似于火车车厢中的货物）可能会发生（前后挪动）正负偏离，负荷指针表示了该偏离的具体位置。

payload type (PT) 有效负载类型 亦称净负荷种类，在同步数字体系（SDH）中，指存放在信息净负荷区域内的各种业务信息的类型。

pay-TV 付费电视 有线电视用户需另行付费方可收看的电视节目。

PBCCH 分组广播控制信道 packet broadcast control channel 的缩写。

PBX 程控用户交换机 private branch exchange 的缩写。

PC 物理接触 physical contact 的缩写；**聚碳酸酯** polycarbonate 的缩写。

PCA 认证管理机构 policy certification authorities 的缩写。

PCC 可编程计算机控制器 programmable computer controller 的缩写。

PCF 点协调功能 point coordination function 的缩写。

PCI 外围部件互连 peripheral component interconnect 的缩写。

PCI mezzanine card (PMC) PCI 夹层卡 在以开放的局部总线标准和突出的高速传输性能为特色的 PCI 总线的基础上衍生出的 PCI 夹层卡（PMC），在保持 PCI 总线性能的同时有着更为出色的物理特性，为数字化接收机与个人计算机间数据传输提供了出色的解决方案。夹层卡是一种为嵌入式体系添加以特定效能的有效且普遍应用的方法。因夹层卡是连接在基础卡或载卡上，而不是径直插在背板上，夹层卡可以自在变换。对体系设计人员来说，这意味着既能行灵巧配置，又可以自在升级。

PCM 脉冲编码调制 pulse code modulation 的缩写。

PCN 个人[专用]通信网络 personal communication network 的缩写。

PCnet conference 计算机网络会议 指利用计算机网络举行的远程会议。

PCR 峰值信元速率 peak cell rate 的缩写；**节目时钟基准** program clock reference 的缩写。

PCS 个人通信服务 personal

communication service 的缩写;**个人通信系统** personal communication system 的缩写。

PCU 分组控制单元 packet control unit 的缩写。

PDA 个人数字助理 personal digital assistant 的缩写。

PDC 个人数字蜂窝通信系统 personal digital cellular telecommunication system 的缩写;**个人数字通信** personal digital communication 的缩写。

PDCH 分组数据信道 packet data channel 的缩写。

PDF 便携式文档格式 portable document format 的缩写。

PDH 准同步数字体系 plesiochronous digital hierarchy 的缩写。

PDN 分组数据网络 packet data network 的缩写;**专用数据网络** private data network 的缩写;**公共数据网络** public data network 的缩写;**公用网络** public network 的缩写。

PDP 分组数据协议 packet data protocol 的缩写;**等离子显示器,电浆显示板** plasma display panel 的缩写;**配电盘** power distribution panel 的缩写。

PDR 偏振[极化]分集接收机 polarization diversity receiver 的缩写;**节目音频动态范围** program dynamic range 的缩写。

PDS 个人数字系统 personal digital system 的缩写;**综合布线系统(美国康普公司的综合布线系统品牌名之一)** premises distribution system 的缩写。

PDSN 分组数据支持节点 packet data support node 的缩写。

PDTCH 分组业务数据信道,分组数据业务信道 packet data traffic channel 的缩写。

PE 聚乙烯 polyethylene 的缩写;**保护性接地导体** protective earthing conductor 的缩写。

peak cell rate (PCR) 峰值信元速率 异步传输模式(ATM)网络中通过虚电路的传输单元的最大速率。峰值信元传输率为发送信元的时间间隔最小值的倒数,单位为信元每秒。

peak factor 峰值因数 周期量的峰值对有效值之比。

peak signal to noise ratio (PSNR) 峰值信噪比 一个表示信号最大可能功率和影响它的表示精度的破坏性噪声功率的比值。由于许多信号都有非常宽的动态范围,峰值信噪比常用对数分贝单位来表示。

peak voltage variation 峰值电压变化 峰值电压与此前无扰动波形的相应值之差。

PEC 平行接地导体 parallel earthing conductor 的缩写。

peer-to-peer (P2P) 对等 分布式计算机网络内的一种关系。在网络中的各个处理机功能相等,没有主处理机或中央处理机之别。

peer-to-peer network (P2P network) 对等网络 仅包含与其控制和运行能力等效的节点的计算机网络,也称为点对点网络或 P2P 网络。网络的参与者共享他们所拥有的一部分硬件资源(处理能力、存储能力、网络连接能力、打印机等),这些共享资源通过网络通过服务和内容,能被其他对等节点直接访问而无须经过中间实体。在此网络中的参与者既是资源(服务和内容)提供者,又是资源获取者。

PEM 局部存储器,处理元件存储器 processing element memory 的缩写。

PEN conductor PEN 导体 protective earth and neutral conductor 的缩写。

penetration depth 渗透[穿透]深度 对一个由平面限定的、基本上无限厚的、各向同性的均匀媒质而言,一正弦均匀平面波的电场穿入媒质并沿垂直于表面的方向传播衰减到 1/e 的深度。穿透深度等于波在穿入媒质内的衰减系数的倒数。

per channel input power 每通道输入功率 多路系统内任一单路光通道接收的平均光功率。

per channel optical signal-to-noise ratio 单路光通道光信噪比 多路系统内任一单路光通道的光信号与噪声之比。

per channel output power 每通道输出功率 多路系统内任一单路光通道发射的平均光功率。

performance limit 性能极限值 每一个性能等级中的极限值。产品、工程的设计和实际测试结果应在该性能等级的上下极限范围内,否则就可能是达不到预定性能的要求。

performance parameter 性能参数 产品或系统的性能数据。其包括电气性能、光学性能、机械性能、化学性能等。

performance test instrument 性能测试仪器 同 performance tester。

performance test model (PTM) 性能测试模型 性能测试时的参考模型,它往往是实际应用中的典型情况、大对数情况或者是极限情况,所以使用这样的参考模型进行的测试能够对实际应用的测试结果评估具有参考价值。

performance tester 性能测试仪 对产品、工程的性能进行测试的仪器。如电缆测试仪等。

performance testing 性能测试 评价一个产品或工程是否符合既定性能需求的测试。

perimeter 周界 ① 单位周界指单位与外界环境连接的边界,通常应依据法定手续确定边界。若无法定手续,则按双方约定的实际边界确定。② 公共安全系统中指需要进行实体防护和电子防护的某区域的边界。

perimeter precaution 周界防范 对防护区域的边界采取安全防范的措施。周界入侵报警系统就是利用传感器技术和现代信息技术探测和指示非法入侵防护区域的智能化系统。系统一般由入侵探测器、报警控制设备、系统管理主机及传输网络组成。周界入侵报警系统中常见利用主动红外、微波探测器、电子围栏等在边界形成一道可见或不可见的“防护墙”,一旦入侵者通过或欲通过时,相应的探测器即会发出报警信号送至安保值班室或控制中心,系统管理主机同时发出声光报警信号,并能显示入侵的具体位置。

periodic output voltage variation　输出电压的周期性变化　指输出基波频率或低于基波频率时输出电压幅值的周期性变化。

peripheral component interconnect (PCI)　外围部件互连　1992 年英特尔(Intel)公司设计的一种总线。它是为配合奔腾(Pentium)微处理器工作而提出的 32 位扩展总线。其规范 v2.0 于 1993 年 4 月正式发布，定义较严格，数据线可扩充到 64 位，适用于图形显示等要求高速数据传输的应用场合，并且支持线性突发传输方式，即在突发方式下地址可无限线性递增，包括支持写突发方式。该总线与中央处理器(CPU)无关，可适合各种平台，支持多处理机的并行工作，支持自动配置，支持即插即用，不需要开关或跳线设置，支持 3.3V 工作电压。

peripheral unit (PU)　外围单元[设备]　计算机系统中除主机外的其他设备和装置。它包括输入输出设备、外存储器、打印机等。

permanent link (PL)　永久链路　综合布线系统中安装完成后永远不会改变传输链路，由缆线及端接在缆线两端的连接器件组成。它包含可能存在的集合点链路(CPL)，但不包含两端跳线。

permanent project　永久性工程　在建筑工程中是指使用年限在五十年以上，并且能够保持其原基本性能的建筑或设施。

permanent virtual circuit (PVC)　永久虚拟线路　也称永久虚电路。① 指一种不需要由用户发起建立和清除的虚电路，是通过面向连接网络的连接。PVC 能接收计算机的重新自举或电源的波动，从这个意义上说它是永久的。PVC 是虚拟的，因为它是将路径放在路由表中，而不是建立物理连接。② 两个数据终端之间存在的永久性连接，是点对点连接的线路，不经过交换电路。PVC 只能传送数据、复位信号、中断和信息流控制包。③ 在每个数据终端设备(DTE)上，具有永久分配给他的逻辑通道的一种虚拟线路。不需要呼叫建立协议，从而取消呼叫的建立进程和释放过程。

permanent virtual connection (PVC)　永久虚连接　在异步传输模式(ATM)中提供的虚拟通道连接(VCC)或虚拟路径连接(VPC)。它可以是点到点的、点到多点的或者多点到多点的 VCC 或 VPC。

permanent wall　永久墙　在建筑中永远不会拆除的墙。建筑内的隔断墙不属于永久墙，因为它在二次装修、大修时将会被拆除。

permanently connection equipment　永久连接式设备　安装投入使用后不予移动且不改变连接关系的设备。如用螺钉、接线端子与建筑物电源的配电线相连接的 UPS。

permeability　磁导率　材料磁特性的衡量尺度。常用符号 μ 表示，μ 为介质的磁导率，或称绝对磁导率。μ 等于磁介质中磁感应强度 B 与磁场强度 H 之比。在国际单位制(SI)中，磁导率 μ 的单位是亨利每米(H/m)。

P

permit 许可证 从事某种非所有人都有权涉及的行为或事件，须由国家或相关权力机构授予专门许可的证明文件，如进口许可证、安全生产许可证等。经营互联网信息服务业务须有ISP(互联网服务提供商)许可证和ICP(互联网内容提供商)许可证。ISP许可证是指提供互联网接入服务的单位，是增值电信业务中的移动网信息服务业务资质。ISP许可证可分为全网ISP许可证、地网ISP许可证。经营性网站应办理ICP许可证，否则就属于非法经营。

permitted frequency deviation of optical input interface 光输入口允许频偏 光通信系统中是指同步数字体系光输入口允许频率偏移的最大值。

personal access system (PAS) 个人接入系统 个人接入通信系统。个人接入通信系统是美国的数字无绳电话系统的标准，系统原型为美国Bellcore提出的通用个人通信系统(PCS)，称为无线接入通信系统(WACS)，后由摩托罗拉公司将WACS与日本个人无绳市话系统(PHS)结合，起草了个人选址通信影像归档与通信系统(PACS)空中接口标准。1995年2月由JTC公布。市场的侧重点是无线用户环路系统(WLL)。

personal area network ID (PANID) 个域网标识符 用来区分不同的ZigBee网络。由协调器通过选择网络信道及PANID来启动一个无线网络。

personal authentication key 个人身份验证密钥 服务器端和用户共同拥有一个或一组密码。当用户需要进行身份验证时，用户通过输入或通过保管有密码的设备提交由用户和服务器共同拥有的密码。服务器在收到用户提交的密码后，检查用户所提交的密码是否与服务器端保存的密码一致，如果一致，就判断用户为合法用户。如果用户提交的密码与服务器端所保存的密码不一致，则判定身份验证失败。

personal communication network (PCN) 个人通信网络 支持个人通信业务(PCS)的任何固定和移动通信网，如公用交换电话网(PSTN)、综合业务数字网(ISDN)和公共陆地移动电话网(PLMN)。**专用通信网** 指利用比蜂窝式移动电话区间间隔更小的微蜂窝无线传输方式的廉价的分组传输电话系统。

personal communication service (PCS) 个人通信服务 通信系统试图满足用户对所有通信的需求。在现阶段用户可利用接入点接入固定的通信网，以终端号码进入移动通信网。但PCS将对每一个PCS用户分配一个个人通信号码(PTN)。

personal communication system (PCS) 个人通信系统 以个人计算机及工作站为终端实现通信的网络系统，通信网络可以是综合业务数字网(ISDN)、数字数据网(DDN)或专用卫星网络(PSCN)。

personal digital assistant (PDA) 个人数字助理 集中了计算、电话、传真、网络等功能于一体的一种手持设备，也称移动式计算机，具有手写输入和无线电通信功能。

personal digital cellular (PDC) telecommunica-tion system 个人数字蜂窝通信系统 蜂窝移动电话系统，在移动通信中处于统治地位，是目前应用最广泛、用户量最多、与人们日常生活最紧密的移动通信系统。它的特点是把整个大范围的服务区划分成许多小区，每个小区设置一个基站，负责本小区各个移动台的联络与控制，各个基站通过移动交换中心相互联系，并与市话局连接。

personal digital communication (PDC) 个人数字通信 在允许个人移动性的情况下获取电信业务。它能使每个用户享用一组由用户规定的预定业务，并利用一个对网络透明的个人号码，跨越多个网络，在任何地理位置、在任何一个固定或移动的终端上发起和接收呼叫。它只受终端和网络能力以及网络经营者的规定限制。所谓个人移动性是指一个使用者根据一个个人识别标志，在任何一个终端上获取电信业务的能力，以及网络根据使用者的业务档案提供所需电信业务的能力。

personal digital system (PDS) 个人数字系统 由国际商业机器公司(IBM)推出的具有内存和智能卡插槽以及蜂窝式电话的个人数字助理。智能卡使 PDS 的功能扩展到可发送传真、听收音机甚至拍照。

personal handphone system (PHS) 个人手持电话系统，双向无绳电话系统(日本) 即无线市话业务，俗称小灵通。它以无线的方式接入固定电话网，使传统意义上的电话不再固定在每个位置，使用户可以在网络覆盖区域内，自由移动拨打本地电话和国内、国际长途电话，是固定电话的有效延伸和补充。

personal identification number (PIN) 个人身份识别码 ① 用户在远地终端传输信息或完成任务之前所键入的标识自己唯一性的数字。② 通信系统为确认用户的正确性，在用户标识模块(SIM)卡与用户间鉴权的私密信息。③ 通过键盘输入，门禁系统识别进出人员身份的一种方式。

personal number (PN) 个人号码 通信系统中的个人号码是指用户被呼叫时使用的单一电话号码。拥有个人号码的用户能指派所有对该号码的呼叫转移到任意其他号码(包括语音信箱)。

personal telecommunication number (PTN) 个人通信号码 用来唯一地标识每一个人通信业务(PCS)用户，在 PTN 有效期间，该用户可在任何地点、任何终端上使用同一 PTN 或转换到另一个业务提供者。

personal well-being 个人健康 施工人员的健康。由于工地环境中可能会存在各种不利于实体健康的因素，故此施工组织者应把施工人员的健康作为管理的重要组成部分看待。

personnel protection 人力防范 简称人防，执行安全防范任务的具有相应人员或人员群体的一种有组织的防范行为，包括人、组织、管理等。

PES 打包的基本码流 packetized

elementary stream 的缩写。

PES packet header PES 包头 MPEG-2 标准中从 PES 引导区到填充字节区之前的码字。

PES stream PES 码流 MPEG-2 标准中由 PES 包组成的码流，其中全部有效数据由单一基本码流的数据组成。

PFA 故障预警分析 predictive failure analysis 的缩写。

PFC 功率因数校正 power factor correction 的缩写。

PGP 优良密保(协议) pretty good privacy 的缩写。

PH 分组处理器 packet handler 的缩写。

phase alternating by line (PAL) 逐行倒相，帕尔制 由西德(德意志联邦共和国在两德统一前的简称)于 1962 年制定的彩色电视广播标准。它采用逐行倒相正交平衡调制的技术方法，克服了 NTSC 彩色电视制式相位敏感造成色彩失真的缺点。逐行倒相的意思是每行扫描线的彩色信号与上一行倒相，以便自动纠正在传播中可能出现的错相。于 1967 年正式用于电视广播。PAL 制式中根据不同的参数细节，又可以进一步区分为 G、I、D 等制式。其中，PAL-D 制是我国大陆采用的彩色电视制式。除了北美、东亚部分地区使用 NTSC 制式，中东地区、法国及东欧地区采用 SECAM 制式以外，世界上大部分地区的彩色电视都采用 PAL 制式。

phase angle 相位角 简称相角，又称相位。某一物理量随时间(或空间位置)作正弦或余弦变化时，决定该量在任一时刻(或位置)状态的一个数值。如交流电压 $u=U_{\mathrm{m}}\sin(\omega t+\varphi)$，在不同时刻的电压决定于 $(\omega t+\varphi)$ 的数值，$(\omega t+\varphi)$ 就称相位。当 $t=0$ 时，φ 称为初相角也称相位角。

phase error 相位误差 在 NTSC 制彩色电视中指一个在色彩副载波信号中的相位变化，其中它的定时信号已经移出原有相位，也就是发生在与原始的信号不同的时刻。

phase shift keying (PSK) 相移键控 一种用载波相位表示输入信号信息的调制技术。移相键控分为绝对移相和相对移相两种。以未调载波的相位作为基准的相位调制叫作绝对移相。以二进制调相为例，取码元为“1”时，调制后载波与未调载波同相；取码元为“0”时，调制后载波与未调载波反相；“1”和“0”时调制后载波相位差 180°。

phone panel 语音配线架 ① 综合布线系统中用于传输电话信息的配线架，其传输等级一般在五类以下，有些没有传输等级。② 工程设计时定义某些配线架专门用于传输电话信息。

phosphatize 磷化 将工件(钢铁、铝或锌工件)浸入磷化液(某些酸式磷酸盐为主的溶液)，在表面沉积形成一层不溶于水的结晶型磷酸盐转换膜的过程。

phosphor bronze alloy 铜磷合金，磷青铜 一种以锡和磷作为主要合金元素的青铜。其含有 2%～8% 锡，0.1%～0.4%磷，其余为铜。在工业

P

上主要用作耐磨零件和弹性元件。板和条用于电子、电气装置用弹簧、开关、引线框架、连接器、振动片、膜盒、保险丝夹、衬套等,特别是用于要求高性能弹性的弹簧。铸件用于齿轮、蜗轮、轴承、轴衬、套筒、叶片、其他一般机械部件。在综合布线系统中,常用于制造 RJ45 模块中的金针。

photocoupler 光(电)耦合器 以光作为介质传输信号的器件。它的输入端配置发光源,输出端配置受光器,两者装在同一个管壳内,面对面放置。输入端加电信号后,发光源开始发光。受光器受到光照后,由于光敏效应而产生光电流,从输出端输出。从而实现以光为介质的信号传输,而器件的输入与输出两端在电气上是绝缘的。它主要用于输入与输出两端之间要传输信号,同时需要电气隔离的场合(如计算机过程控制系统、智能化机床电器、医用电子设备等),作为电路系统的隔离、开关和噪声抑制器件。其主要参数是电流传输比、开关速度、导通电阻和绝缘电压。

photodetector 光探测器 使用光电转换器件,将光的强度转换成为电信号以作检测用的装置或部件。

photoelectric 光电的 光与电之间变换的形式,包括数码相机的光电成像、信息传输的光电转换、报警系统的警灯等。

photoelectric beam detector 光束遮断式感应器 一种基于光束遮挡原理的探测传感器。在周界入侵报警系统中应用的主动红外探测器就属于光束遮断式感应器。

photoelectric converter 光电转换器 ① 又名光纤收发器,一种将短距离的双绞线电信号通信和长距离的光信号通信进行互换的以太网传输媒体转换单元。产品一般应用在以太网电缆无法覆盖且需要使用光纤来延长传输距离的实际网络环境中。② 一种类似于基带数字调制解调器的设备,和基带数字调制解调器不同的是接入的是光纤专线,是光信号,分为全双工流控和半双工背压控制两种。

photoelectric encoder 光电编码器 一种通过光电转换将输出轴上的机械几何位移量转换成脉冲或数字量的传感器。光电编码器由光栅盘和光电检测装置组成。光栅盘是在一定直径的圆板上等分地开通若干个长方形孔。由于光电码盘与被测轴同轴,被测轴旋转时,光栅盘与被测轴同速旋转,经光电元件组成的检测装置检测输出脉冲信号,通过计算每秒光电编码器输出脉冲的个数就能反映当前被测轴的转速。光电编码器根据其刻度方法及信号输出形式,可分为增量式、绝对式以及混合式三种。

photoelectric imaging technology 光电成像技术 利用光电器件、装置和系统将客观景象转变为视频信息以及将视频信息还原成可视图像的技术。它主要包括符合人眼视觉要求的光电转换技术、图像信息存储技术、图像分解与传输技术及图像复原显示技术四类。如今,光电成像技术已经广泛应用于人们日常生活、国民经济、国防建设等领域，是人类文明和社会发展的需要。

photoelectric integrated machine 光电整机 光电设备的整机或完整的系统而非部件，一般是指硬件设备。

photoelectric isolation 光电隔离 亦称光电耦合，简称光耦。以光为媒介传输电信号的技术，以此技术原理制成的装置称为光电隔离器或光电耦合器。光电耦合器包括光发射、光接收及光放大三个部分。光发射部分由电信号驱动发光器件(常见有发光二极管)发出一定波长的光信号，光接收部分通过接收器件接收光信号并还原为电信号，光放大部分通过光放大器增强光信号功率强度。由于光信号在光纤中传输不但距离远，且不受电磁干扰，运用光电隔离技术装置将使输入、输出电路之间予以隔离，使得整个系统具有良好的电绝缘能力和抗干扰能力，而光耦合器件的输入端属于电流型工作的低阻器件，具有很强的共模抑制能力。所以，光电隔离器在长距离传输中作为终端隔离元件可以大大提高系统的信噪比，在计算机数字通信及实时控制系统中作为信号隔离的接口器件，可以大大增加计算机工作的可靠性。

photoelectric sensor 光电传感器 采用光电元件作为检测元件的传感器。它首先把被测量的物理变化量转换成光信号的变化，然后借助光电元件进一步将光信号转换成电信号。光电传感器一般由光源、光学通路和光电元件三部分组成。

photoelectric switch 光电开关 光电传感器的一种。它是利用被检测物对光束的遮挡或发射，由同步回路选通电路，从而检测物体有无的。光电开关将输入电流在发射器上转换成光信号射出，接收器再根据接收到的光线的强弱或有无对目标物体进行探测。光电开关可分为对射型、漫反射型、镜面反射型、槽式光电开关、光纤式光电开关等。

photonic cross connect (PXC) 全光交叉连接 ① 采用全光交叉连接核心的通信交叉连接技术。它的主要优点是容量大，体积功耗小，业务透明性好，结构相对简单。② 一种能在不同的光路径之间进行光信号交换的光传输设备。光交叉连接也有空分、时分、波长交叉等不同方式。

photovoltaic cables for electric power 光伏电缆 也称太阳能电缆，用于太阳能光伏发电系统的电缆。由于太阳能发电系统一般安装在野外，故这种电缆需耐高温，承受更大范围的温度变化(例如：从−40℃至125℃)，且耐风雨性，耐紫外线和臭氧侵蚀性、压力、弯折、张力、交叉拉伸载荷及强力冲击。通常要求其使用寿命是橡胶电缆的八倍，是PVC电缆的32倍，使用寿命应达到20～30年或30年以上。

photovoltaic generation device 光伏发电设备 无须通过热过程直接将光能转变为电能的发电设备。它的主要部件是太阳能电池、蓄电池、控制器和逆变器。其特点是可靠性高，使用寿命长，不污染环境，能独立发电又能并网运行。

PHS 个人手持电话系统，双向无绳电话系统（日本） personal handphone system 的缩写。

physical (PHY) 物理 研究物质运动最一般规律和物质基本结构的学科。作为自然科学的带头学科，物理学研究大至宇宙，小至基本粒子等一切物质最基本的运动形式和规律，因此成为各自然科学学科的研究基础。它的理论结构充分地运用数学作为自己的工作语言，以实验作为检验理论正确性的唯一标准，它是当今最精密的自然科学学科之一。**物理层** 计算机网络 OSI 模型中最低的一层。物理层规定：为传输数据所需要的物理链路创建、维持、拆除，而提供具有机械的、电子的、功能的和规范的特性。简单地说，物理层确保原始的数据可在各种物理媒体上传输。局域网与广域网分别属于第一、第二层。物理层是 OSI 的第一层，它虽然处于最底层，却是整个开放系统的基础。物理层为设备之间的数据通信提供传输媒体及互联设备，为数据传输提供可靠的环境。

physical channel 物理信道 由物理实体介质构成的信道。

physical circuit 物理线路 指用硬件而不是多路复用电路建立的通信线路。

physical construction 物理构造 产品中的材料、结构组合及参数。如光纤光缆中的纤芯、包层直径等。

physical contact (PC) 物理接触 泛指多个实体之间在空间上的接触。

physical damage 物理损害 物品（物体）表面、结构等因外力因素受到破坏的一种现象。

physical keying 物理锁键 用于锁定光纤的极性、连接器、防尘盖的构件。

physical layer convergence protocol (PLCP) 物理层会聚协议 IEEE 802.6 定义的协议，用于异步传输模式（ATM）的 DS3 传输，将 ATM 信元封装成 125 μm 的帧。

physical layer media dependent (PLMD) 物理层相关媒体 计算机网络物理层所使用的传输介质，如双绞线（非屏蔽或屏蔽）、光纤光缆、同轴电缆等。

physical length 物理长度 用米尺等计量工具计量得到的长度。在布线工程的现场测试时，可以通过对电波或光波在缆线中传播时间的换算得到缆线的网络长度。

physical media dependent (PMD) 物理层相关媒体 同 physical layer media dependent。

physical medium dependent sublayer 物理介质相关子层 在异步传输模式（ATM）网络中，定义最低层参数的子层，定义的参数如媒体的位速率。

physical protection 实体防范 简称物防。用于安全防范目的、能延迟风险事件发生的各种实体防护手段，包括建（构）屏障、器具、设备、系统等。

physical resolution 物理分辨率 液晶屏固有的参数，不能调节。它指液晶屏最高可显示的像素数，表示方法与分辨率相同。一般来讲物理分辨率的大小可直接决定屏幕的最高分辨率，分辨率不会大于物理分辨率。

P

Physical Security Interoperability Alliance (PSIA) **物理安防互操作性联盟** 安防厂商和系统集成商组成的全球性联盟,致力于推动整个安防生态系统及 IP 功能的安全设备和系统的互操作性。

physical separation **物理间隔[分离]** 采用物理方法形成的间距。例如,综合布线系统的六类双绞线中的十字隔离使四个线对彼此增加了间距。

PI controller **比例积分控制器** 一种线性控制设备,根据给定值与实际输出值构成控制偏差,将偏差的比例和积分通过线性组合构成控制量,对被控对象进行控制。

picture **图像** ① 描绘的、摄影的或在平面上再现的人、物或概念的直观表现。② 在电影或电视中的帧图像。**模式** 在程序设计中,编码时用于修改域中各字符的一串字符。在模式中的字符和域中的字符之间具有对应关系。

picture definition **图像清晰度** 人们能觉察到的图像细节清晰程度,用电视线表示。

picture element **像素** 同 pixel。

picture jitter **图像晃动** 电视中因同步不准而产生的图像蠕动或无规则的移动。

picture reordering **图像重排序** 若解码顺序和输出顺序不同,对解码图像进行重排序的过程。

picture resolution **图像分辨率** 表征图像细节的能力。即指图像中存储的信息量,是每英寸图像内有多少个像素点,分辨率的单位为 PPI(像素每英寸)。

picture roll **图像滚动** 由于电视接收机扫描系统场频和信号的场频之间不同步而导致的重现图像明显的垂直位移或移动。

picture slip **图像滑动** 重现图像出现了明显的移动或水平位移。

picture transfer protocol (PTP) **图片传输协议** 一种图像传输标准。PTP 是最早由柯达公司与微软协商制定的一种标准,符合这种标准的图像设备在接入 Windows XP 系统之后可以很好地被系统和应用程序所共享,尤其在网络传输方面,系统可以直接访问这些设备,用于建立网络相册时图片的上传,网上聊天时图片的传送等。

picture-in-picture (PIP) **画中画** 可以在电视机屏幕同时显示两个图像。其中一个小尺寸图像叠加在另一个全屏图像上。

picture-sound desynchronization **声画失调** 电视图像和伴音显示时间不同步。

picture-sound lag **声画延迟** 视频图像和伴音或声音之间因信号处理或传输问题而形成的时间延迟。

PID **被动红外探测器** passive infrared detector 的缩写;**比例、积分、微分** proportional integral derivative 的缩写;**包标识符** packet identifier 的缩写。

pigtail **尾纤** 一端带有光纤连接器插头的单芯、双芯或多芯光缆。

pilot sub-carrier **导频子载波** 为 CDMA 网内基站切换的导频信道中的一个子信道。导频信道使得用户站能够获得前向码分多址信道时限，提供相干解调相位参考，并且为各基站提供信号强度比较手段借以确定何时进行切换。子载波就是多载波通信中的一个子信道。

PIM 独立于协议的多播 protocol independent multicast 的缩写。

PiMF 对对铝箔屏蔽 每一个线对都用覆塑铝箔包裹的屏蔽方式，同时在铝箔的导电面旁附有一根铜导线，以确保屏蔽层导电通路畅通。

PIM-SM 稀疏模式独立组播协议 protocol independent multicast-sparse mode 的缩写。

pin 插针 一种单根金属体组合而成的成排排列的连接件，有对应的插座。如电脑主板上的双排插针等。**引脚** 计算机芯片外壳上伸出的部分，用来将芯片插在电路板的插座上或直接插接在电路板上。

PIN 个人身份识别码 personal identification number 的缩写；**节目片段码** program item number 的缩写。

pin tumbler lock 弹子锁 亦称弹珠锁、珠锁、锁簧锁或销栓锁，一种常用的锁具。它使用多个不同高度的圆柱形零件(称为锁簧、弹子或珠)锁住锁芯，当放入正确的钥匙，各锁簧被推至相同的高度，锁芯便被释放。现代弹子锁的结构又有新的发展，出现双向弹子、三向弹子、四向弹子、母弹子等多种结构，以及平面、双面、多面、双排双面、多排多面弹子结构和组合弹子结构，从而大大提高锁的保密性能，使锁的编号由原有的 2 500 种通过“向”“面”的变化达到百万种之多。

pinhole camera 针孔摄像机 超微型摄像机。其拍摄孔径如同针孔，摄像头的大小约为一元硬币大小。由于针孔摄像机体积极为细小，大多被应用于记者暗访调查、公安的暗访取证等场合。

pin-pair assignment 引脚分配 集成电路、插座的管脚或引脚的功能分配或排列顺序分配。

PIP 画中画 picture-in-picture 的缩写。

pipe 管道 ① 进程间传递信息用的一块内存，通过它可连接两个进程，使其中一个进程的输出成为另一个进程的输入。② 在 UNIX 操作系统中的命令，将一个命令的输出结果传递另一个命令作为输入参数。

pipe bender 弯管机 用于弯管的机器，大致分为数控弯管机、液压弯管机等，应用于电力施工、公铁路建设、桥梁、船舶等方面管道铺设及修造。

pipe of leading to ground 引地管道 通信管道的人(手)孔至地上建筑物外墙、电杆或室外设备箱间的连接管道。

pipeline 管路，流水线 ① 处理器的串行排列，或处理器内部寄存器的串行排列，每个处理器或寄存器执行一个任务的一部分，然后把结果传递给下一个处理器，这样可同时执行同一任务。② 在 NET Framework 外接程序编程模型中表示在外界程序与其宿主之间交换数据的管线段的线性通信模型。③ 在一条指令顺序执行完之前开始执行下一条指令，以提高执行速度。④ 安装工程中由管道组成的线路通道。

pipeline gas fire extinguishing system 管网气体灭火系统 气体灭火系统的气体灭火剂储存瓶平时放置在专用钢瓶间内，通过管网连接，在火灾发生时，将灭火剂由钢瓶间输送到需要灭火的防护区内，通过喷头进行喷放灭火。

pipeline laying 管路敷设 对管道的安装操作或安装过程。

pipeline sampling suction smoke fire detector 管路采样吸气式感烟火灾探测器 通过空气采样管把保护区的空气吸入探测器进行分析，从而进行火灾的早期预警的火灾自动报警探测传感器。

piping assembly 配管 即线管敷设，建筑工程中用于电路敷设和对线缆的保护。配管包括电线管、钢管、防爆管、塑料管、软管、波纹管等，按其敷设方式分为明配管和暗配管，配置形式还包括吊顶内、钢结构支架、钢索配管、埋地敷设、水下敷设、砌筑沟内敷设等。

piping system 管道系统 由管道、连接件和固定件组成的传输流体或敷设线缆用的系统。

PIR 被动红外 passive infrared 的缩写。

piston wind 活塞风 地铁轨道交通中，地铁运营时使得隧道内空气压缩或膨胀而引起的空气流通、排气和通风等。

pitch 音高 人耳对声音的主观感觉，感知频率度量的声音特性或乐音特性。**节距** 用于等宽字体的测量单位，表示水平方向上一英寸的字符数。

pixel 像素，像元 ① 计算机制图技术中，显示面上能独立被赋予色彩和亮度的最小元素，对这些元素可进行灰度等级、颜色和亮度的调整。② 能被有效复制到记录媒体上的最细小的区域。③ 光栅的一个元素，在它周围光电导体上能出现着色区。

pixel defect 像素缺陷 显示屏的某些像素不能正常工作的现象。按照 ISO 13406-2 规定，像素缺陷分为三类。第一类为常亮点，第二类为常暗点，第三类为介于常亮点和常暗点之间的非正常像素点。

pixel density 像素密度 显示屏幕每平方米所具有的像素点数，单位是 dot/m^2。数值越大，清晰度越高，画面越细腻。

pixel pitch 像素中心距，像素间距 相邻像素中心之间的距离。

pixelation 像素化 将图像分成一定的区域，并将这些区域转换成相应的色块，再由色块构成图形，类似于色彩构图。在数字电视系统中是一种图像(视频)处理方法或压缩失真的表现形式，相邻的像素组被相同亮度和色彩的矩形替代而使图像看上去镶嵌着一个个不同色彩的方格。

PKC 公钥证书 public key certificate 的缩写。

PL 永久链路 permanent link 的缩写。

place 场所 特定的人或事所占有的

环境的特定部分，或特定建筑物或公共空间活动处所。

place of origin 原产地 来源地、由来的地方。商品的原产地是指货物或产品的最初来源，即产品的生产地。进出口商品的原产地是指作为商品而进入国际贸易流通的货物的来源，即商品的产生地、生产地、制造或产生实质改变的加工地。

plain old telephone service (POTS) 老式电话服务 ① 提供已经过时的电话业务。② 将已经过时的电话接入现行系统中的服务。

plan 平面图 建筑工程中是指建筑平面图，是将建筑物或构筑物的墙、门窗、楼梯、地面及内部功能布局等建筑情况，以水平投影方法和相应的图例所组成的图纸。弱电工程中的平面图是在建筑平面图基础上标注弱电系统设备和相关辅助设施安装部位、安装方式，标明线缆敷设路由、方式，线缆类型和数量等工程要素。

planning and installation 规划和安装 从规划到安装的全过程。犹如完整的弱电工程，需要规划、设计、安装、调试等环节的完整实施。

plasma display panel (PDP) 等离子显示器，电浆显示板 一种利用气体放电所产生的真空紫外线来激励彩色荧光粉的显示器。它采用等离子管作为发光元件，每一个等离子管对应一个像素，屏幕以玻璃作为基板，基板间隔一定距离，四周经气密性封装成一个个放电空间。放电空间内充入氖、氙等混合惰性气体作为工作媒质。在两块玻璃基板的内侧面涂有金属氧化物导电薄膜作激励电极。当向电极上加入电压时，放电空间内的混合气体便发生等离子放电现象，放电产生的紫外线激发荧光屏，荧光屏发射出可见光，显现出图像。当使用涂有三原色荧光粉的荧光屏时，紫外线激发荧光屏所发出的光则呈红、绿、蓝三原色。当每一原色单元实现256级灰度后再进行混色，便实现彩色显示。

plastic cable support system 塑料电缆桥架 一种采用塑料制品制成的电缆桥架，具有耐腐蚀、寿命长、耗能低、安装方便等特点。

plastic housing 塑料外壳 使用工程塑料制成的器件、装置、设备的外部壳体。

plastic insulated control cable 塑料绝缘控制电缆 适用于交流额定电压450/750 V及以下自动控制或监测系统、电器仪表连接等场合用的传输线。

plastic optical fiber (POF) 全塑[塑料]光纤 由高透明聚合物如聚苯乙烯(PS)、聚甲基丙烯酸甲酯(PMMA)、聚碳酸酯(PC)作为芯层材料，聚甲基丙烯酸甲酯(PMMA)、氟塑料(fluoroplastie)等作为皮层材料的一类光纤(光导纤维)。不同的材料具有不同的光衰减性能和温度应用范围。塑料光纤不但可用于接入网的最后100～1 000 m，也可以用于各种汽车、飞机等运载工具上，是优异的短距离数据传输介质。它是用一种透光聚合物制成的光纤。因为可以利用聚合物成熟的简单拉制工艺，故

P

成本比较低，且比较柔软、坚固，直径较大(约达 1 mm)，接续损耗较低。

plastic spray **喷塑** 将塑料粉末喷涂在零件上的一种表面处理方法。喷塑也就是我们常讲的静电粉末喷涂涂装，其处理工艺是 20 世纪 80 年代以来国际上采用较为普遍的一种金属表面处理的装饰技术。该技术与普通喷漆表面处理相比，优点体现在工艺先进、节能高效、安全可靠、色泽艳丽等方面。因此，常常被应用于轻工、家用装修领域。其工作原理在于将塑料粉末通过高压静电设备充电，在电场的作用下，将涂料喷涂到工件的表面，粉末会被均匀地吸附在工件表面，形成粉状的涂层。粉状涂层经过高温烘烤后流平固化，塑料颗粒会融化成一层致密的效果各异的最终保护涂层，牢牢附着在工件表面。

plastic sub-pipe **塑料子管** 在室外管道中敷设缆线用的塑料管。在室外管道中缆线敷设要求每一根管道内敷设一根缆线，以免缆线缠绕导致无法添加或抽出。当把塑料子管先装入地下管道中后，每一根塑料子管中都可以敷设一根缆线。由于室外光缆的缆径大多不超过 20 mm，所以在工程中经常选用 32 mm 的塑料子管。

plastic tape **塑胶带** 使用塑料材质制成的胶带，如电工中的塑料绝缘胶带等。

platform **站台** 车站等场所上下乘客或装卸货物用的平台。

play range **播放区域** 通常指公共广播或消防紧急广播系统播音抵达的范围。

playout system **播出系统** 按照广播节目播出计划定时播送现场直播、录播和转播节目的系统。

PLC **电力线载波通信** power line carrier 的缩写；**可编程逻辑控制** programmable logic control 的缩写；**可编程逻辑控制器** programmable logic controller 的缩写。

PLC-BUS **电力线通信总线技术** 一种高稳定性及较高性价比的双向电力线通信总线技术，它主要利用已有的电力线来实现对家用电器及办公设备的智能控制。

PLCP **物理层会聚协议** physical layer convergence protocol 的缩写。

plesiochronous digital hierarchy (PDH) **准同步数字体系** 为在双绞线中更有效地传播数字化声音而开发的标准，采用的速率为(DS-0)的 64 kbps 的倍数。

PLMD **物理层相关媒体** physical layer media dependent 的缩写。

PLMN **公共陆地移动网** public land mobile network 的缩写。

PLMS **停车库(场)管理系统** parking lot management system 的缩写。

PLMT **电力负荷管理终端** power load management terminal 的缩写。

PLP **分组层协议** packet layer protocol 的缩写。

plug **插头** 电子产品的连接头与电气用品的插销。计算机网络系统中的“水晶头”是插头中的一种，学名叫 RJ45 插头。

plug and play (PnP) **即插即用** 计算

机一种硬件功能的术语，指在计算机上加上一个新的外部设备时，能自动侦测与配置系统的资源，而不需要重新配置或手动安装驱动程序。PnP会在每次系统启动时自动侦测及配置。因此，必须先关闭计算机电源，才能安装PnP设备到扩展槽中。现代的“即插即用”一词又加上了热插拔的意义，它是一个类似的功能，允许用户在电源打开的状态下，直接新增或移除硬件设备，例如USB或IEEE 1394。

plug insertion life　插拔寿命　指厂商规定的连接件能正常使用的插拔次数。

plug-and-play (PnP)　即插即用　同plug and play。

pluggable authentication modules (PAM)　可插入认证模块　一套提供了一连串的验证机制的应用程序编程接口。PAM作为一个验证机制，可以被其他程序调用，因此无论什么程序，都可以用PAM来验证。它让账号和密码或者是其他方式的验证有一致性的结果，方便程序员处理验证问题。PAM用来验证的数据成为模块，它有很多模块，每个模块的功能有所区别，有的功能涉及验证账户存在性，有的涉及验证密码正确性，有的涉及验证新建密码可靠性，等等。

pluggable UPS-type A　A型插接式UPS　UPS与建筑物中电源的连接是通过非工业用插头和插座，或应用连接器，或两者皆用。

pluggable UPS-type B　B型插接式UPS　通过工业插头和插座与建筑物中电源相连的UPS。

plug-in module　插件　①一种遵循一定规范的应用程序接口编写出来的程序。其只能运行在程序规定的系统平台下(可能同时支持多个平台)，而不能脱离指定的平台单独运行。②接插件，即用于工程连接的连接器。

PMC　PCI夹层卡　PCI mezzanine card的缩写。

PMD　物理层相关媒体　physical media dependent的缩写；**偏振[极性]模色散**　polarization mode dispersion的缩写。

PMO　项目管理办公室　project management office的缩写。

PMP　项目管理计划　project management plan的缩写。

PMS　停车管理系统　parking management system的缩写；**病人监护系统**　patient monitoring system的缩写。

PMT　节目映射表　program map table的缩写。

PN　个人号码　personal number的缩写。

PnP　即插即用　plug and play的缩写；**即插即用**　plug-and-play的缩写。

POE　以太网供电，有源以太网　power over Ethernet的缩写。

POF　全塑光纤[塑料]光纤　plastic optical fiber的缩写。

point coordination function (PCF)　点协调功能　一种协调点轮询方式的共享信道技术。PCF适用于节点安装有点控制器(中心控制器)的网络。所有的工作站均服从中心控制器的控制。中心控制器用轮询法分时地询问每个站有没有数据要发送,由此完全控制了各个站的发送顺序,因此PCF不会有冲突产生。

point flame detector　点型火焰探测器　一种感光式火灾探测器,是响应火焰辐射光谱中的红外和紫外光的点型火灾探测传感器。

point guarding　点警戒　限定很狭小场所(点)的警戒方式。

point of access to a pathway　路径接入点　敷设缆线用的管路系统中的节点,如:人井、手孔等。施工人员可以在这些节点上对管理系统中的缆线进行操作。

point-to-multipoint (P2MP)　点到多点　指一种网络结构方式。单个始发终端与多个目的地终端建立的通信连接。以太无源光网络(EPON)就采用P2MP结构的单纤双向光接入网络,是典型的点到多点的拓扑结构。

point-to-multipoint multicast (PTM-M)　点对多点组播业务　是指通信系统中点对多点业务的一种,它向分布在单个或多个地理区域内的一组用户进行的多信道广播业务,为单向业务,无须确认。

point-to-multipoint service center (PTM-SC)　点到多点时局服务中心　通信系统中用于处理点到多点(PTM)话务。它与GPRS主干网和归属位置存储器(HLR)相连接。

point-to-point (P2P)　点到点　指两个位置之间不使用任何中间站或计算机的数据传输,只涉及链路两端的两个网络节点的关系。

point-to-point protocol (PPP)　点到点协议　指为在同等单元之间传输数据的链路层协议。这种链路提供全双工操作,并按顺序传递数据包。链路层协议设计目的主要是用来通过拨号或专线方式建立点对点连接并收发数据,成为各种主机、网桥和路由器之间一种互通的解决方案。

point-to-point protocol over Ethernet (PPPoE)　基于以太网的点对点协议　在以太网上承载PPP协议(点到点连接协议),它利用以太网将大量主机组成网络,通过一个远端接入设备连入因特网,并对接入的每一个主机实现控制、计费功能。

point-to-point tunneling protocol (PPTP)　点对点隧道协议　在因特网上建立多协议安全虚拟专用网隧道的协议。它是由微软提出经因特网工程任务组(IETF)通过的通信协议,可使计算机间在因特网上建立虚拟专有网络(VPN),以保证在网络上传递数据的安全。PPTP把网际协议(IP)、网络互联包交换(IPX)或NetBEUI数据包封装在IP数据包内,PPTP利用传输控制协议(TCP)来为封装隧道内所传送的数据。隧道内传送的数据可以被压缩和加密。

point-to-point data link　点对点数据链路　数据链路是数据通信中包括传输的物理媒体、协议、有关设备和程序,既是逻辑的,也是物理的。点对点数据链路即为数据通信两个数据网络节点的通信链路,该两个节点之间无任何中间站或计算机。

point-type carbon monoxide fire detector 点型一氧化碳火灾探测器 一种具有气体浓度、烟雾粒子与环境温度三参数火灾智能模糊算法综合判断功能的烟温气复合式火灾探测器。

point-type ion smoke detector 点型离子感烟(火灾)探测器 采用空气离子化火灾探测方法构成并工作的通常只适用于点型侦测的探测器。它以烟雾为主要探测对象,适用于火灾初期有阻燃阶段的场所。

point-type photoelectric smoke detector 点型光电感烟(火灾)探测器 利用起火时产生的烟雾能够改变光的传播特性这一基本性质而研制的。根据烟粒子对光线的吸收和散射作用,光电感烟探测器又分为遮光型和散光型两种。

point-type sampling aspiration smoke detector 点型采样吸气式感烟火灾探测器 亦称空气采样火灾探测器,可分为单管型、双管型、四管型(多管型),根据环境要求不同选用不同规格的空气采样火灾探测器。

point-type smoke fire detector 点型感烟火灾探测器 以烟雾为主要探测对象,适用于火灾初期有阻燃阶段的场所。感烟火灾探测器是一种响应燃烧或热介产生的固体微粒的火灾探测器。根据烟雾粒子可以直接或间接改变某些物理量的性质或强弱,感烟探测器又可分为离子型、光电型、激光型、电容型半导体型等。

point-type temperature fire detector 点型感温火灾探测器 主要是利用热敏元件来探测火灾的。在火灾初始阶段,一方面有大量烟雾产生,另一方面物质在燃烧过程中释放出大量的热量,周围环境温度急剧上升,导致探测器中的热敏元件发生物理变化,从而将温度信号转变成电信号,并进行报警处理。

POL 基于局域网的供电系统 power over LAN 的缩写。

polarisation mode dispersion (PMD) 偏振模色散 一个信号脉冲沿着理想的对称圆形单模光纤在不受外界干扰情况下传输时,光纤输入端的光脉冲可分裂成两个垂直的偏振输出脉冲,以相同的传播速度进行传输,并同时到达光纤输出端,这两个脉冲叠加在一起会重现出它们在光纤输入端时的偏振状态。实际上光纤由于种种原因会引起双折射,即 x 轴方向和 y 轴方向上的折射率是不一样的,形成的色散就叫作偏振模色散。

polarity 极性 ① 电路中表示两点间电位差的符号,如“+”“−”。② 表明外磁通密度方向磁体的极(或极面)的限定性术语(N 或 S)。

polarization diversity receiver (PDR) 偏振[极化]分集接收机 指采用对电磁波极化分集技术的无线电接收机。

polarization mode dispersion (PMD) 偏振[极化]模色散 指单模光纤几何形状(圆柱形)不均匀引起的色散。

polarized antenna 极化天线 天线极化方式即为天线辐射时形成的电场强度方向。当电场强度方向垂直于地面时,此电波就称为垂直极化波;

当电场强度方向平行于地面时，此电波就称为水平极化波。天线的极化方式与距离没有关系。

polarizer 偏振片 指可以使天然光变成偏振光的光学元件。

policy certification authorities (PCA) 认证管理机构 指对数字证书的申请者发放、管理、取消数字证书的机构。数字证书的作用是使网上交易的双方互相验证身份，保证电子商务的正常进行。

pollution 污染 使沾上脏污或有害物质。

polycarbonate (PC) 聚碳酸酯 是分子链中含有碳酸酯基的高分子聚合物，根据酯基的结构可分为脂肪族、芳香族、脂肪族-芳香族等类型。其中，由于脂肪族和脂肪族-芳香族聚碳酸酯的机械性能较低，从而限制了其在工程塑料方面的应用。在建筑智能化行业中，PC 一般作为中高端面板、壳体等塑料件的材料。

polyester foil 聚酯薄膜，聚酯带 指以聚对苯二甲酸乙二醇酯为原料，采用挤出法制成厚片，再经双向拉伸制成的薄膜材料。聚酯薄膜可以制作环保胶片、PET 胶片、乳白胶片等印刷包装耗材，广泛用于玻璃钢行业、建材行业、印刷行业、医药卫生领域。聚酯薄膜是一种高分子塑料薄膜，因其综合性能优良而越来越受到广大消费者的青睐。在线缆行业中，往往用它作为线对或线束或线对束的包裹材料（位于线缆护套内）。

polyethylene (PE) 聚乙烯 指乙烯经聚合制得的一种热塑性树脂。在工业上，也包括乙烯与少量 α-烯烃的共聚物。聚乙烯无臭，无毒，手感似蜡，具有优良的耐低温性能（最低使用温度可达−100～−70℃），化学稳定性好，能耐大多数酸碱的侵蚀（不耐具有氧化性质的酸），常温下不溶于一般溶剂，吸水性小，电绝缘性优良。在线缆行业中，通常使用两类 PE：一种是高密度 PE，用于制作缆线的绝缘层（如双绞线的绝缘层），另一种是低密度 PE，用于制作缆线的防水护套层。

polypropylene insulated telephone cord 聚丙烯绝缘电话软线 指包裹聚丙烯（PP）绝缘层的多股电话线，柔软、无毒、无臭，耐低温，绝缘性能好。

polyurethane (PUR) 聚氨酯 指在大分子主链中含有氨基甲酸酯基的聚合物称为聚氨基甲酸酯，简称聚氨酯。聚氨酯分为聚酯型聚氨酯和聚醚型聚氨酯两大类。聚酯型是以二异氰酸酯和端羟基聚酯为原料制备的聚氨酯。聚醚型聚氨酯是以二异氰酸酯和端羟基聚醚为原料制备的聚氨酯。它具有较高的机械强度和氧化稳定性，具有较高的柔曲性和回弹性，且具有优良的耐油性、耐溶剂性、耐水性和耐火性。在综合布线系统中，它是工业防水防油双绞线的护套层材料。

polyvinyl chloride (PVC) 聚氯乙烯 指氯乙烯单体（vinyl chloride monomer，VCM）在过氧化物、偶氮化合物等引发剂或在光、热作用下按自由基聚合反应机理聚合而成的聚合物。氯乙烯均聚物和氯乙烯共聚物统称为氯乙烯树脂。在线缆行业中，一般用它制造线缆的护套层，也可制造电线的绝缘层。

polyvinyl chloride insulated and sheathed control cable 聚氯乙烯绝缘和护套控制电缆 指电缆中的电线绝缘层和电缆护套层均采用聚氯乙烯绝缘材料制成控制类缆线，一般为300～500 V耐压的电缆。

polyvinyl chloride insulated cable 聚氯乙烯绝缘电缆 指电缆中的电线绝缘层采用聚氯乙烯绝缘材料制成，可分为固定布线用无护套电缆、固定布线用护套电缆、轻型无护套软电缆、一般用途护套软电缆、特殊用途护套软电缆、聚氯乙烯绝缘阻燃与耐火电缆等产品。

polyvinyl chloride insulated telephone cord 聚氯乙烯绝缘电话软线 指绝缘层采用聚氯乙烯(PVC)绝缘材料的多股电话线。

PON 无源光网络 passive optical network 的缩写。

POP 邮局协议 post office protocol 的缩写。

porous media 多孔介质 指由多相物质所占据的共同空间，也是多相物质共存的一种组合体。其中，没有固体骨架的那部分空间叫作孔隙，由液体或气体或气液两相共同占有，相对于其中一相来说，其他相都弥散在其中，并以固相为固体骨架，构成空隙空间的某些空洞相互连通。

portable document format (PDF) 便携式文档格式 指由Adobe Systems公司开发的用于与应用程序、操作系统、硬件无关的方式进行文件交换所发展出的文件格式。PDF文件以PostScript语言图像模型为基础，无论在哪种打印机上都可保证精确的颜色和准确的打印效果，即PDF会忠实地再现原稿的每一个字符、颜色以及图像。

portable operating system interface of UNIX (POSIX) 可移植性操作系统接口 是一种关于信息技术的IEEE标准。该标准的目的是定义标准的基于UNIX操作系统的系统接口和环境来支持源代码级的可移植性。该标准对核心需求部分定义了一系列任何编程语言都通用的服务，这一部分服务主要从其功能需求方面阐述，而非定义依赖于编程语言的接口。另一部分包含了一个特殊语言服务的标准接口。

POS 无源光纤分光器 passive optical splitter 的缩写。

positive 正面 指物品、设备各个表面中主要使用的一面。

POSIX 可移植操作系统接口 portable operating system interface of UNIX 的缩写。

post office protocol (POP) 邮局协议 指用于电子邮件接收的协议。本协议主要用于支持使用客户端远程管理在服务器上的电子邮件。

post telephone & telegraph 邮政电话和电报 指由邮政系统(如邮政局、电话局等)提供的电话和电报服务。

posterization 多色调分色法 指转换一个标准的视频图像到一个由多个大色块区域组成的图像。

P

pot head **电缆终端套管** 指电缆终端端接点外部的保护套管，用于防止或减少端接点因外力发生故障。

potential **电位** 又称电势，是指单位电荷在静电场中的在某一点所具有的电势能。

potential difference **电位差** 电压也称作电势差或电位差，是衡量单位电荷在静电场中由于电势不同所产生的能量差的物理量。其大小等于单位正电荷因受电场力作用从 A 点移动到 B 点所做的功。电压的方向规定为从高电位指向低电位的方向。电压的国际单位制为伏特(V，简称伏)，常用的单位还有毫伏(mV)、微伏(μV)、千伏(kV)等。此概念与水位高低所造成的水压相似。需要指出的是，“电压”一词一般只用于电路当中，“电势差”和“电位差”则普遍应用于一切电现象当中。

potential transformer (PT) **电压互感器，比压器** 和变压器类似，是用来变换线路上的电压的仪器。但是变压器变换电压的目的是为了输送电能，因此容量很大，一般都是以千伏安或兆伏安为计算单位；而电压互感器变换电压的目的，主要是用来给测量仪表和继电保护装置供电，用来测量线路的电压、功率和电能，或者用来在线路发生故障时保护线路中的贵重设备、电机和变压器，因此电压互感器的容量很小，一般都只有几伏安、几十伏安，最大也不超过一千伏安。

POTS **老式电话服务** plain old telephone service 的缩写。

powder coating **粉末涂料** 一种新型的不含溶剂 100%固体粉末状涂料。由成膜树脂、助剂、颜料、填料等混合、粉碎、过筛而成。涂装施工则需要静电喷涂和烘烤成膜。其具有无溶剂、无污染，可回收、环保，节省能源和资源，减轻劳动强度和涂膜机械强度高等特点。

power amplifier **功率放大器** 简称功放，在给定失真率条件下，能产生最大信号功率输出以驱动某一负载(如：扬声器)的放大器。功率放大器在整个音响系统中起到了组织、协调的枢纽作用，在某种程度上主宰着整个系统的音质输出。

power cable **电力[动力]电缆** 给大负荷设备(如各种电机、电热等设备)供电的电缆。

power capacity **功率容量** 器件由电阻和介质损耗所消耗产生的热能所导致器件的老化、变形以及电压飞弧现象不被出现所允许的最大允许功率负荷。

power cord of cabinet **机柜电源线** 机柜内的电源线。它为机柜内的设备、机柜风扇、机柜控制系统、机柜照明系统供电。它可以有一路电源线或多路电源线。

power cord trough **电源线槽** 用于敷设电源线的槽盒(包括桥架、线槽、托架等)，其材质与弱电系统用的槽盒一致，但缆线占空比不一样，并要求电源线槽与弱电线槽之间有一定的间隔，以降低对弱电线缆的电磁干扰。

power distribution monitoring and control

配电监控　也称配电监控系统，是针对供配电系统中的变配电环节，利用现代计算机控制技术、通信技术、网络技术等，采用抗干扰能力强的通信设备及智能电力仪表，经电力监控管理软件组态，实现的系统的监控和管理。

power distribution panel (PDP)　配电盘　又名配电柜、配电箱，是集中、切换、分配电能的设备。配电盘一般由柜体、开关(断路器)、保护装置、监视装置、电能计量表以及其他二次元器件组成。

power distribution room　变配电室　带有低压负荷的室内配电场所称为配电室，主要为低压用户配送电能，设有中压进线(可有少量出线)、配电变压器和低压配电装置。

power factor　功率因子　也称功率因数，有功功率与视在功率之比。功率因数的大小与电路负荷特性有关，电阻性负荷的功率因数为1，电感或电容性负载的功率因数都小于1。功率因数是衡量电气设备效率高低的一个系数。功率因子越高则电器效能越好。因此，提高功率因数也成为节约电能的重要措施。

power factor correction (PFC)　功率因数校正　提高用电设备功率因数的技术。

power failure　电源故障　供电电源的性能出现负载不能接受的任何变化，最常见的电源故障是断电。

power indicator　电源指示灯　指示灯具的一种。每个可热插拔的电气设备上均具有指示灯，它可以提供有关电源启闭状态、故障和电源存在的信息。

power line　电力线　电线电缆行业中也称动力线，是传输电流提供电力的电线。通常电流传输的方式是点对点传输。电源线按照用途可以分为交流(AC)电源线及直流(DC)电源线。

power line carrier (PLC)　电力线载波　即电力线载波通信(power line carrier communication)。指利用电力线作为信息媒介进行语音或数据传输的一种特殊通信方式。电力线载波通信分为高压电力线载波通信(通常指35 kV及以上电压等级)、中压电力线载波通信(指10 kV电压等级)和低压配电线载波通信(指380/220 V等级)。在家庭或办公楼宇中，可利用电力线和“电力猫”(电力线通信调制解调器)插座，即插即用，无须另行布线，可方便地组建成电力载波通信网络，用以连接机顶盒、个人计算机、音频设备、监控设备以及其他智能化电气设备，通过普通电力线传输数据、语音和视频信号。由于配电变压器对电力载波信号有阻隔作用，一般电力载波信号只能在单相电力线上传输，其应用的广泛性受到一定限制。

power load management terminal (PLMT)　电力负荷管理终端　智能电网中电力负荷管理系统的终端装置。它能够对用户电能表电量、需量、电压、电流、功率、功率因数、电压合格率等数据进行自动采集、存储和远传。其数据传输格式应符合《电力负荷管理系统数据传输规约》(DL/T 535)。

power meter 电度表 累计电能消耗的计量表具,俗称火表。有直流电度表和交流电度表两种。交流电度表又分为三相电度表和单相电度表两种。**功率计** 测量电功率的仪器,一般是指在直流和低频技术中测量功率的功率计,又可称为瓦特计。功率计由功率传感器和功率指示器两部分组成。功率传感器也称功率计探头,它把高频电信号通过能量转换为可以直接检测的电信号。

power over Ethernet (POE) 以太网供电,有源以太网 在现有的以太网布线基础架构不做任何改动的情况下,在为一些基于 IP 的终端(如: IP 电话机、无线局域网接入点 AP、网络摄像机等)传输数据信号的同时,还能为此类设备提供直流供电的技术。

power over LAN (POL) 基于局域网的供电系统 也称为 POE(power over Ethernet)或有源以太网、以太网供电,指在现有的综合布线系统基础架构不做任何改动的情况下,在为一些基于 IP 的终端(如: IP 电话机、无线局域网接入点 AP、网络摄像机等)传输数据信号的同时,还能为此类设备提供直流供电的技术。这是利用现存标准以太网传输电缆的基础上进一步制定的传送数据和电功率的最新标准规范,并保持了与现存以太网系统和用户的兼容性。

power response 功率响应 反映信号功率变化的频率函数。

power sum ACR (PS ACR) 功率和 ACR 综合布线系统中是指 PS NEXT 值与插入损耗分贝值之间的差值,其含义是多对芯线与一对芯线的总信噪比。在综合布线系统中,常用于千兆以太网等四对线同时使用的场合。

power sum alien (exogenous) far-end crosstalk loss (PS AFEXT) 远端外部串扰损耗功率和 综合布线系统一项技术指标,指缆线之间多个线对与一个线对之间的远端衰减与串扰值功率和参数,它在与发射端的对端(远端)进行测试。它表述双绞线缆线之间的信号噪声比,当存在成束的超六类非屏蔽双绞线时需要测试这个参数。

power sum alien near-end crosstalk (loss) (PS ANEXT) 外部近端串音功率和,近端外部串扰损耗功率和 综合布线系统技术指标之一,指成束铜缆电缆传输时,来自其他干扰电缆施加于被干扰电缆的近端串音的功率和。由于串音的发生源来自电缆外部(其他电缆),故被称作外部串音。对于成束的超六类非屏蔽双绞线构成的传输系统,该参数属于应该进行抽测的参数。对于屏蔽双绞线而言,根据标准只要屏蔽层的接地良好,可确保不会发生外部串扰,即说明不需要进行这样的检测。

power sum attenuation to alien (exogenous) crosstalk ratio at the far-end (PS AACR-F) 远端衰减与外部串扰比功率和 同 power sum attenuation to alien crosstalk ratio at the far-end (PS AACR-F)。

power sum attenuation to alien (exogenous)

P

crosstalk ratio at the near-end (PS AACR-N) **近端衰减与外部串扰比功率和** 综合布线系统技术指标之一，指缆线之间多个线对与一个线对之间的近端衰减比串扰值，它在与发射端的同端(近端)进行测试。它表述双绞线缆线之间的信号噪声比，当存在成束的超六类非屏蔽双绞线时需要测试这个参数。

power sum attenuation to alien crosstalk ratio at the far-end (PS AACR-F) 外部远端串扰损耗功率和，外部远端串音功率和 在综合布线系统技术指标之一，指成束铜缆电缆传输时，来自其他干扰电缆施加于被干扰电缆的远端串音/串扰的功率和。由于串音/串扰的发生源来自电缆外部(其他电缆)，故被称作外部串音。对于成束的超六类非屏蔽双绞线构成的传输系统，该参数属于应该进行抽测的参数。对于屏蔽双绞线而言，根据标准只要屏蔽层接地良好，可确保不会发生外部串扰，即不需要进行这样的检测。

power sum attenuation to crosstalk ratio at the far-end (PS ACR-F) 远端衰减与串扰比功率和 综合布线系统技术指标之一，指远端串扰(FEXT)与插入损耗分贝值之间的差值，它在与发射端的对端(远端)进行测试。它表述双绞线的信号噪声比，是以太网等应用系统是否能够使用的关键参数之一。

power sum attenuation to crosstalk ratio at the near-end (PS ACR-N) 近端衰减与串扰比功率和 综合布线系统技术指标之一，指 PS NEXT 与插入损耗分贝值之间的差值，它在与发射端的同端(近端)进行测试，即多对线对一对线的远端衰减与串扰比值。它表述双绞线的信号噪声比，是以太网等应用系统是否能够使用的关键参数之一，在千兆以太网以上等级的网络应用系统中应用。

power sum ELFEXT attenuation (loss) (PS ELFEXT) 功率和 ELFEXT 衰减(损耗) 综合布线系统技术指标之一，指某对芯线上远端串扰损耗与该线路传输信号衰减差，也称为远端 ACR。从链路近端缆线的一个线对发送信号，该信号沿路经过线路衰减，从链路远端干扰相邻接收线对，定义该远端串扰损耗值为远端串扰(FEXT)。可见，FEXT 是随链路长度(传输衰减)而变化的量。综合功率等效远端串扰测量原理就是测量三个相邻线对对某线对等效远端串扰总和。

power sum equal level far-end crosstalk ratio (PS ELFEXT) 等电平远端串扰衰减功率和 综合布线系统技术指标之一，也称功率和远端 ACR(PS ACR-F)，指某对芯线上功率和远端串扰损耗与该线路传输信号衰减差。从链路近端缆线的多个线对(如双绞线为三个线对)发送信号，该信号沿路经过线路衰减，从链路远端干扰相邻接收线对。

power sum far end crosstalk (loss) (PS FEXT) 远端串音功率和 综合布线系统技术指标之一，指远端串扰损耗功率和(PS FEXT)与插入损耗分贝值之间的差值,其含义是在远端测试的多对芯线对一对芯线的总信噪比。在综合布线系统中,常用于千兆以太网等四对线同时使用的场合。

power sum FEXT attenuation (loss) (PS FEXT)　功率和 FEXT 衰减(损耗)　综合布线系统技术指标之一,指远端串扰损耗功率和(PS FEXT)与插入损耗分贝值之间的差值,其含义是在远端测试的多对芯线对一对芯线的总信噪比。在综合布线系统中,常用于千兆以太网等四对线同时使用的场合。

power sum NEXT attenuation(loss) (PS NEXT)　近端串音功率和　综合布线系统技术指标之一,指线缆在数据传输过程中,相邻线对间在近端造成的电磁干扰会影响传输质量。近端串音仅侧一个线对于另一个线对之间的电磁感应干扰,而当一个电缆护套内的多对线同时使用时,就会出现多对线对一对线的电磁感应干扰,即近端衰减与串扰比功率和。

power supply　供电器,供电电源　各类智能化系统中为前端设备或传输系统中间设备供电的装置,把其他形式的能转换成电能的装置。如为摄像机供电的直流 12 V 或交流 24 V 的供电器等;又如有线电视系统中为电缆网上的放大器等有源器件供电的设备,一般以 60 V 或 90 V 交流供电。

power supply mode　供电方式　供电企业向申请用电的用户提供的电源特性、类型及管理关系的总称。它包括供电频率、供电电压等级、供电容量、供电电源相数和数量、供电可靠性、计量方式、供电类别等。

power supply outlet　电源插座　用来插接用电设备为之提供交流市电,使家用电器与可携式小型设备通电使用的装置。电源插座是有插槽或凹洞的母接头,用来让有棒状或铜板状突出的电源插头插入,以将电力经插头传导到电器。

power supply system (PSS)　供电系统　由电源系统和输配电系统组成的产生电能并供应和输送给用电设备的系统。

power usage effectiveness (PUE)　电能利用效率　也称能源效率指标。为衡量数据中心能源有效利用率,2007 年由美国绿色网格联盟(the Green Grid)提出 PUE 的概念。PUE＝P_0/PIT。其中,P_0 为数据中消耗的总功率,PIT 为 IT 设备消耗的总功率。PUE 指标已经成为当今设计和评估数据中心的关键技术指标之一。通常,不带自然冷调控功能的风冷和水冷空调系统的传统数据中心,其 PUE 值约处于 1.8～2.5 之间。采用带自然冷调控功能的风冷和水冷空调系统的传统数据中心,其 PUE 值约处于 1.5～1.6 之间。

power wire　电源线　同 power line。

PP　配线架,跳线架,转接面板　patch panel 的缩写;**保护轮廓**　protection profile 的缩写。

PPC　按频道付费　pay per channel 的缩写。

PPCH　分组寻呼信道　packet paging channel 的缩写。

PPD 部分分组丢弃 partial packet discard 的缩写。

PPM 脉冲位置调制 pulse phase modulation 的缩写。

PPP 点到点协议 point-to-point protocol 的缩写;**点到点协议** point-to-point protocol 的缩写。

PPPoE 基于局域网的点对点通信协议 point-to-point protocol over Ethernet 的缩写。

PPSN 公共分组交换网络 public packet-switching network 的缩写。

PPTP 点对点隧道协议 point-to-point tunneling protocol 的缩写。

PPV 按次付费 pay per view 的缩写。

PR 分组转发 packet retransmission 的缩写。

PRACH 分组随机接入信道 packet random access channel 的缩写。

PRC 基准时钟 primary reference clock 的缩写。

pre-assemble 预端接 在工厂中为设备或缆线完成端接且测试合格的过程。其目的是加快工程进度或在良好的工厂环境中完成恶劣的工程环境中无法达到的端接质量。

pre-assembled fibre optic cable 预端接光缆 在工厂中已经端接上光纤连接器并测试合格的光缆,可以理解为多芯光纤长跳线。在工程现场只要按路由敷设完毕后即可使用,高效且整齐美观。

pre-assembly of breakout cable 预端接分支光缆 在工厂中已经端接上光纤连接器并测试合格的分支光缆。分支光缆指在一个光缆的两端,通过分支器在指定位置分解成若干根较少纤芯数的光缆的光缆结构。可以理解为多芯光纤长跳线。在工程现场只要按路由敷设完毕后即可使用,高效且整齐美观。

pre-assembly of loose-tube cable 预端接松套管光缆 两端在工厂中已经端接上光纤连接器并测试合格的松套管光缆。在工程现场只要按路由敷设完毕后即可使用,高效且整齐美观。

precedence level 优先级 ① 计算机分时操作系统在处理多个作业程序时,决定各个作业程序接受系统资源的优先等级的参数。② 电话通信中为每一电话用户指定的相对优先权,表明了新的电话请求与正在使用的电话之间的优先程度。具有较高优先级的电话可以占用具有较低优先权用户正在使用的干线。

perception multimedia 感觉媒体 直接作用于人的感官产生感觉(视觉、听觉、嗅觉、味觉、触觉)的媒体。语言、音乐、音响、图形、影视、数据、文字、文件等都是感觉媒体。

precision air distribution 精确送风 把冷风直接输送至设备机柜进风口处的送风方式,包括采用下送风标准机柜的下送风、封闭冷通道的下送风、风管精确上送风等送风方式。

precision time protocol (PTP) 精确时间协议 由 IEEE 1588—2002、GB/T 25931—2010 和 IEEE 802.1AS—2011 定义的通用时钟分发协议。

prediction 预测 研究和预估未来将发生的事件及结果。例如,在音视频编解码技术中,需要根据实际的图像像素值或实际的声音样本值与预测器输出的样本值进行比较,并做出相应的处理。

prediction block 预测块 在音视频编解码技术中,一个使用相同预测过程的 M 和 N 的样值块。预测块由编码单元划分得到。

prediction compensation 预测补偿 在音视频编解码技术中,求由语法元素解码得到的样本残差与其对应的预测值之和。

prediction partition type 预测划分方式 在音视频编解码技术中,编码单元划分为帧内预测块或帧间预测单元的方式。

prediction process 预测过程 在音视频编解码技术中,使用预测器对当前解码样值或者数据元素进行估计。

prediction unit 预测单元 视频编解码技术中包括一个亮度预测块和对应的色度预测块。预测单元由编码单元划分得到。

prediction value 预测值 实施音视频编解码时,在对样值或数据元素的解码过程中,用先前已解码的样值或数据元素对当前样值的估计值。

predictive failure analysis (PFA) 故障预警分析 系统依照预先的设定,根据故障的前期预兆发出声、光、电等报警,并有系统或由人对故障发生的原因、地点、处理的方法进行分析。

preferred source 首选电源 UPS 系统中,在正常条件下向负载供电的交流电源。

preformed hole 预留孔 建筑施工时,建筑主体为供水、暖气等设施管道和缆线管道、嵌入式箱体的埋设预留的孔洞。

preheat 预热 将物料或环境预先加热到指定的温度,以便顺利实施下一步工序的措施。例如,化学试验加热液体时的预热:用试管进行加热的时候,为了使试管受热均匀,要先在酒精灯上左右移动,然后才能固定用外焰加热,以免试管爆裂。沿用此概念表达实施某种工作或事件前的准备工作。

premises distribution system (PDS) 综合布线系统(美国康普公司的综合布线系统品牌名之一) PDS 是 1983 年开始使用的品牌名,后更换为 SYSTIMAX。它曾经是最早的综合布线系统,其性能完全符合综合布线系统的各种标准,如:中国标准、国际标准、美国标准,等等。

premises owner 业主 建筑工程的所有者,可承担本部分中规定的职责制定设计方、规划方、操作方及维护方。

premium rate (PRM) 附加费率 项目的各项费用和合理利润与纯保费的比率。附加费率的高低,对企业开展业务以及提高竞争能力有很大的影响。

presentation channel 播放声道 与左、中、右、左环绕声和右环绕声扬声器位置对应的解码器输出端的音频声道。

presentation multimedia 表示媒体 为了对感觉媒体进行有效的传输,以便于进行加工和处理而人为地构造出的一种媒体,例如语言编码、静止和活动图像编码、文本编码等。

presentation time stamp (PTS)　呈现时间戳　在视频压缩编码中，出现在打包基本流(PES)包头部分，用以指明播放单元出现在系统目标解码器中的时间的字段。

presentation unit (PU)　呈现单元　视频压缩编码中，指一个已解码的音频存取单元或一个已解码的图像。

preset position　预置位　视频监视系统中，将监视的重点区域与监视设备的姿态运行联系在一起的方式。例如，通过控制装置(或模块)把云台摄像机运行姿态与需要重点监视的若干区域一一对应起来。事先设置的方法有：在摄像机姿态运行到重点监视的区域时，向云台摄像机发出预置位命令，控制装置(或模块)将此时云台方位和角度记录下来，并与该预置点的编号联系起来。这样，当系统发出某编号指令时，云台即以最快的速度运行到该点，使摄像机指向回到当时记忆的状态，从而方便监控人员能通过人工干预或自动设置方式迅速查看监视点监视区域。预置位的多少和运行到预置位的速度都是衡量云台性能的一项指标。

pressure gage　压力表　以弹性元件为敏感元件测量并指示高于环境压力的仪表。它是通过敏感元件(波登管、膜盒、波纹管)的弹性形变，再由表内机芯的转换机构将压力形变传导至指针或电子电路，由指针显示压力或输出压力数据信息。压力表种类很多，有(普通)指针型、数字型等。按压力表的公称直径分类，有 $\phi40$～250 mm 规格。从安装结构形式区分，有直接安装式、嵌装式和凸装式。从量域和量程区段分，有正压和负压之分，正压量域还分为微压、低压、中压、高压、超高压区段，负压量域(真空)也分为三种。跨量域压力表不但可测量正压压力，也可测量负压压力。压力表的精度等级一般应在其度盘上标识。压力表应用几乎遍及所有工业流程和科研领域，尤其在工业过程控制与技术测量过程中广泛应用。

pressurization fan　增压风机　又称脱硫风机(boost fan, BF)，主要用于克服烟气脱硫(FGD)装置的烟气阻力，将原烟气引入脱硫系统，并稳定锅炉引风机出口压力。其分有离心式、动叶可调轴流式、静叶可调轴流式三种形式。其工作原理是当电机通过联轴器或带轮带动主动轴转动时，安装在主动轮上的齿轮带动从动轮上的齿轮，按相反方向同步旋转，使啮合的转子相随转动，从而使机壳与转子形成一个空间，气体从进气口进入空间。这时，气体会受到压缩并被转子挤出出气口，而另一个转子则转到与第一个转子在压缩开始的相对位置，于机壳的另一边形成一个新空间，新的气体又进入这一空间，并被挤压出，如此循环连续运动，从而达到鼓风的目的。

pre-terminated copper trunking cable　预端接集束铜缆　两端在工厂中已经端接并测试合格的铜质电缆，一般成束出现，如多根四对八芯双绞线经绑扎、包裹、护套而形成一束的电缆束。可以理解为成束铜缆跳线，但其两端的连接器不一定是插头（水晶头），有可能是插座（如：RJ45 模块、GG45 模块、TERA 模块等）。在工程现场只要按路由敷设完毕后即可使用，高效且整齐美观。

pre-terminated drop fiber cable　预制成端型引入光缆　一种在工厂单端或两端预先制作光纤连接插头的引入光缆。

pretty good privacy（PGP）　优良密保（协议）　① 一个可以用来建立和校验数字签名及加密、解密和压缩时间的程序，它广泛用于加密、解密、签名或校验开放网络中所传输的数据，其文件格式在 RFC 1991 中有描述。② PGP用于电子邮件的安全传输。它将传统的对称性加密与公开密钥加密方法结合起来，可以支持 1 024 位的公开密钥与 128 位的传统加密，能完全满足电子邮件对于安全性能的要求。PGP 可在使用电子邮件程序之前就可对信息加密，某些邮件程序可使用专门的 PGP 插入模块来处理加密邮件。在 PGP 系统中，使用 IDEA（国际数据加密算法）、RSA（用于数字签名、密钥管理）、MD5（用于数据压缩）算法，不但可以对邮件保密以防止非授权者阅读，还能对邮件加上数字签名。

prevention of burglary　防盗　防止各种有形财产、无形财产被他人恶意窃取行为的措施。防盗的关键在于防患于未然。

prevention of fire　防火　防止火灾的措施、技术和方法。火灾是指在时间或空间上失去控制的灾害性燃烧现象。在各种灾害中，火灾是最经常、最普遍地威胁公众安全和社会发展的灾害之一。所以，防火要求以防为主，防患于未然。

preview tours　预览轮切　一般是指视频监控的中央显示系统使用图像切换设备及控制软件轮流切换监视图像输出在显示设备上的技术。

PRG　伪随机发生器　pseudo-random generator 的缩写。

PRI　基群速率接口　primary rate interface 的缩写。

primary circuit　主电路　直接连接到外部供电电源或其他等效供电电源（如电动机-发电机组）的内部电路。它包括变压器的初级绕组、电动机、负荷器件及与供电电源连接的装置。

primary colour　基色　彩色电视技术中以三个指定的基准色（红色、绿色、蓝色）通过适当的混合，可以产生所有其他色彩的一组颜色。在相加混色中，红色、绿色和蓝色是基色。在相减混色中，青色、品红色和黄色是基色。因彩色电视采用相加混色，故红、绿、蓝成为其三基色。

primary colour picture　基色图像　由组成的基色之一扫描产生的图像。

primary colour signal　基色信号　按特定基色光谱灵敏度曲线加权的电视图像亮度特性的电信号。

primary distribution　一次分配　对接收到的图像和（或）声音信号不做进一步处理，直接进行单点到多点的分配。

primary distribution space　主配线空间

指住宅建筑综合布线系统安放家庭主配线设备的建筑空间。

primary entrance room 主进线间 数据中心布线系统中外部线缆引入或电信业务经营者安装跳线设施的空间。

primary power 主电源 由公用供电系统或用户的发电机提供的电力。在正常情况下,指可以持续供电的电源,一般由电力公司供电,但有时由用户自己发电。

primary rate interface (PRI) 基群速率接口 综合业务数字网(ISDN)的基群速率接口,也称一次群速率接入。PRI是ISDN中的一种用户网络接入配置,对应于2 048 kbps的基群速率。能支持三十条64 kbps的B信道和一条64 kbps的D信道,简称30B+D。ISDN基群接口中除了B信道、D信道外,增加了H信道。考虑到基群接口中所要控制的信道数量较大,所以规定基群接口中的D信道的传输速率为64 kbps。基群接口可有B信道接口、H_0信道接口、H_1信道接口、B/H_0信道混合接口等。

primary reference clock (PRC) 基准时钟 在数字同步体系网中,高稳定度的基准时钟是全网的最高级时钟源。符合基准时钟指标的基准时钟源可以是铯原子钟组和卫星全球定位系统。我国目前采用分布式多基准时钟源方式。北京设一个铯原子钟组,向北方地区提供基准时钟源;武汉设一个铯原子钟组,向中南地区提供基准时钟源。

prime lens 定焦 只有一个固定焦距的镜头。定焦的意思是只有一个焦段,或者说只有一个视野。

printer 打印机 将计算机的运算结果或中间结果以人所能识别的数字、字母、符号、图形等形式依照规定的格式印在纸上的设备,它是计算机输出设备之一。打印机由约翰·沃特和戴夫·唐纳德合作发明。打印机种类很多,按照打印元件对纸是否具有击打动作分类,有击打式打印机与非击打式打印机;按照打印字符结构分类,有全形字符打印机和点阵字符打印机;按一行字在纸上形成的方式分类,有串式打印机与行式打印机;按所采用的技术分类,有柱形、球形、喷墨式、热敏式、激光式、静电式、磁式、发光二极管式等打印机。衡量打印机好坏的指标主要有三项:打印分辨率、打印速度和噪声。现代打印机正朝着轻、薄、短、小、低功耗、高速度和智能化方向发展。

priority of service 服务优先级 通过对资源使用的有限控制策略,确保信息安全技术的信息系统安全子系统(SSOIS)中高优先级任务的完成不受低优先级任务的干扰和延误,从而确保SSOIS安全功能的安全性。

privacy lock 保密锁 一般指保险柜用的锁具或密码锁。

private automatic branch exchange (PABX) 专用自动交换分机 为办公室这样的特别区域服务的自动电话系统,是利用现代计算机技术完成控制、接续等工作的电话交换机,是现代办公常用的电话通信管理手段的一种。它提供内部的一个电话对另一个电话的连接和一组到外部电话网络的选择。PABX处理计算机的数据，还可以包括分组交换网络的X.25连接。

private branch exchange (PBX) 程控用户交换机 ①通常指客户内部的电话系统，同private automatic branch exchange。②在异步传输模式(ATM)网络中，提供在专用网络中进行局部语音交换和相关服务的设备。

private data network (PDN) 专用数据网 为满足自身需要而由企业、组织或部门建立、拥有、管理和使用的数据网。

private network 专[私]网 由一个组织或企业为其自身用户建立和管理的网络。例如，在视频系统中针对特定用户提供一些特定的节目，与普通节目同时在网络里传输，这些特定的节目组成专网。普通用户不能看到专网的节目列表，只有特定用户经授权才能看到。

PRM 附加费率 premium rate 的缩写。

procedure 程序 为进行某项活动或过程所规定的途径。

process automation (PA) 过程自动化 指采用计算机技术和软件工程帮助生产企业更高效、更安全地运营。过程自动化技术可以通过在生产流程各个区域安装相应的传感器，收集温度、压力、流速等数据，然后利用计算机对这些信息加以处理、储存和分析，再用简洁的形式把处理后的数据显示到控制室的大屏幕上。操作人员只要观察大屏幕就可以监控整个工厂的每项设备运行状态，还能自动调节各种设备，优化生产。在必要时，工厂操作员可以中止过程自动化系统，进行手动操作。

process CPG CPG进程 通信系统7号信令中的呼叫进展(CPG)进程。

process quality 工艺质量 构成产品和安装质量的重要因素。因此在产品生产和安装过程中，应对工艺质量进行严格地控制，工艺质量预控法是实现工艺质量统计控制的较为简单的一种方法。

processing amplifier 处理放大器 一种用以改变视频或音频信号中的参数的电子设备。

processing element memory (PEM) 处理元件存储器，局部存储器 用于存放局部变量的存储器。局部存储器只是局部有效，即某一局部存储器只能在某一程序分区(主程序或子程序或中断程序)中使用。

processor 处理器 计算机中解释并执行指令、算术和逻辑运算，以及完成数据传输、控制、指挥其他部件协调工作的功能部件。

produce 生产 人类从事创造社会财富的活动和过程。其包括物质财富、精神财富的创造和人自身的生育。

product catalogue 产品目录 也称产品手册。它是厂商面向某一领域的相关产品的清单及技术资料。

product inspection record 产品检验记录 对产品进行检验时保留的真实记录。

product life 产品寿命 产品使用寿命是指一件产品能使用多长时间。产品市场寿命则是指产品在市场中的生命周期。随着科技进步增速，产品的市场寿命将不断降低。

product life testing　产品寿命测试　厂商用于确定或验证产品寿命所进行的测试。

product manufacturer　产品制造商　制造产品的厂商。

product protection　产品保护　安装工程中，产品在工程实施后的一段时间内，可能会因外部条件遭到损坏。为此，施工方需对这些产品实施相应的保护措施，此措施称为产品保护。

product sample　产品样本　也称产品样本资料。它是厂商或贸易机构为宣传和推销其产品而印发的免费赠给消费者的资料。如产品目录、产品样本、产品说明书、产品总览、产品手册等。

production and broadcast system based on computer and network　基于计算机与网络的制播系统　在音视频节目广播（包括有线电视）系统中，指运用计算机网络技术及存储技术，提供音频工作站互联环境，实现音频节目的制作、播出、存储与管理的一条龙的系统。

profile　配置文件　信息的集合，这些信息是通过策略条件的估算结果选择出来的，应用于主题和对象之间交互作用的。配置文件的内容与正在讨论的主题和对象相关。配置文件可以通过减少策略总数进一步简化管理。例如，给定服务器应用程序可能有很多配置参数。这个应用程序的策略可以引用它的简表。这比使用多个策略来完成相同的任务要简单。

profile chart　剖面图　又称剖切图，是物体按照一定剖切方向所展示的内部构造图例。它以一个假想的剖切平面将物体剖开，移去介于观察者和剖切平面之间的部分，对剩余的部分向投影面做正投影而形成。设计人员通过剖面图形象地表达了设计思想和意图，使阅图者能够直观地了解工程概况、局部的详细做法及使用的材料。剖面图一般在工程施工设计和机械零部件设计中用于补充和完善设计文件，具体指导施工作业和机械加工。剖面图除用于工程设计和机械零部件设计外，也用于生物研究、气象分析等。根据表达的需要，剖面图可分为全剖面图、半剖面图、阶梯剖面图、展开剖面图、局部剖面图、分层剖面图等。

program　节目　指具有独立主题意义的且已经制作完成的完整视音频资料。

program associated data (PAD)　节目相关数据　数字音频广播（DAB）系统中，与内容的音频数据和同步相关的信息。

program association table (PAT)　节目关联表　指数字电视系统中节目指示的根节点。数字电视的终端设备（如机顶盒）搜索节目时最先都是从这张表开始的。从 PAT 中解析出节目映射表（program map table, PMT），再从 PMT 解析出基本元素（如视频、音频、数据等）的标识符（packet identifier, PID）及节目号，尔后从节目业务描述表(service description table, SDT)中搜索出节目名称。

program bus 程序总线 类似于预览总线。它通过一系列开关来操作,其中每一个被分配到特殊的输入设备(特效发生器、路由切换器,等等)。

program clock reference (PCR) 节目时钟基准 数字电视传送码流中的时间标记。在电视技术中为保证收、发两端的电子扫描规律严格相同,必须进行同步扫描。同步扫描使收、发两端的扫描速度相同(同频),使收、发两端每行、每场的扫描起始时刻完全一致(同相),保证接收端稳定地、准确地呈现发送端发送的图像。为了确保同步扫描,在模拟电视信号中有行同步信号、场同步信号与色同步信号。数字电视传输码流中是以节目时钟基准(PCR)保证收发信号的同步。节目时钟基准(PCR)是电视传输码流中一种重要的包头信息,它由33位基值(base)和9位扩展值(extension)组成。PCR值以系统参考时钟周期为单位记录了源端的时间信息,是整个数字电视系统同步的关键。

program content evaluation 节目内容评估 数字电视广播系统实施的对节目各方面的适用性进行评估,如内容类型、情节、产品价值以及适用受众类型、年龄段等。

program dynamic range (PDR) 节目(音频)动态范围 音视频播出系统一个节目中,最大音频电平片段与最小电平片段的平均值之比。

program element 节目元素 包括数字音视频节目中的基本流或其他数据流。

program information 节目信息 电视播出系统中包含频道、时间、收视率、主题等节目信息的数据块。

program item 节目项 音视频播出系统中节目的一个片段。例如,一段音乐或一条新闻报道。

program item number (PIN) 节目片段码 音视频播出系统中预定的节目时间和当月当日组成的代码。它可以用于触发录制预选的节目项。

program map table (PMT) 节目映射表 在数字电视系统中,PMT给出和指示构成每一业务的流的位置,以及一个业务中节目时钟基准(PCR)的位置。

program memory 程序存储器 用于保存应用程序代码的存储器件,同时还可以用于保存程序执行时用到的数据(例如保存查表信息)。程序存储器通常是只读存储器。

program service 节目业务 数字音频广播(DAB)系统中由主业务成分和可选的附加业务成分组成的业务。

program specific information (PSI) 节目特定信息 ① 数字电视机顶盒中为了找到需要的码流,识别不同的业务信息,在传送流(TS)中加入了一些引导信息。为此,在MPEG-2中,专门定义了PSI信息,其作用是从一个携带多个节目的TS中正确找到特定的节目。PSI数据提供了能够接收机自动配置的信息,用于对复用流中的不同节目流进行解复用和解码。② 由传送流的解复用和节目的再生所需的数据组成。

program stream (PS) 节目流 一种数字电视传输码流,在 MPEG-2 系统中,由具有共同时基的单个或多个节目流形成的可变长度的数字视频和音频数据包的复用组成。

program transmission equipment 节目传输设备 指音视频节目播出系统中的节目源、节目通道等设备。

program type (PTY) 节目类型 在音视频数字播出系统中可与每个节目一起传输,用于标识节目类型(新闻、古典音乐等)的识别码。

program type name (PTYN) 节目类型名 数字电视节目类型码的扩展。它以描述性文本的形式提供比基本节目类型码所含信息更多的特定节目类型信息。

programmable computer controller (PCC) 可编程计算机控制器 于20世纪90年代中期在工控界付诸实用,它融合了传统的可编程逻辑控制器(PLC)和工业控制微机(IPC)的优点,既具有 PLC 的高可靠性和易扩展性,又有着 IPC 的强大运算与处理能力和较高的实时性及开放性,是一种新一代可编程计算机控制器,在一定程度上代表了当今工业控制技术的发展趋势。

programmable logic control (PLC) 可编程逻辑控制 同 programmable logic controller。

programmable logic controller (PLC) 可编程逻辑控制器 也称可编程控制器。实质是一种专用于工业控制的计算机,其硬件结构基本与微型计算机相同。20 世纪 60 年代首先在美国设计、制造。其设计思想是把计算机功能完善、灵活、通用等优点和继电器控制系统的简单易懂、操作方便、价格低廉等优点结合起来。控制器的硬件是标准的、通用的,软件则需要根据实际应用编制写入其存储器内。在 1987 年国际电工技术委员会(IEC)颁布的 PLC 标准草案中,对 PLC 定义为:PLC 是一种专门为在工业环境下应用而设计的数字运算操作的电子装置。它采用可以编制程序的存储器,用来在其内部存储执行逻辑运算、顺序运算、计时、计数、算术运算等操作的指令,并能通过数字式或模拟式的输入和输出控制各种类型的机械或生产过程。PLC 是一种无触点设备,改变程序即可改变生产工艺和流程。许多智能机电设备设施均采用 PLC。

progressive scanning 逐行扫描 也称顺序扫描。它相对于隔行扫描而言,图像扫描时,从屏幕左上角的第一行开始逐行进行,整个图像扫描一次完成。逐行扫描电视比隔行扫描电视诞生时间早很多,世界上最早进行的电视广播都是采用逐行扫描电视制式,因为当时电视的清晰度非常低,并且只能广播黑白图像节目,节目内容也不丰富。其中,大部分节目是文字广告和音乐之类内容。后来人们想把电影节目也搬到电视节目之中,才强烈感到电视图像清晰度不够。为此,在 312 根扫描线的后面加上半根扫描线,即 312.5 行扫描线,成为一个扫描场。两个扫描场形成一帧图像，在电视机无须变动的情况下图像清晰度却提高了一倍。随着信息显示技术进步，目前在计算机和高清电视就采用了逐行扫描的方式。

project management　项目管理　运用各种相关技能、方法与工具，满足或超越项目有关各方对项目的要求与期望所开展的各种计划、组织、领导、控制等方面的活动。

project management office (PMO)　项目管理办公室　企业设立的一个职能机构名称，也有的称作项目管理部、项目办公室、项目管理中心等。PMO是在组织内部将实践、过程、运作以形式化和标准化的部门，是提高组织管理成熟度的核心部门，它根据业界最佳实践和公认的项目管理知识体系，并结合企业自身的业务和行业特点，以此确保项目成功率的提高和组织战略的有效贯彻执行。

project management plan (PMP)　项目管理计划　项目的主计划，或称为总体计划。它确定了执行、监控和结束项目的方式和方法，包括项目需要执行的过程、项目生命周期、里程碑、阶段划分等全局性内容。它是其他各子计划制定的依据和基础，从整体上指导项目工作的有序进行。项目管理计划是一个用于协调所有项目计划的文件，可以帮助指导项目的执行和控制。在其他知识领域所创建的计划可以认为是整个项目管理计划的补充部分。项目管理计划还将项目计划的假设和决定纳入文档，这些假设和决定是关于一些选择、促进项目干系人之间的通信、定义关键的管理审查的内涵、外延以及时间点，并提供进度衡量和项目控制的基准。项目管理计划应该是动态的、灵活的，并且随着环境或项目的变化而变化。这些计划作用是帮助项目经理领导项目团队并评价项目状态。

project manager　项目经理　也可称为执行制作人。从职业角度指企业建立以项目经理责任制为核心，对项目实行质量、安全、进度、成本管理的责任保证体系和全面提高项目管理水平设立的重要管理岗位。它要负责处理所有事务性质的工作。项目经理是为项目的成功策划和执行负总责的人。项目经理是项目团队的领导者，项目经理首要职责是在预算范围内按时、高效地领导项目小组优质完成全部项目工作内容，并使客户满意。为此项目经理应在一系列的项目计划、组织和控制活动中做好领导工作，从而实现项目目标。

project organization　项目组织　按照项目的目标以一定的形式组建起来的由组织各部门调集专业人才，并指派项目负责人在特定时间内完成任务。

project progress plan　工程进度计划　也称施工进度计划，是施工组织设计的关键内容，是控制工程施工进度、工程施工期限等施工活动的依据，进度计划合理性直接影响工程进度、成本和质量。因此施工组织设计的一切工作都要以施工进度为中心来安排。

project scope　工程范围　工程建设时的合同范围，即在工程中承担的任务和责任。

project supervision 项目监理机构 监理单位派驻工程项目负责履行委托监理合同的组织机构。

projection screen 投影屏幕 简称投影幕。投影机周边设备中最常使用的产品之一。投影屏幕如果与投影机搭配得当,可以得到优质的投影效果。投影幕可分为反射式、透射式两类。反射式用于正投,透射式用于背投。正投幕又分为平面幕、弧形幕。平面幕从质地上可分为玻珠幕、金属幕、压纹塑料幕、弹性幕等。其中,压纹塑料又分为白塑、灰塑、银塑等。

projector 投影机 又称投影仪,一种可以将图像或视频投射到幕布上的设备,可通过不同接口与计算机、VCD、DVD、DV 等相连播放视频信号。目前常用有两种:(1) LCD 液晶投影仪,有液晶板投影仪和液晶光阀投影仪之分。液晶分子排列在电场作用下发生变化,影响其液晶单元的透光率或反射率,从而产生具有不同灰度层次及颜色的图像。因其色彩还原较好,分辨率可达 SXGA 标准,体积小、重量轻、携带方便,故应用广泛。按液晶板片数,可分为三片机和单片机。(2) DLP 投影机,它以数字微反射器作为光阀成像器件。一个 DLP 电脑板由模数解码器、内存芯片、影像处理器及多个数字信号处理器(DSP)组成,所有文字图像经过此板产生数字信号,处理后转到 DLP 系统的心脏——数字微镜元件(DMD)。光束通过高速旋转的三色透镜后被投射在 DMD 上,然后通过光学透镜投射至大屏幕上完成图像投影。DMD 的微镜数目决定投影的物理分辨率。DMD 装置中每个微镜都对应一个存储器,可以控制微镜在 ±10°角两个位置上切换转动。根据所用 DMD 片数,DLP 投影仪可分单片机、两片机、三片机。

proof test for fire-extinguishing system 消防系统效用试验 按规定的内容检查各种消防系统效用的试验。

propaganda fire vehicle 宣传消防车 主要装备影视、录放、音响和发电设备的专用消防车。

propagation delay 传播时延 ① 通信信号由一点行进至另一点所需的时间。例如,双绞线中信号从线对的一端传到另一端需要耗费一定时间,这个时延就反映了线对的长度。所以有的标准不测长度而只要求测试传播时延值。时延值太大就意味着双绞线超长,也意味着损耗容易超标,信号传输不可靠。② 在报文分组交换网中,指一个分组从一个网内节点传到另一个网内节点所产生的延迟。

propagation delay skew 延时差 同一对线内两根导线之间或不同对线间两根导线之间的延时差值。时延偏差数值越小,表示信号传输的时间差越小,线材传输时间特性一致。

propane detector 丙烷探测器 对丙烷气体浓度进行探测的器件或设备,广泛用于石油、化工、煤矿、冶金等行业。连续监测操作场所空气中可燃性气体丙烷在爆炸下限以内体积百分比含量。

proportional integral derivative (PID)

比例、积分、微分 即PID控制规律。闭环自动控制技术均基于反馈概念以减少不确定性。反馈理论要素包括测量、比较和执行。测量关键的是被控变量的实际值，与期望值相比较，用这个偏差来纠正系统的响应，执行调节控制规律。在工程实际中，应用最为广泛的调节器控制规律为比例、积分、微分控制，简称PID控制或PID调节。PID控制器是一个在工业控制应用中最常见的反馈回路部件，由比例单元P、积分单元I和微分单元D组成。PID控制器作为最早实用化的控制器已有近百年历史，现在仍然是应用最广泛的工业控制器。PID具有控制器简单易懂，使用中不需精确的系统模型等先决条件。

protected **受保护的** 门禁系统中是指门禁点的一个运行模式。门禁点处于保护模式下，只有持有效卡才能进出。

protected area **防护区** ① 具有足够耐火能力的围护结构和疏散设施的区域。② 满足全淹没灭火系统要求的有限封闭空间。③ 公共安全系统中允许公众出入的、防护目标所在的区域或部位。

protected stairway **疏散楼梯** 具有足够防火能力并作为竖向疏散通道的室内或室外楼梯。

protection apparatus **保护装置** 采用壳、罩、屏、门、盖、栅栏、封闭式装置等作为物体障碍，将人或设备与潜在危险隔离。例如，用金属铸造或金属板焊接的防护箱罩，一般用于齿轮传动或传输距离不大的传动装置的防护；金属骨架和金属网制成防护网，常用于皮带传动装置的防护；栅栏式防护适用于防护范围比较大的场合或作为移动机械临时作业的现场防护。

protection area **防护区** 同 protected area。

protection factor of protective device **保护装置的保护因数** 为安全生产和健康生活为目的的各类防护设备、装置的防护性能的一个重要参数。例如，呼吸保护装置的保护因数是指在正确使用的条件下能够将空气污染物浓度降低的倍数。

protection level **保障等级** 有线电视系统中是指根据广播中心系统播出节目的覆盖范围对安全播出实行系统分级保障，安全播出保障等级分为一级保障系统、二级保障系统、三级保障系统。

protection object **防护对象** 由于面临风险而需对其进行保护的对象。防护对象通常包括某个单位、某个建(构)筑物或建筑物群，或其内外的某个局部范围以及某个具体的实际目标。

protection profile (PP) **保护轮廓** 指详细说明信息系统安全保护需求的文档，即通常的安全需求，一般由用户负责编写。

protection rating **防护等级** 不同领域具有不同的防护等级。例如，在布线系统中，是指在壳体防护中的防护等级，即IP等级。IP等级中有两位数字，前一位为防尘等级，后一位为防水等级。这是地面插座盒及工业环境使用的面板、桌面盒、接头所参照的防护等级。

protective conductor 保护导体 为防电击，用来与外露可导电部分、外部可导电部分、主接地端子、接地极、电源接地点连接的导电体。

protective conductor current 保护导体电流 用可忽略阻抗的电流表所测出的保护导体中的电流。

protective cover 防护罩 机械工程中能够严防灰尘、切屑、硬沙粒等进入轨道，减少硬质颗粒状的异物对滑动轨面的损伤，能够减少导轨因操作变形对加工精度的影响，保持机床加工精度。防护罩表面应光滑无毛刺和尖锐棱角，不应成为新的危险源。防护罩不应影响视线和正常操作，应便于设备的检查和维修。在建筑智能化系统工程中，常见使用防护罩保护各类系统设备。例如，野外安装的设备或某些特殊环境中使用的设备。

protective coverings for electric cable 电缆外护层 电缆护套内、芯线外的保护层，多用于在室外电缆中。电缆外护层一般由内衬层、铠装层和外被层三部分组成。内衬层位于铠装层和内护层之间，其作用是防止内护层受到腐蚀，并防止内护层在电缆弯曲时被铠装层破坏。铠装层在内衬层外面，其作用是减少机械力对电缆的影响，使作用到电缆上的机械力由铠装层来承受。

protective earth and neutral conductor (PEN conductor) PEN 导体 具有中性导体和保护导体两种功能的接地导体。PEN 由保护的符号 PE 和中性导体的符号 N 组合而成，即结合了保护性接地导体和中性导体功能的导体。

protective earthing 保护性接地 用于保护人身和设备安全为目的的接地。

protective earthing conductor (PE) 保护性接地导体 连接被保护设备与接地导体之间的导电体。

protective housing 保护壳体 同 protection apparatus。

protective interlock 保安联锁装置 出于保安目的或安全目的而按照一定程序、一定条件建立起的既相互联系又相互制约的装置。如双重识别的门禁门锁。

protective jacket 保护罩 同 protective cover。

protective layer 保护层 ① 在砖混结构里，放置于梁下用以扩大承压面积，解决局部承压时的常用结构。混凝土保护层是指混凝土构件中，起到保护钢筋避免钢筋直接裸露的那一部分混凝土。② 指电缆中位于芯线与护套层之间，用于抗电磁屏蔽、抗压等作用的保护结构。也指光缆中位于光纤束管与护套层之间，实现抗压等功能的保护结构。

protective system 安全系统 社会、人身和生产过程中可能造成安全事故的各种因素之间的关联联系，是由与安全问题有关的相互联系、相互作用、相互制约的若干个因素结合成的具有特定功能的有机整体。它由人机系统、安全技术、职业卫生、安全管理等因素构成。安全系统除了具有一般系统的特点外，还有自身结构特点：一是以人为中心的人机匹配且有反馈过程的系统。因此，在系统安全模式中要充分考虑人与机器的互相协调；二是工程系统与社会系统的结合。在系统中处于中心地位的人要受到社会、政治、文化、经济、技术和家庭的影响。要考虑以上各方面的因素，系统的安全控制才能更为有效；三是安全事故（系统的不安全状态）的发生具有随机性，即事故的发生与否呈现出不确定性，事故发生后将造成什么样的后果在事先不可能确切得知；四是事故识别的模糊性。安全系统中存在一些无法进行定量的描述因素，因此对系统安全状态的描述无法达到明确的量化。

protective tape 保护带 对人体或人的某些部位形成保护作用的柔性带子。

protective window 防护窗 也称防盗窗，对窗体进行防盗安全防护的附加保护装置，可以防止外来人员破窗而入，也可防范孩童从窗跌出。有固定式、栅栏式、拉伸式等式样。

protector 保安器 保护人身和设备安全的器件。如触电保安器、防雷保安器等。

protector block 保安器组件 保护人身和设备安全的套装组合件。如用于电信线路的防雷保安器，它就是由背架、保安座、避雷子等器件组成的组合件。

protein foam concentrate 蛋白泡沫液，蛋白泡沫浓缩物 消防灭火系统使用的，主要由天然蛋白质的水解产物制成的泡沫液，并含有稳定剂、防冻剂、缓蚀剂、防腐剂、黏度控制剂等添加剂。

protocol analyzer 协议分析仪 一种监视数据通信系统中的数据流，检验数据交换是否正确地按照协议的规定实施的专用测试工具。它也用于通信控制软件的开发、评价和分析。

protocol data unit 协议数据单元 ① 在分层网络结构中的各层之间传送的，包含来自上层信息及当前层实体附加信息的数据单元。协议数字单元（PDU）包含协议控制信息和用户数据。物理层的 PDU 是数据位，数据链路层的 PDU 是数据帧，网络层的 PDU 是数据包，传输层的 PDU 是数据段，其他更高层次的 PDU 是数据。② 在异步传输模式（ATM）网络中，指给定协议的一个消息，由净荷和控制信息构成，通常包含在信元头部。

protocol independent multicast (PIM) 独立于协议的多播 一种网际协议（IP）多播协议，由域间多播路由（IDMR）工作组设计。PIM 的主要好处是不依靠任何路由协议进行工作，是小型或大型企业网络的理想选择。其他的 IP 多播协议都依靠某些路由的协议。PIM 定义了两种模式：密集模式和稀疏模式。

protocol independent multicast-sparse mode (PIM-SM) 稀疏模式独立组播协议 独立组播协议（PIM）有两种模式：稀疏模式和密集模式。稀疏模式独立组播协议（PIM-SM）是一种能有效地将网际协议（IP）报文路由到跨越大范围网络（WAN 和域

P

间)组播组的协议。PIM-SM协议不依赖于任何特定的单播路由协议,主要被设计用来支持稀疏组。它使用了基于接收初始化成员关系的传统IP组播模型,支持共享和最短路径树,此外它还使用了软状态机制,以适应不断变化的网络环境。它可以使用由任意路由协议输入到组播路由信息库(RIB)中的路由信息。这些路由协议包括单播协议,如路由信息协议(RIP)和开放最短路径优先(OSPF),还包括能产生路由表的组播协议,如距离矢量组播路由协议(DVMRP)。

proximity card **感应[接近]卡** 近距离的非接触式IC卡。

PRS **伪随机序列** pseudo-random sequence 的缩写。

PS **分组[分包]交换** packet switching 的缩写;**节目流** program stream 的缩写。

PS AACR-F **远端衰减与外部串扰比功率和** power sum attenuation to alien (exogenous) crosstalk ratio at the far-end 的缩写;**外部远端串扰损耗功率和,外部远端串音功率和** power sum attenuation to alien crosstalk ratio at the far-end 的缩写。

PS AACR-Favg **外部远端串扰损耗功率和平均值** average power sum attenuation to alien (exogenous) crosstalk ratio far-end 的缩写。

PS AACR-N **近端衰减与外部串扰比功率和** power sum attenuation to alien (exogenous) crosstalk ratio at the near-end 的缩写。

PS ACR **功率和ACR** power sum ACR 的缩写。

PS ACR-F **远端衰减与串扰比功率和** power sum attenuation to crosstalk ratio at the far-end 的缩写。

PS ACR-N **近端衰减与串扰比功率和** power sum attenuation to crosstalk ratio at the near-end 的缩写。

PS AFEXT **远端外部串扰损耗功率和** power sum alien (exogenous) far-end crosstalk loss 的缩写。

PS ANEXT **近端外部串扰损耗功率和** power sum alien near-end crosstalk (loss)的缩写。

PS ANEXTavg **外部近端串音功率和平均值** average power sum alien near-end crosstalk (loss)的缩写。

PS ELFEXT **功率和ELFEXT衰减(损耗)** power sum ELFEXT attenuation (loss)的缩写;**等电平远端串扰衰减功率和** power sum equal level far-end crosstalk ratio 的缩写。

PS FEXT **远端串扰损耗功率和** power sum far end crosstalk (loss)的缩写;**功率和FEXT衰减(损耗)** power sum FEXT attenuation (loss)的缩写。

PS NEXT **近端串扰损耗功率和** power sum NEXT attenuation(loss)的缩写。

PSDN **公共分组数据网络** packet switched data network 的缩写。

PSE **分组交换机** packet switching exchange 的缩写。

pseudo-random **伪随机** 并非真正随机。即看似随机的,实际上是根据预先安排的顺序进行的。

pseudo-random code 伪随机码 以随机序列形式出现的数字代码。由于其长度为有限值，因此，它们并不是真正的随机码。它可用于同步和控制序列。

pseudo-random generator (PRG) 伪随机码发生器 产生伪随机码的设备。伪随机码，又称伪随机序列或伪随机信号，是由周期性数字序列经过滤波等处理后得出的。它具有类似于随机噪声的某些统计特性，同时又能够重复产生。常见的伪随机信号主要有 m 序列、M 序列等。

pseudo-random sequence (PRS) 伪随机序列 如果一个序列，一方面它是可以预先确定的，并且是可以重复地生产和复制；另一方面它又具有某种随机序列的随机特性(即统计特性)，便称这种序列为伪随机序列。

PSI 节目特定信息 program specific information 的缩写。

PSIA 物理安防互操作性联盟 Physical Security Interoperability Alliance 的缩写。

PSK 相移键控 phase shift keying 的缩写。

PSNR 峰值信噪比 peak signal to noise ratio 的缩写。

PSPDN 分组交换公用数据网 packet switched public data network 的缩写。

PSS 供电系统 power supply system 的缩写。

PSTN 公共交换电话网络 public switched telephone network 的缩写。

PT 分组终端 packet terminal 的缩写；**有效载荷类型** payload type 的缩写；**电压互感器，比压器** potential transformer 的缩写。

PTCCH 分组定时提前控制信道 packet timing advanced control channel 的缩写。

PTM 性能测试模型 performance test model 的缩写。

PTM-M 点对多点组播业务 point-to-multipoint multicast 的缩写。

PTM-SC 点到多点时局服务中心 point-to-multipoint service center 的缩写。

P-TMSI 分组临时移动用户识别码，分组 TMSI packet TMSI 的缩写。

PTN 个人通信号码 personal telecommunication number 的缩写。

PTO 公众电信运营商 public telecommunication operator 的缩写。

PTP 图片传输协议 picture transfer protocol 的缩写；**精确时间协议** precision time protocol 的缩写。

PTS 呈现时间戳 presentation time stamp 的缩写；**公用电信服务** public telecommunications service 的缩写。

PTY 节目类型 program type 的缩写。

PTYN 节目类型名 program type name 的缩写。

PTZ 云台全方位控制 pan/tilt/zoom 的缩写。

PTZ cruise 云台巡航 摄像机云台以一定的轨迹、一定的速度旋转，对指定的路径区域进行摄像。

PU 外围单元[设备] peripheral unit 的缩写；**呈现单元** presentation unit

的缩写。

public address (PA) 公共广播 在本单位范围内为公众服务,用于进行业务广播、背景广播和紧急广播。

public address equipment 公共广播设备 组成公共广播系统的全部设备的总称。主要有广播扬声器、功率放大器、传输线路及其他传输设备、管理/控制设备(含硬件和软件)、寻呼设备、传声器和其他音频信号源设备。

public address system (PAS) 公共广播系统 为公共广播覆盖区服务的所有公共广播设备、设施及公共广播覆盖区的声学环境所形成的一个有机整体,主要由音源、传输和放音三大部分组成。从播音内容应用功能区分,可分为业务广播、背景广播和应急广播;从传输信号形态和传输网络区分,有模拟型、数字型和数字网络型之分。

public building 公共建筑 非居住性质的民用建筑的统称。因业务不同而类型繁多,可区分为办公建筑、旅馆建筑、文化建筑、博物馆建筑、观演建筑、会展建筑、教育建筑、金融建筑、交通建筑、医疗建筑、体育建筑、商店建筑和通用工业建筑十三类。

public data network (PDN) 公共数据网络 是由通信网发展而来的。它的本质特征是网络公用、资源共享,是向公众提供数据通信服务的一种通信网。它是国家公共通信基础设施之一,一般由国家统一建设、管理和运营。公共数据网按照全国统一的编址方案,每个入网用户可与网上其他用户通信。一般情况下,它只负责数据从发送端到接收端的透明的无差错传输,用户之间通信的高层协议或应用业务则由用户自己协商和选择。因此,公共数据网实际上是一个提供公共数据通信服务的通信子网,而各用户或用户组织借助通信子网提供的服务可以组建自己的信息系统。公共数据网与资源子网界面清晰,使用率高,是目前计算机网络发展的高级形式。

public data transmission service 公众数据传输业务 由管理当局建立并通过公用数据网络提供的数据传输服务。包含线路交换、包交换和租用线路等服务方式。

public emergency 突发公共事件 指突然发生且造成或者可能造成重大人员伤亡、财产损失、生态环境破坏,严重社会危害,危及公共安全的紧急事件。它包括自然灾害、事故灾难、公共卫生事件及社会安全事件,如火警、地震、重大疫情传播、恐怖袭击等。

public key certificate (PKC) 公钥证书 公钥(public key)是在公共密钥加密系统中使用的两个密钥之一。公用密钥是用户自由分发的密钥,获得这个公钥的人可用于对要发送给用户的消息进行加密,以及对接收到的用户数字签名进行解密。公钥证书就是授权获得公钥的证明文件(字符、数据或数据载体),由可信的第三方发布,为验证其完整性而以数字方式署名的数据。

public land mobile network (PLMN)

公共陆地移动网 由政府或政府批准的经营者，为公众提供陆地移动通信业务而建立和经营的网络。该网络通常与公众交换电话网(PSTN)互联，形成整个地区或国家规模的通信网。

public management center 公共管理中心 一种用于公共管理的建筑场所。

public network (PDN) 公共[公用]网络 网络服务提供商建设，供公共用户使用的通信网络。公用网络的通信线路是共享给公共用户使用的。

public network provider 公共网络提供商 电信、无线、卫星、宽带、互联网等公共网络的提供者。

public packet-switching network (PPSN) 公共分组交换网 为用户提供分组交换业务及其他交换业务的数字网。网内带有网络控制中心(NCC)。它面向社会，为各行业服务。

public part 公共部位 建筑物主体承重结构部位(包括基础、内外承重墙体、柱、梁、楼板、屋顶等)、户外墙面、门厅、楼梯间、走廊通道等。

public place 公共场所 供公众从事社会生活的各种场所的总称。

public security system 公共安全系统 为维护公共安全，运用现代科学技术，可应对危害社会安全的各类突发事件的综合技术防范或安全保障体系综合功能系统。

public switched telephone network (PSTN) 公共交换电话网络 一种日常生活中常用的电话网。公共交换电话网络是一种全球语音通信电路交换网络，包括商业和政府拥有两类。PSTN 是一种以模拟技术为基础的电路交换网络。如今，除了使用者和本地电话总机之间的最后连接部分，公共交换电话网络在技术上已经实现了完全的数字化。PSTN 为因特网提供了部分长距离基础设施。公共交换电话网基于标准电话线路的电路交换服务，用来作为连接远程端点的连接方法。典型的应用有远程端点和本地局域网之间的连接，以及远程用户拨号上网。

public telecommunication operator (PTO) 公众电信运营商 向一般公众提供电信基础设施和业务的公司。术语“公众”只涉及用户而不涉及 PTO 的所有权归属。

public telecommunications service (PTS) 公用电信服务 电信运营商或网络提供商提供的面向大众的电信服务。

published user data 公开用户数据 信息系统中需要向所有用户公开的数据。该类数据需要进行完整性的保护。

PUE 电能利用效率 power usage effectiveness 的缩写。

pull-push permanent dust-proof cover 推拉式永久防尘盖 一种不可拆卸的插座用防尘盖，它可以上下或左右滑动，永久固定在面板或配线架上。这种防尘盖在测试和运维中不易丢失，滑动时能够将插座端口暴露以插入跳线。当跳线拔出后，内部安装的控制弹簧将会自动将防尘盖滑至端口位置，封闭端口。

pulse amplitude modulation (PAM) 脉(冲)幅(度)调制 脉冲幅度随调制

P

信号的变化而改变的一种脉冲调制方式。脉冲波的幅度按照模拟调制信号的变化而变化。其可用于分时多路转换系统中,此时连续的脉冲代表各个音频通道的样点值。

pulse code modulation (PCM)　脉(冲编)码调制　一种将模拟信号变换为数字信号的编码方式。对信号抽样和量化时,将所得的量化值序列进行编码,并变换为数字信号的调制过程。脉码调制过程主要有三:一是抽样,将连续时间模拟量信号变为离散时间、离散幅度的抽样信号;二是量化,将抽样信号变成离散时间、离散幅度的数字信号;三是编码,对量化后的信号进行编码,成为一个二进制码组输出。

pulse counter　脉冲计数器　它的基本功能是统计时钟脉冲的个数,即实现计数操作,它也可用于分频、定时、产生节拍脉冲和脉冲序列等。例如,计算机中的时序发生器、分频器、指令计数器等都要使用计数器。

pulse phase modulation (PPM)　脉冲位置调制　简称脉位调制,指载波脉冲位置根据被调信号的变化而变化的一种调制方法。它使用不同时间位置的脉波来表达 0 与 1。PPM 的编解码方式通常采用积分电路来实现。其基本工作原理:编码电路中的模数转换部分将模拟信号转换成一组数字脉冲信号。每个通道都由八个信号脉冲组成,再加上同步脉冲和校核脉冲,故每个通道包含有十个脉冲信号。八个信号脉冲个数永远不变,而脉冲宽度不同。宽脉冲代表“1”,窄脉冲代表“0”。因此每个通道的信号脉冲共有两百五十六种变化。接收机解码电路收到此种数字编码信号经过数模转换将数字信号还原成模拟信号。由于在空中传播的是数字信号,其中包含的信号只代表两种宽度。如果在传输过程中产生了干扰脉冲,解码电路就会自动将“0”或“1”脉冲宽度不相同的干扰脉冲自动清除。如果干扰脉冲与“0”或“1”脉冲宽度相似或将“0”脉冲加宽成“1”脉冲,接收部分的解码电路也可以通过计数功能或检验校核码将其滤除或不予输出。

pulse width modulation (PWM)　脉宽调制　利用微处理器的数字输出来对模拟电路进行控制的一种非常有效的技术,广泛应用于测量、通信、功率控制与变换等领域中。它是一种模拟控制方式,根据相应载荷的变化来调制晶体管基极或 MOS 管栅极的偏置,来实现晶体管或 MOS 管导通时间的改变,从而实现开关稳压电源输出的改变。这种方式能使电源的输出电压在工作条件变化时保持恒定。PWM 控制技术以其控制简单、灵活,动态响应好等优点而成为电力电子技术最广泛应用的控制方式。结合现代控制理论或实现无谐振波开关技术将会成为 PWM 控制技术发展的主要方向之一。

pump laser　泵浦激光器　一种用半导体固体激光材料作为工作物质的新型激光器。它是一种高效率,长寿命,光束质量高,稳定性好,结构紧凑小型化的第二代新型固体激光器,已在空间通信、光纤通信、大气研究、环境科学、医疗器械、光学图像处理、激光打印机等高科技领域有着独具特色的应用前景。

PUR 聚氨酯 polyurethane 的缩写。

push VOD 推送式视频点播 根据业务提供商的安排，将多媒体内容打包传送到终端用户存储系统，供用户点播的电视业务。

PVC 永久虚拟线路 permanent virtual circuit 的缩写；**永久虚连接** permanent virtual connection 的缩写；**聚氯乙烯** polyvinyl chloride 的缩写。

PVC insulated ribbon cable 聚氯乙烯绝缘带状电缆 在导线外围均匀而密封地包裹一层不导电的 PVC 材料，形成绝缘层，防止导电体与外界接触造成漏电、短路、触电等事故发生的电线叫绝缘导线。将多根 PVC 绝缘电线制成扁平状排列并外加护套层即为 PVC 绝缘带状电缆。

PVC insulation 聚氯乙烯绝缘 在导线外围均匀而密封地包裹一层不导电的 PVC 材料，形成绝缘层，防止导电体与外界接触造成漏电、短路、触电等事故发生的电线叫绝缘导线。在电线电缆标准命名体系中第二位字母为 V 的缆线均为 PVC 绝缘缆线。

PVC/ST4 聚氯乙烯绝缘电缆、固定敷设用电缆护套 450/750 V 聚氯乙烯绝缘电缆系列中固定敷设用电缆的护套材料。在聚氯乙烯绝缘电缆系列中，护套材料分为 PVC/ST4、PVC/ST5、PVC/ST9、PVC/ST10 等。其分别用于固定敷设用电缆、软电缆、耐油护套软电缆和 90°聚氯乙烯护套电缆。其技术参数参见 GB 5023—2008。PVC/ST4 中的“ST”是 sheathing（护套）的缩写，“4”为材料产品的编码。

PWM 脉宽调制 pulse width modulation 的缩写。

PXC 全光交叉连接 photonic cross connect 的缩写。

Q

Q3　GSM 的 Q3 协议　GSM Q3 protocol 的缩写。

QA　质量保证　quality assurance 的缩写。

QAF　质量评定表　quality assessment form 的缩写。

QAM　正交调幅，正交振幅调制器　quadrature amplitude modulation 的缩写。

QAM signal　QAM［正交调幅］信号　quadrature amplitude modulation signal 的缩写。

QC　质量控制　quality control 的缩写。

QCIF　四分之一通用媒介格式　quarter common intermediate format 的缩写。

QCM　质量管理手册　quality control manual 的缩写。

QCP　快接插头　quickly connected plug 的缩写。

QD　象限　quadrant 的缩写。

Q-Factor　品质因数　quality factor 的缩写。

QMP　质量管理计划　quality management plan 的缩写。

QoS　服务质量　quality-of-service 的缩写。

QRM　四继电器模块　quad relay module 的缩写。

QSFP　四通道 SFP 接口　quad small form-factor pluggable 的缩写。

QUAD　四声道的，四声道立体声　quadraphonic 的缩写。

quad　四线组　也称星绞。由四根相互绝缘导体扭绞在一起组成的线缆元素（两个径向面对的导线形成传输线对）。它是综合布线系统中双绞线的基本元素。

quad relay module（QRM）　四继电器模块　门禁系统中含有四个继电器的线路板、组件或部件，它可完成四个继电器输出及四个触发器输出。

quad small form-factor pluggable（QSFP）　四通道 SFP 接口　为了满足市场对更高密度的高速可插拔解决方案的需求而诞生的。这种四通道的可插拔接口传输速率可达 40 Gbps。

quadrature amplitude modulation（QAM）　正交调幅　一种信号调制方法。将两个调制信号分别对频率相等、相位相差 90°的两个正交载波进行调幅，然后再将这两个调幅信号进行矢量相加，从而得到的调幅信号称为正交调幅信号。QAM 信号有两个相同频率的载波，但是相位相差 90°。一个信号叫 I 信号，另一个信号叫 Q 信号。从数学角度将一个信号可以表示成正弦，另一个表示成余弦。两种被调制的载波在发射时已被混合。

到达接收点地后，载波被分离，数据被分别提取然后和原始调制信息相混合。这种调制方式的已调波信号所占频带仅为两路信号中的较宽者，“正交调幅”与“解调”的概念已扩展到 MQAM，其中 M 可取 4、16、32、64、128、256 等数值，最常用的是 16QAM 和 64QAM。**正交振幅调制器** 数字电视广播(DVB)系统的前端设备，接收来自编码器、复用器、DVB 网关、视频服务器等设备的传输流，进行 RS 编码、卷积编码和 QAM 数字调制，输出的射频信号可以直接在电视台、有线电视网上传送，同时也可根据需要选择中频输出。

quadrature amplitude modulation signal (QAM signal) 正交调幅调制信号 由幅度和频率相同但相位正交的两个分离的正弦载波信号进行的幅度调制，已调信号相加之后可送入单个频道进行传输。

quadrature modulation 正交调制 一种调制方法。两个独立信号加在具有相同频率的载波上，两个载波的相位相差 90°。这种方法一般用于高带宽数据通信中。

quadraphonic (QUAD) 四声道的，四声道立体声 即四声道环绕立体声。它规定了四个发音点：前左、前右、后左、后右，听众则被包围在这中间。就整体效果而言，四声道系统可以为听众带来来自多个不同方向的声音环绕，可以获得身临各种不同环境的听觉感受的体验。

quality assessment form (QAF) 质量评定表 质量评定将分项目或小项进行。质量评定表是将这些评定项目列成表格，采用定性、定量等方法进行评定记录。

quality assessment table 质量评定表 同 quality assessment form。

quality assurance (QA) 质量保证 它与质量控制(QC)不同，是在经营、系统和技术审核领域的活动。质量保证是为了确保一种产品或一个系统依附或符合已建立的标准而实施的一种系统过程。在传统意义上，它指在制造前关于质量方面进行的工作，如选择适当的原材料与保证外购零件质量，以保证达到最好的性能，包括机械特性、耐久性、可靠性、可处理性等。质量保证工作还一直关联到制造计划中的选择生产设备、加工工具、加工方法、工作人员能力等。

quality assurance certificate 质量保证书 厂商或工程师对自己的产品或工程的质量向购买者或甲方做出承诺保证的书面文件，具有法律效力。如果发生质量问题，承诺方应依据质量保证书上的质量标准和承诺承担维修、补修、更换的责任。

quality assurance period 质量保证期 产品质量合格的日期期限，在该日期期限内承诺质量合格。

quality assurance schematic 质量保证流程图 在质量保证书中，以特定的图形符号加上说明，表示质量保证的操作流程或发生问题时处理流程的图。

quality certificate 产品合格证 生产者为表明出厂产品经质量检验合格，

附于产品或者产品包装上的合格证书、合格标签或者合格印章。这是生产者对其产品质量作出的明示保证,也是法律规定生产者所承担的一项产品标识义务。

quality certification 质量认证 也叫合格评定,国际上通行的管理产品质量的有效方法。质量认证按认证的对象分为产品质量认证和质量体系认证两类。按认证的作用可分为安全认证和合格认证。产品质量认证是指依据产品标准和相应技术要求,经认证机构确认并通过颁发认证证书和认证标志来证明某一产品符合相应标准和相应技术要求的活动。

quality control (QC) 质量控制 1960年始创于日本,把严谨的数理统计方法和科学的小组活动程序相结合的一套国际化管理体系。它与国际上通行的相关认证相辅相成,共同打造企业内部节能增效的新模式。质量控制是监视全过程,排除误差,防止变化,维持标准化现状的一种管理过程。传统意义上,它与制造后产品的质量检验有关,如查出低质产品并找出限制低质产品的正确方法。其中涉及制定检验程序和规范,选择完成检验的量具和仪器,设计统计采样计划等。但为了进一步提高优质产品百分比,减少或消灭事后返工率,提高检验过程生产率和降低检验成本,去除检验工序中人的主观因素,质量控制正朝着 QA/QC 的方向发展,与质量保证不再严格区分。

quality control manual (QCM) 质量管理手册 证实或描述文件化质量体系的主要文件,是阐明一个组织的质量方针,并描述其质量体系的文件。可应用于多方面的质量管理,是一种有效的管理方案。

quality factor (Q-Factor) 品质因数 也称 Q 因子,物理及工程中的无量纲参数,表示系统振幅衰减的时间常数和震荡周期后的结果,也可表示振子共振频率相对于带宽的大小。高 Q 因子表示振子能量损失速率较慢,振动可持续较长时间。例如,一个单摆在空气中运动,其 Q 因子较高,而在油中运动的单摆 Q 因子则较低。Q 因子较高的振子在共振时,在共振频率附近的振幅较大,但会产生的共振的频率范围比较小,此频率范围可以称为带宽。如一台无线电接收器内的调谐电路 Q 因子较高,要调整接收器对准一特定频率会比较困难,但其选择性较好。系统的 Q 因子可能会随着应用场合及需求的不同而有较大差异。

quality inspection measure 质量检测措施 产品、系统、工程的质量检测时的人员、设备、步骤、方法、保护等必要的手段。

quality management plan (QMP) 质量管理计划 对于质量管理工作的计划安排和描述,以及对于质量控制方法的具体说明。这一计划文件做出如何检验质量计划的执行情况,如何确定质量控制规定等计划安排。质量管理计划应当说明项目管理组织将如何实施其质量方针。ISO 9000 中规定 QMP 应该说明项目质量体系,并作为实施质量管理的组织结构、责任、程序、过程和资源。在项目中,质量管理计划是项目管理计划的组成部分或从属计划。质量管理计划为整体项目计划提供依据,并且应考虑项目质量控制(QC)、质量保证(QA)和过程持续改进问题。

quality-of-service (QoS) **服务质量** 服务质量在不同系统中具有不同含义。在通信或信息管理系统中,是指用户与服务提供者之间有关服务水平的约定。其中包括两个主要部分:(1) 用户要求得到满足的程度,即信息传输性能和表示质量;(2) 服务提供者的行为,即系统能够提供和达到的服务性能。国际电报电话咨询委员会(CCITT,现改为国际电信联盟ITU)于1990年制定了有关服务质量的CCITT-1系列建议,从呼叫控制、连接以及数据单元控制三个不同层次上定义了宽带综合业务数字网(ISDN)的服务质量。在因特网中通信服务质量分为若干等级:A级为恒定波特率的视频传输服务,B级可变波特率的音视频信号传输服务,C级为面向连接的数据传输服务,D级为无连接的数据传输服务。

quality plan **质量计划** GB/T 19000—2008中对质量计划的定义是:对特定的项目、产品或合同规定由谁及何时应使用哪些程序和相关资源的文件。质量计划提供了一种途径将某一产品、项目或合同的特定要求与现行的通用质量体系程序联系起来。虽然要增加一些书面程序,但质量计划无须开发超出现行规定的综合程序或作业指导书。一个质量计划可以用于监测和评估贯彻质量要求的情况,但这个指南并不是为了用作符合要求的清单。质量计划也可以用于没有文件化质量体系的情况。在这种情况下,需要编制程序以支持质量计划。

quality report in guarantee period **质保期报告** 产品、工程中都有质量保证期(质保期)。质保期报告是在质保期开始前、期间或结束时所提交的有关质量保证承诺、执行情况、发生问题等的总结报告。

quality system **质量体系** 为保证产品、过程或服务质量,满足规定(或潜在)的要求,由组织机构、职责、程序、活动、能力、资源等构成的有机整体。也就是说,质量体系是为了实现质量目标的需要而建立的综合体。为了履行合同,贯彻法规和进行评价,可能要求提供实施各体系要素的证明。企业为了实施质量管理,生产出满足规定和潜在要求的产品和提供满意的服务,并实现企业的质量目标,应通过建立和健全质量体系来实现。质量体系包含一套专门的组织机构,具备了保证产品或服务质量的人力、物力,还要明确有关部门和人员的职责和权力,以及规定完成任务所必需的各项程序和活动。因此质量体系是一个组织落实物质保障和具体工作内容的有机整体。

quality warranty **质量保证书** 厂商或工程师对自己的产品或工程的质量向购买者或甲方做出承诺保证的书面文件,具有法律效力。如果发生质量问题,承诺方应依据质量保证书上的质量标准和承诺承担维修、补修、更换的责任。

quantitative (QUANT)　定量的　以数量形式存在着并可以进行测量的。测量的结果用一个具体的量(称为单位)和一个数的乘积来表示。以物理量为例,距离、质量、时间等都是定量属性。很多在社会科学中考查到的属性(比如能力、人格特征等)也都被视作定量的属性来进行研究。

quantization coefficient　量化系数　数字图像信号反量化前变换系数的值。

quantization parameter　量化参数　数字图像信号在解码过程对量化系数进行反量化的参数。

quantize (QUANT)　量化　把一个变量的一个连续数值范围划分成一定数目的互不重叠的子范围或间隔(各子范围不一定相等),每个子范围内的值用一个规定的值表示过程。例如,人的年纪在大多数情况下都量化成以年为单位的量。在数字信号处理领域,将信号的连续取值(或者大量可能的离散取值)近似为有限多个(或较少的)离散值的过程。量化主要应用于从连续信号到数字信号的转换中。连续信号经过采样成为离散信号,离散信号经过量化即成为数字信号。离散信号通常情况下并不需要经过量化的过程,但可能在值域上并不离散,还是需要经过量化这一过程。信号的采样和量化通常都由模数转换器(ADC)实现。**数字化**　指将任何连续变化的输入(如图画的线条或声音信号)转化为一串分离的单元,在计算机中用“0”和“1”表示。通常用ADC执行这个转换。

quarter common intermediate format (QCIF)　四分之一通用媒介格式　以通用媒介格式(CIF)作为基准定义的视频图像格式。QCIF分辨率的宽和高都是CIF格式的一半,QCIF=176×144像素。QCIF尽管分辨率比CIF低,但当静态图像片在小的显示器上达到一个可以接受清晰度情况下,QCIF消耗更少的内存。

quick connection technology　快速连接技术　连接时间很短的连接技术。如在综合布线系统中,双绞线模块与双绞线之间的连接采用绝缘位移连接器(IDC)端子,使用了刺破式连接技术,使双绞线不必剥去绝缘层即可端接,达到了快速高效的目的。

quick identification　快速识别　在很短的时间内识别完毕。

quick response code (QR code)　二维码　也称作QR码。是近年来十分流行的一种编码方式,它比传统的条形码(bar code)能存储更多信息,表示更多数据类型。二维码是一种由黑色(目前也有彩色)方块组成的可以被数字设备读取并存储的信息条码。二维码用某种特定的几何图形按一定规律在平面(二维方向)上分布黑(彩)白相间的图形记录数据符号信息。它在代码编制上巧妙地利用构成计算机内部逻辑基础的“0”“1”比特流的概念,使用若干个与二进制相对应的几何形体来表示文字数值信息,通过图像输入设备或光电扫描设备自动识读实现信息自动处理。二维码的每种码制有其特定的字符集，每个字符占有一定宽度，具有一定校验功能，同时对不同行的信息具有自动识别功能及处理图形旋转变化的功能。二维码一共有 40 个版本(Version)。Version 1 是 21×21 的矩阵，Version 2 是 25×25 的矩阵，Version 3 是 29×29 的矩阵，每增加一个版本，就会增加 4 位尺寸，其计算公式是：(V－1)×4＋21(其中，V 是版本号)。最高 Version 40 是 177×177 的矩阵。二维码作为一种全新的信息存储、传递和识别技术，自 20 世纪 40 年代诞生起就得到了许多国家的关注和广泛应用，极大提高了数据采集和信息处理的速度，为管理的科学化和现代化做出了重要贡献。

quickly connected plug (QCP)　快接插头　快速连接用的插头。如 RJ45 插头、RJ11 插头等。

R

R(red), G(green), B(blue)　(RGB) RGB 色彩模式　工业界的一种颜色标准，是通过对红(R)、绿(G)、蓝(B)三个颜色通道的变化以及它们相互之间的叠加来得到各式各样的颜色的。RGB 即是代表红、绿、蓝三个通道的颜色。这个标准几乎包括了人类视力所能感知的所有颜色，是目前运用最广的颜色系统之一。

raceway　电缆管道　用于敷设电缆的管道，通常有金属电线管和非金属电线管之分。

RACH　随机接入信道　random access channel 的缩写。

rack fixture set　机架装配套件　装配机柜使用的成套组件。

rack kit　机柜套件　构成机柜的成套组件。

rack metalwork　机架金属件　构成机架的金属构件。机架是摆放机器或设备的架子，它与机柜的最大差异是没有门、侧板、顶盖和底座。

rack space　储存架区　机架内的设备安装空间。

rack unit　机架单元　19 in 标准机柜或机架中 44.45 mm 的垂直安装空间。

radial shrinkage ratio　径向收缩率　产品在直径方向的收缩比率。

radiant energy-sensing fire detector　辐射能感应火灾探测器　基于核辐射和粒子辐射感应探测原理的火灾探测传感器。

radiant heating　辐射加热　利用热辐射原理所形成的加热方式。如冬天的辐射采暖等。

radiant resistance furnace　辐射电阻炉　以电流通过导体所产生的焦耳热为热源的电炉。它通过电热元件将电能转化为热能，在炉内对金属进行加热并辐射出来。电阻炉和火焰炉相比，热效率高，容易控制，环境条件好，炉体寿命长。

radiation　辐射　由场源发出的电磁能量中一部分脱离场源向远处传播，而后不再返回场源的现象，能量以电磁波或粒子(如阿尔法粒子、贝塔粒子等)的形式向外扩散。

radiation detection　辐射探测器　用以对核辐射和粒子的微观现象进行观察和研究的传感器件、材料、装置。

radiation fire detector　辐射火灾探测器　一种基于红外线探测原理制成的火灾探测传感器。它利用烟雾的扩散性可以探测红外线周围固定范围之内的火灾。线型光束感烟探测器通常是由分开安装的、经调准的红外发光器和收光器配对组成，利用烟雾减弱红外收光器的光束接收量判定火灾。感烟式火灾探测器适宜安装在发生火灾后产生烟雾较大或容易产生阴燃的场所,不宜安装在平时烟雾较大或通风速度较快的场所。

radiator cooler　辅助冷却装置　即指辅助性的冷却装置。

radiator unit　散热部件　模块式空调机房设备中用于对电机、变频器、电气元器件等发热部件进行排热的风扇及其控制装置。

radio access network (RAN)　无线接入网络　固定用户全部或部分以无线的方式接入到交换机(PSTN 公共交换电话网交换机或 ISDN 综合业务数字网交换机)构成的网络。无线接入网是由业务节点(为交换机)接口和相关用户网络接口之间的系列传送实体所组成,为传送电信业务提供所需传送承载能力的无线实施系统。无线接入网(WAN)实际上用无线通信技术替代传统的用户线,所以,无线接入网又称为无线本地环路(WLL)或无线用户系统(WSS)。

radio alarming　无线报警　通过空间无线电波传输报警信号的技术。

radio antenna　无线电天线　简称天线。一种从一个行波(导行波,guided wave)到一个自由空间波,或者从一个自由空间波到一个行波的转换区域相关结构。它是一种变换器,把传输线上传播的导行波变换成在无界媒介(通常是自由空间)中传播的电磁波,或者进行相反的变换。它是无线电设备中用来发射或接收电磁波的部件。无线电通信、广播、电视、雷达、导航、电子对抗、遥感、射电天文等工程系统等利用电磁波来传递信息时都依靠天线来进行工作。此外,利用电磁波传送能量时(非信号的能量辐射)也需要天线。天线一般都具有可逆性,即同一副天线既可用作发射,也可用作接收。无线电天线种类繁多:按电磁波段区分,有长波、中波、短波、超短波、微波之分;按辐射指向区分,有定向和不定向之分;按使用场合区分,有室内和室外之分;按形状来区分,有鞭状天线、鼠笼形天线、抛物面天线、八木天线等。

radio base station (RBS)　无线基站　用来提供移动台与系统的无线接口,主要由无线收信机、发信机和天线构成。每个基站都覆盖一个可靠的通信范围,称为蜂窝小区或无线小区,小区内用户都要通过基站才能发送和接收。

radio beacon　无线电信标机　地面台站或飞行器中提供自身位置信息的无线电电子设备。它由振荡器、发射机、发射天线和附加设备组成。飞机导航系统中,单个或多个地面导航台用规定的频率发射无线电信标信号(等幅波、音频调制波或代码),飞机的机上导航设备根据收到的信标信号测出或解算出飞机相对于导航台的方位。飞机不断测定方位并纠正航向,就可被引导到目的地。

radio broadcasting center system　广播中心系统　广播电视环节中的重要组成部分,承担广播节目的采集、编辑、制作、存储、调度、播出等任务。

radio cache　无线电贮藏处　消防用无

线电通信设备存放的地方。

radio channel 无线电信道 以无线电波为媒质的信息通道。无线电信道通常在频率、频段基础划分，各种业务信息在某一频率或频段内传输。

radio channel group (RCG) 无线信道群 基地电台中与移动台进行无线通信所需要的若干信道设备。它包括发射机、接收机、发射机合路器、接收机分路器、天线等设备。

radio circuit 无线电电路 简称无线网，是指无线联网和移动计算提供的支持。它通过安装在电信局的中心发送器与接收器(或叫收发器)把信号广播给各工作站。无线局域网设备是一个收发器，它通过以太网电缆连向服务器或其他网段。

radio communication 无线电通信 利用无线电波传输信息的通信方式，能传输声音、文字、数据、图像等。与有线电通信相比，不需要架设传输线路，不受通信距离限制，机动性好，建立迅速。相对地，传输质量不够稳定，信号易受干扰或易被截获，保密性差。无线电通信按波长分为长波通信、中波通信、短波通信、微波通信等；按中继媒质分为微波接力通信、卫星通信、散射通信等。

radio communication system 无线电通信系统 利用无线电磁波在空间传输信息的通信系统。

radio configuration 无线配置 对整体无线资源进行的配置，是无线资源管理(RRM)的重要内容之一。

radio data system (RDS) 无线数据系统 无线数据传输系统，即不使用缆线的数据传输系统。可分为公网数据传输和专网数据传输。公网无线传输：GPRS、2G、3G、4G、5G，为用户提供高速的、透明的且永远联机的数据传输通道。专网无线传输有 MDS 数传电台、Wi-Fi、ZigBee、可见光通信等。

radio dispatch system 无线电调度系统 采用无线传输的指挥调度系统。它利用无线电频道组成传输网络，可以传输语音、数据、图像、视频等信息，能够在中小型突发事件中快速组建现场临时指挥部。后方指挥中心可通过无线链路对现场进行音视频指挥调度。开机即可组建现场无线音视频指挥调度网，一键联通指挥中心与突发事件现场的通信。

radio fix 无线电定位 通过直接或间接测定无线电信号在已知位置的固定点与测定点之间传播过程中的时间、相位差、振幅或频率的变化，确定距离、距离差、方位等定位参数，进而用位置线确定待定点位置的测量技术的方法。

radio frequency (RF) 射频 可以辐射到空间的电磁波频率，其频谱在音频和可见光频率范围内。

radio frequency cable 射频电缆 传输射频范围内电磁能量的电缆。

radio frequency coaxial connector 射频同轴连接器 也称 RF 连接器，安装在射频电缆上或安装在与射频电缆对接的仪器上，作为射频传输线电气连接或分离的连接头使用的一种元件。

radio frequency identification (RFID)

R

射频识别　又称无线射频识别。一种通信技术,可通过无线电讯号识别特定目标并读写相关数据,而无须为识别系统与特定目标之间建立机械或光学接触。

radio frequency signal-noise ratio (RFSNR)　射频信噪比　射频信号系统中欲收信号的场强与等效噪声场强(包括接收机内部噪声和外部噪声的综合影响)的比值。

radio interface layer 3 (RIL 3)　无线接口层 3　移动通信的 LTE(long-term evolution)中,将无线接口分为三层,层 1 为物理层,层 2 包括介质接入控制(MAC)子层、无线链路控制(RLC)子层和分组数据汇聚协议(PDCP)子层,层 3 包括了无线资源控制(RRC)层、非接入(NAS)层。

radio interface protocol　无线接口协议　无线电数据通信中的接口协议。

radio interference　无线电干扰　不需要的无线电信号或无线电扰动对无线电通信接收所需要的无线电信号的干扰。无线电干扰信号主要是通过耦合方式进入接收设备或系统信道的电磁能量,它对无线电通信所需接收信号的接收产生影响,导致性能下降,质量恶化,信息误差或者丢失,甚至阻断通信。无线电干扰一般分为同频率干扰、邻频道干扰、带外干扰、互调干扰、阻塞干扰等。

radio jamming　无线电干扰　同 radio interference。

radio link　无线电链路[线路]　采用无线电波构成的信息传输线路,无线对讲、移动通信等采用的都是无线电线路。

radio link control (RLC)　无线链路控制　无线通信系统中的无线链路控制协议。在宽带码分多址(WCDMA)系统中,RLC 层位于介质访问控制(MAC)层之上,为用户和控制数据提供分段和重传业务。

radio link management (RLM)　无线链路管理　无线通信系统中属于 GSM/CDMA 层 3,负责无线通路数据链路层的建立和释放、透明消息(CC、RR 和 MM)的转发。

radio link protocol (RLP)　无线链路协议　无线电数据通信中一个链路层控制协议。它是在移动站点(MS)与互通功能(IWF)之间为了可靠地传送用户数据所采用的一种自动重发请求(ARQ)协议。

radio mast　无线电杆,天线杆　发射或接收无线电波所用的塔式结构和桅式结构,用作无线电发射天线的辐射器或发射和接收天线的支持物。常用于通信、广播、电视、雷达、导航、遥测遥控等方面。

radio network controller under the UMTS system　UMTS 系统下的无线网络控制器　在移动通信系统中 RAN 的复杂的网络元数,它连接着 W-CDMA 系统中 150 个基站。它主要管理在基站之间实时呼叫的转接。

radio OSI protocol　无线 OSI 协议　无线电开放系统互联(OSI)模型中定义的协议。开放系统互联是由国际标准化组织(ISO)发起的,其任务是制定国际计算机通信标准,特别是促进不兼容系统间的互联。OSI 模型将计算机通信协议划分为七层，分别是物理层、数据链路层、网络层、传输层、会话层、表示层和应用层。无线局域网采用 OSI 参考模型进行一系列的协议集合就称为无线 OSI 协议。

radio pager **无线电寻呼机** 无线寻呼系统中一种小型接收机。它只能单方向地接收寻呼者经过寻呼系统发来的信息（文字或简单图形）。随着移动通信业务的兴起和普及，无线电寻呼机逐渐远离了普通民众的视线。

radio paging **无线电寻呼** 无线寻呼系统采用的单方向移动通信技术。

radio paging system **无线寻呼系统** 一种单向通信系统，属于移动通信的一个分支。它将自动电话交换网送来的被寻呼用户的号码和主叫用户的消息变换成一定码型和格式的数字信号，经数据电路传送到各基站，并由基站寻呼发射机发送给被叫寻呼机的系统。其接收端是若干个可以由用户携带的高灵敏度收信机（俗称袖珍铃）。收信机收到呼叫时会自动振铃，显示数码或汉字。日本于 1968 年在 150 MHz 移动频段上首先开通仅以音响发出通知音和消息的模拟寻呼系统。中国于 1983 年 9 月 16 日在 150 MHz 移动频段上启用模拟寻呼系统，1991 年 11 月启用汉字寻呼系统，至 1991 年底我国开放了 426 个寻呼系统，寻呼机位达 87.7 万个，寻呼业务也由原先的本地呼叫方式发展为漫游寻呼、全国漫游寻呼。在移动通信业务和手机普及流行后，无线电寻呼从通信业务中逐渐淡出。

radio port controller（RPC） **无线端口控制器** 用于无线通信系统和本地交换机之间的连接。它具有加密、身份识别、位置登记、代码转换等功能。

radio relay **无线电中继站** 无线通信系统的中继站的设备系统。它将接收来自上一个站台的信号，进行再生、放大处理后，再转发给下一个站台，以确保传输信号的质量。通过中继台的转发，可以解决无线通信站点之间因距离而不能通联的制约。

radio resource（RR） **无线资源** 无线通信所需要的资源，包括频率、时隙、扩频码等。通常是指无线电频谱资源。无线电频谱资源是一个国家重要的战略性资源。所有无线电通信业务的开展都离不开无线电频谱资源。由于科技发展的局限，目前人类对 3 000 GHz 以上频段还不能开发利用，所以，相对一定的时间、空间、地点，无线电频谱资源又是有限的，即任何用户在一定的时间、地点、空间条件下对某一频段的占用，都排斥了其他用户在该时间、地点、空间内对这一频段的使用。人类对无线电频谱资源的需求急剧膨胀，各种无线电技术与应用的竞争愈加激烈，使无线电频谱资源的稀缺程度不断加大。

radio set **无线电台** 简称电台。无线通信中装有发送和接收无线电信号装置的设备或系统。从应用角度可分为话音传输的对讲电台（如：对讲机、车载台等）和数据传输的数传电台（如：MDS 数传电台等）。

radio sub-system criteria **无线电子系统标准，无线分系统准则** 任一特定传输系统中的无线分系统建立和应用应遵守的基本准则，如可靠性、简单性、功效、传输范围、成本等。

radio test equipment (board) (RTE) 无线测试设备的射频单元 无线测试设备中的射频部分。在现今的无线测试设备中，至少包括两个部分：数字处理单元与射频单元。

radio traffic 无线电通信 同 radio communication。

radio transmitting tower 无线电发射塔 也称无线电塔，是指发射或接收无线电波所用的塔式结构或桅式结构，用作无线电发射天线的辐射器以及发射、接收天线的支持物。

radio warning 无线电报警 利用无线电波传输报警信息的技术。

RADIUS 远程用户拨号认证系统 remote authentication dial in user service 的缩写。

RAID 磁碟阵列，独立冗余磁碟阵列 redundant arrays of independent disk 的缩写。

RAID controller RAID 控制器 一种硬件设备或软件程序，用于管理计算机或存储阵列中的硬盘驱动器(HDD)或固态硬盘(SSD)，以便它们能如逻辑部件一样工作，各司其职。控制器提供一种居于操作系统与物理磁碟驱动器之间的抽象层次。RAID控制器按逻辑单元对应用和操作系统进行分组归类，由此，数据保护方案得以明确。控制器具有在多重物理设备上获取多重数据备份的能力，因而系统崩溃时它提升性能和保护数据的能力就得以突显出来。

RAID0 RAID 级别 0 又称为 stripe 或 striping，它代表了所有 RAID 级别中最高的存储性能。

RAID1 RAID 级别 1 通过磁碟数据镜像实现数据冗余，在成对的独立磁碟上产生互为备份的数据。

RAID10 RAID 级别 10 RAID 1 与 RAID 0 的组合体，它是利用奇偶校验实现条带集镜像，所以它继承了 RAID 0的快速和 RAID 1 的安全。

RAID2 RAID 级别 2 RAID 0 的改良版，以汉明码(Hamming Code)的方式将数据进行编码后分割为独立的位元，并将数据分别写入硬盘中。

RAID3 RAID 级别 3 把数据分成多个“块”，按照一定的容错算法，存放在 N+1 个硬盘上，实际数据占用的有效空间为 N 个硬盘的空间总和，而第 N+1 个硬盘上存储的数据是校验容错信息。

RAID4 RAID 级别 4 带奇偶校验码的独立磁碟结构，RAID4 和 RAID3 很像。在独立访问阵列中，每个磁碟都是独立运转的，因此不同的 I/O 请求可以并行的满足。

RAID5 RAID 级别 5 一种存储性能、数据安全和存储成本兼顾的存储解决方案。

RAID50 RAID 级别 50 RAID 5 与 RAID 0 的结合。

RAID6 RAID 级别 6 在 RAID 5 基础上，为进一步加强数据保护而设计的一种 RAID 方式，实际上是一种扩展 RAID 5 等级。

rail adapter 导轨适配器 将设备、部件、器件安装在导轨(如：DIN 导轨)上的配件。

rail-mounted　轨道安装　在 DIN 导轨上安装各种器件和设备，如 IP20 等级的综合布线系统模块盒、网络设备、电源设备、控制器等。

railway tunnel　铁路隧道　修建在山洞内、地下或水下并铺设铁路供机车车辆通行的构筑物。

raised floor　高架[活动]地板　即架空地板。用支架、横梁、面板组装而成的架设在实地（或楼板）之上的可活动地板。水平地板和面板之间具有一定的悬空空间，可以用作下送风通道或敷设线缆。常用于计算机机房、数据机房、监控指挥中心机房等机线众多的场所。

Rake receiver　瑞克接收机　也称分离多径接收机。一种能分离多径信号并有效合并多径信号能量的最终接收机。多径信号分离的基础是采用直接序列扩展频谱信号。瑞克接收机利用直扩序列的相关特性，采用多个相关器件来分离直扩多径信号，然后按一定规则将分离后的多径信号合并起来以获得最大的有用信号能量，将有害的多径信号变为有利的有用信号。

RAM　随机存取存储器　random access memory 的缩写。

ramp　坡道　连接高差地面或者楼面的斜向交通通道以及门口的垂直交通和属相疏散措施。

ramped aisle　斜坡通道　建筑物（包括构筑物）内连接不同标高的楼面、地面，供人行或车行的斜坡式交通道。如：出入地下停车库车行斜坡通道，在各类机房入口处为设备搬运而设置的斜坡通道等。根据不同用途，这些斜坡通道的坡度、宽度、高度、地面用材等均有严格的设计规定。

RAN　无线接入网　radio access network 的缩写。

random access　随机接入　从用户发送随机接入前导码开始尝试接入网络到与网络间建立起基本的信令连接之前的过程。随机接入是移动通信系统中非常关键的步骤，也是终端与基站建立通信链路的最后一步。**随机访问**　数字电视系统允许从某一点而非位流起始点开始对位流解码并恢复出解码图像的能力。

random access channel (RACH)　随机接入信道　移动通信台随机接入网络时用此信道向基站发送信息。发送的信息包括：对基站寻呼消息的应答以及移动台寻呼时的接入。移动台在此信道还向基站申请支配独立（专用）控制信道（SDCCH）。

random access memory (RAM)　随机存取存储器　又称作随机存储器，与中央处理器（CPU）直接交换数据的内部存储器，也叫主存（内存）。它可以随时读写，而且速度很快，通常作为操作系统或其他正在运行中的程序的临时数据存储媒介。存储单元的内容可按需随意取出或存入，且存取的速度与存储单元的位置无关。这种存储器在断电时将丢失其存储内容，故主要用于存储短时间使用的程序。按照存储单元的工作原理，随机存储器又分为静态随机存储器（Static RAM，SRAM）和动态随机存储器（Dynamic RAM，DRAM）。

Rankine cycle 兰金循环 蒸汽动力装置的一种理想的热力循环。它是19世纪苏格兰工程师W. J. M.兰金提出的,因而得名。它是由汽轮机(或蒸汽机)中的绝热膨胀过程、凝汽器中的定压凝结放热过程、水泵中的绝热压缩过程以及锅炉中水的定压加热、汽化和蒸汽的过热过程所组成的可逆循环。兰金循环的热效率可由蒸汽图表根据压力、温度等参数加以确定。兰金循环也是余热动力回收装置、地热、太阳能动力等装置的基本循环。现代大型火力发电厂所采用的蒸汽动力循环是在兰金循环的基础上发展起来的。

Ranque-Hilsch effect 兰克-赫尔胥效应 气体以切线方向进入管子形成涡流而产生的冷却效应。由于在管子轴线附近的涡流中心部分,气流的角速度最大,而在管壁附近的涡流边缘部分,气流的角速度最小,由于气流层之间的摩擦,使动能从涡流的中心部分向边缘部分传输,涡流中心部分因能量输出而温度降低,其边缘部分则因能量输入而温度升高。这个效应是法国人兰克于1931年发现的,之后德国人赫尔胥利用其中的制冷效应发明了涡流管,所以这个现象被称为兰克-赫尔胥效应。

rapid ring protection protocol (RRPP) 快速环网保护协议 一个专门应用于以太网环的链路层协议。它在以太网环完整时能够防止数据环路引起的广播风暴,而当以太网环上一条链路断开时能迅速启用备份链路以保证环网的最大连通性。与STP协议相比,RRPP协议有如下优点:(1)拓扑收敛速度快(低于50 ms)。(2)收敛时间与环网上节点数无关。

rapid spanning tree protocol (RSTP) 快速生成树协议 旨在网络结构发生变化时,能更快地收敛网络的协议。

rapper 振动器 也称换能器、拾振器。传感器的一种,将振动信号变为化学的、机械的或(最常用的)电学的信号,且所得信号的强度与所检测的振动量成比例的换能装置。

RAS 远程访问服务 remote access service的缩写。

raster scan 光栅扫描 图形或图形显示的一种方式,即电子在显示屏上顺序地进行一行一行的水平扫描。当扫描到最后一行时,电子束垂直向上回扫,然后按同样顺序重复进行扫描。根据显示的信号控制扫描光点的颜色和亮度,从而在显示屏上形成图像。在水平和垂直回扫期间,电子束消隐,显示屏上无显示。光栅扫描的主要优点是图像明亮、逼真,位置精确,能局部写入或擦除,可产生无限多颜色,动态性能好,无闪烁。光栅扫描是(阴极射线管)显示的主要方式,它可由显示器中的电路自动完成,也可以由计算机程序控制。

rate 码率,变化率 亦称比特率,衡量流媒体单位时间内数据传输量,单位为位每秒,即bps(bits per second)。根据传输量的不同可以使用不同量纲,常见的有kbps、Mbps、Gbps等。

rate of combustion 燃烧效率 亦称燃烧室效率。它是定量燃料在燃烧室内燃烧时实际可用来加热燃烧产物的热量与该燃料在绝热条件下实现完全燃烧时所释出的低位发热量之比。它是评价各种燃烧室(或锅炉炉膛)运行经济性的主要指标。

rate of cooling **冷却速度** 单位时间内物体温度的减少量,在数学上是温度对时间的导数(dT/dt)。实验表明,同一物体在外部介质性质及温度相同,本身性质及表面积也相同时,物体的冷却速率只与外部物体的温差有关。

rate of expansion **膨胀率** 物质因某种原因膨胀之后的体积与正常情况下(没有膨胀时)的体积之比值。

rate of filtration **过滤速率** 单位时间通过单位过滤面积的滤液(或气体)体积。

rate of flow **流速** 流体流质点在单位时间内所通过的距离。流速的正常单位为 m/s、m/h。管道和渠道中的流体各点的流速是不相同的,为了计算简便,通常用横断面介质的平均流速来表示该断面的流速。

rate of propagation **传播速度** 对波的传播而言,表示在一给定瞬间和一给定空间的点上,场的一个给定特性在指定时间间隔内的位移矢量与该时间间隔的持续时间之比,当持续时间趋于零时的极限。

rate of radiation **辐射强度** 衡量物体表面以辐射的形式释放能量相对强弱的能力。物体的辐射率等于物体在一定温度下辐射的能量与同一温度下黑体辐射能量之比。黑体的辐射率等于 1,其他物体的辐射率介于 0 和 1 之间。

rate of revolution **转速** 单位时间内物体做圆周运动的次数,用符号 n 表示;其国际标准单位为 r/s(转每秒)或 r/min(转每分)。

rate of vaporization **汽化率** 液体汽化所减少的质量占原液体质量的比率。

rate updating index (RID) **费率修改索引** 通信系统中也称费率表检索号。指通信系统计费时通过多次检索后找到相应的费率。每个 RID 对应一个固定的计费费率。

rated cooling capacity **额定制冷量** 在额定工况和规定条件下,空调设备从所处理的空气中移除的显热和潜热之和,单位为瓦(W)。

rated current **额定电流** 由标准或制造厂商规定的设备输入或输出电流。

rated energy efficiency grade **额定能效等级** 能耗设备厂商(如:空调厂商等)在产品上标明的能效等级。

rated fire door **额定防火门** 由消防部门定认可的实验室根据《防火门》(GB 12955—2008)测试合格并取得证书及授权标识的防火门。

rated frequency **额定频率** 标准或制造厂商规定的输入或输出频率。

rated frequency range **额定频率范围** 由标准或制造厂商规定的输入或输出频率范围,以额定频率的下限值和上限值表示。

rated load **额定负荷** 通常指某工业产品在正常使用中所允许的承载范围。产品制造厂家会为用户提供使用的相关参数,其中额定载荷就是其中必备的数据之一。用户在使用中需在其额定载荷范围内使用，才属于安全操作。

rated of air circulation　空气循环额定值，换气次数，空气循环率　室内空气循环频繁程度的量纲，是单位时间内房间的循环空气体积与该空间体积之比。

rated of decay　衰减率　每经过一个波动周期，被测量波动幅值减少的百分数，也就是同方向的两个相邻波的前一个波幅减去后一个波幅之差与前一个波幅的比值。在通信系统中，衰减率则是指通过传输后信号与发出端信号强度的比值，它说明信号传输的质量。

rated output active power　额定输出有功功率　由制造厂商申明的输出有功功率。

rated output apparent power　额定输出视在功率　由制造厂商申明的持续输出的视在功率。

rated partition　耐火等级隔墙　达到某一耐火等级标准（1～4 级）的非承重内墙。它能够耐受一定时间内、一定温度的火焰燃烧而不倒塌。

rated power　额定功率　用电器正常工作时的功率。它的值为用电器的额定电压乘以额定电流。

rated transmission voltage　额定传输电压　传输线路传输信号的电压额定值。如在公共广播系统末端设备输出的音频电压额定值，即为广播传输线路的传输电压，也应当是传输线路配接广播扬声器（或其他终端器件）标称输入电压值。

rated value　额定值　由制造厂商为元器件或设备，针对规定运行条件而选定参数量值。它是根据用户需要和制造厂生产技术的可能，并考虑到安全、经济、维修、方便使用等因素决定的。对于社会上大量需要的产品，还需考虑到长期的社会效益。额定值一般由公认的权威机构批准公布，在中国则由国家技术监督局标准司或有关的部门以标准的形式发布。在这些标准中详尽地规定了额定值的项目、定义、要求（如允许偏差）、测试方法等。各种产品额定值的内容因使用情况不同而各异。

rated voltage　额定电压　电气设备长时间正常工作时的最佳电压，额定电压也称为标称电压，一般由制造商声明。当电气设备的工作电压高于额定电压时容易损坏设备，而低于额定电压时将不能正常工作（如：灯泡发光不正常，电机不正常运转）。在三相供电系统中，额定电压指线电压。

rated voltage range　额定电压范围　电气设备制造商声明的输入或输出电压范围，以额定电压的下限值和上限值表示。

rated wall　耐火等级墙　达到某一耐火等级标准（1～4 级）的墙体。

rate-of-rise and fixed temperature detector　差定温探测器　综合定温式和差温式两种探测原理并将两种探测器结构整合在一起的感温探测器。它同时具备两种功能（定温、差温）。当一种功能失效，另一种功能仍能稳定运行。火灾自动报警系统使用的感温式火灾探测器主要有定温式、差温式和差定温式三种。

R

rate-of-rise detector　差温探测器　一种探测温升速率的火灾探测器。它常应用于火灾报警系统之中,当探测到环境温度的温升速度超过一定值时启动报警信息。它有线型和点型两种结构。线型差温式探测器是根据广泛的热效应而动作,点型差温式探测器是根据局部的热效应而动作。探测器中主要感温器件是空气膜盒、热敏半导体电阻元件等。

rating　额定值　同 rated value。

ratio controller　比例调节器　将被调量与给定值比较,按偏差的大小成比例地输出连续信号以控制执行器的模拟调节器。

ratio meter　比率计　测量某些相关物理量之间比率的仪器。例如,厚膜比率计就是一种高线性度、高电学性能和高物理性能的电位器。电位器的电阻值与电路中电类参量(电压、电流电功率等)指标具有一一对应的准确比率关系。

ratio of expansion　膨胀比　指内燃机做功冲程结束时,气缸容积与做功冲程开始时气缸容积之比。一般内燃机(奥托循环)膨胀比与压缩比是相等的,而对于阿特金森循环和米勒循环,压缩比要小于膨胀比。空气动力学和火箭发动机里常提到的膨胀比是指喷管的出口压强与环境压强之比。

ratio of run-off　径流系数,径流比　一定汇水面积内总径流量(毫米)与降水量(毫米)的比值,是任意时段内的径流深度 Y 与造成该时段径流所对应的降水深度 X 的比值,计算公式为 $\alpha=Y/X$。径流系数说明在降水量中有多少水变成了径流,它综合反映了流域内自然地理要素对径流的影响。其余部分水量则损耗于植物截留、填洼、入渗和蒸发。在我国,径流系数有时又分为流量径流系数和雨量径流系数。

ratio of slope　坡度　地表陡缓的程度,通常用坡角的正切函数表示,即坡面的垂直高度 h 和水平距离 l 之比,用字母 i 表示,$i=\tan\alpha=h/l$。

ratio of specific heat　比热比,热容比　描述气体热力学性质的一个重要参数,定义为定压比热 c_p 与定容比热 c_V 之比,通常用符号 γ 表示,即 $\gamma=c_p/c_V$。

ratio of windows to wall　窗墙比　指窗户洞口面积与房间立面单元面积(即房间层高与开间定位线围成的面积)之比。窗墙比是建筑和建筑热工节能设计中常用的一种指标。

raw data　原始数据　用户数据库中的数据,是终端用户所存储使用的各种数据,它构成了物理存在的数据。

raw material　原材料　① 即原料和材料。原料一般指来自矿业、农业、林业、牧业、渔业的产品,材料一般指经过一些加工的原料。② 指企业在生产过程中经加工改变其形态或性质并构成产品主要实体的各种原料及主要材料、辅助材料、燃料、修理备用件、包装材料、外购半成品等。

ray radiation　光辐射　以电磁波形式或粒子(光子)形式传播的能量,它们可以用光学元件反射、成像或色散,这种能量及其传播过程称为光辐射。

一般按辐射波长及人眼的生理视觉效应将光辐射分成三部分：紫外辐射、可见光和红外辐射。

Rayleigh channel 瑞利信道 无线通信信道中最重要、最基础的仿真模型。无线信道中的平坦衰落信道基本上都是在瑞利信道模型的基础上修改而成。比如应用同样广泛的莱斯信道就可以通过在瑞利信道的基础上简单添加直流分量实现，而频率选择性衰落信道基本上都是多种平坦衰落信道叠加的结果。

Rayleigh fading 瑞利衰落 由多通路所引起的，遵循随机变量固有分布的瑞利概率曲线的无线电信号衰落。无线通信信道中，由于信号进行多径传播达到接收点处的场强来自不同传播的路径，各条路径延时时间是不同的，而各个方向分量波的叠加，又产生了驻波场强，从而形成信号衰落称为瑞利衰落。瑞利衰落属于小尺度的衰落效应，它总是叠加于阴影、衰减等大尺度衰落效应上。

RBAC 基于角色的访问控制，基于任务的访问控制 role-based access control 的缩写。

RBS 无线基站 radio base station 的缩写。

RC 远程控制，遥控 remote control 的缩写。

RCE 远端控制设备 remote control equipment 的缩写。

RCG 无线信道群 radio channel group 的缩写。

RCM 柔性化制造单元自动化控制调度系统 为柔性化制造单元提供实时中央管理和调度的自动化生产解决方案。它可以为数控机加工中心CNC、智能机器人、三坐标测量仪等生产支持设备的所有柔性化制造单元进行自动化排产调度以及工件、物料、刀具的自动化装卸调度。

RCWS 循环冷却水系统 recirculating cooling water system 的缩写。

RDB 关系数据库 relational database 的缩写。

RDBMS 关系数据库管理系统 relational database management system 的缩写。

RDI 远端缺陷指示 remote defect indication 的缩写。

RDS 无线数据系统 radio data system 的缩写。

reach in refrigerator 大型冷柜 专用销售、分配或贮藏，而不允许人进入的一种冷柜。

reaction of replacement 置换反应 单质与化合物反应生成另外的单质和化合物的化学反应，是化学中四大基本反应类型之一，包括金属与金属盐的反应、金属与酸的反应等。置换反应用表达式可表示为：A+BC=B+AC 或 AB+C=AC+B。通常认为置换反应多是氧化还原反应。

reactive power 无功功率 在具有电抗器（电感或电容）的交流电路中，电感（或电容）在半个周期内把电源的能量变成磁场（或电场）的能量储存起来，在另半个周期内又将其储存的能量送回电源。它们只是与电源进行能量交换，并没有真正消耗能量，故此功率称为无功功率，以 Q 表示，单位为乏(var),其值 $Q = UI\sin\varphi$。式中,U 为电压有效值,I 为电流有效值,φ 为电流电压相位差。

reactor 反应堆 又称核反应堆,能维持可控自持链式核裂变反应,以实现核能利用的装置。核反应堆通过合理布置核燃料,使得在不补加中子源的条件下能在其中发生自持链式核裂变过程。人类第一台核反应堆由美籍意大利著名物理学家恩利克·费米领导的小组于 1942 年 12 月在芝加哥大学建成,命名为芝加哥一号堆(Chicago Pile-1)。该反应堆是采用铀裂变链式反应,开启了人类原子能时代,芝加哥大学也因此成为人类"原子能诞生地"。

reader 读卡器 ① 从电子卡中读取数据的设备。许多类型的读卡器不仅支持数据的读取,同样支持数据的写入。根据电子卡的不同有不同的读卡器,如:SD 卡读卡器、CPU 卡读卡器、TC 卡读卡器,等等。② 门禁系统采用电子卡识别进出人员身份的读取设备。

ready-to-install fibre optic multiple cable 预端接集束光缆 两端在工厂中已经端接上光纤连接器并测试合格的光缆。可以理解为多芯光纤长跳线。布线工程现场只要按路由敷设完毕后即可使用,高效且整齐美观。

real time (RT) 实时 事物发生过程中的实际时间,即在某事发生、发展过程中的时间。它也是计算机系统的一种数据处理方式——实时操作。

real time clock (RTC) 实时时钟 为人们提供精确的实时时间,或者为电子系统提供精确的时间基准的时钟系统。实时时钟用于计算机和外部事件,协调人机操作等,也用来产生一天中的实际时间,计算两个事件的时间间隔,生成文件标签中的时间数据,执行各种系统内部管理以及计数等。

real time differential (RTD) 实时动态码相位差分技术 在动态测量中,把实时动态码相位差分测量称作常规差分测量,RTD 的精度在 1～5 m 内是比较稳定的。因为在实时动态测量中,最先在码相位测量上引入差分技术,所以把实时动态码相位差分测量称作常规差分 GPS 测量技术。RTD 由下列三部分组成:(1) 基准台卫星接收机及接收天线。(2) 移动台卫星接收机及接收天线。(3) 数据传输部分(包括校正值处理与数字调制解调器、数据发射机及数据接收机)。实施 RTD 的关键是数据传输链,基准台要将大量的信息传送到移动台,差分定位精度的好坏与差分校正值的更新率与数据传输的准确性密切相关,因此对数据链的要求是数据传输准确可靠,速度快。

real time streaming protocol (RTSP) 实时流媒体协议 传输性控制协议/网际协议(TCP/IP)体系中的一个应用层协议,由哥伦比亚大学、网景公司和 RealNetworks 公司共同提交的 IETF RFC 标准。RSTP 用于控制声音或影像的流媒体协议,传输时所用的网络通信协议并不在其定义的范围内,服务器端可以自行选择使用传输控制协议(TCP)或用户数据报协议(UDP)来传送串流内容,它的语法和运作跟 HTTP 1.1 类似,但并不特别强调时间同步,所以比较能容忍网络延迟。

real-time alarm　实时告警　报警系统在本次登录(开机且系统运行)后收到的告警信息。

real-time intelligent patch cord management system　实时智能跳线管理系统　采用计算机技术及电子配线设备对机房布线中的接插软线进行实时管理的系统。

real-time transport control protocol (RTCP)　实时传输控制协议　实时传输协议(RTP)的伴生协议,为 RTP 媒体数据包提供统计分析和控制信息。

real-time transport protocol (RTP)　实时传输协议　① 一个网络传输协议,它是由 IETF 的多媒体传输工作小组于 1996 年在 RFC 1889 中公布,后在 RFC 3550 中进行更新的协议。② 一种由 RFC 3550 定义并为应用通过用户数据报协议/网际协议(UDP/IP)网络构建、标记和传输媒体数据包的协议,详细说明了在互联网上传递音频和视频的标准数据包格式。

rear screen projection　背[后]投影　图像通过透射屏到达观众一侧的投影方式。此种方式下,观者与投影设备分处屏幕两侧。

reaumur　列氏温度计　温度计的一种,它规定在一个标准大气压下水的冰点与沸点之间划分为 80 个单位,用符号°R 表示。即水的冰点为零度(0°R),沸点为 80 度(80°R)。这种温度计的刻度方法是法国物理学家列奥缪尔(Reaumur, Rene Antoine Ferchault de)于 1731 年制定的,所以将此种温度计量标准称为列氏温标。

rebroadcasting　转播　广播电台或电视台播送别的电台或电视台的节目。

re-cabling　再布缆　在现有缆线的环境中再次布线。这样的项目施工难度较高,容易破坏原有的缆线。所以设计时应尽量避免发生再布缆。再布缆一般发生在系统改造升级和建筑物改造项目中。

receive diversity　接收分集　分集是无线电通信中采用的一种技术。发射端将同一消息分成多个信号传递出去,在接收端将该消息的多个受扰不同的信号(或称复制品)利用选择或合并电路恢复传递消息,分集一般分为:频率分集、空间分集、极化分集、角度分集、编码分集、调制分集等。若按接收机对受扰不同的信号进行选择或合并的方式分类,有最佳选择合并、最大比值合并、等增益合并、开关合并、检波前合并、检波后合并,等等。

receive power dynamic range　接收功率动态范围　衡量接收机性能的一个重要指标。动态范围是指使接收机能够对接收信号进行检测而又使接收信号不失真的输入信号值的范围,一般用输入信号功率来衡量。如果接收信号值过大,会引起放大器的失真并引入噪声,接收机发生过载饱和;信号值过小,信号将无法被检测到。动态范围即指这个最大值与最小值之间的范围。在 HFC 有线电视系统中，指接收机满足 BER 和 C/(N+1)指标的接收功率范围，以 dBμV 为单位。

received signal strength indication (RSSI)　接收信号强度指示　接收到的无线电信号强度的测量值，这一测量值一般不包括天线增益或传输系统的损耗。常以模拟量形式出现。用来判定无线电通信链接质量，可判断是否需要增大发送强度。还可根据接收到的信号强弱测定信号点与接收点的距离，进而根据相应数据进行计算来确定。如无线传感 ZigBee 网络 CC2431 芯片的定位引擎就采用的这种技术和算法。

receiver (RX)　接收机　一种能接收通信、广播、电视、视频等信号的电子设备。

receiver C/(N+1)　接收机 C/(N+1)　混合光纤电缆(HFC)系统在接收工作带宽内数据通信达到规定的 BER 的前提下，接收机输入端信号功率与噪声加干扰功率之比。

receiver selectivity　接收机选择性　接收机抑制邻近连续波的能力，用连续的干扰信号功率与带内接收功率之比表示。如有线电视系统中的邻道选择性(adjacent channel selectivity, ACS)用来衡量存在相邻信道信号时，接收机在其指定信道频率上接收有用信号的能力，定义为接收机滤波器在指定信道上的衰减与在相邻信道上的衰减的比值。

receiver tuning range　接收机调谐范围　接收机能设置的接收频率的范围或节目数目。

receiving antenna　接收天线　无线通信系统接收机用以接收空间电磁波的装置。如卫星接收天线，常见为一个金属抛物面，负责将卫星信号反射到位于焦点处的馈源和高频头。又如地面数字电视广播直放站的接收天线，它接收无线覆盖区内空间信号。

receiving basin　蓄水池　用材料修建具有防渗作用的蓄水设施。

receiving end　接收端　信息传输系统或电路中设备的信号输入端。

receptacle outlet box　接线盒　建筑物内用以保护线缆连接的盒体。在建筑物墙体、顶面、地面敷设的供电线缆或弱电线缆的连接一般均需设置接线盒予以保护。线管与接线盒连接，线缆的连接均置于接线盒内。有些接线盒还兼作为终端插座盒使用。

reception area　接待处　负责接待客人的部门或场所。

reception of heat　吸热　物体本身的温度升高并吸收外界的热量，使外界温度降低。

recessed radiator　暗装散热器　相对于明装散热器，暗装是采暖系统散热器的一种安装方式。将输水管道和回水管道埋在墙体或地板下，在竣工前最后挂装散热器的安装方式。暗装散热器能够隐藏暖气管道，在外观上比明装散热器美观，但需要在装修初就计算好管道和散热器的安装位置。散热器暗装不但隐蔽美观，还因制热快、高效节能而受到青睐。

recessed sprinkler system　半隐蔽型喷

水灭火系统　配备隐藏式喷头的喷水灭火系统。

recharge well　回灌井　注入并处置具有腐蚀性或有害液体的井。一般多使用废弃的老油井处理含油盐水或原污水，缺点是会使地下水污染，还会促使地下土层滑移。

reciprocal compressor　往复式压缩机　同 reciprocating compressor。

reciprocal feed pump　往复式水泵　是利用柱塞、活塞或隔膜在缸体内的往复运动，改变腔室容积，抽入和压出液体的机械。按结构不同分为柱塞泵、活塞泵和隔膜泵。

reciprocal grate　往复式炉排　燃煤锅炉的一种机械水平蠕动式往复推动的炉排。燃煤从煤斗加入通过炉排的往复运动，使燃煤由前向后缓缓进入炉膛，逐渐向后移动，新的燃煤从煤斗漏出后经过炉膛干馏区、高温燃煤区和灰渣次燃区，而坠落入渣坑。由于燃煤中的可燃气体和烟气在离开炉膛之前绝大部分都已燃烧，加之这种炉排的热负荷及风压都较低，因而飞灰较少，正常燃烧时，基本上看不到烟的颜色。

reciprocal proportion　反比例　两个相关联的变量，一个量随着另一个量的增加而减少或一个量随着另一个量的减少而增加，且它们的乘积相同，这两个量就成反比例。

reciprocating compressor　往复式压缩机　属容积型压缩机，使一定容积的气体顺序地吸入和排出封闭空间提高静压力的压缩机。通过气缸内活塞或隔膜的往复运动使缸体容积周期变化并实现气体的增压和输送。按往复运动构件区分为活塞式和隔膜式压缩机。

reciprocating refrigerator　往复式制冷机　采用往复式活塞压缩机的制冷装置。它以气体为制冷剂，由往复式活塞压缩机、冷凝器、回热器、膨胀机、冷箱等组成。其制冷原理为：经压缩机压缩的气体先在冷凝器中被冷却，向冷却水(或空气)放出热量，然后流经回热器被返流气体进一步冷却，并进入膨胀机绝热膨胀，压缩气体的压力和温度同时下降。

recirculated air　再循环空气　由空调场所抽出，通过空调装置，再送回该场所的回流空气。

recirculating cooling water system (RCWS)　循环冷却水系统　冷却水换热并经降温，再循环使用的给水系统，包括敞开式和密闭式两种类型。

reclaimed water　再生水　是指废水或雨水经适当处理后，达到一定的水质指标，满足某种使用要求，可以进行有益使用的水。从经济的角度看，再生水成本低。从环保的角度看，再生水有助于改善生态环境，实现水生态的良性循环。

reclamation of condensate water　蒸汽冷凝水回收　一种节能措施。冷凝水回收系统回收蒸汽系统排出的高温冷凝水，可最大限度地利用冷凝水的热量，节约用水，节约燃料。

reclocking　时基重建　一种用于串行数字通信以减少跳动的方法。精确像素时基重建技术在 2006 年伴随着世界第一台数字视频接口(DVI)矩阵(MX8×8DVI-Pro)一同发布。它的电路清除了由于劣质线缆长距离传输以及电磁兼容导致的图像噪点、偏斜、抖动等问题。自动消除和补偿在 DVI 线缆、高清晰度数字多媒体接口(HDMI)线缆以及双绞线中存在的对内和对间延迟差。该技术解码视频内容的像素信息,并通过双重的锁相环(PLL)电路驱动它们。再生的像素信息被重新编码成 DVI 或 HDMI 信号,从而确保数字传输的准确性和精确的时钟信息。

recognition process **认可过程** 对事件、物品、机构按照某规则认证、确认的规范性过程。如对某商品或产品进行的认可流程,包括有供应商、供应商质量工程师进行采购、出厂、外检等多方面、多部门若干程序的检查和确认。中国合格评定国家认可委员会(CNAS)在对质量管理体系认证机构、环境管理体系认证机构、职业健康安全管理体系认证机构、食品安全管理体系认证机构、软件过程及能力成熟度评估机构、产品认证机构、人员认证机构等认证的流程对认可条件、认可申请、申请认可提交资料、认可期限、评审人员、评审内容、评审环境以及批准、发证等都有明确的规定。

reconnection **多次端接** 布线工程中,在同一个连接件上多次进行缆线端接。这要求连接件在端接后可以拆除已端接的缆线。

reconstruct **改建** 在原有的基础上改造建设。如建筑物的用途、功能发生变化时,需要对原建筑的结构、装饰、配套设施和系统进行更新、改造和局部建设,这样的工程称为改建工程。

reconstructed sample **重建样本** 指构成解码图像的样本,由解码器根据位流解码得到。

record **记录** ① 为适应处理要求而组合在一起的单个或多个相关数据项。如关系数据库中具有规定数据结构的一行内容称为一个记录。② 构成文件基本元素的单元或数据的集合。

record and playback **记录和回放** 对实时信息进行存储(记录)并在需要时调取存储信息查看(回放)的行为。记录与回放多见于视频监控系统,它将摄像机拍摄的视频记录在存储系统中,需要时按时段调取出来通过显示设备呈现出来。

recorded broadcast **录播** 用预先录制的声音或电视节目播出的过程。

recording and production system **录制系统** 用于完成广播节目录音、录像、编辑和效果处理的系统。

recording apparatus **记录仪器** 指记录存储相关信息和数据的仪器。常见的种类有单色记录仪、彩色记录仪、多通道记录仪、迷你式记录仪等。在工业自动化和建筑智能化系统中常见采用具有新颖的机械结构,内置灵活的软件,且具有极高的稳定性和可靠性的各类新颖记录仪器。它们集显示、处理、记录、报警等多种功能于一身,可采集、保存、分析工业过程中的重要数据,往往采用 LED 背光的液晶屏作为人机界面以及菜单式的组态画面,简洁明了,通过面板的按键即可完成仪表所有功能的设置

R

和操作。它主要应用在冶金、石油、化工、建材、造纸、食品、制药、热处理、水处理等工业现场，是替代传统记录仪的新一代无纸记录仪。

recording barometer 自记气压计 一种自动记录大气压强连续变化的仪器。感应部分由一串弹性金属空盒（盒内近似于真空）组成，空盒随大气压强变化而胀缩，通过机械装置将胀缩变化放大并传给笔杆，笔尖即在自记纸上描出气压变化曲线。

recording facility 记录装置 用于记录的仪器仪表，记录被测量值或其有关值的装置。

recording liquid level gauge 自动液面计 一种监测液面位置并能自动输出监测信号的液位探测装置。一种高档的自动液面计利用光电原理自动跟踪毛细管膨胀计中液面位置，并在跟踪液面位置的探头上装有一个记录笔。工作时记录纸由走纸机构驱动而直接地、精确地画出一条 X 轴为时间，Y 轴为毛细管液面位置高度变化的曲线。

recording pressure gauge 自记压力计 自动测量流体压力的一种仪器。通常将被测压力与某个参考压力（如大气压力或其他给定压力）进行比较，因而测得的是相对压力或压力差。

recording water-gauge 自记水位计 一种自动测定并记录河流、湖泊、灌渠等水体水位的仪器。

recovery time 恢复时间 控制量或影响量之一的阶跃变化瞬间，与稳定输出量恢复到、并且不再超出稳态允差带时刻之间的时间间隔。在有线电视系统中是指传输链路从物理中断到恢复全部功能所用的时间。

rectification 整改，校正 对工程中的不合格项进行修改和调整，使其达到合格的要求。

recyclable material 可再循环材料 通过改变物质形态可实现循环利用的回收材料。

red green blue (RGB) 红绿蓝模式，RGB 色彩模式 同 R(red)，G(green)，B(blue)。

red green blue horizontal vertical (RGBHV) RGB 与水平、垂直信号 彩色电视的模拟视频信号。

reduced instruction set computer (RISC) 精简指令系统计算机，精简指令集计算机 一种采用 RISC 微处理器的计算机。RISC 中采用的微处理器(CPU)称 RISC 处理器。RISC 运行速度比复杂指令集计算机(CISC)要快。因为 RISC 的指令系统相对简单，它只要求硬件执行很有限且最常用的指令，大部分复杂操作则使用成熟的编译技术。RISC 起源于 20 世纪 80 年代，已经在中、高档服务器中被普遍采用。

redundancy 冗余 ① 指多余的不需要的部分。② 指人为增加的重复部分。其目的是用来对原本的单一部分进行备份，以达到增强其安全性的目的。在通信工程当中，出于系统安全和可靠性等方面的考虑，人为地对一些关键部件或功能进行重复配置，即冗余配置。当系统发生故障（如某一设备发生损坏）时，冗余配置的部件可以作为备援，及时介入并承担故障部件的工作,由此减少系统故障时间。冗余可存在于不同层面,如网络冗余、服务器冗余、电源冗余、磁盘冗余、数据冗余等。

redundant array of independent disk (RAID) **磁碟阵列** 由很多价格较便宜的磁碟组合成一个容量巨大的磁碟组,利用个别磁碟提供数据所产生加成效果提升整个磁碟系统效能。利用这项技术,将数据切割成许多区段,分别存放在各个硬盘上。磁碟阵列还能利用同位检查(parity check)的观念,在数组中任意一个硬盘故障时,仍可读出数据,也可在数据重构时,将数据经计算后重新置入新硬盘中。**独立冗余磁碟阵列** 指把相同的数据存储在多个硬盘的不同的地方的方法。通过把数据放在多个硬盘上,输入输出操作能以平衡的方式交叠,改良性能。因为多个硬盘增加了平均故障间隔时间(MTBF),储存冗余数据也增加了容错。

redundant power system (RPS) **冗余电源系统** 用于服务器(server)、工控计算机(industrial PC, IPC)、安全监控(safety monitoring)等的一种电源,可用作部分交换机、服务器的外置直流供电电源。它由两个完全一样的电源组成,由芯片控制电源进行负载均衡。当一个电源出现故障时,另一个电源马上接管其工作,在更换电源后,又是两个电源协调工作。冗余电源是为了实现服务器系统的高可用性。除了服务器之外,磁碟阵列系统应用也非常广泛。

redundant system **冗余系统** 用多个系统部件并行工作来提高错误检测和错误校正能力的系统。在 UPS 系统中,指为提高负载电力的连续性,在一个系统中增加功能单元或单元组。

Reed-Solomon code **里德-所罗门码** 由里德(L. S. Reed)和所罗门(G. Soloman)于 1960 年合作开发成功的错误检测和校正码,用于 CD 和 DVD 的错误检测和校正。里德-所罗门码能够有效纠正连续发生的突发错误,是错误校正码(CIRC)的组成部分。

reed switch **干簧管** 也称舌簧管或磁簧开关,一种磁敏的特殊开关,是干簧继电器和接近开关的主要部件。干簧管于 1936 年由贝尔电话实验室的沃尔特·埃尔伍德(Walter Ellwood)发明。干簧管工作原理非常简单,两片端点处重叠的可磁化的簧片密封于一玻璃管中,两簧片分隔距离仅约 1～10 μm,玻璃管中装填有高纯度惰性气体。在尚未操作时,两片簧片并未接触,外加的磁场使两片簧片端点位置附近产生不同的极性,簧片将互相吸引并闭合。依此技术可做成体积非常小的切换组件,切换速度非常快速,且具有极高的可靠性。

reel cleaner **卷轴清洁器** 光纤连接器的专用清洁器,它将清洁材料包裹在卷轴上,使用时可逐渐展开。

reference building **参照建筑** 对围护结构热工性能进行权衡比较计算时,作为计算全年采暖和空调能耗并符合节能指标要求的假想建筑。

reference field **参考场** 视频压缩编

码重建帧的一场。在对P图像(前向预测编码图像)和B图像(双向预测编码图像)解码时,用于前向和后向预测。

reference frame 参考帧 在视频压缩编码中,以编码I帧(帧内编码帧)或编码P帧(前向预测编码帧)形式编码的重建帧。在对P图像(前向预测编码图像)和B图像(双向预测编码图像)解码时,用于前向和后向预测。

reference frequency 参考[参比]频率 用于广播电视系统同步或频率再生的基准频率。

reference index 参考索引 参考图像队列中参考图像或其中场的编号。

reference magnetic level 参考磁平 录音机和磁带进行电磁性能测试时选作基准的磁平。其相应输出电平称为参考磁平。

reference picture 参考图像 视频编码方法中用作参考点的帧图像。

reference picture buffer (RPB) 参考图像缓冲区 保存解码图像并用于非场景预测的缓冲区。

reference picture list (RPL) 参考图像队列 当前图像的参考图像所组成的队列。

reference service 参考业务 当紧急事件发生时,通过视频或音频广播业务对用户进行指导,以便能更好地应对突发事件的业务。

reference target 参考目标 入侵报警系统中具有与正常人相似的用于测试系统的装置或人体。

reference testing 参考测试 不属于正式测试,仅用于收集信息的测试。

reference white level code value 参考白电平编码值 定义参考白色的数字编码值(反射系数90%的白卡,RGB信号为700 mV)。对于ITU-RBT.601-6"标准4∶3和宽屏16∶9演播室数字电视编码参数",默认参考白电平编码值为235(8比特量化时)。

referenced cabling design document 参考的布缆设计文档 不完全的、仅供参考的综合布线设计文档。确定方案后可以在此文档基础上逐渐补全,形成正式的综合布线设计文档。其中也可以包括供参考用的布缆设计相关国家标准、国际标准或技术报告。

reflection 反射 ① 光波、电磁波、声波等在正常传输过程中遇到障碍物时形成的反向传输。② 一种计算机处理方式。程序可以访问、检测和修改它本身状态或行为的能力。

reflective coefficient of solar radiation 太阳能辐射反射系数 材料表面反射的太阳能辐射热与太阳辐射热之比。

reflective detector 反射式探测器 采用波的反射原理形成的探测传感器。如:OTDR测试仪、光电火灾探测器、超声波探测器等。

reflective plate 反射板 使夹紧式的频闪灯和照相机的附件插座板联结,成为可使频闪灯的照射方向作任意变更的附件。它亦可装配到托架式的夹具上。

reflux valve (RV) 止回阀 依靠介质本身流动而自动开、闭阀瓣,用来防止介质倒流的阀门,又称逆止阀、单向阀、逆流阀和背压阀。止回阀属于一种自动阀门，其主要作用是防止介质倒流，防止泵及驱动电动机反转，以及防止容器介质的泄放。

refractive 折射 电磁波（包括光波）从一种介质斜射入另一种介质时，传播方向一般会发生变化，这种现象叫折射。电磁波的折射与反射一样都是发生在两种介质的交界处，只是反射波返回原介质中，而折射波则进入到另一种介质中。

refractive index 折射系数 亦称折射率。光从一种介质射入另一种介质发生折射时，入射角 γ 的正弦值与折射角 β 正弦值的比值（$\sin\gamma/\sin\beta$）叫作介质的折射率。光从真空射入某介质发生折射时的折射率称为绝对折射率，有时简称折射率。它表示介质对光的一种传播特征。

refractory copper wire and cable 耐火铜芯电线电缆 能够在火场中继续保持一定时间电传输特性的铜质电线和电缆。

refractory fiber material 耐火纤维 纤维状的耐火材料，是一种高效绝热材料。它具有一般纤维的特性（如：柔软、强度高等），可加工成各种纸、带、线绳、毡、毯等，又具有普通纤维所没有的耐高温、耐腐蚀和抗氧化的性能，克服了一般耐火材料的脆性。同时，它有非常显著的节能效果。作为耐火隔热材料，已被广泛应用于冶金、化工、机械、建材、造船、航空、航天等工业部门。

refresh frequency 刷新频率 显示屏显示数据每秒钟被重复显示的次数。

refresh rate 刷新率 电子束对屏幕上的图像重复扫描的次数。刷新率越高，所显示的图像（画面）稳定性就越好。

refrigerator room 冷冻机房 建筑物中安装制冷设备的设备机房。

refuge floor 避难层 是高层建筑中用作消防避难的楼层。高度超过 100 m 的高层建筑，为消防安全考虑，应专门设置供人们疏散避难的楼层。

region of interest (ROI) 感兴趣区域 视觉、图像处理中，从被处理的图像以方框、圆、椭圆、不规则多边形等方式勾勒出需要处理的区域。在 Halcon、OpenCV、Matlab 等机器视觉软件上常用到算式（operator）和函数来求得感兴趣区域，并进行图像的下一步处理。使用 ROI 圈定用户想读的目标，可以减少处理时间，增加精度。

regional alarm system 区域报警系统 由火灾探测器、手动火灾报警按钮、火灾声光警报器、火灾报警控制器等组成的在指定范围内的火灾报警系统。系统中可包括消防控制室图形显示装置和指示楼层的区域显示器，适用于较小范围的保护。此概念亦可用于入侵报警系统中区域报警。

registered trademark 注册商标 由申请人向国家主管机关申请并获得核准，获得商标专用权的商标。它是已获得专用权并受法律保护的一个品牌或品牌的一部分。注册商标是识别某商品、服务或与其相关个人或企业的标志。

registration 登记 指把有关事项或信

息登录记载在记录本或记录系统中，如册籍、计算机、数据库等。

regular pulse excited long-term prediction (RPE-LTP) 规则脉冲激励长期预测 一种使用激励帧中固定间隔脉冲的语言编码，取样速率为 8 kHz，其长期预报器用于建立精细结构模型。全球移动通信系统（GSM）的语音信号处理也属于模型式压缩方法，即将语音模型转化为一个气流激发源流过气管与嘴型变化后发生的变化。由于这种方法是专门针对语音信息，所以能够提供高压缩比，但仍能得到可理解的语音信号。利用这种技术，语音数据可以压缩到 13 kbps。

reinforcing rod 加强筋 在结构设计过程中，可能出现结构体悬出面过大或跨度过大的情况。在这样的情况下，结构件本身的连接面能承受的负荷有限，则在两结合体的公共垂直面上增加一块加强板，俗称加强筋，以增加结合面的强度。弱电系统的各类面板、配线架、箱柜等器件也会使用加强筋，以保持应有的强度而减少材料消耗。

related layer 相关层 与火灾报警相关，是指火灾发生的本层与相邻的上层、下层。

relational database (RDB) 关系数据库 以关系模型为基础的数据库，是一个关系模型的所有关系的集合。它利用关系来描述现实世界，一个关系既可用来描述一个实体及其属性，又可用来描述实体间的联系。一个关系数据库包含一组关系，定义这些关系模式的全体就构成了该数据库的模式，简称模式。

relational database management system (RDBMS) 关系数据库管理系统 使用关系数据模型的一种数据库管理系统。ANSI/SPARC（美国国家标准协会/标准计划和需求委员会）的关系数据库任务组（RDBTG）给出了可称为关系数据库管理系统（RDBMS）的三个必要条件：(1) 数据库中的全部信息均用二维表表示；(2) 在这些表之间不存在用户可见的导航链；(3) 具有关系处理能力的数据语言。满足以上条件的 RDBMS 称为最小关系系统。不具备条件三的 RDBMS 称为表系统或半关系系统。如果一个 RDBMS 还满足另外两个条件，即：(1) 支持有的关系代数操作；(2) 支持关系模型的两个完整性规则（实体完整性和实体间参照完整性），则称该 RDBMS 为全关系系统。

relative humidity (RH) 相对湿度 ① 空气中水汽压与相同温度下饱和水汽压的百分比。② 湿空气的绝对湿度与相同温度下可能达到的最大绝对湿度之比。③ 表示为湿空气中水蒸气分压力与相同温度下水的饱和压力之比。

relative permeability 相对磁导率 表示磁介质导磁性大小的物理量。常用符号 μ 表示，μ 为介质的磁导率，或称相对磁导率。μ 等于磁介质中磁感应强度 B 与磁场强度 H 之比，即 $\mu = B/H = \mu_0\mu_r$，式中 μ_0 为真空磁导率，μ_r 为介质相对磁导率。按 μ_r 的大小可将介质分为顺磁质

(μ_r 大于1，如：铝)、抗磁质(μ_r 小于1，如：铜)和铁磁质(μ_r 远大于1)。

relay 继电器 一种电子控制器件，它具有控制系统(又称输入回路)和被控制系统(又称输出回路)，通常应用于自动控制电路中，发挥着自动调节、安全保护、转换电路等作用。根据工作原理、电气特性和用途，可分为功率方向继电器(包括电气量继电器及非电气量继电器两大类)、电磁继电器、固态继电器、热敏干簧继电器、磁簧继电器、光继电器、时间继电器、中间继电器等类型。

reliability check 可靠性检查 对软件或者硬件的一种质量测试，用来检测产品是否存在不可靠因素。

relief damper 泄压风门 也称减压风门。为了防止无尘室受到污染，室内必须保持正压，如果无尘室内压力过高，造成门扇不易开关，因而使用泄压风门来保持洁净室内之微正压。通过泄压风门的风量一般在100～1200 m^3/h 之间，维持压差在5～40 Pa之间。

remote access 远程访问 远程终端装置和中央计算机之间所进行的通信和数据交换的过程。各类通信网络为远程访问提供了多种实现方式。

remote access service (RAS) 远程访问服务 连接于计算机的调制解调器通过公用电信网络远程登录到其他地点的网络，访问网上相关资源。RAS提供了一种全面的远程系统管理解决方案，常用来配置企业的远程用户对企业内部网络访问，包括拨号访问和虚拟专用网(VPN)方式。

remote access software 远程访问软件 用于远程工作站或移动用户拨号入网和访问网络资源的软件。通常采用带调制解调器的拨号线路连接，因此，传送速度较直接连到局域网低。要提高性能，应减少远程用户和网络间的通信量。远程访问软件把远程用户的计算机看作一台哑终端，而在局域网(LAN)站点上执行所有计算任务。在这种方式下，在线路上仅仅传输屏幕和键盘信息。但是，应配置一台专用计算机来满足每个用户拨号的需要。其优点是远程工作站用户如同使用连在LAN上的工作站，访问文件和数据库的速度与LAN上速度一样。因为局域网工作站执行所有操作，仅有键盘输入和屏幕显示从本地计算机传送到远程工作站。其局限性在于远程访问替换的办法是将所有信息通过电话线直接传给用户。若用户正在操作数据库或文件，则其所需的所有信息必须传给自己，以在远程系统中进行处理。这不仅影响了效率，而且带来了安全保密问题。

remote alarm processing center 远程联网报警中心 公共安全系统中以维护安全为目的，基于本地入侵报警系统，利用通信及网络技术构建的具有报警信息采集、传输、控制、显示、存储、管理等功能，可对管辖范围内需要防范的目标实施报警接收和安全管理的处所。

remote authentication dial in user service

(RADIUS) **远程用户拨号认证系统** 为拨入用户和设备提供安全服务的协议。拨入服务器从用户处接收呼叫，然后把用户的身份转发给RADIUS服务器，RADIUS服务器验证身份并告知拨入服务器是否允许访问。RADIUS不仅决定用户的身份是否合法，而且还提供关于用户允许访问何种服务类型的信息，也提供记账信息，如用户连接时长等。

remote control (RC) **远程控制，遥控** 利用无线或有线信号对远端的设备进行操作的一种能力，远程控制通常通过网络才能进行。位于本地的计算机是操纵指令的发出端，称为主控端或客户端，非本地的被控计算机叫作被控端或服务器端。远程不等同于远距离，主控端和被控端可以位于同一局域网的同一房间中，也可以是连入因特网的处在任何位置的多台计算机。

remote control and monitor **远程监控** 包括远程监视和远程控制两部分。其中，远程监视又可以分为两部分：一是对环境的监视，二是对计算机系统及网络设备工作状态和故障等的监视。远程控制是指通过网络对远程计算机或设备进行操作控制，不仅包括设备启、闭，还包括设备状态参数的设置。对于网络管理来说，远程控制还包括对网络设备的控制。现今大多数网络设备都支持Telnet，甚至用Web方式对其进行远程管理，这也是一种远程控制的方法。

remote control equipment (RCE) **远端控制设备** 完成计算机或控制台所规定的遥控操作的设备。例如，航天发射中心内的遥控设备可以控制卫星发射过程中的各种动作。

remote control microphone **遥控传声器** 具有遥控功能的传声器。如消防紧急广播中使用的遥控传声器可以遥控不同播音分区进行广播。

remote control of connecting technology **远程监控连接技术** 用于远程监控的传输系统连接技术。

remote defect indication (RDI) **远端缺陷指示** 将网络远端出现故障的情况显示在网络近端上的故障指示方法，例如信号故障和告警指示等缺陷情况均能导致带有EPF-RDI信息帧的发送。该方法在异步传输模式和以太网中应用广泛。

remote job entry (RJE) **远程作业输入** ① 利用数据链路与计算机相连的输入部件提交作业的过程。② 也称远程成批处理，即通过远程操作部件组成一集群，以分享中央主计算机装备。远程部件装备有数据输入设施（如键盘以及磁碟系统的整体部分的成批传输终端），处理结果也可返回远程操作部件并在本地输出，也可以在计算机中心输出并采用其他适当方法分发。

remote monitoring **远程监控** 指监视远端运行设备的状态。

remote monitoring MIB **基于MIB远程监控** 基于管理信息库(MIB)的远程监控。MIB是传输控制协议/网际协议(TCP/IP)网络管理协议标准框架的内容之一，MIB定义了受管设备应保存的数据项，允许对每个数据

R

项进行操作,即管理系统可访问的受管设备的控制和状态信息等数据变量都保存在 MIB 中。

remote monitoring system (RMS) 远程监控系统 一类远程控制软件,可以在网络上由一台计算机(主控端或客户端)远距离控制另一台计算机(被控端或服务器端),有时可以当作木马程序使用。

remote node (RN) 远程节点 远程计算机用户通过拨号访问连在局域网(LAN)上的通信服务器并像网上的一个节点一样工作的功能。这种功能允许远程用户具有与他们在办公室工作的同事们完全相同的分享 LAN 资源的权利和权限。远程节点的优点有许多,包括更好的规模性、安全性和管理性,但是不得不提醒的是这个技术至今仍有一些限制,一定类型的操作不应该试图通过一个远程节点连接来实现。

remote point (RP) 远端点 一种参考点。为了将信息传到远端,在 RP 处,双向路径终端的路径终端的功能输出受其路径终端源功能输入的限制。

remote power feeding (RPF) 远程供电 以交流或直流传输的方式通过电缆或复合光缆中的导线将近端的电源传输到远端用电设备的一种能量传输方式。如摄像机供电、POE(power over Ethernet)供电等。

remote powered device (RPD) 远程供电设备 以交流或直流传输的方式通过电缆或复合光缆中的导线将近端的电源传输到远端供用电设备使用的供电电源设备。如 POE(power over Ethernet)交换机等。

remote powering 远程供电 同 remote power feeding。

remote procedure call (RPC) 远程过程调用 ① 在客户机或服务器模式中实现分布式计算的一种流行通信协议。RPC 使用非连接对话方式,具有错误控制能力,将请求发送到远程系统上,使得远程系统执行指定的过程,并使用调用者提供的自变量,把结果返回给调用者。从逻辑上和功能上看,这种调用过程与会话层协议近似,有些功能属于应用层。这种协议在很多网络和分布式系统中都得以应用,有多种变形,出现多种不同的 RPC 协议。RPC 可以看作是网络文件系统(NFS)功能的延伸或完成 NFS 功能所必需的部分。程序员可以把程序分为客户端和服务器端,两者之间用 RPC 进行通信。这种通信涉及不同结构的系统,因而还要有统一的数据表示协议,即外部数据表示协议(XDRP)。② 计算机网络中的一种通信方式,即本地用户可以像调用本地过程一样调用网络上的另一个节点,使应用程序员不设计数据通信的程序即可在不同类型的计算机间通信。

remote site 远程站点 所谓站点,可以看作是一系列文档的组合,例如描述相关的主体,采用相似的设计或实现相同的目的,也可能是毫无意义的链接。利用浏览器就可以从一个文档跳转到另一个文档,实现对整个网站的浏览。远程站点就是用户在因特网上浏览各种网站，其实就是用浏览器打开存储于因特网服务器上的HTML文档与其他相关资源。基于因特网服务器的不可知特性，通常将存储于因特网服务器上的站点和相关文档称作远程站点。

remote socket　遥控插座　在某控制系统中设置的可以连接操作控制终端的插座。如在视频网络系统中，指在录像机或视频摄像机上的一个小的插座，它允许插入连接的操作单元对录像机或摄像机进行远程控制。

remote subscriber unit/line element　远端接入局(站)，远端用户单元(或线路终端单元)　安装在交换系统中的远端用户单元(RSU)或线路终端单元(LTU)、光接入传输网的用户终端等小型远端设备的建筑空间。

remote terminal unit (RTU)　远程终端单元，远程终端控制系统　安装在远程现场的电子设备，用来监视和测量安装在远程现场的传感器和设备，负责对现场信号、工业设备的监测和控制。

removable connection　活动连接　利用各种光纤连接器件，将站点与站点、站点与光缆连接起来的一种方法。这种方法灵活、简单、方便、可靠，多用在建筑物内的计算机网络布线中。

renewable energy　可再生能源　同renewable energy source。

renewable energy source (RES)　可再生能源　在自然界可以循环再生，取之不尽，用之不竭的能源。它不需要人为参与便会自动再生，包括风能、太阳能、地热能、水能、生物质能、潮汐能等。

renewal of the blower fan coil　风机盘管加新风　风机盘管加新风系统被广泛地应用在空调使用中，二者分工明确，分别承担了室内冷、湿负荷和新风负荷，主要应用于民用建筑的室内环境。通过气流组织循环，一部分气流经回风口回到盘管或风柜与新风混合进行再循环，一部分排除室外。该系统的优点如下：(1) 风机盘管和新风系统虽然对冷水温度要求不同，但是可以实现不同负荷的承担，配合密切，工作效率高；(2) 使用范围广。尤其适用于长期处于南方潮湿环境，可以解决中央空调无法处理的过度潮湿问题，改善空气环境；(3) 风机盘管加新风在温度调节上足够灵活，安装和清洗简单，体积小，便于搬移；(4) 利于分区控制，可适用于不同面积的环境。在实际使用过程中，风机盘管加新风系统也有其局限性，主要是难以满足过量的湿负荷处理能力，且在空调的使用中需要时常打理清洗，因此不适合用于商场类型的建筑之中。

repeated frame　重复帧　在帧同步机中，用于校正缓存器溢出产生的时间误差。如果外部信号的帧频率太低，则一个完整的帧将不定期地重复，使得残余的定时误差保持在缓存的操作范围以内。

repeater (RP)　中继器，重发器，增音器　① 网络物理层的一种介质连接设备。把一条传输线的信号传递到另一条传输线，不进行路由选择判定，也不进行分组过滤，仅对信号进行放大或整形的电子设备。中继器通常用于延长通信链路的长度，扩大网络的覆盖范围。中继器连接的两端的网络应具有相同的介质控制方法、协议和传输技术。② 把一条线路上接收到的信息流自动地传播到另一条（或一些）线路上去的设备。信号在传播过程中因衰落和噪声使有效数据信号变弱。为保证数据完整性，中继器起到数据接力的作用。

report server　报表服务[伺服]器　商业智能报表产品的重要组成部分，主要功能是提供报表资源管理、用户身份与权限管理、任务调度、信息分发等。报表服务器管理的报表资源主要包括数据库元数据、报表模版、报表输出结果等。报表服务器可以独立运行单独服务，也可以部署到企业应用服务器中，成为其中的一项应用。

representational state transfer (REST)　代表性状态传输，表述性状态传递　是指罗伊·菲尔丁(Roy Fielding)博士于2000年提出的一种针对网络应用的设计和开发方式，近年来已经成为最主要的Web服务设计模式。REST模式的Web服务与复杂的简单对象访问协议(SOAP)和XML远程过程调用(XML-RPC)相比更加简洁。REST定义了一组体系架构原则，可以根据这些原则设计实现以系统资源为中心的Web服务，包括使用不同语言编写的客户端如何通过HTTP处理和传输资源状态。REST定义了Web的使用标准，使客户得到一个优质Web架构：在任何可能情况下，使用链接指引即可获得被标识的事物（或资源）；采用通用标准方法使得所有理解HTTP应用协议的组件能为客户应用交互；支持资源多重表述，客户得到的不仅是数据，而是数据和表现形式的组合；遵循无状态通信原则，要求客户通信状态要么被放入资源状态中，要么保存在客户端，即服务器端不保持除了单次请求之外的任何与其通信的客户端通信状态，从而消除了大量客户端交互信息严重影响服务器内存可用空间的弊端。

request for comment (RFC)　请求注释[评论]　因特网研究和开发界的一系列工作记录的文本文件，这些文件的名字由RFC和编号数字构成。如RFC 1157，其内容可以是有关计算机通信基本问题的探讨，也可以是有关标准制定的会议报告。一旦一个文件指定了一个RFC号并在网络上发布，则此RFC不会以同一个号被修改或再发布。任何人都可以发布RFC文件，方法是将内容以电子邮件形式向RFC发送。文本的内容应符合RFC 1111中的规定。

request to exit (RTE)　请求退出　在门禁系统中，指当有人需要离开防区时，不需要刷卡，系统自动识别并打开门让人外出的装置或设备。如出门按钮、撞击带、红外探测器、开关式地板等。

RES　可再生能源　renewable energy source 的缩写；**保留**　reserved 的缩写。

research of requirement　需求调研　对

R

于一个项目来说，需求调研是一个系统开发的开始阶段，它的输出需求分析报告是设计阶段的输入，需求调研的质量对于一个项目来说，是一个极其重要的阶段，在一定程度上来说决定了一个项目的交付结果。如何从客户中听取用户需求、分析用户需求就成为调研人员最重要的任务。

reserved (RES) **保留** ① 数字电视系统中定义的一些特定语法元素值，这些元素值用于将来对其自身的扩展。② 工程中为今后系统扩展所做的预留。

reserved bit **保留位** 混合光纤同轴电缆(HFC)网标准定义的多种媒体访问控制(MAC)数据包格式中，有某些位被指定为保留位(RSVD)，以备将来标准修订时使用。执行 HFC 标准 MAC 层协议的数据包接收方在处理数据时应忽略这些位。

reset circuit (RSC) **复位电路** 一种用来使设备恢复到起始状态的电路。它的操作原理与计算器有着异曲同工之妙，只是启动原理和手段有所不同。复位电路就像计算器的清零按钮作用一样，以便回到原始状态，重新进行计算。

reset request (RSR) **复位请求** 为设备复位所发出的申请。

residential area **居住区** 居民住宅建筑相对集中，并有相应生活配套设施的区域，包括有封闭周界的住宅小区和无封闭周界的街道(里弄)住宅区。

residential area information system **居住区信息系统** 居住区的智能化信息传输、交换、控制系统，包括智能化系统的网络基础设施、信息结构、信息组织和传输模式。

residential block mobile telecommunication equipment room **小区移动通信设备[机房]** 小区公共场所中安装移动通信的设备用房，包含电信间和设备间，简称小区机房。

residential building **住宅** 指供家庭居住使用的建筑。**居住建筑** 以居住为目的的民用建筑，包括住宅、别墅、宿舍、公寓、招待所、托幼建筑以及疗养院和养老院的客房楼。

residual **残差** 指样本或数据元素的重建值与其预测值之差。

residual current operated protective device **剩余电流保护装置** 简称为 RCD。在低压电网中安装剩余电流动作保护器，是防止人身触电、电气火灾及电气设备损坏的一种有效的防护措施。

residual current-type electrical fire monitoring detector **剩余电流式电气火灾监控探测器** 简称电流探测器。一种独立式的智能型探测器。电流探测器作为电气火灾监控系统信号处理的中继部分，能通过内置电路及软件对下级终端电流探头传递过来的信号进行智能分析处理，由此可判断出下级终端每一只电流探头的状态(即故障状态、火灾报警状态、正常工作状态)，并通过 RS-485 通信网络将本机(即多台电流探测器的一台)下级终端的每一只电流探头的故障、报警等信息发送给上级电气火灾监控设备，完成监控、报警的综合处理。

resistance temperature detector (RTD) 电阻温度探测器,电阻温度传感器 一种物质材料做成的电阻器,其阻值随温度的变化而改变。阻值随温度的上升而上升的,称为正电阻系数;阻值随温度上升而下降的,称为负电阻系数。大部分电阻式温度检测器是用铂金、铜、镍等金属材料制成的,它们的电阻-温度关系线性度好,温度系数较大,随温度变化响应灵敏,能够抵抗热疲劳,而且易于加工制造成为精密的导线或线圈。其中以白金(Pt)制成的电阻式温度检测器性能最为稳定,且耐酸碱、不会变质、相当线性,广受工业界青睐。

resistance to earth 对地电阻 在被测物体某一表面放置一电极与某一ESD接大地连接点或ESD接地装置之间的电阻。

resolution 分辨率 ① 打印机打印文字和图像所能达到的精细程度。分辨率以dpi(点每英寸)为单位。如点阵打印机的分辨率为125 dpi,激光或喷墨打印机的分辨率可达600 dpi,排版设备的分辨率可达1 000 dpi以上。② 显示设备再现图像所能达到的精细程度。显示器的分辨率用水平和垂直方向所能显示的像素数目表示,即水平像素数×垂直像素数。如640×480像素、800×600像素、1024×768像素,等等。水平分辨率与垂直分辨率的比例通常为4∶3,与传统电视屏幕的宽高比相同,与高清电视的宽高比(16∶9)不同。

resolution enhancement technology (RET) 分辨率增强技术 根据已有的掩膜版设计图形,通过模拟计算确定最佳光照条件,以实现最大共同工艺窗口(common process window)。这部分工作一般是在新光刻工艺研发的早期进行,常见的分辨率增强技术主要包括离轴照明(OAI)、光学邻近校正(OPC)、移相掩模(PSM)、次分辨率辅助图(SRAF)等方法。大多数RET都对掩模的形状和相位进行一定程度的改动,从而达到提高图形转移质量的目标。目前的研究和使用结果表明,RET中的掩模补偿技术最基本的两种形式:改变掩模图形和改变掩模相位。两种形式的目的都是为在已有的集成电路生产工艺设备基础上制造出更小的特征尺寸,且制造出的电路和设计的电路在功能上保持一致。

resource allocation 资源分配 在信息安全技术中,通过对信息系统安全子系统(SSOIS)安全功能控制范围内资源的合理管理和调度,确保SSOIS的安全功能不因资源使用方面的原因而受到影响。

resource system 资源系统 互联网数据中心为业务系统提供的扩展业务运营所需的基础资源池,包括计算资源、存储资源、网络资源、软件能力资源、软件应用资源等。

responding channel 应答通道 对讲系统室内机发话输入端至门口机受话输出端的语音信息通道。

response time index (RTI) 响应时间指数 在消防系统中是指喷头热敏元件受热后升温至公称动作温度所需要的时间,是闭式喷头的热敏性能指标。

response/deviation 响应与偏差 在招投标中的投标书中需对招标书的条款进行响应，如果不能满足招标书条款，应在偏差表中列出并予以说明，包括正偏差和负偏差。

REST 代表性状态传输，表述性状态传递 representational state transfer 的缩写。

restored energy time 能量恢复时间 指 UPS 在规定的使用条件下运行，按规定的程度放电之后，为充入保证另一次同样放电的电量，其储能装置充电恢复到原储能量所需的最长时间。

restricted area 禁区 公共安全系统中不允许未授权人员出入(或窥视)的防护区域或部位。

restricted mode launch (RML) 限模注入 光源所出射的能量耦合进入多模光纤的过程被称为光注入方式。光注入方式一般分为满注入和限模注入两种方式。当使用 LED 光源时为满注入方式，即光源出射光斑大小和多模光纤的纤芯大小是匹配的，这时脉冲在光纤内传输时将完全激发多模光纤的传导模式，能量集中于中间模式群，受到高阶模式群和低阶模式群的影响很小。当限模注入时，由于入射光斑只覆盖了部分纤芯，只激发了部分传导模式群。当入射光斑在纤芯不同位置时，所激发的模式群也就不同，导致模间色散的差别而使得传输光纤的带宽性能变化。因此，在布线工程中，当限模注入时，应确定光源入射的位置和角度，否则光纤支持的传输距离将发生变化。

restricted mode launch bandwidth (RML bandwidth) 限模注入带宽 用激光器做光源，使用限模注入测量多模光纤测出的带宽。

restricted mode launch measurement (RML measurement) 限模注入测试 使用限模注入对单模光缆进行的性能测试。

restriction of hazardous substances (RoHS) (电气、电子设备中)限制使用某些有害物质指令 由欧盟立法制定的一项强制性标准，其全称是《关于限制在电子电器设备中使用某些有害成分的指令》。该标准于 2006 年 7 月 1 日正式实施，主要用于规范电子电气产品的材料及工艺标准，使之更加有利于人体健康及环境保护。该标准的目的在于消除电气电子产品中的铅、汞、镉、六价铬、多溴二苯醚等物质，并规定了铅的含量不能超过 0.1%。

RET 分辨率增强技术 resolution enhancement technology 的缩写。

return air 回风口 回风用的风口。室内负荷一定时，需要给室内送的冷风量是一定的。室内风相对于新风来说，夏季温度一般较低，所以利用回风道回送一些风进空调箱，与少量新风混后，制成冷风送入室内。

return air flame plate 回风百叶 在空调系统中安装于房间回风口连接回风管道的通风装置，一般为单层百叶。

return loss (RL) 回波损耗(回损) 指表示通信链路信号反射性能的一个

参数，是传输线端口反射波功率与入射波功率之比，以对数形式来表示，单位是 dB，一般是负值，其绝对值称为反射损耗。通信链路中，传输路径反射回来的信号将被双工的千兆网误认为是收到的信号而产生混乱，引起传输信号的波动。电缆链路阻抗不匹配会引起传输信号的反射（指一对线自身的反射）而产生回波损耗。通信线路连接器是产生阻抗变化的主要部位，线缆敷设不规范也是引起阻抗变化的因素。因此，优选连接器件和保证施工质量是控制回波损耗的关键。

return-to-zero (RZ)　归零制　一种表示二进制信息的信道编码方法，即用极性不同的正、负脉冲分别表示二进制信息“1”和“0”，且在每一周期内，脉冲一旦结束就随即返回到零电平。这是具有自同步能力的按位编码法，在计算机应用中，主要用作数字磁记录方式。

return-to-zero binary code　归零二进制码　信号电平在一个码元之内都要恢复到零的编码方式，它包括曼彻斯特编码和差分曼彻斯特编码两种编码方式。它是一种二进制信息的编码，用极性不同的脉冲分别表示二进制的“1”和“0”，在脉冲结束之后要维持一段时间的零电平。它能够自同步，但信息密度低。

re-useable material　可再利用材料　不改变物质形态可直接再利用的，或经过组合、修复后可直接再利用的回收材料。

re-use factor　重用系数　也称再用系数、复用因子。蜂窝移动跳线系统的频率复用技术中的复用参数。在频率复用技术中，为了方便安排频率的复用，引入了小区簇的概念。小区簇是可以使用全部可用频率的最小小区集合，即在该集合内的小区使用不同的频率，而在该集合之外的小区可以使用对应的相同频率。小区簇中小区的个数即称为频率复用系数，有时也被称作频率复用因子，典型值为1、4、7、12。有的文献也将频率复用因子定义为小区簇大小的倒数。

re-useable splice　可反复使用的端接点　布线系统中活动连接的连接点。相对于无法拆卸的“死连接”而言，这种连接点能够多次连接、切断，可以灵活的选择连接或断开。

reverberation　混响　在室内声场达到稳定的情况下，声源停止发声后，由于房间边界面或其中障碍物使声波多次反射或散射而产生声音的延续现象。

reverberation time　混响时间　一个稳定的声音信号突然中断后，在厅堂内声压级的跌落 60 dB 所需的时间。

reverse link　反向链接　在目标文档内部进行的一类声明，常规链接在文档 A 中标明“指向文档 B”，而反向链接则在文档 B 中要求“使文档 A 指向我”。

RF　射频　radio frequency 的缩写。

RF amplification　RF［射频］放大　通过射频接收器在处理或传输前放大信号。

RF amplifier　RF［射频］放大器　用于将射频信号放大的设备。

R

RF conversion RF[射频]转换 一个捕获低频率信号(例如：音频和视频)，并通过一个 RF 调制器转换到更高频率以适合于无线电或电视接收的方法。

RF cut-off RF[射频]关断 光纤同轴电缆混合网(HFC)系统的上行信道中，当应答器失效但系统发送机还有输出功率时，就需要对应答器进行 RF 关断。为了保证应答器发送机输出信号的时间不超过1 s，RF 关断应能自动启动，或当接收到前端发送的信息要求应答器关断 RF 输出时，应答器则执行 RF 关断。在考虑到定时器误差的情况下，RF 关断应在应答器发送机开启后的 1 s 内完成。关断装置应能防止因包括微处理器失效在内的所有可能的故障而引起的失效干扰的发生。RF 关断后，应答器的 RF 输出功率应满足 HFC 标准规定的 RF 关断度指标。下行信道不需要射频 RF 关断。

RF distribution RF[射频]分配 一种将一个 RF 信号同时均分至多个接收器的方法。

RF input/output return loss RF[射频]输入与输出反射损耗 在测量范围内的射频系统整个频段上 RF 输入与输出信号功率与反射信号功率之比。

RF output on/off ratio RF[射频]输出关断度 射频系统中发送机打开时(on 状态)与关断(off 状态)的输出功率之比。

RF over lay RF 混合，射频叠加 指基于射频广播技术和无源光网络(PON)技术的一种光纤到户(FTTH)技术方案，其广播通道采用射频广播技术，双向交互部分采用 PON 技术。

RF scramble 射频加扰 模拟广播电视的条件接收系统中采用的对已调制电视信号进行加扰。

RF wanted-to-interfering signal ratio 射频信扰比 射频接收机输入端的射频接收信号电压值与射频干扰信号电压值之比。

RF64 RIFF 64 位版本 一种基于 64 位的资源交换文件格式。RIFF (resource interchange file format)，即资源交换文件格式，它是一种基础的文件格式，最初由 Microsoft 和 IBM 在 1991 年定义，它约定了资源类型文件的基本结构，Microsoft 的 Wave 和 AVI 文件都是基于 RIFF 结构的文件。

RFC 请求注释[评论] request for comment 的缩写。

RFID 射频识别 radio frequency identification 的缩写。

RFSNR 射频信噪比 radio frequency signal-noise ratio 的缩写。

RGB 红绿蓝模式，RGB 色彩模式 red green blue 的缩写；**RGB 色彩模式** R(red)，G(green)，B(blue)的缩写。

RGBHV RGB 与水平、垂直信号 red green blue horizontal vertical 的缩写。

RH 相对湿度 relative humidity 的缩写。

ribbon cable 带状电缆 有多条平行

R

导线并排黏结在一起而构成的一种扁平电缆,可为多位信号提供并行传送通路,主要用于计算机与并行输入与输出外围设备之间的信息传送,电梯随行电缆等。

RID 费率修改索引 rate updating index 的缩写。

RIL 3 无线接口层 3 radio interface layer 3 的缩写。

ring 环形 信息传输的拓扑结构种类之一。环形拓扑是使用通信介质组成一个封闭的环,各节点直接连到环上,信息沿着环按一定方向从一个节点传送到另一个节点。在计算机网络中,环接口一般由发送器、接收器、控制器、线控制器和线接收器组成。在环形拓扑结构中,有一个控制发送数据权力的令牌,它在后边按一定的方向单向环绕传送,每经过一个节点都要被接收、判断一次,若是发给该节点的则接收,否则的话就将数据送回到环中继续往下传递。

ring network 环形网络 一种网络拓扑结构。环形拓扑结构把各个网络节点用通信介质(光缆、电缆)首尾连接起来,在逻辑上构成一个环结构的网络。其中的设备由单向传输链路所连接以形成一个封闭路径。

RIP 路由信息协议 routing information protocol 的缩写。

ripcord 撕裂[剥离]绳 在某些缆线护套内附有的、用于手拉撕裂缆线护套的细绳。

RIPng 下一代路由协议 routing information protocol, next generation 的缩写。

RISC 精简指令系统计算机,精简指令集计算 reduced instruction set computing 的缩写。

riser backbone subsystem 垂直干线子系统 同 building backbone cabling subsystem。

riser cable 垂直布线电缆 同 building backbone cable。

risk analysis 风险分析 ① 辨别目标系统的脆弱性以及所面临的威胁,从而判断系统潜在损失的过程。② 对系统安全可能产生威胁和可能导致不希望发生事件的分析、判定。

risk assessment 风险评估 通过对信息系统的资产价值、重要性、信息系统所受到的威胁以及信息系统的脆弱性进行综合分析,对信息系统及其处理、传输和存储的信息的保密性、完整性、可用性等进行科学识别和评价,确定信息系统安全风险的过程。

rivet 铆钉 用于连接两个带通孔构件,一端有帽的钉形金属连接件。在铆接中,利用自身形变或过盈连接被铆接的构件。铆钉种类很多,常用的有半圆头、平头铆钉,实芯、半空芯、空芯铆钉,沉头铆钉、抽芯铆钉等。

RJ45 RJ45 型连接器件 布线系统中信息插座(即通信引出端)连接器的一种,连接器由插头(接头、水晶头)和插座(模块)组成,插头有八个凹槽和八个触点。其中,RJ 是 Registered Jack 的缩写,意思是"注册的插座"。在 FCC(美国联邦通信委员会标准和规章)中 RJ 是描述公用电信网络的接口，计算机网络的 RJ45 是标准八位模块化接口的俗称。

RJ45 module RJ45 型模块 布线系统中 RJ45 型插座模块的简称，一般安装在面板和配线架上。传输能力有 Cat.3(16 MHz)、Cat.5(100 MHz)、Cat.6(250 MHz)、Cat.6A(500 MHz)等规格。同时，还有特制的面向 Cat.8(2 GHz)的 RJ45 型模块。

RJ45 plug RJ45 插头 俗称 RJ45 水晶头。指符合 IEC 60603 标准的插头，系综合布线系统中的标准插头，常规 RJ45 插头的最高工作频率为 500 MHz(超六类)，特制用于八类的 RJ45 插头的最高工作频率为 2 GHz。

RJ45 socket unshielded 非屏蔽 RJ45 插座 不带屏蔽层的 RJ45 插座。其传输性能等级为五类、六类、超六类(6A 类)。

RJ45-RJ45 unshielded RJ45 jumper wire RJ45-RJ45 非屏蔽 RJ45 跳线 两端均为 RJ45 插头的非屏蔽跳线。传输能力有 Cat.3(16 MHz)、Cat.5(100 MHz)、Cat.6(250 MHz)、Cat.6A(500 MHz)等规格。

RJE 远程作业输入 remote job entry 的缩写。

RL 回波损耗(回损) return loss 的缩写。

RLC 无线链路控制 radio link control 的缩写。

RLM 无线链路管理 radio link management 的缩写。

RLP 无线链路协议 radio link protocol 的缩写。

RML 限模注入 restricted mode launch 的缩写。

RML bandwidth 限模注入带宽 restricted mode launch bandwidth 的缩写。

RML measurement 限模注入测试 restricted mode launch measurement 的缩写。

RMS 均方根值 root mean square 的缩写；**远程监控系统** remote monitoring system 的缩写。

RMS voltage variation 方均根电压变化 方均根电压与此前无扰动时的相应方均根电压之差。其中，“变化”(variation)的含义为：某一个量在影响量变化前后的数值之差。

RN 远程节点 remote node 的缩写。

roaming 漫游 蜂窝移动电话的用户在离开本地区或本国时，仍可以在其他一些地区或国家继续使用移动电话的业务。漫游只能在网络制式兼容且已经联网的国内城市间或已经签署双边漫游协议的地区或国家之间进行。为实现漫游功能，除要记录用户所在位置外，在运营公司之间还要有一套利润结算的办法。

roaming service 漫游服务 移动电话用户到本业务区以外的其他区域仍能继续使用移动电话的通信服务。对于中国用户，漫游服务分为国内及国际漫游服务。

rodent protection 防鼠啮 防止老鼠等啮齿动物损伤材料或缆线的防护措施。

rodent-resistant net 防鼠网 防鼠用的网罩，属于物理防鼠。如不锈钢防鼠纱网等。鼠害是工程安装和运维时的重大隐患之一。由于老鼠生性多疑，致使防鼠难度高，化学防鼠毒性大，防鼠罩成为被动防鼠的有效手段。

RoHS （电气、电子设备中）限制使用某些有害物质指令 restriction of hazardous substances 的缩写。

ROI 感兴趣区域 region of interest 的缩写。

role-based access control (RBAC) 基于角色的访问控制，基于任务的访问控制 以任务为中心，按用户身份及其所归属的某项定义组来限制用户对某些信息项的访问，或限制对某些控制功能的使用的一种技术。

rollback 回退 由于某种原因而撤销上一次或上一系列操作，并返回到该操作以前的已知状态的过程。

roof 屋脊 屋顶相对的斜坡或相对的两边之间顶端的交汇线。

roof resisting to external fire exposure 防火屋面 能防止外部火焰穿透和蔓延的屋面。

roof screen 闷顶隔板 将建筑物屋顶分隔成间，使火灾的烟和热气限制在起火间内的垂直隔板。

room environment 机房环境 在建筑智能化系统中是指各类电子信息系统设备机房，包括数据机房、信息接入机房、有线电视前端机房、信息系统总配线机房、智能化总控制室、消防控制室、安防监控室智能化设备间(弱电间、电信间)等。机房环境就是指机房应具备的环境指标，包含采光、照明、供电、配电、通风、排风、温度与湿度调节、供水、排水、防火、灭火、防雷、防静电、防尘、安全防范等，不同机房对上述环境指标要求也不一样。

room infrastructure 机房基础设施 IDC 机房建筑、机架、供电系统、空调系统、布线系统、消防系统、安防系统、动力环境监控及能耗管理系统等的总称。

room number 房号 房间的编号。在工程中，这是一个需要标注到图纸中的数据，是建筑物基本要素之一，也是建筑基础设施管理系统中基本要素之一。

root mean square (RMS) 均方根值 也称方均根值或有效值，它的计算方法是先平方，再平均，然后开方。比如幅度为 100 V 而占空比为 0.5 的方波信号，如果按平均值计算，它的电压只有 50 V，而按均方根值计算则有 70.71 V。

route processor 路由处理器 路由器中完成路由选择功能的部件，除了完成路由选择外，还负责执行配置、安全、记账、修正差错、网络管理等进程。

route switch module (RSM) 路由交换模块 简称路由器。网络互联的核心设备。其基本结构由一个路由处理器、一个交换结构、输入端口和输出端口组成。输入端口与输入链路相连，执行物理层和数据链路层功能，接收数据包，根据 IP 地址查找确定输入数据包设备的输出端口。输出端口与输出链路连接，也执行物理层和数据链路层功能，并且可以缓冲和发送数据包。路由处理器运行路由协议和执行网络管理功能。交换结构用于连接输入端口、输出端口和路由器处理器，以便把输入端口的数据包交换到单个或多个输出端口，或者路由处理器上。

route/switch processor 路由交换处理器 路由器设备内部的一个集成的路由/交换处理器，用于处理路由和交换功能。

router 路由器 连接因特网中各局域网、广域网的设备，会根据信道的情况自动选择和设定路由，以最佳路径，按前后顺序发送信号。路由器是因特网络的枢纽，它和交换机之间的主要区别就是交换机发生在开放系统互联(OSI)参考模型第二层(数据链路层)，而路由发生在第三层，即网络层。这一区别决定了路由器和交换机在传输信息的过程中使用不同的控制信息，两者实现各自功能的方式不同。路由器具有判断网络地址和选择IP路径的功能。它能在多网络互联环境中，建立灵活的连接，可用完全不同的数据分组，并用介质访问方法连接各种子网。路由器只接受源站或其他路由器的信息，与各子网使用的硬件设备无关，但要求软件运行与网络层协议相一致。路由器转发策略称为路由选择。作为不同网络之间互相连接的枢纽，路由器系统构成了基于传输控制协议/网际协议(TCP/IP)的国际互联网络因特网的主体脉络，也可以说，路由器构成了因特网的骨架。路由器的处理速度是网络通信的主要瓶颈之一，其可靠性和稳定性直接影响着网络互联的质量。整个因特网中使用着各种级别的路由器，如接入路由器、企业级路由器、骨干级路由器等。

routing 路由 ① 在计算机网络系统中，根据数据包的目的地址进行定向并转发到另一个接口的路径。路由通常与桥接来对比，它们的主要区别在于桥接发生在开放系统互联(OSI)参考模型的第二层(数据链路层)，而路由发生在第三层(网络层)。这一区别使二者在传递信息的过程中使用不同的信息，从而以不同的方式来完成其任务。② 道路情况，包括道路宽度、深度、方向等信息。③ 布线系统中缆线敷设的路径。

routing information protocol (RIP) 路由信息协议 指一个由因特网工程任务组(IETF)制定的协议，用来交换IP网络和子网的路由信息。

routing information protocol, next generation (RIPng) 下一代路由协议 一种基于IPv6网络协议和算法的协议。在国际性网络(如因特网)中拥有很多应用于整个网络的路由选择协议。网络的每一个自治系统(AS)都有属于自己的路由选择技术，不同的自治系统，路由选择技术也不同。自治系统内部的路由选择协议称为内部网关协议(IGP)。外部网关协议(EGP)是一种用于在自治系统之间传输路由选择信息的协议。RIPng在中等规模的AS中被用作IGP协议。对于较复杂的网络环境，RIPng则不适用。

routing scheme 路由图 一种缆线或敷设缆线用的管路的路径设计图。

R

主要用于计算材料的数量和指导工程实施。

routing table 路由选择表 ① 信息交换网络节点上的一种列表,用来描述网络中信息传输和通路控制的关系。这种列表的内容有的是固定式的,是预先设置的;有的是随着网络中信道与节点情况的变化而动态变化的。表中通常有下列信息:路由估算函数、路由选择信息、路由信息传输量。固定式单路发送还包括预先静态决定好的发送路由。② AIX 操作系统中一个保存一系列有效路径的表。通过这个表,一个宿主机可与另一个宿主机进行通信。

RP 中继器,重发器,增音器 repeater 的缩写。

RPB 参考图像缓冲区 reference picture buffer 的缩写。

RPC 无线端口控制器 radio port controller 的缩写;**远程过程调用** remote procedure call 的缩写。

RPD 远程供电设备 remote powered device 的缩写。

RPE-LTP 规则脉冲激励长期预测 regular pulse excited long-term prediction 的缩写。

RPF 远程供电 remote power feeding 的缩写。

RPL 参考图像队列 reference picture list 的缩写。

RPS 冗余电源系统 redundant power system 的缩写。

RR 无线资源 radio resource 的缩写。

RRPP 快速环网保护协议 rapid ring protection protocol 的缩写。

RS-232 RS-232 标准接口 个人计算机上的通信接口之一,由美国电子工业协会(Electronic Industries Association,EIA)所制定的异步传输标准接口。在串行通信时,要求通信双方都采用一个标准接口,使不同的设备可以方便地连接起来进行通信。RS-232-C 接口(又称 EIA RS-232-C)是目前最常用的一种串行通信接口(RS-232-C 中的-C 只表示 RS-232 的版本,所以与 RS-232 简称是一样的)。它是在 1970 年由美国电子工业协会(EIA)联合贝尔系统、调制解调器厂家及计算机终端生产厂家共同制定的用于串行通信的标准。它的全名是数据终端设备(DTE)和数据通信设备(DCE)之间串行二进制数据交换接口技术标准。该标准规定采用一个具有 25 个脚的 DB-25 连接器,对连接器的每个引脚的信号内容加以规定,还对各种信号的电平加以规定。后来 IBM 的个人计算机将 RS-232 简化成了DB-9 连接器,从而成为事实标准。工业控制的 RS-232 口一般只使用 RXD、TXD、GND 三条线。

RS-422 RS-422 协议 全称是平衡电压数字接口电路的电气特性,由美国电子工业协会(EIA)制定。它定义了在平衡的串行连接使用的电气和功能特性。它使用两对线进行全双工通信,实际上还有一根信号地线,共五根线。由于接收器采用高输入阻抗和发送驱动器比 RS-232 更强的驱动能力,故允许在相同传输线上连接多个接收节点,最多可接十个节点。RS-422协议串行连接包括一个主设备(master),其余为从设备(slave),从设备之间不能通信,所以RS-422协议支持点对多的双向通信。接收器输入阻抗为4 kΩ。发送端最大负载能力是10×4 kΩ+100 Ω(终接电阻)。RS-422四线接口由于采用单独的发送和接收通道,因此不必控制数据方向,各装置之间的信号交换均可以按软件方式(XON/XOFF握手)或硬件方式(一对单独的双绞线)。RS-422的最大传输距离为4 000 ft(约1 219 m),最大传输速率为10 Mbps。其平衡双绞线的长度与传输速率成反比,在100 kbps速率以下才可能达到最大传输距离。只有在很短的距离下才能获得最高速率传输。一般100 m长的双绞线上所能获得的最大传输速率仅为1 Mbps。RS-422需要使用终接电阻,要求其阻值约等于传输电缆的特性阻抗。在短距离传输时可不需终接电阻,即一般在300 m以下不需终接电阻。终接电阻接在传输电缆的最远端。

RS-485　RS-485协议　应用极其广泛的工业总线网络之一。由美国电子工业协会(EIA)于1983年在RS-422基础上制定的《用于平衡数字多点系统的发生器和接收器的电气特性》标准。在建筑智能化系统中,用于建筑设备管理、门禁、入侵报警、停车场管理系统等智能化系统的控制类信息传输。由于这些智能系统都需要联网,而RS-485是成本低而能够满足传输要求的解决方案。RS-485接口组成的半双工网络,一般是两线制(以前有四线制接法,只能实现点对点的通信方式,现很少采用),多采用屏蔽双绞线传输。这种接线方式为总线式拓扑结构在同一总线上最多可以挂接三十二个结点。在RS-485通信网络中一般采用的是主从通信方式,即一个主机带多个从机。很多情况下,连接RS-485通信链路时只是简单地用一对双绞线将各个接口的A端与B端连接起来。

RSC　复位电路　reset circuit的缩写。

RSM　路由交换模块　route switch module的缩写。

RSR　复位请求　reset request的缩写。

RSSI　接收信号强度指示　received signal strength indication的缩写。

RSTP　快速生成树协议　rapid spanning tree protocol的缩写。

RT　实时　real time的缩写。

RTC　实时时钟　real time clock的缩写。

RTCP　实时传输控制协议　real-time transport control protocol的缩写;**RTP控制协议**　RTP control protocol的缩写。

RTD　实时动态码相位差分(技术)　real time differential的缩写;**电阻温度探测器,电阻温度传感器**　resistance temperature detector的缩写。

RTE　无线测试设备的射频单元　radio test equipment (board)的缩写;**请求退出**　request to exit的缩写。

RTI　响应时间指数　response time index的缩写。

RTP 实时传输协议 real-time transport protocol 的缩写。

RTP clock RTP 时钟 在包含流数据的 RTP 包中携带的时间戳,每个流都有自己的 RTP 时钟。

RTP control protocol (RTCP) RTP 控制协议 对 RTP 进行控制、同步的协议。

RTP session RTP 会话 指一种发送器与接收器之间的基于 RTP 协议的媒体连接。RTP 会话可以是单播或组播形式。

RTP stream RTP 流 由已规定的时间间隔发送的媒体数据组成的 RTP 包串。一个流可以包含多个通道,每个 RTP 会话可以由多个媒体流构成。

RTSP 实时流媒体协议 real time streaming protocol 的缩写。

RTU 远程终端单元,远程终端控制系统 remote terminal unit 的缩写。

rubber insulated cable 橡皮绝缘电缆 以多股的细铜丝为导体,外包橡胶绝缘和橡胶护套的一种柔软可移动的电缆品种。橡皮绝缘电缆包括通用橡套软电缆、电焊机电缆、潜水电机电缆、无线电装置电缆、摄影光源电缆等品种。

rubber insulated telephone cord 橡皮绝缘电话软线 以多股的细铜丝为导体,外包橡胶绝缘和橡胶护套的一种柔软可移动的电话用电线电缆。

rubber universal wheel 橡皮万向轮 机柜或控制台中使用的以橡皮包裹的活动脚轮。它的结构允许水平方向 360°旋转,具有弹性。脚轮是个统称,包括活动脚轮和固定脚轮。固定脚轮没有旋转结构,不能水平转动只能垂直转动。这两种脚轮一般都是搭配使用的,比如手推车的结构是前边两个固定轮,后边靠近推动扶手的是两个活动万向轮。

run 游程 在解码过程中若干连续的相同数据元素的个数。在块扫描中一个非 0 系数前(沿块扫描顺序)连续的值为 0 的系数的个数。由此概念引申出游程编码(run length code)的压缩算法概念,即将重复且连续出现的字符使用出现次数加字符的方式描述。如字符串 AAAAABBBBCCC 使用游程编码描述为 5A4B3C。还原时,只需将字符重复 n 次即可。**运行** 指计算机或系统执行程序的过程。

rural service area 农村服务区 指电信运营商的农村电话服务区域。

rust proof capability 防锈能力 指防锈油脂所应具有的特殊理化性能,它的试验方法包括潮湿试验、盐雾试验、叠片试验、水置换性试验,此外还有百叶箱试验、长期储存试验等。

RV 止回阀 reflux valve 的缩写。

RVS 铜芯聚氯乙烯绝缘绞型连接用软电线 全称铜芯聚氯乙烯绝缘绞型连接用软电线、对绞多股软线,简称双绞线,俗称花线,现阶段此种线材多用于消防系统,也叫消防线。其中 R 表示软线,V 表示绝缘材料聚氯乙烯,S 表示绞线。

RVV 铜芯聚氯乙烯绝缘聚氯乙烯护套软电线 全称铜芯聚氯乙烯绝缘聚氯乙烯护套软电线(无屏蔽),又称轻型聚氯乙烯护套软线,俗称软护套线,是护套线的一种。主要应用于电器、仪表,电子设备,自动化装置用电源线、控制线及信号传输线,可用于防盗报警系统、楼宇对讲系统等。其中两个“V”分别表示聚氯乙烯绝缘和聚氯乙烯护套。

RVVP 铜芯聚氯乙烯绝缘屏蔽聚氯乙烯护套软电缆 也称 RVVP 电缆,一种软导体 PVC 绝缘线外加屏蔽层和 PVC 护套的电缆,又叫作电气连接抗干扰软电缆。额定电压 300/300 V,线芯常用芯数为 2～24 芯,常用线芯线径为:0.12 mm^2、0.2 mm^2、0.3 mm^2、0.4 mm^2、0.5 mm^2、1.0 mm^2、1.5 mm^2 等,其中 P 表示屏蔽。

RX 接收机 receiver 的缩写。

RZ 归零制 return-to-zero 的缩写。

S

S frame　S 帧　图像信号处理中使用帧内预测和单前向预测解码的帧。S 帧的参考图像应是最近解码的 G 或 GB 帧。

S/FTP　金属箔线对屏蔽＋金属编织网总屏蔽对绞电缆　指每个线对都用覆塑铝箔包裹，同时在四对芯线外（护套内）再用铜丝网包裹的四对八芯屏蔽双绞线电缆。目前七类以上等级的屏蔽双绞线大多采用这种屏蔽结构。

S/FTQ　金属编织网总屏蔽＋金属箔线对屏蔽四芯对绞电缆　指一种护套内有两个包含四芯绞合铜线的芯线组，每个芯线组都用覆塑铝箔包裹，在两个芯线组外（护套内）再用铜丝网包裹的屏蔽双绞线电缆。

S

S/PDIF　SONY、PHILIPS 数字接口格式　SONY/PHILIPS digital interface format的缩写。

SA　安保自动化系统　security automation 的缩写；**送风**　supply air 的缩写。

SACCH　慢速随路控制信道　slow associated control channel 的缩写。

safe allowable floor load　楼板安全允许荷载　由设计确定的确保建筑物楼板安全的允许负载值。在弱电工程中，当需要在室内安装一定数量和重量的设备、设施时，必须认真计算，使承重量不超过楼板安全允许荷载。

safe area　安全区域　指绝对安全的区域。各领域和各行业均具有不同属性的安全区域概念，如防火的安全区域、防盗的安全区域、网络的安全区域等。在电视制作中，前期取景和后期制作过程中使图像的主要内容或附加内容显示在指定的区域，防止损坏或丢失，该区域也叫安全区域。

safe capacity　安全承载能力　① 材料力学中将强度、刚度、稳定性统称为（结构或构件的）承载能力。安全承载能力则指留有安全余量的承载能力。② 导线的安全承载能力是衡量导线通过最大电流的能力。③ 在通信系统中的信息安全承载能力可以是信息通道或链路能够承载的正常数据的传输量。

safe circuit　安全电路　在规定的试验条件下，在正常工作条件下，或在规定的故障状态下产生的电火花和热效应均不能点燃规定的爆炸性气体混合物的电路。要使电路火花不点燃爆炸性混合物，只能是弱电系统的电路。因此，其本质是安全型电气系统和设备，主要用于控制、通信、信号、测量、监视等方面。

safe construction　安全施工　在工程

施工的同时采取各项措施保障从业人员安全健康、生产资料和社会财富的安全。它涵盖了在作业过程中所有的安全问题,并且涉及管理、财务、后勤保障等相关内容。

safe control **安全控制** 采用一种高度可靠的安全保护手段,最大限度地避免相关设备、相关区域、相关人员的不安全状态,防止恶性事故的发生或在事故发生后尽可能地减少损失,保护财产及人身安全。不同国家、地区或不同行业、不同领域具有不同的安全控制制度和策略。在建筑智能化领域中,除工程安全控制、施工安全控制、职业健康安全控制等制度和规范外,对于各类智能化系统,也需要为保护系统、设备安全运行采取相关的技术安全控制手段。

safe current **安全电流** 保证电气线路安全运行时导线中连续通过的最大负载电流。安全电流由导线和电缆的种类、规格、环境温度、敷设方式等因素决定。

safe egress **安全出口** 建筑物中供人员安全疏散用的楼梯间、室外楼梯的出入口或直通室内外安全区域的出口。

safe escape **安全逃脱** 或称逃生。人们主动地从险情区域撤离至安全区域。

safe evacuation **安全疏散** 引导人们向安全区域撤离。例如,发生火灾时引导人们向不受火灾威胁的地方撤离。

safe illumination **安全照明** ① 在正常照明发生故障时,为确保处于潜在危险之中人员安全而提供的照明。② 应急照明。包括:安全照明、疏散照明、备用照明等。

safe refuge **避难所** 供人员躲避各种险情或灾难的区域、场所。我国《民用建筑设计通则》(GB 50352)规定,在建筑高度超过 100 m 的超高层建筑中,为消防安全应专门设置避难层(间),供人们疏散避难。同时规定避难层的净高不应低于 2 m。

safe strategy **安全策略** 安全操作的策略,在执行该策略时能够保证人身、设备和信息的安全。

safeguard **安全保卫** 保障人们生命财产和各项事业免受干扰、破坏、危险和损失所进行的工作及所采取的措施。

safeguard construction **安全结构** ① 抵抗破坏及破坏产生的后果的建筑结构。《建筑结构可靠度设计统一标准》(GB 50068)规定,建筑结构设计时,应根据结构破坏可能产生的后果的严重性,采用不同的安全等级。建筑结构安全等级划分为三个等级:一级——重要的建筑物,二级——大量的一般建筑物,三级——次要的建筑物。② 在智能化信息系统中是指系统设计、设备部署和软件配置中采取的能够抵抗各类破坏、干扰以及病毒攻击和信息泄漏等,保障系统正常运行所采取的整体或局部的结构性设计和配置。如重要数据中心的异地设置,核心网络设备双机热备份,等等。

safeguarding structure **防护构筑物** 防护用的构筑物,如人防设施、消防水池等。

safety 安全(性) 没有受到威胁,没有危险、危害、损失的状态。社会生产活动中,要求将系统的运行状态对人类的生命、财产、环境可能产生的损害控制在能接受水平以下。我国当前国家的安全观是:政治安全、国土安全、军事安全、经济安全、文化安全、社会安全、科技安全、信息安全、生态安全、资源安全、核安全十一种。

safety appliance 保安[安全]装置 用于保护人身、设备安全的装置。如防静电装置等。

safety approval plate 安全合格牌照 安全检查合格后颁发的许可证件。

safety assembly 安全装置 通过自身的结构功能限制或防止系统或机器发生某种危险。可以是限制运动速度、压力等危险因素,以达到安全目的的装置。常见的安全装置有联锁装置、双手操作式装置、自动停机装置、限位装置等。

safety block 安全保护部件 对系统和设备进行保护的部件。

safety circuit 安全电路 当计算机系统或控制系统出现故障或异常情况时,能够检测到故障的发生,判断其性质,并发出报警信号的电路。

safety class 安全级别 即安全等级。保障某种设施正常使用或保障某个系统正常运行而采取的安全措施的等级。在建筑电梯及机电设施系统、计算机系统、网络系统、软件系统、安全防范系统等系统中都有其自身的安全等级或安全级别标准。

safety communications equipment 安全通信设备 ① 出于安全目的而配置的通信设备。如建筑物内的消防电话系统等。② 在特定环境条件下能够安全运行的通信设备。如防爆通信设备、防尘通信设备、抗寒通信设备等。

safety control circuit (SCC) 安全控制电路 系统或设备中的一种高度可靠的安全保护电路。

safety control mark 安全控制标志 同 safety sign。

safety curtain 防火幕 阻止火灾产生的烟和热气通过的活动式幕障,如舞台上的防火幕等。

safety cut-off 安全切断 ① 为保障人身、财产安全采取的隔离设施和措施,将人员和财物与危险区域分隔起来。② 指为保障设备、系统安全而不致损坏的断电装置。

safety design 安全设计 充分考虑设施、设备、系统的安全性,消除一切不安全因素的设计。

safety device 安全装置 对人、建筑、设备的安全进行保护的装置。

safety door 安全门 在一定时间内可以抵抗一定条件下非正常开启,具有一定安全防护性能并符合相应安全级别的门,如各种防盗门。

safety door latch 安全门锁 一类高可靠防止非正常开启的锁具。随着生物识别技术的进步,具有指纹识别、人脸识别等功能的安全门锁不断投入应用。

safety engineer 安全工程师 取得国家注册执业资格证书,在生产经营单位从事安全生产管理、安全技术工作，或在中介机构从事安全生产专业服务的工程师。

safety engineering (SE)　安全工程学　把安全科学基础理论、安全技术科学和安全工程进行有机结合的完整的科学体系。它提出了事物安全流变与突变的统一理论，反映了有关安全科学研究的最新研究成果。

safety equipment　安全设备　企业(单位)在生产经营活动中，将危险、有害因素控制在安全范围内，以及预防、减少和消除危害所配备的装置。

safety exhaust　安全排气阀　出于保护设备、系统安全目的的排气阀门。当气动系统的压力容器或输气管道中的气体压力超过限值时，安全排气阀会排出适量气体使气压下降。

safety exit indicator light　安全出口指示标志灯　属消防应急灯系列产品，适用于工厂、宾馆、商场、大厦等公共建筑，在发生火灾或停电时作应急照明之用，具有壁挂式、手提式、吊式等安装方式。

safety factor　安全系数　保障建筑物、设备设施及各类系统能够安全运行的程度。例如，土木、机械等工程设计时，为防止因材料缺点、工作偏差、外力突增等因素所引起的后果，工程受力部分实际上能够担负的力必须大于其容许担负的力，二者之比叫承力安全系数。又如，导线承载电流的安全系统等于导线中实际通过的最大电流与该导线允许通过电流值之比。

safety feature　安全装置　同 safety equipment。

safety fuse cut-out　安全熔断器　同 fuse。

safety gear　安全装备　同 safety equipment。

safety glass　安全玻璃　一类经剧烈振动或撞击不破碎，即使破碎也不易伤人的玻璃。用于汽车、飞机和特种建筑物的门窗等。建筑物使用安全玻璃，可以抵御子弹或 100 km/h 的飓风中所夹杂的碎石的攻击，这对主体玻璃结构的现代建筑具有特别重要的意义。常见的安全玻璃种类有贴膜玻璃、钢化玻璃等。

safety ground　安全接地　同 safety grounding。

safety grounding　安全接地　也称保护接地。把电气设备的某部分通过接地装置与大地连接起来。它是确保人身安全而建立的接地系统。为防止触电伤害，用电设备机壳一般均应安全接地。在电气图纸中，安全接地以“PE”表示，工程中应采用黄绿相间颜色的导线。

safety hatch　安全舱口　原意指船舰中用以疏散、逃生的船舱。在建筑物中是指供人员疏散用的安全出口(同 safe egress)。在计算机系统中指安全的数据通道。

safety helmet　安全帽　工程现场作业人员用来保护头顶而戴的钢制或类似原料制成的浅圆顶帽子，是防止冲击物伤害头部的劳动防护用品。

safety inspector　安全检查员　专门从事安全检查工作的人员，可以是专职人员，也可以是兼职人员。

safety island　安全岛　供行人穿过马路时躲避车辆的地方。设立安全岛是为了让人们养成二次过街的习惯,即在第一次绿灯时间,先到达道路中央的行人安全岛,第二次绿灯亮起再走剩下的路程。公路上的安全岛的作用主要是提供一个相对安全的空间,收费站、城市道路的交通岗亭、距离公路较近的公共设施都可修建在安全岛内。

safety ladder **安全梯** 多层建筑中供紧急疏散人群用的楼梯。它采用非燃烧材料制成,直通室外平地。

safety light **安全指示灯** 一种为人员通往安全地带的指示灯具。

safety lighting **安全照明** 在正常照明电源因故障中断时,为保障处于潜在危险中的人的安全而设置的应急照明。对于正常照明故障能使人陷入危险之中的场所(如热处理车间等)需对其进行设置,其照度不宜低于该场所一般照明照度值的5%。

safety lighting fitting **安全照明装置** ① 出于安全目的而配置的照明装置。如建筑物内的长明灯、消防应急灯具等。② 在指定环境中安全使用的照明设备,如防爆照明灯具等。

safety limit switch (SLS) **保险总开关** 保险开关中的总开关。保险开关一般由一组开关组成,其中包括总开关和多个分路开关。

safety load **安全荷载** 设备在安全运行环境中所允许的最大载荷。一般这个数值要略低于设计载荷。其目的是为了保证设备运行安全和人身安全。

safety load factor **安全荷载系数** 实际负载与极限负载之比。

safety lock **安全锁** 安全级别较高的锁具。在电子信息技术中是指信息安全库,必须使用高安全性的先进加密系统(AES)来加密存储凭据(用户名和密码组合)。在首次使用时,它将提示一个主密码,然后将用于解锁每次执行应用程序的凭据数据库。在用户手机中是一款安卓(Android)平台下的锁屏和安全保护程序,启动程序服务后可在开机、关屏和受保护的程序启动时开启保护功能,通过密码、手摇、声纹等方式进行解锁。

safety mark **安全标志** 同 safety sign。

safety marking **安全标记** 即安全标志,同 safety sign。

safety observation station (SOS) **安全观察站** 对可能发生的不安全行为进行观察的场所。

safety of structure **结构安全性** ① 建筑结构在正常施工和正常使用的条件下承受可能出现的各种荷载作用和变形,而不发生破坏仍保持必要的整体稳定的性能。② 在各类智能化、信息化系统(包括硬件和软件)遭受外界或内部干扰和破坏时,仍能保持系统稳定的基本功能(尽管出现部分辅助功能缺失或性能下降)。

safety plug **安全塞** 在蓄电池暴露于明火或外部火花时,能保护蓄电池内部不致发生爆炸的一种特殊结构的装置。

safety precaution **安全预防措施** 为避免各类事故发生或尽可能降低事故发生可能造成的危害和损失而在事故发生前所采取的措施与行动。

safety protection **安全防护** 为应付攻

击或避免受害,使被保护对象处于没有危险、不受侵害、不出现事故的安全状态而采取的事前的准备和事中的保护。如今,各类智能化安全防范系统的建设和运行成为安全防护的重要手段。

safety provision 安全措施 为避免事故发生,或事故发生后防止扩展而采取的举措,包括各类规章制度和采用的设施设备和系统。

safety range 安全范围 ① 在安全防范系统中防护范围。② 设备或系统正常运行的警戒范围,如电子设备的安全工作电压范围等。

safety relief 安全减压 以压力设备和系统安全运行为目的而采取的减压措施。

safety relief valve (SRV) 安全减压阀 在流体输送管路或采用流体为介质驱动的各类装置和系统中,用以释放或分流流体,降低管道、容器中压力的阀门。安全减压阀可人工操作控制,但在控制系统中一般采取自动控制的方式:管道、容器中安装有压力传感器,其压力数据传送至控制管理系统,经计算当压力超过限值时,发出控制信号,驱动开启减压阀,从而达到降低压力至安全范围的目的。

safety ring 安全环 磁带机磁带盘背面圆形槽内安装的一个塑料环。带有此环的磁带盘装在磁带机上,在环的作用下使电磁开关动作,接通写电路,便可以向磁带上写入数据。取下此环,写电路不能工作,只能读带,从而实现对带上文件的保护作用。该环也称允写环、文件保护环。

safety rope 安全绳 用合成纤维编织而成的一种用于连接安全带的辅助用绳。它的功能是二重保护,确保安全。一般长度为 2 m,也有 2.5 m、3 m、5 m、10 m 和 15 m 的安全绳,5 m及以上的安全绳兼作吊绳使用。安全绳分有普通安全绳、带电作业安全绳、高强度安全绳、特种安全绳等。

safety rule 安全规则[规范] 为安全使用设备、仪器仪表或使系统安全运行和保障人身安全,要求操作使用人员必须遵守的规章制度,包括操作步骤和程序,安全技术知识和注意事项,安全防护用品的正确使用,生产设备和安全设施的维修保养,预防事故的紧急措施,安全检查制度和要求,等等。

safety screen 安全屏 在施工现场用于保护人身安全的隔离用板材。也指用于在电气设备前工作人员的防护物,用以隔离或减弱电磁辐射对人身的伤害。

safety service life 安全使用年限 设备能够确保其安全性的使用年限,一般以制造商自我声明的方式告知。

safety shut-off valve 安全截止阀 也称紧急切断阀,以安全为目的的截止阀。截止阀是依靠阀杆压力,使阀瓣密封面与阀座密封面紧密贴合,阻止介质流通的阀门,属于极其重要的截断类阀门,一般安装于流体(液体或气体)输送管路,用于流量的调节。安全截止阀的启闭件受外力作用下处于常闭状态,当设备或管道内的流体介质压力升高至超过规定值时,通过向系统外排放介质来降低管道或设备内介质压力。安全截止阀属于自动阀门类，主要用于锅炉、压力容器和管道上。在建筑设备监控(BA)系统中，它作为被驱动的执行机构，由中央管理系统或现场控制器予以控制。

safety shut-off valve　自动断路阀　根据系统或手动指令，自动切断介质流通的阀门装置，是建筑设备监控系统(BAS)中的执行器。

safety sign　安全标志　用以表达安全信息的标志，由图形符号、安全色、几何图形(边框)或文字构成。其包括提醒人们注意的各种标牌、文字、符号、灯光等，以表达特定的安全信息。《安全标志及其使用导则》(GB 2894)将安全标志分为禁止标志、警告标志、指令标志和提示标志四大类型。它们的特征分别为：(1) 禁止标志为白底黑色图案加带斜杆的红色圆环，并在正下方用文字补充说明禁止的行为模式；(2) 警告标志为黄底黑色图案加三角形黑边，在正下方用文字补充说明需要注意的行为模式；(3) 指令标志为圆形，以蓝底白线条的圆形图案加文字说明；(4) 提示标志以长方形绿底(防火为红底)白线条加文字说明。在特殊情况下还有补充标志。工程现场应正确使用安全标志，使用的安全标志不仅类型要与所警示的内容相吻合，而且设置位置应正确、合理，否则就难以发挥其应有警示作用。

safety signal　安全信号　也称安全信息。在劳动生产中起安全作用的信息集合。安全信息是安全活动所依赖的资源，也是实施安全管理的依据。例如，日常生产活动中的各种安全标志和安全信号以及各类伤亡事故的统计分析。只有掌握准确的安全信息，正确决策，才能提高安全管理水平。从信息形态划分，安全信息可划分为一次安全信息和二次安全信息。从应用的角度进行划分，安全信息可划分为生产安全状态信息、安全活动信息和安全指令性信息。

safety spacing　安全间距　① 在带电体与地面之间，带电体与其他设施、设备之间，带电体与带电体之间保持的一定安全距离，即安全间距，简称间距。设置安全间距的目的是：防止人体触及或接近带电体造成触电事故，防止车辆或其他物体碰撞或过分接近带电体造成事故，防止电气短路事故、过电压放电和火灾事故，便于操作。② 确保人身安全或设备安全的距离。各系统都有相应的安全间距规定。

safety specification　安全规程[规范]　同 safety rule。

safety switch　安全开关　为保障设备、系统安全而不致损坏的断电装置，如限流开关、热继电器等。

safety system　安全系统　对人、建筑、设备的安全进行保护的设备或系统。

safety technique　安全技术　企业在组织进行生产过程中，为防止伤亡事故保障劳动者人身安全，防止设备事故保障系统正常运行，防止泄密事故保障信息安全而必须采取的各类措施，这些措施综合统称为安全技术。

safety trip valve　自动断路阀　根据系

统或手动指令,自动执行切断功能的阀门。

safety valve　安全阀　同 safety shut-off valve。

safety voltage　安全电压　不致使人直接致死或致残的电压值。根据生产和作业场所的特点,采用相应等级的安全电压,是防止发生触电伤亡事故的根本性措施。《特低电压(ELV)限值》(GB/T 3805—2008)规定我国安全电压额定值的等级为42 V、36 V、24 V、12 V 和 6 V,应根据作业场所、操作员条件、使用方式、供电方式、线路状况等因素选用。例如,在特别危险环境中使用的手持电动工具应采用 42 V 电压,有电击危险环境中使用的手持照明灯和局部照明灯应采用 36 V 或24 V电压,金属容器内、特别潮湿处等环境中使用的手持照明灯应采用 12 V 电压,水下作业等场所应采用6 V电压。

safety window　安全窗　一种房间、车辆等处逃生用的窗口。例如:电梯安全窗是安装在轿厢顶部,且是向外开启的封闭窗,只能由安装、检修人员开启。在电梯发生事故或出现故障停车时,用于援救和撤离乘客的应急性出口。

safety zone　安全区　绝对安全的区域,在该区域中不会受到攻击。不同领域,安全区的具体意义各不相同。如:在建筑物内有为消防设置各种安全区和准安全区,在施工现场会因施工安全考虑而设置临时或长期的安全区(如吊装安全区等),在电子信息系统中也会为保障信息安全而设置数据安全区。

said　表述　用言语或行为表达某种意境。如某人口述个人对某实际特征的观察结果。

sample　样本　① 研究中实际观测或调查的一部分个体称为样本,研究对象的全部称为总体。为了使样本能够正确反映总体情况,对总体要有明确的规定:总体内所有观察单位应是同质的;在抽取样本的过程中,应遵守随机化原则;样本的观察单位还要有足够的数量。样本又称子抽样,它是按照一定的抽样规则从总体中取出的一部分个体。样本中个体的数目称为样本容量。② 解释、描写或用图样说明盛行的、公认的或官方认可的式样的书。③ 构成图像的基本元素。

sample format　格式范例　文件格式的典型例子,用于在填写文件时参照。

sample project　样板段工程,样板项目　工程或项目准备启动时,往往会设立一个尝试性的工程阶段,施工方使用指定的材料和工艺进行施工,完成后提交给甲方进行检查,如果合格则全面启动工程或项目。该阶段称为样板段工程或样板项目。

sample rate　采样率　同 sampling rate。

sample rate conversion (SRC)　采样频率转换　数字信号从一个采样频率转换到另一采样频率的过程。

sample value　样本值　为了估测总体的特性而对部分个体进行抽取并进行观测和分析,所抽取的观测数据或所得到的测量值就称为样本值。

sampling hole **采样孔** 为取样目的而开设的孔洞。在消防系统中,指空气样品进入吸气式感烟探测系统管路的吸入孔。采样点的位置应依照现场环境特性配置在火灾烟雾出现的位置。采样点可以是直接在采样管路上的开孔(即采样孔),典型的采样点开孔大小为直径 2～4 mm。

sampling pipe network **采样管网** 吸气式感烟探测器为采集烟气而设置的管网。

sampling rate **采样率** 单位时间内信号样值的数目。

sampling survey **抽样调查** 一种非全面调查方式。它是从全部调查研究对象中抽选部分单元进行调查,并据以对全部调查研究对象做出估计和推断的一种调查方法。根据抽选样本的方法,抽样调查可以分为概率抽样和非概率抽样两类。概率抽样是按照概率论和数理统计的原理从调查研究的总体中,根据随机原则来抽选样本,并从数量上对总体的某些特征作出估计推断,对推断出可能出现的误差可以从概率意义上加以控制。通常将概率抽样称为抽样调查。

SAN **存储区域网络** storage area network 的缩写。

sandwich construction **夹层结构** ① 建筑夹层。它是位于两自然层之间的楼层,是房屋内部空间的局部层次。建筑物设置夹层,一般是高层建筑或者某些大型共用多层建筑。② 夹层板材中的夹层。夹层板由面板与疏松的或较轻的夹芯层组成。

sandwich pressurization system **分层加压系统** 消防供水的分层加压,使其始终保持足够的水压。

sandwich wall **夹心墙** 指墙体中预留的连续空腔内填充保温或隔热材料,并在墙的内叶和外叶之间用防锈的金属拉结件连接形成的墙体,又称夹心复合墙或空腔墙。

sanitary sewer **下水道** 一种城市公共设施,指建筑物排除污水和雨水的管道,也指城市、厂区或村庄排除污水和雨水的地下通道。

SAP **会话公告协议** session announcement protocol 的缩写;**用户接入点** subscriber access point 的缩写。

SAR **分段与重组** segmentation and reassembly 的缩写;**分段和重装子层** segmentation and re-assembly sub-layer 的缩写。

SAS **防盗报警系统** security alarm system 的缩写;**安保自动化系统** security automation system 的缩写;**统计分析系统** statistical analysis system 的缩写;**用户[订户]授权系统** subscriber authorization system 的缩写。

sash **(窗)框** 窗框是墙体与窗的过渡层,起到固定以及防止周围墙体坍塌的作用。

SAT **系统验收测试** system acceptance test 的缩写。

SATA **串行高级技术附件** serial advanced technology attachment 的缩写。

SATCOM **卫星通信** satellite communication 的缩写。

satellite antenna **卫星天线** 卫星通信

系统中用以发射或接收电磁波信号的装置。卫星电视接收系统中常见的天线是抛物面天线。抛物面卫星接收天线按天线反射面材料区分，有网状、铝板、钢板之分；按馈源安装位置区分，有前馈式、后馈式和偏馈式三种。卫星电视接收天线抛物面口径与接收灵敏度有关，常规口径为1.2～6.0 m。

satellite communication (SATCOM) 卫星通信 利用人造地球卫星作为中继站转发无线电信号，实现多个地面站之间的通信，是空间无线通信的一种。卫星通信通常利用静止地球卫星，传输容量大，可靠性高，传输距离远，覆盖面广，但通信成本与两地面站之间距离无关。当前卫星通信射频使用的是微波频段（300 MHz～300 GHz）。

satellite news gathering (SNG) 卫星新闻采集 使用卫星传输设备将现场采集的新闻传送到新闻交换中心或演播中心。

satellite phone 卫星电话 采用卫星通信系统来实现的电话通信。

satellite television 卫星电视 由设置在赤道上空的地球同步卫星，先接收地面电视台通过卫星地面站发射的电视信号，然后再把该电视信号转发到地球上指定的区域。在它的覆盖区内，可以有很多条线路，直接和各个地面站发生联系，传送信息，由地面上的设备接收信息供电视机播放。采用这种方式实现的电视广播就叫卫星电视广播。

saturated vapor pressure (SVP) 饱和蒸汽压 在密闭条件中，当达到一定温度时，与固体或液体处于相平衡的蒸气所具有的压强。同一物质在不同温度下有不同的饱和蒸气压，并随着温度的升高而增大。纯溶剂的饱和蒸气压大于溶液的饱和蒸气压。对于同一物质，固态的饱和蒸气压小于液态的饱和蒸气压。

saturation 色饱和度 色彩的纯洁性，也叫饱和度或彩度，是色彩三属性之一。它是 HSV 色彩属性模式（根据色彩的色相、饱和度和明度三个基本属性确定颜色的一种方法）、孟塞尔颜色系统（A.H.孟塞尔根据颜色的视觉特点制定的颜色分类和标定系统）中描述色彩的参量之一。各种单色光是最饱和的色彩。物体的色饱和度与物体表面反射光谱的选择性程度有关，越窄波段的光反射率越高，也就越饱和。对于人的视觉，每种色彩的饱和度共有二十个可分辨等级。

SBC 标准建筑规范 standard building code 的缩写。

SBS 受激布里渊散射 stimulated Brillouin scattering 的缩写。

SC 用户连接器 subscriber connector 的缩写。

SC connector SC 型（光纤）连接器 也称 SC 连接器。光纤连接器之一，连接 GBIC 光模块的连接器，它的外壳呈矩形，紧固方式是采用插拔销闩式，无须旋转，直接插拔，使用很方便，但缺点是比较大，容易掉出来。属于第二代光纤连接器。

SC duplex adaptor SC 型双工适配器 双芯 SC 型光纤适配器，也称双芯 SC

型光纤耦合器。用于SC型光纤连接器之间的活动连接。

scaffold 脚手架 为了保证各施工过程顺利进行而搭设的工作平台。按搭设的位置分为外脚手架、里脚手架,按材料不同可分为木脚手架、竹脚手架、钢管脚手架,按构造形式分为立杆式脚手架、桥式脚手架、门式脚手架、悬吊式脚手架、挂式脚手架、挑式脚手架、爬式脚手架。

scalable video coding (SVC) 可伸缩视频编码 一种视频编码技术。其又可以细分为时域可伸缩性、空域可伸缩性和质量可伸缩性,是H.264/AVC标准的一个重要的扩展。该技术把视频信号编码成分层的形式,当带宽不足时,只对基本层的码流进行传输和解码,但解码的视频质量不高。当带宽慢慢变大时,可以传输解码增强层的码流来提高视频的解码质量。

scatter diagram 散布图 又称为相关图,用来研究两个变量之间是否存在相关关系的一种图形。它将两个非确定性关系变量的数据对应列出,标记在坐标图上,利于观察它们之间的关系。例如,在质量问题的原因分析中,常会采用散布图研究分析涉及的各质量因素之间的关系。

scatter gram 散布图 同scatter diagram。

scatter plot 散布图 同scatter diagram。

SCC 安全控制电路 safety control circuit的缩写;**监督计算机控制** supervisory computer control的缩写。

SCCS 计算机监控系统 supervisory computer control system的缩写。

SC-D 双工SC型连接器 duplex SC connector的缩写。

SCD connector 双芯SC型(光纤)连接器 双芯并联、由日本NTT公司开发的光纤连接器。接头是卡接式标准方形接头,所采用的插针与耦合套筒的结构尺寸与FC型接头完全相同。其中插针的端面多采用PC型或APC型研磨方式,紧固方式是采用插拔销闩式,不需旋转。此类连接器采用工程塑料,价格低廉,插拔操作方便,介入损耗波动小,抗压强度较高,安装密度高,具有耐高温,不容易氧化优点。

scene picture 场景图像 照相机拍摄或摄像机摄取的现场实景视频图像,包括G帧和GB帧。

scene reference picture buffer 场景参考图像缓冲区 视频解码过程中用作参考的场景图像的缓存区域,通常保存G帧或GB帧,用于预测。

scenic lift 观景电梯 也称观光电梯。一种以电动机为动力的垂直升降机,装有箱状吊舱,用于多层建筑乘人或载运货物,有一面或多面的井道壁和轿厢壁是透明材料。乘客在乘坐电梯时,可以观看轿厢外的景物。

schedule 运行图 将项目运行的数据绘制成折线图,通过观察和研究某段时期的运行状况,来发现项目工作过程的趋势或规律。其具体作用为:督促项目小组随时收集和处理项目数据,持续跟踪项目的工作进展;发现项目进展中的趋势、周期性或重大变化;简洁直观地将当前表现与前一段的工作表现和目标相对比;将采取

S

措施前后的折线对照，帮助项目小组判断采取措施的有效性。**日程表** 常指个人计算机或手持信息终端中以日期为基本单位记录或显示人们工作或生活事件的时间表。

schematic 简图 用简单的示意图描述所需要表达的意思、观点或命令。简图不要求完整，只要表达了所想表达的内容即可。

schematic circuit 图式电路 即电原理图。人们为研究或工程规划的需要，用标准化的符号绘制的一种表示电子设备、系统中各元器件组成及其相互连接关系的原理布局图。

schematic diagram 示意图 大体描述或表示物体的形状、相对大小、物体与物体之间的联系（关系），描述某器材或某机械的大体结构和工作的基本原理，描述某个工艺过程简单图示都叫作示意图。示意图的特点是简单明了，它突出了重点，忽略很多次要的细节。电原理图也属于示意图的范畴。

school 学校 有计划、有组织地进行系统的教育活动的组织机构。

SCI 短路隔离器 short circuit isolator 的缩写。

scissors stair 剪式楼梯 也称剪刀式楼梯，一种每层有两个出入口，实现可上又可下的楼梯，属特种楼梯。其好处是输出量倍增，保证意外逃生输出量。

scope of work 工作范围 项目组织为提交项目最终产品所必须完成的各项工作。

SCP 业务和内容保护 service and content protection 的缩写；**服务集合[汇集]点** service concentration point 的缩写；**短路保护** short circuit protection 的缩写。

SCR 可控硅整流器 silicon controlled rectifier 的缩写。

scrambled television 加扰电视 有线电视系统中经过加扰处理的电视节目，原始图像只能由具有解扰功能的接收机重现。

scrambler 加扰器 对信号进行加扰的设备。

scrambling 加扰 用二进制伪随机序列与信息数据逐位模二相加的技术，借此使数据更具随机性或不可读性。

scrambling algorithm 加扰算法 用于对数字节目信号进行加扰的数学处理过程。

screen continuity 屏蔽连续性 屏蔽传输线路中的各种传输部件（线路、连接器、跳线）和配线架均为屏蔽产品，而且彼此之间的接地连接良好。主要目的是将各传输部件屏蔽层上感应到的底盒通过相互连接良好的屏蔽层传导到大地，使二次干扰的影响明显下降。

screen door 纱门 安装在门上的一种纱窗，主要作用是防蚊虫。纱门广泛用于家庭、餐馆、宾馆、办公室、医院等场所。同时，纱门辅以良好的纱窗封闭，是现代家居摆脱杀虫剂、蚊香的首选。

screen gain 屏幕增益 屏幕反射入射光的能力。在入射光角度一定，入射光通量不变的情况下，屏幕某一方向上亮度与理想状态下的亮度之比，叫作该方向上的亮度系数，把其中最大值称为屏幕的增益。通常把无光泽白墙的增益定为1，如果屏幕增益小于1，将削弱入射光；如果屏幕增益大于1，将反射或折射更多的入射光。

screened balanced cable　屏蔽对绞电缆　含有总屏蔽层和(或)每线对屏蔽层的对绞电缆。也称屏蔽平衡电缆，即带整体屏蔽和(或)单个元素屏蔽的平衡线缆。

screened cable　屏蔽电缆　电缆护套内芯线外包裹有金属屏蔽材料的电缆。它可以是所有芯线外包裹一层金属屏蔽材料，也可以是每一个线对外各包裹一层金属材料。屏蔽电缆具有很好的电磁兼容性(EMC)、温度特性和导热性。

screened channel　屏蔽信道　信息传输信道为抗电磁干扰的屏蔽信道，即信道中的所有传输部件(缆线、模块和跳线)均为屏蔽产品，而且各屏蔽产品之间的接地连接良好，信道屏蔽层对地的接地连接良好。

screened connector　屏蔽连接器　具有屏蔽层保护的铜缆连接器。如综合布线系统中的屏蔽模块。在屏蔽布线系统中，要求传输部件(线缆、连接器、跳线等)和配线架均为屏蔽产品。

screened pair　线对屏蔽　使用屏蔽材料对双绞线的每个线对进行的屏蔽。

screening room　放映室　播放影视内容的场所。同时也是电影院的重要组成部分之一，存放有胶片放映机、数字放映机、胶片、数字影片和录像带。

screw erection hole　螺丝安装孔　带有螺纹的安装孔。这些螺纹与螺丝匹配，用于安装或固定设备、机柜(机架)、元器件(包括面板、86型底盒)等。

screw hole　螺丝孔　又称螺钉孔。它是工件、物体上用来安装螺钉的孔。螺钉孔内部带有螺纹，用于跟相应的螺钉进行螺纹配合。

screw stair　螺旋楼梯　楼梯是现代建筑中最具功能性的要素之一，是建筑中与人接触最普遍、最密切的建筑构件。随着人民生活水平的提高，对住宅建筑及室内的装饰装修要求也越来越高，在满足使用功能的前提下，人们开始追求更加富有灵动性的艺术造型，螺旋楼梯占用的空间小，节省很大的使用空间，且钢结构的楼梯自重相较笨重的钢筋混凝土楼梯要轻便许多，造型更加轻盈美观，且易于安装和改造，越来越受到人们的重视。

screw terminal　螺丝端子　一种电线连接器，用于电工接线操作。使用螺丝端子时，不需要压线钳，电线即被固定在螺丝端子的螺丝下面。

screwed cable gland　螺纹线缆接头　采用螺旋方式连接的线缆接头，多用于防水，也用于防震，如FC型光纤连接器。

scroll bar　滚动条　在使用Windows软件跨页时右侧的一个条，用于翻页。它是一种图形用户界面控件，有自己的属性和方法。利用这些属性和方法，用户可以对滚动的效果进行定制。

scrolling effect　滚动效果　图像逐幅移动显示、沿屏幕侧向移动或向上、向下平滑滚动的特殊效果。

SCS 结构化布线系统 structure cabling system 的缩写。

ScTP (丝网总屏蔽/铝箔线对)屏蔽双绞线 美国标准中对 SF/FTP 屏蔽双绞线的描述。ScTP 为 stream control transmission protocol(流控制传送协议)的缩写,这里指所使用的材料。

scupper 排水洞[口] 用于排水的孔洞。

scuttle hatch 屋顶楼板开口 建筑物屋顶的楼板上人可以进出的孔洞,利于消防行动的通道。

SD 服务配线架 service distributor 的缩写;**外窗遮阳系数** shading coefficient of window 的缩写。

SD extended capacity (SDXC) 容量扩大化的安全存储卡 是 SD 联盟推出的新一代 SD 存储卡标准,旨在大幅提高内存卡界面速度及存储容量。

SDCCH 独立(专用)控制信道 standalone dedicated control channel 的缩写。

SDH 同步数字体系[系列] synchronous digital hierarchy 的缩写。

SDHC SDHC 安全数字大容量卡 secure digital high capacity 的缩写。

SDI 串行数字接口 serial digital interface 的缩写。

SDK 软件开发工具包 software development kit 的缩写。

SDL 规范描述语言 specification description language 的缩写。

SDMA 空分多址 space division multiple access 的缩写。

SDP 会话描述协议 session description protocol 的缩写。

SDSL 单线(路)数字用户线路 single-line digital subscriber line 的缩写。

SDT 业务描述表 service description tablc 的缩写。

SDTV 标准清晰度电视 standard definition television 的缩写。

SDU 业务数据单元 service data unit 的缩写。

SDV 交换式数字视频广播 switch digital video 的缩写。

SDXC 容量扩大化的安全存储卡 SD extended capacity 的缩写。

SE 安全工程学 safety engineering 的缩写。

sealed panel 封闭面板 仅用于封闭前后空间的面板。如机柜前立柱上未安装设备的位置所安装的封闭面板,用于避免前端的冷气直接进入后端的热气流空间,导致能量浪费,同时避免前端操作人员无意中触碰后端的电缆、光缆、电源线导致传输中断。

sealing 密封 ① 严密的封闭。可分为静密封和动密封两大类。密封可防止流体或固体微粒从相邻结合面泄漏,也可防止外界杂质(如灰尘与水分等)侵入机器设备内部的零部件或措施。静密封是指严密地封闭密封舱密封容器。② 也指用于密封函件和遗嘱的印章。

seamless copper-tube 无缝铜管 用铜制造、压制和拉制的无缝管。它因具备坚固、耐腐蚀的特性,而成为屏蔽机房缆线出入管,自来水管道,供热、制冷管道的首选。

search system　系统搜索　计算机网络中一种用于快速查找信息的查询系统，是一种应用软件。

seasonal energy efficiency ratio (SEER)　季节能源消耗效率　制冷季节期间，空调器进行制冷运行时从室内移走的热量总和与消耗电量的总和之比，简称季节能效比。

SEC　安全筛选　security screening 的缩写。

SECAM　塞康制　彩色电视制式之一种。SECAM 是法语 Séquential Couleur à mémoire(顺序传送彩色与存储)的缩写。它是为了克服 NTSC 彩色电视制式的色调失真而出现的另一彩色电视制式。SECAM 彩色电视制式与 PAL、NTSC 之间的主要区别是色差信号对副载波调制方式。SECAM 制式将两个色差信号逐行轮换传输，即将两个色差信号(R-Y 和 B-Y)分别调频在不同频率(4.406 MHz、4.250 MHz)的副载波上，然后逐行轮换叠加在亮度信号(Y)上传送，即上一行传送 R-Y 调频和 Y 亮度信号，下一行传送 B-Y 调频和 Y 亮度信号。SECAM 制的接收解码同样须在一行时间内同时具有 R-Y、B-Y 和 Y。故 SECAM 制在解码电路中设置了一个 64 μs 延时线电路，将送来的某一个色差信号存储一行时间，使每一行所传送的色差信号可以使用两次(直通信号使用一次，经延时电路后再使用一次)。从而实现在一行时间内 R-Y、B-Y 及 Y 同时存在，以便顺利解出 R、G、B 三个基色信号。由于 SECAM 制在同一时间内传输通道中只传送一个色差信号，从根本上避免了传输过程中两个色差信号之间的相互串扰。SECAM 彩色电视制式由法国于 1966 年研制成功。世界上共有三种 SECAM 彩色电视制式使用于不同国家和区域：SECAM-L 用在法国及其以前的群体；SECAM-B/G 用在中东、希腊和先前的东德(德意志民主共和国旧称)；俄罗斯和西欧使用 SECAM-D/K。不同彩色电视制式给国际间节目交换、设备制造等带来诸多不便。随着高清晰度电视 HDTV(high definition television)制式的出现，世界各国应用的彩色电视制式最终获得统一。

secluded area　僻静区域　相对比较安静且人员稀少的区域。这些区域可能在建筑物内，也可能在建筑物外。

second class power supply　二级市电供电　在互联网数据中心中由两个以上独立电源构成稳定可靠的环形网上引入一路供电线，或由一个稳定可靠的独立电源(或从稳定可靠的输电线路上)引入一路供电线。该供电线路允许有计划检修停电。

second degree fault　二级故障　在电视运行图规定时段内，导致发射机处于劣播状态的故障。

secondary alarm circuit　辅助报警回路　辅助的报警回路。

secondary batter　二次蓄电池　两个及以上的电池单体连接在一起，作为电源使用的蓄电池。

secondary circuit　二次电路　UPS 系

统中不直接与主电源连接的电路。

secondary dial tone 二次拨号音 二次拨号时的拨号音。一次拨号是用户端直接连接,二次拨号是内部用户再次通过总线连接。

secondary distribution 次配线架 住宅建筑综合布线系统拓扑结构中位于主配线架管理之下的配线架,对应于综合布线系统通用拓扑结构,它属于第一级配线架。**二次分配** 将经过一次分配后的电视节目通过地面无线广播电视、卫星电视广播、有线电视网络等方式传输到终端用户的节目分配。

secondary distribution space 次配线空间 住宅建筑中安放家庭次配线架的空间。

secondary entrance room 次进线间 建筑物或数据中心的第二个进线间,可以作为主进线间的空间扩充,也可以作为主进线间的冗余备份,从不同路由和入口引入来自电信业务经营者的外部线路。

second-grade low current system worker 二级弱电工 即弱电技师。《弱电工职业技能标准》规定其应能够完成弱电工程单个子系统调试与开通,能够排除设备和系统常见故障,能够处理和解决施工技术和工艺难题,能够进行系统日常运行和维护,能够培训和指导三级及以下弱电工,具有一定的技术管理能力。

section 截面 为一几何学名词,一个三维空间下的物体和一平面相交所产生交集。如电线、光纤的横截面等。

section factor 截面系数 用于描述零件截面形状对零件受力、受弯矩、受扭矩等影响的物理量。它是机械零件和构件的一种截面几何参量,旧称截面模量。它用以计算零件、构件的抗弯强度和抗扭强度,或者用以计算在给定的弯矩或扭矩条件下截面上的最大应力,在力学计算中有着很大的作用。截面的抗弯和抗扭强度与相应的截面系数成正比。

sectional ladder 拉梯 也称伸拉梯,多节可以拉伸变长的梯子。常作为消防装备,平时可以收起放在高度有限的地方(如车厢内),用时拉伸可以让人爬到比较高的地方。

sector 扇区 磁碟上的每个磁道被等分为若干个弧段,这些弧段便称为磁碟的扇区。硬盘的读写以扇区为基本单位。

secure digital high capacity (SDHC) SDHC 安全数字大容量卡 即高容量 SD 存储卡。2006 年 5 月,SD 协会发布了 SD 2.0 的系统规范,并在其中规定 SDHC 符合该规范,SDHC 存储卡容量为 4～32 GB。

secure sockets layer (SSL) 安全套接字层 工作在套接字层的安全协议,位于传输控制协议层和应用层之间。用于数据的加密、解密及网络实体的认证。SSL 及其继任者传输层安全(transport layer security, TLS)是为网络通信提供安全及数据完整性的一种安全协议。TLS 与 SSL 在传输层对网络连接进行加密。

security 保安 从事保卫治安的一个职业工种。国内保安从业人员须遵守中华人民共和国法律和地方性法规,从我做起,严管自我,作风正派,以身作则,处事公正,对工作要有高度的责任感,不玩忽职守;严格执行上级指令,坚决完成任务且执行到位;严格遵守相关纪律,如有违反,按《保安违章违规的相关管理条例》处罚。特殊问题、突发事件应第一时间立刻上报,极力配合上级机关单位及时处理,全力协调所在责任区域有关部门工作,且须真实准确提供有关材料,要把问题事件控制、消除在萌芽状态。

security alarm　安防报警　在危害人员、建筑、设备及各类系统的安全的事件发生前或发生时进行警示的行为和措施。

security alarm system (SAS)　防盗报警系统　亦称入侵报警系统,同 intruder alarm system。

security alerting system　安全报警系统　同 intruder alarm system。

security and protection product　安全防范产品　用于防入侵、防盗窃、防抢劫、防破坏、防爆安全检查等领域的特种器材或设备。

security and protection system (SPS)　安全防范系统　以维护社会公共安全为目的,运用安全防范产品和其他相关产品所构成的入侵报警系统、视频监控系统、出入口控制系统、防爆安全检查系统等以及由这些系统为子系统组合或集成的电子系统或网络。

security assurance　安全保证　为确保信息安全技术中信息安全要素的安全功能的实现所采取的方法和措施。

security attribute　安全属性　用于实施安全策略,与主体客体相关的信息。对于自主访问控制,安全属性包括确定主体、客体访问关系的相关信息。对于采用多级安全策略模型的强制访问控制,安全属性包括主体、客体的标识信息和安全标记信息。

security audit　安全审计　按确定规则的要求,对与安全相关的事件进行审计,以日志方式记录必要信息,并作出相应处理的安全机制。

security automation (SA)　安保自动化　将智能化技术应用于安全防范,以提升安全防范的能力。

security automation system (SAS)　安保自动化系统　建筑智能化中的一个必不可少的子系统,指以安全防范为目的,利用现代电子技术及其产品构成的电子信息系统或网络,主要包括入侵报警系统、视频安防监控系统、出入口控制系统、访客对讲系统、电子巡查系统、停车库(场)管理系统等。

security door　安全门　又称安检门、金属探测门。指一种检测人员有无携带金属物品的探测装置。当被检查人员从安检门通过,人身体上所携带的金属超过限定重量、数量或符合预先设定好形状参数值时,即刻报警,有的还能显示引起报警的金属所在区位。

security element　安全要素　信息安全功能技术要求和安全保证技术要求中所包含的安全内容。

security equipment　安全防范设备　用于安全防范的设备、装置或系统。

security factor　安全系数　同 safety

factor。

security function **安全功能** 为实现信息安全要素的要求，正确实施相应安全功能策略所提供的功能。

security function data **安全功能数据** 信息安全技术安全子系统中各安全功能模块实现其安全功能所需要的数据。如主体、客体的安全属性，审计信息，鉴别信息等。

security function policy (SFP) **安全功能策略** 见 security policy。

security inspection system for anti-explosion **防爆安全检查系统** 检查有关人员、行李、货物是否携带爆炸物、武器或其他违禁品的电子设备系统或网络。

security level **安全级别** 安全防范工程中称为防护等级，保障防护对象的安全所采取的防范措施的水准。安全防护的级别应与防护对象的风险等级相适应，防护级别共分为三级，按其防护能力由高到低定为一级防护、二级防护和三级防护。

security management **安全管理** 国际标准化组织(ISO)为开放系统互联(OSI)参考模型网络管理定义的五类网络管理之一。安全管理既要保证网络用户和网络资源不被非法使用，又要保证网络管理系统本身不被未经授权地访问。其内容包括：与安全措施相关的信息分发，事件通知，安全服务设施的创建、控制和删除，加密和加密关键字的管理，与安全相关的网络操作事件的记录，维护和查询等日志管理工作。

security management system (SMS) **安全管理系统** 在建筑智能化系统中是指火灾自动报警、入侵报警、视频安防监控、出入口控制等子系统进行组合或集成，实现对各子系统的有效联动、管理和(或)监控的电子系统。

security of information system **信息系统安全** 信息系统及其所存储、传输和处理的信息的保密性、完整性和可用性的表征。计算机信息系统安全包括物理安全、运行安全、信息安全和安全保密管理。

security policy **安全策略** ① 在某个安全区域内(通常指属于某个组织的一系列处理和通信资源)，用于所有与安全相关活动的一套规则。这些规则是由此安全区域中所设立的一个安全权力机构建立的，并由安全控制机构来描述、实施或实现的。② 为信息系统安全管理制定的行动方针、路线，工作方式，指导原则或程序。

security protection ability **安全保护能力** 系统能够抵御威胁，发现安全事件，并在系统遭到损害后能够恢复先前状态的程度。

security screening (SEC) **安全筛选** 出于安全目的，对环境、人、物品、软件等所做的筛选工作。

security subsystem of information system (SSOIS) **信息系统安全子系统** 信息系统内安全保护装置的总称，包括硬件、固件、软件和负责执行安全策略的组合体。它建立了一个基本的信息系统安全保护环境，并提供安全信息系统所要求的附加用户服务。

security system **安防系统** 以运用安全防范产品和其他相关产品所构成

的入侵报警系统、视频安防监控系统、出入口控制系统、防爆安全检查系统等，或是由这些系统为子系统组合或集成的电子系统或网络。**安全系统** 在互联网数据中心(IDC)内，指为保障IDC正常提供业务和服务的安全技术措施，以及进行安全管理和保障信息安全的设施总称。

security target (ST) 安全目标 阐述信息系统安全功能及信任度的文档，即通常情况下的安全方案，一般由开发者编写。

security technology prevention system 安全技术防范系统 简称技防系统。根据防护对象的防护等级、安全防范管理等要求，以建筑物自身物理防护为基础，运用电子信息技术、信息网络技术和安全防范技术构建的系统或网络。安全技术防范系统是建筑智能化重要的组成部分。

security-enhanced Linux (SELinux) Linux 强制访问控制安全系统 一种基于域-类型模型(domain-type)的强制访问控制(MAC)安全系统，它由美国国家安全局(NSA)编写并设计内核模块到内核中。它是NSA为实现强制访问控制而设计的。

SEER 季节能源消耗效率 seasonal energy efficiency ratio的缩写。

segment table (ST) 段表 在虚拟存储系统中一种动态地址转换表，用来控制用户对虚拟存储段的访问。段表的每一个表目指示出一个相应页表的长度、位置及其可用性。

segmentation 分段 ① 把程序分成若干部分或若干段的操作。② 把较大的数据单元分割成较小数据单元的操作。如数字电视中被分割的EMAC帧片段。

segmentation and reassembly (SAR) 分段与重组 在异步传输模式(ATM)网络环境中，在发送端把数据帧分割成ATM信元，到接收端再重新组合成数据帧的过程。这种活动发生在ATM适配层(AAL)的低半层。它将来自信息帧的数据插入到信元中。它还对数据增加所需的标头和尾部信值，然后将48字节的数据传递到ATM层。每个AAL类型都有自己的SAR格式。在终点，信元有效负载被抽出，并被转换为适当的协议数据单元。

segmentation and reassembly sub-layer (SAR) 分段和重装子层 是ATM适配层(AAL)可以分成的两个子层之一。SAR完成CS协议数据单元与信元负载格式之间的适配。上层应用交付的信息格式与具体的应用有关，信息长度不定；下层处理的是统一的、长度固定的ATM信元。SAR子层提供如下功能：可变长度汇聚子层协议数据单元(CS-PDU)的拆装；错误检测；在ATM层的虚拟通路标识符/虚拟信道标识符(VPI/VCI)上多个CS-PDU的复用。

segregation 隔离 为防止设备损坏或防止主电缆的电磁噪声干扰电信布缆所进行的物理间隔和(或)隔离。

selection information table (SIT) 选择信息表 数字电视技术中仅用于部分(记录的)码流中，载有描述该部分码流中信号流所需的业务信息(SI)

摘要。

selective transmit diversity (STD) 选择发射分集 移动通信系统采用选择发送分集通信方法时，基站根据从终端接收的信号选择天线发送业务信道的信号，并通过未被选择的天线发送所述业务信道信号的预定部分。

selector valve 选择阀 气体灭火系统中的一个部件，用来控制消防灭火气体远距离输送通、断的主要执行装置。

self phase modulation (SPM) 自相位调制 指光纤同轴电缆混合网有线电视系统中信号在光纤中的一种非线性折射的现象。当电视射频信号对光波作强度调制时，同时改变着光纤的折射率，从而产生附加的光波相位调制。

self test 自测试 工程项目施工方在验收测试前，自行组织对自己施工的范围进行测试，检查自身施工部分是否符合招标书及合同要求，以确保验收测试顺利通过。

self-adapting 自适应 系统能自动修正自身的特性以适应工作环境的扰动或系统动态特性变化的行为。

self-adjusting 自校正 系统自动校准零点、量程或其他设计参数的行为。

self-cleaning 自清洗 由元器件、设备或系统自行实施的清洗。

self-commutated electronic switch 自换相电子开关 不间断电源(UPS)系统中，由电子开关内部组件提供换相电压的电子开关。

self-coordinating 自协调 系统在工作过程中，各组成环节自动相互配合的行为。

self-diagnosing 自诊断 系统自动判断自身故障的行为。

self-extinguishbility 自熄性 在规定的试验条件下，材料在移去引火源后终止燃烧的特性。

self-inferring 自推理 系统根据检测数据或实际工况自动做出的推理或判断。

self-learning 自学习 系统在训练或工作过程中，不断自动累积经验，通过调整参数，改善执行任务能力和效率的行为。

self-organizing 自组织 系统在训练或工作过程中，为适应任务需要而自动调整系统参数或结构的行为。

SELinux Linux 强制访问控制安全系统 security-enhanced Linux 的缩写。

seller 卖方 指商品所有权的拥有者，其愿意通过合理的价格将商品转让给买方。

SEMF 同步设备管理功能 synchronous equipment management function 的缩写。

semi-finished product (SFP) 半成品 经过一定生产过程并已检验合格交付半成品仓库保管，但尚未制造完工，仍需进一步加工的中间产品。半成品不包括从一个生产车间转给另一个生产车间继续加工的自制半成品以及不能单独计算成本的自制半成品，这些自制半成品属于在产品。

semi-automatic control 半自动控制 控制的操作可以自动控制，也可以手动控制。

S

semi-flexible coaxial cable 半柔同轴电缆 是半刚性电缆的替代品。这种电缆的性能指标接近于半刚性电缆，而且可以手工成型，但是其稳定性比半刚性电缆略差。由于其很容易成型，因此同样也容易变形，尤其在长期使用的情况下。

semi-rigid coaxial cable 半刚同轴电缆 即半刚性同轴电缆，是同轴电缆的一种。这种电缆不容易被轻易弯曲成型，其外导体是采用铝管或者铜管制成的，其射频泄露非常小(≤120 dB)，在系统中造成的信号串扰可以忽略不计。半刚性电缆的成本高于半柔性电缆，大量应用于各种射频和微波系统中。

semi-tight buffer 半紧套 光纤结构的一种。其纤芯外面是一层涂层，其余全都是外皮的叫紧套光纤。如果涂层外还有别的胶质或涂层的更外层才是外皮的就是半紧套光纤。半紧套光纤的特点是外皮线对紧套光纤而言易剥离，施工操作比较容易。

sender 发送器 指一种可以将媒体流发送出去的网络设备。

SENECA transducers 电量变送器 一种将被测电量参数(如电流、电压、功率、频率、功率因数等信号)转换成直流电流、直流电压并隔离输出模拟信号或数字信号的装置。新型变送器国际标准输出的模拟信号电流值为4～20 mA。两线制的环路在发送数据以及在控制那些易于以这一标准接收指令的某些执行器的过程中有广泛的应用。

sensible cooling capacity 显热制冷量 数据中心中，在规定制冷量试验条件下，机房空调从机房中除去的显热部分的热量，单位为瓦(W)，简称显冷量。

sensible heat ratio (SHR) 显热比 显热制冷量与制冷量之比。用等于1或小于1的数值表示，其标称值为0.01的整数倍。

sensing element 敏感元件 能敏锐地感知某种物理、化学、生物信息的特种元件，它是应用于自动控制、物联网、人工智能等传感器的关键组成部分。按照基本感知功能，敏感元件可分为热敏、光敏、气敏、力敏、磁敏、湿敏、声敏、放射线敏、色敏和味敏十大类。

sensing probe 传感探头 即传感器。见 sensor。

sensitive sector 敏感带 指被动红外传感器在探测器光学图形上能探测出红外辐射的区域。

sensitivity 灵敏度 ① 灵敏度是衡量物理仪器的一个标志，是测量仪器对单位量值待测物质变化所致的响应量的变化程度，它可以用仪器的响应量或其他指示量与对应的待测物质的量值之比来描述。② 在通信系统中，灵敏度是指接收机正常接收时的最小输入信号。

sensitivity analysis 灵敏度分析 也称参数分析法。通过让输入值发生一系列变化来检测系统的输出值，从而确定系统响应特性的一种分析方法。

sensitivity margin 灵敏度冗余 在探测器安装场所环境恶化时，为了探测器仍保持正常测控状态而预留的灵

S

敏度余量。

sensitivity to heat　感温灵敏度　感温传感器的灵敏度。

sensor　传感器　一种检测装置，能感知到被测量的信息，并能将感知到的信息按一定规律变换成为电信号或其他所需形式的信息输出，以满足信息的传输、处理、存储、显示、记录、控制等要求。它是实现自动检测和自动控制的首要环节。GB 7665 对传感器定义为：能感受被测量并按照一定的规律转换成可用输出信号的器件或装置，通常由敏感元件和转换元件组成。传感器发展的趋势为：微型化、数字化、智能化、多功能化、系统化、网络化。根据其基本感知功能，分为热敏、光敏、气敏、力敏、磁敏、湿敏、声敏、色敏、味敏和放射性敏感十大类。

sensor system　传感器系统　把多个传感器收集、提供的信息集合或组合在一起的系统或网络。

SEP　智能以太网保护　smart Ethernet protection 的缩写。

separating every pair of wires　线对隔离　① 采用物理手段使双绞线中的线对拉开距离，降低线对之间的电磁干扰(NEXT、FEXT)。② 采用金属箔(铝箔)屏蔽手段将双绞线中的线对隔离，使每个线对所产生的感应电磁场传递到金属箔上，通过接地传导到大地，实现线对之间的电磁隔离。

separator　分隔板　将一个空间分隔成两个或更多空间所使用的板材。如使用金属分隔板，可使地面插座盒同时安装强电插座和弱电插座，彼此之间不会因电磁干扰而发生故障。同理，允许装有分隔板的金属线槽内两边敷设强电缆线和弱电缆线。

sequence　(视频)序列　指视频编码位流的最高层语法结构，包括单个或多个连续的编码图像。

sequential contrast　顺序对比度　图像显示器先后显示标准白窗口图像和黑场图像时所呈现的最大亮度与最小亮度之比，又称全屏对比度。

serial advanced technology attachment (SATA)　串行高级技术附件　一种基于行业标准的串行硬件驱动器接口，是由英特尔(Intel)、国际商业机器公司(IBM)、戴尔(Dell)、西门子APT、迈拓(Maxtor)和希捷(Seagate)等公司共同提出的硬盘接口规范。2001 年，由 Intel、APT、Dell、IBM、Seagate、Maxtor 组成的 Serial ATA 委员会正式确立了 Serial ATA 1.0 规范，在当年的 IDF Fall 大会上，Seagate 宣布了 Serial ATA 1.0 标准，正式宣告了 SATA 规范的确立。串行接口结构简单，支持热插拔，传输速度快，执行效率高。使用 SATA(Serial ATA)接口的硬盘又叫串口硬盘，是未来个人计算机硬盘的趋势。SATA 采用串行连接方式，SATA 总线使用嵌入式时钟信号，具备了更强的纠错能力，与以往相比，其最大的区别在于能对传输指令(不仅仅是数据)进行检查，如果发现错误会自动矫正，这在很大程度上提高了数据传输的可靠性。

serial digital interface (SDI)　串行数字接口　指一种数字分量串行接口。

S

SDI是把数字电视信号的各个比特以及相应的数据通过单一通道顺序传送的接口。由于串行数字信号的数据率很高，在传送前应经过处理。用扰码的反向不归零码（NRZI）来代替早期的分组编码，其标准为SMPTE-259 M和EBU-Tech-3267，标准包括了含数字音频在内的数字复合和数字分量信号。在传送前，对原始数据流进行扰频，并变换为NRZI码确保在接收端可靠地恢复原始数据。SDI接口不能直接传送压缩数字信号，数字录像机、硬盘等设备记录的压缩信号重放后，应经过解压并经SDI接口输出才能进入SDI系统。在数字电视制作设备之间的主要连接方式是标清的串行数字接口SD-SDI和高清串行数字接口HD-SDI。

serial line internet protocol (SLIP)　串行线路因特网协议　用于拨号网络互联协议访问的两个最著名的协议标准之一，另一个是点对点协议（PPP）。因特网中，SLIP是在拨号连接的低速异步串行线路上使用网际协议（IP）的一种规范，是一个事实上的标准，它允许用户的计算机用调制解调器通过串行线或电话线与因特网实现直接连接，但没有错误侦测及安全保密功能。连通后用户计算机就像位于主系统的一个串行端口上，数据包可直接进出用户计算机，而免去小型机或大型主机的中介（与拨号访问对比）。尽管SLIP仍在被采用，但它不提供对电话线噪声的补偿功能，也不提供多协议功能，因此现代计算机通信常用PPP协议。

serial network　串行网络　一组系统网络体系结构（SNA）网络，用网关串行进行连接。

serial transmission　串行传输　一个数据字的连续比特逐位进行传输的数据传输方法。根据系统的不同，可从数据字的最低有效位或最高有效位开始传输。

serial-to-parallel converter/deserializer　串并转换器　将串行数字信号转换为并行数字信号的设备。

serrated roof　锯齿形屋顶　主要用在纺织厂等需要天窗采光，却又不想室内有直射光的厂房屋顶。

server configuration　服务器配置　根据企业的实际需求针对安装有服务器操作系统的设备进行软件或者硬件的相应设置、操作，从而满足企业的业务活动需求，可分为Web服务器、FTP服务器、SAMBA服务器、DNS服务器。

service　服务　① 通常是指为他人做事，并使他人从中受益的一种有偿或无偿的活动。不以实物形式而以提供劳动的形式满足他人某种特殊需要。例如，在有线电视中，由业务提供商根据播出表集成的事件、节目和数据序列，为终端用户提供服务。② 计算机程序中向其他程序提供支持的程序或例程。

service access area　维修触及区　不间断电源（UPS）系统中维修人员即使在设备合闸情况下，也必须触及的区域。有别于操作者触及区。

service and content protection (SCP)　业

务和内容保护　指有线电视系统业务保护和内容保护的组合及系统实现。

service area　服务区(域)　① 也称休息站，在高速公路等场合出现，主要用途是供短暂休息，并提供服务，比如设置有厕所、加油站、小卖部等服务场所。② 无线通信基站周围信号能够到达的地理范围。③ 在布线系统中，指在设施或房间内的同一种服务集合点(SCP)或同一种服务端口(SO)安装并连接到公共设施所在的位置。

service area cord　服务区域跳线　在面向分布式楼宇设施(包括建筑智能化设施)的综合布线系统拓扑结构中，指信息插座至终端设备之间的跳线，即服务端口(SO)至终端设备之间的跳线。对应于综合布线系统通用拓扑结构，属于工作区中的设备缆线，即信息点(TO)至终端设备(DTE)的缆线，产品一般使用产品跳线。

service concentration point (SCP)　服务集合[汇集]点　指分布式楼宇设施的综合布线系统拓扑结构服务配线子系统中的集合点名称。它可以连接至服务端口(SO)，可以通过外部网络接口(external network interface, ENI)连接工业网络。

service concentration point cable　服务集合[汇集]点线缆　在面向分布式楼宇设施(包括建筑智能化设施)的综合布线系统拓扑结构中，指服务配线子系统中从服务集合点(SCP)至服务端口(SO)之间的缆线。

service data unit (SDU)　业务数据单元　① OSI 体系结构中从连接的一端到另一端保持不变的一组接口数据。② ATM 网络中一个接口信息单元，其标识从一个层连接端保留到另一个层连接端。

service description table (SDT)　业务描述表　① 在 DVB、ATSC、ISDB 等数字电视制式中使用的元数据表，由各数字电视标准作为服务信息分别定义。以 DVB 的 SDT 为例，它包含以下信息：传输流 ID(TS ID)，服务 ID(service ID)，该传输流中是否携带节目表信息，该传输流中是否携带当前节目和下一节目的信息，服务的运行状态信息(如即将开播、已暂停、正在播放、已结束)，特定服务的内容是否有加密，此外 SDT 还可包含业务名称、电视网络名称等可选信息。② 在有线电视系统中是指在广播者的控制下，按照时间表分布广播的一系列节目。SDT 还提供了描述系统中业务的数据，例如业务名称、业务提供者信息。SDT 可以描述现行的传送流，也可以描述其他传送流。业务描述表由 PID 为 0x00011 的传输流打包传送。

service distribution cable　服务配线线缆　面向分布式楼宇设施(即：建筑智能化设施)的综合布线系统拓扑结构中，指服务配线子系统中从服务配线设备(SD)至服务信息点(SO)之间的线缆，如果存在服务集合点(SCP)，则指从 SD 至 SCP 之间的线缆。对应于综合布线系统通用拓扑结构，它属于第一级子系统中从楼层配线设备(FD)至信息点(TO)之间的线缆，或 FD 至集合点(CP)之间的线缆。

service distribution cabling 分布式服务布缆 同 service distribution cable。

service distribution cabling subsystem 分布式服务布缆子系统 面向分布式楼宇设施(即：建筑智能化设施)的综合布线系统拓扑结构中，指服务配线子系统。对应于综合布线系统通用拓扑结构，它属于第一级子系统。

service distributor (SD) 服务配线架 面向分布式楼宇设施(即：建筑智能化设施)的综合布线系统拓扑结构中，指下连服务端口(SO)、上连建筑物主配线架(BD)的服务配线架(也称服务配线设备)。对应于综合布线系统通用拓扑结构，它属于第一级配线设备(D1)。

service group 服务组 视频点播类应用中，标识机顶盒所在物理位置的参数，以便将点播节目直接推送给该交互机顶盒。

service ID (SID) 业务标识符 线缆调制解调器和线缆调制解调器终端系统之间一特定映像在介质访问控制(MAC)子层的号码。使用 SID 的目的是为了上行带宽的分配和服务类的管理。

service information (SI) 业务信息 数字电视系统中用于描述传送系统、广播数据流内容和调度、定时等的数字数据，包括 MPEG-2 的节目特定信息(PSI)及独立定义的扩展部分。

service loop 维护盘留 布线系统线缆或线缆元素额外的长度。例如，可以考虑在机柜旁做第一级维护盘留，以便在机柜内信息点移位时有缆线可用。同时，可以考虑在铜缆配线架后侧做第二级维护盘留，以便在测试或运维期间模块发生故障时，就近有缆线可用，以减少重新端接的总工作量。

service multiplex and transport 业务复用和传输 指将数字电视数据流划分成信息包，对每个包和包类型给予唯一识别，并将视频、音频和数据包复用成单一数据流的方法。

service navigation 业务导航 数字电视系统中使终端用户能够查找、选择和消费某项服务的信息显示。

service navigation interface 业务导航接口 在数字电视系统中提供可用业务信息的用户接口。

service outlet (SO) 服务插座[端口] 在面向分布式楼宇设施(即：建筑智能化设施)的综合布线系统拓扑结构中，下连终端设备或网络转换接口、上连服务配线架(SD)的服务信息点(也称服务插座、服务端口)。对应于综合布线系统通用拓扑结构，它属于信息点(TO)。

service pre-accept 业务预受理 网络运营机构在用户提出业务申请意向后，核实网络资源、确认是否受理该业务的过程。

service profile identifier (SPID) 服务配置文件标识符 电话运营企业为综合业务数字网 B 通道上的终端分配的数字。SPID 将 B 通道上各个终端(计算机或电话)的容量告诉企业运营中心相关设备。一个基本速率用户(家庭或企业)可能将服务分为两个B通道,一个用于正常电话服务,而另一个用于计算机数据。该标识符告诉运营企业,该终端是否接收声音或者数据信息。

service protection　业务保护　指确保系统终端用户只能够得到他们有权得到的内容的技术和措施。

service provider (SP)　服务提供商　① 移动互联网服务内容、应用服务的直接提供者,常指电信增值业务提供商,负责根据用户的要求开发和提供适合用户终端使用的服务。② 也称电信经营业务提供者,组织一系列事件或节目,并按时间表或者实际需要将其传送给用户的机构。

service system　业务系统　在互联网数据中心(IDC)中,指 IDC 提供基本业务、附加业务和其他业务的设施总称,由资源系统提供的各种服务能力整合而成。

service-level agreement (SLA)　服务等级协议　网络服务供应商和客户间的一份合同,其中定义了服务类型、服务质量、客户付款等术语。

servo drives　伺服驱动器　伺服电机的一种控制器,其作用类似于变频器作用于普通交流马达,属于伺服系统的一部分,主要应用于高精度的定位系统。一般是通过位置、速度和力矩三种方式对伺服电机进行控制,实现高精度的传动系统定位,目前是传动技术的高端产品。

SES　排烟系统　smoke extraction system 的缩写。

session description protocol (SDP)　会话描述协议　一种用于描述实时传输协议(RTP)会话和操作属性的格式,包括网络寻址、编码格式和其他元数据属性。其中,会话目录用于协助多媒体会议的通告,并为会话参与者传送相关设置信息。会话描述协议即用于将这种信息传输到接收端。会话描述协议完全是一种会话描述格式,它不属于传输协议,且只使用不同的适当的传输协议,包括会话通知协议(SAP)、会话初始协议(SIP)、实时流协议(RTSP)、MIME 扩展协议的电子邮件以及超文本传输协议(HTTP)。

session initiation protocol (SIP)　会话启动(初始化)协议,会话发起协议　由 IETF(Internet Engineering Task Force,因特网工程任务组)制定的多媒体通信协议,是 IETF 标准进程的一部分。它是在 SMTP(简单邮件传送协议)和 HTTP(超文本传送协议)基础之上建立起来的。它用来建立、改变和终止基于 IP 网络的用户间的呼叫。它是一个基于文本的应用层控制协议,用于创建、修改和释放单个或多个参与者的会话。广泛应用于 CS(circuit switched,电路交换)、NGN(Next Generation Network,下一代网络)以及 IMS(IP multimedia subsystem,IP 多媒体子系统)的网络中,可以支持并应用于语音、视频、数据等多媒体业务,同时也可以应用于呈现(presence)、即时消息(instant message)等特色业务。也就是说,有 IP 网络的地方就有 SIP 协议的存在。

session manager　会话管理器　系统网

络体系结构 SNA 中会话层协议管理模块。它管理着应用中所有会话的创建、维护、删除、失效、验证等工作。

set top box of CA security module plug-in CA 安全模块插件机顶盒 简称嵌入式用户终端,有线电视系统的一种机顶盒,其条件接收(CA)解密的功能模块固化在用户终端机顶盒内一块半导体芯片上。

set-top box (STB) 机顶盒 是数字电视变换盒的简称,一个连接电视机与外部信号源的设备。它可以将压缩的数字视频信号转变为电视内容,并在电视机上显示出来,信号可以来自有线电视系统、卫星电视、宽带网络以及其他地面广播。机顶盒接收的内容除了模拟电视提供的图像、声音外,还可接收数字内容,包括电子节目指南、因特网网页等,它能使用户在现有电视机上观看数字电视节目,并可通过网络进行交互式数字化娱乐、教育和商业化活动。

seven public nuisances 七种公害 指危害世界环境的七种大公害,包括:水质污染、大气污染、土壤污染、噪声污染、振动、地基下沉、恶臭。我国《环境基本法》将其定义为“公害”,合称为七大典型公害。

sewage gas 沼气 有机物质在厌氧条件下经过微生物的发酵作用而生成的一种可燃气体。由于这种气体最先是在沼泽中发现的,故称为沼气。

sewage treatment plant (STP) 污水处理厂 强化处理污水的场所。从污染源排出的污(废)水,因含污染物总量或浓度较高,达不到排放标准或不符合环境容量要求,可能降低水环境质量和功能目标时,必须经过人工强化处理。污水处理厂一般分为城市集中污水处理厂和各污染源分散污水处理厂。污(废)水经污水处理厂处理后排入水体或城市管道。有时为了回收循环利用废水资源,需要提高处理后出水水质时,则需建设污水回用或循环利用污水处理厂。

sewerage 下水道系统 一种城市公共设施,早在古罗马时期就有该设备系统出现。近代下水道的雏形源于法国巴黎,至今巴黎仍拥有世界上最大的城市下水道系统。一般说来,下水道系统用于收集和排放城市产生的生活废水以及工业生产上所产生的工业废水。

SF/FTP 金属编织网、金属箔总屏蔽与金属箔线对屏蔽对绞电缆 屏蔽双绞线的一种可实现类型。每个线对包裹有覆塑铝箔,在四个线对外包裹有覆塑铝箔和铜丝网。

SF/UTP 金属编织网与金属箔总屏蔽对绞电缆 屏蔽双绞线的一种。每个线对不设屏蔽层,在四个线对外包裹有覆塑铝箔和铜丝网,以进一步提高抗外部电磁干扰的性能。

SFF 小型连接器件 small form factor connector 的缩写。

SFN 单频网 single frequency network 的缩写。

SFN TS distribution network 单频网 TS 信号分配网络 在单频网中,实现网络接口或网络适配器接口传送流(TS)信号到各网络适配器节目源入口透明传送的网络。

SFP 安全功能策略 security function policy 的缩写；**半成品** semi-finished product 的缩写。

shading coefficient 遮阳系数 在透光面积上，遮阳装置遮挡或抵御太阳光线和辐射热量的能力。分有玻璃遮阳系数 Sc，外窗遮阳系数 Sc，外遮阳系数 Sd，综合遮阳系数 Sw 四种表示方式。

shading coefficient of glass 玻璃遮阳系数 表征玻璃在无其他遮阳措施情况下对太阳辐射透射得热的减弱程度。GB/T 2680 将其定义为：实际通过玻璃的热量与通过厚度为 3 mm厚标准玻璃的热量的比值。

shading coefficient of window (Sd) 外窗遮阳系数 在给定条件下，透过外窗（包括窗框和玻璃）的辐射热量与透过相同条件下相同面积的标准窗户（包括窗框及 3 mm 厚透明玻璃）的辐射热量的比值。

shading device 遮阳设备 安置于室外或室内的用于减少进入建筑物太阳辐射热的设施。

shadow fading 阴影衰落 由于移动台的移动会受其周围环境（如地形、地物）发生明显变化，电波传播路径上遭受到建筑物、树林等障碍物遮挡的程度也会不同。当移动台处于阴影区时信号场强较弱，当移动台穿过阴影区后信号场强变强。这种接收信号场强值受阴影区影响而相对缓慢变化的现象，称阴影衰落。阴影衰落服从对数正态分布规律。

shaft horsepower 轴马力[功率] 一个多用在泵上的专业术语。指在一定流量和扬程下，原动机单位时间内给予泵轴的功率。电机通过联轴器连接泵头叶轮，当电机转动时，带动联轴器，进而带动叶轮旋转，所以轴功率小于电机功率（额定功率）。

shaft pump 轴流泵 依靠旋转叶轮的叶片对液体产生的作用力使液体沿轴线方向输送的泵，有立式、卧式、斜式、贯流式等类型。

shaft seal 轴封 防止泵轴与壳体处泄漏而设置的密封装置。它是一种摩擦密封或填料，用以防止压缩机或其他流体输送设备轴与轴承之间的液体泄漏。

shakedown run 试运转 弱电工程项目管理中的工程交接验收前的最后一个作业环节，是在实际应用环境下对系统功能、性能的全面检查。一般需要 12 周时间，但至少不应少于 120 h(5 d)。建筑设备监控系统的试运行周期在条件许可时，宜包括冬、春（秋）、夏三个季节。

Shannon law 香农定理 给出了信道信息传送速率的上限（比特每秒）和信道信噪比及带宽的关系。香农定理可以解释现代各种无线制式由于带宽不同，所支持的单载波最大吞吐量的不同。在有随机热噪声的有限带宽信道上传输数据信号时，信道容量 R_{max} 与信道带宽 W，信噪比 S/N 关系为：$R_{max}=W\cdot\log_2(1+S/N)$。注意这里的 $\log_2$ 是以 2 为底的对数。

shape coefficient 体形系数 建筑物与室外空气接触的外表面面积之和与建筑物体积之比。

shaped steel 型钢 一种有一定截面

形状和尺寸的条形钢材。按照钢的冶炼质量不同,型钢分为普通型钢和优质型钢。普通型钢按现行金属产品目录又分为大型型钢、中型型钢、小型型钢。按其断面形状又可分为工字钢、槽钢、角钢、圆钢等。

shared IT service　共享 IT 服务　各种共享的信息技术服务,如共享的无线局域网、移动通信室内信号覆盖系统、室内分布式天线系统、数字增强无绳通信、蓝牙、室内定位系统等。

shared office　集中办公　至少一家机关与其他单位在同一办公场所内办公的形式。

sharp bend　锐弯　指弯曲呈锐角的转弯或弯角。

sharp freezer　快速[低温]冻结间　存放未经降温的货物并使之冻结的冷藏间,其温度通常维持在－29℃到－15℃之间。

sharp freezing　快速[低温]冻结　在低温库内使产品迅速冻结。

sharp freezing room　急冻间　具有速冻条件的房间。速冻一般是指运用现代冻结技术,在尽可能短的时间内,将食品温度降低到其冻结点以下的某一温度,使其所含的全部或大部分水分随着食品内部热量的外散而形成合理的微小冰晶体,最大限度地减少食品中的微生物生命活动和食品营养成分发生生化变化所必需的液态水分,达到最大限度地保留食品原有的天然品质的一种方法。

sheathed control cable　护套控制电缆　带有护套层的单芯或多芯的控制电缆。

sheet metal　金属片　即金属薄板。

shelf　机框(无板)　安装小型设备、设备部件所设计的金属或非金属框架。

shelf-level equipment　货[子]架级设备　高度小于或等于 914.4 mm(36 in)的单独的子架设备。

shell　外壳　指元件、器件、装置、设备的外层包覆物。

shell and coil condenser　壳管式冷凝器　冷凝器的一种,冷却液在管内流动,而冷凝的制冷剂在壳内,是一种换热传导装置,由壳体、管板、管束、挡板及箱体组成。

shell and coil evaporator　壳管式蒸发器　一种将管束浸在沸腾的制冷剂中,被冷却的流体在管内流动的蒸发器。

shell and tube condenser　壳管式冷凝器　同 shell and coil condenser。

shell and tube exchanger　壳管式换热器　一种换热传导装置,由壳体、管板、管束、挡板及箱体组成。将一组管束装置在壳体内,一种流体在管内流动,另一种流体在管壳之间流动,形成两种流体之间的热交换。

shell type absorption refrigerating machine　壳式吸收式制冷机　依靠吸收器——发生器组的作用完成制冷循环的制冷机。它以二元溶液为工质,其中低沸点组分用作制冷剂,即利用它的蒸发来制冷;高沸点组分用作吸收剂,即利用它对制冷剂蒸气的吸收作用来完成工作循环。

SHF　超高频　super high frequency 的缩写。

shielded angled patch panel　屏蔽角形

配线架　用于安装屏蔽模块的一种配线架。其造型为三角形，总宽度为 19 in。由于采用角形结构，因此可安装连接件（主要是 RJ45 模块）的数量可以增加（或模块间的间距可以增大）。屏蔽角形配线架可以安装屏蔽 RJ45 模块或非屏蔽 RJ45 模块。它的跳线方向为横向，而不是常规的纵向。角形凸起结构使跳线横向排列时可以做到比较顺畅。角形配线架的 RJ45 模块八根金针宜垂直排列（即模块垂直安装）。配线架后侧装有接地用的汇流条，使屏蔽模块能够通过汇流条完成壳体接地。为保证屏蔽配线架的接地性能良好，要求屏蔽配线架的接地桩上安装两根不等长且长度不成倍数的等电位连接导体（即接地导线）至机柜的接地桩（接地铜排或接地母线）。

shielded connector　屏蔽连接器　具有防止电磁辐射干扰或信息泄漏特性的连接器。

shielded module　屏蔽模块　具有屏蔽层保护的 RJ45 模块。其屏蔽壳体分有金属铸造壳体、金属板弯折壳体和塑料镀金属三大类。因渗透深度不同，这三种类型的屏蔽壳体的电磁兼容性（EMC）有很大的差异。

shielded pair　线对屏蔽　双绞线的每一个线对都用覆塑铝箔包裹的屏蔽方式，同时在铝箔的导电面旁附有一根铜导线，以确保屏蔽层导电通路畅通。

shielded patch panel　屏蔽配线架　一种用于安装屏蔽模块或非屏蔽模块的配线架产品，配线架后侧装有接地用的汇流条，使屏蔽模块能够通过汇流条完成壳体接地。为保证屏蔽配线架的接地性能良好，要求屏蔽配线架的接地桩上安装两根不等长且长度不成倍数的等电位连接导体（即接地导线）至机柜的接地桩（接地铜排或接地母线）。

shielded RJ45 connector　RJ45 屏蔽连接器　RJ45 型的屏蔽连接器，分有 RJ45 型屏蔽插头、RJ45 型屏蔽插座模块等。

shielded twisted pair (STP)　屏蔽双绞线　包含一对或多对双绞线的电缆，每对双绞线金属屏蔽，能防止射频噪声干扰。常见屏蔽双绞线种类有 S/UTP、U/FTP、F/FTP、SF/UTP、S/FTP 等。未加屏蔽的双绞线称为非屏蔽双绞线（UTP）。

shielded twisted pair cable (STP cable)　屏蔽双绞线电缆　同 shielded twisted pair。

shielded with dust shutter　防尘盖保护　在模块、面板、配线架、光纤连接器、光纤适配器上安装的防尘盖，是用于防止灰尘进入的保护措施之一。

shielding cabling system　屏蔽布线系统　双绞线、模块、跳线和配线架均采用屏蔽产品的综合布线系统。它具有很好的电磁兼容性（EMC）。在高端铜缆综合布线系统中，基本上都采用了屏蔽布线系统。

shock-wave noise　爆音　指音频信号电平的非连续的突变引起的噪声。

shop detail drawing　车间加工详图，车间施工详图　对工业建筑或设备的细部或构配件，用较大的比例将其形状、大小、材料和做法，按正投影图的画法详细地表示出来的图样。弱电工程中，要求在平面图、系统图中对内容无法清楚表达的，应当出具大样图、安装详图、接线详图等，或注明参考图集。

shop drawing　施工图　工程现场施工作业依据的设计文件，因工程性质不同而区分为不同类别，如建筑施工图、结构施工图、水电施工图等。建筑智能化工程使用的弱电工程施工图属于水电施工图中的一种。弱电工程施工图一般应包括图纸目录、设计说明、系统图、平面图、安装详图、接线图、材料表等。设备、器材随机文件对于智能化工程设备安装和系统调试具有十分重要的作用，许多场合也将其归入施工文件，因为它既是施工作业的依据，也是验收移交的重要文件之一。

short circuit　短路　电路或电路中的一部分被短接。如负载与电源两端被导线连接在一起，就称为短路，短路时电源提供的电流将比通路时提供的电流大得多。一般情况下不允许短路，如果短路，严重时会烧坏电源或设备。对于信息传输而言，短路还会引起信号丢失。

short circuit isolator (SCI)　短路隔离器　隔离总线上的元器件。主要应用于通信行业中，隔离出区域或段上的火灾探测器、可燃气体探测器、手动报警按钮、声光报警灯等，避免影响未被隔离的区域系统可靠运行。

short circuit protection (SCP)　短路保护　防止短路的保护措施。短路保护会在短路发生时，使短路电流降至不会伤害线路、设备的程度。

short message　短消息　手机短消息是通信公司提供的一种独特的沟通方式。与话音服务不同，它通过短消息服务中心在网络和手机间传递的是文字、图形等可视信息，使沟通更温馨，更完美。手机对手机短消息支持中文、英文方式，一条短消息最多可包含 140 个英文字符或 70 个汉字信息。

short message cell broadcast (SMSCB)　短消息小区广播　全球移动通信系统(GSM)在特定的地区向移动台发送广播信息。在 GSM 技术规范中对这些信息不设地址也不加密，任何移动台只要有这一业务功能就能接收并对信息进行解码。

short message center (SMC)　短消息中心　即短消息业务中心，同 short message service center (SMSC)。

short message entity (SME)　短消息实体　可发送或接收点对点短消息的用户实体(手机用户)。

short message peer-to-peer (SMPP)　短消息点对点协议　无线数据应用(包括短消息业务)与无线网络系统之间的消息协议。SMPP 是一个开放的工业标准，也是短消息服务中心(SMSC)系统外部访问的接口标准协议之一。

short message service (SMS)　短消息业务　移动通信中通过手机收发文本信息的业务。

short message service center (SMSC)　短消息服务中心　负责在移动通信基

S

站和短消息实体(SME)间中继、存储、转发短信业务的部分。短信业务采用存储-转发机制,即短信发出去之后,并不是直接发送给对方,而是存储在短消息服务中心,而后再由短消息服务中心发送给接收方。如果接收方关机或不在服务区内,SMSC就会自动保存该短信,待接收方在服务区出现时再发送出去。短消息业务具有发送确认功能,保证通信的可靠性。

short message service gateway 短消息服务网关 随着短信业务的快速增长,因特网短信服务成为短信业务增长最快的组成部分,也是最有特色的部分,如铃声、图片下载、网上聊天等。短消息服务网关连接因特网和短信网络,跨接两种网络,从而使基于因特网的短信服务成为可能。短信网关系统采用客户-服务器结构,分为因特网短信服务设备和用户端软件两部分。

short trouble 短路故障 ① 电力系统的短路故障,一相或多相载流导体接地或不通过负荷互相接触,由于此时故障点的阻抗很小,致使电流瞬时升高,短路点前端的电压下降,对电力系统的安全运行极为不利。② 电子电路中的短路故障,包括供电短路和信号短路两类故障。

short-circuit output current 输出短路电流 在各种运行方式下,不间断电源(UPS)输出端子被短路时的最大输出电流。

show control system 表演控制系统 在主题公园、科技展览馆等场所将声、光、像、机械等子系统集成,进行循环的同步表演的系统。**显示控制系统** 在显示器(屏)上显示文字、符号、图像以及视频信号的控制装置和系统。它通过接口接收来自计算机和各类信息源设备和系统的信息,经格式处理,并按设定程序向显示器件发送需要显示的信息。它还可分区域控制显示屏以及产生拖动、缩放等显示效果。

SHR 显热比 sensible heat ratio 的缩写。

shunt valve 旁通阀 安装在进水阀管段的旁通管上用以平衡水压的阀门。如减压阀、控制阀、蒸汽疏水阀等。

shut-off valve 关闭阀 又称截门阀,属于强制密封式阀门。依靠阀杆压力,使阀瓣密封面与阀座密封面紧密贴合,阻止介质流通。

shutter detector 卷帘门探测器 检测卷帘门开启或关闭状态的装置。

SI 业务信息 service information 的缩写;**系统集成** system integration 的缩写。

SID 业务标识符 service ID 的缩写;**系统识别码** system identification 的缩写。

side circuit 单侧电路 双绞线中形成线对的四线组中的两个径向面对导线。

side surface 侧面 侧方向看到的那一面。如机柜的侧面即为其左侧和右侧。

side view 侧视图 从侧面角度观察物体所形成的图纸。

SIF 突变型光纤,阶跃型折射率光纤

step index fiber 的缩写。

signal 信号 用单个或多个参数表示的与时间有关的物理量。如具有幅度、频率、相位参数并与时间有关的电流。

signal alarm 警报器 可发出警报信号的器具或装置，用于发送预报、警报和解除警报的信号。如防空警报器是战争期间为预防敌方空袭而设置的报警系统，也是城市防空工程的重要组成部分，是在城市受到空袭威胁时鸣响的提醒人们防空的警报。在建筑智能化的火灾自动报警、入侵报警等系统中配置报警器，用以显示火灾或入侵的警情。在计算机系统和各类智能化系统中配置报警器，用以提示系统发生错误，出现影响程序正常执行或设备发生故障等的紧急情况。

signal booster 信号增强器 用于增大信号强度的设备。如信号放大器、手机信号增强器等。

signal controller 信号控制器 对信号进行自动或手动控制的器件或装置，可以达到以下功能：(1) 信号通断。(2) 信号输入输出端口选择。(3) 信号幅度控制。

signal detection and estimation 信号检测和估计 在有噪声的通信和控制系统中接收端对收到的受干扰的信号用统计推断理论来判断信号的存在和估计信号的参数。在接收端对收到的受干扰的信号时，利用信号概率、噪声功率等信息按照一定的准则判定信号的存在，称为信号检测。在接收端利用收到的受干扰的发送信号序列尽可能精确地估计该发送信号的某些参数值(如振幅、频率、相位、时延、波形等)，称为信号估计或参数估计。

signal for logical program 逻辑程序信号 具有某种逻辑程序的信号。如在火灾报警系统中，消防联动控制器接收来自火灾报警控制器的具有逻辑判断的信号。

signal light 信号灯 发出指示信号的灯具。一般电气设备面板上均设置有指示各类不同信息的信号灯。道路交通信号灯是为加强道路交通管理，提高道路使用效率，是改善交通状况的一种重要工具，适用于十字、丁字等交叉路口，由道路交通信号控制机控制。近年来，LED 道路信号灯因其耗电小、亮度高、体积小、重量轻、寿命长等优点，逐步替代了白炽灯、低压卤钨灯。

signal line 信号线 用于传递某种信号的线缆。信号线应用广泛，种类繁多。如：按照传递信号的类别，可以分为音频线、视频线、数据线、控制线；按照传输信号的形态区分，有传输电信号的电线和传递光信号的光纤。不同用途的信号线往往有不同的行业标准，以便于规范化生产与应用。

signal noise ratio (SNR) 信噪比 又称为讯噪比。① 设备输出的信号电压与同时输出的噪声电压之比，常常用分贝数表示。设备的信噪比越高表明它产生的噪声越少，否则相反。② 在信号传输系统设定带宽内，某一测量点的信号功率与噪声功率之比。

signal processor　信号处理器　对信号进行调制、解调、转频、光电转换、数模变换等作用的装置。共用天线系统中的信号处理器也称频道处理器，其作用是把天线接收到甚高频(VHF)和特高频(UHF)频段广播电视信号，经过处理后变换到有线电视系统工作频段所指定的频道上。

signal relay　信号继电器　自动控制系统中常用的作为动作指示继电器，其结构和原理为拍合型电磁式信号继电器。它用于接通和断开电路，用以发布控制命令和反映设备状态，以构成自动控制和远程控制电路。信号继电器具有动作快，工作稳定，使用寿命长，体积小等优点。广泛应用于电力保护、自动化、运动、遥控、测量、通信等装置中。

signal sustain technology (SST)　信号稳定技术　广泛运用于无线网络设备，如无线路由器。通过使用该技术，能够通过不同天线发送冗余备份数据，大幅度减少丢包概率，避免丢包后的数据重传，从而减少掉线现象发生，使访问延时更短，无线信号更加稳定。

signal system 7 (SS7)　7 号信令系统　又称为公共信道信令。即以时分方式在一条高速数据链路上传送一群话路信令的信令方式，通常用于网局间。在我国使用的 7 号信令系统称为中国 7 号信令系统。SS7 网是一个带外数据通信网，它叠加在运营者的交换网之上，是支撑网的重要组成部分。在固定电话网或 ISDN 网局间，SS7 可完成本地、长途和国际的自动、半自动电话接续；也可在移动网内的交换局间提供本地、长途和国际电话呼叫业务，以及相关的移动业务，如短信等业务；还可为固定网和移动网提供智能网业务和其他增值业务；并且提供对运行管理和维护信息的传递和采集。

signal tracer　信号跟踪器，信号式线路故障寻找器　应用在输配电线路、电力电缆及开关柜进出线上，用于指示故障电流流通的装置。一旦线路发生故障，巡线人员可借助指示器的报警显示，迅速确定故障点。

signaling control channel　信令控制信道　独立专用控制信道(standalone dedicated control channel，SDCCH)。SDCCH 用在分配业务流量信道(TCH)之前呼叫建立过程中传送系统信令，例如登记和鉴权在此信道上进行，空闲状态下的短信息和小区广播也在 SDCCH 上传送。在全球移动通信系统中，SDCCH 信道默认在广播控制信道(BCCH)载频的时隙 2 上传送。

signaling gateway　信令网关　在通信系统中，指连接 7 号信令网与 IP(网际协议)网，主要完成 7 号信令与 IP 网信令的转换功能的设备。

signaling transfer point (STP)　信令转接点　通信系统中负责把一条信令链路收到的信令消息转发至另一条信令链路的信令转接中心。STP 分为两种：一种是专用的信令转接点；另一种是与交换局合并设在一起，称为具有信令点功能的信令转接点。

signaling virtual channel (SVC)　信令虚

(拟)信道　通信系统中用于运送信令信息的虚拟信道。

signal-to-interference ratio (SIR)　信号干扰比　在传输信道的规定点,按规定条件测得的有用信号功率对干扰信号和噪声总功率之比,通常以分贝(dB)表示。

signal-to-noise ratio (SNR)　信号噪声比　简称信噪比。① 一个电子设备或者电子系统中信号强度与噪声强度的比例,通常以分贝(dB)表示。其中,信号是指来自设备外部需要通过本设备进行处理的电信号,噪声是指经过该设备后产生的原信号中并不存在的无规则的额外信号,且该种信号并不随原信号变化而变化。② 有线电视系统在设定带宽内,某一测量点的信号功率与噪声功率之比。

signal-to-noise ratio of system　系统信噪比　一个信息系统的信息终端的信号有效成分与噪声成分的比例关系参数。它标志着整个系统对信号传输的质量。如在公共广播系统中,系统信噪比是指从系统声源设备信号输入端到扬声器声频信号激励端的信号噪声比。

silent fan　低噪声风机　在暖通空调领域也称无声风扇。

silica aerogel　二氧化硅气凝胶,带孔硅胶　由具有微细小孔颗粒组成的硅胶,有时用作粉末隔热材料。

silica gel　硅胶　别名硅酸凝胶,是一种高活性吸附材料,属非晶态物质,除强碱、氢氟酸外不与任何物质发生反应,不溶于水和任何溶剂,无毒无味,化学性质稳定。各种型号的硅胶因其制造方法不同而形成不同的微孔结构。硅胶的化学组分和物理结构决定了它具有许多其他同类材料难以取代的特点:吸附性能高,热稳定性好,化学性质稳定,有较高的机械强度等。硅胶根据其孔径的大小分为:大孔硅胶、粗孔硅胶、B 型硅胶、细孔硅胶等。

silicon　硅脂　由精炼合成油作为基础油稠无机稠化剂,添加结构稳定剂、防腐蚀添加剂精制而成。它具有良好防水密封性、抗溶剂性和绝缘性能,不腐蚀金属,与橡胶等拼接有较好的适应性,用于卫浴器材、密封圈、电子电气行业的防水密封及润滑。

silicon control rectifier　可控硅整流器　同 silicon controlled rectifier。

silicon controlled rectifier (SCR)　可控硅整流器　一种以晶闸管(即可控硅,为电力电子功率器件)为基础,以智能数字控制电路为核心的电源功率控制电器。其具有效率高,无机械噪声和磨损,响应速度快,体积小,重量轻等诸多优点,且有控制开关数千瓦乃至兆瓦级电功率的能力。从结构上说,它是一种反向截止三极管型的闸流晶体管,由三个 PN 结(PN-PN 四层)构成。器件的外引线有阴极、阳极、控制极三个电极,器件的反向特性(阳极接负)和 PN 结二极管的反向特性相似,其正向特性,在一定范围内器件处于阻抗很高的关闭状态(正向阻断态,即伏安特性一象限中虚线下的实线部分)。当正向瞬间电压大于转折电压时,器件迅速转变到低电压大电流的通导状态。

silicon steel sheet　硅钢片　一种含碳极低的硅铁软磁合金，一般含硅量为0.5%～4.5%。加入硅可提高铁的电阻率和增大磁导率，降低矫顽力、铁芯损耗（铁损）和磁时延。主要用来制作各种变压器、电动机和发电机的铁芯。

Silicon Valley　硅谷　美国地名。位于美国加利福尼亚州北部、旧金山湾区南部，是高科技事业云集的美国加州圣塔克拉拉谷的别称。最早是研究和生产以硅为基础的半导体芯片的地方，因此得名。硅谷是当今电子工业和计算机业的王国，尽管美国和世界其他高新技术区都在不断发展壮大，但硅谷仍然是高科技技术创新和发展的开创者，该地区的风险投资占全美风险投资总额的三分之一，择址硅谷的计算机公司已经发展到大约有1 500家。

silk screen printing（SSP）　丝网印刷　用丝网作为版基，并通过感光制版方法，制成带有图文的丝网印版。丝网印刷由五大要素构成，丝网印版、刮板、油墨、印刷台以及承印物。利用丝网印版图文部分网孔可透过油墨，非图文部分网孔不能透过油墨的基本原理进行印刷。印刷时在丝网印版的一端倒入油墨，用刮板对丝网印版上的油墨部位施加一定压力，同时朝丝网印版另一端匀速移动，油墨在移动中被刮板从图文部分的网孔中挤压到承印物上。它与平印、凸印、凹印一起被称为四大印刷方法。

silvertoun　电缆故障寻迹器　一种用于寻找电缆故障或寻找电缆故障位置的仪表。

SIM　用户识别模块卡　subscriber identity module card 的缩写。

simple mail transfer protocol（SMTP）　简单邮件传输协议　一组用于由源地址到目的地址传送邮件的规则，由它来控制信件的中转方式。SMTP 协议属于 TCP/IP 协议簇，它帮助每台计算机在发送或中转信件时找到下一个目的地。通过 SMTP 协议所指定的服务器，就可以把电子邮件寄到收信人的服务器。

simple network management protocol（SNMP）　简单网络管理协议　由一组网络管理的标准组成，包含一个应用层协议（application layer protocol）、一个数据库模型（database schema）和一组资源对象。该协议能够支持网络管理系统，用以监测连接到网络上的设备是否有任何引起管理上需要关注的情况。

simple network time protocol（SNTP）　简单网络时间协议　用来同步因特网上计算机时间的协议。在一些特定的场景中，经常需要整个网络中的计算机保持时间同步。例如，空中管制系统或者轨道交通控制系统中的计算机的时间需要保持精确同步。在大型计算机系统中，往往由很多台计算机共同执行某个计算，也需要各台计算机保持时间同步。

simple object access protocol（SOAP）　简单对象访问协议　交换数据的一种协议规范。它是一种轻量的、简单的、基于 XML 的协议，它被设计成在网络上交换结构化的信息和固化的信息。

simplex 单工 单向传输，用在只向一个方向传输数据的场合。例如，计算机与打印机之间的通信是单工模式，因为只有计算机向打印机传输数据，而没有相反方向的数据传输。

simulation 模拟，仿真 利用模型复现实际系统中发生的本质过程，并通过对系统模型的实验来研究存在的或设计中的系统。这里所指的模型包括物理模型和数学模型，静态模型和动态模型，连续模型和离散模型等。所指的系统也很广泛，包括电气、机械、化工、水力、热力等系统，也包括社会、经济、生态、管理等系统。当所研究的系统造价昂贵、实验的危险性大或需要很长的时间才能了解系统参数变化所引起的后果时，仿真是一种特别有效的研究手段。仿真的重要工具是计算机。仿真与数值计算、求解方法的区别在于它是一种直观的实验技术。仿真过程包括建立仿真模型和进行仿真实验两个主要步骤。

simulation chamber 模拟室 可创造出特殊氛围的空间，用以试验人或设备对环境的适应性。

simulation test 模拟试验 在人为控制研究对象的条件下进行观察，模仿实验的某些条件进行的实验。模拟实验是科学实验的一种基本类型。

simulcrypt 同密 指数字电视广播系统采用的通过同一种加扰算法和加扰控制信息使多个条件接收系统一同工作的技术或方式。同密须具备以下三个特点：(1) 条件接收(CA)加密与条件接收控制分开；(2) 多个条件接受系统(CAS)厂商的 CAS 产品可以对具有相同 CA 的节目或数据进行控制；(3) 客户端机顶盒可嵌入多个 CAS 厂商的 CA 控制。采用同密技术的目的：消除 CAS 垄断，引入公平竞争机制，使不同 CAS 产品厂商按照同密标准可以在同一运营网络中运行，同时也保护了各厂商自身的技术。为适应数字电视广播系统使用条件接收系统的需要，我国于 2001 年颁布了广播电影电视行业标准化指导性技术文件《数字电视广播条件接收系统规范》。该规范对同一个前端、两个或以上条件接收系统的互操作规定了所有要求，包括系统架构、定时关系、消息结构。从而在同一个数字电视广播网络中使不同条件接收系统共享节目信息，实现同密的条件接收系统产品生产厂商遵循标准规定的通用加扰算法的条件下可以开发各自不同的授权控制信息(entitlement control message, ECM)和授权管理信息(entitlement management message, EMM)，与节目信息一起复用。在接收端机顶盒中集成通用解扰算法系统和任何一个生产厂商的条件接收系统软件，接收节目时机顶盒从加扰的传输流(transport stream, TS)中自动提取控制字，进行节目解扰。

simultaneous contrast 同时对比度 监视器显示标准黑白窗口图像时所呈现的最大亮度与最小亮度之比，又称同屏对比度。

simultaneous factor 同时系数 设备同时使用系数，最大值为 1。在中央空调工程中，往往整个工程的末端不同时开启，这就要考虑一个同时使用系数的问题。同时使用系数最大值为1，但实际往往小于1。考虑同时使用系数，可以使系统适当超配，从而降低主机的匹数，起到节省成本的好处。

simultaneous interpretation　同声传译　又称同声翻译。译员同步于讲话者演讲的情况下，连续将演讲内容传译给听众的一种口译方式。

single acting compressor　单作用压缩机　每个汽缸在曲柄转动一周中只有一个压缩行程的压缩机。

single cabinet　单机柜　① 单独的一个机柜。如弱电间内仅安装了一个机柜。② 设备所占的机柜数量为一个机柜。如基站收发台(BTS)设备大多安装于同一机柜内，为单机柜结构。

single channel amplifier (for MATV or CATV)　(用于共用天线电视或有线电视的)单频道放大器　在共用天线电视或有线电视系统中，指通带限于单个指定电视频道的放大器。

single channel mode　单声道模式　在数字音频广播(DAB)系统中的一种音频编码模式。在该模式中，一个单声道的音频节目编码成一个比特流。

single column manometer　单管式压力计　由一垂直管和与其连通并与其内径成一定比例的容器组成的液柱压力计。

single duct air conditioning system　单风道空调系统　空气经过集中设备调节后，由单风道分送至不同建筑空间的系统。

single fiber bi-directional　单光纤双向(传输)　同 single fiber bi-directional transmission。

single fiber bi-directional transmission　单光纤双向传输　指在同一光纤上实现双向数据的传输。可运用波分复用等技术实现。

single frequency network (SFN)　单频网络　由多个位于不同地点、处于同步状态的发射机组成的数字广播电视覆盖网络，网络中的各个发射机以相同的频率，在相同的时刻发射相同的(码流)已调射频信号(比特)，以实现对特定服务区的可靠覆盖。SFN的好处是可显著节约频率资源，提高频谱利用率；可解决覆盖盲区，获得良好的覆盖率；还可用多个较小功率发射机代替一个大功率发射机，降低信号辐射，减少电磁波污染，增强覆盖均匀度；也可根据需要随时改变覆盖意图。其难点是接收机如何在多个相同信号中可靠地接收。

single leaf damper　单页风口　只有一个叶片的，并以铰链接于开口一侧的方形或矩形风门。

single mode fiber (SMF)　单模光纤　中心玻璃纤芯直径为5.0～10.5 μm、只传输一种模式光信号的光纤。相较于多模光纤，芯径细很多，无模间色散，总色散小，带宽较宽。单模光纤使用在1.3～1.6 μm波长区域，适用于长距离、大容量光纤通信系统。

single phase three wire system　单相三线制　用电器接线的一种方式。三线是指火线(L)、零线(N)和保护接

S

地线(PE)。火线和零线为用电设备提供电力回路,保护地线一般和用电器的外壳相连。当用电设备内部有漏电时,设备的外壳就有可能带电,因此 PE 线应可靠接地,保证用电安全。

single port faceplate　单口面板　仅可安装一个 RJ45 模块或一个光纤适配器的终端面板,一般为墙面面板。

single time　单次　即一次,没有第二次。

single UPS　单台 UPS　在 UPS 系统中,指只包含一个 UPS 单元的 UPS。

single vane rotary compressor　单叶回转式压缩机　也叫滑片机、旋叶机。通过转动叶片来实现气体压缩,最终将机械能转化成风能的一种压缩机。它属于容积式压缩机的一种。

single-band infrared flame detector　单波段红外火焰探测器　仅使用一个波段进行火灾探测的红外火焰探测器。目前的红外火焰探测器除单波段外,还有双波段和三波段的产品,一个红外波段需要一个红外传感器。

single-input multiband amplifier　单输入多频段放大器　有线电视系统中一种用于若干指定频道的单一输入端的射频放大器。

single-line digital subscriber line (SDSL)　单线(路)数字用户线路　一种速率对称型数字用户线路,用一个介质转换器来取代,实现只需一对铜线即可传输信息的要求。在双工链路上使用一个铜质双绞线对的工作距离限于一万英尺(3 048 m),每个方向上的传输速率可达 1.544 Mbps 或 2 048 Mbps。

single-mode　单模(光纤)　同 single-mode optical fiber。

single-mode fiber (SMF)　单模光纤　同 single-mode optical fiber。

single-mode fibre connector　单模光纤连接器　单模光纤使用的光纤连接器,由于传输芯径的标称值为 9 μm,故制造精度要求很高。

single-mode optical fiber (SMF)　单模光纤　一种纤芯的标称值只有 9 μm 的光纤,它可使用激光器而不是发光二极管传输信号。单模光纤对于光波只允许一个路径通过,其中只有最低阶的连接模式能够以希望的波长进行传播。它能够在相当长的距离上传输信号。

single-mode optical fiber jumper wire　单模光纤跳线　单模光纤制成的光纤跳线,两端安装有单模光纤连接器。

single-pole double-throw (SPDT)　单刀双掷开关　一种能够进行双向控制的开关。它由动端和不动端组成,动端就是所谓的“刀”,它连接电源的进线,即来电的一端,一般也是与开关的手柄相连的一端;另外的两端就是电源输出的两端,也就是所谓的不动端,它们与用电设备相连的。此种开关的作用,一是可以控制电源向两个不同的方向输出,既可用来控制两台设备,也可以控制同一台设备作转换运转使用。

single-program transport stream (SPTS)　单节目传输流　指有线电视系统只有一路节目的传送流的状态。

single-shaping　一次成型　主要用在制

造业上，一道工序就完成某个器件的制造。例如，通过加热使塑料处于粘流态条件下，经过流动、成型和冷却硬化（或交联固化），就可将塑料制成各种形状的产品。一次成型包括挤出成型、注射成型、模压成型、压延成型等。成型制品从简单到极复杂形状和尺寸精密的制品，应用广泛。

SIP 会话启动（初始化）协议［会话发起协议］ session initiation protocol 的缩写。

SIP URI 会话初始协议通用资源标识符 是 universal resource identifier 的缩写。① 通过 SIP 呼叫他人的 SIP 地址方案。一个 SIP URL 就是一个用户的 SIP 电话号码。② 一种在 SIP 协议中用于识别用户代理 URI 的字段。SIP URI 采用 sip：〈user〉@〈domain〉或 sips：〈user〉@〈domain〉的描述形式。

siphon action 虹吸作用 同 siphonage。

siphon barometer 虹吸式气压计 利用虹吸原理测量气体压力的仪表。它利用作用在水银面上的大气压强和与其相通、顶端封闭且抽成真空的玻璃管中的水银柱对水银面产生的压强相平衡的原理而制成。

siphonage 虹吸 利用液面高度差作用力的物理现象。将液体充满一根倒U形的管状结构内后，将开口高的一端置于装满液体的容器中，容器内的液体会持续通过倒U形管（虹吸管）向更低的位置流出。虹吸现象因液体压强和大气压强作用而形成。

SIR 信号干扰比 signal-to-interference ratio 的缩写。

SIT 选择信息表 selection information table 的缩写。

site commissioning 现场调试 在工程现场所进行的调试工作。由于现场环境远不如工厂环境和办公室环境，所以现场调试效果一般相对会差些。在项目安装基本完成时，有必要进行一次调试，以确保性能参数达到设计规定，并提交合格的工程测试报告。

site construction application report 进场施工申请报告 也称开工报告，是建设项目或单项（位）工程开工的依据，是承包人开工前应按合同规定向监理工程师提交的申请报告，主要内容至少包括：施工机构的建立，质检体系，安全体系的建立和劳力安排，材料、机械及检测仪器设备进场情况，水电供应，临时设施的修建，施工方案的准备情况等。虽有以上规定，但并不妨碍监理工程师根据实际情况及时下达开工令。

site contact 现场联系人 在工程现场能够找到，并能够帮助了解情况或解决问题的人员。

site inspection 工地勘察 ① 根据建设工程的要求，查明、分析、评价建设场地的地质、地理环境特征和岩土工程条件并提出合理基础建议，编制建设工程勘察文件的活动。在采矿或工程施工前，对地形、地质构造、地下资源蕴藏情况等进行实地调查。② 乙方或投标方对工程项目现场情况的实地踏勘。

site regulation 现场监管 工程质量管理人员对现场施工工艺、质量和数量的监督和管理。

site training 现场培训 在工程现场或工程现场附近为该项目所做的培训,包括技术培训、流程培训、管理制度培训等内容。

skin effect 趋肤效应 当导体中有交流电或者交变电磁场时,导体内部的电流分布不均匀,电流集中在导体的外层"皮肤"部分的现象。电流集中在导体外表的薄层,越靠近导体表面,电流密度越大,导体内部实际上电流较小。结果使导体的电阻增加,其损耗功率也增加。

SLA 服务等级协议 service-level agreement 的缩写。

slab insulant 板状绝缘材料 做成板状的硬性绝热材料。

slag cotton 矿渣棉 同 slag wool。

slag pool 渣池 一种用来收集各种工业废品残渣的容器,有水渣池、电渣池、灰渣池等。

slag tapping boiler 液态排渣锅炉 燃料燃烧后生成的炉渣在熔渣室的高温下熔化成液态可以从炉膛内排出的锅炉。

slag wool 矿渣棉 矿物棉的一种。它由钢铁高炉渣矿渣制成的短纤维。主要用作砌筑材料和吸音材料。它是利用工业废料(高炉矿渣或铜矿渣、铝矿渣等)为主要原料,经熔化、高速离心法、喷吹法等工艺制成的棉丝状无机纤维,具有质轻、导热系数小、不燃烧、防蛀、价廉、耐腐蚀、化学稳定性好、吸声性能好等特点。可用于建筑物的填充绝热、吸声、隔声、制氧机和冷库保冷及各种热力设备填充隔热等。

slave clock 子钟,从时钟 一种使用精确时间协议(PTP)与主时钟(时钟提供者)保持同步的时钟。从时钟可以作为其他时钟的主时钟,也可以作为边界时钟。

SLD 直线距离 straight line distance 的缩写。

sleeve expansion joint 套筒式伸缩器 一种管道连接器件。它由外筒和内筒组成,外筒和内筒的法兰片上装有限位杆,在外筒的内壁上设有限位块,外筒和内筒之间由 V 型橡胶圈来密封。

sleeve for duct passing through wall 风管穿墙用套管 风管穿墙时防护用的套管。GB 50243《通风与空调工程施工质量验收规范》要求:在风管穿过需要封闭的防火、防爆的墙体或楼板时,应设预埋管或防护套管,其钢材厚度不应小于 1.6 mm。风管与防护套管之间,应用不燃且对人体无危害的柔性材料封堵。

slice 条带 指数字电视中按光栅扫描顺序排列的若干连续最大编码单元。

sliding dust shutter 滑盖式防尘盖 也称推拉式防尘盖。防尘盖安装面板和配线架上,用于保护内藏的连接器件(如:RJ45 模块、GG45 模块等)在不使用时不会外露,以免受到水或灰尘的影响。滑盖式防尘盖以上下滑动方式移动,它安装在面板和配线架内侧,安装后不会因外力碰撞而损坏,也不会因容易被拆下而遗失,是目前比较理想的面板及配线架防尘盖。

sliding rail 滑动轨 滑动用的轨道。

如机柜内键盘抽屉、服务器托盘等的滑动轨道。在布线系统的光纤配线架系列中,也有安装滑动轨的抽屉式光纤配线架。

slight salt fog　轻度盐雾　空气中所含盐雾的浓度比较低,通常在沿海地区的建筑智能化招标书中对气象条件的介绍时涉及。盐雾是大气中由含盐微小液滴所构成的弥散系统。盐雾腐蚀会破坏金属保护层,使它失去装饰性,降低机械强度。在一些电子元器件和电器线路中,由于腐蚀而造成电源线路中断,特别是在有振动的环境中,尤为严重。当盐雾降落在绝缘体表面时,会使表面电阻降低,绝缘体吸收盐溶液后,它的体积电阻将降低四个数量级。机械部件或运动部件的活动部位由于腐蚀而增加摩擦力造成运动部件被卡死。上述因素应当在智能化系统产品选型、安装工程的保护措施中予以认真考虑。

SLIP　串行线路因特网协议　serial line Internet protocol 的缩写。

slot position　槽位　插槽式电子设备中的插槽位置(编号)。如电话交换机、中大型网络交换机中,主机等就是机箱加主板,而电源、CPU 板、通信端口板等都是插到主板的插槽上的。

slow associated control channel (SACCH)　慢速随路控制信道　SACCH 与业务信道(TCH)或独立专用控制信道(SDCCH)相关,可以传送连续信息的连续数据信息,属于上行和下行信道,采用点对点方式传播。在上行方向,传送移动台(MS)接收到的关于服务及邻近小区的信号强度的测试报告,这对实现 MS 参与切换功能是必要的。在下行方向,它用于 MS 的功率管理和时间调整。SACCH 支持如下功能:用时间超前机制来补偿往返传播的速率,MS 发射功率控制,无线线路质量控制,在相邻基站上实现往返测量。

slow flashing　慢闪　指灯光等慢速闪动,可达到视觉提醒或指示的作用。

slow frequency hopped multiple access　慢跳频多址接入　低速率的跳频多址接入技术,它是利用公用信道(扩频带宽 BH)传输的,侧重在噪声环境下工作的扩频形式,也称多频选码移频键控。其跳频速率(慢跳频速率)<100 次/秒(标准 1)或<50 次/秒(标准 2)。目前的趋势是低速跳频设备逐步减少,中速跳频设备增多并向高速跳频发展。

SLS　保险总开关　safety limit switch 的缩写。

SM　同步复用器　synchronous multiplexer 的缩写。

small exchange configuration　小交换机配置,小型交换局配置　在通信系统中,指小型、低等级的交换机的配置。

small form factor connector (SFF)　小型连接器件　为了适应多个光纤而设计的光纤连接器。当使用多芯光纤时,其安装密度至少与双绞线所用的连接器相同(例如,一个 RJ45 模块的尺寸内可以安装双芯光纤适配器),也可能会更小。

small impairment　小损伤　在音视频系统中只有通过严格控制的听音测

试条件和适当的统计分析才能觉察到的相比于源素材声音的微小区别。

small office/home office (SOHO) 小型公寓式办公室或家庭办公室 在小型办公室或居家办公的公司和人群。大多是那些专门的自由职业者：自由翻译人、自由撰稿人、平面设计师、工艺品设计人员、艺术家、音乐创作人、产品销售员、广告制作、服装设计、商务代理，等等。

smart card 智能卡 内嵌有微芯片的塑料卡片的统称，又称 IC 卡、智慧卡、微芯片卡等。它将一个专用的集成电路芯片镶嵌于符合 ISO 7816 标准的 PVC(或 ABS 等)塑料基片中，封装成类似卡片形式(也可以封装成纽扣、钥匙、饰物等特殊形状)。智能卡需要通过读写器进行数据交互。卡内集成电路包括中央处理器 CPU、电可擦编程只读存储器(EEPROM)、随机存取存储器(RAM)和固化在只读存储器(ROM)中的卡内操作系统，卡中数据分为外部读取和内部处理部分。国际标准化组织(ISO)与国际电工委员会(IEC)的联合技术委员会为之制订了一系列的国际标准、规范，极大地推动了 IC 卡的研究和发展。IC 卡较之以往的识别卡，具有可靠性高(防磁、防静电、防机械损坏和防化学破坏，信息可保存一百年以上，读写次数十万次以上)、安全性好、存储容量大、类型多等优点。目前，智能卡的应用不再局限于早期的通信领域，而广泛地应用于金融、社会保险、交通旅游、医疗卫生、政府行政、商品零售、休闲娱乐、学校管理等领域。根据卡芯片类型可以分为：IC 卡、ID 卡、CPU 卡。

smart Ethernet protection (SEP) 智能以太网保护 一种专用于以太网链路层的环网协议。适用于半环组网场景，部署时可独立于上层汇聚设备，并提供 50 ms 的快速业务交换性能，保证业务的不中断。

smart grid 智能电网 即电网的智能化，也被称为电网 2.0。国家电网中国电力科学研究院定义智能电网为：以物理电网为基础(中国的智能电网是以特高压电网为骨干网架、各电压等级电网协调发展的坚强电网为基础)，将现代先进的传感测量技术、通信技术、信息技术、计算机技术和控制技术与物理电网高度集成而形成的新型电网。它以充分满足用户对电力的需求和优化资源配置，确保电力供应的安全性、可靠性和经济性，满足环保约束、保证电能质量，适应电力市场化发展等为目的，实现对用户的可靠、经济、清洁、互动的电力供应和增值服务。

smart home 智能家居 以住宅为平台，利用综合布线技术、网络通信技术、安全防范技术、自动控制技术、音视频技术将与家居生活有关的设施集成，构建高效的住宅设施与家庭日程事务的管理系统，提升家居安全性、便利性、舒适性、艺术性，并实现环保节能的居住环境。

smart home application 智能家居应用 由智能家居系统提供的安防、测量、控制、娱乐等服务。

smart home platform 智能家居业务平

台 提供智能家居网关和智能家居应用的接入和管理能力,并实现将通信服务能力和对智能家居设备的管理、操作、控制等功能的对外开放的统一平台。

smart home system 智能家居系统 利用家庭网络技术将家庭中的各种通信设备、家用电器、家庭安保等装置连接到家庭智能化系统平台上进行集中的通信、监视、控制和家庭事务管理,以给智能家居用户提供便利、舒适、安全、高效、环保的家庭生活的设备、网络、平台、应用的总称。

smart home terminal 智能家居终端 连接到家庭网络的协同提供智能家居服务的各种终端设备,包括:智能家居网关、控制设备以及提供安防、测量、控制、娱乐等服务的相关设备。

smart house 智慧屋,智能家居 同 smart home。

smart house technology 智能家居技术 在智能家居系统中应用的技术和技术设备设施的总称。

smart hybrid terminal 智能融合终端 搭载智能操作系统,支持应用程序安装和卸载,支持数字电视广播、互联网接入、互联网业务、电子支付等功能的终端设备。该设备既可以处理信息、汇聚业务,也可以作为主控设备达成家庭多个终端之间的互联。它有家庭多媒体中心、家庭通信网关等多种形态。

smart meter 智能电表 ① 智能电网的智能终端,它除了具备传统电能表基本用电量的计量功能以外,为了适应智能电网和新能源的使用,还具有双向多种费率计量、用户端控制、数据传输模式的双向通信、防窃电等智能化的功能。智能电表代表着未来节能型智能电网最终用户智能化终端的发展方向。② 建筑能耗分项计量系统中具有自动计量并具有通信接口实时上传计量数据的电子式电能计量装置,常用的有电力分析仪、三相数字电表和单相数字电表。**智能仪表** 以微型计算机(单片机)为主体,将计算机技术和检测技术有机结合所组成的新一代智能化仪表。在测量过程自动化、测量数据处理及功能多样化方面较之传统仪表取得了巨大进展。智能仪表不仅能解决传统仪表不易或不能解决的问题,还简化了仪表电路,提高仪表可靠性,实现高精度、高性能、多功能的目的。

smart sensor 智能传感器 具有信息处理功能的传感器。智能传感器带有微处理机,具有采集、处理、交换信息的能力,是传感器集成化与微处理机相结合的产物。

smart transducer 智能变送器 由传感器和微处理器(SoC)相结合而成。它充分利用了微处理器的运算和存储能力,可对传感器的数据进行处理,包括对测量信号的调理(如滤波、放大、模数转换等)、数据显示、自动校正、自动补偿等,微处理器是智能式变送器的核心。

smart wiring box 智能布线箱 面对可管理型配线架控制器(含可管理型配线架)的配线箱。

SMB 表面安装盒 surface mount box 的缩写。

SMC 短消息中心 short message center 的缩写。

SME 短消息实体 short message entity 的缩写。

smearing 拖尾效应 显示器或电视机显示的电视图像沿某一方向超过原景物轮廓正常范围的现象。

smearing time 拖尾时间 电视屏幕上所显示景物图像拖尾的长度与实际的长度之差再与景物运动速度之比。拖尾时间分为亮拖尾时间和暗拖尾时间。运动物体亮度比背景亮度高的场合下的拖尾时间称为亮拖尾时间,运动物体亮度比背景亮度低的场合下的拖尾时间称为暗拖尾时间。

SMF 单模光纤 single mode fiber 的缩写;**单模光纤** single-mode fiber 的缩写;**单模光纤** single-mode optical fiber 的缩写。

SMI 管理信息结构 structure of management information 的缩写。

smoke 烟 由燃烧或热解作用所产生的悬浮在大气中,可见的固体和(或)液体微粒。

smoke alarm 烟雾报警器 也称火灾烟雾报警器、烟雾传感器、烟雾感应器等,指探测火灾产生的微弱烟雾进行报警的器件。从使用的传感器种类可分为离子烟雾报警器、光电烟雾报警器等。在火灾自动报警系统中应用,有带地址编码和不带地址编码之分。

smoke blower 排烟机 为排除室内烟雾的风机,一般采用离心风机、轴流风机。

smoke compartment 防烟分区 在建筑内部采用挡烟垂壁、挡烟梁、挡烟隔墙等划分的可把烟气限制在一定范围的空间区域。

smoke curtain 挡烟垂壁 用不燃材料或难燃材料制成的,从顶棚下垂不小于 500 mm 的固定或活动的挡烟设施。活动挡烟垂壁系指火灾时因感温、感烟设备或其他控制设备的作用,自动下垂的挡烟垂壁。其主要用于高层或超高层大型商场、写字楼、仓库等场合,能有效阻挡烟雾在建筑顶棚下横向流动,以利提高在防烟分区内的排烟效果。

smoke damper 排烟阀 安装在机械排烟系统各支管端部(烟气吸入口处),平时呈关闭状态并满足漏风量要求,火灾或需要排烟时手动或电动打开,起排烟作用的阀门。排烟阀可与火灾探测器联锁,特别是火灾烟感探测器联锁,通过探知火灾初期发生的烟气来开启阀门进行排烟。此时,其阀门是由电动机或电磁机构驱动。

smoke density 烟密度 烟密度是指材料在规定的试验条件下发烟量的量度,它用透过烟的光强度衰减量来描述。烟密度越大的材料,对火灾时疏散人员和灭火越为不利。

smoke extraction system (SES) 排烟系统 采用机械排烟方式或自然通风方式,将烟气排至建筑物外的系统。

smoke fire damper 排烟防火阀 一般安装在机械排烟系统的管道上,平时呈开启状态,发生火灾时开启排烟。当排烟管道内烟气温度达到 280℃时关闭,并在一定时间内满足漏烟量和耐火完整性要求,起隔烟阻火作用。

S

smoke fire detector 感烟火灾探测器 响应燃烧或热解产生的固体或液体微粒的火灾探测器。火灾的起火过程一般情况下伴有烟、热、光三种燃烧产物。在火灾初期,由于温度较低,物质多处于阴燃阶段,所以产生大量烟雾。烟雾是早期火灾的重要特征之一,感烟火灾探测器就是利用这种特征而开发的,能够对可见的或不可见的烟雾粒子响应的火灾探测器。它将探测部位烟雾浓度的变化转换为电信号实现报警。感烟探测器又可分为离子型、光电型、激光型、电容型、半导体型等类型。

smoke proof staircase 防烟楼梯 同 smoke-proof staircase。

smoke protection system 防烟系统 采用机械加压送风方式或自然通风方式,防止烟气进入疏散通道的系统。

smoke/fire detection 烟雾火灾检测 利用燃烧(包括阴燃)产生的烟雾进行的火灾探测。由于火灾在阴燃期间会产生烟雾,但温度和火光往往还不足以被检测到,所以烟雾探测是火灾报警系统中的重要检测方法。基本原理是通过烟雾对射线、光线的遮挡检测达到门限值,而产生火灾报警信号。

smoke-free fire 无烟火灾 指不产生烟或产生烟雾很少的火灾。此种情况下,在火场中的人员能够看清逃生路线,易于逃生。但感烟探测器可能失效。

smoke-proof staircase 防烟楼梯间 具有防烟前室和防排烟设施并与建筑物内使用空间分隔的楼梯间。其形式一般有带封闭前室或合用前室的防烟楼梯间,用阳台作前室的防烟楼梯间,用凹廊作前室的防烟楼梯间等。

smoking room 吸烟室 允许吸烟者吸烟的房间。吸烟室可以使吸烟者和非吸烟者保持一种可控制的距离,而且其集中强化的空气过滤装置与储存烟灰及烟头的无臭容器箱相结合,确保了周围的环境免受香烟的烟雾毒素的刺激和烟臭的干扰。

smoldering 阴燃 同 smouldering。

smoothness 平整度 评价物体表面凸凹程度特性的一个指标。弱电系统机房中,机柜平整度是一个重要的质量指标。

smothering 窒息,断氧灭火 切断氧气供应的状态或措施。对人而言,称为窒息,在消防灭火中称为断氧灭火。

smouldering 阴燃 物质进行无可见光的缓慢燃烧,通常产生烟和温度升高的迹象。

SMP 对称多处理机 symmetry multiprocessors 的缩写。

SMPP 短消息点对点协议 short message peer-to-peer 的缩写。

SMPTE 电影与电视工程师协会 the Society of Motion Picture and Television Engineers 的缩写。

SMR 专用移动无线通信 specialized mobile radio 的缩写。

SMS 安全管理系统 security management system 的缩写;**短消息业务** short message service 的缩写。

SMSC 短消息服务中心 short message

service center 的缩写。

SMSCB 短消息小区广播 short message cell broadcast 的缩写。

SMTP 简单邮件传输协议 simple mail transfer protocol 的缩写。

SNA 系统网络结构 system network architecture 的缩写。

snap-in module 插入式模块 一种线缆连接器件,使用插头插入的插座模块。它的后端具有打线端,可以将线缆永久端接在模块上,前端为插座端,可以使用配套的插头插入,并可以经常插拔。由于其插拔手法十分简单,不需要任何技术,所以这种模块得到了广泛的应用。

SNG 卫星新闻采集 satellite news gathering 的缩写。

SNMP 简单网络管理协议 simple network management protocol 的缩写。

SNR 信噪比 signal noise ratio 的缩写;**信号噪声比** signal-to-noise ratio 的缩写。

SNTP 简单网络时间协议 simple network time protocol 的缩写。

SO 服务插座[端口] service outlet 的缩写。

SOAP 简单对象访问协议 simple object access protocol 的缩写。

SoC 片上系统 system-on-a-chip 的缩写。

socket 插座 一种活动的电路连接件,用于与插头插合的插套,通过插头与插座的配合,可以将电路接通。

socket unshielded 非屏蔽插座 不带屏蔽层的信息插座。

soft ground 软接地 一种接地方式,它通过串联限流电阻连接到接地装置或接地系统的接地线。

soft handoff 软切换 通信移动台从一个小区进入另一个小区时,先建立与新建站的通信,直到接收到的原建站信号低于一个门限值时再切断与原建站的通信切换方式。在软切换过程中,移动用户与原建站和新建站都保持通信链路,只有当移动台在目标建站的小区建立稳定通信后,才断开与原建站的联系。软切换可有效提高切换可靠性,保障通信的不间断性。

soft starter 软启动器 一种集软启动、软停车、轻载节能和多功能保护于一体的电机控制装备。实现在整个启动过程中无冲击且平滑地启动电机,而且可根据电动机负载的特性来调节启动过程中的各种参数,如限流值、启动时间等。

software architecture 软件体系架构 一系列相关的抽象模式,用于指导大型软件系统各个方面的设计。软件架构是一个系统的草图,它描述的对象是构成系统的抽象组件和各个组件之间的连接。在实现阶段,这些抽象组件被细化为实际的组件,比如具体某个类或对象。在面向对象领域中,组件之间的连接通常用接口来实现。

software development kit (SDK) 软件开发工具包 被软件工程师用于为特定的软件包、软件框架、硬件平台、操作系统等建立应用软件的开发工具的集合。SDK 只是简单地为某个程序设计语言提供应用程序接口的一些文件，也可能包括能与某种嵌入式系统通信的复杂的硬件。一般的工具包括用于调试和其他用途的实用工具。SDK 还经常包括示例代码、支持性的技术注解或者其他的为基本参考资料澄清疑点的支持文档。为了鼓励开发者使用其系统或者语言，许多 SDK 是免费提供的。SDK 经常可以直接从因特网下载，有时也被作为营销手段。例如，甲产品或许会免费提供构件 SDK 以鼓励人们使用它，从而会吸引更多人购买其构件。

software license　软件许可证　一种格式合同，由软件作者与用户签订，用以规定和限制软件用户使用软件(或其源代码)的权利，以及作者应尽的义务。

software product specification (SPS)　软件产品规格说明书　对软件所应满足的要求，以可验证的方式制作出完全、精确陈述的文件。由于软件产品与使用环境之间的关系，软件产品内部各组成部分之间的接口往往十分复杂，并且在发展过程中，软件产品要经历多次变换，以各种不同形式出现于不同的阶段。因此，对软件的各组成部分之间、各发展阶段之间的接口关系应当规定得十分准确。软件规格说明须用某种语言书写。自然语言的陈述中常存在歧义性，易引起误解。因而，最好使用人工语言或者人工语言与自然语言的混合形式书写软件的规格说明书。这种语言就叫作规格说明语言。

SOHO　小型公寓楼办公室或家庭办公室　small office/home office 的缩写。

solarization　曝光过度　摄影过程中因光圈、快门等原因使进入镜头照射在感光元件上的光量过强，造成影像亮度、色差、色饱和度失真。在视频特技中，可采用降低色差信息编码深度等方法来产生曝光过度的效果。

solder　焊料　用于填加到焊缝、堆焊层和钎缝中的金属合金材料的总称。它包括焊丝(welding wire)、焊条(welding rod)、钎料(brazing and soldering alloy)等。

solder wire　焊锡丝　由锡合金和助剂两部分组成。合金成分包括锡铅和无铅助剂，两者被均匀灌注到锡合金中间部位。焊锡丝种类不同助剂也就不同。助剂部分的作用是提高焊锡丝在焊接过程中的辅热传导，去除氧化，降低被焊接材质表面张力，去除被焊接材质表面油污，增大焊接面积。焊锡丝的特质是具有一定的长度与直径的锡合金丝，在电子元器件的焊接中与电烙铁或激光配合使用。

soldering flake　焊片　一种焊接用材，一般是挤压成形，用于钎焊焊接。按焊接材料区分，常见有锡焊片、银焊片、镍焊片、铜焊片等。

solenoid valve　电磁阀　用电磁原理控制流体的自动化元件，属执行器。它由电磁线圈和磁芯组成，可包含单个或多个孔的阀体。当线圈通电或断电时，磁芯的运转导致流体通过阀体或被切断，以达到改变流体方向的目的。按原理分，有直动式、分布直动式、先导式三类；按结构分为膜片式电磁阀和活塞式电磁阀。

solid conductor　实心导体　单股导体。

solid copper wire　实芯铜线　用单股实芯铜导体制成的导线。

SONET　同步光网络　synchronous optical network 的缩写。

SONY/PHILIPS digital interface format (S/PDIF)　SONY、PHILIPS 数字接口格式　一种数字音频传输接口,往往被用来传输压缩过的音频信号,它符合 IEC 61937 标准规定。

SOS　安全观察站　safety observation station 的缩写。

sound and image synchronization　声像同步　图像的动作和声音的同步配合。

sound and light alarm　声光警报器　又叫声光警号,是为了满足客户对报警响度和安装位置的特殊要求而设置。它可以同时发出声、光两种警报信号。

sound carrier　伴音载波　用于承载电视伴音信号的载波。

sound carrier frequency　伴音载频　指电视发射信号中伴音载波的频率。

sound channel　声道　声音在录制或播放时在不同空间位置采集或回放的相互独立的音频信号,所以声道数也是声音录制时的音源数量或回放时相应的扬声器数量。

sound delay of video conference　视频会议的声音延时　视频会议系统中声音信号对于视频图像的滞后时间。

sound field　声场　媒质中有声波存在的区域。描述声场的物理量可以是声压、质点振动速度、位移、媒质密度等,它们一般都是位置和时间的函数。在均匀、各向同性的媒质中,边界的影响可以不计的声场称为自由声场。在自由声场中,声波按声源的辐射特性向各个方向不受阻碍和干扰地传播。声源在被声阻抗率不同的界面所包围的空间中辐射的声场称封闭空间中的声场。声源在封闭空间中辐射声波时,传播到各界面上的声波,一部分被界面吸收,一部分被反射。在一般房间中,要经过多次反射后,声波的强度才减弱到可以被忽略的程度。声源在封闭空间中连续稳定地辐射时,空间各点声能是来自各方向的声波叠加的结果。其中,未经反射,直接传播到某点的声波称为直达声;一次和多次反射声的叠加称为混响声。直达声的强度与离声源中心的距离平方成反比。如果频率较高(波长与空间尺寸相比很小),混响声的强度可近似地认为各处相等。混响声能的大小,除与声源辐射功率有关外,还与空间大小和诸界面的平均吸声系数有关。

sound field irregularity　声场不均匀度　声场的不均匀度与声场不规则性直接有关。普通会场中声场不均匀度一般可以由室内各点测得的声压级的最大差值来反映。

sound focusing　声聚焦　室内声能由于凹面对声波形成集中反射,使反射声聚焦于某个区域,造成声音在该区域特别响的现象。声聚焦造成声能过分集中,使声能聚焦点的声音过响。

sound on sync　声同步　插入一个声音

信道到一个模拟视频信道时保持声画同步的方法。在配音中也称对口型。

sound pressure level (SPL)　声压级　表示声压强弱的物理量。在声音的物理分析中，为了更具体地表示音量的大小，更方便地计算和比较，通常将声压的大小以数量级的形式来表示，其计算公式为：$L_p = 20\lg P/P_0$，其中：L_p 为声压级（单位符号：dB），P 为某点声压，P_0 为基准声压。在环境声学中，0 dB，人耳刚能听到；20 dB，深夜郊外（安静时）；40 dB，轻声细语时；60 dB，1 m 距离交谈，办公室内；80 dB，1 m 距离高声说话，一般工厂内；100 dB，纺织车间、鼓风机旁、歌舞厅内；120 dB，大型鼓风机旁、柴油机、泵房；140 dB，汽轮机、大型飞机起降；160 dB，导弹发射；200 dB，核爆炸。在单个声源声压级计算中，离开声源距离增加一倍，声压级下降 6 dB；声源功率增加一倍，声压级增加 3 dB。

sound reduction index　降噪指数，声衰减指数　声音媒介一面的入射声能与另一面的透射声能相差的分贝数。通常取空气声入射到试件上的声功率对通过试件穿透的声功率之比的常用对数乘以 10。

sound reinforcement system　扩声系统　把讲话者的声音对听者进行实时放大的系统，讲话者和听者通常在同一个声学环境中。成功的扩声系统应具有足够响度（足够的声增益）和足够的清晰度（低的语言子音清晰度损失百分率），并且能使声音均匀地覆盖听众，而同时又不覆盖没有听众的区域。扩声系统由扩声设备和声场组成，主要包括把声音转变为电信号的话筒，放大信号并对信号加工的设备、传输线，把电信号还原为声信号的扬声器以及听众区的声学环境。

sound signal　声音信号　带有语音、音乐和音效的有规律声波的频率、幅度变化的信息载体。根据声波的特征，可把音频信息分类为规则音频和不规则声音。其中，规则音频又可以分为语音、音乐和音效。规则音频是一种连续变化的模拟信号，可用一条连续的曲线来表示，称为声波。声音的三个要素是音调、音强和音色。

source　信号源　产生和发出信号的源头，在通信系统模型中称为信源。它采集原始信息并转换为相应电信号。常见有电话机、电报机、传真机、话筒、摄像机、计算机等。

Southern Standard Building Code (SSBC)　南方标准建筑规范（美国）　指美国南方建筑规范国际委员会出版的标准系列，主要用于美国中南部各州。在 2000 年以前，一般认为美国的通用建筑规范（general building code）共有以下四类：(1) 以建筑官员与规范管理人联合会（BOCA）的名义分布的全国建筑规范（NBC）；(2) 以南方建筑规范国际委员会（SBCCI）的名义发布的标准建筑规范（SBC）；(3) 以国际建筑官员会议（ICBO）的名义分布的统一建筑规范（UBC）；(4) 由国际规范委员会（ICC）制定的国际建筑规范（IBC）。由美国各州通过法律分别选择这四类通用建筑规范中的一类在该州作为法律效力的规范使用。到 2000 年,经美国各有关方面协商,决定在美国全国用 IBC 规范来取代其他三类通用建筑规范。由于改用 IBC 规范需要各州法律认可,故其他三类通用规范仍有一个过渡期,但不再做新一轮修订。待各州以法律形式认可 IBC 规范后,法律上被采纳的通用规范就将只有 IBC。

SP 服务提供商 service provider 的缩写。

space 空间 ① 与时间相对的一种物质客观存在形式。时间与空间两者密不可分,按照宇宙大爆炸理论,宇宙从奇点爆炸之后,宇宙的状态由初始的"一"分裂开来,从而有了不同的存在形式、运动状态等差异,物与物的位置差异度量称为空间,位置的变化则由时间度量。空间由长度、宽度、高度、大小表现出来。② 弱电工程中安放配线箱和(或)其他信息技术设备的特定空间(如房间、人孔等)。

space diversity 空间分集 也称天线分集。它是无线通信中使用最多的分集形式之一。它采用多付接收天线接收信号,然后进行合并。为保证接收信号的不相关性,要求天线之间的距离足够大,保证接收到的多径信号的衰落特性不同。在理想情况下,接收天线之间的距离应达到波长 λ 的一半。空间分集合并既可用于移动台也可以用于通信基站。空间分集合并按接收方式可分为选择性分集合并、反馈分集合并、最大比率分集合并、等增益分集合并四类。

space division multiple access (SDMA) 空分多址 也称为多光束频率复用技术。它通过标记不同方位的相同频率的天线光束来进行频率的复用。空分多址方式在中国第三代通行系统时分同步码分多址(TD-SCDMA)中引入,是智能天线技术的集中体现。该方式是将空间进行划分,以取得更多的地址,在相同时间间隙,在相同频率段内,且在相同地址码情况下,根据信号在空间内传播路径不同来区分不同的用户。在有限的频率资源范围内,可以更高效地传递信号,在相同的时间间隙内,可以多路传输信号,也可以达到更高效率的传输。引用这种方式传递信号,在同一时刻,因接收信号来自不同路径,可显著降低信号间相互干扰,从而实现信号的高质量。

space efficient 空间效率 对于空间的利用率。提高空间效率是建筑设计的重要因素之一。在布线系统中采用高密度配线架可以使机柜的空间效率提高(当然,会导致使用时的体感下降)。

space time block coding (STBC) 空时分组编码 在空间域和时间域两维方向上对信号进行编码。当天线的数目一定时,空时格码(STTC)的译码复杂度与天线的个数和数据速率成指数增长。为了解决译码复杂度的问题,楷登电子(Cadence)公司的阿拉莫提(Alamouti)首先提出了一种使用两个发送天线和一个接收天线的传输方法。这种算法的性能与采用最大比合并算法(一个发送天线,两个接收天线)的性能是相同的。

具体算法为 x 及其共轭的线性组合。一个编码码字共有 P 个时刻，并按行由 N 副天线同时发送，即在第一个时刻发送第一行，第二个时刻发送第二行，依此类推。在第 t 个时刻发送第 t 行，总共需 P 个时刻才可完成一个编码码字的发送。因此，矩阵的每一列符号实际是由同一副发送天线在不同时刻发送的。考虑到编码矩阵 G 列之间的相互正交性，在同一副天线上发送出去的星座点符号与另外任意天线上发送出去的符号是正交的，故这类码称为正交空时分组码。

spanning tree protocol (STP)　生成树协议　指定义在 IEEE 802.1D 中的一种链路管理协议。它为网络提供路径冗余的同时防止产生环路。它使用生成树算法，允许学习网桥建立一颗生成树在一个具有环路的网络拓扑中动态工作，在网桥与网桥之间交换网桥协议数据单元(BPTU)消息时监测出环路，然后通过关闭选择的网桥接口取消环路。STP 协议思路：不论网桥(交换机)之间采用怎样物理联结，网桥(交换机)能够自动发现一个没有环路的拓扑结构网络，还能确定有足够的连接通向整个网络的每一个部分。所有网络节点要么进入转发状态，要么进入阻塞状态，建立起整个局域网的生成树。当首次连接网桥或者网络结构发生变化时，网桥都将进行生成树拓扑的重新计算，为稳定的生成树拓扑结构选择一个根桥，从一点传输数据到另一点。出现多条路径时只选择一条距离根桥最短的活动路径。STP 的这种控制机制可以协调多个网桥(交换机)共同工作，可使计算机网络避免因一个接点失败导致整个网络联结功能的丢失。

spare part　备件　为缩短设备修理停歇时间或进行设备的维护检修而储备的用于维修的配件。

SPC exchange　程控交换机　全称为存储程序控制交换机(与之对应的是布线逻辑控制交换机，简称布控交换机)，也称为程控数字交换机或数字程控交换机。通常专指用于电话交换网的交换设备，它以计算机程序控制电话的接续。程控交换机是利用现代计算机技术，完成控制、接续等工作的电话交换设备。

SPD　浪涌保护器　surge protective device 的缩写。

SPDT　单刀双掷开关　single-pole double-throw 的缩写。

speaker　扬声器　又称喇叭。它是一种十分常用的电声换能器件，大量用于广播系统、音响系统和会议系统。

speakers distribution　广播扬声器布点　把广播扬声器配置到公共广播服务区现场各个具体位置上。

speakers, A/V & home theater　家庭影院系统　在家庭环境中搭建的一个接近影院效果的可欣赏电影并享受音乐的系统。家庭影院系统可让家庭用户在家欣赏环绕影院效果的影碟片，聆听专业级别音响带来的音乐，并且支持卡拉 OK 娱乐。

special test software　专用测试软件　为专用测试仪器仪表配套的测试软

件，包括固化在测试仪器仪表中的软件和安装在计算机上的软件。

special test system　专用测试系统　专门用于某种设备或系统性能指标的测量系统，包括硬件与软件。如在一个固定空间内构建一个专用的暖通空调水系统，具备末端压损和系统负荷可调可测的功能，可在设计、安装或教学时，供有关人员认识该系统构成及功能、性能。

special tool　专用工具　为从事某项工作而专门配备的工具。如综合布线系统专用工具是一个专门用于布置线路的工具。目前主要的专用设备及工具包括：打线工具、测试设备、吹光纤设备、光纤牵引设备等。

specialized mobile radio (SMR)　专用移动无线通信　美国联邦通信委员会（FCC）定义的工作于 800 MHz、900 MHz频带，为各类用户提供各种双向通信服务的集群系统。

specification　规范[规格]书　生产的成品或所使用的原材料等规定的质量标准，常用在制造学、物理学和工程招投标中。**规程**　即“规则＋流程”。所谓流程即为实现特定目标而采取的一系列前后相继的行动组合，也即多个活动组成的工作程序。规则则是工作的要求、规定、标准和制度等。因此规程可以定义为：将工作程序贯穿一定的标准、要求和规定。我国建设主管部门颁布的就有标准（如《智能建筑设计标准》）、规范（如《智能建筑工程质量验收规范》）、规程（如《智能建筑工程应用技术规程》）之分。

specification description language (SDL)　规范描述语言　由国际电报电话咨询委员会（CCITT）推荐的国际标准化的正式语言，以后由国际电信联盟-电信标准化部门（ITU-T）发展和标准化。

specifier　规划方　从事项目设计之前的总体规划工作的单位或个人。

specimen　样品　能够代表商品品质的少量实物。它或者是从整批商品中抽取出来作为对外展示模型和产品质量检测所需；或者在大批量生产前根据商品设计而先行由生产者制作、加工而成，并将生产出的样品标准作为买卖交易中商品的交付标准。样品作为商品的品质代表展示时，代表同类商品的普遍品质，包括商品的物理特性、化学组成、机械性能、外观造型、结构特征、色彩、大小、味觉，等等。

specimen page　样张　试印出作为样品供校对的书页。

spectral shape　光谱形状　由于每种原子都具有自己的特征谱线，因此可以根据光谱来鉴定物质和确定它的化学组成，这种方法叫作光谱分析。光谱的形式有线状光谱（由狭窄谱线组成的原子光谱）、带状光谱（由一系列光谱带组成的分子光谱）、连续光谱（包括一切波长的炽热固体所辐射的光谱）和吸收光谱（具有连续谱的光波通过物质样品时产生的在连续谱的背景下出现相应暗线或暗带的光谱）。

spectrum spreading　扩频，频谱扩展　一种利用信息处理改善传输性能的技术。这种技术的目的和作用是在传输信息之前，先对所传信号进行频谱的扩宽处理，以便利用宽频谱获得较强的抗干扰能力以及较高的传输速率，同时由于在相同频带上利用不同码型可以承载不同用户的信息，因此扩频也提高了频带的复用率。

speculum 反射镜 在光学玻璃的背面，镀一层金属银（或铝）薄膜，使入射光反射的光学元件。

speech coding 语音编码 对模拟语音信号转化成数字信号进行的编码。对语音进行编码的目的是为了将语音数字化。它还包括利用人的发声过程中存在的冗余度和人的听觉特性来降低编码率。语音编码的基本方法可分为波形编码、参量编码（音源编码）和混合编码。

speech communication 话音通信 电话或语音信号的传输。

speech interface 话音接口 系统或设备用于接收或发送声音或电话语音的接口，包括软件接口。

speech transmission index of public address (STIPA) 扩声系统语言传输指数 广播扩声系统中用于客观评价系统语言传输质量的指标。语言传输指数是指由客观测量获得的用于表述传输通道语言清晰度的量。在房间内听讲话时，从声源到听众构成声传输通道。在声音传输过程中，房间内的回声、混响和噪声使接收到的信号产生畸变，降低了语言可懂度。通过测量传输通道的调制转移函数而导出的语言传输指数，可客观的评价房间内的语言可懂度。STIPA 取值由 0.00～1.00，其值越大，表示系统的语言可懂度越高。

SPL 声压级 sound pressure level 的缩写；**分摊计费** split charging 的缩写。

splice 接合 导线之间或光纤之间的联结。

splice closure for optical cable 光纤连接器 光纤与光纤之间进行可拆卸（活动）连接的器件，它把光纤的两个端面精密对接起来，以使发射光纤输出的光能量能最大限度地耦合到接收光纤中去，并使由于其介入光链路而对系统造成的影响减到最小，这是光纤连接器的基本要求。在一定程度上，光纤连接器对光传输系统的各项性能具有影响。

splice closure for outdoor optical cable 室外光缆连接器 用于室外环境的光缆连接器件。一般具有 IP67 标准等级的防水、防尘保护，带有螺纹锁紧机械装置，防腐蚀，并能抗电磁干扰（包括电磁脉冲保护）等特性。

splice connection 熔纤连接 用熔纤机将光纤和光纤或光纤和尾纤连接。

splice for optical fiber 光纤接头 将两根光纤联结在一起，并有保护部件的接续部分。

splice holder 熔接固定 将安装好熔接套管（保护套）的光纤熔接点固定在熔纤盘的插槽内，使光纤纤芯移动时熔接点不动，确保最脆弱的光纤熔接点不会因外力造成损坏。

splice protection 熔接保护 光纤熔接点要使用带有钢筋的保护套进行保护。在光纤熔接以前要把保护套穿在相应光纤上，在穿好后要进行热熔固定，以达到用钢筋保护熔接点的目的。

splice tray　熔纤盘　光纤熔接后的保护器件。它将已经使用热缩管（含钢筋）保护的光纤熔接点固定在熔纤盘内的光纤槽中，使光纤熔接点不会移动，并将熔接点两端的部分光纤盘绕在熔纤盘内。

splice tray with cover　带盖熔纤盘　带有盖子的熔纤盘。它使其中的光纤纤芯及熔接点不会因无意识接触而出现故障，有助于提高系统的可靠性。

split charging (SPL)　分摊计费　将各部门、各产品之间的共同费用进行分摊，便于生产成本的科学计算。

splitter　分支[配]器　有线电视等射频系统中将射频信号进行分流、分配的无源器件。

SPM　自相位调制　self phase modulation 的缩写。

spontaneous ignition　自燃　指可燃物质在没有外部火花、火焰等火源的作用下，因受热或自身发热并蓄热所产生的自然燃烧。

spotlight　聚光灯　一种使用聚光镜头、反射镜等聚成的光投射出来的一种硬性灯具。这类灯具投射的光强度大，亮度高，属硬光型，能形成物体表面明显的阴影，在舞台照明灯具中担任“主角”，常作人物或场景的主光、轮廓光使用。

spot-type detector　点型探测器　安装于一点，用于探测该点周围状态的探测器。

spot-type fire detector　点型火灾探测器　指响应某一点周围的火灾参数的火灾探测器。

spray　喷雾　即人工造雾。由高压系统将液体以极细微的颗粒喷射出来，这些微小的人造雾颗粒能长时间漂移、悬浮在空气中，从而形成白色的雾状奇观，极像自然雾的效果。在消防系统中，是指一种气体灭火工作的形式。

spray fire pump　喷淋消防泵　对满足喷淋系统流量与压力的专用泵，当发生火灾时，喷头在温度达到一定温度后（一般是 68℃，不一样的喷头参数不同）喷头自动爆裂，屋顶消防水箱进行火灾初期的供水（一般情况下水箱满足喷淋系统 10 min 的供水量）。管内的水在屋顶消防水箱的作用下自动喷出，这时报警阀会因为压力的变化自动打开，水力警铃响起，压力开关自动打开，而这个压力开关由信号线和消防喷淋泵、消防控制室连锁，此时喷淋泵自动启动。消防喷淋泵把水池的水通过管道提供到喷头，消防灭火系统开始工作。

spread rate　传播速率　也称序列的传输速率，通常是数位标签用来传播信息的速率。传播速率至少是信息速率的 100 倍。

spread spectrum (SS)　扩展频谱　简称展频或扩频，是一种常用的无线通信技术。展频技术的无线局域网络产品是依据 FCC（美国联邦通信委员会）规定的 ISM（工业、科学、医疗），频率范围开放在 902～928 MHz 及 2.4～2.484 GHz的两个频段，无使用授权限制。展频技术主要又分为跳

S

频展频(FHSS)技术及直接序列展频(DSSS)技术两种方式。

spring-return actuator 弹簧复位启动装置 指用弹簧复位的启动装置。

sprinkler alarm valve water motor alarm 报警阀水力警铃 指水流驱动发出声响的报警装置,通常作为自动喷水灭火系统的报警阀配套装置。水力警铃由警铃、击铃锤、转动轴、水轮机、输水管等组成。当自动喷水灭火系统的任一喷头动作或试验阀开启后,系统报警阀自动打开,则有一小股水流通过输水管,冲击水轮机转动,使击铃锤不断冲击警铃,发出连续不断的报警声响。水力警铃易于安装,通常安装在建筑物外墙上。当水流经湿式报警阀、干式报警阀、预作用阀或雨淋阀至水力警铃时,警铃即鸣响。

sprinkler system 自动喷水灭火系统 按适当的间隔和高度,装有喷头的供水灭火系统。它由洒水喷头、报警阀组、水流报警装置(水流指示器或压力开关)等组件,以及管道、供水设施组成,并能在发生火灾时喷水。

SPS 二次电源 secondary power supply 的缩写;**安全防范系统** security and protection system 的缩写;**软件产品规格说明** software product specification 的缩写。

SPTS 单节目传输流 single-program transport stream 的缩写。

SQL 结构化查询语言 structured query language 的缩写。

SQL server 微软关系型数据库管理系统 同 Microsoft SQL server。

squelch circuit 静噪电路 人们在使用无线对讲机时常常会听到背景噪声,静噪电路即为解决对讲机的通话质量和噪声的问题而设计的电路。静噪分不同的静噪等级,可根据实际情况自行调节。

squelch opening and closing level 静噪开启电平和闭锁电平 静噪电路打开的触发电平或关闭的触发电平。静噪开启意味着信号幅度只有大到一定程度才能通过,这意味着灵敏度相对下降。当想要听到几乎淹没在噪声中的信号时,可以关闭静噪。

SRAM 静态随机存取存储器 static random access memory 的缩写。

SRC 采样频率转换 sample rate conversion 的缩写。

SRL 结构回波损耗 structural return loss 的缩写。

SRS 受激拉曼散射 stimulated Raman scattering 的缩写。

SRV 安全减压阀 safety relief valve 的缩写。

SS 扩展频谱 spread spectrum 的缩写;**补充业务** supplementary service 的缩写。

SS7 7号信令系统 signal system 7 的缩写。

SSBC 南方标准建筑规范 Southern Standard Building Code 的缩写。

SSC SSF 控制范围 SSF scope of control 的缩写。

SSF SSOIS 安全功能 SSOIS security function 的缩写。

SSF scope of control (SSC) SSF 控制范围 在信息安全技术中,指信息系统

安全子系统(SSOIS)的操作所涉及的主体和客体的范围。

SSL 安全套接字层 secure sockets layer 的缩写。

SSOIS 信息系统安全子系统 security subsystem of information system 的缩写。

SSOIS security function (SSF) SSOIS 安全功能 正确实施信息安全技术中信息系统安全子系统(SSOIS)安全策略的全部硬件、固件、软件所提供的功能。每一个安全策略的实现,就能组成一个SSOIS安全功能模块。一个SSIOS的所有安全功能模块共同组成该SSOIS的安全功能。

SSOIS security management SSOIS 安全管理 对于信息安全技术中SSOIS(信息系统安全子系统)安全相关方面的管理,包括对不同的管理角色和它们之间的相互作用(如能力的分离)进行规定,对分散在多个物理上分离的部件有关敏感标记的传播,SSOIS安全功能(SSF)数据和功能的修改等问题进行处理。

SSOIS security policy (SSP) SSOIS 安全策略 对信息安全技术中信息系统安全子系统(SSOIS)安全策略中的资源进行管理、保护和分配的一组规则。一个SSOIS中可以有单个或多个安全策略。

SSP 丝网印刷 silk screen printing 的缩写; **SSOIS 安全策略** SSOIS security policy 的缩写。

SST 信号稳定技术 signal sustain technology 的缩写。

ST 安全目标 security target 的缩写; **段表** segment cable 的缩写。

ST connector ST 型(光纤)连接器 一种光纤连接器。外壳呈圆管状,紧固方式为螺丝扣。ST头插入后旋转半周有一卡口固定,缺点是容易折断。它属于第一代光纤连接器。

stabilizing element from pairs 十字隔离 非屏蔽双绞线内将四对芯线之间间距加大的构造。其方法是在四个线对之间添加“十”字造型的塑料骨架,使各对芯线之间的电磁干扰性能(如:NEXT、FEXT等)改善的结构。在六类(Cat. 6)和超六类(Cat.6A)非屏蔽双绞线中,由于带宽增加,导致非屏蔽双绞线中各线对之间的电磁干扰加大,而采用十字隔离结构后可以使双绞线的性能余量满足工程需要。

stack HUB 堆叠型集线器 把多个集线器以一定的方式用双绞线连接起来,组成一个集线器组,称为堆叠式集线器。

stacking 堆垛 堆积成垛。

stage 舞台 在剧院中为演员表演提供的空间,它可以使观众的注意力集中于演员的表演并获得理想的观赏效果。

stainless steel 不锈钢 不锈耐酸钢的简称。将耐空气、蒸汽、水等弱腐蚀介质或具有不锈性的钢种称为不锈钢,而将耐化学腐蚀介质(如:酸、碱、盐等化学侵蚀)的钢种称为耐酸钢。

stair 楼梯 同 stairway。

stair landing 楼梯平台 连接楼梯两梯段之间的水平部分。平台用以供楼梯转折、行走者休息。与楼层标高一致的平台称为楼层平台，介于两个楼层之间的平台称为中间平台。

stairway　楼梯　由连续行走的梯级、休息平台和维护安全的栏杆（或栏板）、扶手以及相应支托结构组成的作为楼层之间垂直交通用的建筑部件。《民用建筑设计通则》（GB 50352）对各类建筑物中楼梯设置的位置、数量以及楼梯的宽度、形式等要素均有明确的规定。

standalone dedicated control channel (SDCCH)　独立（专用）控制信道　在全球移动通信系统（GSM）网络的空间接口上要传递大量信息，GSM系统根据信道承载的信息种类，定义了不同的逻辑信道。在传递信息的过程中，逻辑信道要放在一个物理信道上。在所有的逻辑信道中，独立专用控制信道是一个相当重要的控制信道。它的主要作用是在指派业务信道前传递系统信息，如：用户授权、用户等级消息及呼叫接续信令等内容。

stand-alone electrical fire monitoring detector　独立式电气火灾监控探测器　《电气火灾监控系统》GB 14287—2005将电气火灾监控探测器分为独立式和非独立式。两者区别是在监控报警功能上。独立式探测器具有工作状态指示灯、自检功能和声光报警功能，非独立式探测器则可以没有监控功能。

standalone server　独立服务器　服务器在局域网中所担任的一种职能。服务器只向网络内的计算机提供单一的服务，不负责网络内计算机的管理职能。

standard DIN rail　标准 DIN 导轨　又称为 35 mm 标准导轨。DIN 导轨是德国工业标准，使用导轨是工业电气元器件的一种安装方式，安装支持此标准的电气元器件可方便地卡在导轨上而无须用螺丝固定，维护也很方便。

standard 19″ cabinet　标准 19 英寸机柜　机柜内两个前立柱（或后立柱）上的设备安装螺丝孔中心间距为 19 in 的通用机柜，可以安装螺丝孔间距为 19 in的标准设备。该机柜上的设备高度有统一的尺寸规则，以 1 U 为一个基本单位，1 U 高度等于 1.75 in，安装在 19 in 机柜内的设备要求是该高度的整倍数，如：1 U、2 U、3 U、4 U、6 U、8 U、12 U、18 U、24 U、42 U，等等。目前配置于机柜的有综合布线系统的配线架、网络交换机、公共广播设备、消防设备等等。在中国流行的 19 in 机柜一般不超过 42 U。

standard atmospheric condition　标准大气条件　由权威性机构颁布的一种模式大气。它依据实测资料，用简化方式近似地表示大气温度、压力和密度等参数的平均垂直分布。它可作为压力测高表校准、航空器性能计算、飞机和火箭设计、弹道查算表和气象图表制作的依据。各国各类机构颁布的参数并不完全一致。

standard building code (SBC)　标准建筑规范　美国南方建筑规范国际委员会出版的建筑标准系列，主要流行于美国中南部各州。

standard definition barcode image 标清码图 在标清电视节目中播出的码图。

standard definition television (SDTV) 标准清晰度电视 用于表述与扫描格式为 625/50 及 525/60 彩色电视系统质量相当的电视系统。在数字电视系统中,其演播室信号标准格式符合 ITU-R BT.601-6 建议书中所规定的格式。

standard socket 标准插座 在某一个系统或场合下,基于一定的规则而确定使用的插座。如综合布线系统的 RJ45 插座、电话系统的 RJ11 插座、墙面供电的新国标电源插座等。

standard white 标准白 指彩色电视技术中规定的标准白色。中国电视标准白色为 CIE 标准色度 D65。

standardization 标准化 在经济、技术、科学、管理等社会实践中,对重复性的事物和概念,通过制订、发布和实施标准达到统一,以获得最佳秩序和社会效益。在智能化系统设计、施工以及产品制造中,国家、地方和行业均颁布有一系列的标准、规范和规程。其中,强制性条纹是必须遵守的要求。

standardized management 规范管理 在对人的本质特性准确把握的基础上,通过确立一套价值观念体系来引导、约束人们的意志行为选择。企业规范化管理强调必须在一套系统的价值观念体系基础上对企业管理的活动进行整合。尽管规范管理最终也要落到制度层面,通过规章制度来实施,但制度管理不能等同于规范管理。制度仅是形式,任何一种形式的管理都可以以制度形式予以界定和贯彻。

standby power 备用电源 准备在主电源故障时取代主电源供电的电源。

standby redundant UPS 备用冗余 UPS 在运行中的 UPS 单元发生故障之前,就有单个或多个 UPS 保持备用状态的不间断电源设备。

standing display screen 落地显示屏 独立设置于地面,以柱体或其他结构支撑的显示屏。

standing wave 驻波 频率相同、传输方向相反的两种波(不一定是电波)沿传输线形成的一种分布状态。在研究信息传输系统中的驻波,一般指其中一个波是另一个波的反射波。在两者电压(或电流)相加的点出现波腹,在两者电压(或电流)相减的点形成波节。在波形上,波节和波腹的位置始终不变,给人以伫立不动的印象,但它的瞬时值是随时间而改变的。如果这两种波的幅值相等,则波节的幅值为零。

star 星型 指一种网络的拓扑结构,见 star network。

star network 星型网络 一种集中式网络拓扑结构,其物理平面图类似于星型。星型结构通常采用集线器或交换机作为网络节点,网络中的每一台计算机都通过网卡连接节点,计算机之间通过节点进行信息交换。星型结构是目前在局域网中应用得最为普遍的一种结构,企业网络几乎都采用这一结构。星型网在某种意义上是可靠的,因为一个节点的异常不

S

会影响到网络的其他节点，但中心站的异常将导致整个网络的瘫痪。

start code　起始码　数据发送前的一段数字码流。在有线电视系统中，指长度为32位的二进制码字，其形式在整个位流中是唯一的。起始码有多种用途，其中之一是用来标识位流语法结构的开始。

static bypass (electronic bypass)　静态旁路（电子旁路）　不间断电源(UPS)系统中代替间接交流变流器的供电电路（主电源或备用电源）。该电路的控制是通过一个电力电子开关进行的，例如：晶体管、晶闸管、双向晶闸管或其他的半导体器件或装置。

static data　静态数据　在运行过程中主要作为控制或参考用的数据。它们在很长一段时间内不会变化，一般不随运行而变。相对于静态数据的是动态数据。动态数据包括所有在运行中发生变化的数据、在运行中需要输入输出的数据及在联机操作中需要改变的数据。

static load-bearing capacity　静态承重　楼板、机柜等在静止状态下所能承受的重量。

static pressure　静压　物体在静止或者匀速直线运动时表面所受的压强，其单位符号为：Pa/m^2。在建筑工程中，静压桩法施工是通过静力压桩机构以压桩机自重和机架上的配重提供反力而将桩压入泥土中的沉桩工艺。这种压桩方法完全避免了锤击打桩所产生的振动、噪声和污染，因此施工时具有无噪声、无振动、无冲击力、无污染等优点。

static random access memory (SRAM)　静态随机存取存储器　一种半导体存储器。它基于触发器逻辑电路，只要有电源驱动，信息将一直存储在这种存储器中。它有别于动态存储器，需要手动刷新数据。

static shielding　静电屏蔽　用来衰减静电场，减少静电场效应，抑制由静电放电形成的骚扰传播和静电场感应的措施。

static state condition　静态条件　在数据中心中，指主机房的空调系统处于正常运行状态，电子信息设备已安装，室内没有人员的情况。

stationary equipment　静置[固定]设备　不便移动的设备。

stationary use　固定使用　将产品牢固地安装在结构架上或安装在装置上，或长期放在某一位置上使用，不作移动使用，包括在安装期间的试用，正常使用中的停机、维护、保养和修理期间的短时使用。

statistical analysis system (SAS)　统计分析系统　由美国北卡罗来纳州立大学于1966年开发的统计分析软件。1976年SAS软件研究所(SAS Institute Inc.)成立，开始进行SAS系统的维护、开发、销售和培训工作。在此期间经历了许多版本，并经过多年来的完善和发展，SAS系统在国际上已被誉为统计分析的标准软件，在各个领域得到了广泛应用。

statistical multiplexing　统计复用　指有线电视对于多节目的复用系统，可根据各路节目的统计特性动态分配各路节目的码率的方法,还可以提高频带使用效率。

statistical time division duplex (STDD) 统计时分复用 一种根据用户实际需要动态分配线路资源的时分复用方法。只有当用户有数据要传输时才给他分配线路资源,当用户暂停发送数据时,不给他分配线路资源,线路的传输能力可以被其他用户使用。采用统计时分复用时,每个用户的数据传输速率可以高于平均速率,最高可达到线路总的传输能力。

STB 机顶盒 set-top box 的缩写。

STBC 空时分组编码 space time block coding 的缩写。

STD 选择发射分集 selective transmit diversity 的缩写。

STDD 统计时分复用 statistical time division duplex 的缩写。

STDM 同步时分复用器 synchronous time division multiplexer 的缩写;**同步时分复用** synchronous time division multiplexing 的缩写。

steel plastic pipe 钢性塑料管 钢塑管。以无缝钢管、焊接钢管为基管,内壁涂装高附着力、防腐、食品级卫生型的聚乙烯粉末涂料或环氧树脂涂料。采用前处理、预热、内涂装、流平、后处理工艺制成的给水镀锌内涂塑复合钢管,是传统镀锌管的升级型产品。钢塑复合管一般用螺纹连接。

steel structure of display screen 显示屏钢构架 用于支撑、固定显示屏屏体的钢制构架。

steel-made cable support system 钢质电缆桥架 用钢材制造的电缆桥架。

stent 支架 指起支撑作用的构架。

step index fiber (SIF) 突变型光纤,阶跃型折射率光纤 光纤中的芯到玻璃包层的折射率是突变的。其成本低,模间色散高。适用于短途低速通信。但单模光纤由于模间色散很小,所以单模光纤都采用突变型。

stepping 步进 特指 CPU 量产过程中的一个重要参数,也叫分级鉴别产品数据转换规范,步进编号用来标识一系列 CPU 的设计或生产制造版本数据,步进的版本会随着这一系列 CPU 生产工艺的改进、BUG 的解决或特性的增加而改变,即步进编号是用来标识 CPU 不同的修订的。同一系列不同步进的 CPU 或多或少都会有一些差异。例如,在稳定性、核心电压、功耗、发热量、超频性能,甚至支持的指令集方面可能会有所差异。

stereo mixing 立体声混合 同时混合和处理立体声的左、右两个音频信号。

stereo simulation 立体声模拟 一个将单声道音频信号分离为两个信号,以建立一个三维立体声声学效果的方法。

stereophony 立体声 一种提供给听众空间声源分布感受的声音控制、录制、传输或再现的技术。

still picture 静止图像 在视频压缩编码中,编码静止图像由仅包含一帧的帧内编码图像视频序列组成。该图像具有相应播出的时间戳(PTS)和后继图像的出现时间,如果有后继图像,则后继图像至少比该静止图像延迟两帧。

still store 静止存储器 静态存储器依靠双稳态触发器的两个稳定状态保存信息。每个双稳态电路存储一位二进制代码"0"或"1"。一块存储芯片上包含许多个这样的双稳态电路。双稳态电路是有源器件,需要电源才能工作,只要电源正常,就能长期稳定的保存信息,所以称为静态存储器。如果断电,信息将会丢失,属于挥发性存储器,或称易失性。在静态存储器中比较常见的是静态随机存储器(SRAM)。

stimulated Brillouin scattering (SBS) 受激布里渊散射 因入射光功率很高,由光波产生的电磁伸缩效应在物质内激起超声波,入射光受超声波散射而产生的散射。其散射光具有发散角小、线宽窄等受激发射的特性。也可以把这种受激散射过程看作光子场与声子场之间的相干散射过程。利用受激布里渊散射可研究材料的声学特性和弹性力学特性。

stimulated Raman scattering (SRS) 受激拉曼散射 一种高强度激光和物质分子发生强烈相互作用,使散射过程具有受激发射的性质,这种散射光称拉曼散射光。通常用来产生受激拉曼散射的工作物质,大致可以分为以下四大类:(1) 液体:主要是以苯(C_6H_6)、二硫化碳(CS_2)、四氯化碳(CCl_4)、丙酮、二甲亚砜等为代表的有机液体。(2) 固体:主要是以金刚石、方解石、铌酸锂、硝酸钡、钨酸钡等为代表的单晶体,此外尚有光学玻璃、光学玻璃纤维等介质。(3) 气体:高效率的 SRS 可在很多分子气体(如 H_2、D_2、N_2、CH_4、SF_6 等)系统中产生。此外,利用某些金属原子蒸气作为介质,也可以产生对应于电子跃迁的受激拉曼散射。(4) 半导体:利用某些置于外加直流磁场中半导体介质(如 InSb 晶体)的导带电子在其塞满分裂子能级(朗道能级)之间的跃迁,可实现一种特殊形式的所谓受激自旋反转拉曼散射。这种受激散射的特点是散射频移可通过改变外加磁场强度而连续调谐。

STIPA 扩声系统语言传输指数 speech transmission index of public address 的缩写。

STM 同步传送模块 synchronous transport module 的缩写。

STN 超扭曲向列 super twisted nematic 的缩写;**电话交换网络** switched telephone network 的缩写。

stop condition 停机条件 在数据中心,是指主机房的空调系统和不间断供电电源系统处于正常运行状态下,电子信息设备处于不工作的状态。

storage area network (SAN) 存储区域网络 一种专门为存储建立的独立于传输控制协议/网际协议(TCP/IP)网络之外的专用网络。目前一般的 SAN 提供 2 Gbps 到4 Gbps的传输效率,同时 SAN 网络独立于数据网络存在,因此存取速度很快。另外,SAN 一般采用高端的磁碟阵列(RAID),使 SAN 的性能在专业存储方案中傲视群雄。SAN 由于其基础是一个专用网络,因此扩展性很强,不管是在一个 SAN 系统中增加一定的存储空间,还是增加多台使用存储空间的服务器都非常方便。通过SAN接口的磁带机,SAN系统可以方便高效地实现数据的集中备份。目前常见的SAN有FC-SAN和IP-SAN,其中FC-SAN为通过光纤通道协议转发SCSI协议,IP-SAN通过TCP协议转发SCSI协议。

storage cell 蓄电池 储存电力的蓄电池。**计算机存储单元** 计算机中的信息存储模块或网络系统的存储装置和设备。

storage facility 储存设施 用于储存物资的场地或设施。

storage multimedia 存储多媒体 指用于存储表示的媒体,即存放感觉媒体数字化后的媒体,例如磁碟、光碟、磁带、纸张等。

storage of material 材料存储 将使用所需要的材料在工地内或工地附近保存。

stored energy time 储能供电时间 当因主电源故障而起用已充分充电的储能装置时,UPS在规定的运行条件下能确保负载电力连续性的最短时间。其中,充分充电的意思是在经过一个能量恢复时间的再充电之后,已恢复了原来的能量。

STP 污水处理厂 sewage treatment plant 的缩写;**屏蔽双绞线** shielded twisted pair 的缩写;**信令转接点** signaling transfer point 的缩写;**生成树协议** spanning tree protocol 的缩写。

STP cable 屏蔽双绞线电缆 shielded twisted pair cable 的缩写。

straight joint 直通接头 连接两根电缆形成连续电路的附件,也特指接头的金属外壳与被连接电缆的金属屏蔽和绝缘屏蔽在电气上连续的接头。

straight line distance (SLD) 直线距离 连接两点的直线段的长。

strain relief 应力消除 应力是单位面积上所承受的附加内力。在缆线、设备、壳体上都会有应力,其消除的方法大体可分四类:一是自然时效法,通过自然放置消除应力;二是热时效法,把工件放进热时效炉中进行热处理,慢慢消除应力;三是利用亚共振来消除应力,这种方法虽然解决了热时效的环保问题,但是使用起来相当烦琐;四是振动时效消除应力,通过机械组装使之形成一整套消除应力设备,它可以使工件在短时间内达到消除应力的作用,并可覆盖所有需要消除应力的工件。

stranded conductor 多芯绞合导体 双芯及以上相互绞合而成的导体,柔软且不易折断,主要用于电缆跳线,以延长跳线的工作寿命。**绞股导体,绞合的铜丝** 多股铜丝绞合而成的导体,一般用于制作软电线。

stranded copper wire 绞铜线 使用多股铜丝绞合而成的电线,使用时柔软而且不容易折断。

stranded loose tube optical fibre cable 层绞式光缆 指由多根容纳光纤的套管绕中心的加强构件绞合成圆整的缆芯。金属或非金属加强件位于光缆的中心,容纳光纤的松套管围绕加强件排列。

streaking 拖尾 指显示器或电视机显示的电视图像沿某一方向超过原景

S

物轮廓正常范围的现象。

streaming media 流媒体 也称流式媒体，采用流式传输技术在网络上连续实时播放的媒体格式，如音频、视频或多媒体文件。流媒体技术就是把连续的影像和声音信息经过压缩处理后放上网站服务器，由视频服务器向用户计算机顺序地或实时地传送各个压缩包，让用户一边下载一边观看、收听而不需等待整个压缩文件下载到自己计算机上才可以观看的网络传输技术。该技术先在用户端创建一个缓冲区，播放前预先下载一段数据作为缓冲，在网络实际连接速度小于播放所耗速度时，播放程序就会取用一小段缓冲区内的数据，就可避免播放的中断，播放质量得以保证。

stripped back 剥离 在外力作用下从基材(如：金属或布)上分离的过程。与扯离不同的是，剥离是从界面的边缘开始的，而扯离是整个黏合面同时受力。

structural element 结构化部件 按结构化构思形成的系统部件或产品部件。综合布线系统中各组成部分及相关元器件均按结构化设计(SD)方法形成，使各部件之间的关系十分简单且有效。

structural fire protection 建筑消防 ① 从火灾的燃烧学机理出发，研究火灾发生、发展以及蔓延的规律。② 建筑物防排烟设计方法和技术措施、建筑材料及建筑构件的耐火性能、建筑物耐火等级、消防规划和消防布局、安全疏散等防火方法和技术。③ 指室内外消火栓系统、自动喷水灭火系统、细水雾灭火系统、气体灭火、泡沫灭火、火灾探测报警、消防联动等建筑灭火方法和技术。

structural return loss (SRL) 结构回波损耗 综合布线系统中衡量电缆品质的一个技术参数。为电缆的输入阻抗与测量系统阻抗之间的偏差，它既体现了电缆的结构不均匀性，又反映出电缆阻抗与测量系统阻抗的偏差(或匹配程度)。虽然回波损耗和结构回波损耗两种指标都能反映电缆质量的好坏，但结构回波损耗只反映电缆结构的不均匀，而无法反映电缆阻抗偏离系统阻抗的情况，除非电缆特性阻抗的平均值非常接近于系统阻抗。

structural steel 结构钢架 工程钢结构用的钢架。主要由型钢、钢板等制成的钢梁、钢柱、钢桁架等构件组成，各构件或部件之间通常采用焊缝、螺栓或铆钉连接。

structural stress 结构应力 建筑结构产生的压力。测量该应力需要将监测传感器嵌入建筑物结构中，可以将建筑物结构所产生的晃动、压力等传导至监测系统中。

structure 结构 指建筑物承重部分的构造。

structure chart 结构图 以模块的调用关系为线索，用自上而下的连线表示调用关系并注明参数传递的方向和内容，从宏观上反映层次结构的图形。结构图又分为知识结构图、组织结构图、建筑结构图等。

structure of management information (SMI) 管理信息结构 定义可通

过网络管理协议访问对象时使用的规则。它包括定义在管理信息库(MIB)中使用的数据类型、对象模型以及写入和修改管理信息的规则。

structured cabling system (SCS) 结构化布线系统 即综合布线系统。从技术角度论述其功能：一是能够适用于各种建筑结构的布线系统，能够满足各种信息传输的需求。二是采用软件工程学中的结构化设计方法，能够将一个大的布线系统分解成若干个小系统，宛如黑匣子一般，每个小系统之间的联系最少，而小系统内部的联系最多。故此，该系统可以由多组人员同时进行各个小系统的设计，而不必关心其他小系统的设计。同样，每个小系统内还可以进行细分。系统设计能够由大变小、由粗变细，可由一组人员分别完成各自的小系统设计，最终形成完整的系统设计。

structured premises cabling 结构化布线 ① 指遵循软件工程学中的结构化设计(SD)方法所形成的综合布线系统架构，即分成若干个组成部分，相互之间的连接简单，而组成部分内部还可以进一步细分。② 指综合布线系统能与各智能系统之间形成结构化关系，为各智能化系统提供信息传输的布线基础设施。

structured query language (SQL) 结构化查询语言 由国际商业机器公司(IBM)发展的 System R 关系数据库管理系统(RDBMS)提供的一种查询语言。它是介于关系代数和关系谓词演算之间的关系查询语言。该语言当时称为 SEQUEL，后演变为 SQL。由于该语言检索的基本概念是映像，所以也称为基于映像的语言。该语言包括查询、操作、定义和控制四种功能，既可以作为自含式查询语言，又可以作为子语言嵌入宿主语言(如：PL/1.COBOL)中使用。此外，还提供算术平均、求和、记录计算、查找最大值和最小值等库函数，增强了检索功能。目前商业应用中的 Oracle、Sybase、SQL/DS 均采用 SQL 作为用户的接口。

stuffing bits 填充位，位填充 数据所占据数据位没有被全部使用时，在没有使用数据位上采用"0"或"1"填充。在计算机中，数位填充采用的规则一般与数的机器码有关。如数字电视编码时插入位流中的位串，在解码时被丢弃。

SU 用户单元 subscriber unit 的缩写。

sub-station 副分机 ① 对讲系统中的分机类型。在一套住宅安装有对讲分机超过一台时，以其中一台为主，其他分机需设置成副分机，成为从属性的分机。② 电话通信中用户电话机并接使用时，属于从属性的分机。

sub-contractor 分包商 项目承包商(尤其是总承包商)将承包的一个合同项目中的一个部分所给予的人。我国《建筑业企业资质标准》规定，"取得专业承包资质的企业可以承接具有施工总承包资质的企业依法分包的专业工程。"我国从事建筑智能化工程的企业必须具有电子与智能化工程专业承包资质，在建设工程中往往是建筑工程的分包商，承担整个建设工程的智能化分部工程。

subcontractor for equipment installation 设备安装分包商 承担建设项目中机电设备安装工程的专业分包商。我国在建筑工程中设立有电子与智能化工程专业承包商、消防设施工程专业承包商、建筑机电安装工程专业承包商等。

subnetting 子网划分 IP网络在逻辑意义上的部分网络称为子网,将一个网络划分两个或者两个以上子网的操作称为子网划分。

subscriber access point (SAP) 用户接入点 多家电信业务经营者的电信业务共同接入的部位。在布线系统中,它是电信业务经营者与建筑建设方的工程界面。

subscriber authorization system (SAS) 订户[用户]授权系统 在用户管理系统(SMS)的引导下,负责编组、排序、递送授权管理信息(EMM)和授权控制信息(ECM)数据流的系统。

subscriber connector (SC) 用户连接器 由日本NTT公司开发的光纤连接器。接头是卡接式标准方形接头,所采用的插针与耦合套筒的结构尺寸与FC型完全相同。其中插针的端面多采用PC型或APC型研磨方式,紧固方式是采用插拔销闩式,不需旋转。此类连接器采用工程塑料,价格低廉,插拔操作方便,介入损耗波动小,抗压强度较高,安装密度高,且具有耐高温,不容易氧化优点。

subscriber identity module card (SIM) 用户识别模块卡 也称用户识别模块、SIM卡。符合全球移动通信系统(GSM)规范的智能卡。SIM卡可以插入任何一部符合GSM规范的移动电话中,实现电话号码随卡不随机的功能,而通话费则自动计入持卡用户的账单上,与手机无关。SIM卡作为智能卡中特殊的一类卡,采用标准的接触式IC卡。它遵守ISO 7816标准(接触式集成电路IC卡的规定)和欧洲电信标准化协会(ETSI)的GSM 11.11等标准的规范。

subscriber optical cable 用户光缆 用户接入点配线设备至建筑物内用户单元信息配线箱之间相连接的光缆。

subscriber unit (SU) 用户单元 在建筑物内占有一定空间,使用者或使用业务会发生变化的,需要直接与公用电信网互联互通的用户区域。

subscribers feeder 用户线 也称用户线路、用户环路。用户设备安装场所与提供服务的本地电信局之间的链路。它是从市话交换局测量室总配线架纵列起,经电缆进线室、管道或电缆通道、交换箱设备、配线电缆、分线盒设备、引入线或经过楼内暗配线至用户话机的线路。

subsystem 子系统 ① 作为整体发挥功能作用的装置或模块的组合,但并不要求其中的装置或模块独立起作用。如智能建筑中的综合布线系统就包括有建筑群子系统、干线子系统、配线子系统等。这些子系统不独立运行,只在完整的布线系统组建成的通信网络中发挥信息传输的作用。② 在一个系统内发挥相应作用并可独立完成单项或多项功能的装置或功能模块的组合。例如,电子会议系统中的扩声子系统既是整个会议系统的一个组成部分，发挥会议声音信号的处理功能，也可独立发挥作用，单独完成会议现场的扩声功能。

subtitle 字幕 在电视节目图像上叠加的文字显示。

suite of installation parts 安装成套件 安装中所需要的设备、配套件等的组合，其中有些可能是独立销售的产品。当成套件配备齐全时，安装工作将会十分方便。

super high frequency (SHF) 超高频 3 GHz至 30 GHz 无线电频率段。该频率段对应的波长从 10 cm 到 1 cm。超高频频段广泛应用于卫星通信和广播、蜂窝电话和页面调度系统以及第三代移动通信。因为频率很高且带宽宽阔(从低端到高端有 2.7 GHz 的宽度)，宽带调制和传播频段都很实用，无线频段中超高频部分的通道和子带都通过国际电信联盟(ITU)进行分配。

super twisted nematic (STN) 超扭曲向列 在液晶显示器中，用电场改变原为 180°以上扭曲的液晶分子的排列，从而改变显光状态，外加电场通过逐行扫描的方式改变电场，在电场反复改变电压的过程中，每一点的恢复过程较慢，因而产生余晖。它的好处是功耗小、省电。

supervise 监理 建设工程中一个执行机构或执行者，依据准则，对某一行为的有关主体进行督察、监控和评价，守理者按程序办事，违理者则必究；同时，这个执行机构或执行人还要采取组织、协调、控制完成任务，使主办人员更准确、更完整、更合理地达到预期目标。

supervisor call interrupt 监控程序请求中断，访管中断 由正在执行的程序发出一条指令，将控制转移给管理程序(或操作系统)所引起的通信中断。

supervisory channel 监控信道 也称反向信道。数据通信系统中的一种带宽比主信道窄的信道，用以传送"确认"和其他管理信息。这种信道是一种次声级信道，使用这种信道的系统称为非对称双工系统。

supervisory computer 上位机 指可以直接发出操控命令的计算机。

supervisory computer control (SCC) 监督计算机控制 一种计算机控制模式。由一台称为监控机的计算机根据工艺参数和数学模型进行运算，对处于较低层次执行实时控制任务的工业控制机或控制器设置子目标或改变控制参数，以监视和控制整个生产过程。

supervisory computer control system (SCCS) 计算机监控系统 即计算机监测控制系统，具有数据、监视、控制功能的计算机系统。它具有实时性、可靠性、可维护性、管理功能、自动控制等特点。

supervisory control 监督控制 一个用于控制若干单独的控制器或控制回路的行为。

supervisory network engine 网络监控引擎 对局域网内的计算机进行监视和控制，针对内部的计算机上网以及内部行为与资产等过程管理。它包含了上网监控(上网行为监视和控制、上网行为安全审计)和内网监控(内网行为监视、控制、软硬件资产管理、数据与信息安全)。

supervisory system 监控系统 监视与控制系统的简称。通常监视在先,根据对被控对象的监视信号分析,采用计算机处理或人工处理的方式进行控制的反馈系统。

supplementary channel 增补频道 广播电视和有线电视系统在原电视接收频道间增设的电视频道。

supplementary service (SS) 补充业务 通信业务中对基本业务的改进和补充。它不能单独向用户提供,须与基本业务一起提供。同一补充业务可应用到若干个基本业务之中。

supplier 供应商 向企业及其竞争对手供应各种所需资源的企业和个人,包括提供原材料、设备、能源、劳务、资金等。它们的情况如何会对企业的营销活动产生巨大影响,如原材料价格的变化、短缺等都会影响企业产品的价格和交货期,并会因此而削弱企业与客户的长期合作与利益。因此,营销人员应对供应商的情况有比较全面的了解和透彻的分析。供应商既是商务谈判中的对手,更是合作伙伴。

supply air (SA) 送风 向室内送风,如同普通风扇一样,主要作用是增加室内空气的流动性。空调在送风时,室外机不工作,不会进行冷热交换,所以,室内机吹的风就是自然风。在日常使用时,一般很少使用该功能。

supply impedance 电源阻抗 供电电源在电路中显示的阻抗。在不间断电源(UPS)系统中,指当UPS电源断开,电源端子处对UPS的阻抗。

support area 支持区 数据中心的一个组成部分,它为主机房、辅助区提供动力支持和安全保障,包括变配电室、柴油发电机房、电池室、空调机房、动力站房、不间断电源系统用房、消防设施用房等。

supporting basic installation 配套基础设施 为通信和智能化系统配套设施提供安装空间和工作环境的设施,包括进线间、中心机房、电信间、布线管道、设备基座和支架、通风冷却设施等。

surface 表面 人或事物的外表,最外层。① 物体跟外界接触的部分,即物体或躯体的外面、外部,如建筑物的外立面。② 事物的外在现象。

surface guarding 面警戒 在公共安全系统中,指警戒范围在水平或垂直方向成面状的警戒方式。它不同于点、线或立体警戒。

surface mount box (SMB) 表面安装盒 使用完整的且可以安放在桌子上的盒体构成的面板盒。

surface-mounted 表层安装,明装 一种安装方式。弱电工程中将设备、面板、管道等在室内沿墙面、梁、柱、天花板、地板、桌面侧暴露敷设和安装。明装的优点是造价低,施工安装、维护修理均较方便,缺点是表面容易积灰,容易产生凝水等,影响环境卫生,有碍房屋美观。

surface-mounted installation 表面安装 ① 印制板上没有孔或窗口,元件直接紧贴在印制板上,缩短了引线,电路装配更易于实现自动化，节省空间。② 工程中将设备、部件和器件直接安装在暴露的物体表面。

surface plastic spray 表面喷塑 工业金属表面的一种处理工艺。塑粉为粉末涂料是一种新型的不含溶剂，100%固体粉末状涂料。它有两大类：热塑性粉末涂料和热固性粉末涂料。涂料由特制树脂、颜色填料、固化剂及其他助剂以一定的比例混合，再通过热挤塑、粉碎过筛等工艺制备而成。它们在常温下，贮存稳定，经静电喷涂或流化床浸涂，再加热烘烤熔融固化，使形成平整光亮的永久性涂膜，达到装饰和防腐蚀的目的。

surface resistance 表面电阻 又称表面比电阻，表征电介质或绝缘材料电性能的一个重要数据。它代表每平方面积电介质表面对正方形的相对两边间表面泄漏电流所产生的电阻，单位符号是 Ω。表面电阻的大小不仅决定于电介质的结构和组成，还与电压、温度、材料的表面状况、处理条件和环境湿度有关。环境湿度对电介质表面电阻的影响极大。表面电阻愈大，绝缘性能愈好。

surface resistivity 表面电阻率 表面电阻率是平行于通过材料表面上电流方向的电位梯度与表面单位宽度上的电流之比。它是表示物体表面形成的电荷移动或电流流动难易程度的物理量。测量时，在固体材料平面上放两个长为 L、距离为 d 的平行电极，则两电极间的材料表面电阻 Rs 即为 d/L 与表面电阻率的乘积。

surface treatment of material 材料表面处理 在基体材料表面上人工形成一层与基体的机械、物理和化学性能不同的表层的工艺方法。表面处理的目的是满足产品的耐蚀性、耐磨性、装饰作用或其他特种功能要求。

surge protective device (SPD) 浪涌保护器 ① 用于保护电气设备免受短时过压，并限制后续电流的持续时间和振幅频率的装置。② 也叫防雷器，是一种为电子设备、仪器仪表、通信线路提供安全防护的电子装置。当电气回路或者通信线路中因为外界的干扰突然产生尖峰电流或者电压时，浪涌保护器能在极短的时间内导通分流，从而避免浪涌对回路中其他设备的损害。

surround sound 环绕声 在声音重放中，能再现各个方向的声音，使听众有一种被来自不同方向的声音包围的临场感。

surrounding 环境 既包括以大气、水、土壤、植物、动物、微生物等为内容的物质因素，也包括以观念、制度、行为准则等为内容的非物质因素。

surveillance 监视 从旁监察注视的行为。

surveillance & control center 监控管理中心 建筑智能化系统中是指建筑设备监控系统、火灾自动报警系统和安全防范系统的中央控制室。监控管理中心接收、处理各系统发来的运行信息、报警信息、状态信息等，以多媒体方式供值班人员掌握全局情况，并将处置指令发送到相关系统。

surveillance and control center 监控中心

同 surveillance & control center。

surveillance area 监视区 公共安全系统中需要监视、监控的区域。

surveillance camera 监控摄像机 用于安全防范系统中作监视用的摄像机，要求灵敏度高、抗强光、体积小、寿命长、宽动态、防水、抗震。

surveillant 监视者 从旁监察注视的人。

sustainability 可持续性 一种可以长久维持的过程或状态。有生态可持续性、经济可持续性和社会可持续性三个相互联系不可分割的部分组成。

SVC 可伸缩视频编码 scalable video coding 的缩写；**信令虚(拟)信道** signaling virtual channel 的缩写。

SVP 饱和蒸气压 saturated vapor pressure 的缩写。

SW 交换机，开关；选择 switch 的缩写。

switch (SW) 交换机，开关 ① 用于连接和管理通信线路的设备，其主要功能是控制信号的路径。交换机与集线器(hub)的不同之处是，集线器会将网络内某一用户传送之分组传至所有已连接到集线器的用户端，而交换器则只会将分组传送到指定目的地的用户端，能减少数据碰撞及数据被窃听的机会。并且，交换器能将同时传到的数据分组分别处理，而集线器则不能。② 具有开和关两种状态的电路元件。**选择** 程序设计语言中从多个跳转入口中选择其中一个的语句。

switch digital video (SDV) 交换式数字视频广播 也称为交换式广播(SWB)，是一种通过电缆分配网络数字视频的方案。交换式视频以更有效的方式发送数字视频，从而可以利用空闲带宽进行额外的使用。该方案适用于使用 QAM 信道的典型有线电视系统或 IPTV 系统上的数字视频分发。在电缆上传输的模拟视频用户不受影响。

switch type 开关型号 开关的种类、功能、特点的规范性标志。如：HZ 10－□□/□，其中，HZ——转换开关；10——设计序号；左起第一个□——额定电流；左起第二个□——类型(P 为二路切换，S 为三路切换)；最右边的□——极数。

switched telephone network (STN) 电话交换网络 一种用于拨号电话的电话网，或自动转接的电话交换装置，如远距离直接拨号网。

switching matrix 交换矩阵 一种背板式交换机的硬件结构。它用于在各个线路板卡之间实现高速的点到点连接，并交换矩阵。它提供了能在插槽之间的点到点连接上同时转发数据的机制。

symmetrical cable 对称电缆 由若干对叫作芯线的双导线在一根保护套内制造成的电缆。为了减小各对导线之间的干扰，每一对导线都做成扭绞形状的，称为双绞线。双绞线为两根线径各为 0.32～0.80 mm 的铜线，经绝缘等工艺处理后绞合而成，分为非屏蔽双绞线和屏蔽双绞线两种。多对双绞线组成的线缆即为对称电缆。对称电缆的芯线比明线细，直径在 0.4～1.4 mm，故其损耗较明线大，

S

但是对称电缆性能较稳定。对称电缆在有线电话网中广泛用于用户接入电路。对称电缆幅频特性为低通型，串音随频率升高而增加，因而复用程度不高。

symmetrical connection 对称连接 一种在两个方向上具有相同带宽的连接。

symmetrical pair/quad cable 对绞或星绞对称电缆 综合布线系统中的双绞线或星绞线电缆。前者采用两芯线相互对绞形成线对的抗电磁干扰方式，后者采用四芯线绞和组成四芯组的抗电磁干扰方式。

symmetry multiprocessors (SMP) 对称多处理机 在一个计算机上汇集了一组处理器(多 CPU)，各 CPU 之间共享内存子系统以及总线结构。在这种架构中，一台计算机不再由单个 CPU 组成，而是同时由多个处理器运行操作系统的单一复本，并共享内存和一台计算机的其他资源。虽然同时使用多个 CPU，但是从管理的角度来看，它们的表现就像一台单机一样。系统将任务队列对称地分布于多个 CPU 之上，从而极大地提高了整个系统的数据处理能力。所有的处理器都可以平等地访问内存、输入输出端口(I/O)和外部中断。在对称多处理系统中，系统资源被系统中所有 CPU 共享，工作负载能够均匀地分配到所有可用处理器之上。

sync restoration 同步恢复 一种信号处理技术。它将受损的和丢失的同步信息替换为由恢复设备产生的完整的同步脉冲的方法。

sync stripping 同步剥离 用分散的部件或特殊的电子芯片来完成，将其中同步信息从视频信息中分离出来，用于时间修正、箝位或其他用途的技术。

synchronization 同步 两个及以上随时间变化的量在变化过程中保持一定的相对关系。如在 UPS 系统中，需要实现两个交流电源的同步，即将一个交流电源的频率和相位调节到与另一个交流电源相一致，从而保证电源无缝切换。对于同一建筑物(群)中的若干智能化子系统，当需要系统间信息共享或联动时，就需要实现系统间的同步，时钟系统就是实现系统同步的技术保证。

synchronization channel 同步信道 移动通信中为移动台提供关键的时间同步数据的信道。同步信道上的信息含有移动台校准时间所必需的信息，同时还含有网络空中接口修正、系统数据以及寻呼信道数据率的信息。移动台用同步信道(SCH)进行时间校准。一旦移动台定时被校准，将在一次通话结束或重新上电后才会再使用同步信道。同步信道消息分成帧，以 1 200 bps 的速率传输。同步信道发送 WC32 信号，移动台以 1 s 的时间来捕获它。

synchronization signal unit (SYU) 同步信号单元 含有一个促进快速同步的比特图案的信号单元。该比特图案在发送端和接收端之间传送。通过信令链路建立恰当的比特流、信号单元或信息块同步。在无信息块可供发送时，可能要继续发送同步信号。

synchronous communication 同步通信 一种比特同步通信技术，要求发收双方具有同频同相的同步时钟信号，只需在传送报文的最前面附加特定的同步字符，使发收双方建立同步，此后便在同步时钟的控制下逐位发送与接收。

synchronous digital hierarchy (SDH) 同步数字分层结构 国际光传送网标准。其包括同步方式复用、交叉连接、传输，目的是使正确适配的净负荷在物理传输网上以固定比特率传输。SDH 是在 PDH(准同步数字系列)的基础上发展起来的一种数字传输技术体制。在 SDH 方式中，各个系统的时钟在同步网的控制下处于同步状态，易于进行复用和分离。SDH 由信息净负荷、段开销(SOH)和管理单元(AU)组成统一结构的帧，帧的重复周期为 125 μs。其一阶同步传输模式(STM-1)速率为 155.52 Mbps，N 阶同步传输模式(STM-N)帧由 N 个 STM-1 帧按同步复用映射结构，通过容器、虚容器、支路单元及支路单元组实现各种 PDH 数据流的复用与解复用。为了在传输节点上任意上、下通道，SDH 传输设备中普遍设置有数字交叉连接部件，通过这种部件不仅可以实现任意方向的任意通道的上、下，而且可以通过将传输网络设置为环形结构，以实现自愈保护环功能。

synchronous equipment management function (SEMF) 同步设备管理功能 将性能数据和具体实现的硬件告警等原始信息变换成面向对象的消息，以便经由数据通信通道(DCC)和(或)Q 接口进行传输。它还变换与其他管理功能相关的面向对象的消息，使之能通过同步设备。

synchronous multiplexer (SM) 同步复用器 用在有多时钟脉冲的包时钟的数据包中映射数字信号数据的装置，其中数据包由信息数据和数字数据组成。

synchronous optical network (SONET) 同步光网络 美国国家标准协会(ANSI)制定的高速同步光纤网传输标准。作为开放系统互联(OSI)七层模型中物理层的传输连接方式，规定了一套光信号标准以及同步帧结构和操作程序，传输速度为 1 Mbps 到 1 Gbps 数量级。该网络在广域网范围内，基于光纤公共网络的数字电信服务标准格式，定义了标准线速率、光纤接口标准及标准信令格式。

synchronous time division multiplexer (STDM) 同步时分复用器 一种多路复用器。它对所有的输入线进行定期扫描，把它们的字符拆开，交错地插入到一条成帧的高速数据流中。对于一条给定的信道，同步时分多路复用器可以利用信道的全部带宽，因此比频分多路复用器更为有效。

synchronous time division multiplexing (STDM) 同步时分复用 这种技术按照信号的路数划分时间片，每一路信号具有相同大小的时间片。时间片轮流分配给每路信号，该路信号在时间片使用完毕以后要停止通信，并把物理信道让给下一路信号使用。

当其他各路信号把分配到的时间片都使用完毕后，该路信号再次取得时间片进行数据传输。其优点是：控制简单，实现起来容易。其缺点是：如果某路信号没有足够多的数据，不能有效地使用它的时间片，则会造成资源的浪费；而有大量数据要发送的信道又由于没有足够多的时间片可利用，所以要拖长一段时间，降低了设备利用效率。

synchronous transfer　同步传输　以同步的时钟节拍来发送数据信号。在一个串行的数据流中，各信号码元之间的相对位置都是固定的，接收方为了从收到的数据流中正确地区分出一个个信号码元，首先必须建立准确的时钟信号。这是同步传输比异步传输复杂之处。在同步传输中，数据的发送一般以组（或称为帧，或称为包）为单位，一组数据包含多个字符的代码或多个独立的比特位，在组的开头和结束需加上预先规定的起始序列和终止序列作为标志。起始序列和终止序列的形式随采用的传输控制规程而异。面向位流的通信规程即位同步方式有 HDLC（high-level data link control）规程。面向字符的通信规程，即按字符同步方式有基站控制器（BSC）的二进制同步通信规程。

synchronous transport module (STM)　同步传送模块　光同步数字体系（SDH）中用以支持段层间连接的信息结构。

synoptic chart　天气图　填有各地同一时间气象要素的特制地图，是目前气象部门分析和预报天气的一种重要工具。

syntax element　语法元素　计算机程序语法的组成部分。在数字电视技术中，指位流中的数据单元解析后的结果。

syslog　系统日志　在计算机技术中，系统日志是记录消息的一种格式。应用软件在运行过程中生成各自的消息，由系统存储、报告和分析这些消息。每条消息都会标记一个编码，用来表示消息的来源类型以及预警级别。计算机系统管理员和安全审计员或者其他人员可以使用 syslog 进行分析或跟踪。syslog 格式同样广泛应用于其他设备，如打印机、路由器等。

system　系统　① 若干设备、分系统、专职人员及可以执行或保障工作任务的技术组合。② 相关元素、部件和子系统进行有序整理、编排形成的可实现某种功能有机组合的整体。③ 在数字信号处理的理论中，人们把能加工、变换数字信号的实体称作系统。由于处理数字信号的系统是在指定的时刻或时序对信号进行加工运算，所以这种系统被看作是离散时间的，也可以用基于时间的语言、表格、公式、波形等四种方法来描述。从抽象的意义来说，系统和信号都可以看作是序列。但是，系统是加工信号的机构。人们研究系统还要设计系统，利用系统加工信号服务人类，系统还需要其他方法进一步描述。中国科学家钱学森认为：系统是由相互作用相互依赖的若干组成部分结合而成的具有特定功能的有机整体，而且这个有机整体又是它从属的更大系统的组成部分。

system acceptance 系统验收 在系统运行已经通过自测试后，依据系统的构成、原理，对系统的性能、操作方法和之前的全部活动过程进行审验和接收的行为，叫作系统验收。

system acceptance test (SAT) 系统验收测试 在验收过程中对系统进行外观、性能等所做的测试。验收测试大多会由甲方邀请专业的第三方检测机构进行，并出具正式的测试报告。

system accessories 设备安装辅料 设备安装过程中起辅助作用的材料。

system chart 系统框图 有关系统设计的一种流程图。它是根据有关系统的信息流程和记录功能编制而成的。它不涉及各种细节，仅描述整个流程。

system checking and measuring 系统检查和测量 在建筑智能化系统工程中，是指安装、调试、自检完成并经过试运行后，委托第三方进行的采用特定专业的方法和仪器设备对系统功能和性能进行全面检查和测试，并给出结论。

system circuit integrity 系统线路完整性 是指耐火缆线测试中，仅对线缆本体进行耐火测试，在不考虑安装环境对缆线耐火性能的影响下，要求线缆在指定的火场温度和指定的时间保持其传输性能。

system component 系统组件 组成某种功能系统的部件。

system configuration 系统配置 为实现系统某些功能而必须作相应硬件和软件的部署。例如，为保证实现报警系统即时打印的功能，就必须在原有仅以声光显示报警信息的基础上配置管理工作站、打印机等硬件设备、报警系统管理软件和即时打印软件。

system deficiency liability period 系统缺陷责任期 在建设工程中是指工程保修期，即承包人按照合同约定承担系统缺陷修复义务，期限自工程实际竣工日期起计算。

system drawing 系统图 建筑智能化系统工程中对系统架构、系统组成、系统配置及连接方式进行描述的工程图纸。

system identification (SID) 系统识别码 移动通信网中唯一标识移动业务本地网的码，长度为 15 位，由国际电联管理。如在 CDMA 网络中，移动台根据一对识别码(SID，NID)可以判断用户是否发生了漫游。

system integration (SI) 系统集成 ① 将若干单独的模块结合在一起，以实现程序主要功能的过程。在《智能建筑设计标准》(GB 50314—2015)中定义了智能化集成系统，即：为实现建筑物的运营及管理目标，基于统一的信息平台，以多种类智能化信息集成方式，形成的具有信息汇聚、资源共享、协同运行、优化管理等综合应用功能的系统。实现系统集成的关键在于解决系统之间的互联和互操作性问题，它是一个多厂商、多协议和面向各种应用的体系结构，需要解决各类设备、子系统间的接口、协议、系统平台、应用软件等与各个子系统、建筑环境、施工配合、组织管理和人员配备相关的一切面向集成的问题。② 在系统研制中是指逐步把系统各部分联调为一个完整系统的过程。③ 对计算机系统的设计按规格进行改制,使其适合某一用户的特殊应用和操作环境的过程。

system maintenance **系统维护** 为了清除系统运行中发生的故障和错误,软件、硬件维护人员要对系统进行必要的修改与完善;为了使系统适应用户环境的变化,满足新提出的需要,也要对原系统做些局部的更新,这些工作称为系统维护。系统维护的任务除了对系统硬件的检修、更新外,还需要纠正软件系统在使用过程中发现的隐含错误,扩充在使用过程中用户提出的新的功能及性能要求,其目的是维护软件系统的正常运作。这个阶段的文档是软件问题报告和软件修改报告,它记录软件错误的情况以及修改软件的过程。

system maintenance valve **系统检修阀** 在风、水系统中,为检修而设置的阀门。如室内消火栓系统的供水管网平时充满水,因检修维护时断水和排空的需要,会在管段上方设置有检修阀门。

system management **系统管理** ① 系统科学,包括系统论、控制论、对策论、博弈论等,在管理实践中的应用,其具体形态也叫系统工程。系统管理在企业管理中是指管理企业的信息技术系统。它包括收集需求,购置设备和软件并将其分发到使用地进行合理配置,使用改善措施和服务更新维护,设置问题处理流程以及判断是否满足目的。通常由企业的最高信息主管全权负责。执行系统管理的部门有时称管理信息系统(MIS)或简称为信息系统(IS)。从时间维度上看,系统管理不仅注重当前管理,还注重对管理对象过去行为特征的分析和为发展趋势的预测,坚持系统的整体观和联系观,强调任何一个系统都是过去、现在和未来的统一,把系统看成是时间的函数。从空间维度上看,系统管理从整体性、相关性和开放性的观点出发,关注具体对象控制的同时,还要考虑该对象与其他事物的关联性以及对象与环境的相互作用。② 维护系统保持良好运行状态并使系统适应改变的环境所涉及的任务。

system network architecture (SNA) **系统网络结构** 美国国际商业机器公司(IBM)于 1974 年提出的一种既可以满足当前远程处理系统环境,又可以满足未来网络要求的统一的通信系统结构。它反映了计算机系统构成网络的形态。它是经过通信系统传送信息的部件在逻辑结构、格式、协议和操作顺序方面的一个总的描述。SNA 将网络通信分为五层,即数据链路控制层、路径控制层、传输控制层、数据流控制层和功能管理层,每一层表示一个功能层次。与开放系统互联(OSI)模型相比,SNA 没有最低的物理连接层,也没有最高的应用层。现通常采用的系统网络结构有以下六种:集中型、组合集中型、线状型、环状型、一般分散型、借助卫星实现的分散型。

system service　系统服务　信息系统为支撑其所承载业务而提供的程序化过程。

system set-up diagram　系统配置图　在系统和设备操作中，用以表明系统的配置和操作流程的图纸或界面。

system-on-a-chip (SoC)　片上系统　指在单个芯片上集成一个完整的系统，是一个有专用目标的集成电路。对所有或部分必要的电子电路进行包分组的技术，即包含完整系统并有嵌入软件的全部内容。所谓完整的系统一般包括中央处理器(CPU)、存储器、外围电路等。SoC是与其他技术并行发展的，如绝缘硅(绝缘体上硅结构SOI)。片上系统可以提供增强的时钟频率，从而降低微芯片的功耗。片上系统技术通常应用于小型的，日益复杂的客户电子设备。例如，声音检测设备的片上系统是在单个芯片上为所有用户提供包括音频接收端、模数转换器、微处理器、存储器以及输入输出逻辑控制等设备。此外，系统芯片还应用于单芯片无线产品，诸如蓝牙设备支持单芯片WLAN和蜂窝电话解决方案。由于空前的高效集成性能的需求，片上系统是替代集成电路的主要解决方案。目前，SoC已经成为当前微电子芯片发展的必然趋势。

SYSTIMAX　SYSTIMAX综合布线系统　美国康普公司的综合布线系统品牌名之一。它是智能建筑市场知名综合布线系统之一，其性能完全符合综合布线系统的各种标准，如：中国标准、国际标准、美国标准，等等。

SYU　同步信号单元　synchronization signal unit的缩写。

SYV　实心聚乙烯绝缘聚氯乙烯护套同轴射频电缆　SYV是实心聚乙烯绝缘聚氯乙烯护套同轴射频电缆的标准代号。其中S表示同轴射频电缆，Y表示聚乙烯绝缘，V表示聚氯乙烯护套。

S

T

T568　T 568 打线规则　由美国 TIA-568标准于1991年命名的八位双绞线插座与插头(最常见是 RJ45 插头)端接时的线序排列规则,分为 A、B 两种颜色代码。T568A 线序为:白绿→绿→白橙→蓝→白蓝→橙→白棕→棕,T568B 线序为:白橙→橙→白绿→蓝→白蓝→绿→白棕→棕。在每一个布线工程中需指定打线规则,确保线缆两端的线序一致。在中国,大多数施工人员习惯使用 T568B 打线规则。

T568A　T568A 类连接方式　也称 568A 打线规则。双绞线模块的两种常用打线方式之一,由美国 TIA-568 标准命名,其特点是在传统的需要两对电话线的电话应用时,可以降低跳线造价。T568A 的线对颜色依次为蓝→橙→绿→棕,在 RJ45 插头上的顺序排列为:白绿→绿→白橙→蓝→白蓝→橙→白棕→棕。

T568B　T56B 类连接方式　双绞线模块的两种打线方式之一,为美国TIA-568 标准命名,是最早的模块打线方式。T568B 的线对颜色依次为蓝→橙→绿→棕,在 RJ45 插头上的顺序排列为:白橙→橙→白绿→蓝→白蓝→绿→白棕→棕。

TAC Vista system　施耐德 TAC Vista 楼控系统　建筑设备监控系统产品的一种,它由施耐德 TAC 负责。该系统可以实现对单个或多个设施的供暖通风与空调、照明、门禁及其他设施进行智能化监控。

tachometer　流速计　又称流速仪,是一种用以测量管路中流体速度的仪表。测定流速后,再乘以流体截面换算成流量,因而也可用于间接测量流量。

TACS　全接入通信系统　total access communication system 的缩写。

tag　标签　用于标志产品的目标、分类或内容,便于查找和定位。如弱电工程中对敷设、接续的线缆必须按照设计使用标签予以标识,标明线缆编号和目标去向。

tail fiber　尾纤　又叫作尾线。它只有一端有连接头,而另一端是一根光缆纤芯的断头,通过熔接与其他光缆纤芯相连,常出现在光纤终端盒内,用于连接光缆与光纤收发器(之间还可能用到耦合器、跳线等)。

tailoring　裁剪,拆条　一种用于对广播电视节目信号的处理方式,使之适用于将节目素材放在非广播媒体上传送,如在因特网上进行传送。

tailor-made　定制　用户介入产品的生产过程。定制包括将指定的图案和文字印刷到指定的产品上,用户获得自己定制的个性属性强烈的物品等。

tall building 高层建筑 达到或超过某一高度的建筑物。不同国家对此规定略有不同。美国将 24.6 m 或七层及以上的建筑视为高层建筑，日本把 31 m 或八层及以上的建筑视为高层建筑，英国把等于或大于 24.3 m 的建筑视为高层建筑。中国《民用建筑设计通则》规定：10 层及 10 层以上的住宅建筑以及高度大于 24 m 的公共建筑为高层建筑，并将高度大于 100 m的民用建筑称为超高层建筑。在住宅建筑中，将一层至三层的住宅建筑称为低层住宅，四层至六层为多层住宅，七层至九层为中高层住宅。

tamper detector 防瞎摆弄探测器(消防) 一种消防系统中使用的探测器，用于防止人们出于好奇而接触或摆弄消防器材。

tamper device 防拆功能 设备或装置安装完毕后防止被拆卸的功能。该功能对安装后的产品保护提供了有利条件。在智能化系统中许多场合都具有防拆或防拆报警的要求。

tank sensor 水箱传感器 水箱内或水箱侧面安装的传感器，用于检测水位等水箱内外的参数。

tape cable 带状电缆 泛指由多根导体或多根单股电缆平行地排列在同一平面上并加以绝缘和固定的电缆。带状电缆一般有扁导体、圆导体和预绝缘三种。它在计算机、通信设备、自动控制、电梯系统中应用广泛。

target of classified security 等级保护对象 信息安全等级保护工作直接作用的具体的信息和信息系统。

target surface 靶面 摄像机、照相机等成像芯片的感光面。

task illumination 工作照明 也称工作岗位照明，一特定工作面或区域之直接照明，为工作岗位提供适宜的照明。

TBIC 整体楼宇集成布线(美国西蒙公司的综合布线品牌解决方案名称) total building integration cabling 的缩写。

TC 温度系数 temperature coefficient 的缩写。

TCH 业务流量信道 traffic channel 的缩写。

TCH/H 半速率业务信道 half rate traffic channel 的缩写。

TCL 横向转换损耗 transverse conversion loss 的缩写。

TCM 格栅编码调制 trellis coded modulation 的缩写。

TCO 所有权费用总额 total cost of ownership 的缩写。

TCP 传输控制协议 transmission control protocol 的缩写。

TCP offload engine (TOE) TCP 卸载引擎 一种 TCP 加速技术，使用于网络接口控制器(NIC)，将传输控制协议/网际协议(TCP/IP)堆叠的工作卸载到网络接口控制器上，用硬件来完成。这个功能常见于高速以太网接口上，如 1 Gb 以太网或 10 Gb 以太网。在这些接口上，处理 TCP/IP 数据包表头的工作变得较为沉重，由硬件进行可以减轻处理器的负担。

TCP/IP 传输控制协议/因特网互联协议 transmission control protocol/

T

internet protocol 的缩写。

TCS 传输会聚子层 transmission convergence sublayer 的缩写。

TCTL 横向转换传送损耗 transverse conversion transfer loss 的缩写。

TCW 镀锡铜丝 tinned copper wire 的缩写。

TDM 时分复用 time division multiplex 的缩写。

TDR 时域反射 time domain reflectometer 的缩写。

TDT 时间和日期表 time and date table 的缩写。

TE 终端设备 terminal equipment 的缩写。

teaching building 教学楼 为教学使用的建筑，其中以各种类型的教室及辅助设施为主。

tearing 图像撕裂 指因行(或场)同步信号断续或不准而发生的电视图像部分撕裂的现象。

technical coordination 技术协调 在工程项目中，对涉及多方的技术问题所进行的协调工作。

technical description 技术性描述 对系统、产品的技术性能、参数等所进行的语言、图片或文字描述。

technical disclosure 技术交底 在某一单位工程开工前，或一个分部、分项工程施工前，由相关专业技术人员向参与施工的人员进行的技术性交代，其目的是使施工人员对工程特点、技术质量要求、施工方法、措施、安全等方面有一个较详细的了解，以便科学地组织施工，避免技术、质量等事故的发生。各项技术交底记录也是工程技术档案资料中不可缺少的部分。

technical liaison 技术联络 工程项目管理中讨论项目各方对产品、合同文件中的技术条款和细节、设计计划、进度表等技术内容进行的沟通、讨论和澄清。一般以会议形式进行，并形成会议纪要。

technical office protocol (TOP) 技术办公系统协议 为办公室系统局域网通信而定义的一些规范和协议，是开放系统互联(OSI)协议的组成部分。它最初是由波音计算机服务公司开发的，但现在与生产自动化协议(MAP)相联结。MAP 是关于生产设备的网络互联标准，这些生产设备包括工业设备、机器人、计算机、终端和其他可编程设备。这个标准现在处于 MAP/TOP 用户小组的控制之下。MAP/TOP 用户小组是由生产工程师协会管理的。

technical protection 技术防范 简称技防，指应用各种电子信息设备组成系统或网络以提高探测、延迟、反应能力和防护功能的安全防范手段。

technical report (TR) 技术报告 描述科学研究过程、进展和结果，或者科研过程中遇到问题的文档。与期刊论文、会议论文等科技论文不同，技术报告在发表前很少经过独立审稿过程，即使审稿，也是机构内部审稿。所以对于技术报告，并没有专门的发表刊物等，往往是内部发表或者非正式发表。

technical service 技术服务 技术市场的主要经营方式和范围。它指拥有技术的一方为另一方解决某一特定技术问题所提供的各种服务。例如,进行非常规性的计算、设计、测量、分析、安装、调试,以及提供技术信息、改进工艺流程、进行技术诊断等服务。

technical specification 技术规范 对标准化的对象提出技术要求,也就是用于规定标准化对象的能力。技术规范是标准文件的一种形式,是规定产品、过程或服务应满足技术要求的文件。它可以是一项标准(即技术标准)、一项标准的一部分或一项标准的独立部分。其强制性亚于标准。当这些技术规范在法律上被确认后,就成为技术法规。

technical specification group 技术规范组 将一组技术规范(书)按一定的规律组织起来。

technical worker 技术工人 也称技工,掌握一定技术的工人。我国一般将技术工人分为五个职业技能等级:五级为初级工,四级为中级工,三级为高级工,二级为技师,一级为高级技师。

technological management 工艺管理 对制造、安装工艺流程的管理,无论是由哪一个人操作或处在什么样的环境下,要求每一道工艺都保持相同或相近的操作方法。工艺管理中还包含每一步操作所需的时间。

TEE 可信执行环境 trusted execution environment 的缩写。

telautogram 传真电报 利用扫描技术,通过通信电路把固定图像从一个地点传送到另一地点,并以记录形式复制出来的一种通信方式。

telechirics 遥控系统 能对相隔一定距离的被测对象进行控制,并使其产生相应的控制效果的系统。它由控制信号产生机构、传输设备、执行机构组成。

telecine 电视电影机 指一种将胶片电影转换为电视信号的设备。

telecommunications equipment room (TER) 电信设备室,通信机房 建筑物内用于配置通信设备、交接通信缆线的房间。通常包括信息接入机房、有线电视前端机房、信息设施系统总配线机房、智能化总控室、信息网络机房、消防控制室、安防监控中心、应急响应中心、智能化设备间(包括弱电间、电信间)等。

telecommunications junction box for home 住宅信息配线箱 安装在住宅室内,具有话音、数据、视频等弱电信息的传输、分配和转换(接)功能的箱体。

telecommunications network voltage circuit 电信网络电压线路 在UPS系统中,指一种在正常运行情况,载送远程通信信号的电路。该电路被认为是二次电路。

telecommunications 电信 利用电子技术在不同的地点之间传递信息。其包括不同种类的远距离通信方式。例如:无线电、电报、电视、电话、数据通信、计算机网络通信,等等。

telecommunications cable 电信线缆 传输电信号或光信号的各种通信用导线的总称。主要有被覆线、架空明线、通信电缆、通信光缆等。

telecommunications conduit　电信管道　敷设传输信息用的缆线所使用的管道或管路。

telecommunications equipment　电信设备　利用有线、无线的电磁或光,发送、处理、接收或传送语音、文字、数据、图像或其他任何信息的硬件和软件系统的统称。如电话机、移动电话、调制解调器、传真机、数据通信设备等。

Telecommunications Industry Association (TIA)　电信工业协会(美国)　1988年由美国电信供应商协会(USTSA)与美国电子工业协会(EIA)的电信和信息技术组合并形成。其成员包括为世界各地提供通信和信息技术产品、系统和专业技术服务的900余家公司,其成员有能力制造供应现代通信网中应用的所有产品。TIA与美国电子工业协会有着广泛而密切的联系。TIA还积极代表其成员在公共政策和国际事务中对感兴趣的问题发表看法。TIA积极支持经济的繁荣,力求技术的进步,通过提高通信的现代化程度来改善人类生存环境。

telecommunications infrastructure　电信基础设施　① 电信系统从电话到宽带在内的一系列电信服务需要的基本设施。② 建筑智能化中用于信息传输的各类基础设施。

telecommunications non-central room　电信非中心机房　定位范围不在国内一类、二类、三类的通信机房的其他电信设备机房,如:室内无温控设备场所、室外固定使用的设备场所。

telecommunications outlet (TO)　信息[电信]插座,信息点　① 在《综合布线系统工程设计规范》GB 50311中,是指缆线终接信息插座模块。② 在美国综合布线系统的通用体系结构中,指与第一级布线子系统连接的末端通信信号引出端。在具体到各种建筑类型的拓扑结构时,会有不同的名称,如在数据中心布线拓扑结构中,被称为设备信息点(equipment outlet, EO);在面向分布式楼宇设施的综合布线系统中,被称为服务信息点(service outlet, SO),等等。

telecommunications room　电信间　① 在《综合布线系统工程设计规范》中,是指放置电信设备、缆线终接的配线设备,并进行缆线交接或互联的建筑空间。电信间一般为大楼弱电间中的一部分。② 住宅建筑中,用于安装本住宅单元公共通信和智能化系统设施的共享房间。③ 在通信系统中,指用于公共建筑楼层或区域通信系统管线敷设和设备安装的建筑空间,也称弱电间。

Telecommunications Technology Committee (TTC)　电信技术委员会(日本)　日本电信技术委员会。它成立于1985年10月,总部设在东京,是一个民间标准化组织。其宗旨是通过制订电信网与电信网、电信网、终端设备等之间互联的协议和标准,促进电信领域的标准化,推动标准的采用与推广。TTC成员分为正式成员和非正式成员。正式成员应完全赞成协会的宗旨,全力支持协会的工作;非正式成员参加协会只是为了获得协会研究开发成果和制订的标准。

telegraph circuit　电报电路　电报或电传打字的传输电路。

telegraph fire alarm system　电报消防报警系统，编码火灾报警系统　以地址编码为基础构成的火灾报警系统，有别于模拟量火灾报警系统。

telephone alarm device　电话报警设备　一种利用电话传输报警信号的设备，通常由探测器、报警控制装置和电话通信系统组成。发生警情时，控制器根据事先设定的电话号码(可设定一组或多组)向预定的电话终端发出振铃声和报警录音，指示警情性质和位置。

telephone call　电话报警　利用电话线路或电话机发送报警信号的方式。

telephone cord　电话软线　多股的电话线，柔软，一般为两芯并排，用于配合电话分机。

telephone exchange　电话交换台　由电话交换机、连接用户线和局间中继线的配线架与线路传输设备构成，实现电话交换功能的场所。

telephone frequency　话频　亦称音频。正常人的话音所产生的振荡频率，一般为 300～3 000 Hz，是普通语音通话的可听范围。

telephone jack　电话插孔　连接电话机的插孔。

telephone line　电话线　电话的进户线，连接到电话机上，才能打电话。电话线分为双芯和四芯。导体材料分为铜包钢、铜包铝以及全铜三种，全铜的导体效果最好。

telephone network　电话网　主要提供话音信息交流的业务网。电话网由交换设备和传输系统组成，有相应的支撑系统，如由电信管理网、公共信道信令网的同步网等来支持。电话网采用的交换技术可以是电路交换技术，也可以是基于异步传输模式(ATM)或网际协议(IP)技术的分组交换技术。电话网向用户提供端到端的电话业务，根据电话网服务的区域范围，可以提供本地电话业务、国内长途电话业务以及国际长途电话业务。电话网的模拟电话信道也可以提供速率在 9 600 bps 以内的低速数据和传真业务。一个全国的电话网可以分为本地电话网和长途电话网两部分。国际电话网是提供跨国家和跨地区电话通信业务的电话网。它由国内电话网络和国际电话网络两部分组成。

telephone set　电话机　一种可以传送与接收声音的通信设备。早在 18 世纪欧洲已有“电话”一词，指用线串成的话筒。电话的出现要归功于亚历山大·格拉汉姆·贝尔，早期电话机的原理为：说话声音为空气里的复合振动，可传输到固体上，通过电脉冲于导电金属上传递。贝尔于 1876 年 3 月申请了电话的专利权。

telephone system (second generation)　第二代电话系统　20 世纪 80 年代末期，采用数字技术的第二代无绳电话(CT2)系统在英国投入商用。CT2 包括手机、基站和网管中心、计费中心。CT2 系统中的同一手机既可以在家里和办公室里用，也可以在公众场所使用，在行人较多的公众场所

（如：车站、机场、医院、购物中心等）还设立公用无绳电话基站，为公众提供服务，但这时用户只能呼出，不能呼入。基站布点越多，用户使用越方便，但系统成本也越大。CT2 系统在开阔地带的服务半径约 300 m，在楼群内服务半径约 200 m，在楼内服务半径约 50 m。网管中心的主要功能是监视所有基站的运行，与基站及计费中心交换数据资料。计费中心的功能包括维持总的用户资料数据库、计费、处理用户账单、控制手机库存量以及与网管中心交换数据。手机与基站之间采用单频时分双工方式，即乒乓式传输方式，无线信道采用移频键控和频分多址接入方式。话音编码采用 32 kbps 自适应差分脉码调制。系统工作频段一般为 864.1～868.1 MHz，共四十个信道。手机和基站内装有接收信号强度指示器，以便在四十个信道中选择干扰最小的一个作为通话用。CT2 移动通信无越区切换功能。为使系统间互相兼容，实现漫游，需要有公共空中接口标准。

telephone trunk　电话中继线　电信公司的一项业务。电话中继线本身有多个号码，但对外只公布一个号码（代表号码）。当用户的多个号码发起主叫的时候，所有的呼出号码都可以显示成代表号码。它适合大型的企业或是公司用来做呼叫中心使用，配合程控电话交换机使用，能达到更好的效果。

teleprinter　电传打字机　随着计算机的发展而出现的一种远距离信息传送器械，通常由键盘、收发报器、印字机构等组成。发报时，按下某一字符键，就能将该字符的电码信号自动发送到信道；收报时，能自动接收来自信道的电码信号，并打印出相应的字符。装有复凿孔器和自动发报器的电传机，能用纸带收录、存贮和发送电报。电传机操作方便，通报手续简单，应用广泛。

tele-prompter　字母提示机　一种用于新闻广播的设备，用于在部分透明的屏幕上显示大的文字，读者可以看着摄像机并从摄像机前面的屏幕上阅读文字。

telescopic slide　伸缩滑轨　固定在家具、箱柜的柜体上，供其中的抽屉或柜板出入活动的伸缩式五金连接部件。滑轨适用于橱柜、家具、公文柜、浴室柜等具有木制与钢制抽屉的家具的抽屉连接。在综合布线系统的光纤配线架中，也有一类采用伸缩滑轨，使配线架内胆能够前后移动。

teletext　图文电视　在播送电视节目的同一频道内，利用场消隐期间插入信号行附加播送文字及图形。

teletype circuit　电传打字机电路　电传打字机所使用的电子电路。

television camera　电视摄像机　将景物的活动影像通过光电器件转换成电信号的光电设备。主要由摄影镜头、摄像管或其他光电转换器、放大器、扫描电路等组成。镜头将景物的影像投射在摄像管或其他光电转换器上，经摄像管内电子束扫描，或通过扫描电路对光电转换器件按一定次序的转换，逐点、逐行、逐帧把影像

T

上明暗不同或色彩不同的光点转换为强弱不同的电信号,再通过录像设备或发送设备将电信号记录发送出去。能传送景物明暗影像的为黑白电视摄像机,能传送景物彩色影像的为彩色电视摄像机。

television monitoring equipment 电视监控设备 ① 采用视频方式进行安防监控的设备。② 对电视信号进行联机监视、管理和维护的设备,一般位于有线电视机房或卫星电视机房内。

television operating system (TVOS) 智能电视操作系统 中国国家新闻出版广电总局科技司(今国家新闻出版总署)带头研发的基于 Linux 系统和安卓系统的一套应用于网络电视的操作系统,具有中国知识产权。其开发者称该系统"兼顾现有操作系统的技术",并增加信息安全模块,加强用户的信息安全保障,是专门针对电视终端的操作系统。其中,TVOS-C为双平台软件版本,能同时支持 Java 应用和 Web 应用的智能电视操作系统软件,TVOS-H 为单平台软件版本,只能支持 Web 应用的智能电视操作系统软件。

television studio 电视演播室 具有制作电视节目的室内空间。配备有电视节目制作所需要的视频、音频、电力、通话、灯光照明等设备、设施和系统。

television transmitting tower 电视发射塔 指用于广播电视信号发射的建筑物构筑物。

temperature cable 感温光缆 用于光纤感温技术的光缆。其感温机理是依据后向拉曼(Raman)散射效应。激光脉冲与光纤分子相互作用,发生散射。散射有多种,如瑞利(Rayleigh)散射、布里渊(Brillouin)散射、拉曼(Raman)散射等。其中,拉曼散射是由于光纤分子的热振动,它会产生一个比光源波长更长的光,称斯托克斯(Stokes)光,和一个比光源波长短的光,称为反斯托克斯(Anti-Stokes)光。光纤受外部温度的调制使光纤中的反斯托克斯光强度发生变化,反斯托克斯光与斯托克斯光的比值提供了对温度的绝对指示。利用这一原理,可以实现对沿光纤温度场的分布式测量。其中,光纤既是传感器,又是信号传输通道。

temperature coefficient (TC) 温度系数 材料的物理属性随着温度变化而变化的速率。其数值是该物理量的变化量除以温度(绝对温度)的变化量。

temperature controller 温度控制器 对温度进行控制的电气元件或设备。

temperature fire detector 感温火灾探测器 利用热敏元件来探测火灾的探测器。在火灾初始阶段,一方面有大量烟雾产生,另一方面物质在燃烧过程中释放出大量的热量,周围环境温度急剧上升。探测器中的热敏元件发生物理变化,响应异常温度、温度速率、温差,从而将温度信号转变成电信号,并进行报警处理。感温火灾探测器一般由感温元件、电路与报警器三大部分组成,根据感热效果和结构形式不同可分为定温式、差温式及差定温式三种,感温面积一般为

30～40 m^2。

temperature gauge 温度测试仪 指高精度测量温度的仪器。依介质和工作原理不同制成不同类型的温度测试仪。常见有利用固体、液体、气体受温度影响热胀冷缩原理制成的水银温度测试仪、气体温度测试仪、煤油温度测试仪、酒精温度测试仪等，有利用热电效应原理制成的温差电偶温度测试仪，有利用热辐射原理制成的辐射温度测试仪，有利用电阻阻值随温度变化原理制成的电阻温度测试仪，还有双金属温度测试仪、光测温度测试仪等。不同类型的温度测试仪采用不同测量方式，适用于不同工作环境，测温精度也有差异。

temperature indicating equipment 温度指示设备 用于指示温度的设备。

temperature inversion 逆温 一般情况下，大气温度随着高度增加而下降，可是在某些天气条件下，地面上空的大气结构会出现气温随高度增加而升高的反常现象，气象学上称之为逆温，发生逆温现象的大气层称为逆温层。

temperature measuring probe 测温器 测量温度的仪器，可以采用非接触式或接触式测量技术。

temperature rise 温升 某一点的温度与参考温度之差。

temperature scale 温标 即温度的标尺，为保证温度量值的统一和准确而建立的一个用来衡量温度的标准尺度。温标是用数值来表示温度的一套规则，它确定了温度的单位。各种温度计的数值都是由温标决定，有华氏温标、绝对温标、摄氏温标之分。

temperature transducer 温度传感器 能感受温度并转换成可用输出信号的传感器。温度传感器是温度测量仪表的核心部分，品种繁多。按测量方式可分为接触式和非接触式两类，按照传感器材料及电子元件特性分为热电阻和热电偶两类。

temporary enclosure of building 建筑物的临时围护 建筑物在地下作业时，为了防止岩石的掉落，采取措施支住顶板，使施工得以继续进行的一种暂时支护方式。

temporary high service (pressure) system 临时高压系统 临时高压消防给水系统，其在平时并不能保证最不利点消防设备的给水压力要求，只有在灭火时由消防泵提供。

temporary mobile station identity (TMSI) 临时移动台标识 移动通信中为支持无线接口用户识别的私密业务临时分配给访问移动用户的独立的标识。

temporary safe-refuge (TSR) 临时安全避难所 指临时设置的相对比较安全的避难场所。

temporary structure 临时性建筑 单位和个人因生产、生活需要临时建造使用，结构简易并在规定期限内必须拆除的建(构)筑物或其他设施。比如：棚屋(窝棚、工棚)、短期性质的展示用房(样板房、展览房)等。它在结构上不得超过两层，在建筑用材上除工程特殊需要外，一般不采用现浇钢筋混凝土等耐久性结构形式。

tendering document 招标文件 招标人向潜在投标人发出并告知项目需

求、招标投标活动规则和合同条件等信息，是项目招标投标活动的主要依据，对招标各投标活动方均具有法律约束力。招标文件按照功能作用可以分成三部分：(1) 招标公告或投标邀请书、投标人须知、评标办法、投标文件格式等，主要阐述招标项目需求概况和招标投标活动规则，对参与项目招标投标活动方均有约束力，但一般不构成合同文件。(2) 工程量清单、设计图纸、技术标准和要求、合同条款等，全面描述招标项目需求，既是招标投标活动的主要依据，也是合同文件构成的重要内容，对招标人和中标人具有约束力。(3) 参考资料，供投标人了解并分析与招标项目相关的参考信息，如项目地址、水文、地质、气象、交通等方面的参考资料。

tendering product　招标产品　招标企业在招标书中向投标方推荐的产品。

tendering specification　招标规格书　招标文件中，对产品、工程所提出的技术规格、质量要求的文件。它是投标方确定所用产品以及所采用的工艺手段的重要依据。

tenement　公寓　意为公共寓所。它是商业地产投资中最为广泛的一种地产形式。公寓式住宅最早是舶来品，相对于独院独户的别墅，更为经济实用。早期大城市的公寓式住宅都是高层大楼，每一层内有若干单户独用的套房，包括卧室、起居室、客厅、浴室、厕所、厨房等，主要供当时中等收入的高级职员、政府公务员居住；还有附设于旅馆酒店之内的公寓，称酒店式公寓，供一些常常往来的中外客商及其家眷短期租用。

tensile performance　拉伸[抗张]性能　原始标距单位长度在长度方向上的增加量。缆线在施工时往往会因受力时会发生延伸，应采取措施尽量避免或减少缆线的拉伸，以免破坏或降低缆线的传输性能。

tensile strength　拉伸强度　金属由均匀形塑性变向局部集中塑性变形过渡的临界值，也是金属在静拉伸条件下的最大承载能力。抗拉强度即表征材料最大均匀塑性变形的抗力，拉伸试样在承受最大拉应力之前，变形是均匀一致的，但超出之后，金属开始出现缩颈现象，即产生集中变形；对于没有(或很小)均匀塑性变形的脆性材料，它反映了材料的断裂抗力。

tensioned cable　张拉索　指用于固定立杆等构件的缆、绳及附件。

TER　电信设备室　telecommunications equipment room 的缩写。

TERA connector　TERA 连接器　一种高带宽的双绞线连接器件，分有 TERA 模块和 TERA 插头两类，为工作频率在 600 MHz 以上，七类(Cat.7)的信息传输而研发。目前上限工作频率可达 2.5 GHz，超过了八类(Cat.8)规定的 2 GHz 指标。

terminal block　接线盒　用于实现电气连接的一种盒状配件，用以保护线缆连接端头，或内设接线端子供接线用。

terminal board　接线端子板　简称端子板，一种用于电气连接电子元器件。端子板方便接线之用，一般配有标签，可使连接一目了然。其中，接线用的螺钉、卡子等零件叫端子。若干端子集中在一起，按不同共用予以排列在一个平板上，此板即称端子板。

terminal box　终端盒　通信网络中配线用的一种辅助设备，用以接续线缆与线缆、线缆与设备。如光纤终端盒用于光缆终端的固定，光缆与尾纤的熔接及余纤的收容和保护。

terminal box for optical cable　光缆终端分线盒　将一根光缆分为多根光缆时用的分线盒。在分线盒内可以安装有光纤分线和接续装置。

terminal building　航站楼　又称航站大厦、候机楼、客运大楼、航厦，在机场内为乘客提供陆上交通与空中交通转换的建筑设施，方便他们上、下飞机。在航站楼内，乘客购票后需办理值机、托运行李，并经过安全检查哨及证照查验方能登机。

terminal control unit　终端控制单元　包括终端接口、微处理机和存储器三部分，终端接口(TI)是终端电路与数字交换网络(DSN)之间的接口，也是微机及其存储器与 DSN 的接口。

terminal equipment (TE)　终端设备　经由通信设施向计算机输入程序和数据或接收计算机输出处理结果的设备。终端设备通常设置在便于利用通信设施与远处计算机连接工作的场所。它主要由通信接口控制装置与专用或选定的输入输出装置组合而成。

terminal lug　接线端子　用于实现电气连接的一种配件产品，属线缆连接器件。使用最广泛的除了印制电路板(PCB)板端子外，还有五金端子、螺帽端子、弹簧端子等。参见 terminal board。

terminal of IoT　物联网终端　在物联网内实施人与物通信、物与物通信中，承担信息发起和终结的设备。物联网终端宜具备信息采集、控制等能力。

terminal unit　终端装置　同 data terminal equipment。

terminating quality　端接质量　端接时达到的工程质量，一般通过对端接后的链路或信道性能进行测试后确定。

terminating resistor　终端[端接]电阻器　连接于系统传输线路末端的电阻器。高频信号长线传输时，信号波长相对传输线较短，信号在传输线终端会形成反射波，干扰原信号，所以需要在传输线末端加终端电阻，使信号到达传输线末端后不反射。对于低频信号则不用。为避免信号反射和回波，也需要在接收端接入终端匹配电阻。终端匹配电阻值取决于传输线的阻抗特性，与电缆的长度无关。双绞线传输线路上的终端电阻典型值约为 100 Ω。有线电视同轴电缆传输线路终端电阻为 75 Ω。

termination　端接　连接的一种形式。它的特点是可以进行永久性连接；可以进行导线与连接件、接线端或端接件之间的连接；具有匹配的效果，包括性能匹配。

termination multiplexer　终端复用器　把多路低速信号复用成一路高速信号，或者把一路高速信号分接成多路低速信号的设备。终端复用器(TM)、数字交叉连接设备(DXC)、分插复用器(ADM)、再生中继器(REG)是同步数字体系(SDH)网络的主要网络单元。

termination point 端接点 布线系统中适用于已安装线缆且放置于配线箱中的可拆卸连接器或固定连接器。

termination switch 端接开关 有线电视系统中的一个负载设备。通常是一个 75 Ω 电阻器,通过一个开关来连接到视频传输线路上,以终止该传输线路。

terminology 术语 专门学科的专门用语。指在特定学科领域用来表示概念的称谓的集合。术语是通过语音或文字来表达或限定科学概念的约定性语言符号,是思想和认识交流的工具。根据国际标准,"术语"一词仅指"文字指称"。术语具有专业性、科学性、单义性、系统性、本地性等特征。

test expense 测试费 测试需要花费的资金。一般特指支付给测试单位或测试人员的费用。

test form 测试表格 测试时用于人工填写的表格。

test interface (TI) 测试接口 产品、工程上用于测试的接口。通过该接口可以测量到实际所需要的数据。

test load 测试负载 通过测试系统在资源超负荷情况下的表现,以发现设计上的错误或验证系统的负载能力。

test model 测试模型 工程或产品测试时公认的一种连接方法及测试方法。

test of no load condition 空载工况试验 指机电设备和系统空载(不带负荷)情况下运转进行的检查和测试。

test picture 测试图像 用于电视图像质量主观评价的,对图像素材有特定要求的图像或图像序列。

test record 测试记录 在测试过程中,通过人工或设备保留下来的记录数据和记录文字。

test report 测试报告 一种用来描述对系统或系统组成部分的测试活动及结果的文件。

test signal generator (TSG) 测试信号发生器 用于电子信息系统测试相关性能指标需要的信号发生装置。如在有线电视系统中,指按照相关电视标准产生的,用于视频系统或设备测试的图形信号发生器等。

testing 测试 具有试验性质的测量,即测量和试验的综合。测试的基本任务就是获取有用的信息,通过借助专门的仪器、设备,设计合理的实验方法以及进行必要的信号分析与数据处理,从而获得与被测对象有关的信息。

TF card TF 卡 trans-flash card 的缩写。

TFT 薄膜晶体管 thin film transistor 的缩写。

TFTP 简单文件传送协议 trivial file-transfer protocol 的缩写。

thatch roof 茅草屋顶 英伦诸岛建筑工艺中最古老的一种。茅草一直用于盖村舍和农场建筑物,也曾一度用于建筑城堡和教堂。盖茅草屋顶是一项独特的工艺,常常是家庭世代相传的。茅草屋顶的铺盖工艺不断革新，不断改善因真茅草屋顶容易着火，容易生虫，容易被风刮走的缺点。在施工中，将真茅草编织成一个整体的茅草屋顶，编织茅草结构紧密，里面是菱形编织，正面则像铺盖上去的一样，编织茅草屋顶抗风性能强。茅草的着火、生虫、腐烂是后天造成的，所以只要在施工时处理就行了。一般茅草屋顶施工完毕，在茅草屋顶上洒上石灰粉，再浇些水即可达到防腐、防虫、阻燃，甚至可以延长茅草屋顶的使用寿命。编织茅草屋顶，施工过程相对简单，直接把编织好的茅草屋顶套在屋顶上即可。

the Society of Motion Picture and Television Engineers (SMPTE) **电影与电视工程师协会** 成立于1916年，原名为电影工程师协会，1950年改为如今名称，拥有来自世界85个国家超过7 500名的会员。该协会推动了影视技术的发展，在国际电影、电视技术界颇有影响。

theatrical stage **剧场舞台** 在剧场中为演员表演提供的空间，它可以使观众的注意力集中于演员的表演并获得理想的观赏效果。舞台通常由单个或多个平台构成，有的可以升降。舞台的类型有镜框式舞台、伸展式舞台、圆环型舞台和旋转型舞台。

theodolite **经纬仪** 一种根据测角原理设计的测量水平角和垂直角的测量仪器，分为光学经纬仪和电子经纬仪两种，目前最常用的是电子经纬仪。

thermal baffle **隔热板** 能阻滞热流传递的板材。分有真空隔热板、高温高压隔热板、模具隔热板、防火隔热板、挤塑保温隔热板等类型。

thermal barrier **隔热层** 使用砌筑墙体、增加透热性差的板材等手段阻止热量传入或传出，以保持温度稳定的建筑围护结构。其中隔热是指在热量传递过程中，热量从温度较高空间向温度较低空间传递时，由于传导介质的变化，导致的单位空间温度变化变小，从而阻滞热传导的物理过程。在建筑物、数据中心、实验室等需要恒温的房间或区域都需要设置隔热层。

thermal cut-off **隔热挡板** 用于隔热的板材。

thermal detector **感温探测器** 利用探测元件吸收入射的红外辐射能量而引起温升，并把温升转变成电量的一种探测装置。根据监测温度参数的不同，用于工业和民用建筑中的感温式火灾探测器有定温式、差温式、差定温式等。

thermal device **过热保护装置** 温度超过某一限值时就启动相应保护的装置或设备。电子设备或机械运行中，由于能量转换或者摩擦产生热量，会导致运行异常或故障。过热保护装置所采取的方式有三种，停止系统或设备运行、降低系统或设备运行性能，或者改善通风散热条件。

thermal graphic **热图像** 亦称热像仪，记录物体本身向外辐射的热量或温度的图像。通常情况下，热图像都是指红外热图像。

thermal imaging camera (TIC) **热成像摄像机** 一种通过接收物体发出的

红外线来显示的摄像机。任何有温度的物体都会发出红外线。热像仪就是接收物体发出的红外线,并将能量分布图形反映到光敏元件上形成物体的热像图。热成像摄像机的工作原理就是热红外成像技术,其核心就是热像仪。热像仪是一种能够探测极微小温差的传感器,可以将温差转换成实时视频图像显示出来。通过该图像只能看到人和物体的热轮廓,看不清物体的真实面目。

thermal protection shield **隔热罩** 用于隔热的金属或非金属罩壳,以保护器材、设备或人。如汽车隔热罩、高温隔热罩、排气管隔热罩、涡轮增压隔热罩、涡轮增压器隔热罩等。

thermal radiation **热辐射** 热能以电磁波形式进行传递。

thermal radiation shield **热辐射防护屏** 防止热辐射所产生伤害的屏体。

thermal sensor **热传感器** 利用传感器(如热电阻等)随温度变化的特性,对温度参数进行检测的装置。

thermal shield **隔热罩** 同 thermal protection shield。

thermal shield material **隔热材料** 能阻滞热流传递的材料,又称绝热材料。隔热材料分为多孔材料,热反射材料和真空材料三类。传统绝热材料有玻璃纤维、石棉、岩棉、硅酸盐等,新型绝热材料有气凝胶毡、真空板等。

thermal-protection material (TPM) **隔热材料** 同 thermal shield material。

thermal-protective coating (TPC) **隔热层** 同 thermal harrier coating。

thermistor **热敏电阻** 敏感元件的一种类型。按照温度系数不同可区分为正温度系数热敏电阻器(PTC)和负温度系数热敏电阻器(NTC)。热敏电阻器的典型特点是对温度敏感,不同的温度下表现出不同的电阻值。PTC 电阻值随温度升高而增大,NTC 电阻值随温度升高而减小,它们同属于半导体器件。

thermo element **热电元件** 温度测量仪表中常用的测温元件,它直接测量温度,并把温度信号转换成热电动势信号,通过电气仪表(二次仪表)转换成被测介质的温度值。

thermocouple **热电偶** 一种温度测量仪表中常用的测温元件,它直接测量温度,并通过电气仪表(二次仪表)转换成被测介质的温度数值。其测温的基本原理:两种不同材质导体组成闭合回路,当两端存在温度梯度时,两端之间就存在电动势,即热电动势,即塞贝克效应(Seebeck Effect),回路中就会有电流通过。两种不同成分的均质导体为热电极,温度较高的一端为工作端,温度较低的一端为自由端。自由端通常处于某个恒定的温度下。根据热电动势与温度的函数关系,制成热电偶分度表。分度表是自由端温度在0℃时的条件下得到的,不同的热电偶具有不同的分度表。各种热电偶通常和显示仪表、记录仪表及电子调节器配套使用。

thermodynamic diagram **热力图** 在互联网应用中,是指以特殊形式显示网络访客热衷的页面区域和访客所

T

在地理区域的图示。通过热力图可以清楚地显示访客链接指向，说明不同用户的喜好，为提升网页设计质量提供客观的依据。**热力学图** 气象学中用于绘制由高空探测得到的温度、气压、湿度三个气象要素随高度分布的图解。据此图解可计算大气热力学状态和某些参数。

thermoelectric effect 温差电效应 在温差信号与电量信号之间进行相互转换的各种物理效应的统称。一般情况下，热电效应通常指塞贝克效应或温差电效应。

thermoelectric effect detector 热电效应探测器 利用热电效应的探测器。所谓的热电效应，是当受热物体中的电子(空穴)，因随着温度梯度由高温区往低温区移动时，所产生电流或电荷堆积的一种现象。这个效应的大小，则是用称为 thermopower(Q)的参数来测量，其定义为 $Q = E/-dT$ (E 为因电荷堆积产生的电场，dT 则是温度梯度)。

thermoelectric sensor 热电传感器 将温度变化转换为电量变化的装置。它是利用某些材料或元件的随温度变化的特性来进行测量的。温度是表征物体冷热程度的物理量。它反映物体内部各分子运动平均动能的大小。温度可以利用物体的某些物理性质(电阻、电势等)随着温度变化的特征进行测量。测量方法按作用原理分接触式和非接触式。如将温度变化转换为电阻、热电动势、热膨胀、磁导率等的变化，再通过适当的测量电路达到检测温度的目的。把温度变化转换为电势的热电式传感器称为热电偶，把温度变化转换为电阻值的热电式传感器称为热电阻。

thermograph 温度记录器 对温度进行记录的设备或仪器。

thermometer 温度计 可以准确地判断和测量温度的工具，分为指针温度计和数字温度计。根据使用目的的区别，已设计制造出多种温度计。其设计的依据有：利用固体、液体、气体受温度的影响而热胀冷缩的现象；在定容条件下，气体(或蒸气)的压强因区别温度而变换；热电效应的作用；电阻随温度的变换而变换；热辐射的影响，等等。

thermoplastic duct 热塑性塑料管 具有加热软化、冷却硬化特性的塑料为热塑性塑料，以热塑性塑料为材料而制成的管制品统称为热塑性塑料管。主要的热塑性塑料管有聚乙烯(PE)管、聚丙烯(PP)管、聚苯乙烯(PS)管等。

thermosensitive element 热敏元件 指利用物理性质随温度变化而变化的敏感材料制成的元器件。热敏元件种类多，应用广泛。例如，为克服或减弱环境温度对电子设备性能的影响，设备电路中常采用的热敏电阻，用以对环境温度的采样。易熔合金、热敏绝缘材料、双金属片、热电偶、热敏电阻、半导体材料等均可成为制造热敏元件的材料。不同类型的热敏元件感温性能各异，应根据不同应用环境、不同使用要求选用不同类别和不同感温性能的热敏元件。

thermostat 恒温(调节)器 ① 在正常

T

操作下以自动开路或闭路来保持受控部分在一定温度范围的一种温度感测装置，其动作温度固定或可调整。② 直接或间接控制单个或多个热源和冷源来维持所要求的温度的一种装置。

thermostats & HVAC controls 恒温器与采暖通风空调控制 恒温器在正常操作下以自动开路或闭路来保持受控部在一定温度范围的一种温度感测装置，其动作温度可固定或可调整。暖通空调的主要功能包括采暖、通风和空气调节这三个方面，空调的最大特点是能够创造一种恒温、舒适的室内环境。因此采暖通风空调的控制就离不开恒温器。通常，一个恒温器可以直接或间接控制单个或多个热源和冷源来维持采暖通风空调所要求的温度。

thermoweld technique 熔接工艺 采用熔纤机将光纤和光纤或光纤和尾纤连接，把光缆中的裸纤和光纤尾纤熔合在一起变成一个整体，而尾纤则有一个单独的光纤头的完整工艺，包含涂面层的剥除、清洁、切割、熔接、固化、盘纤等工序。

thick coaxial cable 粗同轴电缆 基带同轴电缆的一种，俗称黄色电缆。用于数字传输时，数据传输速率可达10 Mbps，是早年以太网的基本传输电缆之一。其可靠性高于细同轴电缆，但安装难度远高于细同轴电缆。

thickness 厚度 指物体上下两面间的距离。

thin film transistor (TFT) 薄膜晶体管 场效应晶体管的种类之一，大略的制作方式是在基板上沉积各种不同的薄膜，如半导体主动层、介电层和金属电极层。薄膜晶体管对显示器件的工作性能具有十分重要的作用。

third degree fault 三级故障 分析和处理故障时对故障严重程度的一个等级划分。不同行业和业务中对故障等级的划分各不相同。如在有线电视中的三级故障是指在运行图规定时段内，导致发射机个别运行指标暂时偏离正常值的故障。

third-party test institution 第三方测试机构 指与甲乙双方没有利益冲突的独立第三方进行性能测试的专业机构或公司。

thread Neill-Concelman (TNC) 螺纹连接器 BNC 连接器的变形，一种很常见射频连接器。TNC 系列产品是按照美军标 MIL-C-39012 研制生产的一种有螺纹连接机构的中小功率连接器。它具有抗震性强，可靠性高，机械和电气性能优良等特点，广泛地应用于无线电设备和电子仪器中连接射频同轴电缆。该系列产品能与国际上 TNC 系列射频同轴连接器相应产品通用。

three connections 三连接 具有三个连接点的测试模型(缆线两端以及缆线中间各有一个连接点)，在实际的拓扑结构中，也有类似的结构。

three level low current system worker 三级弱电工 即高级弱电工。《弱电工职业技能标准》规定其应能够完成通信链路测试以及单台设备调试与开通；能够排除线路和设备常见故障；能够培训和指导四级及以下弱电工;能够编制用工、用料计划;能够操作相关的施工工机具和仪器仪表,并进行例行保养。

three way　三通　又称管件三通、三通管件、三通接头等。主要用于改变流体方向,用在主管道与分支管处。它可以按管径大小分类。一般用碳钢、铸钢、合金钢、不锈钢、铜、铝合金、塑料、氩硌沥、PVC 等材质制作。

three-phase electronic power analyzing electric energy meter　三相电力分析能量表[计]　不仅具有多功能电力仪表的功能,还具有实时监测三相电力系统的谐波分量、波峰系数、谐波畸变率、三相电压、电流不平衡度等电能质量参数的检测、分析功能的电能仪表。

threshold value　阈值　又叫临界值,一个效应能够产生的最低值或最高值。此名词广泛用于建筑学、生物学、飞行、化学、电信、电学、心理学等学科。在自动控制系统及类似的系统中,能产生一个校正动作的最小输入值亦称为阈值。

through-penetrant　墙身贯穿物　穿透墙体安装的物品。

through-penetration　墙身贯穿洞孔　穿透了墙体的洞或孔,如走廊与房间之间的隔墙上会钻进线孔,将走廊上的缆线穿入房间。

throw distance　投影距离　投影机镜头与屏幕之间的距离,一般用米来作为单位。

thunderstorm day　雷暴日　某地区一年中有雷电放电的天数,一天中只要听到一次以上的雷声就算一个雷暴日。雷暴日表示不同地区雷电活动的频繁程度。根据雷电活动的频度和雷害的严重程度,依据《建筑物电子信息系统防雷技术规范》(GB 50343)规定,我国把年平均雷暴日数 $T>90$ 的地区叫作强雷区,$40<T\leqslant 90$ 的地区为多雷区,$25<T\leqslant 40$ 的地区为中雷区,$T\leqslant 25$ 的地区为少雷区。

TI　测试接口　test interface 的缩写。

TIA　电信工业协会(美国)　Telecommunications Industry Association 的缩写。

TIC　热成像摄像机　thermal imaging camera 的缩写。

tie cable　连接线缆　端接两台电信设备之间的缆线。

tie line　专线　在通信系统中指把多点连接在一起的一种专用线通信信道。

tie switch　互连开关　可将两组或更多组交流母线连接在一起的 UPS 开关。

tie trunk　连接中继线　在通信系统中,指直接连接多台交换台或专用交换分机(PBX)系统的专用线路通信信道。可通过人工方式互联,也可通过拨号方式互联;电话专用线路可通过电话网络与两台专用交换分机(PBX)相连。

tilt angle　倾斜角　在平面直角坐标系内,当直线 A 与 x 轴相交时,取 x 轴作为基准,x 轴正向与直线 A 向上方向之间所成的角 a 叫作直线 A 的倾斜角。

tilt sensor　倾斜探测器　① 又称水平仪,常用于系统的水平角度变化测

T

量。作为一种检测工具,它已成为桥梁架设、铁路铺设、土木工程、石油钻井、航空航海、工业自动化、智能平台、机械加工等领域不可缺少的重要测量工具。从过去简单的水泡水平仪到现在电子水平仪的广泛使用是自动化和电子测量技术发展的结果。电子水平仪是一种非常精确的测量小角度的检测工具,用它可测量被测平面相对于水平位置的倾斜度、两部件之间相互平行度和垂直度。② 在公共安全系统中,指当传感器倾斜到一定角度以上时,接通开关的敏感器件。适用于提款箱、保险柜等场合。

timber construction　木结构　用木材制成的建筑结构。木材是一种取材容易,加工简便的结构材料。木结构自重较轻,木构件便于运输、装拆,能多次使用,故广泛地用于房屋建筑中,也还用于桥梁和塔架。近代胶合木结构的出现进一步扩大了木结构的应用范围。

timbre　音质　经传输、处理后音频信号的保真度。在音响技术中,音质包含三方面:音量、音调和音色。音量,即音频的强度和幅度;音调,也称为音高,即音频频率的高低;音色,即音频泛音或谐波成分。衡量音质好坏,主要是衡量声音在上述三方面是否达到一定的水准,即相对于某一频率或频段的音高是否具有一定的强度,并且在要求的频率范围内,在同一音量下,各频点的幅度是否均衡、饱满,频率响应曲线是否平直,声音的音准是否准确。既忠实地呈现了音源频率或成分的原来面目,频率的畸变和相移又符合要求。声音的泛音适中,谐波较丰富,听起来音色就优美动听。音质的数值是由实际比特率决定的。

time and date table (TDT)　时间和日期表　一种给出时间和日期相关的信息的单独列表,常用于不同时区间共享业务的情况。

time division multiplex (TDM)　时分复用　又称时分多路复用。在一条信道或一条通道上能并发地传输多路信息的一种传输技术。它将信道(或通道)上的传输时间划分为周期,每一个时间周期划分为多个时间槽,在每一个时间槽上传输一路信息。采用时分多路复用技术,可以大大提高信道(或通道)利用率和信道(或通道)的通信容量,大幅降低传输费用。这种技术被广泛地用在信息交换领域和数字传输领域。

time domain reflectometer (TDR)　时域反射　一种对反射波进行分析的遥控测量技术。用来测量信号在通过某类传输环境传导时引起的反射。早在20世纪60年代就产生了时域反射技术。该技术包括产生沿传输线传播的时间阶跃电压。用示波器检测来自阻抗的反射,测量输入电压与反射电压比,从而计算不连续的阻抗。70年代认识到作为频率函数的网络反射系数的傅立叶变换就是作为时间函数的反射系数,可用网络分析仪在频域测量数据计算和显示网络作为时间函数的网络阶跃和激冲响应,使在反射和传输中的传统TDR能力增加了在频带有限网络进行测量的能力。

time line 时间线 电视节目编辑中对预定序列中出现事件的图形表示。时间线显示的参数可以是一个特效的开始和结束时间、淡入和淡出持续时间等。

time of fire alarming 火灾报警时间 火警调度台接到火灾报警信号的时刻。

time offset table (TOT) 时间偏移表 描述了当前时间、日期和本地区时间的偏移量,常用于在不同时区间共享业务的情况。

time-saving installation 省时安装,快速安装 比常规安装更快捷的产品或安装方式,通过快速安装可以达到施工时间缩短的目的。如在数据中心内安装集束双绞线、预端接缆线能够达到敷设后立即使用的程度,以产品费用的提高换取了工程时间的缩短,总体而言利大于弊。

tinned braided copper 丝网编织镀锡铜丝 用于编织铜丝网用的镀锡细铜丝,镀锡的目的是防止铜丝氧化。编织铜丝网可以作为屏蔽双绞线、同轴电缆的屏蔽层。

tinned copper wire (TCW) 镀锡铜丝 表面镀有一薄层金属锡的铜线。锡在空气中形成二氧化锡薄膜,防止进一步氧化。锡与卤素也能形成类似作用的薄膜,从而既具有良好的抗腐蚀性能,又有一定的强度和硬度,成型性好又易焊接。锡层无毒无味,能防止被保护铜丝氧化而产生毒性,且表面光亮。镀锡铜丝的应用广泛,如铝箔屏蔽双绞线的屏蔽铝箔导电侧会敷设一根镀锡铜线作为接地用的等电位连接导体使用。丝网编织屏蔽层大多用镀锡铜丝编织而成。

tint 色调 也称色彩。指光的颜色类别,它是光的基本参量。发光物体的色调由其自身的光谱功率分布决定,不发光物体的色调由物体对光的反射、透射特性及照明光源光谱功率分布决定。

TLS 传输层安全(协议) transport layer security 的缩写。

TMDS 跃变最小化差分信号 transition minimized differential signaling 的缩写。

TMSI 临时移动台标识 temporary mobile station identity 的缩写。

TMY 典型气象年 typical meteorological year 的缩写。

TNC 螺纹连接器 thread Neill-Concelman 的缩写。

TO 电信插座,信息点;工作区 telecommunications outlet 的缩写。

TOE TCP 卸载引擎 TCP offload engine 的缩写。

toeboard 趾板 混凝土面板堆石坝中布置在面板周边或坐落于地基上的混凝土结构,又称垫座。趾板通过设有止水的周边缝与面板连为一体,形成坝基以上的防渗体,同时又与经过基础处理后的基岩联结,封闭地面以下的渗漏通道,从而使上、下防渗结构连为整体。其主要作用除防渗外,还作为基础灌浆的盖板和面板的基座。

toggle 套环 起重机械吊具的一种。套环的尖端应自由贴合,并将尖端部位截短至凹槽深的一半。

T

token passing (TP)　令牌传递　一种通信协议，是环形拓扑网络中用来控制传输的技术。令牌是沿着环网发送的专门消息。当某站有包发送后，先等待令牌到达。得到令牌后，先发送数据包，再发送令牌。此种协议使环形网络中的各个站点轮流做主，令牌传到谁手里，谁就做主，没有令牌的主从。

tolerance　容错　① 计算机中系统恢复文件的错误。存储在计算机中的文件或者在网络中传输的文件有可能因为故障、干扰信号等的影响而发生错误或者丢失。一般情况下，系统能够自动恢复文件，但当文件错误严重时必须认为无法恢复或者文件彻底丢失。系统的恢复能力就是容错能力，简称容错。② 通过一系列内部处理措施，将软件、硬件所出现的错误消除掉，确保出错情况下信息安全技术信息系统安全子系统（SSOIS）所提供的安全功能的有效性和可用性。

tolerance band　公差[允差]带　某个量在规定限值内的数值范围。具体是指在公差带图解中，由代表上偏差和下偏差或最大极限尺寸和最小极限尺寸的两条直线所限定的一个区域。它是由公差大小和其相对零线的位置（如基本偏差）来确定的。

tone　音色　又称音品，听觉感到的声音的特色。音色主要决定于声音的频谱，在很大程度上与各泛音在开始时和终了时振幅上升和下降的特点有关系。单一频率的纯音不存在音色问题。

tone control　音调控制　一种用于在放音时改变低音和高音相对强度的控制部件。

tone generator　音频发生器　产生模拟音频信号的设备。

tool-less　免工具　即不必采用专用工具。例如，预端接线缆之间连接时，只需手动插拔即可，无须任何工具。又如，布线系统的有些模块不需要使用专用打线刀，只需使用通用工具（剪刀、钳子等）就可以完成模块端接。

TOP　技术办公系统协议　technical office protocol 的缩写。

top exit　顶部出口　机柜、设备柜顶部的开口，一般用于缆线敷设、送风、排风等。

top floor　顶层　① 建筑物最高一层。② 各类系统、工程管理的最高一层。例如，顶层设计是指运用系统论的方法，从全局的角度，统筹考虑项目各层次和各要素，追根溯源，统揽全局，在最高层次上寻求问题的解决之道。

top level ventilation　顶层通风　在弱电工程中，是指在机柜、设备柜的顶部设置的通风系统。

topology　拓扑结构　拓扑学是和研究地形、地貌相类似的学科。几何拓扑学是 19 世纪形成的一门数学学科的分支。通信网络拓扑结构反映了各个通信站点相互连接的几何形式。目前，通信网络主要拓扑结构有：总线型拓扑、星型拓扑、环形拓扑、树型拓扑、网状拓扑以及它们的混合型。

topology of network　网络拓扑　用传输介质互连各种设备的物理布局。

指构成网络成员间特定的物理的(即真实的或者逻辑的、虚拟的)排列方式。如果两个网络的连接结构相同,我们就说它们的网络拓扑相同,即使它们各自内部的物理接线、节点间距离可能会有不同。

torsion 扭转 指因扭力作用而转向。

TOT 时间偏移表 time offset table 的缩写。

total access communication system (TACS) 全接入通信系统 一种最先在英国采用的一种 900 MHz 频段模拟蜂窝公众移动电话系统。它在美国高级移动电话系统(AMPS)制式的基础上做了改进,同属三级集中交换式网络。TACS 在地域上将覆盖范围划分成小单元,每个小单元复用频带的一部分以提高频带的利用率,即利用在干扰受限的环境下,依赖于适当的频率复用和频分复用(FDM)来提高容量,实现蜂窝移动通信。

total building integration cabling (TBIC) 整体楼宇集成布线(美国西蒙公司的综合布线品牌解决方案名称) 美国西蒙(Simon)公司的综合布线品牌解决方案名称,它符合综合布线系统的标准,并满足智能建筑工程中的应用需求。

total cost of ownership (TCO) 所有权费用总额 为资产购进成本及在其整个生命服务周期中发生的成本之和。

total dispatch room 总调度室 全面负责生产调度工作场所。

total distortion factor 总失真系数 信息系统输出信号中新增谐波含量的均方根值与原来信号有效值的百分比。

total harmonic distortion 总谐波失真 谐波失真是指输出信号比输入信号多出的谐波成分。所有附加谐波电平之和称为总谐波失真。总谐波失真与频率有关。音频信号中,1 000 Hz 频率处的总谐波失真最小,故不少音频产品均以该频率的失真作为产品指标。

total quality control (TQC) 全面质量管理 组织全员参与为基础的质量管理形式。一是全面控制,即以优质为中心,实行全员工、全过程、全方位控制。二是全面质量,包括产品质量和工作质量,即是"产品、过程或服务满足规定或潜在要求(或需要)的特征和特性的总和"。全面质量控制代表了质量管理发展的最新阶段。在市场经济快速发展的今天,"质量第一""以质量求生存"已是不破的真理。它是现代企业管理的重要环节。

total shading coefficient of window 窗的总遮阳系数,外窗综合遮阳系数 外窗本身的遮阳效果和窗外部(包括建筑物和外遮阳装置)的综合遮阳效果。其值为:外窗遮阳系数与外遮阳系数的乘积。其中,遮阳系数是玻璃遮挡或抵御太阳光能的能力。我国 GB/T 2680 中定义为实际通过玻璃的热量与通过厚度为 3 mm 厚标准玻璃的热量的比值。

total UPS transfer time UPS 总切换时间 UPS 系统从发生异常或超出允差条件的瞬间起,到完成输出量切换瞬间的时间间隔。

TO-type interface TO 类型接口 插

座、插头类型的接口。如：RJ45、RJ11 等。

tower cupola **瞭望塔** 有一定高度的瞭望设施，利用它能及时发现火灾，及早发出火灾警报，并能观察与通报火场情况。在有些城市或乡村中建设瞭望塔，瞭望员在瞭望塔上远距离观察周围的情况，如是否有火灾产生的烟等情况。

tower structure **塔式结构** 下端固定、上端自由的高耸构筑物。以自重及水平荷载为结构设计为主要依据。按材料分塔式结构主要分为钢塔、钢筋混凝土塔、预应力混凝土塔、木塔和砖石塔。

towerman **瞭望员** 专门进行远距离观察异常情况的人员。

toxicity **毒性** 又称生物有害性，在一定条件下损伤生物体的能力。

TP **令牌传递** token passing 的缩写；**转接点［处］** transition point 的缩写。

TPC **隔热层** thermal-protective coating 的缩写。

TPM **隔热材料** thermal-protection material 的缩写。

TP-PMD **双绞线物理层相关媒体** twisted pair physical medium dependent 的缩写。

TPS **传输参数信令** transmission parameter signaling 的缩写。

TQC **全面质量管理** total quality control 的缩写。

TR **技术报告** technical report 的缩写。

trade off **权衡** 指对有利和不利因素的综合考量。如在绿色建筑工程设计中，应对围护结构热工性能综合节能指标比较，可通过计算机软件模拟计算节能是否达标。

trademark right **商标权** 商标所有人对其商标所享有的独占的、排他的权利。在我国，商标权的取得实行注册原则，商标权实际上是因商标所有人申请、经国家商标局确认的专有权利，即因商标注册而产生的专有权。商标是用以区别商品和服务不同来源的商业性标志，由文字、图形、字母、数字、三维标志、颜色组合、声音等要素的独立或组合构成。

traffic channel（TCH） **业务流量信道** 携带话音编码信息或用户数据的信道。它分为话音业务信道和数据业务信道。它有全速率业务信道（TCH/F）和半速率业务信道（TCH/H）之分，两者分别载有总速率为22.8 kbps和 11.4 kbps 的信息。

traffic charge equipment **交通收费设备** 道路交通中收费管理使用的设施和系统，包括电子不停车收费系统（ETC）。

traffic detector **交通检测设备** 道路交通管理中的检测设备，如地感线圈、车检器、摄像机、闯红灯拍照系统等。

traffic management equipment **交通管理设备** ① 道路交通实施管理的设施和系统，包括：交通标志、交通标线、物理隔离装置、交通信号控制设备、交通违法监控抓拍系统等。② 异步传输模式（ATM）网络中对交通控制和冲突控制的管理装置或模块。ATM层交通控制是指网络为避免冲突而采取的一系列动作。

traffic system software　交通系统软件　智能交通系统中的管理控制软件。智能交通系统将先进的信息技术、计算机技术、传感器技术、自动控制技术、人工智能技术等综合运用于交通运输、交通道路管理和服务之中，加强车辆、道路、使用者三者之间的联系，以期形成保障安全、提高效率、改善环境、节约能源的综合运输系统。

trailer coach　活动房　一种以轻钢为骨架，以夹芯板为围护材料，以标准模数系列进行空间组合，构件采用螺栓连接，是全新概念的环保经济型活动房屋。可方便快捷地进行组装和拆卸，实现了临时建筑的通用标准化，树立了环保节能、快捷高效的建筑理念，使临时房屋进入了一个系列化开发、集成化生产、配套化供应、可存储和可多次周转使用的定型产品领域。

trailer court　活动房屋停放场　停放活动房屋的场所。

trailer park　活动房屋停放场　同 trailer court。

training material　培训资料　培训时使用的书籍和材料，包括参考资料。

training room　培训教室　通过培养加训练使受训者掌握某种技能的场所。

trans-coding　转码　电视广播系统中，是一个用于描述标准在 PAL、NTSC 和 SECAM 电视制式转换的术语。

transfer impedance　转移阻抗　在 EMC 领域中，指为在屏蔽电缆上注入射频电流时，中心导体上的电压与该电流的比值。

transfer switch　转换开关　一种可供两路或两路以上电源或负载转换用的开关电器。不间断电源(UPS)系统中是指由单个或多个开关组成的 UPS 开关，用以使电力从一个电源转换至另一个电源。

transfer time　切换时间　输出量切换开始瞬间到切换完成瞬间的时间间隔。

trans-flash card (TF card)　TF 卡　SD 卡类型中尺寸最小的一种卡，尺寸仅为 15 mm×11 mm×1 mm。TF 卡兼具嵌入式快闪存储卡体积小、节省空间的优点，且具备可移除式闪存卡的灵活特性，既为使用者提供超大储存量，更替制造商节省空间，完全不影响手机外形与体积，并附有 SD 转接卡，兼容于任何 SD 卡片阅读机，使小型电子产品有了无限的设计和发展空间。

transform coefficient　变换系数　数字电视变换域上的一个标量。

transient　瞬态　指一个变量在两个稳态之间变化的过程。

transient current　瞬时电流　又叫瞬间电流或瞬流。它是在很短时间内发生的电流。一般指负载启动时的瞬间所产生的冲击电流。它几乎存在于所有工业用电和民用电的电力系统之中，用微秒级和纳秒级测量。它可以高出正常电压的几十到几百，甚至上千倍。瞬流的 80%～90%是配电系统内部产生的，主要是由负载的频繁开启和闭合以及系统负荷变化引起的，另外的 10%～20%是外部原因引起的。

transient over pressure 瞬时过电压 持续时间数毫秒或更短，通常带有强阻尼的振荡或非振荡的一种过电压，它可以叠加于暂时过电压上。有通断过电压(因特定的通断操作或故障形成)和雷击过电压(因特定的雷击放电)之分。

transistor 晶体管 一种固体半导体器件，常见的有晶体二极管和晶体三极管。晶体管具有检波、整流、放大、开关、稳压、信号调制等功能。晶体管主要分为双极性晶体管(BJT)和场效应晶体管(FET)。晶体管是所有现代电器的关键活动元器件。晶体管可进行大规模生产，因而可以达到极低的单位成本。晶体管被认为是现代历史中最伟大的发明之一，在重要性方面可以与印刷术、汽车和电话等的发明相提并论。2016 年，劳伦斯伯克利国家实验室的一个团队打破了物理极限，将现有的最精尖的晶体管制程从 14 nm 缩减到了 1 nm，实现了计算技术界的一大突破。

transition minimized differential signaling (TMDS) 跃变最小化差分信号 也称过渡调制差分信号，是指通过“异或”“异或非”等逻辑算法将原始信号数据转换成 10 位，前 8 位数据由原始信号经运算后获得，第 9 位指示运算的方式，第 10 位用来对应直流平衡，转换后的数据以差分传动方式传送。这种算法使被传输信号过渡过程的上冲和下冲减小，传输的数据趋于直流平衡，使信号对传输线的电磁干扰减少，提高信号传输的速度和可靠性。目前 HDMI 高清线普遍采用 TMDS 算法，HDMI 把视频信号分为 R、G、B、H、V 五种信号，采用 TMDS 技术编码。TMDS 把三个通道传输为 R、G、B 三原色，H、V 编码在 B 信号通道中传输，R、G 的多余位置用来传输音频信号。TMDS 由美国矽映电子科技(Silicon Image)公司发布。

transition point (TP) 转接点[处] 在综合布线系统中，其功能类似于集合点(CP)，同 consolidation point。

transmission circuit 传输电路 通信传输设备由端口到端口的电路。

transmission control protocol (TCP) 传输控制协议 一种面向连接的、可靠的、基于字节流的传输层通信协议，由 IETF 的 RFC 793 定义。在简化的计算机网络 OSI 模型中，它完成第四层(传输层)所指定的功能，用户数据报协议(UDP)是同一层内另一个重要的传输协议。在因特网协议族中，TCP 层位于 IP 层之上，应用层之下的中间层。不同主机的应用层之间经常需要可靠的、像管道一样的连接，但是 IP 层不提供这样的流机制，而是提供不可靠的包交换。应用层向 TCP 层发送用于网间传输的用八位字节表示的数据流，然后 TCP 把数据流分区成适当长度的报文段。之后 TCP 把结果包传给 IP 层，由它来通过网络将包传送给接收端的 TCP 层。为了保证不发生丢包，TCP 给每个包一个序号，保证传送到接收端的包按序接收。然后，接收端实体对已成功收到的包发回一个相应的确认(ACK)。如果发送端实体在合理的往返时延(RTT)内未收到确认，那么对应的数据包就被假设为已丢失，并将会被进行重传。TCP 用校验和函数来检验数据是否有错误，并且在发送和接收时都要计算和校验。

transmission control protocol/internet protocol (TCP/IP) 传输控制协议/网际协议 又名网络通信协议，因特网最基本的协议，是因特网国际互联网络的基础，是供连接因特网的计算机进行通信的通信协议。该协议由网络层的 IP 协议和传输层的 TCP 协议组成。TCP 用于从应用程序到网络的数据传输控制。IP 负责在因特网上发送和接收数据包。

transmission convergence sublayer (TCS) 传输会聚子层 异步传输模式(ATM)网络物理层的一部分，定义信元在物理层中的传输方式。

transmission distance 传输距离 信元在通信信道中有效传输的距离。例如，在公共广播系统中，指由公共广播传输线路输入端到负载端的线路长度，在综合布线系统中指线缆的有效长度。

transmission equipment 传输设备 主要进行信息通信，较少进行计算或处理的设备。

transmission frequency respond 传输频率响应 传输系统对正弦信号的稳态响应特性。系统的频率响应由幅频特性和相频特性组成。幅频特性表示增益的增减同信号频率的关系。相频特性表示不同信号频率下的相位畸变关系。根据频率响应可以比较直观地评价传输系统复现信号的能力和过滤噪声的特性。

transmission line 传输线路 通信网中链接各节点的线路。

transmission link for live broadcasting 直播传输通路 指信息直播过程中，从信号源至信号接收端的整个通信链路，包括传输介质和设备。

transmission matrix 传输矩阵 一种用矩阵来描述多输入多输出的线性系统输出与输入之间关系的手段和方法。

transmission media 传输介质 传输信息的载体，常用的传输介质分为有线传输介质和无线传输介质两大类。不同的传输介质，其特性也不相同，它们的特性对传输质量和传输速度有明显影响。

transmission mode 传输模式 指传输参数的特定集合。它是光纤最基本的传输特性之一。若一种光纤只允许传输一个模式的光波，则称它为单模光纤。如果一种光纤允许同时传输多个模式的光波，这种光纤为多模光纤。光学上把具有一定频率，一定的偏振状态和传播方向的光波叫作光波的一种模式，或称光的一种波形。多模光纤直径为 10～1 000 μm，与光的波长相比大得多，因此在多模式光波进入光纤后都能满足全反射条件，在光纤中得到正常传输。在光纤输出端会出现多个亮斑，每一个亮斑代表多模光纤中传输的一种模式的光波。

transmission of consumption 传输消耗 系统终端至系统中央控制管理设备

之间信息传输通道所需的总能耗，包括信息传输设备、传输缆线等的消耗。

transmission parameter signaling (TPS) 传输参数信令 指DVB-H的传输参数信令。它能够为系统提供一个高可靠性、容易访问的信令机制，使接收机更快地发现DVB-H业务信号。即使在低信噪比条件下，TPS仍能使解调器快速将其锁定。DVB-H系统使用两个新的TPS比特来标识时间片，并判断可选的MPE-FEC是否存在。另外，用DVB-T中已存在的一些共享比特表示4K模式、符号交织深度和蜂窝标识。

transmission performance 传输性能 传输系统在给定条件下，当处于可用状态时重现所提供信号的能力。

transmission window 传输窗口 指光波导中最为透明的波长部分。

transmit (XMT) 发送[发射]，传输[传播] 将信号通过媒介或传输信道由一点发送到另一点或多个点的信号转移过程。

transmit power accuracy 发送电平精度 在规定的工作环境下，设备实际发送信号电平相对于标称电平的差值。

transmit power step size 发送电平步长 移动通信的一种功率控制技术。它是码分多址(CDMA)走向实用化的核心技术之一，用于调整移动用户和基站的发射功率，补偿信道衰落，抵消远近效应，使各用户维持在正常通信的最低功率标准上，尽可能减少对其他用户的干扰，提高系统容量。功率控制技术性能参数不断提升的同时，功率控制算法也有了很大的改进，目前该领域研究的热点是自适应功率控制算法。在光纤同轴电缆混合网(HFC)系统中，指发送机支持的发送电平可变的最小变化量。

transmit-receive unit (TRU) 发射接收装置 在一套装置中同时拥有发送部件和接收部件的装置，如计算机网卡。

transmitter (TX) 发(送)机，传送[传讯]器 光纤通信中一种将电信号转换成光信号，并将光信号输出的设备。它由光源(例如：激光器)及其他有关部件组成，也包括位于铜缆输入和光输出连接器之间的所有部件。**发射机** 将信号发送出去的电子设备或装置。传输介质可以是有线或无线方式。无线电通信发射机通常包括高频、低频和电源三个部分。按信息调制方式区分，发射机可分为调频(FM)、调幅(AM)、调相(PM)和脉冲调制(pulse modulation)四大类，并又有模拟和数字之分。无线发射机广泛应用于电视、广播、通信、报警、雷达、遥控、遥测、电子对抗等民用、军用领域。

transmitter automation unit 发射机自动化单元 采集发射机运行状态数据并按照设定的工作程序控制发射机运行的装置。

transmitter conducted spurious 发送机寄生产物 是指发送机在工作频道带外的寄生输出。

transmitter frequencies 发送频率 指发送机发送信号的频率。在模拟型

T

广播电视和有线电视系统中,发送频率是指发送设备输出的射频信号的中心频率。

transmitter frequency accuracy 发送频率精度 在规定的工作温度范围及发送机的频率范围内,实际输出信号的中心频率相对于标称输出频率的差值。差值越小,则精度越高。

transmitter frequency step size 发送机输出频率步长 指发送机输出载波频率调谐的最小变化量。

transmitter front porch time 发送机前沿时间 发送机发送信号上升时间之后至数据传输开始之前的时间。

transmitter out-of-band noise suppression 发送带外噪声抑制 指发送机输出信号频带外的噪声抑制能力。在光纤同轴电缆混合网(HFC)有线电视系统中,发送带外噪声抑制为发送信号功率与发送频道带外噪声功率之比,此噪声功率等效于 5.75 MHz 测量带宽内的总噪声功率。

transmitter power delta between "mark" and "space" 传号和空号的发送机功率差 指发送机发送传号载波的峰值功率和空号载波的峰值功率之差。

transmitter slew rate 发送机数位转换时间 指发送机从发送一个逻辑"0"到发送一个逻辑"1",或从发送一个逻辑"1"到发送一个逻辑"0"的最快转换时间。

transmitter supervision system 发射机监控系统,发射机运行管理系统 用于监控和管理发射机运行状态的系统或设备。

transmitting antenna 发射天线 无线通信系统用以发送无线电信号的无线电波辐射装置。

transmitting equipment 发射设备 通信系统中的发送信号的装置。

transmitting station operation management system 传送站运行管理系统 用于监控和管理通信发送站设备运行状态的系统。在有线电视系统中,是对发送站内发射设备、传输设备及附属设备进行管理和调度的系统。

transparent clock 透明时钟 转交 IEEE 1588 精确时间协议(PTP)事件报文通过该设备的时间,并向接收 PTP 事件报文的时钟提供该信息的设备。

transparent interconnection of lots of links (TRILL) 多链路透明互联 因特网工程任务组(IETF)推荐的连接层(L2)网络标准。它可以代替 L2 网络上普遍使用的生成树协议(STP)。

transponder 异频雷达收发机 人造卫星中的传送器和接收器的组合;**应答器** 光纤同轴电缆混合网(HFC)网络设备管理系统的组成部分,也可称为网元(NE)。用于采集和调整 HFC 网络设备的工作参数,并且实现与前端控制器(或直接与管理器)通信的部件或功能单元,是简单网络管理协议(SNMP)系统的管理代理(agent)。

transport layer 传输层 整个网络体系结构中的关键层次之一,主要负责向两个主机中进程之间的通信提供服务。其在终端用户之间提供透明的数据传输,并向上层提供可靠的数据传输服务。传输层位于开放系统互联(OSI)模型的第四层,为网络应用提供端到端的通信服务。

transport layer security (TLS) 传输层安全协议 由网景公司(Netscape)设计的一种开放协议。它指定了一种应用程序协议,主要目的是在两个通信应用程序之间提供私密性和可靠性。该协议由两层组成: TLS 记录(TLS record)和 TLS 握手(TLS handshake);**传输层安全** 在因特网上发送和接收已编码数据的安全协议。它支持多种安全技术的组合,包括共享密钥密码系统、字证书、哈希函数等,用于防止窃听、伪造信息和诱骗。

transport stream (TS) 传送流 ① 简称 TS 流,是根据 ITU-T Rec.H.222.0 ISO/IEC 13818-2 和 ISO/IEC 13818-3协议定义的一种数据流,防止有可能发生严重错误时进行一道或多道程序编码数据的传送和存储。② 一种数字电视传输的数据结构。在 MPEG-2 系统中,用基于数据包的方法,把有单个或多个独立时基的单个或多个数字视频和音频流等复用成一个流。

transport stream ID (TSID) 传送流标识符 指 MPEG-2 标准对信源进行统一压缩形成基本码流(ES)的标识符。它说明打包的基本码流(PES)所属码流的种类及序号,是网络中传送流的唯一标识。

transport stream packet header 传送流包头 指数字电视传送媒体流数据包的引导区。该区域从包的开始一直到连续性计数区结束。

transportation house 运输用建筑物 专为运输而建的建筑物,如货运楼等。

transportation vehicle 交通工具 一切人造的用于人类代步或运输的装置。如:自行车、汽车、摩托车、火车、轮船、飞行器等。随着科技的发展,交通工具也在不断变化。在现代建筑中,除了在建建筑物与仓库、供应商、办公室之间的交通外,在建筑物内也需要使用交通工具。

transverse conversion loss (TCL) 横向转换损耗 综合布线系统中共模信号功率与注入的差模信号功率之比。

transverse conversion transfer loss (TCTL) 横向转换传送损耗 综合布线系统中属于抗干扰核心参数。如果双绞线不平衡(例如,因为制造原因一根芯线粗,一根芯线细,或者因为结构不对称,两根芯线各自的对地电容不相同),则因种种原因耦合到双绞线中的共模干扰信号就有可能在到达双绞线的对端时出现累积的差信号(也就是两根线上的共信号传输到对端后其值变得不一样,有了差值)。这个差信号送到设备接收端口内的差分信号放大器,就会将原来共模信号的影响以差信号的方式经差分放大器放大后引入到系统中来,从而造成对系统信号处理过程的干扰。如果双绞线是均衡的,则共模干扰信号不会演变为累积的差信号,也就不会干扰系统了。需要特别指出的是,TCTL 的测试方法定义是在一端输入差模信号,到另一端去测量能否生成共模信号,然后相除。

trapezoid correction 梯形校正 梯形校正用于校正由于投影机和投影屏幕放置的相对位置而产生投影画面梯形变形。通常有两种梯形校正：垂直梯形校正和水平梯形校正，均通过软件插值算法对显示前的图像进行形状调整和补偿。

tray 托盘 ① 建筑工程中缆线敷设时使用的槽盒中的一种，其构造类似于托板而非盒体。② 托盘是使静态货物转变为动态货物的媒介物，一种载货平台，而且是活动的平台，或者说是可移动的地面。即使放在地面上失去灵活性的货物，一经装上托盘便立即获得了活动性，成为灵活的流动货物。因为装在托盘上的货物，在任何时候都处于可以转入运动的准备状态中。这种以托盘为基本工具组成的动态装卸方法，就叫作托盘作业。③ 指浅塑料盒。

treatment location 诊疗区域 在医疗建筑中，主要用于诊断和治疗的区域，包括门诊、急诊、化验、手术、理疗等。其建筑智能化的要求会与病房等区域有一些不同。

trellis coded modulation (TCM) 格栅编码调制 一种将编码和调制结合在一起的信号处理技术。它与常规的非编码多进制调制相比具有较大的编码增益且不降低频带利用率，所以特别适合限带信道的信号传输。TCM 系统使用冗余多进制调制与一个有限状态的网格编码器相结合，由编码器控制选择调制信号，以产生编码符号序列。

triac 三端双向可控硅开关元件 即双向晶闸管，它是在普通单向晶闸管的基础上发展起来的，不仅能代替两只反极性并联的单向晶闸管，而且仅用一个触发电路，是目前比较理想的交流开关器件。

triac output 双向可控硅输出 双向晶闸管交流开关的输出。

trial operation 操作检测 智能化系统竣工后对设备、电路、管线等系统进行的功能和性能指标的查验和检测，一般应由具有检测资格的第三方进行。

trial running 试运行 建筑智能化系统安装、调试和检测完成后，系统按规定时间进行连续运行的过程。试运行期间，全面考查各个智能化系统预期的功能和应有的技术指标，发现问题及时分析处理，并完善之，而后方可正式交付验收和使用。

trigger circuit 触发电路 具有一些稳态或非稳态的电路构成，其中至少有一个电路的状态是稳定的，且该电路状态的改变需要通过适当的脉冲来启动。

trigger device 触发装置 依靠自动或手动的方式促使设备或系统转变状态的器件或装置。如火灾自动报警系统中的手动火灾报警按钮，入侵报警系统中的求助报警按钮、磁控开关，建筑设备管理系统中的启闭开关等，均为人工触发装置。智能化系统中的探测传感器大多属自动触发装置。

trigger output 触发输出 各类智能化系统中触发装置或触发电路的输出。输出信号包括开关量输出和模拟量输出。

trigger signal 触发信号 前端电路或设备在满足了一定条件后发出的，让后续电路、设备或系统开始工作、转换工作状态或终止工作的信号。

tri-level sync 三级同步 指用于高清晰度电视的特殊的同步信号，它改进了对于噪声和干扰的免疫性。

TRILL 多链路透明互联 transparent interconnection of lots of links 的缩写。

triple play 三网融合 指有线电视网、电信网和计算机网的融合，其中互联网是核心，也可以指高层业务应用的融合而非三大网络的物理合一。其表现技术功能趋于一致，网络层上可以实现互联互通，形成无缝覆盖；业务层上强项使用统一的协议，在经营上相互竞争，互相合作，朝着向用户提供多样化、多媒体化、个性化服务的目标逐渐交汇在一起。

trivial file transfer protocol (TFTP) 简单文件传送协议 用于在 TFT 客户端和 TFTP 服务器之间传输文件，其中一台计算机上需要运行 tftpdTFTPdeamon。TFTP 基于用户数据报协议(UDP)进行文件传输，与文件传输协议(FTP)不同的是，TFTP 传输文件时不需要用户进行登录。它基于 UDP 而实现，且不具备通常的 FTP 的许多功能，而只能从文件服务器上获得或写入文件，不能列出目录，不进行认证，它传输八位数据。传输中有三种模式：NetASCⅡ，这是八位的 ASCⅡ码形式，另一种是 Octet，这是八位源数据类型；最后一种邮件已经不再支持，它将返回的数据直接返回给用户，而不是保存为文件。

troposphere 对流层 地球大气层靠近地面的一层。它同时是地球大气层里密度最高的一层，它蕴含了整个大气层约 75%的质量，以及几乎所有的水蒸气及气溶胶。

troubleshooting 故障处理 一种操作过程，通过检测、定位和排除设备、系统中程序错误、硬件和传输通道中的故障，使设备和系统恢复原有的功能和技术性能。

TRS 集群无线[移动]通信系统 trunked radio system 的缩写。

TRU 发射接收装置 transmit-receive unit 的缩写。

true color 真彩色 在视频图像中每个像素值均由红、绿、蓝三个基色分量组成，每个基色分量直接决定其基色的强度，这样产生的色彩称为真彩色。计算机用二进制数表示颜色，24 位(即 2^{24})色就被称为真彩色。例如，一个 48 位扫描仪系统可统称为真彩色系统。

true video-on-demand (TVOD) 视频实时点播 一种交互式的视频播放系统，支持即点即放。当用户提出请求时，视频服务器将立即传送用户所需要的视频内容。

trunk 主干[中继]线，长途线 通信系统中的主干网络、电话干线，即两个交换局或交换机之间的连接电路或信道，它为两端设备之间进行转接，作为信令和终端设备数据传输链路。

trunk amplifier 干线放大器 简称干

放，传输系统在功率变低而不能满足要求时采用的信号放大设备，放大信号功率，实现用户需要，或使信号覆盖更大区域。

trunk transmission　干线传输　通信系统前端系统输出口到用户分配网输入口之间的传输环节。

trunked radio system (TRS)　集群无线[移动]通信系统　大量无线用户自动共享少量无线信道的系统。在我国集群无线通信系统所使用的频段是800 MHz频段。集群无线通信系统主要提供系统内部用户之间的相互通信，也可提供与系统外(如市话网)的通信。其通信方式有单工也有双工。集群无线通信系统有别于公众无线电移动通信系统，其主要特点是，不仅可以实现移动电话的双向通话功能，还可提供系统内的群(组)呼、全呼，甚至建立通话优先级别，可以进行优先等级呼叫、紧急呼叫等一般移动电话所不具备的通信，提供动态重组以及系统内虚拟专网等特殊功能。这些特点特别适合警务机关、国家安全部门专用通信以及机场、海关、公交运输、抢险救灾等指挥调度需要。所以，在世界各地形成了独立于公众移动通信网之外的专用通信网。

trunking communication　集群通信　利用具有信道共用、动态分配等技术特点的集群通信系统组成的集群通信公共网。它可为部门、单位等集团用户提供专用指挥调度等通信业务。

trunking system for mobile radio　集群移动无线电通信　使用多个无线电信道为众多用户提供服务。它将有线电话中继线的工作方式运用到无线电通信系统中，把有限的信道动态地、自动地、迅速地、最佳地分配给整个系统的所有用户，以便在最大程度上利用整个系统信道的频率资源。它运用交换技术和计算机技术为系统的全部用户提供了很强的分组能力。其用途参见trunked radio system。

trusted channel　可信信道　在信息安全技术中，指为了执行关键的安全操作，在SSOIS安全功能(SSF)与其他可信IT产品之间建立和维护的保护通信数据免遭修改和泄漏的通信路径。

trusted execution environment (TEE)　可信执行环境　IT专业用语，应用于安全智能设备、安全支付等领域。可信执行环境(TEE)是主处理器的一个安全区域。它保证了内嵌的保密性和完整性保护代码和数据。TEE可以安全处理密码和私钥等私密信息，保证不会泄漏给节点或他人，且能证明数据未经篡改，是实现不可篡改的代码的一种有效方案。

trusted path　可信路径　为实现用户与信息安全技术中SSOIS安全功能(SSF)之间的可信通信，在SSF与用户之间建立和维护的保护通信数据免遭修改和泄漏的通信路径。

TS　传送流　transport stream的缩写。

TS transport jitter　TS流传输抖动　数字电视系统中传送流(TS)过程中产生的相对于标准时钟的偏离值。

TSG　测试信号发生器　test signal generator的缩写。

TSID　传送流标识符　transport stream

ID的缩写。

TSR 临时安全避难所 temporary safe refuge 的缩写。

TTC 电信技术委员会 Telecommunications Technology Committee 的缩写。

tunnel 隧道 指在山中或地下凿成的通道。

turbine flowmeter 涡轮式流量计 速度式流量计中的主要种类,它是采用多叶片的转子(涡轮)感受流体平均流速,从而推导出流量或总量的仪表。一般由传感器和显示仪两部分组成,也可做成整体式。在所有流量计中,涡轮式流量计属于最精确的流量计,其主要优点是:重复性好;无零点漂移,抗干扰能力好;测量范围宽;结构紧凑。

TV conference 电视会议 利用电视网络(比如:CATV 网络、专线或微波站)举行的会议。电视会议亦能在电信网络(如:综合业务数字网等)上实现。

TV line (TVL) 电视线 用于衡量视频显示设备对视频图像的解像能力的术语。从水平方向上看,相当于将每行扫描线竖立起来,然后乘上 4/3(宽高比),构成水平方向的总线,称为水平分解力。因其文件生成的体积小而广泛应用于监控摄像领域。

TV modulator 电视调制器 简称调制器,也常被称作邻频调制器或隔频调制器,用于将音视频信号调制到需要的频段上。输入为音频视频信号,输出为特定频段的高频信号。它是酒店、医院、大型餐饮店、出租屋、工厂宿舍等前端电视机房的主要设备。采用中频声表滤波器处理,有效地保证了残留边带特性,使之适用于邻频传输系统。

TV screen 电视墙 由多个显示单元拼接而成的一种超大屏幕电视墙体,是一种影像、图文直观显示系统。大屏幕电视墙的宣传表达能力极强,显得高档、气派、豪华,常在电视台、体育场馆、大型广告中应用。建筑智能化系统中的安保监控室、消控中心、数据中心、控制中心、指挥中心、调度中心、有线电视机房、卫星电视接收机房等场所大多会安装电视墙。它已经成为系统中央管理部分的常规配置。

TVL 电视线 TV line 的缩写。

TVOD 视频实时点播 true video-on-demand 的缩写。

TVOS 智能电视操作系统 television operating system 的缩写。

twin lead 平行馈线 两芯平行的信号馈线,在同轴电缆流行以前用作天线与电视机之间的传输线,其特性阻抗为 300 Ω。

twin-axial cable 双芯同轴电缆 由两根相互绝缘的铜管或铜导线(体)所组成的一种电缆,通常被套在较粗的铜管或铜线编制网内,并相互绝缘。

twining cable 双绞电缆 由一根信号线以及一根地线按一定的节距和阻抗特性要求而成对绞合的信息传输线。在计算机组装、互连设计中,常常用它来消除电磁干扰以保护有用信息的安全可靠传输。

twist 扭绞 用两股及以上的条状物向相反方向转动。在双绞线的制造过

T

程中，每一个线对中的两芯线均扭绞成型。在计算机组装、互连设计中，常常用传输线扭绞来消除电磁干扰，以保护有用信息的安全可靠传输。

twisted pair　对绞线　由两个以确定的方式扭绞在一起形成平衡传输线路的绝缘导线构成的线缆元素。在行业内一般称为双绞线，但因强电中的 RVS 线也称为双绞线而可能会重名，故此在综合布线标准中定名为对绞线；**双绞线**　是对绞线的又一称呼，是一种综合布线工程中最常用的传输介质，是由两根具有绝缘保护层的铜导线组成的。把两根绝缘的铜导线按一定密度互相绞在一起，每一根导线在传输中辐射出来的电波会被另一根线上发出的电波抵消，有效降低信号干扰的程度。

twisted pair cable　双绞线电缆　将一对或一对以上的双绞线封装在一个绝缘护套中而形成的一种传输介质。双绞线电缆的传输带宽与双绞线的绞距有关。

twisted pair physical medium dependent (TP-PMD)　双绞线物理层相关媒体　指以双绞线作为网络物理层的传输媒体。

twisted wire　双扭线　即双绞线，指两芯金属线依距离周期性扭绞组成的传输线。

two speed motor　双速电机　具有两种运行速度的变极调速电机。双速电机因具有两种运行速度，属于异步电动机变极调速，是通过改变定子绕组的连接方法达到改变定子旋转磁场磁极对数，实现电动机转速的改变。

two-way telephone　对讲电话　也叫直通电话，一种不用交换机接转的可直接通话的通信工具。如无线对讲机、有线对讲机、可视对讲等。

TX　光发(送)机，信号传送器，发射机　transmitter 的缩写。

type　类型　指由各特殊的事物或现象抽出来的共通点。

type A generic cable　A 类布缆　面向分布式楼宇设施(指建筑智能化中的各智能子系统)的综合布线系统拓扑结构中位于服务配线设备和服务端口之间的布缆。

type B generic cable　B 类布缆　面向分布式楼宇设施或智能子系统的综合布线系统拓扑结构中未设置服务端口时，位于服务配线设备和服务集合点之间的布缆。

type test　型式检验　为了认证目的进行的检验，对单个或多个具有生产代表性的产品样品利用检验手段进行合格性评价。这时检验所需样品数量由质量技术监督部门或检验机构确定和现场抽样封样，取样地点从制造单位的最终产品中随机抽取。检验地点应在经认可的独立的检验机构进行。型式检验主要适用于对产品综合定型鉴定和评定企业所有产品质量是否全面地达到标准和设计要求的判定。

typical measured value　典型测量值　产品手册(产品目录)中的产品测试数据。由于产品的测试参数具有一定的偏差，而有些产品只能进行抽样测试(破坏性测试)，无法进行全检，所以公布的数据只能采用具有统计意义的典型测量值。

typical meteorological year（TMY） 典型气象年 一般是指以近十年的月平均值为依据。从近十年的资料中选取一年各月中最接近十年的平均值的数据。在我国《城市居住区热环境设计标准》中，典型气象年是指以近三十年的月平均值为依据，从近十年的数据中选取一年各月中最接近三十年的平均值的数据作为典型气象年。

U

U （标准机柜或机架）设备安装尺寸单位 unit 的缩写。

U/FTP 金属箔线对屏蔽对绞电缆 每一个线对都用覆塑铝箔包裹的屏蔽双绞线，同时在铝箔的导电面旁附有一根铜导线，以确保屏蔽层导电通路畅通。

U/FTQ 金属箔线对屏蔽四芯星绞电缆 一种星绞电缆，具有两个四芯对称群组，每个群组都用覆塑铝箔包裹的电缆，同时在铝箔的导电面旁附有一根铜导线，以确保屏蔽层导电通路畅通。

U/UTP 非屏蔽对绞电缆 UTP 双绞线在屏蔽结构中的理想编号方式，代表每个线对都没有屏蔽层，同时没有总屏蔽层。

U/UTQ 非屏蔽八芯星绞电缆 护套内有两个四芯的芯线群组的非屏蔽星绞线。

U

U2U signaling 用户到用户信令 user-to-user signaling 的缩写。

UA 用户代理 user agent 的缩写。

UART 通用异步收发器 universal asynchronous receiver/transmitter 的缩写。

UB 独立访问者 unique browser。

UCC 统一代码委员会（美国） Uniform Code Council 的缩写。

UCS 通用字符集，字符系统 universal character set 的缩写。

UDP 用户数据报协议 user datagram protocol 的缩写。

UHDTV 超高清电视 ultra-high-definition television 的缩写。

UHF 特高频 ultra-high frequency 的缩写。

UI 单位时间间隔 unit interval 的缩写；**用户交互界面，用户接口** user interface 的缩写。

UID 用户识别码；用户标识 user identification 的缩写。

UL 保险商试验所（美国） Underwriter Laboratories Inc. 的缩写。**上行链路** uplink 的缩写。

ultra-extended graphics array（UXGA） 超扩展图像格式 也称极速扩展图形阵列。扩展图形阵列（extended graphics array，XGA）是国际商业机器公司（IBM）在 1990 年推出的一个高清晰度彩色图像显示标准，支持 1024×768 分辨率和 256 色调色板（每像素 8 位）。在此基础上进一步发展的超高清晰度的超扩展图像阵列（UXGA）支持1360×1024 分辨率。

ultra-high frequency（UHF） 特高频 频率在 300 MHz～3 GHz 的无线电频段，相应波长分别为 0.01～0.1 m，

也称为分米波段。

ultra-high-definition television (UHDTV) 超高清电视 可支持 4K(3840×2160分辨率)和 8K(7680×4320 分辨率)两种图像清晰度的电视系统。

ultra-physical contact (UPC) 弧形接触面 光纤连接器的纤芯端面呈弧面(称为超级物理端面),以提高接触时抗破损能力和回波损耗值。其回波损耗值优于 PC,但劣于 APC,是目前最常见的光纤连接器端面。

ultrafine coaxial cable 极细同轴电缆 由数根导体绞合而成的内部导体同轴对(如中心导体为 42AWG,即 7/0.025 mm)与绝缘体、外部导体、套管构成的电缆线。它具有优异的耐弯曲性、节省空间、信号高速传输以及抗电磁干扰性等特点,可用于笔记本电脑及手机等电子设备的内部布线、超声波诊断装置用探测传输线(probe cable)等产品。

ultrasonic 超声波 一种频率高于 20 000 Hz的声波,因其频率下限大于人的听觉上限而得名。超声波的方向性好,穿透能力强,易于获得较集中的声能,在水中传播距离远,可用于测距、测速、清洗、焊接、碎石、杀菌、消毒等。

ultrasonic alarm 超声波报警器 利用超声波对人体等物体移动所产生的多普勒效应进行检测并发出报警信息的装置,在入侵报警系统中常用作防区入侵移动侦测的探测传感器。

ultrasonic cleaning machine 超声波清洗机 利用超声波原理的清洗装置。其工作原理:由超声波发生器发出的高频振荡信号,通过换能器转换成高频机械振荡而传播到介质。清洗溶剂中,超声波在清洗液中疏密相间的向前辐射,使液体流动而产生数以万计的直径为 50～500 μm 的微小气泡,存在于液体中的微小气泡在声场的作用下振动。这些气泡在超声波纵向传播的负压区形成、生长,而在正压区,当声压达到一定值时,气泡迅速增大,然后突然闭合。并在气泡闭合时产生冲击波,破坏不溶性污物而使他们分散于清洗液中,当团体粒子被油污裹着而黏附在清洗件表面时,油被乳化,固体粒子脱离,从而达到清洗件净化的目的。

ultrasonic sensor 超声波传感器 将超声波信号转换成其他能量信号(通常是电信号)的传感器。超声波是振动频率高于 20 kHz 的机械波。它具有频率高、波长短、绕射现象小的特点,且具有方向性好,能够成为射线而定向传播等优点。超声波对液体、固体的穿透力强。超声波碰到杂质或分界面会产生显著反射形成反射回波,碰到活动物体能产生多普勒效应。入侵报警系统中常用以探测非法入侵行为,成为系统前端的入侵探测器。利用人体在超声波场中移动时会产生发射波强度变化和多普勒效应引起的频率变化,从而感知人体的横向移动和纵向移动。

unattended room 无人值守机房 符合安全要求,实现远程监控,可进行无人值守的机房,包括通信机房、移动通信基站、有线电视机房、电力机房等。

unauthorized access 非法入侵 对系统的一种未经授权的访问。

unbalance attenuation near end 近端不平衡衰减 近端串扰值和导致该串扰的发送信号之差值。它与线缆类别、连接方式、频率值有关。

unbalanced attenuation 不平衡衰减 串扰值和导致该串扰的发送信号之差值。它与线缆类别、连接方式、频率值有关。其中从近端(与信号发射端同侧)测试得到的是近端不平衡衰减值。

unbalanced line 不平衡线路 指一种不同于平衡线路的传输线路。平衡线路的两根导体对地电平和阻抗相同,信号输入端的两个端点(或输出端的两个端点)可互换,如双绞线。不平衡线路的两根导体对地电平和阻抗不同,信号输入端的两个端点(或输出端的两端点)不可互换,如同轴电缆。

unbalanced load 不平衡负载 三相负载的任一相之电流或功率因数存在差异的情况。

unbalanced signal 不平衡信号 模拟信号在传输过程中,如果被直接传送就是不平衡信号。如果把信号反相,同时传送反相的信号和原始信号,就叫作平衡信号。

unbalanced transmission 不平衡传输 指在数据通信中,每一路信号各用一根专用线,但合用一根公用回线的传输技术。

under water cable (UWC) 水下线缆 用于水下铺设的电缆或光缆。

underground pipe 地下管道 敷设在地下用于敷设缆线,输送液体、气体或松散固体的管道。其中的弱电管道大多在道路两侧的人行道下方。

underground railroad 地铁 是铁路运输的一种形式,指在地下运行为主的城市轨道交通系统,即地下铁道或地下铁的简称。

underground space 地下空间 地表以下建筑空间。如地下商城、地下停车场、地铁、矿井、穿海隧道等建筑空间。

undervoltage 欠压 设备供电电压低于额定值的状态。

underwater tunnel 水底隧道 修建在江河、湖泊、海港或海峡底下的隧道。它为铁路、城市道路、公路、地下铁道以及各种市政公用或专用管线提供穿越水域的通道,有的水底道路隧道还设有自行车道和人行通道。

Underwriter Laboratories Inc. (UL) 保险商试验所(美国) 美国一家私营公司,1894 年建于芝加哥,旨在从事公共安全检验和在安全标准的基础上经营安全证明业务,其目的是使市场上流通安全的商品。它是世界上从事安全检验和鉴定的最有声誉的民间机构,是美国最有权威的安全检验机构。UL 公司自建立至今,经过近百年的发展,已形成一整套严密的组织管理体制及产品检验的鉴定程序。UL 公司在世界许多国家和地区设立了代理检验机构——海外检验中心。1980 年,中国国家商检局指定中国进出口商品检验总公司承担 UL 公司在中国的检验业务,并于该年 4 月双方签订委托检验和认证协议书。

undetachable 不可拆卸 线缆的连接器件或设备在安装完毕后不再能够打开和拆卸。部分综合布线系统的连接件具有这样的特性，一旦拆开将会损坏，无法恢复。如综合布线系统中最古老的 110 型配线架、某些欧洲产的 RJ45 模块、光纤熔接、光纤磨接等。

unicast 单播 一种传输信息的方式，在发送者和每一接收者之间实现点对点网络连接，即客户端与服务器之间的点到点连接。一台主机向一个目标地址发送一份数据，仅有一台目的主机接收。当同样的数据需要发往多台目的主机时，源主机应重复发送多路同样的数据。

unicast reverse path forwarding (URPF) 单播逆向路径转发 一种单播反向路由查找技术，用于防止基于源地址欺骗的网络攻击行为。通常情况下，网络中的路由器接收到报文后，获取报文的目的地址，针对目的地址查找路由，如果查找到则进行正常的转发，否则丢弃该报文。由此得知，路由器转发报文时，与数据包的源地址无直接关系，这就给源地址欺骗攻击创造了可乘之机。源地址欺骗攻击就是入侵者通过构造一系列带有伪造源地址的报文，频繁访问目的地址所在设备或者主机，即使受害主机或网络的回应报文不能返回到入侵者，也会对被攻击对象造成一定程度的破坏。URPF 通过检查数据包中的源 IP 地址，并根据接收到数据包的接口和路由表中是否存在源地址路由信息条目来确定流量是否真实有效，并以此选择数据包是转发或丢弃。

Unicode 通用字符编码标准 也称万国码，是指一种支持多语种的字符代码标准，已成为 ISO 10646 标准。它用 16 位二进制码代表一个字符，可容纳 64 000 个不同字符，涵盖了当前国际常见语系的常用字符。

unidirectional air flow clean room 单向流洁净室 单一方向气流组织的洁净房间。单向流一般有水平流和垂直流两种类型。在水平流系统中，气流是从一面墙流向另一面墙。在垂直流系统中，气流是从吊顶流向地面。

unidirectional broadcast 单向广播 单方向的信息传播。如数字媒体网络、有线电视网络、公共广播系统等都采用了单向广播的模式。

Uniform Code Council (UCC) 统一代码委员会(美国) 1973 年成立的专门制定通用产品代码(条形码)的标准化组织。在 1970 年至 1973 年由美国超级市场委员会制定。该委员会共有 26 万家系统成员，集中于北美的食品零售业，为 GS1(负责开发和维护包括标识体系、符号体系，以及电子数据交换标准在内的全球跨行业的标识和通信的标准的国际性标准化组织)的成员。

uninterruptible power supply (UPS) 不间断电源 由变流器、开关和储能装置(如蓄电池)组合构成的，在输入电源故障时负责维持负载电力连续性的电源设备。主要用于为单台计算

U

机、计算机网络系统或其他电力电子设备提供不间断的电力供应。当市电输入正常时,UPS将市电稳压后供应给负载使用。此时的UPS就是一台交流市电稳压器,同时它还向系统内蓄电池充电。当市电中断(事故停电)时,UPS立即将蓄电池的电能,通过逆变转换的方法向负载继续供应交流电,使负载维持正常工作并保护负载软件、硬件不受损坏。UPS设备能对电压过高和电压过低都提供保护。

unique browser (UB)　独立访问者　即独立用户,根据国际通行统计方法,每台可以独立上网的计算机被视为一个独立访问者。同一计算机多人使用时,但不重复计算,仍视作一个独立访问者。

unit (U)　(标准机柜或机架)设备安装尺寸单位　19 in机柜上的设备高度单位,以1 U为一个基本单位,1 U高度等于1.75 in(约44.45 mm),安装在19 in机柜内的设备要求是该高度的倍数,如:1 U、2 U、3 U、4 U、6 U、8 U、12 U、18 U、24 U、42 U,等等。当然,也有0.5 U的产品或设备,如综合布线系统中的0.5 U双绞线模块式配线架等。

unit interval (UI)　单位时间间隔　一个比特传输信息所占的时间,即一个码元的时隙为一个单位间隔。随着所传码速率的不同,UI的时间不变指一个时钟的周期,相应于串行信号跳变之间最小的标称时间。

unit under test　被测单元　测试过程中被测试的部分组件、软件程序、操作流程等。

unitary air-conditioners for computer and data processing room　计算机与数据处理室一体式空调器,机房用单元式空气调节机　一种向机房提供空气循环、空气过滤、冷却、加热及湿度控制的单元式空气调节机。

universal asynchronous receiver/transmitter (UART)　通用异步收发器　一种异步收发传输器。它是计算机硬件的一部分,将要传输的资料在串行通信与并行通信之间加以转换。作为把并行输入信号转成串行输出信号的芯片,UART通常被集成于其他通信接口的联结上。具体实物表现为独立的模块化芯片,或作为集成于微处理器中的周边设备。一般是RS-232C规格的,与类似Maxim Integrated公司的MAX-232标准信号幅度变换芯片等可以进行搭配,作为连接外部设备的接口。

universal character set (UCS)　字符系统,通用字符集　又称通用多八位编码字符集,是ISO/IEC 10646标准所定义的字符编码标准。它由32 768个字符平面组成单个字符集,提供基本多文种的双8位形式(UCS-2)和四8位正则形式(UCS-4)。它包含多文种字符,适合于代码表示、传输、交换、处理、存储、输入及显现。编码格局简明,可扩展。通用字符集包括了所有其他字符集。它保证了与其他字符集的双向兼容,即,如果将任何文本字符串翻译到UCS格式,然后再翻译回原编码,将不会丢失任何信息。

U

universal faceplate 通用型面板 能够支持多种风格的信息终端面板。如:(1) 可以同时支持双绞线模块和光纤适配器的面板。即能够借助于更换各种模块框架,使面板既能安装双绞线模块,又能安装光纤适配器。(2) 可以兼顾各种安装场景的面板,如墙面安装、屏风安装等。即具有多套螺丝安装孔的面板。(3) 前面板可以更换,以便满足面向用户的显示和操作的不同需求。(4) 可以同时支持缆线前拆装和后拆装的面板。前拆装指模块可以在机柜正面拆装双绞线,后拆装指模块可以在机柜内部拆装双绞线。通用型面板中的部分零部件也可以做到通用,如:统一规格的模块框架可以通用于墙面面板、地面插座盒、桌面盒、铜缆配线架、光纤配线架和一体化配线架等。

universal personal telecommunication (UPT) 通用个人电信 一种通信业务,用户可通过个人号码在连接到的任何网络的任何终端(固定或移动终端)上收发呼叫。

universal plug and play (UPnP) 通用即插即用 各类智能设备、无线设备、个人计算机等实现遍布全球的对等网络连接(P2P)的结构。UPnP 是一种分布式的开放网络架构。

universal product code (UPC) 通用产品码 俗称条形码。由粗细不等的线条组成的代码,通常长度为十位的条形码,条形码的前五位表示制造商信息,后五位表示特定的产品信息。条形码通常印在包装纸上,经光学阅读器阅读,可以获得该商品的制造和商品的代号,然后由计算机通过查表确定该商品的价格。UPC 有两种类型,即 UPC-A 和 UPC-E。

universal PTZ camera 万向云台摄像机 装有全方位云台的摄像机,既可以水平转动扫描监视,又可以变动垂直视角。因此,万向云台摄像机可以在三维立体空间内对场景进行全方位的监视。

universal serial bus (USB) 通用串行总线 简称为通串线,是连接 PC 外部设备的一个串口总线标准,用于规范计算机与外部设备的连接和通信。USB 最初是由英特尔公司与微软公司倡导发起,最大的特点是支持设备的即插即用和热插拔功能。在计算机上使用广泛,但也可以用在机顶盒和游戏机上。补充标准(On-The-Go)使其能够在便携设备之间直接交换数据。

UNIX UNIX 操作系统 一个强大的多用户、多任务操作系统,支持多种处理器架构。按照操作系统的分类,它属于分时操作系统。最初由 AT&T 贝尔实验室的肯·汤普森(Ken Thompson)和丹尼斯·里奇(Dennis Ritchie)在 1969 年研制的用于小型计算机的一个多用户和多任务操作系统。Unix 有多种版本,其中有加州大学伯克利分校的 BSD 版本,AT&T 所发行的各种版本,IBM 采用运行于 RISC(精简指令集计算)工作站上的 Unix 版本 AIX,微软公司为微处理机配置的多用户操作系统 XENIX,Apple Macintosh 的图形化版本 A/UX,以及用于 NeXT 计算机的与 Unix 兼容的 Mach 等。Unix 具有以下特点：(1) 系统短小精悍，整个系统的代码可减到 40 kb 左右；(2) 采用进程映像对换技术；(3) 提供完善的进程控制功能；(4) 具有分级树型文件结构，且可动态地装卸文件卷；(5) 为用户提供功能完备、使用方便的命令语言 shell；(6) 系统具有高度可移植性。它的大部分软件是用 C 语言编写的，易于移植。此外它还配有各种应用程序和多种语言。许多团体或组织都在致力于 Unix 的标准化和推广应用工作，使 Unix 成为工业标准。

unkeyed socket　非连锁插座　不带连锁装置的插座。它的跳线插拔是自由的，不受限的。

unscreened balanced cable　非屏蔽对绞电缆　不带有任何屏蔽层的对绞电缆。一般用 UTP(unshielded twisted pair)表示。

unscreened cable　非屏蔽电缆　不带屏蔽层或没有使用金属屏蔽材料保护的电缆。

unscreened connector　非屏蔽连接器　指不带屏蔽层的连接器，包括插座和插头。

unshielded cable　非屏蔽电缆　不带屏蔽层或没有使用金属屏蔽材料保护的电缆。

unshielded distribution frame　非屏蔽配线架　不带屏蔽汇流条的配线架，不能用于安装屏蔽模块。

unshielded RJ45 connector　非屏蔽 RJ45 连接器　不带屏蔽层的 RJ45 连接器，包括插座和插头。其传输性能等级为五类、六类、6A 类（超六类）。

unshielded RJ45 jumper wire　非屏蔽 RJ45 跳线　不带屏蔽层的 RJ45 跳线。其传输性能等级为三类、五类、六类、超六类(6A 类)。

unshielded RJ45 module　非屏蔽 RJ45 模块　不带屏蔽层的 RJ45 插座模块。其传输性能等级为五类、六类、超六类(6A 类)。

unshielded twisted pair (UTP)　非屏蔽双绞线　即 U/UTP 双绞线，也称对绞线。由八根不同颜色的芯线分成四对绞合在一起，成对扭绞的作用是尽可能减少电磁辐射与外部电磁干扰的影响。由于两两对绞，故称双绞线。非屏蔽双绞线无金属屏蔽材料，只有一层绝缘胶皮包裹，价格相对便宜，更易于安装。

untwisted length　解开扭绞长度　双绞线的各个线对采用扭绞方式形成双绞，为施工需要所接开的少量双绞的芯线长度。在工程中，为了保证传输性能，对各种传输等级(三类、五类、六类及以上)扭绞解开后的长度有明确的要求。

UPC　弧形接触面　ultra-physical contact 的缩写；**通用产品码**　universal product code 的缩写。

upgrade of the SIM card　SIM 卡升级　当手机中的 SIM 卡不能支持新的协议时，就需要对 SIM 进行升级(一般是更换 SIM 卡)。如 3G SIM 卡升级为 4G SIM 卡。

uplink (UL)　上行链路　① 在点到多点通信系统中，指由分散点到集中点的传输链路，如移动通信中由移动台到基站的链路。② 在卫星通信中，指由地球站到卫星的通信链路。③ 在数据通信系统中，指将数据从一个数据站传递到它的源头的通路，例如，异步传输模式（ATM）网络中，UL 表示从边界节点到上节点的连接性。

UPnP 通用即插即用 universal plug and play 的缩写。

upper/lower alarm limit 告警上下限 告警信号在一定范围内波动时不报警，当超越上限限值或低于下限限值时，则会告警。

UPS 不间断电源 uninterruptible power supply 的缩写。

UPS double conversion UPS 双变换 UPS 运行时，负载电力的连续性均用逆变器保持，在正常运行方式下使用直流环节的能量，在蓄电池供电方式运行下使用储能系统的能量的工作方式。此时其输出电压和频率与输入电压和频率的状况无关。

UPS double conversion with bypass 带旁路 UPS 双变换 带有旁路功能的 UPS 双变换。即：在输出暂时过载和持续过载时，或在 UPS 整流器、逆变器发生故障时，电力暂时由一个交流旁路供电。在旁路运行时，负载可能受输入供电电压和频率变化的影响。

UPS efficiency UPS 效率 UPS 系统在储能装置没有明显的能量输入和输出条件下，输出有功功率对输入有功功率之比。

UPS functional unit UPS 功能单元 UPS 系统中具有完成某一运行功能的单元，如 UPS 整流器、UPS 逆变器或 UPS 开关。

UPS inrush current UPS 冲击电流 UPS 合闸以进入正常运行方式时，输入电流的最大瞬时值。

UPS interrupter UPS 断路器 在正常电路状况下能接通、传输和切断电流，并且在异常电路状况下，能在规定时间内传输电流和切断电流的 UPS 开关。

UPS isolation switch UPS 隔离开关 在断开位置上能保持绝缘距离，并能接通、承载、切断电流的机械式 UPS 开关，如符合 UPS 运行要求的断路器和隔离器。

UPS line interactive operation UPS 互动运行 任何 UPS 在正常运行方式下，负载电力的连续性由使用 UPS 逆变器或使用一个电源接口来保证。此时，主电源与输入电源的频率一致。而当交流输入电压和（或）频率超出 UPS 预期变化限值时，UPS 逆变器和蓄电池以规定的输出电压和频率，在蓄电池供电方式下运行，保持负载电力的连续性的运行。

UPS line interactive operation with bypass 带旁路的 UPS 互动运行 UPS 与输入电源的互动运行。即当 UPS 的功能单元故障时，负载可转移到另一个由主电源或备用电源供电的交流旁路。此时，负载可能受输入供电电压和频率变化的影响。

UPS maintenance bypass switch UPS 维修旁路开关 为了维修时的安全保障，用来隔离 UPS 某几部分的开关，而负载电力的连续性通过一个替代通路保持。

UPS maximum input current UPS 最大输入电流 在所允许的过载和输入电压允差的最不利条件下，以及直流储能系统耗尽时，UPS 运行的输入电流。

UPS passive standby operation UPS 后备运行 任何 UPS 在正常运行方式下，负载主要由主电源供电，并承受输入电压和频率在规定限值内的变化。当输入交流电压超出 UPS 设计的负载允差时，则在储能供电运行方式下，UPS 逆变器由蓄电池供电，维持负载电力的连续性。需要注意的是：正常运行方式下，主电源可以由辅助装置（例如：铁磁谐振调节器、静态装置等）来调节。

UPS rated input current UPS 额定输入电流 指在额定输入电压、额定输出视在功率、额定输出有功功率情况下，UPS 正常运行时的输入电流。

UPS rectifier UPS 整流器 UPS 系统中用于整流的交流、直流变流器。

UPS switch UPS 开关 用来使负载与 UPS 或旁路连接、隔离的开关。它可以是熄灭换相、电网换相或自换相的电子式开关或机械开关，视负载对供电连续性的要求而定。

UPS switch operation UPS 开关操作 UPS 开关从通态到断态（分断操作）或相反（闭合操作）的转换，中断负载电流的分断操作称为分闸，接通负载电流的闭合操作称为合闸。

UPS unit UPS 单元 指完整的 UPS 功能单元。它至少由一个功能单元构成，如 UPS 逆变器、UPS 整流器、蓄电池或其他储能装置。这样的单元应能与其他 UPS 单元一起运行，形成一个并联 UPS 或冗余 UPS。

upscaling 倍线 一种视频图像处理技术。它是通过将隔行扫描变为逐行扫描，从而提高视频图像的清晰度，主要运用于 DVD、电视机、投影机和大屏拼接领域。

UPT 通用个人通信 universal personal telecommunication 的缩写。

UPVC pipe UPVC 管 一种以聚氯乙烯（PVC）树脂为原料，不含增塑剂的塑料管材。它具有耐腐蚀性和柔软性好的优点，特别适用于供水管网。由于它不导电，不易与酸、碱、盐发生电化学反应，难于腐蚀，故无须外防腐涂层和内衬。UPVC 管优良的柔软性克服了过去塑料管脆性的缺点，在荷载作用下能屈服而不发生破裂。另外，UPVC 管有较小的弹性模量，因而能减小压力冲击的幅度，从而能减轻水锤的冲击力。UPVC 管内壁光滑，阻力小，液体流动不易结垢。UPVC 塑料管具有优异的绝缘能力，还广泛用作通信线缆防护导管。在高层建筑能否应用 UPVC 管，目前还存在防火特性的争论。

urban cells 城市单元，城市蜂窝 城市内移动通信的蜂窝小区，也称小区。它是蜂窝移动通信系统中的一个基站或基站的一部分（扇形天线）所覆盖的区域，在这个区域内移动台可以通过无线信道可靠地与基站进行通信。

urban road tunnel 城市道路隧道 也

称公路隧道。修筑在城市道路上，主要供汽车及非机动车通行的地下隧道。

urgency signal　紧急信号　由设备、计算机显示装置、音响装置、指示灯等发出的信号。它提示用户系统发生了错误，或出现了影响程序正常执行的紧急情况。

URPF　单播逆向路径转发　unicast reverse path forwarding 的缩写。

USB　通用串行总线　universal serial bus 的缩写。

USB communication line　USB 通信线　即 USB 电缆。就是两端连接各类 USB 端口的电缆。

user agent (UA)　用户代理　一种 SIP 终端设备，例如 VoIP 电话机。

user authentication　用户鉴别　一种网络安全技术，采用特定信息对用户身份的真实性进行确认。被鉴别的信息一般是非公开的、难以仿造的。

user datagram protocol (UDP)　用户数据报协议　因特网传送层提供用户进程并负责在应用程序之间无连接传递数据的协议。UDP 是一个简单的协议，因为它没有在传送之前在发送者和接收者之间建立通路，也不提供报文传送确认、排序，流量控制等功能。因此，报文可能丢失、重复、乱序等，其可靠性依赖于产生这些报文的应用程序。UDP 是一个简单的面向无连接的不可靠数据报的传输层协议，IETF RFC 768 是 UDP 的正式规范。在传输控制协议/网际协议(TCP/IP)模型中，UDP 为网络层以上和应用层以下提供了一个简单的接口。UDP 只提供数据的不可靠交付，它一旦把应用程序发给网络层的数据发送出去，就不保留数据备份(所以 UDP 有时候也被认为是不可靠的数据报协议)。UDP 在 IP 数据报的头部仅仅加入了复用和数据校验(字段)。由于缺乏可靠性，UDP 应用一般允许一定量的丢包、出错和复制。

user distribution network　用户分配网　有线电视系统中，指由传输系统的末端至用户盒(电视信号输出口)之间(由分支放大器、分配放大器、分支器、分配器、同轴电缆、用户盒等组成)的网络。

user identification (UID)　用户标识[识别码]　在系统、网络、移动通信等注册后，系统会自动给出的一个 UID 数值，为该用户编制唯一的号码。**用户标识**　在信息安全技术中用来标明用户身份，确保用户在系统中的唯一性和可辨认性。一般以用户名称和用户标识符(UID)来标明系统中的用户。用户名称和用户标识符都是公开的明码信息。

user information transmission device　用户信息传输装置　城市消防远程监控系统的核心前端设备，用于获取和传输从用户消防控制主机各类用户报警信息和设备状态信息。

user interface (UI)　用户界面　指人机交互界面。为便于识别和操作，需要进行专门的 UI 设计，要求对软件的人机交互、操作逻辑、界面美观整体进行统筹设计，也叫界面设计。UI 设计分为实体 UI 和虚拟 UI，因特网中的 UI 设计是虚拟 UI。

user interface profile 用户接口档案 包含在终端和服务网络能力范围内所提供的个性化用户接口配置信息。

user junction box for home 家用配线箱 安装在建筑功能区域内或住宅户内，具有电话、数据、视频等信号的传输、分配和转接功能的箱体。

user manual 使用说明书，使用手册 也称为使用手册，向人们介绍具体的关于某产品的使用方法和步骤的说明书。

user profile 用户配置，用户轮廓文件 ① 在计算机安全中，指描述多用户系统中的一个具体用户而需要的基本信息，包括用户名称、口令、信息存取特许级、邮箱位置、终端类型等。这些信息在用户注册时应予以说明，并且需要妥善保存。② 某些信息系统中，指一个带有唯一名字的对象。其包含用户的口令、专门授权表和用户拥有的对象。

user service identity module (USIM) 用户业务识别模块 移动通信系统中用来保存移动电话服务的用户身份识别和个人信息数据的智能卡。

user terminal 用户终端 大型计算机系统中的一种输入或输出部件，用户通过它与计算机或数据处理系统连接并进行通信，其中包括显示器、键盘等。有的用户终端本身就是一台可独立运行的计算机。

user view 用户视图 用户所能见到的数据或信息的表现形式。它是一些数据的集合，反映了最终用户对数据实体的看法，包括单证、报表、账册、屏幕格式等。用户视图是数据在系统外部（而不是内部）的样子，是系统的输入或输出的媒介或手段。常用的用户视图有纸面视图（单证、报表等）和电子视图（屏幕格式、表单等）。

user's guide 使用指南 也称使用说明书、使用手册，是向人们介绍具体的关于某产品的使用方法和步骤的说明书。

user-subject binding 用户-主体绑定 将指定用户与为其服务的主体（如进程）相关联的一种网络安全技术。

user-to-user signaling (U2U signaling) 用户到用户信令 一种补充的通信业务，允许移动用户在与另一个综合业务数字网（ISDN）或公共陆地移动网（PLMN）用户间的呼叫相关的信令信道接收或发送有限量的信息。

USIM 用户业务识别模块 user service identity module 的缩写。

UTC 协调通用（世界）标准时间 coordinated universal time 的缩写。

UTP 非屏蔽双绞线 unshielded twisted pair 的缩写。

UTP network port UTP 网络接口 以非屏蔽双绞线（UTP）为基础的网络接口。由于屏蔽网络接口可以与非屏蔽双绞线配套使用，同时又能与屏蔽双绞线配套使用，所以，现在的网络接口大多已经采用屏蔽型 UTP 网络接口。

UV flame detector 紫外火焰探测器 探测器采用 UV185～260 nm 火焰窄光谱信号轨对轨采集全脉冲分析技术（PPW）设计，避免了传统探测器易受干扰的弱点。采用斜率递增信号检测技术(PAM)对探测环境进行监测，提高了探测器的稳定性及持续使用性。保证了探测器在尽量降低误报率的同时，快速完成火焰识别检测火情的能力，通过中共处理器(CPU)对探测管监控，延长了探测管的使用寿命。适用于油库、酒库、飞机库、化工设备场所、军事设备场所、液化气站、电站等火灾萌发时无阴燃阶段或较少阴燃阶段，而以直接产生明火为主的场所。具有较高的抗干扰能力，不受风雨、高温、高湿、自然人工光源等影响，可良好工作于室内或室外环境。

UV resistance　抗紫外线辐射　紫外线容易引起部分塑料制品老化加速，使之泛黄、变脆、开裂。故此，在暴露在日光、可见光下的塑料制品(如面板等)应选用抗紫外线的产品，以提高产品的使用寿命。

UV-proof　防紫外线　阳光、日光及可见光中的紫外线会使塑料面板等有机材料老化，最明显的现象是泛黄。所以，相关设备或产品需要采取措施，防止其暴露在阳光、日光及可见光环境下，或选用防紫外线的产品。

UWC　水下线缆　under water cable 的缩写。

UXGA　UXGA 图像格式　ultra-extended graphics array 的缩写。

V

V.V.V.　电压有效值　valid voltage value 的缩写。

v-coeff　v-coeff 符号(代表线缆衰减的温度系数)　在布线系统中，指电缆中衰减指标的温度系数，即环境温度变化 1℃时线缆衰减的百分比值。

valid user　有效用户　在计算机系统中，多指网络注册用户。

valid voltage value (V.V.V)　电压有效值　用恒定电压和交变电压分别加在阻值相等的电阻上，使它们在相同时间内产生的热量相等，就可以把该恒定电压的数值规定为这个交变电压的有效值。

value-added service (VAS)　增值服务[业务]　电信运营商业务中保证满足消费者基本通信需求的业务，而增值业务是运营商提供给消费者更高层次的信息需求。因此，电信运营商需要提供更好、更周到、更多样的服务，以符合不同消费群的个性化要求。

valve　阀　利用一个活动部件来开、关或部分地挡住单个或多个开口或通道，使液流、空气流或其他气流以及大量松散物料可以流出、堵住或得到调节的一种装置。

valve regulated sealed (secondary) cell　阀控密封(二次)蓄电池　一种在正常情况下，保持封闭的二次蓄电池，只有当内部压强超过预定值时，气体才能通过一个泄放装置排放出去。该蓄电池不能按常规添加电解液。

VANC　垂直辅助数据　vertical ancillary data 的缩写。

vandal resistant　防破坏(护罩)　符合对外界机械碰撞防护等级标准的防护罩壳。它使电器设备适合在具有相应等级外部有害机械碰撞风险的环境下使用而不致损坏。

variable bit rate (VBR)　变码率，可变比特率　指码率随时间而变化。即非固定的比特率，音频编码软件在编码时根据音频数据的复杂程度即时确定使用什么比特率，这是以质量为前提兼顾文件大小的编码方式。可以选择从最差音质或最大压缩比到最好音质或最低压缩比之间的种种过渡级数。在 MP3 文件编码之时，程序会尝试保持所选定的整个文件的品质，将选择适合音乐文件不同部分的不同比特率来编码。其主要优点是可以让整首歌的音质都能大致达到其品质要求，缺点是编码时无法估计压缩后的文件大小。

variable distribution system　变配电系统　变电系统和配电系统的总称。简言之，变电就是将输电线引入的电压变成适合用户使用的电压,配电就是将电能分配到各个用户的用电点。变配电所就是实现以上两种功能的场所。其中,变电系统作用主要是通过变压器对一次侧电压进行升高或是降低,再从二次侧输出。升高电压是为了在电能远距离传输中降低损耗,如 500 kV 高压输电等。降低电压则是为了供用户端相应电压级别负载的使用,如民用 220 V、380 V 电压等。配电系统不存在电压变更,其核心元件是各种电流级别的开关,一个大开关下接驳若干个小开关,分给多个负载使用或再进行更多支路的分配。

variable length code (VLC) 可变长度码 指编码中的每个代码字长度可以不同,并允许每个代码字长度可以不同的编码。

variable resistance (VR) 可变电阻 阻值可以调节的电阻器,用于需要调节电路电流或需要改变电路阻值的场合。可变电阻器按制作材料可分为膜式可变电阻器和线绕式可变电阻器。

variable-frequency drive (VFD) 变频器 应用变频技术与微电子技术,通过改变电机工作电源频率方式来控制交流电动机电力的控制设备。变频器主要由整流(交流变直流)、滤波、逆变(直流变交流)、制动单元、驱动单元、检测单元微处理单元等组成。变频器靠内部绝缘栅双极晶体管(IGBT)的开断来调整输出电源的电压和频率,根据电机的实际需要来提供其所需要的电源电压,进而达到节能、调速的目的。另外,变频器还有很多的保护功能,如过流、过压、过载保护,等等。随着工业自动化程度的不断提高,变频器也得到了非常广泛的应用。

VAS 增值服务[业务] value-added service 的缩写。

VAT 视频分析技术 video analysis technology 的缩写。

VAV box 可变风量箱 变风量空调系统的末端装置,其中 VAV 为 variable air volume 的缩写。它是变风量空调系统的关键设备之一。空调系统通过末端装置调节一次风送风量,跟踪负荷变化,维持室温。可变风量箱接受系统控制器指令,根据室温高低,自动调节一次风送风量;当室内负荷增大时,能自动维持房间送风量不超过设计最大送风量;当房间空调负荷减少时,能保持最小送风量,以满足最小新风量和气流组织要求。当服务的房间不使用时,可以完全关闭末端装置的一次风风阀。

VAV modular assembly 可变风量模块组件 20 世纪 60 年代诞生在美国,根据室内负荷变化或室内要求参数的变化,保持恒定送风温度,自动调节空调系统送风量,从而使室内参数达到要求的全空气空调系统。

VBR 变码率,可变比特率 variable bit rate 的缩写。

VC 虚电路 virtual circuit 的缩写。

VCI 虚拟信道标识符 virtual channel identifier 的缩写。

VCS 视频会议系统 video conference system 的缩写。

VCSEL 垂直共振腔表面放射激光器 vertical cavity surface emitting laser 的缩写。

VDE 德国电气工程师协会 Verband Deutscher Elektrotechniker 的缩写。

VDF 语音配线架 voice distribution frame 的缩写。

VDM 虚拟 DOS 机器 virtual DOS machine 的缩写。

VDP 可视对讲系统 video door phone 的缩写。

VDSL 甚高速数字用户线路 very high-bit-rate digital subscriber line 的缩写。

vehicle detection coil 车辆检测线圈 一种基于电磁感应原理的车辆检测中的传感器。它是一个埋在路面下通有一定工作电流的环形线圈，故也常称其为地感线圈。当车辆通过(或停止在)地感线圈上方时，车辆自身铁磁性物质引起线圈回路电感量变化，从而感知有车辆的存在，由车检器输出检测信号。

vehicle detection equipment 车辆检测设备 在停车场管理系统或车辆出入口管理系统中，用于检测是否有车辆到来的设备。

vehicle identification 车辆识别 对车辆的车牌、车型等要素的自动识别。其中，视频图像识别技术是当前流行的车辆识别技术。它通过车牌信息提取、图像预处理、特征数据提取、车牌字符识别等技术识别车辆牌号、字符、颜色等信息。车牌识别技术及其产品在停车库(场)管理、高速公路电子不停车收费系统(ETC)管理中得到广泛应用。

vehicle information system (VIS) 车载信息系统 安装在车辆上的对车辆运行状态、营运、调度等信息进行采集、处理、传输与发布的专用计算机系统。一般包括车辆信息显示系统和信息通信系统两部分。其中，运行状况信息可通过观察仪表盘的显示来得到，而外界信息需要通过与外界联系的通信设备才能获得。

vehicle sensor 车辆感应器 在停车场管理或车辆出入口管理系统中用于感应车辆的设备或部件。其感应技术可包括电磁传感技术、超声传感技术、雷达探测技术、视频检测技术等。

vein recognition apparatus 静脉识别仪 生物识别的一种检测仪器。它通过红外线电荷耦合器件(CCD)摄像机获取手指、手掌、手背静脉的图像，在计算机系统中滤波、图像二值化、细化，提取特征数据，运用匹配算法与存储中的静脉特征值比对，实现对个人身份鉴定和确认。

velocity of light 光速 物理常量，等于 $2\,997\,925\times10^{10}$ cm/s。光速被认为是矢量，表示光在特定运动方向上的速率。

vented (secondary) cell 排气(二次)蓄电池 有盖的二次蓄电池，盖上有可让气体泄放的开口。

ventilation and air conditioning room 通风和空调机房 放置空调风机的设备用房。

ventilation and air conditioning system 通风和空气调节系统 通风系统由送风机、排风机、风道、风道部件、消声器等组成。而空调系统由空调冷热源、空气处理机、空气输送管道输送与分配，以及空调对室内温度、湿度、气流速度及清洁度的自动控制和调节等装置组成。

ventilation and heat abstraction 通风散热 利用热对流原理，借助于空气流动(风)带走热量的方法。

ventilation hole 通风孔 设备、机柜等表面为通风而开的孔洞。

Verband Deutscher Elektrotechniker (VDE) 德国电气工程师协会 由大约 30 000 个组织和个人会员组成的协会。是德国电气工程师协会所属的一个研究所，成立于 1920 年。是德国著名的认证机构，直接参与德国国家标准制定。同 UL 认证标志一样，VDE 认证标志只有 VDE 协会才能授权使用 VDE 认证标志。大部分人对 VDE 认证的认识停留在电器零部件认证上，其实 VDE 测试除传统的电器零部件、电线电缆、插头等认证之外，同样也可核发 EMC 标志以及 VDE-GS 标志。VDE 认证标志适用于一些设备安全法规(GSG)的器具，如医疗器械、电气零部件及布线附件。

verification 验证 检验或测验精确性或准确性。

vertical ancillary data (VANC) 垂直辅助数据 数字视频信号中位于串行数字接口(SDI)的场消隐期间的辅助数据。

vertical built-in pipe 竖向暗配管 建筑物楼层配线箱(过路盒)之间的上下连接管道。

vertical cable trough 垂直理线槽 垂直安装在机柜两侧，用于将机柜正面散乱的跳线收入其中，以达到美观和保护跳线目的的线槽。

vertical cavity surface emitting laser (VCSEL) 垂直共振腔表面放射激光器 一种面发射激光器。VCSEL 的出光面为异质结的生长方向出光，大大增加了出光面积，使得发热功率以及散热性都得到了大幅改善。

vertical distance 垂直距离 在一条线上找一点作为另一条线的垂线，这条垂线的长度就是两条线的垂直距离。

vertical hold 垂直同步 又称场同步，从阴极射线管显示器(CRT)的显示原理来看，单个像素组成了水平扫描线，水平扫描线在垂直方向的堆积形成完整画面的场(或帧)。垂直同步脉冲位于场与场之间，指示前一场的结束和下一场的开始。

vertical interval switching 场间隔切换 当一个视频信号替换为另外一个时，切换过程导致第一个视频信号的随机中断(一个帧的中部)和第二个视频信号的随机进入(也是一个帧的中部)。

vertical sampling 垂直采样 消防系统中将采样管路以垂直或倾斜的方式配置，在适当的垂直高度间隔设置采样点来探测保护空间内的火情。

vertical scanning frequency (VSF) 场频 又称为刷新频率，即显示器的垂直扫描频率，指显示器每秒所能显示的图像次数，单位为赫兹(Hz)。场频越大，图像刷新的次数越多，图像显示的闪烁就越小，画面质量越高。

vertical shaft　竖井　即洞壁直立的井状管道。它是建筑物中用于布置竖向设备、管线的竖向井道。如专门供弱电缆线敷设用的垂直井道，称为弱电竖井。

vertical system　垂直系统　同 building backbone cabling subsystem。

vertical tilt　场倾斜　一种在图像呈现时间的失真，它改变平坦的、低频率的视频信号的外形并在屏幕图像的起始或结束部分显示为可视的黑色条纹或明亮的白色条纹。

vertical viewing angle　垂直视角　在垂直方向上清晰看见屏幕影像所构成的最大夹角。上夹角过大使人的头部过分上仰，引起不舒服。因而一般要求上边视线的夹角不超过水平面1°～2°，而下边视线的夹角越大越好。

very high data rate digital subscriber line (VDSL)　甚高速数字用户线路　VDSL 是非对称数字用户环路(ADSL)的升级技术，结合了 ADSL 技术与异步传输模式(ATM)技术。该技术可在 300 m 范围内，利用铜质双绞线实现高速通信。其下行速率可达 60 Mbps，上行速率为 2.3 Mbps。

very small aperture terminal (VSAT)　甚小孔径终端(系统)　天线口径为 3 m以下的小型地面卫星站。VSAT 可用于提供宽带上网的服务。VSAT 技术的优点是容易配置，在卫星讯号的覆盖区之内，与卫星保持直视线(line of sight)，只需要将碟型天线面向卫星，启动内建数据机，就可以如光纤或数字用户线路(DSL)一样进行连接。

vestigial sideband (VSB)　残留边带　指只保留与调制信号的较低频率相对应的一些频谱分量而其他分量都被衰减的边带。其优点是技术成熟，便于实现，且对发射机的功率要求比较低。它把调制波频带压缩到小于 8 MHz，增加了电视频道容量，使收、发设备的设计得以简化。

vestigial sideband emission　残留边带发射　在调幅发射中，指一个边带完整，另一边带残留(部分被抑制)的一种发射方式。图像信号经过调制后，在载频两边出现了两个对称的边带(上边带和下边带)，这两个边带频谱结构相同，都代表同一信息，故取其一即可完成传送信息的任务。理想情况下应实现单边带传输，但不存在这样一个理想的滤波器完全保留一个边带而滤掉另一个边带，故实际上为残留边带传输。

vestigial sideband filter (VSF)　残留边带滤波器　为实现残留边带发射的要求而设置的一种滤波器。它对射频调幅信号的一个边带的大部分进行滤除。

VFD　变频器　variable-frequency drive 的缩写。

VFR　电压波动率　voltage fluctuation rate 的缩写。

VGA　视频图形阵列　video graphics array 的缩写。

VGA distributor　VGA 分配器　指一种专门分配、转换 VGA 信号的接口设备。

VGA interface　VGA 接口　VGA(video graphics array)视频图形阵列是 IBM

于1987年提出的一个使用模拟信号的计算机显示标准。VGA接口即指采用VGA标准输出输入视频图像电信号的计算机专用接口。VGA接口共有十五针,分成三排,每排五个针,分别用以传输红、绿、蓝模拟信号、同步信号(水平或垂直)、地址码等信号。VGA接口是显卡上应用广泛的接口类型。

VHE 虚拟归属环境 virtual home environment的缩写。

VHS 家用视频系统 video home system的缩写。

VI 可视对讲机 video interphone的缩写。

vibration 振动 宇宙普遍存在的一种现象,总体分为宏观振动(如地震、海啸)和微观振动(如基本粒子的热运动、布朗运动等)。

vibration frequency 振动频率 振动物体在单位时间内的振动次数,常用符号f表示,频率的单位为次每秒,又称赫兹。振动频率表示物体振动的快慢。

vibration isolation 振动隔离 为了减少机械振动对机器、结构或仪表设备正常工作的影响而采取的隔阻振动传递的措施。

vibration of cable 振动光缆 一种基于光纤传输特点的报警探测传感器。其工作原理是发射激光器发出直流单色光波,通过光纤耦合器分别沿正向和反向耦合进入两芯光纤,形成正向、反向环路马赫-泽德干涉光信号。当光纤受到沿线外界震动干扰后,引起光波在光纤传输中相位发生变化,形成干涉光相位调制信号,通过光纤耦合器和光环行器传送至光电探测器,检测干涉光信号的光强变化而发出报警。振动光缆作为前端的入侵探测器常应用于周界入侵报警系统中。

vibration sensor 振动传感器 振动测试技术中一种关键部件,其作用是将机械量接收下来并转换为与之成比例的电量。由于它是一种机电转换装置,所以有时也称它为换能器、拾振器等。在工程振动测试领域中,按参数的测量方法及测量过程的物理性质可区分为三类:一是将工程振动的参量转换成电信号,经电子线路放大后显示和记录,这是目前应用最广泛的测量方法;二是将工程振动的参量转换为光学信号,经光学系统放大后显示和记录,如读数显微镜、激光测振仪等;三是将工程振动的参量转换成机械信号,再经机械系统放大后,进行测量和记录,如杠杆式测振仪和盖格尔测振仪,测量的频率较低,精度也较差,但在现场测试时较为简单方便。

video analysis module 视频分析模块 基于视觉分析技术探测安全威胁的电路或器件。它基于图像目标探测威胁行为,具有自学习、自适应和自调节能力。智能视频分析模块可完全嵌入摄像机、矩阵、数字录像机(DVR)、编码器等设备的数字信号处理器(DSP)中运行,从而使它们具有智能视频分析能力。它可以对视频画面进行自动监控,增强传统视频监控的自动检测能力,提升警戒强度,提高监控效率，并自动响应报警，从而实现全天候持续监控或针对重要时段的无人值守监控。

video analysis technology（VAT） 视频分析技术 根据人眼的生物特性利用计算机对图像进行解析的技术。它是仿生学的一个分支，也是人工智能的一个分支。通过将场景中的背景和目标分离，从而分析并追踪目标。在视频安防监控系统中运用视频分析技术，通过在不同摄像机监视场景中预设若干非法规则，一旦目标在场景中出现并具有违反预定义的非法规则的行为，将自动发出告警信息。

video and audio transmission 视音频传输 对视频和音频信息所进行的传输。

video bandwidth 视频带宽 视频信号能够达到的最高信号频率。

video cable 视频电缆 用于传输视频电信号的电缆。传输模拟视频信号通常使用同轴电缆。我国视频同轴电缆采用 GB/T 14864 国家标准，类型有 75 Ω 不平衡室内电缆、在屏蔽层中心有单一导体的室外电缆、124 Ω平衡室内电缆、在屏蔽层中心有两个绝缘的平行或绞合导体的电缆。有线电视系统中常用屏蔽层中心有单一导体的 75 Ω 不平衡电缆，规格有 SYWV、SYV、SYF 和 SYFF。随着数字多媒体技术的进步和普及，传输数字视频和多媒体信号电缆应运而生，常见有数字视频（DVI）电缆和高清数字多媒体（HDMI）电缆两类。

video camera 摄像机 把景物的光信号变成视频电信号的装置。

video card 视频卡 又称视频采集卡，是指用以获取数字化视频信息并将其存储和播放出来的电子板卡。很多视频采集卡能在捕捉视频信息的同时获得伴音，使音频部分和视频部分在数字化时同步保存、同步播放。一般来说，视频捕捉卡都附带一个扩展坞，用以连接放像设备的插口。

video check to alarm 报警图像复核 防护区域内报警事件发生时自动显示该区域视频监控图像，用以复核报警事件场景的方式。实际操作为将入侵报警系统与视频安防监控系统运用接口予以联动或集成在同一信息平台。

video codec 视频编解码器 一个能够对数字视频信号进行压缩或者解压缩的程序或者设备。通常这种压缩属于有损数据压缩。

video compression standard 视频压缩标准 将视频图像信号进行压缩的格式标准。视频压缩标准很多，视频流传输中最为重要的编解码标准有国际电联的 H.261、H.263、H.264，运动静止图像专家组的 M-JPEG 和国际标准化组织运动图像专家组的 MPEG 系列标准。此外，在互联网上被广泛应用的还有 RealNetworks 公司的 RealVideo、微软公司的 WMV 以及 Apple 公司的 QuickTime 等。MPEG-1 标准为 352×288 像素，我国据此标准制定的视频压缩格式就是 VCD 格式。MPEG-2 标准为 720×576 像素，我国据此标准制定的视频压缩格式就是DVD格式。

video conference system (VCS) 视频会议系统 也称电子会议系统，简称会议系统，是通过音频、视频、自动控制、多媒体技术实现会议自动化管理的电子系统，包括会议讨论系统、同声传译系统、扩声系统、视频显示系统、多媒体播放系统、集中控制系统等。随着网络通信技术发展，使在地理上分散的用户通过图形、声音等多种方式交流信息，形成支持远距离实时信息交流与共享、开展协同工作的远程会议系统。

video conferencing 视频会议 位于多个地点的人们通过通信设备和网络进行"面对面"交谈的会议。根据参会地点及人数不同，视频会议可分为点对点会议和多点会议。

video conferencing technology 视频会议技术 支持视频会议系统的技术，包括音视频信息采集、处理、存储、传输、显示等技术和会议设备，系统协同工作的控制技术以及多媒体信息传输的网络通信技术，等等。

video controller 视频控制主机 视频监控系统中操作控制的核心设备。通常可以完成对显示图像的切换、控制，前端摄像机云台和镜头调整等。

video detection 视频探测 采用光电成像技术(从近红外到可见光谱范围内)对目标进行感知并生成视频图像信号的一种探测手段。

video disk recorder 硬盘录像机 即数字视频录像机，利用计算机硬盘存储视频图像信息的设备。它实际是一套进行图像存储处理的计算机系统，具有对图像、语音进行长时间录像、录音、远程监视和控制的功能。数字录像机(DVR)采用的是数字记录技术，在图像处理、储存、检索、备份以及网络传递、远程控制等方面的功能和性能远优于模拟视频录像机。

video distributor 视频分配器 将视频信号分成若干路，从各输出端口同时输出的设备。

video door phone (VDP) 可视对讲系统 居民住宅小区的住户与外来访客的对话系统，该对话系统可以让住户看见访客。

video fast forward playback 视频快速前向重放 以比实时要快的速度按播放顺序重放图像的过程，俗称快进。

video frame rate 视频帧率 每秒钟刷新的图片的帧数，其单位为每秒显示帧数(fps)。它也可以理解为图形处理器每秒钟能够刷新的次数。对影片内容而言，帧速率指每秒所显示的静止帧格数。要生成平滑连贯的动画效果，帧速率一般不小于8 fps，而电影的帧速率为24 fps。捕捉动态视频内容时，帧速率愈高愈好。高的帧率可以得到更流畅、更逼真的运动画面，30 fps即可满足人们的观看需求。如将性能提升至60 fps，则可明显提升交互感和逼真感。但视频帧率超过75 fps时，人眼就不易察觉到有明显流畅度提升。

video gain adjustment 视频增益调节 视频信号放大量的控制，以分贝为单位。摄像机中采用视频增益调节技术可使输出的视频信号达到电视传输规定的标准电平。这种增益调节通常通过检测视频信号的平均电平而自动完成。实现此功能的电路称为自动增益控制(AGC)电路，简称AGC电路。具有AGC功能的摄像机，在低照度时的灵敏度会有所提高，但由于信号和噪声被同时放大，此时图像噪波点也较为明显。

video grabber 视频采集卡 也叫视频卡，同video card。

video graphics array (VGA) 视频图形阵列 一种视频传输标准，国际商业机器公司(IBM)在1987年随PS/2机一起推出的一种视频传输标准，具有分辨率高，显示速率快，颜色丰富等优点，在彩色显示器领域得到了广泛的应用。VGA支持热插拔，不支持音频传输。

video home system (VHS) 家用视频系统 也称家用录像系统，由日本胜利公司在1976年开发的一种家用录像机录制和播放的标准。20世纪80年代，在经历了和索尼公司的betamax格式以及飞利浦的video 2000格式的竞争之后，VHS成为家用录像机的标准格式。家用录像系统提供了比betamax格式更长的播放时间，同时磁带传送机构又没有betamax那么复杂。家用录像系统比betamax的快进和后退速度要快很多，因为在磁带高速卷动之前，播放磁头已经离开了磁带。另一方面，betamax格式的图像质量要更好一些。VHS在美国还有较多的市场，有很多录影带租赁企业提供家用录像系统录影带的租借。在亚洲，它已经被VCD、DVD等所替代。在摄像机格式方面，DV数字视频也已取代了VHS-C格式。

video image 视频图像 视频信号在电子显示器件上呈现的为人眼所能感受的影像。

video indentification 视频识别 利用计算机对图像信号进行处理、分析和理解，以识别各种不同模式的目标和对象的手段或技术。

video input 视频输入 视频处理设备或装置对视频信号的接收。如录像机接收来自摄像机的视频信号。

video input channel 视频输入通道 视频处理设备或装置接收视频信号的电路(通路)。根据系统功能的需要，同一视频设备可以具有多路、多种格式的视频信号接入，如视频切换矩阵。

video input interface 视频输入接口 视频处理设备或装置接收视频信号的端口，为满足不同格式视频信号，输入接口也具有多种类别，如：VGA、DVI、RCA(AV)、S-Video、BNC、HDMI等，使用时输入接口必须与设备或端口对应。

video intercom extension 可视对讲分机 在楼宇可视对讲系统中具有图像显示功能的用户室内机。

video intercom function 可视对讲功能 可视访客对讲系统(包括联网型系统)所具有的功能。该系统由可视门口机、可视室内机、管理机、传输网络及中间传输控制设备、电控门锁等组成。不同厂家不同型号的产品系统功能各异，但必须具备以下基本功能：选呼——访客通过单元门口机

V

键盘选呼用户,被呼用户的室内机发出振铃声并显示由门口机传来的访客影像;对讲——用户接听后与访客互相对讲通话;监视——在访客选呼成功后直至通话结束挂机期间用户通过室内机可监视门口访客图像,在无访客呼叫时,用户也可通过室内机监视单元门口的影像;电控开锁——通过鉴别确认访客后用户通过室内机按键遥控开启单元门锁;网络管理——系统管理机供管理人员对系统设备运行状态和各单元门出入信息进行管理和控制;用户便捷出入——用户可通过预设密码、授权门禁卡、注册人脸信息等方式经门口机识别自动开锁进入单元门。出单元门时,一般均通过单元门内侧的开门按钮开启门锁。

video interference　视频干扰　视频系统受到的来自系统内、外影响视频信号质量的干扰。产生干扰因素主要有:前端设备引起的干扰,如前端摄像机供电产生的电源干扰等;终端设备引起的干扰,如系统中央的供电设备、接地故障等产生的干扰、视频信号处理过程中引起的信号畸变以及多路视频信号相互影响产生的干扰等;传输过程的干扰,主要是传输线缆周围的电磁辐射干扰和接地干扰。上述各类视频干扰最终造成图像质量下降,如图像重影、扭曲、畸变、色彩失真,画面黑屏,画面出现雪花、水纹等。因此,必须针对干扰产生根源采取相应抗干扰措施,保证各类视频设备和系统正常运行,确保视频信号达到预期的质量。

video interphone (VI)　可视对讲机　一种同时传输声音和图像的无线对讲设备。每只可视对讲机配有无线收发模块、微型摄像头、耳麦、薄膜晶体管液晶显示器等器件,通过耳麦和摄像头分别采集语音图像信号,并将语音图像数据通过无线发射出去,同时接收来自另一个手持可视对讲机的语音、视频信号,并通过耳麦播放、液晶显示器(LCD)显示出来。

video interpolation　视频内插　一种视频处理技术。利用从空间或时间上相邻图像或者一个图像的部分信息来重建丢失或忽略部分图像。

video line　视频线　用来传输视频信号的电缆。

video loss alarm (VLA)　视频信号丢失报警　视频监控主机对前端送来的视频信号峰值小于设定值时,系统即视为视频信号丢失,并发出报警信息的一种系统功能。

video matrix switcher (VMS)　视频矩阵切换器　简称视频矩阵,为多路输入的视频信号向多路独立的输出通道进行切换的设备。按视频信号的不同,视频矩阵分为模拟矩阵和数字矩阵。模拟矩阵的视频切换在模拟视频层完成同步切换。数字矩阵的视频切换在数字视频层完成,切换过程可以是同步的,也可以是异步的,还可以切换多种制式(如:PAL、NTSC、SECAM)的高清晰视频信号。目前,在各类监控指挥中心和音视频工程中,视频矩阵均得到广泛应用。

video mixer　视频混合器　用于从多个信号源组合视频信号的设备。它既可以在整幅画面上叠加重叠图像，也可以在画面的某个部分叠加重叠图像。重叠的图像可以是别的电视图像，也可以是计算机产生的图形和文字。

video moving detection 视频移动侦测 利用视频技术探测现场图像变化，其变化量一旦达到设定阈值即发出报警信息的一种技术侦测手段。

video on demand (VOD) 视频点播，交互式电视点播系统 通信网络内采用多媒体技术将声音、图像、图形、文字、数据等集成为一体，为用户提供各种交互方式信息服务。按用户需求点播节目的交互式视频，包括按次付费、轮播、按需实时点播等服务。用户则通过双向交互式机顶盒实现视频节目点播、数字电视广播、电子商务等多媒体信息服务。它是一种允许用户选择和观看视频或收听音频内容的方式。如观看电影和电视节目，VOD 会根据观众的要求把其选择的节目内容传输给所请求的用户。

video optical terminal 视频光端机 把单路或多路的模拟视频信号转换成光信号，通过光纤介质进行传输的设备。由于视频信号转换成光信号的过程中会利用模拟转换和数字转换两种技术，所以视频光端机又分为模拟光端机和数字光端机。

video output 视频输出 视频处理设备或装置对视频信号的发送。如录像机接收来自摄像机输出的视频信号。

video payload 视频有效载荷 数字视频接口中载送的数字图像像素。

video printer 视频打印机 也称为图像打印机或图像记录仪，专门用于接收视频信号并将视频信号图像打印并输出的一种设备。

video projection 视频投影 用一组光线将物体的形状投射到一个平面上称为投影。将视频用光线投射到一个平面上就是视频投影。在该平面上得到的图像，也称为投影。其中，投影可分为正投影和斜投影。正投影即是投射线的中心线垂直于投影的平面，其投射中心线不垂直于投射平面的称为斜投影。**视频投影机** 用来显示视频图像的设备。它只能接收来自录像机、影碟机或摄像机的视频信号，而不能接收来自计算机的数据信号，除非用 VGA 转 TV 类视频转换卡将计算机导出的数据信号转换成视频信号，再经视频投影机投影出来。视频投影机技术于 20 世纪 70 年代首次得到推广，并迅速发展为教学、会议等活动中不可缺少的工具。

video signal 视频信号 不包含同步脉冲的以电平高低表示图像（包括静止或动态图像）全部特征（亮度、色彩）的电信号。它与行同步、场同步脉冲和消隐脉冲结合就称为复合全电视信号。

video surveillance 视频监视 利用视频技术探测、监视设防区域并实时显示、记录现场图像的技术或方法。

video surveillance and control system (VSCS) 视频安防监控系统 利用视频技术探测、监视设防区域并实时

显示、记录现场图像的电子系统或网络。

video switcher 视频切换器 将视频信号(单路或多路)转换传输通路的电子设备,专用于复合视频信号的切换,其输入、输出采用标准 BNC 接口。在模拟视频监控系统中,常用于监控中心将传输通道送来的各路视频信号切换到各台监视器上显示监控图像。

video wall 视频墙 由多个监视器相互紧密排列组成的大屏幕,当从一定距离观看时就像一个大的视频屏幕或视频墙。

video wiper 视频消噪器 消除或降低视频信号噪波成分的设备,其作用是改善图像的显示质量。

video format 视频格式 即数字视频格式,包含两部分内容:压缩编码格式和视频封装格式。压缩编码格式表明对视频数据进行压缩时所采用的压缩编码技术,常用的压缩标准有 MPEG1、MPEG2、MPEG4(H.264)等。视频封装格式通常与操作系统平台有关,常见的有微软公司的 Windows Media Video 格式、苹果公司的 Quick Time 格式、Adobe 公司的 Flash 格式、Real Networks 公司的 Real 格式等。

viewing angle 视角 视线与显示器等的垂直方向所成的角度。观察物体时,从物体两端(左、右或上、下)引出的光线在人眼处所成的夹角,称为水平视角和垂直视角。物体的尺寸越小,离观察者越远,则视角越小。正常人眼能区分物体上的两个点的最小视角约为 1°。

viewing distance 视距 在正常使用条件下,可以清楚地观看物体或显示屏显示内容的观看距离。

vignetting 渐晕 摄影和视频系统中显示的图像在距离中心点较远的边角亮度逐渐变暗的现象。它是由于远离光轴的光线经过光学系统有效孔阑越来越少,致使离轴光线在离轴像面上的光强度逐渐减弱而形成的。

violation of traffic signal for power driven vehicles 违章机动车辆信号 也称机动车闯红灯行为。指机动车违反交通信号灯指示在红灯亮起禁止通行时越过停止线并继续行驶的行为。

VIPA 虚拟 IP 地址 virtual IP address 的缩写。

virtual channel 虚拟信道 也称虚信道。① 建立在物理数据通道网络上的逻辑通道,使得数据通路能够以多路复用的方式存在于网络中。通道上一个消息的阻塞不影响其他消息的传输。② 在异步传输模式(ATM)网络中的一种通信通道,提供 ATM 信元的顺序方向的单向传输。

virtual channel identifier (VCI) 虚拟信道标识符 在异步传输模式(ATM)网络中,VCI 是 ATM 信元头部16 位长的字段。当信元通过一系列 ATM 交换机发向信宿时,用 VCI 和 VPI(虚拟路径标识符)一起标识信元的下一个目的地。ATM 交换机使用 VCI/VPI 字段标识下一个网络的 VCI,该链路是信元到达最终目的地必须经过的传输路径。

virtual circuit (VC) 虚拟电路 也称

虚电路。分组交换的两种传输方式中的一种。在通信和网络中,虚拟电路是由分组交换通信所提供的面向连接的通信服务。在两个节点或应用进程之间建立起一个逻辑上的连接或虚拟电路后,就可以在两个节点之间依次发送每一个分组,接收端收到分组的顺序必然与发送端的发送顺序一致,因此接收端无须负责在接收分组后重新进行排序。虚拟电路协议向高层协议隐藏了将数据分割成段,包或帧的过程。虚拟电路是建立一条逻辑连接,发送方与接收方不需要预先建立连接。

virtual connection 虚拟连接 也称虚连接,为虚拟电路而建立的逻辑连接。虚拟连接是两个工作站之间一种表面上的通信信道。据此,由某一站发送的信息自动沿着网络中最佳的路径到达另一站。

virtual container (VC) 虚拟容器 在同步数字体系(SDH)通信系统中,是指一种用来支持通道层连接的信息结构。它由被安排在重复周期为125 ms或 500 ms 的块状帧结构中的信息净负荷和通道开销(POH)信息区组成,识别 VC 帧起点的定位信息由服务网络提供。虚拟容器的速率与 SDH 网络同步。

virtual DOS machine (VDM) 虚拟 DOS 机器 Windows NT 系统中的一个保护子系统,提供完整的磁碟操作系统(DOS)环境及一个可在其中运行的基于 DOS 的应用程序的控制台,支持任意多个 VDM 同时运行。

virtual home environment (VHE) 虚拟归属环境 即虚拟 IP 地址,也称虚拟家乡环境。虚拟用户原归属网络环境的技术,使移动用户漫游到不同国家和地区时,用户可以享受到和在原归属网络环境中完全一样的服务。

virtual instrument (VI) 虚拟仪器 利用高性能的模块化硬件,结合高效灵活的软件来完成各种测试、测量和自动化的应用。1986 年美国国家仪器公司 NI(National Instruments)提出虚拟测量仪器(VI)概念,引发了传统仪器领域的一场重大变革,使得计算机和网络技术得以进入仪器领域,和仪器技术结合起来,从而开创了“软件即是仪器”的先河。使用集成化的虚拟仪器环境与现实世界信号相连,分析数据以获取实用信息,共享信息成果,有助于在较大范围内提高产品质量和生产效率。虚拟仪器应用广泛,能提供各种工具满足各类项目的需要。虚拟仪器发展随着微机发展而进步,可采用多种总线方式,当前主要有 PCI 总线式(即插卡型)、并行串口式、GPIB 总线方式、VXI 总线方式和 PXI 总线方式五种类型的虚拟仪器。

virtual IP address (VIPA) 虚拟 IP 地址 由于实体 IP 地址无法满足计算机应用快速发展的需要,就将预留的三个网段的 IP 作为内部网域的虚拟 IP 之用,最常用的是 192.168.0.0 这一组。虚拟的 IP 地址与实体代理服务器的 IP 地址不同,是由代理服务器根据因特网内部客户机的数量,给定虚拟 IP 地址的一个范围,并按一定方式分配给每个客户机一个虚拟

IP 地址,这样便可实现客户机与因特网的间接相连。由于是虚拟 IP,所以使用是有所限制的,即私有位址的路由信息不能对外散播;使用私有位址作为来源或目的地址的封包,不能通过因特网来转送;关于私有位址的参考纪录(如:DNS),只限于内部网络使用。

virtual link　虚拟连接　连接两个分隔的区域来扩充主干区域的一种软件。

virtual local area network (VLAN)　虚拟局域网　一种将局域网设备从逻辑上划分成一个个网段(或者说是更小的局域网,从而实现虚拟工作组)的数据交换技术。代理服务器的真实 IP 地址不同,是由代理服务器根据因特网内部客户机的数量,给定虚拟 IP 地址的一个范围,并按一定方式分配给每个客户机一个虚拟 IP 地址,这样便可实现客户机与因特网的间接相连。

virtual memory (VM)　虚拟内存　在具有层次结构存储器的计算机中,为用户提供一个比主存储器容量大得多的可随机访问的地址空间的技术。虚拟存储器的概念是 1961 年由英国曼彻斯特大学提出的,并在 ATLAS 计算机中实现,称为一级存储器。虚拟存储器技术使辅助存储器和主存储器密切配合,使用时,系统软件把必不可少的指令和数据模块放在主存内,其余放在外存,信息在主存和外存之间由系统软件根据需要实现自动调度,从而实现外存当主存使用,有效地扩大了存取空间。采用虚拟存储器技术的计算机系统称虚拟系统。

virtual output queue (VoQ)　虚拟输出队列　网络设备接口在无拥塞的情况下,防止队首阻塞(head-of-line blocking, HOL)的队列技术。

virtual path (VP)　虚拟路径[通道]　也称虚路径、虚通道。在异步传输模式(ATM)网络中,虚通道是用于描述单向传送 ATM 信元的概念,这些 ATM 信元由一个共同的且唯一的标识虚拟路径标识符(VPI)联系在一起,一组虚拟通道使用同一个 VPI。

virtual path identifier (VPI)　虚拟通路标识符　在异步传输模式(ATM)信元头部中的一个 8 位的字段,表示信元应选择的虚拟路径。

virtual private network (VPN)　虚拟专用网络　在公用网络上建立专用网络,进行加密通信。

virtual reality (VR)　虚拟现实　用计算机技术生成的一个逼真的感觉世界。1989 年由美国 VPL 研究公司提出的一种逼真地模拟人在自然环境中一种三维的视、听、动作等行为的人机界面技术。VR 系统主要包括虚拟环境生成器、声音合成器、三维声音定域器、语言识别生成器、头眼手跟踪装置、触觉与动觉系统、头盔式显示器等。VR 的应用中比较典型的有座舱模拟飞行模拟器等。VR 技术具有三个基本特征:(1) 沉浸感。(2) 交互操作。(3) 思维构想。VR 是一种多源信息融合的、交互式的三维动态视景和实体行为的系统仿真,使用户沉浸到该环境中,强调了人在虚拟现实中的主导作用。VR 系统中集成了许多大型的、复杂的软件。

virtual reality platform (VRP) 虚拟现实平台 ① 实现虚拟现实功能的软硬件系统的总称。② 一款由中视典数字科技有限公司独立开发的具有完全自主知识产权的直接面向三维美工的虚拟现实软件。

virtual router redundancy protocol (VRRP) 虚拟路由冗余协议 由国际互联网工程任务组(IETF)提出的解决局域网中配置静态网关出现单点失效现象的路由协议。

VIS 车载信息系统 vehicle information system 的缩写。

visible light communication (VLC) 可见光通信 利用可见光波段的光作为信息载体,无须光纤等有线信道,在空气中直接传输光信号的通信方式。可见光通信技术是利用荧光灯、发光二极管(LED)等物体发出的明暗闪烁信号来实现信息传输。可见光的频率介于 400 THz(波长 780 nm)至 800 THz(波长 375 nm)之间,使用普通日光灯时,传输能力为 10 kbps,使用 LED 灯时,则可以到达 500 Mbps,传输距离则可以到达 1～2 km。可见光通信历史可以追溯到电话刚刚诞生的年代。1880 年,贝尔发现通过调节光束的变化来传递语音信号,从而可以进行双方无线对话,这是人类第一次实现无线电话,其中利用的正是可见光通信。但因当时各种因素限制,没能得到实际推广。未来,可见光通信将与 Wi-Fi、蜂窝网络等通信技术交互融合,在物联网、智慧城市(家庭)、航空、航海、地铁、高铁、室内导航、井下作业等领域带来创新应用和价值体验。

visited location register (VLR) 访问地址寄存器 又称访问用户位置寄存器。它服务于其控制区域内移动用户,存储着进入其控制区域内已登记移动用户的相关信息,为已登记的移动用户提供建立呼叫接续的必要条件。当某用户进入 VLR 控制区后,此 VLR 将由该移动用户的归属用户位置寄存器(HLR)获取并存储必要数据。而一旦此用户离开后,将取消 VLR 中此用户的数据。VLR 通常在每个移动交换中心(MSC)中实现。VLR/MSC 为每个国际移动用户识别码(IMSI)存放若干鉴权三元组。为了避免 IMSI 被截取,需要最大限度地减少在无线信道上传送。因此在 VLR 中记录临时移动用户识别码(TMSI)与 IMSI 的对应关系,仅在无线信道上发送移动用户的 TMSI。

visitors intercom system (visual) 访客(可视)对讲系统 具有选通、对讲并提供电控开门的电子系统。从控制管理范围区分,有独立单门系统和多门联网系统;从信号传输通道区分,有分线制系统、总线制系统和网络型系统;从音视频信号处理技术区分,有模拟型系统和数字型系统之分;从功能扩展区分,有非可视系统和可视型系统,若将住户报警功能纳入其中,还有保全型对讲系统。系统的基本功能参见 video intercom function。

visual doorbell digital technology 可视门铃数字化技术 可视对讲系统采用数字化音视频的技术。此项技术是数字型可视对讲系统和网络型对讲系统的关键因素。

visual inspection　外观检查,目检　用肉眼并借助样板或标准观瞻方式对被检物品或项目的查验,或用低倍放大镜观察物品表面缺陷的方法。目检的目的只有一点,即检查被目检物件的 0/1 性:要么通过,要么不通过。目检通过,可以进入下一流程;反之,被淘汰或者进入修整流程。

visual intercom　可视对讲　同 video intercom function。

visual intercom function　可视对讲功能　可视型访客对讲系统中具有的可显示访客影像的功能。

visual verification　目视检查　由检查者根据自身感觉器官(以目视为主)和经验进行的检查、判断。例如,建设工程现场对于到场的设备、材料首先由指定的检验人员进行目视检查,主要查看器材包装有无破损、器材设备外观有无污损、装箱清单、依据清单点验器材类别、名称、规格、数量等,根据情况和要求可做进一步的检查。

visualization　可视化　利用计算机图形学和图像处理技术,将数据转换成图形或图像在屏幕上显示出来,再进行交互处理的一种理论、方法和技术,可提供更直观的、更友好的交互模式。

VLA　视频信号丢失报警　video loss alarm 的缩写。

VLAN　虚拟局域网　virtual local area network 的缩写。

VLC　可变长度码　variable length code 的缩写;**可见光通信**　visible light communication 的缩写。

VLR　访问地址寄存器　visited location register 的缩写。

VM　虚拟内存　virtual memory 的缩写。

VMS　视频矩阵切换器　video matrix switcher 的缩写。

VOD　视频点播,交互式电视点播系统　video on demand 的缩写。

voice communication　语音通信　在人与人之间或人与机器之间借助电声设备用口语进行的信息交换。语言通信包括普通的电话通信,以电话为工具的各种信息服务以及各种语言机器。

voice distribution frame (VDF)　语音配线架　① 综合布线系统中用于传输电话信息的配线架,其传输等级一般在五类(Cat.5)以下,有些配线架则没有传输等级。② 工程设计时定义某些配线架专门用于传输电话信息。

voice encoding　语音编码　将模拟量语音信号转换成数据流的过程。

voice encoding technique　语音编码技术　对模拟语音信号进行编码的技术,该技术将模拟信号转化成数字信号,从而降低传输码率并进行数字传输,语音编码的基本方法可分为波形编码、参量编码(音源编码)和混合编码。波形编码是将模拟话音的波形信号经过取样、量化、编码而形成的数字话音信号。参量编码是基于人类语言的发音机理,找出表征语音的特征参量,对特征参量进行编码。混合编译码是结合波形编译码和参量编译码之优点的技术。

voice file　语声文件　公共广播系统预先录制的语声广播词。

voice over internet protocol (VoIP)　网络电话,IP 电话　指基于传输控制协议/网际协议(TCP/IP),在 IP 网提供的一种电话业务。VoIP 技术是因特网与公用交换电话网(PSTN)相结合的产物,这两个网络中的常用终端设备和电话机也是 IP 网络电话所使用的设备。VoIP 技术推动数据与语音的融合,IP 网络电话将语音、数字、图像技术合而为一,为未来的电话网、广播电视网、数据网的三网合一提供了技术手段。

voice playback　语音播放　使用语音信号播放或用语音控制播放。

voice point　语音点　在工程中用于传输电话信息、传真信息的插座。其产品可以选用专门用于电话的产品,也可以使用通用型产品以满足发生故障时与数据点之间的互换性要求(称为互为冗余备份)。

voice quickly connected plug　语音快接插头　用于电话传输的快接式插头,不必现场打线。如 RJ11 插头、110 鸭嘴舌跳线插头等。

voice synthesis (VS)　语音合成　利用设备模拟人讲话语音的处理过程。语音合成可将计算机内存储的文字转换成语音信号输出。最简单的语音合成可在个人计算机上完全利用软件实现。

voice-frequency circuit　音频电路　对音频信号进行转换、传输、加工、放大、还原等处理的电路。

VoIP　网络电话,IP 电话　voice over internet protocol 的缩写。

voltage　电压　也称电势差或电位差,是衡量单位电荷在静电场中由于电势不同所产生的能量差值的物理量。其大小等于单位正电荷因受电场力作用从 A 点移动到 B 点所做的功,电压的方向规定为从高电位指向低电位的方向。电压的国际单位制为伏特(V,简称伏),常用的单位还有毫伏(mV)、微伏(μV)、千伏(kV)等。

voltage comparator　电压比较器　一种对输入信号进行鉴别与比较的电路,是组成非正弦波发生电路的基本单元电路。可用作模拟电路和数字电路的接口,还可以用作波形产生和变换电路等。利用简单电压比较器可将正弦波变为同频率的方波或矩形波。

voltage fluctuation rate (VFR)　电压波动率　电压波动是指电网电压有效值(方均根值)的快速变动。电压波动率以用户公共供电点在时间上相邻的最大与最小电压方均根值之差对电网额定电压的百分值来表示。电压波动的频率用单位时间内电压波动(变动)的次数来表示。

voltage grade　电压等级　行业内为工作协调而规定的一系列电压数值,作为共同认可的标准电压,这一系列标准电压数值就是电压等级。我国民用用户电压为 220 V、380 V。GB/T 2900.50—2008规定我国电网电压等级:中压为 3 kV、6 kV、10 kV、20 kV、35 kV 五个等级,高压等级有 66 kV、110 kV、220 kV,超高压等级有 330 kV、500 kV、750 kV,

特高压为 1 000 kV。

voltage proof **耐压** 最大可以承受的电压强度，如果超过这个电压，就有可能被击穿。

voltage rating **额定电压** 加在仪器、设备、缆线、连接件上能安全使用而不会产生电击穿危险的最大持续电压，也称为工作电压。

voltage stability **电压稳定性** 系统维持电压的能力。当负荷导纳增大时，负荷功率亦随之增大，功率和电压都是相关可控的。一旦电压崩溃，系统内将出现大面积、大幅度的电压下降而使系统不能正常运行，丧失应有的功能，造成系统设备损坏。

voltage standing wave ratio (VSWR) **电压驻波比** 驻波波腹电压与波节电压幅度之比。为射频技术中最常用的参数，用来衡量部件间匹配程度。

voltage time integral variation **电压时间积分变化** 交流电压半周期时间积分与此前无扰动波形的相应值之差。

voltage stabilizer **稳压器** 电子工程中的一种自动维持恒定电压的装置。按输出电压属性区分，可分为直流稳压器和交流稳压器。稳压器常在电源供应系统中使用，与整流器、电子滤波器等配合工作，提供稳定输出的电压，如微处理器和其他元件所需的工作电压。在交流发电机中，乃至发电厂的大型发电机中，稳压器控制着输出的电压的稳定性。在一个分布式配电系统中，稳压器可能被安装在一个子电站或者沿着导线延伸的方向上，以保证用户无论功率高低都能得到稳定的电压。

volume **响度** 又称音量。人耳感受到的声音强弱，它是人对声音大小的一个主观感觉量。

volume capture ratio of annual rainfall **年降雨径流总量控制率** 通过自然和人工强化的入渗、滞蓄、调蓄和收集回用，场地内累计一年得到控制的雨水量占全年总降雨量的比例。

volume resistance **体积电阻** 在材料相对的两个表面上放置的两个电极间所加直流电压与流过两个电极间的稳态电流(不包括沿材料表面的电流)之商。

volume resistivity **体积电阻率** 跨越一个样品接触的两个电极施加在材料每单位厚度上的直流电压对于通过此材料的每单位面积上流过的电流总和的比值，其单位是 Ω · cm。

VoQ **虚拟输出队列** virtual output queue 的缩写。

VP **虚拟路径，虚拟通道** virtual path 的缩写。

VPI **虚拟通路标识符** virtual path identifier 的缩写。

VPN **虚拟专用网络** virtual private network 的缩写。

VR **可变电阻** variable resistance 的缩写；**虚拟现实** virtual reality 的缩写。

VRP **虚拟现实平台** virtual reality platform 的缩写。

VRRP **虚拟路由冗余协议** virtual router redundancy protocol 的缩写。

VS **语音合成** voice synthesis 的缩写。

VSAT **甚小孔径终端(系统)** very

small aperture terminal 的缩写。

VSB 残留边带 vestigial sideband 的缩写。

VSCS 视频安防监控系统 video surveillance and control system 的缩写。

VSF 场频 vertical scanning frequency 的缩写;**残留边带滤波器** vestigial sideband filter 的缩写。

VSWR 电压驻波比 voltage standing wave ratio 的缩写。

W

WA　工作区　work area 的缩写。

WAC　广域中心网，广域集中用户交换机业务　wide area centrex 的缩写；**工作区跳线**　work area cord 的缩写。

WAIS　广域信息服务　wide area information service 的缩写。

waiting space　等待[避难]空间　发生火灾等灾害时人员可以到达房间或建筑物的出口并等待营救的在地平面以上的空间。

walking distance　步行距离　人徒步行走的距离。

wall　墙壁　①指院子或房屋的四围。多以砖石等砌成，垂直于地面。②比喻赖以依靠的人或力量。

wall faceplate　墙面面板　安装在墙面的各类面板，包括信息插座面板、电源开关面板等。

wall-mounted distribution box　壁挂式配线箱　挂在墙壁等垂直立面上的配线箱体，装有配线架，用于各种缆线的分线及跳接。分有嵌入式、半嵌入式、外露式等多种安装方式。

wall-mounted installation　壁挂式安装　指采用墙壁或其他直立的平板作为安装空间的安装方式。

wall mounting　墙面安装(支架)　将设备、装置、器件安装在墙面上所使用的支架。

WAN　广域网　wide area network 的缩写。

WAP　无线接入点　wireless access point 的缩写；**无线应用通信协议**　wireless application protocol 的缩写。

warded lock　弧形锁，凸块锁　利用锁内的凸块及钥匙孔的锁具，具有防止其他钥匙或锁撬开启的功能。

warning device　威慑器　在公共安全系统中，指存在异常情况时，以声、光形式通知入侵者，使其受到威吓的装置。

warning mark　警告标志　一种安全警示标志。其基本含义是提醒人们对周围环境引起注意，避免可能发生危险的图形标志。其特征为黄底黑色图案加三角形黑边，在正下方用文字补充说明予以注意的行为模式。

warranty of technical specification and performance of product　产品技术规格性能保证　厂商产品保证中的一种，对产品的技术规格、性能的保证证明书。

waste　废弃物　凡人类一切活动过程产生的，且对所有者已不再具有使用价值而被废弃的物质。它是在生产建设、日常生活和其他社会活动中产生的，在一定时间和空间范围内基本或者完全失去使用价值，无法回收和利用的遗弃物。

waste component 废弃组件 工程中废弃的(组合)材料。如综合布线系统的预端接光缆两端分支光缆外的保护套,在安装分支光缆时将会拆下保护套,此时保护套被废弃,可以回收或遗弃。

waste material 废弃材料 对本项目已经失去有用价值,被废弃的材料。

water control valve (WCV) 水源控制阀 具有信号反馈功能的控制水阀。常见应用于自动喷淋灭火系统,为保证喷淋系统管网中有连续不断的水源供给,水源控制阀应处于常开状态。该阀的信号应反馈至消防控制系统。

water curtain movie 水幕电影 用一束光束照射在水面,展示着较强立体电影效果的一种多媒体技术。

water diff pressure switch (WDPS) 水差压开关 水流开关的一种,也称水压差开关。它通过测量阀门、孔板等两端水压,按设定要求控制阀门或孔板的开启度,从而控制水流。水压差开关广泛应用在供热通风与空调系统(HVAC)的水侧系统及流量测量仪表。水压差开关用作 HVAC 中的流量控制,具有流量控制准确,对水系统不再额外增加阻力,对水管管径没有要求,无水流扰动等特性,可取代任何形式的靶式流量开关。相对于靶式流量开关,它可以避免水泵气蚀引起的假流量,又有非常准确的复位流量和断开流量,因而可广泛应用在使用板式换热器、套管式换热器和壳管式换热器的大、中、小型风冷或者水冷冷水机组中,用作水流量控制及水泵、水过滤器的状态监控。

water flow indicator 水流指示器 属视镜类仪表阀门的一种。通过视窗能随时观察液体、气体、蒸汽等介质的浑浊度且计量介质流动速度反应情况。其连接方式有螺纹式、法兰式、焊接式。水流指示器用于石油、化工、化纤、医药、食品等工业生产装置中,能随时通过视镜观察液体、气体、蒸汽等介质的流动反应情况。水流指示器也可用于自动喷水灭火系统,安装在主供水管或横杆水管上,指示某一分区水流动状态,为系统提供需要探测的相应参量电信号(该信号通常不能用作消防水泵控制开关的启闭)。

water heater 热水器 通过各种物理原理,在一定时间内使冷水温度升高变成热水的一种装置。可分为电热水器、燃气热水器、太阳能热水器、磁能热水器、空气能热水器、暖气热水器等。

water heating 水暖 利用水作为热量传导媒介的装置或系统。室内地板辐射采暖就是其中一种。热水在水暖系统管道里循环流动,通过盘管和热媒,均匀辐射并加热整个空间。

water main 出水干管,总水管 阀门后端向配水管供水的管道。

water mist 水雾 指由水体表面上升起来的轻雾或雾气。

water motor alarm 水力警铃 由水流驱动发出声响的报警装置,通常作为自动喷水灭火系统的报警阀配套装置。水力警铃由警铃、击铃锤、转动

W

轴、水轮机、输水管等组成。当自动喷水灭火系统的任一喷头动作或试验阀开启后，系统报警阀自动打开，则有一小股水流通过输水管冲击水轮机转动，使击铃锤不断冲击警铃，发出连续不断的报警声响。

water penetration　渗水　① 在电线电缆或箱体中，水在渗压作用下逐渐渗入缆线内部或箱体内。② 汛期高水位历时较长时，在渗压作用下，堤前的水向堤身内渗透，叫作渗水。

water supply and drainage system　给排水系统　为人们的生活、生产以及市政、消防提供用水和废水排除设施的总称。

water to water plate heat exchanger　板式换热器　由一系列具有一定波纹形状的金属片叠装而成的一种高效换热器。

water transport factor of chilled water (WTFchw)　冷冻水输送系数　空调系统制备的总冷量与冷冻水泵（包括冷冻水系统的一次泵、二次泵 、加压泵、二级泵等）能耗之比。

water-blocking tape　阻水带　线缆中使用的防水材料。其原理是由其所含的遇水可膨胀高吸水材料遇水迅速膨胀，形成大体积胶状物，填充线缆渗水。

water-blocking yarn　阻水纱　线缆中使用的阻水材料。阻水纱主要由两部分组成：一部分是基材，由尼龙或聚酯等组成的加强筋，使纱具有良好的抗拉强度和延伸率；另一部分是含有聚丙烯酸酯的膨胀纤维或膨胀粉末。阻水纱实现阻水的机理：阻水纱所含的超强吸水聚合物（含有聚丙烯酸酯的膨胀纤维或膨胀粉末）内含羟基，在吸水后，其分子链从卷状态展开，其体积迅速膨胀，膨胀后可达自身体积的数十倍，甚至上百倍，可以完全充满光缆的间隙，阻断水流通道，从而实现阻水的目的。

waterproof　防水　① 工程方面的防水主要是指防明水，即可以看得见的流水。少量是为了保护建筑物免受水汽、水分的侵蚀而做的防水。② 家装方面的防水是指和家庭生活相关的防水常识、防水材料和防水技术的统称。其包括但不限于屋面、卫生间、阳台、外墙、厨房、地下室、游泳池等位置的防水、防潮处理。

waterproof camera　防水摄像机　具有良好防水功能的摄像机。如室外型一体化摄像机都具有防水功能，还有专门为水下作业设计制造的潜水型一体化摄像机。

waterproof pigtail cable　防水尾缆　防水型的一端带有光纤连接器的光缆。它采用高品质的连接器件，配以优质的防水光缆和耐腐蚀的优质组件组成。它主要用于野外光端机的接入，其特点是安装方便，能适应野外恶劣环境，寿命长，外套韧性好，抗拉，接地良好。生产厂商可按客户要求装配 FC、SC、ST、LC、MU、SMA 等光纤连接器。

watt-hour meter demagnetization device　电能表退磁装置　用于电能表（电度表、电力仪等）消磁的装置。它能产生一个由强到弱逐步削减的交流磁场，对电能表中铁磁性物体进行由强到弱的反复(不同方向)充磁,最后使物体所携带的磁性降低到可以忽略不计的程度。

wave splitter　分波器　将特定波长的光从光束中分离出来的器件。它有别于将同一波长的光(通常是单色激光)分成两束或两束以上不同强度光的分光器。

waveform monitor　波形监视器　一种类似于示波器的测试机器,用来显示复合或分量视频波形。

wavelength　波长　波在一个振动周期内传播的距离。也就是沿着波的传播方向,相邻两个振动位相相差 2π 的点之间的距离。

wavelength conversion module　(光)波长转换模块　在波分复用系统中将传送的一个特定波长光信号变为另一个不同波长光信号的处理转换装置。

WBT　湿球温度　wet bulb temperature 的缩写。

WC　线缆　wire cable 的缩写。

WCDMA　宽带码分多址　wideband code division multiple access 的缩写。

WCS　无线通信系统,无线通信网　wireless communication system 的缩写。

WCV　水源控制阀　water control valve 的缩写。

WD1　WD1 图像格式　是在 D1 分辨率(704×576 像素)基础上提出的更清晰的适应宽屏的分辨率(960×576 像素),可充分发挥索尼(SONY) Effio 芯片方案摄像机的性能。

WDLL　无线数字本地环　wireless digital local loop 的缩写。

WDPS　水差压开关　water diff pressure switch 的缩写。

WDR　宽动态　wide dynamic range 的缩写。

WDR camera　宽动态摄像机　摄像机的动态范围是指摄像机对拍摄场景中景物光照度的适应能力,包括亮度(反差)及色温(反差)的变化范围,即摄像机对图像"最暗"和"最亮"的适应范围。宽动态摄像技术是一种在亮度非常强烈对比下使摄像机摄取影像而运用的一种技术。其基本原理是同一时间曝光两次(一次快,一次慢),再进行影像信息合成,使得获得的图像能够同时看清画面上亮与暗的物体。宽动态摄像技术与背光补偿技术都是为了克服在强背光环境条件看清目标而采取的措施,但背光补偿是以牺牲画面对比度为代价,所以从某种意义上说,宽动态技术是背光补偿技术的升级。

weak current system　弱电系统　通常将建筑智能化的各个子系统称为弱电系统,包括智能化集成系统、信息化应用系统、公共安全系统、信息设施系统、建筑设备管理系统、机房工程等。

weak system　弱电系统　同 weak current system。

weak well　弱电井　属电气竖井的一种,是建筑物和构筑物中专门用以敷设弱电线缆的电气垂直通道。

WEB report system (WRS)　WEB 报表系统　一种采用目前流行的 B/S 结构实现,对 iMC 网管系统中资源数据、告警数据以及性能数据进行有效分析、加工，并以网页方式进行呈现的组件。它可以连接到各种数据源，无论是数据库、文件夹、Excel 表格、文本、企业应用程序，都能轻松实现异构数据源之间的表关联。

WEB-based EPG　基于 WEB 的电子节目指南　能够通过统一资源定位符（URL）从网上获得的电子节目指南（EPG）。

weighting　计权　将一组测量值用一组基准数值进行整合后获得单值的方法。

weld　焊接　也称熔接、镕接。它是一种以加热、高温或者高压的方式接合金属或其他热塑性材料（如塑料、光纤等）的加工工艺及技术。

welded electromagnetic shielding enclosure　焊接式电磁屏蔽室　主体结构采用现场焊接方式建造的具有固定结构的电磁屏蔽室。

welded steel pipe（WSP）　焊接钢管　用钢带或钢板弯曲变形为圆形、方形等形状后再焊接成的表面有接缝的钢管。焊接钢管采用的坯料是钢板或带钢。随着优质带钢连轧生产的迅速发展以及焊接和检验技术的进步，焊缝质量不断提高，焊接钢管的品种规格日益增多，并在越来越多的领域代替了无缝钢管。焊接钢管比无缝钢管成本低，且生产效率高。

welding auxiliary material　焊接辅助材料　焊接时所消耗材料的统称。例如，焊条、焊丝、金属粉末、焊剂、气体等。

wet　潮湿　指含水分的量比正常情况下多，湿度大。

wet alarm valve　湿式报警阀　只允许水单向流入喷水系统并在规定流量下报警的一种单向阀。

wet bulb temperature（WBT）　湿球温度　同等焓值空气状态下，空气中水蒸气达到饱和时的空气温度。通俗来讲，湿球温度就是当前环境仅通过蒸发水分所能达到的最低温度。用湿棉布包扎温度计水银球感温部分，棉布下端浸在水中，以维持棉布一直处于润湿状态，这种温度计称为湿球温度计。

wet contact　湿接(触)点　相对于干接点而言，是指一种有源开关，具有有电和无电两种状态，两接点之间有极性，不能反接。如把干接点接上电源一端，再和电源的另一端输出，就成为湿接点。工业控制中常用湿接点电压范围为直流 0～30 V，24 V 直流电压是标准电压。另外，TTL 的电平输出，NPN 三极管集电极与 VCC 电源、达林顿管的集电极与 VCC 电源均可认作一个湿接点。

wet pipe system　湿式系统　一种喷水灭火系统。它由闭式洒水喷头、管道系统、湿式报警阀、报警装置、供水设施等组成。由于该系统在报警阀的前后管道内始终充满着压力水，故称湿式喷水灭火系统或湿管系统。

WHA　家庭背景音响　whole home audio 的缩写。

white balance　白平衡　是描述红、绿、蓝三基色混合生成后白色精确度的一项指标。它是彩色电视领域一个非常重要的概念，是随着电子影像再现色彩真实需求而产生。对特定光源下摄取的图像发生偏色的现象,可通过调整白平衡,校正色温偏差,以达到理想的图像色彩效果。

white level　白电平　电视信号中对应于最大标称图像亮度的信号电平。

white light LED luminaire　白光 LED 灯具　采用发光二极管(LED)作为光源形成白光灯具。

white limiter　白色限制器　也称白电平限制器,是一种通过电子的方式来限制视频信号最大的白电平,以避免在屏幕显示"燃烧"图像(整屏图像被白色掩盖)的设备。

whole home audio (WHA) 家庭背景音响　家庭住宅内由一个集中的声源或可汇入的音源经过功放设备放大,通过连接线缆、连接单元和包含调音模块的控制面板连接到分区或房间,由各个扬声器进行播放,实现背景音乐播放或音响环境。

wide area centrex (WAC)　广域中心网,广域集中用户交换机业务　把分布在不同交换局的集中用户交换机和单机用户组成一个虚拟的专用网络,即广域集中用户交换机。通过广域集中用户交换机,使资源在专用和公用网络之间自由分配,集团用户可以从设备维护中解放出来,设备直接连接到公共电话网的终端。该业务比较适合地理位置分散的业务用户。

wide area information service (WAIS) 广域信息服务　供用户查询分布在因特网上的各类数据库的一个标准化技术。数据库中的信息多数是文字信息,但也可以是声音、图片信息。数据库可以按不同方式组织,用户不必掌握各种数据库的查询语言,而只要在给出的数据库列表中用光标选取希望查询的数据就能自动进行远程查询,系统则会读出相应的数据库中含有该查询词的所有记录,并根据查询词在每条记录中出现的频度进行评分,供用户选择。WAIS 可以查找文档的全部内容,采用布尔逻辑算符或英语就可进行查询请求。WAIS 使用该请求的语句结构语法对其查询结果排序,并在许多结果中决定哪一项可能是查询者感兴趣的。采用相关性反馈来精确查询时,可从表中选择几项,并让它在相同行上找到更多的信息。

wide area network (WAN)　广域网　有时称远程网,其作用的地理范围从数十千米到数千千米,可以连接若干城市、地区,甚至跨越国界,遍及全球。它可以实现不同地区的多个局域网(LAN)或城域网(MAN)的互联,还可提供不同地区、城市、国家间的计算机通信,包括提供长途数字专线电路或虚电路。组建 WAN 可以采用波分复用(WDM)、同步数字体系(SDH)、异步传输模式(ATM)、帧中继(FR)、数字数据网(DDN)等传送技术。

wide dynamic range (WDR)　宽动态　在非常强烈的照度对比下让摄像机看到影像的特色而运用的一种技术。当在强光源照射下的高亮度区域及阴影、逆光等相对亮度较低的区域在图像中同时存在时,摄像机输出的图像会出现明亮区域因曝光过度变为白色，而黑暗区域则因曝光不足变为黑色，严重影响图像质量。摄像机在同一场景中对最亮区域及最暗区域的表现存在局限性，这种局限称为动态范围。在摄像机拍摄图像时，一般的动态范围是指摄像机对拍摄场景中景物光照反射的适应能力，具体指亮度（反差）及色温（反差）的变化范围。宽动态摄像机的动态范围比传统只具有3∶1动态范围的摄像机超出数十倍。自然光线的照度从白天的 120 000 lx 到星光夜里的 0.000 35 lx。当摄像机从室内看窗户外面，室内照度为 100 lx，而外面景物照度可能是 10 000 lx，对比就是 10 000/100＝100 ∶ 1。人眼可以清晰观察到这个对比，因为人眼能处理 1 000∶1 的对比度。

wide screen projector　宽屏幕投影机　在宽屏幕上投射视频或计算机图像的显示设备，用于公众观看。

wideband code division multiple access (WCDMA)　宽带码分多址　一种利用码分多址复用技术的宽带扩频 3G 移动通信中接口。由欧洲与日本提交的 WCDMA 已正式被第三代移动通信项目组织接纳，与码分多址（CDMA）相比，它具有更大的系统容量和更大的覆盖区域，可以从第二代系统逐步演变，也可支持更宽范围的服务，最高支持 2 Mbps 的高速数据业务，同时也支持一条连线上传输多路并行业务，支持高速率的分组接入等。

wideband subscriber　宽带用户　需要宽带接入的客户。宽带接入可以满足音视频、图像、文件等信息高速传递的需求。

wideband subscriber loop system　宽带用户环路系统　即宽带的用户环路系统。用户环路系统也称作接入网、本地环路、用户网。用户环路系统是指从局端到用户之间的所有机线设备。

width height ratio　宽高比　一幅图像中亮度样本列间的水平距离与行间的垂直距离之比。表示为：h/v。式中 h 为样本水平方向尺寸，v 为样本垂直方向尺寸。

width unit　宽度单位　某些标准中规定的宽度。如 DIN 导轨有标准的宽度单位，安装在 DIN 导轨上的壳体（如综合布线系统中的 DIN 模块盒等）应按该宽度单位进行设计。

wind velocity　风速　即空气流动速率。是指空气相对于地球某一固定地点的运动速率，常用单位符号是 m/s、km/h。风速没有等级，风力有等级，风速是风力等级划分的依据。在暖通系统和建筑设备监控系统中，风速是需要检测和控制的参数之一。

window signal　窗口信号　指有线电视系统一种测试信号。它拥有单一长方形或正方形范围，可显示与背景有显著对比的单一的视频测试信号。

windows media audio (WMA)　语音编解码 WMA 音乐压缩格式　又称视频媒体音频。一种微软公司制定的音乐文件格式。

wire　电线　指用拉拔、轧制等方法将金属棒制成圆形或任意截面形状的长度很长的细丝状材料。

wire binding board **扎线板** 专门设计、制造，用以绑扎缆线用的构件。一般出现在机柜两侧，其目的是让接入机柜的缆线经绑扎后呈横平竖直状态敷设在机柜内，并保持必要的弯曲半径。使机柜内不再因缆线而散乱。

wire binding hole **扎线孔** 设备或板材上用于绑扎缆线的圆形、腰圆形或其他造型的孔洞。如机柜扎线板上的扎线孔等。

wire cable (WC) **线缆** 光缆、电缆等传输用线的统称。线缆的用途有很多，主要用于连接设备、输送电力、传输信号等多重作用，是建筑智能化系统中不可缺少的传输介质。

wire casing **线槽** 又名走线槽、配线槽、行线槽，用以将电源线、数据线等线材规范整理，固定在墙上或者天花板上。根据材质不同，线槽划分多种，常用的有环保 PVC 线槽、无卤 PPO 线槽、无卤 PC/ABS 线槽、钢铝等金属线槽。

wire communication **有线通信** 借助线缆、线路传送信号的通信。

wire connector **导线连接器** 一种高可靠性电气连接器件，它可不借助特殊工具，完全徒手进行导线的连接操作，使安装过程十分快捷、高效，可以全面替代焊锡+胶带工艺，广泛应用于建筑电气工程之中。常用有网络电缆连接件、音频电缆连接件以及网线(电话线)端接头、音视频电缆端接头等，各类接线柱、接线叉、接线圈也归属导线连接器范畴。

wire duct **电线管** 对敷设其中的导线起机械防护和电气保护作用的导管。常见有塑料材质和金属材质两大类。

wire jumper **跨接线** ① 在电子系统中，为了修改电子连接线路或补漏，将印制电路板上的两个焊盘直接连接起来的普通导线。② 相邻两电子部件之间的连接电缆线，如计算机两块装置底板相互之间的转接连接线。③ 综合布线系统中两个配线架之间直接使用连接线。例如：两个 110 配线架之间使用打线式的跳线。

wire laying **布线敷设** 指线缆的敷设过程，包括使用的产品，如缆线、连接器、跳线，等等。

wire map **接线图** 描述系统中设备与线缆连接的图纸，是电路的一个简化传统图形表示。它将电路的组件简化为形状，以及器件之间的功率和信号连接。接线图通常会提供设备和终端的相对位置和布局的信息，以帮助构建、安装或维修设备。这不同于示意图，示意图上的组件互连的布置通常不与组件在成品设备中的物理位置相对应。图示将显示物理外观的更多细节，而接线图使用更具特点的符号来强调与物理外观的互连。

wire pair **线对** 电缆中两两绞合的芯线。

wire stripper **剥线钳** 内线电工、电动机修理、仪器仪表电工常用的工具之一，用来供电工剥除电线头部的表面绝缘层。剥线钳可以使得电线被切断的绝缘皮与电线分开，还可以防止触电。

wire system **有线系统** 指借助于传输线缆(电缆或光缆)而形成的信息传

W

输系统。

wired broadcasting 有线广播 利用光、电缆线组成传输分配网络，将广播节目直接传送给用户接收设备的区域性广播系统。

wireless access 无线接入 利用微波、卫星等无线传输技术将用户终端接入到用户节点，为用户提供各种业务的通信方式。典型的无线接入系统主要由控制器、操作维护中心、基站、固定用户单元、移动终端等部分组成。

wireless access point (WAP) 无线接入点 也称无线访问点，俗称无线 AP。它主要由路由交换接入一体设备和纯接入点设备组成。其中，路由交换接入一体设备执行接入和路由工作，一般是无线网络的核心；纯接入设备只负责无线客户端接入，通常作为无线网络扩展使用，与主 AP 或者其他 AP 连接。无线 AP 常见使用无线设备(手机等移动设备及笔记本电脑等)用户进入有线网络的接入，用于家庭住宅、办公大楼、工厂、园区等需要无线监控的地方，典型距离覆盖几十米至上百米。大多数无线 AP 还带有接入点客户端模式(AP client)，可以和其他 AP 进行无线连接，延展网络的覆盖范围。

wireless access unit 无线接入单元 用户与无线接入网之间的接入设备。无线网络不仅可以用于连接局域网络，而且还可以直接连接至因特网，用户甚至可以借助因特网及其他公用通信网络建立自己的虚拟专用网，实现网络之间的互联。对于个人用户的无线接入而言，一块无线网卡就够了；而对于网络用户而言，则最好安装一个无线网桥；距离局方较远的用户，一个外置天线也是必不可少的。

wireless antenna 无线天线 同 radio antenna。

wireless application 无线应用 在无线网络承载的基础上的各种软件应用，可以是大型软件(如移动办公、电子医疗等)，也可以是小型软件(如听歌、看电影、聊天工具等)。

wireless application protocol (WAP) 无线应用通信协议 一种适用于在移动电话、个人数字助理(PDA)等移动通信设备与因特网或其他业务之间进行通信的开放性、全球性的通信标准。WAP 标准的目的是要把因特网的先进业务、服务和信息推向手机、PDA 等终端，适用于所有网络。WAP 位于全球移动通信系统(GSM)网络与因特网之间，一端连接现有的 GSM 网络，一端连接因特网，用户支持 WAP 协议的媒体电话就可以进入因特网，实现一体化的信息传送。

wireless base station 无线基站 无线电台站的一种形式，是指在有限的无线电覆盖区中，通过移动通信交换中心，与移动电话终端之间进行信息传递的无线电收发信电台。基站是移动通信中组成蜂窝小区的基本单元，可以完成移动通信网和移动通信用户之间的通信和管理功能。

wireless channel 无线信道 对无线通信中发送端和接收端之间通路的一种形象比喻。对于无线电波而言，它从发送端传送到接收端，其间并没有一个有形的连接，它的传播路径也有可能不只一条。为了形象地描述发送端与接收端之间的工作，可以想象两者之间有一个看不见的通路衔接，把这条衔接通路称为信道。

wireless communication　无线通信　仅利用电磁波而不通过线缆进行的通信方式。无线通信主要包括微波通信和卫星通信。

wireless communication system (WCS)　无线通信系统，无线通信网　将需要传送的声音、文字、数据、图像等电信号调制在无线电波上经空间和地面传至对方的通信网络和系统。

wireless data communication equipment　无线数据通信设备　使用无线电波、光波等不需要导线的数据通信设备。

wireless digital local loop (WDLL)　无线数字本地环网　以无线电信号取代通信缆线，连接用户和公共交换电话网络的一种通信技术。它包括无线接入系统、专用固定无线接入以及固定蜂窝系统。它主要以蜂窝技术、微蜂窝技术以及数字微波等技术为基础，其用户终端主要是固定终端和只有一个基站覆盖范围内移动的终端。其特点是可以提高网络的灵活性，扩展传输的距离。WDLL 是现代无线技术、数字信号处理技术和传统电话本地局的功能相结合的产物。作为有线环路的扩充，具有经济、灵活、容量大等优点。在偏僻农村地区或地广人稀的地区使用这种无线接入方式不仅可以实现连接速度快，灵活、方便，而且可以大大降低建设的成本。

wireless door magnetic　无线门磁　具有无线发射功能的门磁开关。它由磁控开关和无线发射模块两部分组成，当磁控开关的干簧管和磁体闭合转变为断开时，开关的启闭发生变化，产生报警信息，由发射模块发出无线报警信号。

wireless equipment　无线设备　利用无线电波传输信息的设备。主要用于对外无线通信，是进行远距离通信的唯一手段。由发信机、收信机、天线、馈线和相应的终端设备构成。

wireless LAN (WLAN)　无线局域网　即无线局域网。

wireless local area network (WLAN)　无线局域网　一种相当便利的数据传输系统。它利用射频技术，使用电磁波，在空中进行通信连接，使得无线局域网络能利用简单的存取架构让用户通过它达到“信息随身化，便利走天下”的理想境界。

wireless local loop (WLL)　无线本地环路　也称无线区域回路。利用无线通信技术（包括微波、甚小孔径卫星终端 VSAT、蜂窝通信、无绳电话等）为固定用户区域的移动用户提供电信业务。一般来说，在用户环路段采用无线技术提供电信业务的无线传输系统均属于无线本地环路。

wireless mesh network (WMN)　无线网状网络　一种由无线节点组织的网状拓扑结构的通信网络，是一种无线自组织网络，通常由网状客户端、网状路由器和网关组成。无线网状网络可以使用各种无线技术，包括

802.11、802.15、802.1 和蜂窝技术，不局限于任何一种技术或协议。

wireless microphone 无线传声器 亦称无线话筒。它是传声器的一种，它把换能后的声频电信号调制在一个载波上，经天线辐射到附近的接收点。因其不需导线连接，因此可随携带者一起随意移动。无线传声器有手持型和纽扣状的佩带型两种。调制方式均为调频，具有体积小，抗干扰性强，频率特性宽，失真小，噪声低的特点。

wireless mode 无线方式 利用无线电技术进行数据传输的一种方式。

wireless network 无线网络 采用无线通信技术实现的网络。

wireless paging system 无线呼叫系统 由呼叫器、内部无线通信网络、接收设备和呼叫管理系统软件组成的单向数字信号通信系统，从功能和应用上可分为医院无线呼叫系统、酒店无线呼叫系统、餐饮无线呼叫系统、工厂专用无线呼叫系统等。

wireless projection 无线投影 可以和任何品牌投影机连接使用，连接电源即可通过无线局域网同时连接一台或多台计算机，使计算机的屏幕通过投影机投影。

wireless remote control 无线遥控器 实现对被控目标的非接触远程控制设备，在工业控制、航空航天、家电领域应用广泛。

wireless router 无线路由器 应用于用户上网的带有无线覆盖功能的路由器。无线路由器可以看作是一个转发器，将有线网络信号通过天线转发给附近无线网络设备(常见有笔记本电脑、支持Wi-Fi的手机、平板电脑以及所有带有Wi-Fi功能的设备)。

wireless sensor network (WSN) 无线传感器网络 一种分布式传感网络，它的末梢是可以感知和检查外部世界的传感器。WSN 中的传感器通过无线方式通信，网络设置灵活，设备位置可以随时更改，还可以跟互联网进行有线或无线方式的连接，是通过无线通信方式形成的一个多跳自组织网络。WSN 的发展得益于微机电系统(Micro-Electro-Mechanism System, MEMS)、片上系统(System-on-Chip, SoC)、无线通信和低功耗嵌入式技术的飞速发展。WSN 广泛应用于军事、智能交通、环境监控、医疗卫生等领域。

wireless special-purpose chip 无线专用芯片 为无线传输专门开发的集成电路芯片，通常集收发、供电、射频为一体。

wireless telecommunications equipment 无线电信设备 利用无线电波传输信息的设备。主要由发信机、收信机、天线、馈线和相应的终端设备构成。

wireless thermostat controller 无线恒温控制器 一种基于信号无线传输的温度控制器，它可以感知系统的温度，并反馈给系统，使系统的温度保持在所设定值的范围内，所有控制信息都会通过无线方式进行传输。

wireless transmission 无线传输 利用无线技术进行数据传输的一种方式。

wireless walky-talky system 无线对讲

W

系统 依托无线通信设备(主要是对讲机)的实时对讲系统,主要应用于酒店业务、警务、保安、物业等。无线对讲系统具有机动灵活、无需布线、操作简便、语音传递快捷、使用经济的特点,是实现生产调度自动化和管理现代化的基础手段。无线对讲系统是一个独立的以放射式双频双向自动重复方式的通信系统,解决因通信范围、建筑结构等因素限制而引起的通信信号无法覆盖的问题。

wire map 线路图 ① 电路原理图。② 具有代表性的小区域地图,如风景区的线路图。③ 用图表的方式表达某一事务的进程状态。

wiring 布线 指缆线的敷设。在综合布线系统中,“布线”所指的是缆线在建筑物中的敷设工程。**接线** 指缆线的连接及开通。

wiring cabinet information 配线[布线]机柜信息 与配线机柜相关的各种信息,包括辅材、尺寸、供电、接地、保护、内部安装的设备信息等。

wiring closet 配线室 用来放置连接电缆的单个或多个设备框架和配线面板(配线架)的房间。

wiring design 布线设计 指智能建筑布线系统的设计。布线系统是智能建筑信息设施系统的一个子系统,是建筑群和建筑物内各类信息传输系统的基础。《智能建筑建筑设计标准》(GB 50314)规定:布线系统设计应满足建筑物内语音、数据、图像和多媒体等信息的传输要求;应根据建筑物业务性质、使用功能、管理维护、环境安全条件和使用需求等进行系统布局、设备配置和缆线设计;应遵循集约化建设原则,统一规划、兼顾差异、路由便捷、维护方便;应适应数字化技术发展和网络化融合的趋向,整合各智能化系统信息传递的通道;应选择相应安全等级的信息线缆;应选择相应阻燃和耐火等级的线缆;应配置相应的信息安全管理保障措施;应具有灵活性、适应性、可扩展性和可管理性;还应符合《综合布线系统工程设计规范》的其他有关规定。

wiring diagram 配线[布线]图 电路系统中所有设备、电路连接关系以及与该系统有关的装置的图形表示。一个接线图中不仅包含系统中的器件及连线,而且也可以包含诸如线号、尺寸、颜色、功能、器件标号及腿号在内的非图形数据。

wiring harness 导线束,把线 按一定要求成束的导线。它是电梯、机器人等设备电路中连接各电器设备的接线部件,由绝缘护套、接线端子、导线及绝缘包扎材料等组成。

wiring inlet 导线入口 设备、装置、电路板等的导线接入端口。如接线柱、插头座等。

wiring management software 布线管理软件 实现布线管理的计算机管理软件。它包括用于记录布线系统的各种信息,如配置、图纸、点表、拓扑图、配线架布局图、人员信息等。

wiring management system 配线[布线]管理系统 使用计算机软件、数据库开发出的用于记录综合布线系统的各种信息的软件系统,包括数据库及配套的硬件设施。布线管理系统信息包括：配置、图纸、点表、拓扑图、配线架布局图、人员信息，等等。该系统不仅可以形成电子地图，还可以辅助配置设计。其信息主要依靠人工录入。

wiring optical cable 配线[布线]光缆 布线系统中用户接入点至园区或建筑群光缆的汇聚配线设备之间，或用户接入点至建筑规划用地红线范围内与公用通信管道互通的人(手)孔之间的互通光缆。

wiring order sheet 配线[布线]表 布线设计和施工时使用的表格之一，用于说明缆线规格、两端设备端口及编号、线号、安装方式等。

wiring patch information 配线[布线]架信息 综合布线系统中与配线架相关的各种信息，包括辅材、尺寸、接地、所安装的模块及光纤适配器、安装位置、安装编号等。

wiring pipeline network 配线[布线]管网 由建筑物外线引入管以及建筑物内的竖井、管、桥架等组成的供线缆敷设的管网。

wiring schedule 配线[布线]表 在产品制造和布线工程中，用于标明每一根线的起始点、终止点、材料、路由、编号等参数的表格。

wiring subsystem 配线[布线]子系统 办公或商业建筑综合布线系统拓扑结构中位于信息点(TO)与楼层配线架(FD)之间的缆线子系统，由水平缆线(光缆、双绞线电缆)、位于信息点的连接器件、位于楼层配线架的连接器件和位于楼层配线架的上连跳线组成，水平缆线中允许插入集合点(CP)。其中，水平缆线与两端的连接器件构成了永久链路。对应于综合布线系统通用拓扑结构来说，它属于第一级子系统。

wiring system 配线[布线]系统 建筑物中各类信息传输的弱电缆线系统，包括综合布线系统。

wiring terminal 接线端子 用于实现电气连接的一种配件产品，在工业上划分为连接器的范畴。随着工业自动化程度越来越高和工业控制要求越来越严格、精确，接线端子的用量逐渐上涨，使用范围越来越多，而且种类也越来越多。用得最广泛的除了 PCB 板端子外，还有五金端子、螺帽端子、弹簧端子，等等。

wiring zone 配线[布线]区 指根据建筑物的类型、规模和用户单元的密度，以单栋或若干栋建筑物的用户单元组成的配线区域。

with shoulder bolt 阶式螺栓 也称为台阶螺栓，具有二个以上台阶的非标螺栓。

WLAN 无线局域网 wireless LAN 的缩写；**无线局域网** wireless local area network 的缩写。

WLL 无线本地环路 wireless local loop 的缩写。

WMA 语音编解码 WMA 音乐压缩格式 windows media audio 的缩写。

WMN 无线网状网络 wireless mesh network 的缩写。

work area (WA) 工作区 综合布线系统中信息点布置的基本单元，一般以单人工作区域为一个工作区，也可以视为一台设备(电话、显示终端等等)

的工作区域为一个工作区，或视为需要设置终端设备的独立区域。它是员工与电信终端设备进行交互操作的建筑空间。

work area cable **工作区电缆** 布线系统工作区中使用的缆线，具体为从终端面板中的连接器件（如模块、光纤适配器等）到终端设备之间的缆线。在国际标准（ISO 11801）中称为设备缆线。

work area cabling **工作区布线［布缆］** 即工作区设备缆线。在办公或商业建筑综合布线系统拓扑结构中用规定的缆线连接工作区内信息点（TO）与终端设备（DTE），一般采用成品跳线。

work area cord (WAC) **工作区跳线** 同 work area cabling。

work area subsystem **工作区子系统** 美国综合布线系统标准中对工作区中的布线产品及相互关系的构成。与国标综合布线系统基本结构中的信息点（工作区）部分同属一类。

work area wiring **工作区布线电缆** 同 work area cabling。

work order **工单** 需要开始生产的订单名称，又称工作订单。在建筑智能化工程中的订单记录了要求完成工程内容全部信息的通知单。

working facility **工作设施** 指（用户等）工作时使用的设备、家具、橱柜等。

working principle **工作原理** 指系统、设备或零部件工作或运行的原理。

working state **工作状态** 指元器件或系统正在执行规定功能时的状态。

workstation **工作站** 通常指一种高端的通用微型计算机。它可供单用户使用并提供比个人计算机更强大的性能，尤其是在图形处理能力和任务并行方面的能力。它还可配设高分辨率大屏、多屏显示器及容量很大的内存储器和外部存储器，是具有极强的信息处理能力和高性能的图形、图像处理功能的计算机。在各类智能化系统中，人们把连接到服务器的用户终端机也称为工作站。

worm gear reducer **蜗轮减速器** 也可称之为蜗轮减速机，一种动力传递装置，可与普通电机、无级变速器等传动产品配套使用。

wrapping **绕包** 电线电缆（光缆等）外层包带（或屏蔽层）的方法之一，即沿缆线中心轴方向以一个固定角度方向进行重叠包裹。

wrinkle **皱纹** 物体表面或皮肤上一凹一凸的条纹。

wrist strap **腕带，防静电手环** 一种佩戴于人体手腕上泄放人体聚积静电电荷的器件。它可有效保护电子零件和组件免受静电干扰，成为电子行业普遍使用的劳动防护用品。它由导电松紧带、活动按扣、弹簧 PU 线、保护电阻及插头或鳄鱼夹组成，松紧带的内层用导电纱线编织，外层用普通纱线编织。按照其种类分为有绳手腕带、无绳手腕带及智能防静电手腕带，按结构分为单回路手腕带及双回路手腕带。

WRS **WEB 报表系统** web report system 的缩写。

WS **工作站** work station 的缩写。

WSN **无线传感器网络** wireless sensor network 的缩写。

W

WSP 焊接钢管 welded steel pipe 的缩写。

WTFchw 冷冻水输送系数 water transport factor of chilled water 的缩写。

wye connection 星型[Y 型]连接 三相交流电源与三相用电器的一种接线方法。把三相电源三个绕组的末端 X、Y、Z 连接在一起，成为一个公共点 O，从始端 A、B、C 引出三条端线。它是由频率相同、振幅相等而相位依次相差 120°的三个正弦电源以一定方式连接向外供电的系统。

XHTML　可扩展超文本标记语言 extensible hypertext markup language 的缩写。

XML　可扩展标记语言 extensible markup language 的缩写。

XMT　发送[发射]，传输[传播] transmit 的缩写。

X-ray　X 射线　一种波长极短（约 0.001 0～10 nm）且能量很大（比可见光的光子能量大几万至几十万倍）的电磁波。由德国物理学家 W.K.伦琴于 1895 年发现，故又称伦琴射线。X 射线具有很强的穿透能力，能透过许多在可见光下不透明的物质，如墨纸、布、木材等。它可以使很多固体材料发生可见的荧光，使照相底片感光以及发生空气电离等效应。2017 年 10 月 27 日，世界卫生组织国际癌症研究机构公布的致癌物清单经初步整理参考，X 射线和伽马射线辐射在一类致癌物清单中。

XTLO　晶体振荡器[谐振器] crystal oscillator 的缩写。

Y

YCrCb　YUV 颜色空间　即 YUV，主要用于优化彩色视频信号的传输，使其向后相容老式黑白电视。

yellow-green wire　黄绿线　在护套上用黄绿相间色标明用于保护接地的电线。

yoke vent pipe　结合通气管　排水立管与通气立管的连接管段。

YPBPR　模拟分量视频信号　① 也叫色差分量接口，采用的是美国电子工业协会 EIA-770.2a 标准，与 YCbCr 接口的区别在于：YCbCr 是数字系统的标识，YPbPr 是模拟系统的标识。② 模拟分量视频信号（其中，Y 是亮度信号，Pb 是模拟分量蓝色差信号，Pr 是模拟分量红色差信号）。

YUV　YUV 信号　欧洲电视系统所采用的一种颜色编码方法（属于 PAL），是 PAL 和 SECAM 模拟彩色电视制式采用的颜色空间。它分为一个亮度信号（Y）和两个色差信号，红色分量（R）减去亮度（Y）值为红色差信号（U），绿色分量（G）减去亮度（Y）值为绿色差信号（V）。

Z

Z　复阻抗　复阻抗的一种惯用符号。

Z_0　特性阻抗　特性阻抗的一种惯用符号。

ZBA　ZigBee 楼宇自动化　ZigBee building automation 的缩写。

ZD　零色散　zero dispersion 的缩写；**区域配线架**　zone distributor 的缩写。

ZDA　区域配线区　zone distributor area 的缩写。

ZDS　零色散斜率　zero dispersion slope 的缩写。

ZDW　零色散波长　zero dispersion wavelength 的缩写。

zero dispersion（ZD）　零色散　在合适的折射率分布情况下，光纤在特定波长处会出现零色散，如常规单模光纤在 1 310 nm 附近的波导色会出现波导色散为负，材料色散为正，大小也正好相等的现象，因而互相抵消，出现了零色散。零色散波长可随波导结构、折射率分布等因素的改变而改变。

zero dispersion slope（ZDS）　零色散斜率　光纤色散和波长函数在零色散波长处的导数。零色散斜率可用来计算总色散系数的上限值和下限值。零色散斜率随制造公差、温度及老化程度而变化。

zero dispersion wavelength（ZDW）　零色散波长　在具有合适折射率分布的单模光纤中传播光波在出现零色散或接近零色散时的波长。因制造公差、温度、老化等原因，零色散波长在不同光纤之间有最大值和最小值，并随时间推移而变。在单模光纤中，零色散波长是地面光纤总色散为零的波长。

zero halogen　无卤素　随着人们生活水平的提升，对环境的净化要求越来越高，环保意识加强的各国开始相继禁用相关卤化物。要求均值中的卤素（Cl、Br 等）含量分别小于 900 ppm，总和小于 1 500 ppm。在塑料等聚合物产品中添加卤素（氟、氯、溴、碘）用以提高燃点，其优点是燃点比普通聚合物材料高，大约在 300℃。燃烧时，会散发出卤化气体（氟、氯、溴、碘），迅速吸收氧气，从而使火熄灭。但其缺点是释放出的氯气浓度高时，引起的能见度下降，会导致无法识别逃生路径，同时氯气、氟等具有很强的毒性，影响人的呼吸系统。此外，含卤聚合物燃烧释放出的卤素气在与水蒸气结合时，会生成腐蚀性有害气体卤化氢，对一些设备及建筑物造成腐蚀，即容易造成设备接插件等零部件的腐蚀，导致设备的可靠性下降。

zero line 零线 由发电机或变压器二次侧中性点(N)引出的线路。零线与相线(L)构成回路,对用电设备进行供电。通常情况下,零线在变压器二次侧中性点(N)处与保护地线(PE)重复接地(PEN),起到双重保护作用。

zero water peak optical fiber 零水峰光缆 传统单模光纤的制造过程中,在1 383 nm 波长区域会出现一个叫水峰的光吸收峰,此吸收峰源于氢氧根离子的吸收。水峰增加了在该特定区域的衰减损耗。随着像 40 Gbps 等更高传输率应用的研究和开发,多信道波分复用(WDM,全称为波长划分多路复用)越来越多地被采用。传统单模光纤在 1 383 nm 的水峰区使 E 波段的四个信道无法使用,因此无法获得最理想的效果。为了解决传统单模光纤在多信道波分复用中的缺陷,采用了一种新的单模光纤——零水峰单模光纤。要想使用全部光谱范围,需要消除位于水峰区域的高衰减。零水峰光纤在制造时无氢氧根离子,因而在 1 383 nm 区域可以获得更好的衰减控制。通过消除水峰,不仅 CWDM 技术可以使用 E 波段,零水峰光缆也成为高速通信的一种理想单模光纤。

ZigBee 紫蜂协议 指一种短距离、低功耗的无线通信技术。它基于 IEEE 802.15.4 标准的低功耗局域网协议。

ZigBee building automation (ZBA) ZigBee 楼宇自动化 是能够对商业楼宇系统实现安全可靠监视与控制的互操作性产品的全球标准,是楼宇自动化与控制网络(BACnet)唯一认可的商业楼宇的无线网状网标准。

ZigBee channel ZigBee 信道 2.4 GHz 的射频频段被分为十六个独立的信道。每一个设备都有一个 DEFAULT_CHANLIST 的默认信道集。协调器扫描自己的默认信道集并选择一个信道上噪声最小的信道作为自己所建网络的信道。终端节点和路由节点也要扫描默认信道集并选择一个信道上已经存在的网络加入。

ZigBee IP ZigBee IP 协议 第一个基于 IPv6 的全无线网状网解决方案的开放标准,它为控制低功耗、低成本设备提供无缝网际网络联结,并可在单一控制网络中联结几十种不同的设备。ZigBee IP 是专门为支持应用标准 ZigBee Smart Energy(智能能源)2.0 而设计的。

ZigBee PRO ZigBee PRO 标准 用射频(RF)控制技术代替红外(IR)技术,不受视距限制,能够实现双向通信,具有更大使用范围和更长电池寿命,可为消费者提供更加灵活控制各种设备的服务。

ZigBee remote control (ZRC) ZigBee 遥控 用射频(RF)控制技术代替红外(IR)技术,不受视距限制,能够实现双向通信,具有更大使用范围和更长电池寿命,为消费者提供更加灵活控制各种设备的服务。

ZigBee RF4CE ZigBee RF4CE 协议 2009 年 3 月,RF4CE 联盟与 ZigBee 联盟合作开发的基于 ZigBee/IEEE 802.15.4,并用于多种消费电子设备遥控的射频标准。它具备更强的灵活性和远程控制能力。RF4CE是新一代家电遥控解标准和协议，其中RF即射频(radio frequency)，4是指for(four 同音)，CE即消费电子(consumer electronics)。

ZigBee smart energy (ZSE) ZigBee智能能源 能够对能源和水的使用实现监视、控制、通知、自动化配送和使用的互操作性产品的全球标准。

ZigBee2004 ZigBee 2004标准 即ZigBee v1.0，第一个ZigBee标准公开版，于2005年6月开放下载。

ZigBee2006 ZigBee 2006标准 即ZigBee v1.1，第二个ZigBee标准公开版，于2007年1月开放下载。

zinc die cast 锌压铸 也称锌合金压铸，一种利用高压强制将金属熔液压入形状复杂的金属模内的一种精密铸造法。建筑智能化中有些产品的壳体采用了锌合金压铸技术。

Zone 防区 指预先设定的防护区段。在入侵报警系统中，是指利用探测器(包括紧急报警装置)对防护对象实施防护，并在控制设备上能明确显示报警部位的区域。

zone distributor (ZD) 区域配线架 数据中心综合布线系统拓扑结构中下接设备信息点(EO)、上接中间配线架(ID)或主配线架(MD)的配线设备。它对应于综合布线系统通用拓扑结构，属于第一级配线设备。

zone distributor area (ZDA) 区域配线区 在美国数据中心标准(TIA-942)中，指计算机房内设置区域插座或集合点的空间。大型计算机房的综合布线系统为了获得在水平配线区与终端设备之间的更高配置灵活性，在水平布线系统中可以包含一个可选择的对接点，叫作区域配线区。区域配线区位于设备经常移动或变化的区域，可以采用机柜或机架内完成线缆连接，也可以在集合点(CP)完成线缆的连接。区域配线区也可以表现为连接多个相邻设备的区域插座。区域配线区不可存在交叉连接，在同一个水平线缆布放的路由中不得超过一个区域配线区。区域配线区中不可使用有源设备。

zone fire alarm control unit 区域火灾报警控制器 用于直接连接火灾探测器，处理各种报警信息，同时还与集中型火灾报警相连接，向其传递火警信息。区域型火灾报警控制器与集中型火灾报警控制器构成分散型或大型火灾自动报警场合。区域火灾报警控制器一般安装在所保护区域现场。比如说，一个房间用一台区域火灾报警控制器，另一个房间也用一台区域火灾报警控制器，这两个房间的控制器又可以被集中报警控制器控制。

zone management 分区管理 把公共广播服务区分割成若干个广播分区，各个广播分区可分别选通、关闭或全部选通、关闭。

zoning override 分区强插 公共广播系统中有选择地向单个或多个广播分区进行强插而不影响其他广播分区的运行状态。

zoning with matrix mode 矩阵分区 公共广播系统中一种以矩阵方式管理分区的方法。各个广播分区不仅可以分别选通或关闭，而且可以同时在多个分区播放不同的信号。

zoom ratio 变焦倍率 也称光学变焦倍数，指变焦镜头最长焦距与最短焦距之比。例如，17～200 mm 的变焦镜头，其变焦倍率为：200÷17≈12。变焦倍率只能说明镜头变焦能力。

ZRC ZigBee 遥控 ZigBee remote control 的缩写。

ZSE ZigBee 智能能源 ZigBee smart energy 的缩写。

Z-Stack Z-Stack 协议栈 TI 开发的符合 ZigBee 规范的业内领先的协议栈。

Z-Wave Z-Wave 一种新兴的基于射频的短距离无线通信技术，是由丹麦 Zensys 公司一手主导的无线组网技术。其特点为成本低，功耗低，可靠性高，且适用于网络环境。

以数字、希腊字母启首的词条

1080P　1080P(1920×1080 逐行扫描)图像格式　1920×1080 progressive scanning 的缩写。

110 model distribution frame　110 型配线架　综合布线系统中的配线架种类之一,是综合布线行业中最古老的配线架。

1280×720 progressive scanning (720P)　720P(1280×720 逐行扫描)图像格式　美国电影电视工程师协会(SMPTE)制定的高等级高清数字电视的格式标准。

16 E1 interface board (GE16)　GSM16 路 E1 中继接口板　GSM 系统中安装有 16 路 E1 的中继接口板。

1920×1080 progressive scanning (1080P)　1080P(逐行扫描)图像格式　美国电影电视工程师协会(SMPTE)制定的最高等级高清数字电视的格式标准。

2D　二维　2-dimension 的缩写。

2-dimension (2D)　二维　又叫平面图形。2D 图形内容只有水平的 X 轴向与垂直的 Y 轴向。传统手工漫画、插画等都属于 2D 类。它的立体感、光影都是人工绘制模拟出来的。

2K　2K 图像格式(2048×1080)　一种具有 2 000 像素分辨率的显示器或是其内容的总称。

32-bit microprocessor　32 位微处理器　32 位(4 字节)的微处理器。

3D　三维　3-dimension 的缩写。

3D digital noise reduce (3D DNR)　3D 降噪　监控摄像机通过对前后两帧的图像进行对比筛选处理,将噪点位置找出,对其进行增益控制。3D 数字降噪功能能够降低弱信号图像的噪波干扰。由于图像噪波的出现是随机的,因此每一帧图像出现的噪波是不相同的。3D 数字降噪通过对比相邻的几帧图像,将不重叠的信息(即噪波)自动滤出,采用 3D 降噪的摄像机,图像噪点会明显减少,图像会更透彻,从而显示出比较纯净细腻的画面。在模拟高清监控系统中,ISP 降噪技术将传统的 2D 技术升级为 3D,在原有的帧内降噪的基础上,增加了帧与帧之间降噪的功能;模拟高清 ISP 在图像的宽动态等功能上有了很大的提升。在宽动态处理方面,模拟高清 ISP 也实现了帧间宽动态技术,使图像明暗部分的细节都更加清晰,更接近人眼看到的实际效果。

3D DNR　3D 降噪　3D digital noise reduce 的缩写。

3-dimension (3D)　三维　三个维度、三个坐标,即长、宽、高。换句话说,就是立体的,3D 就是空间的概念,也就是由 X、Y、Z 三个轴组成的空间,是相对于只有长和宽的平面(2D)而言的。

4-pair balanced cable　四对平衡线缆　综合布线系统中四对八芯水平双绞线,有时也代表八芯星绞线。

4CIF　4CIF 图像格式　四倍 CIF。可以简单理解为分辨率上看水平和垂直像素均为两倍。

4K　4K 图像格式(4096×2160)　水平方向每行像素值达到或者接近4 096个,多数情况下特指 4096×2160分辨率。

5G　第五代移动通信技术　5th generation mobile networks、5th generation wireless systems 或 5th-Generation 的简称,是继 4G、3G 和 2G 系统之后的最新一代蜂窝移动通信技术。

64-bit extended unique identifier (EUI-64)　64 位扩展的唯一标识符　由一个 24 位或 36 位的公司注册标识符和一个公司唯一设备标识符组合构成的 64 位全球唯一标识符。

720P　720P(1280×720 逐行扫描)图像格式　1280×720 progressive scanning 的缩写。

802.1X　802.1X 身份认证协议　基于 Client/Server 的访问控制和认证协议。它可以限制未经授权的用户或设备通过接入端口(access port)访问 LAN 或 WLAN。

960H　960H 图像格式(960×576 像素)　视频分辨率是 960×576 像素的图像格式。

λ_0　零色散波长　零色散波长的惯用符号。

λ_{cc}　光纤截止波长　光纤截止波长的符号。